Aufbaukurs Funktionalanalysis
und Operatortheorie

Winfried Kaballo

Aufbaukurs Funktionalanalysis und Operatortheorie

Distributionen – lokalkonvexe Methoden – Spektraltheorie

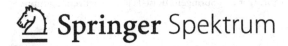 Springer Spektrum

Prof. Dr. Winfried Kaballo
Technische Universität Dortmund
Fakultät für Mathematik
Dortmund, Deutschland

ISBN 978-3-642-37793-8   ISBN 978-3-642-37794-5 (eBook)
DOI 10.1007/978-3-642-37794-5

Die Deutsche Nationalbibliothek verzeichnet diese Publikation in der Deutschen Nationalbibliografie;
detaillierte bibliografische Daten sind im Internet über http://dnb.d-nb.de abrufbar.

Springer Spektrum

Planung und Lektorat: Dr. Andreas Rüdinger, Bianca Alton
Redaktion: Annette Heß, Lobbach

Gedruckt auf säurefreiem und chlorfrei gebleichtem Papier

Springer Spektrum ist eine Marke von Springer DE. Springer DE ist Teil der Fachverlagsgruppe Springer
Science+Business Media.
www.springer-Spektrum.de

Herrn

Professor Dr. Bernhard Gramsch

zum 75. Geburtstag gewidmet

Vorwort

Das vorliegende Buch gibt eine Einführung in die Funktionalanalysis und Operatortheorie auf dem Niveau eines Master-Studiengangs. Es ist aus Vorlesungen entstanden, die der Autor mehrmals an der TU Dortmund gehalten hat. Das Buch richtet sich an Studierende der Fachrichtungen Mathematik und Physik kurz vor oder nach dem Bachelor-Examen, die bereits über Grundkenntnisse der Funktionalanalysis etwa im Umfang des Buches

[GK] Winfried Kaballo: *Grundkurs Funktionalanalysis*, Spektrum Verlag 2011

verfügen, und kann als Fortsetzung dieses Grundkurses angesehen werden. An weiteren Vorkenntnissen werden neben dem Stoff der Anfängervorlesungen einige Grundlagen der Funktionentheorie, Topologie und Maßtheorie benötigt.

Ein zentrales Thema des Buches ist die Untersuchung *linearer Gleichungen* und die Analyse der diese Gleichungen beschreibenden *linearen Operatoren*. Insbesondere fragen wir nach *Existenz und Eindeutigkeit von Lösungen,* deren *Abhängigkeit von Parametern* sowie nach der Existenz von *stetigen* oder sogar *stetigen und linearen Lösungsoperatoren.* Wir studieren *partielle Differentialoperatoren* zwischen *lokalkonvexen Räumen* von Funktionen oder *Distributionen* und als *selbstadjungierte Operatoren* in Hilberträumen, z. B. *Hamilton-Operatoren* der Quantenmechanik. Auf Banachräumen untersuchen wir *Fredholmoperatoren,* z. B. *singuläre Integraloperatoren,* sowie verschiedene Klassen *kompakter* Operatoren, z. B. *Integraloperatoren* mit Kernen vorgegebener Glattheit. Wichtige Methoden zur Untersuchung linearer Operatoren sind die *Prinzipien der Funktionalanalysis,* die *Fourier-Transformation, Abschätzungen von Sobolev-Normen, Dualitäts-Argumente, Strukturaussagen* über Banachräume und lokalkonvexe Räume, die *Mittag-Leffler-Methode, Banachalgebra-Techniken,* insbesondere die *Gelfand-Transformation, Funktionalkalküle* und *Spektralzerlegungen.* Eine genauere Übersicht über die in diesem Buch behandelten Themen geben das detaillierte Inhaltsverzeichnis sowie die Einleitungen zu den drei Teilen und zu den Kapiteln des Buches.

Kapitel 1 über Frécheträume ist die Grundlage für alle weiteren Kapitel, ansonsten sind die drei Teile des Buches weitgehend unabhängig voneinander lesbar. Die Auswahl der Themen ist natürlich stark von den persönlichen Interessen des Autors beeinflusst. Auf andere wichtige Themen der Funktionalanalysis und Operatortheorie gehen wir gar nicht oder viel zu knapp ein, geben aber einige Hinweise auf weiterführende Literatur. Andererseits sind Teile des vorliegenden Buches in der bisherigen Lehrbuch-Literatur gar nicht, nur sehr selten oder in wesentlich anderer Form behandelt; dies trifft insbesondere auf die Abschnitte 5.3, 9.2–9.5, 12.1–12.6, 13.5, 14.3–14.4 und 16.7 zu.

Das Buch sollte als Begleittext zu Vorlesungen über die skizzierten Themen wie auch zum Selbststudium gut geeignet sein. Der Autor hat sich wieder sehr um eine ausführliche und möglichst gut verständliche Darstellung bemüht. Abstrakte Theorien werden durch viele Beispiele motiviert und auf konkrete Probleme der Analysis angewendet. Zur Veranschaulichung des Stoffes dienen Abbildungen, die mit Hilfe des Programms *TeXCad32* angefertigt wurden. Anhand vieler Übungsaufgaben können Sie Ihr Verständnis des Stoffes testen, anhand anderer diesen selbstständig weiterentwickeln. Lösungen finden Sie auf der Webseite zum Buch unter www.springer.de.

Herrn Prof. Dr. B. Gramsch danke ich für die Anregung, dieses Buch zu schreiben. Für die kritische Durchsicht von Teilen früherer Versionen des Textes danke ich meiner Frau M. Sc. Paz Kaballo sowie den Herren Dr. P. Furlan, Dipl.-Math. M. Jaraczewski und Dr. J. Sawollek, Herrn Dr. P. Furlan insbesondere auch für sein Programm *TeXCad32*. Nicht zuletzt gilt mein Dank Herrn Dr. A. Rüdinger vom Spektrum-Verlag für die vertrauensvolle Zusammenarbeit.

Dortmund, im Juli 2013   Winfried Kaballo

Inhaltsverzeichnis

I Distributionen und Differentialoperatoren

Übersicht

Ein wesentliches Ziel der Funktionalanalysis ist die *Lösung von Gleichungen*, speziell von *Differential-* oder *Integralgleichungen.* In diesem Buch beschränken wir uns auf *lineare* Gleichungen. Seit der Mitte des 20. Jahrhunderts wurden sehr allgemeine und flexible Methoden zur Untersuchung partieller Differentialgleichungen entwickelt, die allerdings i. A. zunächst nur *schwache* Lösungen liefern. Dieses Konzept geht auf S.L. Sobolev (1938) zurück; um 1950 wurde es dann von L. Schwartz zur *Theorie der Distributionen* erweitert. In diesem Rahmen sind *alle lokal integrierbaren Funktionen differenzierbar;* dabei sind die Ableitungen i. A. keine Funktionen im klassischen Sinn, sondern *verallgemeinerte Funktionen* oder eben *Distributionen.* Der erste Teil des Buches enthält eine Einführung in die Theorie der Distributionen mit einigen Anwendungen auf die Lösung partieller Differentialgleichungen.

Distributionen sind *stetige Linearformen* auf einem *Raum von Testfunktionen.* Dieser ist kein Banachraum, sondern trägt eine kompliziertere *lokalkonvexe Topologie.* Lokalkonvexe Räume und Anwendungen in der Analysis sind das Thema des zweiten Teils des Buches. In diesem ersten Teil diskutieren wir zunächst nur einige grundlegende Konzepte und Aussagen, die für die Theorie der Distributionen benötigt werden. Insbesondere führen wir in Kapitel 1 die wichtige Klasse der *Frécheträume* ein und erinnern in diesem Rahmen an grundlegende *Prinzipien der Funktionalanalysis.*

In Kapitel 2 folgt dann eine Einführung in die Theorie der Distributionen; wir diskutieren insbesondere Testfunktionen sowie Träger, Differentiation, Multiplikation, Tensorprodukte und Faltung von Distributionen. Die *Faltung* ist wesentlich für die Lösung *inhomogener Differentialgleichungen* mittels *Fundamentallösungen* in Kapitel 5.

Die *Fourier-Transformation* ist das Thema von Kapitel 3. Eine ihrer wesentlichen Eigenschaften ist es, *Glattheits-* in *Wachstumsbedingungen* sowie *Differential-* in *Multiplikationsoperatoren* und umgekehrt zu übersetzen. Sie operiert als *Isomorphismus* auf dem *Raum* $\mathcal{S}(\mathbb{R}^n)$ *der schnell fallenden Funktionen* und dessen *Dualraum* $\mathcal{S}'(\mathbb{R}^n)$ *der temperierten Distributionen* sowie zwischen Räumen mit *Träger-Bedingungen* und Räumen *holomorpher Funktionen mit Wachstumsbedingungen*. Auf dem Hilbertraum $L_2(\mathbb{R}^n)$ ist die Fourier-Transformation ein *unitärer* Operator, der in der Orthonormalbasis aus *Hermite-Funktionen diagonal* operiert. Die Hermite-Funktionen sind Eigenfunktionen des *harmonischen Oszillators* (vgl. Abschnitt 16.5) und bilden auch eine *Basis von* $\mathcal{S}(\mathbb{R}^n)$.

In Kapitel 4 untersuchen wir *Sobolev-Räume*, Skalen von Banachräumen und insbesondere von Hilberträumen, mit denen die Regularität von Funktionen und Distributionen gemessen werden kann. Wir zeigen *Approximationssätze* und beweisen die Existenz *stetiger* und *kompakter Einbettungen* von Sobolev-Räumen in Räume von $\mathcal{C}^m$-Funktionen mit Hölder-Bedingungen. Weiter konstruieren wir *Fortsetzungsoperatoren* sowie *Spuroperatoren* zur Einschränkung von Sobolev-Funktionen auf Untermannigfaltigkeiten des $\mathbb{R}^n$.

In Kapitel 5 wenden wir einige der bisher entwickelten Methoden auf partielle Differentialgleichungen an. Wir lösen Anfangswertprobleme für die *Wärmeleitungsgleichung* auf $\mathbb{R}^n$ und beweisen den Satz von Malgrange-Ehrenpreis (1954/55) über die Existenz von *Fundamentallösungen* linearer Differentialoperatoren mit konstanten Koeffizienten. Anschließend gehen wir auf die Frage ein, wann jede Distributionslösung einer Differentialgleichung automatisch eine klassische Lösung ist; Operatoren bzw. Gleichungen mit dieser Eigenschaft heißen nach L. Hörmander (1955) *hypoelliptisch*. Insbesondere *elliptische* Operatoren besitzen diese Eigenschaft; für solche Operatoren konstruieren wir abschließend schwache Lösungen von *Dirichlet-Randwertproblemen* und zeigen einen *Entwicklungssatz* nach Eigenfunktionen.

1   Fréchaträume

Fragen: 1. Welche Konvergenzbegriffe für Funktionenfolgen sind Ihnen bekannt? Welche lassen sich durch Normen, welche durch Metriken beschreiben?
2. Es sei $\Omega \subseteq \mathbb{R}^n$ eine offene Menge. In welchem Sinne operiert ein linearer Differentialoperator $P(\partial) = \sum\limits_{|\alpha| \leq m} a_\alpha \partial^\alpha$ stetig auf dem Raum $\mathcal{C}^\infty(\Omega)$? Wann ist er surjektiv?

Zur Untersuchung *linearer Operatoren* mit geeigneten *Stetigkeitseigenschaften* kombinieren wir Konzepte und Resultate der *Linearen Algebra* mit solchen der *Analysis* und der *Topologie.* Dies führt natürlicherweise zum Konzept eines *topologischen Vektorraums,* das auf J. von Neumann (1935) zurückgeht. In diesem ersten Kapitel beschränken wir uns auf einige grundlegende Konzepte und Aussagen, die für die Theorie der Distributionen benötigt werden. Insbesondere gehen wir auf die wichtige Klasse der *Frécheträume* ein, die die der Banachräume echt umfasst. Ihre Topologie wird durch eine wachsende Folge von *Halbnormen* beschrieben; diese definiert eine translationsinvariante *Metrik,* unter der die Räume *vollständig* sind.

Im ersten Abschnitt stellen wir einige wichtige Funktionenräume der Analysis und zugehörige durch Halbnormen beschriebene Konvergenzbegriffe vor. Anschließend führen wir Frécheträume und stetige lineare Abbildungen im Rahmen lokalkonvexer Räume ein. In Abschnitt 1.3 zeigen wir mittels *Fourier-Entwicklung* die Isomorphie von Räumen periodischer C^∞-Funktionen zu Räumen schnell fallender Folgen. Im letzten Abschnitt diskutieren wir fundamentale *Prinzipien der Funktionalanalysis,* den *Rieszschen Darstellungssatz,* den *Satz von Hahn-Banach,* das *Prinzip der gleichmäßigen Beschränktheit* und den *Satz von der offenen Abbildung.*

1.1 Konvergenzbegriffe und Funktionenräume

Für diesen Aufbaukurs über Funktionalanalysis setzen wir eine gewisse Vertrautheit mit *Hilberträumen* und *Banachräumen* voraus. Wir erinnern zunächst kurz an einige wesentliche Beispiele:

Gleichmäßige Konvergenz. a) Eine Folge (g_k) von Funktionen auf einer Menge M mit Werten im Körper $\mathbb{K} = \mathbb{R}$ oder $\mathbb{K} = \mathbb{C}$ konvergiert *gleichmäßig* gegen eine Funktion g auf M, wenn $\| g - g_k \|_{\sup} \to 0$ gilt. Hierbei bezeichnet

$$\| f \|_{\sup} \,=\, \| f \|_\infty := \, \| f \|_M := \sup_{x \in M} |f(x)|\,, \quad f \in \ell_\infty(M)\,,$$

die *Supremums-Norm* oder *sup-Norm* auf dem Vektorraum $\mathcal{B}(M) = \ell_\infty(M)$ aller auf M beschränkten Funktionen. Unter dieser Norm ist $\ell_\infty(M)$ *vollständig,* also ein *Banachraum.*

b) Für einen *kompakten metrischen* oder *topologischen* Raum K ist der Raum $C(K)$ aller *stetigen* Funktionen auf K ein *abgeschlossener* Unterraum von $\ell_\infty(K)$, also ebenfalls ein *Banachraum.*

Konvergenz im p-ten Mittel. a) Es sei μ ein *positives Maß* auf einer σ-*Algebra* Σ in einer Menge Ω. Für $1 \le p < \infty$ ist

$$\mathcal{L}_p(\mu) := \{f : \Omega \to \mathbb{K} \mid f \text{ ist } \Sigma - \text{messbar und } \textstyle\int_\Omega |f|^p \, d\mu < \infty\}$$

der Raum der p-*integrierbaren* oder p-*summierbaren* Funktionen auf Ω. Mit $L_p(\mu) = \mathcal{L}_p(\mu)/\mathcal{N}$ bezeichnen wir den entsprechenden Raum von *Äquivalenzklassen modulo Nullfunktionen*. Die *Konvergenz im p-ten Mittel* wird durch die L_p-*Norm*

$$\| f \|_{L_p} := \left(\int_\Omega | f(x) |^p \, d\mu \right)^{1/p}$$

beschrieben. Die *Vollständigkeit* von $L_p(\mu)$ folgt aus grundlegenden Sätzen der Integrationstheorie (vgl. etwa [GK], Theorem 1.5). Im Fall $p = 2$ erhält man den *Hilbertraum* $L_2(\mu)$. Das *Lebesgue-Maß* auf $\mathbb{R}^n$ bezeichnen wir mit $\lambda = \lambda_n$, das Volumenmaß auf d-dimensionalen Flächen mit $\sigma = \sigma_d$.

b) Mit dem Zählmaß auf $\mathbb{N}_0$ erhält man speziell die *Folgenräume* ℓ_p, $1 \leq p < \infty$.

c) Eine Σ-messbare Funktion $f : \Omega \to \mathbb{K}$ heißt *wesentlich beschränkt*, Notation: $f \in \mathcal{L}_\infty(\mu)$, wenn es eine Konstante $C \geq 0$ gibt, sodass $| f(x) | \leq C$ für *fast alle* $x \in \Omega$, d. h. außerhalb einer μ-*Nullmenge* gilt. Das Infimum dieser Konstanten $C \geq 0$ heißt *wesentliches Supremum* von $| f |$ und wird mit $\| f \|_{L_\infty}$ bezeichnet. Dieses Infimum ist sogar ein Minimum, da abzählbare Vereinigungen von Nullmengen wieder Nullmengen sind; es gilt also

$$| f(x) | \leq \| f \|_{L_\infty} \quad \text{für fast alle} \quad x \in \Omega.$$

Auch der normierte Raum $L_\infty(\mu) = \mathcal{L}_\infty(\mu)/\mathcal{N}$ ist vollständig.

In der Analysis treten auch interessante Räume auf, deren Topologie *nicht* durch *eine Norm* induziert werden kann:

Gleichmäßige Konvergenz aller Ableitungen.   a) Der Raum $\mathcal{C}^m[a, b]$ der m-mal stetig differenzierbaren Funktionen auf dem Intervall $[a, b]$ ist ein Banachraum unter der $\mathcal{C}^m$-Norm

$$\| f \|_{\mathcal{C}^m} := \sum_{j=0}^m \| f^{(j)} \|_{\sup}.$$

Diese beschreibt die gleichmäßige Konvergenz aller Ableitungen der Ordnung $\leq m$.

b) Nach dem *Weierstraßschen Approximationssatz* (vgl. [GK], Theorem 5.6) ist für alle $m \in \mathbb{N}_0$ der Raum $\mathcal{C}^\infty[a, b]$ *dicht* in $\mathcal{C}^m[a, b]$, also *nicht vollständig* unter einer festen $\mathcal{C}^m$-Norm. Vollständigkeit ist jedoch eine wesentliche Voraussetzung für wichtige Prinzipien der Funktionalanalysis (vgl. Abschnitt 1.4).

c) Daher betrachten wir die *abzählbar vielen Normen*

$$\| \quad \|_{\mathcal{C}^0} \leq \| \quad \|_{\mathcal{C}^1} \leq \| \quad \|_{\mathcal{C}^2} \leq \dots \tag{1}$$

auf $\mathcal{C}^\infty[a, b]$ *gleichzeitig*. Dies beschreibt dann die *gleichmäßige Konvergenz aller Ableitungen* $(f_k^{(m)})$, $m \in \mathbb{N}_0$, von Funktionenfolgen (f_k) in $\mathcal{C}^\infty[a, b]$. Dieser Konvergenzbegriff kann durch eine *Metrik* induziert werden (vgl. Satz 1.1 auf S. 10). Unter dieser Metrik ist dann $\mathcal{C}^\infty[a, b]$ doch *vollständig*:

d) Es sei (f_k) eine Folge in $\mathcal{C}^\infty[a,b]$, die in allen $\mathcal{C}^m$-Normen eine Cauchy-Folge ist. Da $\mathcal{C}^m[a,b]$ vollständig ist, gibt es $g_m \in \mathcal{C}^m[a,b]$ mit $\| f_k - g_m \|_{\mathcal{C}^m} \to 0$ für $k \to \infty$. Wegen (1) gilt $g_m = g_0$ für alle $m \in \mathbb{N}$; folglich hat man $g_0 \in \mathcal{C}^\infty[a,b]$ und $\| f_k - g_0 \|_{\mathcal{C}^m} \to 0$ für alle $m \in \mathbb{N}$.

Wir fixieren nun einige

Notationen. a) Es sei Ω ein Hausdorff-Raum. Die Notation $\omega \Subset \Omega$ bedeutet, dass ω eine Teilmenge von Ω ist, deren Abschluss $\overline{\omega}$ bezüglich Ω *kompakt* ist.

b) Es sei M ein metrischer Raum. Für $A \subseteq M$ bezeichnen wir mit

$$d_A(x) := \inf \{ d(x,a) \mid a \in A \}$$

die *Distanz* eines Punktes $x \in M$ zu A. Weiter ist für $\varepsilon > 0$

$$A_\varepsilon := \{ x \in M \mid d_A(x) < \varepsilon \}$$

die ε-*Umgebung* von A.

c) Das Skalarprodukt auf $\mathbb{K}^n$ bezeichnen wir mit

$$\langle x|y \rangle \;=\; \sum_{j=1}^n x_j \overline{y_j}, \quad \text{mit} \quad |x| \;=\; \| x \|_2 \;=\; \langle x|x \rangle^{1/2} \;=\; \Big(\sum_{j=1}^n |x_j|^2 \Big)^{1/2}$$

die *Euklidische Norm* eines Vektors in $\mathbb{K}^n$.

d) Nun sei $\Omega \subseteq \mathbb{R}^n$ offen. Tritt in einer Ableitung m-ter Ordnung $\partial_{i_m} \cdots \partial_{i_1} f$ von $f \in \mathcal{C}^m(\Omega)$ die Ableitung ∂_j genau α_j mal auf, so fassen wir die Indizes $\alpha_1, \ldots, \alpha_n$ zu *Tupeln* oder *Multiindizes* $\alpha = (\alpha_1, \ldots, \alpha_n) \in \mathbb{N}_0^n$ zusammen und schreiben

$$\partial^\alpha f := \partial_1^{\alpha_1} \cdots \partial_n^{\alpha_n} f := \frac{\partial^m f}{\partial x_1^{\alpha_1} \cdots \partial x_n^{\alpha_n}} := \partial_{i_m} \cdots \partial_{i_1} f.$$

e) Weiter sei $|\alpha| = \sum_{j=1}^n \alpha_j$ die Länge von α (nicht zu verwechseln mit der Euklidischen Norm!), und für ein Tupel $x \in \mathbb{R}^n$ schreiben wir $x^\alpha := x_1^{\alpha_1} \cdot x_2^{\alpha_2} \cdots x_n^{\alpha_n}$. Schließlich sei $\alpha! := \alpha_1! \cdots \alpha_n!$, und durch $\binom{\alpha}{\beta} := \binom{\alpha_1}{\beta_1} \cdots \binom{\alpha_n}{\beta_n} = \frac{\alpha!}{\beta! \, (\alpha - \beta)!}$ für $\beta \leq \alpha$, d. h. für $\beta_j \leq \alpha_j$ für $j = 1, \ldots, n$, definieren wir Binomialkoeffizienten.

Lokal gleichmäßige Konvergenz. a) Es sei $\Omega \subseteq \mathbb{K}^n$ offen. Durch

$$p_K(f) := \sup_{x \in K} |f(x)|, \quad K \subseteq \Omega \text{ kompakt},$$

werden *Halb*normen auf $\mathcal{C}(\Omega)$ definiert. Eine Folge (f_k) in $\mathcal{C}(\Omega)$ konvergiert *lokal gleichmäßig* auf Ω gegen $f \in \mathcal{C}(\Omega)$, wenn für alle kompakten Mengen $K \subseteq \Omega$ stets $p_K(f_k - f) \to 0$ gilt.

b) Die lokal gleichmäßige Konvergenz kann bereits durch *abzählbar* viele Halbnormen beschrieben werden. Dazu konstruieren wir eine *kompakte Ausschöpfung* von Ω:

Wir betrachten die beschränkten offenen Teilmengen

$$\Omega_j := \{x \in \Omega \mid |x| < j, \, d_{\partial\Omega}(x) > \tfrac{1}{j}\} \tag{2}$$

von Ω und ihre kompakten Abschlüsse $K_j := \overline{\Omega_j}$ (vgl. Abb. 1.1). Es gilt

$$\Omega_1 \subseteq K_1 \subseteq \Omega_2 \subseteq \ldots \subseteq K_j \subseteq \Omega_{j+1} \subseteq \ldots \quad \text{und} \quad \Omega = \bigcup_{j=1}^{\infty} \Omega_j. \tag{3}$$

Jede kompakte Menge $K \subseteq \Omega$ liegt in einem Ω_j, und daher hat man $p_K \leq p_{K_j} =: p_j$. Die lokal gleichmäßige Konvergenz im Raum $\mathcal{C}(\Omega)$ wird also durch die Bedingung $p_j(f_k - f) \to 0$ für alle $j \in \mathbb{N}$ beschrieben.

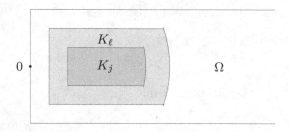

Abb. 1.1: Eine Ausschöpfung

c) Zwar sind alle p_j nur *Halb*normen, doch gilt

$$\forall \, 0 \neq f \in \mathcal{C}(\Omega) \; \exists \, j \in \mathbb{N} \; : \; p_j(f) > 0.$$

Daher kann ähnlich wie im Fall $\mathcal{C}^\infty[a,b]$ auch dieser Konvergenzbegriff durch eine *Metrik* induziert werden. Damit ist $\mathcal{C}(\Omega)$ *vollständig*, da die Stetigkeit bei lokal gleichmäßiger Konvergenz erhalten bleibt.

d) Für eine offene Menge $\Omega \subseteq \mathbb{C}$ ist der *Raum* $\mathscr{H}(\Omega)$ der *holomorphen Funktionen auf* Ω nach einem *Satz von Weierstraß* (vgl. [Kaballo 1999], 22.20) bezüglich lokal gleichmäßiger Konvergenz ein *abgeschlossener* Unterraum von $\mathcal{C}(\Omega)$, also ebenfalls *vollständig*.

Lokal gleichmäßige Konvergenz aller Ableitungen.   a) Für eine offene Menge $\Omega \subseteq \mathbb{K}^n$, kompakte Mengen $K \subseteq \Omega$ und $m \in \mathbb{N}$ betrachten wir auf dem Raum $\mathcal{C}^m(\Omega)$ die Halbnormen

$$p_{K,m}(f) := \sum_{|\alpha|=0}^{m} \sup_{x \in K} |\partial^\alpha f(x)|.$$

Diese beschreiben die *lokal gleichmäßige Konvergenz aller Ableitungen* der Ordnung $\leq m$ einer Funktionenfolge. Mit einer kompakten Ausschöpfung (K_j) von Ω wie in (3) genügen die abzählbar vielen Halbnormen $p_{K_j,m}$, $j \in \mathbb{N}$.

b) Auf dem Raum $\mathcal{E}(\Omega) := \mathcal{C}^{\infty}(\Omega)$ beschreiben die Halbnormen

$$p_{K,j}(f) := \sum_{|\alpha|=0}^{j} \sup_{x \in K} |\partial^{\alpha} f(x)|, \quad K \subseteq \Omega \text{ kompakt}, \ j \in \mathbb{N}, \tag{4}$$

die *lokal gleichmäßige Konvergenz aller Ableitungen* einer Funktionenfolge. In diesem Sinne konvergieren *Potenzreihen* auf ihren Konvergenzkreisen bzw. Konvergenzintervallen. Es genügen die abzählbar vielen Halbnormen $p_j := p_{K_j, j}$, $j \in \mathbb{N}$.

c) Für $m \in \mathbb{N} \cup \{\infty\}$ sind die Räume $\mathcal{C}^m(\Omega)$ unter den angegebenen Halbnormen *vollständig*.

Räume von Funktionen mit kompakten Trägern. a) Es sei Ω ein topologischer Raum. Der *Träger ("support")* einer Funktion $f : \Omega \to \mathbb{C}$ wird definiert als

$$\operatorname{supp} f := \overline{\{x \in \Omega \mid f(x) \neq 0\}} \subseteq \Omega.$$

b) Für eine Menge $A \subseteq \mathbb{R}^n$ und $m \in \mathbb{N}_0 \cup \{\infty\}$ sei

$$\mathcal{C}_c^m(A) := \{\varphi \in \mathcal{C}^m(\mathbb{R}^n) \mid \operatorname{supp} \varphi \Subset A\}$$

der Raum aller $\mathcal{C}^m$-Funktionen, deren *Träger* eine *kompakte* Teilmenge von A ist.

c) Für eine *kompakte* Menge $L \subseteq \mathbb{R}^n$ ist $\mathcal{C}_c^m(L)$ ein abgeschlossener Unterraum von $\mathcal{C}^m(\mathbb{R}^n)$. Für $L \subseteq K$ sind die obigen Halbnormen $p_{K,j}$ für $j \leq m$ auf $\mathcal{C}_c^m(L)$ *Normen* (und unabhängig von K). Im Fall $0 \leq m < \infty$ ist daher $\mathcal{C}_c^m(L)$ ein *Banachraum*.

Der folgende „naivste" aller Konvergenzbegriffe kann i. A. *nicht* durch eine *Metrik* induziert werden:

Punktweise Konvergenz. Die punktweise Konvergenz auf einer Menge M wird beschrieben durch die Halbnormen

$$p_A(f) := \sup_{x \in A} |f(x)|, \quad A \subseteq M \text{ endlich};$$

ein Beispiel dafür ist etwa die *schwache Konvergenz* auf einem Banachraum (vgl. [GK], Kapitel 10). Sie wird induziert durch die *Produkttopologie* von $\mathbb{K}^M$ (vgl. Abschnitt 7.2); diese ist nur für abzählbare Mengen M metrisierbar.

1.2 Halbnormen und lokalkonvexe Topologien

Alle in Abschnitt 1.1 auftretenden Konvergenzbegriffe lassen sich durch das folgende Konzept beschreiben, das auf J. von Neumann (1935) und A.N. Tychonoff (1935) zurückgeht:

Lokalkonvexe Räume. a) Für eine Halbnorm p auf einem Vektorraum E betrachten wir für $\varepsilon > 0$ die *offenen* und *abgeschlossenen* „ε -Kugeln"

$$U_{p,\varepsilon} := U_{p,\varepsilon}^E := \{x \in E \mid p(x) < \varepsilon\} \text{ und } \overline{U}_{p,\varepsilon} := \overline{U}_{p,\varepsilon}^E := \{x \in E \mid p(x) \le \varepsilon\}.$$

Diese Kugeln sind konvex, sogar *absolutkonvex*. Eine Menge $A \subseteq E$ heißt absolutkonvex, falls für $x, y \in A$ und $\alpha, \beta \in \mathbb{K}$ mit $|\alpha| + |\beta| \le 1$ auch $\alpha x + \beta y \in A$ gilt. Im Fall von *Einheitskugeln* schreiben wir einfach U_p statt $U_{p,1}$ und $\overline{U}_p$ statt $\overline{U}_{p,1}$.

b) Nun sei $\mathbb{H}$ ein *gerichtetes System* von Halbnormen auf E, d. h. es gelte

$$\forall\ p_1, p_2 \in \mathbb{H}\ \exists\ p_3 \in \mathbb{H}\ :\ \max\{p_1, p_2\} \le p_3. \tag{5}$$

Eine Menge $D \subseteq E$ heißt *offen*, falls zu jedem Punkt $a \in D$ ein $p \in \mathbb{H}$ und ein $\varepsilon > 0$ existieren, sodass $U_{p,\varepsilon}(a) := a + U_{p,\varepsilon} \subseteq D$ gilt. Wegen (5) wird dadurch eine *Topologie* $\mathfrak{T} = \mathfrak{T}(\mathbb{H})$ auf E definiert, vgl. auch Satz 6.2 auf S. 137.

c) Diese Topologie ist offenbar *translationsinvariant*, und die algebraischen Operationen $+ : E \times E \to E$ und $\cdot : \mathbb{K} \times E \to E$ sind *stetig*. Der *topologische Vektorraum* $E = (E, \mathfrak{T}) = (E, \mathbb{H})$ heißt *lokalkonvex*, weil der Nullpunkt (und damit jeder Punkt) eine *Umgebungsbasis aus konvexen Mengen* besitzt, nämlich beispielsweise

$$\mathbb{U} := \mathbb{U}(E) := \mathbb{U}(\mathbb{H}) := \{\overline{U}_{p,\varepsilon} \mid p \in \mathbb{H},\ \varepsilon > 0\}.$$

Die Nullumgebungen in $\mathbb{U}$ sind sogar *absolutkonvex* und in $(E, \mathfrak{T})$ auch *abgeschlossen*.

d) Wegen $|p(x) - p(y)| \le p(x - y)$ sind die Halbnormen $p \in \mathbb{H}$ *stetig* auf $(E, \mathfrak{T})$. Mit $\mathfrak{H}(E)$ bezeichnen wir das gerichtete System *aller stetigen Halbnormen* auf E. Jedes gerichtete System $\mathbb{H}'$ von Halbnormen auf E mit $\mathfrak{T} = \mathfrak{T}(\mathbb{H}')$ heißt *Fundamentalsystem* von Halbnormen auf E und zu $\mathbb{H}$ *äquivalent*. Offenbar ist $\mathfrak{H}(E)$ das größtmögliche solche System.

e) Ein *abzählbares* Fundamentalsystem $\{p_j\}_{j \in \mathbb{N}}$ ist zu dem *wachsenden* abzählbaren Fundamentalsystem

$$\{p'_j = \max\{p_1, \dots, p_j\}\}_{j \in \mathbb{N}}$$

äquivalent. Mit $\mathbb{H}(E)$ bezeichnen wir stets ein Fundamentalsystem von Halbnormen auf einem lokalkonvexen Raum E; dieses sei stets abzählbar und wachsend, falls ein solches System auf E existiert.

f) Der Raum E ist genau dann *separiert* oder *Hausdorffsch*, wenn gilt

$$\forall\ 0 \ne x \in E\ \exists\ p \in \mathbb{H}\ :\ p(x) > 0. \tag{6}$$

g) Ein Unterraum G eines lokalkonvexen Raumes $(E, \mathbb{H})$ ist ebenfalls ein lokalkonvexer Raum, dessen Halbnormen einfach durch Einschränkung der Halbnormen aus $\mathbb{H}$ auf G gegeben sind.

Wir charakterisieren nun die *Metrisierbarkeit* lokalkonvexer Räume:

(F)-Normen. a) Es sei $\mathbb{H} = \{p_j\}_{j \in \mathbb{N}}$ ein wachsendes abzählbares System von Halbnormen auf einem Vektorraum E. Wir zeigen in b) unten, dass durch

$$\phi(x) := \sum_{j=1}^{\infty} \frac{1}{2^j} \frac{p_j(x)}{1 + p_j(x)}, \quad x \in E, \tag{7}$$

eine *(F)-Halbnorm* $\phi : E \to [0, \infty)$ definiert wird. Dies bedeutet

$$\phi(x + y) \le \phi(x) + \phi(y) \quad \text{für } x, y \in E, \tag{8}$$

$$\phi(\alpha x) \le \phi(x) \quad \text{für } \alpha \in \mathbb{K} \text{ mit } |\alpha| \le 1 \text{ und } x \in E, \tag{9}$$

$$\alpha_n \to 0 \;\Rightarrow\; \phi(\alpha_n x) \to 0 \quad \text{für } x \in E. \tag{10}$$

Die Eigenschaften (9) und (10) sind Abschwächungen der absoluten Homogenität $p(\alpha x) = |\alpha| \, p(x)$ einer Halbnorm. Aus (9) folgt auch $\phi(\alpha x) = \phi(x)$ für $|\alpha| = 1$; aus (8) und (9) ergibt sich

$$\phi(\alpha x) \le k \, \phi(x) \quad \text{für } \alpha \in \mathbb{K} \text{ mit } |\alpha| \le k \in \mathbb{N}. \tag{11}$$

Beachten Sie bitte, dass „*Kugeln*"

$$\overline{U}_{\phi, \varepsilon} := \{x \in E \mid \phi(x) \le \varepsilon\}$$

bezüglich einer (F)-Halbnorm i. A. *nicht konvex* sind.

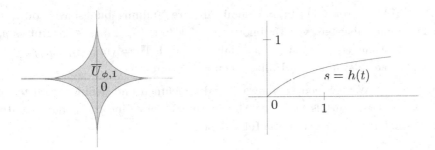

Abb. 1.2: Eine „Kugel" für $\phi(x, y) = |x|^{1/2} + |y|^{1/2}$ und eine Hilfsfunktion

b) Durch (7) wird in der Tat eine (F)-Halbnorm auf E definiert: Zum Nachweis der Eigenschaften (8) und (9) beachten wir, dass die Hilfsfunktion (vgl. Abb. 1.2)

$$h : [0, \infty) \to [0, 1), \quad t \mapsto \frac{t}{1+t}, \tag{12}$$

wegen $h'(t) = \frac{1}{(1+t)^2}$ streng monoton wachsend ist. Zum Nachweis von (10) sei $\varepsilon > 0$. Wir wählen $k \in \mathbb{N}$ mit $2^{-k} < \varepsilon$ und erhalten $\phi(\alpha_n x) \le \sum_{j=1}^{k} \frac{1}{2^j} \frac{|\alpha_n| \, p_j(x)}{1 + p_j(\alpha_n x)} + 2^{-k} \le 2\varepsilon$ für genügend große n.

c) Gilt nun zusätzlich (6), so ist ϕ eine (F)-*Norm*, d. h. man hat

$$\phi(x) = 0 \;\Rightarrow\; x = 0. \tag{13}$$

In diesem Fall wird durch

$$d(x,y) := \phi(x-y), \quad x,y \in E, \tag{14}$$

eine *translationsinvariante Metrik* auf E definiert.

d) Die Aussagen in a) und b) gelten auch, wenn die p_j selbst nur als (F)-Halbnormen vorausgesetzt werden.

Der folgende Satz ist ein Spezialfall eines Resultats von G. Birkhoff (1936) und S. Kakutani (1936) über die Metrisierbarkeit topologischer Gruppen, vgl. auch S. 138.

Satz 1.1
Für einen lokalkonvexen Raum $(E, \mathfrak{T})$ sind äquivalent:

(a) $\mathfrak{T}$ ist metrisierbar.

(b) $\mathfrak{T}$ ist Haudorffsch und besitzt eine abzählbare Nullumgebungsbasis.

(c) $(E, \mathfrak{T})$ besitzt ein abzählbares Fundamentalsystem von Halbnormen $\mathbb{H}$ mit Eigenschaft (6).

BEWEIS. „(a) $\Rightarrow$ (b)" ist klar.

„(b) $\Rightarrow$ (c)": Es seien $\{V_n\}_{n\in\mathbb{N}}$ eine abzählbare Nullumgebungsbasis von $\mathfrak{T}$ und $\mathbb{H}^*$ ein Fundamentalsystem von Halbnormen auf E mit (6). Für $n \in \mathbb{N}$ gibt es $p_n \in \mathbb{H}^*$ und $\varepsilon_n > 0$ mit $\overline{U}_{p_n,\varepsilon_n} \subseteq V_n$, und daher ist auch $\mathbb{H} := \{\max\{p_1,\ldots,p_n\} \mid n \in \mathbb{N}\}$ ein Fundamentalsystem von Halbnormen auf E mit (6).

„(c) $\Rightarrow$ (a)": Wir können $\mathbb{H}$ als wachsend annehmen und definieren mittels (7) eine (F)-Norm sowie mittels (14) eine Metrik auf E. Diese induziert dann die Topologie $\mathfrak{T}(\mathbb{H})$ auf E, genauer gelten die Inklusionen

$$\overline{U}_{p_k,\varepsilon} \subseteq \overline{U}_{\phi,2\varepsilon} \quad \text{für } 2^{-k} < \varepsilon \quad \text{und} \quad \overline{U}_{\phi,2^{-k}\varepsilon} \subseteq \overline{U}_{p_k,2\varepsilon} \quad \text{für } \varepsilon < \tfrac{1}{2}.$$

Für $x \in \overline{U}_{p_k,\varepsilon}$ gilt in der Tat $p_k(x) \leq \varepsilon$ und somit $\phi(x) \leq \sum\limits_{j=1}^{k} \frac{1}{2^j} \frac{p_j(x)}{1+p_j(x)} + 2^{-k} \leq 2\varepsilon$.

Aus $\phi(x) \leq 2^{-k}\varepsilon$ folgt umgekehrt $\frac{p_k(x)}{1+p_k(x)} \leq \varepsilon < \tfrac{1}{2}$. Für die Hilfsfunktion h aus (12) gilt $h^{-1}(s) = \frac{s}{1-s} \leq 2s$ für $0 \leq s \leq \tfrac{1}{2}$, und daraus folgt $p_k(x) \leq 2\varepsilon$. $\Diamond$

Die folgenden wichtigen Konzepte sind nach M. Fréchet benannt, der 1906 den Begriff des *metrischen Raumes* einführte.

(F)-Räume und Frécheträume.   a) Ein *vollständiger* metrisierbarer lokalkonvexer Raum heißt *Fréchetraum*.

b) Nach dem Beweis von Satz 1.1 lässt sich die Topologie eines metrisierbareren lokalkonvexen Raumes gemäß (7) und (14) durch eine (F)-Norm induzieren. Allgemeiner definiert jede (F)-Norm eine translationsinvariante Metrik auf einem Vektorraum E; dieser heißt dann (F)-*normiert*.

c) Ein *vollständiger* (F)-normierter Raum heißt (F)-*Raum*. Beispiele *nicht lokalkonvexer* (F)-Räume folgen auf S. 138.

Beispiele.   a) Jeder Banachraum ist ein Fréchetraum.

b) Die Räume $\mathcal{C}^\infty[a,b]$, $\mathcal{C}(\Omega)$, $\mathscr{H}(\Omega)$, $\mathcal{E}(\Omega) = \mathcal{C}^\infty(\Omega)$ und $\mathscr{D}(K) := \mathcal{C}^\infty_c(K)$ aus Abschnitt 1.1 sind ebenfalls Frécheträume.

c) Der *Raum der schnell fallenden Folgen* über $\mathbb{Z}^n$ ist gegeben durch

$$s(\mathbb{Z}^n) := \{x = (x_k)_{k\in\mathbb{Z}^n} \mid \forall\, j \in \mathbb{N}_0 \;:\; \|x\|_j := \sup_{k\in\mathbb{Z}^n} \langle k\rangle^j \,|x_k| < \infty\};$$

hierbei haben wir die Notation

$$\langle \xi\rangle := (1+|\xi|^2)^{1/2}, \quad \xi \in \mathbb{R}^n,$$

verwendet. Beispiele für Folgen in $s(\mathbb{Z})$ sind etwa $(2^{-|k|})$ oder (e^{-k^2}). Mit den angegebenen Normen ist $s(\mathbb{Z}^n)$ ein Fréchetraum. Analog kann man auch die Frécheträume $s(\mathbb{N})$ oder $s(\mathbb{N}_0)$ definieren.

d) Der *Raum ω aller Folgen* ist ein Fréchetraum unter den Halbnormen

$$p_j(x) := \sup_{k=0}^{j} |x_k|, \quad x = (x_k) \in \omega, \quad j \in \mathbb{N}_0.$$

Die entsprechende Konvergenz ist die *punktweise* Konvergenz auf $\mathbb{N}_0$.

Beschränkte Mengen.   a) Eine Teilmenge $B \subseteq E$ eines lokalkonvexen Raumes E heißt *beschränkt*, falls jede stetige Halbnorm auf B beschränkt ist.

b) Kompakte Mengen sind beschränkt.

c) Das System $\mathfrak{B} = \mathfrak{B}(E)$ der beschränkten Teilmengen von E besitzt folgende *Permanenzeigenschaften:*

Teilmengen beschränkter Mengen sind ebenfalls beschränkt. Aus $A, B \in \mathfrak{B}$ und $\alpha \in \mathbb{K}$ folgen auch $A \cup B \in \mathfrak{B}$ und $\alpha A + B \in \mathfrak{B}$; auch die *absolutkonvexe Hülle*

$$\Gamma(B) := \{\sum_{k=1}^{n} s_k x_k \mid n \in \mathbb{N}, \, x_k \in B, \, s_k \in \mathbb{K}, \, \sum_{k=1}^{n} |s_k| \le 1\}$$

von B (vgl. [GK], S. 186 und Abb. 1.3) ist beschränkt.

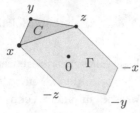

Abb. 1.3: Konvexe Hülle $C = \text{co}\{x, y, z\}$ und absolutkonvexe Hülle $\Gamma = \Gamma\{x, y, z\}$ von drei Punkten in $\mathbb{R}^2$

d) *Nullumgebungen* sind nur im Fall halbnormierter Räume beschränkt; diese Aussage stammt von A.N. Kolmogorov (1934). Ist für $p \in \mathfrak{H}(E)$ nämlich $\overline{U}_p$ beschränkt, so gilt $\sup\{q(x) \mid p(x) \leq 1\} < \infty$ für alle Halbnormen $q \in \mathfrak{H}(E)$, und man hat Abschätzungen $q(x) \leq C\,p(x)$. Somit ist $\{p\}$ ein Fundamentalsystem von Halbnormen auf E. Ist E *Hausdorffsch,* so muss p eine *Norm* sein.

e) Beachten Sie bitte, dass im Fall metrisierbarer lokalkonvexer Räume der Beschränktheitsbegriff *nicht* mittels der Metrik (14) definiert werden kann; in der Tat ist die (F)-Norm aus (7) auf dem ganzen Raum beschränkt!

Präkompakte Mengen.   a) Eine Menge $A \subseteq E$ in einem lokalkonvexen Raum E heißt *präkompakt,* wenn zu jeder Nullumgebung $U \in \mathbb{U}$ endlich viele Punkte $a_1, \ldots, a_r \in A$ existieren mit $A \subseteq \bigcup\limits_{j=1}^{r} (a_j + U)$.

b) Kompakte Mengen und auch Cauchy-Folgen sind präkompakt; präkompakte Mengen sind beschränkt.

c) Das System $\mathfrak{C} = \mathfrak{C}(E)$ der präkompakten Teilmengen von E besitzt *Permanenzeigenschaften* wie das System $\mathfrak{B}(E)$:

Teilmengen präkompakter Mengen sind ebenfalls präkompakt. Aus $A, B \in \mathfrak{C}$ und $\alpha \in \mathbb{K}$ folgen auch $A \cup B \in \mathfrak{C}$, $\alpha A + B \in \mathfrak{C}$ sowie $\Gamma(A) \in \mathfrak{C}$.

d) Präkompaktheit ist ein *uniformer* Begriff (vgl. S. 140). Wie im Fall metrischer Räume ist eine Menge $A \subseteq E$ genau dann *kompakt,* wenn sie *präkompakt* und *vollständig* ist, vgl. Aufgabe 6.7.

Montelräume.   a) Nach dem *Satz von Montel* (vgl. [Kaballo 1999], Satz 22.21) sind alle beschränkten Mengen in dem Frécheraum $\mathscr{H}(\Omega)$ relativ kompakt. Allgemeiner wird ein Frécheraum mit dieser Eigenschaft *Montelraum* oder *Fréchet-Montelraum* genannt.

b) Mit dem *Satz von Arzelà-Ascoli* (vgl. [GK], Theorem 2.5) und einem Diagonalfolgen-Argument sieht man, dass auch die Frécheräume $\mathcal{C}^\infty[a, b]$, $\mathcal{E}(\Omega)$ und $\mathscr{D}(K) = \mathcal{C}_c^\infty(K)$ Montelräume sind. Dies gilt auch für die Folgenräume s und ω.

c) Ein *normierter* Raum X ist nur im Fall $\dim X < \infty$ ein Montelraum (vgl. [GK], Satz 3.8).

1.3   Stetige lineare Abbildungen und Isomorphien

Für die *Stetigkeit linearer Abbildungen* gelten folgende Äquivalenzen:

Satz 1.2
Es seien E und F lokalkonvexe Räume und $T : E \to F$ linear. Dann sind äquivalent:

(a) $\forall\, q \in \mathbb{H}(F)\ \exists\, p \in \mathbb{H}(E)\,,\, C \geq 0\ \forall\, x \in E\ :\ q(Tx) \leq C\,p(x)\,,$

(b) $\forall\, V \in \mathbb{U}(F)\ \exists\, U \in \mathbb{U}(E)\ :\ T(U) \subseteq V\,,$

(c) T *ist stetig auf E,*

(d) T *ist in einem Punkt $a \in E$ stetig.*

BEWEIS. „(a) $\Rightarrow$ (b)": Zu $V \in \mathbb{U}(F)$ gibt es $q \in \mathbb{H}(F)$ und $\varepsilon > 0$ mit $\overline{U}_{q,\varepsilon} \subseteq V$. Für $U := U_{p,\varepsilon/C}$ gilt dann $T(U) \subseteq V$.

„(b) $\Rightarrow$ (c)": Wegen der Linearität von T folgt aus (b) sofort

$$\forall\, V \in \mathbb{U}(F)\ \exists\, U \in \mathbb{U}(E)\ \forall\, x,y \in E\ :\ x - y \in U \Rightarrow Tx - Ty \in V\,. \tag{15}$$

„(d) $\Rightarrow$ (a)": Nun sei T in $a \in E$ stetig. Zu $q \in \mathbb{H}(F)$ gibt es dann $p \in \mathbb{H}(E)$ und $\delta > 0$ mit $p(x - a) \leq \delta \Rightarrow q(Tx - Ta) \leq 1$ für $x \in E$. Für $y \in E$ mit $p(y) \leq \delta$ folgt also $q(Ty) \leq 1$, und daraus ergibt sich (a) mit $C = \frac{1}{\delta}$. $\Diamond$

Folgerung.   Eine Linearform $u : E \to \mathbb{K}$ ist genau dann stetig, falls gilt:

$$\exists\, p \in \mathfrak{H}(E)\,,\, C \geq 0\ \forall\, x \in E\ :\ |u(x)| \leq C\,p(x)\,. \tag{16}$$

Beispiel.   Es sei $\Omega \subseteq \mathbb{R}^n$ offen. Eine Linearform $v : \mathcal{E}(\Omega) \to \mathbb{K}$ ist genau dann stetig, wenn es eine kompakte Menge $K \subseteq \Omega$, ein $j \in \mathbb{N}_0$ und $C \geq 0$ gibt mit

$$|v(\varphi)| \leq C \sum_{|\alpha|=0}^{j} \sup_{x \in K} |\partial^\alpha \varphi(x)|\quad \text{für alle } \varphi \in \mathcal{E}(\Omega)\,. \tag{17}$$

Mit $L(E,F)$ bezeichnen wir den Raum aller stetigen linearen Abbildungen von E nach F, mit $E' = L(E,\mathbb{K})$ den *Dualraum* von E. Für $T \in L(E,F)$ gilt offenbar $T(\mathfrak{B}(E)) \subseteq \mathfrak{B}(F)$ und $T(\mathfrak{C}(E)) \subseteq \mathfrak{C}(F)$.

Eine lineare Abbildung $T : E \to F$ heißt *Isomorphismus*, wenn T bijektiv ist und T und T^{-1} stetig sind. Lokalkonvexe Räume E, F heißen *isomorph*, Notation: $E \simeq F$, wenn es einen Isomorphismus von E auf F gibt.

Für lineare Abbildungen auf *endlichdimensionalen* Räumen gilt:

Satz 1.3

Ein Hausdorffscher lokalkonvexer Raum E mit $\dim E = n < \infty$ *ist isomorph zum Hilbertraum ℓ_2^n. Jede lineare Abbildung $T : E \to F$ in einen lokalkonvexen Raum F ist stetig.*

BEWEIS. a) Es sei $T : \ell_2^n \to F$ eine lineare Abbildung. Für $x \in \mathbb{K}^n$ hat man die Darstellung $x = \sum\limits_{k=1}^{n} x_k e_k$ mit den Einheitsvektoren $e_k \in \mathbb{K}^n$. Für $q \in \mathfrak{H}(F)$ folgt

$$q(Tx) = q(\sum_{k=1}^{n} x_k T e_k) \leq \sum_{k=1}^{n} |x_k| \, q(T e_k) \leq (\sum_{k=1}^{n} q(T e_k)^2)^{1/2} |x|$$

mit der Euklidischen Norm $|x| = \|x\|_2$, und somit ist $T : \ell_2^n \to F$ stetig.

b) Mit einer Basis $\{b_1, \dots, b_n\}$ von E wird durch $J : \sum\limits_{k=1}^{n} x_k e_k \mapsto \sum\limits_{k=1}^{n} x_k b_k$ eine lineare Isomorphie von ℓ_2^n auf E definiert. Nach a) ist J stetig.

c) Zu $x \in \mathbb{K}^n$ mit $|x| = 1$ gibt es wegen (6) ein $p_x \in \mathfrak{H}(E)$ mit $p_x(Jx) > 0$, und wegen der Stetigkeit von p_x und J gilt auch $p_x(Jy) > 0$ für alle y in einer Umgebung von x. Wegen ihrer Kompaktheit wird die Einheitssphäre $S = \{x \in \mathbb{K}^n \mid |x| = 1\}$ von endlich vielen solcher Umgebungen überdeckt. Für $p := \max\{p_{x_1}, \dots, p_{x_r}\} \in \mathfrak{H}(E)$ ist somit $p \circ J > 0$ auf S. Wiederum wegen der Kompaktheit von S gibt es ein $\alpha > 0$ mit $p(Jy) \geq \alpha$ für alle $y \in S$. Daher ist p eine *Norm* auf E, und es gilt die Abschätzung $p(Jx) \geq \alpha |x|$ für alle $x \in \ell_2^n$. $\diamond$

Äquivalente Systeme von Halbnormen. a) Gerichtete Systeme $\mathbb{H}$ und $\mathbb{H}'$ von Halbnormen auf einem Vektorraum E sind genau dann äquivalent, wenn die Identität von $(E, \mathbb{H})$ auf $(E, \mathbb{H}')$ ein Isomorphismus ist. Nach Satz 1.2 ist dies äquivalent zur Gültigkeit von Abschätzungen

$$\forall\, q \in \mathbb{H}' \,\exists\, p \in \mathbb{H}, \, C \geq 0 : q \leq C p \quad \text{und} \quad \forall\, p \in \mathbb{H} \,\exists\, q \in \mathbb{H}', \, C \geq 0 : p \leq C q.$$

b) Für eine offene Menge $\Omega \subseteq \mathbb{C}$ ist der Raum der holomorphen Funktionen

$$\mathscr{H}(\Omega) = \{f \in \mathscr{E}(\Omega) \mid \tfrac{\partial}{\partial \bar{z}} f = 0\}$$

ein abgeschlossener Unterraum von $\mathscr{E}(\Omega)$. Somit ist $\mathscr{H}(\Omega)$ ein Fréchetraum sowohl unter der von $\mathscr{E}(\Omega)$ als auch der von $\mathcal{C}(\Omega)$ induzierten Topologie. Nach dem *Satz vom inversen Operator* 1.17 auf S. 22 stimmen die beiden induzierten Topologien überein. Die Äquivalenz der entsprechenden Fundamentalsysteme von Halbnormen ergibt sich auch aus den *Cauchy-Abschätzungen* (vgl. [Kaballo 1999], Satz 22.17)

$$\sup_{z \in K} |f^{(j)}(z)| \leq j! \, \varepsilon^{-j} \sup_{\zeta \in K_\varepsilon} |f(\zeta)|, \quad j \in \mathbb{N}, \; f \in \mathscr{H}(\Omega);$$

hierbei ist $K \subseteq \Omega$ kompakt und $\varepsilon > 0$, sodass auch $K_\varepsilon \subseteq \Omega$ gilt (vgl. Abb. 1.4).

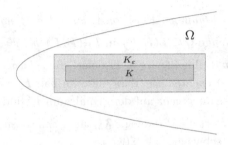

Abb. 1.4: Cauchy-Abschätzungen

Gleichmäßige Stetigkeit und Gleichstetigkeit.   a) Für metrisierbare lokalkonvexe Räume sind die Bedingungen in Satz 1.2 auch äquivalent zur *gleichmäßigen* Stetigkeit von T. Gleichmäßige Stetigkeit ist kein topologischer, sondern ein *uniformer* Begriff (vgl. S. 140) und im Fall lokalkonvexer Räume äquivalent zu (15), für *lineare* Operatoren also äquivalent zu deren Stetigkeit.

b) Entsprechend heißt eine Menge $\mathcal{G} \subseteq L(E,F)$ linearer Operatoren *gleichstetig*, falls die Wahlen in Satz 1.2 (a), (b) oder in (15) *unabhängig* von $T \in \mathcal{G}$ getroffen werden können, falls also (18) oder (19) gilt:

$$\forall\, q \in \mathbb{H}(F) \; \exists\, p \in \mathbb{H}(E), C > 0 \; \forall\, x \in E \; \forall\, T \in \mathcal{G} \; : \; q(Tx) \leq C\, p(x)\,, \qquad (18)$$

$$\forall\, V \in \mathbb{U}(F) \; \exists\, U \in \mathbb{U}(E) \; \forall\, T \in \mathcal{G} \; : \; T(U) \subseteq V\,. \qquad (19)$$

c) Im Fall normierter Räume bedeutet Gleichstetigkeit einfach

$$\sup\{\|T\| \mid T \in \mathcal{G}\} < \infty\,.$$

Bornologien und lokalkonvexe Topologien auf $L(E,F)$.   a) Es sei E ein lokalkonvexer Raum. Eine *Bornologie* $\mathfrak{S}$ auf E ist ein System beschränkter Mengen in E mit

$$\forall\, A, B \in \mathfrak{S} \; \forall\, \rho > 0 \; \exists\, C \in \mathfrak{S} \; : \; \rho\,(A \cup B) \subseteq C\,, \qquad (20)$$

sodass $\bigcup\{A \mid A \in \mathfrak{S}\}$ in E *dicht* ist. Eine Bornologie $\mathfrak{S}$ heißt *saturiert*, falls für alle $A \in \mathfrak{S}$ auch jede Teilmenge der abgeschlossenen absolutkonvexen Hülle $\overline{\Gamma(A)}$ in $\mathfrak{S}$ liegt.

b) Nun seien $\mathfrak{S}$ eine Bornologie auf E und $(F, \mathbb{H}(F))$ ein weiterer lokalkonvexer Raum. Die Halbnormen

$$q_A(T) := \sup\{q(Tx) \mid x \in A\}\,, \quad A \in \mathfrak{S}, \quad q \in \mathbb{H}(F)\,,$$

auf $L(E,F)$ bilden ein gerichtetes System und definieren eine lokalkonvexe Topologie $\mathfrak{T}(\mathfrak{S})$ auf $L(E,F)$; der entsprechende Raum wird mit $L_{\mathfrak{S}}(E,F)$ bezeichnet. Mit F ist auch $L_{\mathfrak{S}}(E,F)$ Hausdorffsch. Man hat

$$\overline{U}_{q_A} \;=\; \{T \in L(E,F) \mid q_A(T) \leq 1\} \;=\; \{T \in L(E,F) \mid T(A) \subseteq \overline{U}_q\}\,,$$

und $\mathfrak{T}(\mathfrak{S})$ ist die *Topologie der gleichmäßigen Konvergenz auf allen Mengen aus* $\mathfrak{S}$.

b) Offenbar ist jede *gleichstetige* Menge $\mathcal{G} \subseteq L(E, F)$ in $L_{\mathfrak{S}}(E, F)$ *beschränkt*.

c) Die Bornologie $\mathfrak{F}$ aller *endlichen* Teilmengen von E liefert die *schwache Topologie* auf $L(E, F)$; Notation: $L_\sigma(E, F)$. Beachten Sie, dass diese im Fall $F = \mathbb{K}$ für einen normierten Raum E die *schwach*-Konvergenz* auf dem Dualraum E' induziert.

d) Für *dichte* Teilmengen $M \subseteq E$ liefert die Bornologie $\mathfrak{F}_M$ aller *endlichen Teilmengen von M* eine Topologie $\mathfrak{T}(\mathfrak{F}_M)$, die schwächer als $\mathfrak{T}(\mathfrak{F})$ ist.

e) Beispiele für *saturierte* Bornologien sind die Systeme $\mathfrak{C}$ der *präkompakten* Mengen oder $\mathfrak{B}$ *aller beschränkten* Mengen. Die entsprechenden Räume werden mit $L_\gamma(E, F)$ und $L_\beta(E, F)$ bezeichnet. Die Topologie $\mathfrak{T}(\mathfrak{B})$ heißt *starke Topologie* auf $L(E, F)$; im Fall normierter Räume wird sie von der *Operatornorm* erzeugt.

f) Im Fall von *Dualräumen* schreiben wir $E'_\alpha := L_\alpha(E, \mathbb{K})$ für alle Symbole $\alpha = \mathfrak{S}, \sigma, \beta, \gamma$ usw. und bezeichnen mit $\alpha(E', E)$ die entsprechenden Topologien.

Varianten des folgenden Resultats wurden in [GK], Lemma 2.4 und Satz 3.3 gezeigt:

Satz 1.4

Es seien E, F lokalkonvexe Räume und $\mathcal{G} \subseteq L(E, F)$ gleichstetig. Für jede dichte Menge $M \subseteq E$ stimmen dann die Restriktionen auf $\mathcal{G}$ der Topologien $\mathfrak{T}(\mathfrak{F}_M)$, $\mathfrak{T}(\mathfrak{F})$ und $\mathfrak{T}(\mathfrak{C})$ überein.

BEWEIS. a) Es seien $q \in \mathbb{H}(F)$ und $\varepsilon > 0$. Wir wählen $p \in \mathbb{H}(E)$ und $C > 0$, sodass (18) gilt. Für eine präkompakte Menge $A \subseteq E$ und $\delta := \frac{\varepsilon}{4C+1} > 0$ gibt es $a_1, \ldots, a_r \in A$ mit $A \subseteq \bigcup\limits_{j=1}^{r} U_{p,\delta}(a_j)$. Für $j = 1, \ldots, r$ wählen wir $b_j \in M$ mit $p(a_j - b_j) < \delta$ und setzen $B = \{b_1, \ldots, b_r\} \in \mathfrak{F}_M$.

b) Für $T, S \in \mathcal{G}$ gelte nun $q_B(T - S) \leq \delta$. Für $x \in A$ wählen wir $j \in \{1, \ldots, r\}$ mit $p(x - b_j) < 2\delta$ und erhalten

$$q((T - S)x) \leq q(Tx - Tb_j) + q(Tb_j - Sb_j) + q(Sb_j - Sx) \leq (4C + 1)\delta \leq \varepsilon;$$

für $T \in \mathcal{G}$ gilt also $\overline{U}_{q_B, \delta}(T) \cap \mathcal{G} \subseteq \overline{U}_{q_A, \varepsilon}(T)$. $\Diamond$

Eine der wichtigsten Aufgaben der Analysis ist die Untersuchung von (linearen)

Differentialoperatoren. a) Es seien $\Omega \subseteq \mathbb{R}^n$ offen, und für $|\alpha| \leq m \in \mathbb{N}$ seien Funktionen $a_\alpha \in \mathcal{E}(\Omega)$ gegeben. Ein *linearer partieller Differentialoperator*

$$P(x, D) := \sum_{|\alpha|=0}^{m} a_\alpha(x) \, D^\alpha, \quad D_j := -i\partial_j,$$

ist ein stetiger linearer Operator auf $\mathcal{E}(\Omega)$; der Faktor $-i$ ist günstig im Hinblick auf die *Fourier-Transformation* (vgl. Kapitel 3). Mit den Halbnormen aus (4) gelten in der Tat Abschätzungen $p_{K,j}(P(x, D)\varphi) \leq C \, p_{K,j+m}(\varphi)$ für $\varphi \in \mathcal{E}(\Omega)$.

b) Beachten Sie bitte, dass ein Differentialoperator *nicht* als *stetiger* linearer Operator auf einem *Banachraum* realisiert werden kann, vgl. [GK], S. 55.

Nun diskutieren wir Fourier-Entwicklungen periodischer Funktionen von *mehreren* Veränderlichen. Dabei verwenden wir Resultate für Funktionen von *einer* Veränderlichen und solche über Orthonormalbasen von Hilberträumen (vgl. [GK], Kapitel 5–6).

Für eine Abbildung $f : M \times N \to Z$ auf einem Produkt zweier Mengen verwenden wir die Notationen

$$f_x : y \mapsto f(x,y) \quad \text{und} \quad f^y : x \mapsto f(x,y)$$

für die *partiellen Abbildungen*.

Satz 1.5
Für messbare Mengen $\Omega_1, \Omega_2 \subseteq \mathbb{R}^n$ *seien* $\{e_j\}_{j\in\mathbb{N}_0}$ *und* $\{f_k\}_{k\in\mathbb{N}_0}$ *Orthonormalbasen von* $L_2(\Omega_1)$ *und* $L_2(\Omega_2)$. *Für* $\Omega := \Omega_1 \times \Omega_2$ *ist dann* $\{e_j(x)f_k(y)\}_{j,k\in\mathbb{N}_0}$ *eine Orthonormalbasis von* $L_2(\Omega)$.

BEWEIS. Offenbar ist $\{e_j(x)f_k(y)\}_{j,k\in\mathbb{N}_0}$ ein Orthonormalsystem in $L_2(\Omega)$. Für $g \in L_2(\Omega)$ liegen die Funktionen $(x,y) \mapsto g(x,y)\overline{e_j(x)f_k(y)}$ in $L_1(\Omega)$. Nun gelte

$$\int_\Omega g(x,y)\overline{e_j(x)f_k(y)}\, d(x,y) \;=\; 0 \quad \text{für alle} \;\; j,k \in \mathbb{N}_0 \,.$$

Nach dem Satz von Fubini ist dann

$$\int_{\Omega_1} \int_{\Omega_2} g(x,y)\overline{f_k(y)}\, dy\, \overline{e_j(x)}\, dx \;=\; 0 \quad \text{für alle} \;\; j,k \in \mathbb{N}_0 \,, \quad \text{also}$$
$$\int_{\Omega_2} g(x,y)\overline{f_k(y)}\, dy \;=\; 0 \quad \text{für fast alle} \;\; x \in \Omega_1 \;\; \text{und alle} \;\; k \in \mathbb{N}_0 \,.$$

Es folgt $g_x = 0$ f.ü. auf Ω_2 für fast alle $x \in \Omega_1$, und der Satz von Fubini liefert

$$\int_\Omega |g(x,y)|^2\, d(x,y) \;=\; \int_{\Omega_1} \int_{\Omega_2} |g(x,y)|^2\, dy\, dx \;=\; 0 \,. \quad \Diamond$$

Das folgende Resultat wird für $n = 1$ in [GK], Theorem 6.5 gezeigt und folgt dann mittels Satz 1.5 durch Induktion:

Satz 1.6
Mit $Q := [-\pi, \pi]^n$ *bilden die Funktionen* $\{e^{i\langle k|x\rangle} = e^{ik_1 x_1} \cdots e^{ik_n x_n}\}_{k\in\mathbb{Z}^n}$ *eine Orthonormalbasis des Hilbertraumes* $L_2(Q)$ *bezüglich des Maßes* $(2\pi)^{-n} dx$. *Für* $f \in L_2(Q)$ *gilt also*

$$f(x) \;=\; \sum_{k\in\mathbb{Z}^n} \widehat{f}(k)e^{i\langle k|x\rangle} \tag{21}$$

in $L_2(Q)$ *mit den* Fourier-Koeffizienten

$$\widehat{f}(k) := (2\pi)^{-n} \int_Q f(y)\, e^{-i\langle k|y\rangle}\, dy \,, \quad k \in \mathbb{Z}^n \,, \tag{22}$$

und man hat die Parsevalsche Gleichung

$$\sum_{k \in \mathbb{Z}^n} |\widehat{f}(k)|^2 \;=\; \| f \|_{L_2}^2 \;=\; (2\pi)^{-n} \int_Q |f(x)|^2 \, dx \, . \tag{23}$$

Wir betrachten nun den Raum $\mathcal{E}_{2\pi}(\mathbb{R}^n)$ der $\mathcal{C}^\infty$-Funktionen auf $\mathbb{R}^n$, die in jeder Variablen 2π-periodisch sind. Es ist $\mathcal{E}_{2\pi}(\mathbb{R}^n)$ ein abgeschlossener Unterraum von $\mathcal{E}(\mathbb{R}^n)$ und somit ein Fréchetraum; ein Fundamentalsystem von Normen ist gegeben durch $\{\| \ \|_{C^m} := p_{Q,m}\}_{m \in \mathbb{N}_0}$. Für $f \in \mathcal{E}_{2\pi}(\mathbb{R}^n)$ liefert *partielle Integration*

$$ik_j \, \widehat{f}(k) \;=\; \widehat{\partial_j f}(k) \, , \quad k \in \mathbb{Z} \, , \tag{24}$$

und mehrfache Anwendung liefert

$$|k^\alpha| \, |\widehat{f}(k)| \;=\; |\widehat{\partial^\alpha f}(k)| \, , \quad k \in \mathbb{Z}^n \, . \tag{25}$$

Damit ergibt sich:

Satz 1.7

Die Fourier-Abbildung $\mathcal{F} : f \mapsto (\widehat{f}(k))_{k \in \mathbb{Z}^n}$ ist ein Isomorphismus *von $\mathcal{E}_{2\pi}(\mathbb{R}^n)$ auf den Fréchetraum $s(\mathbb{Z}^n)$ der schnell fallenden Folgen auf $\mathbb{Z}^n$. Für $f \in \mathcal{E}_{2\pi}(\mathbb{R}^n)$ ist die Fourier-Reihe $\sum_{k \in \mathbb{Z}^n} \widehat{f}(k) e^{i\langle k|x \rangle}$ im Fréchetraum $\mathcal{E}_{2\pi}(\mathbb{R}^n)$ absolut summierbar mit Summe f.*

BEWEIS. a) Für $\xi = (\xi_k) \in s(\mathbb{Z}^n)$ konvergiert die Reihe $\mathcal{G}(\xi) := \sum_{k \in \mathbb{Z}^n} \xi_k \, e^{i\langle k|x \rangle}$ im Fréchetraum $\mathcal{E}_{2\pi}(\mathbb{R}^n)$. Wegen $\sum_{k \in \mathbb{Z}^n} \langle k \rangle^{-n-1} < \infty$ gelten in der Tat Abschätzungen

$$\| \mathcal{G}(\xi) \|_{C^m} \;\leq\; \sum_{k \in \mathbb{Z}^n} |\xi_k| \, \| e^{i\langle k|x \rangle} \|_{C^m} \;\leq\; \sum_{k \in \mathbb{Z}^n} \sum_{|\alpha|=0}^{m} |k^\alpha| \, |\xi_k|$$

$$\leq\; C_m \sum_{k \in \mathbb{Z}^n} \langle k \rangle^m \, |\xi_k| \;\leq\; C_m' \, \| \xi \|_{m+n+1} \, ,$$

für $m \in \mathbb{N}_0$, und die lineare Abbildung $\mathcal{G} : s(\mathbb{Z}^n) \to \mathcal{E}_{2\pi}(\mathbb{R}^n)$ ist stetig.

b) Aufgrund von (25) ist auch $\mathcal{F} : \mathcal{E}_{2\pi}(\mathbb{R}^n) \to s(\mathbb{Z}^n)$ eine stetige lineare Abbildung. Offenbar ist $\mathcal{F}(\mathcal{G}(\xi)) = \xi$ für $\xi \in s(\mathbb{Z}^n)$, und für $f \in \mathcal{E}_{2\pi}(\mathbb{R}^n)$ gilt auch $\mathcal{G}(\mathcal{F}(f)) = f$, da dies nach Satz 1.6 in $L_2(Q)$ richtig ist. Die *absolute* Summierbarkeit der Fourier-Reihe von $f = \mathcal{G}\xi \in \mathcal{E}_{2\pi}(\mathbb{R}^n)$ ergibt sich nun aus der Abschätzung in a). ◊

Die Funktionen $\{e^{i\langle k|x \rangle}\}_{k \in \mathbb{Z}^n}$ bilden eine *absolute Basis* des Fréchetraumes $\mathcal{E}_{2\pi}(\mathbb{R}^n)$; für diesen Begriff sei auf [Meise und Vogt 1992], S. 322 verwiesen.

Satz 1.8

Es gelten die Isomorphien $s(\mathbb{N}) \simeq s(\mathbb{N}_0) \simeq s(\mathbb{Z}^n) \simeq \mathcal{E}_{2\pi}(\mathbb{R}^n)$ für alle $n \in \mathbb{N}$.

BEWEIS. Wir konstruieren eine Bijektion $\alpha : \mathbb{N}_0 \to \mathbb{Z}^n$, die nacheinander die „Würfel-schalen" $\{k \in \mathbb{Z}^n \mid \| k \|_\infty = m\}$ durchläuft (vgl. Abb. 1.5). Dann gilt $\| \alpha(j) \|_\infty \leq j$ und umgekehrt $j \leq (3 \| \alpha(j) \|_\infty)^n$, und daher wird durch $T : (\xi_j) \mapsto (\xi_{\alpha(j)})$ ein Isomorphismus von $s(\mathbb{N}_0)$ auf $s(\mathbb{Z}^n)$ definiert. Dies gilt entsprechend, wenn man $\mathbb{Z}$ durch $\mathbb{N}$ oder $\mathbb{N}_0$ ersetzt. $\Diamond$

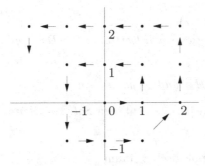

Abb. 1.5: Eine Bijektion $\alpha : \mathbb{N}_0 \to \mathbb{Z}^2$

Wir schreiben oft einfach s für einen der isomorphen Folgenräume $s(\mathbb{N}^n)$, $s(\mathbb{N}_0^n)$ oder $s(\mathbb{Z}^n)$.

Aufgrund der Sätze 1.7 und 1.8 gilt also $\mathcal{E}_{2\pi}(\mathbb{R}^n) \simeq \mathcal{E}_{2\pi}(\mathbb{R})$ für alle $n \in \mathbb{N}$. Dagegen sind die Banachräume $\mathcal{C}_{2\pi}^m(\mathbb{R}^n)$ und $\mathcal{C}_{2\pi}^m(\mathbb{R})$ für $m \in \mathbb{N}$ und $n > 1$ *nicht* isomorph, vgl. dazu [Kaballo 1979].

1.4 Prinzipien der Funktionalanalysis

In diesem Abschnitt erinnern wir an fundamentale Prinzipien der Funktionalanalysis, die im Grundkurs inklusive zahlreicher Beispiele und Anwendungen im Rahmen normierter Räume ausführlich behandelt werden. Wir diskutieren diese Prinzipien zusammen mit einigen Anwendungen hier im Rahmen von Fréiceträumen; Erweiterungen für allgemeinere lokalkonvexe Situationen folgen später in Kapitel 7.

Eine im reellen und komplexen Fall gültige Formulierung des *Fortsetzungssatzes von Hahn-Banach* lautet:

Theorem 1.9 (Hahn-Banach)
Es seien E ein Vektorraum über $\mathbb{K}$, $G \subseteq E$ ein Unterraum, $p : E \to \mathbb{R}$ eine Halbnorm und $u_0 : G \to \mathbb{K}$ linear mit $|u_0(x)| \leq p(x)$ für alle $x \in G$. Dann gibt es eine Linearform $u : E \to \mathbb{K}$ mit $u|_G = u_0$ und

$$|u(x)| \leq p(x), \quad x \in E.$$

Aufgrund der Folgerung zu Satz 1.2 gilt daher:

Theorem 1.10 (Hahn-Banach)
Es seien E ein lokalkonvexer Raum, $G \subseteq E$ ein Unterraum und $u_0 : G \to \mathbb{K}$ eine stetige Linearform. Dann gibt es eine stetige Linearform $u : E \to \mathbb{K}$ mit $u|_G = u_0$.

Für Hilberträume ist Theorem 1.10 eine unmittelbare Konsequenz aus dem folgenden Resultat:

Satz 1.11 (Rieszscher Darstellungssatz)
Es sei $\eta \in H'$ eine stetige Linearform auf einem Hilbertraum H. Dann gibt es genau einen Vektor $y \in H$ mit

$$\eta(x) = \langle x|y \rangle \quad \text{für} \quad x \in H \quad \text{und} \quad \|y\| = \|\eta\|.$$

Weitere Prinzipien der Funktionalanalysis beruhen auf dem *Satz von Baire*. Zu seiner Formulierung verwendet man

Bairesche Kategorien. Es sei M ein topologischer Raum.

a) Eine Menge $A \subseteq M$ heißt *nirgends dicht*, falls das Innere des Abschlusses von A leer ist, also $\overset{\circ}{\overline{A}} = \text{int}\,(\overline{A}) = \emptyset$ gilt.

b) Eine abzählbare Vereinigung nirgends dichter Teilmengen von M heißt *mager* oder *von erster Kategorie*. Teilmengen und abzählbare Vereinigungen magerer Mengen sind offenbar wieder mager.

c) Nicht magere Teilmengen von M heißen *von zweiter Kategorie*.

Satz 1.12 (Baire)
Es sei M ein vollständiger metrischer Raum. Dann ist jede offene Teilmenge D in M von zweiter Kategorie.

Beispiele. a) Es sei G ein Unterraum eines lokalkonvexen Raumes E. Hat G einen inneren Punkt $a \in \overset{\circ}{G}$, so folgt sofort $E = G$. Ein *echter abgeschlossener Unterraum von E ist also nirgends dicht* in E.

b) Nun sei $\{x_n\}_{n \in \mathbb{N}}$ eine (algebraische) Basis eines Fréchetraumes E. Die Unterräume $G_n := [x_1, \dots, x_n]$ sind nach Satz 1.3 abgeschlossen, nach a) also nirgends dicht in E, und daher ist der Raum $E = \bigcup_n G_n$ von erster Kategorie. Dies widerspricht jedoch dem Satz von Baire; ein Fréchetraum kann also nur *endliche oder überabzählbare algebraische Dimension* haben.

Theorem 1.13 (Prinzip der gleichmäßigen Beschränktheit)
Es seien E, F lokalkonvexe Räume und $\mathcal{G} \subseteq L(E, F)$ eine Menge stetiger linearer Operatoren von E nach F. Es gebe eine Menge D von zweiter Kategorie in E, sodass die Mengen $\{Td \mid T \in \mathcal{G}\}$ für jedes $d \in D$ in F beschränkt sind. Dann ist $\mathcal{G}$ gleichstetig.

BEWEIS. Für eine Halbnorm $q \in \mathbb{H}(F)$ betrachten wir die Mengen

$$D_k := \{d \in D \mid \forall\, T \in \mathcal{G} \;:\; q(Td) \leq k\}, \quad k \in \mathbb{N}.$$

Nach Voraussetzung ist $D = \bigcup\limits_{k=1}^{\infty} D_k$; da D von zweiter Kategorie ist, gibt es ein $n \in \mathbb{N}$ mit int $(\overline{D_n}) \neq \emptyset$. Es gibt also $a \in E$, $p \in \mathbb{H}(E)$ und $\varepsilon > 0$ mit $a + U_{p,\varepsilon} \subseteq \overline{D_n}$; für $x \in U_{p,\varepsilon}$ und alle $T \in \mathcal{G}$ gilt dann $q(T(a+x)) \leq n$, also $q(Tx) \leq n + q(Ta) \leq 2n$. Dies bedeutet aber $q(Tx) \leq \frac{2n}{\varepsilon}\, p(x)$ für alle $x \in E$ und $T \in \mathcal{G}$, und (18) ist erfüllt. $\Diamond$

Die Voraussetzungen von Theorem 1.13 sind insbesondere dann erfüllt, wenn E ein Fréchetraum ist und $D = E$ gilt.

Beispiel. Es seien $\Omega \subseteq \mathbb{R}^n$ offen und $\mathcal{G}$ eine punktweise beschränkte Menge in $\mathcal{E}'(\Omega)$. Dann ist $\mathcal{G}$ gleichstetig; es gibt also eine feste kompakte Menge $K \subseteq \Omega$, ein $j \in \mathbb{N}_0$ und $C \geq 0$ mit

$$|v(\varphi)| \leq C \sum_{|\alpha|=0}^{j} \sup_{x \in K} |\partial^\alpha \varphi(x)| \quad \text{für alle } \varphi \in \mathcal{E}(\Omega) \text{ und alle } v \in \mathcal{G}. \tag{26}$$

Satz 1.14 (Banach-Steinhaus)
Es seien E ein Fréchetraum, F ein lokalkonvexer Raum und (T_n) eine Folge in $L(E,F)$, sodass der Limes

$$Tx := \lim_{n \to \infty} T_n x \tag{27}$$

für alle $x \in E$ existiert. Dann gilt $T \in L(E,F)$, und man hat $T_n \to T$ gleichmäßig auf allen präkompakten Teilmengen von E.

BEWEIS. Durch (27) wird ein linearer Operator $T : E \to F$ definiert. Nach Theorem 1.13 ist die Menge $\mathcal{G} := \{T_n\}_{n \in \mathbb{N}}$ in $L(E,F)$ *gleichstetig;* daraus folgt sofort auch die Stetigkeit von T. Die letzte Aussage ergibt sich dann aus Satz 1.4. $\Diamond$

Bilineare Abbildungen. Es seien E, F und G lokalkonvexe Räume. Eine Abbildung $\beta : E \times F \to G$ heißt *bilinear,* wenn alle *partiellen Abbildungen* $\beta_x : F \to G$ und $\beta^y : E \to G$ linear sind. β heißt *getrennt stetig,* wenn alle partiellen Abbildungen stetig sind. *Stetige* bilineare Abbildungen sind natürlich auch getrennt stetig. Hierbei verwenden wir auf $E \times F$ die *Produkttopologie;* diese ist lokalkonvex mit dem Fundamentalsystem von Halbnormen

$$(p \times q)(x,y) := \sqrt{p(x)^2 + q(y)^2}, \quad (x,y) \in E \times F, \; p \in \mathbb{H}(E), \; q \in \mathbb{H}(F).$$

Mit E und F ist auch $E \times F$ Hausdorffsch, metrisierbar oder ein Fréchetraum.

Eine Anwendung des Satzes von Banach-Steinhaus ist:

Satz 1.15

Es seien E ein metrisierbarer lokalkonvexer Raum, F ein Fréchetraum und G ein lokalkonvexer Raum. Dann ist jede getrennt stetige bilineare Abbildung $\beta : E \times F \to G$ stetig.

BEWEIS. Für $x_n \to x$ in E und $y_n \to y$ in F gilt $\beta_{x_n} \to \beta_x$ punktweise in $L(F,G)$. Mit dem Satz von Banach-Steinhaus folgt $\beta_{x_n} \to \beta_x$ gleichmäßig auf der präkompakten Menge $\{y_n\} \cup \{y\} \subseteq F$ und somit

$$\beta(x_n,y_n) - \beta(x,y) = (\beta(x_n,y_n) - \beta(x,y_n)) + (\beta(x,y_n) - \beta(x,y)) \to 0. \quad \lozenge$$

Wir kommen nun zu den Sätzen von der offenen Abbildung und vom abgeschlossenen Graphen im Rahmen von Frécheträumen. Diese können genauso wie im Fall von Banachräumen (vgl. [GK], Abschnitt 8.3) bewiesen werden; Normen sind einfach durch (F)-Normen zu ersetzen. Die lokale Konvexität wird nicht benutzt; daher formulieren wir die Sätze allgemeiner für (F)-Räume. Auch das Prinzip der gleichmäßigen Beschränktheit gilt für (F)-Räume (Aufgabe 1.14); für den Satz von Hahn-Banach ist jedoch die lokale Konvexität wesentlich (vgl. Satz 6.5 auf S. 141).

Wir formulieren zunächst beide Prinzipien:

Theorem 1.16 (von der offenen Abbildung)

Es seien E, F (F)-Räume und $T \in L(E,F)$, sodass das Bild $R(T)$ von T von zweiter Kategorie in F ist. Dann ist T surjektiv und eine offene Abbildung, bildet also offene Mengen von E auf offene Mengen von F ab.

Ein wesentlicher Spezialfall von Theorem 1.16 ist:

Satz 1.17 (vom inversen Operator)

Es seien E, F (F)-Räume und $T \in L(E,F)$ bijektiv. Dann ist auch $T^{-1} : F \to E$ stetig.

BEWEIS. Ist $D \subseteq E$ offen, so ist $(T^{-1})^{-1}(D) = T(D)$ offen in F. $\qquad\qquad \lozenge$

Der folgende *Graphensatz* ist im Wesentlichen eine Umformulierung von Satz 1.17. Eine lineare Abbildung $T : E \to F$ heißt *abgeschlossen*, wenn ihr *Graph*

$$\Gamma(T) = \{(x,Tx) \mid x \in D(T)\} \subseteq E \times F$$

ein abgeschlossener Unterraum von $E \times F$ ist (vgl. dazu auch Abschnitt 9.1).

Theorem 1.18 (vom abgeschlossenen Graphen)

Es seien E, F (F)-Räume und $T : E \to F$ eine abgeschlossene lineare Abbildung. Dann ist T stetig.

BEWEIS. Durch $j : x \mapsto (x, Tx)$ wird eine lineare Bijektion von E auf den Graphen $\Gamma(T)$ definiert. Offenbar ist j^{-1} stetig. Da E und $\Gamma(T)$ (F)-Räume sind, ist nach Satz 1.17 auch j stetig, und dies gilt dann auch für T. $\Diamond$

Nun beweisen wir Theorem 1.16 in zwei Schritten, die wir als Lemmata formulieren. Die Topologien von E und F seien durch die (F)-Normen ϕ und ψ definiert; zur Abkürzung schreiben wir $U_\varepsilon := U_{\phi,\varepsilon}$ und $V_\varepsilon := U_{\psi,\varepsilon}$ für die entsprechenden „ε-Kugeln".

Lemma 1.19
Es seien E, F (F)-normierte Räume und $T : E \to F$ ein linearer Operator, so dass das Bild $R(T)$ von T von zweiter Kategorie in F ist. Dann gilt

$$\forall \, \varepsilon > 0 \ \exists \, \delta > 0 \, : \, V_\delta \subseteq \overline{T(U_\varepsilon)}. \tag{28}$$

BEWEIS. Für $\varepsilon > 0$ gilt aufgrund von Aussage (10) auf S. 9

$$E = \bigcup_{k=1}^{\infty} k \, U_\varepsilon$$

und somit $R(T) = \bigcup_{k=1}^{\infty} T(kU_\varepsilon)$. Da $R(T)$ von zweiter Kategorie in F ist, gibt es $n \in \mathbb{N}$ mit $\text{int} \, (\overline{T(nU_\varepsilon)}) \neq \emptyset$. Es gibt also $y \in F$ und $\alpha > 0$ mit $y + V_\alpha \subseteq \overline{T(nU_\varepsilon)} = n\overline{T(U_\varepsilon)}$. Daraus folgt $V_\alpha \subseteq n\overline{T(U_\varepsilon)} - n\overline{T(U_\varepsilon)} \subseteq n\overline{T(U_\varepsilon - U_\varepsilon)} \subseteq n\overline{T(U_{2\varepsilon})}$ und somit (28). $\Diamond$

Lemma 1.20
Es seien E ein (F)-Raum, F ein (F)-normierter Raum und $T : E \to F$ ein abgeschlossener linearer Operator, so dass Bedingung (28) gilt. Dann folgt

$$\overline{T(U_\varepsilon)} \subseteq T(U_{\varepsilon'}) \quad \text{für} \ \ 0 < \varepsilon < \varepsilon'. \tag{29}$$

BEWEIS. a) Wir wählen eine Nullfolge (ε_n) in $(0, \infty)$ mit $\varepsilon_1 = \varepsilon$ und $\sum_{n=1}^{\infty} \varepsilon_n < \varepsilon'$ und dann zu ε_n ein $\delta_n > 0$ gemäß (28), sodass auch (δ_n) eine Nullfolge ist. Zu $y \in \overline{T(U_\varepsilon)}$ gibt es $z_1 \in T(U_\varepsilon)$ mit $y - z_1 =: y_2 \in V_{\delta_2} \subseteq \overline{T(U_{\varepsilon_2})}$, zu y_2 dann $z_2 \in T(U_{\varepsilon_2})$ mit $y - z_1 - z_2 = y_2 - z_2 =: y_3 \in V_{\delta_3} \subseteq \overline{T(U_{\varepsilon_3})}$. So fortfahrend konstruieren wir für $n \in \mathbb{N}$ Elemente $z_n \in T(U_{\varepsilon_n})$ und $y_n \in V_{\delta_n}$ mit

$$y - \sum_{j=1}^{n} z_j = y_{n+1}, \quad n \in \mathbb{N}. \tag{30}$$

b) Nun wählen wir $x_n \in U_{\varepsilon_n}$ mit $Tx_n = z_n$ und setzen $s_n := \sum_{j=1}^{n} x_j$. Für $m \geq n$ gilt dann $\phi(s_m - s_n) \leq \sum_{j=n+1}^{m} \phi(x_j) \leq \sum_{j=n+1}^{m} \varepsilon_j$, und wegen der Vollständigkeit von E

existiert $x := \lim_{n\to\infty} s_n \in E$. Aufgrund von $\phi(s_n) \leq \sum_{j=1}^{\infty} \varepsilon_j < \varepsilon'$ gilt auch $\phi(x) < \varepsilon'$, also $x \in U_{\varepsilon'}$. Aus (30) folgt nun $Ts_n = y - y_{n+1} \to y$, und es folgt $y = Tx \in T(U_{\varepsilon'})$, da der Graph von T abgeschlossen ist. $\Diamond$

Beweis von Theorem 1.16. Nach (28) und (29) ist $T(U_\varepsilon)$ für alle $\varepsilon > 0$ eine Nullumgebung in F, und daher ist T surjektiv und offen. $\Diamond$

Beispiele. Wir formulieren eine typische Anwendung des Graphensatzes: Ein (F)-Raum F sei *stetig* in einen lokalkonvexen Raum (oder allgemeiner topologischen Vektorraum) G *eingebettet*, d.h. es gelte $F \subseteq G$, und die *Inklusionsabbildung* $i : F \to G$ sei *stetig*. Für diese Situation schreiben wir oft $F \hookrightarrow G$.

Nun seien E ein weiterer (F)-Raum und $T : E \to F$ eine lineare Abbildung, sodass $iT : E \to G$ stetig ist. Dann besitzt $T : E \to F$ einen *abgeschlossenen Graphen* und ist somit *stetig* aufgrund von Satz 1.18.

Eine erste Anwendung dieser Argumentation finden Sie in Aufgabe 1.17.

1.5   Aufgaben

Aufgabe 1.1
Geben Sie ein Fundamentalsystem von Normen auf $\mathcal{C}^\infty[a,b]$ an, die durch Skalarprodukte erzeugt werden. Finden Sie weitere Frécheträume, für die dies möglich ist.

Aufgabe 1.2
Zeigen Sie, dass es auf den Frécheträumen ω, $\mathcal{C}(\Omega)$ und $\mathcal{E}(\Omega)$ keine stetige Norm gibt. Sind diese Räume zu s isomorph?

Aufgabe 1.3
Es sei $x = (x_k)$ eine Folge in $s(\mathbb{N})$. Zeigen Sie $\sum_{k=1}^{\infty} |x_k|^r < \infty$ für alle $r > 0$. Gilt eine Umkehrung dieser Aussage?

Aufgabe 1.4
Beweisen Sie $s \times s \simeq s$, $\omega \times \omega \simeq \omega$ und finden Sie weitere lokalkonvexe Räume E mit der Eigenschaft $E \times E \simeq E$.

Aufgabe 1.5
Es sei F ein lokalkonvexer Raum. Eine Folge $x : \mathbb{N} \to F$ heißt *schnell fallend*, falls

$$\forall\, q \in \mathbb{H}(F)\ \forall\, j \in \mathbb{N}_0\ :\ \|x\|_{q,j} := \sup_{k\in\mathbb{N}} \langle k \rangle^j\, q(x_k) < \infty.$$

Dies definiert den Raum $s(\mathbb{N}, F)$, und entsprechend erklärt man die Räume $s(\mathbb{N}^n, F)$, $s(\mathbb{N}_0^n, F)$ und $s(\mathbb{Z}^n, F)$. Zeigen Sie:

a) Mit F ist auch $s(\mathbb{N}, F)$ ein Fréchetraum.

b) Es gilt $s(F) := s(\mathbb{N}, F) \simeq s(\mathbb{N}_0^n, F) \simeq s(\mathbb{Z}^n, F)$ für alle $n \in \mathbb{N}$.

c) Es gilt die Isomorphie $s(s) \simeq s$.

Aufgabe 1.6

a) Es sei $\mathcal{E}_{2\pi}^g(\mathbb{R}) := \{f \in \mathcal{E}_{2\pi}(\mathbb{R}) \mid \forall\, x \in \mathbb{R} : f(-x) = f(x)\}$ der Raum der geraden 2π-periodischen C^∞-Funktionen auf $\mathbb{R}$. Zeigen Sie

$$\mathcal{E}_{2\pi}^g(\mathbb{R}) = \{f \in \mathcal{E}_{2\pi}(\mathbb{R}) \mid \forall\, k \in \mathbb{Z} : \widehat{f}(-k) = \widehat{f}(k)\}$$

und schließen Sie $\mathcal{E}_{2\pi}^g(\mathbb{R}) \simeq s(\mathbb{N}_0)$.

b) Zeigen Sie, dass durch $T : f \mapsto f \circ \cos$ ein Isomorphismus von $C^\infty[-1,1]$ auf $\mathcal{E}_{2\pi}^g(\mathbb{R})$ definiert wird und schließen Sie $C^\infty[a,b] \simeq s$ für alle $a < b \in \mathbb{R}$.

Aufgabe 1.7

a) Es sei $D = \{z \in \mathbb{C} \mid |z| < 1\}$. Konstruieren Sie Isomorphien von $\mathcal{H}(D)$ und von $\mathcal{H}(\mathbb{C})$ auf geeignete Folgenräume.

b) Identifizieren Sie die Dualräume ω', s', $\mathcal{H}(D)'$ und $\mathcal{H}(\mathbb{C})'$ mit geeigneten Folgenräumen analog zur bekannten Isometrie $\ell_p' \cong \ell_q$ für $1 \le p < \infty$ und $\frac{1}{p} + \frac{1}{q} = 1$.

Aufgabe 1.8

Es seien E, F lokalkonvexe Räume, G ein Unterraum von E und $T \subset L(G, F)$. Zeigen Sie, dass T genau eine stetige lineare Fortsetzung auf $\overline{G}$ besitzt.

Aufgabe 1.9

a) Verifizieren Sie die Aussagen über beschränkte und präkompakte Mengen auf den Seiten 11 und 12.

b) Es sei E ein lokalkonvexer Raum. Zeigen Sie, dass eine Menge $B \subseteq E$ genau dann beschränkt ist, wenn für jede Folge (x_n) in B aus $\alpha_n \to 0$ in $\mathbb{K}$ stets $\alpha_n x_n \to 0$ in E folgt.

Aufgabe 1.10

Verifizieren Sie die Montel-Eigenschaft der Räume $C^\infty[a,b]$, $\mathcal{E}(\Omega)$, $\mathscr{D}(K)$, s und ω. Ist auch $C(a,b)$ ein Montelraum?

Aufgabe 1.11

Für $a < b \in \mathbb{R}$ sei $C_c(a,b)$ der Raum der stetigen Funktionen mit kompaktem Träger in (a,b). Für eine *Gewichtsfunktion* $v \in C(a,b)$ mit $v \ge 0$ wird durch

$$p_v(\varphi) := \sup_{x \in (a,b)} |\varphi(x)|\, v(x), \quad \varphi \in C_c(a,b),$$

eine Halbnorm auf $C_c(a,b)$ definiert, und das gerichtete System dieser Halbnormen definiert eine lokalkonvexe Topologie $\mathfrak{T}$ auf diesem Raum. Zeigen Sie:

a) Auf den „*Stufen*" $C_c[a + \frac{1}{n}, b - \frac{1}{n}]$, $n \in \mathbb{N}$, induziert $\mathfrak{T}$ die Norm-Topologie der sup-Norm.

b) Für einen lokalkonvexen Raum F ist ein linearer Operator $T : C_c(a, b) \to F$ *genau dann stetig* bzgl. $\mathfrak{T}$, wenn seine Einschränkung auf alle Stufen stetig ist.

c) Eine Menge $B \subseteq C_c(a, b)$ ist genau dann *beschränkt,* wenn sie in einer Stufe liegt und dort beschränkt ist. Jede Cauchy-Folge in $C_c(a, b)$ ist konvergent.

Aufgabe 1.12

Es sei E ein metrisierbarer lokalkonvexer Raum. Zeigen Sie:

a) Für eine Folge (B_k) beschränkter Mengen in E gibt es Zahlen $\rho_k > 0$, sodass die Menge $\bigcup_k \rho_k B_k$ beschränkt ist.

b) Für jede Folge (x_k) in E gibt es Zahlen $\alpha_k > 0$, sodass $\alpha_k x_k \to 0$ gilt.

c) Ist E vollständig, so gibt es für jede Folge (x_k) in E Zahlen $\lambda_k > 0$, sodass die Reihe $\sum_{k \geq 1} \lambda_k x_k$ in E konvergiert.

Aufgabe 1.13

Es sei (x_n) eine Nullfolge in einem (F)-normierten Raum E. Konstruieren Sie Nullfolgen (α_n) in $\mathbb{R}$ und (y_n) in E mit $x_n = \alpha_n y_n$.

Aufgabe 1.14

Formulieren und beweisen Sie das Prinzip der gleichmäßigen Beschränktheit für (F)-Räume, ebenso den Satz von Banach-Steinhaus und Satz 1.15.

Aufgabe 1.15

a) Es sei X der Raum der komplexen Polynome unter der L_1-Norm auf $[0,1]$. Zeigen Sie, dass durch $\beta(f, g) := \int_0^1 f(x)\, g(x)\, dx$ eine getrennt stetige, aber unstetige Bilinearform auf X definiert wird.

b) Es sei H ein Hilbertraum. Zeigen Sie, dass das Skalarprodukt bezüglich der schwachen Topologien auf $H \times H$ getrennt stetig, aber nicht stetig ist.

Aufgabe 1.16

Folgern Sie Satz 1.17 aus dem Graphensatz 1.18.

Aufgabe 1.17

Es seien X ein Banachraum und J ein *Linksideal* in $L(X)$, d. h. es gelte $L(X) \cdot J \subseteq J$. Weiter sei J ein (F)-Raum, der stetig in $L(X)$ eingebettet ist. Zeigen Sie, dass die Multiplikation von $L(X) \times J$ nach J *stetig* ist.

Beispiele solcher *Operatorideale* sind etwa *Schatten-Klassen* $S_p(H) \hookrightarrow L(H)$ auf Hilberträumen, vgl. [GK], Abschnitt 12.5 und Abschnitt 11.1 in diesem Buch.

2 Distributionen

Fragen: 1. Es seien $\Omega \subseteq \mathbb{R}^n$ offen und $f_1, \ldots, f_r$ Funktionen in $\mathcal{C}^\infty(\Omega)$ ohne gemeinsame Nullstelle. Konstruieren Sie $g_1, \ldots, g_r$ in $\mathcal{C}^\infty(\Omega)$ mit $\sum_{k=1}^{r} f_k(x)\, g_k(x) = 1$ für alle $x \in \Omega$.

2. Es seien f, g stetige Funktionen auf $\mathbb{R}$ und $c > 0$. In welchem „schwachen Sinne" löst $u(x,t) := f(x - ct) + g(x + ct)$ die Wellengleichung $(\partial_t^2 - c^2\partial_x^2)u = 0$?

Gewisse partielle Differentialgleichungen wie etwa die Wellengleichung in einer Raumdimension besitzen offensichtliche „Lösungen", die im klassischen Sinne gar nicht differenzierbar sind. Es stellt sich daher die Frage nach *Erweiterungen des klassischen Differenzierbarkeitsbegriffs*. S.L. Sobolev führte 1938 *schwache Ableitungen* von Funktionen ein, die wiederum Funktionen sind. L. Schwartz entwickelte um 1950 eine Theorie, in deren Rahmen *alle lokal integrierbaren Funktionen* differenzierbar sind. Dabei sind die Ableitungen allerdings i. A. keine Funktionen im klassischen Sinn, sondern *verallgemeinerte Funktionen* oder *Distributionen*. Die Einführung dieses wichtigen Begriffs der Analysis ist das Thema dieses Kapitels.

Distributionen auf einer offenen Menge $\Omega \subseteq \mathbb{R}^n$ sind stetige Linearformen auf dem Raum $\mathscr{D}(\Omega) = \mathcal{C}_c^\infty(\Omega)$ der $\mathcal{C}^\infty$-Funktionen mit kompaktem Träger in Ω. Solche *Testfunktionen* untersuchen wir in Abschnitt 2.1. Dazu führen wir zunächst die *Faltung* von Funktionen ein. Dann benutzen wir Faltungen mit *Glättungsfunktionen* zum Beweis von *Approximationssätzen* und zur Konstruktion von *Abschneidefunktionen* und von *Zerlegungen der Eins* in $\mathscr{D}(\Omega)$. Diese Resultate ermöglichen dann die Einführung von Distributionen in Abschnitt 2.2. Wir untersuchen die *Differentiation* von Distributionen, ihre *Multiplikation* mit $\mathcal{C}^\infty$-Funktionen sowie die *Konvergenz* von Folgen von Distributionen und diskutieren verschiedene Beispiele.

In Abschnitt 2.3 definieren wir den *Träger* einer Distribution und charakterisieren insbesondere *Distributionen mit kompaktem Träger* in Ω als stetige Linearformen auf dem Fréchetraum $\mathcal{E}(\Omega)$. In Abschnitt 2.4 führen wir *Tensorprodukte* von Distributionen ein und benutzen diese in Abschnitt 2.5 zur Definition der *Faltung von Distributionen* auf $\mathbb{R}^n$ unter geeigneten Voraussetzungen, z. B. dann, wenn einer der Faktoren *kompakten Träger* hat. In Abschnitt 5.2 benutzen wir Faltungen zur *Lösung inhomogener Differentialgleichungen*.

2.1 Testfunktionen

Für eine offene Menge $\Omega \subseteq \mathbb{R}^n$ heißt der Raum

$$\mathscr{D}(\Omega) := \bigcup \{\mathscr{D}(K) \mid K \subseteq \Omega,\ K \text{ kompakt}\}$$

aller C^∞-Funktionen mit *kompaktem Träger in* Ω Raum der *Testfunktionen* auf Ω. Mittels einer *kompakten Ausschöpfung* von Ω (vgl. Formel (1.3)) sieht man, dass hierbei eine *abzählbare* Vereinigung genügt. Der Raum $\mathscr{D}(\Omega)$ ist also eine *abzählbare Vereinigung von Fréchеträumen*. Wichtige Beispiele von Testfunktionen sind von K.O. Friedrichs 1944 eingeführte

Glättungsfunktionen. Wir wählen eine Funktion $\rho \in \mathscr{D}(\mathbb{R}^n)$ mit

$$\rho \geq 0, \quad \operatorname{supp}\rho \subseteq \overline{U}_1(0) \quad \text{und} \quad \textstyle\int_{\mathbb{R}^n} \rho(x)\,dx = 1,$$

z. B. $\rho(x) = c \exp(\frac{1}{|x|^2-1})\chi_{U_1(0)}$ für ein geeignetes $c > 0$ und die charakteristische Funktion der Einheitskugel $U_1(0)$. Für $\varepsilon > 0$ und

$$\rho_\varepsilon(x) := \varepsilon^{-n}\rho(\tfrac{x}{\varepsilon}) \quad \text{gelten}$$

$$\rho_\varepsilon \in \mathscr{D}(\mathbb{R}^n), \quad \rho_\varepsilon \geq 0, \quad \operatorname{supp}\rho_\varepsilon \subseteq \overline{U}_\varepsilon(0) \quad \text{und} \quad \textstyle\int_{\mathbb{R}^n} \rho_\varepsilon(x)\,dx = 1. \tag{1}$$

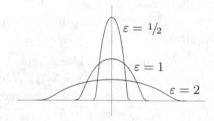

$\varepsilon = {}^1\!/_2$

$\varepsilon = 1$

$\varepsilon = 2$

Abb. 2.1: Glättungsfunktionen ρ_ε

Wichtige *Approximationssätze* ergeben sich durch *Faltung* mit Glättungsfunktionen. Wir führen zunächst die Faltung von Funktionen ein und verwenden dazu den folgenden Satz über Integraloperatoren. Die Notationen für partielle Funktionen wurden auf S. 17 erklärt.

Satz 2.1
Es seien (Ω, Σ, μ) *ein* σ-*endlicher vollständiger Maßraum,* $1 \leq p \leq \infty$ *und* $\frac{1}{p} + \frac{1}{q} = 1$. *Für einen messbaren Kern* $\kappa \in \mathcal{M}(\Omega^2)$ *gelte* $\kappa^y, \kappa_x \in \mathcal{L}_1(\Omega)$ *für fast alle* $y \in \Omega$ *und* $x \in \Omega$ *sowie*

$$\|\kappa\|_{SI} := \operatorname{ess-sup}_{y \in \Omega} \textstyle\int_\Omega |\kappa(x,y)|\,d\mu(x) < \infty \quad \textit{und}$$

$$\|\kappa\|_{ZI} := \operatorname{ess-sup}_{x \in \Omega} \textstyle\int_\Omega |\kappa(x,y)|\,d\mu(y) < \infty.$$

Dann wird durch

$$S := S_\kappa : g \mapsto (Sg)(x) := \textstyle\int_\Omega \kappa(x,y)\,g(y)\,d\mu(y), \quad x \in \Omega,$$

ein beschränkter linearer Integraloperator auf $L_p(\Omega)$ *definiert mit*

$$\|S_\kappa\| \leq \|\kappa\|_{ZI}^{1/q} \|\kappa\|_{SI}^{1/p}.$$

Für einen Beweis von Satz 2.1 sei auf [GK], Sätze 3.19, A.3.19 und A.3.20 verwiesen. Nun folgt:

Satz 2.2
Es seien $1 \le p \le \infty$, $f \in \mathcal{L}_1(\mathbb{R}^n)$ und $g \in \mathcal{L}_p(\mathbb{R}^n)$. Dann existiert die Faltung

$$(f * g)(x) := \int_{\mathbb{R}^n} f(x - y)\, g(y)\, dy \qquad (2)$$

für fast alle $x \in \mathbb{R}^n$, und es gilt $f * g \in L_p(\mathbb{R}^n)$ sowie

$$\| f * g \|_{L_p} \le \| f \|_{L_1} \| g \|_{L_p}. \qquad (3)$$

BEWEIS. Der Kern $\kappa(x,y) := f(x-y)$ ist messbar auf $\mathbb{R}^{2n}$, und wegen der Translationsinvarianz des Integrals gilt $\| \kappa \|_{ZI} = \| \kappa \|_{SI} = \int_{\mathbb{R}^n} | f(s) |\, ds$. ◇

Einen von Satz 2.1 unabhängigen Beweis findet man z. B. in [Kaballo 1999], Theorem 10.6. Grundlegende Eigenschaften der Faltung (vgl. auch [Kaballo 1999], Satz 10.7) enthält:

Satz 2.3
a) Für $f \in \mathcal{L}_1(\mathbb{R}^n)$ und $g \in \mathcal{L}_p(\mathbb{R}^n)$ gilt auch

$$(f * g)(x) = \int_{\mathbb{R}^n} f(y)\, g(x - y)\, dy \quad \text{für fast alle } x \in \mathbb{R}^n. \qquad (4)$$

Insbesondere ist $f * g = g * f$ für $f, g \in L_1(\mathbb{R}^n)$.
b) Für $f \in \mathcal{L}_1(\mathbb{R}^n)$ und $g \in \mathcal{L}_p(\mathbb{R}^n)$ gilt

$$\operatorname{supp}(f * g) \subseteq \operatorname{supp} f + \operatorname{supp} g. \qquad (5)$$

c) Für $m \in \mathbb{N}_0 \cup \{\infty\}$, $f \in \mathcal{C}_c^m(\mathbb{R}^n)$ und $g \in \mathcal{L}_p(\mathbb{R}^n)$ gilt $f * g \in \mathcal{C}^m(\mathbb{R}^n)$ sowie

$$\partial^\alpha (f * g) = (\partial^\alpha f) * g \quad \text{für } |\alpha| \le m. \qquad (6)$$

BEWEIS. a) ergibt sich mit der Transformation $x - y = z$, $dy = dz$.

b) Ist $(f * g)(x) \neq 0$, so muss ein $y \in \operatorname{supp} g$ existieren mit $x - y \in \operatorname{supp} f$.

c) ergibt sich durch Differentiation des Integrals in (2) nach x. ◇

Das Faltungsprodukt zweier Funktionen ist also mindestens so glatt wie *einer* der Faktoren, was auf das *punktweise* Produkt zweier Funktionen *nicht* zutrifft.

Die Banachalgebra $(L_1(\mathbb{R}^n), *)$. Die Faltung ist auch *assoziativ* (vgl. Formel (3.16)) und liefert somit auf $L_1(\mathbb{R}^n)$ die Struktur einer *Banachalgebra*. Für ein *Einselement* $\delta \in L_1(\mathbb{R}^n)$ folgte aus $\delta * \varphi = \varphi$ insbesondere $\int_{\mathbb{R}^n} \delta(y)\, \varphi(-y)\, dy = \varphi(0)$ für alle $\varphi \in \mathcal{C}_c(\mathbb{R}^n)$, d. h. es müsste $\operatorname{supp} \delta = \{0\}$ und $\int_{\mathbb{R}^n} \delta(y)\, dy = 1$ gelten. Eine solche *Funktion* gibt es offenbar nicht, wohl aber eine *Distribution* (vgl. Formel (23) auf S. 38). Einen wichtigen „Ersatz" für das fehlende Einselement in $L_1(\mathbb{R}^n)$ liefert die folgende Begriffsbildung:

Dirac-Folgen. a) Eine Folge (δ_k) in $\mathcal{L}_1(\mathbb{R}^n)$ heißt *Dirac-Folge* oder eine *approximative Eins* von $\mathcal{L}_1(\mathbb{R}^n)$, wenn sie die folgenden Eigenschaften hat:

$$\delta_k \geq 0, \ \int_{\mathbb{R}^n} \delta_k(x)\,dx = 1, \ \lim_{k \to \infty} \int_{|x| \geq A} \delta_k(x)\,dx = 0 \ \text{ für alle } \ A > 0. \tag{7}$$

b) Eine Abbildung $\delta : (0,b) \to \mathcal{L}_1(\mathbb{R}^n)$ heißt *Dirac-Familie* oder *approximative Eins* von $\mathcal{L}_1(\mathbb{R}^n)$ (für $t \to 0^+$), falls (δ_{t_k}) für jede Folge $t_k \to 0^+$ eine Dirac-Folge ist.

c) Die Glättungsfunktionen (ρ_ε) aus (1) bilden eine Dirac-Familie für $\varepsilon \to 0^+$.

d) Für eine Dirac-Folge (δ_k) und $f \in \mathcal{L}_p(\mathbb{R}^n)$ ist

$$(\delta_k * f)(x) \ = \ \int_{\mathbb{R}^n} \delta_k(x-y)\,f(y)\,dy$$

der *Mittelwert* von f bezüglich des Gewichts $\delta_k(x-y)$ über $\mathbb{R}^n$. Für $\delta_k = \rho_\varepsilon$ wird dieser nur über die Kugel $\overline{U}_\varepsilon(x)$ gebildet, und auch für allgemeine Dirac-Folgen spielen wegen (7) bei großem k die Werte von f außerhalb kleiner Kugeln um x kaum eine Rolle. Somit ist die Konvergenz von $\delta_k * f$ gegen f zu erwarten.

Faltung und Dirac-Folgen 2π-*periodischer* Funktionen werden in [GK], Abschnitt 5.2 behandelt; der *Satz von Fejér* ist eine Variante des folgenden Approximationssatzes:

Theorem 2.4

Es sei (δ_k) eine Dirac-Folge in $\mathcal{L}_1(\mathbb{R}^n)$.

a) Für $f \in \mathcal{C}_c(\mathbb{R}^n)$ gilt $\| \delta_k * f - f \|_{\sup} \to 0$ für $k \to \infty$.

b) Für $1 \leq p < \infty$ und $f \in \mathcal{L}_p(\mathbb{R}^n)$ gilt $\| \delta_k * f - f \|_{L_p} \to 0$ für $k \to \infty$.

BEWEIS. a) Zu $\varepsilon > 0$ gibt es $A > 0$ mit $|f(x-y) - f(x)| \leq \varepsilon$ für $|y| \leq A$, da f gleichmäßig stetig ist. Für $f_k := \delta_k * f \in \mathcal{C}(\mathbb{R}^n)$ gilt nach (4) und (7)

$$(f_k - f)(x) \ = \ \int_{\mathbb{R}^n} (f(x-y) - f(x))\, \delta_k(y)\,dy \ \text{ für } \ x \in \mathbb{R}^n. \tag{8}$$

Wir spalten das Integral in zwei Teile auf und erhalten mit (7)

$$\int\limits_{|y| < A} |f(x-y) - f(x)|\, \delta_k(y)\,dy \ \leq \ \varepsilon \int\limits_{|y| < A} \delta_k(y)\,dy \ \leq \ \varepsilon \ \text{ sowie}$$

$$\int\limits_{|y| \geq A} |f(x-y) - f(x)|\, \delta_k(y)\,dy \ \leq \ 2\|f\|_{\sup} \int\limits_{|y| \geq A} \delta_k(y)\,dy \ \leq \ \varepsilon$$

für genügend große $k \geq k_0$, also $\| f_k - f \|_{\sup} \to 0$.

b) ① Wir zeigen zunächst $\| f_k - f \|_{L_p} \to 0$ für $f \in \mathcal{C}_c(\mathbb{R}^n)$. Dies folgt nicht unmittelbar aus a), da die Funktionen δ_k keine kompakten Träger haben müssen!

Es gibt $R \geq 1$ mit $\operatorname{supp} f \subseteq \overline{U}_R(0)$. Für $\varepsilon > 0$ wählen wir $0 < A < R$ wie in a). Wegen (8) gilt

$$\begin{aligned}
\| f_k - f \|_{L_p}^p \ &= \ \int_{\mathbb{R}^n} \Big| \int_{\mathbb{R}^n} (f(x-y) - f(x))\, \delta_k(y)^{1/p}\, \delta_k(y)^{1/q}\,dy \Big|^p dx \\
&\leq \ \int_{\mathbb{R}^n} \Big(\int_{\mathbb{R}^n} |f(x-y) - f(x)|^p\, \delta_k(y)\,dy \cdot \big(\int_{\mathbb{R}^n} \delta_k(y)\,dy \big)^{p/q} \Big)\, dx \\
&= \ \int_{\mathbb{R}^n} \int_{\mathbb{R}^n} |f(x-y) - f(x)|^p\, \delta_k(y)\,dy\,dx\,.
\end{aligned}$$

Mit dem Satz von Tonelli können wir die Integrationsreihenfolge vertauschen. Für $|y| < A$ gilt $|f(x-y) - f(x)| = 0$ für $|x| > 2R$; daher erhalten wir wie in a)

$$\int\limits_{|y|<A} \int\limits_{\mathbb{R}^n} |f(x-y) - f(x)|^p \, dx \, \delta_k(y) \, dy \;\leq\; (4R)^n \, \varepsilon^p \quad \text{sowie}$$

$$\int\limits_{|y|\geq A} \int\limits_{\mathbb{R}^n} |f(x-y) - f(x)|^p \, dx \, \delta_k(y) \, dy \;\leq\; 2^p \, \|f\|_{L_p}^p \int\limits_{|y|\geq A} \delta_k(y) \, dy \;\leq\; \varepsilon^p$$

für genügend große $k \geq k_0$ wegen (7).

② Nun verwenden wir die Dichtheit von $\mathcal{C}_c(\mathbb{R}^n)$ in $L_p(\mathbb{R}^n)$ (vgl. [GK], S. 319). Zu $f \in L_p(\mathbb{R}^n)$ und $\varepsilon > 0$ gibt es also $\varphi \in \mathcal{C}_c(\mathbb{R}^n)$ mit $\|f - \varphi\|_{L_p} \leq \varepsilon$. Wegen (3) und Punkt ① folgt dann

$$\|\delta_k * f - f\|_{L_p} \;\leq\; \|\delta_k * f - \delta_k * \varphi\|_{L_p} + \|\delta_k * \varphi - \varphi\|_{L_p} + \|\varphi - f\|_{L_p}$$
$$\leq\; \|\delta_k * \varphi - \varphi\|_{L_p} + 2\varepsilon \leq 3\varepsilon \quad \text{ab einem} \quad k_0 \in \mathbb{N}. \quad \Diamond$$

Zusatz. a) Für eine Funktion $f \in L_\infty(\mathbb{R}^n)$ gilt die *schwach*-Konvergenz* $\delta_k * f \overset{w^*}{\to} f$ für $k \to \infty$. Dazu benutzen wir die *Dualität* $L_1(\mathbb{R}^n)' \cong L_\infty(\mathbb{R}^n)$ (vgl. [GK], Theorem 9.15). Mit (δ_k) ist auch $(\check{\delta}_k(x) := \delta_k(-x))$ eine Dirac-Folge, und die Faltungsoperatoren $S_{*\delta_k} : f \mapsto \delta_k * f$ auf $L_\infty(\mathbb{R}^n)$ sind die *dualen* Operatoren der Faltungsoperatoren $S_{*\check{\delta}_k} : g \mapsto \check{\delta}_k * g$ auf $L_1(\mathbb{R}^n)$ (vgl. Aufgabe 2.1). Für $g \in L_1(\mathbb{R}^n)$ und $f \in L_\infty(\mathbb{R}^n)$ gilt daher aufgrund von Theorem 2.4

$$\int_{\mathbb{R}^n} g \, (\delta_k * f) \, dx \;=\; \int_{\mathbb{R}^n} (\check{\delta}_k * g) \, f \, dx \;\to\; \int_{\mathbb{R}^n} g \, f \, dx \quad \text{für} \quad k \to \infty.$$

b) Für $f \in \mathcal{L}_\infty(\mathbb{R}^n)$ zeigt der Beweis von Theorem 2.4 auch $(\delta_k * f)(x) \to f(x)$ in *Stetigkeitspunkten* x von f. Ist f in allen Punkten einer kompakten Menge $K \subseteq \mathbb{R}^n$ stetig, so ist die Konvergenz *gleichmäßig* auf K.

Satz 2.5
Für eine offene Menge $\Omega \subseteq \mathbb{R}^n$ ist $\mathscr{D}(\Omega)$ folgendicht in $\mathcal{C}_c^m(\Omega)$ für $m \in \mathbb{N}_0$ und dicht in $L_p(\Omega)$ für $1 \leq p < \infty$.

BEWEIS. a) Es sei $f \in \mathcal{C}_c^m(\Omega)$. Mit der Dirac-Familie (ρ_ε) in $\mathscr{D}(\mathbb{R}^n)$ aus (1) gilt $\rho_\varepsilon * f \in \mathcal{C}^\infty(\mathbb{R}^n)$ und

$$\operatorname{supp}(\rho_\varepsilon * f) \;\subseteq\; (\operatorname{supp} f)_\varepsilon = \operatorname{supp} f + \overline{U}_\varepsilon(0) \tag{9}$$

aufgrund von (5), also $\rho_\varepsilon * f \in \mathscr{D}(\Omega)$ für kleine $\varepsilon > 0$.

Nach Theorem 2.4 hat man $\|\rho_\varepsilon * f - f\|_{\sup} \to 0$ und für $|\alpha| \leq m$ wegen (6) auch

$$\|\partial^\alpha(\rho_\varepsilon * f) - \partial^\alpha f\|_{\sup} \;=\; \|\rho_\varepsilon * (\partial^\alpha f) - \partial^\alpha f\|_{\sup} \to 0 \quad \text{für} \quad \varepsilon \to 0.$$

b) Nun sei $f \in L_p(\Omega)$. Mit der kompakten Ausschöpfung (K_j) von Ω aus (1.3) hat man $\| f - \chi_{K_j} f \|_{L_p} \to 0$ aufgrund des Satzes über majorisierte Konvergenz. Zu $\alpha > 0$ gilt also $\| f - \chi_{K_j} f \|_{L_p} \leq \alpha$ für ein $j \in \mathbb{N}$. Nach (9) und Theorem 2.4 folgt weiter $\rho_\varepsilon * (\chi_{K_j} f) \in \mathscr{D}(\Omega)$ und $\| \chi_{K_j} f - \rho_\varepsilon * (\chi_{K_j} f) \|_{L_p} \leq \alpha$ für genügend kleine $\varepsilon > 0$. $\Diamond$

Wir konstruieren nun $\mathcal{C}^\infty$-*Abschneidefunktionen* (vgl. Abb. 2.2):

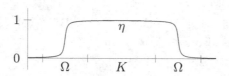

Abb. 2.2: Eine $\mathcal{C}^\infty$-Abschneidefunktion

Satz 2.6

Es seien $K \subseteq \mathbb{R}^n$ kompakt, $\Omega \subseteq \mathbb{R}^n$ offen mit $K \subseteq \Omega$ und $d := d(K, \Omega^c) > 0$ die Distanz von K zum Komplement von Ω. Dann gibt es eine Funktion $\eta \in \mathscr{D}(\Omega)$ mit $0 \leq \eta \leq 1$, $\operatorname{supp} \eta \subseteq \Omega$ und $\eta(x) = 1$ für $x \in K$ sowie

$$| \partial^\alpha \eta(x) | \leq C_\alpha \, d^{-|\alpha|} \chi_\Omega(x) \quad \text{für alle } \alpha \in \mathbb{N}_0^n, \tag{10}$$

wobei die Konstante $C_\alpha \geq 0$ nur von n, ρ und α abhängt.

BEWEIS. Mit $\varepsilon := \frac{d}{4}$ setzen wir einfach

$$\eta(x) := (\rho_\varepsilon * \chi_{K_{2\varepsilon}})(x) = \int_{K_{2\varepsilon}} \rho_\varepsilon(x - y) \, dy \quad \text{für } x \in \mathbb{R}^n.$$

Offenbar gelten $0 \leq \eta \leq 1$ und $\operatorname{supp} \eta \subseteq K_{3\varepsilon} \Subset \Omega$ nach (9), und für $x \in K$ hat man $\eta(x) = \int_{K_{2\varepsilon}} \rho_\varepsilon(x - y) \, dy = \int_{\mathbb{R}^n} \rho_\varepsilon(x - y) \, dy = 1$. Nach (6) ist

$$\partial^\alpha \eta(x) = (\partial^\alpha \rho_\varepsilon * \chi_{K_{2\varepsilon}})(x) = \int_{K_{2\varepsilon}} \partial_x^\alpha \big(\rho_\varepsilon(x - y) \big) \, dy \tag{11}$$

für $x \in \mathbb{R}^n$. Man hat

$$\partial_x^\alpha \big(\rho_\varepsilon(x - y) \big) = \varepsilon^{-n} \varepsilon^{-|\alpha|} (\partial^\alpha \rho)(\tfrac{x-y}{\varepsilon}),$$

und aus (11) folgt mit $z = \frac{x-y}{\varepsilon}$

$$| \partial^\alpha \eta(x) | \leq \varepsilon^{-|\alpha|} \varepsilon^{-n} \int_{\mathbb{R}^n} | (\partial^\alpha \rho)(\tfrac{x-y}{\varepsilon}) | \, dy = \varepsilon^{-|\alpha|} \int_{\mathbb{R}^n} | (\partial^\alpha \rho)(z) | \, dz.$$

Wegen $\operatorname{supp} \eta \Subset \Omega$ folgt daraus die Behauptung (10). $\Diamond$

Abschätzung (10) wird in den Beweisen der Theoreme 3.10 von Paley-Wiener-Schwartz und 5.20 verwendet.

Satz 2.7

Für $m \in \mathbb{N}_0 \cup \{\infty\}$ liegt der Raum $\mathscr{D}(\Omega)$ der Testfunktionen dicht im Fréchetraum $\mathcal{C}^m(\Omega)$.

BEWEIS. Für $f \in \mathcal{C}^m(\Omega)$ und eine kompakte Menge $K \subseteq \Omega$ wählen wir $\eta \in \mathscr{D}(\Omega)$ mit $\eta(x) = 1$ für $x \in K$ und erhalten $p_{K,j}(f - f \cdot \eta) = 0$ für alle $j \in \mathbb{N}_0$ mit $j \leq m$. Somit ist $\mathcal{C}_c^m(\Omega)$ dicht in $\mathcal{C}^m(\Omega)$, und wegen Satz 2.5 gilt dies auch für $\mathscr{D}(\Omega)$. $\Diamond$

Lokale $\mathcal{L}_p$-Funktionen. Es seien $\Omega \subseteq \mathbb{R}^n$ offen und $1 \leq p \leq \infty$. Eine messbare Funktion $f : \Omega \to \mathbb{C}$ heißt *lokale $\mathcal{L}_p$-Funktion*, $f \in \mathcal{L}_p^{\mathrm{loc}}(\Omega)$, falls $f|_K \in \mathcal{L}_p(K)$ für jede kompakte Menge $K \subseteq \Omega$ gilt.

Der folgende Satz ist grundlegend für die Theorie der Distributionen:

Satz 2.8

Es seien $\Omega \subseteq \mathbb{R}^n$ offen und $f \in \mathcal{L}_1^{\mathrm{loc}}(\Omega)$. Gilt

$$\int_\Omega f(y)\,\varphi(y)\,dy \;=\; 0 \tag{12}$$

für alle Testfunktionen $\varphi \in \mathscr{D}(\Omega)$, so ist $f(x) = 0$ fast überall.

BEWEIS. Es sei $K \subseteq \Omega$ kompakt und $3d := d(K, \Omega^c)$. Nach Satz 2.6 gibt es $\eta \in \mathscr{D}(\Omega)$ mit $0 \leq \eta \leq 1$, $\eta(x) = 1$ für $x \in K$ und $\operatorname{supp} \eta \subseteq K_d$. Nach Theorem 2.4 gilt dann $\| f\eta - \rho_\varepsilon * (f\eta) \|_{L_1} \to 0$ für $\varepsilon \to 0$. Für $0 < \varepsilon < d$ und $x \in \mathbb{R}^n$ liegt die Funktion $y \mapsto \eta(y)\,\rho_\varepsilon(x - y)$ in $\mathscr{D}(\Omega)$, und aus (12) folgt

$$\rho_\varepsilon * (f\eta)(x) \;=\; \int_\Omega f(y)\,\eta(y)\,\rho_\varepsilon(x - y)\,dy \;=\; 0.$$

Somit ist $f(x)\eta(x) = 0$ für fast alle $x \in \mathbb{R}^n$ und daher $f = 0$ fast überall auf K. $\Diamond$

Am Ende dieses Abschnitts konstruieren wir nun *Zerlegungen der Eins* aus Testfunktionen. Mit Hilfe solcher Zerlegungen können *lokale* Ergebnisse über stetige oder differenzierbare Funktionen *globalisiert* werden; wir werden diese wichtige Methode in diesem Buch oft verwenden.

Satz 2.9

Es seien $\mathfrak{O}$ ein System offener Teilmengen von $\mathbb{R}^n$ und $\Omega := \bigcup \{\omega \mid \omega \in \mathfrak{O}\}$. Dann gibt es Folgen (ω_j) in $\mathfrak{O}$ und (α_j) in $\mathscr{D}(\Omega)$ mit den folgenden Eigenschaften:

a) Es ist $\Omega = \bigcup \{\omega_j \mid j \in \mathbb{N}\}$.

b) Es ist $\operatorname{supp} \alpha_j \subseteq \omega_j$ für alle $j \in \mathbb{N}$.

c) Jeder Punkt $x \in \Omega$ besitzt eine Umgebung $V \subseteq \Omega$ mit $V \cap \operatorname{supp} \alpha_j \neq \emptyset$ nur für endlich viele $j \in \mathbb{N}$. Auch für kompakte Mengen $K \subseteq \Omega$ gilt $K \cap \operatorname{supp} \alpha_j \neq \emptyset$ nur für endlich viele $j \in \mathbb{N}$.

d) Man hat $0 \leq \alpha_j \leq 1$ und $\sum\limits_{j=1}^{\infty} \alpha_j(x) = 1$ für $x \in \Omega$.

BEWEIS. a) Es ist $\gamma(x) := \sup\{r > 0 \mid \exists\, \omega \in \mathfrak{O} \text{ mit } \overline{U}_r(x) \subseteq \omega\} > 0$ für $x \in \Omega$. Wir wählen eine dichte Teilmenge $\{x_j\}_{j \in \mathbb{N}}$ von Ω und setzen $r_j := \frac{1}{2}\gamma(x_j)$. Zu $x \in \Omega$ gibt es $j \in \mathbb{N}$ mit $|x - x_j| < \frac{1}{4}\gamma(x)$; dann folgt $\gamma(x_j) \geq \frac{3}{4}\gamma(x)$ und daher $x \in U_{r_j}(x_j) =: V_j$. Somit gilt $\Omega = \bigcup\limits_{j=1}^{\infty} V_j$. Nun wählen wir $\omega_j \in \mathfrak{O}$ mit $B_j := \overline{U}_{\frac{3}{2}r_j}(x_j) \subseteq \omega_j$ und erhalten sofort a).

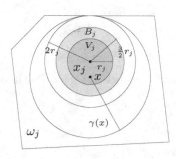

Abb. 2.3: Zu Beweisteil a) von Satz 2.9

b) Nach Satz 2.6 gibt es Abschneidefunktionen $\eta_j \in \mathscr{D}(\Omega)$ mit $0 \leq \eta_j \leq 1$, $\eta_j(x) = 1$ für $x \in V_j$ und $\operatorname{supp}\eta_j \subseteq B_j$. Damit setzen wir

$$\alpha_1 := \eta_1, \quad \alpha_j := \eta_j\,(1 - \eta_1)\cdots(1 - \eta_{j-1}) \quad \text{für } j \geq 2. \tag{13}$$

Offenbar gilt dann $\operatorname{supp}\alpha_j \subseteq \operatorname{supp}\eta_j \subseteq B_j \subseteq \omega_j$, also b).

c) Für $x \in V_k$ ist $\eta_k(x) = 1$ und somit $\alpha_j(x) = 0$ für $j > k$; dies zeigt die erste Aussage von c). Für eine kompakte Menge $K \subseteq \Omega$ hat man $K \subseteq V_1 \cup \ldots \cup V_m$ für ein $m \in \mathbb{N}$, und dies impliziert auch die zweite Aussage von c).

d) Nach (13) gilt stets $0 \leq \alpha_j \leq 1$, und induktiv ergibt sich leicht

$$\sum_{j=1}^{\ell} \alpha_j = 1 - (1 - \eta_1)\cdots(1 - \eta_\ell) \quad \text{für alle } \ell \in \mathbb{N}. \tag{14}$$

Für $\ell = 1$ ist dies in der Tat richtig; gilt (14) für ℓ, so folgt auch

$$\begin{aligned}
\sum_{j=1}^{\ell+1} \alpha_j &= 1 - (1 - \eta_1)\cdots(1 - \eta_\ell) + \eta_{\ell+1}\,(1 - \eta_1)\cdots(1 - \eta_\ell) \\
&= 1 - (1 - \eta_1)\cdots(1 - \eta_\ell)\cdot(1 - \eta_{\ell+1}),
\end{aligned}$$

also (14) für $\ell + 1$. Für $x \in \Omega$ gibt es $k \in \mathbb{N}$ mit $x \in V_k$; dann ist aber $\eta_k(x) = 1$, und (14) liefert sofort $\sum\limits_{j=1}^{\infty} \alpha_j(x) = \sum\limits_{j=1}^{k} \alpha_j(x) = 1$. $\quad\diamond$

Die in Satz 2.9 konstruierte Folge (α_j) in $\mathscr{D}(\Omega)$ wird eine *der offenen Überdeckung* $\mathfrak{D}$ von Ω *untergeordnete* C^∞ *-Zerlegung der Eins* genannt. Wegen Eigenschaft c) ist diese *lokalendlich,* auf *kompakten* Mengen sogar *endlich.*

Stetige Zerlegungen der Eins. a) Analog zu Satz 2.9 hat man auch *stetige* Zerlegungen der Eins in $C(M)$ über *separablen metrischen Räumen* M, vgl. dazu etwa [Kaballo 1999], Satz 10.1. Dazu benötigt man stetige Abschneidefunktionen wie in Satz 2.6, die sich mit Hilfe der Metrik leicht konstruieren lassen.

b) Ein (separierter) topologischer Raum T heißt *parakompakt,* wenn jede offene Überdeckung von T eine lokalendliche Verfeinerung besitzt. Alle *metrischen* Räume sind parakompakt, ebenso *lokalkompakte* Räume, die σ *-kompakt,* d. h. im Unendlichen abzählbar sind. Ein parakompakter Raum ist *normal.* Auf einem normalen Raum T existieren stetige Abschneidefunktionen (Lemma von Urysohn), und zu jeder lokalendlichen offenen Überdeckung von T existiert eine *dieser untergeordnete stetige Zerlegung der Eins.* Für Beweise dieser Aussagen sei auf [Schubert 1969], I. § 8 verwiesen.

c) Man kann auch Zerlegungen der Eins in *Unteralgebren* $\mathcal{A}(T)$ von $C(T)$ konstruieren, wenn die Abschneidefunktionen aus Beweisteil b) von Satz 2.9 in $\mathcal{A}(T)$ gewählt werden können.

2.2 Schwache Ableitungen und Distributionen

Klassische Lösungen partieller Differentialgleichungen. a) Wir betrachten die *Laplace-Gleichung*

$$\Delta u = \sum_{j=1}^{n} \partial_j^2 u = 0 \tag{15}$$

auf einer offenen Menge $\Omega \subseteq \mathbb{R}^n$ und die *Wellengleichung*

$$(\partial_t^2 - c^2\, \partial_x^2)u = 0 \tag{16}$$

(mit $c > 0$) in einer Raumvariablen auf $\mathbb{R}^2$. *Klassische Lösungen* sind C^2-Funktionen, die (15) bzw. (16) in jedem Punkt erfüllen.

b) Die klassischen Lösungen von (15) heißen *harmonische Funktionen.* Nach einem auf der *Poissonschen Integralformel* beruhenden *Satz von Harnack* (vgl. [Kaballo 1999], 25.19) sind *lokal gleichmäßige Grenzwerte* harmonischer Funktionen wieder harmonisch. Man sieht leicht, dass alle klassischen Lösungen von (16) durch

$$u(x,t) = f(x - ct) + g(x + ct)\,, \quad f,\, g \in C^2(\mathbb{R})\,, \tag{17}$$

gegeben sind (Aufgabe 2.13). Lokal gleichmäßige Grenzwerte solcher Lösungen sind offenbar alle Funktionen der Form (17) mit nur *stetigen* Funktionen $f, g \in C(\mathbb{R})$; diese sind im klassischen Sinne i. A. nicht differenzierbar, sollten aber auch als Lösungen von (16) betrachtet werden.

Schwache Lösungen. a) Dies wird ermöglicht durch das Konzept der *schwachen Ableitungen,* das auf S.L. Sobolev (1938) zurückgeht. Für eine Funktion $u \in C^2(\mathbb{R}^2)$ ist (16) aufgrund von Satz 2.8 *äquivalent* zu der Aussage

$$\forall \, \varphi \in \mathscr{D}(\mathbb{R}^2) \; : \; \int_{\mathbb{R}^2} (\partial_t^2 - c^2 \, \partial_x^2) u \cdot \varphi \, d(x,t) \; = \; 0 \, ,$$

und mittels *partieller Integration* ist diese wiederum äquivalent zu

$$\forall \, \varphi \in \mathscr{D}(\mathbb{R}^2) \; : \; \int_{\mathbb{R}^2} u \cdot (\partial_t^2 - c^2 \, \partial_x^2) \varphi \, d(x,t) \; = \; 0 \, . \tag{18}$$

Aussage (18) ist auch sinnvoll für *nur stetige* oder *nur lokal integrierbare* Funktionen; diese heißen dann *schwache Lösungen* der Wellengleichung (16).

b) Wir zeigen nun, dass Funktionen der Form (17) in der Tat schwache Lösungen von (18) sind. Für $g \in \mathcal{L}_1^{\mathrm{loc}}(\mathbb{R})$ ist die Funktion $u_g^{\pm} : (x,t) \mapsto g(x \pm ct)$ messbar auf $\mathbb{R}^2$, und für $R > 0$ hat man

$$\int_{-R}^{R} \int_{-R}^{R} |u_g^{\pm}(x,t)| \, dx \, dt \; \leq \; 2R \int_{-(1+c)R}^{(1+c)R} |g(y)| \, dy \, .$$

Für $k \in \mathbb{N}$ wählen wir $\psi_k \in \mathscr{D}(\mathbb{R})$ mit $\int_{-k}^{k} |g(y) - \psi_k(y)| \, dy \leq \frac{1}{k}$; dann gilt $u_{\psi_k}^{\pm} \to u_g^{\pm}$ in $L_1^{\mathrm{loc}}(\mathbb{R}^2)$, d.h.

$$\int_K |g(x \pm ct) - \psi_k(x \pm ct)| \, d(x,t) \to 0 \quad \text{für alle kompakten Mengen } K \subseteq \mathbb{R}^2 \, .$$

Da nun Aussage (18) für die Funktionen $u_{\psi_k}^{\pm} \in C^{\infty}(\mathbb{R}^2)$ gilt, folgt diese auch für die Funktion $u_g^{\pm} : (x,t) \mapsto g(x \pm ct)$.

Schwache Ableitungen. a) Analog zu Formel (18) existiert für eine offene Menge $\Omega \subseteq \mathbb{R}^n$ und eine Funktion $f \in L_1^{\mathrm{loc}}(\Omega)$ die *schwache Ableitung* nach x_j in $L_1^{\mathrm{loc}}(\Omega)$, wenn es eine Funktion $h \in L_1^{\mathrm{loc}}(\Omega)$ gibt mit

$$\forall \, \varphi \in \mathscr{D}(\Omega) \; : \; \int_{\Omega} h(x) \, \varphi(x) \, dx \; = \; - \int_{\Omega} f(x) \, \partial_j \varphi(x) \, dx \, ; \tag{19}$$

entsprechend definiert man auch *höhere* schwache Ableitungen.

b) Für eine Funktion $g \in \mathcal{L}_1^{\mathrm{loc}}(\mathbb{R})$ gilt zwar $(\partial_t^2 - c^2 \, \partial_x^2) g(x \pm ct) = 0$ im Sinne von (18), doch müssen die individuellen schwachen Ableitungen $\partial_t^2 g(x \pm ct)$ und $\partial_t^2 g(x \pm ct)$ in $L_1^{\mathrm{loc}}(\mathbb{R}^2)$ nicht immer existieren.

c) Diese existieren jedoch stets im *Distributionssinn.* Für $f \in L_1^{\mathrm{loc}}(\Omega)$ kann man nämlich die rechte Seite von (19) immer als Ableitung von f nach x_j auffassen mittels einer auf L. Schwartz (1950) zurückgehenden

Verallgemeinerung des Funktionsbegriffs. a) *Funktionen f* auf einer offenen Menge $\Omega \subseteq \mathbb{R}^n$ ordnen jedem *Punkt $x \in \Omega$* einen Wert $f(x) \in \mathbb{C}$ zu. Eine erste „Aufweichung" dieses Begriffs erfolgt in der Maß- und Integrationstheorie: „Funktionen" sind oft als *Äquivalenzklassen modulo Nullfunktionen* zu interpretieren.

b) Lokal integrierbare Funktionen $f \in \mathcal{L}_1^{\mathrm{loc}}(\Omega)$ ordnen aber auch jeder *Testfunktion* $\varphi \in \mathscr{D}(\Omega)$ den Wert

$$u_f(\varphi) := \int_\Omega f(x)\,\varphi(x)\,dx \in \mathbb{C} \qquad (20)$$

zu. Da man in beliebigen Punkten zentrierte Dirac-Folgen als Testfunktionen wählen kann, enthält die Linearform $u_f : D(\Omega) \to \mathbb{C}$ alle wesentlichen Informationen über f ; in der Tat wird die Äquivalenzklasse $f \in L_1^{\mathrm{loc}}(\Omega)$ nach Satz 2.8 durch u_f eindeutig festgelegt. Als *verallgemeinerte Funktionen* oder *Distributionen* auf Ω betrachtet man nun alle *Linearformen auf* $\mathscr{D}(\Omega)$, die im Sinne der folgenden Definition *stetig* sind:

c) Es sei $\Omega \subseteq \mathbb{R}^n$ offen. Eine *Distribution* auf Ω ist eine Linearform $u : \mathscr{D}(\Omega) \to \mathbb{C}$, deren Einschränkungen $u|_{\mathscr{D}(K)} : \mathscr{D}(K) \to \mathbb{C}$ auf die Frécheträume $\mathscr{D}(K)$ für alle kompakten Mengen $K \subseteq \Omega$ stetig sind. Mit $\mathcal{D}'(\Omega)$ wird der Raum aller Distributionen auf Ω bezeichnet.

d) Für $f \in C^1(\Omega)$ liefert *partielle Integration* wie in (19)

$$\forall\, \varphi \in \mathscr{D}(\Omega)\; :\; u_{\partial_j f}(\varphi) \;=\; \int_\Omega \partial_j f(x)\,\varphi(x)\,dx \;=\; -\int_\Omega f(x)\,\partial_j\varphi(x)\,dx\,. \qquad (21)$$

Die Linearform

$$\varphi \mapsto -\int_\Omega f(x)\,\partial_j\varphi(x)\,dx$$

ist aber für *jede* lokal integrierbare Funktion $f \in L_1^{\mathrm{loc}}(\Omega)$ eine Distribution auf Ω , die man dann als *Ableitung* von f nach x_j auffasst.

Konvergente Folgen in $\mathscr{D}(\Omega)$. Eine Folge (φ_k) heißt *konvergent* gegen φ in $\mathscr{D}(\Omega)$, falls es eine feste kompakte Menge $K \subseteq \Omega$ mit $\varphi_k \to \varphi$ in $\mathscr{D}(K)$ gibt. Somit ist eine Linearform $u : \mathscr{D}(\Omega) \to \mathbb{C}$ genau dann eine Distribution, wenn sie die folgende Bedingung erfüllt:

$$\varphi_k \to 0 \;\text{ in }\; \mathscr{D}(\Omega) \;\Rightarrow\; u(\varphi_k) \to 0 \;\text{ in }\; \mathbb{C}\,.$$

Ordnung einer Distribution. Es ist $\mathscr{D}(K)$ ein Fréchetraum unter den Normen

$$\| \varphi \|_{K,j} := \sum_{|\alpha| \le j} \sup_{x \in K} |\partial^\alpha \varphi(x)|\,,\quad j \in \mathbb{N}_0\,.$$

Nach der Folgerung zu Satz 1.2 ist eine Linearform $u : \mathscr{D}(\Omega) \to \mathbb{C}$ genau dann eine Distribution, wenn es zu jeder kompakten Menge $K \subseteq \Omega$ ein $j = j(K) \in \mathbb{N}_0$ und ein $C \ge 0$ gibt mit

$$|u(\varphi)| \le C \|\varphi\|_{K,j} \quad\text{für alle}\quad \varphi \in \mathscr{D}(K)\,. \qquad (22)$$

Kann für alle kompakten Mengen $K \subseteq \Omega$ das gleiche $j \in \mathbb{N}_0$ gewählt werden, so heißt das minimale derartige $j \in \mathbb{N}_0$ die *Ordnung* von u .

Beispiele.   a) Für $f \in L_1^{\mathrm{loc}}(\Omega)$ wird durch (20) eine Distribution $u_f \in \mathscr{D}'(\Omega)$ definiert. Die Abbildung

$$j : L_1^{\mathrm{loc}}(\Omega) \to \mathscr{D}'(\Omega) , \quad j(f) := \left(u_f : \varphi \mapsto \int_\Omega f(x)\,\varphi(x)\,dx \right) ,$$

ist nach Satz 2.8 *injektiv* auf dem Quotientenraum $L_1^{\mathrm{loc}}(\Omega) := {}^{\mathscr{L}_1^{\mathrm{loc}}(\Omega)}\!/_{\mathscr{N}}$ von $\mathscr{L}_1^{\mathrm{loc}}(\Omega)$ modulo Nullfunktionen. (Äquivalenzklassen von) Funktionen $f \in L_1^{\mathrm{loc}}(\Omega)$ können also mit den Distributionen $u_f \in \mathscr{D}'(\Omega)$ identifiziert werden, und wir schreiben oft einfach f statt u_f.

b) *Dirac-Funktionale* oder δ-*Funktionale*

$$\delta_a : \varphi \mapsto \varphi(a) , \quad a \in \mathbb{R}^n , \tag{23}$$

sind Distributionen der Ordnung 0 auf $\mathbb{R}^n$. Im Fall $a = 0$ schreiben wir einfach $\delta := \delta_0 \in \mathscr{D}'(\mathbb{R}^n)$. In der *Elektrostatik* beschreibt $q\,\delta_a$ eine *Punktladung* $q > 0$ im Punkte $a \in \mathbb{R}^n$.

c) Ein *Dipol* in $a \in \mathbb{R}$ mit Moment 1 wird als Grenzfall für $\varepsilon \to 0$ der Punktladungen $\frac{1}{\varepsilon}$ in $a + \varepsilon$ und $-\frac{1}{\varepsilon}$ in a aufgefasst. Wegen

$$u_\varepsilon(\varphi) := \tfrac{1}{\varepsilon}\left(\delta_{a+\varepsilon}(\varphi) - \delta_a(\varphi) \right) \to \varphi'(a) \quad \text{für} \quad \varphi \in \mathscr{D}(\mathbb{R})$$

wird er durch die folgende Distribution erster Ordnung beschrieben:

$$d_a : \varphi \mapsto \varphi'(a) , \quad a \in \mathbb{R} .$$

Konvergente Folgen in $\mathscr{D}'(\Omega)$.   a) Eine Folge (u_k) in $\mathscr{D}'(\Omega)$ von Distributionen heißt *konvergent*, wenn für alle $\varphi \in \mathscr{D}(\Omega)$ die Folge $(u_k(\varphi))$ in $\mathbb{C}$ konvergiert. Nach dem *Satz von Banach-Steinhaus* 1.14 wird dann durch

$$u(\varphi) := \lim_{k \to \infty} u_k(\varphi) , \quad \varphi \in \mathscr{D}(\Omega) ,$$

eine Distribution $u = \lim_{n \to \infty} u_k \in \mathscr{D}'(\Omega)$ definiert.

b) Aus $f_k \to 0$ in $L_1^{\mathrm{loc}}(\Omega)$, d.h. aus $\int_K |f_k(x)|\,dx \to 0$ für alle kompakten Mengen $K \subseteq \Omega$, folgt offenbar auch $u_{f_k} \to 0$ in $\mathscr{D}'(\Omega)$. Die Konvergenz im Distributionssinn ist also schwächer als die lokale Konvergenz im Mittel.

c) Die Funktion $\frac{1}{x}$ ist *nicht* lokal integrierbar auf $\mathbb{R}$. Zu $\varphi \in \mathscr{D}[-R, R]$ gibt es eine stetige Funktion $\varphi_1 \in \mathcal{C}(\mathbb{R})$ mit $\varphi(x) = \varphi(0) + x\varphi_1(x)$ für $x \in \mathbb{R}$, und es folgt

$$\int_{|x| \ge \varepsilon} \tfrac{\varphi(x)}{x}\,dx = \varphi(0) \int_{\varepsilon \le |x| \le R} \tfrac{dx}{x} + \int_{\varepsilon \le |x| \le R} \varphi_1(x)\,dx \to \int_{-R}^{R} \varphi_1(x)\,dx$$

für $\varepsilon \to 0^+$. Folglich existiert der Grenzwert

$$CH\tfrac{1}{x} := \lim_{\varepsilon \to 0^+} \chi_{\{|x| \ge \varepsilon\}} \tfrac{1}{x}$$

in $\mathscr{D}'(\mathbb{R})$; er heißt *Cauchyscher Hauptwert* der Funktion $\frac{1}{x}$.

d) Eine Distribution $u \in \mathscr{D}'(0,2)$ wird definiert durch

$$u(\varphi) := \sum_{\ell=1}^{\infty} \varphi^{(\ell)}(\tfrac{1}{\ell}), \quad \varphi \in \mathscr{D}(0,2);$$

die Reihe konvergiert, da ja für festes $\varphi \in \mathscr{D}(\Omega)$ nur endlich viele Summanden $\neq 0$ sind. Offenbar besitzt u keine endliche Ordnung.

Differentiation von Distributionen. a) Motiviert durch (21) wird die *Ableitung* einer Distribution $u \in \mathscr{D}'(\Omega)$ nach der j-ten Variablen erklärt durch

$$(\partial_j u)(\varphi) := -u(\partial_j \varphi) \quad \text{für } \varphi \in \mathscr{D}(\Omega). \tag{24}$$

b) Aus $\varphi_k \to 0$ in $\mathscr{D}(\Omega)$ folgt auch $\partial_j \varphi_k \to 0$ in $\mathscr{D}(\Omega)$ und somit $u(\partial_j \varphi_k) \to 0$ in $\mathbb{C}$; in (24) wird also in der Tat eine Distribution definiert.

c) Die linearen Operatoren $\partial_j : \mathscr{D}'(\Omega) \to \mathcal{D}'(\Omega)$ sind *stetig* in dem Sinne, dass aus $u_k \to u$ in $\mathscr{D}'(\Omega)$ auch $\partial_j u_k \to \partial_j u$ in $\mathscr{D}'(\Omega)$ folgt. Stets gilt $\partial_i \partial_j = \partial_j \partial_i$! Beachten Sie bitte den Gegensatz zum klassischen Differenzierbarkeitsbegriff!

d) Nach (21) gilt $\partial_j u_f = u_{\partial_j f}$ für $f \in \mathcal{C}^1(\Omega)$, und entsprechend hat man $\partial^\alpha u_f = u_{\partial^\alpha f}$ für $f \in \mathcal{C}^m(\Omega)$ und $|\alpha| \leq m$. Die Distributionsableitungen stimmen also in diesen Fällen mit den klassischen Ableitungen überein.

In Kapitel 4 zeigen wir, dass *jede Distribution lokal* eine *endliche Summe von Ableitungen* von L_2-*Funktionen*, sogar von *stetigen Funktionen* ist (vgl. Satz 4.9 und Aufgabe 4.11). Die *Theorie der Distributionen* liefert also eine lokal *minimale* Erweiterung des Funktionsbegriffs, die die Differentiation aller stetigen Funktionen gestattet.

Beispiele. a) Für die *Heaviside-Funktion* $H := \chi_{[0,\infty)} \in L_1^{\text{loc}}(\mathbb{R})$ gilt $H'(x) = 0$ für $x \neq 0$. Für $\varphi \in \mathscr{D}(\mathbb{R})$ hat man

$$u_{H'}(\varphi) = -\int_{-\infty}^{\infty} H(x)\, \varphi'(x)\, dx = -\int_0^{\infty} \varphi'(x)\, dx = \varphi(0),$$

und daher gilt $H' = \delta$ im Distributionssinn.

b) Die Ableitungen von $\delta \in \mathscr{D}'(\mathbb{R}^n)$ sind offenbar gegeben durch

$$(\partial^\alpha \delta)(\varphi) = (-1)^{|\alpha|}(\partial^\alpha \varphi)(0), \quad \alpha \in \mathbb{N}_0^n.$$

c) Es gilt $\frac{1}{k} \sin kx \to 0$ gleichmäßig auf $\mathbb{R}$, also auch $\frac{1}{k} \sin kx \to 0$ in $\mathcal{D}'(\mathbb{R})$. Durch Differentiation folgt sofort auch $\cos kx \to 0$ in $\mathscr{D}'(\mathbb{R})$ und weiter $k^m \sin kx \to 0$ in $\mathscr{D}'(\mathbb{R})$ für ungerade $m \in \mathbb{N}$, tatsächlich sogar für alle $m \in \mathbb{N}$.

Multiplikation von C^∞-Funktionen und Distributionen.   a) Für $a \in C^\infty(\Omega)$ und $u \in \mathscr{D}'(\Omega)$ erklärt man das Produkt $au \in \mathscr{D}'(\Omega)$ durch

$$(au)(\varphi) := u(a\varphi) \quad \text{für} \quad \varphi \in \mathscr{D}(\Omega). \tag{25}$$

b) Aus $\varphi_k \to 0$ in $\mathscr{D}(\Omega)$ folgt aufgrund der *Leibniz-Regel* auch $a\varphi_k \to 0$ in $\mathscr{D}(\Omega)$ (vgl. Formel (27) unten) und somit $u(a\varphi_k) \to 0$ in $\mathbb{C}$; in (25) wird also in der Tat eine Distribution definiert.

c) Für $a \in C^\infty(\Omega)$, $f \in L_1^{loc}(\Omega)$ und $\varphi \in \mathscr{D}(\Omega)$ gilt

$$(au_f)(\varphi) = u_f(a\varphi) = \int_\Omega f(x)a(x)\varphi(x)\,dx = u_{af}(\varphi);$$

das Produkt af im Distributionssinn stimmt also mit dem (fast überall) punktweisen Produkt überein.

d) Für $a \in C^\infty(\Omega)$ und $u \in \mathscr{D}'(\Omega)$ gilt die *Produktregel*

$$\partial_j(au) = (\partial_j a)\,u + a\,\partial_j u;$$

in der Tat hat man für $\varphi \in \mathscr{D}(\Omega)$:

$$\begin{aligned}
\partial_j(au)(\varphi) &= -(au)(\partial_j\varphi) = -u(a\partial_j\varphi) = u((\partial_j a)\varphi - \partial_j(a\varphi)) \\
&= (\partial_j a)\,u(\varphi) + \partial_j u(a\varphi) = (\partial_j a)\,u(\varphi) + a\,\partial_j u(\varphi).
\end{aligned}$$

Beispiele.   a) Für $\varphi \in \mathscr{D}(\mathbb{R})$ ist $(x\delta)(\varphi) = \delta(x\varphi) = 0$, also $x\delta = 0$. Weiter hat man $(x\delta')(\varphi) = \delta'(x\varphi) = -\delta(\varphi + x\varphi') = -\delta(\varphi)$, also $x\delta' = -\delta$.

b) Es ist $x \cdot CH\frac{1}{x} = 1$; in der Tat gilt für $\varphi \in \mathscr{D}(\mathbb{R})$

$$(x \cdot CH\tfrac{1}{x})(\varphi) = \lim_{\varepsilon \to 0^+} \int_{|x| \geq \varepsilon} \frac{x\varphi(x)}{x}\,dx = \int_{-\infty}^{\infty} \varphi(x)\,dx = u_1(\varphi).$$

c) Es ist $(x\delta)CH\frac{1}{x} = 0$, aber $(x \cdot CH\frac{1}{x})\delta = \delta$; auf $\mathscr{D}'(\mathbb{R})$ kann daher eine kommutative und assoziative Multiplikation *nicht* definiert werden.

Differentialoperatoren und Leibniz-Regel.   a) Es sei $P(\xi) = \sum\limits_{|\alpha| \leq m} a_\alpha \xi^\alpha$ ein Polynom in $\mathcal{P}_n := \mathbb{C}[\xi_1, \ldots, \xi_n]$. Mit $D_j := -i\partial_j$ betrachten wir den *Differentialope-rator* mit konstanten Koeffizienten $P(D) = \sum\limits_{|\alpha| \leq m} a_\alpha D^\alpha$ (vgl. S. 16). Wegen

$$P(D)e^{i\langle x|\xi\rangle} = P(\xi)\,e^{i\langle x|\xi\rangle}, \quad \xi \in \mathbb{R}^n, \tag{26}$$

ist das Polynom P durch den Operator $P(D)$ eindeutig bestimmt; P heißt auch *Symbol* des Operators $P(D)$.

b) Für $a \in C^\infty(\Omega)$ und $u \in \mathscr{D}'(\Omega)$ liefert die Produktregel

$$P(D)(au) = \sum_\alpha (D^\alpha a)\,Q_\alpha(D)u$$

mit gewissen Polynomen $Q_\alpha \in \mathcal{P}_n$. Mit $a(x) = e^{i\langle x | \xi \rangle}$ und $u(x) = e^{i\langle x | \eta \rangle}$ liefert (26) sofort $P(\xi + \eta) = \sum_\alpha \xi^\alpha Q_\alpha(\eta)$, und wegen der *Taylor-Formel* (vgl. etwa [Kaballo 1997], 20.16) muss $Q_\alpha(\eta) = \frac{\partial^\alpha P(\eta)}{\alpha!} =: \frac{P^{(\alpha)}(\eta)}{\alpha!}$ gelten. Dies zeigt die *Leibniz-Regel*

$$P(D)(au) = \sum_{|\alpha|=0}^{m} \frac{1}{\alpha!} (D^\alpha a) P^{(\alpha)}(D)u. \qquad (27)$$

Am Ende dieses Abschnitts weisen wir noch kurz auf Verallgemeinerungen des Distributionsbegriffs hin:

Ultradistributionen. a) Ersetzt man in den bisherigen Konstruktionen $\mathcal{D}(\Omega)$ durch einen *kleineren* in $\mathcal{D}(\Omega)$ stetig eingebetteten *Raum von Testfunktionen,* so liefert dessen Dualraum eine echte *Erweiterung* von $\mathcal{D}'(\Omega)$. Dieser Raum von *ultradifferenzierbaren* Testfunktionen sollte eine Algebra sein, in der Glättungsfunktionen, Abschneidefunktionen und Zerlegungen der Eins existieren; die Elemente des Dualraums heißen dann *Ultradistributionen.*

b) Aufgrund eines *Satzes von Denjoy-Carlemann* (vgl. [Rudin 1974], Thm. 19.11 oder [Hörmander 1983a], Thm. 1.3.8) kann man als Raum der Testfunktionen die Funktionen mit kompaktem Träger in *Gevrey-Klassen* vom *Beurling-Typ* oder *Roumieu-Typ*

$$\mathcal{E}^{(s)}(\Omega) := \{\varphi \in \mathcal{E}(\Omega) \mid \forall\, K \Subset \Omega\, \forall\, h > 0 : \sup_{x \in K, \alpha \in \mathbb{N}_0^n} \frac{|\partial^\alpha \varphi(x)|}{h^{|\alpha|}\,\alpha!^s} < \infty \},$$

$$\mathcal{E}^{\{s\}}(\Omega) := \{\varphi \in \mathcal{E}(\Omega) \mid \forall\, K \Subset \Omega\, \exists\, h > 0 : \sup_{x \in K, \alpha \in \mathbb{N}_0^n} \frac{|\partial^\alpha \varphi(x)|}{h^{|\alpha|}\,\alpha!^s} < \infty \}$$

nehmen. Hierbei ist $s > 1$; für $s = 1$ erhält man Algebren *reell-analytischer* Funktionen, in denen aufgrund des Identitätssatzes keine Abschneidefunktionen existieren.

Für eine Einführung in die Theorie der Ultradistributionen sei auf [Komatsu 1973] verwiesen.

2.3 Träger von Distributionen

Für offene Mengen $\eta \subseteq \omega$ in $\mathbb{R}^n$ gilt $\mathcal{D}(\eta) \subseteq \mathcal{D}(\omega)$; eine Distribution $u \in \mathcal{D}'(\omega)$ können wir daher durch $u|_\eta := u|_{\mathcal{D}(\eta)}$ auf η *einschränken.* Diese Restriktionsabbildung ist i. A. *nicht surjektiv:*

Beispiel. Die Funktion $f : x \mapsto e^{1/x^2}$ liegt in $\mathcal{C}^\infty(\mathbb{R}\backslash\{0\})$ und strebt für $x \to 0$ sehr schnell gegen $+\infty$. Die entsprechende Distribution $u_f \in \mathcal{D}'(\mathbb{R}\backslash\{0\})$ besitzt *keine* Fortsetzung $u \in \mathcal{D}'(\mathbb{R})$:

Dazu wählen wir eine Abschneidefunktion $\chi \in \mathscr{D}(\mathbb{R})$ mit $\chi \geq 0$, supp $\chi \subseteq [-2,2]$ und

$$\chi(x) = 1 \text{ für } x \in [-1,1], \text{ setzen } \varphi(x) := \chi(x) \begin{cases} e^{-1/x} & , \quad x > 0 \\ 0 & , \quad x \leq 0 \end{cases} \text{ und definieren}$$

$\varphi_\varepsilon(x) := \varphi(x - \varepsilon)$ für $0 < \varepsilon < 1$. Dann gilt $\varphi_\varepsilon \in \mathscr{D}(\mathbb{R})$ mit supp $\varphi_\varepsilon \subseteq (0,3]$, und wegen $\varphi_\varepsilon^{(k)}(x) = \varphi^{(k)}(x - \varepsilon)$ ist die Menge $\{\varphi_\varepsilon \mid 0 < \varepsilon < 1\}$ im Fréchetraum $\mathscr{D}[0,3]$ beschränkt. Für eine Fortsetzung $u \in \mathscr{D}'(\mathbb{R})$ von u_f gilt jedoch

$$u(\varphi_\varepsilon) = \int_\varepsilon^3 e^{\frac{1}{x^2}} e^{-\frac{1}{x-\varepsilon}} \chi(x - \varepsilon) \, dx \geq \int_{2\varepsilon}^{3\varepsilon} e^{\frac{1}{x^2}} e^{-\frac{1}{x-\varepsilon}} \, dx \geq \varepsilon \, e^{\frac{1}{9\varepsilon^2}} e^{-\frac{1}{\varepsilon}} \to \infty$$

für $\varepsilon \to 0^+$, und man erhält einen Widerspruch.

Dagegen lassen sich die Funktionen $g_\alpha : x \mapsto x^\alpha$ aus $\mathcal{C}^\infty(0,\infty)$ für alle Exponenten $\alpha \in \mathbb{R}$ zu Distributionen auf ganz $\mathbb{R}$ fortsetzen, vgl. Aufgabe 2.17.

Distributionen sind als stetige Linearformen auf $\mathscr{D}(\Omega)$ *global* definiert; sie lassen sich jedoch in folgendem Sinne *lokalisieren*:

Satz 2.10

Es seien $\mathfrak{O}$ ein System offener Teilmengen von $\mathbb{R}^n$ und $\Omega := \bigcup \{\omega \mid \omega \in \mathfrak{O}\}$. Für $\omega \in \mathfrak{O}$ seien Distributionen $u_\omega \in \mathscr{D}'(\omega)$ gegeben, sodass $u_\omega|_{\omega \cap \eta} = u_\eta|_{\omega \cap \eta}$ für alle $\omega, \eta \in \mathfrak{O}$ mit $\omega \cap \eta \neq \emptyset$ gilt. Dann gibt es genau eine Distribution $u \in \mathscr{D}'(\Omega)$ mit $u|_\omega = u_\omega$ für alle $\omega \in \mathfrak{O}$.

BEWEIS. Es sei (α_j) eine Zerlegung der Eins in $\mathscr{D}(\Omega)$ mit supp $\alpha_j \subseteq \omega_j \in \mathfrak{O}$. Für eine Testfunktion $\varphi \in \mathscr{D}(\Omega)$ gilt dann $\varphi = \sum_{j=1}^m \alpha_j \varphi$ und somit $u(\varphi) = \sum_{j=1}^m u(\alpha_j \varphi)$ für ein geeignetes $m = m(\varphi) \in \mathbb{N}$. Wegen $\alpha_j \varphi \in \mathscr{D}(\omega_j)$ ist somit u durch die Einschränkungen $u|_\omega$ *eindeutig* bestimmt.

Es bleibt die *Existenz* von u zu zeigen. Für $\varphi = \sum_{j=1}^m \alpha_j \varphi \in \mathscr{D}(\Omega)$ *definieren* wir

$$u(\varphi) := \sum_{j=1}^m u_{\omega_j}(\alpha_j \varphi)$$

und erhalten eine Linearform auf $\mathscr{D}(\Omega)$. Für eine Nullfolge (φ_k) in $\mathscr{D}(\Omega)$ kann man m unabhängig von k wählen. Es folgt $\alpha_j \varphi_k \to 0$ in $\mathscr{D}(\omega_j)$ und daher $u(\varphi_k) \to 0$; somit ist $u \in \mathscr{D}'(\Omega)$ eine Distribution. Für $\varphi \in \mathscr{D}(\omega)$ schließlich gilt $\alpha_j \varphi \in \mathscr{D}(\omega_j \cap \omega)$ und daher $u(\varphi) = \sum_{j=1}^m u_{\omega_j}(\alpha_j \varphi) = \sum_{j=1}^m u_\omega(\alpha_j \varphi) = u_\omega(\varphi)$. ◇

Definition. *Der* Träger *einer Distribution $u \in \mathscr{D}'(\Omega)$ wird definiert als*

$$\operatorname{supp} u := \Omega \setminus \bigcup \{\omega \subseteq \Omega \text{ offen} \mid u|_\omega = 0\}.$$

Es ist supp u eine in Ω abgeschlossene Menge, und nach Satz 2.10 gilt $u|_{\Omega \setminus \operatorname{supp} u} = 0$.

Für eine Funktion $f \in \mathcal{L}_1^{\mathrm{loc}}(\Omega)$ ist die Linearform $u_f : \varphi \mapsto \int_\Omega f(x)\,\varphi(x)\,dx$ gemäß (20) nicht nur für $\varphi \in \mathscr{D}(\Omega)$, sondern für alle $\varphi \in \mathcal{E}(\Omega)$ definiert, für die $\operatorname{supp}\varphi \cap \operatorname{supp}f$ eine kompakte Teilmenge von Ω ist. Allgemeiner kann man jede Distribution mit $\operatorname{supp}u \neq \Omega$ auf einen größeren Raum von Testfunktionen fortsetzen; diese Konstruktion werden wir zur *Definition der Faltung von Distributionen* in Abschnitt 2.5 benutzen:

Satz 2.11

a) Für eine Distribution $u \in \mathscr{D}'(\Omega)$ gibt es genau eine Linearform $\widetilde{u}$ auf dem Raum

$$\mathcal{E}_u(\Omega) := \{\varphi \in \mathcal{E}(\Omega) \mid \operatorname{supp}\varphi \cap \operatorname{supp}u \text{ ist kompakt}\}$$

mit $\widetilde{u}(\varphi) = u(\varphi)$ für $\varphi \in \mathscr{D}(\Omega)$ und $\widetilde{u}(\varphi) = 0$, falls $\operatorname{supp}\varphi \cap \operatorname{supp}u = \emptyset$ ist.

b) Für eine Folge (φ_j) in $\mathcal{E}_u(\Omega)$ gebe es eine feste kompakte Menge $K \subseteq \Omega$ mit $\operatorname{supp}\varphi_j \cap \operatorname{supp}u \subseteq K$, und es gelte $\varphi_j \to 0$ in $\mathcal{E}(\Omega)$. Dann folgt $\widetilde{u}(\varphi_j) \to 0$.

BEWEIS. a) ① Für $\varphi \in \mathcal{E}_u(\Omega)$ gilt $\operatorname{supp}\varphi \cap \operatorname{supp}u \subseteq K$ für eine kompakte Menge $K \subseteq \Omega$. Nach Satz 2.6 gibt es $\eta \in \mathscr{D}(\Omega)$ mit $\eta(x) = 1$ nahe K. Dann gilt offenbar $\varphi = \eta\varphi + (1-\eta)\varphi =: \varphi_1 + \varphi_2$ mit $\varphi_1 \in \mathscr{D}(\Omega)$ und $\operatorname{supp}\varphi_2 \cap \operatorname{supp}u = \emptyset$.

② Ist nun $\widetilde{u} : \mathcal{E}_u(\Omega) \to \mathbb{C}$ eine Fortsetzung von u mit den angegebenen Eigenschaften, so muss $\widetilde{u}(\varphi) = \widetilde{u}(\varphi_1) + \widetilde{u}(\varphi_2) = u(\varphi_1)$ gelten; $\widetilde{u}$ ist also *eindeutig* bestimmt.

③ Wegen ② möchte man nun $\widetilde{u}(\varphi) := u(\varphi_1)$ *definieren*. Dazu sei $\varphi = \varphi_1' + \varphi_2'$ eine weitere Zerlegung wie in ①. Dann ist $\varphi_1 - \varphi_1' = \varphi_2' - \varphi_2 \in \mathscr{D}(\Omega)$ und $u(\varphi_1 - \varphi_1') = 0$ wegen $\operatorname{supp}(\varphi_2' - \varphi_2) \cap \operatorname{supp}u = \emptyset$. Somit ist $\widetilde{u} : \mathcal{E}_u(\Omega) \to \mathbb{C}$ wohldefiniert.

b) Mit der Funktion $\eta \in \mathscr{D}(\Omega)$ aus a) ① gilt offenbar $\eta\varphi_j \to 0$ in $\mathscr{D}(\Omega)$ und somit $\widetilde{u}(\varphi_j) = u(\eta\varphi_j) \to 0$. $\diamond$

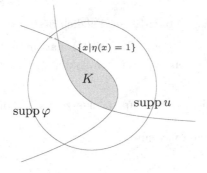

{x | η(x) = 1}

K

$\operatorname{supp}\varphi$

$\operatorname{supp}u$

Abb. 2.4: Zur Konstruktion von $\widetilde{u}$

Im Folgenden bezeichnen wir $\widetilde{u}$ oft einfach mit u. Die Formeln

$$au(\varphi) = u(a\varphi) \text{ für } a \in C^\infty(\Omega) \quad \text{und} \quad \partial_j u(\varphi) = -u(\partial_j \varphi) \tag{28}$$

gelten dann auch für $\varphi \in \mathcal{E}_u(\Omega)$, die zweite wegen $\partial_j \eta \cdot \varphi = 0$ nahe $\operatorname{supp}u$.

Ist nun speziell supp u *kompakt,* so ist $\mathcal{E}_u(\Omega) = \mathcal{E}(\Omega)$:

Satz 2.12

a) Eine Distribution $u \in \mathscr{D}'(\Omega)$ mit kompaktem Träger besitzt genau eine Fortsetzung zu einer stetigen Linearform auf $\mathcal{E}(\Omega)$.

b) Umgekehrt liefert die Restriktion eines stetigen Funktionals $v \in \mathcal{E}'(\Omega)$ auf $\mathscr{D}(\Omega)$ eine Distribution mit kompaktem Träger.

BEWEIS. a) folgt sofort aus Satz 2.11

b) Für $v \in \mathcal{E}'(\Omega)$ gibt es eine kompakte Menge $K \subseteq \Omega$, ein $j \in \mathbb{N}_0$ und $C \geq 0$ mit $|v(\varphi)| \leq C\, p_{K,j}(\varphi)$ für $\varphi \in \mathcal{E}(\Omega)$, insbesondere also auch für $\varphi \in \mathscr{D}(\Omega)$. Dies impliziert sofort supp $v|_{\mathscr{D}(\Omega)} \subseteq K$.   ◇

Bemerkungen.   a) Aufgrund der Eindeutigkeitsaussage von Satz 2.12 a) besitzt die stetige Inklusion $i : \mathscr{D}(\Omega) \to \mathcal{E}(\Omega)$ eine *injektive* Transponierte

$$i' : \mathcal{E}'(\Omega) \to \mathscr{D}'(\Omega), \quad i'v := v \circ i \; = \; v|_{\mathscr{D}(\Omega)} \, ;$$

dies ergibt sich auch sofort aus der Dichtheit von $\mathscr{D}(\Omega)$ in $\mathcal{E}(\Omega)$ (vgl. Satz 2.7). Es ist $i'\mathcal{E}'(\Omega) = \{u \in \mathscr{D}'(\Omega) \mid \text{supp } u \Subset \Omega\}$, und im Folgenden werden wir oft $\mathcal{E}'(\Omega)$ mit dem Raum $i'\mathcal{E}'(\Omega)$ identifizieren. Für eine kompakte Menge $K \subseteq \mathbb{R}^n$ schreiben wir

$$\mathcal{E}'(K) := \; \{u \in \mathscr{D}'(\mathbb{R}^n) \mid \text{supp } u \subseteq K\}\,.$$

b) Für $u \in i'\mathcal{E}'(\Omega)$ wählen wir wieder $\eta \in \mathcal{D}(\Omega)$ mit $\eta = 1$ nahe supp u. Mit $L :=$ supp η ist $\eta\varphi \in \mathscr{D}(L)$ für $\varphi \in \mathscr{D}(\Omega)$, und nach (22) gibt es $j \in \mathbb{N}_0$ mit

$$|u(\varphi)| = |u(\eta\varphi)| \; \leq \; C_1 \, \|\eta\varphi\|_{L,j} \; \leq \; C_2 \, \|\varphi\|_{L,j} \tag{29}$$

für alle $\varphi \in \mathscr{D}(\Omega)$ aufgrund der Leibniz-Regel. Folglich besitzt u *endliche Ordnung.*

c) Für eine *schwach beschränkte* Menge $\mathcal{G} \subseteq \mathcal{E}'(\Omega)$ haben nach Formel (1.26) alle Distributionen aus $i'\mathcal{G}$ Träger in einer festen kompakten Menge $K \subseteq \Omega$ und besitzen eine feste endliche Ordnung.

d) In (29) kann man i. A. L nicht durch supp u ersetzen, vgl. Aufgabe 2.19.

Ergänzend zu Theorem 2.4 zeigen wir nun:

Satz 2.13

a) Für eine Dirac-Folge (δ_k) in $\mathcal{L}_1(\mathbb{R}^n)$ gilt $\delta_k \to \delta$ in $\mathscr{D}'(\mathbb{R}^n)$.

b) Gilt zusätzlich supp $\delta_k \subseteq \overline{U}_r(0)$ für ein $r > 0$, so hat man $\delta_k \to \delta$ in $\mathcal{E}'(\mathbb{R}^n)$.

BEWEIS. a) Für eine Funktion f auf $\mathbb{R}^n$ definiert man die *gespiegelte Funktion* durch

$$\check{f} : x \mapsto f(-x)\,.$$

Für eine Testfunktion $\varphi \in \mathscr{D}(\mathbb{R}^n)$ gilt nach Theorem 2.4 dann

$$\int_{\mathbb{R}^n} \delta_k(x)\,\varphi(x)\,dx = (\delta_k * \check{\varphi})(0) \to \check{\varphi}(0) = \varphi(0)\,.$$

b) Wir wählen $\eta \in \mathscr{D}(\mathbb{R}^n)$ mit $\eta = 1$ nahe $\overline{U}_r(0)$. Für $\varphi \in \mathcal{E}(\mathbb{R}^n)$ gilt aufgrund von Satz 2.12 und a) dann $\delta_k(\varphi) = \delta_k(\eta\varphi) \to \delta(\eta\varphi) = \delta(\varphi)\,.$ $\diamond$

2.4 Tensorprodukte von Distributionen

Für Funktionen $f, g \in L_1(\mathbb{R}^n)$ und Testfunktionen $\varphi \in \mathscr{D}(\mathbb{R}^n)$ hat man nach (2)

$$u_{f*g}(\varphi) = \int_{\mathbb{R}^{2n}} f(x-y)\,g(y)\,dy\,\varphi(x)\,dx = \int_{\mathbb{R}^{2n}} f(x)\,g(y)\,\varphi(x+y)\,d(x,y)\,. \tag{30}$$

Diese Formel wollen wir zu einer Definition der Faltung von Distributionen verwenden. Dazu erweitern wir zunächst den Begriff des *Tensorprodukts*

$$(f \otimes g)(x,y) := f(x)g(y)$$

zweier Funktionen auf Distributionen. Für offene Mengen $\Omega_1 \subseteq \mathbb{R}^n$ und $\Omega_2 \subseteq \mathbb{R}^m$, Funktionen $f \in L_1^{\mathrm{loc}}(\Omega_1)$ und $g \in L_1^{\mathrm{loc}}(\Omega_2)$ sowie Testfunktionen $\varphi \in \mathscr{D}(\Omega_1)$ und $\psi \in \mathscr{D}(\Omega_2)$ gilt mit $\Omega = \Omega_1 \times \Omega_2$ offenbar

$$\int_\Omega f(x)\,g(y)\,\varphi(x)\,\psi(y)\,d(x,y) = \int_{\Omega_1} f(x)\,\varphi(x)\,dx \cdot \int_{\Omega_2} g(y)\,\psi(y)\,dy\,, \quad \text{also}$$

$$u_{f\otimes g}(\varphi \otimes \psi) = u_f(\varphi) \cdot u_g(\psi)\,. \tag{31}$$

Wir zeigen in Satz 2.16, dass es für alle Distributionen $u \in \mathscr{D}'(\Omega_1)$ und $v \in \mathscr{D}'(\Omega_2)$ genau eine Distribution $u \otimes v \in \mathscr{D}'(\Omega)$ gibt, sodass (31) richtig ist; diese heißt dann das *Tensorprodukt* von u und v. Die Eindeutigkeitsaussage ergibt sich sofort aus dem folgenden Approximationssatz:

Satz 2.14
Für eine Testfunktion $\phi \in \mathscr{D}(\Omega_1 \times \Omega_2)$ gibt es eine Folge (τ_j) in

$$\mathscr{D}(\Omega_1) \otimes \mathscr{D}(\Omega_2) = \{\sum_{i=1}^r \varphi_i \otimes \psi_i \mid r \in \mathbb{N},\, \varphi_i \in \mathscr{D}(\Omega_1),\, \psi_i \in \mathscr{D}(\Omega_2)\}$$

mit $\tau_j \to \phi$ in $\mathscr{D}(\Omega_1 \times \Omega_2)$.

BEWEIS. Es gibt kompakte Mengen $K \subseteq \Omega_1$ und $L \subseteq \Omega_2$ mit $\mathrm{supp}\,\phi \subseteq K \times L$ und $K \times L \subseteq [-A, A]^{n+m}$. Wir können o. E. $A = \pi$ annehmen und ϕ zu einer 2π-periodischen $\mathcal{C}^\infty$-Funktion auf $\mathbb{R}^{n+m}$ fortsetzen. Nach Satz 1.7 gilt im Fréchetraum $\mathcal{E}_{2\pi}(\mathbb{R}^{n+m})$ die Fourier-Entwicklung

$$\phi(x,y) = \sum_{(k,\ell) \in \mathbb{Z}^{n+m}} \widehat{\phi}(k,\ell)\,e^{i\langle k|x\rangle}\,e^{i\langle \ell|y\rangle}\,;$$

für die Partialsummen $s_j(x,y) = \sum\limits_{|k|+|\ell|\le j} \widehat{\phi}(k,\ell)\, e^{i\langle k|x\rangle}\, e^{i\langle \ell|y\rangle}$ hat man also $s_j \to \phi$

in $\mathcal{E}_{2\pi}(\mathbb{R}^{n+m})$. Nun wählen wir Abschneidefunktionen $\eta_1 \in \mathscr{D}(\Omega_1)$ und $\eta_2 \in \mathscr{D}(\Omega_2)$ mit $\eta_1 = 1$ nahe K und $\eta_2 = 1$ nahe L; für die Funktionen

$$\tau_j(x,y) = \sum\limits_{|k|+|\ell|\le j} \widehat{\phi}(k,\ell)\, \eta_1(x) e^{i\langle k|x\rangle}\, \eta_2(y) e^{i\langle \ell|y\rangle} \;\in\; \mathscr{D}(\Omega_1)\otimes\mathscr{D}(\Omega_2)$$

gilt dann $\tau_j \to \phi$ im Fréchetraum $\mathscr{D}(\operatorname{supp}\eta_1 \times \operatorname{supp}\eta_2)$. $\Diamond$

Folgerung. Der Raum $\mathscr{D}(\Omega_1)\otimes\mathscr{D}(\Omega_2)$ ist dicht in den Frécheträumen $\mathcal{C}^m(\Omega)$ für $m \in \mathbb{N}_0 \cup \{\infty\}$; dies ergibt sich sofort aus den Sätzen 2.14 und 2.7.

Zur Konstruktion des Tensorprodukts von Distributionen benötigen wir:

Lemma 2.15
Es seien $\phi \in \mathscr{D}(\Omega_1 \times \Omega_2)$ und $v \in \mathscr{D}'(\Omega_2)$. Dann liegt die Funktion $v(\phi): x \mapsto v(\phi_x)$ in $\mathscr{D}(\Omega_1)$, und es gilt

$$\partial_x^\alpha (v(\phi)) \;=\; v(\partial_x^\alpha \phi) \quad \text{für } \alpha \in \mathbb{N}_0^n. \tag{32}$$

BEWEIS. a) Es gibt kompakte Mengen $K \subseteq \Omega_1$ und $L \subseteq \Omega_2$ mit $\operatorname{supp}\phi \subseteq K \times L$; offenbar gilt dann $\operatorname{supp} v(\phi) \subseteq K$.

b) Aus $x_j \to x$ in Ω_1 folgt wegen der gleichmäßigen Stetigkeit von $\partial_y^\beta \phi$ sofort $\partial_y^\beta \phi(x_j, y) \to \partial_y^\beta \phi(x, y)$ gleichmäßig auf L für alle $\beta \in \mathbb{N}_0^n$, also $\phi_{x_j} \to \phi_x$ in $\mathscr{D}(L)$ und somit $v(\phi_{x_j}) \to v(\phi_x)$; die Funktion $v(\phi)$ ist also *stetig*.

c) Mit einem Einheitsvektor $e_k \in \mathbb{R}^n$ liefert die Taylor-Formel

$$\partial_y^\beta \left(\tfrac{1}{h}(\phi_{x+he_k} - \phi_x) - (\partial_{x_k}\phi)_x \right)(y) \;=\; \tfrac{1}{h}\int_0^h (\partial_y^\beta \partial_{x_k}^2 \phi)(x+se_k, y)\,(h-s)\,ds \to 0$$

gleichmäßig auf L für alle $\beta \in \mathbb{N}_0^n$. Daher gilt $\tfrac{1}{h}(\phi_{x+he_k} - \phi_x) \to (\partial_{x_k}\phi)_x$ in $\mathscr{D}(L)$ und somit $\tfrac{1}{h}(v(\phi_{x+he_k}) - v(\phi_x)) \to v((\partial_{x_k}\phi)_x)$. Dies zeigt $\partial_{x_k}(v(\phi)) = v(\partial_{x_k}\phi)$, und durch Iteration folgen (32) und die Behauptung. $\Diamond$

Satz 2.16
Für $\Omega = \Omega_1 \times \Omega_2$ und Distributionen $u \in \mathscr{D}'(\Omega_1)$ und $v \in \mathscr{D}'(\Omega_2)$ gibt es genau eine Distribution $u \otimes v \in \mathscr{D}'(\Omega)$ mit

$$(u \otimes v)(\varphi \otimes \psi) \;=\; u(\varphi) \cdot v(\psi) \quad \text{für } \varphi \in \mathscr{D}(\Omega_1),\, \psi \in \mathscr{D}(\Omega_2). \tag{33}$$

Diese ist gegeben durch

$$(u \otimes v)(\phi) \;=\; u(v(\phi)) \;=\; v(u(\phi)) \quad \text{für } \phi \in \mathscr{D}(\Omega). \tag{34}$$

BEWEIS. Die Eindeutigkeitsaussage folgt sofort aus Satz 2.14. Nach Lemma 2.15 wird durch $\phi \mapsto u(v(\phi))$ eine Linearform auf dem Raum $\mathscr{D}(\Omega)$ definiert. Für kompakte Mengen $K \subseteq \Omega_1$ und $L \subseteq \Omega_2$ hat man nach (22) Abschätzungen

$$|u(\varphi)| \leq C_1 \|\varphi\|_{K,k}, \quad \varphi \in \mathcal{D}(K) \quad \text{und} \quad |v(\psi)| \leq C_2 \|\psi\|_{L,\ell}, \quad \psi \in \mathcal{D}(L).$$

Für $\phi \in \mathscr{D}(K \times L)$ ist $v(\phi) \in \mathscr{D}(K)$, und mittels (32) ergibt sich

$$|u(v(\phi))| \leq C_1 \|v(\varphi)\|_{K,k} = C_1 \sum_{|\alpha|=0}^{k} \sup_{x \in K} |\partial_x^\alpha v(\phi_x)| = C_1 \sum_{|\alpha|=0}^{k} \sup_{x \in K} |v(\partial_x^\alpha \phi)|$$

$$\leq C_1 C_2 \sum_{|(\alpha,\beta)|=0}^{k+\ell} \sup_{(x,y) \in K \times L} |\partial_y^\beta \partial_x^\alpha \phi(x,y)|.$$

Somit wird durch $\phi \mapsto u(v(\phi))$ eine *stetige* Linearform auf $\mathscr{D}(\Omega)$ definiert, die offenbar (33) erfüllt. Durch Vertauschung der Rollen von x und y erhält man auch eine Distribution $\phi \mapsto v(u(\phi))$, die ebenfalls (33) erfüllt, und aufgrund der Eindeutigkeitsaussage muss $u(v(\phi)) = v(u(\phi))$ gelten.   ◇

Der Beweis von Satz 2.16 zeigt auch, dass im Fall $u \in \mathcal{E}'(\Omega_1)$ und $v \in \mathcal{E}'(\Omega_2)$ Formel (34) für alle $\phi \in \mathcal{E}(\Omega)$ gilt.

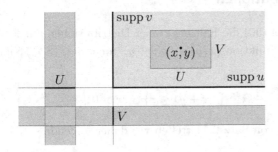

Abb. 2.5: Zum Beweis von Formel (35)

Satz 2.17

a) Für Distributionen $u \in \mathscr{D}'(\Omega_1)$ und $v \in \mathscr{D}'(\Omega_2)$ gelten

$$\operatorname{supp}(u \otimes v) = \operatorname{supp} u \times \operatorname{supp} v, \tag{35}$$

$$\partial_x^\alpha(u \otimes v) = (\partial_x^\alpha u) \otimes v \quad \text{und} \quad \partial_y^\beta(u \otimes v) = u \otimes (\partial_y^\beta v). \tag{36}$$

b) Das Tensorprodukt ist stetig: Aus $u_k \to u$ in $\mathscr{D}'(\Omega_1)$ und $v_k \to v$ in $\mathscr{D}'(\Omega_2)$ folgt $u_k \otimes v_k \to u \otimes v$ in $\mathscr{D}'(\Omega)$.

BEWEIS. a) Für $(x,y) \in \operatorname{supp} u \times \operatorname{supp} v$ gibt es zu jeder Umgebung $U \subseteq \Omega_1$ von x und jeder Umgebung $V \subseteq \Omega_2$ von y Testfunktionen $\varphi \in \mathscr{D}(U)$ und $\psi \in \mathscr{D}(V)$ mit $u(\varphi) \neq 0$ und $v(\psi) \neq 0$, also $(u \otimes v)(\varphi \otimes v) \neq 0$. Umgekehrt folgt aus $U \cap \operatorname{supp} u = \emptyset$ oder $V \cap \operatorname{supp} v = \emptyset$ sofort $(u \otimes v)(\varphi \otimes v) = 0$, also $u \otimes v = 0$ in $U \times V$. Wegen Satz 2.10 folgt dann $u \otimes v = 0$ in $\Omega \backslash (\operatorname{supp} u \times \operatorname{supp} v)$, und damit ist (35) bewiesen.

Für $\phi \in \mathscr{D}(\Omega)$ hat man aufgrund von (32)

$$
\begin{aligned}
(\partial_x^\alpha(u \otimes v))(\phi) &= (-1)^{|\alpha|}(u \otimes v)(\partial_x^\alpha \phi) = (-1)^{|\alpha|} u(v(\partial_x^\alpha \phi)) \\
&= (-1)^{|\alpha|} u(\partial_x^\alpha(v(\phi))) = \partial_x^\alpha u(v(\phi)) = (\partial_x^\alpha u \otimes v)(\phi),
\end{aligned}
$$

und die zweite Aussage in (36) folgt genauso.

b) Wir argumentieren ähnlich wie in Satz 1.15: Zunächst können wir $u = 0$ und $v = 0$ annehmen. Für $\phi \in \mathscr{D}(\Omega)$ gibt es kompakte Mengen $K \subseteq \Omega_1$ und $L \subseteq \Omega_2$ mit $\phi \in \mathscr{D}(K \times L)$. Die Funktionenmenge $\{\phi_x \mid x \in K\}$ ist präkompakt in $\mathscr{D}(L)$. Nach dem Satz von Banach-Steinhaus gilt daher $v_k \to 0$ gleichmäßig auf dieser Menge, und es folgt $v_k(\phi) \to 0$ in $\mathscr{D}(K)$ aufgrund von (32). Wiederum nach dem Satz von Banach-Steinhaus gilt auch $u_k \to 0$ gleichmäßig auf präkompakten Teilmengen von $\mathscr{D}(K)$ und insbesondere $(u_k \otimes v_k)(\phi) = u_k(v_k(\phi)) \to 0$.   ◇

2.5   Faltung von Distributionen

Wir wollen nun mittels Formel (30) die Faltung zweier Distributionen auf $\mathbb{R}^n$ definieren. Für $\varphi \in \mathscr{D}(\mathbb{R}^n)$ liegt die Funktion $(x,y) \mapsto \varphi(x+y)$ *nicht* in $\mathscr{D}(\mathbb{R}^{2n})$, ihr Träger ist aber in einem *„Streifen“*

$$
S_r := \{(x,y) \in \mathbb{R}^{2n} \mid |x+y| \leq r\}, \quad r > 0,
$$

enthalten. Unter Verwendung von Satz 2.11 treffen wir daher folgende

Definition.   *Für Distributionen $u, v \in \mathscr{D}'(\mathbb{R}^n)$ gelte die* Streifenbedingung

$$
\forall\, r > 0 \,:\, (\operatorname{supp} u \times \operatorname{supp} v) \cap S_r \quad \text{ist kompakt.} \tag{37}
$$

Dann wird die Faltung $u * v \in \mathscr{D}'(\mathbb{R}^n)$ *von u und v erklärt durch*

$$
(u * v)(\varphi) := (u \otimes v)(\varphi(x+y)), \quad \varphi \in \mathscr{D}(\mathbb{R}^n). \tag{38}
$$

Aufgrund von Satz 2.11 ist $u * v$ in der Tat eine Distribution auf $\mathbb{R}^n$. Für Testfunktionen φ mit Träger in $\overline{U}_r(0)$ hat man

$$
(u * v)(\varphi) = (u \otimes v)(\eta(x,y)\varphi(x+y)), \tag{39}
$$

wobei $\eta \in \mathscr{D}(\mathbb{R}^{2n})$ eine Abschneidefunktion mit $\eta = 1$ nahe $(\operatorname{supp} u \times \operatorname{supp} v) \cap S_r$ ist. Offenbar kann man annehmen, dass η nur von $|(x,y)|$ abhängt, dass also insbesondere $\eta(x,y) = \eta(y,x)$ gilt.

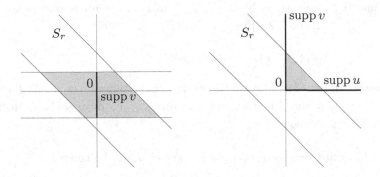

Abb. 2.6: Streifenbedingung für $\operatorname{supp} v$ kompakt oder $\operatorname{supp} u, \operatorname{supp} v \subseteq [0, \infty)$

Beispiele.   a) Die *Streifenbedingung* (37) ist erfüllt, wenn $\operatorname{supp} u$ oder $\operatorname{supp} v$ kompakt ist, vgl. Abb. 2.6.

b) Bedingung (37) gilt auch, wenn $\operatorname{supp} u$ in einem abgeschlossenen *Halbraum* $H \subseteq \mathbb{R}^n$ und $\operatorname{supp} v$ in einem echt in H enthaltenen *Kegel* enthalten ist, vgl. Aufgabe 2.24. Im Fall $n = 1$ genügt die Bedingung $\operatorname{supp} u, \operatorname{supp} v \subseteq [0, \infty)$, vgl. Abb. 2.6.

Satz 2.18
Für die beiden Distributionen $u, v \in \mathscr{D}'(\mathbb{R}^n)$ gelte die Streifenbedingung (37). Dann ist $u * v = v * u$, und man hat

$$\partial^\alpha(u * v) = \partial^\alpha u * v = u * \partial^\alpha v, \quad \alpha \in \mathbb{N}_0^n, \tag{40}$$

$$\operatorname{supp}(u * v) \subseteq \operatorname{supp} u + \operatorname{supp} v. \tag{41}$$

Weiter gilt $\delta * u = u$ für alle $u \in \mathscr{D}'(\mathbb{R}^n)$.

BEWEIS. a) Die Kommutativität der Faltung ist klar aufgrund von (38) oder (39).

b) Für $\varphi \in \mathscr{D}(\mathbb{R}^n)$ gilt aufgrund von (36)

$$(\partial^\alpha(u * v))(\varphi) = (-1)^{|\alpha|}(u * v)(\partial^\alpha \varphi) = (-1)^{|\alpha|}(u \otimes v)((\partial^\alpha \varphi)(x+y))$$
$$= (-1)^{|\alpha|}(u \otimes v)(\partial_x^\alpha \varphi(x+y)) = (\partial^\alpha u \otimes v)(\varphi(x+y)) = (\partial^\alpha u * v)(\varphi).$$

c) Es sei $\varphi \in \mathscr{D}(\mathbb{R}^n)$ mit $0 \neq (u \otimes v)(\varphi(x+y)) = u_x(v^y(\varphi(x+y)))$. Dann existiert $x \in \operatorname{supp} u$ mit $v^y(\varphi(x+y)) \neq 0$ und dann $y \in \operatorname{supp} v$ mit $\varphi(x+y) \neq 0$. Aus $\operatorname{supp} \varphi \cap (\operatorname{supp} u + \operatorname{supp} v) = \emptyset$ folgt also $(u * v)(\varphi) = 0$, und daher gilt (41).

d) Schließlich ist

$$(\delta * u)(\varphi) = (\delta \otimes u)(\varphi(x+y)) = u^y(\delta_x(\varphi(x+y))) = u^y(\varphi(y)) = u(\varphi). \quad \Diamond$$

In (41) hat man i. A. keine Gleichheit, auch dann nicht, wenn u und v kompakten Träger haben (vgl. Aufgabe 2.2). Für $u, v \in \mathcal{E}'(\mathbb{R}^n)$ gilt jedoch

$$\mathrm{co}(\mathrm{supp}(u * v)) = \mathrm{co}(\mathrm{supp}\, u) + \mathrm{co}(\mathrm{supp}\, v)$$

für die *konvexen Hüllen* der Träger. Dieses Resultat stammt von E.C. Titchmarsh (1926) für $n = 1$ und von J.L. Lions (1952) für $n \geq 1$; dazu sei auf [Hörmander 1983a], Thm. 4.3.3 verwiesen.

Aus Satz 2.17 b) ergibt sich diese *Stetigkeitseigenschaft* der Faltung:

Satz 2.19

Für Distributionen $u_k, v_k \in \mathscr{D}'(\mathbb{R}^n)$ gebe es abgeschlossene Mengen $A, B \subseteq \mathbb{R}^n$ mit $\mathrm{supp}\, u_k \subseteq A$ und $\mathrm{supp}\, v_k \subseteq B$ für alle $k \in \mathbb{N}_0$, sodass die Streifenbedingung

$$\forall\, r > 0 \,:\, (A \times B) \cap S_r \ \text{ist kompakt}$$

gilt. Aus $u_k \to u_0$ und $v_k \to v_0$ in $\mathscr{D}'(\mathbb{R}^n)$ folgt dann $u_k * v_k \to u_0 * v_0$ in $\mathscr{D}'(\mathbb{R}^n)$.

BEWEIS. Für $\varphi \in \mathscr{D}(\mathbb{R}^n)$ gilt mit einer festen Abschneidefunktion $\eta \in \mathscr{D}(\mathbb{R}^n)$

$$(u_k * v_k)(\varphi) = (u_k \otimes v_k)(\eta \cdot \varphi(x+y)) \to (u_0 \otimes v_0)(\eta \cdot \varphi(x+y)) = (u_0 * v_0)(\varphi)$$

gemäß (39) und Satz 2.17 b). $\qquad\qquad\qquad\qquad\qquad\qquad\qquad\qquad\qquad\qquad \Diamond$

Folgerungen. a) Aus $u_k \to u_0$ in $\mathcal{E}'(\mathbb{R}^n)$ und $v_k \to v_0$ in $\mathscr{D}'(\mathbb{R}^n)$ folgt stets $u_k * v_k \to u_0 * v_0$ in $\mathscr{D}'(\mathbb{R}^n)$. Dies ergibt sich aus Satz 2.19, da nach dem Beispiel auf S. 21 eine feste kompakte Menge $K \subseteq \mathbb{R}^n$ mit $\mathrm{supp}\, u_k \subseteq K$ für alle $k \in \mathbb{N}$ existiert.

b) Aus $u_k \to u_0$ und $v_k \to v_0$ in $\mathcal{E}'(\mathbb{R}^n)$ folgt $u_k * v_k \to u_0 * v_0$ in $\mathcal{E}'(\mathbb{R}^n)$.

c) Nach Satz 2.13 gilt $\rho_\varepsilon \to \delta$ in $\mathcal{E}'(\mathbb{R}^n)$ für die Glättungsfunktionen aus (1). Für $u \in \mathscr{D}'(\mathbb{R}^n)$ bzw. $u \in \mathcal{E}'(\mathbb{R}^n)$ gilt dann $\rho_\varepsilon * u \to \delta * u = u$ in $\mathscr{D}'(\mathbb{R}^n)$ bzw. $\mathcal{E}'(\mathbb{R}^n)$ aufgrund von a), b) und Satz 2.18.

Die Distributionen $\rho_\varepsilon * u$ sind sogar $\mathcal{C}^\infty$-Funktionen. Allgemein gilt:

Satz 2.20

Für $u \in \mathscr{D}'(\mathbb{R}^n)$ und $\psi \in \mathcal{C}^\infty(\mathbb{R}^n)$ gelte die Streifenbedingung (37). Dann ist $u * \psi$ die $\mathcal{C}^\infty$-Funktion $(u * \psi)(x) = u^y[\psi(x-y)]$.

BEWEIS. a) Für $\varphi \in \mathscr{D}(\mathbb{R}^n)$ mit $\operatorname{supp} \varphi \subseteq \overline{U}_r(0)$ wählen wir wie in (39) eine Abschnei-defunktion $\eta \in \mathscr{D}(\mathbb{R}^{2n})$ mit $\eta = 1$ nahe $(\operatorname{supp} u \times \operatorname{supp} \psi) \cap S_r$ und $\operatorname{supp} \eta \subseteq \overline{U}_R(0)$. Dann gilt

$$
\begin{aligned}
(u * \psi)(\varphi) &= u^y \left(\int_{\mathbb{R}^n} \psi(x)\, \eta(x,y)\, \varphi(x+y)\, dx \right) \\
&= u^y \left(\int_{\mathbb{R}^n} \psi(x-y)\, \eta(x-y,x)\, \varphi(x)\, dx \right) = u^y \left(\int_{\mathbb{R}^n} h(x,y)\, dx \right)
\end{aligned}
$$

mit einer Funktion $h \in \mathscr{D}(\mathbb{R}^{2n})$ mit $\operatorname{supp} h \subseteq \overline{U}_r(0) \times \overline{U}_{R+r}(0)$.

b) Wir approximieren $H(y) := \int_{\mathbb{R}^n} h(x,y)\, dx$ durch *Riemannsche Zwischensummen*

$$
R_\varepsilon(y) := \sum_{k \in \mathbb{Z}^n} \varepsilon^n\, h(k\varepsilon, y), \quad \varepsilon > 0.
$$

Es gilt $R_\varepsilon \in \mathscr{D}(\mathbb{R}^n)$ und $\operatorname{supp} R_\varepsilon \subseteq \overline{U}_{R+r}(0)$. Für $\alpha \in \mathbb{N}_0$ und $\varepsilon \to 0$ hat man $\partial^\alpha R_\varepsilon \to \partial^\alpha H$ gleichmäßig auf $\mathbb{R}^n$, also $R_\varepsilon \to H$ in $\mathscr{D}(\mathbb{R}^n)$. Damit folgt

$$
\begin{aligned}
(u * \psi)(\varphi) &= u(H) = \lim_{\varepsilon \to 0} u(R_\varepsilon) = \lim_{\varepsilon \to 0} u\left(\sum_{k \in \mathbb{Z}^n} \varepsilon^n\, h(k\varepsilon, y) \right) \\
&= \int_{\mathbb{R}^n} u^y(h(x,y))\, dx = \int_{\mathbb{R}^n} u^y[\psi(x-y)\, \eta(x-y,x)]\, \varphi(x)\, dx \\
&= \int_{\mathbb{R}^n} u^y[\psi(x-y)]\, \varphi(x)\, dx.
\end{aligned}
$$

Für die Funktion $(u * \psi)(x) = u^y[\psi(x-y)]$ gilt $(u * \psi)(x) = u^y[\psi(x-y)\, \eta(x-y,x)]$ nahe $\overline{U}_r(0)$, und aus Lemma 2.15 folgt schließlich $u * \psi \in \mathcal{C}^\infty(\mathbb{R}^n)$. $\quad\Diamond$

Speziell gilt mit der gespiegelten Funktion $\check{\psi} : x \mapsto \psi(-x)$ (vgl. S. 44)

$$
u(\psi) = (u * \check{\psi})(0). \tag{42}
$$

Es ist also $\mathcal{E}(\mathbb{R}^n)$ folgendicht in $\mathscr{D}'(\mathbb{R}^n)$. Allgemeiner hat man:

Satz 2.21
Für eine offene Menge $\Omega \subseteq \mathbb{R}^n$ ist $\mathcal{E}(\Omega)$ folgendicht in $\mathscr{D}'(\Omega)$.

BEWEIS. a) Es sei (K_j) eine kompakte Ausschöpfung von Ω wie in (1.3). Wir wählen Abschneidefunktionen $\eta_j \in \mathscr{D}(\Omega)$ mit $\eta_j = 1$ nahe K_j und $\operatorname{supp} \eta_j \subseteq K_{j+1}$. Für $u \in \mathscr{D}'(\Omega)$ ist dann $\eta_j u \in \mathscr{D}'(\mathbb{R}^n)$ und $f_j := \rho_{1/j} * (\eta_j u) \in \mathcal{E}(\mathbb{R}^n)$.

b) Für $\varphi \in \mathscr{D}(\Omega)$ gibt es $\varepsilon > 0$ und $m \in \mathbb{N}$ mit $(\operatorname{supp} \varphi)_\varepsilon \subseteq K_m$. Für $j \geq m$ folgt

$$
\begin{aligned}
u_{f_j}(\varphi) &= (\eta_j u)\left(\int_{\mathbb{R}^n} \rho_{1/j}(y)\varphi(x+y)\, dy \right) = (\eta_m u)\left(\int_{\mathbb{R}^n} \rho_{1/j}(y)\varphi(x+y)\, dy \right) \\
&= (\rho_{1/j} * (\eta_m u))(\varphi) \to (\eta_m u)(\varphi) = u(\varphi) \quad \text{für } j \to \infty. \quad\Diamond
\end{aligned}
$$

2.6 Aufgaben

Aufgabe 2.1
Bestimmen Sie in der Situation von Satz 2.1 im Fall $1 \le p < \infty$ den dualen Operator des Integraloperators S_κ.

Aufgabe 2.2
a) Es seien $f \in L_\infty(\mathbb{R})$ und $g \in L_1(\mathbb{R})$ mit $f * g = 0$. Folgt dann $f = 0$ oder $g = 0$?
Nein, etwa $f = 1$ und $\int_\mathbb{R} g = 0$.

b) Es seien $\Omega \subseteq \mathbb{R}^n$ offen, U eine (kleine) Kugel in $\mathbb{R}^n$ und $\varphi \in \mathscr{D}(U)$ mit $\int_{\mathbb{R}^n} \varphi(x)\, dx = 0$. Zeigen Sie $\operatorname{supp}(\chi_\Omega * \varphi) \subseteq \partial\Omega + U$.
Für $x + U \subseteq \Omega$ oder $(x + U) \cap \Omega = \emptyset$ gilt $(\chi_\Omega * \varphi)(x) = 0$.

Aufgabe 2.3
Definieren Sie eine Fréchetraum-Struktur auf den Räumen $L_p^{\mathrm{loc}}(\Omega)$.

Aufgabe 2.4
Es sei $A \subseteq \mathbb{R}^n$ eine abgeschlossene Menge. Konstruieren Sie eine Funktion $f \in C^\infty(\mathbb{R}^n)$ mit $f \ge 0$ und $f(x) = 0 \Leftrightarrow x \in A$.

HINWEIS. Zu $y \notin A$ sei $\varepsilon > 0$ mit $\overline{U}_\varepsilon(y) \cap A = \emptyset$. Wählen Sie $0 \le \rho \in C^\infty(\mathbb{R}^n)$ mit $\operatorname{supp} \rho = \overline{U}_\varepsilon(y)$, verwenden Sie eine Zerlegung der Eins und beachten Sie Aufgabe 1.12 c).

Aufgabe 2.5
Es seien $\Omega \subseteq \mathbb{R}^n$ offen und $f \in \mathcal{L}_1^{\mathrm{loc}}(\Omega)$ mit $\int_\Omega f(y)\,\varphi(y)\,dy \ge 0$ für alle *Testfunktionen* $0 \le \varphi \in \mathscr{D}(\Omega)$. Zeigen Sie $f(x) \ge 0$ fast überall.

Aufgabe 2.6
Es sei $u \in \mathscr{D}'(\Omega)$ eine *positive Distribution*, d. h. es gelte $u(\varphi) \ge 0$ für $\varphi \ge 0$. Zeigen Sie, dass u Ordnung 0 hat und setzen Sie u zu einem positiven linearen Funktional auf $C_c(\Omega)$ fort.

Aufgabe 2.7
Für $1 \le p < \infty$ und $h \in \mathbb{R}^n$ wird durch $\tau_h f(x) := f(x - h)$ ein *Translationsoperator* auf $L_p(\mathbb{R}^n)$ definiert.

a) Zeigen Sie $\| \tau_h f \|_{L_p} = \| f \|_{L_p}$ und $\| \tau_h f - f \|_{L_p} \to 0$ für $h \to 0$ für $f \in L_p(\mathbb{R}^n)$.
HINWEIS. Nehmen Sie zuerst $f \in \mathscr{D}(\mathbb{R}^n)$ an und verwenden Sie dann Satz 1.4.

b) Nun gelte $f, \partial_j f \in L_p(\mathbb{R}^n)$. Zeigen Sie $\partial_j \tau_h f = \tau_h \partial_j f$ und schließen Sie daraus $\partial_j \tau_h f \in L_p(\mathbb{R}^n)$ sowie $\| \partial_j(\tau_h f - f) \|_{L_p} \to 0$ für $h \to 0$.

Aufgabe 2.8
Für welche Funktionen $a \in C^\infty(\mathbb{R})$ gilt $a \cdot \delta^{(m)} = \delta^{(m)}$ für $m \in \mathbb{N}_0$?

Aufgabe 2.9

Zeigen Sie die Existenz der Grenzwerte $\frac{1}{x \pm i0} := \lim\limits_{\varepsilon \to 0+} \frac{1}{x \pm i\varepsilon}$ in $\mathscr{D}'(\mathbb{R})$ und beweisen Sie die Formeln $\frac{1}{x \pm i0} = \mp i\pi\delta + CH\frac{1}{x}$ sowie $\delta = \frac{1}{2\pi i}\left(\frac{1}{x-i0} - \frac{1}{x+i0}\right)$.

Aufgabe 2.10

Es sei $P(x, D) = \sum\limits_{j=0}^{m} a_j(x)\, D^j$ ein gewöhnlicher Differentialoperator mit Koeffizienten $a_j \in \mathcal{C}^\infty(I)$ über einem offenen Intervall $I \subseteq \mathbb{R}$ und

$$\mathcal{N} := \{u \in \mathcal{C}^\infty(I) \mid P(x, D)u = 0\}.$$

Für eine Folge (u_k) in $\mathcal{N}$ gelte $u_k \to u$ lokal gleichmäßig auf I. Zeigen Sie $u \in \mathcal{N}$.

Aufgabe 2.11

a) Es seien $I \subseteq \mathbb{R}$ ein offenes Intervall, $a \in I$ und $u \in \mathcal{C}^1(I \backslash \{a\})$. „Die" Funktion v mit $v(x) = u'(x)$ für $x \neq a$ liege in $L_1^{\mathrm{loc}}(I)$. Zeigen Sie die Existenz der Grenzwerte $u(a^\pm)$ sowie

$$u' = v + (u(a^+) - u(a^-))\,\delta_a.$$

b) Zeigen Sie $\frac{d}{dx}x_+ = II$ und $\frac{d}{dx}\log|x| = CH\frac{1}{x}$.

Aufgabe 2.12

Es seien $\Omega \subseteq \mathbb{R}^n$ offen, $a \in \Omega$, $f \in L_p^{\mathrm{loc}}(\Omega)$ und $g \in L_1^{\mathrm{loc}}(\Omega)$, sodass $\partial_j f = g$ in $\Omega \backslash \{a\}$ gilt. Zeigen Sie $\partial_j f = g$ in Ω unter der Annahme $n \geq 2$ und $p \geq \frac{n}{n-1}$. Verallgemeinern Sie dieses Resultat auf Differentialoperatoren der Ordnung $m \in \mathbb{N}$.

Aufgabe 2.13

Zeigen Sie, dass alle klassischen Lösungen der Wellengleichung $(\partial_t^2 - c^2\,\partial_x^2)u = 0$ gegeben sind durch

$$u(x, t) = f(x - ct) + g(x + ct), \quad f, g \in \mathcal{C}^2(\mathbb{R}).$$

HINWEIS. Mit $\xi := \frac{1}{2}(ct + x)$, $c\tau := \frac{1}{2}(ct - x)$ kann man die Wellengleichung in die Form $c\frac{\partial^2}{\partial\xi\partial\tau}u = 0$ transformieren.

Aufgabe 2.14

Für Folgen (φ_k) in $\mathcal{E}(\Omega)$ und (u_k) in $\mathscr{D}'(\Omega)$ gelte $\varphi_k \to \varphi$ in $\mathcal{E}(\Omega)$ und $u_k \to u$ in $\mathscr{D}'(\Omega)$. Zeigen Sie $\varphi_k u_k \to \varphi u$ in $\mathscr{D}'(\Omega)$.

Aufgabe 2.15

Zeigen Sie, dass die Abbildung $\frac{d}{dx} : \mathscr{D}(\mathbb{R}) \to \mathscr{D}(\mathbb{R})$ injektiv ist und bestimmen Sie ihr Bild.

Aufgabe 2.16

Zeigen Sie, dass für $k \in \mathbb{N}$ die Abbildung $\frac{d^k}{dx^k} : \mathscr{D}'(\mathbb{R}) \to \mathscr{D}'(\mathbb{R})$ surjektiv ist und bestimmen Sie ihren Kern.

Aufgabe 2.17

Es sei $h \in \mathcal{L}_1^{loc}(0, \infty)$ mit $\sup_{x>0} x^k \, | \, h(x) \, | < \infty$ für ein $k \in \mathbb{N}$. Konstruieren Sie eine Fortsetzung $u \in \mathscr{D}'(\mathbb{R})$ von h.

HINWEIS. Subtrahieren Sie von h den Anfang der Taylor-Entwicklung!

Aufgabe 2.18

a) Es sei $u \in \mathscr{D}'(\mathbb{R})$ gegeben. Konstruieren Sie $v \in \mathscr{D}'(\mathbb{R})$ mit $x \cdot v = u$.

b) Es seien $I \subseteq \mathbb{R}$ ein offenes Intervall, $f : I \to \mathbb{R}$ eine reell-analytische Funktion und $u \in \mathscr{D}'(I)$. Konstruieren Sie $v \in \mathscr{D}'(I)$ mit $f \cdot v = u$.

Aufgabe 2.19

Es sei $u(\varphi) := \sum\limits_{k=1}^{\infty} (\varphi(2^{-k}) - \varphi(0))$ für $\varphi \in \mathscr{D}(\mathbb{R})$.

a) Zeigen Sie $| \, u(\varphi) \, | \leq \| \, \varphi' \, \|_{[0,1]}$ und $\operatorname{supp} u = \{0\} \cup \{2^{-k}\}_{k \in \mathbb{N}}$.

b) Zeigen Sie, dass keine Abschätzung (29) mit $\operatorname{supp} u$ statt L gilt.

Aufgabe 2.20

a) Es seien $u \in \mathcal{E}'(\Omega)$ mit Ordnung $\leq k$ und $\varphi \in \mathcal{E}(\Omega)$ mit $\partial^\alpha \varphi = 0$ auf $\operatorname{supp} u$ für alle $| \, \alpha \, | \leq k$. Zeigen Sie $u(\varphi) = 0$.

b) Es sei $u \in \mathcal{E}'(\mathbb{R}^n)$ mit $\operatorname{supp} u = \{0\}$ und Ordnung $\leq k$. Zeigen Sie $u = \sum\limits_{| \, \alpha \, | \leq k} c_\alpha \partial^\alpha \delta$ für geeignete $c_\alpha \in \mathbb{C}$.

Aufgabe 2.21

Es seien $a, b \in \mathbb{R}^n$. Berechnen Sie $\delta_a \otimes \delta_b$ und $\delta_a * \delta_b$.

Aufgabe 2.22

a) Zeigen Sie die folgende Variante von Lemma 2.15: Für $\phi \in \mathcal{E}(\Omega_1 \times \Omega_2)$ und $v \in \mathcal{E}'(\Omega_2)$ liegt die Funktion $v(\phi) : x \mapsto v(\phi_x)$ in $\mathcal{E}(\Omega_1)$, und es gilt Formel (32).

b) Verifizieren Sie die Bemerkung nach Satz 2.16: Im Fall $u \in \mathcal{E}'(\Omega_1)$ und $v \in \mathcal{E}'(\Omega_2)$ gilt Formel (34) für alle $\phi \in \mathcal{E}(\Omega)$.

Aufgabe 2.23

a) Es sei H die Heaviside-Funktion auf $\mathbb{R}$. Zeigen Sie $\delta' * H = \delta$ und $1 * \delta' = 0$. Schließen Sie $(1 * \delta') * H \neq 1 * (\delta' * H)$.

b) Formulieren und beweisen Sie Assoziativgesetze für Tensorprodukte und Faltungen von Distributionen unter geeigneten Voraussetzungen.

Aufgabe 2.24

Ein *Halbraum* in $\mathbb{R}^{n+1}$ ist gegeben durch $H = \{(x, t) \mid t \geq 0\}$; ein *Kegel* $\Gamma_+ \subseteq H$ durch $\Gamma_+ = \{(x, t) \mid t \geq c | \, x \, |\}$ mit $c > 0$ (vgl. Abb. 2.7). Zeigen Sie, dass für Distributionen $u, v \in \mathscr{D}'(\mathbb{R}^{n+1})$ mit $\operatorname{supp} u \subseteq H$ und $\operatorname{supp} v \subseteq \Gamma_+$ die Faltung definiert ist.

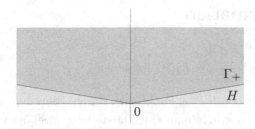

Abb. 2.7: Kegelbedingung für Träger

Aufgabe 2.25

Es sei $\tau_h : \varphi(x) \mapsto \varphi(x - h)$ der Translationsoperator aus Aufgabe 2.7.

a) Zeigen Sie, dass $\tau_h : \mathscr{D}(\mathbb{R}^n) \to \mathscr{D}(\mathbb{R}^n)$ stetig ist.

b) Zeigen Sie, dass die Abbildung $h \mapsto \tau_h$ von $\mathbb{R}^n$ nach $\mathscr{D}(\mathbb{R}^n)$ stetig ist.

c) Erweitern Sie den Translationsoperator durch $\tau_h u(\varphi) := u(\tau_{-h}\varphi)$ auf $\mathscr{D}'(\mathbb{R}^n)$.

d) Zeigen Sie $\partial_j u = \lim\limits_{h \to 0} \frac{1}{h}(u - \tau_{he_j} u)$ für $u \in \mathscr{D}'(\mathbb{R}^n)$.

Aufgabe 2.26

a) Es sei $u \in \mathscr{D}'(\mathbb{R}^n)$ gegeben. Zeigen Sie, dass die Abbildung

$$U : \mathscr{D}(\mathbb{R}^n) \to \mathcal{E}(\mathbb{R}^n), \quad U(\varphi) := u * \varphi,$$

linear und *stetig* sowie unter *Translationen* und *Differentiation invariant* ist, d. h. dass $U\tau_h = \tau_h U$ für alle $h \in \mathbb{R}^n$ und $UD^\alpha = D^\alpha U$ für alle $\alpha \in \mathbb{N}_0^n$ gilt.

b) Umgekehrt sei $U : \mathscr{D}(\mathbb{R}^n) \to \mathcal{E}(\mathbb{R}^n)$ linear, stetig und translationsinvariant. Zeigen Sie $U(\varphi) = u * \varphi$ für eine eindeutig bestimmte Distribution $u \in \mathscr{D}'(\mathbb{R}^n)$.

c) Nun sei $U : \mathscr{D}(\mathbb{R}^n) \to \mathcal{E}(\mathbb{R}^n)$ linear, stetig und invariant unter Differentiation. Zeigen Sie ebenfalls $U(\varphi) = u * \varphi$ für eine eindeutig bestimmte Distribution $u \in \mathscr{D}'(\mathbb{R}^n)$.

Aufgabe 2.27

Eine Distribution $u \in \mathscr{D}'(\mathbb{R}^n)$ habe Ordnung $\leq j \in \mathbb{N}_0$. Zeigen Sie, dass für $\varphi \in C_c^{k+j}(\mathbb{R}^n)$ die Faltung $u * \varphi$ mit der C^k-Funktion $x \mapsto u^y(\varphi(x - y))$ übereinstimmt.

3   Fourier-Transformation

Frage: 1. Berechnen Sie $\int_{-\infty}^{\infty} (\frac{\sin \xi}{\xi})^2 \, d\xi$.
2. Geben Sie eine Orthonormalbasis von $L_2(\mathbb{R})$ konkret an.

Lässt man in der Darstellung periodischer Funktionen durch *Fourier-Reihen* die Periodenlänge nach ∞ streben, so erhält man eine Darstellung nicht notwendig periodischer Funktionen durch ein *Fourier-Integral;* diese Methode geht bereits auf J.B. Fourier (1822) zurück:

Es sei $\ell > 0$. Für eine (in allen Variablen) $2\pi\ell$-periodische Funktion $f \in \mathcal{L}_2^{\mathrm{loc}}(\mathbb{R}^n)$ hat die Funktion $h : y \mapsto f(\ell y)$ die Periode 2π und wird nach Satz 1.6 durch ihre Fourier-Reihe $f(\ell y) = \sum_{k \in \mathbb{Z}^n} \hat{h}(k) \, e^{i\langle k|y\rangle}$ dargestellt. Mit $x = \ell y$ ergibt sich die Entwicklung

$$f(x) = (2\pi)^{-n/2} \sum_{k \in \mathbb{Z}^n} c_k \, e^{i\langle \frac{k}{\ell}|x\rangle}$$

nach den *Frequenzen* $\{\frac{k}{\ell} \mid k \in \mathbb{Z}^n\}$ mit den Koeffizienten

$$c_k = (2\pi)^{-n/2} \int_{[-\pi,\pi]^n} f(\ell y) \, e^{-i\langle k|y\rangle} \, dy = (2\pi)^{-n/2} \ell^{-n} \int_{[-\pi\ell,\pi\ell]^n} f(x) \, e^{-i\langle \frac{k}{\ell}|x\rangle} \, dx$$

für $k \in \mathbb{Z}^n$. Mit

$$g_\ell(\xi) := (2\pi)^{-n/2} \int_{[-\pi\ell,\pi\ell]^n} f(x) \, e^{-i\langle x|\xi\rangle} \, dx$$

für $\xi \in \mathbb{R}^n$ folgt dann

$$f(x) = (2\pi)^{-n/2} \sum_{k \in \mathbb{Z}^n} \ell^{-n} \, g_\ell(\tfrac{k}{\ell}) \, e^{i\langle \frac{k}{\ell}|x\rangle} \,, \tag{1}$$

und mit $\ell \to \infty$ „ergibt sich" eine Fourier-Entwicklung oder „Spektralzerlegung" nicht notwendig periodischer Funktionen

$$f(x) \sim (2\pi)^{-n/2} \int_{\mathbb{R}^n} g(\xi) \, e^{i\langle x|\xi\rangle} \, d\xi \tag{2}$$

nach *allen Frequenzen* $\xi \in \mathbb{R}^n$ mit den *Amplituden*

$$g(\xi) = (2\pi)^{-n/2} \int_{\mathbb{R}^n} f(x) \, e^{-i\langle x|\xi\rangle} \, dx \,. \tag{3}$$

Wir werden den Grenzübergang $\ell \to \infty$ in diesem Kapitel *rigoros* durchführen und die Gültigkeit der *Fourier-Umkehrformel* (2) unter geeigneten Bedingungen beweisen.

Glattheitsbedingungen an eine periodische Funktion implizieren *Wachstumsbedingungen* an ihre Fourier-Koeffizienten (vgl. Formel (1.25)). Entsprechend übersetzt die durch (3) definierte Fourier-Transformation $\mathcal{F}$ *Glattheits-* bzw. *Wachstumsbedingungen* in *Wachstums-* bzw. *Glattheitsbedingungen*. L. Schwartz führte 1951 mittels einer „gleichgewichtigen Mischung" beider Bedingungen den *Raum* $\mathcal{S}(\mathbb{R}^n)$ *der schnell fallenden Funktionen* ein und zeigte, dass $\mathcal{F} : \mathcal{S}(\mathbb{R}^n) \to \mathcal{S}(\mathbb{R}^n)$ ein *Isomorphismus* ist. Nach M. Plancherel (1910) respektiert $\mathcal{F}$ darüber hinaus L_2-Normen. Diese Resultate sind das Thema von Abschnitt 3.1. Im nächsten Abschnitt konstruieren wir eine Orthonormalbasis von $L_2(\mathbb{R}^n)$ aus *Hermite-Funktionen;* diese sind Eigenfunktionen von $\mathcal{F}$ zu den Eigenwerten $\{\pm 1, \pm i\}$. Ähnlich wie in Satz 1.7 liefert die entsprechende Fourier-Abbildung einen *Isomorphismus* von $\mathcal{S}(\mathbb{R}^n)$ auf $s(\mathbb{N}_0^n)$.

In Abschnitt 3.3 erweitern wir die Fourier-Transformation mittels Transposition unter Beibehaltung wesentlicher Eigenschaften auf den *Dualraum* $\mathcal{S}'(\mathbb{R}^n)$ von $\mathcal{S}(\mathbb{R}^n)$, den *Raum der temperierten Distributionen*. In Abschnitt 3.4 zeigen wir zwei *Sätze vom Paley-Wiener-Typ* und charakterisieren die Fourier-Transformierten von Testfunktionen bzw. Distributionen mit kompaktem Träger als ganze Funktionen mit gewissen Wachstumsbedingungen.

Wir führen nun zunächst die Fourier-Transformation auf $L_1(\mathbb{R}^n)$ ein; ab jetzt verwenden wir die Abkürzung

$$ \text{đ}x := \text{đ}^n x := (2\pi)^{-\frac{n}{2}} \, d^n x \,. $$

Definition. *Für* $f \in L_1(\mathbb{R}^n)$ *wird die* Fourier-Transformierte *durch*

$$ \mathcal{F}f(\xi) := \widehat{f}(\xi) := \int_{\mathbb{R}^n} f(x) \, e^{-i\langle x, \xi\rangle} \, \text{đ}x \,, \quad \xi \in \mathbb{R}^n \,, \tag{4} $$

definiert. Die Abbildung $\mathcal{F} : f \mapsto \widehat{f}$ *heißt* Fourier-Transformation.

Beispiele und Bemerkungen. a) Für $f \in L_1(\mathbb{R}^n)$ ist die Fourier-Transformierte beschränkt mit $\| \widehat{f} \|_{\sup} \leq (2\pi)^{-\frac{n}{2}} \| f \|_{L_1}$. Aus dem Satz über majorisierte Konvergenz folgt sofort die *Stetigkeit* von $\widehat{f}$ auf $\mathbb{R}^n$.

b) Für $f, g \in L_1(\mathbb{R}^n)$ sind $\widehat{f}, \widehat{g}$ stetig und beschränkt, also $\widehat{f}g$ und $f\widehat{g}$ integrierbar. Der *Satz von Fubini* liefert daher

$$ \int_{\mathbb{R}^n} f(x) \, \widehat{g}(x) \, \text{đ}x \;=\; \int_{\mathbb{R}^n} f(x) \int_{\mathbb{R}^n} g(y) \, e^{-i\langle y, x\rangle} \, \text{đ}y \, \text{đ}x $$
$$ =\; \int_{\mathbb{R}^n} \int_{\mathbb{R}^n} f(x) \, e^{-i\langle y, x\rangle} \, \text{đ}x \, g(y) \, \text{đ}y \,, \quad \text{also} $$

$$ \int_{\mathbb{R}^n} f(x) \, \widehat{g}(x) \, \text{đ}x \;=\; \int_{\mathbb{R}^n} \widehat{f}(x) \, g(x) \, \text{đ}x \,. \tag{5} $$

c) Für $f \in L_1(\mathbb{R}^n)$ gilt aufgrund der Transformationsformel (vgl. [Kaballo 1999], 11.7)

$$ \mathcal{F}(f(x - a))(\xi) \;=\; e^{-i\langle a, \xi\rangle} \, (\mathcal{F}f)(\xi) \,, \quad \xi \in \mathbb{R}^n \,, \quad a \in \mathbb{R}^n \,, \tag{6} $$

und für eine invertierbare Matrix $T \in GL_\mathbb{R}(n)$ hat man

$$\mathcal{F}(f \circ T)(\xi) = |\det T|^{-1} (\mathcal{F}f)((T^\top)^{-1}\xi), \quad \xi \in \mathbb{R}^n. \tag{7}$$

d) Für die charakteristische Funktion $\chi := \chi_{(-1,1)}$ von $(-1,1)$ gilt

$$\widehat{\chi}(\xi) = \frac{1}{\sqrt{2\pi}} \int_{-1}^{1} e^{-ix\xi} \, dx = \frac{1}{\sqrt{2\pi}} \left. \frac{e^{-ix\xi}}{-i\xi} \right|_{-1}^{1} = \frac{1}{\sqrt{2\pi}} \frac{e^{i\xi} - e^{-i\xi}}{i\xi} = \sqrt{\frac{2}{\pi}} \frac{\sin\xi}{\xi} \tag{8}$$

für $\xi \in \mathbb{R}$, insbesondere also $\widehat{\chi} \notin \mathcal{L}_1(\mathbb{R})$.

3.1 Schnell fallende Funktionen

Definition. *Eine Funktion $\psi \in \mathcal{C}^\infty(\mathbb{R}^n)$* heißt schnell fallend, *falls gilt:*

$$\forall \, k \in \mathbb{N}_0 \, : \, \|\psi\|_k := \sup_{|\alpha| \leq k} \sup_{x \in \mathbb{R}^n} \langle x \rangle^k \, |D^\alpha \psi(x)| < \infty. \tag{9}$$

Mit $\mathcal{S}(\mathbb{R}^n)$ wird der Raum aller schnell fallenden Funktionen auf $\mathbb{R}^n$ bezeichnet.

Mit den Normen aus (9) ist $\mathcal{S}(\mathbb{R}^n)$ ein *Fréchetraum* und aufgrund der Leibniz-Regel auch eine *Funktionenalgebra*. Verwendet man an Stelle des Supremums über $\mathbb{R}^n$ in (9) eine L_p-Norm, so erhält man ein äquivalentes Fundamentalsystem $\{\| \ \|_{p,k}\}$ von Normen auf $\mathcal{S}(\mathbb{R}^n)$ (vgl. Aufgabe 3.1).

Satz 3.1
Es ist $\mathscr{D}(\mathbb{R}^n)$ ein dichter Unterraum von $\mathcal{S}(\mathbb{R}^n)$.

BEWEIS. Wir wählen $\eta \in \mathscr{D}(\mathbb{R}^n)$ mit $\eta(x) = 1$ für $|x| \leq 1$. Für $\psi \in \mathcal{S}(\mathbb{R}^n)$ liegen dann die Funktionen $\psi_\varepsilon(x) := \psi(x)\,\eta(\varepsilon x)$ in $\mathscr{D}(\mathbb{R}^n)$, und man hat

$$\langle x \rangle^k D^\alpha(\psi - \psi_\varepsilon)(x) = \langle x \rangle^k \sum_{\gamma \leq \alpha} \binom{\alpha}{\gamma} D^{\alpha-\gamma}\psi(x)\, \varepsilon^{|\gamma|} D^\gamma(1 - \eta)(\varepsilon x).$$

Diese Funktion verschwindet für $|x| \leq \frac{1}{\varepsilon}$, und aus $\langle x \rangle^k D^{\alpha-\gamma}\psi(x) \to 0$ für $|x| \to \infty$ ergibt sich $\| \langle x \rangle^k D^\alpha(\psi - \psi_\varepsilon) \|_{\sup} \to 0$ für $\varepsilon \to 0^+$. ◇

Lemma 3.2
Die Fourier-Transformation $\mathcal{F}$ ist eine stetige lineare Abbildung von $\mathcal{S}(\mathbb{R}^n)$ in $\mathcal{S}(\mathbb{R}^n)$. Für $\psi \in \mathcal{S}(\mathbb{R}^n)$ gilt

$$\mathcal{F}(D_j\psi)(\xi) = \xi_j \, \widehat{\psi}(\xi), \quad \xi \in \mathbb{R}^n, \quad und \tag{10}$$

$$\mathcal{F}(x_j\psi)(\xi) = -D_j\widehat{\psi}(\xi), \quad \xi \in \mathbb{R}^n. \tag{11}$$

BEWEIS. Man hat $(-x)^\alpha \psi \in \mathcal{L}_1(\mathbb{R}^n)$ für alle $\alpha \in \mathbb{N}_0$; Differentiation unter dem Integral liefert daher

$$D^\alpha \widehat{\psi}(\xi) = (-i\partial)^\alpha \widehat{\psi}(\xi) = \int_{\mathbb{R}^n} (-x)^\alpha \psi(x) \, e^{-i\langle x, \xi\rangle} dx$$

für $\xi \in \mathbb{R}^n$. Dies zeigt (11). Für $\beta \in \mathbb{N}_0$ liefert *partielle Integration* (die Randterme verschwinden wegen $\psi \in \mathcal{S}(\mathbb{R}^n)$)

$$\xi^\beta D^\alpha \widehat{\psi}(\xi) = \int_{\mathbb{R}^n} D^\beta ((-x)^\alpha \psi(x)) \, e^{-i\langle x, \xi\rangle} dx \,.$$

Dies zeigt (10) sowie die Abschätzung

$$\sup_{\xi \in \mathbb{R}^n} |\xi^\beta D^\alpha \widehat{\psi}(\xi)| \leq C \sup_{x \in \mathbb{R}^n} \langle x\rangle^{n+1} |D^\beta ((-x)^\alpha \psi(x))|$$

mit $C := \int_{\mathbb{R}^n} \langle x\rangle^{-n-1} dx < \infty$. Aufgrund der Leibniz-Regel folgen daraus $\widehat{\psi} \in \mathcal{S}(\mathbb{R}^n)$ und die Stetigkeit von $\mathcal{F} : \mathcal{S}(\mathbb{R}^n) \to \mathcal{S}(\mathbb{R}^n)$. $\diamond$

Theorem 3.3

Die Fourier-Transformation $\mathcal{F} : \mathcal{S}(\mathbb{R}^n) \to \mathcal{S}(\mathbb{R}^n)$ ist ein Isomorphismus; ihre Umkehrabbildung ist gegeben durch

$$\mathcal{F}^{-1}\psi(x) = \check{\mathcal{F}}\psi(x) := \int_{\mathbb{R}^n} \psi(\xi) \, e^{i\langle x, \xi\rangle} d\xi \quad \text{für } \psi \in \mathcal{S}(\mathbb{R}^n) \text{ und } x \in \mathbb{R}^n \,. \tag{12}$$

Weiter gilt der Satz von Plancherel

$$\int_{\mathbb{R}^n} |\widehat{\psi}(\xi)|^2 d\xi = \int_{\mathbb{R}^n} |\psi(x)|^2 dx \,, \quad \psi \in \mathcal{S}(\mathbb{R}^n) \,. \tag{13}$$

BEWEIS. a) Wegen $\check{\mathcal{F}}\psi(x) = \mathcal{F}\psi(-x)$ wird in (12) aufgrund von Lemma 3.2 eine stetige lineare Abbildung $\check{\mathcal{F}} : \mathcal{S}(\mathbb{R}^n) \to \mathcal{S}(\mathbb{R}^n)$ definiert.

b) Es sei nun $\varphi \in \mathcal{D}(\mathbb{R}^n)$ mit $\operatorname{supp}\varphi \subseteq [-\pi\ell, \pi\ell]^n$ für $\ell > 0$. Wir setzen $\varphi|_{[-\pi\ell, \pi\ell]^n}$ zu einer $2\pi\ell$-periodischen C^∞-Funktion auf $\mathbb{R}^n$ fort. Nach Satz 1.7 und Formel (1) gilt

$$\varphi(x) = (2\pi)^{-n/2} \sum_{k \in \mathbb{Z}^n} \ell^{-n} \widehat{\varphi}(\tfrac{k}{\ell}) \, e^{i\langle \frac{k}{\ell}|x\rangle} \quad \text{für } x \in [-\pi\ell, \pi\ell]^n \,,$$

und für $\ell \to \infty$ folgt wegen $\widehat{\varphi} \in \mathcal{S}(\mathbb{R}^n)$ sofort

$$\varphi(x) = \int_{\mathbb{R}^n} \widehat{\varphi}(\xi) \, e^{i\langle x, \xi\rangle} d\xi \,, \quad x \in \mathbb{R}^n \,.$$

c) Nach b) ist also $\check{\mathcal{F}}(\mathcal{F}\varphi) = \varphi$ für $\varphi \in \mathcal{D}(\mathbb{R}^n)$, und wegen Satz 3.1 impliziert dies auch $\check{\mathcal{F}}(\mathcal{F}\psi) = \psi$ für alle $\psi \in \mathcal{S}(\mathbb{R}^n)$. Genauso ergibt sich auch $\mathcal{F}(\check{\mathcal{F}}\psi) = \psi$ für alle $\psi \in \mathcal{S}(\mathbb{R}^n)$.

d) Wegen Satz 3.1 genügt es, (13) für $\varphi \in \mathcal{D}([-\pi\ell, \pi\ell]^n)$ zu zeigen. Nach der *Parsevalschen Gleichung* (1.23) gilt in diesem Fall

$$\int_{[-\pi\ell, \pi\ell]^n} |\varphi(x)|^2 dx = (2\pi)^{-n/2} \sum_{k \in \mathbb{Z}^n} \ell^{-n} |\widehat{\varphi}(\tfrac{k}{\ell})|^2 \,,$$

und für $\ell \to \infty$ folgt die Behauptung (13) wieder wegen $\widehat{\varphi} \in \mathcal{S}(\mathbb{R}^n)$.   ◊

Alternative Beweise der Fourier-Umkehrformel findet man etwa in [Hörmander 1983a], 7.1.5, [Meise und Vogt 1992], 14.3, oder [Kaballo 1999], 41.4, entsprechende Skizzen in den Aufgaben 3.4 und 5.2.

Aus (12) ergibt sich sofort

$$\mathcal{F}^2 \psi(x) = \psi(-x) \quad \text{und} \quad \mathcal{F}^4 \psi(x) = \psi(x) \quad \text{für} \quad \psi \in \mathcal{S}(\mathbb{R}^n). \tag{14}$$

Wir wenden nun die bisherigen Resultate auf die Untersuchung der Fourier-Transformation auf $L_1(\mathbb{R}^n)$ an. Aus Lemma 3.2 ergibt sich die folgende Variante des *Riemann-Lebesgue-Lemmas*:

Satz 3.4
Für $f \in L_1(\mathbb{R}^n)$ gilt $\lim\limits_{|\xi| \to \infty} \widehat{f}(\xi) = 0$.

BEWEIS. Nach Satz 2.5 gibt es zu $\varepsilon > 0$ ein $\psi \in \mathscr{D}(\mathbb{R}^n)$ mit $\| f - \psi \|_{L_1} \leq \varepsilon$. Wegen $\widehat{\psi} \in \mathcal{S}(\mathbb{R}^n)$ gibt es $R > 0$ mit $|\widehat{\psi}(\xi)| \leq \varepsilon$ für $|\xi| \geq R$, und für diese ξ gilt dann auch

$$|\widehat{f}(\xi)| \leq |\widehat{f}(\xi) - \widehat{\psi}(\xi)| + |\widehat{\psi}(\xi)| \leq (2\pi)^{-\frac{n}{2}} \| f - \psi \|_{L_1} + \varepsilon \leq 2\varepsilon. \quad ◊$$

Mit der Supremums-Norm ist der Raum

$$\mathcal{C}_0(\mathbb{R}^n) := \{ f \in \mathcal{C}(\mathbb{R}^n) \mid \lim_{|x| \to \infty} f(x) = 0 \}$$

ein Banachraum. Die Fourier-Transformation ist also eine stetige lineare Abbildung

$$\mathcal{F} : L_1(\mathbb{R}^n) \to \mathcal{C}_0(\mathbb{R}^n) \quad \text{mit} \quad \| \mathcal{F} \| \leq (2\pi)^{-\frac{n}{2}}.$$

Aus Theorem 3.3 erhalten wir:

Satz 3.5
Es sei $f \in L_1(\mathbb{R}^n)$, sodass auch $\widehat{f} \in L_1(\mathbb{R}^n)$ ist. Dann gilt die Fourier-Umkehrformel

$$f(x) = \int_{\mathbb{R}^n} \widehat{f}(\xi) e^{i\langle x, \xi \rangle} d\xi \quad \text{für fast alle} \quad x \in \mathbb{R}^n, \tag{15}$$

insbesondere in den Stetigkeitspunkten von f.

BEWEIS. Wegen $\widehat{f} \in L_1(\mathbb{R}^n)$ wird durch $g(x) := \check{\mathcal{F}}\widehat{f}(x) = \int_{\mathbb{R}^n} \widehat{f}(\xi) e^{i\langle x, \xi \rangle} d\xi$ eine Funktion in $\mathcal{C}_0(\mathbb{R}^n)$ definiert. Für $\psi \in \mathcal{S}(\mathbb{R}^n)$ gilt

$$\int_{\mathbb{R}^n} g(x) \widehat{\psi}(x) \, dx = \int_{\mathbb{R}^n} \int_{\mathbb{R}^n} \widehat{f}(\xi) e^{i\langle x, \xi \rangle} d\xi \, \widehat{\psi}(x) \, dx = \int_{\mathbb{R}^n} \int_{\mathbb{R}^n} \widehat{\psi}(x) e^{i\langle x, \xi \rangle} dx \, \widehat{f}(\xi) \, d\xi$$

$$= \int_{\mathbb{R}^n} \psi(\xi) \widehat{f}(\xi) \, d\xi = \int_{\mathbb{R}^n} f(x) \widehat{\psi}(x) \, dx$$

aufgrund des Satzes von Fubini, Theorem 3.3 und Formel (5). Aus Satz 2.8 folgt nun $f = g$ fast überall. Wegen $g \in \mathcal{C}_0(\mathbb{R}^n)$ ist also f fast überall stetig, und (15) gilt in allen Stetigkeitspunkten von f.   ◊

Faltung und Multiplikation. a) Für Funktionen $f, g \in L_1(\mathbb{R}^n)$ gilt

$$\mathcal{F}(f * g) = (2\pi)^{\frac{n}{2}} (\widehat{f} \cdot \widehat{g}). \tag{16}$$

In der Tat erhält man mit dem Satz von Fubini

$$\begin{aligned}
\widehat{(f * g)}(\xi) &= \int_{\mathbb{R}^n} \int_{\mathbb{R}^n} f(y)\, g(x - y)\, dy\, e^{-i\langle x, \xi\rangle}\, dx \\
&= \int_{\mathbb{R}^n} \int_{\mathbb{R}^n} g(x - y)\, e^{-i\langle x - y, \xi\rangle}\, dx\, f(y)\, e^{-i\langle y, \xi\rangle}\, dy \\
&= \int_{\mathbb{R}^n} \widehat{g}(\xi)\, f(y)\, e^{-i\langle y, \xi\rangle}\, dy = (2\pi)^{\frac{n}{2}} \widehat{f}(\xi)\widehat{g}(\xi).
\end{aligned}$$

b) Aufgrund von Satz 3.5 ist die Fourier-Transformation $\mathcal{F} : L_1(\mathbb{R}^n) \to \mathcal{C}_0(\mathbb{R}^n)$ *injektiv;* aus (16) folgt daher die *Assoziativität* der Faltung auf $L_1(\mathbb{R}^n)$.

c) Für $\varphi, \psi \in \mathcal{S}(\mathbb{R}^n)$ gilt also $\mathcal{F}(\varphi * \psi) = (2\pi)^{\frac{n}{2}} \widehat{\varphi}\widehat{\psi} \in \mathcal{S}(\mathbb{R}^n)$ und daher auch $\varphi * \psi = (2\pi)^{\frac{n}{2}} \check{\mathcal{F}}(\widehat{\varphi}\widehat{\psi}) \in \mathcal{S}(\mathbb{R}^n)$.

d) Für $\varphi, \psi \in \mathcal{S}(\mathbb{R}^n)$ gilt nach (16) auch $\check{\mathcal{F}}(\widehat{\varphi} * \widehat{\psi}) = (2\pi)^{\frac{n}{2}} \check{\mathcal{F}}\widehat{\varphi} \check{\mathcal{F}}\widehat{\psi} = (2\pi)^{\frac{n}{2}} \varphi\psi$, also

$$\mathcal{F}(\varphi \cdot \psi) = (2\pi)^{-\frac{n}{2}} (\widehat{\varphi} * \widehat{\psi}). \tag{17}$$

Beispiel. Für die charakteristische Funktion $\chi = \chi_{(-1,1)}$ gilt $(\chi * \chi)(x) = (2 - |x|)^+$ $= \max\{0, 2 - |x|\}$; aus (16) und (8) folgt also $\mathcal{F}((2 - |x|)^+)(\xi) = \sqrt{\frac{8}{\pi}} (\frac{\sin \xi}{\xi})^2$. Diese Funktion liegt in $L_1(\mathbb{R})$; Satz 3.5 liefert daher

$$\frac{2}{\pi} \int_{-\infty}^{\infty} (\tfrac{\sin \xi}{\xi})^2 e^{ix\xi}\, d\xi = \frac{2}{\pi} \int_{-\infty}^{\infty} (\tfrac{\sin \xi}{\xi})^2 \cos x\xi\, d\xi = (2 - |x|)^+ \tag{18}$$

für $x \in \mathbb{R}$, und für $x = 0$ ergibt sich insbesondere

$$\int_{-\infty}^{\infty} (\tfrac{\sin \xi}{\xi})^2\, d\xi = \pi. \tag{19}$$

Die Fourier-Transformation auf $L_2(\mathbb{R}^n)$. a) Aufgrund von Theorem 3.3 und der Dichtheit von $\mathcal{S}(\mathbb{R}^n)$ in $L_2(\mathbb{R}^n)$ (vgl. Satz 2.5) lässt sich die Fourier-Transformation zu einem *unitären* linearen Operator $\mathcal{F} : L_2(\mathbb{R}^n) \to L_2(\mathbb{R}^n)$ fortsetzen.

b) Mit $\chi_k := \chi_{U_k(0)}$ gilt $\chi_k f \to f$ in $L_2(\mathbb{R}^n)$ für $f \in L_2(\mathbb{R}^n)$ und daher

$$\mathcal{F}f(\xi) = \lim_{k \to \infty} \mathcal{F}(\chi_k f)(\xi) = \lim_{k \to \infty} \int_{|x| \leq k} f(x)\, e^{-i\langle x, \xi\rangle}\, dx, \tag{20}$$

wobei der Limes in $L_2(\mathbb{R}^n)$ zu bilden ist.

c) Nach dem Beweis von Satz 2.5 gibt es zu $f \in L_1(\mathbb{R}^n) \cap L_2(\mathbb{R}^n)$ eine Folge (ψ_j) in $\mathcal{S}(\mathbb{R}^n)$ mit $\| f - \psi_j \|_{L_1} \to 0$ und $\| f - \psi_j \|_{L_2} \to 0$; in diesem Fall stimmt also $\mathcal{F}f$ gemäß a) mit $\widehat{f}$ gemäß (4) überein. Gelegentlich schreiben wir (4) an Stelle von (20) für *alle* $f \in L_2(\mathbb{R}^n)$.

Beispiel. Wegen Formel (8) ergibt sich noch einmal (19) aus dem Satz von Plancherel; ebenso erhält man aus (18) die Aussage

$$\int_{-\infty}^{\infty} (\tfrac{\sin \xi}{\xi})^4\, d\xi = \tfrac{2}{3}\pi.$$

Interpolation. Die Fourier-Transformation definiert stetige lineare Abbildungen

$$\mathcal{F}\colon\ L_1(\mathbb{R}^n) \to L_\infty(\mathbb{R}^n) \quad \text{und} \quad \mathcal{F}\colon\ L_2(\mathbb{R}^n) \to L_2(\mathbb{R}^n)\,.$$

Nach einem *Satz von Hausdorff-Young* liefert sie für $1 < p < 2$ auch stetige lineare Abbildungen

$$\mathcal{F}\colon\ L_p(\mathbb{R}^n) \to L_q(\mathbb{R}^n) \quad \text{mit} \quad \tfrac{1}{p} + \tfrac{1}{q} = 1\,.$$

Einen Beweis dieses Resultats mittels „*Interpolation*" findet man etwa in [Werner 2007], V.2.10, oder [Reed und Simon 1975], IX.8 und IX.17. Auf den Fall $p \geq 2$ gehen wir in Satz 4.10 ein.

Pseudodifferentialoperatoren. Für ein Polynom $P(x, \xi) = \sum\limits_{|\alpha| \leq m} a_\alpha(x)\, \xi^\alpha$ in n Variablen mit Koeffizienten in $\mathcal{C}^\infty(\mathbb{R}^n)$ gilt aufgrund von (10) und (15)

$$P(x, D)\psi(x) \;=\; \int_{\mathbb{R}^n} P(x, \xi)\, \widehat{\psi}(\xi)\, e^{i\langle x, \xi\rangle} d\xi \quad \text{für} \quad \psi \in \mathcal{S}(\mathbb{R}^n) \text{ und } x \in \mathbb{R}^n \tag{21}$$

für den entsprechenden Differentialoperator $P(x, D) = \sum\limits_{|\alpha| \leq m} a_\alpha(x)\, D^\alpha$. Durch Formel (21) lassen sich für allgemeinere *Symbole* $a \in \mathcal{C}^\infty(\mathbb{R}^n \times \mathbb{R}^n)$ *Pseudodifferentialoperatoren* auf $\mathbb{R}^n$ definieren; für dieses wichtige Thema sei etwa auf [Schröder 1997], 6.3, [Jacob 1995], Kapitel III, [Abels 2012], [Booß 1977], [Cordes 1979], [Shubin 2001] oder [Hörmander 1985a] verwiesen.

3.2   Hermite-Funktionen

Wir wollen nun die *Spektralzerlegung* der Fourier-Transformation auf $L_2(\mathbb{R}^n)$ herleiten. Wir starten dazu mit dem Fall $n = 1$ und der Berechnung eines speziellen Integrals. Mit Hilfe der *Transformationsformel* ergibt sich

$$\left(\textstyle\int_{\mathbb{R}} e^{-x^2}\, dx\right)^2 \;=\; \int_{\mathbb{R}^2} e^{-x^2 - y^2}\, d(x, y) \;=\; \int_{-\pi}^{\pi} \int_0^\infty e^{-r^2}\, r\, dr\, d\varphi \;=\; \pi\,, \quad \text{also}$$

$$\textstyle\int_{\mathbb{R}} e^{-x^2}\, dx \;=\; \sqrt{\pi}\,. \tag{22}$$

Beispiel. Die Funktion $g(x) := \exp\left(-\frac{x^2}{2}\right)$ liegt in $\mathcal{S}(\mathbb{R})$. Wir berechnen

$$\begin{aligned}
\widehat{g}(\xi) &= \tfrac{1}{\sqrt{2\pi}} \textstyle\int_{\mathbb{R}} \exp\left(-\tfrac{x^2}{2} - ix\xi\right) dx \;=\; \sqrt{\tfrac{1}{\pi}} \textstyle\int_{\mathbb{R}} \exp\left(-x^2 - i\sqrt{2}\,x\xi\right) dx \\
&= \sqrt{\tfrac{1}{\pi}}\, e^{-\xi^2/2} \textstyle\int_{\mathbb{R}} \exp\left(-(x + i\tfrac{\xi}{\sqrt{2}})^2\right) dx\,.
\end{aligned}$$

Für $r > 0$ betrachten wir das Rechteck $Q_r := [-r, r] \times [0, \frac{\xi}{\sqrt{2}}]$ im Fall $\xi \geq 0$ bzw. $Q_r := [-r, r] \times [\frac{\xi}{\sqrt{2}}, 0]$ im Fall $\xi < 0$ (vgl. Abb. 3.1). Aufgrund des *Cauchyschen Integralsatzes* (vgl. [Kaballo 1999], 22.5) gilt $\int_{\partial Q_r} e^{-z^2} dz = 0$. Wegen $|e^{-(x+iy)^2}| = e^{-x^2} e^{y^2}$ strebt das Integral über den vertikalen Rand für $r \to \infty$ gegen 0, und mit (22) folgt

$$\widehat{g}(\xi) = \sqrt{\tfrac{1}{\pi}} e^{-\xi^2/2} \int_{\mathbb{R}} e^{-x^2} dx = e^{-\xi^2/2} = g(\xi). \tag{23}$$

Es ist also $g \in \mathcal{S}(\mathbb{R})$ eine *Eigenfunktion* von $\mathcal{F}$ zum Eigenwert 1, und wegen (22) ist die 0-*te Hermite-Funktion* $h_0 := \pi^{-1/4} g$ eine *normierte* Eigenfunktion von $\mathcal{F}$ zum Eigenwert 1.

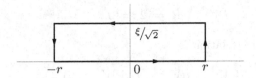

Abb. 3.1: Integration über ∂Q_r

Hermite-Polynome und -Funktionen. a) Aus (10) und (11) ergibt sich sofort

$$\mathcal{F}(x - \tfrac{d}{dx}) = (-i)(x - \tfrac{d}{dx})\mathcal{F} \quad \text{auf } \mathcal{S}(\mathbb{R}^n).$$

Mit dem „Erzeugungsoperator"

$$V := x - \tfrac{d}{dx} \in L(\mathcal{S}(\mathbb{R}))$$

erhält man also weitere Eigenfunktionen von $\mathcal{F}$ durch $g_k := V^k g$; in der Tat gilt

$$\mathcal{F} g_k = (-i)^k g_k, \quad k \in \mathbb{N}. \tag{24}$$

Explizit hat man

$$g_k(x) = (x - \tfrac{d}{dx})^k \exp(-\tfrac{x^2}{2}) = H_k(x) \exp(-\tfrac{x^2}{2})$$

mit den *Hermite-Polynomen* H_k vom Grad k. Mit $H_0(x) = 1$ erhält man diese rekursiv durch

$$H_{k+1}(x) = 2x\, H_k(x) - H_k'(x), \quad k \in \mathbb{N}_0. \tag{25}$$

Somit gilt also

$$H_0(x) = 1, \; H_1(x) = 2x, \; H_2(x) = 4x^2 - 2, \; H_3(x) = 8x^3 - 12x, \; \dots.$$

b) Wir wollen nun zeigen, dass die Funktionen g_k in $L_2(\mathbb{R})$ orthogonal sind und ihre Normen berechnen. Dazu verwenden wir eine Methode, die in der Quantenmechanik zur Spektralzerlegung des Hamilton-Operators $-\frac{d^2}{dx^2}+x^2$ des *harmonischen Oszillators* benutzt wird (vgl. etwa [Nolting 2002], Abschnitt 4.4 sowie Abschnitt 16.5 unten). Wir führen die Operatoren

$$R := x + \frac{d}{dx} \quad \text{und} \quad N := RV = -\frac{d^2}{dx^2} + x^2 + 1$$

auf $\mathcal{S}(\mathbb{R}^n)$ ein. Die Operatoren R und V sind zueinander adjungiert, d. h. es gilt

$$\langle R\varphi|\psi\rangle = \int_{\mathbb{R}}(x + \tfrac{d}{dx})\varphi(x)\,\overline{\psi(x)}\,dx = \int_{\mathbb{R}}\varphi(x)\,\overline{(x - \tfrac{d}{dx})\psi(x)}\,dx = \langle\varphi|V\psi\rangle \qquad (26)$$

für $\varphi, \psi \in \mathcal{S}(\mathbb{R}^n)$. Für den *Kommutator* von R und V gilt

$$[R,V] := RV - VR = 2 := 2I\,,$$

und daraus ergibt sich auch die Relation

$$[N,V] = RVV - VRV = [R,V]V = 2V\,. \qquad (27)$$

c) Es sei nun $\psi \in \mathcal{S}(\mathbb{R}^n)$ mit $N\psi = \lambda\psi$ für $\lambda \geq 0$. Mit (27) und (26) folgen dann

$$N(V\psi) = VN\psi + 2V\psi = (\lambda + 2)V\psi \quad \text{und} \qquad (28)$$

$$\|V\psi\|^2 = \langle V\psi|V\psi\rangle = \langle RV\psi|\psi\rangle = \langle N\psi|\psi\rangle = \lambda\,\|\psi\|^2\,. \qquad (29)$$

d) Offenbar ist $Rg = 0$ und daher $Ng = RVg = VRg + 2g = 2g$. Aus (28) ergibt sich daher $Ng_k = 2(k+1)g_k$, und wegen (29) ist $\|g_k\| = \sqrt{2k}\,\|g_{k-1}\| = \ldots = \sqrt{2^k k!}\,\|g\|$. Somit sind die *Hermite-Funktionen*

$$h_k(x) := (2^k\,k!\,\sqrt{\pi})^{-\frac{1}{2}}\,g_k(x) = (2^k\,k!\,\sqrt{\pi})^{-\frac{1}{2}}\,H_k(x)\,\exp(-\tfrac{x^2}{2}) \qquad (30)$$

normierte Eigenfunktionen von N zu den Eigenwerten $2(k+1)$, $k \in \mathbb{N}_0$. Diese sind *orthonormal*, da N symmetrisch ist: Für $k > m$ hat man

$$2(k - m)\,\langle h_k|h_m\rangle = \langle Nh_k|h_m\rangle - \langle h_k|Nh_m\rangle = 0\,.$$

e) Wir notieren noch zwei Formeln: Aus $RV = N$, (30) und (28) ergibt sich

$$Vh_k = (2^k k!\sqrt{\pi})^{-\frac{1}{2}}\,Vg_k = \sqrt{2(k+1)}\,h_{k+1}\,, \qquad (31)$$

$$Rh_k = (2^k k!\sqrt{\pi})^{-\frac{1}{2}}\,RVg_{k-1} = (2^k k!\sqrt{\pi})^{-\frac{1}{2}}\,Ng_{k-1} = \sqrt{2k}\,h_{k-1}\,. \qquad (32)$$

Die Operatoren V und R sind also gewichtete Vorwärts- bzw. Rückwärts-Shift-Operatoren auf $\mathcal{S}(\mathbb{R})$.

Satz 3.6
Die Hermite-Funktionen bilden eine Orthonormalbasis *von* $L_2(\mathbb{R})$.

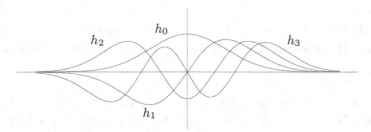

Abb. 3.2: Die ersten vier Hermite-Funktionen

BEWEIS. a) Nach obigen Überlegungen sind die Hermite-Funktionen ein Orthonormalsystem in $L_2(\mathbb{R})$.

b) Für $\xi \in \mathbb{R}$ gilt die Abschätzung

$$\sum_{k=m+1}^{\infty} |\tfrac{1}{k!}(-ix\xi)^k| e^{-\frac{x^2}{2}} \le \exp(|x||\xi| - \tfrac{x^2}{2}), \quad m \in \mathbb{N},$$

und der Satz über majorisierte Konvergenz liefert die Entwicklung

$$\exp(-ix\xi - \tfrac{x^2}{2}) = \sum_{k=0}^{\infty} \tfrac{1}{k!}(-ix\xi)^k e^{-\frac{x^2}{2}} \quad \text{in } L_2(\mathbb{R}).$$

c) Für $f \in [h_k]^\perp$ ist $f \perp x^k e^{-\frac{x^2}{2}}$ für alle $k \in \mathbb{N}_0$, und es folgt

$$\mathcal{F}(e^{-\frac{x^2}{2}}\bar{f})(\xi) = \int_{\mathbb{R}} e^{-ix\xi} e^{-\frac{x^2}{2}} \bar{f}(x)dx = \sum_{k=0}^{\infty} \tfrac{(-i\xi)^k}{k!} \int_{\mathbb{R}} x^k e^{-\frac{x^2}{2}} \bar{f}(x)dx = 0$$

für alle $\xi \in \mathbb{R}$. Da $\mathcal{F}$ isometrisch ist, impliziert dies $\| e^{-\frac{x^2}{2}} \bar{f}(x) \|_{L_2} = 0$ und somit $\| f \|_{L_2} = 0$. Folglich ist $\{h_k\}$ ein maximales Orthonormalsystem in $L_2(\mathbb{R})$. $\Diamond$

Aus Satz 1.5 und (24) ergeben sich nun diese

Folgerungen. a) Die Hermite-Funktionen

$$h_k(x_1, \ldots, x_n) := h_{k_1}(x_1) \cdots h_{k_n}(x_n), \quad k \in \mathbb{N}_0^n,$$

bilden eine *Orthonormalbasis* von $L_2(\mathbb{R}^n)$.

b) Es gilt $\mathcal{F}h_k = (-i)^{|k|} h_k$ für $k \in \mathbb{N}_0^n$; die h_k sind also *Eigenfunktionen* von $\mathcal{F}$ zu den *Eigenwerten* $(-i)^{|k|}$, und man hat die *Spektralzerlegung* der Fourier-Transformation

$$\mathcal{F}f = \sum_{k \in \mathbb{N}_0^n} (-i)^{|k|} \langle f|h_k \rangle h_k, \quad f \in L_2(\mathbb{R}^n). \tag{33}$$

Die Hermite-Funktionen bilden auch eine absolute Basis des Fréchetraums $\mathcal{S}(\mathbb{R}^n)$. Mit den Fourier-Koeffizienten $\widehat{f}(k) := \langle f, h_k \rangle$ gilt analog zu Satz 1.7:

Satz 3.7

Die Fourier-Abbildung $\mathcal{F} : \psi \mapsto (\widehat{\psi}(k))_{k \in \mathbb{Z}^n}$ *ist ein* Isomorphismus *von* $\mathcal{S}(\mathbb{R}^n)$ *auf* $s(\mathbb{N}_0^n)$. *Für* $\psi \in \mathcal{S}(\mathbb{R}^n)$ *ist die Fourier-Reihe* $\sum\limits_{k \in \mathbb{Z}^n} \widehat{\psi}(k) h_k$ *in* $\mathcal{S}(\mathbb{R}^n)$ *absolut summierbar mit Summe* ψ.

BEWEIS. a) Für $k \geq 2\ell$ hat man $(2k \cdot 2(k-1) \cdots 2(k - \ell + 1))^{-\frac{1}{2}} \leq k^{-\frac{\ell}{2}}$. Für Multiindizes $k \in \mathbb{N}_0^n$ mit $k_j \geq 2\ell$ erhält man daher für $\psi \in \mathcal{S}(\mathbb{R}^n)$ aus (31) und (26) mit den Operatoren $V_j := x_j - \partial_j$ und $R_j := x_j + \partial_j$ in $L(\mathcal{S}(\mathbb{R}^n))$

$$
\begin{aligned}
|\widehat{\psi}(k)| \; &= \; | \int_{\mathbb{R}^n} \psi(x) \overline{h_{k_1}(x_1) \cdots h_{k_n}(x_n)} \, dx | \\
&\leq \; (k_1 \cdots k_n)^{-\frac{\ell}{2}} | \int_{\mathbb{R}^n} \psi(x) \overline{V_1^\ell h_{k_1 - \ell}(x_1) \cdots V_n^\ell h_{k_n - \ell}(x_n)} \, dx | \\
&\leq \; (k_1 \cdots k_n)^{-\frac{\ell}{2}} | \int_{\mathbb{R}^n} R_1^\ell \cdots R_n^\ell \psi(x) \overline{h_{k_1 - \ell}(x_1) \cdots h_{k_n - \ell}(x_n)} \, dx | .
\end{aligned}
$$

Nun folgen $(\widehat{\psi}(k)) \in s(\mathbb{N}_0^n)$ und die Stetigkeit von $\mathcal{F} : \mathcal{S}(\mathbb{R}^n) \to s(\mathbb{N}_0^n)$ aus

$$
\sup_{k \in \mathbb{N}_0^n} \langle k \rangle^{\frac{\ell}{2}} |\widehat{\psi}(k)| \; \leq \; C_\ell \, \| R_1^\ell \cdots R_n^\ell \psi \|_{L_2} \; \leq \; C_\ell' \, \| \psi \|_{n\ell, 2} .
$$

b) Für $\xi = (\xi_k) \in s(\mathbb{N}_0^n)$ zeigen wir nun die absolute Konvergenz der „Fourier-Reihe" $\mathcal{G}(\xi) := \sum\limits_{k \in \mathbb{N}_0^n} \xi_k h_k$ in $\mathcal{S}(\mathbb{R}^n)$. Wegen $2x_j = R_j + V_j$ und $2\partial_j = R_j - V_j$ ist ein Fundamentalsystem von Normen auf $\mathcal{S}(\mathbb{R}^n)$ gegeben durch

$$
\| \psi \|_D := \| D\psi \|_{L_2} , \quad D := D_1 \cdots D_\ell ,
$$

wobei jeder Faktor von D ein Operator R_j oder V_j ist. Wegen (31) und (32) gilt mit geeigneten Indizes $k' = k'(k, D)$

$$
\| \mathcal{G}\xi \|_D \leq \sum_{k \in \mathbb{N}_0^n} |\xi_k| \, \| D_1 \cdots D_\ell h_k \|_{L_2} \leq \sum_{k \in \mathbb{N}_0^n} |\xi_k| \, (2\,|k| + 2)^{\frac{\ell}{2}} \, \| h_{k'} \|_{L_2} \leq M_\ell \, \| \xi \|_\ell ;
$$

daher ist die Fourier-Reihe in der Tat absolut summierbar, und die lineare Abbildung $\mathcal{G} : s(\mathbb{N}_0^n) \to \mathcal{S}(\mathbb{R}^n)$ ist stetig.

c) Offenbar hat man $\mathcal{F}(\mathcal{G}(\xi)) = \xi$ für $\xi \in s(\mathbb{N}_0^n)$. Für $\psi \in \mathcal{S}(\mathbb{R}^n)$ gilt schließlich auch $\mathcal{G}(\mathcal{F}(\psi)) = \psi$, da dies nach obiger Folgerung zu Satz 3.6 in $L_2(\mathbb{R}^n)$ richtig ist. $\Diamond$

3.3   Temperierte Distributionen

In diesem Abschnitt erweitern wir die Fourier-Transformation zu einem Isomorphismus auf dem Dualraum von $\mathcal{S}(\mathbb{R}^n)$.

Definition.   *Der Raum* $\mathcal{S}'(\mathbb{R}^n)$ *aller stetigen Linearformen auf* $\mathcal{S}(\mathbb{R}^n)$ *heißt Raum der temperierten Distributionen auf* $\mathbb{R}^n$.

Beispiele und Bemerkungen. a) Auf $\mathcal{S}'(\mathbb{R}^n)$ betrachten wir meistens die schwach*-Topologie $\sigma(\mathcal{S}', \mathcal{S})$, für Folgen in $\mathcal{S}'(\mathbb{R}^n)$ also die *punktweise* Konvergenz auf den Funktionen aus $\mathcal{S}(\mathbb{R}^n)$.

b) Man hat die stetigen Einbettungen (vgl. die Beispiele auf S. 24)

$$\mathscr{D}(\mathbb{R}^n) \hookrightarrow \mathcal{S}(\mathbb{R}^n) \hookrightarrow \mathcal{E}(\mathbb{R}^n),$$

wobei die kleineren Funktionenräume in den größeren jeweils *dicht* liegen. Somit sind stetige Linearformen auf den größeren Räumen durch ihre *Einschränkungen* auf die kleineren *eindeutig bestimmt,* und man erhält die stetigen Einbettungen

$$\mathcal{E}'(\mathbb{R}^n) \hookrightarrow \mathcal{S}'(\mathbb{R}^n) \hookrightarrow \mathscr{D}'(\mathbb{R}^n).$$

c) Für $1 \leq p \leq \infty$ und $k \in \mathbb{N}_0$ sei $f : \mathbb{R}^n \to \mathbb{C}$ messbar mit $\langle x \rangle^{-k} f(x) \in L_p(\mathbb{R}^n)$. Für $\psi \in \mathcal{S}(\mathbb{R}^n)$ gilt dann

$$\left| \int_{\mathbb{R}} f(x)\, \psi(x)\, d^n x \right| \;\leq\; \| \langle x \rangle^{-k} f \|_{L_p} \, \| \langle x \rangle^k \psi \|_{L_q} \, ;$$

somit ist die Linearform u_f gemäß (2.20) *stetig* auf $\mathcal{S}(\mathbb{R}^n)$, und es gilt $u_f \in \mathcal{S}'(\mathbb{R}^n)$. Insbesondere enthält $\mathcal{S}'(\mathbb{R}^n)$ die Räume $L_p(\mathbb{R}^n)$ und alle Polynome.

d) Für $u \in \mathcal{S}'(\mathbb{R}^n)$, ein Polynom $P \in \mathcal{P}_n = \mathbb{C}[\xi_1, \ldots, \xi_n]$ und $\psi \in \mathcal{S}(\mathbb{R}^n)$ gilt auch $D^\alpha u \in \mathcal{S}'(\mathbb{R}^n)$, $Pu \in \mathcal{S}'(\mathbb{R}^n)$ und $\psi u \in \mathcal{S}'(\mathbb{R}^n)$. Für $\varphi \in \mathscr{D}(\mathbb{R}^n)$ ist in der Tat

$$(D^\alpha u)(\varphi) = (-1)^{|\alpha|}\, u(D^\alpha \varphi), \quad (Pu)(\varphi) = u(P\varphi), \quad (\psi u)(\varphi) = u(\psi\varphi),$$

und diese Linearformen sind stetig bezüglich der Topologie von $\mathcal{S}(\mathbb{R}^n)$.

Die Fourier-Transformation auf $\mathcal{S}'(\mathbb{R}^n)$. a) Für $f \in L_1(\mathbb{R}^n)$ und $\psi \in \mathcal{S}(\mathbb{R}^n)$ gilt nach (5)

$$u_{\widehat{f}}(\psi) \;=\; \int_{\mathbb{R}^n} \widehat{f}(x)\, \psi(x)\, d^n x \;=\; \int_{\mathbb{R}^n} f(x)\, \widehat{\psi}(x)\, d^n x \;=\; u_f(\widehat{\psi}). \tag{34}$$

b) Daher erklären wir die Fourier-Transformation $\mathcal{F} : \mathcal{S}'(\mathbb{R}^n) \to \mathcal{S}'(\mathbb{R}^n)$ durch

$$(\mathcal{F}u)(\psi) := u(\widehat{\psi}) \quad \text{für } \psi \in \mathcal{S}(\mathbb{R}^n). \tag{35}$$

c) Es ist also $\mathcal{F} : \mathcal{S}'(\mathbb{R}^n) \to \mathcal{S}'(\mathbb{R}^n)$ die *duale Abbildung* von $\mathcal{F} : \mathcal{S}(\mathbb{R}^n) \to \mathcal{S}(\mathbb{R}^n)$; daher gilt weiterhin $\mathcal{F}^4 = I$, und $\mathcal{F} : \mathcal{S}'(\mathbb{R}^n) \to \mathcal{S}'(\mathbb{R}^n)$ ist *bijektiv* mit

$$(\mathcal{F}^{-1}u)(\psi) \;=\; u(\check{\mathcal{F}}\psi) \quad \text{für } \psi \in \mathcal{S}(\mathbb{R}^n). \tag{36}$$

Aus $u_j \to u$ in $\mathcal{S}'(\mathbb{R}^n)$ folgt auch $\mathcal{F}u_j \to \mathcal{F}u$ in $\mathcal{S}'(\mathbb{R}^n)$.

d) Wegen (34) stimmen für $f \in L_1(\mathbb{R}^n)$ die Definitionen (4) und (35) überein. Für $f \in L_2(\mathbb{R}^n)$ und $\psi \in \mathcal{S}(\mathbb{R}^n)$ hat man wegen $\mathcal{F}^* = \mathcal{F}^{-1} = \check{\mathcal{F}}$

$$\begin{aligned} u_{\mathcal{F}(f)}(\psi) \;&=\; \langle \mathcal{F}(f) | \overline{\psi} \rangle_{L_2} \;=\; \langle f | \mathcal{F}^* \overline{\psi} \rangle_{L_2} \;=\; \int_{\mathbb{R}^n} f(x)\, \overline{\check{\mathcal{F}}\psi(x)}\, dx \\ &=\; \int_{\mathbb{R}^n} f(x)\, \widehat{\psi}(x)\, dx \;=\; u_f(\widehat{\psi}), \end{aligned}$$

und daher stimmen in diesem Fall auch die Definitionen (20) und (35) überein.

Beispiele. a) Für ein Polynom $P \in \mathcal{P}_n$ und $u \in \mathcal{S}'(\mathbb{R}^n)$ gelten

$$\mathcal{F}(P(D)u) \; = \; P \cdot \mathcal{F}(u) \quad \text{und} \quad \mathcal{F}(P \cdot u) \; = \; P(-D)\mathcal{F}(u) \,. \tag{37}$$

Nach (11) hat man für $\psi \in \mathcal{S}(\mathbb{R}^n)$ in der Tat

$$\begin{aligned}
\mathcal{F}(P(D)u)(\psi) &= (P(D)u)(\widehat{\psi}) = u(P(-D)\widehat{\psi}) = u(\widehat{P\psi}) \\
&= (\mathcal{F}u)(P\psi) = (P \cdot \mathcal{F}(u))(\psi) \,,
\end{aligned}$$

und die andere Formel folgt genauso aus (10).

b) Es gelten die Aussagen

$$\mathcal{F}(1) \; = \; (2\pi)^{\frac{n}{2}} \, \delta \quad \text{und} \quad \mathcal{F}(\delta) \; = \; (2\pi)^{-\frac{n}{2}} \,. \tag{38}$$

In der Tat erhält man, bei der ersten Aussage mittels (12),

$$\begin{aligned}
(\mathcal{F}1)(\psi) &= 1(\widehat{\psi}) = \int_{\mathbb{R}^n} \widehat{\psi}(\xi)\,d\xi = (2\pi)^{\frac{n}{2}}\,\psi(0) = (2\pi)^{\frac{n}{2}}\,\delta(\psi) \,, \\
(\mathcal{F}\delta)(\psi) &= \delta(\widehat{\psi}) = \widehat{\psi}(0) = \int_{\mathbb{R}^n} \psi(x)\,dx = (2\pi)^{-\frac{n}{2}}\,1(\psi) \,.
\end{aligned}$$

Für Polynome P ergeben sich aus (37) und (38) die Formeln

$$\mathcal{F}(P) \; = \; (2\pi)^{\frac{n}{2}}\,P(-D)\delta \quad \text{und} \quad \mathcal{F}(P(D)\delta) \; = \; (2\pi)^{-\frac{n}{2}}\,P \,. \tag{39}$$

Bemerkungen. a) Man hat die stetige *Multiplikation* $\mathcal{S}(\mathbb{R}^n) \cdot \mathcal{S}'(\mathbb{R}^n) \to \mathcal{S}'(\mathbb{R}^n)$. Wie in Satz 2.20 wird durch

$$(\psi * u)(x) := u^y[\psi(x-y)] \tag{40}$$

eine *Faltung* $\mathcal{S}(\mathbb{R}^n) * \mathcal{S}'(\mathbb{R}^n) \to \mathcal{S}'(\mathbb{R}^n)$ definiert, für die (2.40), (16) und (17) gelten.

b) Allgemeiner kann man eine Multiplikation $\mathcal{O}_M(\mathbb{R}^n) \cdot \mathcal{S}'(\mathbb{R}^n) \to \mathcal{S}'(\mathbb{R}^n)$ und eine Faltung $\mathcal{O}'_C(\mathbb{R}^n) * \mathcal{S}'(\mathbb{R}^n) \to \mathcal{S}'(\mathbb{R}^n)$ erklären, wobei $\mathcal{O}_M(\mathbb{R}^n)$ den *Raum der langsam wachsenden Funktionen* und $\mathcal{O}'_C(\mathbb{R}^n)$ den *Raum der schnell fallenden Distributionen* bezeichnet. Die Fourier-Transformation liefert Isomorphismen von $\mathcal{O}_M(\mathbb{R}^n)$ auf $\mathcal{O}'_C(\mathbb{R}^n)$ und von $\mathcal{O}'_C(\mathbb{R}^n)$ auf $\mathcal{O}_M(\mathbb{R}^n)$. Wir verweisen dazu auf [Treves 1967], S. 275 und 315.

3.4 Holomorphe Fourier-Transformierte

Ein *Satz von Paley-Wiener* (1934) charakterisiert die Fourier-Transformierten von L_2-Funktionen mit kompaktem Träger als ganze Funktionen mit einer gewissen Wachstumsbedingung (vgl. [Rudin 1974], Theorem 19.3 und Aufgabe 3.17). Allgemeiner werden Resultate als „Sätze vom Paley-Wiener-Typ" bezeichnet, die *Träger-Bedingungen* an Funktionen oder Distributionen in *Holomorphie-Eigenschaften* und *Wachstumsbedingungen* der Fourier-Transformierten übersetzen. In diesem Abschnitt zeigen wir zwei solche Sätze über die Fourier-Transformierten von *Testfunktionen* und von *Distributionen mit kompaktem Träger*. Theorem 3.10 geht auf L. Schwartz (1952) zurück.

Beispiel. Für eine Testfunktion $\varphi \in \mathscr{D}[-r,r]$ und $\xi \in \mathbb{C}$ ist

$$\widehat{\varphi}(\xi) = \int_{-r}^{r} \varphi(x)\, e^{-ix\xi}\, dx = \int_{-r}^{r} \varphi(x) \sum_{k=0}^{\infty} \frac{(-ix\xi)^k}{k!}\, dx = \sum_{k=0}^{\infty} \int_{-r}^{r} \varphi(x) \frac{(-ix)^k}{k!}\, dx\, \xi^k,$$

und daher ist $\widehat{\varphi}$ eine *holomorphe Funktion auf* $\mathbb{C}$.

Für eine Testfunktion $\varphi \in \mathscr{D}(\mathbb{R}^n)$ ist entsprechend $\widehat{\varphi}$ eine holomorphe Funktion auf $\mathbb{C}^n$ im Sinne der folgenden

Definition. Es sei $\Omega \subseteq \mathbb{C}^n$ offen. Eine Funktion $f \in \mathcal{C}^1(\Omega, \mathbb{C})$ heißt *holomorph*, Notation: $f \in \mathscr{H}(\Omega)$, wenn $\partial_{\bar{z}_j} f = 0$ für $j = 1, \ldots, n$ gilt. Eine Funktion $f \in \mathscr{H}(\mathbb{C}^n)$ heißt auch *ganze Funktion*.

Einführungen in die Funktionentheorie mehrerer Variabler findet man in [Hörmander 1973] oder [Gunning und Rossi 1965]. Wir benötigen zunächst nur die folgende Version des *Identitätssatzes*:

Lemma 3.8
Es sei $f \in \mathscr{H}(\mathbb{C}^n)$ eine ganze Funktion mit $f|_{\mathbb{R}^n} = 0$. Dann ist $f = 0$.

BEWEIS. Der Fall $n = 1$ ist klar. Wir verifizieren nacheinander die Aussagen

(A_k): Hat $z = (z_1, \ldots, z_n) \in \mathbb{C}^n$ mindestens k reelle Koordinaten, so ist $f(z) = 0$.

Nach Voraussetzung gilt (A_n). Nun gelte auch (A_k), und für $z \in \mathbb{C}^n$ sei o. E. $z_1, \ldots, z_{k-1} \in \mathbb{R}$. Die ganze Funktion $\zeta \mapsto f(z_1, \ldots, z_{k-1}, \zeta, z_{k+1}, \ldots, z_n)$ verschwindet wegen (A_k) auf $\mathbb{R}$ und somit auf $\mathbb{C}$; folglich gilt $f(z) = 0$, und somit ist auch (A_{k-1}) richtig. Nach n Schritten ergibt sich (A_0), also die Behauptung. $\Diamond$

Indikatorfunktionen. a) Es sei $\emptyset \neq K \subseteq \mathbb{R}^n$ eine *kompakte konvexe* Menge. Durch

$$H_K(\xi) := \sup_{x \in K} \langle x | \xi \rangle \quad \text{für } \xi \in \mathbb{R}^n \tag{41}$$

wird die *Indikatorfunktion* von K auf $\mathbb{R}^n$ definiert. Als Supremum linearer Funktionen ist H_K *sublinear*, d. h. es gilt (vgl. [GK], S. 162)

$$\begin{aligned} H_K(\xi + \eta) &\leq H_K(\xi) + H_K(\eta) \quad &\text{für } \xi, \eta \in \mathbb{R}^n, \\ H_K(t\xi) &= t\, H_K(\xi) \quad &\text{für } \xi \in \mathbb{R}^n,\, t \geq 0. \end{aligned}$$

b) Die Menge K lässt sich aus H_K bestimmen mittels (vgl. Abb. 3.3)

$$K = \{x \in \mathbb{R}^n \mid \forall\, \xi \in \mathbb{R}^n : \langle x | \xi \rangle \leq H_K(\xi)\}. \tag{42}$$

Offenbar gilt „$\subseteq$" nach Definition von H_K. Umgekehrt gibt es zu $y \notin K$ nach einem *Trennungssatz* für konvexe Mengen (vgl. [GK], Theorem 10.3 und Theorem 8.29) ein $\xi \in \mathbb{R}^n$ und ein $\gamma \in \mathbb{R}$ mit $\langle x | \xi \rangle \leq \gamma < \langle y | \xi \rangle$ für alle $x \in K$, also $\langle y | \xi \rangle > H_K(\xi)$.

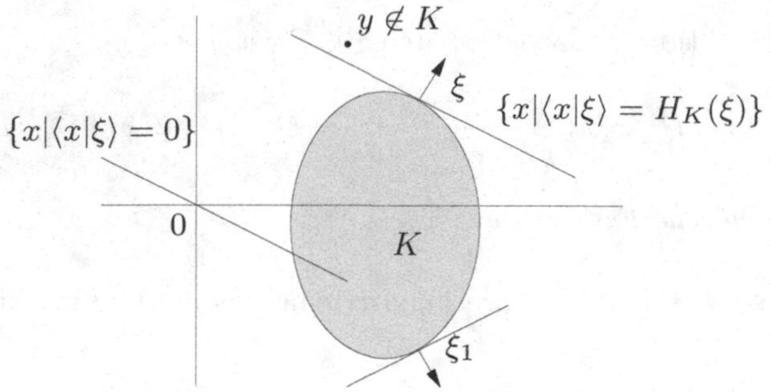

Abb. 3.3: Indikator-Funktionen

c) Für eine Kugel $K = \overline{U}_r(0)$ mit $r > 0$ gilt einfach

$$H_K(\xi) \;=\; r\,|\xi| \quad \text{für } \xi \in \mathbb{R}^n\,,$$

und für eine beliebige kompakte konvexe Menge K hat man

$$H_K(\xi) + \varepsilon\,|\xi| \;=\; H_{K_\varepsilon}(\xi) \quad \text{für } \varepsilon > 0 \text{ und } \xi \in \mathbb{R}^n\,. \tag{43}$$

Theorem 3.9 (Paley-Wiener)
Es sei $K \subseteq \mathbb{R}^n$ eine nicht-leere kompakte konvexe Menge mit Indikatorfunktion H_K.
a) Für eine Testfunktion $\varphi \in \mathscr{D}(K)$ wird durch

$$\widehat{\varphi}(\zeta) \;=\; \int_{\mathbb{R}^n} \varphi(x)\,e^{-i\langle\zeta|x\rangle}\,dx\,, \quad \zeta \in \mathbb{C}^n\,, \tag{44}$$

eine ganze Funktion $\widehat{\varphi} \in \mathscr{H}(\mathbb{C}^n)$ definiert, die den folgenden Abschätzungen genügt:

$$\forall\, j \in \mathbb{N} : \; \|\widehat{\varphi}\|_j := \sup_{\zeta \in \mathbb{C}^n} \langle\zeta\rangle^j\, e^{-H_K(\mathrm{Im}\,\zeta)}\,|\widehat{\varphi}(\zeta)| < \infty\,. \tag{45}$$

b) Umgekehrt gibt es zu jeder ganzen Funktion $f \in \mathscr{H}(\mathbb{C}^n)$ mit (45) genau eine Testfunktion $\varphi \in \mathscr{D}(K)$ mit $f = \widehat{\varphi}$.

BEWEIS. a) Da in (44) nur über K integriert wird, ergibt sich $\widehat{\varphi} \in \mathscr{H}(\mathbb{C}^n)$ wie in dem Beispiel auf S. 69. Für $x \in K$ gilt $|e^{-i\langle\zeta|x\rangle}| = e^{\langle\mathrm{Im}\,\zeta|x\rangle} \leq e^{H_K(\mathrm{Im}\,\zeta)}$ aufgrund von (41). Aus (44) folgt mittels partieller Integration $\zeta^\alpha\,\widehat{\varphi}(\zeta) = \int_{\mathbb{R}^n} D^\alpha\varphi(x)\,e^{-i\langle\zeta|x\rangle}\,dx$, und daher ergibt sich (45) aus

$$|\zeta^\alpha|\,|\widehat{\varphi}(\zeta)| \;\leq\; e^{H_K(\mathrm{Im}\,\zeta)} \int_{\mathbb{R}^n} |D^\alpha\varphi(x)|\,dx\,, \quad \zeta \in \mathbb{C}^n\,.$$

b) Nun sei $f \in \mathscr{H}(\mathbb{C}^n)$ mit (45) gegeben.

① Dann gilt $\sup_{\xi \in \mathbb{R}^n} \langle\xi\rangle^j\,|f(\xi)| < \infty$ für alle $j \in \mathbb{N}_0$, und daher wird durch

$$\varphi(x) := \int_{\mathbb{R}^n} f(\xi)\,e^{i\langle x,\xi\rangle}\,d\xi\,, \quad x \in \mathbb{R}^n\,,$$

eine Funktion $\varphi \in \mathcal{C}^\infty(\mathbb{R}^n)$ definiert. Wir zeigen $\operatorname{supp} \varphi \subseteq K$:

② Wie in der Herleitung von Formel (23) auf S. 63 ergibt sich aus dem *Cauchyschen Integralsatz* für $\xi_1 \in \mathbb{R}^n$ und $\zeta_2, \ldots, \zeta_n \in \mathbb{C}^n$ die Unabhängigkeit des Integrals

$$\int_{\mathbb{R}} f(\xi_1 + i\eta_1, \zeta_2, \ldots, \zeta_n) \, \exp(i(x_1(\xi_1 + i\eta_1) + x_2\zeta_2 + \cdots + x_n\zeta_n)) d\xi_1$$

von $\eta_1 \in \mathbb{R}$ (vgl. Abb. 3.1): Das Integral über den Rand der Rechtecke Q_r verschwindet, und wegen (45) strebt das Integral über den vertikalen Rand für $r \to \infty$ gegen 0.

③ Nun führen wir das Argument aus ② in allen Variablen durch und erhalten

$$\varphi(x) = \int_{\mathbb{R}^n} f(\xi + i\eta) \, e^{i\langle \xi + i\eta | x \rangle} d\xi, \quad x \in \mathbb{R}^n, \quad \text{für alle } \eta \in \mathbb{R}^n.$$

Nach (45) für $j = n + 1$ gibt es dann $C \geq 0$ mit

$$|\varphi(x)| \leq C \, e^{-\langle \eta | x \rangle + H_K(\eta)} \int_{\mathbb{R}^n} \langle \xi \rangle^{-n-1} d\xi. \tag{46}$$

Ist nun $x \notin K$, so gibt es nach (42) ein $\eta_0 \in \mathbb{R}^n$ mit $\alpha := -\langle \eta_0 | x \rangle + H_K(\eta_0) < 0$. Für $\eta := t\eta_0$ mit $t > 0$ ist dann $|\varphi(x)| \leq C' \, e^{t\alpha}$ nach (46), und $t \to \infty$ liefert $\varphi(x) = 0$.

④ Es gilt also $\operatorname{supp} \varphi \subseteq K$ und insbesondere $\varphi \in \mathscr{D}(\mathbb{R}^n)$; nach a) ist daher $\widehat{\varphi}$ eine ganze Funktion. Die Fourier-Umkehrformel aus Satz 3.5 liefert $\widehat{\varphi}(\xi) = f(\xi)$ für alle $\xi \in \mathbb{R}^n$, und mittels Lemma 3.8 folgt schließlich $\widehat{\varphi}(\zeta) = f(\zeta)$ für alle $\zeta \in \mathbb{C}^n$. $\diamond$

Mit den Normen aus (45) wird durch $\mathcal{A}_K := \{ f \in \mathscr{H}(\mathbb{C}^n) \mid \| f \|_j < \infty \text{ für } j \in \mathbb{N}_0 \}$ ein *Fréchetraum* definiert, und die Fourier-Transformation liefert einen Isomorphismus $\mathcal{F} : \mathscr{D}(K) \to \mathcal{A}_K$.

Für *Distributionen* mit kompaktem Träger gilt:

Theorem 3.10 (Paley-Wiener-Schwartz)
Es sei $K \subseteq \mathbb{R}^n$ eine nicht-leere kompakte konvexe Menge mit Indikatorfunktion H_K.

a) Für eine Distribution $u \in \mathcal{E}'(K)$ der Ordnung $\leq k$ wird durch

$$\widehat{u}(\zeta) := (2\pi)^{-\frac{n}{2}} u^x(e^{-i\langle \zeta | x \rangle}), \quad \zeta \in \mathbb{C}^n, \tag{47}$$

eine ganze Funktion $\widehat{u} \in \mathscr{H}(\mathbb{C}^n)$ definiert, die Fourier-Laplace-Transformierte *von u. Ihre Einschränkung auf $\mathbb{R}^n$ stimmt mit der Fourier-Transformierten $\mathcal{F}u$ überein, und es gilt die Abschätzung*

$$\exists\, C \geq 0 \,\forall\, \zeta \in \mathbb{C}^n \,:\, |\widehat{u}(\zeta)| \leq C \, \langle \zeta \rangle^k \, e^{H_K(\operatorname{Im} \zeta)}. \tag{48}$$

b) Gilt umgekehrt für eine ganze Funktion $f \in \mathscr{H}(\mathbb{C}^n)$ eine Abschätzung (48) für ein $k \in \mathbb{N}_0$, so gibt es genau eine Distribution $u \in \mathcal{E}'(K)$ mit $\widehat{u} = f$.

BEWEIS. a) ① Nach Lemma 2.15 bzw. Aufgabe 2.22 wird durch (47) eine Funktion $\widehat{u} \in \mathcal{C}^\infty(\mathbb{C}^n)$ definiert. Nach Formel (2.32) gilt $\partial_{\bar{\zeta}_j} \widehat{u}(\zeta) = (2\pi)^{-\frac{n}{2}} u^x(\partial_{\bar{\zeta}_j} e^{-i\langle\zeta|x\rangle}) = 0$ für $j = 1, \ldots, n$, und daher ist $\widehat{u} \in \mathcal{H}(\mathbb{C}^n)$ eine ganze Funktion.

② Für eine Testfunktion $\varphi \in \mathscr{D}(\mathbb{R}^n)$ gilt nach (35)

$$(\mathcal{F}u)(\varphi) = u(\widehat{\varphi}) = u\left(\int_{\mathbb{R}^n} \varphi(\xi)\, e^{-i\langle x,\xi\rangle}\, d\xi\right) = \int_{\mathbb{R}^n} \varphi(\xi)\, \widehat{u}(\xi)\, d\xi,$$

da aufgrund von Satz 2.16 bzw. Aufgabe 2.22 beide Seiten mit $(2\pi)^{\frac{n}{2}} (u \otimes \varphi)(e^{-i\langle x,\xi\rangle})$ übereinstimmen. Somit gilt $\mathcal{F}u = \widehat{u}|_{\mathbb{R}^n}$.

③ Für $d > 0$ wählen wir gemäß Satz 2.6 eine Abschneidefunktion $\eta \in \mathscr{D}(K_{2d})$ mit $\eta(x) = 1$ für $x \in K_d$ und

$$|\partial^\alpha \eta(x)| \le C_\alpha\, d^{-|\alpha|} \chi_{K_{2d}}(x), \quad \alpha \in \mathbb{N}_0^n.$$

Dann ist $u = \eta u$, und für $\zeta \in \mathbb{C}^n$ folgt (vgl. (43) und (2.39))

$$\begin{aligned}
|\widehat{u}(\zeta)| &= (2\pi)^{-\frac{n}{2}} |u^x(\eta(x)\, e^{-i\langle\zeta|x\rangle})| \le C \sum_{|\alpha|\le k} \sup_x |D^\alpha(\eta(x)\, e^{-i\langle\zeta|x\rangle})| \\
&\le C \sum_{|\alpha|\le k} \sup_{x\in K_{2d}} \sum_{\gamma\le\alpha} \binom{\alpha}{\gamma} |D^\gamma \eta(x)|\, |D^{\alpha-\gamma} e^{-i\langle\zeta|x\rangle}| \\
&\le C' \exp(H_K(\operatorname{Im}\zeta) + 2d\,|\operatorname{Im}\zeta|) \sum_{|\gamma|\le k} d^{-|\gamma|} \langle\zeta\rangle^{k-|\gamma|}.
\end{aligned}$$

Für $\zeta \in \mathbb{C}^n$ setzen wir nun $d := \langle\zeta\rangle^{-1}$ und erhalten (48).

b) ① Nun gelte für $f \in \mathcal{H}(\mathbb{C}^n)$ eine Abschätzung (48) für ein $k \in \mathbb{N}_0$. Nach Beispiel c) auf S. 67 ist dann $f|_{\mathbb{R}^n} \in \mathcal{S}'(\mathbb{R}^n)$, und es gibt genau ein $u \in \mathcal{S}'(\mathbb{R}^n)$ mit $\mathcal{F}u = f|_{\mathbb{R}^n}$. Zu zeigen bleibt $\operatorname{supp} u \subseteq K$; nach a) gilt dann $\widehat{u} \in \mathcal{H}(\mathbb{C}^n)$, und aus $\widehat{u}(\xi) = \mathcal{F}u(\xi) = f(\xi)$ für $\xi \in \mathbb{R}^n$ folgt mittels Lemma 3.8 auch $\widehat{u}(\zeta) = f(\zeta)$ für alle $\zeta \in \mathbb{C}^n$.

② Für $\varepsilon > 0$ gilt für die Glättungsfunktionen ρ_ε aus (2.1) Abschätzung (45) mit $H_K(\xi) = \varepsilon\,|\xi|$; für die ganze Funktion $f_\varepsilon(\zeta) := (2\pi)^{\frac{n}{2}} f(\zeta)\, \widehat{\rho}_\varepsilon(\zeta)$ gelten daher wegen (43) Abschätzungen

$$|f_\varepsilon(\zeta)| \le C_{j,\varepsilon} \langle\zeta\rangle^{-j} \exp(H_K(\operatorname{Im}\zeta) + \varepsilon|\operatorname{Im}\zeta|) \le C_{j,\varepsilon} \langle\zeta\rangle^{-j} \exp(H_{K_\varepsilon}(\operatorname{Im}\zeta))$$

für alle $j \in \mathbb{N}_0$. Nach Theorem 3.9 von Paley-Wiener gilt also $f_\varepsilon = \widehat{\varphi_\varepsilon}$ für eine Testfunktion $\varphi_\varepsilon \in \mathscr{D}(K_\varepsilon)$.

③ Für $\varepsilon \to 0$ hat man $\widehat{\rho}_\varepsilon(\xi) = \widehat{\rho}(\varepsilon\xi) \to (2\pi)^{-\frac{n}{2}}$ für alle $\xi \in \mathbb{R}^n$, und wegen $|\widehat{\rho}_\varepsilon(\xi)| \le (2\pi)^{-\frac{n}{2}}$ hat man $f_\varepsilon \to f$ in $\mathcal{S}'(\mathbb{R}^n)$ aufgrund des Satzes über majorisierte Konvergenz. Nun sei $\psi \in \mathcal{S}(\mathbb{R}^n)$ mit $\operatorname{supp} \widehat{\psi} \cap K = \emptyset$. Dann gilt $\widehat{\psi}\varphi_\varepsilon = 0$ für genügend kleine $\varepsilon > 0$, und mit (5) folgt

$$\begin{aligned}
u(\widehat{\psi}) &= (\mathcal{F}u)(\psi) = \int_{\mathbb{R}^n} f(\xi)\, \psi(\xi)\, d\xi = \lim_{\varepsilon\to 0} \int_{\mathbb{R}^n} f_\varepsilon(\xi)\, \psi(\xi)\, d\xi \\
&= \lim_{\varepsilon\to 0} \int_{\mathbb{R}^n} \widehat{\varphi_\varepsilon}(\xi)\, \psi(\xi)\, d\xi = \lim_{\varepsilon\to 0} \int_{\mathbb{R}^n} \varphi_\varepsilon(\xi)\, \widehat{\psi(\xi)}\, d\xi = 0.
\end{aligned}$$

Daher gilt $\operatorname{supp} u \subseteq K$. $\Diamond$

In der Situation von b) muss i. A. die Ordnung von $u \in \mathcal{E}'(K)$ nicht $\leq k$ sein, vgl. Aufgabe 3.21 b).

Die folgende Anwendung von Theorem 3.10 ergibt sich aus einer Variante des *Satzes von Liouville*:

Beispiel. a) Es sei $u \in \mathcal{E}'(\mathbb{R})$ eine Distribution mit $\operatorname{supp} u = \{0\}$ und Ordnung $\leq m$. Nach Theorem 3.10 a) gilt dann eine Abschätzung $|\hat{u}(\zeta)| \leq C \langle \zeta \rangle^m$, und daher ist $\hat{u}$ ein *Polynom* vom Grad $\leq m$. Aus (39) folgt dann $u = P(D)\delta$ für ein *Polynom* $P \in \mathcal{P}_1$ vom Grad $\leq m$.

b) Der Satz von Liouville und die Aussagen in a) gelten auch im Fall *mehrerer* Variabler, vgl. [Gunning und Rossi 1965], Abschnitt I. A. oder auch [Kaballo 1999], Abschnitt 24 sowie Aufgabe 3.19.

3.5   Aufgaben

Aufgabe 3.1
Zeigen Sie, dass für $1 \leq p < \infty$ ein Fundamentalsystem von Normen auf $\mathcal{S}(\mathbb{R}^n)$ gegeben ist durch

$$\| \psi \|_{p,k} := \sup_{|\alpha| \leq k} \left(\int_{\mathbb{R}^n} \langle x \rangle^{kp} \, | D^\alpha \psi(x) |^p \, dx \right)^{1/p} .$$

Aufgabe 3.2
Es sei $\psi \in \mathcal{S}(\mathbb{R}^n)$. Zeigen Sie, dass für $s \in \mathbb{R}$ auch die Funktion $\langle x \rangle^s \psi(x)$ in $\mathcal{S}(\mathbb{R}^n)$ liegt.

Aufgabe 3.3
Konstruieren Sie eine Folge (φ_k) in $\mathscr{D}(\mathbb{R})$ mit $\varphi_k \to 0$ in $\mathcal{S}(\mathbb{R})$, aber $\varphi_k \nrightarrow 0$ in $\mathscr{D}(\mathbb{R})$.

Aufgabe 3.4
Führen Sie die folgende Skizze eines alternativen Beweises von Theorem 3.3 aus:

a) Es sei $\psi \in \mathcal{S}(\mathbb{R}^n)$ mit $\psi(y) = 0$ für ein $y \in \mathbb{R}^n$. Zeigen Sie

$$\psi(x) \; = \; \sum_{j=1}^{n} (x_j - y_j) \, \psi_j(x) \quad \text{mit} \quad \psi_j \in \mathcal{S}(\mathbb{R}^n) .$$

HINWEIS. Verwenden Sie die Taylor-Formel und eine Zerlegung der Eins.

b) Nun sei $T : \mathcal{S}(\mathbb{R}^n) \to \mathcal{S}(\mathbb{R}^n)$ linear mit $T D_j \psi = D_j T \psi$ und $T(x_j \psi) = x_j (T\psi)$ für alle $j = 1, \ldots, n$ und $\psi \in \mathcal{S}(\mathbb{R}^n)$. Zeigen Sie $T\psi = c\psi$ für ein $c \in \mathbb{C}$.

c) Beweisen Sie nun Theorem 3.3 durch Anwendung von b) auf $T = \check{\mathcal{F}} \mathcal{F}$.

Aufgabe 3.5

Berechnen Sie $\int_{-\infty}^{\infty} (\frac{\sin \xi}{\xi})^3 \, d\xi$ und $\int_{-\infty}^{\infty} (\frac{\sin \xi}{\xi})^6 \, d\xi$.

Aufgabe 3.6

Es sei $f \in \mathcal{L}_1(\mathbb{R})$ in jedem beschränkten Intervall stückweise stetig differenzierbar. Zeigen Sie

$$\lim_{y \to \infty} \frac{1}{\sqrt{2\pi}} \int_{-y}^{y} \widehat{f}(\xi) \, e^{ix\xi} \, d\xi = \frac{1}{2} \left(f(x^+) + f(x^-) \right), \quad x \in \mathbb{R}.$$

HINWEIS. Wegen (6) kann man $x = 0$ annehmen. Aus (5) folgt

$$\int_{-y}^{y} \widehat{f}(\xi) \, d\xi = \int_{\mathbb{R}} \chi_{[-y,y]} \, \widehat{f}(\xi) \, d\xi = \sqrt{\frac{2}{\pi}} \int_{-\infty}^{\infty} \frac{\sin y\xi}{\xi} f(\xi) \, d\xi.$$

Aufgabe 3.7

Es sei $f \in \mathcal{L}_1(\mathbb{R})$ stetig mit $\operatorname{supp} \widehat{f} \subseteq [-a, a]$. Zeigen Sie für $0 < L < \frac{\pi}{a}$ mittels (12) und der Parsevalschen Gleichung auf $[-\frac{\pi}{L}, \frac{\pi}{L}]$ mit $\operatorname{sinc} \xi := \frac{\sin \xi}{\xi}$ die folgende Formel von C.E. Shannon:

$$f(x) = \sum_{k=-\infty}^{\infty} f(kL) \operatorname{sinc}(\tfrac{\pi}{L}(x - kL)).$$

Aufgabe 3.8

a) Zeigen Sie $H_k(-x) = (-1)^k \, H_k(x)$ für die Hermite-Polynome.

b) Zeigen Sie mittels (31), (32) und (25) die Formeln

$$H_{k+1}(x) = 2x \, H_k(x) - 2k \, H_{k-1}(x) \quad \text{und} \quad H'_k(x) = 2k \, H_{k-1}(x) \quad \text{für } k \in \mathbb{N}.$$

c) Folgern Sie schließlich

$$(\tfrac{d^2}{dx^2} + 2x \tfrac{d}{dx} + 2k) H_k(x) = 0, \quad k \in \mathbb{N}_0.$$

Aufgabe 3.9

a) Es sei f eine $\mathcal{C}^\infty$-Funktion ohne Nullstellen auf $\mathbb{R}$. Zeigen Sie

$$\frac{1}{f(x)} \frac{d}{dx} f(x) = \frac{d}{dx} + \frac{f'(x)}{f(x)} \quad \text{und} \quad \frac{1}{f(x)} \frac{d^k}{dx^k} f(x) = (\frac{1}{f(x)} \frac{d}{dx} f(x))^k$$

für Multiplikations- und Differentialoperatoren auf $\mathcal{C}^\infty(\mathbb{R})$.

b) Beweisen Sie diese Darstellung der Hermite-Polynome:

$$H_k(x) = (-1)^k \, e^{x^2} \frac{d^k}{dx^k} e^{-x^2}, \quad k \in \mathbb{N}_0.$$

Aufgabe 3.10

Zeigen Sie, dass durch $T : f \mapsto f \circ \tan$ ein Isomorphismus von $\mathcal{S}(\mathbb{R})$ auf $\mathscr{D}[-\frac{\pi}{2}, \frac{\pi}{2}]$ definiert wird und schließen Sie $\mathscr{D}[a, b] \simeq s(\mathbb{N}_0)$ für alle $a < b \in \mathbb{R}$.

Aufgabe 3.11

Berechnen sie für $a \in \mathbb{R}$ die Fourier-Transformierten der Funktionen $\sin ax$ und $\cos ax$ auf $\mathbb{R}$.

Aufgabe 3.12

a) Werden durch die stetigen Funktionen $f(x) := e^x$ bzw. $g(x) := e^x \cos(e^x)$ temperierte Distributionen in $\mathcal{S}'(\mathbb{R})$ definiert?

b) Für welche Folgen (a_k) in $\mathbb{C}$ wird durch $u = \sum\limits_{k=1}^{\infty} a_k \, \delta_k$ eine temperierte Distribution in $\mathcal{S}'(\mathbb{R})$ definiert?

Aufgabe 3.13

Zeigen Sie, dass eine Distribution $u \in \mathcal{S}'(\mathbb{R}^n) \subseteq \mathcal{D}'(\mathbb{R}^n)$ endliche Ordnung hat.

Aufgabe 3.14

a) Zeigen Sie $\mathcal{S}(\mathbb{R}^n) \cdot \mathcal{S}'(\mathbb{R}^n) \subseteq \mathcal{S}'(\mathbb{R}^n)$ und beweisen Sie die Stetigkeit dieser Multiplikation.

b) Zeigen Sie, dass durch (40) eine Faltung $\mathcal{S}(\mathbb{R}^n) * \mathcal{S}'(\mathbb{R}^n) \to \mathcal{S}'(\mathbb{R}^n)$ definiert wird, für die (2.40), (16) und (17) gelten. Zeigen Sie weiter

$$(u * \varphi) * \psi \; = \; u * (\varphi * \psi) \quad \text{für} \;\; u \in \mathcal{S}'(\mathbb{R}^n) \, , \, \varphi, \psi \in \mathcal{S}(\mathbb{R}^n) \, .$$

Aufgabe 3.15

Es sei $\varphi \in \mathcal{C}^\infty(\mathbb{R}^n)$. Zeigen Sie, dass die Aussage $\varphi \cdot \mathcal{S}' \subseteq \mathcal{S}'$ und auch die Aussage $\varphi \cdot \mathcal{S} \subseteq \mathcal{S}$ äquivalent ist zu

$$\forall \, \alpha \in \mathbb{N}_0^n \; \exists \, P_\alpha \in \mathcal{P}_n \; \forall \, x \in \mathbb{R}^n \; : \; |\partial^\alpha \varphi(x)| \; \leq \; |P_\alpha(x)| \, .$$

Aufgabe 3.16

a) Bestätigen Sie Formel (43).

b) Finden Sie einen Zusammenhang zwischen Indikatorfunktionen (41) und Minkowski-Funktionalen (vgl. [GK], S. 186 und Formel (7.10)).

Aufgabe 3.17

Zeigen Sie die folgende Version des Satzes von Paley-Wiener:

Für eine Funktion $f \in L_2[-A, A]$ wird durch (44) eine ganze Funktion $\widehat{f} \in \mathcal{H}(\mathbb{C})$ definiert mit $|\widehat{f}(\zeta)| \leq C \, e^{A \, | \, \text{Im} \, \zeta \, |}$.

Umgekehrt gibt es zu $F \in \mathcal{H}(\mathbb{C})$ mit $F|_{\mathbb{R}} \in L_2(\mathbb{R})$ und $|F(\zeta)| \leq C \, e^{A \, | \, \text{Im} \, \zeta \, |}$ genau eine Funktion $f \in L_2[-A, A]$ mit $F = \widehat{f}$.

Aufgabe 3.18

Für Distributionen $u \in \mathcal{E}'(\mathbb{R}^n)$ und $v \in \mathcal{S}'(\mathbb{R}^n)$ zeigen Sie $u * v \in \mathcal{S}'(\mathbb{R}^n)$ und $\mathcal{F}(u * v) = (2\pi)^{\frac{n}{2}} \, (\mathcal{F}(u) \cdot \mathcal{F}(v))$.

Aufgabe 3.19

a) Es sei $u \in \mathcal{S}'(\mathbb{R}^n)$ mit $\Delta u = 0$. Zeigen Sie, dass u ein Polynom ist.

b) Es sei $u \in \mathcal{C}^2(\mathbb{R}^n)$ beschränkt mit $\Delta u = 0$. Zeigen Sie, dass u konstant ist.

Aufgabe 3.20

Für $f \in \mathscr{H}(\mathbb{C}^n)$ gelte eine Abschätzung

$$\exists\, A \geq 0,\, k \in \mathbb{N}_0,\, C \geq 0 \,\forall\, z \in \mathbb{C}^n \,:\, |f(z)| \,\leq\, C\,\langle z\rangle^k\, e^{A\,|z|}.$$

Weiter sei $|f(x)| \leq C$ für $x \in \mathbb{R}^n$. Zeigen Sie $|f(z)| \leq C\, e^{A\,|z|}$ für $z \in \mathbb{C}^n$.

HINWEIS. Für $z = x + iy \in \mathbb{C}^n$ und $s > 0$ betrachten Sie die auf $\mathbb{C}$ definierte Funktion $g_s : \lambda \mapsto (1 - is\lambda)^{-k-1}\, e^{iA|y|\lambda}\, f(x + \lambda y)$ und zeigen Sie $|g_s(i)| \leq C$ mit Hilfe des Maximum-Prinzips für einen großen Kreis in der oberen Halbebene.

Aufgabe 3.21

a) Für $t > 0$ wird durch $v_t(\varphi) := \int_{|x|=t} \varphi(x)\, d\sigma(x)$ eine Distribution $v_t \in \mathcal{E}'(\mathbb{R}^3)$ definiert. Zeigen Sie $(\mathcal{F}v_t)(\xi) = 4\pi t\, \frac{\sin t|\xi|}{|\xi|}$ für $\xi \in \mathbb{R}^3$.

b) Die Distribution $u_t := D_{x_1} v_t$ hat Ordnung 1. Zeigen Sie $|\widehat{u_t}(\xi)| \leq 4\pi t$ für $\xi \in \mathbb{R}^3$ und schließen Sie $|\widehat{u_t}(\zeta)| \leq C\, e^{|\,\mathrm{Im}\,\zeta\,|}$ für $\zeta \in \mathbb{C}^3$ mittels Aufgabe 3.20.

Für die folgende Aufgabe benötigen Sie elementare Kenntnisse über holomorphe Funktionen von mehreren Variablen.

Aufgabe 3.22

a) Für eine ganze Funktion $f \in \mathscr{H}(\mathbb{C}^n)$ gelte eine Abschätzung $|f(z)| \leq C\,\langle z\rangle^m$ für ein $m \in \mathbb{N}_0$. Zeigen Sie, dass f ein Polynom vom Grad $\leq m$ ist.

b) Für $f \in \mathscr{H}(\mathbb{C}^n)$ gelte eine Abschätzung

$$\forall\, \varepsilon > 0\, \exists\, k \in \mathbb{N}_0,\, C \geq 0\, \forall\, z \in \mathbb{C}^n \,:\, |f(z)| \,\leq\, C\,\langle z\rangle^k\, e^{\varepsilon\,|z|}.$$

Zeigen Sie, dass f ein Polynom ist.

4 Sobolev-Räume

Fragen: 1. Wie kann man die Regularität von Funktionen und Distributionen messen? 2. Welche L_2-Funktionen lassen sich sinnvoll auf Untermannigfaltigkeiten des $\mathbb{R}^n$ einschränken?

In den Jahren 1935–1938 führte S.L. Sobolev unter Verwendung seines Konzepts der *schwachen Ableitungen* (vgl. Formel (2.19)) für $s \in \mathbb{N}$ Banachräume $W_p^s(\Omega)$ und insbesondere *Hilберträume* $W_2^s(\Omega)$ ein, die sich als unentbehrlich für die Untersuchung *partieller Differentialgleichungen* herausstellten. Motiviert durch *Dualitätsargumente* und *Randwertprobleme* wurden in den 1950er-Jahren auch Sobolev-Räume für alle reellen Exponenten $s \in \mathbb{R}$ eingeführt. Diese und weitere wichtige Räume der Analysis sind Spezialfälle der Räume $B_{p,q}^s$ sowie $F_{p,q}^s$, die von O. Besov 1961 sowie P.I. Lizorkin 1972 und H. Triebel 1973 eingeführt wurden; für diese Räume und ihre Anwendungen verweisen wir auf [Triebel 1983] und [Triebel 1992].

Für $k \in \mathbb{N}$ ist der Sobolev-Raum $W_p^k(\Omega)$ der Raum aller L_p-Funktionen auf einer offenen Menge $\Omega \subseteq \mathbb{R}^n$, für die auch alle schwachen Ableitungen bzw. Distributionsableitungen der Ordnung $\leq k$ in $L_p(\Omega)$ liegen. Im ersten Abschnitt zeigen wir Aussagen zur *Approximation* von W_p^k-Funktionen durch C^∞-Funktionen für $1 \leq p < \infty$.

In Abschnitt 4.2 charakterisieren wir die Sobolev-Hilberträume $W_2^k(\mathbb{R}^n)$ mit Hilfe der *Fourier-Transformation* und erhalten daraus natürlicherweise Sobolev-Hilberträume $H^s(\mathbb{R}^n)$ für alle $s \in \mathbb{R}$. Für $0 \leq s \notin \mathbb{N}_0$ lassen sich diese Räume auch durch eine „Hölder-Bedingung im quadratischen Mittel" an die höchsten Ableitungen charakterisieren. Im dritten Abschnitt folgen als Hauptergebnisse dieses Kapitels *Einbettungssätze* über *stetige* und *kompakte Einbettungen* von Sobolev-Hilberträumen in Räume von C^m-Funktionen mit Hölder-Bedingungen an die höchsten Ableitungen.

In Abschnitt 4.4 konstruieren wir *Fortsetzungsoperatoren* $E_k^\Omega : W_p^k(\Omega) \to W_p^k(\mathbb{R}^n)$ über beschränkten offenen Mengen mit genügend regulärem Rand. Für $s > \frac{1}{2}$ ist die Einschränkung von W^s-Funktionen auf den *Rand* von Ω möglich. Im letzten Abschnitt zeigen wir die Existenz der *stetigen Spuroperatoren* $R : W^s(\Omega) \to W^{s-1/2}(\partial\Omega)$ und deren *Surjektivität* für $s \in \mathbb{N}$.

4.1 Approximationssätze

Wir beginnen mit der Definition der Sobolev-Räume:

W_p^k-Räume. a) Es seien $1 \leq p \leq \infty$, $k \in \mathbb{N}_0$ und $\Omega \subseteq \mathbb{R}^n$ offen. Der Raum

$$W_p^k(\Omega) := \{f \in L_p(\Omega) \mid D^\alpha f \in L_p(\Omega) \text{ für } |\alpha| \leq k\}$$

aller L_p-Funktionen auf Ω, deren Distributionsableitungen der Ordnung $\leq k$ ebenfalls L_p-Funktionen auf Ω sind, ist ein Banachraum unter der Norm

$$\|f\|_{W_p^k} := \Big(\sum_{|\alpha| \leq m} \int_\Omega |D^\alpha f(x)|^p \, dx \Big)^{1/p} \quad \text{für } 1 \leq p < \infty,$$

$$\|f\|_{W_\infty^k} := \max_{|\alpha| \leq m} \|D^\alpha f\|_{L_\infty} \quad \text{für } p = \infty.$$

b) Die Vollständigkeit der Sobolev-Räume ergibt sich so: Durch $\iota : f \mapsto (D^\alpha f)_{|\alpha| \leq k}$ wird offenbar eine Isometrie von $W_p^k(\Omega)$ in den Banachraum $\prod_{|\alpha| \leq k} L_p(\Omega)$ definiert. Aus $\iota(f_j) \to (g_\alpha)_{|\alpha| \leq m}$ folgt $f_j \to g_0$ und damit auch $D^\alpha f_j \to D^\alpha g_0$ in $\mathscr{D}'(\Omega)$, also $(g_\alpha)_{|\alpha| \leq m} = (D^\alpha g_0)_{|\alpha| \leq m} \in \iota(W_p^k(\Omega))$. Somit hat ι abgeschlossenes Bild, und $W_p^k(\Omega)$ ist vollständig. Für $1 < p < \infty$ ist $W_p^k(\Omega)$ ein *reflexiver Banachraum*.

c) Mit $W_{p,0}^k(\Omega)$ bezeichnen wir den Abschluss des Raumes $\mathscr{D}(\Omega)$ der Testfunktionen in $W_p^k(\Omega)$.

d) Die Räume $W_2^k(\Omega)$ und $W_{2,0}^k(\Omega)$ sind Hilberträume. Wir notieren sie einfach als $W^k(\Omega)$ und $W_0^k(\Omega)$.

Beispiele. a) Im Fall *einer* Variablen sind die Sobolev-Funktionen aus $W_p^1(a,b)$ gleichmäßig *stetig* auf (a,b) (vgl. [GK], Sätze 5.11 und 5.12). Dies ist für Sobolev-Funktionen von *mehreren* Variablen nicht richtig:

b) Durch $f : x \mapsto \log |\log |x||$ wird eine $\mathcal{C}^\infty$-Funktion auf $\mathbb{R}^n \backslash \{0\}$ definiert, die in 0 offenbar unbeschränkt ist. Trotzdem gilt $f \in W_n^1(U_R)$ für $n \geq 2$ und $0 < R < 1$ (vgl. Aufgabe 4.2).

Multiplikation von Sobolev-Funktionen. a) Gegeben seien $1 \leq p, q, r \leq \infty$ mit $\frac{1}{r} = \frac{1}{p} + \frac{1}{q}$. Für $f \in W_p^k(\Omega)$ und $g \in W_q^k(\Omega)$ gilt aufgrund der Leibniz-Regel

$$D^\alpha(f \cdot g) = \sum_{\beta \leq \alpha} \binom{\alpha}{\beta} D^\beta f \cdot D^{\alpha - \beta} g$$

und der Hölderschen Ungleichung $f \cdot g \in W_r^k(\Omega)$, und mit einer nur von k, p und q abhängigen Konstanten $C \geq 0$ hat man

$$\|f \cdot g\|_{W_r^k} \leq C \|f\|_{W_p^k} \|g\|_{W_q^k}. \tag{1}$$

b) Insbesondere gilt für $f \in W_p^k(\Omega)$ und $g \in W_\infty^k(\Omega)$ auch $f \cdot g \in W_p^k(\Omega)$.

Zur Approximation von Sobolev-Funktionen durch $\mathcal{C}^\infty$-Funktionen verwenden wir die *Glättungsfunktionen* ρ_ε aus (2.1).

Satz 4.1

a) Es seien $1 \leq p < \infty$ und $k \in \mathbb{N}_0$. Für $f \in W_p^k(\mathbb{R}^n)$ gilt auch $\rho_\varepsilon * f \in W_p^k(\mathbb{R}^n)$ und $\|f - \rho_\varepsilon * f\|_{W_p^k} \to 0$ für $\varepsilon \to 0$.

b) Der Raum $\mathscr{D}(\mathbb{R}^n)$ ist dicht in $W_p^k(\mathbb{R}^n)$; es gilt also $W_{p,0}^k(\mathbb{R}^n) = W_p^k(\mathbb{R}^n)$.

BEWEIS. a) Für $|\alpha| \le k$ gilt $D^\alpha(\rho_\varepsilon * f) = \rho_\varepsilon * D^\alpha f \in L_p(\mathbb{R}^n)$ nach Satz 2.3, und aus Theorem 2.4 folgt dann

$$\| D^\alpha(f - \rho_\varepsilon * f) \|_{L_p} = \| D^\alpha f - \rho_\varepsilon * D^\alpha f \|_{L_p} \to 0.$$

b) Nach Satz 2.3 hat man $\rho_\varepsilon * f \in \mathcal{C}^\infty(\mathbb{R}^n)$, und somit ist $\mathcal{C}^\infty(\mathbb{R}^n) \cap W_p^k(\mathbb{R}^n)$ dicht in $W_p^k(\mathbb{R}^n)$. Nun wählen wir $\eta \in \mathscr{D}(\mathbb{R}^n)$ mit $0 \le \eta \le 1$ und $\eta(x) = 1$ für $|x| \le 1$. Für $g \in \mathcal{C}^\infty(\mathbb{R}^n) \cap W_p^k(\mathbb{R}^n)$ und $j \in \mathbb{N}$ werden durch $g_j(x) := g(x)\eta(\frac{x}{j})$ Testfunktionen in $\mathscr{D}(\mathbb{R}^n)$ definiert. Nach der Leibniz-Regel gilt

$$| D^\alpha g_j(x) | \le \sum_{\beta \le \alpha} \binom{\alpha}{\beta} | D^\beta g(x) | | D^{\alpha-\beta}\eta(\tfrac{x}{j}) | \le C(\eta) \sum_{\beta \le \alpha} | D^\beta g(x) |$$

für $x \in \mathbb{R}^n$, und für $|\alpha| \le k$ ergibt sich für $j \to \infty$

$$\int_{\mathbb{R}^n} | D^\alpha(g - g_j)(x) |^p \, dx \le C'(\eta) \int_{|x|>j} \sum_{\beta \le \alpha} | D^\beta g(x) |^p \, dx \to 0. \quad \Diamond$$

Bemerkungen. a) Beweisteil b) des Satzes zeigt auch $\| g - g_j \|_{W_p^k} \to 0$ für eine beliebige offene Menge $\Omega \subseteq \mathbb{R}^n$ und $g \in W_p^k(\Omega)$; für $1 \le p < \infty$ sind also die Funktionen mit *beschränktem* Träger dicht in $W_p^k(\Omega)$.

b) Im Gegensatz zu Satz 4.1 gilt für $k > 0$ und *beschränkte* offene Mengen Ω stets $W_{p,0}^k(\Omega) \ne W_p^k(\Omega)$ (vgl. Satz 4.20).

Der folgende Approximationssatz über *beliebigen* offenen Mengen stammt von N. Meyers und J. Serrin (1964):

Satz 4.2
Es seien $1 \le p < \infty$, $k \in \mathbb{N}_0$ und $\Omega \subseteq \mathbb{R}^n$ offen. Dann ist $\mathcal{C}^\infty(\Omega) \cap W_p^k(\Omega)$ dicht in $W_p^k(\Omega)$.

BEWEIS. a) Wir verwenden die relativ kompakte Ausschöpfung (Ω_j) von Ω aus (1.3). Mit $\Omega_0 := \emptyset$ setzen wir $\omega_j := \Omega_{j+1} \backslash \overline{\Omega_{j-1}}$ und erhalten eine offene Überdeckung $\mathfrak{O} = \{\omega_j\}_{j \in \mathbb{N}}$ von Ω, für die $\omega_\ell \cap \omega_j = \emptyset$ für $|\ell - j| > 1$ gilt (vgl. Abb. 4.1 a)). Gemäß Satz 2.9 wählen wir eine $\mathfrak{O}$ untergeordnete $\mathcal{C}^\infty$-Zerlegung der Eins $\{\alpha_j\}_{j \in \mathbb{N}}$. Da $\operatorname{supp} \alpha_j$ eine kompakte Teilmenge von ω_j ist, gibt es $\delta_j > 0$, sodass auch die δ_j-Umgebung dieses Trägers von α_j noch in ω_j enthalten ist.

b) Nun seien $f \in W_p^k(\Omega)$ und $\varepsilon > 0$ gegeben. Die Funktionen $\alpha_j f$ liegen in $W_p^k(\Omega)$ und haben kompakten Träger in Ω, können also durch 0 zu Funktionen in $W_p^k(\mathbb{R}^n)$ fortgesetzt werden. Nach Satz 4.1 a) existieren Zahlen $0 < \varepsilon_j < \delta_j$ mit

$$\| \alpha_j f - \rho_{\varepsilon_j} * (\alpha_j f) \|_{W_p^k} \le 2^{-j} \varepsilon. \tag{2}$$

Man hat $g_j := \rho_{\varepsilon_j} * (\alpha_j f) \in \mathscr{D}(\omega_j)$ und $g := \sum\limits_{j=1}^{\infty} g_j \in \mathcal{C}^\infty(\Omega)$, da die Summe *lokal endlich* ist. Auf Ω_ℓ gilt $f = \sum\limits_{j=1}^{\ell+1} \alpha_j f$ und $g = \sum\limits_{j=1}^{\ell+1} g_j$, und mit (2) folgt

$$(\sum_{|\alpha| \leq k} \int_{\Omega_\ell} |D^\alpha (f-g)(x)|^p \, dx)^{1/p} \leq \sum_{j=1}^{\ell+1} \| \alpha_j f - g_j \|_{W_p^k} \leq \varepsilon .$$

Dies gilt für alle $\ell \in \mathbb{N}$, und daher ist auch $\| f - g \|_{W_p^k(\Omega)} \leq \varepsilon$. Insbesondere impliziert dies auch $g \in W_p^k(\Omega)$. $\diamond$

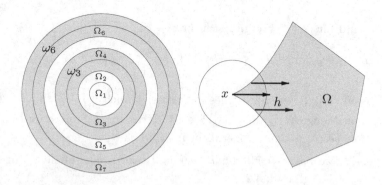

Abb. 4.1: a) Eine Ausschöpfung und b) die Segmenteigenschaft

Bemerkung. Hat die Funktion $f \in W_p^k(\Omega)$ aus dem Beweis von Satz 4.2 kompakten Träger in Ω, so gilt dies auch für die approximierende Funktion g; daher ist $\mathscr{D}(\Omega)$ dicht in $\mathcal{E}'(\Omega) \cap W_p^k(\Omega)$ für $1 \leq p < \infty$.

Zur Approximation von Sobolev-Funktionen durch Funktionen, die *bis zum Rand* $\mathcal{C}^\infty$ sind, benötigen wir eine *schwache Regularitätsannahme* für den Rand:

Die Segment-Eigenschaft. Eine offene Menge $\Omega \subseteq \mathbb{R}^n$ hat die *Segment-Eigenschaft,* wenn zu jedem $x \in \partial\Omega$ eine Umgebung U in $\mathbb{R}^n$ und ein Vektor $h \in \mathbb{R}^n$ existieren mit (vgl. Abb. 4.1 b))

$$y \in \overline{\Omega} \cap U \;\Rightarrow\; y + th \in \Omega \quad \text{für} \;\; 0 < t < 1 . \tag{3}$$

Mittels dieser Eigenschaft können wir Funktionen aus $W_p^k(\Omega)$ „lokal über den Rand von innen nach außen schieben". Dazu benutzen wir die folgende Aussage, die sich aus Aufgabe 2.7 ergibt:

Satz 4.3

Für $1 \leq p < \infty$ *und* $h \in \mathbb{R}^n$ *wird durch* $\tau_h f(x) := f(x - h)$ *ein* Translations-operator *auf* $W_p^k(\mathbb{R}^n)$ *definiert. Für* $f \in W_p^k(\mathbb{R}^n)$ *gilt* $\| \tau_h f \|_{W_p^k} = \| f \|_{W_p^k}$ *und* $\| \tau_h f - f \|_{W_p^k} \to 0$ *für* $h \to 0$.

Nun können wir zeigen:

Satz 4.4

Die offene Menge $\Omega \subseteq \mathbb{R}^n$ *besitze die Segment-Eigenschaft. Für* $1 \leq p < \infty$ *sind dann die Einschränkungen der Testfunktionen aus* $\mathcal{D}(\mathbb{R}^n)$ *auf* Ω *dicht in* $W_p^k(\Omega)$.

BEWEIS. a) Nach Satz 4.2 genügt es, $f \in \mathcal{C}^\infty(\Omega) \cap W_p^k(\Omega)$ zu approximieren. Aufgrund der Bemerkung a) nach Satz 4.1 können wir annehmen, dass $F := \operatorname{supp} f$ beschränkt ist. Für $x \in \partial\Omega$ sei nun $U(x)$ eine Umgebung gemäß (3); dann ist $C := \overline{F} \backslash \bigcup\limits_{x \in \partial\Omega} U(x)$ eine kompakte Teilmenge von Ω. Mit einer offenen Umgebung $U_0 \subseteq \Omega$ von C gibt es aufgrund der Kompaktheit von C endlich viele Punkte in $\partial\Omega$ mit

$$\overline{F} \subseteq U_0 \cup U(x_1) \cup \ldots \cup U(x_r) := U(F).$$

Wir wählen eine dieser offenen Überdeckung von $U(F)$ untergeordnete $\mathcal{C}^\infty$-Zerlegung der Eins $\{\alpha_j\}_{j=0}^r$ gemäß Satz 2.9. Dann ist $f = \sum\limits_{j=0}^r \alpha_j f$, und es ist $\alpha_0 f \in \mathcal{D}(\Omega)$.

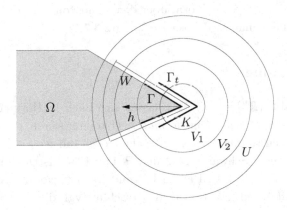

Abb. 4.2: Illustration des Beweises

b) Für $1 \leq j \leq r$ approximieren wir nun die Funktion $f_j := \alpha_j f \in \mathcal{C}^\infty(\Omega) \cap W_p^k(\Omega)$. Es ist $K := \operatorname{supp} \alpha_j$ eine kompakte Teilmenge von $U := U(x_j)$. Mit $3\delta := d(K, \partial U) > 0$ setzen wir $V_k := \{x \in \mathbb{R}^n \mid d(x, K) < k\delta\}$ für $k = 1,2$ und erhalten $K \Subset V_1 \Subset V_2 \Subset U$. Mittels $f_j(x) := 0$ für $x \notin \Omega$ setzen wir f_j auf $\mathbb{R}^n$ fort, und mit dem Randstück $\Gamma := \overline{V_1} \cap \partial\Omega$ gilt dann $f_j \in \mathcal{C}^\infty(U \backslash \Gamma) \cap W_p^k(U \backslash \Gamma)$ wegen $\operatorname{supp} f_j \subseteq K$. Nun wählen wir einen Vektor $h \in \mathbb{R}^n$ gemäß (3) und setzen $\Gamma_t := \Gamma - th$ für $0 < t < \frac{\delta}{|h|}$. Dann ist $\Gamma_t \subseteq U$. Für $y \in \Gamma_t \cap \overline{\Omega}$ ist $y + th \in \Gamma \subseteq \partial\Omega$, nach (3) aber $y + th \in \Omega$, und der Widerspruch zeigt $\Gamma_t \cap \overline{\Omega} = \emptyset$. Daher ist $2\beta(t) := d(\Gamma_t, \overline{\Omega}) > 0$ aufgrund der Kompaktheit von Γ_t.

c) Die durch $g_t(x) := f_j(x + th)$ definierte Funktion liegt in $\mathcal{C}^\infty(U \backslash \Gamma_t) \cap W_p^k(U \backslash \Gamma_t)$, insbesondere also in $\mathcal{C}^\infty(U \cap \Omega) \cap W_p^k(U \cap \Omega)$, und hat kompakten Träger in U. Zu $\varepsilon > 0$ gibt es nach Satz 4.3 ein $t_0 > 0$ mit $\| f_j - g_t \|_{W_p^k(U \cap \Omega)} < \frac{\varepsilon}{r}$ für $0 < t < t_0$. Nach Verkleinerung von t_0 können wir auch supp $g_t \subseteq V_2$ und $\beta(t) < \delta$ annehmen. Nun setzen wir $W := \{ x \in \mathbb{R}^n \mid d(x, V_2 \cap \Omega) < \beta(t) \}$ und beachten $\overline{W} \subseteq U$. Mittels Satz 2.6 wählen wir nun $\eta \in \mathscr{D}(U)$ mit $0 \leq \eta \leq 1$ und $\eta(x) = 1$ für $x \in W$. Dann gilt $g_j := \eta g_t \in \mathscr{D}(U)$ und $g_j(x) = g_t(x)$ für $x \in U \cap \Omega$, also $\| f_j - g_j \|_{W_p^k(U \cap \Omega)} < \frac{\varepsilon}{r}$.

d) Mit $g := \alpha_0 f + \sum\limits_{j=1}^{r} g_j \in \mathscr{D}(\mathbb{R}^n)$ folgt nun insgesamt $\| f - g \|_{W_p^k(\Omega)} \leq \varepsilon$. $\Diamond$

Für $f \in W_{p,0}^k(\Omega)$ gibt es eine Folge (φ_j) in $\mathscr{D}(\Omega)$ mit $\| f - \varphi_j \|_{W_p^k} \to 0$. Dann ist (φ_j) auch eine Cauchy-Folge in $W_p^k(\mathbb{R}^n)$, und der Limes ist die durch 0 auf $\mathbb{R}^n$ fortgesetzte Funktion f_Ω^0. Dies zeigt „$\subseteq$" in

Satz 4.5
Die offene Menge $\Omega \subseteq \mathbb{R}^n$ besitze die Segment-Eigenschaft. Für $1 \leq p < \infty$ gilt dann

$$W_{p,0}^k(\Omega) = \{ f \in W_p^k(\mathbb{R}^n) \mid \text{supp } f \subseteq \overline{\Omega} \}.$$

Der Beweis von „$\supseteq$" kann ähnlich wie der von Satz 4.4 geführt werden; eine Funktion $f \in W_p^k(\Omega)$ mit supp $f \subseteq \overline{\Omega}$ wird dabei „lokal über den Rand von außen nach innen geschoben". Einzelheiten findet man in [Wloka 1982], Satz 3.7.

4.2   Sobolev-Hilberträume

Die Sobolev-Hilberträume $W^k(\mathbb{R}^n) = W_2^k(\mathbb{R}^n)$ lassen sich nach L. Hörmander und J.P Lions (1956) mit Hilfe der *Fourier-Transformation* charakterisieren; damit erhält man auf natürliche Weise auch Räume $W^s(\mathbb{R}^n)$ für alle *reellen* Indizes $s \in \mathbb{R}$. Räume W^{-k} mit $k \in \mathbb{N}$ wurden von L. Schwartz 1952 und P. Lax 1955 als Dualräume von W^k-Räumen eingeführt (vgl. Satz 4.8), Räume W^s mit $2s \in \mathbb{N}$ von N. Aronszajn 1955 im Zusammenhang mit Randwertproblemen betrachtet (vgl. die Abschnitte 4.4 und 5.6).

H^s**-Räume auf $\mathbb{R}^n$.**   a) Für $f \in W^k(\mathbb{R}^n)$ gilt nach dem *Satz von Plancherel*

$$\| f \|_{W^k}^2 = \sum_{|\alpha| \leq k} \| D^\alpha f \|_{L_2}^2 = \sum_{|\alpha| \leq k} \| \xi^\alpha \widehat{f} \|_{L_2}^2 = \int_{\mathbb{R}^n} \sum_{|\alpha| \leq k} |\xi^{2\alpha}| \, |\widehat{f(\xi)}|^2 \, d\xi,$$

und daher wird durch

$$\| f \|_{H^k}^2 := \int_{\mathbb{R}^n} \langle \xi \rangle^{2k} \, |\widehat{f}(\xi)|^2 \, d\xi$$

eine zu $\|\ \|_{W^k}$ *äquivalente Norm* auf $W^k(\mathbb{R}^n)$ erklärt. Dies ermöglicht die folgende Definition von Sobolev-Räumen für beliebige *reelle* Exponenten:

b) Für $s \in \mathbb{R}$ sei $H^s(\mathbb{R}^n)$ der Raum aller temperierten Distributionen $u \in \mathcal{S}'(\mathbb{R}^n)$ mit der Eigenschaft $\widehat{u} = \mathcal{F}u \in L_2^{\mathrm{loc}}(\mathbb{R}^n)$ und

$$\| u \|_{H^s}^2 := \int_{\mathbb{R}^n} \langle \xi \rangle^{2s} \, |\widehat{u}(\xi)|^2 \, d\xi < \infty \,.$$

Offenbar ist $H^s(\mathbb{R}^n)$ ein Hilbertraum.

c) Differentialoperatoren $P(D) = \mathcal{F}^{-1} P(\xi) \, \mathcal{F}$ der Ordnung $m \in \mathbb{N}$ liefern offenbar stetige lineare Operatoren von $H^s(\mathbb{R}^n)$ nach $H^{s-m}(\mathbb{R}^n)$. Speziell liefert

$$\Lambda^{2j} := (1 - \Delta)^j = \mathcal{F}^{-1} \lambda^{2j} \, \mathcal{F} \quad \text{mit} \quad \lambda(\xi) := \langle \xi \rangle = \left(1 + |\xi|^2\right)^{1/2}$$

Isomorphismen von $H^s(\mathbb{R}^n)$ auf $H^{s-2j}(\mathbb{R}^n)$. Allgemeiner werden für $t \in \mathbb{R}$ durch

$$\Lambda^t := \mathcal{F}^{-1} \lambda^t \, \mathcal{F}$$

isometrische Isomorphismen von $H^s(\mathbb{R}^n)$ auf $H^{s-t}(\mathbb{R}^n)$ definiert.

d) Für alle $s \in \mathbb{R}$ gilt $\mathcal{S}(\mathbb{R}^n) \subseteq H^s(\mathbb{R}^n)$, und die Einbettungen $\mathcal{S}(\mathbb{R}^n) \hookrightarrow H^s(\mathbb{R}^n)$ sind stetig. Nach Satz 2.5 ist $\mathcal{S}(\mathbb{R}^n)$ in $H^0(\mathbb{R}^n) = L_2(\mathbb{R}^n)$ *dicht,* und folglich gilt dies auch für $\mathcal{S}(\mathbb{R}^n) = \Lambda^{-s} \mathcal{S}(\mathbb{R}^n)$ in $H^s(\mathbb{R}^n) = \Lambda^{-s} H^0(\mathbb{R}^n)$ (vgl. Aufgabe 3.2). Daher kann $H^s(\mathbb{R}^n)$ auch als *Vervollständigung* von $(\mathcal{S}(\mathbb{R}^n), \|\ \|_{H^s})$ definiert werden.

Wir zeigen nun für $s \geq 0$ eine Charakterisierung der $H^s(\mathbb{R}^n)$-Räume, die die Fourier-Transformation nicht verwendet. Wir benötigen das folgende zu Lemma 6.8 aus [GK] analoge

Lemma 4.6

Für $0 < \sigma < 1$ existieren die Integrale $I(\xi) := \int_{\mathbb{R}^n} \frac{|e^{i\langle z,\xi\rangle} - 1|^2}{|\xi|^{2\sigma} \, |z|^{n+2\sigma}} \, dz =: C > 0$ unabhängig von $\xi \in \mathbb{R}^n \backslash \{0\}\,.

BEWEIS. Wegen $|e^{i\langle z,\xi\rangle} - 1| \leq 2$ existieren die Integrale in ∞, und wegen

$$|e^{i\langle z,\xi\rangle} - 1| \leq |\langle z,\xi\rangle| \leq |\xi| \, |z| \quad \text{für} \quad |\langle z,\xi\rangle| \leq 1$$

gilt dies auch in 0. Wir setzen nun $\omega := \frac{\xi}{|\xi|}$ und $u := |\xi| \, z$ und erhalten zunächst $I(\xi) = \int_{\mathbb{R}^n} \frac{|\exp(i\langle u,\omega\rangle) - 1|^2}{|u|^{n+2\sigma}} \, du$. Anschließend wählen wir eine orthogonale Transformation $T \in \mathbb{O}_{\mathbb{R}}(n)$ mit $Te_1 = \omega$ und erhalten mittels $v = T^\top u$

$$I(\xi) = \int_{\mathbb{R}^n} \frac{|\exp(i\langle T^\top u, e_1\rangle) - 1|^2}{|u|^{n+2\sigma}} \, du = I(e_1). \quad \Diamond$$

Nun gilt analog zu Satz 6.9 aus [GK]:

Satz 4.7

Es sei $s = k + \sigma$ mit $k \in \mathbb{N}_0$ und $0 < \sigma < 1$. Dann ist $H^s(\mathbb{R}^n)$ der Raum aller Funktionen in $W^k(\mathbb{R}^n)$ mit

$$\| f \|_{W^s}^2 := \| f \|_{W^k}^2 + \sum_{|\alpha|=k} \int_{\mathbb{R}^n} \int_{\mathbb{R}^n} \frac{|D^\alpha f(x) - D^\alpha f(y)|^2}{|x-y|^{n+2\sigma}} \, dx \, dy < \infty, \tag{4}$$

und auf diesem Hilbertraum sind die Normen $\| \ \|_{W^s}$ und $\| \ \|_{H^s}$ äquivalent.

BEWEIS. Es genügt, die Behauptung für $k = 0$ zu beweisen. Für $f \in L_2(\mathbb{R}^n)$ liefert der Satz von Plancherel wegen Formel (3.6)

$$\int_{\mathbb{R}^n} |f(x+z) - f(x)|^2 \, dx = \int_{\mathbb{R}^n} |e^{i\langle z,\xi\rangle} - 1|^2 \, |\widehat{f}(\xi)|^2 \, d\xi, \quad \text{also}$$

$$\int_{\mathbb{R}^n} \int_{\mathbb{R}^n} \frac{|f(x+z)-f(x)|^2}{|z|^{n+2\sigma}} \, dx \, dz = \int_{\mathbb{R}^n} |\xi|^{2\sigma} \, |\widehat{f}(\xi)|^2 \int_{\mathbb{R}^n} \frac{|e^{i\langle z,\xi\rangle}-1|^2}{|\xi|^{2\sigma} \, |z|^{n+2\sigma}} \, dz \, d\xi$$

$$= C \int_{\mathbb{R}^n} |\xi|^{2\sigma} \, |\widehat{f}(\xi)|^2 \, d\xi$$

mit der Konstanten $C > 0$ aus Lemma 4.6. Die Behauptung folgt nun mittels der Substitution $y = x + z$.   ◇

W_p^s-Räume und $\mathcal{C}^{m,\gamma}$-Räume.   a) In (4) tritt eine „Hölder-Bedingung im quadratischen Mittel" auf. Nach L.N. Slobodeckij (1958) und E. Gagliardo (1957) definiert man für $1 \leq p < \infty$ und $s = k + \sigma$ mit $k \in \mathbb{N}_0$ und $0 < \sigma < 1$ auf einer offenen Menge $\Omega \subseteq \mathbb{R}^n$ den *Sobolev-Raum* $W_p^s(\Omega)$ als Raum aller Funktionen in $f \in W_p^k(\Omega)$ mit

$$\| f \|_{W_p^s}^p := \| f \|_{W_p^k}^p + \sum_{|\alpha|=k} \int_\Omega \int_\Omega \frac{|D^\alpha f(x) - D^\alpha f(y)|^p}{|x-y|^{n+p\sigma}} \, dx \, dy < \infty.$$

b) Mit $W_{p,0}^s(\Omega)$ bezeichnen wir den Abschluss von $\mathscr{D}(\Omega)$ in $W_p^s(\Omega)$. Wie im Absatz vor Satz 4.5 wird durch $f \mapsto f_\Omega^0$ eine Isometrie von $W_{p,0}^s(\Omega)$ in $W_p^s(\mathbb{R}^n)$ definiert.

c) Für $m \in \mathbb{N}_0$ und $0 < \gamma \leq 1$ definieren wir den Fréchetraum $\mathcal{C}^{m,\gamma}(\Omega)$ als Raum aller Funktionen in $f \in \mathcal{C}^m(\Omega)$ mit

$$[D^\alpha f]_{K,\gamma} := \sup_{x,y \in K, \, x \neq y} \frac{|D^\alpha f(x) - D^\alpha f(y)|}{|x-y|^\gamma} < \infty$$

für $|\alpha| = m$ und alle kompakten Mengen $K \subseteq \Omega$. Mit $\overline{\mathcal{C}}^{m,\gamma}(\Omega)$ bezeichnen wir den Raum aller Funktionen $f \in \mathcal{C}^{m,\gamma}(\Omega)$, deren Ableitungen der Ordnung $|\alpha| \leq m$ stetig auf $\overline{\Omega}$ fortsetzbar sind und $\lim_{|x| \to \infty} D^\alpha f(x) = 0$ erfüllen, und für die $[D^\alpha f]_{\Omega,\gamma} < \infty$ für $|\alpha| = m$ gilt. Es ist $\overline{\mathcal{C}}^{m,\gamma}(\Omega)$ ein Banachraum unter der Norm

$$\| f \|_{\overline{\mathcal{C}}^{m,\gamma}} := \sum_{|\alpha| \leq m} \| D^\alpha f \|_{\sup} + \sum_{|\alpha|=m} [D^\alpha f]_{\Omega,\gamma}.$$

d) Für *beschränkte* offene Mengen $\Omega \subseteq \mathbb{R}^n$ hat man offenbar die stetigen Einbettungen $\overline{\mathcal{C}}^m(\Omega) \hookrightarrow W_p^m(\Omega)$ und $\overline{\mathcal{C}}^{m,\gamma}(\Omega) \hookrightarrow W_p^{m+\sigma}(\Omega)$ für $0 \leq \sigma < \gamma \leq 1$. Hat Ω genügend regulären Rand, so gilt $\overline{\mathcal{C}}^{m,1}(\Omega) \simeq W_\infty^{m+1}(\Omega)$ (vgl. etwa [Alt 1991], Satz A.5.5).

Eine Beschreibung der Sobolev-Räume mit negativem Exponenten liefert:

Satz 4.8

a) Es sei $s \in \mathbb{R}$. Eine Distribution $u \in \mathcal{S}'(\mathbb{R}^n)$ liegt genau dann in $H^{-s}(\mathbb{R}^n)$, wenn eine Abschätzung

$$|u(\psi)| \leq C \|\psi\|_{H^s} \quad \text{für } \psi \in \mathcal{S}(\mathbb{R}^n) \tag{5}$$

gilt. Bezeichnet in diesem Fall $\Phi_s(u)$ die stetige lineare Fortsetzung von u auf $H^s(\mathbb{R}^n)$, so liefert $\Phi_s : H^{-s}(\mathbb{R}^n) \to H^s(\mathbb{R}^n)'$ einen isometrischen Isomorphismus.

b) Für $k \in \mathbb{N}_0$ gilt

$$H^{-k}(\mathbb{R}^n) = \{ \sum_{|\alpha| \leq k} D^\alpha g_\alpha \mid g_\alpha \in L_2(\mathbb{R}^n) \}. \tag{6}$$

BEWEIS. a) „$\Rightarrow$": Für $\psi \in \mathcal{S}(\mathbb{R}^n)$ hat man

$$|u(\psi)| = |\mathcal{F}u(\mathcal{F}^{-1}\psi)| = | \int_{\mathbb{R}^n} \widehat{u}(\xi) \langle\xi\rangle^{-s} \widehat{\psi}(-\xi) \langle\xi\rangle^s d\xi | \leq \|u\|_{H^{-s}} \|\psi\|_{H^s}.$$

Somit gilt (5), und für $\Phi_s(u) \in H^s(\mathbb{R}^n)'$ ist $\|\Phi_s(u)\|_{H^{s}{}'} \leq \|u\|_{H^{-s}}$.

„$\Leftarrow$": Umgekehrt gibt es zu $v \in H^s(\mathbb{R}^n)'$ nach dem Rieszschen Darstellungssatz 1.11 genau ein $w \in H^s(\mathbb{R}^n)$ mit $\|w\|_{H^s} = \|v\|_{H^{s}{}'}$ und

$$v(\psi) = \langle \psi, w \rangle_{H^s} = \int_{\mathbb{R}^n} \widehat{\psi}(\xi) \overline{\widehat{w}(\xi)} \langle\xi\rangle^{2s} d\xi = \int_{\mathbb{R}^n} \widehat{u}(\xi) \widehat{\psi}(-\xi) d\xi = u(\psi) \tag{7}$$

für $\psi \in \mathcal{S}(\mathbb{R}^n)$ mit $u := \mathcal{F}^{-1}(\langle\xi\rangle^{2s} \overline{\widehat{w}(-\xi)}) = \Lambda^{2s}\bar{w} \in H^{-s}(\mathbb{R}^n)$. Es folgt $v = \Psi_s(u)$ und $\|u\|_{H^{-s}} = \|\bar{w}\|_{H^s} = \|w\|_{H^s} = \|v\|_{H^{s}{}'} = \|\Phi_s(u)\|_{H^{s}{}'}$.

b) Die Inklusion „$\supseteq$" ist klar. Für $u \in H^{-k}(\mathbb{R}^n)$ liefert (7)

$$u(\psi) = \langle \psi, w \rangle_{H^k} = \sum_{|\alpha| \leq k} \langle D^\alpha \psi, D^\alpha w \rangle_{L_2} = \sum_{|\alpha| \leq k} (-1)^{|\alpha|} (D^\alpha D^\alpha \bar{w})(\psi),$$

und wegen $w \in H^k(\mathbb{R}^n)$ folgt die Behauptung mit $g_\alpha := (-1)^{|\alpha|} D^\alpha \bar{w} \in L_2(\mathbb{R}^n)$. $\Diamond$

Der Sobolev-Raum $H^{-s}(\mathbb{R}^n)$ kann also mit dem *Dualraum* von $H^s(\mathbb{R}^n)$ identifiziert werden. Für *gerade* Indizes $s = 2j$, $j \in \mathbb{N}$, gilt auch diese Präzisierung von (6):

$$H^{-2j}(\mathbb{R}^n) = \Lambda^{2j} L_2(\mathbb{R}^n) = \{(1-\Delta)^j f \mid f \in L_2(\mathbb{R}^n)\}.$$

Beispiele. a) Für eine Distribution $v \in \mathcal{E}'(\mathbb{R}^n)$ der Ordnung $\leq k \in \mathbb{N}_0$ zeigen wir $v \in H^{-k-n}(\mathbb{R}^n)$. Für $\psi \in \mathcal{S}(\mathbb{R}^n)$ hat man in der Tat

$$\psi(x_1, \ldots, x_n) = \int_{-\infty}^{x_1} \cdots \int_{-\infty}^{x_n} \partial_1 \cdots \partial_n \psi(y_1, \ldots, y_n) \, dy_n \cdots dy_1, \quad \text{also} \tag{8}$$

$$\|\psi\|_{\sup} \leq \|\partial_1 \cdots \partial_n \psi\|_{L_1(\mathbb{R}^n)}. \tag{9}$$

Nun wählen wir $\eta \in \mathcal{D}(\mathbb{R}^n)$ mit $\eta = 1$ nahe $\operatorname{supp} v$ und erhalten

$$|v(\psi)| = |v(\eta\psi)| \leq C \sum_{|\alpha| \leq k} \|D^\alpha(\eta\psi)\|_{\sup}$$

$$\leq C \sum_{|\alpha| \leq k} \|D^{\alpha+e}(\eta\psi)\|_{L_1} \leq C' \|\psi\|_{H^{k+n}}.$$

mit $e := (1, \ldots, 1)$, also $v \in H^{-k-n}(\mathbb{R}^n)$ aufgrund von Satz 4.8.

b) Speziell gilt $\delta \in H^{-n}(\mathbb{R}^n)$. Wegen $\mathcal{F}(\delta) = (2\pi)^{-\frac{n}{2}}$ hat man sogar $\delta \in H^{-s}(\mathbb{R})$ für $s > \frac{n}{2}$.

Ein Ziel der Einführung von Distributionen war es, durch Erweiterung des Funktionsbegriffs alle lokal integrierbaren Funktionen *differenzieren* zu können. Wir zeigen nun, dass die in Kapitel 2 konstruierte Erweiterung *lokal minimal* ist:

Satz 4.9

Es seien $\Omega \subseteq \mathbb{R}^n$ offen, $u \in \mathscr{D}'(\Omega)$ und $\omega \Subset \Omega$ offen. Dann ist u in ω eine endliche Summe von Ableitungen von Funktionen in $L_2(\Omega)$.

BEWEIS. Wir wählen $\eta \in \mathscr{D}(\Omega)$ mit $\eta = 1$ nahe $\overline{\omega}$. Dann hat $v := \eta u$ endliche Ordnung $k \in \mathbb{N}_0$, und nach obigem Beispiel gilt $v \in H^{-k-n}(\mathbb{R}^n)$. Nach Satz 4.8 folgt $v = \sum\limits_{|\alpha| \leq k+n} D^\alpha g_\alpha$ für Funktionen $g_\alpha \in L_2(\Omega)$, und wegen $u = v$ in ω ergibt sich die Behauptung. ◇

4.3   Einbettungssätze

Für Differentialgleichungen lassen sich oft Lösungen im Distributionssinn konstruieren, die in geeigneten Sobolev-Räumen liegen. Daraus ergeben sich *klassische Lösungen* durch *Einbettung* dieser *Sobolev-Räume* in geeignete $\mathcal{C}^m$-Räume. Über *beschränkten* offenen Mengen sind solche Einbettungen sogar *kompakt*, und dies ermöglicht die Anwendung der *Spektraltheorie kompakter linearer Operatoren* (vgl. etwa [GK], Abschnitt 13.4 sowie die Abschnitte 5.6 und 16.5).

Wir beginnen mit den folgenden Aussagen über die Fourier-Transformation:

Satz 4.10

a) Für $1 \leq p < 2$ und $s > n\left(\frac{1}{p} - \frac{1}{2}\right)$ ist $\mathcal{F} : H^s(\mathbb{R}^n) \to L_p(\mathbb{R}^n)$ stetig.

b) Für $2 < q \leq \infty$, $\frac{1}{p} + \frac{1}{q} = 1$ und $s > n\left(\frac{1}{p} - \frac{1}{2}\right)$ ist $\mathcal{F} : L_q(\mathbb{R}^n) \to H^{-s}(\mathbb{R}^n)$ stetig.

BEWEIS. a) Für $f \in H^s(\mathbb{R}^n)$ liefert die Höldersche Ungleichung

$$\int_{\mathbb{R}^n} |\widehat{f}(\xi)|^p \, d\xi = \int_{\mathbb{R}^n} (\langle\xi\rangle^{2s} |\widehat{f}(\xi)|^2)^{\frac{p}{2}} \langle\xi\rangle^{-ps} \, d\xi \leq C^p \left(\int_{\mathbb{R}^n} \langle\xi\rangle^{2s} |\widehat{f}(\xi)|^2 \, d\xi\right)^{\frac{p}{2}}$$

mit $C^p = \left(\int_{\mathbb{R}^n} \langle\xi\rangle^{-\frac{2ps}{2-p}} \, d\xi\right)^{\frac{2-p}{2}} < \infty$ wegen $\frac{2ps}{2-p} > n$.

b) Für $u \in L_q(\mathbb{R}^n)$ und $\psi \in \mathcal{S}(\mathbb{R}^n)$ hat man

$$|\widehat{u}(\psi)| = |\int_{\mathbb{R}^n} u \, \widehat{\psi} \, d\xi| \leq \|u\|_{L_q} \|\widehat{\psi}\|_{L_p} \leq C \|u\|_{L_q} \|\psi\|_{H_s}$$

nach a). Aus Satz 4.8 folgt dann $\widehat{u} \in H^{-s}(\mathbb{R}^n)$ und $\|\widehat{u}\|_{H^{-s}} \leq C \|u\|_{L_q}$. ◇

Beispiele.   a) Für $f \in H^s(\mathbb{R}^n)$ mit $s > \frac{n}{2}$ gilt also $\hat{f} \in L_1(\mathbb{R}^n)$. Nach der Fourier-Umkehrformel in $L_2(\mathbb{R}^n)$ ist

$$f(x) = \int_{\mathbb{R}^n} \hat{f}(\xi)\, e^{i\langle x,\xi\rangle} d\xi \quad \text{fast überall}$$

(vgl. S. 61), und mit Satz 3.4 folgt $f \in \mathcal{C}_0(\mathbb{R}^n) = \overline{C}^0(\mathbb{R}^n)$.

b) Für $n = 2$ sei $f : x \mapsto \log|\log|x||$ die Funktion aus dem Beispiel auf S. 78 und $\eta \in \mathscr{D}(\mathbb{R}^2)$ mit $\eta(x) = 1$ für $|x| \le 1$. Dann gilt ηf in $W_2^1(\mathbb{R}^2) = H^1(\mathbb{R}^2)$, aber $\widehat{\eta f} \notin L_1(\mathbb{R}^2)$, da ja ηf *unbeschränkt* ist.

Nach S.L. Sobolev (1938) hat man die stetige Einbettung $H^s(\mathbb{R}^n) \hookrightarrow \overline{C}^m(\Omega)$ für $s \in \mathbb{N}$ mit $s > m + \frac{n}{2}$. Allgemeiner gilt der folgende *Einbettungssatz:*

Theorem 4.11
Es seien $m \in \mathbb{N}_0$ und $0 < \gamma < 1$. Für $s \ge m + \gamma + \frac{n}{2}$ hat man die stetige Einbettung $H^s(\mathbb{R}^n) \hookrightarrow \overline{C}^{m,\gamma}(\mathbb{R}^n)$.

BEWEIS. a) Für $f \in H^s(\mathbb{R}^n)$ und $|\alpha| \le m$ gilt $|\xi^\alpha \hat{f}(\xi)| \le \langle\xi\rangle^s |\hat{f}(\xi)| \langle\xi\rangle^{m-s}$ und somit $\xi^\alpha \hat{f} \in L_1(\mathbb{R}^n)$. Wie in obigem Beispiel folgt dann $f \in \overline{C}^m(\mathbb{R}^n)$ und

$$D^\alpha f(x) = \int_{\mathbb{R}^n} \xi^\alpha \hat{f}(\xi)\, e^{i\langle x,\xi\rangle} d\xi.$$

b) Zum Nachweis der Hölder-Bedingung können wir $m = 0$ und $s = \gamma + \frac{n}{2}$ annehmen. Man hat

$$\frac{|f(x+y)-f(x)|}{|y|^\gamma} \le \left| \int_{\mathbb{R}^n} |y|^{-\gamma} e^{i\langle x,\xi\rangle} (e^{i\langle y,\xi\rangle}-1)\, \hat{f}(\xi) d\xi \right|$$

$$\le \left(\int_{\mathbb{R}^n} |y|^{-2\gamma} |e^{i\langle y,\xi\rangle}-1|^2 \langle\xi\rangle^{-2s} d\xi \right)^{\frac{1}{2}} \|f\|_{H^s}$$

für $x, y \in \mathbb{R}^n$ und $y \neq 0$. Zur Abschätzung des Integrals substituieren wir $\eta := |y|\xi$ und erhalten $d\eta = |y|^n d\xi$ und $\langle y, \xi\rangle = \langle\omega, \eta\rangle$ für $\omega = \frac{y}{|y|}$. Ähnlich wie in Lemma 4.6 folgt

$$\int_{\mathbb{R}^n} |y|^{-2\gamma} |e^{i\langle y,\xi\rangle}-1|^2 \langle\xi\rangle^{-2s} d\xi = \int_{\mathbb{R}^n} |y|^{-2s} |e^{i\langle\omega,\eta\rangle}-1|^2 (1 + \tfrac{|\eta|^2}{|y|^2})^{-s} d\eta$$

$$= \int_{\mathbb{R}^n} |e^{i\langle\omega,\eta\rangle}-1|^2 (|y|^2 + |\eta|^2)^{-s} d\eta$$

$$\le \int_{\mathbb{R}^n} A(\eta) |\eta|^{-2s} d\eta =: C < \infty$$

mit $A(\eta) = \min\{4, 4|\eta|^2\}$. Das Integral existiert im Unendlichen wegen $2s > n$ und in 0 wegen $2 - 2s = 2 - 2(\gamma + \frac{n}{2}) > -n$. $\diamond$

H^s-Räume auf offenen Mengen.   a) Es seien $s \in \mathbb{R}$ und $\Omega \subseteq \mathbb{R}^n$ eine offene Menge. Auf dem Raum

$$H^s(\Omega) := \{ f|_\Omega \mid f \in H^s(\mathbb{R}^n) \}$$

betrachten wir die *Quotientennorm*

$$\| u \|_{H^s(\Omega)} := \inf \{ \| f \|_{H^s} \mid f \in H^s(\mathbb{R}^n) \text{ mit } f|_\Omega = u \} .$$

Der *Kern* $N(R_\Omega^s)$ der *Restriktionsabbildung* $R_\Omega^s : f \mapsto f|_\Omega$ in $H^s(\mathbb{R}^n)$ ist ein abge-schlossener Unterraum von $H^s(\mathbb{R}^n)$, und $R_\Omega^s : N(R_\Omega^s)^\perp \to H^s(\Omega)$ ist *isometrisch*. Folglich ist $H^s(\Omega)$ ein *Hilbertraum*, und

$$E_\Omega^s := (R_\Omega^s|_{N(R_\Omega^s)^\perp})^{-1} : H^s(\Omega) \to N(R_\Omega^s)^\perp \subseteq H^s(\mathbb{R}^n) \tag{10}$$

ist ein *linearer isometrischer Fortsetzungsoperator*.

b) Aufgrund von Satz 4.7 gilt $W_0^s(\Omega) \subseteq H^s(\Omega) \subseteq W^s(\Omega)$, und man hat $E_\Omega^s f = f_\Omega^0$ für $f \in W_0^s(\Omega)$. In Satz 4.17 zeigen wir $H^s(\Omega) = W^s(\Omega)$ für *beschränkte* offene Mengen Ω *mit genügend glattem Rand.*

c) Analog zu Satz 4.8 gilt $W_0^s(\Omega)' \cong H^{-s}(\Omega)$ für $s \geq 0$: Eine Distribution $u \in \mathscr{D}'(\Omega)$ liegt genau dann in $H^{-s}(\Omega)$, wenn eine Abschätzung

$$| u(\varphi) | \leq C \| \varphi \|_{H^s} \quad \text{für} \quad \varphi \in \mathscr{D}(\Omega) \tag{11}$$

gilt. Für $u \in H^{-s}(\Omega)$ ist in der Tat (11) mit $C = \| u \|_{H^{-s}}$ nach Satz 4.8 richtig. Umgekehrt hat $u \in W_0^s(\Omega)'$ eine Fortsetzung in $H^s(\mathbb{R}^n)' \cong H^{-s}(\mathbb{R}^n)$ gleicher Norm, und es folgt $u \in H^{-s}(\Omega)$.

d) Aufgrund von Theorem 4.11 hat man auch stetige Einbettungen $H^s(\Omega) \hookrightarrow \overline{C}^{m,\gamma}(\Omega)$ für Exponenten $s \geq m + \gamma + \frac{n}{2}$ und $0 < \gamma < 1$.

e) Für $s > t$ und *beschränkte* offene Mengen $\Omega \subseteq \mathbb{R}^n$ ist der Einbettungsoperator $H^s(\Omega) \to H^t(\Omega)$ *kompakt*, bildet also beschränkte Mengen in relativ kompakte Mengen ab. Dieses Resultat geht für $s = 1$ und $t = 0$ bereits auf F. Rellich (1930) zurück. Wir zeigen eine stärkere Aussage in Theorem 4.13 und benutzen dazu:

Lemma 4.12

a) *Für $s \in \mathbb{R}$ und $\xi, \eta \in \mathbb{R}^n$ gilt die* Ungleichung von Peetre:

$$(1 + | \xi |^2)^s \leq 2^{| s |} (1 + | \xi - \eta |^2)^{| s |} (1 + | \eta |^2)^s .$$

b) *Für $\psi \in H^r(\mathbb{R}^n)$ und $u \in H^s(\mathbb{R}^n)$ mit $r > | s | + \frac{n}{2}$ gilt auch $\psi u \in H^s(\mathbb{R}^n)$ und*

$$\| \psi u \|_{H^s} \leq C_s \| \psi \|_{H^r} \| u \|_{H^s} . \tag{12}$$

BEWEIS. a) Zunächst hat man

$$1 + | \xi |^2 \leq 1 + (| \xi - \eta | + | \eta |)^2 \leq 1 + 2(| \xi - \eta |^2 + | \eta |^2) \leq (1 + | \xi - \eta |^2)(1 + | \eta |^2) .$$

Daraus ergibt sich a) für $s \geq 0$ sofort, für $s < 0$ nach Vertauschung von ξ und η.

b) Da $\mathcal{S}(\mathbb{R}^n)$ in $H^s(\mathbb{R}^n)$ und $H^r(\mathbb{R}^n)$ dicht ist, genügt es, (12) für $\psi, u \in \mathcal{S}(\mathbb{R}^n)$ zu beweisen. Nach Formel (3.17) gilt $\mathcal{F}(\psi u) = (2\pi)^{-\frac{n}{2}} \widehat{\psi} * \widehat{u}$, und nach a) folgt

$$\langle \xi \rangle^s \, | \, (\widehat{\psi} * \widehat{u})(\xi) \, | \; \leq \; 2^{\frac{|s|}{2}} \int_{\mathbb{R}^n} \langle \xi - \eta \rangle^{|s|} \, | \, \widehat{\psi}(\xi - \eta) \, | \, \langle \eta \rangle^s \, | \, \widehat{u}(\eta) \, | \, d\eta \,. \tag{13}$$

Mittels Satz 2.2 ergibt sich daraus

$$\| \psi u \|_{H^s} \;=\; \| \lambda^s \, \mathcal{F}(\psi u) \|_{L_2} \;\leq\; C_s' \, \| \lambda^{|s|} \widehat{\psi} \|_{L_1} \, \| \lambda^s \widehat{u} \|_{L_2} \,.$$

Mit $\varphi := \Lambda^{|s|} \psi \in \mathcal{S}(\mathbb{R}^n)$ liefert dann Satz 4.10 wegen $r - |s| > \frac{n}{2}$ die Abschätzung

$$\| \lambda^{|s|} \widehat{\psi} \|_{L_1} \;=\; \| \widehat{\varphi} \|_{L_1} \;\leq\; C_s'' \, \| \varphi \|_{H^{r-|s|}} \;=\; C_s'' \, \| \psi \|_{H^r} \,.$$

Insgesamt folgt somit die Behauptung (12). $\Diamond$

Theorem 4.13
Es seien $t < s$ und $r > |s| + \frac{n}{2}$. Für $\psi \in H^r(\mathbb{R}^n)$ ist der Multiplikationsoperator $M_\psi : u \mapsto \psi u$ ein kompakter Operator von $H^s(\mathbb{R}^n)$ nach $H^t(\mathbb{R}^n)$.

BEWEIS. a) Nach Lemma 4.12 ist $M_\psi : H^s(\mathbb{R}^n) \to H^s(\mathbb{R}^n) \hookrightarrow H^t(\mathbb{R}^n)$ stetig. Zunächst seien $\psi \in \mathcal{S}(\mathbb{R}^n)$ und (u_k) eine Folge in $H^s(\mathbb{R}^n)$ mit $\| u_k \|_{H^s} \leq 1$. Wir wählen eine Folge (f_k) in $\mathcal{S}(\mathbb{R}^n)$ mit $\| u_k - f_k \|_{H^s} \leq \frac{1}{k}$; dann gilt offenbar $\| M_\psi u_k - M_\psi f_k \|_{H^t} \to 0$, und es genügt, eine in $H^t(\mathbb{R}^n)$ konvergente Teilfolge der Folge $(g_k := \psi f_k)$ zu konstruieren. Nach (12) ist $\| g_k \|_{H^s} \leq C := 2C_s \| \psi \|_{H^r}$ für alle $k \in \mathbb{N}$.

b) Nach (3.17) hat man $\widehat{g_k} = (2\pi)^{-\frac{n}{2}} \widehat{\psi} * \widehat{f_k}$ und somit $D^\alpha \widehat{g_k} = (2\pi)^{-\frac{n}{2}} D^\alpha \widehat{\psi} * \widehat{f_k}$ für $\alpha \in \mathbb{N}_0^n$; aus (13) ergibt sich daher mittels Schwarzscher Ungleichung

$$\sup_{\xi \in \mathbb{R}^n} \langle \xi \rangle^s \, | \, D^\alpha \widehat{g_k}(\xi) \, | \;\leq\; C(\alpha, \psi) \, \| f_k \|_{H^s} \;\leq\; 2C(\alpha, \psi) \quad \text{für} \;\; k \in \mathbb{N}. \tag{14}$$

Insbesondere ist die Folge $(\widehat{g_k})$ in dem Fréchet-Montelraum $\mathcal{E}(\mathbb{R}^n)$ beschränkt (vgl. S. 12) und besitzt daher eine in diesem konvergente Teilfolge, die wir wieder mit $(\widehat{g_k})$ bezeichnen.

c) Zu $\varepsilon > 0$ wählen wir $R > 0$ mit $\langle \xi \rangle^{(t-s)} \leq \varepsilon$ für $| \xi | \geq R$. Mit der Konstanten $C > 0$ aus a) erhalten wir

$$\begin{aligned}
\| g_j - g_k \|_{H^t}^2 \;&=\; \int_{\mathbb{R}^n} \langle \xi \rangle^{2t} \, | \, \widehat{g_j}(\xi) - \widehat{g_k}(\xi) \, |^2 \, d\xi \\
&\leq\; \sup_{|\xi| \leq R} | \, \widehat{g_j}(\xi) - \widehat{g_k}(\xi) \, |^2 \int_{|\xi| \leq R} \langle \xi \rangle^{2t} \, d\xi \\
&\quad +\; \varepsilon^2 \int_{|\xi| \geq R} \langle \xi \rangle^{2s} \, | \, \widehat{g_j}(\xi) - \widehat{g_k}(\xi) \, |^2 \, d\xi \\
&\leq\; C_R^2 \sup_{|\xi| \leq R} | \, \widehat{g_j}(\xi) - \widehat{g_k}(\xi) \, |^2 + 4C^2 \, \varepsilon^2
\end{aligned}$$

für alle $j, k \in \mathbb{N}_0$. Aufgrund von b) gibt es dann $\ell \in \mathbb{N}$ mit $\| g_j - g_k \|_{H^t}^2 \leq (1 + 4C^2) \varepsilon^2$ für $j, k \geq \ell$.

d) Für $\psi \in H^r(\mathbb{R}^n)$ wählen wir eine Folge (ψ_k) in $\mathcal{S}(\mathbb{R}^n)$ mit $\|\psi - \psi_k\|_{H^r} \to 0$. Nach (12) gilt dann $\|M_\psi - M_{\psi_k}\|_{L(H^s, H^t)} \to 0$, und somit ist $M_\psi : H^s(\mathbb{R}^n) \to H^t(\mathbb{R}^n)$ ein kompakter Operator.   ◇

Für *Sobolev-Einbettungen* ergibt sich nun sofort:

Satz 4.14

Es sei $\Omega \subseteq \mathbb{R}^n$ eine beschränkte offene Menge. Für $s > t$ sind die Einbettungen $i : H^s(\Omega) \to H^t(\Omega)$ und für $t \geq 0$ auch $i_0 : W_0^s(\Omega) \to W^t(\Omega)$ kompakt.

BEWEIS. Wir wählen $\eta \in \mathcal{D}(\mathbb{R}^n)$ mit $\eta = 1$ nahe $\overline{\Omega}$. Mit dem Restriktionsoperator $R_\Omega^t : H^t(\mathbb{R}^n) \to H^t(\Omega)$ und dem Fortsetzungsoperator $E_\Omega^s : H^s(\Omega) \to H^s(\mathbb{R}^n)$ aus (10) gilt $i = R_\Omega^t \, M_\eta \, E_\Omega^s$, und die Kompaktheit von i folgt aus Theorem 4.13 (vgl. [GK], Satz 11.2). Wegen $W_0^s(\Omega) \hookrightarrow H^s(\Omega)$ und $H^t(\Omega) \hookrightarrow W^t(\Omega)$ für $s > t \geq 0$ ist auch i_0 kompakt.   ◇

Lokale Sobolev-Räume.   a) Für eine offene Menge $\Omega \subseteq \mathbb{R}^n$ und $s \in \mathbb{R}$ sei

$$H^{s,\mathrm{loc}}(\Omega) := \{u \in \mathcal{D}'(\Omega) \mid u|_\omega \in H^s(\omega) \text{ für alle offenen } \omega \Subset \Omega\};$$

wegen Lemma 4.12 b) gilt auch

$$H^{s,\mathrm{loc}}(\Omega) := \{u \in \mathcal{D}'(\Omega) \mid \varphi u \in H^s(\Omega) \text{ für alle } \varphi \in \mathcal{D}(\Omega)\}.$$

Es ist $H^{s,\mathrm{loc}}(\Omega)$ ein Fréchetraum unter den Halbnormen

$$p_\varphi(u) := \|\varphi u\|_{H^s}, \quad \varphi \in \mathcal{D}(\Omega), \tag{15}$$

und man hat $\mathcal{E}(\Omega) \hookrightarrow H^{s,\mathrm{loc}}(\Omega) \hookrightarrow \mathcal{D}'(\Omega)$.

b) Nach Theorem 4.11 gilt $H^{s,\mathrm{loc}}(\Omega) \hookrightarrow \mathcal{C}^m(\Omega)$ für $s > m + \frac{n}{2}$ und insbesondere $\bigcap_s H^{s,\mathrm{loc}}(\Omega) = \mathcal{E}(\Omega)$.

c) Nach Theorem 4.13 ist für $s > t$ jede in $H^{s,\mathrm{loc}}(\Omega)$ beschränkte Menge in $H^{t,\mathrm{loc}}(\Omega)$ relativ kompakt.

Weitere Einbettungssätze.   a) Für den Beweis von Theorem 4.11 ist die Bedingung $0 < \gamma < 1$ wesentlich. Nach dem Beispiel auf S. 78 ist in der Tat $H^1(\mathbb{R}^2)$ *nicht* stetig in $\mathcal{C}_0(\mathbb{R}^2)$ eingebettet. Für $s = m + \frac{n}{2}$ mit $m \in \mathbb{N}$ hat man „nur" die stetige Einbettung $H^s(\mathbb{R}^n) \hookrightarrow B_{\infty,\infty}^m(\mathbb{R}^n)$ in einen *Besov-Raum*. Dieser Raum ist echt größer als $\overline{C}^{m-1,1}(\mathbb{R}^n)$; für die Ableitung der Ordnung $m-1$ hat man nur Abschätzungen

$$\sup_{x,h \in \mathbb{R}^n, \, h \neq 0} \frac{|D^\alpha f(x+h) - 2D^\alpha f(x) + D^\alpha f(x-h)|}{|h|} < \infty$$

für die *Differenzen zweiter Ordnung*. Diese wurden 1945 von A. Zygmund eingeführt im Zusammenhang mit dem Satz von Jackson-Bernstein über die Approximation stetiger periodischer Funktionen durch trigonometrische Polynome.

b) Für einen allgemeinen Einbettungssatz für Besov-Räume und Triebel-Lizorkin-Räume verweisen wir auf [Triebel 1983], 2.7.1. Einbettungssätze für W_p^s-Räume findet man auch in [Adams und Fournier 2003], [Alt 1991] oder [Dobrowolski 2006]:

c) Es seien $\Omega \subseteq \mathbb{R}^n$ eine offene Menge und $1 \leq p, r < \infty$. Dann hat man stetige Einbettungen $W_{p,0}^s(\Omega) \hookrightarrow W_r^t(\Omega)$ für $s \geq t + \frac{n}{p} - \frac{n}{r}$; im „Grenzfall" $r = \infty$ gilt $W_{p,0}^s(\Omega) \hookrightarrow \overline{C}^{m,\gamma}(\Omega)$ für $s \geq m + \gamma + \frac{n}{p}$ und $0 < \gamma < 1$.

d) Für $s > t \geq 0$ und *beschränkte* offene Mengen $\Omega \subseteq \mathbb{R}^n$ ist der Einbettungsoperator $W_{p,0}^s(\Omega) \hookrightarrow W_p^t(\Omega)$ *kompakt*.

e) Die Aussagen von c) und d) gelten auch für $W_p^s(\Omega)$, wenn ein stetiger linearer *Fortsetzungsoperator* $E : W_p^s(\Omega) \to W_p^s(\mathbb{R}^n)$ existiert; auf die Existenz solcher Fortsetzungsoperatoren gehen wir im nächsten Abschnitt ein.

4.4 Fortsetzungsoperatoren

In diesem und dem folgenden Abschnitt wollen wir für offene Mengen $\Omega \subseteq \mathbb{R}^n$ Funktionen aus $W_p^s(\Omega)$ auf $\mathbb{R}^n$ *fortsetzen* und auf den Rand $\partial\Omega$ *einschränken*. Dazu benötigen wir *Regularitätseigenschaften* des Randes; der Einfachheit wegen beschränken wir uns in diesem Buch auf den Fall glatter Ränder. Ebenfalls der Einfachheit wegen zeigen wir einige Aussagen nur für $k \in \mathbb{N}_0$ und/oder nur für $p = 2$.

Zunächst konstruieren wir einen Fortsetzungsoperator von einem *Halbraum* aus. Es seien $\mathbb{R}_+^n := \{x \in \mathbb{R}^n \mid x_n > 0\}$ und $\mathbb{R}_-^n := \{x \in \mathbb{R}^n \mid x_n < 0\}$; der Rand beider Halbräume ist die Hyperebene $\mathbb{R}_{n-1} := \{x \in \mathbb{R}^n \mid x_n = 0\}$. Eine stetige Funktion $\varphi : \overline{\mathbb{R}_+^n} \to \mathbb{C}$ lässt sich durch Spiegelung an $\mathbb{R}_{n-1}$, d. h. durch $\varphi(x', x_n) := \varphi(x', -x_n)$ für $x = (x', x_n) \in \mathbb{R}_-^n$, zu einer stetigen Funktion auf $\mathbb{R}^n$ fortsetzen; *Differenzierbarkeit* bleibt aber bei dieser Konstruktion nicht erhalten. Wir verwenden daher die folgende verfeinerte Methode von M.R. Hestenes (1941; vgl. Abb. 4.3):

Satz 4.15
Für $k \in \mathbb{N}_0$ und $1 \leq p < \infty$ gibt es einen stetigen linearen Fortsetzungsoperator $E_k : W_p^k(\mathbb{R}_+^n) \to W_p^k(\mathbb{R}^n)$, *für den also* $E_k f|_{\mathbb{R}_+^n} = f$ *für alle* $f \in W_p^k(\mathbb{R}_+^n)$ *gilt.*

BEWEIS. Für $\varphi \in \overline{C}^k(\mathbb{R}_+^n)$ definieren wir $E_k\varphi(x) := \varphi(x)$ für $x \in \overline{\mathbb{R}_+^n}$ und

$$E_k\varphi(x) := \sum_{j=0}^{k} \gamma_j\, \varphi(x', -(j+1)x_n) \quad \text{für} \quad x = (x', x_n) \in \mathbb{R}_-^n \tag{16}$$

mit geeigneten Koeffizienten $\gamma_j \in \mathbb{R}$. Für $\alpha = (\alpha', \alpha_n)$ mit $|\alpha| \leq k$ und $x_n < 0$ gilt

$$\partial^\alpha (E_k\varphi)(x) = \sum_{j=0}^{k} (-j-1)^{\alpha_n}\, \gamma_j\, (\partial^\alpha \varphi)(x', -(j+1)x_n), \tag{17}$$

also $\partial^\alpha(E_k\varphi)(x) \to \sum_{j=0}^{k}(-j-1)^{\alpha_n}\gamma_j\,\partial^\alpha\varphi(x',0)$ für $x_n \to 0^-$. Die γ_j sind also so zu wählen, dass

$$\sum_{j=0}^{k}(-j-1)^\ell \gamma_j = 1 \quad \text{für} \quad \ell = 0,\dots,k \tag{18}$$

gilt. Dieses lineare Gleichungssystem ist eindeutig lösbar, da seine Vandermonde-Determinante nicht verschwindet. Mit diesen γ_j hat man dann $E_k\varphi \in \overline{C}^k(\mathbb{R}^n)$, und aufgrund von (17) gilt $\|E_k\varphi\|_{W_p^k} \leq C\,\|\varphi\|_{W_p^k}$.

Nach Satz 4.4 lässt sich schließlich E_k stetig auf den Raum $W_p^k(\mathbb{R}_+^n)$ fortsetzen. $\Diamond$

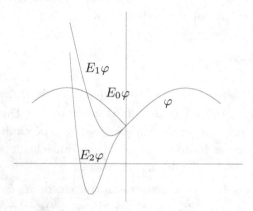

Abb. 4.3: Fortsetzungen $E_0\varphi$, $E_1\varphi$, $E_2\varphi$ der Funktion $\varphi : [0,\infty) \to \mathbb{R}$, $\varphi(x) = \sin x + 1$

Eigenschaften des Fortsetzungsoperators. a) Ist der Träger von φ eine kompakte Teilmenge von $(-1,1)^{n-1} \times [0,1)$, so ist offenbar $\operatorname{supp}E_k\varphi$ eine kompakte Teilmenge von $(-1,1)^n$ (vgl. Abb. 4.4).

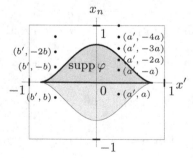

Abb. 4.4: Träger der Fortsetzungen $E_k\varphi$

b) Formel (16) liefert auch stetige Fortsetzungsoperatoren $E_k : \overline{C}^{k,\gamma}(\mathbb{R}_+^n) \to \overline{C}^{k,\gamma}(\mathbb{R}^n)$ für $0 \leq \gamma \leq 1$. Der Fall $\gamma = 0$ ist klar. Für $0 < \gamma \leq 1$ sind mit $A_j\varphi(x) := \varphi(x', -jx_n)$

für $x_n < 0$ und $A_j \varphi(x) := \varphi(x)$ für $x_n \geq 0$ die Ausdrücke $[A_j \varphi]_{\mathbb{R}^n, \gamma}$ durch $[\varphi]_{\overline{\mathbb{R}^n_+}, \gamma}$ abzuschätzen. Für $x_n \geq 0$ und $y_n < 0$ ist

$$\frac{|A_j \varphi(x', x_n) - A_j \varphi(y', y_n)|}{|(x', x_n) - (y', y_n)|^\gamma} = \frac{|\varphi(x', x_n) - \varphi(y', -jy_n)|}{|(x', x_n) - (y', y_n)|^\gamma},$$

und wir benutzen die Abschätzung

$$|(x', x_n) - (y', y_n)|^2 = |x' - y'|^2 + |x_n - y_n|^2 \geq \tfrac{1}{j^2} \left(|x' - y'|^2 + |x_n + jy_n|^2 \right).$$

Im Fall $x_n < 0$ und $y_n < 0$ verwenden wir eine entsprechende Formel; der Fall $x_n \geq 0$ und $y_n \geq 0$ ist klar.

c) Formel (16) liefert auch stetige Fortsetzungsoperatoren $E_k : W^s_p(\mathbb{R}^n_+) \to W^s_p(\mathbb{R}^n)$ für $0 \leq s \leq k$. Dazu argumentiert man wie in b) und benutzt die Dichtheit von $\overline{C}^k(\mathbb{R}^n_+)$ in $W^s_p(\mathbb{R}^n_+)$.

Diese lässt sich wie in Satz 4.4 zeigen, und in der Tat gelten alle Resultate aus Abschnitt 4.1 auch für W^s_p-Funktionen für $s \geq 0$ und $1 \leq p < \infty$ (vgl. etwa [Dobrowolski 2006], Kapitel 6 und die Aufgaben 4.7–4.9).

Zur Erweiterung von Satz 4.15 auf allgemeinere offene Mengen $\Omega \subseteq \mathbb{R}^n$ benötigen wir die *Invarianz* der W^s-Räume unter *Koordinatentransformationen*:

Satz 4.16
Es seien $k \in \mathbb{N}$, $\Omega, \Omega' \subseteq \mathbb{R}^n$ offen und $\Psi : \Omega \to \Omega'$ ein C^k-Diffeomorphismus. Weiter seien $D \Subset \Omega$ offen und $D' := \Psi(D) \Subset \Omega'$. Für $0 \leq s \leq k$ ist dann die Abbildung $\Psi^* : f \mapsto f \circ \Psi$ ein Isomorphismus von $W^s_p(D')$ auf $W^s_p(D)$.

BEWEIS. a) Zunächst sei $s = k \in \mathbb{N}$. Für $f \in C^\infty(D')$ gilt aufgrund der Kettenregel $\frac{\partial}{\partial x_j}(\Psi^* f) = \sum\limits_{i=1}^{n} \Psi^*(\frac{\partial f}{\partial \xi_i}) \frac{\partial \Psi_i}{\partial x_j}$ und allgemein

$$\partial^\alpha_x (\Psi^* f) = \sum_{|\beta| \leq |\alpha|} P_{\alpha\beta}(x) \, \Psi^*(\partial^\beta_\xi f)$$

für $|\alpha| \leq k$; hierbei ist $P_{00} = 1$ und $P_{\alpha\beta}(x)$ ein Polynom vom Grad $\leq |\beta|$ von Ableitungen der Ψ_i vom Grad $\leq |\alpha|$. Für $f \in C^\infty(D') \cap W^k_p(D')$ folgt

$$
\begin{aligned}
\| \Psi^* f \|^p_{W^k_p(D)} &= \sum_{|\alpha| \leq k} \int_D |\partial^\alpha_x (\Psi^* f)|^p \, dx \\
&\leq C_1 \sum_{|\alpha| \leq k} \sum_{|\beta| \leq |\alpha|} \int_D |P_{\alpha\beta}(x) \, \Psi^*(\partial^\beta_\xi f)|^p \, dx \\
&\leq C_2 \sum_{|\beta| \leq k} \int_D |\Psi^*(\partial^\beta_\xi f)|^p \, dx \\
&\leq C_2 \sum_{|\beta| \leq k} \int_{D'} |\partial^\beta_\xi f|^p \, |\det D\Psi|^{-1} \, d\xi \; \leq \; C_3 \| f \|^p_{W^k_p(D')}
\end{aligned}
$$

aufgrund der Transformationsformel. Somit ist $\Psi^* : W_p^k(D') \to W_p^k(D)$ stetig wegen Satz 4.2, und die stetige Abbildung $(\Psi^*)^{-1} = (\Psi^{-1})^* : W_p^k(D) \to W_p^k(D')$ erhält man genauso.

b) Nun ist noch der Fall $0 < s < k = 1$ zu untersuchen. Da $D\Psi$ und $(D\Psi)^{-1}$ stetige Funktionen sind, gilt eine Abschätzung

$$\exists\, 0 < c \le C \;\forall\, x, y \in D \;:\; c\,|x - y| \;\le\; |\Psi(x) - \Psi(y)| \;\le\; C\,|x - y|,$$

und daraus folgt die Behauptung. $\Diamond$

Glatte Flächen und Ränder. a) Es seien $k \in \mathbb{N} \cup \{\infty\}$ und $d \in \{1, \dots, n-1\}$. Eine Menge $S \subseteq \mathbb{R}^n$ heißt d-dimensionale C^k-*Mannigfaltigkeit*, falls es zu jedem $a \in S$ eine offene Umgebung U in $\mathbb{R}^n$ und einen C^k-*Diffeomorphismus* Ψ von U auf den Würfel $Q^n := (-1,1)^n$ gibt mit

$$\Psi(S \cap U) \;=\; \{\xi \in Q^n \mid \xi_j = 0 \;\text{ für }\; j = d+1, \dots, n\}. \tag{19}$$

b) Eine offene Menge $\Omega \subseteq \mathbb{R}^n$ besitzt einen C^k-*Rand*, falls es zu jedem $a \in \partial\Omega$ eine offene Umgebung U in $\mathbb{R}^n$ und einen C^k-*Diffeomorphismus* $\Psi : U \to Q^n$ gibt mit

$$\Psi(U \cap \Omega) \;=\; \{\xi \in Q^n \mid \xi_n > 0\} \;\text{ und }\; \Psi(U \cap \partial\Omega) \;=\; \{\xi \in Q^n \mid \xi_n = 0\}. \tag{20}$$

In diesem Fall ist $\partial\Omega$ eine $(n-1)$-dimensionale C^k-*Mannigfaltigkeit*, kurz eine C^k-*Hyperfläche*, und Ω „liegt auf einer Seite von $\partial\Omega$" (vgl. Abb. 4.5).

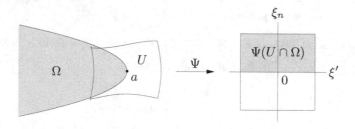

Abb. 4.5: Eine lokale Koordinatentransformation

Wir können nun zeigen:

Satz 4.17

Es seien $1 \le p < \infty$, $k \in \mathbb{N}$ und Ω eine beschränkte offene Menge *in $\mathbb{R}^n$ mit C^k-Rand. Dann gibt es einen stetigen linearen Operator $E_k^\Omega : W_p^k(\Omega) \to W_p^k(\mathbb{R}^n)$ mit $E_k^\Omega f\big|_\Omega = f$ für alle $f \in W_p^k(\Omega)$. Insbesondere gilt $W_2^k(\Omega) = H^k(\Omega)$.*

BEWEIS. a) Für $x \in \partial\Omega$ sei $\Psi_x : U_x \to Q^n$ ein $\mathcal{C}^k$-Diffeomorphismus gemäß (20). Mit einer offenen Umgebung $U_0 \subseteq \Omega$ von $K := \Omega \setminus \bigcup_{x \in \partial\Omega} U_x$ gibt es aufgrund der Kompaktheit von $\overline{\Omega}$ endlich viele Punkte in $\partial\Omega$ mit

$$\overline{\Omega} \subseteq U_0 \cup U(x_1) \cup \ldots \cup U(x_r).$$

Wir wählen eine dieser offenen Überdeckung untergeordnete $\mathcal{C}^\infty$-Zerlegung der Eins $\{\alpha_j\}_{j=0}^r$ gemäß Satz 2.9.

b) Für $\varphi \in \overline{\mathcal{C}}^k(\Omega)$ gilt $\varphi = \sum_{j=0}^r \alpha_j\,\varphi$, und es ist $\alpha_0\,\varphi \in \mathcal{C}_c^k(\Omega)$. Für $j \geq 1$ wenden wir Satz 4.15 auf $\psi_j := (\Psi_{x_j}^{-1})^*(\alpha_j\,\varphi)$ an und erhalten Fortsetzungen $E_k\psi_j \in \mathcal{C}_c^k(Q^n)$. Für

$$E_k^\Omega \varphi := \alpha_0\,\varphi + \sum_{j=1}^r \Psi_{x_j}^*\,(E_k\psi_j) \in \mathcal{C}_c^k(\mathbb{R}^n)$$

gilt dann $E_k^\Omega\varphi(x) = \varphi(x)$ für $x \in \Omega$, und aufgrund von (1) und der Sätze 4.16 und 4.15 hat man eine Abschätzung $\|E_k^\Omega\varphi\|_{W_p^k(\mathbb{R}^n)} \leq C\,\|\varphi\|_{W_p^k(\Omega)}$. Die Behauptung folgt nun wieder mittels Satz 4.4. $\diamond$

Aufgrund der nach Satz 4.15 formulierten Eigenschaften von E_k liefert E_k^Ω auch stetige Fortsetzungsoperatoren $E_k^\Omega : \overline{\mathcal{C}}^k(\Omega) \to \overline{\mathcal{C}}^k(\mathbb{R}^n)$, $E_k^\Omega : \overline{\mathcal{C}}^{j,\gamma}(\Omega) \to \overline{\mathcal{C}}^{j,\gamma}(\mathbb{R}^n)$ für $0 \leq j < k$ sowie $E_k^\Omega : W_p^s(\Omega) \to W_p^s(\mathbb{R}^n)$ für $0 \leq s \leq k$. Insbesondere gilt $W_2^s(\Omega) = H^s(\Omega)$ für alle $0 \leq s \leq k$.

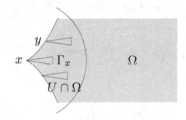

Abb. 4.6: Gleichmäßige Kegelbedingung

Ränder „mit Ecken und Kanten". a) Satz 4.17 gilt im Fall $0 \leq s \leq 1$ auch für beschränkte offene Mengen mit nur *Lipschitz-Rand* oder $\mathcal{C}^{0,1}$*-Rand*, vgl. dazu etwa [Dobrowolski 2006], Sätze 6.11 und 6.40, oder [Wloka 1982], Satz 5.6.

b) Nach einem Satz von A.P. Calderón und A. Zygmund (1952) (vgl. [Wloka 1982], Satz 5.4, oder [Adams und Fournier 2003], S. 99) gibt es für $k \in \mathbb{N}$ und $1 \leq p < \infty$ bereits dann stetige Fortsetzungsoperatoren $T_{k,p}^\Omega : W_p^k(\Omega) \to W_p^k(\mathbb{R}^n)$, wenn Ω die *(innere) gleichmäßige Kegelbedingung* erfüllt, d. h. wenn es einen Kegel Γ im $\mathbb{R}^n$ gibt, sodass zu jedem $x \in \partial\Omega$ eine Umgebung U in $\mathbb{R}^n$ und ein zu Γ kongruenter Kegel Γ_x existieren mit (vgl. Abb. 4.6)

$$y \in \overline{\Omega} \cap U \;\Rightarrow\; y + \Gamma_x \subseteq \Omega.$$

Offene Mengen mit Lipschitz-Rand oder $\mathcal{C}^{0,1}$-Rand erfüllen die gleichmäßige Kegelbedingung, und diese impliziert die Segment-Eigenschaft (vgl. etwa [Wloka 1982], § 2).

4.5   Spuroperatoren

Bei der Untersuchung von *Randwertproblemen* ist die *Einschränkung* einer Funktion *auf eine Hyperfläche* wichtig. Für eine L_2-Funktion ist diese i. A. nicht definiert, da Hyperflächen n-dimensionale Lebesgue-Nullmengen sind. Andererseits lassen sich H^s-Funktionen mit $s > \frac{n}{2}$ auf beliebige Teilmengen von $\mathbb{R}^n$ einschränken, da sie nach Theorem 4.11 *stetig* sind. Da im Fall einer Hyperebene nur die *normale* Variable eingeschränkt wird, ist dies sogar im Fall $s > \frac{1}{2}$ möglich. Zunächst gilt:

Satz 4.18

a) Für den Restriktionsoperator *oder* Spuroperator

$$R : \mathcal{S}(\mathbb{R}^n) \to \mathcal{S}(\mathbb{R}^{n-1}), \quad R\psi(x') := \psi(x',0),$$

gelten Abschätzungen $\|R\psi\|_{H^{s-1/2}} \le C_s \|\psi\|_{H^s}$ *für alle* $s > \frac{1}{2}$.

b) Für $s > \frac{1}{2}$ *existieren* stetige Spuroperatoren $R : H^s(\mathbb{R}^n) \to H^{s-1/2}(\mathbb{R}^{n-1})$ *und* $R_+ : H^s(\mathbb{R}^n_+) \to H^{s-1/2}(\mathbb{R}^{n-1})$.

BEWEIS. a) Für $\psi \in \mathcal{S}(\mathbb{R}^n)$ ist $\psi(x',0) = \int_{\mathbb{R}} \mathcal{F}_{x_n}\psi(x',\xi_n)e^{i\xi_n \cdot 0}d\xi_n$ für $x' \in \mathbb{R}^{n-1}$, also

$$\widehat{R\psi}(\xi') \;=\; \int_{\mathbb{R}} \widehat{\psi}(\xi)d\xi_n \quad \text{für} \;\; \xi' \in \mathbb{R}^{n-1}.$$

Damit ergibt sich für $s > \frac{1}{2}$

$$
\begin{aligned}
\|R\psi\|^2_{H^{s-1/2}} \;&=\; \int_{\mathbb{R}^{n-1}} |\widehat{R\psi}(\xi')|^2 \langle\xi'\rangle^{2s-1}d\xi' \;=\; \int_{\mathbb{R}^{n-1}} |\int_{\mathbb{R}} \widehat{\psi}(\xi)d\xi_n|^2 \langle\xi'\rangle^{2s-1}d\xi' \\
&\le\; \int_{\mathbb{R}^{n-1}} (\int_{\mathbb{R}}\langle\xi\rangle^{-2s} d\xi_n \int_{\mathbb{R}} |\widehat{\psi}(\xi)|^2 \langle\xi\rangle^{2s}d\xi_n) \langle\xi'\rangle^{2s-1}d\xi'.
\end{aligned}
$$

Nun beachten wir

$$
\begin{aligned}
\int_{\mathbb{R}}\langle\xi\rangle^{-2s} d\xi_n \;&=\; \int_{\mathbb{R}}(1+|\xi'|^2+\xi_n^2)^{-s} d\xi_n \;=\; (1+|\xi'|^2)^{-s} \int_{\mathbb{R}}(1+\tfrac{\xi_n^2}{1+|\xi'|^2})^{-s} d\xi_n \\
&=\; (1+|\xi'|^2)^{-s}(1+|\xi'|^2)^{\frac{1}{2}} \int_{\mathbb{R}}(1+\eta^2)^{-s} d\eta \;\le\; C_s'(1+|\xi'|^2)^{-s+\frac{1}{2}}
\end{aligned}
$$

und erhalten insgesamt $\|R\psi\|_{H^{s-1/2}} \le C_s \|\psi\|_{H^s}$.

b) Die erste Aussage folgt sofort aus a), da $\mathcal{S}(\mathbb{R}^n)$ in $H^s(\mathbb{R}^n)$ dicht ist. Für $s \le k \in \mathbb{N}$ setzt man dann $R_+ := RE_k$ mit dem Fortsetzungsoperator gemäß Satz 4.15. $\Diamond$

W^s-Räume auf kompakten Mannigfaltigkeiten. a) Auf einer d-dimensionalen C^k-Mannigfaltigkeit $S \subseteq \mathbb{R}^n$ sind das d-dimensionale Lebesgue-Flächenmaß $\sigma = \sigma_d$ und die Banachräume $L_p(S, \sigma)$ definiert, vgl. etwa [Kaballo 1999], Abschnitt 19.

b) Für kompakte S gibt es endlich viele Punkte $x_1, \ldots, x_r \in S$ und C^k-Diffeomorphismen $\Psi_j : U(x_j) \to Q^n$ gemäß (19) mit $S \subseteq U(x_1) \cup \ldots \cup U(x_r)$. Wir wählen eine dieser offenen Überdeckung von S untergeordnete C^∞-Zerlegung der Eins $\{\alpha_j\}_{j=0}^r$.

c) Für $0 \leq s \leq k$ und $1 \leq p < \infty$ definieren wir den Sobolev-Raum

$$W_p^s(S) := \{f \in L_p(S) \mid (\Psi_j^{-1})^*(\alpha_j f) \in W_p^s(Q^{n-1}) \text{ für } j = 1, \ldots, r\}$$

und die Sobolev-Norm

$$\| f \|_{W_p^s(S)}^p := \sum_{j=1}^r \| (\Psi_j^{-1})^*(\alpha_j f) \|_{W_p^s}^p .$$

Aufgrund von Satz 4.16 liefert eine andere Wahl von Diffeomorphismen und Zerlegung der Eins den gleichen Raum und eine äquivalente Norm. Insbesondere stimmt $W_p^0(S)$ mit dem Raum $L_p(S)$ überein, und $\| \ \|_{W_p^0}$ ist äquivalent zu $\| \ \|_{L_p}$.

Aus Satz 4.18 ergibt sich nun ähnlich wie im Beweis von Satz 4.17:

Satz 4.19
Es sei $\Omega \subseteq \mathbb{R}^n$ eine beschränkte offene Menge mit C^k-Rand. Für den Restriktionsoperator *oder* Spuroperator

$$R = R_{\partial\Omega} : \overline{C}^k(\Omega) \to C^k(\partial\Omega) , \quad R\varphi := \varphi|_{\partial\Omega} ,$$

gelten Abschätzungen $\| R\varphi \|_{W^{s-1/2}} \leq C_s \| \varphi \|_{W^s}$ für alle $\frac{1}{2} < s \leq k$. Somit existieren stetige Spuroperatoren $R : W^s(\Omega) \to W^{s-1/2}(\partial\Omega)$ für $\frac{1}{2} < s \leq k$.

Integralformeln. Es sei $\Omega \subseteq \mathbb{R}^n$ eine beschränkte offene Menge mit C^1-Rand und äußerem Normalenvektorfeld $\mathfrak{n}$. Durch Approximation mittels $\overline{C}^1$-Funktionen sieht man, dass der *Gaußsche Integralsatz* (vgl. etwa [Kaballo 1999], Theorem 20.3)

$$\int_\Omega \operatorname{div} v(x) \, d^n x = \int_{\partial\Omega} \langle v, \mathfrak{n} \rangle(x) \, d\sigma_{n-1}(x) \tag{21}$$

für Vektorfelder $v \in W^1(\Omega, \mathbb{R}^n)$ gilt. Insbesondere hat man für $f \in W^1(\Omega)$ und $\varphi \in \overline{C}^1(\Omega)$ aufgrund von $\operatorname{div}(f\varphi e_k) = (\partial_k f)\varphi + f\partial_k\varphi$ die *Greensche Integralformel*

$$\int_\Omega (\partial_k f) \, \varphi \, d^n x = \int_{\partial\Omega} f \, \varphi \, \mathfrak{n}_k \, d\sigma_{n-1} - \int_\Omega f \, \partial_k\varphi \, d^n x . \tag{22}$$

Satz 4.20
Für eine beschränkte offene Menge $\Omega \subseteq \mathbb{R}^n$ mit C^1-Rand gilt

$$W_0^1(\Omega) = N(R_{\partial\Omega}) = \{f \in W^1(\Omega) \mid Rf = f|_{\partial\Omega} = 0\} . \tag{23}$$

BEWEIS. a) Wegen $\mathscr{D}(\Omega) \subseteq N(R_{\partial\Omega})$ ist „$\subseteq$" klar. Der Beweis von „$\supseteq$" wird ähnlich wie im Beweis von Satz 4.17 mittels Koordinatentransformationen und Zerlegung der Eins auf die folgende Aussage zurückgeführt (vgl. Abb. 4.7):

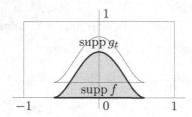

Abb. 4.7: Illustration des Beweises

b) Es sei $Q^+ := (-1,1)^{n-1} \times (0,1)$. Für eine Funktion $f \in W^1(Q^+)$ mit kompaktem Träger in $(-1,1)^{n-1} \times [0,1)$ und $R_{\partial Q^+} f = 0$ gilt dann $f \in W_0^1(Q^+)$:

c) Die außerhalb von Q^+ durch 0 fortgesetzten Funktionen $f_{Q^+}^0$ und $(\partial_k f)_{Q^+}^0$ liegen in $L_2(\mathbb{R}^n)$. Für eine Testfunktion $\varphi \in \mathscr{D}(\mathbb{R}^n)$ gilt nach (22) wegen $R_{\partial Q^+} f = 0$

$$\int_{\mathbb{R}^n} (\partial_k f)_{Q^+}^0 \, \varphi \, dx = \int_{Q^+} (\partial_k f) \, \varphi \, dx = -\int_{Q^+} f \, \partial_k \varphi \, dx = -\int_{\mathbb{R}^n} f_{Q^+}^0 \, \partial_k \varphi \, dx .$$

Somit ist $\partial_k (f_{Q^+}^0) = (\partial_k f)_{Q^+}^0$, und man hat $f_{Q^+}^0 \in W^1(\mathbb{R}^n)$.

d) Nach Satz 4.3 gilt $g_t := \tau_{te_n} f_{Q^+}^0 \to f_{Q^+}^0$ in $W^1(\mathbb{R}^n)$ für $t \to 0^+$. Für kleine $t > 0$ ist supp g_t eine kompakte Teilmenge von Q^+ (vgl. Abb. 4.7), und für kleine $\varepsilon > 0$ hat man daher $\rho_\varepsilon * g_t \in \mathscr{D}(Q^+)$ mit den Glättungsfunktionen ρ_ε aus (2.1). Nach Satz 4.1 gilt $\rho_\varepsilon * g_t \to g_t$ in $W^1(\mathbb{R}^n)$ für $\varepsilon \to 0^+$; somit folgt $g_t \in W_0^1(Q^+)$ und dann auch $f \in W_0^1(Q^+)$.   ◇

Folgerung. Der Beweis von Satz 4.20 zeigt für C^k-Ränder auch

$$W_0^k(\Omega) \;=\; \{f \in W^k(\Omega) \mid D^\alpha f|_{\partial\Omega} = 0 \ \text{für} \ |\alpha| \leq k\}. \tag{24}$$

Schließlich zeigen wir die *Surjektivität* der Spuroperatoren $R : W^k(\Omega) \to W^{k-1/2}(\partial\Omega)$ für $k \in \mathbb{N}$:

Satz 4.21
Für $k \in \mathbb{N}$ gibt es einen stetigen linearen Fortsetzungsoperator $T = T_k :$ $H^{k-1/2}(\mathbb{R}^{n-1}) \to H^k(\mathbb{R}_+^n)$, der also $R_+ T_k f = f$ für $f \in H^{k-1/2}(\mathbb{R}^{n-1})$ erfüllt.

BEWEIS. a) Für $\psi \in \mathcal{S}(\mathbb{R}^{n-1})$ setzen wir

$$T\psi(x', x_n) := \int_{\mathbb{R}^{n-1}} e^{i\langle x', \xi'\rangle - \langle\xi'\rangle x_n} \, \widehat{\psi}(\xi') \dbar\xi' \quad \text{für} \ x' \in \mathbb{R}^{n-1} , \, x_n \geq 0;$$

dann gilt $(T\psi)^{x_n} \in \mathcal{S}(\mathbb{R}^{n-1})$ für $x_n \geq 0$ und $T\psi(x',0) = \psi(x')$ für $x' \in \mathbb{R}^{n-1}$ aufgrund von Theorem 3.3, also $R_+ T\psi = \psi$.

b) Für $0 \leq j \leq k$ schätzen wir ab mit $\| \ \|_j^* := \| \ \|_{H^{k-j}(\mathbb{R}^{n-1})}$:

$$
\begin{aligned}
\int_0^\infty \| D_n^j (T\psi)^{x_n} \|_j^{*2} \, dx_n &= \int_0^\infty \int_{\mathbb{R}^{n-1}} \langle \xi' \rangle^{2(k-j)+2j} \, e^{-2\langle \xi' \rangle x_n} \, | \widehat{\psi}(\xi') |^2 \, d\xi' \, dx_n \\
&\leq \int_{\mathbb{R}^{n-1}} \langle \xi' \rangle^{2k} \, | \widehat{\psi}(\xi') |^2 \int_0^\infty e^{-2\langle \xi' \rangle x_n} \, dx_n \, d\xi' \\
&\leq \tfrac{1}{2} \int_{\mathbb{R}^{n-1}} \langle \xi' \rangle^{2k-1} \, | \widehat{\psi}(\xi') |^2 \, d\xi' \\
&\leq \tfrac{1}{2} \| \psi \|_{H^{k-1/2}(\mathbb{R}^{n-1})} \, .
\end{aligned}
$$

Damit ergibt sich dann

$$
\begin{aligned}
\| T\psi \|_{H^k(\mathbb{R}^n_+)}^2 &= \sum_{j=0}^k \sum_{|\alpha'| \leq k-j} \int_0^\infty \int_{\mathbb{R}^{n-1}} | D_{x'}^{\alpha'} D_n^j T\psi(x', x_n) |^2 \, dx' \, dx_n \\
&\leq C_k \sum_{j=0}^k \int_0^\infty \| D_n^j (T\psi)^{x_n} \|_j^{*2} \, dx_n \leq C_k' \| \psi \|_{H^{k-1/2}(\mathbb{R}^{n-1})} \, ,
\end{aligned}
$$

und T lässt sich stetig auf $H^{k-1/2}(\mathbb{R}^{n-1})$ fortsetzen. $\diamond$

Mittels Koordinatentransformationen und Zerlegungen der Eins ergibt sich nun:

Satz 4.22
Für $k \in \mathbb{N}$ sei $\Omega \subseteq \mathbb{R}^n$ eine beschränkte offene Menge mit C^k-Rand. Dann gibt es einen stetigen linearen Fortsetzungsoperator $T = T_{\partial\Omega} : H^{k-1/2}(\partial\Omega) \to H^k(\Omega)$, der also $R_{\partial\Omega} T_{\partial\Omega} f = f$ für $f \in H^{k-1/2}(\partial\Omega)$ erfüllt.

4.6   Aufgaben

Aufgabe 4.1
a) Für welche $k \in \mathbb{N}_0$ liegt die Funktion $f : x \mapsto \frac{x}{1+x^2}$ in $W^k(\mathbb{R})$? Gilt $f \in \mathcal{L}_1(\mathbb{R})$?
b) Für welche $s \in \mathbb{R}$ liegen die Funktionen $\chi_{(-1,1)}$, $H = \chi_{(0,\infty)}$ und 1 in $H^s(\mathbb{R})$?

Aufgabe 4.2
Verifizieren Sie, dass die Funktion $f : x \mapsto \log | \log |x| |$ aus dem Beispiel auf S. 78 für $n \geq 2$ und $0 < R < 1$ in $W_n^1(U_R)$ liegt.

HINWEIS. Verwenden Sie Aufgabe 2.12.

Aufgabe 4.3
Es sei $\Omega \subseteq \mathbb{R}^n$ offen. Zeigen Sie die stetige Einbettung $\overline{C}^{0,1}(\Omega) \hookrightarrow W_\infty^1(\Omega)$.

HINWEIS. Verwenden Sie, dass die Einheitskugel von $L_\infty(\Omega) \cong L_1(\Omega)'$ schwach*-folgenkompakt ist (vgl. [GK], Satz 10.13 und S. 173).

Aufgabe 4.4

Es seien $1 \leq p < \infty$, $\Omega \subseteq \mathbb{R}^n$ offen und $f \in W_p^1(\Omega)$. Zeigen Sie:

a) Es sei $g \in \mathcal{C}^1(\mathbb{R})$ mit $\| g' \|_{\sup} < \infty$, und es sei $g(0) = 0$ oder $\lambda(\Omega) < \infty$. Dann gelten $g \circ f \in W_p^1(\Omega)$ und die *Kettenregel* $(g \circ f)' = (g' \circ f) \cdot f'$.

b) Es ist auch $|f| \in W_p^1(\Omega)$.

HINWEIS. Approximieren Sie $g(y) := y_+$ durch $g_\varepsilon(y) := \sqrt{y^2 + \varepsilon^2} - \varepsilon$ für $y > 0$.

Aufgabe 4.5

Beweisen Sie die Vollständigkeit der Räume $W_p^s(\Omega)$.

Aufgabe 4.6

Für $s \geq 0$ seien $f \in L_1(\mathbb{R}^n)$ und $g \in H^s(\mathbb{R}^n)$. Zeigen Sie $f * g \in H^s(\mathbb{R}^n)$ und $\| f * g \|_{H^s} \leq \| f \|_{L_1} \| g \|_{H^s}$.

Aufgabe 4.7

Es seien $1 \leq p < \infty$, $s \geq 0$ und $f \in W_p^s(\mathbb{R}^n)$.

a) Zeigen Sie $\rho_\varepsilon * f \to f$ in $W_p^s(\mathbb{R}^n)$ für $\varepsilon \to 0$.

b) Zeigen Sie $\| \tau_h f \|_{W_p^s} = \| f \|_{W_p^s}$ und $\tau_h f \to f$ in $W_p^s(\mathbb{R}^n)$ für $h \to 0$ für die Translationsoperatoren aus Satz 4.3.

Aufgabe 4.8

Es seien $1 \leq p < \infty$, $0 \leq s < k + 1 \in \mathbb{N}$, $\Omega \subseteq \mathbb{R}^n$ offen und $f \in W_p^s(\Omega)$.

a) Zeigen Sie $gf \in W_p^s(\Omega)$ für $g \in \overline{\mathcal{C}}^{k,1}(\Omega)$.

b) Nun seien $\eta \in \mathscr{D}(\mathbb{R}^n)$ mit $\eta(x) = 1$ für $|x| \leq 1$ und $f_j(x) := f(x)\eta(\frac{x}{j})$. Zeigen Sie $f_j \to f$ in $W_p^s(\Omega)$ für $j \to \infty$.

Aufgabe 4.9

Es seien $1 \leq p < \infty$, $s \geq 0$ und $\Omega \subseteq \mathbb{R}^n$ offen. Zeigen Sie:

a) Es ist $\mathcal{C}^\infty(\Omega) \cap W_p^s(\Omega)$ dicht in $W_p^s(\Omega)$.

b) Hat $\Omega \subseteq \mathbb{R}^n$ die Segment-Eigenschaft, so sind die Einschränkungen der Testfunktionen aus $\mathscr{D}(\mathbb{R}^n)$ auf Ω dicht in $W_p^s(\Omega)$.

c) Finden Sie eine offene Menge $\Omega \subseteq \mathbb{R}^n$ ohne Segment-Eigenschaft.

Aufgabe 4.10

Es seien $r < t < s \in \mathbb{R}$ und $a := \frac{s-t}{s-r}$, $b := \frac{t-r}{s-r}$. Zeigen Sie $\| u \|_t \leq \| u \|_r^a \| u \|_s^b$ für $u \in H^s(\mathbb{R}^n)$.

Aufgabe 4.11

Zeigen Sie, dass eine Distribution $u \in \mathscr{D}'(\Omega)$ *lokal* eine endliche Summe von Ableitungen *stetiger* Funktionen ist.

Aufgabe 4.12

Es seien $1 \leq p < \infty$, $\frac{1}{p} + \frac{1}{q} = 1$, $k \in \mathbb{N}$ und $\Omega \subseteq \mathbb{R}^n$ offen. Zeigen Sie:

$$W_{p,0}^k(\Omega)' = \{ \sum_{|\alpha| \leq k} D^\alpha f_\alpha \mid f_\alpha \in L_q(\Omega) \} =: W_q^{-k}(\Omega) \quad \text{und}$$

$$\| u \|_{W_{p,0}^k}' = \inf \{ (\sum_{|\alpha| \leq k} \| f_\alpha \|_{L_q})^{1/q} \mid u = \sum_{|\alpha| \leq k} D^\alpha f_\alpha \text{ mit } f_\alpha \in L_q(\Omega) \}.$$

Aufgabe 4.13

Sind die Einbettungen $H^s(\mathbb{R}^n) \hookrightarrow H^t(\mathbb{R}^n)$ kompakt für $s > t$?

Aufgabe 4.14

a) Zeigen Sie, dass $H^{s,\mathrm{loc}}(\Omega)$ unter den Halbnormen (15) ein Fréchetraum ist.

b) Zeigen Sie, dass $\mathcal{C}^\infty(\Omega)$ in $H^{s,\mathrm{loc}}(\Omega)$ dicht ist.

c) Bestimmen Sie den Dualraum von $H^{s,\mathrm{loc}}(\Omega)$.

Aufgabe 4.15

a) Es seien $\psi \in H^\rho(\mathbb{R}^n)$ und $s > t + \frac{n}{2}$. Zeigen Sie, dass der Multiplikationsoperator $M_\psi : u \mapsto \psi u$ für genügend große $\rho \in \mathbb{R}$ ein Hilbert-Schmidt-Operator von $H^s(\mathbb{R}^n)$ nach $H^t(\mathbb{R}^n)$ ist (vgl. [GK], Abschnitt 12.3).

HINWEIS. Zeigen Sie, dass $T := \mathcal{F}\Lambda^t M_\psi \Lambda^{-s} \mathcal{F} = M_{\lambda^t} \mathcal{F} M_\psi \mathcal{F}^{-1} M_{\lambda^{-s}}$ auf $L_2(\mathbb{R}^n)$ ein Integraloperator mit quadratsummierbarem Kern ist.

b) Es sei $\Omega \subseteq \mathbb{R}^n$ eine beschränkte offene Menge. Zeigen Sie, dass für $s > t + \frac{n}{2}$ die Einbettungen $H^s(\Omega) \hookrightarrow H^t(\Omega)$ und $W_0^s(\Omega) \hookrightarrow W^t(\Omega)$ Hilbert-Schmidt-Operatoren sind.

Aufgabe 4.16

a) Für $s \geq 0$ sei $H_{2\pi}^s(\mathbb{R}^n)$ der Raum der in jeder Variablen 2π-periodischen Funktionen in $H^{s,\mathrm{loc}}(\mathbb{R}^n)$. Zeigen Sie:

$$H_{2\pi}^s(\mathbb{R}^n) = \{ f \in L_{2,2\pi}(\mathbb{R}^n) \mid \| f \|_{H_{2\pi}^s}^2 := \sum_{k \in \mathbb{Z}^n} \langle k \rangle^{2s} | \widehat{f}(k) |^2 < \infty \}.$$

b) Zeigen Sie, dass für $s > t$ der Einbettungsoperator $i : H_{2\pi}^s(\mathbb{R}^n) \hookrightarrow H_{2\pi}^t(\mathbb{R}^n)$ kompakt ist und genau für $s > t + \frac{n}{p}$ in der Schatten-Klasse S_p liegt.

c) Schließen Sie, dass für eine beschränkte offene Menge $\Omega \subseteq \mathbb{R}^n$ die Einbettungen $H^s(\Omega) \hookrightarrow H^t(\Omega)$ und $W_0^s(\Omega) \hookrightarrow W^t(\Omega)$ genau für $s > t + \frac{n}{p}$ in S_p liegen.

HINWEIS. Der Fall $n = 1$ wird in [GK], Abschnitt 6.2 und Formel (12.43) behandelt.

Aufgabe 4.17

Berechnen Sie die Koeffizienten γ_j aus (18) und die Fortsetzungsoperatoren E_k aus Satz 4.15 explizit für $k = 0,1,2$.

5   Lineare Differentialoperatoren

Fragen: 1. Was kann man über „holomorphe Distributionen" sagen?
2. Versuchen Sie, inhomogene Differentialgleichungen $P(D)u = f$ zu lösen, insbesondere für die Operatoren $P(D) = \partial_t^2 - \partial_x^2$, $\partial_{\bar{z}}$, Δ oder $\partial_t - \Delta_x$.

In diesem Kapitel geben wir einige Anwendungen der bisher entwickelten Methoden auf partielle Differentialgleichungen. In Abschnitt 5.1 lösen wir die *Wärmeleitungsgleichung* auf $\mathbb{R}^n$ unter einer Anfangsbedingung mit Hilfe der *Fourier-Transformation*.

Eine Distribution $E \in \mathscr{D}'(\mathbb{R}^n)$ heißt *Fundamentallösung* eines Differentialoperators $P(D)$, falls $P(D)E = \delta$ gilt. Eine inhomogene Differentialgleichung $P(D)u = f$ lässt sich damit durch $u = E * f$ lösen, falls diese Faltung erklärt ist. In Abschnitt 5.2 geben wir Fundamentallösungen für einige konkrete Differentialoperatoren an, und im nächsten Abschnitt konstruieren wir eine Fundamentallösung für *jeden* Differentialoperator $P(D)$ mit konstanten Koeffizienten (Satz von Malgrange-Ehrenpreis).

Die Theorie der Distributionen liefert allgemeine und flexible Methoden zur Konstruktion *schwacher Lösungen* linearer Differentialgleichungen. Ein Differentialoperator heißt nach L. Hörmander (1955) *hypoelliptisch*, falls jede Distributionslösung automatisch eine klassische Lösung ist, genauer: falls aus $P(x, D)u \in \mathcal{C}^\infty$ stets auch $u \in \mathcal{C}^\infty$ folgt. Ein Operator $P(D)$ mit konstanten Koeffizienten ist genau dann hypoelliptisch, wenn er eine Fundamentallösung in $\mathcal{C}^\infty(\mathbb{R}^n \backslash \{0\})$ besitzt. Dies ist für *elliptische* Operatoren wie $\partial_{\bar{z}}$ und Δ und auch für *parabolische* Operatoren wie $\partial_t - \Delta_x$ der Fall, *nicht* aber für den *hyperbolischen* Operator $\partial_t^2 - \Delta_x$. Für elliptische Operatoren ist mit $P(D)u$ auch u selbst stets *reell-analytisch*.

In Abschnitt 5.6 gehen wir kurz auf *Dirichlet-Probleme* für *gleichmäßig elliptische* Differentialoperatoren $P(x, D)$ zweiter Ordnung mit glatten Koeffizienten über beschränkten offenen Mengen ein. Für Operatoren in *Divergenzform* beweisen wir die Existenz eindeutig bestimmter *schwacher Lösungen* und folgern einen *Entwicklungssatz* nach Eigenfunktionen aus dem *Spektralsatz für selbstadjungierte kompakte Operatoren*.

5.1   Die Wärmeleitungsgleichung auf $\mathbb{R}^n$

Bezeichnen wir mit $u(x, t)$ die *Temperatur* an einer Stelle $x \in \mathbb{R}^n$ zur Zeit $t \in \mathbb{R}$, so erfüllt die Funktion u die *Wärmeleitungsgleichung*

$$\partial_t u(x, t) - \alpha \Delta_x u(x, t) = 0 \tag{1}$$

auf $\mathbb{R}^n \times \mathbb{R}$; hierbei ist $\alpha > 0$ die *Temperaturleitfähigkeit*. Zur Lösung von (1) argumentieren wir zunächst rein formal. *Fourier-Transformation* bezüglich der Raum-Variablen liefert die *gewöhnlichen Differentialgleichungen*

$$\partial_t \widehat{u}(\xi, t) + \alpha \, |\, \xi \,|^2 \, \widehat{u}(\xi, t) = 0 \tag{2}$$

für alle $\xi \in \mathbb{R}^n$. Mit einer *Anfangsbedingung*

$$u(x,0) \ = \ f(x) \ \Leftrightarrow \ \widehat{u}(\xi,0) \ = \ \widehat{f}(\xi) \tag{3}$$

haben diese die Lösungen

$$\widehat{u}(\xi,t) \ = \ \widehat{f}(\xi)\, e^{-\alpha t |\xi|^2} \quad \text{für alle} \ \ \xi \in \mathbb{R}^n. \tag{4}$$

Zwecks *Rücktransformation* nehmen wir $t > 0$ an; die Funktion $\xi \mapsto e^{-\alpha t |\xi|^2}$ liegt dann in $\mathcal{S}(\mathbb{R}^n)$. Nach Formel (3.23) hat man $\mathcal{F}^{-1}(e^{-|\xi|^2/2}) = e^{-|x|^2/2}$, und die Substitution $\eta = \sqrt{2\alpha t}\,\xi$ liefert (vgl. Formel (3.7))

$$\mathcal{F}^{-1}(e^{-\alpha t |\xi|^2}) \ = \ (2\alpha t)^{-\frac{n}{2}} \exp\left(-\tfrac{|x|^2}{4\alpha t}\right) \quad \text{für} \ \ t > 0. \tag{5}$$

Der *Gauß-Kern* oder *Wärmeleitungskern* $G \in \mathcal{C}^\infty(\mathbb{R}^n \times (0,\infty))$ wird definiert durch

$$G(x,t) := \ (2\pi t)^{-\frac{n}{2}} \exp\left(-\tfrac{|x|^2}{2t}\right), \quad x \in \mathbb{R}^n, \, t > 0. \tag{6}$$

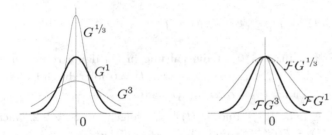

Abb. 5.1: Die Funktionen G^t und $\mathcal{F}G^t$ für $t = \tfrac{1}{3}$, $t = 1$ und $t = 3$.

Aus (5) ergibt sich nun leicht

$$\mathcal{F}G^{2\alpha t}(\xi) = (2\pi)^{-\frac{n}{2}} e^{-\alpha t |\xi|^2}, \tag{7}$$

und mittels (4) und (3.16) erhalten wir

$$u(x,t) \ = \ (G^{2\alpha t} * f)(x) \ = \ (4\pi\alpha t)^{-\frac{n}{2}} \int_{\mathbb{R}^n} \exp\left(-\tfrac{|x-y|^2}{4\alpha t}\right) f(y)\, d^n y, \quad t > 0. \tag{8}$$

Beachten Sie bitte, dass Formel (8) i. A. *keine* Lösung von (1) und (3) für $t < 0$ liefert. Zwar sind die Lösungen von (2) eindeutig, wegen der Verwendung der Fourier-Transformation kann man daraus aber nur auf *Eindeutigkeit* in $\mathcal{S}'$ der Lösung (8) von (1) und (3) für $t > 0$ schließen (vgl. dazu [Triebel 1972], § 41). In Satz 5.2 werden wir die Eindeutigkeit von Lösungen in $\mathcal{C}^1([0,\infty), L_2(\mathbb{R}^n))$ beweisen.

Satz 5.1

a) Es ist (G^t) eine Dirac-Familie für $t \to 0^+$ (vgl. S. 30).

b) Es sei $1 \le p \le \infty$. Für $f \in L_p(\mathbb{R}^n)$ ist durch

$$u(x,t) := S(t)f(x) := G^{2\alpha t} * f(x), \quad x \in \mathbb{R}^n, \quad t > 0, \tag{9}$$

eine Lösung $u \in C^\infty(\mathbb{R}^n \times (0,\infty))$ der Wärmeleitungsgleichung (1) gegeben.

c) Die in (9) auftretenden Faltungsoperatoren $S(t) = S_{*G^{2\alpha t}}$ *operieren stetig auf $L_p(\mathbb{R}^n)$ mit $\| S(t) \| \le 1$ für $t > 0$. Mit $S(0) := I$ gilt die* Halbgruppen-Eigenschaft

$$S(t+\tau) = S(t)\,S(\tau) \quad \text{für } t, \tau \ge 0. \tag{10}$$

d) Es gilt $\lim\limits_{h \to 0} \| S(t+h) - S(t) \| = 0$ für $t > 0$. Weiter gilt $\lim\limits_{h \to 0^+} \| S(h)f - f \|_{L_p} = 0$ für $f \in L_p(\mathbb{R}^n)$ und $1 \le p < \infty$ sowie $S(h)f \xrightarrow{w^*} f$ für $h \to 0^+$ und $f \in L_\infty(\mathbb{R}^n)$.

BEWEIS. a) Es ist $G^t(x) \ge 0$, und aus (7) folgt $\int_{\mathbb{R}^n} G^t(x)\,dx = 1$. Für $A > 0$ erhält man mittels $x = \sqrt{t}\,y$ und $dx = t^{n/2}\,dy$:

$$\int_{|x| \ge A} G^t(x)\,dx = (2\pi t)^{-\frac{n}{2}} \int_{|x| \ge A} e^{-\frac{|x|^2}{2t}}\,dx = \int_{|y| \ge \frac{A}{\sqrt{t}}} e^{-\frac{|y|^2}{2}}\,dy \to 0 \quad \text{für } t \to 0^+.$$

b) Wegen $G^{2\alpha t} \in \mathcal{S}(\mathbb{R}^n)$ für $t > 0$ ist die Faltung in (8) definiert und liefert eine Funktion $u \in C^\infty(\mathbb{R}^n \times (0,\infty))$. Aus $(\partial_t - \alpha\Delta_x)\,G(x,t) = 0$ folgt durch Differentiation unter dem Integral in (8) auch $(\partial_t - \alpha\Delta_x)\,u(x,t) = 0$.

c) Die Aussagen $S(t) \in L(L_p(\mathbb{R}^n))$ und $\| S(t) \| \le 1$ folgen aus Satz 2.2. Nach (3.16) und (7) gilt $\mathcal{F}(G^t * G^\tau) = \mathcal{F}(G^{t+\tau})$, und Theorem 3.3 liefert

$$G^t * G^\tau = G^{t+\tau} \quad \text{für } t, \tau > 0. \tag{11}$$

Wegen der Assoziativität der Faltung auf $L_1(\mathbb{R}^n)$ (vgl. S. 61) folgt nun

$$\begin{aligned}
S(t+\tau)\psi &= G^{2\alpha(t+\tau)} * \psi = (G^{2\alpha t} * G^{2\alpha\tau}) * \psi = G^{2\alpha t} * (G^{2\alpha\tau} * \psi) \\
&= S(t)S(\tau)\psi
\end{aligned}$$

für $\psi \in L_1(\mathbb{R}^n) \cap L_p(\mathbb{R}^n)$. Daraus folgt (10) im Fall $1 \le p < \infty$, da dieser Raum in $L_p(\mathbb{R}^n)$ dicht ist. Für $f \in L_\infty(\mathbb{R}^n)$ gilt $f_n := f \cdot \chi_{\overline{U}_n(0)} \in L_1(\mathbb{R}^n) \cap L_\infty(\mathbb{R}^n)$ und $f_n \xrightarrow{w^*} f$ für $n \to \infty$. Da $S(h) \in L(L_\infty(\mathbb{R}^n))$ offenbar der duale Operator von $S(h) \in L(L_1(\mathbb{R}^n))$ ist (vgl. den Zusatz zu Theorem 2.4), folgt $S(h)f_n \xrightarrow{w^*} S(h)f$ für alle $h \ge 0$ und somit auch (10) im Fall $p = \infty$.

d) Für $t > 0$ folgt $\| S(t+h) - S(t) \| \le \| G^{2\alpha(t+h)} - G^{2\alpha t} \|_{L_1} \to 0$ nach Satz 2.2 und dem Satz über majorisierte Konvergenz. Die letzten Behauptungen folgen sofort aus Theorem 2.4 und dessen Zusatz. $\Diamond$

Beispiele und Bemerkungen. a) Für einen Anfangswert $f = G^s$ ist nach (11) $S(t)f = G^{2\alpha t} * G^s = G^{2\alpha t+s}$ eine Lösung von (1) und (3).

b) Für eine *stetige beschränkte* Funktion $f \in L_\infty(\mathbb{R}^n)$ gilt $S(t)f \to f$ *lokal gleichmäßig* auf $\mathbb{R}^n$ aufgrund des Zusatzes zu Theorem 2.4, und die durch $u(x,0) = f(x)$ auf $\mathbb{R}^n \times [0,\infty)$ fortgesetzte Lösung u von (1) und (3) ist dort *stetig.*

c) Wegen $\sup\limits_{x \in \mathbb{R}^n} |S(t)f(x)| \leq \|G^{2\alpha t}\|_{L_q} \|f\|_{L_p}$ für $f \in L_p(\mathbb{R}^n)$ ist $S(t)f$ für festes $t > 0$ eine *beschränkte* C^∞-Funktion in $L_p(\mathbb{R}^n)$.

d) Wegen $G^{2\alpha t} \geq 0$ und $S(t)1 = 1$ folgt aus Abschätzungen $c \leq S(\tau)f \leq C$ zur Zeit $\tau \geq 0$ auch $c \leq S(t)f = S(t-\tau)S(\tau)f \leq C$ für alle Zeiten $t \geq \tau$; insbesondere bleibt die *Positivität* der Temperaturverteilung stets erhalten.

e) Nach (4) ist für $f \in L_1(\mathbb{R}^n)$ das Integral

$$\textstyle\int_{\mathbb{R}^n} S(t)f(x)d^n x \;=\; \widehat{S(t)f}(0) \;=\; \hat{f}(0) \;=\; \int_{\mathbb{R}^n} f(x)d^n x$$

zeitlich konstant, während die Amplituden $\widehat{S(t)f}(\xi) = \hat{f}(\xi)\, e^{-\alpha t|\xi|^2}$ aller Frequenzen $\xi \neq 0$ für $t \to \infty$ exponentiell abfallen.

f) Für $f \in \mathscr{D}(\mathbb{R}^n)$ ist $\operatorname{supp} S(t)f$ nach (8) i. A. für $t > 0$ *nicht kompakt.* Eine zur Zeit $t = 0$ in $\overline{U}_\varepsilon(0)$ konzentrierte Temperaturverteilung $f = \rho_\varepsilon \geq 0$ breitet sich also „in beliebig kurzer Zeit auf ganz $\mathbb{R}^n$ aus". Dies widerspricht den Prinzipien der *Relativitätstheorie;* die Wärmeleitungsgleichung (1) beschreibt also „die physikalische Realität" nur *näherungsweise.*

Die Wärmeleitungsgleichung (1) lässt sich als abstrakte *Evolutionsgleichung*

$$\dot{u}(t) \;=\; \alpha\Delta\, u(t) \;=:\; Lu(t)$$

mit dem *unbeschränkten linearen Operator* $L := \alpha\Delta$ im Banachraum $L_p(\mathbb{R}^n)$ auffassen (vgl. [GK], Abschnitt 13.5). Wir beschränken uns auf den Fall $p = 2$. Dann ist L mittels Fourier-Transformation *unitär äquivalent zum Multiplikationsoperator* $M_{-\alpha|\xi|^2}$; daher gilt $\mathcal{D}(L) = H^2(\mathbb{R}^n)$, und L ist selbstadjungiert (vgl. [GK], S. 268 und Satz 16.1).

Satz 5.2

a) Für $L = \alpha\Delta$ und $f \in \mathcal{D}(L) = H^2(\mathbb{R}^n)$ gilt

$$\lim_{h \to 0^+} \tfrac{1}{h}\,(S(h)f - f) \;=\; Lf \tag{12}$$

für die Faltungsoperatoren $S(t)$ aus (9).

b) Für $f \in \mathcal{D}(L)$ gilt $S(t)f \in \mathcal{D}(L)$ und $LS(t)f = S(t)Lf$ für $t \geq 0$.

c) Es gibt genau eine C^1-Funktion $u : [0,\infty) \to L_2(\mathbb{R}^n)$ mit $u(t) \in \mathcal{D}(L)$ und

$$\dot{u}(t) \;=\; Lu(t) \quad \text{für } t \geq 0 \quad \text{und} \quad u(0) = f\,, \tag{13}$$

nämlich $u(t) = S(t)f$.

BEWEIS. a) Mit Hilfe des Satzes von Plancherel erhalten wir

$$\left\| \tfrac{S(h)f-f}{h} - Lf \right\|^2 \;=\; \left\| \tfrac{1}{h}\left((G^{2\alpha h} * f)(x) - f(x)\right) - \alpha \Delta f(x) \right\|^2$$

$$=\; \int_{\mathbb{R}^n} \left| \tfrac{e^{-\alpha h|\xi|^2}-1}{h} + \alpha |\xi|^2 \right|^2 |\widehat{f}(\xi)|^2\, d\xi \to 0$$

für $h \to 0^+$ aufgrund des Satzes über majorisierte Konvergenz wegen $f \in H^2(\mathbb{R}^n)$.

b) Für $t > 0$ ist $\| S(t)f \|_{H^2}^2 = \int_{\mathbb{R}^n} e^{-2\alpha t|\xi|^2}\, |\widehat{f}(\xi)|^2 \langle \xi \rangle^4\, d\xi < \infty$. Es folgt

$$LS(t)f \;=\; \lim_{h \to 0^+} \tfrac{1}{h}\left(S(h)S(t)f - S(t)f\right)$$

$$=\; S(t)\lim_{h \to 0^+} \tfrac{1}{h}\left(S(h)f - f\right) \;=\; S(t)Lf$$

aufgrund von a) und (10).

c) Für $u(t) = S(t)f$ und $t > 0$ gilt

$$\tfrac{1}{h}\left(u(t+h) - u(t)\right) \;=\; \tfrac{1}{h}\left(S(t+h)f - S(t)f\right) \;=\; S(t)\tfrac{1}{h}\left(S(h)f - f\right)$$

$$\to\; S(t)Lf \;=\; LS(t)f \;=\; Lu(t)$$

für $h \to 0^+$. Wegen der Norm-Stetigkeit von S in t gilt auch

$$\tfrac{1}{-h}\left(u(t-h) - u(t)\right) \;=\; S(t-h)\tfrac{1}{h}\left(S(h)f - f\right) \to S(t)Lf \;=\; Lu(t)$$

für $h \to 0^+$. Aus $\dot{u}(t) = Lu(t) = S(t)Lf$ folgt aufgrund von Satz 5.1 d) die Stetigkeit von $\dot{u} : [0,\infty) \to L_2(\mathbb{R}^n)$.

Zum Nachweis der Eindeutigkeit sei nun $v : [0,\infty) \to L_2(\mathbb{R}^n)$ differenzierbar mit den in c) angegebenen Eigenschaften. Für $t > 0$ definieren wir $w(s) = S(t - s)v(s)$ für $0 \le s \le t$. Die Produktregel liefert

$$\dot{w}(s) = S(t-s)\,\dot{v}(s) - LS(t-s)v(s) = S(t-s)\,Lv(s) - LS(t-s)v(s) = 0$$

für $0 \le s \le t$. Daher ist $\langle w(s)|g \rangle$ für alle $g \in L_2(\mathbb{R}^n)$ konstant, also auch w konstant. Somit folgt $v(t) = w(t) = w(0) = S(t)v(0) = S(t)f = u(t)$.　　　　$\Diamond$

Zusatz. In Satz 5.2 gilt sogar

$$H^2(\mathbb{R}^n) \;=\; \{f \in L_2(\mathbb{R}^n) \mid \lim_{h \to 0^+} \tfrac{1}{h}\left(S(h)f - f\right) \text{ existiert}\}. \tag{14}$$

Zum Beweis dieser Aussage definieren wir einen linearen Operator in $L_2(\mathbb{R}^n)$ durch

$$\mathcal{D}(A) := \{f \in L_2(\mathbb{R}^n) \mid Af := \lim_{h \to 0^+} \tfrac{1}{h}\left(S(h)f - f\right) \text{ existiert}\}. \tag{15}$$

Wegen $S(h)^* = S(h)$ für $h > 0$ ist A ein *symmetrischer* Operator in $L_2(\mathbb{R}^n)$ wegen

$$\langle Af|g \rangle \;=\; \lim_{h \to 0^+} \tfrac{1}{h}\left(\langle S(h)f|g \rangle - \langle f|g \rangle\right) \;=\; \lim_{h \to 0^+} \tfrac{1}{h}\left(\langle f|S(h)g \rangle - \langle f|g \rangle\right) \;=\; \langle f|Ag \rangle$$

für $f, g \in \mathcal{D}(A)$. Mit Satz 5.2 a) folgt $L \subseteq A \subseteq A^* \subseteq L^* = L$ und somit $A = L$, insbesondere also $\mathcal{D}(A) = \mathcal{D}(L) = H^2(\mathbb{R}^n)$.

Nach Satz 5.1 ist $(S(t))_{t \geq 0}$ eine *stark stetige Operatorhalbgruppe* oder $\mathcal{C}_0$ *-Halbgruppe* auf $L_2(\mathbb{R}^n)$, deren gemäß (15) definierter *Generator* durch $L = \alpha \Delta$ gegeben ist. Man schreibt symbolisch auch $S(t) = e^{Lt} = e^{\alpha \Delta t}$ für $t \geq 0$.

Allgemeine Anfangswertprobleme für *Evolutionsgleichungen*

$$\dot{u}(t) = A u(t), \quad u(0) = f \tag{16}$$

mit einem linearen Operator in einem Banachraum lassen sich durch $u(t) = e^{At} f$ lösen, falls A eine $\mathcal{C}_0$ -Halbgruppen generiert; vgl. dazu auch S. 440.

5.2 Beispiele von Fundamentallösungen

Wir kommen nun zur Lösung inhomogener Differentialgleichungen $P(D)u = f$.

Definition. *Eine Distribution $E \in \mathcal{D}'(\mathbb{R}^n)$ heißt* Fundamentallösung *oder* Elementarlösung *des Differentialoperators $P(D) = \sum\limits_{|\alpha| \leq m} a_\alpha D^\alpha$, wenn $P(D)E = \delta$ ist.*

Mit E ist auch $E + u$ eine Fundamentallösung von $P(D)$ für jede Distribution u mit $P(D)u = 0$; Fundamentallösungen sind also *nicht eindeutig* bestimmt. Ihre Bedeutung ergibt sich aus dem folgenden

Satz 5.3
Es sei $E \in \mathcal{D}'(\mathbb{R}^n)$ eine Fundamentallösung des Differentialoperators $P(D)$.

a) Dann gilt $P(D)(E * f) = f$ für alle Distributionen $f \in \mathcal{D}'(\mathbb{R}^n)$, für die die Faltung $E * f$ existiert, insbesondere für alle $f \in \mathcal{E}'(\mathbb{R}^n)$.

b) Es seien $\Omega \subseteq \mathbb{R}^n$ offen und $f \in \mathcal{D}'(\Omega)$. Für jede offene Menge $\omega \Subset \Omega$ gibt es $u \in \mathcal{D}'(\mathbb{R}^n)$ mit $P(D)u|_\omega = f|_\omega$.

BEWEIS. a) Nach Satz 2.18 ist $P(D)(E * f) = P(D)E * f = \delta * f = f$.

b) Wir wählen $\eta \in \mathcal{D}(\Omega)$ mit $\eta = 1$ nahe $\overline{\omega}$ und setzen $u = E * (\eta g)$. $\Diamond$

Im nächsten Abschnitt beweisen wir, dass *jeder* Differentialoperator $P(D)$ mit konstanten Koeffizienten eine Fundamentallösung besitzt; dieses wichtige Resultat stammt von B. Malgrange (1954) und L. Ehrenpreis (1955). Somit sind inhomogene Gleichungen $P(D)u = f$ stets *lokal lösbar*. Auf die Frage nach ihrer *globalen Lösbarkeit* gehen wir in Abschnitt 9.4 ein.

In diesem Abschnitt besprechen wir zunächst einige interessante Beispiele.

Gewöhnliche Differentialoperatoren. a) Wir haben bereits auf S. 39 gezeigt, dass die *Heaviside-Funktion* $H = \chi_{(0,\infty)} \in L_1^{\mathrm{loc}}(\mathbb{R})$ eine Fundamentallösung des Operators $\frac{d}{dx}$ ist. Für eine Funktion $f \in \mathcal{L}_1^{\mathrm{loc}}(\mathbb{R})$ mit kompaktem Träger oder Träger in $[0,\infty)$ ist eine Lösung der inhomogenen Gleichung $\frac{d}{dx}u = f$ gegeben durch

$$u(x) \;=\; (H * f)(x) \;=\; \int_{\mathbb{R}} H(x-y)\, f(y)\, dy \;=\; \int_{-\infty}^{x} f(y)\, dy\,.$$

b) Für $\lambda \in \mathbb{C}$ hat man $\frac{d}{dx}(e^{\lambda x} H(x)) = \lambda e^{\lambda x} H(x) + e^{\lambda x} \delta = \lambda e^{\lambda x} H(x) + \delta$, also

$$\left(\tfrac{d}{dx} - \lambda\right)(e^{\lambda x} H(x)) \;=\; \delta\,. \tag{17}$$

Der Wärmeleitungsoperator. Zur Lösung der Gleichung

$$(\partial_t - \alpha\, \Delta_x) E \;=\; \delta$$

in $\mathbb{R}^{n+1}$ verwenden wir wieder Fourier-Transformation bezüglich der Raum-Variablen und erhalten nach Formel (3.38)

$$\partial_t \widehat{E}(\xi,t) + \alpha\,|\xi|^2\, \widehat{E}(\xi,t) \;=\; (2\pi)^{-\frac{n}{2}}\, \delta(t)\,;$$

diese Gleichung hat nach (17) die Lösung

$$\widehat{E}(\xi,t) \;=\; (2\pi)^{-\frac{n}{2}}\, H(t)\, e^{-\alpha t|\xi|^2}\,.$$

Rücktransformation liefert dann nach (7)

$$E(x,t) \;=\; H(t)\, G(x,2\alpha t) \;=\; (4\pi\alpha t)^{-\frac{n}{2}}\, H(t)\, \exp\!\left(-\tfrac{|x|^2}{4\alpha t}\right)\,. \tag{18}$$

Satz 5.4
Die in (18) definierte Funktion $E = E_{WL}$ ist lokal integrierbar auf $\mathbb{R}^{n+1}$ und eine Fundamentallösung des Wärmeleitungsoperators $\partial_t - \alpha\, \Delta_x$.

BEWEIS. Wegen $\int_0^T \int_{\mathbb{R}^n} |E(x,t)|\, dx\, dt = \int_0^T \int_{\mathbb{R}^n} G(x,2\alpha t)\, dx\, dt = T$ gilt in der Tat $E \in L_1^{\mathrm{loc}}(\mathbb{R}^{n+1})$. Wegen $(\partial_t - \alpha\, \Delta_x)E(\varphi) = -E(\partial_t\varphi + \alpha\, \Delta_x\varphi)$ für $\varphi \in \mathscr{D}(\mathbb{R}^{n+1})$ ist

$$(\partial_t - \alpha\, \Delta_x)E(\varphi) \;=\; -\lim_{\varepsilon \to 0^+} \int_\varepsilon^\infty \int_{\mathbb{R}^n} E(x,t)\,(\partial_t + \alpha\, \Delta_x)\varphi(x,t)\, dx\, dt\,. \tag{19}$$

Wegen $(\partial_t - \alpha\, \Delta_x)E(x,t) = 0$ auf $\mathbb{R}^n \times [\varepsilon,\infty)$ liefert partielle Integration

$$-\int_{\mathbb{R}^n} \int_\varepsilon^\infty E(x,t)\,(\partial_t + \alpha\, \Delta_x)\varphi(x,t)\, dt\, dx \;=\; \int_{\mathbb{R}^n} E(x,\varepsilon)\, \varphi(x,\varepsilon)\, dx\,.$$

Wegen $\int_{\mathbb{R}^n} E(x,\varepsilon)\, dx = 1$ gilt $\int_{\mathbb{R}^n} E(x,\varepsilon)\,|\varphi(x,\varepsilon) - \varphi(x,0)|\, dx \to 0$ für $\varepsilon \to 0^+$, und aus (19) und Theorem 2.4 folgt schließlich

$$(\partial_t - \alpha\, \Delta_x)E(\varphi) \;=\; \lim_{\varepsilon \to 0^+} \int_{\mathbb{R}^n} E(x,\varepsilon)\, \varphi(x,0)\, dx \;=\; \varphi(0,0)\,,$$

da $(E^\varepsilon = G^{2\alpha\varepsilon})$ nach Satz 5.1 eine Dirac-Folge ist. $\diamond$

Der Cauchy-Riemann-Operator über $\mathbb{C}$ ist gegeben durch

$$\overline{\partial} = \partial_{\bar{z}} = \tfrac{\partial}{\partial \bar{z}} = \tfrac{1}{2}\left(\tfrac{\partial}{\partial x} + i\tfrac{\partial}{\partial y}\right).$$

Er spielt eine wesentliche Rolle in der Funktionentheorie, da die Lösungen der homogenen Gleichung $\overline{\partial} f = 0$ genau die *holomorphen* Funktionen sind. Aus dem *Greenschen Integralsatz* in der Ebene ergibt sich die *Cauchysche Integralformel* (vgl. [Kaballo 1999], Theorem 22.11)

$$2\pi i\, f(w) = \int_{\partial U_R} \tfrac{f(z)}{z-w}\, dz - 2i \int_{U_R} \partial_{\bar{z}} f(z) \tfrac{1}{z-w}\, d\lambda(z)\,, \quad w \in U_R = U_R(0)\,, \qquad (20)$$

für alle Funktionen $f \in \mathcal{C}^1(\mathbb{C})$. Daraus ergibt sich leicht:

Satz 5.5
Die auf $\mathbb{C}$ lokal integrierbare Funktion

$$E(z) := E_{CR}(z) := \tfrac{1}{\pi z} \qquad (21)$$

ist eine Fundamentallösung des Cauchy-Riemann-Operators $\partial_{\bar{z}}$.

BEWEIS. Für eine Testfunktion $\varphi \in \mathscr{D}(\mathbb{C})$ folgt aus (20) mit $R \to \infty$

$$\pi\, \varphi(0) = -\int_{\mathbb{C}} \partial_{\bar{z}}\varphi(z)\, \tfrac{1}{z}\, d\lambda(z) = (\partial_{\bar{z}} \tfrac{1}{z})(\varphi)\,. \quad \Diamond$$

Der Laplace-Operator $\Delta = \sum\limits_{j=1}^{n} \partial_j^2$ ist invariant gegen orthogonale Transformationen; er sollte daher eine *rotationssymmetrische* Fundamentallösung besitzen. Für eine nur von $r = |x|$ abhängige $\mathcal{C}^2$-Funktion $f = f(r)$ auf $\mathbb{R}^n \backslash \{0\}$ gilt

$$\Delta(f(r)) = f''(r) + \tfrac{n-1}{r} f'(r)\,. \qquad (22)$$

Daher ist genau dann $\Delta f = 0$, d.h. $f(r)$ ist genau dann harmonisch auf $\mathbb{R}^n \backslash \{0\}$, wenn die Funktion $g(r) := f'(r)$ die *gewöhnliche Differentialgleichung*

$$g'(r) + \tfrac{n-1}{r} g(r) = 0\,, \quad r > 0\,,$$

erfüllt. Wegen $\int \tfrac{n-1}{r}\, dr = (n-1)\log r$ erhält man deren allgemeine Lösung durch

$$g(r) = C \exp\left(-(n-1)\log r\right) = C\, r^{1-n}\,,$$

und somit sind alle rotationssymmetrischen harmonischen Funktionen auf $\mathbb{R}^n \backslash \{0\}$ gegeben durch

$$f(r) = \begin{cases} C\, r^{2-n} + C^* &,\ n \geq 3 \\ C \log r + C^* &,\ n = 2 \end{cases}.$$

Mit $\tau_n = \sigma(S^{n-1})$ bezeichnen wir das $(n-1)$-dimensionale Volumen der Einheitssphäre S^{n-1} in $\mathbb{R}^n$.

Satz 5.6

Die auf $\mathbb{R}^n$ lokal integrierbare rotationssymmetrische Funktion

$$E(x) \;:=\; E_L(x) \;:=\; \begin{cases} -\dfrac{1}{(n-2)\tau_n}\,\dfrac{1}{|x|^{n-2}} & , \quad n \geq 3 \\[2mm] \dfrac{1}{2\pi}\,\log|x| & , \quad n = 2 \end{cases} \tag{23}$$

ist eine Fundamentallösung des Laplace-Operators Δ.

BEWEIS. Für Testfunktionen $\varphi \in \mathscr{D}(U_R(0))$ hat man

$$\begin{aligned} (\Delta E)(\varphi) \;&=\; E(\Delta\varphi) \;=\; \lim_{\varepsilon\to 0^+} \int_{\varepsilon\leq r\leq R} E(x)\,\Delta\varphi(x)\,dx \\ &=\; \lim_{\varepsilon\to 0^+} \int_{\varepsilon\leq r\leq R} \big(E(x)\,\Delta\varphi(x) - \Delta E(x)\,\varphi(x)\big)\,dx \\ &=\; \lim_{\varepsilon\to 0^+} \int_{r=\varepsilon} \big(E(x)\,\partial_\mathfrak{n}\varphi(x) - \partial_\mathfrak{n}E(x)\,\varphi(x)\big)\,d\sigma(x) \end{aligned}$$

aufgrund der *Greenschen Integralformel* (vgl. [Kaballo 1999], Satz 20.11 und auch Formel (4.22)). Für $|x| = \varepsilon$ ist der äußere Normalenvektor gegeben durch $\mathfrak{n}(x) = -\frac{x}{|x|}$, und wegen $\operatorname{grad} E(x) = \frac{1}{\tau_n}\frac{x}{|x|^n}$ für $x \neq 0$ ergibt sich $\partial_\mathfrak{n} E(x) = \langle\,\operatorname{grad} E(x), \mathfrak{n}(x)\,\rangle = -\frac{1}{\tau_n\,|x|^{n-1}}$, also

$$-\lim_{\varepsilon\to 0} \int_{r=\varepsilon} \partial_\mathfrak{n}E(x)\,\varphi(x)\,d\sigma(x) \;=\; \lim_{\varepsilon\to 0} \frac{1}{\tau_n\,\varepsilon^{n-1}} \int_{r=\varepsilon} \varphi(x)\,d\sigma(x) \;=\; \varphi(0)$$

aufgrund der Stetigkeit von φ. Mit $C := \|\operatorname{grad}\varphi\|_{\sup}$ gilt weiter

$$|\,\textstyle\int_{r=\varepsilon} E(x)\,\partial_\mathfrak{n}\varphi(x)\,d\sigma(x)\,| \;\leq\; \frac{C\,\sigma(\partial U_\varepsilon)}{(n-2)\,\tau_n\,\varepsilon^{n-2}} \;=\; \frac{C\,\varepsilon}{n-2}, \quad n \geq 3,$$

$$\leq\; \frac{C\,\sigma_1(\partial U_\varepsilon)\,\log\varepsilon}{2\pi} \;=\; C\,\varepsilon\,\log\varepsilon, \quad n = 2,$$

also $\int_{r=\varepsilon} E(x)\,\partial_\mathfrak{n}\varphi(x)\,d\sigma(x) \to 0$ für $\varepsilon \to 0^+$. Somit gilt $(\Delta E)(\varphi) = \varphi(0)$. $\diamond$

Der Wellenoperator in einer Raumdimension ist (mit $c > 0$) gegeben durch $\partial_t^2 - c^2\,\partial_x^2$. Mittels der linearen Koordinatentransformation

$$\xi := \tfrac{1}{2}(ct + x), \quad c\tau := \tfrac{1}{2}(ct - x) \tag{24}$$

wird er in den Operator $c\frac{\partial^2}{\partial\xi\partial\tau} = c(\frac{d}{d\xi} \otimes \frac{d}{d\tau})$ transformiert (vgl. Aufgabe 2.13). Mit der Heaviside-Funktion H gilt $(\frac{d}{d\xi} \otimes \frac{d}{d\tau})(H \otimes H) = \delta_0 \otimes \delta_0 = \delta_{0,0}$ (vgl. Aufgabe 2.21), d. h. die Funktion $H \otimes H = \chi_{(0,\infty)^2}$ ist eine Fundamentallösung von $\frac{\partial^2}{\partial\xi\partial\tau}$. Rücktransformation liefert (vgl. Abb. 5.2):

Satz 5.7

Die auf $\mathbb{R}^2$ lokal integrierbare Funktion

$$E_W(x,t) \;:=\; \tfrac{1}{2c}\,H(ct - x)\,H(ct + x) \;=\; \begin{cases} \dfrac{1}{2c} & , \quad |x| < ct \\[2mm] 0 & , \quad |x| \geq ct \end{cases} \tag{25}$$

ist eine Fundamentallösung des Wellenoperators $\partial_t^2 - c^2\partial_x^2$.

Dies kann man auch leicht direkt nachrechnen (Aufgabe 5.7).

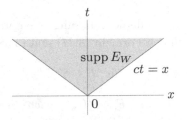
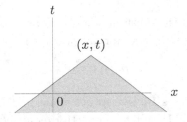

Abb. 5.2: a) Zukunfts-Lichtkegel   b) Vergangenheit von (x,t)

Lichtkegel. a) Der Träger der Fundamentallösung E_W des Wellenoperators ist der „*Zukunfts-Lichtkegel*" (vgl. Abb. 5.2 a))

$$\operatorname{supp} E_W \;=\; \Gamma_+ := \; \{(x,t) \in \mathbb{R}^2 \mid ct \geq |x|\}\,; \tag{26}$$

auf dem Rand $\partial\Gamma_+$ ist E_W *unstetig*. Es ist $u = E_W * f$ definiert für $f \in \mathcal{E}'(\mathbb{R}^2)$ oder für $f \in \mathscr{D}'(\mathbb{R}^2)$ mit $\operatorname{supp} f \subseteq H := \{(x,t) \mid t \geq 0\}$ (vgl. Aufgabe 2.24); in letzterem Fall gilt auch $\operatorname{supp} u \subseteq H$. Ist f eine lokal integrierbare Funktion, so hat man

$$u(x,t) \;=\; \tfrac{1}{2c} \int_0^\infty \int_{-c\tau}^{c\tau} f(x-y, t-\tau)\, dy\, d\tau\,; \tag{27}$$

in die Berechnung von $u(x,t)$ gehen also nur die Werte von f auf Punkten „*in der Vergangenheit von* (x,t)" ein (vgl. Abb. 5.2 b)). Im Fall $\operatorname{supp} f \subseteq H$ wird in (27) nur über $\tau \in [0,t]$ integriert.

b) Fundamentallösungen des Wellenoperators $\partial_t^2 - c^2 \Delta_x$ in $n \geq 2$ Raumvariablen werden etwa in [Triebel 1972], § 14, oder [Treves 1975], Aschnitte 7–8, konstruiert. Für gerade n ist ihr Träger der Zukunfts-Lichtkegel, für ungerade $n \geq 3$ der *Rand* des Zukunfts-Lichtkegels.

Regularität von Fundamentallösungen. Die Fundamentallösungen der Operatoren $\frac{d}{dx}$, $\bar{\partial}$ und Δ sind auf $\mathbb{R}^n \backslash \{0\}$ reell-analytisch, insbesondere also $\mathcal{C}^\infty$-Funktionen. Die Fundamentallösung E_W des Wellenoperators dagegen ist *unstetig* auf $\mathbb{R}^2 \backslash \{0\}$. Die Fundamentallösung E_{WL} des Wärmeleitungsoperators ist $\mathcal{C}^\infty$, aber nicht reell-analytisch auf $\mathbb{R}^{n+1} \backslash \{0\}$; sie liegt in der Gevrey-Klasse $\mathcal{E}^{\{2\}}(\mathbb{R}^{n+1} \backslash \{0\})$ (vgl. S. 41 und [Hörmander 1983b], Abschnitt 11.4).

5.3 Konstruktion von Fundamentallösungen

Wir beweisen nun die Existenz einer Fundamentallösung in $\mathscr{D}'(\mathbb{R}^n)$ für jeden Differentialoperator $P(D)$ mit konstanten Koeffizienten. Dieses Resultat wurde von B. Malgrange 1954 und L. Ehrenpreis 1955 mittels einer *a-priori-Abschätzung* und des *Satzes von Hahn-Banach* bewiesen, vgl. dazu auch [Hörmander 1964], Thm. 3.1.3.

Es ist naheliegend, zur Konstruktion einer Fundamentallösung sogar in $\mathcal{S}'(\mathbb{R}^n)$ die Fourier-Transformation zu verwenden; nach den Formeln (3.37) und (3.38) gilt ja

$$P(D)E = \delta \Leftrightarrow P(\xi) \cdot \widehat{E} = (2\pi)^{-\frac{n}{2}} \quad \text{für} \quad E \in \mathcal{S}'(\mathbb{R}^n).$$

Dieses *Divisionsproblem* hat in der Tat eine Lösung $\widehat{E} \in \mathcal{S}'(\mathbb{R}^n)$ nach einem tiefliegenden Resultat von L. Hörmander (1958) und S. Lojasiewicz (1959); eine elementarere Konstruktion stammt von J. Bernstein (1971/72).

Explizite Formeln für Fundamentallösungen stammen von L. Hörmander und F. Treves (vgl. [Hörmander 1983a], Abschnitt 7.3 und [Hörmander 1983b], Abschnitt 10.2), einfachere Formeln von H. König (1994) sowie N. Ortner und P. Wagner (1994). Wir stellen hier eine nach [Wagner 2009] nochmals vereinfachte Version vor und erinnern dazu zunächst an:

Lemma 5.8
Es sei $0 \neq P \in \mathcal{P}_n$ ein komplexes Polynom in n Variablen. Dann ist die Nullstellenmenge $N(P) := \{\xi \in \mathbb{R}^n \mid P(\xi) = 0\}$ eine Lebesgue-Nullmenge.

BEWEIS. Für $\deg P = 1$ ist $N(P)$ eine Hyperebene, die Behauptung also klar. Diese gelte nun für alle Polynome $P \neq 0$ vom Grad $\leq m$, und es sei $\deg P = m+1$. Wegen $\deg \partial_j P \leq m$ für alle j ist dann $N(P) \cap \{\xi \in \mathbb{R}^n \mid \operatorname{grad} P(\xi) = 0\}$ eine Nullmenge nach Induktionsvoraussetzung. Weiter ist $N(P) \cap \{\xi \in \mathbb{R}^n \mid \operatorname{grad} P(\xi) \neq 0\}$ nach dem Satz über implizite Funktionen lokal diffeomorph zu einer Teilmenge von $\mathbb{R}^{n-1}$ und somit ebenfalls eine Nullmenge. $\qquad\qquad\qquad\qquad\qquad\qquad\qquad\quad \Diamond$

Für ein Polynom $P(\xi) = \displaystyle\sum_{|\alpha|=0}^{m} a_\alpha \xi^\alpha$ vom Grad m bezeichnen wir den *Hauptteil* mit

$$P_m(\xi) := \sum_{|\alpha|=m} a_\alpha \xi^\alpha.$$

Theorem 5.9 (Malgrange-Ehrenpreis)
Es sei $0 \neq P \in \mathcal{P}_n$ ein komplexes Polynom in n Variablen. Dann besitzt der Differentialoperator $P(D)$ eine Fundamentallösung, d. h. es gibt eine Distribution $E \in \mathcal{D}'(\mathbb{R}^n)$ mit $P(D)E = \delta$.

BEWEIS. a) Es sei $\deg P = m$, und wir wählen $\eta \in \mathbb{R}^n$ mit $P_m(\eta) \neq 0$. Dann ist auch $P_m(-i\eta) \neq 0$ und somit $P(-it\eta) \neq 0$ für große $t \in \mathbb{R}$. Nach Lemma 5.8 folgt $P(\xi - it\eta) \neq 0$ für fast alle $\xi \in \mathbb{R}^n$; wir können daher durch

$$f_t(\xi) := \overline{P(\xi - it\eta)} \, (P(\xi - it\eta))^{-1} \tag{28}$$

für große $|t|$ Funktionen $f_t \in L_\infty(\mathbb{R}^n) \subseteq \mathcal{S}'(\mathbb{R}^n)$ definieren.

b) Nun berechnen wir mit der Leibniz-Regel (2.27) und Formel (3.37)

$$
\begin{aligned}
P(D)(e^{t\langle\eta|x\rangle}\mathcal{F}^{-1}(f_t)) &= \sum_{|\alpha|\leq m} \tfrac{1}{\alpha!} D^\alpha e^{t\langle\eta|x\rangle} P^\alpha(D)(\mathcal{F}^{-1}(f_t)) \\
&= \sum_{|\alpha|\leq m} \tfrac{1}{\alpha!} (-it\eta)^\alpha e^{t\langle\eta|x\rangle} \mathcal{F}^{-1}(P^\alpha(\xi)f_t(\xi)) \\
&= e^{t\langle\eta|x\rangle}\mathcal{F}^{-1}\Big(\sum_{|\alpha|\leq m} \tfrac{1}{\alpha!}(-it\eta)^\alpha P^\alpha(\xi)\,f_t(\xi)\Big) \\
&= e^{t\langle\eta|x\rangle}\mathcal{F}^{-1}(P(\xi - it\eta)\,f_t(\xi)) \\
&= e^{t\langle\eta|x\rangle}\mathcal{F}^{-1}(\overline{P(\xi - it\eta)})
\end{aligned}
$$

aufgrund der Taylor-Formel

$$
P(\xi - it\eta) = \sum_{|\alpha|\leq m} \tfrac{1}{\alpha!}(-it\eta)^\alpha P^\alpha(\xi)\,.
$$

Nun beachten wir

$$
(D_j + it\eta_j)(e^{t\langle\eta|x\rangle}\delta) = e^{t\langle\eta|x\rangle}(D_j + it\eta_j)\delta - it\eta_j\, e^{t\langle\eta|x\rangle}\,\delta\,, \quad \text{also}
$$

$$
e^{t\langle\eta|x\rangle}(D_j + it\eta_j)\delta = (D_j + 2it\eta_j)(e^{t\langle\eta|x\rangle}\delta) = (D_j + 2it\eta_j)\delta\,.
$$

Mit Formel (3.39) ergibt sich daher

$$
\begin{aligned}
P(D)(e^{t\langle\eta|x\rangle}\mathcal{F}^{-1}(f_t)) &= e^{t\langle\eta|x\rangle}\mathcal{F}(\overline{P}(-\xi + it\eta)) \\
&= (2\pi)^{\frac{n}{2}} e^{t\langle\eta|x\rangle}\overline{P}(D + it\eta)\,\delta = (2\pi)^{\frac{n}{2}}\overline{P}(D + 2it\eta)\,\delta \\
&= (2\pi)^{\frac{n}{2}} \sum_{|\alpha|\leq m} \overline{a_\alpha}\,(D + 2it\eta)^\alpha\,\delta \\
&= (2\pi)^{\frac{n}{2}}\Big((it)^m\,\overline{P_m(2\eta)}\,\delta + \sum_{k=0}^{m-1} t^k\,Q_k(D)\delta\Big)
\end{aligned}
$$

mit gewissen Differerntialoperatoren $Q_k(D)$, also

$$
P(D)((-i^m)\,(2\pi)^{-\frac{n}{2}} e^{t\langle\eta|x\rangle}\mathcal{F}^{-1}(f_t)) = t^m\,\overline{P_m(2\eta)}\,\delta + \sum_{k=0}^{m-1} t^k\,u_k \tag{29}
$$

mit gewissen von t unabhängigen Distributionen $u_k \in \mathcal{E}'(\mathbb{R}^n)$.

c) Von den in (29) störenden Termen der Ordnung $< m$ in t können wir uns nun befreien: Für genügend große verschiedene Zahlen $t_0,\ldots,t_m \in \mathbb{R}$ besitzt aufgrund der Cramerschen Regel das lineare Gleichungssystem

$$
\sum_{j=0}^{m} \gamma_j\,t_j^k = \begin{cases} 0 &, \quad k = 0,\ldots,m-1 \\ 1 &, \quad k = m \end{cases}
$$

die eindeutig bestimmten Lösungen

$$\gamma_j = \prod_{k \neq j} (t_j - t_k)^{-1} \quad \text{für} \quad j = 0, \ldots, m \,.$$

Wegen (29) erhalten wir dann eine Fundamentallösung von $P(D)$ durch

$$E = (2\pi)^{-\frac{n}{2}} \frac{(-i)^m}{P_m(2\eta)} \sum_{j=0}^{m} \gamma_j \, e^{t_j \langle \eta | x \rangle} \, \mathcal{F}^{-1} \big(\overline{P(\xi - it_j \eta)} \, (P(\xi - it_j \eta))^{-1} \big) \,. \quad \Diamond \qquad (30)$$

Lokale Regularität. Es sei $E \in \mathscr{D}'(\mathbb{R}^n)$ die in (30) konstruierte Fundamentallösung von $P(D)$. Für eine Testfunktion $\varphi \in \mathscr{D}(\mathbb{R}^n)$ ist φE eine Linearkombination von Termen $\psi \, \mathcal{F}^{-1}(f_t)$ mit $\psi \in \mathscr{D}(\mathbb{R}^n)$, und wegen $\mathcal{F}(\psi \, \mathcal{F}^{-1}(f_t)) = \widehat{\psi} * f_t \in L_\infty(\mathbb{R}^n)$ folgt

$$\mathcal{F}(\varphi E) \in L_\infty(\mathbb{R}^n) \quad \text{für alle} \quad \varphi \in \mathscr{D}(\mathbb{R}^n) \,. \qquad (31)$$

Daraus ergibt sich:

Satz 5.10
Es sei $E \in \mathscr{D}'(\mathbb{R}^n)$ die in (30) konstruierte Fundamentallösung von $P(D)$. Für $s \in \mathbb{R}$ und $f \in H_c^s(\mathbb{R}^n) := H^s(\mathbb{R}^n) \cap \mathcal{E}'(\mathbb{R}^n)$ gilt dann $E * f \in H^{s,\mathrm{loc}}(\mathbb{R}^n)$.

BEWEIS. Für $\psi \in \mathscr{D}(\mathbb{R}^n)$ ist die Menge

$$K := \{x \in \mathbb{R}^n \mid (\{x\} + \operatorname{supp} f) \cap \operatorname{supp} \psi \neq \emptyset\}$$

beschränkt; es gibt also $\varphi \in \mathscr{D}(\mathbb{R}^n)$ mit $\varphi = 1$ nahe K. Die Träger von ψ und $E * f - (\varphi E) * f = ((1 - \varphi)E) * f$ sind dann disjunkt, und es gilt $\psi(E * f) = \psi(\varphi E * f)$. Aus (31) folgt nun

$$\| \varphi E * f \|_{H^s}^2 = (2\pi)^n \int_{\mathbb{R}^n} |\widehat{\varphi E}(\xi)|^2 \, |\widehat{f}(\xi)|^2 \, \langle \xi \rangle^{2s} \, d\xi \leq C \| f \|_{H^s}^2 < \infty \,, \qquad (32)$$

also $\varphi E * f \in H^s(\mathbb{R}^n)$. Mit Lemma 4.12 folgt dann auch $\psi(\varphi E * f) \in H^s(\mathbb{R}^n)$. $\quad \Diamond$

In [Hörmander 1983b], Theorem 10.2.1, wird eine Fundamentallösung E mit

$$\widetilde{P} \cdot \mathcal{F}(\varphi E) \in L_\infty(\mathbb{R}^n) \quad \text{für alle} \quad \varphi \in \mathscr{D}(\mathbb{R}^n) \qquad (33)$$

konstruiert; hierbei ist

$$\widetilde{P}(\xi) := \big(\sum_{|\alpha|=0}^{m} |P^{(\alpha)}(\xi)|^2 \big)^{\frac{1}{2}} \qquad (34)$$

ein Maß für die „*Stärke*" des Polynoms P bzw. des Differentialoperators $P(D)$. Diese *lokale Regularitätsaussage* ist optimal; sie liefert eine entsprechend stärkere Version von Satz 5.10.

$\mathcal{C}^{\infty}$-**Parameterabhängigkeit.** a) Der Raum

$$\mathcal{P}_n^m := \{P \in \mathcal{P}_n \mid \deg P \leq m\}$$

aller komplexen Polynome in n Variablen vom Grad $\leq m \in \mathbb{N}$ ist ein endlichdimensionaler Vektorraum, die Menge

$$\Pi_n^m := \{P \in \mathcal{P}_n \mid \deg P = m\}$$

offen in $\mathcal{P}_n^m$. Zu $Q \in \Pi_n^m$ wählen wir $\eta \in \mathbb{R}^n$ mit $Q_m(\eta) \neq 0$. Für $P \in \Pi_n^m$ in einer geeigneten Umgebung $U(Q)$ von Q gilt dann auch $P_m(\eta) \neq 0$, und durch (30) wird eine $\mathcal{C}^{\infty}$-Abbildung

$$E : U(Q) \to \mathscr{D}'(\mathbb{R}^n) \quad \text{mit} \quad P(D)E(P) = \delta, \ P \in U(Q)$$

definiert (vgl. Aufgabe 5.12). Mittels einer $\mathcal{C}^{\infty}$-Zerlegung der Eins (vgl. Satz 2.9) erhalten wir dann eine $\mathcal{C}^{\infty}$-Abbildung

$$E : \Pi_n^m \to \mathscr{D}'(\mathbb{R}^n) \quad \text{mit} \quad P(D)E(P) = \delta, \ P \in \Pi_n^m. \tag{35}$$

b) Es gibt jedoch bereits für $n = 1$ *keine* stetige Abbildung $E : \Pi_n^m \to \mathcal{S}'(\mathbb{R}^n)$ mit (35). Dazu betrachten wir einfach die Operatoren $P(\lambda, D) := \frac{d}{dx} - \lambda$. Nach Formel (17) und Lemma 5.11 unten sind durch $E - (H(x) + C) e^{\lambda x}$, $C \in \mathbb{C}$, alle Fundamentallösungen von $P(\lambda, D)$ gegeben. Die Bedingung $E \in \mathcal{S}'(\mathbb{R})$ erzwingt nun $C = -1$ für $\operatorname{Re} \lambda > 0$ und $C = 0$ für $\operatorname{Re} \lambda < 0$; somit ist $E : \Pi_1^1 \to \mathcal{S}'(\mathbb{R})$ unstetig auf der imaginären Achse.

Holomorphe Parameterabhängigkeit. a) Die Frage nach der Existenz von Fundamentallösungen $E \in \mathscr{H}(\Omega, \mathscr{D}'(\mathbb{R}^n))$, die auf einer Menge $\Omega \subseteq \Pi_n^m$ *holomorph* von P abhängen, ist mit (30) nicht zu beantworten. Nach F. Treves (1962) müssen (für zusammenhängendes Ω) notwendigerweise die Polynome $P \in \Omega$ *konstante Stärke* besitzen. Ein Polynom Q heißt *stärker* als P, falls mit den Funktionen aus (34)

$$P \preceq Q :\Leftrightarrow \exists \, C > 0 \ \forall \, \xi \in \mathbb{R}^n : \ \tilde{P}(\xi) \leq C \tilde{Q}(\xi)$$

gilt; die Polynome Q und P heißen *gleich stark*, falls

$$P \sim Q :\Leftrightarrow (P \preceq Q \ \text{und} \ Q \preceq P)$$

erfüllt ist. *Elliptische* Polynome (vgl. Abschnitt 5.5) gleichen Grades sind stets gleich stark (vgl. Aufgabe 5.14). Für ein festes Polynom $Q \in \Pi_n^m$ ist

$$Q[\preceq] := \{P \in \mathcal{P}_n \mid P \preceq Q\}$$

ein Unterraum von $\mathcal{P}_n^m$. Die Menge

$$Q[\sim] := \{P \in \mathcal{P}_n \mid P \sim Q\}$$

ist offen in $Q[\preceq]$, und ihre Zusammenhangskomponenten sind nach L. Hörmander *Holomorphiegebiete*.

b) Nach F. Treves (1962) existieren auf Mengen $Q[\sim]$ *lokal* holomorph von P abhängige Fundamentallösungen. Ihre *globale* Existenz wurde von F. Mantlik in [Mantlik 1992] für hypoelliptische Operatoren Q (vgl. den nächsten Abschnitt) und in [Mantlik 1991] allgemein bewiesen: Für jedes komplexe Polynom $0 \neq Q \in \mathcal{P}_n$ gibt es eine holomorphe Abbildung

$$E : Q[\sim] \to \mathscr{D}'(\mathbb{R}^n) \quad \text{mit} \quad P(D)E(P) = \delta, \quad P \in Q[\sim].$$

Differentialoperatoren mit variablen Koeffizienten. a) Nach dem Satz von Malgrange-Ehrenpreis ist also jede Differentialgleichung $P(D)u = f$ für $f \in \mathscr{D}'(\Omega)$ *lokal lösbar*. Für Differentialgleichungen mit *variablen Koeffizienten* ist dies i. A. *nicht richtig*. Ein erstes Gegenbeispiel stammt von H. Lewy (1957), vgl. dazu [Schechter 1977], Abschnitte 1–2 oder [Hörmander 1985a]:

b) Für $r > 0$ sei $\Omega_r := \{(x,y,t) \in \mathbb{R}^3 \mid x^2 + y^2 < r^2, |t| < r\}$. Dann gibt es eine Funktion $f \in \mathcal{C}^\infty(\Omega_r)$, sodass für alle $0 < \varepsilon \leq r$ die Differentialgleichung

$$\frac{\partial u}{\partial x} + i\frac{\partial u}{\partial y} + 2(ix - y)\frac{\partial u}{\partial t} = f(x,y,t) \tag{36}$$

keine Lösung in $\mathscr{D}'(\Omega_\varepsilon)$ hat.

c) Die Funktion f in Lewys Beispiel ist nicht reell-analytisch. Nach einem *Satz von Cauchy-Kovalevsky* hat man *bei reell-analytischen Daten stets lokale Lösbarkeit* (vgl. [Hörmander 1983b], Theorem 9.4.5).

d) Ein Operator $P(x,D)$ auf Ω hat *konstante Stärke,* falls alle Operatoren $P(\lambda,D)$ für $\lambda \in \Omega$ als Operatoren mit konstanten Koeffizienten gleich stark sind. Für solche Operatoren ergibt sich lokale Lösbarkeit aus einem auf der Neumannschen Reihe beruhenden *Störungsargument,* vgl. [Hörmander 1983b], Theorem 13.3.3. Für allgemeinere Aussagen zur lokalen Lösbarkeit sei auf [Hörmander 1985a] verwiesen.

5.4 Regularität von Lösungen

Bei linearen *gewöhnlichen* Differentialgleichungen mit $\mathcal{C}^\infty$-Daten sind *beliebige Distributionslösungen* automatisch $\mathcal{C}^\infty$-Funktionen und somit *klassische Lösungen*. Diese *Regularitätsaussage* beruht auf dem folgenden

Lemma 5.11
Es seien $I \subseteq \mathbb{R}$ ein offenes Intervall und $u \in \mathscr{D}'(I)$ mit $u' = 0$. Dann ist u eine konstante Funktion.

BEWEIS. a) Für $\varphi \in \mathscr{D}(I)$ setzen wir $\psi(x) := \int_{-\infty}^x \varphi(y)\,dy$, $x \in \mathbb{R}$. Aus der Bedingung $u_1(\varphi) = \int_I \varphi(y)\,dy = 0$ folgt dann $\psi \in \mathscr{D}(I)$, und die Voraussetzung $u' = 0$ liefert $u(\varphi) = u(\psi') = -u'(\psi) = 0$.

b) Es sei $\chi \in \mathscr{D}(I)$ mit $u_1(\chi) = 1$. Für $\varphi \in \mathscr{D}(I)$ gilt dann $u_1(\varphi - u_1(\varphi)\chi) = 0$, nach a) also auch $u(\varphi - u_1(\varphi)\chi) = 0$. Dies zeigt $u(\varphi) = u(\chi)\,u_1(\varphi)$, also $u = u(\chi)\,u_1$. $\Diamond$

Für Systeme gewöhnlicher linearer Differentialgleichungen gilt nun:

Satz 5.12
Es seien $I \subseteq \mathbb{R}$ ein offenes Intervall, $A \in \mathcal{C}^\infty(I, \mathbb{M}_\mathbb{C}(n))$ und $b \in \mathcal{C}(I, \mathbb{C}^n)$. Für ein Tupel $u \in \mathcal{D}'(I)^n$ von Distributionen gelte

$$u' + A\,u \;=\; b. \tag{37}$$

Dann ist $u \in \mathcal{C}^1(I, \mathbb{C}^n)$ eine klassische Lösung von (37).

BEWEIS. a) Zunächst sei $A = 0$. Mit einer Stammfunktion $v \in \mathcal{C}^1(I, \mathbb{C}^n)$ von b gilt dann $(u - v)' = 0$, und aus Lemma 5.11 folgt $u = v + c$, $c \in \mathbb{C}^n$.

b) Im allgemeinen Fall wählen wir ein *Fundamentalsystem* $\Phi \in \mathcal{C}^\infty(I, \mathbb{M}_\mathbb{C}(n))$ des homogenen Systems $y' = A^\top y$, das also $\Phi' = A^\top \Phi$ erfüllt (vgl. [Kaballo 1997], 36.3). Für $\Psi := \Phi^\top$ gilt dann $\Psi' = \Psi A$, und es folgt

$$(\Psi u)' \;=\; \Psi u' + \Psi' u \;=\; \Psi\,(u' + Au) \;=\; \Psi b \in \mathcal{C}(I, \mathbb{C}^n).$$

Nach a) hat man $\Psi u \in \mathcal{C}^1(I, \mathbb{C}^n)$, und wegen der Invertierbarkeit von Ψ folgt auch $u \in \mathcal{C}^1(I, \mathbb{C}^n)$. $\Diamond$

Satz 5.12 gilt entsprechend auch für Distributionslösungen gewöhnlicher linearer Differentialgleichungssysteme höherer Ordnung, da diese in Systeme erster Ordnung transformiert werden können (vgl. [Kaballo 1997], 36.8).

Das Beispiel der Wellengleichung zeigt, dass Satz 5.12 für Distributionslösungen *partieller* Differentialgleichungen *i. A. nicht richtig* ist. Jedoch zeigte H. Weyl im Jahre 1940, dass im Fall des *Laplace-Operators* jede Distributionslösung $u \in \mathscr{D}'(\Omega)$ einer Gleichung $\Delta u = f \in \mathcal{C}^\infty(\Omega)$ in $\mathcal{C}^\infty(\Omega)$ liegt *(Weylsches Lemma)*. Dies gilt allgemeiner auch für *elliptische* Differentialgleichungen aufgrund von Satz 5.17 unten; dies motiviert die Bezeichnung des folgenden wichtigen Konzepts:

Definition. *Es sei $\Omega \subseteq \mathbb{R}^n$ offen. Ein linearer Differentialoperator $P(x, D)$ mit Koeffizienten in $\mathcal{C}^\infty(\Omega)$ heißt* hypoelliptisch, *falls für jede Distribution $u \in \mathscr{D}'(\Omega)$ aus $P(x, D)u \in \mathcal{C}^\infty(\Omega)$ auch stets $u \in \mathcal{C}^\infty(\Omega)$ folgt.*

Hypoelliptische Differentialoperatoren wurden von L. Hörmander 1955 eingeführt und untersucht. Im Fall konstanter Koeffizienten lautet eine zur Hypoelliptizität äquivalente Bedingung:

$$|z_k| \to \infty \;\Rightarrow\; |\operatorname{Im} z_k| \to \infty \;\text{ für jede Folge } (z_k) \text{ in } \mathbb{C}^n \text{ mit } P(z_k) = 0. \tag{38}$$

Die *Notwendigkeit* dieser Bedingung folgt aus dem *Graphensatz* 1.18:

Satz 5.13 (Hörmander)

Für ein $R > 0$ gelte die Regularitätsaussage

$$N_R(P) := \{u \in L_1(U_R(0)) \mid P(D)u = 0\} \subseteq C^\infty(U_R(0)).$$

Dann folgt Bedingung (38), genauer

$$|z| \leq C\, e^{2R|\operatorname{Im} z|} \quad \text{für} \quad z \in \mathbb{C}^n \quad \text{mit} \quad P(z) = 0. \tag{39}$$

BEWEIS. a) Für eine Folge (u_k) in $N_R(P)$ gelte $u_k \to u$ in $L_1(U_R(0))$. Dann folgt auch $P(D)u = \lim\limits_{k\to\infty} P(D)u_k = 0$ in $\mathscr{D}'(\Omega)$, also $u \in N_R(P)$. Somit ist der Raum $N_R(P)$ in $L_1(U_R(0))$ abgeschlossen und daher ein Banachraum. Die Inklusionsabbildung $i : N_R(P) \to C^\infty(U_R(0))$ besitzt offenbar einen abgeschlossenen Graphen, ist nach Satz 1.18 also *stetig*. Zu $K := \overline{U}_{R/2}(0)$ gibt es daher $C_1 > 0$ mit

$$\sum_{j=1}^{n} \sup_{x \in K} |D_j f(x)| \leq C_1 \int_{U_R(0)} |f(x)|\,dx, \quad f \in N_R(P). \tag{40}$$

b) Für $z \in \mathbb{C}^n$ mit $P(z) = 0$ gilt $e^{i\langle z|x\rangle} \in N_R(P)$; aus (40) folgt daher

$$\sum_{j=1}^{n} \sup_{x \in K} |z_j e^{i\langle z|x\rangle}| = \sum_{j=1}^{n} |z_j| \sup_{x \in K} e^{-\langle \operatorname{Im} z|x\rangle} \leq C_1 \int_{U_R(0)} e^{-\langle \operatorname{Im} z|x\rangle}\,dx,$$

also $\sum\limits_{j=1}^{n} |z_j|\, e^{-\frac{R}{2}|\operatorname{Im} z|} \leq C_1 C_R\, e^{R|\operatorname{Im} z|}$ und somit (39). $\quad\Diamond$

Die Umkehrung von Satz 5.13 ist wesentlich schwieriger zu beweisen; dafür und für weitere Äquivalenzen zur Hypoelliptizität sei auf [Hörmander 1983b], Abschnitt 11.1 verwiesen. Eine dieser äquivalenten Bedingungen lautet:

$$\lim_{|\xi|\to\infty} \frac{P^\alpha(\xi)}{P(\xi)} = 0 \quad \text{für} \quad \alpha \neq 0.$$

Beispiele. a) Der Wellenoperator $\partial_t^2 - c^2 \Delta_x$ im $\mathbb{R}^{n+1}$ und auch der *Schrödinger-Operator* $-i\partial_t - \frac{\hbar^2}{2m}\Delta_x$ eines freien Teilchens in 3 Raumdimensionen erfüllen Bedingung (38) nicht, sie sind also nicht hypoelliptisch.

b) Die Operatoren $\partial_{\bar{z}}$, Δ und $\partial_t - \alpha \Delta_x$ erfüllen Bedingung (38). Die Hypoelliptizität dieser Operatoren ergibt sich ohne Verwendung der Umkehrung von Satz 5.13 aus der Tatsache, dass sie Fundamentallösungen besitzen, die *außerhalb des Nullpunktes C^∞-Funktionen* sind. Es genügt sogar die Existenz einer *Parametrix* mit dieser Eigenschaft:

Definition. *Eine Distribution $E \in \mathscr{D}'(\mathbb{R}^n)$ heißt* Parametrix *des Differentialoperators $P(D)$, wenn $P(D)E - \delta \in C^\infty(\mathbb{R}^n)$ gilt.*

Eine Fundamentallösung von $P(D)$ ist natürlich auch eine Parametrix von $P(D)$.

Satz 5.14

Für einen Differentialoperator $P(D)$ mit konstanten Koeffizienten sind äquivalent:

(a) $P(D)$ ist hypoelliptisch.

(b) $P(D)$ besitzt eine Fundamentallösung $E \in \mathcal{D}'(\mathbb{R}^n)$, die auf $\mathbb{R}^n \backslash \{0\}$ eine $\mathcal{C}^\infty$-Funktion ist.

(c) $P(D)$ hat eine Parametrix $E \in \mathcal{D}'(\mathbb{R}^n)$, die auf $\mathbb{R}^n \backslash \{0\}$ eine $\mathcal{C}^\infty$-Funktion ist.

BEWEIS. „(a) $\Rightarrow$ (b)" folgt aus dem Satz von Malgrange-Ehrenpreis und der Definition der Hypoelliptizität wegen $P(D)E = 0$ auf $\mathbb{R}^n \backslash \{0\}$.

„(b) $\Rightarrow$ (c)" ist klar.

„(c) $\Rightarrow$ (a)": ① Es seien $\Omega \subseteq \mathbb{R}^n$ offen und $u \in \mathcal{D}'(\Omega)$ mit $P(D)u \in \mathcal{C}^\infty(\Omega)$. Ist $\mathfrak{O}$ eine Überdeckung von Ω aus offenen und in Ω relativ kompakten Mengen mit untergeordneter $\mathcal{C}^\infty$-Zerlegung der Eins $\{\alpha_j\}$, so gilt $u = \sum_j \alpha_j u$, und es genügt, $u|_\omega \in \mathcal{C}^\infty(\omega)$ für alle $\omega \in \mathfrak{O}$ zu zeigen.

② Dazu sei $h := P(D)E - \delta \in \mathcal{C}^\infty(\mathbb{R}^n)$. Wir wählen $\eta \in \mathcal{D}(\Omega)$ mit $\eta = 1$ nahe $\overline{\omega}$. Es folgt $\eta u \in \mathcal{E}'(\mathbb{R}^n)$, und man hat $P(D)(\eta u) = \eta P(D)u + v$ mit $\eta P(D)u \in \mathcal{D}(\mathbb{R}^n)$ und $v = P(D)(\eta u) - \eta P(D)u = 0$ nahe $\overline{\omega}$. Es folgt

$$\eta u \;=\; \delta * (\eta u) \;=\; (P(D)E - h) * (\eta u) \;=\; E * (P(D)(\eta u)) - h * (\eta u)$$
$$=\; E * (\eta P(D)u) - h * (\eta u) + E * v,$$

und nach Satz 2.20 ist $E * (\eta P(D)u) - h * (\eta u) \in \mathcal{C}^\infty(\mathbb{R}^n)$.

③ Wir wählen $\varepsilon > 0$ mit $(\operatorname{supp} v)_\varepsilon \cap \overline{\omega} = \emptyset$ und $\chi \in \mathcal{D}(U_\varepsilon(0))$ mit $\chi = 1$ nahe 0. Dann ist $E_\varepsilon := (1 - \chi)E \in \mathcal{C}^\infty(\mathbb{R}^n)$ und somit auch $E_\varepsilon * v \in \mathcal{C}^\infty(\mathbb{R}^n)$ wiederum nach Satz 2.20. Nach Satz 2.18 gilt aber $\operatorname{supp}((\chi E) * v) \subseteq (\operatorname{supp} v)_\varepsilon$, und daher folgt $E * v|_\omega = E_\varepsilon * v|_\omega \in \mathcal{C}^\infty(\omega)$ und mittels b) auch $u|_\omega = \eta u|_\omega \in \mathcal{C}^\infty(\omega)$. $\qquad\qquad \Diamond$

Insbesondere sind also der Cauchy-Riemann-Operator, der Laplace-Operator und der Wärmeleitungsoperator hypoelliptisch.

Folgerung. Eine *holomorphe* bzw. *harmonische Distribution* auf einer offenen Menge $\Omega \subseteq \mathbb{C}$ bzw. $\Omega \subseteq \mathbb{R}^n$ ist eine holomorphe bzw. harmonische *Funktion* auf Ω.

Eine Menge $B \subseteq \mathcal{D}(\Omega)$ heißt *beschränkt*, wenn es eine kompakte Menge $K \subseteq \Omega$ gibt, sodass B in dem Fréchetraum $\mathcal{D}(K)$ beschränkt ist (vgl. dazu auch Satz 7.18 auf S. 159). Die Bornologie der beschränkten Mengen in $\mathcal{D}(\Omega)$ definiert die *starke Topologie* auf dem Raum der Distributionen (vgl. S. 16), den wir damit als $\mathcal{D}'_\beta(\Omega)$ bezeichnen. Der Beweis von Satz 5.14 liefert nun auch:

Satz 5.15

Auf dem Kern $N_\Omega(P(D)) \subseteq \mathcal{E}(\Omega)$ eines hypoelliptischen Operators $P(D)$ stimmen die von den lokalkonvexen Räumen $\mathcal{E}(\Omega)$ und $\mathcal{D}'_\beta(\Omega)$ induzierten Topologien überein.

BEWEIS. Für ein Netz (u_α) in $N_\Omega(P(D))$ gelte $u_\alpha \to 0$ in $\mathscr{D}'_\beta(\Omega)$. Für eine offene Menge $\omega \Subset \Omega$ wählen wir $\eta \in \mathscr{D}(\Omega)$ mit $\eta = 1$ nahe $\overline{\omega}$. Für eine in $\mathcal{E}(\mathbb{R}^n)$ beschränkte Menge B ist ηB in $\mathscr{D}(\operatorname{supp}\eta) \subseteq \mathscr{D}(\Omega)$ beschränkt, und daher gilt $\eta u_\alpha \to 0$ in $\mathcal{E}'_\beta(\mathbb{R}^n)$. Damit folgt auch $v_\alpha := P(D)(\eta u_\alpha) \to 0$ in $\mathcal{E}'_\beta(\mathbb{R}^n)$, und es ist $v_\alpha = 0$ auf einer Umgebung V von $\overline{\omega}$. Es gibt also $\varepsilon > 0$ mit $(\operatorname{supp} v_\alpha)_\varepsilon \cap \overline{\omega} = \emptyset$ für alle α. Wir wählen $\chi \in \mathscr{D}(U_\varepsilon(0))$ mit $\chi = 1$ nahe 0; mit einer Fundamentallösung $E \in \mathcal{D}'(\mathbb{R}^n)$ von $P(D)$ ist dann $E_\varepsilon := (1-\chi)E \in \mathcal{E}(\mathbb{R}^n)$. Für eine kompakte Menge $K \subseteq \omega$ und $\gamma \in \mathbb{N}_0^n$ sind die Funktionen $\{\psi_x : y \mapsto \partial^\gamma E_\varepsilon(x-y) \mid x \in K\}$ in dem Fréchetraum $\mathcal{E}(\mathbb{R}^n)$ beschränkt, und wegen $(\chi E) * v_\alpha = 0$ auf ω folgt

$$\partial^\gamma u_\alpha(x) = \partial^\gamma(\eta u_\alpha)(x) = \partial^\gamma(E_\varepsilon * v_\alpha)(x) = v_\alpha^y(\partial^\gamma E_\varepsilon(x-y)) \to 0$$

gleichmäßig auf K. ◇

Bemerkungen. a) Insbesondere stimmen auf $N_\Omega(P(D))$ die von den Frécheträumen $\mathcal{E}(\Omega)$, $\mathcal{C}(\Omega)$ und $H^{s,\mathrm{loc}}(\Omega)$ (für $s \in \mathbb{R}$) induzierten Topologien überein. Diese Aussagen ergeben sich auch unmittelbar aus dem *Graphensatz* 1.18.

b) Für eine *Folge* von Funktionen in $N_\Omega(P(D))$ folgt $u_j \to 0$ in $\mathcal{E}(\Omega)$ bereits aus der Annahme $u_j \to 0$ in $\mathscr{D}'_\sigma(\Omega)$. Aus $\eta u_j \to 0$ in $\mathcal{E}'_\sigma(\mathbb{R}^n)$ folgt in der Tat auch $\eta u_j \to 0$ in $\mathcal{E}'_\beta(\mathbb{R}^n)$ aufgrund des *Satzes von Banach-Steinhaus* 1.14 und der *Montel-Eigenschaft* des Raumes $\mathcal{E}(\mathbb{R}^n)$ (vgl. Aufgabe 1.10).

Hypoelliptische Operatoren mit variablen Koeffizienten.   Ein Differentialoperator $P(x, D)$ konstanter Stärke ist genau dann hypoelliptisch, wenn $P(\lambda, D)$ *für ein* $\lambda \in \Omega$ (und dann auch *für alle* $\lambda \in \Omega$) hypoelliptisch ist, vgl. [Hörmander 1983b], Theorem 13.4.4. Der Operator $\partial_x^2 + x\partial_y - \partial_t$ ist hypoelliptisch, jedoch nicht von konstanter Stärke und für festes x *nicht* hypoelliptisch.

5.5   Elliptische Differentialoperatoren

Distributionslösungen der Gleichungen $\partial_{\bar{z}} u = 0$ und $\Delta u = 0$ sind also *analytische* Funktionen. Allgemeiner zeigen wir in diesem Abschnitt die *reelle Analytizität* von Lösungen *elliptischer* Differentialgleichungen (Theorem 5.20) mit Hilfe von *Regularitätsaussagen* im Rahmen von *Sobolev-Räumen*.

Definition. *Es sei* $\Omega \subseteq \mathbb{R}^n$ *offen. Ein linearer Differentialoperator* $P(x, D) = \sum_{|\alpha| \le m} a_\alpha(x) D^\alpha$ *der Ordnung* $m \ge 1$ *mit Koeffizienten in* $\mathcal{C}^\infty(\Omega)$ *heißt elliptisch, falls* $P_m(x, \xi) = \sum_{|\alpha|=m} a_\alpha(x) \xi^\alpha \ne 0$ *für alle* $x \in \Omega$ *und Vektoren* $\xi \in \mathbb{R}^n \setminus \{0\}$ *gilt.*

Elliptische Differentialoperatoren besitzen konstante Stärke, vgl. Aufgabe 5.14. Wir betrachten zunächst Operatoren mit konstanten Koeffizienten. Die Bezeichnung „elliptisch" ist durch die Tatsache motiviert, dass im Fall $n = m = 2$ die *Niveaulinien* $\{\xi \in \mathbb{R}^2 \mid P(\xi) = c\}$ eines reellen elliptischen Polynoms P (leer, einpunktig oder) *Ellipsen* sind.

Lemma 5.16

Für einen elliptischen Operator $P(D)$ der Ordnung m gilt:

$$\exists \, R > 0, \, c > 0 \; \forall \, \xi \in \mathbb{R}^n \; : \; |\xi| \geq R \Rightarrow |P(\xi)| \geq c|\xi|^m. \tag{41}$$

BEWEIS. Es gilt $|P_m(\xi)| \geq \gamma > 0$ für $|\xi| = 1$, also $|P_m(\xi)| \geq \gamma|\xi|^m$ für $\xi \in \mathbb{R}^n$. Für genügend große $|\xi|$ folgt daraus

$$|P(\xi)| \geq |P_m(\xi)| - \sum_{|\alpha| < m} |a_\alpha \xi^\alpha| \geq \gamma|\xi|^m - \beta \langle \xi \rangle^{m-1} \geq \tfrac{\gamma}{2}|\xi|^m. \quad \Diamond$$

Satz 5.17

Ein elliptischer Differentialoperator $P(D)$ besitzt eine Parametrix in $\mathcal{S}'(\mathbb{R}^n)$, die auf $\mathbb{R}^n \backslash \{0\}$ eine $\mathcal{C}^\infty$-Funktion ist. Insbesondere ist $P(D)$ hypoelliptisch.

BEWEIS. a) Mit $R > 0$ aus (41) wählen wir $\chi \in \mathscr{D}(\mathbb{R}^n)$ mit $\chi(\xi) = (2\pi)^{-\frac{n}{2}}$ für $|\xi| \leq R$. Dann ist $h := ((2\pi)^{-\frac{n}{2}} - \chi) \frac{1}{P}$ eine beschränkte $\mathcal{C}^\infty$-Funktion auf $\mathbb{R}^n$, und wir definieren $E := \mathcal{F}^{-1}h \in \mathcal{S}'(\mathbb{R}^n)$. Mit $\psi := \mathcal{F}^{-1}\chi \in \mathcal{S}(\mathbb{R}^n)$ gilt

$$\mathcal{F}(P(D)E) \; = \; P(\xi)\mathcal{F}(E) \; = \; (2\pi)^{-\frac{n}{2}} - \chi \; = \; \mathcal{F}(\delta - \psi),$$

also $P(D)E = \delta - \psi$.

b) Für $|\xi| \geq R$ zeigt man induktiv $D^\alpha \frac{1}{P(\xi)} = \frac{Q_\alpha(\xi)}{P(\xi)^{|\alpha|+1}}$ mit Polynomen Q_α vom Grad $\leq (m-1)|\alpha|$. Wegen (41) gelten folglich Abschätzungen

$$|\xi^\beta D^\alpha \tfrac{1}{P(\xi)}| \; \leq \; C_{\alpha\beta}|\xi|^{|\beta|-|\alpha|-m} \quad \text{für } |\xi| \geq R,$$

und insbesondere ist $(-\xi)^\beta D^\alpha h \in L_1(\mathbb{R}^n)$ für $|\alpha| > n + |\beta| - m$. Folglich ist $D^\beta(x^\alpha E) = \mathcal{F}^{-1}((-\xi)^\beta D^\alpha h)$ eine stetige Funktion für diese Indizes, und daraus folgt $x^\alpha E \in \mathcal{C}^k(\mathbb{R}^n)$ für $|\alpha| > n + k - m$ (vgl. Aufgabe 5.15). Insbesondere ist E auf $\mathbb{R}^n \backslash \{0\}$ eine $\mathcal{C}^\infty$-Funktion.

c) Die letzte Aussage folgt nun sofort aus Satz 5.14. $\hspace{3cm} \Diamond$

Die Faltung mit der in Satz 5.17 konstruierten Parametrix von $P(D)$ kann als *Pseudodifferentialoperator* mit Symbol $h(\xi) \sim \frac{1}{P(\xi)}$ für große $|\xi|$ interpretiert werden. Auch für elliptische Operatoren mit variablen Koeffizienten lassen sich in ähnlicher Weise Parametrizes konstruieren; dazu sei auf die auf S. 62 angegebene Literatur verwiesen.

Die Hypoelliptizität elliptischer Operatoren kann wegen $\mathcal{C}^\infty(\Omega) = \bigcap_{s \in \mathbb{R}} H^{s,\mathrm{loc}}(\Omega)$ aufgrund des Sobolevschen Einbettungssatzes 4.11 durch die folgende Regularitätsaussage im Rahmen von *Sobolev-Räumen* „quantifiziert" werden:

Satz 5.18

Es sei $P(D)$ ein elliptischer Operator der Ordnung m.

a) Es sei $u \in S'(\mathbb{R}^n)$ mit $\widehat{u} \in L_2^{\mathrm{loc}}(\mathbb{R}^n)$ und $P(D)u \in H^s(\mathbb{R}^n)$ für ein $s \in \mathbb{R}$. Dann folgt $u \in H^{s+m}(\mathbb{R}^n)$.

b) Es seien $\Omega \subseteq \mathbb{R}^n$ eine offene Menge und $u \in \mathscr{D}'(\Omega)$ mit $P(D)u \in H^{s,\mathrm{loc}}(\Omega)$ für ein $s \in \mathbb{R}$. Dann folgt $u \in H^{s+m,\mathrm{loc}}(\Omega)$.

BEWEIS. a) Nach (41) gilt $\langle \xi \rangle^{s+m} |\widehat{u}(\xi)| \leq C \langle \xi \rangle^s |P(\xi)\widehat{u}(\xi)|$ für $|\xi| \geq R$, also $\lambda^{s+m} \widehat{u} \in L_2(\mathbb{R}^n)$.

b) Für $\varphi_0 \in \mathscr{D}(\Omega)$ wählen wir zunächst $\chi \in \mathscr{D}(\Omega)$ mit $\chi = 1$ nahe $\mathrm{supp}\,\varphi_0$. Nach dem Beispiel auf S. 85 gilt $\chi u \in H^t(\mathbb{R}^n)$ für ein geeignetes $t \in \mathbb{R}$. Für $r > s-t+m$ wählen wir nun Testfunktionen $\varphi_1, \ldots, \varphi_r \in \mathscr{D}(\Omega)$ mit $\varphi_j = 1$ nahe $\mathrm{supp}\,\varphi_{j-1}$ und $\chi = 1$ nahe $\mathrm{supp}\,\varphi_r$. Nach Lemma 4.12 gilt dann auch $\varphi_j u \in H^t(\mathbb{R}^n)$ für alle $0 \leq j \leq r$. Die Leibniz-Regel (2.27) liefert

$$P(D)(\varphi_{r-1}u) = \varphi_{r-1}P(D)u + w \quad \text{mit} \quad w = \sum_{0 < |\alpha| \leq m} \frac{1}{\alpha!}(D^\alpha \varphi_{r-1})\, P^{(\alpha)}(D)(\varphi_r u).$$

Wegen $\deg P^{(\alpha)}(D) \leq m-1$ für $\alpha \neq 0$ hat man $w \in H^{t-m+1}(\mathbb{R}^n)$. Für $s \geq t-m+1$ ist wegen $\varphi_{r-1}P(D)u \in H^s(\mathbb{R}^n)$ auch $P(D)(\varphi_{r-1}u) \in H^{t-m+1}(\mathbb{R}^n)$, und a) liefert $\varphi_{r-1}u \in H^{t+1}(\mathbb{R}^n)$.

Mittels Iteration dieses Arguments erhalten wir $\varphi_{r-k}u \in H^{t+k}(\mathbb{R}^n)$ für $k = [s-t+m]$; nochmalige Anwendung ergibt $P(D)(\varphi_0 u) \in H^s(\mathbb{R}^n)$ und somit $\varphi_0 u \in H^{s+m}(\mathbb{R}^n)$ aufgrund von a). $\diamondsuit$

Über *beschränkten* offenen Mengen existieren stetige lineare *Lösungsoperatoren* auf den Hilberträumen $H^s(\Omega)$:

Satz 5.19

Es seien $\Omega \subseteq \mathbb{R}^n$ eine beschränkte offene Menge, $P(D)$ ein Differentialoperator der Ordnung $m \in \mathbb{N}$ mit konstanten Koeffizienten und $s \in \mathbb{R}$.

a) Es gibt einen stetigen linearen Operator $R : H^s(\Omega) \to H^s(\Omega)$ mit $P(D)Rf = f$ für $f \in H^s(\Omega)$ und $RP(D)\varphi = \varphi$ für $\varphi \in \mathscr{D}(\Omega)$.

b) Im elliptischen Fall ist R sogar stetig von $H^s(\Omega)$ nach $H^{s+m}(\Omega)$; insbesondere ist $P(D) : H^{s+m}(\Omega) \to H^s(\Omega)$ ein surjektiver stetiger linearer Operator.

BEWEIS. a) Wir verwenden den Fortsetzungsoperator $E_\Omega^s : H^s(\Omega) \to H^s(\mathbb{R}^n)$ aus Formel (4.10); es gilt $E_\Omega^s \varphi = \varphi$ für $\varphi \in \mathscr{D}(\Omega)$. Wegen der Beschränktheit von Ω gibt es $\chi \in \mathscr{D}(\mathbb{R}^n)$ mit $\chi = 1$ nahe $\overline{\Omega}$. Mit der in (30) konstruierten Fundamentallösung $E \in \mathscr{D}'(\mathbb{R}^n)$ von $P(D)$ setzen wir

$$Rf := (E * E_\Omega^s f)|_\Omega \quad \text{für} \quad f \in H^s(\Omega).$$

Nach Satz 5.10 gilt $E * E_\Omega^s f \in H^{s,\mathrm{loc}}(\mathbb{R}^n)$, und wegen (32) ist $R : H^s(\Omega) \to H^s(\Omega)$ stetig. Schließlich gilt $P(D)Rf = f$ für $f \in H^s(\Omega)$ und $RP(D)\varphi = \varphi$ für $\varphi \in \mathscr{D}(\Omega)$ aufgrund von Satz 5.3.

b) Ist $P(D)$ elliptisch, so gilt $Rf \in H^{s+m}(\Omega)$ für alle $f \in H^s(\Omega)$ nach Satz 5.18, und aufgrund des Graphensatzes ist $R : H^s(\Omega) \to H^{s+m}(\Omega)$ stetig. $\qquad\qquad\qquad \Diamond$

Insbesondere gelten Abschätzungen

$$\| \varphi \|_{H^s} \leq C \| P(D)\varphi \|_{H^s} \quad \text{für alle } \varphi \in \mathscr{D}(\Omega), \tag{42}$$

im elliptischen Fall sogar

$$\| \varphi \|_{H^{s+m}} \leq C \| P(D)\varphi \|_{H^s} \quad \text{für alle } \varphi \in \mathscr{D}(\Omega). \tag{43}$$

Ein wichtiger Spezialfall von Satz 5.19 ist natürlich $s = 0$; dann gilt $H^0(\Omega) = L_2(\Omega)$. Nach Satz 4.17 hat man im Fall eines $\mathcal{C}^k$-Randes $H^s(\Omega) = W^s(\Omega)$ für $0 \leq s \leq k$.

Reell-analytische Funktionen. Es sei $\Omega \subseteq \mathbb{R}^n$ offen. Eine Funktion $f \in \mathcal{C}^\infty(\Omega)$ heißt *reell-analytisch*, falls für alle Punkte $x_0 \in \Omega$ die Taylor-Reihe von f in einer Umgebung von x_0 gegen f konvergiert. Aufgrund von Restglied-Formeln ist dies äquivalent zu (vgl. [Kaballo 1997], 28.9)

$$\forall\, x_0 \in \Omega\ \exists\, \delta, A, C > 0\ \forall\, \alpha \in \mathbb{N}_0^n\ : \quad \sup_{|x - x_0| \leq \delta} |D^\alpha f(x)| \leq C\, A^{|\alpha|}\, \alpha!. \tag{44}$$

Wegen $(\frac{n}{3})^n \leq n! \leq (\frac{n}{2})^n$ für $n \geq 6$ können wir auch $\alpha!$ durch $|\alpha|^{|\alpha|}$ ersetzen. Wegen

$$\sup_{|x - x_0| \leq \delta} |h(x)| \leq M \| h \|_{W^n(U_\delta(x_0))}$$

aufgrund von Theorem 4.11 und Satz 4.17 können wir in (44) an Stelle der sup-Normen auch L_2-Normen verwenden.

Das folgende Resultat gilt auch für elliptische Operatoren mit reell-analytischen Koeffizienten (vgl. [Hörmander 1964], Theorem 7.5.1):

Theorem 5.20
Es seien $P(D)$ ein elliptischer Differentialoperator, $\Omega \subseteq \mathbb{R}^n$ offen und $u \in \mathscr{D}'(\Omega)$, sodass $f := P(D)u$ eine reell-analytische Funktion auf Ω ist. Dann ist auch u eine reell-analytische Funktion auf Ω.

BEWEIS. a) Nach Satz 5.17 ist zunächst $u \in \mathcal{C}^\infty(\Omega)$. Für $f = P(D)u$ gilt Aussage (44), wobei wir $\delta \leq 1$ annehmen können. Für $U := U_\delta(x_0)$ ist natürlich $\overline{U} \subseteq \Omega$. Für $0 < \varepsilon < \delta$ setzen wir $U^\varepsilon := U_{\delta-\varepsilon}(x_0)$ und

$$N_\varepsilon(h) := \left(\int_{U^\varepsilon} |h(x)|^2\, dx \right)^{1/2} \quad \text{für } h \in \mathcal{C}^\infty(U).$$

b) Wir zeigen nun Folgendes: Es gibt $M = M(\delta) > 0$, sodass für $\varepsilon, \varepsilon' > 0$ mit $\varepsilon + \varepsilon' < \delta$, für $|\alpha| \leq m := \deg P$ und $h \in \mathcal{C}^\infty(U)$ gilt:

$$\varepsilon^{|\alpha|} N_{\varepsilon+\varepsilon'}(D^\alpha h) \leq M\left(\varepsilon^m N_{\varepsilon'}(P(D)h) + \sum_{|\beta|<m} \varepsilon^{|\beta|} N_{\varepsilon'}(D^\beta h)\right). \qquad (45)$$

Nach Satz 2.6 gibt es $\chi \in \mathscr{D}(U^{\varepsilon'})$ mit $\chi = 1$ nahe $U^{\varepsilon+\varepsilon'}$ und

$$|D^\alpha \chi(x)| \leq M_\alpha \varepsilon^{-|\alpha|} \quad \text{für alle } x \in U_{\varepsilon'} \text{ und } \alpha \in \mathbb{N}_0^n. \qquad (46)$$

Mit Abschätzung (43) für $s = 0$ über $\Omega := U$ folgt nun

$$\begin{aligned}
N_{\varepsilon+\varepsilon'}(D^\alpha h) &\leq N_{\varepsilon'}(D^\alpha(\chi h)) \leq M_0 N_{\varepsilon'}(P(D)(\chi h)) \\
&\leq M_0 \sum_{|\gamma|\leq m} \tfrac{1}{\gamma!} M_\gamma \varepsilon^{-|\gamma|} N_{\varepsilon'}(P^{(\gamma)}(D)h)
\end{aligned}$$

wegen (46) und der Leibniz-Regel. Für $|\alpha| = m$ ergibt sich daraus (45) durch Multiplikation mit ε^m; für $|\alpha| < m$ ist dies ohnehin klar.

c) Nun zeigen wir folgende Abschätzung:

$$\exists\, B > 0 \; \forall\, \varepsilon > 0,\, j \in \mathbb{N} \; \forall\, |\alpha| < m + j \; : \; \varepsilon^{|\alpha|} N_{j\varepsilon}(D^\alpha u) \leq B^{|\alpha|+1}. \qquad (47)$$

① Wegen $\delta \leq 1$ ist $U^{j\varepsilon} = \emptyset$ für $j\varepsilon > 1$. Für $f = P(D)u$ gilt (44), also

$$\varepsilon^{|\alpha|} N_{\varepsilon|\alpha|}(D^\alpha f) \leq |\alpha|^{-|\alpha|} C A^{|\alpha|} \alpha! \leq C A^{|\alpha|} \leq A^{|\alpha|+1} \qquad (48)$$

(mit o. E. $C \leq A$), da nur die Indizes α mit $\varepsilon|\alpha| \leq 1$ zu berücksichtigen sind.

② Wir wählen nun $B > \max\{1, A, M(C_1 + 1)\}$ so groß, dass (47) für $j = 1$ gilt; hierbei ist C_1 die Anzahl der Multiindizes mit Betrag $\leq m$.

③ Nun folgern wir aus der Gültigkeit von (47) für j die für $j + 1$ und müssen dazu nur Indizes mit $|\alpha| = m + j$ betrachten. Wir schreiben $\alpha = \alpha' + \alpha''$ mit $|\alpha'| = j$ und $|\alpha''| = m$. Nun wenden wir (45) mit $\varepsilon' := j\varepsilon$ auf $h := D^{\alpha'} u$ und α'' statt α an und erhalten

$$\varepsilon^{|\alpha''|} N_{(j+1)\varepsilon}(D^\alpha u) \leq M\left(\varepsilon^m N_{j\varepsilon}(P(D)D^{\alpha'} u) + \sum_{|\beta|<m} \varepsilon^{|\beta|} N_{j\varepsilon}(D^\beta D^{\alpha'} u)\right).$$

Wegen $P(D)D^{\alpha'} u = D^{\alpha'} f$ folgt nach Multiplikation mit $\varepsilon^{|\alpha'|}$ mittels Induktionsvoraussetzung und (48) weiter

$$\begin{aligned}
\varepsilon^{|\alpha|} N_{(j+1)\varepsilon}(D^\alpha u) &\leq M\left(\varepsilon^{m+j} N_{j\varepsilon}(D^{\alpha'} f) + C_1 B^{m+j}\right) \\
&\leq M\left(A^{j+1} + C_1 B^{m+j}\right) \leq B^{m+j+1}.
\end{aligned}$$

d) Somit ist (47) gezeigt. Für $\alpha \in \mathbb{N}_0^n$ wählen wir nun $j = |\alpha|$ und $\varepsilon = \frac{\delta}{2j}$. Es folgt

$$N_{\delta/2}(D^\alpha u) \leq B^{|\alpha|+1}\,\varepsilon^{-|\alpha|} \leq (\tfrac{2B}{\delta})^{|\alpha|+1}\,|\alpha|^{|\alpha|} \quad \text{für alle} \ \alpha \in \mathbb{N}_0^n$$

und somit die Behauptung. $\diamond$

Theorem 5.20 gilt nicht für den hypoelliptischen Wärmeleitungsoperator; dessen Null-lösungen liegen allerdings in der Gevrey-Klasse $\mathcal{E}^{\{2\}}$ (vgl. S. 41 und Aufgabe 5.17).

5.6 Randwertprobleme

In diesem Abschnitt gehen wir kurz auf *Randwertprobleme* ein. Eine umfassendere Darstellung dieses Themas ginge weit über den Rahmen dieses Buches hinaus; dazu sei etwa auf [Treves 1975], [Wloka 1982], [Gilbarg und Trudinger 1983], [Hörmander 1985a] oder [Wloka et al. 1997] verwiesen. Hier suchen wir *schwache Lösungen* von *Dirichlet-Problemen*

$$-\sum_{|\alpha|\leq 2} a_\alpha(x)\,\partial^\alpha u = f, \quad u|_{\partial\Omega} = 0, \tag{49}$$

für *gleichmäßig elliptische* Differentialoperatoren mit glatten Koeffizienten.

Gleichmäßig elliptische Operatoren. a) Es seien $\Omega \subseteq \mathbb{R}^n$ eine beschränkte offene Menge und $a_\alpha \in \overline{C}^\infty(\Omega)$ für $|\alpha| \leq 2$. Der Differentialoperator zweiter Ordnung

$$L := -\sum_{|\alpha|\leq 2} a_\alpha(x)\,\partial^\alpha$$

heißt *gleichmäßig elliptisch* auf Ω, falls es $\mu > 0$ gibt mit

$$\sum_{|\alpha|=2} a_\alpha(x)\,\xi^\alpha \geq \mu\,|\xi|^2 \quad \text{für alle} \ x \in \Omega \ \text{und} \ \xi \in \mathbb{R}^n. \tag{50}$$

Wichtige Beispiele sind natürlich elliptische Operatoren mit konstanten Koeffizienten.

b) Durch Ausschreiben der Multiindizes erhalten wir mit $a_{ij} = a_{ji} \in \overline{C}^\infty(\Omega, \mathbb{R})$

$$L = -\sum_{i,j=1}^n a_{ij}(x)\,\partial_i\,\partial_j + \sum_{k=1}^n d_k(x)\,\partial_k + c(x), \quad \text{also}$$

$$L = -\sum_{i,j=1}^n \partial_i(a_{ij}(x)\,\partial_j) + \sum_{k=1}^n b_k(x)\,\partial_k + c(x) \quad \text{mit} \tag{51}$$

$$b_k(x) = d_k(x) + \sum_{i=1}^n \partial_i\,a_{ik}(x) \quad \text{für} \ k = 1,\dots,n.$$

Die Bedingung der gleichmäßigen Elliptizität lautet dann

$$\sum_{i,j=1}^n a_{ij}(x)\,\xi_i\,\xi_j \geq \mu\,|\xi|^2 \quad \text{für} \ x \in \Omega,\ \xi \in \mathbb{R}^n,$$

und daraus folgt leicht

$$\sum_{i,j=1}^{n} a_{ij}(x)\,\xi_i\,\overline{\xi_j} \;\geq\; \mu\,|\xi|^2 \quad \text{für } x \in \Omega,\; \xi \in \mathbb{C}^n. \tag{52}$$

In diesem Abschnitt betrachten wir nur den Fall $b_k = 0$ für $k = 1,\dots,n$, nämlich *Operatoren in Divergenzform*

$$A \;=\; -\sum_{i,j=1}^{n} \partial_i(a_{ij}(x)\,\partial_j) + c(x) \quad \text{mit } c(x) \geq 0 \text{ auf } \Omega. \tag{53}$$

Wir untersuchen das Dirichlet-Problem (49) hier einfach mit Hilfe des *Rieszschen Darstellungssatzes* 1.11 und des *Spektralsatzes für kompakte selbstadjungierte Operatoren* (vgl. [GK], Theorem 12.5 und S. 393). In Abschnitt 16.6 gehen wir dann auf A als *unbeschränkten selbstadjungierten Operator* in $L_2(\Omega)$ ein und behandeln Operatoren L aus (51) als *Störungen* von A.

Dirichlet-Formen. a) Wir fassen die Randbedingung in (49) im *schwachen Sinne* auf, wegen Satz 4.20 also als „$u \in W_0^1(\Omega)$". Wegen $W_0^1(\Omega) \subseteq H^1(\Omega)$ ist für die rechte Seite in (49) dann $f \in H^{-1}(\Omega)$ vorauszusetzen.

b) Für den Operator A aus (53), $u \in W^1(\Omega)$ und $\varphi \in \mathscr{D}(\Omega)$ gilt

$$(Au)(\bar\varphi) \;=\; \sum_{i,j=1}^{n} \int_\Omega a_{ij}(x)\,\partial_j u \cdot \partial_i\bar\varphi\,dx + \int_\Omega c(x)\,u(x)\,\bar\varphi(x)\,dx \;=\; D_A(u,\varphi) \tag{54}$$

mit der auf $W^1(\Omega)$ definierten *Dirichlet-Form*

$$D_A(u,v) := \sum_{i,j=1}^{n} \int_\Omega a_{ij}(x)\,\partial_j u \cdot \overline{\partial_i v}\,dx + \int_\Omega c(x)\,u(x)\,\bar v(x)\,dx.$$

Offenbar ist D_A eine *beschränkte Sesquilinearform* auf $W^1(\Omega)$.

Satz 5.21
Es gibt $c > 0$ mit $D_A(u) := D_A(u,u) \geq c\,\|u\|_{W^1}^2$ für alle $u \in W_0^1(\Omega)$.

BEWEIS. Für $u \in W^1(\Omega)$ gilt aufgrund von (52)

$$D_A(u) \;\geq\; \int_\Omega \left(\mu \sum_{j=1}^{n} |\partial_j u|^2 + c(x)\,|u(x)|^2 \right) dx \;\geq\; \mu \sum_{j=1}^{n} \|\partial_j u\|_{L_2}^2.$$

Die Behauptung folgt nun aus der sich sofort aus (42) ergebenden *Ungleichung von Friedrichs*

$$\exists\,\beta > 0 \;\forall\,u \in W_0^1(\Omega) \;:\; \|u\|_{L_2}^2 \;\leq\; \beta \sum_{j=1}^{n} \|\partial_j u\|_{L_2}^2. \quad \diamond \tag{55}$$

Abschätzung (55) lässt sich auch ganz elementar beweisen (Aufgabe 5.18).

Nach Satz 5.21 ist $D_A^{1/2}$ eine zu $\|\ \|_{W^1}$ äquivalente Hilbertraum-Norm auf $W_0^1(\Omega)$.

Satz 5.22

Ein gleichmäßig elliptischer Operator in Divergenzform $A : W_0^1(\Omega) \to H^{-1}(\Omega)$ ist bijektiv. Das Dirichlet-Problem (49) besitzt also für alle $f \in H^{-1}(\Omega)$ genau eine Lösung $u \in W^1(\Omega)$ mit $u|_{\partial\Omega} = 0$.

BEWEIS. a) Aus $Au = 0$ für $u \in W_0^1(\Omega)$ folgt mittels (54) $D_A(u, \varphi) = 0$ für alle $\varphi \in \mathscr{D}(\Omega)$ und somit $u = 0$.

b) Für $f \in H^{-1}(\Omega)$ definieren wir durch $\varphi \mapsto f(\bar\varphi)$ ein antilineares Funktional auf $(\mathscr{D}(\Omega), D_A^{1/2})$. Nach Satz 4.8 bzw. Formel (4.11) und Satz 5.21 gilt

$$|f(\bar\varphi)| \le \|f\|_{H^{-1}} \|\varphi\|_{W^1} \le c^{-1} \|f\|_{H^{-1}} D_A(\varphi)^{1/2},$$

und nach dem Rieszschen Darstellungssatz 1.11 gibt es genau ein $u \in W_0^1(\Omega)$ mit

$$f(\bar\varphi) = D_A(u, \varphi) \quad \text{für alle} \quad \varphi \in \mathscr{D}(\Omega) \quad \text{und} \quad \|u\|_{W^1} \le \|f\|_{H^{-1}}.$$

Nach Formel (54) ist dann $Au = f$. $\Diamond$

Der Greensche Operator. a) Wir betrachten nun den zu A inversen *Greenschen Operator*

$$K : H^{-1}(\Omega) \to W_0^1(\Omega) \quad \text{als Operator} \quad K : L_2(\Omega) \to L_2(\Omega).$$

Dieser faktorisiert über den Raum $W_0^1(\Omega)$ und ist somit *kompakt* aufgrund des Sobolevschen Einbettungssatzes 4.14. Für $f \in L_2(\Omega)$ und $u := Kf \in W_0^1(\Omega)$ gilt

$$\langle f, Kf \rangle_{L_2} = \langle Au, u \rangle_{L_2} = Au(\bar u) = D_A(u) \ge 0$$

aufgrund von (54); daher ist K *positiv definit* und somit *selbstadjungiert* auf $L_2(\Omega)$.

b) Die *Eigenfunktionen* des *Dirichletschen Rand-Eigenwertproblems*

$$Au = \lambda u, \quad u \in W_0^1(\Omega), \tag{56}$$

stimmen mit denen des Greenschen Operators $K \in K(L_2(\Omega))$ überein, wobei die *positiven Eigenwerte reziprok zueinander* sind: Aus $Ku = \mu u$ für $u \in L_2(\Omega)$ und $\mu > 0$ folgt sofort $u \in W_0^1(\Omega)$ und $u = \mu Au$; die Umkehrung ist klar.

Aus dem Spektralsatz für kompakte selbstadjungierte Operatoren ergibt sich nun dieser *Entwicklungssatz*:

Satz 5.23

Es sei A ein gleichmäßig elliptischer Differentialoperator in Divergenzform (53) über einem beschränkten Gebiet $\Omega \subseteq \mathbb{R}^n$.

a) Der Hilbertraum $L_2(\Omega)$ besitzt eine Orthonormalbasis $(\phi_j)_{j \in \mathbb{N}_0}$ aus Eigenfunktionen des Rand-Eigenwertproblems (56). Für die zugehörigen Eigenwerte gilt $0 < \lambda_j \uparrow \infty$.

b) Die Funktionen $\{\psi_j := \lambda_j^{-\frac{1}{2}}\phi_j\}$ bilden eine Orthonormalbasis von $W_0^1(\Omega)$ bezüglich der Dirichlet-Form D_A, und für $u \in W_0^1(\Omega)$ konvergiert die Entwicklung

$$u = \sum_{j=0}^{\infty} \langle u|\phi_j\rangle_{L_2}\,\phi_j = \sum_{j=0}^{\infty} D(u,\psi_j)\,\psi_j \quad in \ \ W_0^1(\Omega). \tag{57}$$

BEWEIS. Aussage a) folgt sofort aus dem Spektralsatz. Für $u \in W_0^1(\Omega)$ und $j \in \mathbb{N}_0$ gilt

$$D(\phi_j,u) = A\phi_j(\bar{u}) = \lambda_j\,\phi_j(\bar{u}) = \lambda_j\,\langle\phi_j,u\rangle_{L_2} \tag{58}$$

und somit insbesondere $D(\psi_i,\psi_j) = \delta_{ij}$. Aus $D(\psi_j,u) = 0$ für alle j folgt aus (58) sofort $\langle\phi_j,u\rangle_{L_2} = 0$ für alle j, also $u = 0$. Somit ist $\{\psi_j\}$ eine Orthonormal*basis* von $W_0^1(\Omega)$, und (57) folgt dann mittels (58). $\Diamond$

Nun können wir im Fall glatter Ränder auch eine allgemeinere Version des Dirichlet-Problems lösen:

Satz 5.24

Es seien $\Omega \subseteq \mathbb{R}^n$ eine beschränkte offene Menge mit $\mathcal{C}^1$-Rand und $\lambda \in \mathbb{C}$ kein Eigenwert des Operators A aus (53) im Sinne von (56). Dann besitzt das Randwertproblem

$$(A - \lambda I)u = f, \quad u|_{\partial\Omega} = g, \tag{59}$$

für alle $f \in H^{-1}(\Omega)$ und $g \in H^{1/2}(\partial\Omega)$ genau eine Lösung $u \in H^1(\Omega)$.

BEWEIS. Nach Satz 4.22 gibt es $v \in H^1(\mathbb{R}^n)$ mit $v|_{\partial\Omega} = g$, und mit $w := u - v$ ist dann (59) äquivalent zu

$$(A - \lambda I)w = f - (A - \lambda I)v, \quad w|_{\partial\Omega} = 0. \tag{60}$$

Nun ist $I : W_0^1(\Omega) \to H^{-1}(\Omega)$ kompakt und somit $A - \lambda I : W_0^1(\Omega) \to H^{-1}(\Omega)$ ein *Fredholmoperator mit Index* 0 (vgl. [GK], Theorem 11.11 oder Satz 14.4). Nach Voraussetzung ist aber $N(A - \lambda I) = \{0\}$ und somit $A - \lambda I : W_0^1(\Omega) \to H^{-1}(\Omega)$ invertierbar. Daher besitzt (60) eine Lösung in $W_0^1(\Omega)$, und Lösungen von (59) sind eindeutig bestimmt. $\Diamond$

Für die Lösungen von (59) gelten *Regularitätssätze bis zum Rand:*

Theorem 5.25

Es sei $\Omega \subseteq \mathbb{R}^n$ eine beschränkte offene Menge mit $\mathcal{C}^\infty$-Rand.

a) Für $m \geq 1$, $f \in H^{m-2}(\Omega)$ und $g \in H^{m-1/2}(\partial\Omega)$ liegt die Lösung von (59) in $H^m(\Omega)$.

b) Für $f \in \overline{\mathcal{C}}^\infty(\Omega)$ und $g \in \mathcal{C}^\infty(\partial\Omega)$ liegt die Lösung von (59) in $\overline{\mathcal{C}}^\infty(\Omega)$.

c) Insbesondere gilt $\phi_j \in \overline{\mathcal{C}}^\infty(\Omega)$ für die Eigenfunktionen von A.

Für einen Beweis von Theorem 5.25 sei auf [Gilbarg und Trudinger 1983], Kapitel 8 oder [Wloka 1982], § 20 verwiesen.

Asymptotik der Eigenwerte. a) Es sei wieder $\Omega \subseteq \mathbb{R}^n$ eine beschränkte offene Menge mit $\mathcal{C}^\infty$-Rand. Durch Fourier-Entwicklung wie in Satz 1.6 erhält man

$$s_j(I) \sim j^{-2/n}$$

für die singulären Zahlen der Einbettung $I : W_0^1(\Omega) \to H^{-1}(\Omega)$ analog zu [GK], (12.32), insbesondere also $I \in S_p$ für alle $p > \frac{n}{2}$ (vgl. Satz 11.4). Daraus ergibt sich

$$\exists\, c > 0 \;\forall\, j \in \mathbb{N} \; : \; \lambda_j \geq c j^{2/n}$$

für die Eigenwerte des Dirichletschen Rand-Eigenwertproblems (56).

b) Die Wurzeln dieser Eigenwerte kann man als *Frequenzen* der *Eigenschwingungen* von Ω interpretieren (vgl. Aufgabe 5.19 d)); für $n = 2$ etwa ist Ω eine „*schwingende Membran*" (bei festgehaltenem Rand).

c) Nun seien $N(\lambda)$ die Anzahl der Eigenwerte $\leq \lambda$ und $\omega_n = \frac{\pi^{n/2}}{\Gamma(\frac{n}{2}+1)}$ das Volumen der Einheitskugel in $\mathbb{R}^n$ (vgl. [Kaballo 1999], Formel (13.4)). Für den Laplace-Operator $A = -\Delta$ bewies H. Weyl im Jahre 1911 unter Verwendung des MiniMax-Prinzips (vgl. [GK], Satz 13.18) durch Vergleich der Eigenwerte über Ω mit denen über Quadern (für $n \leq 3$) das *asymptotische Verhalten*

$$N(\lambda) = \frac{\omega_n}{(2\pi)^n} m(\Omega) \lambda^{n/2} + o(\lambda^{n/2})$$

mit dem Volumen $m(\Omega)$ von Ω. Der Fehlerterm ist sogar $O(\lambda^{(n-1)/2})$, und unter geeigneten Zusatzbedingungen kann man

$$N(\lambda) = \frac{\omega_n}{(2\pi)^n} m(\Omega) \lambda^{n/2} - \frac{\omega_{n-1}}{4 \cdot (2\pi)^{n-1}} \sigma(\partial\Omega) \lambda^{(n-1)/2} + o(\lambda^{(n-1)/2})$$

zeigen; dazu sei auf [Hörmander 1985a], 17.5, und [Hörmander 1985b], 29.3, oder [Shubin 2001], Kapitel III verwiesen.

d) Aus den Eigenfrequenzen lassen sich also das Volumen von Ω sowie unter geeigneten Bedingungen auch das Volumen des Randes und weitere Eigenschaften von Ω rekonstruieren. Eine 1966 von M. Kac prägnant formulierte Frage „*Can one hear the shape of a drum?*" wurde nach einer Reihe früherer Ergebnisse in höheren Dimensionen in [Gordon et al. 1992] negativ beantwortet: Es gibt nicht kongruente einfach zusammenhängende beschränkte Gebiete in $\mathbb{R}^2$, deren Folgen von Eigenfrequenzen exakt übereinstimmen.

5.7 Aufgaben

Aufgabe 5.1

Es sei $(S(t) = S_{*G^{2\alpha t}})$ die Halbgruppe in $L(L_2(\mathbb{R}^n))$ aus Satz 5.1. Zeigen Sie:

a) Für $s \geq 0$ und $f \in H^s(\mathbb{R}^n)$ gilt $Sf \in \mathcal{C}([0,\infty), H^s(\mathbb{R}^n))$.

b) Für $s \geq 2$ und $f \in H^s(\mathbb{R}^n)$ gilt $Sf \in \mathcal{C}^1([0,\infty), H^{s-2}(\mathbb{R}^n))$.

Aufgabe 5.2

Es sei $f \in \mathcal{L}_1(\mathbb{R}^n)$, sodass auch $\widehat{f} \in \mathcal{L}_1(\mathbb{R}^n)$ ist. Zeigen Sie

$$\int_{\mathbb{R}^n} \widehat{f}(\xi)\, e^{i\langle x, \xi \rangle}\, \widehat{G^t}(\xi)\, d\xi \;=\; (f * G^t)(x) \quad \text{für } t > 0$$

und geben Sie mittels $t \to 0^+$ einen alternativen Beweis von Satz 3.5.

Aufgabe 5.3

Für $g \in L_1^c(\mathbb{R}^n \times (0, \infty))$ und $f \in L_p(\mathbb{R}^n)$ lösen Sie das Anfangswertproblem für die inhomogene Wärmeleitungsgleichung

$$\partial_t u(x,t) - \alpha\, \Delta_x u(x,t) \;=\; g(x,t) \quad \text{für } t > 0, \quad u(x,0) \;=\; f(x).$$

Aufgabe 5.4

a) Für eine Matrix $A \in M_n(\mathbb{C})$ sei $E := H(x)\, e^{Ax} \in \mathcal{L}_1^{\mathrm{loc}}(\mathbb{R}, M_n(\mathbb{C}))$. Zeigen Sie $E' - AE = E' - EA = \delta\, I$.

b) Für $P(\frac{d}{dx}) = \sum_{j=0}^{m} a_j \frac{d^j}{dx^j}$ und $a_m \neq 0$ sei $g \in C^\infty(\mathbb{R})$ die Lösung des Anfangswert-problems

$$P(\tfrac{d}{dx})g = 0, \quad g^{(j)}(0) = 0 \ \text{ für } \ j = 0, \ldots, m-2, \quad g^{(m-1)}(0) = \tfrac{1}{a_m}.$$

Zeigen Sie, dass $Hg \in \mathcal{L}_1^{\mathrm{loc}}(\mathbb{R})$ eine Fundamentallösung für $P(\frac{d}{dx})$ ist.

Aufgabe 5.5

Zeigen Sie, dass ein gewöhnlicher Differentialoperator eine Fundamentallösung in $\mathcal{S}'(\mathbb{R})$ besitzt.

HINWEIS. Verwenden Sie Aufgabe 2.18.

Aufgabe 5.6

Finden Sie Fundamentallösungen der Operatoren $\frac{\partial}{\partial x}$ und $\frac{\partial}{\partial y}$ in $\mathscr{D}'(\mathbb{R}^2)$.

Aufgabe 5.7

Beweisen Sie Satz 5.7.

Aufgabe 5.8

Zeigen Sie, dass die Operatoren $\frac{d}{dx} : \mathcal{E}(\mathbb{R}) \to \mathcal{E}(\mathbb{R})$, $\partial_\xi \partial_\tau : \mathcal{E}(\mathbb{R}^2) \to \mathcal{E}(\mathbb{R}^2)$ und $\partial_t^2 - c^2 \partial_x^2 : \mathcal{E}(\mathbb{R}^2) \to \mathcal{E}(\mathbb{R}^2)$ surjektiv sind und geben Sie stetige lineare Rechtsinverse an.

Aufgabe 5.9

Zeigen Sie, dass durch $E(\varphi) := \frac{1}{4\pi} \int_0^\infty \int_{|x|=t} \varphi(x)\, d\sigma(x)\, \frac{dt}{t}$ für $\varphi \in \mathscr{D}(\mathbb{R}^3 \times \mathbb{R})$ eine Fundamentallösung des Wellenoperators $\partial_t^2 - \Delta$ in 3 Raumdimensionen gegeben ist.

HINWEIS. Beachten Sie Aufgabe 3.21.

Aufgabe 5.10

Ist der *Schrödinger-Operator* $-i\partial_t - \Delta_x$ in $\mathbb{R}^{n+1}$ hypoelliptisch? Geben Sie eine Fundamentallösung dieses Operators an.

Aufgabe 5.11

Für $v \in \mathcal{E}'(\mathbb{R}^n)$ gelte $P(D)v = 0$. Zeigen Sie $v = 0$.

Aufgabe 5.12

Es seien $Q \in \Pi_n^m$ und $\eta \in \mathbb{R}^n$ mit $Q_m(\eta) \neq 0$ sowie $t \in \mathbb{R}$ eine genügend große Zahl. Zeigen Sie, dass für eine Umgebung $U(Q)$ von Q durch Formel (28) eine $\mathcal{C}^\infty$-Funktion $f_t : U(Q) \to \mathcal{S}'(\mathbb{R}^n)$ definiert wird. Schließen Sie, dass in Formel (35) eine $\mathcal{C}^\infty$-Abbildung $E : U(Q) \to \mathscr{D}'(\mathbb{R}^n)$ vorliegt.

Aufgabe 5.13

Zeigen Sie, dass die Polynome $P := \xi + i\eta$ und $Q := \xi - i\eta$ in $\mathcal{P}_2^1$ gleich stark sind. Können sie durch einen stetigen Weg in $Q[\sim]$ verbunden werden?

Aufgabe 5.14

Zeigen Sie $Q \sim P$ für elliptische Polynome gleichen Grades.

Aufgabe 5.15

Zeigen Sie den *Satz von Du Bois-Reymond:* Es seien $\Omega \subseteq \mathbb{R}^n$ offen und $u, f \in \mathcal{C}(\Omega)$. Gilt $\partial_j u = f$ im Distributionssinn, so ist u nach x_j partiell differenzierbar mit klassischer partieller Ableitung $\partial_j u = f$.

HINWEIS. Es genügt, den Fall $u \in \mathcal{C}_c(\Omega)$ zu behandeln; dazu verwendet man Faltung mit Glättungsfunktionen.

Aufgabe 5.16

Verifizieren Sie die Aussagen zu Bedingung (38) für die Beispiele auf S. 118.

Aufgabe 5.17

Ein Differentialoperator $P(D)$ besitze eine Fundamentallösung $E \in \mathcal{D}'(\mathbb{R}^n)$, die auf $\mathbb{R}^n \backslash \{0\}$ reell-analytisch ist bzw. für $s > 1$ in einer Gevrey-Klasse $\mathcal{E}^{\{s\}}$ liegt. Zeigen Sie: Jede Distribution $u \in \mathscr{D}'(\Omega)$ mit $P(D)u = 0$ ist reell-analytisch bzw. liegt in $\mathcal{E}^{\{s\}}(\Omega)$.

Aufgabe 5.18

a) Geben Sie einen elementaren Beweis der Ungleichung von Friedrichs (55) für die Konstante $\beta = \frac{d^2}{2n}$, wobei d den Durchmesser von Ω bezeichnet.

b) Schließen Sie $\lambda_0 \geq \frac{2n}{d^2}$ für den kleinsten Eigenwert des Laplace-Operators $A = -\Delta$.

Aufgabe 5.19

Zeigen Sie in der Situation des Entwicklungssatzes 5.23:

a) Es gilt $W_0^1(\Omega) = \{u \in L_2(\Omega) \mid \sum_{j=0}^{\infty} \lambda_j \mid \langle u, \phi_j \rangle_{L_2} \mid^2 < \infty\}$.

b) $R(K) = \{u \in W_0^1(\Omega) \mid Lu \in L_2(\Omega)\} = \{u \in L_2(\Omega) \mid \sum_{j=0}^{\infty} \lambda_j^2 \mid \langle u, \phi_j \rangle_{L_2} \mid^2 < \infty\}$ und

$Au = \sum_{j=0}^{\infty} \lambda_j \langle u, \phi_j \rangle_{L_2} \phi_j$ für $u \in R(K)$.

c) Für $\lambda = \lambda_j$ ist das Randwertproblem

$$(A - \lambda I)u = f, \quad u|_{\partial\Omega} = 0,$$

genau dann lösbar, wenn $\langle f, \phi_i \rangle_{L_2} = 0$ für alle $i \in \mathbb{N}_0$ mit $\lambda_i = \lambda_j$ gilt.

d) Das Anfangs-Randwertproblem für die *Wellengleichung*

$$(\partial_t^2 + c^2 A_x)u = 0 \text{ auf } \Omega, \quad u(t, \cdot)|_{\partial\Omega} = 0,$$
$$u(x,0) = F(x) \text{ auf } \Omega, \quad \partial_t u(x,0) = G(x) \text{ auf } \Omega,$$

besitzt unter geeigneten Annahmen die Lösung

$$u(x,t) = \sum_{j=0}^{\infty} (\alpha_j \cos c\omega_j t + \beta_j \sin c\omega_j t) \phi_j(x)$$

mit den Frequenzen $\omega_j = \sqrt{\lambda_j}$ sowie $\alpha_j = D_A(F, \phi_j)$ und $c\omega_j \beta_j = D_A(G, \phi_j)$.

e) Formulieren und zeigen Sie ein analoges Resultat für die *Wärmeleitungsgleichung*.

II Lokalkonvexe Methoden der Analysis

Im zweiten Teil des Buches untersuchen wir Gleichungen $Tx = y$, die durch *lineare Operatoren* zwischen *lokalkonvexen Räumen* gegeben sind. In einer Reihe interessanter Situationen entwickeln wir Kriterien für die *normale Auflösbarkeit* der Gleichung, speziell für die *Surjektivität* des Operators T sowie für die Existenz eines *stetigen linearen Lösungsoperators*.

Das Konzept eines lokalkonvexen Raumes geht auf J. von Neumann (1935) zurück; es basiert auf der seit 1920 von S. Banach und anderen entwickelten Theorie der *normierten Räume*, der von J. von Neumann 1929 eingeführten *schwachen Topologie* auf Hilberträumen und auf Untersuchungen von G. Köthe und O. Toeplitz (1934) über *Folgenräume*. In den folgenden 15 Jahren wurden die Grundlagen der *Dualitätstheorie* u. a. von J. Dieudonné, G. Köthe und G.W. Mackey entwickelt; in den Jahren 1950-1955 erhielt die Theorie wesentliche Impulse von L. Schwartz in Verbindung mit der Theorie der *Distributionen* und von A. Grothendieck, der u. a. die Theorie der *topologischen Tensorprodukte* und der *nuklearen Räume* entwickelte.

In Kapitel 6 stellen wir grundlegende Konzepte und Resultate über *topologische Vektorräume* vor. Für *lokalkonvexe* Räume studieren wir anschließend in Kapitel 7 *projek-*

tive und *induktive Konstruktionen* und gehen noch einmal auf die fundamentalen *Prinzipien der Funktionalanalysis* ein. Insbesondere behandeln wir eine allgemeine Fassung des *Satzes von der offenen Abbildung* und des *Satzes vom abgeschlossenen Graphen*, die auf M. De Wilde (1967) zurückgeht.

Für die Untersuchung lokalkonvexer Räume ist das *Zusammenspiel von Raum und Dualraum* sehr wichtig. In Kapitel 8 untersuchen wir *polare lokalkonvexe Topologien*, charakterisieren *reflexive Räume* und gehen auf (DF) *-Räume* ein, eine zu metrisierbaren Räumen „duale" Klasse lokalkonvexer Räume. Schließlich zeigen wir den *Satz von Krein-Milman* über *Extremalpunkte kompakter konvexer Mengen* und folgern daraus den *Approximationssatz von Stone-Weierstraß*.

In Kapitel 9 untersuchen wir dicht definierte abgeschlossene lineare Operatoren zwischen Frécheträumen. Wir konstruieren *duale Operatoren* und beweisen den *Satz vom abgeschlossenen Wertebereich*. Es folgen *semi-globale Kriterien* für *normale Auflösbarkeit* und *Surjektivität* sowie die „*Mittag-Leffler-Methode*" zum Nachweis von Surjektivität. Wir geben verschiedene konkrete Anwendungen, insbesondere auf die *globale Lösbarkeit* partieller Differentialgleichungen mit konstanten Koeffizienten. Weiter zeigen wir, dass eine Surjektion $\sigma \in L(E, Q)$ von Frécheträumen stets eine *stetige Rechtsinverse* besitzt und diskutieren die Frage, wann sogar eine *stetige lineare Rechtsinverse* existiert. Dies ist dazu äquivalent, dass der *Kern* $G = N(\sigma)$ von σ in E *komplementiert* ist bzw. dass die *kurze exakte Sequenz*

$$0 \longrightarrow G \xrightarrow{\ \iota\ } E \xrightarrow{\ \sigma\ } Q \longrightarrow 0 \tag{S}$$

zerfällt oder *splittet*.

Die Frage nach *Parameterabhängigkeiten* von Lösungen linearer Gleichungen führt auf die Untersuchung von *Vektorfunktionen*. In vielen Fällen kann ein Raum $\mathcal{G}(\Omega, F)$ F-wertiger Funktionen auf einer Menge Ω mit einem vollständigen *Tensorprodukt* $\mathcal{G}(\Omega) \widehat{\otimes} F$ des entsprechenden Raumes skalarer Funktionen mit F identifiziert werden. In Kapitel 10 behandeln wir ε *-Produkte sowie* ε - *und* π *-Tensorprodukte* und gehen auf die *Approximationseigenschaft* lokalkonvexer Räume ein. Wir *integrieren Vektorfunktionen* und zeigen grundlegende Resultate über *holomorphe Vektorfunktionen*, die wir für die *Spektraltheorie* linearer Operatoren in Teil III des Buches benötigen.

Eine wichtige Klasse lokalkonvexer Räume sind die *nuklearen Räume*, für die ε - und π - Tensorprodukt mit jedem anderen lokalkonvexen Raum übereinstimmen. Viele Räume von Funktionen und Distributionen, etwa $\mathscr{H}(\Omega)$, $\mathcal{E}(\Omega)$, $\mathscr{D}(\Omega)$, $\mathcal{S}(\mathbb{R}^n)$ und ihre starken Dualräume, sind nuklear. Nuklearität bedeutet die Zugehörigkeit der verbindenden kanonischen Abbildungen zwischen lokalen Banachräumen zu einem geeigneten *Operatorideal*. Kapitel 11 beginnt daher mit einer Untersuchung *approximierbarer* und *nuklearer Operatoren;* interessante Beispiele sind *Integraloperatoren*. Auf dem Raum $N(X)$ der nuklearen Operatoren lässt sich genau dann eine *Spur* definieren, wenn der Banachraum X die *Approximationseigenschaft* hat.

Die Frage nach Parameterabhängigkeiten von Lösungen linearer Gleichungen kann nun folgendermaßen als *Lifting-Problem* formuliert werden: Wann ist für eine Surjektion $\sigma \in L(E, Q)$ von Fréchcträumen auch $I \widehat{\otimes} \sigma : F \widehat{\otimes} E \to F \widehat{\otimes} Q$ surjektiv? Für Fréchcträume F und π-Tensorprodukte ist dies nach A. Grothendieck (1955) stets der Fall (Satz 10.24). In Kapitel 12 zeigen wir, dass für ε-Tensorprodukte und Banachräume das Problem eng mit der Struktur ihrer endlichdimensionalen Teilräume, also dem von J. Lindenstrauß und A. Pełczyński 1968 eingeführten Konzept der $\mathscr{L}_p$-*Räume* zusammenhängt. Natürlich ist das Lifting-Problem lösbar, wenn die Sequenz (S) zerfällt; im Banachraum-Fall genügt aber auch das *Zerfallen der dualen Sequenz* (S').

Für *nukleare Fréchcträume* F hängt die Frage nach der Surjektivität der Abbildung $I \widehat{\otimes} \sigma : F'_\beta \widehat{\otimes} E \to F'_\beta \widehat{\otimes} Q$ eng mit einer *Strukturtheorie* solcher Räume zusammen, die ab etwa 1975 von D. Vogt entwickelt wurde. Eine *kurze exakte Sequenz* (S) *splittet*, falls Q eine *dominierende Norm* besitzt (Eigenschaft (DN)) und G eine weitere, recht schwache Eigenschaft (Ω) hat. Diese Eigenschaften charakterisieren die Unterräume und die Quotientenräume des Raumes s der schnell fallenden Folgen; obige Abbildung $I \widehat{\otimes} \sigma : F'_\beta \widehat{\otimes} E \to F'_\beta \widehat{\otimes} Q$ ist surjektiv, falls F eine dominierende Norm und G die Eigenschaft (Ω) hat.

6 Topologische Vektorräume

Frage: Gilt der Satz von Hahn-Banach für stetige Linearformen auf (F)-normierten Räumen?

Die Kombination von Konzepten und Resultaten der *Linearen Algebra* mit solchen der *Analysis* und der *Topologie* führt zum Konzept eines *topologischen Vektorraums*, das auf A.N. Kolmogorov (1934) und J. von Neumann (1935) zurückgeht. Eine *lineare Topologie* auf einem Vektorraum ist eine solche, bezüglich der Addition und Skalarmultiplikation *stetig* sind; sie ist stets *uniformisierbar*.

Lineare Topologien können durch (F)-*Halbnormen* erzeugt werden; in Abschnitt 6.1 stellen wir spezielle Nullumgebungsbasen sowie grundlegende topologische, uniforme und linear-topologische Konzepte vor. Ein *lokalbeschränkter Raum E* besitzt eine beschränkte kreisförmige Nullumgebung. Wir zeigen in Abschnitt 6.2, dass deren *Minkowski-Funktional* eine *Quasi-Norm* auf E liefert und dass jede Quasi-Norm für ein geeignetes $0 < r \le 1$ zur r-ten Potenz einer r-*Norm* äquivalent ist.

6.1 Lineare Topologien

Wir untersuchen *Vektorräume* mit *Topologien,* die mit den algebraischen Operationen *verträglich* sind:

Definition. Ein *topologischer Vektorraum* ist ein Vektorraum E mit einer Topologie $\mathfrak{T}$, für die die Abbildungen $+ : E \times E \to E$ und $\cdot : \mathbb{K} \times E \to E$ *stetig* sind; $\mathfrak{T}$ heißt dann *lineare Topologie* auf E.

Auf einem topologischen Vektorraum E sind alle *Translationen* $x \mapsto x + a$ $(a \in E$ fest) und *Homothetien* $x \mapsto \lambda x$ $(0 \neq \lambda \in \mathbb{K}$ fest) nach Definition *Homöomorphien*. Die Topologie $\mathfrak{T}$ ist *translationsinvariant* und durch das System $\mathfrak{U} = \mathfrak{U}(E)$ der *Nullumgebungen* festgelegt: Es ist $a + \mathfrak{U}$ das System der Umgebungen eines Elements $a \in E$. Die Stetigkeit der algebraischen Operationen bedeutet die Existenz spezieller Nullumgebungsbasen:

Absorbierende und kreisförmige Mengen. Es sei E ein Vektorraum.

a) Eine Menge $M \subseteq E$ heißt *absorbierend,* falls gilt

$$\forall \, x \in E \; \exists \, \rho > 0 \; \forall \, \lambda \in \mathbb{K} \; : \; |\lambda| \leq \rho \; \Rightarrow \; \lambda x \in M \,. \tag{1}$$

b) Eine Menge $W \subseteq E$ heißt *kreisförmig,* falls für $|\lambda| \leq 1$ und $x \in W$ auch $\lambda x \in W$ gilt.

c) Eine Menge $A \subseteq E$ ist genau dann *absolutkonvex,* wenn sie konvex und kreisförmig ist. Ist in der Tat A konvex und kreisförmig und sind $x, y \in A$ und $\alpha, \beta \in \mathbb{K}$ mit $|\alpha| + |\beta| \leq 1$, so folgt auch $\alpha x + \beta y \in A$. Für $\alpha = 0$ oder $\beta = 0$ ist das klar und folgt andernfalls aus

$$\alpha x + \beta y \;=\; (|\alpha| + |\beta|) \left(\tfrac{|\alpha|}{|\alpha| + |\beta|} \tfrac{\alpha}{|\alpha|} x + \tfrac{|\beta|}{|\alpha| + |\beta|} \tfrac{\beta}{|\beta|} y \right).$$

Umgekehrt ist eine absolutkonvexe Menge natürlich konvex und kreisförmig.

Satz 6.1

Es sei E ein topologischer Vektorraum.

a) Jede Nullumgebung $U \in \mathfrak{U}(E)$ ist absorbierend.

b) Zu $U \in \mathfrak{U}(E)$ gibt es $V \in \mathfrak{U}(E)$ mit $V + V \subseteq U$.

c) Zu $U \in \mathfrak{U}(E)$ gibt es ein abgeschlossenes kreisförmiges $W \in \mathfrak{U}(E)$ mit $W \subseteq U$.

BEWEIS. a) Für $x \in E$ folgt (1) aus der (getrennten) Stetigkeit der Skalarmultiplikation in $(0, x) \in \mathbb{K} \times E$.

b) Die Stetigkeit der Addition in $(0,0) \in E \times E$ liefert Nullumgebungen $V_1, V_2 \in \mathfrak{U}(E)$ mit $V_1 + V_2 \subseteq U$. Für $V := V_1 \cap V_2 \in \mathfrak{U}(E)$ gilt dann $V + V \subseteq U$.

c) Zu $U \in \mathfrak{U}(E)$ wählen wir $V \in \mathfrak{U}(E)$ mit $V + V \subseteq U$ gemäß b) und setzen $D := \bigcap\{\alpha V \mid |\alpha| \geq 1\} \subseteq V$. Da die Skalarmultiplikation in $(0,0)$ stetig ist, gibt es $\rho > 0$ und $D_1 \in \mathfrak{U}(E)$ mit $\lambda D_1 \subseteq V$ für $|\lambda| \leq \rho$, also $\rho D_1 = \alpha \frac{\rho}{\alpha} D_1 \subseteq \alpha V$ für $|\alpha| \geq 1$. Dies zeigt $\rho D_1 \subseteq D$ und somit $D \in \mathfrak{U}(E)$. Nun seien $x \in D$ und $0 < |\lambda| \leq 1$. Für $|\alpha| \geq 1$ ist auch $|\frac{\alpha}{\lambda}| \geq 1$, also $x \in \frac{\alpha}{\lambda} V$ und $\lambda x \in \alpha V$. Dies zeigt $\lambda x \in D$, und somit ist D kreisförmig. Die Menge $W := \overline{D} \in \mathfrak{U}(E)$ ist abgeschlossen und kreisförmig, und man hat $W \subseteq D + D \subseteq V + V \subseteq U$. $\diamond$

Insbesondere hat also E eine Nullumgebungsbasis aus abgeschlossenen kreisförmigen Mengen. Es gilt die folgende Umkehrung von Satz 6.1:

Satz 6.2

Es seien E ein Vektorraum über $\mathbb{K}$ und $\mathbb{U}$ ein System von kreisförmigen absorbieren-den Mengen in E mit

$$\forall\, U_1, U_2 \in \mathbb{U} \ \exists\, V \in \mathbb{U} : V \subseteq U_1 \cap U_2, \tag{2}$$

$$\forall\, U \in \mathbb{U} \ \exists\, V \in \mathbb{U} : V + V \subseteq U. \tag{3}$$

Dann bilden die Systeme $\{\mathbb{U}(a) := a + \mathbb{U} \mid a \in E\}$ Umgebungsbasen einer linearen Topologie $\mathfrak{T}$ auf E.

BEWEIS. a) Wir nennen eine Menge $D \subseteq E$ *offen*, falls zu jedem $a \in D$ ein $U \in \mathbb{U}$ mit $a + U \subseteq D$ existiert; wegen (2) liefert dies eine Topologie $\mathfrak{T}$ auf E. Für $U \in \mathbb{U}$ wählen wir $V \in \mathbb{U}$ gemäß(3). Für $x \in a + V$ gilt dann $x + V \subseteq a + U$; somit ist $a + U$ eine $\mathfrak{T}$-Umgebung von x, und daher bilden die Systeme $\{\mathbb{U}(a) \mid a \in E\}$ Umgebungsbasen von $\mathfrak{T}$.

b) Die $\mathfrak{T}$-Stetigkeit der Addition folgt sofort aus (3). Wir zeigen die Stetigkeit der Skalarmultiplikation in $(\alpha, x) \in \mathbb{K} \times E$: Zu $U \in \mathbb{U}$ gibt es nach (3) ein $W \in \mathbb{U}$ mit $W + W + W \subseteq U$. Für $\alpha = 0$ setzen wir $V := W$, und für $\alpha \neq 0$ wählen wir $k \in \mathbb{N}$ mit $k > |\alpha|$. Wiederum nach (3) gibt es $V \in \mathbb{U}$, sodass die k-fache Summe $V + \cdots + V$ in W liegt. Es folgt $kV \subseteq V + \cdots + V \subseteq W$ und dann auch $\alpha V \subseteq W$, da ja W kreisförmig ist. Da W auch absorbierend ist, gibt es $0 < \rho \leq 1$ mit $\lambda x \in W$ für $|\lambda| \leq \rho$. Für diese λ folgt schließlich

$$(\alpha + \lambda)(x + V) \subseteq \alpha x + \lambda x + \alpha V + \lambda V \subseteq \alpha x + W + W + W \subseteq \alpha x + U. \quad \diamond$$

(F)-Halbnormen und r-Halbnormen. a) Für ein *gerichtetes System* $\mathbb{F}$ von (F)-Halbnormen auf E (vgl. S. 9) wird durch

$$\mathbb{U} := \{\overline{U}_{\phi,\varepsilon} = \{x \in E \mid \phi(x) \leq \varepsilon\} \mid \phi \in \mathbb{F}, \varepsilon > 0\} \tag{4}$$

gemäßSatz 6.2 eine Nullumgebungsbasis einer linearen Topologie $\mathfrak{T}$ auf E aus (absorbierenden und) kreisförmigen Mengen definiert. Diese ist genau dann *Hausdorffsch*, wenn es zu $x \neq 0$ ein $\phi \in \mathbb{F}$ mit $\phi(x) > 0$ gibt. Besteht $\mathbb{F}$ aus *einer (F)-Norm*, so ist $\mathfrak{T}$ metrisierbar (vgl. S. 11).

b) Eine (F)-Halbnorm bzw. (F)-Norm auf E heißt r-*Halbnorm* bzw. r-*Norm* für $0 < r \leq 1$, falls

$$\phi(\alpha x) = |\alpha|^r \phi(x) \quad \text{für} \quad \alpha \in \mathbb{K} \quad \text{und} \quad x \in E \tag{5}$$

gilt. Ein Vektorraum E unter einer r-Norm $\| \ \|_r$ heißt r-*normierter Raum;* er heißt r-*Banachraum,* falls er vollständig ist. Ein topologischer Vektorraum heißt *lokal r-konvex,* falls seine Topologie durch ein gerichtetes System von r-Halbnormen gemäß a) erzeugt werden kann; im Fall $r = 1$ erhält man *lokalkonvexe Räume,* die schon in Abschnitt 1.2 eingeführt wurden.

c) *Jede* lineare Topologie lässt sich durch ein gerichtetes System von (F)-Halbnormen gemäß a) erzeugen, jede *metrisierbare* lineare Topologie durch eine (F)-Norm. Wir benötigen diese Resultate hier nicht und verweisen auf [Jarchow 1981], Abschnitte 2.7 und 2.8, oder [Rudin 1973], Theorem 1.24. Im *lokalkonvexen* Fall beweisen wir die beiden Aussagen in Satz 7.1 und Satz 1.1.

Beispiele. a) Es sei μ ein positives Maß auf einer σ-Algebra Σ in einer Menge Ω. Für $0 < r \leq 1$ definieren wir den r-halbnormierten Raum

$$\mathcal{L}_r(\mu) := \{ f : \Omega \to \mathbb{K} \mid f \text{ ist } \Sigma - \text{messbar und } \|f\|_{L_r} := \int_\Omega |f|^r \, d\mu < \infty \}$$

und erhalten einen r-normierten Raum $L_r(\mu) = \mathcal{L}_r(\mu)/\mathcal{N}$ von Äquivalenzklassen modulo Nullfunktionen.

b) Mit dem Zählmaß auf $\mathbb{N}$ erhalten wir den r-normierten *Folgenraum*

$$\ell_r := \{ x = (x_j)_{j=1}^\infty \mid \|x\|_r := \sum_{j=1}^\infty |x_j|^r < \infty \}.$$

c) Nun gelte $\mu(\Omega) < \infty$. Auf dem *Raum* $\mathcal{M}(\Omega)$ der *messbaren Funktionen* auf Ω wird durch

$$\phi(f) := \int_\Omega \frac{|f(t)|}{1+|f(t)|} \, d\mu(t) \tag{6}$$

eine (F)-Norm definiert. Diese induziert die *stochastische Konvergenz* bzw. die *Konvergenz dem Maße nach* auf Ω (vgl. Aufgabe 6.2).

Unterräume und Quotientenräume. Gegeben seien ein topologischer Vektorraum E, ein Unterraum $G \subseteq E$ und der entsprechende Quotientenraum $Q = E/G$.

a) Mit der Nullumgebungsbasis $\{ U \cap G \mid U \in \mathfrak{U}(E) \}$ wird G ein topologischer Vektorraum.

b) Es sei $\sigma : E \to Q$ die Quotientenabbildung. Der Quotient Q ist ein topologischer Vektorraum mit der Nullumgebungsbasis $\{ \sigma(U) \mid U \in \mathfrak{U}(E) \}$. Er ist genau dann *separiert,* wenn G in E abgeschlossen ist. σ bildet offene Mengen von E auf offene Mengen von Q ab, und Q trägt die *feinste lineare Topologie,* für die σ stetig ist (vgl. Abschnitt 7.3).

c) Quotienten vollständiger topologischer Vektorräume sind auch im lokalkonvexen Fall i. A. nicht vollständig, vgl. etwa [Köthe 1966], § 31.6. Es gilt jedoch:

Satz 6.3

Es sei $G \subseteq E$ ein abgeschlossener Unterraum eines (F)-Raumes E. Dann ist auch $Q = E\!/\!G$ ein (F)-Raum.

BEWEIS. Wegen Satz 6.1 gibt es eine Nullumgebungsbasis $U_1 \supseteq U_2 \supseteq \ldots$ von E mit $U_k + U_k \subseteq U_{k-1}$ für alle $k \geq 2$. Für eine Cauchy-Folge (y_n) in Q gibt es Indizes $n_k > n_{k-1}$ mit $y_n - y_{n_k} \in \sigma(U_k)$ für $n \geq n_k$. Für $n \in \mathbb{N}$ wählen wir $x_n \in E$ mit $\sigma x_n = y_n$ und $x_n - x_{n_1} \in U_1$ für $n_1 < n \leq n_2$, $x_n - x_{n_2} \in U_2$ für $n_2 < n \leq n_3$, usw. Für $k \leq \ell$ und $n_\ell < n \leq n_{\ell+1}$ gilt $x_n - x_{n_\ell} \in U_\ell$, $x_n - x_{n_{\ell-1}} = (x_n - x_{n_\ell}) + (x_{n_\ell} - x_{n_{\ell-1}}) \in U_\ell + U_\ell \subseteq U_{\ell-1}, \ldots, x_n - x_{n_k} \in U_k$. Somit ist (x_n) eine Cauchy-Folge in E. Nach Voraussetzung existiert $x = \lim\limits_{n \to \infty} x_n$, und es folgt $\lim\limits_{n \to \infty} y_n = \sigma x$. $\diamond$

Der Beweis von Satz 6.3 liefert auch sofort:

Satz 6.4

Es sei Q Quotientenraum eines (F)-Raumes E und $\sigma : E \to Q$ die Quotientenabbildung. Zu einer Nullfolge $y_n \to 0$ in Q gibt es dann eine Nullfolge $x_n \to 0$ in E mit $y_n = \sigma x_n$ für alle $n \in \mathbb{N}$.

Beschränkte Mengen. Es sei E ein topologischer Vektorraum.

a) Eine Menge $B \subseteq E$ heißt *beschränkt*, wenn sie von jeder Nullumgebung absorbiert wird, wenn es also zu $U \in \mathfrak{U}(E)$ ein $\rho > 0$ mit $\rho B \subseteq U$ gibt. Mit $\mathfrak{B} = \mathfrak{B}(E)$ bezeichnen wir das System aller beschränkten Teilmengen von E.

b) Für offene Nullumgebungen $U \in \mathfrak{U}(E)$ gilt $E = \bigcup_n nU$; *kompakte* Mengen sind daher beschränkt.

c) Eine Menge $B \subseteq E$ ist genau dann beschränkt, wenn für jede Folge (x_n) in B und jede Nullfolge (α_n) in $\mathbb{K}$ stets $\alpha_n x_n \to 0$ in E gilt.

d) Für beschränkte Mengen $A, B \subseteq E$ und $\lambda \in \mathbb{K}$ sind auch die Mengen λA, $\overline{A}$, $A \cup B$, $A + B$ sowie die *kreisförmige Hülle* von A beschränkt.

e) Für einen lokalkonvexen Raum E stimmt der soeben eingeführte Beschränktheitsbegriff mit dem auf S. 11 diskutierten überein. In diesem Fall ist auch die *konvexe Hülle* einer beschränkten Menge beschränkt. Dies gilt *nicht* in allgemeinen topologischen Vektorräumen:

Beispiel. Für $0 < r < 1$ betrachten wir die beschränkte Menge der „Einheitsvektoren" $M := \{e_k = (\delta_{kj})_{j \in \mathbb{N}} \mid k \in \mathbb{N}\}$ im Folgenraum ℓ_r. Wegen

$$\| \tfrac{1}{n} \sum_{k=1}^{n} e_k \|_r = \tfrac{1}{n^r} \cdot n \quad \text{für alle } n \in \mathbb{N}$$

ist die konvexe Hülle co M der Menge M nicht beschränkt.

Wir gehen nun auf einige *uniforme Begriffe* ein (vgl. [Köthe 1966], § 5, oder [Schubert 1969], Teil II). Eine lineare Topologie auf einem Vektorraum E wird durch die uniforme Struktur induziert, deren Nachbarschaften gegeben sind durch

$$\mathfrak{N}(E) := \{N(U) := \{(x, y) \in E \mid x - y \in U\} \mid U \in \mathfrak{U}(E)\}.$$

Vollständigkeitsbegriffe. Es sei E ein topologischer Vektorraum.

a) Ein Netz $(x_\alpha)_{\alpha \in A}$ in E heißt *Cauchy-Netz,* falls gilt:

$$\forall\, U \in \mathfrak{U}(E)\ \exists\, \gamma \in A\ \forall\, \alpha,\, \beta \geq \gamma\ :\ x_\alpha - x_\beta \in U. \tag{7}$$

b) Eine Menge $M \subseteq E$ heißt *vollständig,* wenn jedes Cauchy-Netz aus M in M konvergiert.

c) Eine Cauchy-*Folge* ist stets beschränkt, für ein Cauchy-*Netz* ist dies i. A. nicht der Fall. Eine Menge $M \subseteq E$ heißt *quasivollständig,* wenn jedes *beschränkte* Cauchy-Netz aus M in M konvergiert. Quasivollständige Mengen sind also auch *folgenvollständig.*

d) Eine *metrisierbare* Menge $M \subseteq E$ ist genau dann vollständig im Sinne von b), wenn jede Cauchy-*Folge* in M konvergiert, vgl. Aufgabe 6.5.

Präkompakte Mengen in topologischen Vektorräumen werden wie im lokalkonvexen Fall definiert (vgl. S. 12). Es gelten alle dort gemachten Aussagen mit der Ausnahme, dass die konvexe Hülle einer präkompakten Menge i. A. nicht präkompakt sein muss.

Lineare Abbildungen. a) Es seien E, F topologische Vektorräume und $T : E \to F$ eine lineare Abbildung. Analog zu Satz 1.2 sind äquivalent:

① $\forall\, U \in \mathfrak{U}(F)\ \exists\, V \in \mathfrak{U}(E)\ :\ T(V) \subseteq U.$

② T ist *gleichmäßig stetig* auf E,

③ T ist in einem Punkt $a \in E$ *stetig.*

b) Mit $L(E, F)$ wird der Raum der stetigen linearen Operatoren von E nach F bezeichnet; $E' = L(E, \mathbb{K})$ ist der *Dualraum* von E.

c) Es sei $\mathfrak{A}$ ein System von Teilmengen von E. Ein linearer Operator $T : E \to F$ heißt $\mathfrak{A}$ *-beschränkt,* wenn für alle $A \in \mathfrak{A}$ die Bildmenge $T(A)$ in F beschränkt ist. Stetige lineare Operatoren sind $\mathfrak{B}(E)$ -beschränkt; für *metrisierbare* Räume E gilt auch die Umkehrung dieser Aussage (vgl. Aufgabe 6.9).

Beispiele. a) Jede beschränkte Folge $y = (y_j) \in \ell_\infty$ definiert für $0 < r \leq 1$ durch

$$(Jy)(x) := \sum_{j=0}^{\infty} x_j\, y_j \quad \text{für} \quad x = (x_j) \in \ell_r,$$

eine stetige Linearform auf dem Folgenraum ℓ_r, für die $|\,(Jy)(x)\,| \leq \|\, y\,\|_\infty \,\|\, x\,\|_r$ gilt.

b) Umgekehrt sei nun $f : \ell_r \to \mathbb{K}$ eine stetige Linearform und $\| f \| = \sup\limits_{\| x \|_r \leq 1} | f(x) |$.

Mit den „Einheitsvektoren" $e_j := (\delta_{jk})_{k \in \mathbb{N}_0}$ setzen wir $y_j := f(e_j)$ und erhalten sofort $| y_j | \leq \| f \|$ für alle j, also $y := (y_j) \in \ell_\infty$ und $\| y \|_\infty \leq \| f \|$. Für eine Folge $x = (x_j) \in \ell_r$ gilt $x = \sum\limits_{j=0}^{\infty} x_j e_j$, und wir erhalten

$$f(x) \; = \; f(\sum_{j=0}^{\infty} x_j e_j) \; = \; \sum_{j=0}^{\infty} x_j \, y_j \; = \; (Jy)(x) \, .$$

Es gilt also die Isometrie $\ell_r' \cong \ell_\infty$.

c) Insbesondere *trennt* der Dualraum von ℓ_r *die Punkte* des r-Banachraums ℓ_r, d. h. für $0 \neq x \in \ell_r$ gibt es eine stetige Linearform $f \in \ell_r'$ mit $f(x) \neq 0$.

Andererseits hat man das folgende Resultat von M.M. Day (1940):

Satz 6.5
Für $0 < r < 1$ gilt $L_r[0,1]' = \{0\}$.

BEWEIS. a) Es gebe $u \in L_r[0,1]'$ und $f \in L_r[0,1]$ mit $| u(f) | \geq 1$. Die Funktion $\varphi : y \mapsto \int_0^y | f(x) |^r \, dx$ ist stetig, und daher gilt $\int_0^c | f(x) |^r \, dx = \frac{1}{2} \int_0^1 | f(x) |^r \, dx$ für ein $0 < c < 1$. Für die Funktionen $g := \chi_{[0,c]} f$ und $h := \chi_{(c,1]} f$ in $L_r[0,1]$ gilt dann

$$f \; = \; g + h \quad \text{und} \quad \| g \|_{L_r} \; = \; \| h \|_{L_r} \; = \; \tfrac{1}{2} \| f \|_{L_r} \, .$$

Es folgt $1 \leq | u(f) | \leq | u(g) | + | u(h) |$ und somit $| u(g) | \geq \frac{1}{2}$ oder $| u(h) | \geq \frac{1}{2}$.

b) Wir setzen $f_1 := 2g$ oder $f_1 := 2h$ und erhalten in jedem Fall $| u(f_1) | \geq 1$ und $\| f_1 \|_{L_r} = 2^r \| g \|_{L_r} = 2^{r-1} \| f \|_{L_r}$. Nun fahren wir so fort und erhalten eine Folge (f_n) in $L_r[0,1]$ mit $| u(f_n) | \geq 1$ für alle $n \in \mathbb{N}$ und $\| f_n \|_{L_r} = 2^{n(r-1)} \| f \|_{L_r} \to 0$ für $n \to \infty$. Das ist ein Widerspruch zur Stetigkeit von u. ◇

Der *Satz von Hahn-Banach gilt also i. A. nicht* in r-normierten Räumen für $r < 1$. Aus diesem Grunde werden wir uns ab Kapitel 7 auf *lokalkonvexe* Räume konzentrieren.

6.2 Lokalbeschränkte Räume und Quasi-Normen

Nach einem auf S. 12 erwähnten Satz von A.N. Kolmogorov (1934) ist ein separierter *lokalkonvexer* Raum bereits dann *normierbar*, wenn er eine *beschränkte Nullumgebung* besitzt. Ein separierter topologischer Vektorraum E mit dieser Eigenschaft heißt *lokalbeschränkt*. Wir zeigen in diesem Abschnitt, dass lokalbeschränkte Räume *quasi-normierbar* und für ein geeignetes $0 < r \leq 1$ auch r-*normierbar* sind.

Quasi-Halbnormen. a) Eine *Quasi-Halbnorm* auf einem Vektorraum E ist eine Abbildung $q : E \to [0, \infty)$, die

$$q(\alpha x) = |\alpha| \, q(x) \quad \text{für } \alpha \in \mathbb{K} \text{ und } x \in E \tag{8}$$

und an Stelle der Dreiecks-Ungleichung die schwächere Bedingung

$$\exists \, C \geq 1 \; \forall \; x, y \in E \; : \; q(x+y) \leq C(q(x) + q(y)) \tag{9}$$

erfüllt. Ein *gerichtetes System* von Quasi-Halbnormen auf E definiert wie in (4) eine lineare Topologie auf E.

b) Eine *Quasi-Norm* auf E ist eine Quasi-Halbnorm, die zusätzlich $q(x) > 0$ für $x \neq 0$ erfüllt. Ein Vektorraum E unter einer Quasi-Norm q heißt *quasi-normierter Raum;* er heißt *Quasi-Banachraum,* wenn er vollständig ist.

Satz 6.6

Ein topologischer Vektorraum E ist genau dann lokalbeschränkt, wenn er quasi-normierbar ist.

Beweis. „$\Leftarrow$": Die Topologie von E sei durch eine Quasi-Norm q induziert. Dann bilden die „Kugeln" $\overline{U}_{q,\varepsilon} := \{x \in E \mid q(x) \leq \varepsilon\}$ eine Nullumgebungsbasis der Topologie von E, und diese sind wegen (8) beschränkt.

„$\Rightarrow$": a) Nach Satz 6.1 gibt es eine *kreisförmige* beschränkte Nullumgebung $U \in \mathfrak{U}(E)$. Zu $V \in \mathfrak{U}(E)$ gibt es $j \in \mathbb{N}$ mit $U \subseteq jV$, und daher ist $\mathbb{U} := \{\frac{1}{k} U \mid k \in \mathbb{N}\}$ eine Nullumgebungsbasis von E. Das *Minkowski-Funktional* oder *Eichfunktional*

$$p_U(x) := \inf\{t > 0 \mid x \in tU\}, \quad x \in E, \tag{10}$$

von U definiert eine *Quasi-Norm* auf E:

b) Offenbar ist $p_U \geq 0$. Die absolute Homogenität (8) folgt aus der Kreisförmigkeit von U. Nach Satz 6.1 b) gibt es $k \in \mathbb{N}$ mit $\frac{1}{k} U + \frac{1}{k} U \subseteq U$. Für $x, y \in E$ mit $p_U(x) < t$ und $p_U(y) < s$ gilt dann

$$\frac{x+y}{t+s} = \frac{t}{t+s} \frac{x}{t} + \frac{s}{t+s} \frac{y}{s} \in U + U \subseteq kU, \tag{11}$$

und daraus folgt $p_U(x+y) \leq k(p_U(x) + p_U(y))$. Schließlich gelte $p_U(x) = 0$. Dann folgt $x \in \frac{1}{k} U$ für alle $\frac{1}{k} U \in \mathbb{U}$ und somit $x = 0$, da E nach Definition des Begriffs „lokalbeschränkt" ein Hausdorff-Raum ist.

c) Offenbar gilt

$$U \subseteq \overline{U}_{p_U} = \{x \in E \mid p_U(x) \leq 1\} \subseteq \overline{U}, \tag{12}$$

und daher induziert die Quasi-Norm p_U die Topologie von E. $\Diamond$

Für eine r-Halbnorm ϕ auf einem Vektorraum E wird durch $q(x) = \phi(x)^{1/r}$ eine Quasi-Halbnorm mit $C = 2^{\frac{1}{r}-1}$ in (9) definiert. Umgekehrt sei q eine Quasi-Halbnorm auf E mit der Konstanten $C \geq 1$ in (9). Definiert man dann $0 < r \leq 1$ durch $2^{\frac{1}{r}-1} = C$, so gibt es eine r-Halbnorm ϕ auf X, sodass $\phi^{1/r}$ zu q *äquivalent* ist. Dieses Resultat stammt von T. Aoki (1942) und S. Rolewicz (1957):

Satz 6.7

Es sei q eine Quasi-Halbnorm auf einem Vektorraum E, sodass (9) mit $C \geq 1$ gilt. Weiter sei $0 < r \leq 1$ durch $2^{\frac{1}{r}-1} = C$ definiert. Durch

$$\phi(x) := \inf\left\{ \sum_{j=1}^{n} q(x_j)^r \mid n \in \mathbb{N},\, x_j \in E,\, x = \sum_{j=1}^{n} x_j \right\} \tag{13}$$

wird eine r-Halbnorm auf E definiert, sodass die Abschätzung

$$\phi(x) \leq q(x)^r \leq 2\,\phi(x), \quad x \in E, \tag{14}$$

gilt. Ist q eine Quasi-Norm, so ist ϕ eine r-Norm auf E.

BEWEIS. a) Offenbar wird in (13) eine r-Halbnorm auf E mit $\phi(x) \leq q(x)^r$ definiert. Zum Beweis der zweiten Ungleichung in (14) beachten wir zunächst:

b) Für zwei Vektoren $y, z \in E$ mit $q(y)^r \leq \alpha$ und $q(z)^r \leq \alpha$ gilt

$$q(y+z)^r \leq (C(q(y)+q(z)))^r \leq C^r(\alpha^{\frac{1}{r}} + \alpha^{\frac{1}{r}})^r \leq C^r\,2^r\,\alpha = 2\alpha\,.$$

c) Nun sei $x = \sum_{j=1}^{n} x_j$ mit $x_j \in E$. Zu zeigen ist $q(x)^r \leq 2\sum_{j=1}^{n} q(x_j)^r$, und dazu genügt der Nachweis der Implikation

$$\sum_{j=1}^{n} q(x_j)^r \leq \tfrac{1}{2} \;\Rightarrow\; q(x)^r \leq 1\,. \tag{15}$$

Dazu definieren wir $k_j \in \mathbb{N}$ mittels $2^{-k_j-1} < q(x_j)^r \leq 2^{-k_j}$; dann ist $\sum_{j=1}^{n} 2^{-k_j-1} \leq \tfrac{1}{2}$ und somit $\sum_{j=1}^{n} 2^{-k_j} \leq 1$.

Nun sei $k := \max k_j$. Zwei Vektoren x_i und x_j mit $k_i = k_j = k$ fassen wir gemäß b) zu einem Vektor $x_i + x_j$ zusammen, für den dann $q(x_i + x_j)^r \leq 2^{-k+1}$ gilt. Ist die Anzahl dieser Vektoren ungerade, so lassen wir einen dieser Vektoren ungeändert. Damit erhalten wir eine Zerlegung $x = \sum_{j=1}^{m} x_j'$ mit $q(x_j')^r \leq 2^{-k_j'}$ und $\sum_{j=1}^{m} 2^{-k_j'} \leq 1$ sowie $\max k_j' = k - 1$. So fortfahrend erhalten wir schließlich $q(x)^r \leq 1$. Damit sind (15) und (14) bewiesen.

d) Ist nun q eine Quasi-*Norm* auf E, so folgt aus $\phi(x) = 0$ auch $q(x) = 0$ und somit $x = 0$; dann ist also ϕ eine r-*Norm* auf E. $\diamond$

Interessante Beispiele von Quasi-Banachräumen liefern *Operatorideale*, vgl. dazu [GK], 12.5 und Kapitel 11.

6.3 Aufgaben

Aufgabe 6.1
Zeigen Sie die Vollständigkeit der Räume $L_r(\mu)$ für $0 < r < 1$.

Aufgabe 6.2
a) Es sei μ ein endliches Maß auf Ω. Verifizieren Sie, dass durch (5) eine (F)-Norm auf dem Raum $\mathcal{M}(\mu)$ der messbaren Funktionen auf Ω definiert wird.

b) Zeigen Sie für eine Folge (f_n) in $\mathcal{M}(\mu)$: $f_n \to 0$ μ-fast überall $\Rightarrow \phi(f_n) \to 0$.

c) Zeigen Sie, dass $L_\infty(\mu)$ in $\mathcal{M}(\mu)$ dicht ist.

d) Zeigen Sie für eine Folge (f_n) in $\mathcal{M}(\mu)$:

$$\phi(f_n) \to 0 \iff \forall\, \varepsilon > 0 : \lim_{n \to \infty} \mu\{t \in \Omega \mid |f_n(t) - f(t)| \geq \varepsilon\} = 0.$$

e) Beweisen Sie die Vollständigkeit des topologischen Vektorraums $\mathcal{M}(\mu)$.

f) Zeigen Sie, dass $L_r(\mu)$ für $0 < r < \infty$ stetig in $\mathcal{M}(\mu)$ eingebettet ist und schließen Sie $\mathcal{M}(\mu)' = \{0\}$.

Aufgabe 6.3
Führen Sie den Beweis von Satz 6.4 aus. Gilt dessen Aussage auch für Quotientenräume beliebiger topologischer Vektorräume?

Aufgabe 6.4
Verifizieren Sie die Aussagen über beschränkte Mengen und präkompakte Mengen ab S. 139.

Aufgabe 6.5
Zeigen Sie, dass in einem vollständigen metrischen Raum jedes Cauchy-*Netz* konvergiert.

Aufgabe 6.6
Definieren Sie den Begriff „Vervollständigung" eines topologischen Vektorraums und zeigen Sie, dass eine solche bis auf Isomorphie eindeutig bestimmt ist.

Aufgabe 6.7
Es sei E ein topologischer Vektorraum. Zeigen Sie, dass eine Menge $A \subseteq E$ genau dann kompakt ist, wenn sie präkompakt und vollständig ist.

Aufgabe 6.8
Es seien E ein topologischer Vektorraum und $0 \neq u : E \to \mathbb{K}$ linear. Zeigen Sie die Äquivalenz der folgenden Aussagen:

(a) u ist stetig.

(b) Der Kern $N(u)$ ist abgeschlossen.

(c) Der Kern $N(u)$ ist nicht dicht in E.

(d) u ist auf einer Nullumgebung von E beschränkt.

Aufgabe 6.9
Es seien E, F topologische Vektorräume, E metrisierbar und $T : E \to F$ eine lineare Abbildung, die Nullfolgen in beschränkte Mengen abbildet. Zeigen Sie, dass T stetig ist.

HINWEIS. Beachten Sie Aufgabe 1.13.

Aufgabe 6.10
Es seien $0 < r, s \leq 1$, X ein r-normierter Raum und Y ein s-normierter Raum. Zeigen Sie:

a) Durch $\| T \|_s = \sup\limits_{\| x \|_r \leq 1} \| Tx \|_s$ wird eine s-Norm auf $L(X, Y)$ definiert.

b) Ist Y vollständig, so gilt dies auch für $L(X, Y)$. Insbesondere ist der *Dualraum* $X' = L(X, \mathbb{K})$ von X ein *Banachraum*.

c) Es seien $X' \neq \{0\}$ und $L(X, Y)$ vollständig. Zeigen Sie, dass Y vollständig ist.

Aufgabe 6.11
Es seien $0 < r \leq 1$ und X ein r-Banachraum. Zeigen Sie:

a) Für $S \in L(X)$ mit $\| S \|_r < 1$ existiert $(I - S)^{-1} \in L(X)$.

b) Die Gruppe $GL(X)$ der invertierbaren Operatoren auf X ist offen, und die Inversion $T \mapsto T^{-1}$ auf $GL(X)$ ist stetig.

Aufgabe 6.12
a) Es seien $0 < r \leq 1$, $\sigma : X \to Q$ eine Quotientenabbildung von r-Banachräumen und $T \in L(\ell_r, Q)$. Konstruieren Sie ein *Lifting* $T^\vee \in L(\ell_r, X)$ von T, für das also $\sigma T^\vee = T$ gilt.

b) Folgern Sie, dass jede Surjektion $\sigma \in L(X, \ell_r)$ rechtsinvertierbar ist.

c) Zeigen Sie, dass es zu jedem separablen r-Banachraum Q eine Quotientenabbildung $\sigma \in L(\ell_r, Q)$ gibt.

HINWEIS. Für den Fall $r = 1$ siehe [GK], Aufgabe 9.16 und Satz 10.12.

Aufgabe 6.13
Es seien X ein Banachraum und $A > 1$. Zeigen Sie, dass durch

$$q(T) := \| T \| \ \text{ für } \ T \in K(X) \quad \text{und} \quad q(T) := A \| T \| \ \text{ für } \ T \notin K(X)$$

eine Quasi-Norm auf $L(X)$ definiert wird. Gilt $q(T - T_n) \to 0 \Rightarrow q(T_n) \to q(T)$?

7 Lokalkonvexe Räume

Fragen: 1. Es sei E ein Fréchetraum, z. B. $E = \mathcal{S}(\mathbb{R}^n)$. Ist der Dualraum $G = E'_\beta$ vollständig? Ist jede schwach*-beschränkte Menge in G' gleichstetig?
2. Es seien E, F Frécheträume und $T : E'_\beta \to F'_\beta$ eine abgeschlossene lineare Abbildung. Ist T stetig?

Ab jetzt untersuchen wir nur noch *lokalkonvexe* topologische Vektorräume. In diesem Rahmen kommen wir noch einmal auf wesentliche *Prinzipien der Funktionalanalysis* zurück und stellen *projektive* und *induktive Konstruktionen* vor. Wir beginnen mit dem *Prinzip der gleichmäßigen Beschränktheit* und dem *Satz von Banach-Steinhaus*, die genau im Fall *tonnelierter* Definitionsbereiche gelten.

In Abschnitt 7.2 diskutieren wir *projektive Topologien* auf lokalkonvexen Räumen, insbesondere *Produkttopologien, schwache Topologien, lokale Banachräume* und *projektive Limiten*. Dual dazu untersuchen wir im nächsten Abschnitt *induktive lokalkonvexe Topologien*, insbesondere *direkte Summen* und *Quotientenräume*. Räume, die eine induktive lokalkonvexe Topologie normierter Räume bzw. von Banachräumen tragen, heißen *bornologisch* bzw. *ultrabornologisch*. Dies ist der Fall für (LF)-*Räume*, abzählbare induktive Limiten von Frécheträumen, die wir in Abschnitt 7.4 untersuchen. Wichtige Beispiele sind Räume $\mathscr{D}(\Omega)$ von *Testfunktionen* oder Räume $\mathscr{H}(K)$ von *Keimen holomorpher Funktionen*.

Es gibt verschiedene Versionen des *Satzes von der offenen Abbildung* und des *Satzes vom abgeschlossenen Graphen* im Rahmen lokalkonvexer Räume. Nach A. Grothendieck (1954) gilt der Graphensatz für abgeschlossene lineare Abbildungen $u : E \to F$, wenn E ultrabornologisch und F ein (LF)-Raum ist. Nach M. De Wilde (1967) kann man allgemeiner für F *Räume mit Gewebe* zulassen; dies ist das Thema von Abschnitt 7.5. Frécheträume und ihre starken Dualräume besitzen Gewebe, und die Klasse dieser Räume ist abgeschlossen gegen abzählbare projektive und induktive Konstruktionen.

Lokalkonvexe Räume wurden auf S. 8 als diejenigen topologischen Vektorräume eingeführt, deren Topologie sich wie in (6.4) durch ein gerichtetes System von *Halbnormen* definieren lässt. Eine äquivalente Definition der lokalen Konvexität ergibt sich aus:

Satz 7.1
Ein topologischer Vektorraum E ist genau dann lokalkonvex, wenn er eine Nullumgebungsbasis aus konvexen *Mengen besitzt.*

BEWEIS. „$\Rightarrow$": Die Topologie von E sei durch das gerichtete System $\mathbb{H}$ von Halbnormen definiert. Die abgeschlossenen „ε-Kugeln" $\{\overline{U}_{p,\varepsilon} \mid p \in \mathbb{H}, \varepsilon > 0\}$ (vgl. S. 8) bilden dann eine Nullumgebungsbasis aus sogar *absolutkonvexen* Mengen.

„$\Leftarrow$": Umgekehrt besitze E eine Nullumgebungsbasis $\mathbb{V}$ aus *konvexen* Mengen. Für $V \in \mathbb{V}$ ist dann wie im Beweis von Satz 6.1 c) die Menge $U := \bigcap\{\alpha V \mid |\alpha| \geq 1\}$ eine konvexe und *kreisförmige* Nullumgebung, also absolutkonvex; somit besitzt E eine Nullumgebungsbasis $\mathbb{U}$ aus *absolutkonvexen* Mengen. Für $U \in \mathbb{U}$ ist nach dem Beweis von Satz 6.6, insbesondere nach der Rechnung in (6.11), das *Minkowski-Funktional* p_U gemäß (6.10) eine *Halbnorm* auf E, und wegen (6.12) wird die Topologie von E durch das gerichtete System $\mathbb{H}(\mathbb{U}) = \{p_U \mid U \in \mathbb{U}\}$ von Halbnormen definiert. $\diamond$

Konventionen. a) Für einen lokalkonvexen Raum E setzen wir stets die *Hausdorff-Eigenschaft* voraus, falls nichts anderes gesagt wird.

b) Mit $\mathbb{U}$ oder $\mathbb{U}(E)$ bezeichnen wir immer eine Nullumgebungsbasis aus *absolutkonvexen abgeschlossenen* Mengen von E; $\mathfrak{U}(E)$ bezeichnet das System aller Nullumgebungen von E.

7.1 Das Prinzip der gleichmäßigen Beschränktheit

Wir wollen nun das *Prinzip der gleichmäßigen Beschränktheit* für möglichst allgemeine lokalkonvexe Räume zeigen. Die Analyse des Beweises von Theorem 1.13 führt auf den folgenden Begriff, der auf G.W. Mackey (1946) zurückgeht:

Tonnen und tonnelierte Räume. Es sei E ein lokalkonvexer Raum. Eine *Tonne* ist eine absolutkonvexe, absorbierende und abgeschlossene Menge $A \subseteq E$. Der Raum E heißt *tonneliert*, falls jede Tonne in E eine Nullumgebung ist.

Wir formulieren nun ein einfaches Lemma, das im Folgenden öfter verwendet wird (vgl. auch die Beweise von Theorem 1.13 und Lemma 1.19):

Lemma 7.2
Es seien E ein lokalkonvexer Raum und $A \subseteq E$ absolutkonvex. Besitzt A einen inneren Punkt, so ist A eine Nullumgebung.

BEWEIS. Es gibt $x \in A$ und $U \in \mathbb{U}(E)$ mit $x + U \subseteq A$, und daraus folgt sofort $U = (x + U) - x \subseteq A - A \subseteq 2A$. $\diamond$

Satz 7.3
Ein lokalkonvexer Raum von zweiter Kategorie ist tonneliert. Insbesondere sind Frécheträume tonneliert.

BEWEIS. Für eine Tonne $A \subseteq E$ ist $E = \bigcup_{k=1}^{\infty} kA$; da E von zweiter Kategorie ist, gibt es ein $n \in \mathbb{N}$ mit $\operatorname{int}(nA) = \operatorname{int}(\overline{nA}) \neq \emptyset$. Nach Lemma 7.2 ist A eine Nullumgebung und E tonneliert. Die letzte Aussage folgt dann aus dem Satz von Baire 1.12. $\diamond$

Es gibt wichtige tonnelierte Räume, die nicht metrisierbar sind, z.B. die Räume $\mathcal{E}'_\beta(\Omega)$, $\mathcal{S}'_\beta(\mathbb{R}^n)$, $\mathscr{D}(\Omega)$ oder $\mathscr{D}'_\beta(\Omega)$, vgl. dazu Abschnitt 7.3 und Kapitel 8. Einen tonnelierten, aber unvollständigen *normierten* Raum findet man in [Köthe 1966], S. 372.

Theorem 7.4 (Prinzip der gleichmäßigen Beschränktheit)
Es seien E, F lokalkonvexe Räume und $\mathcal{G} \subseteq L(E, F)$ punktweise, d. h. in $L_\sigma(E, F)$ beschränkt. Ist E tonneliert, so ist $\mathcal{G}$ gleichstetig.

BEWEIS. Für $V \in \mathbb{U}(F)$ ist $U := \bigcap_{T \in \mathcal{G}} T^{-1}(V)$ eine absolutkonvexe und abgeschlossene Teilmenge von E. Für $x \in E$ ist die Menge $\{Tx \mid T \in \mathcal{G}\}$ in F nach Voraussetzung beschränkt; es gibt also $\rho > 0$ mit $Tx \in \rho V$ für alle $T \in \mathcal{G}$. Dies zeigt $x \in \rho U$; folglich ist U auch absorbierend und somit eine *Tonne*. Da E tonneliert ist, ist U eine Nullumgebung von E, und Bedingung (1.19) ist erfüllt. $\diamond$

Wir werden in Satz 8.5 auf S. 173 zeigen, dass die Tonneliertheit von E für die Gültigkeit des Prinzips der gleichmäßigen Beschränktheit auch *notwendig* ist.

Satz 7.5 (Banach-Steinhaus)
Es seien E ein tonnelierter Raum und F ein lokalkonvexer Raum. Für ein (punktweise) beschränktes Netz (T_α) in $L_\sigma(E, F)$ existiere der Limes

$$Tx := \lim_\alpha T_\alpha x \tag{1}$$

für alle $x \in E$. Dann gilt $T \in L(E, F)$, und man hat $T_\alpha \to T$ in $L_\gamma(E, F)$.

BEWEIS. Durch (1) wird ein linearer Operator $T : E \to F$ definiert. Nach Theorem 7.4 ist die Menge $\mathcal{G} := \{T_\alpha\}$ in $L(E, F)$ *gleichstetig;* mittels (1.18) folgt daraus sofort auch die Stetigkeit von T. Die letzte Aussage ergibt sich dann aus Satz 1.4. $\diamond$

Folgerung. Es seien E tonneliert, $\mathfrak{S}$ eine Bornologie auf E (vgl. S. 15) und F *quasivollständig.* Dann ist der Raum $L_\mathfrak{S}(E, F)$ *quasivollständig.* Insbesondere sind die *Dualräume $E'_\mathfrak{S}$ tonnelierter Räume quasivollständig.*

Wir gehen nun auf Konsequenzen aus dem Prinzip der gleichmäßigen Beschränktheit ein, die im Folgenden eine wichtige Rolle spielen. Grundlegende Konzepte sind:

Beschränkte Kugeln und Banach-Kugeln. a) Es sei E ein lokalkonvexer Raum. Unter einer *Kugel* in E verstehen wir eine absolutkonvexe Menge $B \subseteq E$. Diese ist in dem Vektorraum $E_B := [B]$ absorbierend, und $\| \ \|_B := p_B$ liefert eine Halbnorm auf E_B.

b) Ist B *beschränkt,* so gilt $p(x) \leq C_p \| x \|_B$ für $x \in E_B$ und jede stetige Halbnorm p auf E; man hat also die *stetige Einbettung $E_B \hookrightarrow E$.* Somit ist $\| \ \|_B$ eine *Norm* auf E_B, da E ein Hausdorff-Raum ist. Mit $\mathbb{B}(E)$ bezeichnen wir das System aller beschränkten Kugeln in E.

c) Eine Kugel $B \in \mathbb{B}(E)$ heißt *Banach-Kugel,* falls E_B vollständig ist. Mit $\widehat{\mathbb{B}}(E)$ bezeichnen wir das System aller Banach-Kugeln in E.

Satz 7.6

a) Eine folgenvollständige *Kugel $B \in \mathbb{B}(E)$ ist eine Banach-Kugel.*

b) Eine kompakte *Kugel $B \in \mathbb{B}(E)$ ist eine Banach-Kugel.*

BEWEIS. a) Für eine Cauchy-Folge (x_n) im normierten Raum E_B gibt es $\rho > 0$ mit $\| x_n \|_B \leq \rho$ für alle $n \in \mathbb{N}$. Wegen $E_B \hookrightarrow E$ ist (x_n) auch eine Cauchy-Folge in ρB bezüglich $\mathfrak{T}(E)$, und somit existiert $x = \lim_{n \to \infty} x_n \in \rho B$. Aufgrund der Cauchy-Bedingung in E_B gibt es zu $\varepsilon > 0$ ein $n_0 \in \mathbb{N}$ mit $x_n - x_m \in \varepsilon B$ für $n, m \geq n_0$. Mit $m \to \infty$ folgt auch $x_n - x \in \varepsilon B$ für $n \geq n_0$, also $\| x - x_n \|_B \to 0$.

b) ist ein Spezialfall von a).   ◇

Lemma 7.7

Es seien E ein lokalkonvexer Raum, $A \subseteq E$ eine Tonne und $B \in \widehat{\mathbb{B}}(E)$. Dann wird B von A absorbiert, es gibt also $\rho > 0$ mit $B \subseteq \rho A$.

BEWEIS. Dies folgt aus Satz 7.3, da $A \cap E_B$ eine Tonne im Banachraum E_B ist.   ◇

Satz 7.8

Es seien E, F lokalkonvexe Räume und $\mathcal{G} \subseteq L_\sigma(E, F)$ beschränkt.

a) Für jede Banach-Kugel $B \in \widehat{\mathbb{B}}(E)$ ist dann $\bigcup \{ T(B) \mid T \in \mathcal{G} \}$ in F beschränkt.

b) Ist E folgenvollständig, so ist $\mathcal{G}$ in $L_\beta(E, F)$ beschränkt.

BEWEIS. a) Es sei $V \in \mathbb{U}(F)$. Wie im Beweis von Theorem 7.4 ist $A := \bigcap_{T \in \mathcal{G}} T^{-1}(V)$ eine Tonne in E. Nach Lemma 7.7 gibt es $\rho > 0$ mit $B \subseteq \rho A$, also $T(B) \subseteq \rho V$ für alle $T \in \mathcal{G}$.

b) Für folgenvollständige Räume E gilt $\mathbb{B}(E) = \widehat{\mathbb{B}}(E)$ nach Satz 7.6.   ◇

Folgerung. Für einen folgenvollständigen lokalkonvexen Raum E ist jede schwach beschränkte Menge in E' stark beschränkt.

7.2 Projektive Topologien

Lokalkonvexe Räume können (unter geeigneten Bedingungen) *aus Banachräumen konstruiert* werden. In diesem Abschnitt untersuchen wir *projektive,* im nächsten dann *induktive* Konstruktionen.

Projektive Systeme und Topologien.   a) Es seien J eine Indexmenge, $(E_j, \mathfrak{T}_j)$ lokalkonvexe Räume, E ein Vektorraum und $u_j : E \to E_j$ linear, sodass zu $0 \neq x \in E$ ein $j \in J$ mit $u_j(x) \neq 0$ existiert. Die *projektive Topologie* $\mathfrak{T}^p = \mathfrak{T}^p \{ u_j : E \to E_j \}_{j \in J}$ des *projektiven Systems* $\{ u_j : E \to E_j \}_{j \in J}$ auf E ist die *gröbste Topologie* auf E, bezüglich der alle u_j stetig sind.

b) Es ist $\mathfrak{T}^p$ das Supremum der Topologien $u_j^{-1}(\mathfrak{T}_j)$; eine Umgebungsbasis von $x \in E$ ist gegeben durch alle endlichen Durchschnitte der Mengen $u_j^{-1}(V_j)$, wobei V_j eine Umgebung von $u_j(x)$ ist. Da die u_j linear sind, ist $\mathfrak{T}^p$ *translationsinvariant* mit Nullumgebungsbasis

$$\mathbb{U} = \mathbb{U}(E) = \{ \bigcap_{j \in J'} u_j^{-1}(U_j) \mid J' \subseteq J \text{ endlich}, U_j \in \mathbb{U}(E_j) \}. \tag{2}$$

Nach Satz 7.1 ist $\mathfrak{T}^p$ *lokalkonvex*. Mit allen $\mathfrak{T}_j$ ist auch $\mathfrak{T}^p$ Hausdorffsch.

c) Ein Fundamentalsystem von Halbnormen auf E ist gegeben durch

$$\mathbb{H} = \mathbb{H}(E) = \{ \sup_{j \in J'} (p_j \circ u_j) \mid J' \subseteq J \text{ endlich}, p_j \in \mathbb{H}(E_j) \}. \tag{3}$$

d) Für einen topologischen Raum M ist eine Abbildung $f : M \to E$ genau dann stetig, wenn alle Abbildungen $u_j \circ f : M \to E_j$ stetig sind.

Wir stellen nun einige Beispiele projektiver Topologien vor:

Unterräume. Es seien E ein lokalkonvexer Raum, $G \subseteq E$ ein *Unterraum* von E und $i : G \to E$ die Inklusion. Die projektive Topologie $\mathfrak{T}^p\{i : G \to E\}$ ist die von E induzierte Topologie auf G.

Schwache Topologien. Es sei E ein lokalkonvexer Raum. Aufgrund des Satzes von Hahn-Banach ist $\{x' : E \to \mathbb{K}\}_{x' \in E'}$ ein projektives System; die davon erzeugte projektive Topologie $\sigma(E, E') := \mathfrak{T}^p\{x' : E \to \mathbb{K}\}_{x' \in E'}$ heißt *schwache Topologie* auf E. Sie induziert die für normierte Räume in [GK], Kapitel 10 behandelte *schwache Konvergenz* von Folgen.

Kartesische Produkte. a) Es seien E_j lokalkonvexe Räume und $E = \prod_{j \in J} E_j$ ihr kartesisches Produkt. Die *Produkttopologie* auf E ist die projektive Topologie $\mathfrak{T}^p\{\rho_j : E \to E_j\}_{j \in J}$ der kanonischen Projektionen $\rho_j : E \to E_j$. Sie beschreibt die koordinatenweise Konvergenz; der Raum E ist genau dann folgenvollständig, quasivollständig oder vollständig, wenn dies auf alle E_j zutrifft.

b) Im Fall $E_j = \mathbb{K}$ für alle $j \in J$ ist das Produkt $\prod_{j \in J} E_j = \mathbb{K}^J$ der Raum aller Funktionen auf J (vgl. S. 7); speziell für $J = \mathbb{N}_0$ erhält man den Fréchetraum $\omega = \mathbb{K}^{\mathbb{N}_0}$ aller Folgen (vgl. S. 11).

Satz 7.9
Ein lokalkonvexer Raum E trage die projektive Topologie $\mathfrak{T}^p\{u_j : E \to E_j\}_{j \in J}$. Dann ist E zu einem Unterraum von $\prod_{j \in J} E_j$ isomorph.

BEWEIS. Es ist $\Phi : x \mapsto (u_j(x))_{j \in J}$ ein *Isomorphismus* von E in $\prod_{j \in J} E_j$.   ◇

Lokale Banachräume. a) Es sei $(E, \mathfrak{T})$ ein lokalkonvexer Raum. Für eine Halbnorm $p \in \mathbb{H}(E)$ betrachten wir den Nullraum $N_p = \{x \in E \mid p(x) = 0\}$; auf dem Quotientenraum $E_p := E/N_p$ definiert p eine Norm $\| \ \|_p$. Die Vervollständigung $\widehat{E}_p$ von $(E_p, \| \ \|_p)$ heißt der durch p definierte *lokale Banachraum*. Mit $U = U_p$ oder $U = \overline{U}_p$ schreiben wir auch N_U, E_U und $\widehat{E}_U$ für N_p, E_p und $\widehat{E}_p$.

b) Mit den *kanonischen Abbildungen*

$$\rho_p : E \to E_p \subseteq \widehat{E}_p \,, \quad \rho_p(x) := x + N_p \,, \tag{4}$$

gilt $\mathfrak{T} = \mathfrak{T}^p \{\rho_p : E \to \widehat{E}_p\}_{p \in \mathbb{H}}$. Für $p, q \in \mathbb{H}(E)$ mit $p \leq Cq$ gilt $N_q \subseteq N_p$, und wir erhalten *verbindende kanonische Abbildungen*

$$\rho_q^p : E_q \to E_p \,, \quad \rho_q^p(x + N_q) := x + N_p \,, \tag{5}$$

sowie ihre Fortsetzungen $\widehat{\rho}_q^p : \widehat{E}_q \to \widehat{E}_p$. Es gelten die *Kohärenz-Bedingungen*

$$\widehat{\rho}_p^p = I \,, \quad \widehat{\rho}_r^p = \widehat{\rho}_q^p \, \widehat{\rho}_r^q \quad \text{und} \quad \rho_p = \widehat{\rho}_q^p \, \rho_q \quad \text{für} \quad p \leq Cq \leq C'r \,. \tag{6}$$

Durch $\Phi : x \mapsto (\rho_p(x))_{p \in \mathbb{H}}$ wird nach Satz 7.9 ein *Isomorphismus* von E in $\prod_{p \subset \mathbb{H}} \widehat{E}_p$ definiert. Ein *vollständiger* lokalkonvexer Raum E ist also zu einem *abgeschlossenen* Unterraum eines Produkts von Banachräumen *isomorph*.

c) Die lokalen Banachräume können als „Bausteine" des lokalkonvexen Raumes E betrachtet werden. Wichtige Eigenschaften von E lassen sich mittels Bedingungen an die Banachräume $\widehat{E}_p$ und/oder die kanonischen Abbildungen $\widehat{\rho}_q^p$ beschreiben, vgl. dazu die Kapitel 11 und 12.

Beispiele. a) Für die $\mathcal{C}^m$-Norm p auf dem Fréchetraum $E = \mathcal{C}^\infty[a, b]$ hat man $\widehat{E}_p = \mathcal{C}^m[a, b]$, und für die Sobolev-Norm $p = \| \ \|_{W_2^s}$ ist $\widehat{E}_p = W_2^s(a, b)$. Der Raum $\mathcal{C}^\infty[a, b]$ besitzt also ein Fundamentalsystem von Normen, dessen lokale Banachräume isomorph zu $\mathcal{C}[a, b]$ sind und ein solches, dessen lokale Banachräume Hilberträume sind. Die kanonischen Abbildungen $\widehat{\rho}_s^t : W_2^s(a, b) \to W_2^t(a, b)$ sind Hilbert-Schmidt-Operatoren für $s - t > \frac{1}{2}$ nach [GK], Abschnitt 12.5 oder Aufgabe 4.16.

b) Es seien $\Omega \subseteq \mathbb{R}^n$ offen und $K \subseteq \Omega$ kompakt. Für die Halbnorm $p = p_K$ auf $E = \mathcal{C}(\Omega)$ ist $N_p = \{f \in \mathcal{C}(\Omega) \mid f|_K = 0\}$. Nach dem *Fortsetzungssatz von Tietze* (vgl. [Kaballo 1997], 16.8) ist die Restriktion $R : \mathcal{C}(\Omega) \to \mathcal{C}(K)$ *surjektiv*, und daher gilt $E_p = \mathcal{C}(\Omega)/N_p \simeq \mathcal{C}(K)$. Insbesondere ist E_p vollständig.

Projektive Spektren und Limiten. a) Es sei I eine gerichtete Menge. Ein *projektives Spektrum* $\{E_i, \rho_j^i\}_I$ ist ein System lokalkonvexer Räume E_i $(i \in I)$ und stetiger linearer Abbildungen $\rho_j^i \in L(E_j, E_i)$ $(i \leq j \in I)$, sodass die *Kohärenz-Bedingungen*

$$\rho_i^i = I \,, \quad \rho_k^i = \rho_j^i \, \rho_k^j \quad \text{für} \quad i \leq j \leq k \tag{7}$$

gelten. Wir definieren dann den *projektiven Limes*

$$E := \operatorname{proj}\{E_i, \rho_j^i\}_I := \operatorname{proj}_i E_i := \{x = (x_i) \in \prod_{i \in I} E_i \mid \rho_j^i(x_j) = x_i \text{ für } i \leq j\} \quad (8)$$

und versehen ihn mit der durch die Projektionen $\rho_i : E \to E_i$ gegebenen projektiven Topologie. Analog können wir auch projektive Spektren und Limiten von topologischen Vektorräumen oder von Vektorräumen (ohne weitere Struktur) definieren.

b) Sind alle E_i folgenvollständig, quasivollständig oder vollständig, so gilt dies auch für E.

c) Sind alle E_i Unterräume eines Vektorraumes F und sind alle $\rho_j^i \in L(E_j, E_i)$ Inklusionen, so kann $\operatorname{proj}\{E_i, \rho_j^i\}_I$ mit dem Durchschnitt $\bigcap_i E_i$ identifiziert werden.

d) Für einen lokalkonvexen Raum E ist $\{\widehat{E}_p, \widehat{\rho}_q^p\}_{\mathbb{H}(E)}$ ein projektives Spektrum. Das Bild der nach (6) definierten Abbildung $\Phi : E \to \prod_{p \in \mathbb{H}} \widehat{E}_p$ liegt *dicht* in $\operatorname{proj}\{\widehat{E}_p, \widehat{\rho}_q^p\}_{\mathbb{H}(E)}$. Für einen *vollständigen* Raum E gilt also

$$E \simeq \operatorname{proj}\{\widehat{E}_p, \widehat{\rho}_q^p\}_{\mathbb{H}(E)} = \operatorname{proj}_p \widehat{E}_p. \quad (9)$$

e) Für ein projektives Spektrum $\{E_n, \rho_m^n\}_\mathbb{N}$ und eine streng monoton wachsende Funktion $\alpha : \mathbb{N} \to \mathbb{N}$ gilt $\operatorname{proj}\{E_n, \rho_m^n\}_\mathbb{N} \simeq \operatorname{proj}\{E_{\alpha(k)}, \rho_{\alpha(\ell)}^{\alpha(k)}\}_\mathbb{N}$.

f) Nun seien $\{E_n, \rho_m^n\}_\mathbb{N}$ und $\{F_n, \phi_m^n\}_\mathbb{N}$ projektive Spektren und $T_n \in L(E_n, F_n)$, sodass das Diagramm

$$
\begin{array}{ccccccccccc}
E & \cdots & \xrightarrow{\rho_{n+1}} & E_{n+1} & \xrightarrow{\rho_{n+1}^n} & E_n & \xrightarrow{\rho_n^{n-1}} & E_{n-1} & \longrightarrow & \cdots \xrightarrow{\rho_2^1} & E_1 \\
& & & \downarrow T_{n+1} & & \downarrow T_n & & \downarrow T_{n-1} & & \cdots & \downarrow T_1 \\
F & \cdots & \xrightarrow{\phi_{n+1}} & F_{n+1} & \xrightarrow{\phi_{n+1}^n} & F_n & \xrightarrow{\phi_n^{n-1}} & F_{n-1} & \longrightarrow & \cdots \xrightarrow{\phi_2^1} & F_1
\end{array}
$$

kommutiert. Dann gibt es genau einen Operator $T \in L(E, F)$ mit $T_n \rho_n = \phi_n T$ für alle $n \in \mathbb{N}$, und dieser ist gegeben durch $T : (x_n) \mapsto (T x_n)$.

Beispiele. a) Es gilt also $\mathcal{C}^\infty[a, b] \simeq \operatorname{proj}_m \mathcal{C}^m[a, b] \simeq \operatorname{proj}_n W^n(a, b)$.

b) Es sei $\Omega \subseteq \mathbb{R}^n$ offen mit relativ kompakter Ausschöpfung $(\Omega_n)_{n \in \mathbb{N}}$ (vgl. (1.2)). Mit den Restriktionen $\rho_m^n : \mathcal{C}(\overline{\Omega_m}) \to \mathcal{C}(\overline{\Omega_n})$ gilt $\mathcal{C}(\Omega) \simeq \operatorname{proj}\{\mathcal{C}(\overline{\Omega_n}), \rho_m^n\}_\mathbb{N} = \operatorname{proj}_n \mathcal{C}(\overline{\Omega_n})$. Man kann auch $\mathcal{C}(\Omega) \simeq \operatorname{proj}_n \mathcal{C}(\Omega_n)$ als projektiven Limes der Fréchet-räume $\mathcal{C}(\Omega_n)$ auffassen.

c) Analog zu b) hat man auch $\mathcal{E}(\Omega) \simeq \operatorname{proj}_n \mathcal{E}(\Omega_n)$ sowie $\mathcal{H}(\Omega) \simeq \operatorname{proj}_n \mathcal{H}(\Omega_n)$ im Fall $\Omega \subseteq \mathbb{C}$.

7.3 Induktive lokalkonvexe Topologien

„*Dual*" zu projektiven Konstruktionen untersuchen wir nun

Induktive lokalkonvexe Systeme und Topologien. a) Es seien J eine Indexmenge, $(E_j, \mathfrak{T}_j)$ lokalkonvexe Räume, E ein Vektorraum und $v_j : E_j \to E$ linear mit $[\bigcup_j v_j(E_j)] = E$. Die *induktive lokalkonvexe Topologie* $\mathfrak{T}^i = \mathfrak{T}^i\{v_j : E_j \to E\}_{j \in J}$ des *induktiven Systems* $\{v_j : E_j \to E\}_{j \in J}$ auf E ist die *feinste* (nicht notwendig separierte) *lokalkonvexe Topologie* auf E, bezüglich der alle v_j stetig sind.

b) Aufgrund von Satz 6.2 wird durch

$$\mathbb{U}(E) := \{U \subseteq E \text{ absolutkonvex} \mid \forall j \in J : v_j^{-1}(U) \in \mathfrak{U}(E_j)\} \qquad (10)$$

eine Nullumgebungsbasis einer lokalkonvexen Topologie auf E definiert, die offenbar mit $\mathfrak{T}^i$ übereinstimmt. Es gilt auch

$$\mathbb{U}(E) := \{\Gamma(\bigcup_j v_j(V_j)) \mid V_j \in \mathfrak{U}(E_j)\}. \qquad (11)$$

c) Wegen b) ist eine Halbnorm p auf $(E, \mathfrak{T}^i)$ genau dann stetig, wenn alle $p \circ v_j$ auf den Räumen E_j stetig sind.

d) Für einen lokalkonvexen Raum F ist eine lineare Abbildung $T : E \to F$ genau dann stetig, wenn alle Abbildungen $T \circ v_j : E_j \to F$ stetig sind.

Projektive Topologien sind automatisch linear und sogar lokalkonvex. Für ein induktives System $\{v_j : E_j \to E\}_{j \in J}$ dagegen ist i. A. die induktive Topologie auf E nicht linear und auch die induktive lineare Topologie $\mathfrak{T}^\ell$ nicht lokalkonvex (vgl. [Jarchow 1981], Beispiel 6.10.L). Für *abzählbare* Indexmengen J gilt jedoch $\mathfrak{T}^\ell = \mathfrak{T}^i$ (vgl. [Jarchow 1981], 4.1.4 und 6.6.9).

Der Raum der Testfunktionen. a) Für eine offene Menge $\Omega \subseteq \mathbb{R}^n$ betrachten wir das induktive System $\{i_K : \mathscr{D}(K) \to \mathscr{D}(\Omega)\}_{K \subseteq \Omega}$ kompakt und die entsprechende induktive lokalkonvexe Topologie $\mathfrak{T}^i$ auf $\mathscr{D}(\Omega)$. Diese ist auch gegeben durch das *abzählbare* induktive System $\{i_{K_j} : \mathscr{D}(K_j) \to \mathscr{D}(\Omega)\}_{j \in \mathbb{N}}$, wobei $\{K_j\}$ eine kompakte Ausschöpfung von Ω ist (vgl. (1.3)).

b) Da alle Inklusionen $i : \mathscr{D}(K) \to \mathcal{E}(\Omega)$ stetig sind, hat man $\mathscr{D}(\Omega) \hookrightarrow \mathcal{E}(\Omega)$, und insbesondere ist $\mathfrak{T}^i$ Hausdorffsch auf $\mathscr{D}(\Omega)$. Nach obigem Punkt d) ist eine Linearform $u : \mathscr{D}(\Omega) \to \mathbb{C}$ genau dann stetig bezüglich $\mathfrak{T}^i$, wenn alle Einschränkungen $u : \mathscr{D}(K) \to \mathbb{C}$ stetig sind; somit ist also $\mathscr{D}'(\Omega)$ der *Raum der Distributionen* auf Ω, der bereits auf S. 37 eingeführt wurde.

Entsprechend hat man induktive lokalkonvexe Topologien auf den Räumen $\mathcal{C}_c^m(\Omega)$ der $\mathcal{C}^m$-Funktionen mit kompaktem Träger.

Keime holomorpher Funktionen. a) Es sei $\emptyset \neq K \subseteq \mathbb{C}^n$ eine kompakte Menge. Für offene Umgebungen U, V von K heißen holomorphe Funktionen $f \in \mathscr{H}(U)$ und $g \in \mathscr{H}(V)$ *äquivalent*, wenn es eine offene Menge W mit $K \subseteq W \subseteq U \cap V$ und $f(z) = g(z)$ für alle $z \in W$ gibt. Eine Äquivalenzklasse $\tilde{f}$ dieser Relation heißt *holomorpher Funktionskeim* auf K, die Menge aller Äquivalenzklassen $\mathscr{H}(K)$ heißt *Algebra der holomorphen Funktionskeime auf K*.

b) Die kanonischen Abbildungen $i_U : f \mapsto \tilde{f}$ bilden offenbar ein induktives System $\{i_U : \mathscr{H}(U) \to \mathscr{H}(K)\}_{K \subseteq U}$ offen und definieren eine induktive lokalkonvexe Topologie $\mathfrak{T}^i$ auf $\mathscr{H}(K)$. Mit $U_j := \{z \in \mathbb{C}^n \mid d(z, K) < \frac{1}{j}\}$ ist diese auch gegeben durch das *abzählbare* induktive System $\{i_{U_j} : \mathscr{H}(U_j) \to \mathscr{H}(K)\}_{j \in \mathbb{N}}$. Die stetige lineare Abbildung $\Phi : \mathscr{H}(K) \to \mathbb{C}^{K \times \mathbb{N}_0}$, $f \mapsto (f^{(j)}(z))_{z \in K, j \in \mathbb{N}_0}$ ist *injektiv*, und daher ist $\mathfrak{T}^i$ *Hausdorffsch*.

Die Algebra $\mathscr{H}(K)$ spielt eine Rolle beim *analytischen Funktionalkalkül* in der Operatortheorie (vgl. Abschnitt 13.2).

Im Gegensatz zum projektiven Fall müssen induktive lokalkonvexe Topologien von induktiven Systemen separierter Räume i. A. nicht separiert sein. Einfache Beispiele für diese Situation liefern

Quotientenräume. a) Es seien E ein lokalkonvexer Raum, $G \subseteq E$ ein Unterraum und $\sigma : E \to Q = {}^E\!/_G$ die Quotientenabbildung. Die Quotiententopologie auf Q ist die induktive Topologie $\mathfrak{T}^i\{\sigma : E \to Q\}$; diese ist genau dann Hausdorffsch, wenn G in E abgeschlossen ist.

b) Für eine Nullumgebungsbasis $\mathbb{U}(E)$ von E ist nach (11) eine solche von Q gegeben durch $\mathbb{U}(Q) = \{\sigma(U) \mid U \in \mathbb{U}(E)\}$ in Übereinstimmung mit S. 138. Für $U \in \mathbb{U}(E)$, $p = p_U$, $\tilde{p} = p_{\sigma U}$ und $y \in Q$ ist

$$\tilde{p}(y) = \inf\{t > 0 \mid y \in t\,\sigma(U)\} = \inf_{\sigma x = y} \inf\{t > 0 \mid x \in tU\}, \quad \text{also}$$

$$\tilde{p}(\sigma x) := \inf \{p(x + z) \mid z \in G\} \quad \text{für} \quad \sigma x \in Q \quad \text{und} \quad p \in \mathbb{H}(E). \tag{12}$$

Diese *Quotienten-Halbnormen* bilden ein Fundamentalsystem von Halbnormen auf Q.

Lokalkonvexe direkte Summen. a) Es seien E_j lokalkonvexe Räume und

$$E = \bigoplus_{j \in J} E_j = \{x = (x_j) \in \prod_{j \in J} E_j \mid x_j \neq 0 \text{ nur für endlich viele } j\}$$

ihre direkte Summe. Die *kanonischen Einbettungen*

$$i_k : E_k \to E, \quad i_k(x_k) = (\delta_{jk} x_k)_{j \in J},$$

bilden ein induktives System, und wir betrachten dessen induktive lokalkonvexe Topologie $\mathfrak{T}^i$ auf E. Wegen $E \hookrightarrow \prod_{j \in J} E_j$ ist $\mathfrak{T}^i$ separiert, falls dies auf alle E_j zutrifft.

b) Ein Fundamentalsystem von Halbnormen auf E ist gegeben durch (vgl. Aufgabe 7.5)

$$\mathbb{H} = \mathbb{H}(E) = \{ p : x = (x_j) \mapsto \sum_{j \in J} p_j(x_j) \mid p_j \in \mathbb{H}(E_j) \}. \tag{13}$$

c) Im Fall $J = \mathbb{N}_0$ und $E_j = \mathbb{K}$ für alle $j \in \mathbb{N}_0$ ist die direkte Summe $\varphi := \bigoplus_{j \in \mathbb{N}_0} \mathbb{K}$ der *Raum aller endlichen Folgen.*

Satz 7.10

Der separierte lokalkonvexe Raum E trage die induktive lokalkonvexe Topologie $\mathfrak{T}^i = \mathfrak{T}^i \{ v_j : E_j \to E \}_{j \in J}$. Dann ist E zu einem Quotientenraum von $\bigoplus_{j \in J} E_j$ isomorph.

BEWEIS. Die lineare Abbildung $\sigma : \bigoplus_j E_j \to E$, $\sigma(x_j) := \sum_{j \in J} v_j(x_j)$, ist offenbar surjektiv. Die Quotiententopologie $\mathfrak{T}^q$ ist die feinste lokalkonvexe Topologie, für die σ stetig ist, also die feinste lokalkonvexe Topologie, für die alle $v_j = \sigma \circ i_j$ stetig sind. Daher gilt $\mathfrak{T}^q = \mathfrak{T}^i$. $\diamond$

Sind alle Räume E_j separiert, so ist der Raum $(E, \mathfrak{T}^i)$ genau dann separiert, wenn der Kern $N(\sigma)$ in $\bigoplus_j E_j$ abgeschlossen ist.

Wir untersuchen nun zu den auf S. 151 eingeführten lokalen Banachräumen „duale" Konstruktionen und verwenden dazu *beschränkte Kugeln* (vgl. S. 148).

Bornologische Räume. a) Es sei $(E, \mathfrak{T})$ ein separierter lokalkonvexer Raum. Die Einbettungen $i_B : E_B \to E$ definieren ein induktives System $\{ i_B : E_B \to E \}_{B \in \mathbb{B}(E)}$ normierter Räume und eine induktive lokalkonvexe Topologie $\mathfrak{T}^b$ auf E. Der Raum E heißt *bornologisch*, falls $\mathfrak{T}^b = \mathfrak{T}$ gilt.

b) Für $B, C \in \mathbb{B}(E)$ mit $B \subseteq \rho C$ für ein $\rho > 0$ gilt $E_B \hookrightarrow E_C$, und wir erhalten stetige lineare *verbindende kanonische Abbildungen* $i_{BC} : E_B \to E_C$. Es gelten die *Kohärenz-Bedingungen*

$$i_{BB} = I, \quad i_{BD} = i_{CD} i_{BC} \quad \text{und} \quad i_C = i_{BC} i_B \quad \text{für} \quad B \subseteq \rho C \subseteq \rho' D \in \mathbb{B}(E). \tag{14}$$

Die normierten Räume E_B können als „Bausteine" eines bornologischen Raumes E betrachtet werden.

c) Stets ist $\mathfrak{T}^b$ feiner als $\mathfrak{T}$, und beide Topologien definieren die gleichen beschränkten Mengen auf E. Daher ist der Raum $(E, \mathfrak{T}^b)$ stets bornologisch; er wird als der *zu E assoziierte bornologische Raum E_b* bezeichnet.

d) Eine Menge $A \subseteq E$ heißt *bornivor* oder *gefräßig*, wenn sie jede beschränkte Menge absorbiert, wenn es also zu $B \in \mathbb{B}(E)$ ein $\rho > 0$ mit $\rho B \subseteq A$ gibt. Nullumgebungen sind stets bornivor.

e) Es sei $\mathfrak{A}$ ein System von Teilmengen von E. Eine lineare Abbildung $T : E \to F$ oder eine Halbnorm p auf E heißt $\mathfrak{A}$ -*beschränkt*, falls sie auf jeder Menge aus $\mathfrak{A}$ beschränkt ist (vgl. S. 140).

Satz 7.11

Für einen lokalkonvexen Raum $(E, \mathfrak{T})$ *sind äquivalent:*

(a) E *ist bornologisch.*

(b) E *trägt eine induktive lokalkonvexe Topologie normierter Räume.*

(c) *Jede bornivore Kugel* $A \subseteq E$ *ist eine Nullumgebung.*

(d) *Jede* $\mathbb{B}(E)$*-beschränkte Halbnorm* p *auf* E *ist stetig.*

(e) *Jede* $\mathbb{B}(E)$*-beschränkte lineare Abbildung von* E *in einen lokalkonvexen Raum* F *ist stetig.*

(f) *Jede* $\mathbb{B}(E)$*-beschränkte lineare Abbildung von* E *in einen Banachraum* F *ist stetig.*

BEWEIS. „(a) $\Rightarrow$ (b)" ist klar aufgrund der Definition.

„(b) $\Rightarrow$ (c)": E trage die induktive lokalkonvexe Topologie $\mathfrak{T}^i$ des induktiven Systems $\{v_j : E_j \to E\}_{j \in J}$ der normierten Räume E_j. Für die Einheitskugel K_j von E_j ist $v_j(K_j)$ in E beschränkt; es gibt also $\rho_j > 0$ mit $\rho_j v_j(K_j) \subseteq A$. Da A absolutkonvex ist, folgt auch $\Gamma(\bigcup_j v_j(\rho_j K_j)) \subseteq A$, und wegen (11) ist A eine Nullumgebung von E.

„(c) $\Rightarrow$ (d)": Die Einheitskugel $\overline{U}_p$ von p ist nach Voraussetzung bornivor und somit eine Nullumgebung; daher ist p stetig (vgl. Aufgabe 7.1).

„(d) $\Rightarrow$ (e)": Es seien $T : E \to F$ linear und $\mathbb{B}$-beschränkt und $q \in \mathfrak{H}(F)$. Dann ist die Halbnorm $q \circ T$ $\mathbb{B}$-beschränkt, also stetig auf E. Somit existiert $p \in \mathfrak{H}(E)$ mit $q(Tx) \leq Cp(x)$ für alle $x \in E$.

„(e) $\Rightarrow$ (f)" ist klar.

„(f) $\Rightarrow$ (a)": Für $p \in \mathfrak{H}(E_b)$ ist die kanonische Abbildung $\rho_p : E \to \widehat{E}_p$ $\mathbb{B}(E)$-beschränkt, also stetig. Damit ist auch die Identität $I : E \to E_b$ stetig, und $E = E_b$ ist bornologisch. $\diamond$

Satz 7.12

a) Ein metrisierbarer lokalkonvexer Raum E *ist bornologisch.*

b) Für einen bornologischen Raum E *ist der Dualraum* E'_β *vollständig.*

BEWEIS. a) Es seien p eine $\mathbb{B}(E)$-beschränkte Halbnorm auf E und $\mathbb{U} = \{U_n\}_{n \in \mathbb{N}}$ eine Nullumgebungsbasis von E mit $U_1 \supseteq U_2 \supseteq \ldots$. Ist p auf jedem U_n unbeschränkt, so gibt es $x_n \in U_n$ mit $p(x_n) \geq n$. Wegen $x_n \to 0$ ist aber die Menge $\{x_n\}$ beschränkt, und wir erhalten einen Widerspruch. Somit ist p stetig, und die Behauptung folgt aus Satz 7.11 (d).

b) Für ein Cauchy-Netz (u_α) in E'_β existiert der Limes $u(x) := \lim_\alpha u_\alpha(x)$ gleichmäßig auf den beschränkten Teilmengen von E. Es ist $u : E \to \mathbb{K}$ linear und $\mathbb{B}(E)$-beschränkt, also stetig nach Satz 7.11 (e). $\diamond$

Wichtig für den Satz vom abgeschlossenen Graphen (Theorem 7.22) sind

Ultrabornologische Räume. Für einen (separierten) lokalkonvexen Raum $(E, \mathfrak{T})$ ist $\{i : E_B \to E\}_{B \in \widehat{\mathbb{B}}(E)}$ ein induktives System von Banachräumen; dieses definiert eine induktive lokalkonvexe Topologie $\mathfrak{T}^{ub}$ auf E. Der Raum E heißt *ultrabornologisch*, falls $\mathfrak{T}^{ub} = \mathfrak{T}$ gilt.

Satz 7.13

Für einen lokalkonvexen Raum $(E, \mathfrak{T})$ sind äquivalent:

(a) E ist ultrabornologisch.

(b) E trägt eine induktive lokalkonvexe Topologie von Banachräumen.

(c) Eine Kugel $A \subseteq E$, die alle Banach-Kugeln absorbiert, ist eine Nullumgebung.

(d) Jede $\widehat{\mathbb{B}}(E)$-beschränkte Halbnorm p auf E ist stetig.

(e) Jede $\widehat{\mathbb{B}}(E)$-beschränkte lineare Abbildung von E in einen lokalkonvexen Raum F ist stetig.

(f) Jede $\widehat{\mathbb{B}}(E)$-beschränkte lineare Abbildung von E in einen Banachraum F ist stetig.

Der Beweis erfolgt analog zu dem von Satz 7.11. Für „(b) $\Rightarrow$ (c)" beachten wir, dass jetzt $v_j(K_j)$ eine Banach-Kugel in E ist, und für „(f) $\Rightarrow$ (a)" benutzen wir, dass der Raum $(E, \mathfrak{T}^{ub})$ ultrabornologisch ist.

Satz 7.14

a) Ein ultrabornologischer Raum ist bornologisch und tonneliert.

b) Ein folgenvollständiger bornologischer Raum ist ultrabornologisch.

c) Ein Fréchetraum ist ultrabornologisch.

BEWEIS. a) ergibt sich aus Satz 7.13 und Lemma 7.7.

b) In folgenvollständigen Räumen gilt $\mathbb{B} = \widehat{\mathbb{B}}$ nach Satz 7.6.

c) folgt schließlich aus b) und Satz 7.12 a). $\Diamond$

Ein unvollständiger normierter Raum ist bornologisch, i. A. aber nicht tonneliert und somit auch nicht ultrabornologisch. Andererseits gibt es tonnelierte Räume, die nicht bornologisch sind (vgl. [Jarchow 1981], 13.6).

Satz 7.15

Ein lokalkonvexer Raum E trage die induktive lokalkonvexe Topologie $\mathfrak{T}^i$ des induktiven Systems $\{v_j : E_j \to E\}_{j \in J}$. Sind alle Räume E_j tonneliert, bornologisch oder ultrabornologisch, so gilt dies auch für E.

BEWEIS. Eine Kugel $A \subseteq E$ sei eine Tonne, bornivor oder absorbiere alle Banach-Kugeln. Dies gilt dann auch für alle Mengen $v_j^{-1}(A)$ in E, und daher sind diese Mengen Nullumgebungen. Wegen (10) ist dann $A \in \mathfrak{U}(E)$. $\Diamond$

Die in Satz 7.15 betrachteten Eigenschaften bleiben unter *projektiven* Konstruktionen *nicht* erhalten, insbesondere gibt es abgeschlossene Unterräume ultrabornologischer Räume, die weder tonneliert noch bornologisch sind (vgl. [Jarchow 1981], 13.5). Andererseits ist ein kartesisches Produkt tonnelierter Räume wieder tonneliert (vgl. [Köthe 1966], § 27.1). Weiter gilt:

Satz 7.16

Ein abzählbares Produkt $E = \prod_{j=1}^{\infty} E_j$ ultrabornologischer Räume ist ultrabornologisch.

BEWEIS. a) Es seien F ein Banachraum und $T : E \to F$ eine $\widehat{\mathbb{B}}(E)$-beschränkte lineare Abbildung. Wir zeigen die Existenz von $m \in \mathbb{N}$, sodass $Tx = 0$ gilt für alle $x = (x_j) \in E$ mit $x_1 = \ldots = x_m = 0$. Andernfalls gibt es Tupel $x^{(n)} \in E$ mit $x_1^{(n)} = \ldots = x_n^{(n)} = 0$ und $\|Tx^{(n)}\| = n$. Wegen $x_j^{(n)} = 0$ für $n \geq j$ ist die Menge $\{x_j^{(n)}\}_{n \in \mathbb{N}}$ in E_j endlich und somit in einer kompakten Kugel K_j enthalten. Dann ist aber $K := \prod_{j=1}^{\infty} K_j$ eine Banach-Kugel in E mit $x^{(n)} \in K$ für alle $n \in \mathbb{N}$, und wir erhalten einen Widerspruch.

b) Der Raum $E_m := \prod_{j=1}^{m} E_j = \bigoplus_{j=1}^{m} E_j$ ist ultrabornologisch nach Satz 7.15; mit der Injektion $\iota : E_m \to E$ ist daher der Operator $T\iota : E_m \to F$ stetig nach Satz 7.13. Mit der Projektion $\pi : E \to E_m$ gilt aber $T = T\iota\pi$ aufgrund von a), und daher ist auch $T : E \to F$ stetig. Die Behauptung folgt nun aus Satz 7.13. $\Diamond$

Satz 7.16 gilt auch für bornologische Räume. Allgemeiner ist ein d-faches Produkt (ultra)bornologischer Räume wieder (ultra)bornologisch, falls „d kleiner als die kleinste stark unerreichbare Kardinalzahl" ist (Satz von Mackey-Ulam, vgl. [Köthe 1966], § 28.4, oder [Jarchow 1981], 13.5). Es ist unklar, ob stark unerreichbare Kardinalzahlen existieren.

7.4 (LF)-Räume

Wir untersuchen nun *abzählbare induktive Limiten von Einbettungsspektren*, insbesondere die von J. Dieudonné und L. Schwartz 1949 eingeführte wichtige Klasse der (LF)-Räume, die u. a. die Räume $\mathscr{D}(\Omega)$ und $\mathscr{H}(K)$ enthält. Für allgemeinere induktive Limiten sei auf [Floret und Wloka 1968] oder [Jarchow 1981] verwiesen.

Induktive Limiten. a) Es sei (E_k) eine Folge lokalkonvexer Räume mit $E_k \subseteq E_{k+1}$, sodass die Inklusionen $(E_k, \mathfrak{T}_k) \to (E_{k+1}, \mathfrak{T}_{k+1})$ stetig sind. Mit $E := \bigcup_k E_k$ und den

Inklusionen $i_k : E_k \to E$ heißt das abzählbare induktive System $\{i_k : E_k \to E\}_{k\in\mathbb{N}}$ ein (induktives) *Einbettungsspektrum*. Mit der induktiven lokalkonvexen Topologie $\mathfrak{T}^i$ dieses Systems heißt $(E, \mathfrak{T}^i) = \mathrm{ind}_k\, E_k$ der *induktive Limes* des Einbettungsspektrums. Die Räume $(E_k, \mathfrak{T}_k)$ heißen *Stufen* des induktiven Limes.

b) Ein Einbettungsspektrum bzw. ein induktiver Limes heißt *regulär*, falls es zu jeder beschränkten Menge $B \in \mathfrak{B}(E)$ ein $k \in \mathbb{N}$ und eine beschränkte Menge $B_k \in \mathfrak{B}(E_k)$ mit $B \subseteq i_k(B_k)$ gibt.

c) Ein Einbettungsspektrum heißt *strikt*, falls $\mathfrak{T}_{k+1}$ stets die Topologie $\mathfrak{T}_k$ auf E_k induziert. Eine direkte Summe $E = \bigoplus_{j=1}^{\infty} E_j$ beispielsweise ist induktiver Limes des strikten Einbettungsspektrums $\{i_k : \bigoplus_{j=1}^{k} E_j \to E\}_{k\in\mathbb{N}}$.

(LF)**-Räume und** (LB)**-Räume.** a) Ein abzählbarer induktiver Limes eines Einbettungsspektrums von *Fréchetäumen* bzw. *Banachäumen* heißt (LF)*-Raum* bzw. (LB)*-Raum*.

b) Der Raum $\mathscr{D}(\Omega)$ der Testfunktionen ist ein strikter (LF)-Raum, die Räume $\mathcal{C}_c^m(\Omega)$ sind strikte (LB)-Räume für $0 \leq m < \infty$.

c) Der Raum $\mathscr{H}(K) = \mathrm{ind}_k\, \mathscr{H}(U_k)$ der holomorphen Funktionskeime auf einer kompakten Menge $K \subseteq \mathbb{C}^n$ (vgl. S. 154) ist ein (LF)-Raum. Mit den *Banachäumen* $\mathscr{H}^\infty(U_k)$ aller *beschränkten* holomorphen Funktionen auf U_k gilt offenbar auch $\mathscr{H}(K) = \mathrm{ind}_k\, \mathscr{H}^\infty(U_k)$, und daher ist $\mathscr{H}(K)$ sogar ein (LB)-Raum. Das Spektrum ist nicht strikt, aber *kompakt,* da nach dem *Satz von Montel* die verbindenden kanonischen Abbildungen $i_{k+1}^k : \mathscr{H}^\infty(U_k) \to \mathscr{H}^\infty(U_{k+1})$ kompakt sind. Von kompakten Spektren erzeugte (LB)-Räume heißen auch (LS)*-Räume*; sie sind stets *regulär* (vgl. [Floret und Wloka 1968], § 25).

Wir zeigen nun, dass ein *strikter* (LF)-Raum $(E, \mathfrak{T}^i) = \mathrm{ind}_k\, E_k$ separiert und regulär ist und dass $\mathfrak{T}^i$ stets die Topologie $\mathfrak{T}_k$ auf E_k induziert:

Lemma 7.17
Es seien E ein lokalkonvexer Raum, $G \subseteq E$ ein Unterraum und $U \in \mathfrak{U}(G)$ absolutkonvex. Dann gibt es eine absolutkonvexe Nullumgebung $V \in \mathfrak{U}(E)$ mit $V \cap G = U$.
Für $y \notin \overline{G}$ kann V so gewählt werden, dass $y \notin V$ gilt.

BEWEIS. a) Es gibt $W \in \mathbb{U}(E)$ mit $W \cap G \subseteq U$, und wir setzen $V := \Gamma(W \cup U)$. Offenbar gilt $U \subseteq V \cap G$. Für $x \in V \cap G$ gilt $x = \alpha w + \beta u$ mit $w \in W$, $u \in U$ und $|\alpha| + |\beta| \leq 1$. Aus $\alpha w = x - \beta u \in G$ folgt $\alpha = 0$ oder $w \in G$, in jedem Fall also $x \in U$.

b) Für $y \notin \overline{G}$ wählen wir W so, dass $(y + W) \cap G = \emptyset$ gilt. Aus $y = \alpha w + \beta u \in V$ folgt der Widerspruch $y - \alpha w \in (y + W) \cap G$, und daher ist $y \notin V$. $\diamond$

Satz 7.18

Es sei $(E, \mathfrak{T}^i) = \mathrm{ind}_k(E_k, \mathfrak{T}_k)$ *ein strikter induktiver Limes lokalkonvexer Räume, sodass* E_k *in* E_{k+1} *stets abgeschlossen ist. Dann ist* $\mathfrak{T}^i$ *separiert, regulär und induziert die Topologie* $\mathfrak{T}_k$ *auf allen Räumen* E_k. *Sind alle* E_k *quasivollständig, so gilt dies auch für* E.

BEWEIS. a) Für $n \in \mathbb{N}$ sei eine absolutkonvexe Nullumgebung $U_n \in \mathfrak{U}(E_n)$ gegeben. Nach Lemma 7.17 existieren für $k \geq n$ absolutkonvexe Nullumgebungen $U_k \in \mathfrak{U}(E_k)$ mit $U_{k+1} \cap E_k = U_k$ für $k \geq n$. Nach (11) ist dann $U := \bigcup_{k \geq n} U_k \in \mathfrak{U}(E)$, und es gilt $U \cap E_n = U_n$. Somit ist $\mathfrak{T}^i\big|_{E_n} = \mathfrak{T}_n$.

b) Für $0 \neq y \in E$ gibt es $n \in \mathbb{N}$ mit $0 \neq y \in E_n$ und dann $U_n \in \mathbb{U}(E_n)$ mit $y \notin U_n$. Nach Lemma 7.17 können wir die Nullumgebung $U \in \mathfrak{U}(E)$ aus a) so wählen, dass $y \notin U$ gilt, und somit ist $\mathfrak{T}^i$ separiert.

c) Nun sei $B \subseteq E$ beschränkt. Ist B in keinem E_k enthalten, so gibt es eine Folge (x_n) in B mit $x_n \in E_{k_{n+1}} \backslash E_{k_n}$ für geeignete Indizes $k_n < k_{n+1}$. Nach Lemma 7.17 gibt es absolutkonvexe Nullumgebungen $U_n \in \mathfrak{U}(E_{k_n})$ mit $U_{n+1} \cap E_{k_n} = U_n$ und $\frac{1}{n} x_n \notin U_{n+1}$ für $n \in \mathbb{N}$. Nach (11) ist dann $U := \bigcup_{n \in \mathbb{N}} U_n \in \mathfrak{U}(E)$, und es gilt $\frac{1}{n} x_n \notin U$ im Widerspruch zur Beschränktheit der Menge $\{x_n\}$.

Es gibt also $k \in \mathbb{N}$ mit $B \subseteq E_k$, und nach Beweisteil a) ist B in E_k beschränkt.

d) Ein beschränktes Cauchy-Netz in E ist aufgrund der schon bewiesenen Regularität ein solches in einem E_k und somit konvergent. $\Diamond$

Der Raum der Testfunktionen.   Ein strikter (LF)-Raum E ist also separiert, regulär und quasivollständig; eine in E konvergente Folge ist bereits in einer Stufe E_k konvergent.

Dies gilt insbesondere für den Raum $\mathscr{D}(\Omega)$; der Konvergenzbegriff in $\mathscr{D}(\Omega)$ stimmt also mit dem auf S. 37 eingeführten Begriff überein, und die beschränkten Mengen von $\mathscr{D}(\Omega)$ lassen sich wie auf S. 119 beschreiben.

Nach einem Resultat von G. Köthe (1950) ist ein strikter (LF)-Raum sogar *vollständig* (vgl. [Köthe 1966], § 19.5). Wir behandeln hier direkte Summen:

Satz 7.19

Eine direkte Summe $E = \bigoplus_{j \in J} E_j$ *vollständiger Räume ist vollständig.*

BEWEIS. a) Ein Cauchy-Netz $(x^{(\alpha)})_{\alpha \in A}$ in E besitzt einen Limes x in $\prod_{j \in J} E_j$. Ist $x \notin E$, so gibt es eine unendliche Menge $J' \subseteq J$ mit $x_j \neq 0$ für $j \in J'$. Wir wählen Halbnormen $p_j \in \mathfrak{H}(E_j)$ mit $p_j(x_j) > 0$ und setzen $c_j := 2 p_j(x_j)^{-1}$ für $j \in J'$. Für die Halbnorm $q(y) := \sum_{j \in J'} c_j p_j(y_j)$ auf E besagt die Cauchy-Bedingung:

$$\exists \, \alpha \in A \; \forall \, \beta \geq \alpha \; : \; \sum_{j \in J'} c_j \, p_j(x_j^{(\alpha)} - x_j^{(\beta)}) \leq 1.$$

Mit „$\beta \to \infty$" folgt $\sum\limits_{j \in J'} c_j\, p_j(x_j^{(\alpha)} - x_j) \leq 1$, für alle $j \in J'$ also $c_j\, p_j(x_j^{(\alpha)} - x_j) \leq 1$

und wegen $c_j\, p_j(x_j) = 2$ somit der Widerspruch $c_j\, p_j(x_j^{(\alpha)}) \geq 1$.

b) Nach a) gilt also $x \in E$. Nach (13) sind die stetigen Halbnormen auf E gegeben durch $p(y) = \sum\limits_{j \in J} p_j(y_j)$ mit Halbnormen $p_j \in \mathfrak{H}(E_j)$. Die Cauchy-Bedingung lautet

$$\forall\, \varepsilon > 0\ \exists\, \alpha_0 \in A\ \forall\, \alpha, \beta \geq \alpha_0\ :\ \sum\limits_{j \in J} p_j(x_j^{(\alpha)} - x_j^{(\beta)}) \leq \varepsilon\ ,$$

und mit „$\beta \to \infty$" folgt auch $p(x^{(\alpha)} - x) \leq \varepsilon$ für $\alpha \geq \alpha_0$. $\qquad\qquad\diamond$

Aus Satz 7.19 lässt sich mittels einer *Zerlegung der Eins* leicht die *Vollständigkeit des Raumes* $\mathscr{D}(\Omega)$ *der Testfunktionen* folgern, vgl. Satz 9.33 auf S. 221.

Wir untersuchen nun Erweiterungen des *Satzes von der offenen Abbildung* und des *Satzes vom abgeschlossenen Graphen* und beginnen mit dem folgenden *Faktorisierungssatz* aus [Grothendieck 1954]:

Theorem 7.20 (Grothendieck)
Es seien E ein Fréchetraum, F ein lokalkonvexer Raum und $T : E \to F$ linear mit abgeschlossenem Graphen. Weiter seien für $k \in \mathbb{N}$ Frécheträume F_k und Abbildungen $S_k \in L(F_k, F)$ gegeben, sodass $T(E) \subseteq \bigcup_k S_k(F_k)$ gilt. Dann gibt es $n \in \mathbb{N}$ mit $T(E) \subseteq S_n(F_n)$. Ist S_n injektiv, so gibt es $T_n \in L(E, F_n)$ mit $T = S_n \circ T_n$; insbesondere ist T dann stetig.

Beweis. a) Für festes $k \in \mathbb{N}$ betrachen wir den Raum

$$H_k := \{(x, y) \in E \times F_k \mid T(x) = S_k(y)\}.$$

Aus $H_k \ni (x_n, y_n) \to (x, y)$ in $E \times F_k$ folgt offenbar sofort $T(x_n) = S_k(y_n) \to S_k(y)$ und dann $T(x) = S_k(y)$, da der Graph von T abgeschlossen ist. Somit ist H_k in $E \times F_k$ abgeschlossen und daher ein Fréchetraum.

b) Mit den Projektionen $\rho_k : (x, y) \to x$ in $L(H_k, E)$ gilt $E = \bigcup_k \rho_k(H_k)$ nach Voraussetzung. Nach dem Satz von Baire 1.12 gibt es $n \in \mathbb{N}$, sodass $\rho_n(H_n)$ in E von zweiter Kategorie ist. Nach dem Satz von der offenen Abbildung 1.16 ist ρ_n sogar surjektiv; es gilt also $E = \rho_n(H_n)$ und somit $T(E) \subseteq T(\rho_n(H_n)) \subseteq S_n(F_n)$.

c) Nun sei S_n injektiv. Dann ist $T_n := S_n^{-1}T : E \to F_n$ linear mit abgeschlossenem Graphen und somit stetig nach dem Graphensatz 1.18. $\qquad\qquad\diamond$

Es sei darauf hingewiesen, dass der Unterraum $\bigcup_k S_k(F_k)$ von F nicht die induktive lokalkonvexe Topologie der linearen Abbildungen S_k tragen muss. Natürlich gilt Theorem 7.20 insbesondere für (LF)-Räume $F = \mathrm{ind}_k F_k$; eine konkrete Anwendung folgt in Satz 7.27.

Aus Theorem 7.20 ergibt sich die folgende Version des Graphensatzes:

Satz 7.21
Es seien E ein ultrabornologischer Raum und F ein (LF)-Raum. Dann ist jede lineare
Abbildung $T : E \to F$ mit abgeschlossenem Graphen stetig.

BEWEIS. Der Raum E trägt die induktive lokalkonvexe Topologie des induktiven Systems $\{i_B : E_B \to E\}_{B \in \widehat{\mathbb{B}}(E)}$ von Banachräumen. Offenbar sind die linearen Abbildungen $T \circ i_B : E_B \to F$ abgeschlossen und daher stetig nach Theorem 7.20. Daher ist auch $T : E \to F$ stetig. $\diamond$

7.5 Gewebe und der Satz vom abgeschlossenen Graphen

Nach dem Beweis seines Graphensatzes 7.21 vermutete A. Grothendieck 1954, dass dieser für eine größere Klasse von Räumen F gelten sollte, die gegen abzählbare projektive und induktive Konstruktionen abgeschlossen ist. Eine solche Klasse von *espaces à réseaux* wurde von M. De Wilde 1967 eingeführt (vgl. [De Wilde 1978]); mit der Terminologie *Räume mit Gewebe* im Deutschen folgen wir hier [Meise und Vogt 1992].

Räume mit Gewebe. a) Ein *Gewebe* in einem lokalkonvexen Raum F ist eine Familie $\{C_{n_1,\dots,n_k} \mid k \in \mathbb{N}, n_j \in \mathbb{N}\}$ von Kugeln mit folgenden Eigenschaften:

① $\displaystyle\bigcup_{n=1}^{\infty} C_n = F$ und $\displaystyle\bigcup_{n=1}^{\infty} C_{n_1,\dots,n_k,n} = C_{n_1,\dots,n_k}$ für alle $k \in \mathbb{N}$ und $n_1,\dots,n_k \in \mathbb{N}$,

② Zu jeder Folge (n_k) in $\mathbb{N}$ gibt es eine Folge (r_k) in $(0,\infty)$, sodass für jede Folge (x_k) in F mit $x_k \in C_{n_1,\dots,n_k}$ für alle $k \in \mathbb{N}$ die Reihe $\displaystyle\sum_{k=1}^{\infty} r_k x_k$ in F konvergiert.

b) In der Situation von ② konvergieren auch alle Reihen $\displaystyle\sum_{k=1}^{\infty} \lambda_k x_k$ mit $|\lambda_k| \leq r_k$ in F, da die Mengen $C_{n_1,\dots,n_k}$ absolutkonvex sind.

c) Aus ② ergibt sich die folgende Aussage:

$$\forall\, U \in \mathbb{U}(F)\ \exists\, m \in \mathbb{N}\ \forall\, k \geq m\ :\ r_k\, C_{n_1,\dots,n_k} \subseteq U. \tag{15}$$

Andernfalls gibt es eine Teilfolge (n_{k_j}) von (n_k) und Vektoren $x_{k_j} \in C_{n_1,\dots,n_{k_j}}$ mit $r_{k_j} x_{k_j} \notin U$ für alle $j \in \mathbb{N}$. Wegen ② ist aber $(r_{k_j} x_{k_j})$ eine Nullfolge in F, und wir haben einen Widerspruch.

Beispiele. a) Ein Fréchetraum F besitzt ein Gewebe. Mit einer Nullumgebungsbasis $\mathbb{U}(E) = \{U_n\}_{n \in \mathbb{N}}$ setzen wir

$$C_{n_1,\dots,n_k} = \bigcap_{j=1}^{k} n_j\, U_j \quad \text{für alle}\ k \in \mathbb{N}\ \text{und}\ n_1,\dots,n_k \in \mathbb{N}.$$

Dann ist ① offenbar erfüllt. Eine Folge (x_k) mit $x_k \in C_{n_1,\ldots,n_k}$ für alle $k \in \mathbb{N}$ ist *beschränkt* in F, und daher ist die Reihe $\sum\limits_{k=1}^{\infty} 2^{-k} x_k$ in F konvergent.

b) Auch ein (LF)-Raum $F = \mathrm{ind}_j F_j$ besitzt ein Gewebe. Mit einem Gewebe $\{C_{n_1,\ldots,n_k}^{(j)}\}$ auf F_j setzen wir

$$D_{n_1} := F_{n_1} \quad \text{und} \quad D_{n_1,\ldots,n_k} := C_{n_2,\ldots,n_k}^{(n_1)} \quad \text{für alle } k \in \mathbb{N} \text{ und } n_1,\ldots,n_k \in \mathbb{N}.$$

Dann gilt ①. Zu einer Folge (n_k) in $\mathbb{N}$ gibt es $r_2, r_3, \ldots > 0$, sodass $\sum\limits_{k=2}^{\infty} r_k x_k$ für jede Folge $(x_k)_{k \geq 2}$ mit $x_k \in C_{n_2,\ldots,n_k}^{(n_1)} \subseteq F_{n_1}$ in F_{n_1} konvergiert. Für ein beliebiges $r_1 > 0$ und $x_1 \in F_{n_1}$ konvergiert dann $\sum\limits_{k=1}^{\infty} r_k x_k$ in F_{n_1} und somit auch in F; damit ist auch ② gezeigt.

c) Ein Gewebe auf einem Raum $(F, \mathfrak{T})$ ist auch ein Gewebe auf $(F, \mathfrak{T}_1)$ für jede gröbere lokalkonvexe Topologie $\mathfrak{T}_1$ auf F. Insbesondere besitzt für einen Fréchetraum F auch der Raum $(F, \sigma(F, F'))$ mit der schwachen Topologie ein Gewebe.

d) Es sei F ein lokalkonvexer Raum mit Gewebe $\{C_{n_1,\ldots,n_k}\}$. Auf einem *abgeschlossenen Unterraum* $G \subseteq F$ ist dann $D_{n_1,\ldots,n_k} := C_{n_1,\ldots,n_k} \cap G$ ein Gewebe, und mit der Quotientenabbildung $\sigma : F \to Q = {}^F\!/_G$ ist $\sigma(C_{n_1,\ldots,n_k})$ ein Gewebe auf dem *Quotientenraum* Q.

Aufgrund von Satz 7.24 unten ist die Klasse der Räume mit Gewebe gegen abzählbare projektive und induktive Konstruktionen abgeschlossen. Der folgende *Graphensatz* ist daher eine wesentliche Erweiterung von Satz 7.21:

Theorem 7.22 (De Wilde)
Es seien E ein ultrabornologischer Raum und F ein lokalkonvexer Raum mit Gewebe. Dann ist jede lineare Abbildung $T : E \to F$ mit abgeschlossenem Graphen stetig.

BEWEIS. a) Aufgrund des Beweises von Satz 7.21 können wir annehmen, dass E ein Banachraum ist.

b) Mit der Einheitskugel $\overline{V}$ von E betrachten wir die Kugel $B := T(\overline{V})$ in F. Es ist $T : E \to F_B$ eine Quotientenabbildung und F_B ein Banachraum, da der Kern $N(T)$ von T in E abgeschlossen ist. Mit T ist auch die Inklusion $i : F_B \to F$ abgeschlossen. Es ist zu zeigen, dass B in F *beschränkt* ist:

c) Für ein Gewebe $\{C_{n_1,\ldots,n_k}\}$ in F setzen wir $D_{n_1,\ldots,n_k} := C_{n_1,\ldots,n_k} \cap F_B$ für $k \in \mathbb{N}$ und $n_1,\ldots,n_k \in \mathbb{N}$. Wegen ① und des Satzes von Baire gibt es $n_1 \in \mathbb{N}$, sodass D_{n_1} von zweiter Kategorie im Banachraum F_B ist. So fortfahrend finden wir eine Folge (n_k) in $\mathbb{N}$, sodass $D_{n_1,\ldots,n_k}$ stets von zweiter Kategorie in F_B ist. Insbesondere besitzen die Abschlüsse dieser Mengen in F_B innere Punkte und sind somit Nullumgebungen nach Lemma 7.2.

d) Es gibt also eine Folge (δ_k) in $(0,1]$ mit $\delta_k B \subseteq \overline{D}_{n_1,\ldots,n_k}$ für alle $k \in \mathbb{N}$. Nun wählen wir zur Folge (n_k) eine Folge (r_k) in $(0,1]$ gemäß ② und setzen $\varepsilon_k := 2^{-k} r_k \delta_k$ für $k \in \mathbb{N}$. Dann gilt

$$\varepsilon_k B \subseteq 2^{-k} r_k \overline{D}_{n_1,\ldots,n_k} \subseteq 2^{-k} r_k D_{n_1,\ldots,n_k} + \varepsilon_{k+1} B \quad \text{für } k \in \mathbb{N}. \tag{16}$$

e) Für eine Nullumgebung $U \in \mathbb{U}(F)$ von F wählen wir nun $m \in \mathbb{N}$ gemäß (15). Für $y_m \in \varepsilon_m B$ konstruieren wir rekursiv mit (16) für $k \geq m$ Vektoren $x_k \in 2^{-k} r_k D_{n_1,\ldots,n_k}$ und $y_{k+1} \in \varepsilon_{k+1} B$ mit

$$y_k = x_k + y_{k+1} \quad \text{für alle } k \geq m. \tag{17}$$

Aufgrund von ② konvergiert die Reihe $\sum\limits_{k \geq m} x_k$ in F. Wegen (15) ist $x_k \in 2^{-k} U$, und daher ist $\sum\limits_{k=m}^{\infty} x_k \in U$, da U in F abgeschlossen ist. Aus (17) folgt

$$y_m - \sum_{k=m}^{n} x_k = y_{n+1} \in \varepsilon_{n+1} B \quad \text{für alle } n \geq m. \tag{18}$$

Wegen $\varepsilon_n \to 0$ folgt $\sum\limits_{k=m}^{\infty} x_k = y_m$ in F_B. Da die Inklusion $i : F_B \to F$ abgeschlossen ist, gilt auch $\sum\limits_{k=m}^{\infty} x_k = y_m$ in F und daher $y_m \in U$. Folglich ist $\varepsilon_m B \subseteq U$, und B ist in F beschränkt. $\diamond$

Aus Theorem 7.22 ergibt sich nun die folgende Version des *Satzes von der offenen Abbildung:*

Theorem 7.23 (De Wilde)

Es seien E ein ultrabornologischer Raum, F ein lokalkonvexer Raum mit Gewebe und $T \in L(F, E)$ surjektiv. Dann ist T eine offene Abbildung.

BEWEIS. Nach Beispiel d) auf S. 163 besitzt auch $Q := {}^F\!/_{N(T)}$ ein Gewebe. Die induzierte bijektive Abbildung $\widetilde{T}^{-1} : E \to Q$ ist abgeschlossen und daher stetig nach Theorem 7.22. $\diamond$

Die wichtigen *Permanenzeigenschaften* von Geweben beruhen auf:

Satz 7.24

Es seien $\{F_j\}_{j\in\mathbb{N}}$ lokalkonvexe Räume mit Gewebe. Dann besitzen auch die Räume $\prod\limits_{j=1}^{\infty} F_j$ und $\bigoplus\limits_{j=1}^{\infty} F_j$ ein Gewebe.

BEWEIS. a) Es sei $\{C_{n_1,\ldots,n_k}^{(j)}\}$ ein Gewebe auf F_j. Wir setzen zunächst

$$D_{n_1} := C_{n_1}^{(1)} \times F_2 \times F_3 \times \cdots \quad \text{für } n_1 \in \mathbb{N}, \quad \text{dann}$$

$$D_{n_1,(n_2,n_1^{(1)})} := C_{n_1,n_2}^{(1)} \times C_{n_1^{(1)}}^{(2)} \times F_3 \times \cdots \quad \text{für } n_2, n_1^{(1)} \in \mathbb{N}.$$

Wir zählen die Paare $(n_2, n_1^{(1)})$ durch einen Index $\tilde{n}_2$ ab. Als nächstes definieren wir

$$D_{n_1,(n_2,n_1^{(1)}),(n_3,n_2^{(1)},n_1^{(2)})} \; := \; C_{n_1,n_2,n_3}^{(1)} \times C_{n_1^{(1)},n_2^{(1)}}^{(2)} \times C_{n_1^{(2)}}^{(3)} \times F_4 \times \cdots \,,$$

zählen die Tripel $(n_3, n_2^{(1)}, n_1^{(2)})$ wieder durch einen Index $\tilde{n}_3$ ab und fahren so fort. Für die Familie $\{D_{n_1,\tilde{n}_2,\ldots,\tilde{n}_k}\}$ von Kugeln in $\prod_{j=1}^{\infty} F_j$ ist dann ① erfüllt.

Nun sei $n_1, \tilde{n}_2 = (n_2, n_1^{(1)}), \ldots, \tilde{n}_k = (n_k, n_{k-1}^{(1)}, \ldots, n_1^{(k-1)}), \ldots$ eine Folge von Indizes. Es gibt Zahlen $r_k > 0$, sodass $\sum_{k\geq 1} r_k x_k^{(1)}$ für $x_k^{(1)} \in C_{n_1,\ldots,n_k}^{(1)}$ in F_1 konvergiert, weiter Zahlen $r_k^{(1)} > 0$, sodass $\sum_{k\geq 1} r_k^{(1)} x_k^{(2)}$ für $x_k^{(2)} \in C_{n_1^{(1)},\ldots,n_k^{(1)}}^{(2)}$ in F_2 konvergiert, usw. Wir definieren $\tilde{r}_1 = r_1$, $\tilde{r}_2 = \inf\{r_2, r_1^{(1)}\}$, $\tilde{r}_3 = \inf\{r_3, r_2^{(1)}, r_1^{(2)}\}$, usw. Für Vektoren $x_k = (x_k^{(1)}, x_k^{(2)}, \ldots) \in D_{n_1,\tilde{n}_2,\ldots,\tilde{n}_k}$ konvergiert dann die Reihe $\sum_{k\geq 1} \tilde{r}_k x_k^{(j)}$ für alle

$j \in \mathbb{N}$. Somit konvergiert $\sum_{k\geq 1} \tilde{r}_k x_k$ in $\prod_{j=1}^{\infty} F_j$, und ② ist gezeigt.

b) Nach a) besitzen die Räume $E_n := \bigoplus_{j=1}^{n} F_j \simeq \prod_{j=1}^{n} F_j$ ein Gewebe $\{D_{n_1,\ldots,n_k}^{(n)}\}$. Wie in Beispiel b) auf S. 163 setzen wir einfach $W_{n_1} := E_{n_1}$ und $W_{n_1,\ldots,n_k} := D_{n_2,\ldots,n_k}^{(n_1)}$ für $k \geq 2$. Dann ist $\{W_{n_1,\ldots,n_k}\}$ ein Gewebe in $\bigoplus_{j=1}^{\infty} F_j$. $\qquad\qquad \Diamond$

Aus Beispiel d) auf S. 163 sowie den Sätzen 7.9 und 7.10 ergibt sich schließlich die

Folgerung. Die Klasse der Räume mit Gewebe ist abgeschlossen gegen abzählbare projektive und induktive Konstruktionen.

Als „Basis" für diese Konstruktionen hat man nach Beispiel a) auf S. 162 die Fréchet-räume. Wir zeigen nun, dass auch die starken Dualräume von Frécheträumen und sogar von (LF)-Räumen Gewebe besitzen. Dazu benutzen wir (vgl. [GK], S. 190)

Polaren. Es sei E ein lokalkonvexer Raum. Wir verwenden die Notation

$$\langle x, x' \rangle := x'(x) \text{ für Vektoren } x \in E \text{ und Funktionale } x' \in E'.$$

Für nicht-leere Mengen $M \subseteq E$ und $N \subseteq E'$ definieren wir die *Polaren* durch

$$M^{\circ} := \{x' \in E' \mid |\langle x, x' \rangle| \leq 1 \text{ für } x \in M\},$$
$$^{\circ}N := \{x \in E \mid |\langle x, x' \rangle| \leq 1 \text{ für } x' \in N\}.$$

Polaren sind stets absolutkonvex und abgeschlossen.

Satz 7.25
Für einen (LF)-Raum $F = \mathrm{ind}_j F_j$ besitzt auch der Dualraum F_β' ein Gewebe.

BEWEIS. a) Es sei $\mathbb{U}(F_j) = \{U_n^{(j)}\}_{n\in\mathbb{N}}$ eine Nullumgebungsbasis von F_j. Wir setzen

$$C_{n_1,\ldots,n_k} := \bigcap_{j=1}^{k} (U_{n_j}^{(j)})^{\circ} \quad \text{für alle} \ \ k \in \mathbb{N} \ \ \text{und} \ \ n_1,\ldots,n_k \in \mathbb{N},$$

wobei die Polaren in F' gebildet werden. Wegen $F_1 \hookrightarrow F$ ist jedes Funktional $x' \in F'$ auf einem $U_{n_1}^{(1)}$ beschränkt; daher gilt $F' = \bigcup\limits_{n_1=1}^{\infty} (U_{n_1}^{(1)})^{\circ}$ und allgemeiner dann ①.

b) Eine Folge (x'_k) mit $x'_k \in C_{n_1,\ldots,n_k}$ für alle $k \in \mathbb{N}$ ist in F'_σ beschränkt. Da F tonneliert ist, ist $\{x'_k\}$ gleichstetig, also auch in F'_β *beschränkt*. Weiter ist F'_β quasivollständig (nach Satz 7.12 sogar vollständig), und daher ist die Reihe $\sum\limits_{k=1}^{\infty} 2^{-k} x'_k$ in F'_β konvergent. ◇

Insbesondere besitzen die Räume $\mathcal{S}'_\beta(\mathbb{R}^n)$, $\mathcal{E}'_\beta(\Omega)$ und $\mathscr{D}'_\beta(\Omega)$ Gewebe. Weitere Beispiele liefern

Räume reell-analytischer Funktionen.

Es sei $\Omega \subseteq \mathbb{R}^n$ offen. Eine reell-analytische Funktion $f \in \mathcal{A}(\Omega)$ besitzt eine eindeutig bestimmte *holomorphe Fortsetzung* auf eine Umgebung $U \subseteq \mathbb{C}^n$ von Ω, und daher liegen ihre Einschränkungen auf kompakte Mengen $K \subseteq \Omega$ in $\mathscr{H}(K)$. Mit einer kompakten Ausschöpfung $\{K_j\}$ von Ω wie in (1.3) definieren wir eine lokalkonvexe Topologie auf $\mathcal{A}(\Omega)$ durch

$$\mathcal{A}(\Omega) := \text{proj}_j \, \mathscr{H}(K_j).$$

Die (LS)-Räume $\mathscr{H}(K_j)$ besitzen Gewebe, und dies gilt dann auch für ihren projektiven Limes, den (PLS)-*Raum* $\mathcal{A}(\Omega)$. In Ergänzung zu Satz 5.15 gilt:

Satz 7.26

Auf dem Kern $N_\Omega(P(D)) \subseteq \mathcal{A}(\Omega)$ *eines elliptischen Differentialoperators* $P(D)$ *stimmen die von den lokalkonvexen Räumen* $\mathcal{A}(\Omega)$ *und* $\mathscr{D}'_\beta(\Omega)$ *induzierten Topologien überein.*

BEWEIS. Nach Theorem 5.20 gilt $\{u \in \mathscr{D}'(\Omega) \mid P(D)u = 0\} \subseteq \mathcal{A}(\Omega)$, und nach Satz 5.15 stimmen die von $\mathscr{D}'_\beta(\Omega)$ und $\mathcal{C}(\Omega)$ auf $N_\Omega(P(D))$ induzierten Topologien überein. Offenbar ist die Identität $(N_\Omega(P(D)), \mathfrak{T}(\mathcal{A}(\Omega))) \to (N_\Omega(P(D)), \mathfrak{T}(\mathcal{C}(\Omega)))$ stetig; da der Raum $(N_\Omega(P(D)), \mathfrak{T}(\mathcal{A}(\Omega)))$ ein Gewebe besitzt und $(N_\Omega(P(D)), \mathfrak{T}(\mathcal{C}(\Omega)))$ ein Fréchetraum ist, ist sie auch offen nach Theorem 7.23. ◇

Als Anwendung einiger früherer Ergebnisse formulieren wir eine Aussage über Folgen von z. B. *harmonischen* Funktionen:

Satz 7.27

Es sei $P(D)$ *ein elliptischer Differentialoperator. Für eine Folge* (f_j) *in* $N_\Omega(P(D))$ *gelte* $f_j \to 0$ *in* $\mathscr{D}'_\sigma(\Omega)$, *d. h.*

$$\int_\Omega f_j(x)\,\varphi(x)\,dx \to 0 \quad \text{für alle} \ \ \varphi \in \mathscr{D}(\Omega).$$

Für jede kompakte Menge $K \subseteq \Omega$ gibt es dann eine in $\mathbb{C}^n$ offene Menge U mit $K \subseteq U$, sodass alle Funktionen f_j Fortsetzungen $\widetilde{f}_j \in \mathscr{H}^\infty(U)$ besitzen und

$$\sup_{z \in U} |\, \widetilde{f}_j(z)\,| \to 0 \quad gilt.$$

BEWEIS. Da $\mathscr{D}(\Omega)$ tonneliert ist, gilt $f_j \to 0$ in $\mathscr{D}'_\gamma(\Omega)$ nach dem Satz von Banach-Steinhaus 7.5, und wegen der Montel-Eigenschaft der Fréchetträume $\mathscr{D}(K)$ folgt sogar $f_j \to 0$ in $\mathscr{D}'_\beta(\Omega)$ aufgrund von Satz 7.18. Nun folgt $f_j \to 0$ in $\mathcal{C}(\Omega)$ aus Satz 5.15. Nach Satz 7.26 ist die Identität $(N_\Omega(P(D)), \mathfrak{T}(\mathcal{C}(\Omega))) \to \mathcal{A}(\Omega)$ stetig, liefert also für kompakte $K \subseteq \Omega$ stetige Restriktionen von $(N_\Omega(P(D)), \mathfrak{T}(\mathcal{C}(\Omega)))$ in die Räume $\mathscr{H}(K) = \mathrm{ind}_j \mathscr{H}^\infty(U_j)$. Diese lassen sich nach Theorem 7.20 stetig über eine Stufe $\mathscr{H}^\infty(U_k)$ faktorisieren, und daher gilt $\widetilde{f}_j \to 0$ in $\mathscr{H}^\infty(U_k)$. $\diamond$

Für mehr Informationen über den Graphensatz verweisen wir auf [Köthe 1966], § 34 und § 35, [Horváth 1966], § 17, oder [Jarchow 1981], Kapitel 5, wo auch der Fall allgemeiner topologischer Vektorräume behandelt wird. Wir erwähnen nur kurz die folgenden Resultate:

Jede abgeschlossene lineare Abbildung von einem *tonnelierten* Raum E in einen Banachraum F ist stetig. Nach M. Mahowald (1961) gilt dies *genau* für tonnelierte Räume E; für F kann man allgemeiner eine nach V. Pták (1958) benannte Klasse von Räumen zulassen. Diese enthält alle Fréchetträume, ist aber nicht stabil unter der Bildung endlicher Produkte oder direkter Summen.

7.6 Aufgaben

Aufgabe 7.1
Es seien E ein lokalkonvexer Raum und $A \subseteq E$ eine absolutkonvexe absorbierende Menge. Zeigen Sie: Das Minkowski-Funktional p_A ist genau dann stetig, wenn A eine Nullumgebung ist, und in diesem Fall gilt

$$\overset{\circ}{A} = \{x \in E \mid p_A(x) < 1\} \quad \text{und} \quad \overline{A} = \{x \in E \mid p_A(x) \le 1\}.$$

Aufgabe 7.2
Es seien E ein lokalkonvexer Raum, $A \in \mathfrak{B}(E)$ und $B \in \widehat{\mathbb{B}}(E)$ mit $A \subseteq B + \frac{1}{2}A$. Zeigen Sie $A \subseteq 3B$.

Aufgabe 7.3
Es seien E ein lokalkonvexer Raum und $U \in \mathbb{U}(E)$. Zeigen Sie $(\widehat{E}_U)' \simeq E'_{U^\circ}$ für die lokalen Banachräume.

Aufgabe 7.4
a) Verifizieren Sie die Aussagen b)–d) über projektive Topologien ab S. 150 sowie die folgenden Aussagen über projektive Limiten.

b) In Aussage f) auf S. 152 seien alle Operatoren T_n injektiv bzw. surjektiv. Gilt dies dann auch für T?

c) Verifizieren Sie die Ausführungen zu den Beispielen am Ende von Abschnitt 7.2.

Aufgabe 7.5

a) Verifizieren Sie die Aussagen c) und d) auf S. 153 über induktive lokalkonvexe Topologien.

b) Verifizieren Sie (13) und geben Sie eine Formel für die stetigen Halbnormen beliebiger induktiver lokalkonvexer Topologien an.

Aufgabe 7.6

Finden Sie einen lokalkonvexen Raum, der weder tonneliert noch bornologisch ist.

Aufgabe 7.7

Eine Folge (x_n) in einem lokalkonvexen Raum E heißt *lokale Nullfolge,* falls es $B \in \mathbb{B}(E)$ mit $x_n \to 0$ in E_B gibt. Zeigen Sie:

a) Es ist (x_n) eine lokale Nullfolge, wenn es $0 < r_n \to \infty$ mit $r_n x_n \to 0$ in E gibt.

b) In metrisierbaren Räumen ist jede Nullfolge eine lokale Nullfolge.

c) Ein Raum E ist genau dann bornologisch, wenn jede Kugel, die alle lokalen Nullfolgen absorbiert, eine Nullumgebung ist.

Aufgabe 7.8

Eine Folge (x_n) in einem lokalkonvexen Raum E heißt *sehr konvergent* gegen $x \in E$, falls es eine kompakte Kugel $K \in \widehat{\mathbb{B}}(E)$ mit $x_n \to x$ in E_K gibt. Zeigen Sie:

a) In einem Fréchetraum ist jede konvergente Folge sehr konvergent.

b) Eine Folge (x_n) ist genau dann sehr konvergent gegen $x \in E$, falls es eine Banach-Kugel $B \in \widehat{\mathbb{B}}(E)$ mit $x_n \to x$ in E_B gibt.

c) Ein Raum E ist genau dann ultrabornologisch, wenn jede Kugel, die alle sehr konvergenten Nullfolgen absorbiert, eine Nullumgebung ist.

Aufgabe 7.9

Zeigen Sie, dass ein separierter Quotient eines (LF)-Raumes bzw. (LB)-Raumes ebenfalls ein (LF)-Raum bzw. (LB)-Raum ist.

Aufgabe 7.10

a) Zeigen Sie mit Hilfe von Lemma 7.17: Es seien $G \subseteq E$ ein Unterraum des lokalkonvexen Raumes E, $p \leq q \in \mathbb{H}(E)$ und $\rho \in \mathbb{H}(G)$ mit $p \leq \rho \leq q$ auf G. Konstruieren Sie eine Halbnorm $r \in \mathbb{H}(E)$ mit $r|_G = \rho$ und $p \leq r \leq q$ auf E.

b) Es seien $\sigma : E \to Q$ eine Quotientenabbildung lokalkonvexer Räume, $p \leq q \in \mathbb{H}(E)$ und $\rho \in \mathbb{H}(Q)$ mit $\widetilde{p} \leq \rho \leq \widetilde{q}$ auf Q, wobei $\widetilde{}$ Quotienten-Halbnormen bezeichnet. Konstruieren Sie eine Halbnorm $r \in \mathbb{H}(E)$ mit $\widetilde{r} = \rho$ und $p \leq r \leq q$ auf E.

Aufgabe 7.11

Es sei $\{K_j\}$ eine kompakte Ausschöpfung einer offenen Menge $\Omega \subseteq \mathbb{R}^n$ (vgl. (1.3)). Zeigen Sie $\mathscr{D}'_\beta(\Omega) \simeq \mathrm{proj}_j\, \mathscr{D}'_\beta(K_j)$.

Aufgabe 7.12

Es seien E ein Fréchetraum, $\Omega \subseteq \mathbb{R}^n$ offen und $T : E \to \mathcal{C}(\Omega)$ ein stetiger linearer Operator mit $T(E) \subseteq \mathcal{C}^m_c(\Omega)$ für ein $m \in \mathbb{N}_0 \cup \{\infty\}$. Zeigen Sie: Es gibt eine kompakte Menge $K \subseteq \Omega$, sodass $T : E \to \mathcal{C}^m_c(K)$ stetig ist.

Aufgabe 7.13

Ist der Raum $\varphi = \bigoplus_{j=0}^\infty \mathbb{K}$ aller endlichen Folgen metrisierbar?

Aufgabe 7.14

Es sei $E = \mathrm{ind}_k\, E_k$ ein (LF)-Raum. Zeigen Sie, dass jede Banach-Kugel in E in einer Stufe E_m liegt. Schließen Sie, dass für folgenvollständige Räume E der induktive Limes regulär ist.

Aufgabe 7.15

Ein (LF)-Raum $E = \mathrm{ind}_k\, E_k = \mathrm{ind}_k\, F_k$ sei induktiver Limes zweier Einbettungsspektren. Zeigen Sie: Zu $k \in \mathbb{N}$ existieren Indizes $n_k, m_k \in \mathbb{N}$ mit $E_k \hookrightarrow F_{n_k}$ und $F_k \hookrightarrow E_{m_k}$.

Aufgabe 7.16

Ein *Gewebe* $\{C_{n_1,\dots,n_k}\}$ in einem lokalkonvexen Raum F heißt *strikt*, wenn in der Situation von ② stets $\sum_{k=m}^\infty r_k x_k \in C_{n_1,\dots,n_m}$ gilt (vgl. S. 162). Zeigen Sie:

a) Ein Gewebe aus *abgeschlossenen* Kugeln ist strikt.

b) Für einen Fréchetraum F besitzen F und F'_β ein striktes Gewebe.

c) Die Klasse der Räume mit striktem Gewebe ist gegen abzählbare projektive und induktive Konstruktionen abgeschlossen.

Aufgabe 7.17

a) Zeigen Sie den folgenden *Lokalisierungssatz* von M. De Wilde:

Es seien E ein Fréchetraum, F ein Raum mit striktem Gewebe $\{C_{n_1,\dots,n_k}\}$ und $T : E \to F$ linear und abgeschlossen. Dann gibt es eine Folge (n_k) in $\mathbb{N}$ und eine Folge (U_k) in $\mathbb{U}(E)$ mit $T(U_k) \subseteq [C_{n_1,\dots,n_k}]$ für alle $k \in \mathbb{N}$.

b) Zeigen Sie, dass der Lokalisierungssatz für (LF)-Räume F den Faktorisierungssatz 7.20 von Grothendieck impliziert.

8 Dualität

Frage: Sind die Räume $\mathcal{E}'_\beta(\Omega)$ und $\mathscr{D}'_\beta(\Omega)$ tonneliert oder bornologisch? Bestimmen Sie ihre Dualräume!

Für die Untersuchung lokalkonvexer Räume ist das Zusammenspiel von Raum und Dualraum sehr wichtig. Mit Hilfe des *Bipolarensatzes* untersuchen wir *polare lokalkonvexe Topologien* auf E' bzw. E, die durch Bornologien auf E bzw. E' definiert werden. Wir zeigen, dass Polaren von Nullumgebungen schwach*-kompakt sind *(Satz von Alaoglu-Bourbaki)* und charakterisieren alle polaren Topologien auf E, die den Dualraum E' liefern *(Satz von Mackey-Arens)*.

Ein Raum E heißt *semi-reflexiv,* wenn die Evaluationsabbildung $\iota : E \to E''$ surjektiv ist, und *reflexiv,* wenn ι sogar topologischer Isomorphismus ist. In Abschnitt 8.2 geben wir verschiedene Charakterisierungen dieser wichtigen Konzepte an und untersuchen ihre Permanenzeigenschaften. *Montelräume* sind reflexiv; wichtige Beispiele sind etwa die Räume $\mathscr{H}(\Omega)$, $\mathcal{E}(\Omega)$, $\mathscr{D}(\Omega)$, $\mathcal{S}(\mathbb{R}^n)$ und ihre starken Dualräume.

In Abschnitt 8.3 untersuchen wir (DF)*-Räume,* eine zu metrisierbaren Räumen „duale" Klasse. Ein (DF)-Raum besitzt ein *abzählbares Fundamentalsystem beschränkter Mengen* und ist „in abgeschwächter Form bornologisch". Ein starker Dualraum eines Fréchetraums ist ein (DF)-Raum; ist er quasitonneliert, so muss er bereits ultrabornologisch sein.

Im nächsten Abschnitt diskutieren wir polare Topologien auf Unterräumen und auf Quotientenräumen und verwenden dazu die Sprache kurzer *exakter Sequenzen* lokalkonvexer Räume. Ist eine solche Sequenz *topologisch exakt,* so ist die *duale Sequenz* stets *algebraisch* exakt. Die Frage nach ihrer *topologischen* Exaktheit untersuchen wir im Fall von Frécheträumen und von (DF)-Räumen.

In Abschnitt 8.5 zeigen wir, dass kompakte konvexe Mengen in lokalkonvexen Räumen die *abgeschlossenen konvexen Hüllen ihrer Extremalpunkte* sind *(Satz von Krein-Milman)*. Als Anwendung folgt ein Beweis des *Satzes von Stone-Weierstraß* über die Approximation stetiger Funktionen auf einem kompakten Raum T durch Funktionen aus geeigneten Unteralgebren der Banachalgebra $\mathcal{C}(T)$.

8.1 Polare lokalkonvexe Topologien

Im Gegensatz zur Situation bei Banachräumen gibt es für lokalkonvexe Räume keine „natürliche" Definition „des" Dualraums; eine Präzisierung dieser Aussage enthält [Floret und König 1994]. Für die Dualitätstheorie spielen *verschiedene* lokalkonvexe Topologien sowohl auf dem Dualraum wie auch auf dem Raum selbst wichtige Rollen; deren Untersuchung in weitgehend symmetrischer Weise ermöglicht der Begriff des *Dualsystems:*

Dualsysteme und schwache Topologien. a) Für einen Vektorraum E bezeichnen wir mit $E^\times$ den *algebraischen Dualraum,* d. h. den Raum aller Linearformen auf E. Für einen Unterraum $F \subseteq E^\times$ nennen wir $\langle E, F \rangle$ ein *Dualsystem,* falls F die Punkte von E trennt, falls also für alle $x \in E$ gilt

$$(\forall \, y \in F \, : \, \langle x, y \rangle \, = \, 0) \; \Rightarrow \; x \, = \, 0 \, . \tag{1}$$

In diesem Fall ist offenbar die durch $\iota(x)(y) := \langle x, y \rangle$ gegebene Evaluationsabbildung $\iota : E \to F^\times$ *injektiv,* und auch $\langle F, E \rangle := \langle F, \iota E \rangle$ ist ein Dualsystem.

b) Für einen separierten lokalkonvexen Raum $(E, \mathfrak{T})$ ist nach dem Satz von Hahn-Banach $\langle E, E' \rangle$ ein Dualsystem. Auch $\langle E', E \rangle := \langle E', \iota E \rangle$ und $\langle E', E'' \rangle$ sind Dualsysteme.

c) Für ein Dualsystem $\langle E, F \rangle$ wird die *schwache Topologie* $\sigma(E, F)$ als projektive Topologie $\mathfrak{T}^p \{ x' : E \to \mathbb{K} \}_{x' \in F}$ definiert; ein Fundamentalsystem von Halbnormen ist gegeben durch

$$p_{y_1, \dots, y_r}(x) := \sup_{j=1}^{r} | \langle x, y_j \rangle |, \quad r \in \mathbb{N}, \, y_1, \dots, y_r \in F \, . \tag{2}$$

Lemma 8.1
Es seien E ein Vektorraum und $y, y_1, \dots, y_r \in E^\times$ Linearformen auf E. Aus $\bigcap_{j=1}^{r} N(y_j) \subseteq N(y)$ folgt dann $y \in [y_1, \dots, y_r]$.

BEWEIS. Wir definieren eine lineare Abbildung $T : E \to \mathbb{K}^r$ durch $Tx := (\langle x, y_j \rangle)_{j=1}^{r}$. Aus $Tx = 0$ folgt dann auch $\langle x, y \rangle = 0$; wir können daher $u \in R(T)^\times$ definieren durch $u(Tx) := \langle x, y \rangle$. Es gibt eine lineare Fortsetzung $v \in (\mathbb{K}^r)^\times$ von u, und diese hat die Form $v(\xi_1, \dots \xi_r) = \sum_{j=1}^{r} \alpha_j \xi_j$ mit geeigneten $\alpha_j \in \mathbb{K}$. Daraus folgt

$$\langle x, y \rangle \, = \, v(Tx) \, = \, \sum_{j=1}^{r} \alpha_j \langle x, y_j \rangle \, = \, \langle x, \sum_{j=1}^{r} \alpha_j \, y_j \rangle \quad \text{für } x \in E . \; \Diamond$$

Satz 8.2
Für ein Dualsystem $\langle E, F \rangle$ gilt $(E, \sigma(E, F))' = F$.

BEWEIS. „$\supseteq$" ist klar. Gilt umgekehrt $y \in (E, \sigma(E, F))'$, so hat man wegen (2) eine Abschätzung $| \langle x, y \rangle | \leq C \sup_{j=1}^{r} | \langle x, y_j \rangle |$ für geeignete $y_1, \dots, y_r \in F$. Es folgt $\bigcap_{j=1}^{r} N(y_j) \subseteq N(y)$ und daher $y \in [y_1, \dots, y_r] \subseteq F$ nach Lemma 8.1. $\quad\quad\quad \Diamond$

Vollständigkeit schwacher Topologien. a) Für ein Dualsystem $\langle E, F \rangle$ ist F *dicht* in $(E^\times, \sigma(E^\times, E))$.

Andernfalls gibt es nach dem Satz von Hahn-Banach $0 \neq u \in (E^\times, \sigma(E^\times, E))'$ mit $u(y) = 0$ für alle $y \in F$. Nach Satz 8.2 ist aber $u \in E$, und wir haben einen Widerspruch.

b) Da $\sigma(E^\times, E)$ auf F offenbar die Topologie $\sigma(F, E)$ induziert, ist im Fall $F \neq E^\times$ somit $(F, \sigma(F, E))$ *nicht vollständig*.

c) Für einen lokalkonvexen Raum E mit $E' \neq E^\times$ ist insbesondere E'_σ *nicht vollständig*. Für *tonnelierte* Räume E ist E'_σ jedoch *quasivollständig* nach der Folgerung zum Satz von Banach-Steinhaus 7.5.

Polaren bezüglich eines Dualsystems $\langle E, F \rangle$ werden wie auf S. 165 definiert:

$$M^\circ := \{ y \in F \mid \forall\, x \in M : |\langle x, y \rangle| \leq 1 \} \quad \text{für } \emptyset \neq M \subseteq E,$$
$$^\circ N := \{ x \in E \mid \forall\, y \in N : |\langle x, y \rangle| \leq 1 \} \quad \text{für } \emptyset \neq N \subseteq F.$$

Sie sind stets absolutkonvex und $\sigma(F, E)$- bzw. $\sigma(E, F)$-abgeschlossen. Wesentlich für die Dualitätstheorie ist der auf dem Satz von Hahn-Banach beruhende *Bipolarensatz*. Wir formulieren diesen zuerst für ein Dualsystem $\langle E, E' \rangle$ (vgl. [GK], Satz 10.5):

Theorem 8.3 (Bipolarensatz)
Es sei E ein lokalkonvexer Raum. Für eine nicht-leere Menge $M \subseteq E$ gilt

$$^\circ(M^\circ) = \overline{\Gamma(M)}. \tag{3}$$

BEWEIS. a) Die Inklusion „$\supseteq$" ist klar.

b) Zum Beweis von „$\subseteq$" seien $A := \overline{\Gamma(M)}$ und $x_0 \in E \backslash A$. Es gibt $U \in \mathbb{U}(E)$ mit $A \cap (x_0 + 2U) = \emptyset$, also auch $(A + U) \cap (x_0 + U) = \emptyset$. Es ist $C := A + U$ eine absolutkonvexe Nullumgebung, und wegen $x_0 \notin \overline{C}$ gilt $p(x_0) > 1$ für das Minkowski-Funktional $p = p_C$ von C. Auf dem Raum $[x_0]$ definieren wir eine Linearform x'_0 durch $\langle \alpha x_0, x'_0 \rangle := \alpha p(x_0)$. Dann gilt $|x'_0| \leq p$ auf $[x_0]$, und nach Theorem 1.9 lässt sich x'_0 zu einer Linearform $x' \in E'$ mit $|\langle x, x' \rangle| \leq p(x)$ für $x \in E$ fortsetzen. Wegen $|\langle x, x' \rangle| \leq 1$ für $x \in M \subseteq C$ ist $x' \in M^\circ$, und wegen $|\langle x_0, x' \rangle| = p(x_0) > 1$ folgt $x_0 \notin {^\circ(M^\circ)}$. $\Diamond$

Für allgemeine Dualsysteme $\langle E, F \rangle$ besagt der Bipolarensatz wegen Satz 8.2

$$(^\circ N)^\circ = \overline{\Gamma(N)}^{\,\sigma(F,E)} \quad \text{für } \emptyset \neq N \subseteq F. \tag{4}$$

Lemma 8.4
Es sei $\langle E, F \rangle$ ein Dualsystem. Eine Menge $N \subseteq F$ ist genau dann $\sigma(F, E)$-beschränkt, wenn $^\circ N$ in E absorbierend ist.

BEWEIS. „$\Rightarrow$": Für $x \in E$ ist $\rho := \sup_{y \in N} | \langle x, y \rangle | < \infty$, also $\frac{1}{\rho} x \in {}^{\circ}N$.

„$\Leftarrow$": Für $x_1, \ldots, x_r \in E$ gibt es $\rho > 0$ mit $\frac{1}{\rho} x_j \in {}^{\circ}N$ für $j = 1, \ldots, r$. Für $y \in N$ gilt daher $| \langle x_j, y \rangle | \leq \rho$ für $j = 1, \ldots, r$. $\qquad \qquad \Diamond$

Für einen lokalkonvexen Raum E ist eine Teilmenge von E' offenbar genau dann gleichstetig, wenn sie in der Polaren einer Nullumgebung enthalten ist. Aus dem Bipolarensatz ergibt sich nun eine „Umkehrung" des Prinzips der gleichmäßigen Beschränktheit 7.4:

Satz 8.5

Ein lokalkonvexer Raum E ist genau dann tonneliert, *wenn jede $\sigma(E', E)$-beschränkte Menge $N \subseteq E'$ gleichstetig ist.*

BEWEIS. „$\Rightarrow$" ist ein Spezialfall von Theorem 7.4.

„$\Leftarrow$": Für eine Tonne $A \subseteq E$ ist $A^{\circ} \subseteq E'$ nach Lemma 8.4 $\sigma(E', E)$-beschränkt. Nach Voraussetzung gibt es eine Nullumgebung $U \in \mathbb{U}(E)$ mit $A^{\circ} \subseteq U^{\circ}$, und der Bipolarensatz liefert $U \subseteq {}^{\circ}(U^{\circ}) \subseteq {}^{\circ}(A^{\circ}) = \overline{\Gamma(A)} = A$. $\qquad \Diamond$

Der *Satz von Tychonoff* besagt, dass ein topologisches Produkt kompakter Räume ebenfalls kompakt ist (vgl. etwa [Meise und Vogt 1992], §4, oder [Köthe 1966], §3.3). Daraus ergibt sich leicht das folgende für die Dualitätstheorie und auch für die *Spektraltheorie in Banachalgebren* (vgl. Abschnitt 13.3) grundlegende Resultat. Es wurde in den Jahren 1938–1940 von mehreren Autoren bewiesen und heißt üblicherweise

Theorem 8.6 (Alaoglu-Bourbaki)

Es seien E ein lokalkonvexer Raum und $U \in \mathbb{U}(E)$ eine Nullumgebung. Dann ist die Polare $U^{\circ} \subseteq E'$ kompakt in $\sigma(E', E)$.

BEWEIS. Es sei $p = p_U$ das Minkowski-Funktional von U. Mit den kompakten Kreisen $D_x := \{ z \in \mathbb{C} \mid |z| \leq p(x) \}$ liefert die Abbildung $T : x' \mapsto (\langle x, x' \rangle)_{x \in E}$ eine Homöomorphie von $(U^{\circ}, \sigma(E', E))$ in den Produktraum $P := \prod_{x \in X} D_x$. Dieser ist nach dem Satz von Tychonoff kompakt, und $T(U^{\circ})$ ist in P abgeschlossen, da sich Linearität auf punktweise Grenzwerte überträgt. $\qquad \Diamond$

Schwach*-konvergente Teilfolgen. a) Für einen *separablen* lokalkonvexen Raum E stimmt nach Satz 1.4 auf U° die Topolgie $\sigma(E', E)$ mit der Topologie $\mathfrak{T}(\mathfrak{F}_M)$ überein, wobei M eine abzählbare dichte Teilmenge von E ist. Da $(E', \mathfrak{T}(\mathfrak{F}_M))$ nach Satz 1.1 *metrisierbar* ist, ist U° dann auch $\sigma(E', E)$-*folgenkompakt*. Somit hat jede Folge in U° eine schwach*-konvergente Teilfolge.

b) Für *normierte* Räume wurde die Aussage von a) bereits in [GK], Satz 10.13 mit einem *Diagonalfolgen-Argument* bewiesen. Nach dem dort folgenden Beispiel ist diese für den nicht separablen Banachraum $E = L_{\infty}[0,1]$ falsch.

Polare lokalkonvexe Topologien. a) Es seien $\langle E, F \rangle$ ein Dualsystem und $\mathfrak{S}$ eine *Bornologie* auf $(F, \sigma(F, E))$. Mit $\widetilde{\mathfrak{S}}$ bezeichnen wir das System aller Teilmengen von Mengen in $\mathfrak{S}$; für *saturierte* Bornologien gilt natürlich $\widetilde{\mathfrak{S}} = \mathfrak{S}$. Wie auf S. 15 wird eine separierte lokalkonvexe Topologie $\mathfrak{T}(\mathfrak{S}) = \mathfrak{T}(\widetilde{\mathfrak{S}})$ auf $E = (F, \sigma(F, E))'$ definiert durch die *Nullumgebungsbasis* $\{^\circ S \mid S \in \mathfrak{S}\}$ bzw. durch die Halbnormen

$$p \circ s(x) := \sup\{| \langle x, y \rangle | \mid y \in S\}, \quad S \in \mathfrak{S}. \tag{5}$$

Es ist $\mathfrak{T}(\mathfrak{S})$ die *Topologie der gleichmäßigen Konvergenz auf allen Mengen aus* $\mathfrak{S}$.

b) Für den Dualraum gilt dann aufgrund des Bipolarensatzes

$$(E, \mathfrak{T}(\mathfrak{S}))' = \bigcup_{S \in \mathfrak{S}} (^\circ S)^\bullet = \bigcup_{S \in \mathfrak{S}} \overline{\Gamma S}^{\,\sigma(E^\times, E)} \subseteq E^\times, \tag{6}$$

wobei $^\bullet$ die Polare in $\langle E, E^\times \rangle$ bezeichnet.

c) Speziell betrachten wir die Bornologien $\mathfrak{F}$ der *endlichen* Mengen, $\mathfrak{W}$ der $\sigma(F, E)$-*kompakten absolutkonvexen* Mengen und $\mathfrak{B}$ aller $\sigma(F, E)$-*beschränkten* Mengen in F. Die entsprechenden polaren Topologien auf E sind die schwache Topologie $\sigma(E, F)$, die *Mackey-Topologie* $\tau(E, F)$ und die *starke Topologie* $\beta(E, F)$.

d) Nun sei $(E, \mathfrak{T})$ ein lokalkonvexer Raum. Dann gilt $\mathfrak{T} = \mathfrak{T}(\mathfrak{E})$ mit der Bornologie $\mathfrak{E}$ der *gleichstetigen* Mengen in E'. Die Bornologie $\mathfrak{B}^*$ aller $\beta(E', E)$-*beschränkten* Mengen in E' definiert eine Topologie $\beta^*(E, E')$ auf E.

e) Auf E sind auch die Bornologien $\mathfrak{K}$ der *kompakten absolutkonvexen* Mengen und $\mathfrak{C}$ der *präkompakten* Mengen wichtig; sie definieren die polaren Topologien $\kappa(E', E)$ und $\gamma(E', E)$ auf E'. Für *quasivollständige* Räume E gilt $\kappa(E', E) = \gamma(E', E)$. Nach Satz 1.4 und Theorem 8.6 ist für eine Nullumgebung $U \in \mathbb{U}(E)$ die Polare $U^\circ \subseteq E'$ sogar kompakt in $\gamma(E', E)$.

Eine lokalkonvexe Topologie $\mathfrak{T}$ auf E heißt *zulässig* für ein Dualsystem $\langle E, F \rangle$, wenn $(E, \mathfrak{T})' = F$ gilt. G.W. Mackey (1946) und R. Arens (1947) bestimmten alle für $\langle E, F \rangle$ zulässigen lokalkonvexen Topologien auf E:

Satz 8.7 (Mackey-Arens)
Es sei $\langle E, F \rangle$ ein Dualsystem. Eine lokalkonvexe Topologie $\mathfrak{T}$ auf E ist genau dann zulässig für $\langle E, F \rangle$, wenn $\mathfrak{T}$ feiner als $\sigma(E, F)$ und gröber als die Mackey-Topologie $\tau(E, F)$ ist.

BEWEIS. „$\Rightarrow$": Aus $(E, \mathfrak{T})' = F$ folgt sofort, dass $\mathfrak{T}$ feiner als $\sigma(E, F)$ ist. Nach dem Satz von Alaoglu-Bourbaki gilt $\mathfrak{E} \subseteq \widetilde{\mathfrak{W}}$ in F, und daher ist $\mathfrak{T}$ gröber als $\tau(E, F)$.

„$\Rightarrow$": Nach Satz 8.2 gilt $(E, \sigma(E, F))' = F$; zu zeigen bleibt also $(E, \tau(E, F))' = F$: Eine Menge $S \in \mathfrak{W}$ ist absolutkonvex und $\sigma(E^\times, E)$-kompakt in $E^\times$; daher gilt $\overline{\Gamma S}^{\,\sigma(E^\times, E)} = S$ in (6), und es folgt $(E, \tau(E, F))' \subseteq F$. $\diamond$

Satz 8.8

Es seien $\langle E, F \rangle$ ein Dualsystem, $B \subseteq E$ beschränkt in $\sigma(E, F)$ und $S \subseteq F$ absolut-konvex und $\sigma(F, E)$-kompakt.

a) Es ist S beschränkt in $\beta(F, E)$.

b) Es ist B auch in $\tau(E, F)$ beschränkt.

c) Es ist B in $\sigma(E, F)$ sogar präkompakt.

BEWEIS. a) Nach Satz 7.6 ist S eine Banach-Kugel, und nach Lemma 8.4 ist B° eine Tonne in $(F, \sigma(F, E))$. Wegen Lemma 7.7 gibt es $\rho > 0$ mit $\rho S \subseteq B^\circ$, und a) ist gezeigt.

b) Weiter folgt sofort $B \subseteq {}^\circ(B^\circ) \subseteq \frac{1}{\rho} {}^\circ S$ und damit auch Aussage b).

c) Es ist B° eine $\beta(F, E)$-Nullumgebung in F. Nach Theorem 8.6 ist die Polare $B^{\circ\circ} \subseteq (F, \beta(F, E))'$ kompakt in der Topologie $\sigma(F^\times, F)$. Daher ist $B \subseteq B^{\circ\circ}$ präkompakt in $\sigma(F^\times, F)$ und somit auch in $\sigma(E, F)$. $\diamond$

Alle für ein Dualsystem $\langle E, F \rangle$ zulässigen lokalkonvexen Topologien auf E besitzen also die gleichen beschränkten Mengen. Insbesondere ist eine schwach beschränkte Menge in einem lokalkonvexen Raum $(E, \mathfrak{T})$ auch in $\mathfrak{T}$ beschränkt.

8.2 Reflexive Räume

Bidualräume. a) Für einen lokalkonvexen Raum $(E, \mathfrak{T})$ heißt $E'' := (E'_\beta)'$ *Bidual-raum* von E. Man hat die durch

$$\iota(x)(x') := \langle x, x' \rangle \quad \text{für } x \in E \text{ und } x' \in E'$$

gegebene *kanonische Inklusion* oder *Evaluationsabbildung* $\iota = \iota_E : E \to E''$.

b) Für einen normierten Raum sind E'_β und der *starke Bidualraum* $E''_\beta := (E'_\beta)'_\beta$ Banachräume, und ι_E ist eine *Isometrie* von E in E''_β.

c) Im Allgemeinen induziert E''_β via ι auf E die Topologie $\beta^*(E, E') = \mathfrak{T}(\mathfrak{B}^*)$ (vgl. die polare Topologie d) auf S. 174); die Ausgangstopologie $\mathfrak{T}$ auf E wird von der *natürlichen Topologie* $\eta(E'', E') := \mathfrak{T}(\mathfrak{E})$ induziert.

d) Aufgrund von Theorem 8.6 und Satz 8.8 a) hat man die Inklusionen

$$\mathfrak{E} \subseteq \widetilde{\mathfrak{W}} \subseteq \mathfrak{B}^* \subseteq \mathfrak{B} \tag{7}$$

für Systeme beschränkter Mengen in E'; für die entsprechenden Topologien auf E ergibt sich daraus

$$\mathfrak{T} \subseteq \tau(E, E') \subseteq \beta^*(E, E') \subseteq \beta(E, E'). \tag{8}$$

Quasitonnelierte Räume. a) Ein lokalkonvexer Raum $(E, \mathfrak{T})$ heißt *quasitonneliert*, falls $\iota_E : E \to E''_\beta$ eine *topologische Isomorphie* von E in E''_β ist, falls also $\mathfrak{T} = \beta^*(E, E')$ gilt. Dies ist dazu äquivalent, dass jede in E' stark beschränkte Menge gleichstetig ist.

b) Für einen quasitonnelierten Raum gilt offenbar auch $\mathfrak{T} = \tau(E, E')$; Räume mit dieser Eigenschaft heißen *Mackey-Räume*.

c) Nach Satz 8.5 ist E genau dann *tonneliert*, wenn $\mathfrak{T} = \beta(E, E')$ gilt; tonnelierte Räume sind also auch quasitonneliert. Umgekehrt ist nach der Folgerung zu Satz 7.8 ein *folgenvollständiger* quasitonnelierter Raum bereits tonneliert.

d) Auch *bornologische* Räume sind quasitonneliert; dies ergibt sich wegen Satz 7.11 aus dem folgenden

Satz 8.9
Ein lokalkonvexer Raum E ist genau dann quasitonneliert, wenn jede bornivore Tonne $A \subseteq E$ eine Nullumgebung ist.

BEWEIS. „$\Rightarrow$": Für $B \in \mathbb{B}(E)$ gibt es $\rho > 0$ mit $\rho B \subseteq A$, also $A^\circ \subseteq \frac{1}{\rho} B^\circ$. Daher ist A° in $\beta(E', E)$ beschränkt und somit gleichstetig, da E quasitonneliert ist. Nach dem Bipolarensatz ist dann A eine Nullumgebung von E.

„$\Leftarrow$": Nun sei $C \subseteq E'$ in $\beta(E', E)$ beschränkt. Dann ist $^\circ C$ in E eine Tonne und bornivor: Für $B \in \mathbb{B}(E)$ gibt es $\rho > 0$ mit $\rho C \subseteq B^\circ$, also $B \subseteq \frac{1}{\rho}\,^\circ C$. Nach Voraussetzung ist dann $^\circ C$ eine Nullumgebung in E und C gleichstetig in E'. $\Diamond$

Folgerungen. a) Wie in Satz 7.15 vererbt sich die Eigenschaft „quasitonneliert" auf induktive lokalkonvexe Topologien.

b) Für einen metrisierbaren Raum ist auch der Bidualraum E''_β metrisierbar. In der Tat ist E bornologisch, also auch quasitonneliert; somit trägt E''_β die natürliche Topologie $\mathfrak{T}(\mathfrak{E})$. Ist nun $\{U_n\}_{n \in \mathbb{N}}$ eine Nullumgebungsbasis von E, so ist $\{U_n^{\circ\circ}\}_{n \in \mathbb{N}}$ eine solche von E''_β.

Wir fassen Implikationen zwischen einigen wichtigen Eigenschaften lokalkonvexer Räume in folgendem Diagramm zusammen:

Wir untersuchen nun die *Surjektivität der Evaluationsabbildung*.

Semi-reflexive und reflexive Räume. a) Ein lokalkonvexer Raum E heißt *semi-reflexiv*, falls $\iota_E : E \to E''$ surjektiv ist; er heißt *reflexiv*, falls $\iota_E : E \to E''_\beta$ sogar ein topologischer Isomorphismus ist. Offenbar ist E genau dann reflexiv, wenn E semi-reflexiv und quasitonneliert ist.

b) Für einen reflexiven Raum $(E, \mathfrak{T})$ ist auch der Raum $E^\sigma := (E, \sigma(E, E'))$ *semi-reflexiv*, da ja $(E^\sigma)'_\beta = E'_\beta$ gilt. Offenbar ist aber $\iota : E^\sigma \to E''_\beta$ kein topologischer Isomorphismus (falls $\sigma(E, E') \neq \mathfrak{T}$ gilt). Somit ist E^σ *nicht reflexiv* und insbesondere *nicht quasitonneliert* (und auch kein Mackey-Raum).

Die Spezialisierung von Formel (6) auf das Dualsystem $\langle E', E \rangle$ und $\mathfrak{S} = \mathfrak{B}$ liefert:

Satz 8.10

a) Es sei E ein lokalkonvexer Raum. Der Bidualraum E'' ist die Vereinigung aller $\sigma(E'^\times, E')$-Abschlüsse in $E'^\times$ aller beschränkten Teilmengen von E :

$$E'' = \bigcup_{B \in \mathbb{B}(E)} \overline{B}^{\,\sigma(E'^\times, E')} \subseteq E'^\times. \qquad (9)$$

b) Jedes Element $x'' \in E''$ ist $\sigma(E'', E')$-Limes eines beschränkten Netzes aus E .

c) Die Einheitskugel eines normierten Raumes E ist $\sigma(E'', E')$-dicht in der von E'' .

Nun können wir semi-reflexive Räume charakterisieren:

Theorem 8.11

Für einen lokalkonvexen Raum E sind äquivalent:

(a) Der Raum E ist semi-reflexiv.

(b) Der Raum $(E', \tau(E', E))$ ist tonneliert.

(c) Jede beschränkte Teilmenge von E ist in einer schwach kompakten Teilmenge von E enthalten.

(d) Der Raum $(E, \sigma(E, E'))$ ist quasivollständig.

BEWEIS. „(a) $\Rightarrow$ (b)": Wegen (a) ist $\beta(E', E)$ zulässig für das Dualsystem $\langle E', E \rangle$, und mit dem Satz von Mackey-Arens folgt $\beta(E', E) = \tau(E', E)$. Für eine Tonne A in $(E', \tau(E', E))$ ist $A^\circ \subseteq E$ nach Lemma 8.4 in $\sigma(E, E')$, nach Satz 8.8 dann auch in E beschränkt. Da A auch $\sigma(E', E)$-abgeschlossen ist, ist $A = {}^\circ(A^\circ)$ eine Nullumgebung in $\beta(E', E) = \tau(E', E)$.

„(b) $\Rightarrow$ (c)": Es ist E der Dualraum des tonnelierten Raumes E'_τ; eine beschränkte Menge $B \subseteq E$ ist also gleichstetig. Somit gibt es $U \in \mathbb{U}(E'_\tau)$ mit $B \subseteq U^\circ$, und nach dem Satz von Alaoglu-Bourbaki ist U° $\sigma(E, E')$-kompakt.

„(c) $\Rightarrow$ (d)" ist klar, da kompakte Mengen vollständig sind.

„(d) $\Rightarrow$ (a)" schließlich folgt sofort aus Satz 8.10. $\diamond$

Folgerungen. a) Ein Banachraum ist also genau dann *reflexiv,* wenn seine Einheits-kugel *schwach kompakt* oder *schwach vollständig* ist.

b) Ein semi-reflexiver Raum $E = (E'_\tau)'$ ist nach der Folgerung zum Satz von Banach-Steinhaus 7.5 quasivollständig, da E'_τ tonneliert ist.

c) Ein reflexiver Raum ist tonneliert, da er quasitonneliert und nach b) auch quasi-vollständig ist (vgl. S. 149).

Wir gehen nun auf *Permanenzeigenschaften* (semi-)reflexiver Räume ein:

Satz 8.12

Semi-Reflexivität vererbt sich auf abgeschlossene Unterräume, topologische Produkte und reguläre induktive Limiten.

BEWEIS. a) Es seien E semi-reflexiv und $G \subseteq E$ ein abgeschlossener Unterraum. Nach dem Satz von Hahn-Banach ist G auch in $\sigma(E, E')$ abgeschlossen, und diese Topologie induziert $\sigma(G, G')$ auf G. Eine beschränkte Menge $B \subseteq G$ ist dann relativ kompakt in $\sigma(E, E')$ und somit auch in $\sigma(G, G')$.

b) Es seien E_j semi-reflexive Räume und $E = \prod_{j \in J} E_j$. Nach Aufgabe 8.7 ist $\sigma(E, E')$ die Produkttopologie der $\sigma(E_j, E'_j)$, und E ist semi-reflexiv nach Theorem 8.11 (c) und dem Satz von Tychonoff (vgl. S. 173).

c) Es seien E_k semi-reflexive Räume, und der induktive Limes $E = \text{ind}_k E_k$ sei regulär. Eine beschränkte Menge $B \subseteq E$ ist dann in einem E_k beschränkt, also relativ schwach kompakt in E_k und somit in E. $\Diamond$

(Semi-)Reflexivität vererbt sich nicht auf Quotientenräume, vgl. dazu Aussage c) über Montelräume auf S. 179.

Satz 8.13

Für einen reflexiven lokalkonvexen Raum E ist auch E'_β reflexiv.

BEWEIS. Nach dem Beweisteil „(a) $\Rightarrow$ (b)" von Theorem 8.11 ist $E'_\beta = E'_\tau$ tonneliert. Da E quasitonneliert ist, ist eine in E'_β beschränkte Menge gleichstetig, nach dem Satz von Alaoglu-Bourbaki also $\sigma(E', E)$- und damit auch $\sigma(E', E'')$-relativ kompakt. $\Diamond$

Satz 8.14

Es sei E ein Fréchetraum.

a) Ist E reflexiv, so gilt dies auch für jeden abgeschlossenen Unterraum $G \subseteq E$.

b) Ist E'_β reflexiv, so gilt dies auch für E.

BEWEIS. Aussage a) folgt aus Satz 8.12, da G als Fréchetraum nach Satz 7.3 tonneliert ist.

b) Der Dualraum E''_β ist nach Folgerung b) aus Satz 8.9 metrisierbar, nach der Folgerung zum Satz von Banach-Steinhaus 7.5 vollständig und nach Satz 8.13 reflexiv. Da $\iota_E : E \to E''_\beta$ ein topologischer Isomorphismus ist, ist auch E reflexiv. ◇

Banachräume und schwache Topologien. a) Ein Quotientenraum eines reflexiven Banachraumes ist ebenfalls reflexiv, vgl. [GK], Satz 9.13 und Aufgabe 8.8 a).

b) In einem reflexiven Banachraum ist die Einheitskugel auch *schwach folgenkompakt,* vgl. [GK], Theorem 10.14 und Aufgabe 8.8 b).

c) Es gilt auch die Umkehrung von b); nach Resultaten von V. Shmulyan (1940) und W. Eberlein (1947) sind für schwache Topologien auf Banachräumen (sogar Fréchetäumen) die Begriffe „kompakt", „folgenkompakt" und „abzählbar kompakt" äquivalent (vgl. [Jarchow 1981], Abschnitt 9.8).

d) Der Banachraum ℓ_1 ist nicht (semi-)reflexiv; nach Theorem 8.11 ist daher ℓ_1 *nicht schwach quasivollständig.* Nach dem *Satz von Schur* 9.37 (vgl. [GK], Satz 10.11) ist ℓ_1 jedoch *schwach folgenvollständig.*

Beispiele. a) Beispiele reflexiver Banachräume werden in [GK], Abschnitte 9 und 10 untersucht. Insbesondere sind $L_p(\mu)$-Räume für $1 < p < \infty$ reflexiv.

b) Ein lokaler Sobolev-Raum $H^{s,\mathrm{loc}}(\Omega)$ (vgl. S. 90) ist aufgrund von Satz 8.12 ein reflexiver Fréchetraum, da er nach Satz 7.9 zu einem abgeschlossenen Unterraum eines abzählbaren Produkts von Hilberträumen isomorph ist. Nach Satz 8.13 ist auch der Dualraum $H^{s,\mathrm{loc}}(\Omega)'_\beta \simeq H_c^{-s}(\Omega)$ (vgl. Satz 9.24) reflexiv.

Montelräume. a) Aufgrund von Theorem 8.11 sind *Fréchet-Montelräume* (vgl. S. 12) reflexiv; Beispiele solcher Räume sind etwa die Folgenräume s und ω sowie die Funktionenräume $\mathcal{C}^\infty[a,b]$, $\mathcal{E}(\Omega)$, $\mathcal{D}(K)$ und $\mathcal{S}(\mathbb{R}^n)$.

b) Allgemeiner heißt ein lokalkonvexer Raum E *Semi-Montelraum,* falls jede beschränkte Menge in E relativ kompakt ist; E heißt *Montelraum,* falls E Semi-Montelraum und quasitonneliert ist.

c) Die Permanenzeigenschaften von Satz 8.12 gelten auch für Semi-Montelräume. Nach [Köthe 1966], § 31.5, oder [Meise und Vogt 1992], 27.22, gibt es jedoch einen Fréchet-Montelraum, der einen Quotientenraum isomorph zum nicht reflexiven Banachraum ℓ_1 besitzt.

Satz 8.15
Für einen Montelraum E ist auch E'_β ein Montelraum.

BEWEIS. Nach Satz 8.13 ist E'_β reflexiv. Eine in E'_β beschränkte Menge ist gleichstetig, nach dem Satz von Alaoglu-Bourbaki also $\sigma(E',E)$- und wegen Satz 1.4 auch $\gamma(E',E) = \beta(E',E)$-relativ kompakt. ◇

Insbesondere sind aufgrund der Sätze 7.15 und 8.12 die Räume $\mathscr{D}(\Omega)$ der Testfunktionen, nach Satz 8.15 dann auch die Räume $\mathcal{S}'_\beta(\mathbb{R}^n)$, $\mathcal{E}'_\beta(\Omega)$ und $\mathscr{D}'_\beta(\Omega)$ von Distributionen Montelräume.

Nun gehen wir auf die *Vervollständigung* lokalkonvexer Räume ein. Für einen normierten Raum E ist eine solche durch den Abschluss von $\iota_E(E)$ in E'' gegeben. Für eine analoge Konstruktion im allgemeinen Fall müssen wir auf E'' die *natürliche Topologie* $\eta = \mathfrak{T}(\mathfrak{E})$ verwenden; die Vollständigkeit von E''_η ist jedoch nicht gesichert. Eine *Vervollständigung* von E ist nach A. Grothendieck gegeben durch den Raum

$$\widehat{E} := \{z \in E'^{\times} \mid \forall\, U \in \mathbb{U}(E) \;:\; z|_{U^\circ} \text{ ist } \sigma(E', E) - \text{stetig}\} :$$

Satz 8.16
Die Evaluationsabbildung $\iota_E : E \to \widehat{E}$ ist ein topologischer Isomorphismus von E auf einen dichten Unterraum des vollständigen Raumes $(\widehat{E}, \eta(\widehat{E}, E'))$.

BEWEIS. Offenbar ist ι_E ein topologischer Isomorphismus, und auch die Vollständigkeit von $(\widehat{E}, \eta(\widehat{E}, E'))$ ist klar. Zu zeigen bleibt also die *Dichtheit* von $\iota_E(E)$ in $(\widehat{E}, \eta(\widehat{E}, E'))$:

Die Topologie $\sigma(E', \widehat{E})$ ist feiner als $\sigma(E', E)$, und nach Definition von $\widehat{E}$ stimmen beide auf gleichstetigen Mengen überein. Für $U \in \mathbb{U}(E)$ ist also U° absolutkonvex und $\sigma(E', \widehat{E})$-kompakt, und daher ist $\eta(\widehat{E}, E')$ nach dem Satz von Mackey-Arens zulässig für das Dualsystem $\langle \widehat{E}, E' \rangle$. Zu $f \in \widehat{E}'$ gibt es also $x' \in E'$ mit $\langle z, f \rangle = \langle x', z \rangle$ für alle $z \in \widehat{E}$. Aus $f \in \iota_E(E)^{\perp}$ folgt dann $\langle x, x' \rangle = \langle x', \iota_E x \rangle = \langle \iota_E x, f \rangle = 0$ für alle $x \in E$, also $x' = 0$ und somit $f = 0$. $\diamondsuit$

Offenbar ist E genau dann vollständig, wenn $\iota_E(E) = \widehat{E}$ gilt. Somit folgt:

Satz 8.17 (Vollständigkeitssatz von Grothendieck)
Ein lokalkonvexer Raum E ist genau dann vollständig, falls ein Funktional $z \in E'^{\times}$ bereits dann $\sigma(E', E)$-stetig ist, wenn dies auf die Einschränkungen von z auf alle gleichstetigen Mengen in E' zutrifft.

8.3 (DF)-Räume

Dual zur Metrisierbarkeit eines lokalkonvexen Raumes wurde in [Grothendieck 1954] das Konzept eines *(DF)*-Raumes eingeführt. Alle Resultate in diesem Abschnitt stammen aus dieser Arbeit Grothendiecks.

Zunächst sei E ein metrisierbarer lokalkonvexer Raum mit der abzählbaren Nullumgebungsbasis $\mathbb{U}(E) = \{U_1 \supseteq U_2 \supseteq \dots\}$. Da E quasitonneliert ist, bilden die *Polaren* $\{U_1^\circ \subseteq U_2^\circ \subseteq \dots\}$ ein *abzählbares Fundamentalsystem beschränkter Mengen* in $F := E_\beta'$. Der Raum F muss *nicht quasitonneliert* sein (vgl. [Köthe 1966], § 31.7); es gilt jedoch die folgende Abschwächung dieser Eigenschaft:

Satz 8.18

Es sei E ein metrisierbarer lokalkonvexer Raum. Der Dualraum $F = E_\beta'$ besitzt dann die folgende Eigenschaft:

$$\forall \, \{V_n\}_{n\in\mathbb{N}} \subseteq \mathbb{U}(F): \quad V := \bigcap_{n\in\mathbb{N}} V_n \text{ bornivor} \;\Rightarrow\; V \in \mathbb{U}(F). \tag{10}$$

BEWEIS. Da V bornivor ist, gibt es $r_n > 0$ mit $2r_n U_n^\circ \subseteq V$ für alle $n \in \mathbb{N}$, und weiter existieren Kugeln $D_n \in \mathbb{B}(E)$ mit $2D_n^\circ \subseteq V_n$, da V_n eine Nullumgebung in $F = E_\beta'$ ist. Die Mengen $C_n := \Gamma(\bigcup_{k=1}^n r_k U_k^\circ)$ sind $\sigma(E', E)$-kompakt, und daher sind die Mengen $W_n := D_n^\circ + C_n \subseteq V_n$ absolutkonvex und $\sigma(E', E)$-abgeschlossen in E'. Für $m \in \mathbb{N}$ gilt $r_m U_m^\circ \subseteq C_n$ für $n \geq m$, und für $n < m$ wird U_m° von D_n° absorbiert; daher wird U_m° von der Menge $W := \bigcap_{n\in\mathbb{N}} W_n \subseteq V$ absorbiert. Daher ist W eine *Tonne* in E_σ'; nach Lemma 8.4 ist $^\circ W$ in E beschränkt und somit $W = (^\circ W)^\circ$ eine Nullumgebung in $F = E_\beta'$. $\qquad\Diamond$

Definition. Ein lokalkonvexer Raum F heißt (DF)-Raum, falls er ein abzählbares Fundamentalsystem beschränkter Mengen besitzt und Eigenschaft (10) erfüllt.

Durch Übergang zu Polaren erhält man die folgende äquivalente Formulierung von Eigenschaft (10):

$$\forall \, \{M_n\}_{n\in\mathbb{N}} \subseteq \mathfrak{E}(F'): \quad M := \bigcup_{n\in\mathbb{N}} M_n \in \mathfrak{B}(F_\beta') \;\Rightarrow\; M \in \mathfrak{E}(F'). \tag{11}$$

Beispiele und Bemerkungen. a) Starke Dualräume metrisierbarer Räume sind also vollständige (DF)-Räume nach den Sätzen 8.18 und 7.12.

b) Normierte Räume sind bornologische (DF)-Räume.

c) Ein regulärer abzählbarer induktiver Limes normierter Räume ist ebenfalls ein bornologischer (DF)-Raum. Konkrete Beispiele für diese Situation sind etwa die Räume $\mathcal{C}_c^m(\Omega)$ aller C^m-Funktionen mit kompaktem Träger in einer offenen Menge $\Omega \subseteq \mathbb{R}^n$ für $0 \leq m < \infty$.

d) Mit einem Fundamentalsystem $\{B_1 \subseteq B_2 \subseteq \dots\}$ beschränkter Mengen in $\mathbb{B}(F)$ gilt umgekehrt $F = \text{ind}_n F_{B_n}$ für jeden bornologischen (DF)-Raum.

e) Wir zeigen in Satz 8.25, dass ein *Quotientenraum* eines (DF)-Raumes ebenfalls ein (DF)-Raum ist. Dagegen vererbt sich die (DF)-Eigenschaft *nicht* auf Unterräume, vgl. [Köthe 1966], § 31.5.

Satz 8.19

Für einen (DF)-Raum F ist F'_β ein Fréchetraum.

BEWEIS. Nach Satz 1.1 ist F'_β metrisierbar. Eine Cauchy-Folge in F'_β ist nach (11) gleichstetig, und daher ist ihr punktweiser Limes eine stetige Linearform auf F. ◊

Folgerung. Für einen Fréchetraum E ist auch E''_β ein Fréchetraum, und man kann E als abgeschlossenen Unterraum von E''_β auffassen.

Satz 8.20

Ein separabler (DF)-Raum F *ist quasitonneliert.*

BEWEIS. Es sei A eine bornivore Tonne in F. In der offenen Menge $F\backslash A$ gibt es eine abzählbare dichte Teilmenge $\{x_n\}_{n\in\mathbb{N}}$. Nach dem Bipolarensatz gibt es Funktionale $x'_n \in A^\circ$ mit $\gamma_n := |\langle x_n, x'_n\rangle| > 1$. Mit $V_n := \{x \in F \,|\, |\langle x, x'_n\rangle| < \gamma_n\} \in \mathbb{U}(F)$ setzen wir $V := \bigcap_{n\in\mathbb{N}} V_n$. Wegen $A \subseteq V$ ist V bornivor, nach (10) also eine Nullumgebung in F. Aus $x_n \in F\backslash V$ für alle n folgt $F\backslash A \subseteq F\backslash V^\circ$, also $V^\circ \subseteq A$ und $A \in \mathfrak{U}(F)$. ◊

Der Beweis zeigt, dass Satz 8.20 für jeden separablen Raum mit Eigenschaft (10) gilt.

Das folgende Resultat ist wichtig im Hinblick auf den Graphensatz:

Theorem 8.21

Es sei E ein metrisierbarer lokalkonvexer Raum. Ist dann der Dualraum E'_β quasitonneliert, so ist er sogar ultrabornologisch.

BEWEIS. a) Nach Satz 7.12 ist E bornologisch und somit E'_β vollständig. Nach Satz 7.14 genügt es zu zeigen, dass E'_β bornologisch ist.

b) Dazu sei $\mathbb{U}(E) = \{U_1 \supseteq U_2 \supseteq \ldots\}$ eine Nullumgebungsbasis von E. Weiter sei $V \subseteq E'_\beta$ eine bornivore Kugel. Wir wählen $r_n > 0$ mit $2r_n U_n^\circ \subseteq V$ für alle $n \in \mathbb{N}$ und setzen $C_n := \Gamma(\bigcup_{k=1}^n r_k U_k^\circ)$ sowie $C := \bigcup_{n\in\mathbb{N}} C_n \subseteq \frac{1}{2}V$. Dann ist C absorbierend in E' und daher $\overline{C}$ eine Tonne in E'_β. Somit ist $\overline{C}$ eine Nullumgebung in E'_β, da dieser Raum nach der Folgerung zu Satz 7.8 tonneliert ist.

c) Wir zeigen nun $\overline{C} \subseteq 2C$: Es sei $x' \in E'\backslash 2C$. Für $n \in \mathbb{N}$ gilt dann $x' \notin 2C_n$; da diese Menge $\sigma(E', E)$-kompakt ist, gibt es $D_n \in \mathbb{U}(E'_\beta)$ mit $(x' + D_n) \cap 2C_n = \emptyset$. Wir setzen $W_n := D_n + C_n$ und $W := \bigcap_{n\in\mathbb{N}} W_n$; wie im Beweis von Satz 8.18 absorbiert W alle gleichstetigen Mengen U_m° und ist daher nach (10) eine Nullumgebung in E'_β. Offenbar ist $(x' + W_n) \cap C_n = \emptyset$ und somit $(x' + W) \cap C = \emptyset$, also $x' \notin \overline{C}$. Insgesamt ist also C und damit auch V eine Nullumgebung in E'_β. ◊

In der Situation von Theorem 8.21 ist $E'_\beta = \text{ind}_n E'_{U_n^\circ}$ ein (LB)-Raum. Zusammenfassend formulieren wir:

Satz 8.22

Es sei E ein metrisierbarer lokalkonvexer Raum. Ist der Dualraum E'_β separabel oder E reflexiv, so ist E'_β ultrabornologisch.

BEWEIS. Die erste Aussage folgt aus Satz 8.20 und Theorem 8.21, die zweite aus Satz 8.13 und Theorem 8.21. $\Diamond$

Auch der starke Dualraum E'_β eines strikten induktiven Limes $E = \text{ind}_n E_n$ reflexiver Frécheträume ist ultrabornologisch (vgl. [Grothendieck 1954] oder [Horváth 1966], 3.16). Dies gilt insbesondere für den Raum $\mathscr{D}'_\beta(\Omega)$ der Distributionen auf einer offenen Menge $\Omega \subseteq \mathbb{R}^n$; in Satz 9.33 folgt ein anderer Beweis dieser Tatsache.

8.4 Exakte Sequenzen

Wir untersuchen nun die Dualität von *Unterraum-Topologien* und *Quotientenraum-Topologien*. Für die Formulierung der Resultate benutzen wir die folgenden aus der *homologischen Algebra* stammenden Konzepte:

Sequenzen und Komplexe. Eine Sequenz

$$\cdots \longrightarrow E_{k-1} \xrightarrow{T_{k-1}} E_k \xrightarrow{T_k} E_{k+1} \longrightarrow \cdots \tag{12}$$

von Vektorräumen E_k und linearen Abbildungen $T_k : E_k \to E_{k+1}$ heißt *Komplex,* falls stets $T_k T_{k-1} = 0$ ist, d.h. wenn stets $R(T_{k-1}) \subseteq N(T_k)$ gilt.

Algebraisch und topologisch exakte Sequenzen. a) Ein Komplex (12) heißt *exakt* an der Stelle E_k , wenn $R(T_{k-1}) = N(T_k)$ ist; er heißt *exakt,* wenn er an jeder Stelle exakt ist. Die *Homologiegruppen* $H^k := {N(T_k)}/{R(T_{k-1})}$ messen den „Grad der Nicht-Exaktheit" eines Komplexes.

b) Einen an der Stelle E_k exakten Komplex (12) *lokalkonvexer Räume* und *stetiger* linearer Abbildungen nennen wir auch dort *algebraisch exakt.* Er heißt dort *topologisch exakt,* wenn zusätzlich $T_{k-1} : E_{k-1} \to R(T_{k-1})$ eine offene Abbildung ist; in diesem Fall bezeichnen wir auch $T_{k-1} \in L(E_{k-1}, E_k)$ als *offen.*

c) Da die Bildräume $R(T_{k-1})$ in E_k abgeschlossen sind, ist nach dem *Satz von der offenen Abbildung* 1.16 eine algebraisch exakte Sequenz von *Frécheträumen* automatisch topologisch exakt.

Kurze exakte Sequenzen sind gegeben durch

$$0 \longrightarrow G \xrightarrow{\iota} E \xrightarrow{\sigma} Q \longrightarrow 0 \ . \tag{S}$$

Exaktheit bedeutet, dass ι *injektiv* ist, $R(\iota) = N(\sigma)$ gilt und σ *surjektiv* ist. Topologische Exaktheit bedeutet, dass zusätzlich ι und σ offen sind. Bis auf Isomorphie ist dann G ein Unterraum von E und $\sigma : E \to Q \simeq {E}/{G}$ die Quotientenabbildung.

Duale Operatoren. a) Für lokalkonvexe Räume E, F und $T \in L(E, F)$ definieren wir den *dualen* oder *transponierten* linearen Operator $T' : F' \to E'$ durch

$$T'y' := y' \circ T\,, \quad \text{also} \quad \langle x, T'y' \rangle := \langle Tx, y' \rangle \quad \text{für} \quad y' \in F'\,, x \in E\,.$$

b) Für Bornologien $\mathfrak{S}_1$ und $\mathfrak{S}_2$ auf E und F ist $T' : F'_{\mathfrak{S}_2} \to E'_{\mathfrak{S}_1}$ stetig, falls $T(\mathfrak{S}_1) \subseteq \mathfrak{S}_2$ gilt. Insbesondere ist $T' : F'_\alpha \to E'_\alpha$ stetig für $\alpha = \sigma, \kappa, \gamma, \tau, \beta$.

c) Für eine Menge $A \subseteq E$ gilt die *Polarformel*

$$T(A)^\circ = T'^{-1}(A^\circ)\,. \tag{13}$$

In der Tat ergibt sich sofort

$$
\begin{aligned}
T(A)^\circ &= \{ y' \in F' \mid \forall\, x \in A : |\langle Tx, y' \rangle| = |\langle x, T'y' \rangle| \le 1 \} \\
&= \{ y' \in F' \mid T'y' \in A^\circ \} = T'^{-1}(A^\circ)\,.
\end{aligned}
$$

Satz 8.23

Für eine kurze topologisch exakte Sequenz (S) *lokalkonvexer Räume ist die folgende duale Sequenz algebraisch exakt:*

$$0 \longleftarrow G' \xleftarrow{\iota'} E' \xleftarrow{\sigma'} Q' \longleftarrow 0\,. \tag{S'}$$

BEWEIS. a) Es sei $y' \in Q'$ mit $\sigma'y' = 0$. Dann ist $\langle \sigma x, y' \rangle = \langle x, \sigma'y' \rangle = 0$ für alle $x \in E$, und wegen der Surjektivität von σ folgt $y' = 0$. Somit ist σ' injektiv.

b) Offenbar ist $\iota'\sigma' = (\sigma\iota)' = 0$. Für $x' \in E'$ mit $\iota'x' = 0$ ist $x'|_{\iota G} = x'|_{N(\sigma)} = 0$; durch $z' : \sigma x \to \langle x, x' \rangle$ wird daher ein lineares Funktional z' auf Q definiert. Nun trägt Q die von $\sigma : E \to Q$ induzierte induktive lokalkonvexe Topologie; wegen der Stetigkeit von $z'\sigma = x'$ ist dann auch z' stetig, und offenbar gilt $\sigma'z' = x'$. Somit ist $N(\iota') = R(\sigma')$.

c) Ein Funktional $y' \in G'$ definiert ein $z' \in (\iota G)'$, das sich nach dem Satz von Hahn-Banach zu einem Funktional $x' \in E'$ fortsetzen lässt. Dann gilt $y' = \iota'x'$, und ι' ist surjektiv. $\diamond$

Folgerung. Für eine kurze topologisch exakte Sequenz (S) von (DF)-Räumen ist die *stark duale Sequenz* (S'_β) auch *topologisch* exakt, da es sich nach Satz 8.19 um eine Sequenz von Frécheträumen handelt.

Diese Folgerung gilt *nicht* allgemein, insbesondere i. A. nicht für exakte Sequenzen von Frécheträumen. Wir diskutieren zunächst die Frage, wann die injektive Abbildung $\sigma' : Q' \to E'$ *offen* ist:

Satz 8.24

Es seien (S) eine kurze topologisch exakte Sequenz lokalkonvexer Räume, und für saturierte (vgl. S. 15) Bornologien $\mathfrak{S}_1$ auf E und $\mathfrak{S}_2$ auf Q gelte $\sigma(\mathfrak{S}_1) \subseteq \mathfrak{S}_2$. Dann ist $\sigma' : Q'_{\mathfrak{S}_2} \to E'_{\mathfrak{S}_1}$ genau dann offen, wenn die folgende Bedingung erfüllt ist:

$$\forall\, M \in \mathfrak{S}_2 \;\exists\, S \in \mathfrak{S}_1 \;:\; M \subseteq \overline{\sigma(S)}. \tag{14}$$

BEWEIS. Es seien Mengen $M \in \mathfrak{S}_2$ und $S \in \mathfrak{S}_1$ gegeben, die wir wegen der Saturiertheit der Bornologien als absolutkonvex und abgeschlossen annehmen können. Nach dem Bipolarensatz und der Polarformel (13) gilt

$$M \subseteq \overline{\sigma(S)} \;\Leftrightarrow\; M^\circ \supseteq \sigma(S)^\circ = \sigma'^{-1}(S^\circ).$$

Wegen der Injektivität von σ' ist dies äquivalent zu $\sigma'(M^\circ) \supseteq S^\circ \cap R(\sigma')$, und daher ist (14) äquivalent dazu, dass σ' offen ist (vgl. auch Formel (9.2) auf S. 199). $\Diamond$

Für einen (DF)-Raum E ist $\sigma' : Q'_\beta \to E'_\beta$ stets offen:

Satz 8.25

Es seien E ein (DF)-Raum und $\sigma : E \to Q$ eine Quotientenabbildung. Dann ist $\sigma' : Q'_\beta \to E'_\beta$ offen; es gilt Bedingung (14) für beschränkte Mengen, und Q ist ebenfalls ein (DF)-Raum.

BEWEIS. a) Es ist $R := (R(\sigma'), \beta(E', E))$ metrisierbar. Für eine Nullfolge $(x'_n = \sigma' y'_n)$ in R gibt es nach Aufgabe 1.13 eine Folge $\lambda_n \to \infty$ mit $\lambda_n x'_n \to 0$ in R. Nun ist E ein (DF)-Raum, nach (11) also die Menge $\{\lambda_n x'_n\}$ gleichstetig in E'. Es gibt also $U \in \mathbb{U}(E)$ mit $\sigma'(\lambda_n y'_n) \in U^\circ$, nach (13) also $\lambda_n y'_n \in \sigma(U)^\circ$ für alle $n \in \mathbb{N}$. Insbesondere ist die Menge $\{\lambda_n y'_n\}$ in Q'_β beschränkt, und es folgt $y'_n = \frac{1}{\lambda_n}(\lambda_n y'_n) \to 0$ in Q'_β. Somit ist $\sigma' : Q'_\beta \to E'_\beta$ offen.

b) Aus a) und Satz 8.24 folgt nun Bedingung (14) für beschränkte Mengen, und daher besitzt Q ein abzählbares Fundamentalsystem beschränkter Mengen. Da nach a) $\sigma' : Q'_\beta \to E'_\beta$ ein topologischer Isomorphismus ist, vererbt sich Eigenschaft (11) von E auf Q, und somit ist Q ein (DF)-Raum. $\Diamond$

Bemerkung. Satz 8.25 ist für Frécheträume i. A. nicht richtig: Wie auf S. 179 erwähnt, gibt es nach [Köthe 1966], § 31.5 einen Fréchet-Montelraum E mit einem Quotientenraum $Q \simeq \ell_1$. Würde nun Bedingung (14) für beschränkte Mengen gelten, so müsste jede beschränkte Teilmenge von ℓ_1 relativ kompakt sein!

Wir zeigen jedoch in Satz 8.27, dass im Fall von Frécheträumen Bedingung (14) für die Bornologien $\mathfrak{C}$ der *präkompakten* Mengen und $\mathfrak{K}$ der *kompakten absolutkonvexen* Mengen erfüllt ist.

Sehr kompakte Mengen und Folgen. Es sei E ein lokalkonvexer Raum. Eine Menge $S \subseteq E$ heißt *sehr kompakt,* wenn es eine kompakte Banach-Kugel $K \in \mathfrak{K}(E)$ gibt, sodass S im Banachraum E_K kompakt ist. Eine Folge in E heißt *sehr konvergent,* wenn sie für ein geeignetes $K \in \mathfrak{K}(E)$ in E_K konvergiert (vgl. Aufgabe 7.8). Es gilt:

Satz 8.26

Es sei E ein Fréchetraum.

a) Zu einer Menge $C \in \mathfrak{C}(E)$ gibt es eine Nullfolge (x_n) in E mit $C \subseteq \overline{\Gamma\{x_n\}}$.

b) Jede konvergente Folge in E ist sehr konvergent.

c) Jede kompakte Menge in E ist sehr kompakt.

BEWEIS. a) ① Es sei $\mathbb{U} = \{U_n\}_{n \in \mathbb{N}}$ eine Nullumgebungsbasis aus kreisförmigen abgeschlossenen Mengen von E mit $U_{n+1} + U_{n+1} \subseteq U_n$ für alle $n \in \mathbb{N}$. Ausgehend von $C_0 := C$ konstruieren wir eine Folge weiterer präkompakter Mengen in E:

Ist C_{n-1} bereits konstruiert, so wählen wir eine endliche Menge $M_n \subseteq C_{n-1}$ mit $C_{n-1} \subseteq M_n + 2^{-n} U_n$ und setzen $C_n := (C_{n-1} - M_n) \cap 2^{-n} U_n$.

② Nun zählen wir die Elemente der Mengen $2^n M_n$ nacheinander ab und erhalten eine Folge $(x_k)_{k \in \mathbb{N}}$ in E mit $x_k \in 2^n M_n$ für $\ell_n \leq k < \ell_{n+1}$. Dann gilt $x_k \to 0$ in E wegen $M_n \subseteq C_{n-1} \subseteq 2^{-n+1} U_{n-1}$.

③ Für $x \in C = C_0$ finden wir nun rekursiv $y_n \in M_n$ mit $x - \sum_{j=1}^{n} y_j \in C_n$ für alle $n \in \mathbb{N}$. Sind $y_1, \ldots, y_{n-1}$ bereits gewählt, so gibt es nach a) ein $y_n \in M_n$ mit $x - \sum_{j=1}^{n-1} y_j - y_n \in 2^{-n} U_n \subseteq C_n$. Folglich gilt mit geeigneten $\ell_j \leq \alpha(j) < \ell_{j+1}$:

$$ x = \sum_{j=1}^{\infty} y_j = \sum_{j=1}^{\infty} 2^{-j} x_{\alpha(j)} \in \overline{\Gamma\{x_n\}}. $$

b) Zu einer Nullfolge (x_n) in E gibt es nach Aufgabe 1.13 Nullfolgen (α_n) in $\mathbb{R}$ und (y_n) in E mit $x_n = \alpha_n y_n$. Die Kugel $K := \overline{\Gamma\{y_n\}}$ ist kompakt in E, und man hat $\|x_n\|_{E_K} \leq |\alpha_n| \to 0$.

c) Für eine (prä)kompakte Menge $C \subseteq E$ gibt es nach a) eine Nullfolge (x_n) in E mit $C \subseteq \overline{\Gamma\{x_n\}}$. Für die Banachkugel K aus b) stimmt dieser Abschluss in E mit dem in E_K überein, und daher ist $\overline{\Gamma\{x_n\}}$ kompakt in E_K. ◇

Der Beweis von Aussage a) zeigt, dass diese in allen metrisierbaren topologischen Vektorräumen gilt. Nun folgt:

Satz 8.27

Es seien E ein Fréchetraum und $\sigma : E \to Q$ eine Quotientenabbildung. Zu einer präkompakten Menge $C \subseteq Q$ gibt es dann eine präkompakte Menge $D \subseteq E$ mit $C = \sigma(D)$.

BEWEIS. Nach Satz 8.26 gibt es eine Nullfolge (y_n) in Q mit $C \subseteq \overline{\Gamma\{y_n\}}$. Nach Satz 6.4 gibt es eine Nullfolge (x_n) in E mit $y_n = \sigma x_n$ für alle $n \in \mathbb{N}$. Die Kugel $K := \overline{\Gamma\{x_n\}}$ ist kompakt in E, und $\sigma(K)$ ist kompakt in Q. Aus $y_n \in \sigma(K)$ folgt $C \subseteq \sigma(K)$, und mit $D := K \cap \sigma^{-1}(C)$ ergibt sich die Behauptung. $\Diamond$

Ensprechend lassen sich auch kompakte (und absolutkonvexe) Mengen liften. Wegen $\kappa(E', E) = \gamma(E', E)$ für Frécheträume E gilt das folgende Resultat auch für κ-*duale Sequenzen:*

Satz 8.28
Für eine kurze topologisch exakte Sequenz (S) von Frécheträumen ist die γ-duale Sequenz (S'_γ) topologisch exakt.

BEWEIS. a) Aufgrund der Sätze 8.24 und 8.27 ist $\sigma' : Q'_\gamma \to E'_\gamma$ offen.

b) Wir zeigen nun, dass auch die Surjektion $\iota' : E'_\gamma \to G'_\gamma$ offen ist. Da $\iota : G \to E$ stetig und offen ist, gibt es zu einer präkompakten Menge $C \in \mathfrak{C}(E)$ genau ein $A \in \mathfrak{C}(G)$ mit $\iota A = C \cap G$. Nach Aufgabe 8.1 folgt

$$(\iota A)^\circ = (C \cap G)^\circ = \overline{\Gamma(C^\circ \cup G^\circ)}^{\sigma(E',E)} \subseteq \overline{C^\circ + G^\perp}^{\sigma(E',E)} = \overline{C^\circ + G^\perp}^{\gamma(E',E)},$$

da $\gamma(E', E)$ für das Dualsystem $\langle E', E\rangle$ zulässig ist. Nun ist C° eine Nullumgebung in E'_γ, und daher folgt weiter

$$(\iota A)^\circ \subseteq C^\circ + G^\perp + \varepsilon C^\circ = (1 + \varepsilon) C^\circ + G^\perp \quad \text{für } \varepsilon > 0. \tag{15}$$

Für $\iota' x' \in A^\circ$ gilt $x' \in \iota'^{-1}(A^\circ) = (\iota A)^\circ$ nach (13), und wegen $\iota'(G^\perp) = 0$ folgt mit (15) dann $\iota' x' \in (1 + \varepsilon) \iota'(C^\circ)$. Somit gilt $A^\circ \subseteq (1 + \varepsilon) \iota'(C^\circ)$, und ι' ist offen. $\Diamond$

Allgemeinere Aussagen zur Offenheit von $\iota' : E' \to G'$ werden in Aufgabe 8.14 formuliert. Aus Satz 8.28 ergibt sich sofort:

Folgerung. Für eine kurze topologisch exakte Sequenz (S) von Fréchet-Montelräumen ist die stark duale Sequenz (S'_β) topologisch exakt.

Die Aussage dieser Folgerung gilt allgemeiner dann, wenn der Raum G *quasinormabel* ist, vgl. dazu [Meise und Vogt 1992], Satz 26.17.

8.5 Kompakte konvexe Mengen

In diesem Abschnitt beweisen wir den *Satz von Krein-Milman;* dieser besagt, dass kompakte konvexe Mengen in lokalkonvexen Räumen die *abgeschlossenen konvexen Hüllen ihrer Extremalpunkte* sind. In Verbindung mit dem Satz von Alaoglu-Bourbaki ergeben sich Aussagen über die Nicht-Isometrie konkreter Banachräume zu Dualräumen.

Als Anwendung des Satzes von Krein-Milman geben wir einen Beweis des *Satzes von Stone-Weierstraß* über die Dichtheit von Funktionenalgebren in der Banachalgebra $\mathcal{C}(T)$ der stetigen Funktionen auf einem kompakten Raum T.

Wir beginnen mit einem *Trennungssatz für konvexe Mengen*, einer *geometrischen Version* des Satzes von Hahn-Banach:

Theorem 8.29

Es seien E ein lokalkonvexer Raum und $\emptyset \neq D, B \subseteq E$ disjunkte konvexe Mengen.

a) Ist D offen, so gibt es $x' \in E'$ und $\gamma \in \mathbb{R}$ mit

$$\operatorname{Re}\langle d, x'\rangle \; < \; \gamma \; \leq \; \operatorname{Re}\langle b, x'\rangle \quad \text{für} \quad d \in D, \; b \in B. \tag{16}$$

b) Ist D kompakt und B abgeschlossen, so gibt es $x' \in E'$ und $\gamma_1 < \gamma_2 \in \mathbb{R}$ mit

$$\operatorname{Re}\langle d, x'\rangle \; \leq \; \gamma_1 \; < \; \gamma_2 \; \leq \; \operatorname{Re}\langle b, x'\rangle \quad \text{für} \quad d \in D, \; b \in B. \tag{17}$$

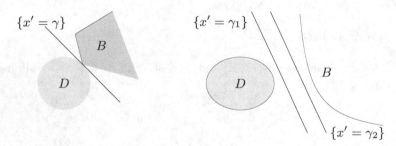

Abb. 8.1: Trennung konvexer Mengen

Der Beweis in [GK], 10.3 für normierte Räume lässt sich fast wörtlich auf den lokalkonvexen Fall übertragen. Er verläuft ähnlich wie der des Bipolarensatzes 8.3 unter Verwendung eines *Fortsetzungssatzes* von Hahn-Banach für *sublineare Funktionale* (vgl. [GK], Theorem 9.1). Wie in [GK], 10.15 ergibt sich aus dem Trennungssatz:

Folgerung. Eine abgeschlossene *konvexe* Teilmenge eines lokalkonvexen Raumes E ist auch schwach abgeschlossen.

Extremalmengen und Extremalpunkte. a) Für Punkte $x, y \in E$ in einem Vektorraum E über $\mathbb{K}$ bezeichnen wir mit

$$(x, y) := \{tx + (1-t)y \mid 0 < t < 1\} \quad \text{bzw.} \quad [x, y] := \{tx + (1-t)y \mid 0 \leq t \leq 1\}$$

die offene bzw. abgeschlossene *Strecke* zwischen x und y.

b) Nun sei $\emptyset \neq C \subseteq E$ gegeben. Eine Menge $S \subseteq C$ heißt *Extremalmenge* von C, falls für $x, y \in C$ aus $(x, y) \cap S \neq \emptyset$ stets $x, y \in S$ folgt.

c) Ein Punkt $z \in C$ heißt *Extremalpunkt* von C, falls $\{z\}$ eine Extremalmenge von C ist. Dies ist offenbar äquivalent zu

$$\forall \; x, y \in C \; \forall \; 0 < t < 1 \; : \; z = tx + (1-t)y \; \Rightarrow \; x = y = z \,. \tag{18}$$

Mit $\partial_e C$ bezeichnen wir die Menge aller Extremalpunkte von C.

d) Für *konvexe* Mengen C genügt es, in (18) $t = \frac{1}{2}$ zu betrachten. Weiter ist dann $z \in C$ genau dann ein Extremalpunkt, wenn gilt:

$$\forall \; y \in E \; : \; z \pm y \in C \; \Rightarrow \; y = 0 \,. \tag{19}$$

Beispiele. a) Die Extremalmengen der konvexen Menge C in Abb. 8.2 sind C, alle Teilmengen des Halbkreises Γ, die Strecken $[A, S]$ und $[B, S]$ sowie die Spitze $\{S\}$; Extremalpunkte sind alle Punkte in Γ sowie die Spitze S.

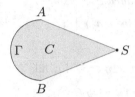

Abb. 8.2: Extremalmengen

b) Ein normierter Raum X heißt *strikt normiert,* oder *strikt konvex,* wenn seine Einheitssphäre $S = \partial U$ keine Strecke enthält (vgl. Abb. 8.3 a)), falls also gilt

$$\forall \; x, y \in X \; : \; \|x\| \le 1, \|y\| \le 1, \|z = \tfrac{1}{2}(x+y)\| = 1 \; \Rightarrow \; x = y = z \,. \tag{20}$$

Wegen (18) für $t = \frac{1}{2}$ gilt offenbar $\partial_e \overline{U} = S$ in einem strikt normierten Raum. *Hilberträume* und L_p-Räume im Fall $1 < p < \infty$ sind strikt konvex, sogar *uniform konvex* (vgl. [GK], S. 184 und Abschnitt 10.3).

c) Für den Raum c_0 aller Nullfolgen dagegen ist $\partial_e \overline{U} = \emptyset$. Für $z \in c_0$ mit $\|z\| = 1$ gibt es $j \in \mathbb{N}_0$ mit $|z_j| < \frac{1}{2}$, und dann gilt offenbar auch $\|z + \alpha e_j\| \le 1$ für $|\alpha| < \frac{1}{2}$.

d) Es sei T ein kompakter Raum. In $\mathcal{C}(T)$ gilt dann

$$\partial_e \overline{U} \; = \; \{f \in \mathcal{C}(T) \mid |f(t)| = 1 \text{ für alle } t \in T\} \,. \tag{21}$$

In der Tat folgt „$\supseteq$ " sofort aus der Gültigkeit von (20) für komplexe Zahlen (vgl. Abb. 8.3 a)). Ist umgekehrt $|f(t_0)| < 1$ für ein $t_0 \in T$, so gibt es eine Funktion $0 \ne g \in \mathcal{C}(T)$ mit Träger nahe t_0 und $\|f \pm g\| \le 1$ (vgl. Abb. 8.3 b)).

Für *zusammenhängendes* T besitzt also die Einheitskugel des Raumes $\mathcal{C}(T, \mathbb{R})$ nur die beiden Extremalpunkte $f_\pm := \pm 1$.

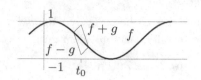

Abb. 8.3: a) $\partial_e \overline{D} = \partial D$ b) Eine nicht extremale Funktion

Das folgende Theorem 8.31 stammt von M.G. Krein und D. Milman (1940), der angegebene Beweis von J.L. Kelley (1951). Wir beginnen mit einem

Lemma 8.30

Es seien E ein lokalkonvexer Raum, $K \subseteq E$ kompakt und $\mathfrak{X}$ das System aller kompakten Extremalmengen von K.

a) Gilt $\{S_i\}_{i \in I} \subseteq \mathfrak{X}$ und $S := \bigcap_i S_i \neq \emptyset$, so ist auch $S \in \mathfrak{X}$.

b) Es seien $S \in \mathfrak{X}$, $x' \in E'$ und $m := \max\{\operatorname{Re}\langle x, x'\rangle \mid x \in S\}$. Dann gilt auch $S(x') := \{x \in S \mid \operatorname{Re}\langle x, x'\rangle = m\} \in \mathfrak{X}$.

BEWEIS. a) Für $x, y \in K$ mit $(x, y) \cap S \neq \emptyset$ folgt $x, y \in S_i$ für alle $i \in I$.

b) Es seien $x, y \in K$ und $0 < t < 1$ mit $z := tx + (1-t)y \in S(x') \subseteq S$. Wegen $S \in \mathfrak{X}$ folgt $x, y \in S$, also $\operatorname{Re}\langle x, x'\rangle \leq m$ und $\operatorname{Re}\langle y, x'\rangle \leq m$; aus $\operatorname{Re}\langle z, x'\rangle = m$ folgt dann auch $\operatorname{Re}\langle x, x'\rangle = \operatorname{Re}\langle y, x'\rangle = m$ und somit $x, y \in S(x')$. $\Diamond$

Theorem 8.31 (Krein-Milman)

Es seien E ein lokalkonvexer Raum und $K \subseteq E$ kompakt. Dann gilt $K \subseteq \overline{\operatorname{co}(\partial_e K)}$; ist K zusätzlich konvex, so ist $K = \overline{\operatorname{co}(\partial_e K)}$.

BEWEIS. a) Wie in Lemma 8.30 sei $\mathfrak{X}$ das System aller kompakten Extremalmengen von K. Wegen $K \in \mathfrak{X}$ ist $\mathfrak{X} \neq \emptyset$. Wir wählen eine feste Extremalmenge $S \in \mathfrak{X}$ und betrachten das System $S(\mathfrak{X}) := \{M \in \mathfrak{X} \mid M \subseteq S\}$. Offenbar ist $\emptyset \neq S(\mathfrak{X})$ durch Inklusion nach unten *halbgeordnet*. Für eine *Kette* $\mathfrak{C} \subseteq S(\mathfrak{X})$ gilt $D(\mathfrak{C}) := \bigcap\{M \mid M \in \mathfrak{C}\} \neq \emptyset$, da ja ein Durchschnitt *kompakter* Mengen gebildet wird. Nach Lemma 8.30 a) ist $D(\mathfrak{C}) \in S(\mathfrak{X})$ und somit eine untere Schranke von $\mathfrak{C}$. Nach dem *Zornschen Lemma* besitzt daher $S(\mathfrak{X})$ ein *minimales Element* $Z \in S(\mathfrak{X})$.

b) Für $x' \in E$ muss $\operatorname{Re} x'$ nach Lemma 8.30 b) auf Z konstant sein, und die Anwendung dieser Aussage auf ix' liefert sie auch für $\operatorname{Im} x'$. Nach dem Satz von Hahn-Banach ist somit $Z = \{x\}$ *einpunktig*, und x ist ein Extremalpunkt von K. Somit enthält *jede* Extremalmenge $S \in \mathfrak{X}$ einen Extremalpunkt, und insbesondere ist $\partial_e K \neq \emptyset$.

c) Es sei nun $A := \overline{\operatorname{co}(\partial_e K)}$. Gibt es nun $x_0 \in K \backslash A$, so liefert der *Trennungssatz* 8.29 ein Funktional $x' \in E'$ mit $\operatorname{Re}\langle x, x'\rangle < \operatorname{Re}\langle x_0, x'\rangle$ für alle $x \in A$. Dann ist $A \cap K(x') = \emptyset$; dies ist aber unmöglich, da $K(x')$ nach Lemma 8.30 b) eine Extremalmenge von K ist und somit nach b) einen Extremalpunkt enthalten muss.

d) Nach c) ist $K \subseteq A$, und für *konvexe* kompakte Mengen K gilt auch $A \subseteq K$. ◊

In Verbindung mit dem *Satz von Alaoglu-Bourbaki* 8.6 ergibt sich nun:

Satz 8.32
Es sei X ein Banachraum. Dann ist die Einheitskugel $\overline{U}_{X'}$ des Dualraums der schwach*-Abschluss von $\mathrm{co}(\partial_e \overline{U}_{X'})$.

Duale Banachräume. a) Ist für einen Banachraum Y (mit $\dim Y = \infty$) die Menge $\partial_e \overline{U}$ der Extremalpunkte der Einheitskugel *leer* oder *endlich*, so kann Y *nicht zu einem dualen Banachraum isometrisch* und insbesondere *nicht reflexiv* sein. Beispiele solcher Banachräume sind etwa c_0, $C([a,b],\mathbb{R})$, $L_1[a,b]$ oder der Raum $K(H)$ der kompakten Operatoren auf einem Hilbertraum (vgl. Aufgabe 8.19).

b) In der Situation von a) kann Y durchaus zu einem dualen Banachraum *isomorph* sein, vgl. dazu Aufgabe 8.20.

Als Anwendung des Satzes von Krein-Milman beweisen wir nun den *Approximations-satz von Stone-Weierstraß*. Dieser wird im Beweis des *Satzes von Gelfand-Naimark* 15.3 über *kommutative C^*-Algebren* verwendet. „Elementare" Beweise des Satzes von Stone-Weierstraß findet man in vielen Lehrbüchern der Analysis, etwa in [Kaballo 1997], 12.3.

Theorem 8.33 (Stone-Weierstraß)
Es seien T ein kompakter topologischer Raum und $\mathcal{A} \subseteq C(T,\mathbb{K})$ eine Funktionenalgebra. Dann ist $\mathcal{A}$ dicht in $C(T,\mathbb{K})$, falls die folgenden drei Bedingungen gelten:

① $\quad 1 \in \mathcal{A}$,

② $\quad$ *Zu $x,y \in T$ mit $x \neq y$ gibt es $f \in \mathcal{A}$ mit $f(x) \neq f(y)$,*

③ $\quad f \in \mathcal{A} \Rightarrow \overline{f} \in \mathcal{A}$.

BEWEIS. a) Zunächst sei $\mathbb{K} = \mathbb{R}$; dann ist Bedingung ③ offenbar leer. Die Menge $K := \overline{U}_{C(T)'} \cap \mathcal{A}^\perp$ ist (absolut)konvex und nach dem *Satz von Alaoglu-Bourbaki* auch schwach*-kompakt. Ist $\mathcal{A}$ nicht dicht in $C(T)$, so ist $K \neq \{0\}$, und nach dem *Satz von Krein-Milman* besitzt K einen Extremalpunkt $\Phi \in \mathcal{A}^\perp$ mit $\|\Phi\| = 1$.

b) Nach dem *Rieszschen Darstellungssatz* gibt es (genau) ein Borel-Wahrscheinlichkeitsmaß μ auf T und (genau) eine Funktion $g \in L_\infty(\mu)$ mit $|g| = 1$ μ-fast überall und $\Phi(f) = \int_T fg\,d\mu$ für alle $f \in C(T)$ (vgl. [Meise und Vogt 1992], 13.10, oder [GK], 9.16 für metrisierbare Räume T). Der *Träger* $S := \mathrm{supp}\,\mu$ von μ (oder des Funktionals Φ in Übereinstimmung mit S. 42) ist die kleinste abgeschlossene Menge $S \subseteq T$ mit $\mu(S) = \mu(T) = 1$.

c) Für $h \in \mathcal{A}$ mit $\frac{1}{3} \leq h(t) \leq \frac{2}{3}$ für alle $t \in S$ definieren wir Funktionale auf $C(T)$ durch $\Phi_1(f) = \Phi(hf) = \int_T fhg\,d\mu$ und $\Phi_2(f) = \Phi((1-h)f) = \int_T f(1-h)g\,d\mu$; dann gilt $\lambda_j := \|\Phi_j\| > 0$ und $\lambda_1 + \lambda_2 = \int_T h|g|\,d\mu + \int_T (1-h)|g|\,d\mu = 1$. Für $f \in \mathcal{A}$ hat man $\Phi_1(f) = \Phi(hf) = 0$ und ebenso $\Phi_2(f) = 0$, da ja $\mathcal{A}$ eine Funktionen*algebra* ist. Somit ist $\Psi_j := \frac{1}{\lambda_j}\Phi_j \in K$, und aus $\Phi = \lambda_1\Psi_1 + \lambda_2\Psi_2$ folgt dann $\Phi = \Psi_1 = \Psi_2$.

d) Somit ist $\int_T fhg\,d\mu = \Phi_1(f) = \lambda_1\Phi(f) = \int_T f\lambda_1 g\,d\mu$ für alle $f \in \mathcal{C}(T)$, und wegen der Stetigkeit von h muss $h(t) = \lambda_1$ für alle $t \in S$ sein. Ist nun $h \in \mathcal{A}$ beliebig, so gibt es $a, b \in \mathbb{R}$ mit $\frac{1}{3} \leq h_1 := ah + b \leq \frac{2}{3}$ auf S. Mit h_1 ist dann auch h auf der Menge S konstant. Nun impliziert Bedingung ②, dass $S = \{s\}$ *einpunktig* sein muss, und das bedeutet $\Phi = \pm\delta_s$. Dann ist aber $\Phi(1) \neq 0$, und wegen $\Phi \in \mathcal{A}^\perp$ widerspricht dies Bedingung ①.

e) Im Fall $\mathbb{K} = \mathbb{C}$ gilt $\mathcal{B} := \{\operatorname{Re} f \mid f \in \mathcal{A}\} \subseteq \mathcal{A}$ aufgrund von Bedingung ③, und für die reelle Algebra $\mathcal{B}$ gelten Bedingungen ① und ②. Somit ist $\mathcal{B}$ dicht in $\mathcal{C}(T, \mathbb{R})$ und daher auch $\mathcal{A}$ dicht in $\mathcal{C}(T, \mathbb{C})$. $\diamond$

Beispiele. a) Für eine kompakte Menge $T \subseteq \mathbb{R}^n$ ist die Algebra $\mathbb{K}[t_1, \ldots, t_n]$ der Polynome dicht in der Banachalgebra $\mathcal{C}(T, \mathbb{K})$.

b) Im komplexen Fall ist der Satz von Stone-Weierstraß ohne Bedingung ③ nicht richtig. Ein Beispiel für diese Situation ist mit $D := \{z \in \mathbb{C} \mid |z| < 1\}$ die in $\mathcal{C}(\overline{D})$ abgeschlossene *Disc-Algebra* $\mathcal{A}(\overline{D}) := \mathcal{C}(\overline{D}) \cap \mathscr{H}(D)$ der auf $\overline{D}$ stetigen und in D holomorphen Funktionen.

Repräsentierende Maße. Abschließend diskutieren wir eine Umformulierung des Satzes von Krein-Milman und weitgehende Verschärfungen dieses Resultats.

a) Es seien E ein lokalkonvexer Raum und $K \subseteq E$ eine kompakte konvexe Menge. Eine Funktion $f : K \to \mathbb{R}$ heißt *affin,* falls

$$f(tx + (1-t)y) = tf(x) + (1-t)f(y) \quad \text{für alle } x, y \in K \text{ und } 0 \leq t \leq 1$$

gilt; $A(K)$ bezeichnet den Banachraum aller stetigen affinen Funktionen auf K.

b) Für $T := \overline{\partial_e K}$ ist $K = \overline{\operatorname{co} T}$ nach Theorem 8.31. Daher gilt $\|f\|_{\mathcal{C}(K)} = \|f\|_{\mathcal{C}(T)}$ für alle $f \in A(K)$, und wir können $A(K)$ als abgeschlossenen Unterraum von $\mathcal{C}(T)$ auffassen. Für $x \in K$ hat das Dirac-Funktional $\delta_x : f \mapsto f(x)$ eine Fortsetzung $\widetilde{\delta}_x \in \mathcal{C}(T)'$ mit $\|\widetilde{\delta}_x\| = 1$ und $\widetilde{\delta}_x(1) = 1$. Daher ist $\widetilde{\delta}_x$ positiv, und nach dem *Rieszschen Darstellungssatz* gibt es ein *Borel-Wahrscheinlichkeitsmaß* μ_x auf T mit

$$\langle x, x' \rangle = \int_{\overline{\partial_e K}} \langle y, x' \rangle \, d\mu_x(y) \quad \text{für alle } x' \in E', \tag{22}$$

kurz $x = \int_{\overline{\partial_e K}} y \, d\mu_x(y)$ (vgl. Formel (10.13)). Dann heißt μ_x ein *repräsentierendes Maß* für x, und x heißt *Schwerpunkt* des Maßes μ_x.

c) Es kann durchaus $K = \overline{\partial_e K}$ gelten (vgl. Aufgabe 8.19 c)); in diesem Fall ist die Aussage von (22) leer. Man möchte daher ein repräsentierendes Maß finden, das sogar *auf $\partial_e K$ konzentriert* ist. Nach G. Choquet (1956) ist dies möglich, wenn K *metrisierbar* ist; in diesem Fall ist $\partial_e K$ eine G_δ-Menge, und man kann $\mu_x(\partial_e K) = 1$ erreichen.

d) Im allgemeinen Fall muss $\partial_e K$ keine Borel-Menge sein; nach E. Bishop und K. de Leeuw (1959) kann man aber $\mu_x(B) = 0$ für jede Baire-Menge $B \subseteq K \backslash \partial_e K$ erreichen.

Für die soeben kurz skizzierte *Choquet-Theorie* und ihre Anwendungen sei auf [Alfsen 1971] oder [Phelps 2001] verwiesen.

8.6 Aufgaben

Aufgabe 8.1
Es seien $\langle E, F \rangle$ ein Dualsystem. Zeigen Sie:

a) Aus $rM \subseteq N$ in E folgt $rN^\circ \subseteq M^\circ$ in F.

b) Für Mengen $M_j \subseteq E$ gilt $(\bigcup_j M_j)^\circ = \bigcap_j M_j^\circ$ und $(\bigcap_j M_j)^\circ = \overline{\Gamma(\bigcup_j M_j^\circ)}^{\sigma(F,E)}$, falls $\bigcap_j M_j \neq \emptyset$ ist.

Aufgabe 8.2
Es seien $\langle E_1, F_1 \rangle$ und $\langle E_2, F_2 \rangle$ Dualsysteme und $T : E_1 \to F_1$ linear. Zeigen Sie, dass $T : (E_1, \sigma(E_1, F_1)) \to (E_2, \sigma(E_2, F_2))$ genau dann stetig ist, wenn $T^\times(F_2) \subseteq F_1$ für die *algebraisch duale Abbildung* $T^\times : F_2^\times \to F_1^\times$ gilt.

Aufgabe 8.3
In der Situation von Aufgabe 8.2 heißt $T' := T^\times|_{F_2} : F_2 \to F_1$ die duale Abbildung zu T. Zeigen Sie:

a) Aus $T(A) \subseteq B$ in E_2 folgt $T'(B^\circ) \subseteq A^\circ$ in F_1. Wann gilt auch die Umkehrung dieser Aussage?

b) Für Bornologien $\mathfrak{S}_j$ auf E_j ist $T' : (F_2, \mathfrak{T}(\mathfrak{S}_2)) \to (F_1, \mathfrak{T}(\mathfrak{S}_1))$ genau dann stetig, wenn $T(\mathfrak{S}_1) \subseteq \mathfrak{S}_2$ gilt.

c) Für Bornologien $\mathfrak{S}_j$ auf E_j ist genau dann $T(A)$ präkompakt in $\mathfrak{T}(\mathfrak{S}_2)$ für alle $A \in \mathfrak{S}_1$, wenn $T'(C)$ präkompakt in $\mathfrak{T}(\mathfrak{S}_1)$ für alle $C \in \mathfrak{S}_2$ ist.

Aufgabe 8.4
Zeigen Sie: Ein lokalkonvexer Raum E ist genau dann vollständig, wenn jede affine Hyperebene $H \subseteq E'$ bereits dann in $\sigma(E', E)$ abgeschlossen ist, wenn dies für $H \cap U^\circ$ für alle $U \in \mathbb{U}(E)$ gilt.

Aufgabe 8.5
Zeigen Sie: Für einen vollständigen lokalkonvexen Raum E ist $\gamma(E', E)$ die feinste lokalkonvexe Topologie auf E', die auf allen gleichstetigen Mengen in E' mit $\sigma(E', E)$ zusammenfällt.

Für einen Fréchetraum E ist $\gamma(E', E)$ sogar *die feinste Topologie* auf E', mit dieser Eigenschaft (*Satz von Banach-Dieudonné*, vgl. [Köthe 1966], § 21.10, oder [Jarchow 1981], 9.4).

Aufgabe 8.6

Es seien E ein lokalkonvexer Raum und (x_n) eine Nullfolge in E^σ. Zeigen Sie:

$$\overline{\Gamma\{x_n\}} = \{\sum_{n=1}^{\infty} \lambda_n x_n \mid \sum_{n=1}^{\infty} |\lambda_n| \le 1\}.$$

Aufgabe 8.7

Es sei $E = \prod_{j \in J} E_j$ ein kartesisches Produkt lokalkonvexer Räume.

a) Zeigen Sie die algebraische Isomorphie $E' \simeq \bigoplus_{j \in J} E'_j$.

b) Zeigen Sie $\sigma(E, E') = \prod_{j \in J} \sigma(E_j, E'_j)$ und $\tau(E, E') = \prod_{j \in J} \tau(E_j, E'_j)$.

c) Zeigen Sie $\kappa(E', E) = \bigoplus_{j \in J} \kappa(E'_j, E_j)$. Gilt auch $\sigma(E', E) = \bigoplus_{j \in J} \sigma(E'_j, E_j)$?

Aufgabe 8.8

Es sei E ein reflexiver Banachraum.

a) Zeigen Sie, dass Quotientenräume von E ebenfalls reflexiv sind.

b) Schließen Sie aus Theorem 8.11, dass die Einheitskugel schwach folgenkompakt ist.

Aufgabe 8.9

Finden Sie einen semi-reflexiven Raum, der nicht vollständig ist. (Nach Y. Komura (1964) gibt es sogar unvollständige reflexive Räume).

Aufgabe 8.10

Es seien F ein (DF)-Raum und E ein lokalkonvexer Raum. Zeigen Sie:

a) Für $n \in \mathbb{N}$ seien $\mathcal{G}_n$ gleichstetige Mengen in $L(F, E)$, sodass $\mathcal{G} := \bigcup_{n \in \mathbb{N}} \mathcal{G}_n$ in $L_\beta(F, E)$ beschränkt ist. Dann ist $\mathcal{G}$ gleichstetig.

b) Eine abzählbare in $L_\beta(F, E)$ beschränkte Menge ist gleichstetig.

c) Ist E ein Fréchetraum, so gilt dies auch für $L_\beta(F, E)$.

d) Sind F und E folgenvollständig, so gilt dies auch für $L_\sigma(F, E)$.

Aufgabe 8.11

Es seien F ein (DF)-Raum und E ein metrisierbarer Raum. Zeigen Sie, dass alle stetigen linearen Operatoren $T \in L(F, E)$ und $S \in L(E, F)$ *beschränkt* sind, d. h. eine Nullumgebung in eine beschränkte Menge abbilden. Kann ein (DF)-Raum metrisierbar sein?

Aufgabe 8.12

Zeigen Sie, dass ein folgenvollständiger (DF)-Raum ein Gewebe besitzt.

Aufgabe 8.13

Lässt sich der Beweis von Theorem 8.21 auf den Fall eines folgenvollständigen (DF)-Raumes übertragen?

Aufgabe 8.14

Es seien (S) eine kurze topologisch exakte Sequenz lokalkonvexer Räume und $\mathfrak{S}_1$ bzw. $\mathfrak{S}_2$ saturierte Bornologien auf E bzw. G. Zeigen Sie:

a) Ist $\iota' : E'_{\mathfrak{S}_1} \to G'_{\mathfrak{S}_2}$ offen, so gilt $\iota\mathfrak{S}_2 = \mathfrak{S}_1 \cap G$.

b) Im Fall $(E'_{\mathfrak{S}_1})' = E$ gilt auch die Umkehrung von Aussage a).

Aufgabe 8.15

Es sei (S) eine kurze topologisch exakte Sequenz lokalkonvexer Räume. Zeigen Sie, dass die schwach duale Sequenz (S'_σ) topologisch exakt ist.

Aufgabe 8.16

Ein (DF)-Raum G sei Unterraum eines lokalkonvexen Raumes E. Zeigen Sie:

a) Die Restriktionsabbildung $\iota' : E'_\beta \to G'_\beta$ ist offen.

b) Zu einer beschränkten Menge $B \in \mathfrak{B}(\overline{G})$ gibt es $C \in \mathfrak{B}(G)$ mit $B \subseteq \overline{C}$.

c) Ein quasivollständiger (DF)-Raum ist vollständig.

d) Die Räume $\mathcal{C}_c^m(\Omega)$ sind für $0 \leq m < \infty$ vollständig.

Aufgabe 8.17

Es seien E ein Vektorraum und $C \subseteq E$ konvex. Für $z \in C$ zeigen Sie:

$$z \in \partial_e C \iff \forall\, x_1,\dots,x_r \in C\; :\; z \in \mathrm{co}\{x_1,\dots,x_r\} \implies x_1 = \dots = x_r = z\,.$$

Aufgabe 8.18

Zeigen Sie, dass für einen reflexiven Banachraum X die Einheitskugel $\overline{U}_X$ der *Norm*-Abschluss von $\mathrm{co}(\partial_e \overline{U}_{X'})$ ist.

Aufgabe 8.19

a) Bestimmen Sie alle Extremalpunkte der Einheitskugeln der Räume ℓ_∞, ℓ_1, $L_1[a,b]$ und $K(H)$ für einen Hilbertraum H.

b) Zeigen Sie, dass für $X = \ell_\infty$ und $X = \ell_1$ die Einheitskugel $\overline{U}_X$ der *Norm*-Abschluss von $\mathrm{co}(\partial_e \overline{U}_X)$ ist.

c) Zeigen Sie, dass $\partial_e \overline{U}$ im Fall des Hilbertraumes ℓ_2 in $\overline{U}$ schwach dicht ist.

Aufgabe 8.20

Es sei $Y := \{x = (x_j)_{j \in \mathbb{N}_0} \in \ell_1 \mid \sum_{j=0}^{\infty} x_j = 0\}$. Zeigen Sie $Y \simeq \ell_1$, aber $\partial_e \overline{U} = \emptyset$ für die Einheitskugel von Y.

Aufgabe 8.21

Es seien E ein quasivollständiger lokalkonvexer Raum und $K \subseteq E$ kompakt.

a) Zeigen Sie Milmans „Umkehrung" des Satzes von Krein-Milman: $\partial_e(\overline{\mathrm{co}\, K}) \subseteq \partial_e K$.

b) Zeigen Sie $\partial_e(\overline{\Gamma K}) \subseteq \{\alpha z \mid |\alpha| = 1,\, z \in \partial_e K\}$.

Aufgabe 8.22

a) Es sei T ein kompakter topologischer Raum. Zeigen Sie $\partial_e \overline{U} = \{\pm\delta_t \mid t \in T\}$ für die Einheitskugel von $C(T, \mathbb{R})'$.

b) Folgern Sie, dass T genau dann metrisierbar ist, wenn der Banachraum $C(T)$ separabel ist.

c) Folgern Sie den *Satz von Banach-Stone:* Zwei kompakte topologische Räume T, S sind genau dann homöomorph, wenn die Banachräume $C(T, \mathbb{R})$ und $C(S, \mathbb{R})$ isometrisch sind.

Aufgabe 8.23

Es seien T, S kompakte topologische Räume. Zeigen Sie, dass die Algebra

$$C(T) \otimes C(S) := \{ \sum_{k=1}^{n} f_k(t)\, g_k(s) \mid n \in \mathbb{N},\ f_k \in C(T)\,,\ g_k \in C(S) \}$$

(vgl. Beispiel a) auf S. 247) in der Banachalgebra $C(T \times S)$ dicht ist.

9 Lösung linearer Gleichungen

Fragen: 1. Zeigen Sie, dass der Cauchy-Riemann-Operator $\bar{\partial} : \mathcal{E}(\Omega) \to \mathcal{E}(\Omega)$ für jede offene Menge $\Omega \subseteq \mathbb{C}$ surjektiv ist. Existiert eine stetige oder sogar eine stetige lineare Rechtsinverse?
2. Für eine offene Menge $\Omega \subseteq \mathbb{C}$ seien eine diskrete Menge $\{w_k\}_{k\in\mathbb{N}}$ in Ω und Zahlen $c_k \in \mathbb{C}$ gegeben. Finden Sie eine holomorphe Funktion $f \in \mathcal{H}(\Omega)$ mit $f(w_k) = c_k$ für alle $k \in \mathbb{N}$.
3. Es seien $0 \longrightarrow G \longrightarrow E \longrightarrow Q \longrightarrow 0$ eine kurze topologisch exakte Sequenz lokalkonvexer Räume und F ein weiterer lokalkonvexer Raum. Wann hat ein Operator $T \in L(G, F)$ eine Fortsetzung $\widetilde{T} \in L(E, F)$? Wann hat ein Operator $T \in L(F, Q)$ ein Lifting $T^\vee \in L(Q, E)$?

In diesem Kapitel entwickeln wir *Lösbarkeitskriterien* für lineare Gleichungen $Tx = y$ und insbesondere *Surjektivitätskriterien* für lineare Operatoren T. Im Hinblick auf Anwendungen auf lineare *Differentialoperatoren in Banachräumen* (vgl. [GK], Kapitel 13 und 16) oder in *lokalen Sobolev-Räumen* (vgl. Abschnitt 9.4) betrachten wir *dicht definierte abgeschlossene* Operatoren zwischen lokalkonvexen Räumen, insbesondere Frécheträumen, die i. A. weder auf dem ganzen Raum definiert noch stetig sein müssen.

Im ersten Abschnitt führen wir Grundbegriffe der Operatortheorie ein und konstruieren *duale* oder *transponierte* Operatoren. Ein Operator T von E nach F heißt *normal auflösbar*, wenn $R(T) = {}^\perp N(T')$ gilt. Dies bedeutet, dass für $y \in F$ die lineare Gleichung $Tx = y$ genau dann lösbar ist, wenn y die „natürliche" Bedingung $\langle y, y' \rangle = 0$ für alle $y' \in N(T')$ erfüllt. Wegen $R(T)^\perp = N(T')$ ist T genau dann normal auflösbar, wenn $R(T)$ *abgeschlossen* ist. Gilt zusätzlich $N(T') = \{0\}$, so ist T *surjektiv*.

Im zweiten Abschnitt zeigen wir zunächst den *Satz vom abgeschlossenen Wertebereich* für lineare Operatoren zwischen Frécheträumen: Die *normale Auflösbarkeit von T ist zu der von T' äquivalent*. Es folgen weitere, insbesondere „semi-globale" Äquivalenzen und als ein Spezialfall in Theorem 9.10 ein Surjektivitätskriterium, das in vielen konkreten Situationen leicht nachprüfbar ist. In Abschnitt 9.3 stellen wir als weiteres wichtiges Surjektivitätskriterium die *„Mittag-Leffler-Methode"* vor, eine abstrakte Fassung eines Beweises dieses funktionentheoretischen Satzes mittels „konvergenzerzeugender Summanden".

In Abschnitt 9.4 wenden wir die bisher entwickelte Theorie auf das Problem der *globalen Lösbarkeit linearer Differentialgleichungen* mit konstanten Koeffizienten an. Für eine offene Menge $\Omega \subseteq \mathbb{R}^n$ ist nach B. Malgrange (1954) die *Surjektivität von* $P(D) : \mathcal{E}(\Omega) \to \mathcal{E}(\Omega)$ zu einer Eigenschaft *„P-konvex"* von Ω äquivalent. Mit Hilfe des *Satzes von Paley-Wiener* 3.9 ergibt sich, dass jede *konvexe* Menge diese Eigenschaft besitzt; für *elliptische* Operatoren ist sogar *jede* offene Menge $\Omega \subseteq \mathbb{R}^n$ *P*-konvex.

In den folgenden Abschnitten suchen wir *Lösungsoperatoren* $R : Q \to E$ zu Surjektionen $\sigma \in L(E, Q)$ von Frécheträumen. Zunächst zeigen wir, dass es stets einen *stetigen* (nicht notwendig linearen) *Lösungsoperator* gibt. Dieses Resultat folgt aus einem *Auswahlsatz* von E. Michael (1956) und stammt für Banachräume in etwas präziserer Form von R.G. Bartle und R.M. Graves (1952).

In Abschnitt 9.6 zeigen wir, dass es zu einer Surjektion $\sigma \in L(E, Q)$ genau dann einen *stetigen linearen Lösungsoperator* $R \in L(Q, E)$ gibt, wenn in E eine stetige Projektion auf den Kern von σ existiert. Wir diskutieren einige Beispiele und zeigen insbesondere, dass für den Wellenoperator $\partial_t^2 - c^2 \partial_x^2 : \mathcal{E}(\mathbb{R}^2) \to \mathcal{E}(\mathbb{R}^2)$ ein solcher Lösungsoperator existiert. Nach A. Grothendieck (1955) ist dies jedoch für einen *elliptischen* Operator $P(D) : \mathcal{E}(\Omega) \to \mathcal{E}(\Omega)$ *nicht* der Fall.

In Abschnitt 9.7 diskutieren wir *Fortsetzungs- und Lifting-Probleme* für lineare Operatoren sowie *injektive* und *projektive* lokalkonvexe Räume. Wesentliche Ergebnisse sind ein *Fortsetzungssatz* vom „*Hahn-Banach-Typ*" für Operatoren nach $L_\infty(\Omega)$ und die auf A. Pelczyński (1960) zurückgehende *Isomorphie* $L_\infty[0,1] \simeq \ell_\infty$.

9.1 Abgeschlossene Operatoren und duale Operatoren

Wir beginnen mit grundlegenden Definitionen und Konstruktionen für nicht notwendig stetige lineare Operatoren mit dichtem Definitionsbereich zwischen lokalkonvexen Räumen.

Lineare Operatoren und Graphen. Es seien E, F lokalkonvexe Räume.

a) Ein linearer *Operator* von E nach F ist eine lineare Abbildung $T : \mathcal{D}(T) \to F$ mit einem Unterraum $\mathcal{D}(T) \subseteq E$ als Definitionsbereich. Mit $R(T) \subseteq F$ bezeichnen wir das Bild von T. Für eine Menge $M \subseteq E$ schreiben wir kurz $T(M) := T(M \cap \mathcal{D}(T))$. Im Fall $E = F$ nennen wir T einen *Operator in* E.

b) Es ist $\Gamma(T) := \{(x, Tx) \mid x \in \mathcal{D}(T)\} \subseteq E \times F$ der *Graph* von T. Durch

$$\tau : \mathcal{D}(T) \to \Gamma(T), \quad \tau x := (x, Tx), \tag{1}$$

wird eine *lineare Isomorphie* von $\mathcal{D}(T)$ auf den Graphen $\Gamma(T)$ definiert.

c) Mittels τ transportieren wir die von $E \times F$ auf $\Gamma(T)$ induzierte lokalkonvexe Topologie zur *Graphen-Topologie* $\mathfrak{T}_T$ auf $\mathcal{D}(T)$ und schreiben $\mathcal{D}_T := (\mathcal{D}(T), \mathfrak{T}_T)$. Ein Fundamentalsystem von Halbnormen auf $\mathcal{D}_T$ ist gegeben durch

$$(p \times q)(x)^2 := p(x)^2 + q(Tx)^2, \quad x \in \mathcal{D}(T), \quad p \in \mathbb{H}(E), q \in \mathbb{H}(F).$$

Die Inklusion $i : \mathcal{D}_T \to E$ und der Operator $T : \mathcal{D}_T \to F$ sind offenbar stetig.

d) Ein Operator T von E nach F heißt *abgeschlossen,* falls sein Graph $\Gamma(T)$ in $E \times F$ abgeschlossen ist. In diesem Fall ist der Kern $N(T)$ ein *abgeschlossener* Unterraum von E.

Offene und fast offene lineare Operatoren. a) Ein Operator $T : \mathcal{D}(T) \to F$ heißt *offen,* wenn er offene Teilmengen von $\mathcal{D}(T)$ auf offene Teilmengen von $R(T)$ abbildet, d. h. falls gilt

$$\forall \, U \in \mathbb{U}(E) \; \exists \, V \in \mathbb{U}(F) \; : \; V \cap R(T) \subseteq T(U) \, . \tag{2}$$

b) Ein Operator $T : \mathcal{D}(T) \to F$ heißt *fast offen,* falls gilt

$$\forall \, U \in \mathbb{U}(E) \; \exists \, V \in \mathbb{U}(F) \; : \; V \cap \overline{R(T)} \subseteq \overline{T(U)} \, . \tag{3}$$

Offene lineare Operatoren sind auch fast offen.

Eine Umformulierung des Satzes von der offenen Abbildung 1.16 ist:

Satz 9.1
Es seien E, F Frécheträume und $T : \mathcal{D}(T) \to F$ ein abgeschlossener linearer Operator. Äquivalent sind:

(a) T ist offen.

(b) T ist fast offen.

(c) $R(T)$ ist abgeschlossen in F.

BEWEIS. „(a) $\Rightarrow$ (b)" ist klar.

„(b) $\Rightarrow$ (c)": Wir betrachten zunächst T als Operator von $\mathcal{D}(T)$ nach $\overline{R(T)}$; für $U \in \mathbb{U}(E)$ gilt dann $\overline{T(U)} \subseteq (1+\varepsilon)T(U)$ für $\varepsilon > 0$ nach Lemma 1.20. Nun betrachten wir T wieder als Operator von $\mathcal{D}(T)$ nach F. Wegen (3) existiert dann $V \in \mathbb{U}(F)$ mit $V \cap \overline{R(T)} \subseteq \overline{T(U)} \subseteq (1+\varepsilon)T(U)$, und daher gilt $\overline{R(T)} \subseteq R(T)$.

„(c) $\Rightarrow$ (a)": Der Operator T induziert den abgeschlossenen bijektiven Operator $T^\wedge$ von $E\!/_{\!N(T)}$ auf $R(T)$ mit Definitionsbereich $\mathcal{D}(T)\!/_{\!N(T)}$. Nach dem Graphensatz 1.18 ist $(T^\wedge)^{-1} : R(T) \to E\!/_{\!N(T)}$ stetig und somit T offen. $\qquad\diamond$

Konvention. In diesem Kapitel betrachten wir nur *abgeschlossene* lineare Operatoren mit *dichtem Definitionsbereich* $\mathcal{D}(T) \subseteq E$.

Nun führen wir *duale* oder *transponierte Operatoren* ein. Für *stetige* lineare Operatoren haben wir dies auf S. 184 bereits getan, für lineare Operatoren in *Banachräumen* in [GK], Kapitel 13.

Duale Operatoren. a) Für lokalkonvexe Räume E, F identifizieren wir den Dualraum von $E \times F$ mit dem Produkt $F' \times E'$ durch

$$\langle (x,y), (y',x') \rangle := \langle x, x' \rangle + \langle y, y' \rangle \, .$$

b) Für einen Operator T von E nach F ist

$$\Gamma(-T)^\perp \; = \; \{ (y',x') \in F' \times E' \mid \langle x, x' \rangle - \langle Tx, y' \rangle = 0 \; \text{für } x \in \mathcal{D}(T) \}$$

Graph eines Operators von F' nach E', da $\mathcal{D}(T)$ als *dicht* in E vorausgesetzt wird. Der durch

$$\Gamma(T') := \Gamma(-T)^{\perp}$$

definierte Operator heißt *dualer* oder *transponierter Operator* zu T. Dieser ist *abgeschlossen*, der Graph ist sogar abgeschlossen in $\sigma(F' \times E', E \times F)$. Man hat

$$\mathcal{D}(T') = \{y' \in F' \mid \exists\, x' \in E' \; \forall\, x \in \mathcal{D}(T) \; : \; \langle Tx, y' \rangle = \langle x, x' \rangle\} \tag{4}$$

und $T'y' = x'$ für $y' \in \mathcal{D}(T')$.

c) Wir betrachten T auch als stetigen linearen Operator $T_c \in L(\mathcal{D}_T, F)$; dieser definiert den dualen Operator $T'_c : F' \to \mathcal{D}'_T$. Per Restriktion können wir E' als Unterraum von $\mathcal{D}'_T$ auffassen, und wegen (4) gilt

$$\mathcal{D}(T') = \{y' \in F' \mid T'_c y' \in E'\}. \tag{5}$$

Wir zeigen nun zwei nützliche *Polarformeln* aus [Mennicken und Sagraloff 1980], deren erste Formel (8.13) erweitert:

Satz 9.2

Es seien E, F lokalkonvexe Räume. Für einen Operator T von E nach F, $U \in \mathbb{U}(E)$ und $V \in \mathbb{U}(F)$ gelten die Polarformeln

$$T(U)^{\circ} = T'^{-1}(U^{\circ}), \tag{6}$$

$$(T^{-1}(V))^{\circ} = T'(V^{\circ}). \tag{7}$$

BEWEIS. (6) „$\supseteq$": Es sei $y' \in T'^{-1}(U^{\circ})$. Dann ist $y' \in \mathcal{D}(T')$ und $T'y' \in U^{\circ}$, also $|\langle x, T'y' \rangle| \leq 1$ für alle $x \in U$ und insbesondere $|\langle Tx, y' \rangle| \leq 1$ für alle $x \in U \cap \mathcal{D}(T)$. Somit ist $y' \in T(U)^{\circ}$.

„$\subseteq$": Für $y' \in T(U)^{\circ}$ gilt umgekehrt $|\langle Tx, y' \rangle| \leq 1$ für alle $x \in U \cap \mathcal{D}(T)$. Daher ist $x \mapsto \langle Tx, y' \rangle$ eine stetige Linearform auf $\mathcal{D}(T)$, definiert also ein Funktional $T'y' \in E'$ mit $|\langle x, T'y' \rangle| \leq 1$ für alle $x \in U \cap \mathcal{D}(T)$ und dann auch für alle $x \in U$. Somit ist $T'y' \in U^{\circ}$.

(7) „$\supseteq$": Für $y' \in V^{\circ} \cap \mathcal{D}(T')$ und $x \in T^{-1}(V)$ gilt $x \in \mathcal{D}(T)$ und $Tx \in V$, also $|\langle x, T'y' \rangle| = |\langle Tx, y' \rangle| \leq 1$ und somit $T'y' \in (T^{-1}(V))^{\circ}$.

„$\subseteq$": Es sei $q = q_V$ das Minkowski-Funktional von V und $x' \in (T^{-1}(V))^{\circ}$ gegeben. Für $x_1, x_2 \in \mathcal{D}(T)$ folgt aus $Tx_1 = Tx_2$ dann $T(x_1 - x_2) = 0$, also $x_1 - x_2 \in \varepsilon\, T^{-1}(V)$ für alle $\varepsilon > 0$ und somit $\langle x_1 - x_2, x' \rangle = 0$. Durch $f : Tx \mapsto \langle x, x' \rangle$ wird daher auf $R(T)$ eine Linearform definiert mit $|f(Tx)| = |\langle x, x' \rangle| \leq q(Tx)$ wegen $x' \in (T^{-1}(V))^{\circ}$. Nach dem Satz von Hahn-Banach 1.9 existiert ein Funktional $y' \in F'$ mit $\langle Tx, y' \rangle = f(Tx) = \langle x, x' \rangle$ für $x \in \mathcal{D}(T)$ und $|\langle y, y' \rangle| \leq q(y)$ für alle $y \in F$. Dies zeigt $x' = T'y'$ mit $y' \in \mathcal{D}(T')$ und $y' \in V^{\circ}$. $\diamond$

Für einen Unterraum G eines lokalkonvexen Raumes stimmen *Polare G°* und *Annihilator $G^\perp$* natürlich überein. Es gilt (vgl. [GK], Satz 13.8):

Satz 9.3

Es seien E, F lokalkonvexe Räume. Für einen Operator T von E nach F ist $\mathcal{D}(T')$ schwach*-dicht in F'. Weiter gelten die Formeln

$$R(T)^\perp = N(T') \quad und \quad {}^\perp R(T') = N(T), \tag{8}$$

$$\overline{R(T)} = {}^\perp N(T') \quad und \quad \overline{R(T')}^{\sigma(E',E)} = N(T)^\perp. \tag{9}$$

BEWEIS. a) Für $y \in {}^\perp \mathcal{D}(T')$ und $y' \in \mathcal{D}(T')$ gilt $\langle (0,y), (y', T'y') \rangle = \langle y, y' \rangle = 0$, also $(0,y) \in {}^\perp \Gamma(T') = {}^\perp (\Gamma(-T)^\perp) = \Gamma(-T)$ und somit $y = 0$, da T abgeschlossen ist. Somit ist $\mathcal{D}(T')$ in der Tat $\sigma(F', F)$-dicht in F'.

b) Die erste Aussage in (8) ist der Spezialfall $U = E$ in (6). Klar ist $N(T) \subseteq {}^\perp R(T')$. Für $x \in {}^\perp R(T')$ schließlich gilt $(x,0) \in {}^\perp \Gamma(T') = \Gamma(-T)$ und somit $x \in N(T)$.

c) Die Aussagen in (9) folgen sofort aus (8) und dem Bipolarensatz. $\diamond$

Die Polarformel (6) liefert die folgende Umformulierung von Bedingung (3):

Satz 9.4

Es seien E, F lokalkonvexe Räume. Ein Operator T von E nach F ist genau dann fast offen, falls gilt:

$$\forall\, U \in \mathbb{U}(E)\ \exists\, V \in \mathbb{U}(F)\ :\ U^\circ \cap R(T') \subseteq T'(V^\circ). \tag{10}$$

BEWEIS. „$\Rightarrow$": Zu $U \in \mathbb{U}(E)$ wählen wir $V \in \mathbb{U}(F)$ gemäß (3). Mit (6) folgt dann mittels Aufgabe 8.1

$$T'^{-1}(U^\circ) = T(U)^\circ \subseteq \overline{\Gamma(V^\circ \cup R(T)^\perp)}^{\sigma(F',F)} \subseteq V^\circ + R(T)^\perp,$$

da V° schwach*-kompakt und $R(T)^\perp$ schwach*-abgeschlossen ist. Für ein Funktional $x' = T'y' \in U^\circ \cap R(T')$ gilt dann $y' \in V^\circ + R(T)^\perp$, wegen (8) also $x' \in T'(V^\circ)$.

„$\Leftarrow$": Zu $U \in \mathbb{U}(E)$ wählen wir $V \in \mathbb{U}(F)$ gemäß (10). Es folgt

$$T(U)^\circ = T'^{-1}(U^\circ) \subseteq V^\circ + N(T') = V^\circ + R(T)^\perp \subseteq (V \cap \overline{R(T)})^\circ$$

wegen (6) und (8), und der Bipolarensatz impliziert (3). $\diamond$

Insbesondere gilt das folgende *Surjektivitätskriterium:*

Satz 9.5

Für Frécheträume E, F ist ein Operator T von E nach F genau dann surjektiv, falls gilt:

$$\forall\, U \in \mathbb{U}(E)\ \exists\, V \in \mathbb{U}(F)\ :\ T'^{-1}(U^\circ) \subseteq V^\circ. \tag{11}$$

BEWEIS. Aufgrund der Polarformel (6) liefert der Bipolarensatz die Äquivalenz von (11) zu

$$\forall\, U \in \mathbb{U}(E) \; \exists\, V \in \mathbb{U}(F) \; : \; V \subseteq \overline{T(U)}\,. \tag{12}$$

Dies bedeutet, dass $\overline{R(T)} = F$ und T fast offen ist; nach Satz 9.1 wiederum ist dies äquivalent zur Surjektivität von T. ◇

Bemerkung. Für *Banachräume* E, F ist (11) äquivalent zur Abschätzung

$$\exists\, \rho > 0 \; \forall\, y' \in \mathcal{D}(T') \; : \; \|\, y'\,\| \; \leq \; \rho\,\|\, T'y'\,\|\,. \tag{13}$$

9.2 Normal auflösbare und surjektive Operatoren

Wir zeigen nun, dass im Fall von Frécheträumen E, F die *normale Auflösbarkeit eines Operators T zu der von T' äquivalent* ist. Dieses wichtige Resultat geht für stetige lineare Operatoren zwischen Banachräumen auf S. Banach (1929) und F. Hausdorff (1932) zurück, für solche zwischen Frécheträumen auf J. Dieudonné und L. Schwartz (1949) und für abgeschlossene lineare Operatoren zwischen Frécheträumen auf F.E. Browder (1959). Für die nun folgenden Charakterisierungen der normalen Auflösbarkeit kombinieren wir Ausführungen in [Meise und Vogt 1992], § 26, und [Mennicken 1983].

Theorem 9.6 (vom abgeschlossenen Wertebereich)
Es seien E, F Frécheträume und $T : \mathcal{D}(T) \to F$ ein abgeschlossener linearer Operator mit $\overline{\mathcal{D}(T)} = E$. Äquivalent sind:

(a) T ist normal auflösbar, d. h. es gilt $R(T) = {}^{\perp}N(T')$.

(b) $R(T)$ ist abgeschlossen in F.

(c) Es gilt $R(T') = N(T)^{\perp}$.

(d) $R(T')$ ist abgeschlossen in E'_{σ}.

(e) $R(T')$ ist abgeschlossen in E'_{β}.

(f) Es ist $U^{\circ} \cap R(T')$ eine Banach-Kugel für alle $U \in \mathbb{U}(E)$.

(g) Es gilt Bedingung (10):

$$\forall\, U \in \mathbb{U}(E) \; \exists\, V \in \mathbb{U}(F) \; : \; U^{\circ} \cap R(T') \subseteq T'(V^{\circ})\,.$$

BEWEIS. Die Äquivalenzen „(a) ⇔ (b)" und „(c) ⇔ (d)" folgen sofort aus Formel (9), die Implikation „(d) ⇒ (e)" ist klar.

„(b) ⇒ (c)": Für $x' \in E'$ gibt es $U \in \mathbb{U}(E)$ mit $x' \in U^{\circ}$, und für $x' \in N(T)^{\perp}$ gilt dann auch $x' \in (U + N(T))^{\circ} = (T^{-1}(T(U)))^{\circ}$. Wegen (b) und Satz 9.1 gibt es $V \in \mathbb{U}(F)$ mit $V \cap R(T) \subseteq T(U)$, und damit folgt $x' \in (T^{-1}(V \cap R(T)))^{\circ} = (T^{-1}(V))^{\circ} = T'(V^{\circ})$ aufgrund der Polarformel (7). Insbesondere ist $x' \in R(T')$.

„(e) $\Rightarrow$ (f)“: Es ist $U^\circ \cap R(T')$ abgeschlossen in dem vollständigen (DF)-Raum E'_β, nach Satz 7.6 also eine Banach-Kugel.

„(f) $\Rightarrow$ (g)“: Für $V \in \mathbb{U}(F)$ ist V° kompakt in $\sigma(F', F)$ und daher $T'_c(V^\circ)$ kompakt in $\sigma(\mathcal{D}'_T, \mathcal{D}_T)$. Für $U \in \mathbb{U}(E)$ und $B := U^\circ \cap R(T')$ ist

$$E'_B \cap T'(V^\circ \cap \mathcal{D}(T')) = E'_B \cap T'_c(V^\circ)$$

aufgrund von (5), und mit der stetigen Inklusion $E'_B \hookrightarrow (\mathcal{D}'_T, \sigma(\mathcal{D}'_T, \mathcal{D}_T))$ ergibt sich, dass diese Menge in E'_B *abgeschlossen* ist.

Nun sei $\{V_k\}_{k \in \mathbb{N}}$ eine Nullumgebungsbasis von F. Dann gilt $\mathcal{D}(T') = \bigcup_k (V_k^\circ \cap \mathcal{D}(T'))$ und daher

$$E'_B = E'_B \cap R(T') = \bigcup_k (E'_B \cap T'(V_k^\circ)).$$

Da B eine Banach-Kugel ist, gibt es nach dem Satz von Baire ein $n \in \mathbb{N}$, sodass $E'_B \cap T'(V_n^\circ)$ einen inneren Punkt in E'_B besitzt. Nach Lemma 7.2 gibt es $\rho > 0$ mit $\rho B \subseteq T'(V_n^\circ)$, und somit gilt (10).

„(g) $\Rightarrow$ (b)“: Nach Satz 9.4 ist T fast offen, und Satz 9.1 impliziert $\overline{R(T)} = R(T)$. $\Diamond$

Als erste Anwendung von Theorem 9.6 zeigen wir diese Umkehrung von Satz 8.23:

Satz 9.7
Eine kurze Sequenz

$$0 \longrightarrow G \overset{\iota}{\longrightarrow} E \overset{\sigma}{\longrightarrow} Q \longrightarrow 0 \qquad (S)$$

von Frécheträumen ist genau dann exakt, wenn die duale Sequenz exakt ist:

$$0 \longleftarrow G' \overset{\iota'}{\longleftarrow} E' \overset{\sigma'}{\longleftarrow} Q' \longleftarrow 0. \qquad (S')$$

BEWEIS. Aussage „$\Rightarrow$“ folgt aus Satz 8.23, zu zeigen bleibt also „$\Leftarrow$“: Nach (8) gilt $N(\iota) = {}^\perp R(\iota') = {}^\perp G' = \{0\}$, also ist ι injektiv. Nach Theorem 9.6 ist $R(\iota)$ *abgeschlossen* in E, und aus (9) folgt $N(\sigma) = {}^\perp R(\sigma') = {}^\perp N(\iota') = R(\iota)$. Nach Theorem 9.6 ist auch $R(\sigma)$ *abgeschlossen* in Q, und aus (9) folgt $R(\sigma) = {}^\perp N(\sigma') = Q$. $\Diamond$

Eine Konsequenz aus den Sätzen 8.23 und 9.7 ist:

Satz 9.8
Für eine kurze topologisch exakte Sequenz (S) metrisierbarer Räume ist auch die Sequenz $(\widehat{S})$ der Vervollständigungen exakt.

BEWEIS. Die dualen Sequenzen $(S') = (\widehat{S}')$ von (S) und $(\widehat{S})$ stimmen überein. Nach Satz 8.23 ist (S') algebraisch exakt, und nach Satz 9.7 impliziert dies die Exaktheit von $(\widehat{S})$. $\Diamond$

Wir geben nun „*semi-globale*" äquivalente Formulierungen der normalen Auflösbarkeit an. Diese sind nur in *Frécheträumen ohne stetige Norm* wie etwa ω oder $\mathcal{E}(\Omega)$ nicht-trivial, jedoch wichtig für Anwendungen z. B. auf lineare Differentialoperatoren. Theorem 9.9 stammt aus [Mennicken und Sagraloff 1980], der Spezialfall Theorem 9.10 aus [Treves 1967], Theorem 37.3. Für Halbnormen $p \in \mathbb{H}(E)$ verwenden wir die Vektorräume $N_p := \{x \in E \mid p(x) = 0\}$ und die Banachräume $E'_p := E'_{U_p^\circ}$.

Theorem 9.9

Es seien E, F Frécheträume und $T : \mathcal{D}(T) \to F$ ein abgeschlossener linearer Operator mit $\overline{\mathcal{D}(T)} = E$. Äquivalent sind:

(a) T ist normal auflösbar, d. h. es gilt $R(T) = {}^\perp N(T')$.

(b) $\forall\, p \in \mathbb{H}(E)\ \exists\, q \in \mathbb{H}(F)\ :\ E'_p \cap R(T') \subseteq T'(F'_q)$ und $\overline{R(T)} \subseteq R(T) + N_q$.

(c) $\forall\, p \in \mathbb{H}(E)\ \exists\, q \in \mathbb{H}(F)\ :\ E'_p \cap R(T') \subseteq T'(N_q^\perp)$ und $\overline{R(T)} \subseteq R(T) + N_q$.

(d) $\forall\, p \in \mathbb{H}(E)\ \exists\, q \in \mathbb{H}(F)\ :\ \overline{R(T)} \cap N_q \subseteq \overline{T(U_p)}$ und $\overline{R(T)} \subseteq R(T) + N_q$.

BEWEIS. „(a) $\Rightarrow$ (b)": Die erste Inklusion in (b) folgt sofort aus (10), die zweite ist klar wegen $\overline{R(T)} = R(T)$.

„(b) $\Rightarrow$ (c)" folgt sofort aus $F'_q \subseteq N_q^\perp$.

„(c) $\Rightarrow$ (d)" Aufgrund von (c) hat man

$$T'^{-1}(U_p^\circ) \subseteq T'^{-1}(E'_p) = T'^{-1}(R(T') \cap E'_p) \subseteq T'^{-1}(T'(N_q^\perp)) = N_q^\perp + N(T').$$

Wegen (6) und (8) bedeutet dies $T(U_p)^\circ \subseteq N_q^\perp + N(T') = N_q^\perp + R(T)^\perp$, und der Bipolarensatz liefert $\overline{R(T)} \cap N_q \subseteq \overline{T(U_p)}$.

„(d) $\Rightarrow$ (a)": Für $p \in \mathbb{H}(E)$ wählen wir $q \in \mathbb{H}(F)$ gemäß (d) und zeigen, dass $\overline{T(U_p)}$ in $\overline{R(T)}$ absorbierend ist: Für $y \in \overline{R(T)}$ hat man $y = y_1 + y_2$ mit $y_1 \in R(T)$ und $y_2 \in N_q$. Es gibt $\rho > 0$ mit $y_1 \in \rho\, T(U_p)$, und es folgt $y_2 = y - y_1 \in \overline{R(T)} \cap N_q$, also $y_2 \in \overline{T(U_p)}$ nach (d). Somit ist $y \in (1 + \rho)\,\overline{T(U_p)}$.

Es ist also $\overline{T(U_p)}$ eine Tonne in $\overline{R(T)}$ und daher dort eine Nullumgebung. Daher ist T fast offen, und die Behauptung folgt aus Satz 9.1. $\Diamond$

Speziell gilt als Variante zu Satz 9.5 das folgende *Surjektivitätskriterium*:

Theorem 9.10

Es seien E, F Frécheträume und $T : \mathcal{D}(T) \to F$ ein abgeschlossener linearer Operator mit $\overline{\mathcal{D}(T)} = E$. Genau dann ist T surjektiv, falls diese beiden Bedingungen gelten:

$$\forall\, q \in \mathbb{H}(F)\ :\ F \subseteq R(T) + N_q\,, \tag{14}$$

$$\forall\, p \in \mathbb{H}(E)\ \exists\, q \in \mathbb{H}(F)\ \forall\, y' \in \mathcal{D}(T')\ :\ T'y' \in E'_p \Rightarrow y' \in N_q^\perp\,. \tag{15}$$

BEWEIS. „$\Rightarrow$": Ist T surjektiv, so gilt (14). Weiter ist T' injektiv, und daher folgt (15) aus Bedingung (c) in Satz 9.9.

„$\Leftarrow$": Aus (14) folgt $\overline{R(T)} = F$ und mit (15) dann Bedingung (c) in Satz 9.9. $\Diamond$

Als erste Anwendung von Theorem 9.10 zeigen wir das folgende Resultat von M. Eidelheit (1937) über die *universelle Lösbarkeit linearer Gleichungen:*

Satz 9.11 (Eidelheit)
Für einen Fréchetraum E und eine Folge $(x'_j)_{j \in \mathbb{N}_0}$ in E' sind äquivalent:

(a) Das lineare Gleichungssystem

$$\langle x, x'_j \rangle = \xi_j, \quad j \in \mathbb{N}_0, \tag{16}$$

besitzt für alle Folgen $\xi = (\xi_j) \in \omega$ eine Lösung $x \in E$.

(b) Der durch $T : x \mapsto (\langle x, x'_j \rangle)$ definierte Operator $T \in L(E, \omega)$ ist surjektiv.

(c) Die Folge (x'_j) ist linear unabhängig, und es gilt $\dim([x'_j] \cap E'_p) < \infty$ für alle Halbnormen $p \in \mathbb{H}(E)$.

BEWEIS. Die Äquivalenz von (a) und (b) ist klar.

„(c) $\Rightarrow$ (b)": Ein Fundamentalsystem von Halbnormen auf ω ist gegeben durch

$$q_m(\xi) = \sup_{j=0}^{m} |\xi_j|, \quad \xi = (\xi_j)_{j=0}^{\infty} \in \omega, \quad m \in \mathbb{N}_0,$$

und somit ist $N_{q_m} = \{\xi \in \omega \mid \xi_0 = \ldots = \xi_m = 0\}$. Wegen der linearen Unabhängigkeit der Funktionale $\{x'_j\}$ sind für alle festen $m \in \mathbb{N}_0$ die *endlich vielen* linearen Gleichungen $\langle x, x'_j \rangle = \xi_j$, $j = 0, \ldots, m$ für alle $\xi \in \omega$ lösbar, und daher gilt Bedingung (14). Insbesondere ist T' injektiv.

Für $\eta = (\eta_j) \in \varphi \simeq \omega'$ und $x \in E$ gilt

$$\langle Tx, \eta \rangle = \sum_j \langle x, x'_j \rangle \eta_j = \langle x, \sum_j \eta_j x'_j \rangle,$$

und daher ist $T'\eta = \sum_j \eta_j x'_j$ und $R(T') = [x'_j]$. Für eine Halbnorm $p \in \mathbb{H}(E)$ gilt also $\dim(R(T') \cap E'_p) < \infty$ und dann auch $\dim T'^{-1}(E'_p) < \infty$ wegen der Injektivität von T'. Daher existiert $m \in \mathbb{N}$ mit $T'^{-1}(E'_p) \subseteq N_{q_m}^{\perp} = \{\eta \in \varphi \mid \eta_j = 0 \text{ für } j > m\}$, und es gilt (15).

„(b) $\Rightarrow$ (c)": Umgekehrt folgt aus (14) die lineare Unabhängigkeit der Funktionale $\{x'_j\}$; wegen der Injektivität von T' ergibt sich $\dim(R(T') \cap E'_p) < \infty$ für alle Halbnormen $p \in \mathbb{H}(E)$ aus (15), und wegen $R(T') = [x'_j]$ somit die Behauptung. $\Diamond$

Für *Folgenräume E* kann der Operator T durch eine *unendliche Matrix* repräsentiert werden, und der Satz von Eidelheit gibt ein Kriterium für die Lösbarkeit *linearer Gleichungssysteme mit unendlich vielen Unbekannten*.

Es folgen zwei konkrete Anwendungen:

Satz 9.12 (Borel)

Es sei $(\xi_j)_{j\in\mathbb{N}_0}$ eine beliebige Folge. Dann gibt es eine Funktion $f \in \mathcal{C}^{\infty}_{2\pi}(\mathbb{R})$ mit $f^{(j)}(0) = \xi_j$ für alle $j \in \mathbb{N}_0$.

BEWEIS. Die Funktionale $(-1)^j \delta^{(j)} : f \mapsto f^{(j)}(0)$ sind offenbar linear unabhängig. Für die C^k-Norm $p = \| \ \|_{C^k}$ auf $E := \mathcal{C}^{\infty}_{2\pi}(\mathbb{R})$ besteht E'_p aus Distributionen der Ordnung $\leq k$, und daher ist $\dim([\delta^{(j)}] \cap E'_p) < \infty$. $\qquad\qquad\qquad\Diamond$

Einen elementaren Beweis des Satzes von Borel findet man etwa in [Kaballo 2000], 36.11.

Nun zeigen wir einen *Interpolationssatz für holomorphe Funktionen:*

Satz 9.13

Es seien $\Omega \subseteq \mathbb{C}$ offen und $S = \{w_k\}_{k\in\mathbb{N}} \subseteq \Omega$ eine diskrete Menge. Weiter seien Zahlen $c_{k,0}, \ldots, c_{k,m_k} \in \mathbb{C}$ für $k \in \mathbb{N}$ gegeben. Dann gibt es eine holomorphe Funktion $f \in \mathscr{H}(\Omega)$ mit $f^{(j)}(w_k) = c_{k,j}$ für alle $k \in \mathbb{N}$ und $j = 0, \ldots, m_k$.

BEWEIS. Die Funktionale $(-1)^j \delta_k^{(j)} : f \mapsto f^{(j)}(w_k)$ sind offenbar linear unabhängig. Für eine kompakte Menge $K \subseteq \Omega$ und $p = \| \ \|_K$ auf $E := \mathscr{H}(\Omega)$ ist E'_p der Raum der Funktionale $u \in \mathscr{H}'(\Omega)$, die eine Abschätzung $|u(f)| \leq C \sup_{z\in K} |f(z)|$ erfüllen, und daher ist $\dim([\delta_k^{(j)}] \cap E'_p) < \infty$. $\qquad\qquad\qquad\Diamond$

Einen „direkteren" Beweis dieses Satzes findet man etwa in [Rudin 1974], 15.13.

9.3 Die Mittag-Leffler-Methode

Wir kommen nun zu einem weiteren wichtigen Surjektivitätskriterium, das wir in der Sprache der *projektiven Spektren* (vgl. S. 151) formulieren:

Theorem 9.14

Es seien $\{G_n, \theta_m^n\}_\mathbb{N}$, $\{E_n, \rho_m^n\}_\mathbb{N}$ und $\{Q_n, \tau_m^n\}_\mathbb{N}$ projektive Spektren von Vektorräumen mit projektiven Limiten G, E und Q sowie $\iota_n : G_n \to E_n$ und $\sigma_n : E_n \to Q_n$ lineare Abbildungen, sodass alle Diagramme

$$
\begin{array}{ccccccc}
0 & \longrightarrow & G_n & \xrightarrow{\iota_n} & E_n & \xrightarrow{\sigma_n} & Q_n \\
 & & \uparrow \theta_{n+1}^n & & \uparrow \rho_{n+1}^n & & \uparrow \tau_{n+1}^n \\
0 & \longrightarrow & G_{n+1} & \xrightarrow{\iota_{n+1}} & E_{n+1} & \xrightarrow{\sigma_{n+1}} & Q_{n+1}
\end{array}
$$

kommutieren. Alle Zeilen seien exakt, und es gelte

$$\forall\, n \in \mathbb{N} \ : \ \tau_n(Q) \subseteq \sigma_n(E_n). \tag{17}$$

Weiter sei $\{G_n, \theta_m^n\}_\mathbb{N}$ *ein projektives Spektrum von* Frécheträumen *mit* stetigen *linearen Abbildungen* $\theta_m^n \in L(G_m, G_n)$. *Dieses sei* dicht, *d. h. es gelte*

$$\forall \, n \in \mathbb{N} \,:\, G_n \,=\, \overline{\theta_{n+1}^n(G_{n+1})}. \tag{18}$$

Dann ist die induzierte Sequenz der projektiven Limiten exakt:

$$0 \longrightarrow G \xrightarrow{\iota} E \xrightarrow{\sigma} Q \longrightarrow 0 \,. \tag{S}$$

Bedingung (17) ist natürlich insbesondere dann erfüllt, wenn alle $\sigma_n \,:\, E_n \to Q_n$ *surjektiv* sind, wenn also sogar die Sequenzen

$$0 \longrightarrow G \xrightarrow{\iota_n} E_n \xrightarrow{\sigma_n} Q_n \longrightarrow 0$$

exakt sind. Bedingung (18) ist insbesondere dann erfüllt, wenn sogar stets $\theta_n(G)$ in G_n dicht ist; ein solches projektives Spektrum heißt *reduziert*.

Theorem 9.14 wird als *Mittag-Leffler-Methode* bezeichnet, da es sich um eine abstrakte Fassung eines Beweises dieses funktionentheoretischen Satzes handelt:

Satz 9.15 (Mittag-Leffler)

Es seien $\Omega \subseteq \mathbb{C}$ *offen und* $S = \{w_k\}_{k \in \mathbb{N}} \subseteq \Omega$ *eine diskrete Menge. Für* $k \in \mathbb{N}$ *seien Hauptteile* $P_k(z) = \sum\limits_{j=0}^{m_k} c_{j,k} \, (z - w_k)^{-j}$ *gegeben. Dann gibt es eine meromorphe Funktion* f *auf* Ω, *die auf* $\Omega \backslash S$ *holomorph ist und für alle* $k \in \mathbb{N}$ *in* w_k *genau den Hauptteil* P_k *besitzt.*

BEWEIS. Es sei $\{\Omega_n\}_{n \in \mathbb{N}}$ eine relativ kompakte Ausschöpfung von Ω wie in (1.2). Die Mengen $S_n := \Omega_n \cap S$ sind endlich. Nun seien $\mathcal{P}_k := [(z - w_k)^{-j}]_{j \in \mathbb{N}_0}$ der Raum aller Hauptteile in w_k und $\mathcal{M}_S(\Omega)$ der Raum aller meromorphen Funktionen auf Ω mit Polen höchstens in $S \subseteq \Omega$. Weiter sei σf das Tupel aller Hauptteile einer meromorphen Funktion f. Mit Restriktionen von Funktionen von Ω_{n+1} auf Ω_n erhalten wir ein kommutatives Diagramm

$$
\begin{array}{ccccccccc}
0 & \longrightarrow & \mathscr{H}(\Omega_n) & \xrightarrow{\iota_n} & \mathcal{M}_{S_n}(\Omega_n) & \xrightarrow{\sigma_n} & \prod_{k \in S_n} \mathcal{P}_k \\
& & \uparrow \theta_{n+1}^n & & \uparrow \rho_{n+1}^n & & \uparrow \tau_{n+1}^n \\
0 & \longrightarrow & \mathscr{H}(\Omega_{n+1}) & \xrightarrow{\iota_{n+1}} & \mathcal{M}_{S_{n+1}}(\Omega_{n+1}) & \xrightarrow{\sigma_{n+1}} & \prod_{k \in S_{n+1}} \mathcal{P}_k
\end{array}
$$

wie in Theorem 9.14. Da S_n endlich ist, ist $\sigma_n : \mathcal{M}_{S_n}(\Omega_n) \to \prod_{k \in S_n} \mathcal{P}_k$ surjektiv; Bedingung (17) ist also erfüllt. Nach dem *Approximationssatz von Runge* (1885; vgl. [Rudin 1974], Kapitel 13 und auch S. 330 in diesem Buch) sind die Restriktionen der Funktionen aus $\mathscr{H}(\Omega)$ *dicht* in $\mathscr{H}(\Omega_n)$, sodass auch Bedingung (18) erfüllt ist. Nach Theorem 9.14 ist somit die Sequenz

$$0 \longrightarrow \mathscr{H}(\Omega) \xrightarrow{\iota} \mathcal{M}_S(\Omega) \xrightarrow{\sigma} \prod_{k \in S} \mathcal{P}_k \longrightarrow 0$$

der projektiven Limiten *exakt,* und dies impliziert die Behauptung. ◇

Beachten Sie bitte, dass in Theorem 9.14 nur die Räume G_n, nicht aber die Räume E_n und Q_n Frécheträume sein müssen. Dies ist für Satz 9.15 wichtig, da auf den Vektorräumen $\mathcal{P}_k \simeq \varphi$ in der Tat keine Fréchetraum-Strukturen definiert werden können (vgl. Beispiel b) auf S. 20). Wir kommen nun zum

Beweis von Theorem 9.14. a) Die Injektivität von $\iota : G \ni (z_n) \mapsto (\iota_n z_n) \in E$ ist klar, ebenso $\sigma \iota = 0$. Für $x = (x_n) \in E$ gelte $\sigma x = (\sigma x_n) = 0$. Dann gibt es eindeutig bestimmte $z_n \in G_n$ mit $x_n = \iota_n z_n$ für $n \in \mathbb{N}$. Wegen $\iota_{n-1}(z_{n-1} - \theta_n^{n-1} z_n) = \iota_{n-1} z_{n-1} - \rho_n^{n-1} \iota_n z_n = x_{n-1} - \rho_n^{n-1} x_n = 0$ ist $z_{n-1} = \theta_n^{n-1} z_n$, und für $z := (z_n) \in G$ gilt $\iota z = x$. Zu zeigen ist also im Wesentlichen die *Surjektivität* von $\sigma : E \to Q$:

b) Zu $y \in Q$ gibt es nach (17) Vektoren $\xi_n \in E_n$ mit $\sigma_n \xi_n = \tau_n y$. Wie in a) ist $\sigma_n(\xi_n - \rho_{n+1}^n \xi_{n+1}) = \sigma_n \xi_n - \tau_{n+1}^n \sigma_{n+1}^n \xi_{n+1} = 0$. Daraus können wir *nicht* $\xi_n = \rho_{n+1}^n \xi_{n+1}$ schließen; es gibt jedoch $z_n \in G_n$ mit

$$\xi_n - \rho_{n+1}^n \xi_{n+1} = \iota_n z_n \quad \text{für} \quad n \in \mathbb{N}.$$

c) Mit Hilfe der Voraussetzungen an das projektive Spektrum $\{G_n, \theta_m^n\}_\mathbb{N}$ konstruieren wir nun Vektoren $\zeta_n \in G_n$ mit

$$z_n = \zeta_n - \theta_{n+1}^n \zeta_{n+1} \quad \text{für} \quad n \in \mathbb{N}. \tag{19}$$

Für $x_n := \xi_n - \iota_n \zeta_n$ gilt dann ebenfalls $\sigma_n \xi_n = \tau_n y$, aber auch $x_n = \rho_{n+1}^n x_{n+1}$ für alle $n \in \mathbb{N}$. Somit ist $x := (x_n) \in E$ und $\sigma x = y$.

d) Wir möchten die ζ_n gerne mittels

$$\zeta_n := z_n + \theta_{n+1}^n z_{n+1} + \theta_{n+2}^n z_{n+2} + \theta_{n+3}^n z_{n+3} + \cdots$$

konstruieren. Da diese Reihen in G_n nicht konvergieren müssen, fügen wir *konvergenzerzeugende Summanden* ein:

Wir wählen nacheinander wachsende Fundamentalsysteme $\{\| \ \|_j^n\}_{j \in \mathbb{N}}$ von Halbnormen auf G_n, sodass stets $\| \theta_{n+1}^n z_{n+1} \|_n^n \leq \| z_{n+1} \|_{n+1}^{n+1}$ gilt. Nach (18) gibt es zu $z_1 \in G_1$ ein $h_2 \in G_2$ mit $\| z_1 - \theta_2^1 h_2 \|_1^1 \leq 2^{-1}$. Zu $z_2 + h_2 \in G_2$ wählen wir dann $h_3 \in G_3$ mit $\| (z_2 + h_2) - \theta_3^2 h_3 \|_2^2 \leq 2^{-2}$ und fahren entsprechend fort: Sind $h_2, \ldots, h_n$ bereits gewählt, so finden wir $h_{n+1} \in G_{n+1}$ mit $\| (z_n + h_n) - \theta_{n+1}^n h_{n+1} \|_n^n \leq 2^{-n}$. Mit $h_1 := 0$ sind dann die Reihen

$$\begin{aligned}
\zeta_n \ := \ & (z_n - \theta_{n+1}^n h_{n+1}) + \theta_{n+1}^n (z_{n+1} + h_{n+1} - \theta_{n+2}^{n+1} h_{n+2}) \\
& + \theta_{n+2}^n (z_{n+2} + h_{n+2} - \theta_{n+3}^{n+2} h_{n+3}) + \cdots
\end{aligned}$$

in den Frécheträumen G_n konvergent, und (19) ist erfüllt. ◇

Die Surjektivität von $\sigma : E \to Q$ beruht also auf der Existenz der Zerlegungen (19), d. h. auf der Surjektivität des Operators $T \in L(\prod_n G_n)$, $T : (\zeta_n) \mapsto (\zeta_n - \theta_{n+1}^n \zeta_{n+1})$. Der Quotientenraum $\prod_n G_n/R(T)$ wird auch mit $\mathrm{proj}^1\{G_n, \theta_m^n\}_{\mathbb{N}}$ bezeichnet; die Surjektivität von $\sigma : E \to Q$ folgt also aus der Bedingung „$\mathrm{proj}^1\{G_n, \theta_m^n\}_{\mathbb{N}} = \{0\}$". *Homologische Methoden* zur Untersuchung linearer Operatoren zwischen lokalkonvexen Räumen gehen auf V.P. Palamodov (1968/71) zurück; dazu sei auf [Wengenroth 2003] verwiesen.

Eine wesentliche Verfeinerung der Mittag-Leffler-Methode stammt von [Vogt 1977a]; diesen *Splitting-Satz* stellen wir in Abschnitt 12.5 vor.

9.4   Globale Lösbarkeit linearer Differentialgleichungen

Wir wenden nun Theorem 9.10 auf lineare partielle Differentialgleichungen $P(D)u = f$ über offenen Mengen $\Omega \subseteq \mathbb{R}^n$ an, wobei die rechte Seite in $\mathcal{C}^\infty(\Omega)$ oder in einem lokalen Sobolev-Raum $H^{s,\mathrm{loc}}(\Omega)$ liegt.

Auf dem Fréchetraum $\mathcal{E}(\Omega)$ ist ein Fundamentalsystem von Halbnormen gegeben durch (vgl. Formel (1.4))

$$p_{K,j}(f) := \sum_{|\alpha|=0}^{j} \sup_{x \in K} |D^\alpha f(x)|, \quad K \subseteq \Omega \text{ kompakt}, \ j \in \mathbb{N}.$$

Für den stetigen linearen Operator $P(D) : \mathcal{E}(\Omega) \to \mathcal{E}(\Omega)$ ist daher aufgrund des Satzes von Malgrange-Ehrenpreis 5.9 über die *Existenz einer Fundamentallösung* (vgl. auch Satz 5.3) Bedingung (14) erfüllt. Daher ist $P(D)$ genau dann surjektiv, wenn auch Bedingung (15) erfüllt ist. Diese formulieren wir nun um:

P-konvexe offene Mengen. a) Offenbar ist $N(p_{K,j})^\perp = \mathcal{E}'(K)$ der Raum der Distributionen auf Ω mit Träger in K, und $\mathcal{E}(\Omega)'_{p_{K,j}}$ ist der Unterraum der Distributionen der Ordnung $\leq j$ von $\mathcal{E}'(K)$. Wegen $P(D)' = P(-D)$ lautet Bedingung (15) dann so:

$$\forall K \Subset \Omega \, \forall j \in \mathbb{N}_0 \, \exists K' \Subset \Omega \, \forall v \in \mathcal{E}'(\Omega) \, : \, P(-D)v \in \mathcal{E}(\Omega)'_{p_{K,j}} \Rightarrow \mathrm{supp}\, v \subseteq K'. \tag{20}$$

b) Eine offene Menge $\Omega \subseteq \mathbb{R}^n$ heißt P-konvex, falls

$$\forall K \Subset \Omega \, \exists K' \Subset \Omega \, \forall \varphi \in \mathscr{D}(\Omega) \, : \, \mathrm{supp}\, P(-D)\varphi \subseteq K \Rightarrow \mathrm{supp}\, \varphi \subseteq K'. \tag{21}$$

Aus (20) folgt offenbar (21). Es gilt auch die Umkehrung:

c) Für $K \Subset \Omega$ gibt es $\alpha > 0$, sodass auch $K_\alpha \Subset \Omega$ gilt. Zu K_α wählen wir K' gemäß (21). Nun sei $v \in \mathcal{E}'(\Omega)$ mit $\mathrm{supp}\, P(-D)v \subseteq K$. Mit den Glättungsfunktionen ρ_ε aus (2.1) gilt dann $\mathrm{supp}\, P(-D)(\rho_\varepsilon * v) = \mathrm{supp}(\rho_\varepsilon * P(-D)v) \subseteq K_\alpha$ für $0 < \varepsilon < \alpha$. Wegen (21) folgt daraus $\mathrm{supp}\, \rho_\varepsilon * v \subseteq K'$, und mit $\varepsilon \to 0$ ergibt sich auch $\mathrm{supp}\, v \subseteq K'$.

Wir haben nun das folgende Resultat aus [Malgrange 1955] bewiesen:

Theorem 9.16 (Malgrange)
Es sei $\Omega \subseteq \mathbb{R}^n$ eine offene Menge. Ein Differentialoperator $P(D) : \mathcal{E}(\Omega) \to \mathcal{E}(\Omega)$ ist genau dann surjektiv, wenn Ω P-konvex ist.

B. Malgrange bewies dieses Resultat ohne Verwendung von Dualitätstheorie mittels der *Mittag-Leffler-Methode* 9.14, vgl. dazu Bemerkung b) auf S. 213.

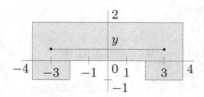

Abb. 9.1: Illustration der Beispiele

Beispiele. a) Wir untersuchen die Operatoren $\frac{\partial}{\partial x}$ und $\frac{\partial}{\partial y}$ auf dem Gebiet

$$\Omega := ((-4,4) \times (0,2)) \cup ((-4,-2) \times (-1,1)) \cup ((2,4) \times (-1,1))$$

(vgl. Abb. 9.1). Für $f \in \mathcal{E}(\Omega)$ wird durch

$$u(x,y) := \int_1^y f(x,t)\,dt\,, \quad (x,y) \in \Omega\,, \tag{22}$$

eine Lösung von $\frac{\partial u}{\partial y} = f$ gegeben; der Operator $\frac{\partial}{\partial y} : \mathcal{E}(\Omega) \to \mathcal{E}(\Omega)$ ist also *surjektiv*.

b) Nun wählen wir $\eta \in \mathscr{D}(-1,1)$ mit $\int_{-1}^1 \eta(x)\,dx > 0$ und definieren $f \in \mathcal{E}(\Omega)$ durch

$$f(x,y) := \begin{cases} \frac{\eta(x)}{y} & ,\quad y > 0 \\ 0 & ,\quad y \le 0 \end{cases}. \text{ Für } u \in \mathcal{E}(\Omega) \text{ mit } \frac{\partial u}{\partial x} = f \text{ gilt dann}$$

$$u(3,y) - u(-3,y) = \int_{-3}^3 \frac{\partial u}{\partial x}(x,y)\,dx = \frac{1}{y}\int_{-3}^3 \eta(x)\,dx \quad \text{für } y > 0\,,$$

und es folgt $u(3,y) - u(-3,y) \to \infty$ für $y \to 0^+$ im Widerspruch zur Stetigkeit von u auf Ω. Der Operator $\frac{\partial}{\partial x} : \mathcal{E}(\Omega) \to \mathcal{E}(\Omega)$ ist also *nicht surjektiv*.

Wir zeigen nun mit Hilfe des *Satzes von Paley-Wiener* 3.9, dass *konvexe* offene Mengen stets P-konvex sind. Dazu benötigen wir zwei Hilfsaussagen:

Lemma 9.17
Es seien $D = \{z \in \mathbb{C} \mid |z| < 1\}$, $h \in \mathscr{H}(\overline{D})$ und $P(z) = Az^m + \cdots$ ein Polynom vom Grad m. Dann gilt

$$|Ah(0)| \le \frac{1}{2\pi}\int_{-\pi}^{\pi} |P(e^{it})h(e^{it})|\,dt \le \sup_{|z|=1} |P(z)h(z)|\,. \tag{23}$$

BEWEIS. Für das Polynom $Q(z) := z^m \overline{P}(\frac{1}{z})$ gilt $Q(0) = \overline{A}$ und $|Q(e^{it})| = |P(e^{it})|$ für alle $t \in \mathbb{R}$; daher folgt (23) aus der Cauchyschen Integralformel mittels

$$|Q(0)\,h(0)| = |\tfrac{1}{2\pi i} \int_{\partial D} \tfrac{Q(z)h(z)}{z}\,dz| \leq \tfrac{1}{2\pi} \int_{-\pi}^{\pi} |Q(e^{it})h(e^{it})|\,dt. \quad \Diamond$$

Lemma 9.18

Für ein Polynom $P \in \Pi_n^m$ vom Grad $m \geq 1$ gibt es eine lineare Koordinatentransfor-mation $z = Sw$ des $\mathbb{C}^n$, sodass $P(S(w_1, \ldots, w_n)) = Aw_1^m + \cdots$ mit $A \neq 0$ gilt.

BEWEIS. Es gibt $a \in \mathbb{C}^n \backslash \{0\}$ mit $P_m(a) \neq 0$. Wir wählen $b_k \in \mathbb{C}^n$, sodass die Matrix $S := (a, b_2, \ldots, b_n)$ regulär ist. Es folgt $A := P_m(S(1, 0, \ldots, 0)) = P_m(a) \neq 0$ und somit $P_m(S(w_1, 0, \ldots, 0)) = Aw_1^m$. $\quad\quad \Diamond$

Satz 9.19

Für einen Differentialoperator $P(D)$ und eine Testfunktion $\varphi \in \mathscr{D}(\mathbb{R}^n)$ gilt

$$\mathrm{co}\,(\mathrm{supp}\,\varphi) = \mathrm{co}\,(\mathrm{supp}\,P(D)\varphi). \tag{24}$$

BEWEIS. Die Inklusion „$\supseteq$" ist klar. Für „$\subseteq$" seien $\varphi \in \mathscr{D}(\mathbb{R}^n)$, $\psi := P(D)\varphi \in \mathscr{D}(\mathbb{R}^n)$ und $K := \mathrm{co}\,(\mathrm{supp}\,\psi) \Subset \mathbb{R}^n$. Nun sei $\deg P = m$; nach Lemma 9.18 können wir die Koordinaten von $\mathbb{C}^n$ so wählen, dass $A \neq 0$ für den Koeffizienten von ζ_1^m in P gilt. Lemma 9.17 liefert dann die Abschätzung

$$|A\,\widehat{\varphi}(\zeta)| \leq \sup_{|z|=1} |P(\zeta_1 + z, \zeta_2, \ldots, \zeta_n)\,\widehat{\varphi}(\zeta_1 + z, \zeta_2, \ldots, \zeta_n)|, \quad \text{also}$$

$$|A\,\widehat{\varphi}(\zeta)| \leq \sup_{|z|=1} |\widehat{\psi}(\zeta_1 + z, \zeta_2, \ldots, \zeta_n)| \tag{25}$$

wegen $\widehat{\psi}(\zeta) = P(\zeta)\widehat{\varphi}(\zeta)$ aufgrund von Lemma 3.2. Nach dem Satz von Paley-Wiener gelten Abschätzungen (3.45)

$$|\widehat{\psi}(\zeta)| \leq C_j \langle \zeta \rangle^{-j} e^{H_K(\mathrm{Im}\,\zeta)}, \quad \zeta \in \mathbb{C}^n,$$

für alle $j \in \mathbb{N}_0$, und wegen (25) gelten diese dann auch für $\widehat{\varphi}$ (mit anderen C_j). Der Satz von Paley-Wiener impliziert nun die Behauptung $\mathrm{supp}\,\varphi \subseteq K$. $\quad \Diamond$

Folgerung. Eine konvexe offene Menge $\Omega \subseteq \mathbb{R}^n$ ist P-konvex für alle Polynome $P \in \mathcal{P}_n$.

Es gilt auch die folgende Umkehrung dieser Aussage (vgl. [Hörmander 1983b], 10.8.4): Ist ein Gebiet $\Omega \subseteq \mathbb{R}^n$ P-konvex für alle Polynome vom Grad 1, so muss Ω konvex sein.

Für *elliptische* Operatoren $P(D)$ dagegen ist *jede* offene Menge P-konvex. Dies beruht auf Theorem 5.20 und dem *Identitätssatz für reell-analytische Funktionen*:

Satz 9.20

Es seien $\Omega \subseteq \mathbb{R}^n$ ein Gebiet und $f : \Omega \to \mathbb{R}$ reell-analytisch. Gibt es $x_0 \in \Omega$ mit $\partial^\alpha f(x_0) = 0$ für alle $\alpha \in \mathbb{N}_0^n$, so ist $f = 0$.

BEWEIS. Die Menge $M := \{y \in \Omega \mid \partial^\alpha f(y) = 0 \text{ für alle } \alpha \in \mathbb{N}_0^n\}$ ist nicht leer und wegen der Stetigkeit der Ableitungen $\partial^\alpha f$ abgeschlossen in Ω. Für $y \in M$ gilt $f(x) = \sum_{\alpha \in \mathbb{N}_0^n} \frac{\partial^\alpha f(y)}{\alpha!}(x-y)^\alpha$ für x nahe y, und daher ist M auch *offen* in Ω. Somit ist $M = \Omega$, da Ω zusammenhängend ist. $\diamond$

Satz 9.21

Es sei $P(D)$ ein elliptischer Differentialoperator.

a) Jede offene Menge $\Omega \subseteq \mathbb{R}^n$ ist P-konvex.

b) Für jede offene Menge $\Omega \subseteq \mathbb{R}^n$ ist der Operator $P(D) : \mathcal{E}(\Omega) \to \mathcal{E}(\Omega)$ surjektiv.

BEWEIS. a) Für eine kompakte Menge $K \subseteq \Omega$ ist $\delta := d(K, \partial\Omega) > 0$, und die Menge $K' := \{x \in \Omega \mid d(x, \partial\Omega) \geq \delta\} \cap \operatorname{co} K \subseteq \Omega$ ist ebenfalls kompakt (vgl. Abb. 9.2). Nun sei $\varphi \in \mathscr{D}(\Omega)$ mit $\operatorname{supp} P(-D)\varphi \subseteq K$. Nach Satz 9.19 gilt $\operatorname{supp}\varphi \subseteq \operatorname{co} K$. Für $y \in \partial\Omega$ gilt $P(-D)\varphi = 0$ in $U_\delta(y)$. Da auch $P(-D)$ elliptisch ist, ist φ in $U_\delta(y)$ reell-analytisch nach Theorem 5.20. Wegen $\varphi \in \mathscr{D}(\Omega)$ ist $\varphi = 0$ nahe $y \in \partial\Omega$, und der Identitätssatz 9.20 impliziert $\varphi = 0$ in $U_\delta(y)$. Somit gilt $\operatorname{supp}\varphi \subseteq K'$.

b) folgt sofort aus a) und dem Satz von Malgrange 9.16. $\diamond$

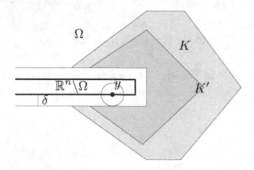

Abb. 9.2: Illustration des Beweises

Umgekehrt muss ein Differentialoperator $P(D)$ elliptisch sein, wenn *jede* offene Menge $\Omega \subseteq \mathbb{R}^n$ P-konvex ist. Dazu sei auf [Hörmander 1983b], 10.8 verwiesen; dort wird auch die *geometrische Bedeutung der P-Konvexität* genauer untersucht.

Wir notieren einen wichtigen Spezialfall von Satz 9.21:

Satz 9.22

Der Cauchy-Riemann-Operator $\overline{\partial} : \mathcal{E}(\Omega) \to \mathcal{E}(\Omega)$ ist über jeder offenen Menge $\Omega \subseteq \mathbb{C}$ surjektiv.

Aus Satz 9.22 lässt sich der Satz von Mittag-Leffler 9.15 folgern, vgl. Satz 10.13 auf S. 244. Umgekehrt liefert die Mittag-Leffler-Methode 9.14 die folgende Erweiterung von Satz 9.22:

Satz 9.23
Der Cauchy-Riemann-Operator $\overline{\partial}$: $\mathscr{D}'(\Omega) \to \mathscr{D}'(\Omega)$ *ist über jeder offenen Menge* $\Omega \subseteq \mathbb{C}$ *surjektiv.*

BEWEIS. Mit einer relativ kompakten Ausschöpfung $\{\Omega_n\}_{n\in\mathbb{N}}$ von Ω wie in (1.2) erhalten wir ein kommutatives Diagramm

$$
\begin{array}{ccccccc}
0 & \longrightarrow & \mathscr{H}(\Omega_n) & \longrightarrow & \mathscr{D}'(\Omega_n) & \overset{\overline{\partial}}{\longrightarrow} & \mathscr{D}'(\Omega_n) \\
 & & \uparrow & & \uparrow & & \uparrow \\
0 & \longrightarrow & \mathscr{H}(\Omega_{n+1}) & \longrightarrow & \mathscr{D}'(\Omega_{n+1}) & \overset{\overline{\partial}}{\longrightarrow} & \mathscr{D}'(\Omega_{n+1})
\end{array}
$$

wie in Theorem 9.14. Nach Satz 5.3 ist Bedingung (17) erfüllt, und der Approximationssatz von Runge liefert (18). Die Behauptung folgt nun aus Theorem 9.14. $\Diamond$

Bemerkungen.   a) Wegen der Hypoelliptizität von $\overline{\partial}$ ist Satz 9.22 ein Spezialfall von Satz 9.23, ergibt sich aber auch genauso wie dieser aus Theorem 9.14.

b) Allgemeiner lässt sich auch Theorem 9.16 mit der Mittag-Leffler-Methode 9.14 beweisen. Dazu benötigt man, dass das projektive Spektrum der Kerne

$$N_{\Omega_n}(P(D)) := \{f \in \mathcal{E}(\Omega_n) \mid P(D)f = 0\}$$

von $P(D)$ für P-konvexes Ω *dicht* ist. Für einen Beweis dieser Verallgemeinerung des Satzes von Runge sei auf [Hörmander 1983b], 10.5 verwiesen, vgl. auch die Aufgaben 9.7 und 9.8.

c) Mittels b) ergibt sich auch die Surjektivität von $P(D)$: $\mathscr{D}'(\Omega) \to \mathscr{D}'(\Omega)$ über P-konvexen offenen Mengen Ω für *hypoelliptische* Operatoren $P(D)$ wie in Satz 9.23.

d) Allgemein ist ein Operator $P(D) : \mathscr{D}'(\Omega) \to \mathscr{D}'(\Omega)$ nach L. Hörmander (1962) genau dann surjektiv, wenn Ω P-konvex ist und zusätzlich eine zu (21) analoge Bedingung für *singuläre Träger*

$$\operatorname{singsupp} u := \Omega \setminus \{x \in \Omega \mid u \in \mathcal{C}^\infty \text{ nahe } x\}, \quad u \in \mathscr{D}'(\Omega),$$

gilt, vgl. dazu [Hörmander 1983b], 10.7, und [Wengenroth 2003], 3.4.5. Für *hypoelliptische* Operatoren ist natürlich singsupp $P(D)u = $ singsupp u. *Konvexe* offene Mengen $\Omega \subseteq \mathbb{R}^n$ sind stets auch P-konvex für singuläre Träger, und nach [Kalmes 2011] folgt im Fall $\Omega \subseteq \mathbb{R}^2$ diese Eigenschaft bereits aus der P-Konvexität (21) für Träger.

Differentialoperatoren in lokalen Sobolev-Räumen. a) Für eine offene Menge $\Omega \subseteq \mathbb{R}^n$, ein Polynom $P \in \mathcal{P}_n$ und $s \in \mathbb{R}$ betrachten wir den Differentialoperator $P(D)$ im lokalen Sobolev-Raum $H^{s,\mathrm{loc}}(\Omega)$ mit Definitionsbereich

$$\mathcal{D}(P(D)) \;=\; \{u \in H^{s,\mathrm{loc}}(\Omega) \mid P(D)u \in H^{s,\mathrm{loc}}(\Omega)\}\,.$$

Wegen der Stetigkeit von $P(D) : H^{s,\mathrm{loc}}(\Omega) \to \mathscr{D}'(\Omega)$ ist $P(D)$ ein *abgeschlossener* Operator in $H^{s,\mathrm{loc}}(\Omega)$, und wegen $\mathcal{E}(\Omega) \subseteq \mathcal{D}(P(D))$ ist $P(D)$ auch dicht definiert.

b) Wir zeigen $H^{s,\mathrm{loc}}(\Omega)'_\beta \simeq H_c^{-s}(\Omega)$ im folgenden Satz 9.24; der *duale Operator* zu $P(D)$ ist daher der Operator $P(-D)$ in $H_c^{-s}(\Omega)$ mit Definitionsbereich

$$\mathcal{D}(P(-D)) \;=\; \{v \in H_c^{-s}(\Omega) \mid P(-D)v \in H_c^{-s}(\Omega)\}\,.$$

c) Für eine offene Menge $\omega \Subset \Omega$ ist $2\delta := d(\overline{\omega}, \partial\Omega) > 0$. Wir definieren die Funktionenmenge $\mathcal{F}_\omega := \{\eta \in \mathscr{D}(\overline{\omega}_\delta) \mid \eta = 1 \text{ nahe } \overline{\omega}\}$ und die Halbnorm

$$p_\omega(u) \;:=\; \inf\{\|\,\eta u\,\|_s \mid \eta \in \mathcal{F}_\omega\}\,, \quad u \in H^{s,\mathrm{loc}}(\Omega)\,, \tag{26}$$

auf $H^{s,\mathrm{loc}}(\Omega)$; wegen Lemma 4.12 ist dann $\{p_\omega \mid \omega \Subset \Omega\}$ ein Fundamentalsystem von Halbnormen auf diesem Raum.

Satz 9.24

a) Die Einschränkung eines Funktionals aus $H^{s,\mathrm{loc}}(\Omega)'$ auf $\mathcal{E}(\Omega)$ liefert eine Isomorphie von $H^{s,\mathrm{loc}}(\Omega)'_\beta$ auf $H_c^{-s}(\Omega)$.

b) Für $\omega \Subset \Omega$ gilt $H^{s,\mathrm{loc}}(\Omega)'_{p_\omega} = N_{p_\omega}^\perp = H_c^{-s}(\overline{\omega})$.

BEWEIS. ① Für $v \in H_c^{-s}(\Omega)$ gibt es $\omega \Subset \Omega$ mit $v \in H_c^{-s}(\overline{\omega})$. Für $\phi \in \mathcal{E}(\Omega)$ und $\eta \in \mathcal{F}_\omega$ gilt dann (vgl. Satz 4.8) $|v(\phi)| = |v(\eta\phi)| \le \|v\|_{H^{-s}} \|\eta\phi\|_{H^s}$, also $|v(\phi)| \le \|v\|_{H^{-s}} p_\omega(\phi)$. Somit lässt sich v auf eindeutige Weise zu einem linearen Funktional in $H^{s,\mathrm{loc}}(\Omega)'_{p_\omega} \subseteq H^{s,\mathrm{loc}}(\Omega)'$ erweitern.

② Umgekehrt sei nun $w \in H^{s,\mathrm{loc}}(\Omega)'_{p_\omega}$ und v die Einschränkung von w auf $\mathcal{E}(\Omega)$. Aus $|v(\phi)| \le C\,p_\omega(\phi)$ für $\phi \in \mathcal{E}(\Omega)$ folgt sofort $\operatorname{supp} v \subseteq \overline{\omega}$. Für $\psi \in \mathcal{S}(\mathbb{R}^n)$ gilt mit einem festen $\eta \in \mathcal{F}_\omega$

$$|v(\psi)| \le C\,p_\omega(\psi) \le C\,\|\eta\psi\|_{H^s} \le C'(\eta)\,\|\psi\|_{H^s}$$

aufgrund von (4.12), und aus Satz 4.8 folgt $v \in H^{-s}(\mathbb{R}^n)$.

③ Nun sind a) und $H^{s,\mathrm{loc}}(\Omega)'_{p_\omega} = H_c^{-s}(\overline{\omega})$ gezeigt; die Inklusion $H^{s,\mathrm{loc}}(\Omega)'_{p_\omega} \subseteq N_{p_\omega}^\perp$ ist klar. Für $v \in H_c^{-s}(\Omega)$ mit $\operatorname{supp} v \not\subseteq \overline{\omega}$ gibt es $\varphi \in \mathscr{D}(\Omega)$ mit $\varphi = 0$ nahe $\overline{\omega}$ und $v(\varphi) \ne 0$, und daher ist $v \notin N_{p_\omega}^\perp$. $\Diamond$

Wir erhalten nun die folgende Version des Satzes von Malgrange:

Theorem 9.25

Es seien $P \in \mathcal{P}_n$ ein Polynom und $\Omega \subseteq \mathbb{R}^n$ eine offene Menge. Für $s \in \mathbb{R}$ existiert genau dann zu jedem $f \in H^{s,\mathrm{loc}}(\Omega)$ ein $u \in H^{s,\mathrm{loc}}(\Omega)$ mit $P(D)u = f$, wenn Ω P-konvex ist.

BEWEIS. Für den Differentialoperator $P(D)$ in $H^{s,\mathrm{loc}}(\Omega)$ ist aufgrund von Satz 5.10 Bedingung (14) erfüllt. Bedingung (15) lautet

$$\forall\, K \Subset \Omega\, \exists\, K' \Subset \Omega\, \forall\, v \in H_c^{-s}(\Omega)\ :\ \operatorname{supp} P(-D)v \subseteq K \ \Rightarrow\ \operatorname{supp} v \subseteq K'$$

aufgrund von Satz 9.24, und ihre Äquivalenz zur P-Konvexität (21) von Ω ergibt sich wie auf S. 209. $\Diamond$

Mittels Aussage (5.33) lassen sich auch Lösungen mit „besseren" Regularitätseigenschaften konstruieren, vgl. [Hörmander 1983b], Theorem 10.6.7. Für einen *elliptischen* Operator $P(D)$ der Ordnung $m \in \mathbb{N}$ ergeben sich solche sofort aus Satz 5.18: *Jede Lösung von $P(D)u = f \in H^{s,\mathrm{loc}}(\Omega)$ liegt in $H^{s+m,\mathrm{loc}}(\Omega)$.* In Verbindung mit Satz 9.21 ergibt sich somit:

Theorem 9.26

Es sei $P(D)$ ein elliptischer Differentialoperator mit $\deg P = m$. Für jede offene Menge $\Omega \subseteq \mathbb{R}^n$ und alle $s \in \mathbb{R}$ ist dann $P(D) : H^{s+m,\mathrm{loc}}(\Omega) \to H^{s,\mathrm{loc}}(\Omega)$ ein surjektiver stetiger linearer Operator.

Für weitere Untersuchungen zur normalen Auflösbarkeit linearer Differentialoperatoren, auch mit *variablen* Koeffizienten, sei auf [Sagraloff 1980] oder [Mennicken 1983] verwiesen.

9.5 Stetige Lösungsoperatoren

In diesem Kapitel haben wir eine Reihe von *Kriterien* für die *Existenz von Lösungen* einer linearen Gleichung $\sigma x = y$ hergeleitet, wobei die Lösungen i. A. *nicht eindeutig* sind. Eine weitere wichtige Frage ist die nach der *Stabilität* von Lösungen gegen kleine Störungen der Daten. Natürlich kann diese nicht erwartet werden, wenn (nicht eindeutige) Lösungen willkürlich ausgewählt werden; die Frage lautet daher, ob man Stabilität durch eine geeignete *Auswahl von Lösungen* erreichen kann. Insbesondere suchen wir zu einer surjektiven Abbildung $\sigma : E \to Q$ *Rechtsinverse* bzw. *Lösungsoperatoren* $R : Q \to E$ mit $\sigma R y = y$ für $y \in Q$ und *gewissen Regularitätseigenschaften*.

Zu einer *linearen* Surjektion $\sigma : E \to Q$ von Vektorräumen gibt es stets einen *linearen* Lösungsoperator. Wir zeigen nun, dass zu einer *stetigen linearen* Surjektion $\sigma \in L(E, Q)$ von *Frécheträumen* stets ein *stetiger* Lösungsoperator $R : Q \to E$ existiert. Dieses Resultat folgt aus einem *Auswahlsatz* von E. Michael (1956) und wurde für Banachräume bereits 1952 von R.G. Bartle und R.M. Graves gezeigt.

Auf die Frage nach der Existenz eines *stetigen und linearen* Lösungsoperators gehen wir in den folgenden Abschnitten und in Kapitel 12 ein.

Mengenwertige Abbildungen.   a) Es seien M, E topologische Räume. Eine Abbildung $\alpha : M \to 2^E$ von M in die *Potenzmenge* von E heißt *unterhalbstetig*, wenn für jede offene Menge D in E die Menge $\alpha^{-1}(D) := \{t \in M \mid \alpha(t) \cap D \neq \emptyset\}$ in M offen ist.

b) Für eine Quotientenabbildung $\sigma : E \to Q$ lokalkonvexer Räume ist die mengenwertige Abbildung $\alpha := \sigma^{-1} : Q \to 2^E$ unterhalbstetig; für eine offene Menge $D \subseteq E$ ist in der Tat $\alpha^{-1}(D) = \sigma D$ offen in Q.

Theorem 9.27 (Auswahlsatz von Michael)
Es seien M ein parakompakter *topologischer Raum, E ein Fréchetraum und $\alpha : M \to 2^E$ unterhalbstetig, sodass $\alpha(t)$ für alle $t \in M$ konvex und abgeschlossen in E ist. Dann gibt es eine stetige Funktion $\rho : M \to E$ mit $\rho(t) \in \alpha(t)$ für alle $t \in M$.*

BEWEIS. a) Wir konstruieren zuerst *approximative* stetige Auswahlen zu α. Dazu sei $U \in \mathfrak{U}(E)$ offen und absolutkonvex. Für $\tau \in M$ wählen wir $\psi(\tau) \in \alpha(\tau)$. Die Menge

$$V(\tau) \ := \ \{t \in M \mid \psi(\tau) \in \alpha(t) + U\} \ = \ \{t \in M \mid (\psi(\tau) - U) \cap \alpha(t) \neq \emptyset\}$$
$$= \ \alpha^{-1}(\psi(\tau) - U)$$

ist offen in M, da α unterhalbstetig ist. Da der Raum M parakompakt ist, gibt es eine einer lokalendlichen Verfeinerung der offenen Überdeckung $\{V(\tau)\}_{\tau \in M}$ von M untergeordnete stetige Zerlegung der Eins $\{\varphi_j\}_{j \in J}$ mit supp $\varphi_j \subseteq V(\tau_j)$ für geeignete $\tau_j \in M$ (vgl. S. 35). Durch

$$\eta(t) := \sum_{j \in J} \varphi_j(t) \, \psi(\tau_j), \quad t \in M$$

wird eine stetige Funktion $\eta : M \to E$ definiert. Im Fall $\varphi_j(t) \neq 0$ gilt dann $\psi(\tau_j) \in \alpha(t) + U$, und wegen der Konvexität dieser Menge folgt $\eta(t) \in \alpha(t) + U$.

b) Nun sei $\{p_n\}_{n \in \mathbb{N}}$ ein wachsendes Fundamentalsystem von Halbnormen auf E. Wir setzen $U_n := U_{p_n, 2^{-n}} = \{x \in E \mid p_n(x) < 2^{-n}\}$ und konstruieren rekursiv stetige Funktionen $\rho_n : M \to E$ mit

$$\rho_n(t) \in \alpha(t) + U_n \quad \text{und} \quad p_n(\rho_{n+1}(t) - \rho_n(t)) \leq 2^{-n+1} \quad \text{für} \ \ t \in M : \tag{27}$$

Die Konstuktion von ρ_1 ergibt sich sofort aus a). Sind $\rho_1, \ldots, \rho_n : M \to E$ mit (27) bereits konstruiert, so sind die Mengen $\alpha_n(t) := (\rho_n(t) + U_n) \cap \alpha(t)$ für $t \in M$ nicht leer und konvex. Wir zeigen, dass α_n unterhalbstetig ist:

c) Es sei $D \subseteq E$ offen und $\tau \in M$ mit $\alpha_n(\tau) \cap D \neq \emptyset$. Wir wählen $\psi(\tau) \in \alpha_n(\tau) \cap D$; dann gilt $\psi(\tau) \in \alpha(\tau)$ und $p_n(\psi(\tau) - \rho_n(\tau)) = 2^{-n} - 2\varepsilon$ mit $\varepsilon > 0$. Nun wählen wir $W \in \mathfrak{U}(E)$ offen und absolutkonvex mit $W \subseteq U_{p_n, \varepsilon}$ und $\psi(\tau) + W \subseteq D$. Die Menge

$$S := \{t \in M \mid \psi(\tau) \in \alpha(t) + W\} \cap \{t \in M \mid \psi(\tau) \in \rho_n(t) + U_{p_n, 2^{-n} - \varepsilon}\}$$

ist offen in M, da α unterhalbstetig ist. Für $t \in S$ gilt dann $\psi(\tau) = \psi(t) + w = \rho_n(t) + v$ mit $\psi(t) \in \alpha(t)$, $w \in W$ und $v \in U_{p_n, 2^{-n} - \varepsilon}$. Daraus ergeben sich sofort $\psi(t) \in \alpha(t) \cap (\rho_n(t) + U_n) = \alpha_n(t)$ und $\psi(t) \in \psi(\tau) + W \subseteq D$, also auch $\alpha_n(t) \cap D \neq \emptyset$.

d) Nach a) gibt es eine stetige Funktion $\rho_{n+1} : M \to E$ mit $\rho_{n+1}(t) \in \alpha_n(t) + U_{n+1}$ für $t \in M$. Dies bedeutet insbesondere $\rho_{n+1}(t) \in \alpha(t) + U_{n+1}$ sowie

$$\rho_{n+1}(t) \in \rho_n(t) + U_n + U_{n+1} \subseteq \rho_n(t) + 2U_n,$$

und damit ist (27) bewiesen. Somit ist die Folge (ρ_n) auf M gleichmäßig konvergent. Die Grenzfunktion $\rho : M \to E$ ist stetig, und für $t \in M$ gilt $\rho(t) \in \alpha(t) + \overline{U_n}$ für alle $n \in \mathbb{N}$, also $\rho(t) \in \overline{\alpha(t)} = \alpha(t)$. $\Diamond$

Aus dem Auswahlsatz von Michael ergibt sich sofort:

Satz 9.28
Es sei $\sigma : E \to Q$ eine Surjektion von Fréreträumen.

a) Es gibt einen stetigen Lösungsoperator $R : Q \to E$, für den also $\sigma(R(y)) = y$ für alle $y \in Q$ gilt.

b) Für einen topologischen Raum M gibt es zu jeder stetigen Funktion $f \in C(M, Q)$ ein Lifting $f^\vee \in C(M, E)$ mit $\sigma f^\vee(t) = f(t)$ für alle $t \in M$.

BEWEIS. a) Wir können Theorem 9.27 auf die unterhalbstetige Abbildung $\sigma^{-1} : Q \to 2^E$ anwenden, da die Werte von σ^{-1} abgeschlossene affine Unterräume von E sind.

b) Wir setzen einfach $f^\vee := R \circ f$. $\Diamond$

$$
\begin{array}{ccc}
 & & E \\
 & {\scriptstyle f^\vee}\nearrow & \downarrow{\scriptstyle \sigma} \\
M & \xrightarrow{\ f\ } & Q
\end{array}
$$

Satz 9.28 gilt insbesondere für surjektive Differentialoperatoren $P(D) : \mathcal{E}(\Omega) \to \mathcal{E}(\Omega)$.

Im nächsten Kapitel lösen wir entsprechende Lifting-Probleme auch für holomorphe Funktionen und C^∞-Funktionen.

Satz 9.28 gilt nicht für Quotientenabbildungen beliebiger lokalkonvexer Räume, vgl. dazu Aufgabe 12.3. Andererseits gibt es im Fall von *Banachräumen* sogar einen *stetigen, homogenen* und *„beschränkten"* Lösungsoperator:

Theorem 9.29 (Bartle und Graves)
Es sei $\sigma : X \to Q$ eine Quotientenabbildung von Banachräumen. Zu $\lambda > 1$ gibt es eine stetige Rechtsinverse $R : Q \to E$ zu σ mit $R(\alpha y) = \alpha R(y)$ für $\alpha \in \mathbb{K}$ und $y \in Q$ sowie

$$\| R(y) \| \leq \lambda \| y \| \quad \text{für alle } y \in Q. \tag{28}$$

BEWEIS. a) Wir betrachten die Einheitssphäre S von Q und für $y \in S$ die in E abgeschlossenen und konvexen Mengen

$$\alpha(y) := \sigma^{-1}(y) \cap \overline{U}_\lambda = \{ x \in E \mid \sigma x = y \text{ und } \| x \| \leq \lambda \}.$$

Die Abbildung $\alpha : S \to 2^E$ ist unterhalbstetig, und nach dem Auswahlsatz von Michael gibt es eine stetige Abbildung $\rho : S \to E$ mit $\rho(y) \in \alpha(y)$ für alle $y \in S$. Dies bedeutet $\sigma\rho(y) = y$ und $\| \rho(y) \| \leq \lambda$ für alle $y \in S$.

b) Durch $\rho(0) := 0$ und $\rho(y) := \| y \| \rho(\frac{y}{\| y \|})$ für $y \neq 0$ wird nun eine stetige Rechtsinverse $\rho : Q \to E$ von σ mit (28) definiert, die *positiv* homogen ist, also $\rho(ty) = t\rho(y)$ für $t \geq 0$ erfüllt. Eine entsprechende *homogene* Rechtsinverse ist dann im reellen bzw. komplexen Fall gegeben durch

$$R(y) := \tfrac{1}{2} \left(\rho(y) - \rho(-y) \right) \quad \text{bzw.} \quad R(y) := \tfrac{1}{2\pi} \int_{-\pi}^{\pi} e^{-it} \rho(e^{it}y) \, dt \, ;$$

die Definition des Integrals holen wir in Formel (10.13) auf S. 238 nach. $\qquad\qquad \Diamond$

In [Bartle und Graves 1952] werden auch *variable* Surjektionen zwischen Banachräumen untersucht; darauf gehen wir in Theorem 13.29 ein.

Zu Quotientenabbildungen $\sigma : E \to Q$ von Frécheträumen existiert i. A. *kein* Lösungsoperator mit einer Abschätzung wie in (28), da beschränkte Mengen in Q i. A. nicht zu beschränkten Mengen in E geliftet werden können (vgl. die Bemerkung nach Satz 8.25 auf S. 185).

9.6 Stetige lineare Lösungsoperatoren und Projektionen

Wir beginnen nun mit einer Untersuchung des interessanten und schwierigen Problems, wann es zu einer Surjektion $\sigma \in L(E, Q)$ lokalkonvexer Räume einen *stetigen und linearen* Lösungsoperator $R \in L(Q, E)$ gibt. Zunächst formulieren wir das Problem um und diskutieren dazu wie in [GK], Abschnitt 9.5

Projektionen. a) Es sei E ein lokalkonvexer Raum. Ein stetiger linearer Operator $P \in L(E)$ heißt *Projektion*, falls $P^2 = P$ gilt. In diesem Fall ist auch $I - P$ eine Projektion wegen $(I - P)^2 = I - 2P + P^2 = I - P$.

b) Für *alle* linearen Operatoren $P \in L(E)$ ist offenbar

$$R(P) + R(I - P) = E \quad \text{und} \quad N(P) \cap N(I - P) = \{0\}.$$

Für eine Projektion gilt wegen $P = P^2$

$$y \in R(P) \Leftrightarrow \exists\, x \in E : y = Px = P^2 x \Leftrightarrow y = Py \Leftrightarrow y \in N(I - P).$$

Somit ist $R(P) = N(I - P)$ *abgeschlossen*. Weiter ist $N(P) = R(I - P)$ und daher

$$E = R(P) \oplus N(P).$$

c) Nun gelte umgekehrt $E = G \oplus H$ mit Unterräumen G und H von E. Für die Abbildung $P : y \oplus z \mapsto y$ gilt dann $P^2 = P$, $R(P) = G$ und $N(P) = H$; P ist also die *lineare Projektion* von E auf G entlang H. Ist P stetig, so heißen G und H *stetig projiziert;* die direkte Summe $G \oplus H$ heißt dann *topologisch direkt*, und wir schreiben

$$E = G \oplus_t H. \tag{29}$$

Nach b) müssen in diesem Fall G und H *abgeschlossene* Unterräume von E sein. Umgekehrt liefert der Graphensatz:

Satz 9.30

Ein ultrabornologischer Raum mit Gewebe $E = G \oplus H$ sei die direkte Summe der abgeschlossenen Unterräume G und H. Dann ist die Summe topologisch direkt, und es gilt $E \simeq G \times H$.

BEWEIS. Mit E besitzen auch G, H und $G \times H$ ein Gewebe (vgl. Satz 7.24). Die lineare Abbildung

$$T : G \times H \to E, \quad T(y, z) := y + z,$$

ist bijektiv und stetig, und nach Theorem 7.23 ist dann auch $T^{-1} : E \to G \times H$ stetig. Offenbar ist die Projektion $p_1 : (y, z) \mapsto y$ von $G \times H$ auf G stetig, und dies gilt dann auch für $P = p_1 T^{-1} : E \to G$. $\diamond$

Die in Satz 9.30 an E gemachten Voraussetzungen gelten für Frécheträume, für folgenvollständige bornologische (DF)-Räume oder auch für die Räume $\mathscr{D}(\Omega)$ und $\mathscr{D}'_\beta(\Omega)$ (vgl. Kapitel 7 und Satz 9.33).

Stetig projizierte Unterräume. a) Nach dem Satz von Hahn-Banach ist ein *endlichdimensionaler* Unterraum eines lokalkonvexen Raumes stets stetig projiziert, vgl. Aufgabe 9.13 oder [GK], Satz 9.18.

b) Aufgrund von Satz 9.30 nennt man einen stetig projizierten Unterraum eines ultrabornologischen Raumes mit Gewebe auch *komplementiert*.

c) *Orthogonale* Summen in Hilberträumen sind stets topologisch direkt; dort ist also *jeder* abgeschlossene Unterraum komplementiert. In Banachräumen ist dies i. A. nicht der Fall, ein Gegenbeispiel ist etwa der Unterraum c_0 der Nullfolgen des Raumes ℓ_∞ aller beschränkten Folgen (vgl. [Meise und Vogt 1992], 10.15).

d) Nach [Lindenstrauß und Tzafriri 1973], S. 221 muss ein Banachraum, in dem *alle* abgeschlossenen Unterräume komplementiert sind, zu einem *Hilbertraum isomorph* sein.

e) Nach [Gowers und Maurey 1993] gibt es einen unendlichdimensionalen Banachraum X, in dem aus $X = G \oplus_t H$ stets $\dim G < \infty$ oder $\dim H < \infty$ folgt.

Den Zusammenhang zwischen stetigen linearen Lösungsoperatoren und stetigen Projektionen formulieren wir so:

Satz 9.31
Für eine kurze topologisch exakte Sequenz

$$0 \longrightarrow G \xrightarrow{\iota} E \xrightarrow{\sigma} Q \longrightarrow 0 \tag{S}$$

lokalkonvexer Räume sind äquivalent:

(a) σ *besitzt eine stetige lineare Rechtsinverse* $R \in L(Q, E)$.

(b) *Der Raum* $N(\sigma) = R(\iota)$ *ist stetig projiziert in* E.

(c) ι *besitzt eine stetige lineare Linksinverse* $L \in L(E, G)$.

Ist dies der Fall, so gilt $E \simeq G \times Q$.

BEWEIS. „(a) $\Rightarrow$ (b)": Es ist $P := R\sigma \in L(E)$ wegen $P^2 = R\sigma R\sigma = R\sigma = P$ eine stetige Projektion mit $N(\sigma) = N(P)$, und daher ist $I - P$ eine stetige Projektion von E auf $N(\sigma)$.

„(b) $\Rightarrow$ (a)": Es sei $E = N(\sigma) \oplus_t H$. Dann ist $\sigma|_H : H \to Q$ eine bijektive topologische Isomorphie, da ja σ stetig und offen ist. Durch $R : y \mapsto (\sigma|_H)^{-1} y$ wird dann ein Operator $R \in L(Q, E)$ mit $\sigma R = I_Q$ definiert.

„(b) $\Rightarrow$ (c)": Es sei $P \in L(E)$ eine Projektion auf $R(\iota)$. Mit der Umkehrabbildung ι^{-1} von $\iota : G \to R(\iota)$ setzen wir einfach $L = \iota^{-1} P \in L(E, G)$. Offenbar gilt dann $L\iota y = y$ für $y \in G$.

„(c) $\Rightarrow$ (b)": Es ist $P = \iota L \in L(E)$ wegen $P^2 = \iota L \iota L = \iota L = P$ eine stetige Projektion mit $R(P) \subseteq R(\iota)$ und $P(\iota y) = \iota L \iota y = \iota y$ für $\iota y \in R(\iota)$.

Gelten (a)–(c), so ist $E = N(\sigma) \oplus_t H \simeq G \times Q$ nach dem Beweis von „(b) $\Rightarrow$ (a)". $\Diamond$

Beispiele. a) Nach dem Satz von Borel 9.12 wird durch $\beta : f \mapsto (f^{(j)}(0))_{j \in \mathbb{N}_0}$ eine stetige lineare Surjektion von $\mathcal{E}_{2\pi}(\mathbb{R})$ auf ω definiert. Gibt es einen stetigen linearen Lösungsoperator zu β, so ist ω nach Satz 9.31 zu einem Unterraum von $\mathcal{E}_{2\pi}(\mathbb{R})$ isomorph. Dies ist jedoch unmöglich, da auf ω *keine stetige Norm* existiert.

b) Für ein Gebiet $\Omega \subseteq \mathbb{C}$ liefert der Interpolationssatz 9.13 eine stetige lineare Surjektion $T : \mathscr{H}(\Omega) \to \omega$. Da auch auf dem Fréchetraum $\mathscr{H}(\Omega)$ stetige Normen existieren, gibt es auch zu T *keinen* stetigen linearen Lösungsoperator.

Als weitere Beispiele diskutieren wir Räume $\mathscr{D}(\Omega) = \mathrm{ind}_j \mathscr{D}(\overline{\Omega}_j)$ von Testfunktionen und $\mathscr{D}'_\beta(\Omega) = \mathrm{proj}_j \mathscr{D}'_\beta(\overline{\Omega}_j)$ von Distributionen (vgl. Aufgabe 7.11); hierbei ist $\Omega \subseteq \mathbb{R}^n$ offen und $\{\Omega_j\}$ eine relativ kompakte Ausschöpfung von Ω wie in (1.3). Mit $i_j : \mathscr{D}(\overline{\Omega}_j) \to \mathscr{D}(\Omega)$ bezeichnen wir Inklusionen, mit $\rho_j = i'_j : \mathscr{D}'_\beta(\Omega) \to \mathscr{D}'_\beta(\overline{\Omega}_j)$ Restriktionen. Mittels einer der offenen Überdeckung $\{\Omega_j\}_{j \in \mathbb{N}}$ von Ω untergeordneten C^∞-Zerlegung der Eins $\{\alpha_j\}$ können wir die Sätze 7.10 und 7.9 verschärfen:

Satz 9.32

a) Die Quotientenabbildung $\sigma : \bigoplus_{j=1}^{\infty} \mathscr{D}(\overline{\Omega}_j) \to \mathscr{D}(\Omega)$, $\sigma(\varphi_j) := \sum_{j=1}^{\infty} i_j \varphi_j$, *besitzt eine stetige lineare Rechtsinverse.*

a) Die Inklusion $\Phi : \mathscr{D}'_\beta(\Omega) \to \prod_{j=1}^{\infty} \mathscr{D}'_\beta(\overline{\Omega}_j)$, $\Phi(\varphi) := (\rho_j \varphi)_{j \in \mathbb{N}}$, *besitzt eine stetige lineare Linksinverse.*

BEWEIS. a) Wir setzen einfach $R\varphi = (\alpha_j \varphi)_{j \in \mathbb{N}}$ für $\varphi \in \mathscr{D}(\Omega)$.

b) Wir setzen einfach $L(\varphi_j) = \sum_{j=1}^{\infty} \alpha_j \varphi_j$ für $(\varphi_j)_{j \in \mathbb{N}} \in \prod_{j=1}^{\infty} \mathscr{D}'_\beta(\overline{\Omega}_j)$. $\Diamond$

Satz 9.32 wurde von D. Keim (1973) allgemeiner für *induktive* bzw. *projektive Limiten* mit (abstrakter) *Zerlegung der Eins* im Sinne von M. De Wilde (1971) gezeigt.

Es folgen zwei Anwendungen dieses Resultats. Aussage a) ergibt sich wegen der Reflexivität von $\mathscr{D}(\Omega)$ auch aus Aussage b) und Satz 7.12 b).

Satz 9.33

a) Der Raum $\mathscr{D}(\Omega)$ *der Testfunktionen auf* Ω *ist vollständig.*

b) Der Raum $\mathscr{D}'_\beta(\Omega)$ *der Distributionen auf* Ω *ist ultrabornologisch.*

BEWEIS. a) Nach Satz 9.32 und Satz 9.31 ist $\mathscr{D}(\Omega)$ zu einem abgeschlossenen (sogar komplementierten) Unterraum von $\bigoplus_{j=1}^{\infty} \mathscr{D}(\overline{\Omega}_j)$ isomorph, und dieser Raum ist vollständig nach Satz 7.19.

b) Nach Satz 9.32 und Satz 9.31 ist $\mathscr{D}'_\beta(\Omega)$ zu einem Quotientenraum von $\prod_{j=1}^{\infty} \mathscr{D}'_\beta(\overline{\Omega}_j)$ isomorph. Da $\mathscr{D}(\overline{\Omega}_j)$ reflexiv (sogar ein Montelraum) ist, ist $\mathscr{D}'_\beta(\overline{\Omega}_j)$ ultrabornologisch nach Satz 8.22. Nach Satz 7.16 gilt dies dann auch für $\prod_{j=1}^{\infty} \mathscr{D}'_\beta(\overline{\Omega}_j)$ und schließlich für $\mathscr{D}'_\beta(\Omega)$ nach Satz 7.15. $\Diamond$

Nun diskutieren wir das Problem, wann ein *surjektiver linearer Differentialoperator* $P(D) : \mathcal{E}(\Omega) \to \mathcal{E}(\Omega)$ einen *stetigen linearen Lösungsoperator* besitzt.

Wellenoperatoren. a) Der Differentialoperator $\Diamond := \frac{\partial^2}{\partial x \partial y} : \mathcal{E}(\mathbb{R}^2) \to \mathcal{E}(\mathbb{R}^2)$ ist surjektiv. Durch

$$(R\phi)(x,y) := \int_0^x \int_0^y \phi(u,v)\, dv\, du\,, \quad \phi \in \mathcal{E}(\mathbb{R}^2)\,, \tag{30}$$

wird offenbar ein stetiger linearer Lösungsoperator $R \in L(\mathcal{E}(\mathbb{R}^2))$ definiert.

b) Zur Untersuchung des *Wellenoperators* $\Box := \partial_t^2 - c^2\, \partial_x^2$ in einer Raumdimension verwenden wir die lineare Koordinatentransformation $A : (x,t) \mapsto (\frac{1}{2}(ct+x), \frac{1}{2c}(ct-x))$ aus (5.24). Durch $S\phi := \phi \circ A$ ist ein Isomorphismus in $L(\mathcal{E}(\mathbb{R}^2))$ gegeben mit $S^{-1}\phi = \phi \circ A^{-1}$, und es gilt $\Box = cS^{-1}\Diamond S$. Somit ist $\frac{1}{c}S^{-1}RS \in L(\mathcal{E}(\mathbb{R}^2))$ ein stetiger linearer Lösungsoperator für den Wellenoperator.

c) Nach Satz 5.7 besitzt $\square$ eine *Fundamentallösung* mit Träger in einem *Kegel*, der in einem *Halbraum* $H \subseteq \mathbb{R}^2$ enthalten ist. Daraus ergibt sich, dass $\square$ ein *Isomorphismus* auf dem Raum $\mathcal{E}(H) := \{\phi \in \mathcal{E}(\mathbb{R}^2) \mid \operatorname{supp}\phi \subseteq H\}$ ist (eindeutige Lösbarkeit des *Cauchy-Problems*), und damit lässt sich ebenfalls ein stetiger linearer Lösungsoperator für $\square$ konstruieren (vgl. Aufgabe 9.11). Diese Argumentation gilt auch für den Wellenoperator in n Raumdimensionen und allgemeiner für *hyperbolische* Differentialoperatoren; wir verweisen dazu auf [Hörmander 1983b], Kapitel 12.

Andererseits gilt das folgende Resultat von A. Grothendieck (1955):

Satz 9.34

Es seien $n \geq 2$, $\Omega \subseteq \mathbb{R}^n$ *ein Gebiet und* $P(D)$ *ein elliptischer Differentialoperator. Dann gibt es* keinen *stetigen linearen Lösungsoperator zu* $P(D) : \mathcal{E}(\Omega) \to \mathcal{E}(\Omega)$.

BEWEIS. a) Es gebe $R \in L(\mathcal{E}(\Omega))$ mit $P(D)R\phi = \phi$ für alle $\phi \in \mathcal{E}(\Omega)$. Zu einer offenen Menge $\omega \Subset \Omega$ gibt es $k \in \mathbb{N}_0$ und eine kompakte Menge $K \subseteq \Omega$ mit

$$\sup_{x \in \overline{\omega}} |R\phi(x)| \leq C \sum_{|\alpha|=0}^{k} \sup_{x \in K} |D^\alpha \phi(x)| \quad \text{für} \quad \phi \in \mathcal{E}(\Omega). \tag{31}$$

Wir wählen eine offene Kugel $U \Subset \Omega$ mit $U \cap (\overline{\omega} \cup K) = \emptyset$ und zeigen, dass der Operator $P(D) : \mathscr{D}(U) \to \mathscr{D}(U)$ *surjektiv* ist:

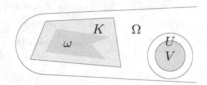

Abb. 9.3: Illustration des Beweises

b) Für $\varphi \in \mathscr{D}(U)$ gilt $\operatorname{supp}\varphi \subseteq V$ für eine Kugel $V \Subset U$, und wegen $n \geq 2$ ist $\Omega \backslash V$ zusammenhängend. Wegen $P(D)R\varphi = \varphi$ und Theorem 5.20 ist $R\varphi$ auf $\Omega \backslash V$ reell-analytisch, und wegen $V \cap K = \emptyset$ ist $R\varphi = 0$ auf $\omega \subseteq \Omega \backslash V$ aufgrund von (31). Der Identitätssatz 9.20 impliziert dann $R\varphi = 0$ auf $\Omega \backslash V$, also $\operatorname{supp} R\varphi \subseteq \overline{V} \Subset U$.

c) Da nun $P(D) : \mathscr{D}(U) \to \mathscr{D}(U)$ surjektiv ist, muss $P(-D) : \mathscr{D}'(U) \to \mathscr{D}'(U)$ *injektiv* sein. Dies ist jedoch falsch, da $P(-D)e^{i\langle z,x\rangle} = 0$ für $z \in \mathbb{C}^n$ mit $P(-z) = 0$ gilt. $\Diamond$

Insbesondere ist also der *Kern* $N_\Omega(P(D)) = \{\phi \in \mathcal{E}(\Omega) \mid P(D)\phi = 0\}$ *eines elliptischen Operators* ein abgeschlossener, aber *nicht komplementierter* Unterraum von $\mathcal{E}(\Omega)$. Dies gilt insbesondere für den Raum der *harmonischen* Funktionen und, im Fall $\Omega \subseteq \mathbb{C}$, für den Raum $\mathscr{H}(\Omega)$ der *holomorphen* Funktionen auf Ω.

Es ist eine schwierige Frage, wann genau ein stetiger linearer Lösungsoperator zu $P(D) : \mathcal{F}(\Omega) \rightarrow \mathcal{F}(\Omega)$ auf einem Raum $\mathcal{F}(\Omega)$ von Funktionen oder Distributionen existiert; eine Reihe von Autoren haben Beiträge zu dieser Frage geleistet. Nach D. Vogt (1983) gibt es auch zu *hypoelliptischen* Operatoren $P(D) : \mathcal{E}(\Omega) \rightarrow \mathcal{E}(\Omega)$ *keinen* stetigen linearen Lösungsoperator. In [Meise et al. 1990] zeigten R. Meise, B.A. Taylor und D. Vogt, dass die Existenz eines Lösungsoperators zu $P(D) : \mathcal{E}(\Omega) \rightarrow \mathcal{E}(\Omega)$ zu einer *„quantitativen Variante"* der P-Konvexität und auch zur Existenz eines Lösungs-operators zu $P(D) : \mathscr{D}'(\Omega) \rightarrow \mathscr{D}'(\Omega)$ äquivalent ist. Im Fall $\Omega = \mathbb{R}^n$ ist die Existenz von *Fundamentallösungen mit „großen Löchern im Träger"* eine weitere äquivalente Bedingung. Für *konvexe* offene Mengen $\Omega \subseteq \mathbb{R}^n$ lässt sich mittels *Fourier-Analysis* zeigen, dass die Existenz eines Lösungsoperators auch zu einer *Phragmen-Lindelöf-Bedingung* für plurisubharmonische Funktionen auf der Nullstellen-Varietät von P äquivalent ist. Für $n \geq 3$ erhält man so Beispiele nicht hyperbolischer Operatoren, für die Lösungsoperatoren existieren.

9.7 Fortsetzung und Lifting linearer Operatoren

Wir kommen nun auf die Situation von Satz 9.31 zurück.

Splitting exakter Sequenzen. a) Eine kurze topologisch exakte Sequenz (S) lokal-konvexer Räume *splittet* oder *zerfällt,* wenn eine der Bedingungen (a), (b) oder (c) aus Satz 9.31 erfüllt ist; dann gelten also alle diese drei Bedingungen. Setzt man nur die algebraische Exaktheit sowie (a) *und* (c) voraus, so ist die Sequenz automatisch topologisch exakt.

b) Zerfällt eine exakte Sequenz (S), so gilt dies auch für die dualen Sequenzen

$$ 0 \longleftarrow G'_\alpha \overset{\iota'}{\longleftarrow} E'_\alpha \overset{\sigma'}{\longleftarrow} Q'_\alpha \longleftarrow 0 \qquad\qquad (S'_\alpha) $$

in allen Fällen $\alpha = \sigma, \kappa, \tau, \gamma, \beta$. In der Tat sind diese algebraisch exakt, und aus $\sigma R = I_Q$ bzw. $L\iota = I_G$ folgt sofort $R'\sigma' = I_{Q'}$ bzw. $\iota' L' = I_{G'}$.

c) Die Umkehrung von Aussage b) ist i. A. nicht richtig, vgl. dazu das Beispiel auf S. 226 sowie Abschnitt 12.2.

Projektive lokalkonvexe Räume. a) Ein lokalkonvexer Raum F heißt *projektiv* *[in einer Klasse von Räumen],* wenn für jede kurze topo-logisch exakte Sequenz (S) lokalkonvexer Räume [in dieser Klasse] jeder stetige lineare Operator $T \in L(F,Q)$ ein *Lif-ting* $T^\vee \in L(F,E)$ besitzt, das also $\sigma T^\vee = T$ erfüllt. In diesem Fall *splittet jede* kurze topologisch exakte Sequenz

$$\begin{array}{ccc} & & E \\ & {\scriptstyle T^\vee}\nearrow & \downarrow{\scriptstyle \sigma} \\ F & \overset{T}{\longrightarrow} & Q \end{array}$$

$0 \longrightarrow G \overset{\iota}{\longrightarrow} E \overset{\sigma}{\longrightarrow} F \longrightarrow 0$ [in dieser Klasse], da man die Identität auf F zu einer Rechtsinversen zu σ liften kann.

b) Endlichdimensionale Räume sind offenbar projektiv, ebenso lokalkonvexe direkte Summen projektiver Räume. Insbesondere ist der (DF)-Raum φ der finiten Folgen projektiv. Nach V.A. Geiler (1972) ist jeder projektive lokalkonvexe Raum isomorph zu $\bigoplus_{i \in I} \mathbb{K}$ für eine geeignete Indexmenge I.

c) Für eine Indexmenge I ist der Raum $\ell_1(I)$ projektiv in der Klasse der Banachräume (vgl. [GK], Aufgaben 9.16 und 9.14). Nach A. Grothendieck (1955) und G. Köthe (1966) ist jeder projektive Banachraum isomorph zu $\ell_1(I)$ für eine geeignete Indexmenge.

Injektive lokalkonvexe Räume. a) Ein lokalkonvexer Raum F heißt *injektiv [in einer Klasse von Räumen]* wenn für *jede* kurze topologisch exakte Sequenz (S) lokalkonvexer Räume [in dieser Klasse] jeder stetige lineare Operator $T \in L(G, F)$ eine *Fortsetzung* $\widetilde{T} \in L(E, F)$ besitzt, die also $\widetilde{T}\iota = T$ erfüllt. In diesem Fall *splittet jede* kurze topologisch exakte Sequenz

$$E$$
$$\uparrow \iota \quad \searrow {\scriptstyle \widetilde{T}}$$
$$G \xrightarrow{\ T\ } F$$

$0 \longrightarrow F \xrightarrow{\ \iota\ } E \xrightarrow{\ \sigma\ } Q \longrightarrow 0$ [in dieser Klasse], da man die Identität auf F zu einer Linksinversen zu ι fortsetzen kann.

b) Nach dem Satz von Hahn-Banach sind endlichdimensionale Räume injektiv, und dies gilt offenbar auch für topologische Produkte injektiver Räume. Insbesondere ist der Fréchetraum ω aller Folgen injektiv.

c) Nach einem *Satz von Sobczyk* (1941) ist der Raum c_0 aller Nullfolgen injektiv in der Klasse der *separablen Banachräume* (vgl. [Meise und Vogt 1992], 10.10). Dies gilt nicht in der Klasse aller Banachräume, da c_0 in ℓ_∞ nicht komplementiert ist (vgl. [Meise und Vogt 1992], 10.15).

d) Für eine Indexmenge I ist der Raum $\ell_\infty(I)$ injektiv (vgl. [GK], Satz 9.20). Allgemeiner gilt das folgende Resultat von L.V. Kantorovich (1935), für das wir in Aufgabe 9.17 und auf S. 295 auch alternative Beweise angeben:

Satz 9.35

Es seien (Ω, Σ, μ) ein σ-endlicher Maßraum, E ein lokalkonvexer Raum und $G \subseteq E$ ein Unterraum. Jeder stetige lineare Operator $T \in L(G, L_\infty(\Omega))$ besitzt eine Fortsetzung $\widetilde{T} \in L(E, L_\infty(\Omega))$. Ist E ein Banachraum, so kann man $\widetilde{T}$ so wählen, dass $\|\widetilde{T}\| = \|T\|$ gilt.

BEWEIS. a) Wir betrachten bis auf Nullmengen disjunkte abzählbare *Zerlegungen* Z von Ω in messbare Teilmengen $\omega \in \Sigma$ mit $0 < \mu(\omega) < \infty$. Das System $\mathcal{Z}$ aller Zerlegungen von Ω ist ein *gerichtetes System* unter der Halbordnung

$$\mathcal{Z} \prec \mathcal{Z}' :\Leftrightarrow \forall\, \omega' \in \mathcal{Z}'\ \exists\, \omega \in \mathcal{Z}\ :\ \mu(\omega \backslash \omega') = 0\,.$$

b) Für $Z \in \mathcal{Z}$ und $\omega \in Z$ sind durch die *Mittelwerte* $\alpha_\omega(f) := \frac{1}{\mu(\omega)} \int_\omega f(t)\,d\mu \in \mathbb{K}$ stetige Linearformen auf $L_\infty(\Omega)$ mit $\| \alpha_\omega \| \leq 1$ gegeben. Damit definieren wir einen linearen *Mittelungsoperator* auf $L_\infty(\Omega)$ durch

$$A_Z(f) := \sum_{\omega \in Z} \alpha_\omega(f)\chi_\omega = \sum_{\omega \in Z} \left(\frac{1}{\mu(\omega)} \int_\omega f(t)\,d\mu \right)\chi_\omega, \quad f \in L_\infty(\Omega).$$

Dann gelten offenbar $\| A_Z \| \leq 1$ und $\lim_Z \| f - A_Z f \|_\infty = 0$ für $f \in L_\infty(\Omega)$.

c) Für $T \in L(G, L_\infty(\Omega))$ gibt es $p \in \mathbb{H}(E)$ und $C \geq 0$ mit $\| Ty \| \leq C\,p(y)$ für $y \in G$; im Fall eines Banachraumes E wählen wir $p = \| \ \|$ und $C = \| T \|$. Für die Funktionale $T'\alpha_\omega \in G'$ gilt dann $|\langle y, T'\alpha_\omega \rangle| = |\langle Ty, \alpha_\omega \rangle| \leq \| Ty \| \leq C\,p(y)$ für $y \in G$. Der Satz von Hahn-Banach liefert Fortsetzungen $x'_\omega \in E'$ mit $|\langle x, x'_\omega \rangle| \leq C\,p(x)$ für alle $x \in E$ und alle ω. Für $Z \in \mathcal{Z}$ definieren wir durch

$$\widetilde{T}_Z(x) := \sum_{\omega \in Z} \langle x, x'_\omega \rangle \chi_\omega, \quad x \in E,$$

Operatoren $\widetilde{T}_Z \in L(E, L_\infty(\Omega))$ mit $\| \widetilde{T}_Z x \| \leq C\,p(x)$ für $x \in E$ und $\widetilde{T}_Z y = A_Z Ty$ für alle $y \in G$.

d) Es gilt die Isometrie $L_\infty(\Omega) \cong L_1(\Omega)'$ (vgl. [GK], Theorem 9.15), und nach dem Satz von Alaoglu-Bourbaki 8.6 sind die Kugeln $\overline{U}_r$ um 0 in $L_\infty(\Omega)$ für $r > 0$ schwach*-kompakt. Nach dem Satz von Tychonoff (vgl. S. 173) ist auch das Produkt $K := \prod_{x \in E} \overline{U}_{C\,p(x)} \subseteq L_\infty(\Omega)^E$ kompakt. Das Netz $(\widetilde{T}_Z)_{Z \in \mathcal{Z}}$ in K besitzt somit einen Berührpunkt $\widetilde{T} \in K$. Die Abbildung $\widetilde{T} : E \to L_\infty(\Omega)$ ist offenbar linear und erfüllt $\| \widetilde{T}x \| \leq C\,p(x)$, im Fall eines Banachraumes E also $\| \widetilde{T} \| = \| T \|$. Für $y \in G$ schließlich gilt nach b)

$$Ty = \lim_Z A_Z Ty = \lim_Z \widetilde{T}_Z y = \widetilde{T}y. \quad \lozenge$$

Zusammenfassend halten wir fest: Eine kurze exakte Sequenz

$$0 \longrightarrow G \overset{\iota}{\longrightarrow} X \overset{\sigma}{\longrightarrow} Q \longrightarrow 0 \tag{S}$$

von Banachräumen splittet, falls $G \simeq L_\infty(\Omega)$ (oder injektiv), X zu einem Hilbertraum isomorph oder $Q \simeq \ell_1(I)$ ist.

$\mathcal{P}_1$ -**Banachräume.** Nach Satz 9.35 können im Fall von Banachräumen also Fortsetzungen von Operatoren nach $L_\infty(\Omega)$ unter Erhaltung der Norm konstruiert werden; Banachräume mit dieser Eigenschaft heißen $\mathcal{P}_1$ -Räume. Diese Räume lassen sich genau angeben (eine entsprechende Charakterisierung der injektiven Banachräume ist nicht bekannt):

Ein topologischer Raum K heißt *extrem unzusammenhängend*, wenn der Abschluss einer offenen Menge in K wieder offen ist. Das folgende Resultat stammt von L. Nachbin (1950), D.B. Goodner (1950) und J.L. Kelley (1952) im reellen und von M. Hasumi (1958) im komplexen Fall:

Satz 9.36

Ein Banachraum X ist genau dann ein $\mathcal{P}_1$-Raum, wenn er zu $\mathcal{C}(K)$ isometrisch ist für einen extrem unzusammenhängenden kompakten Raum K.

Für einen Beweis verweisen wir auf [Lacey 1974], §11 und skizzieren nur kurz einen solchen:

Für „$\Leftarrow$" zeigt man, dass in dem Banach-*Verband* $\mathcal{C}(K, \mathbb{R})$ jede nach oben beschränkte Menge ein *Supremum* besitzt. Damit lassen sich $\mathcal{C}(K)$-wertige Operatoren wie im Beweis des Satzes von Hahn-Banach für den skalaren Fall fortsetzen (vgl. [GK], Theorem 9.1).

Für „$\Rightarrow$" konstruiert man zunächst ähnlich wie im Beweis des Satzes von Krein-Milman einen *minimalen schwach*-abgeschlossenen Rand* $K \subseteq \overline{U}_{X'}$ für X; dann liefert die Evalutionsabbildung eine Isometrie $j : X \to \mathcal{C}(K)$. Es gibt eine Projektion $P : \mathcal{C}(K) \to j(X)$ mit $\|P\| = 1$, und wegen der Minimalität von K ist P *injektiv*. Dies zeigt $X \cong \mathcal{C}(K)$. Schließlich gibt es eine Projektion $Q : \ell_\infty(K) \to \mathcal{C}(K)$ mit $\|Q\| = 1$, und daher muss K extrem unzusammenhängend sein.

Gelfand-Theorie.   Einen Zusammenhang zwischen den Sätzen 9.35 und 9.36 liefert die *Gelfand-Theorie,* die wir ab Kapitel 13 behandeln: Es ist $L_\infty(\Omega)$ eine *kommutative C^*-Algebra* und daher mittels *Gelfand-Transformation* zu einer Algebra $\mathcal{C}(\mathfrak{M})$ isometrisch, wobei $\mathfrak{M}$ der kompakte Raum der multiplikativen Funktionale auf dieser C^*-Algebra ist (Satz von Gelfand-Naimark, vgl. Theorem 15.3). Im Fall der Algebra $L_\infty(\Omega)$ muss $\mathfrak{M}$ extrem unzusammenhängend sein (vgl. [Gamelin 2005], I.9, oder [Sakai 1971], 1.18).

Bemerkungen.   Ein Raum $\mathcal{C}(K)$ ist genau dann *separabel,* wenn K *metrisierbar* ist (vgl. Aufgabe 8.22). Nun ist ein kompakter metrischer Raum nur dann extrem unzusammenhängend, wenn er *endlich* ist (vgl. Aufgabe 9.18); folglich ist ein $\mathcal{P}_1$-*Raum endlichdimensional oder nicht separabel.* Diese Aussage gilt auch für alle *injektiven Banachräume* X; im Fall dim $X = \infty$ enthält X stets einen zu ℓ_∞ isomorphen Unterraum (vgl. [Lindenstrauß und Tzafriri 1977], Theorem 2.f.3).

Für das folgende Beispiel erinnern wir an den in [GK], 10.11 bewiesenen

Satz 9.37 (Schur)

Eine Folge in ℓ_1 ist genau dann schwach konvergent, wenn sie Norm-konvergent ist.

Beispiel.   a) Für eine offene Menge $\Omega \subseteq \mathbb{R}^n$ ist $L_1(\Omega)$ *separabel* (vgl. [GK], Satz 2.9). Nach [GK], Satz 10.11 (vgl. auch Aufgabe 9.15) gibt es eine exakte Sequenz

$$0 \longrightarrow G \overset{\iota}{\longrightarrow} \ell_1 \overset{\sigma}{\longrightarrow} L_1(\Omega) \longrightarrow 0. \tag{32}$$

b) Zerfällt diese Sequenz, so ist $L_1(\Omega)$ zu einem Unterraum von ℓ_1 isomorph. Dies ist jedoch nicht der Fall, da der *Satz von Schur* in $L_1(\Omega)$ *nicht gilt:* Dazu betrachten wir einen Quader $Q \subseteq \Omega$ mit $\lambda(Q) > 0$ und eine Folge (k_j) in $\mathbb{Z}^n$ mit $|k_j| \to \infty$. Die Folge $(f_j(x) := e^{i\langle k_j | x\rangle} \chi_Q)$ ist nach dem *Lemma von Riemann-Lebesgue* (vgl. [GK], 5.13) eine schwache Nullfolge in $L_1(\Omega)$, aber offenbar gilt $\|f_j\|_{L_1} = \lambda(Q)$. Somit *splittet* die Sequenz (32) *nicht*.

c) Andererseits *splittet* die zu (32) *duale Sequenz*

$$0 \longleftarrow G' \overset{\iota'}{\longleftarrow} \ell_\infty \overset{\sigma'}{\longleftarrow} L_\infty(\Omega) \longleftarrow 0, \tag{33}$$

da $L_\infty(\Omega)$ nach Satz 9.35 ein injektiver Banachraum ist.

Das folgende Resultat von A. Pełczyński (1958) gilt z. B. für Intervalle:

Satz 9.38
Für eine offene Menge $\Omega \subseteq \mathbb{R}^n$ mit $L_\infty(\Omega) \simeq L_\infty(\Omega) \times L_\infty(\Omega)$ gilt die Isomorphie $L_\infty(\Omega) \simeq \ell_\infty$.

BEWEIS. a) Da die Sequenz (33) splittet, ist $L_\infty(\Omega)$ zu einem *komplementierten* Unterraum von ℓ_∞ isomorph, es gilt also $\ell_\infty \simeq L_\infty(\Omega) \times X$ mit einem Banachraum X.

b) Es gibt eine disjunkte Folge (ω_j) messbarer Mengen in Ω mit $\mu(\omega_j) > 0$ für alle $j \in \mathbb{N}$. Durch $V : (\xi_j) \mapsto \sum_j \xi_j \chi_{\omega_j}$ wird eine Isometrie von ℓ_∞ in $L_\infty(\Omega)$ definiert; es gilt also auch $L_\infty(\Omega) \simeq \ell_\infty \times Y$ für einen Banachraum Y.

c) Wegen $L_\infty(\Omega) \simeq L_\infty(\Omega) \times L_\infty(\Omega)$ folgt nun

$$L_\infty(\Omega) \times \ell_\infty \simeq L_\infty(\Omega) \times L_\infty(\Omega) \times X \simeq L_\infty(\Omega) \times X \simeq \ell_\infty,$$

und genauso ergibt sich $L_\infty(\Omega) \times \ell_\infty \simeq L_\infty(\Omega)$. $\diamond$

9.8 Aufgaben

Aufgabe 9.1
a) Zeigen Sie, dass ein linearer Operator T von E nach F genau dann abgeschlossen ist, falls für ein Netz (x_α) in $\mathcal{D}(T)$ mit $x_\alpha \to x$ in E und $Tx_\alpha \to y$ in F stets $x \in \mathcal{D}(T)$ und $Tx = y$ folgt.

b) Zeigen Sie, dass der Kern eines abgeschlossenen linearen Operators ein abgeschlossener Unterraum von E ist.

Aufgabe 9.2
Ein linearer Operator T von E nach F heißt *abschließbar*, falls $\overline{\Gamma(T)}$ ein Graph ist.

a) Charakterisieren Sie die Abschließbarkeit von T analog zu Aufgabe 9.1 a).

b) Nun gelte $\overline{\mathcal{D}(T)} = E$. Zeigen Sie, dass T genau dann abschließbar ist, wenn $\mathcal{D}(T')$ schwach*-dicht in F' ist.

c) Nun seien E, F Frécheträume und T ein abschließbarer linearer Operator von E nach F. Konstruieren Sie einen *Abschluss* von T ähnlich wie im Fall von Banachräumen (vgl. [GK], Abschnitt 13.1).

Aufgabe 9.3
Zeigen Sie die Äquivalenz von Bedingung (11) zu

$$\forall\, U \in \mathbb{U}(E) \; \exists\, V \in \mathbb{U}(F) \; \forall\, y' \in \mathcal{D}(T') \; : \; T'y' \in U^\circ \Rightarrow y' \in V^\circ \tag{34}$$

und verifizieren Sie die Bemerkung zu Satz 9.5.

Aufgabe 9.4
Zeigen Sie, dass ein Fréchetraum E genau dann nicht zu einem Banachraum isomorph ist, wenn eine stetige Surjektion von E auf ω existiert.

Aufgabe 9.5
a) Repräsentieren Sie die surjektive Borel-Abbildung $\beta : \mathcal{E}_{2\pi}(\mathbb{R}) \to \omega$ mittels $\mathcal{E}_{2\pi}(\mathbb{R}) \simeq s(\mathbb{Z})$ durch eine unendliche Matrix.

b) Formulieren und beweisen Sie eine Version des Satzes von Borel für Funktionen von mehreren Variablen.

Aufgabe 9.6
Beweisen Sie den Satz 9.12 von Borel und den Interpolationssatz 9.13 mit Hilfe der Mittag-Leffler-Methode.

Aufgabe 9.7
Für einen Differentialoperator $P(D)$ sei

$$E_P(\mathbb{R}^n) := \{ Q(x) e^{i\langle \zeta | x \rangle} \in N_{\mathbb{R}^n}(P(D)) \mid Q \in \mathcal{P}_n \, , \, \zeta \in \mathbb{C}^n \} \subseteq \mathcal{E}(\mathbb{R}^n)$$

der Raum der *Exponentiallösungen*. Zeigen Sie für $v \in \mathcal{E}'(\mathbb{R}^n)$:

a) Ist $v \in E_P(\mathbb{R}^n)^\perp$, so ist $\zeta \mapsto \frac{\widehat{v}(\zeta)}{P(-\zeta)} \in \mathcal{H}(\mathbb{C}^n)$ eine ganze Funktion auf $\mathbb{C}^n$.

b) Genau dann gilt $\frac{\widehat{v}(\zeta)}{P(-\zeta)} \in \mathcal{H}(\mathbb{C}^n)$, wenn es $u \in \mathcal{E}'(\mathbb{R}^n)$ mit $P(-D)u = v$ gibt. In diesem Fall ist $u \in \mathcal{E}'(\mathbb{R}^n)$ eindeutig bestimmt, und es gilt $\mathrm{co}\,(\mathrm{supp}\, u) = \mathrm{co}\,(\mathrm{supp}\, v)$.

c) Es ist $E_P(\mathbb{R}^n)$ dicht in $N_{\mathbb{R}^n}(P(D))$.

Aufgabe 9.8
a) Zeigen Sie, dass eine offene Menge $\Omega \subseteq \mathbb{R}^n$ genau dann P-konvex ist, wenn $d(\mathrm{supp}\, v, \partial\Omega) = d(\mathrm{supp}\, P(-D)v, \partial\Omega)$ für alle $v \in \mathcal{D}(\Omega)$ bzw. für alle $v \in \mathcal{E}'(\Omega)$ gilt.

b) Zeigen Sie, dass für eine P-konvexe offene Menge Ω das projektive Spektrum $\{N_{\Omega_n}(P(D)), \rho_m^n\}_{n \in \mathbb{N}}$ dicht ist, und beweisen Sie mit der Mittag-Leffler-Methode 9.14 die Surjektivität von $P(D) : \mathcal{E}(\Omega) \to \mathcal{E}(\Omega)$.

Aufgabe 9.9

Es seien $P \in \mathcal{P}_n$ ein Polynom, $\Omega \subseteq \mathbb{R}^n$ eine P-konvexe offene Menge und $s \in \mathbb{R}$. Konstruieren Sie eine stetige Abbildung $R : H^{s,\mathrm{loc}}(\Omega) \to H^{s,\mathrm{loc}}(\Omega)$ mit $P(D)(Rf) = f$ für alle $f \in H^{s,\mathrm{loc}}(\Omega)$.

Aufgabe 9.10

Es seien $\Omega \subseteq \mathbb{R}^n$ offen und $\mathfrak{V}$ das System aller *lokalendlichen* Folgen $v = (v_\gamma)_{\gamma \in \mathbb{N}_0^n}$ in $\mathcal{C}(\Omega)$ mit $v_\gamma \geq 0$. Zeigen Sie mittels Satz 9.32, dass durch

$$p_v(\varphi) := \sum_{|\gamma|=0}^{\infty} \sup_{x \in \Omega} |\partial^\gamma \varphi(x)| \, v_\gamma(x), \quad \varphi \in \mathcal{D}(\Omega), \quad v = (v_\gamma) \in \mathfrak{V}, \tag{35}$$

ein Fundamentalsystem stetiger Halbnormen auf $\mathscr{D}(\Omega)$ gegeben ist.

Aufgabe 9.11

Es seien $H \subseteq \mathbb{R}^n$ ein Halbraum, und der Differentialoperator $P(D)$ sei ein *Isomorphismus* auf dem Raum $\mathcal{E}(H)$ (dies ist genau dann der Fall, wenn $P(D)$ hyperbolisch bezüglich eines Normalenvektors zu H ist). Konstruieren Sie einen stetigen linearen Lösungsoperator zu $P(D) : \mathcal{E}(\mathbb{R}^n) \to \mathcal{E}(\mathbb{R}^n)$.

Aufgabe 9.12

Es seien $s \in \mathbb{R}$, $n \geq 2$, $\Omega \subseteq \mathbb{R}^n$ ein Gebiet und $P(D)$ ein elliptischer Operator der Ordnung $m \in \mathbb{N}$. Zeigen Sie, dass es zu $P(D) : H^{s+m,\mathrm{loc}}(\Omega) \to H^{s,\mathrm{loc}}(\Omega)$ keinen stetigen linearen Lösungsoperator gibt.

Aufgabe 9.13

Es seien E ein lokalkonvexer Raum und $G \subseteq E$ ein Unterraum mit $\dim G = n < \infty$. Konstruieren Sie eine stetige Projektion von E auf G und zeigen Sie, dass man im Fall eines Banachraumes $\|P\| \leq n$ erreichen kann.

Aufgabe 9.14

Es sei (S) eine kurze topologisch exakte Sequenz lokalkonvexer Räume. Konstruieren Sie für $T \in L(\ell_1(I), Q)$ ein Lifting $T^\vee \in L(\ell_1(I), E)$ unter geeigneten Annahmen.

Aufgabe 9.15

Zeigen Sie, dass jeder Banachraum X zu einem Quotientenraum von $\ell_1(I)$ isometrisch ist und dass man $I = \mathbb{N}_0$ für einen separablen Raum X wählen kann.

Aufgabe 9.16

a) Zeigen Sie, dass ein lokalkonvexer Raum F zu einem Unterraum eines Produkts $\prod_{U \in \mathbb{U}(F)} \ell_\infty(U^\circ)$ isomorph ist.

b) Nun sei F ein lokalkonvexer Raum, für den jede kurze topologisch exakte Sequenz $0 \longrightarrow F \longrightarrow E \longrightarrow Q \longrightarrow 0$ splittet. Zeigen Sie, dass F injektiv ist.

c) Zeigen Sie, dass ein Banachraum F genau dann ein $\mathcal{P}_1$-Raum ist, wenn jede Isometrie $\iota : F \to X$ in einen Banachraum eine Linksinverse der *Norm* 1 besitzt.

Aufgabe 9.17

a) Zeigen Sie, dass im Banach-*Verband* $L_\infty(\Omega, \mathbb{R}) \cong L_1(\Omega, \mathbb{R})'$ jede nach oben beschränkte Menge ein *Supremum* besitzt und beweisen Sie Satz 9.35 ähnlich wie den Satz von Hahn-Banach für den skalaren Fall (vgl. [GK], Theorem 9.1).

b) Es sei K ein kompakter Hausdorff-Raum. Zeigen Sie die Äquivalenz der Aussagen

① Der Raum K ist extrem unzusammenhängend.

② Im Banach-Verband $\mathcal{C}(K, \mathbb{R})$ besitzt jede nach oben beschränkte Menge ein Supremum.

③ Der Banachraum $\mathcal{C}(K)$ ist ein $\mathcal{P}_1$-Raum.

Aufgabe 9.18

Zeigen Sie, dass ein extrem unzusammenhängender kompakter metrischer Raum endlich ist.

10   Vektorfunktionen und Tensorprodukte

Fragen: 1. Es seien $m \in \mathbb{N}_0 \cup \{\infty\}$, Y *ein Banachraum und* $f : [0,1] \to Y$ *eine Funktion, sodass* $\langle f, y' \rangle \in \mathcal{C}^m[0,1]$ *für alle* $y' \in Y'$ *gilt. Folgt dann* $f \in \mathcal{C}^m([0,1], Y)$? *2. Es seien* $\Omega \subseteq \mathbb{C}$ *offen und* F *ein vollständiger lokalkonvexer Raum. Ist der Cauchy-Riemann-Operator* $\bar{\partial} : \mathcal{E}(\Omega, F) \to \mathcal{E}(\Omega, F)$ *surjektiv?*

Die Frage nach *Parameterabhängigkeiten* von Lösungen linearer Gleichungen führt auf die Untersuchung von *Vektorfunktionen;* dazu sind in vielen Fällen *Tensorprodukt-Darstellungen* hilfreich. Die Theorie der *topologischen Tensorprodukte* wurde um 1955 von A. Grothendieck entwickelt, ebenso die damit eng zusammenhängende Theorie der *nuklearen Räume,* die wir im nächsten Kapitel vorstellen.

In diesem Kapitel behandeln wir ε *-Produkte sowie* ε *- und* π *-Tensorprodukte.* Wir *integrieren Vektorfunktionen* und zeigen grundlegende Resultate über *holomorphe Funktionen,* die wir für die *Spektraltheorie* linearer Operatoren in Teil III des Buches benötigen.

Es sei F ein vollständiger lokalkonvexer Raum. Eine stetige F-wertige Funktion $f \in \mathcal{C}(\Omega, F)$ kann mit dem *Operator* $\lambda(f) : y' \mapsto y' \circ f$ in $L(F'_\kappa, \mathcal{C}(\Omega))$ identifiziert werden. Allgemein wird das ε *-Produkt* lokalkonvexer Räume als $E \varepsilon F := L_e(F'_\kappa, E)$ mit der durch die Bornologie $\mathfrak{E}$ der gleichstetigen Mengen in F' gegebenen Topologie definiert. Für viele durch o -Bedingungen definierte *Funktionenräume* mit *Supremums-Halbnormen* gilt dann $\mathcal{G}(\Omega, F) \simeq \mathcal{G}(\Omega) \varepsilon F$, und für den *Raum der kompakten linearen Operatoren* zwischen Banachräumen hat man $K(X, Y) \simeq Y \varepsilon X'$.

In Abschnitt 10.2 führen wir das ε *-Produkt von Operatoren* ein und *integrieren* damit *stetige Vektorfunktionen* über kompakte Räume. Für $\mathcal{C}^\infty$ *-Vektorfunktionen* zeigen wir *Fourier-Entwicklungen* und beweisen den Satz von Malgrange 9.16 auch für Funktionen mit Werten in *Frécheträumen.*

Im nächsten Abschnitt untersuchen wir *holomorphe* F -wertige Funktionen. Für diesen Begriff gibt es mehrere äquivalente Definitionen, so ist z. B. eine *schwach holomorphe* Funktion bereits holomorph. Wir lösen *additive Cousin-Probleme* mit Werten in Frécheträumen und folgern daraus den *Satz von Mittag-Leffler* sowie einen *Lifting-Satz* für holomorphe Funktionen.

Das *Tensorprodukt* $E \otimes F$ lokalkonvexer Räume kann mit dem Raum der endlichdimensionalen Operatoren in $E \varepsilon F$ identifiziert werden; die induzierte Topologie heißt ε *-Topologie* auf $E \otimes F$. Ein Raum E besitzt die *Approximationseigenschaft (A.E.),* falls $E \otimes F$ dicht in $E \varepsilon F$ ist für alle lokalkonvexen Räume F ; es genügt, dies mit allen *dualen Banachräumen* zu testen. Wir gehen kurz auf *Schauder-Basen* ein und zeigen die A.E. für viele konkrete Räume; damit erhalten wir z. B. Isomorphien $\mathcal{C}^m(\Omega, F) \simeq \mathcal{C}^m(\Omega) \widehat{\otimes}_\varepsilon F$ und $\mathcal{H}(\Omega, F) \simeq \mathcal{H}(\Omega) \widehat{\otimes}_\varepsilon F$ für vollständige Räume F . Das von A. Grothendieck 1955 formulierte Problem, ob *alle* lokalkonvexen Räume die A.E. besitzen, wurde von P. Enflo 1972 *negativ* gelöst.

In Abschnitt 10.5 gehen wir auf die *projektive* oder π-Topologie auf $E \otimes F$ ein und zeigen insbesondere im Fall von Frécheträumen Grothendiecks *Entwicklungssatz* für Elemente in der Vervollständigung $E \widehat{\otimes}_\pi F$ des π-Tensorprodukts. Weiter zeigen wir $L_1(\Omega, Y) \cong L_1(\Omega) \widehat{\otimes}_\pi Y$ für den Raum der *Bochner-integrierbaren Funktionen* mit Werten in einem Banachraum Y.

10.1 Funktionenräume und ε-Produkte

Stetige Funktionen. a) Es seien Ω ein *lokalkompakter* topologischer Raum und F ein lokalkonvexer Raum. Auf dem Raum $\mathcal{C}(\Omega, F)$ der stetigen Funktionen von Ω nach F betrachten wir die lokalkonvexe Topologie der lokal gleichmäßigen Konvergenz; sie ist gegeben durch das Fundamentalsystem von Halbnormen

$$q_K(f) := \sup\{q(f(t)) \mid t \in K\}, \quad q \in \mathbb{H}(F), \ K \subseteq \Omega \text{ kompakt.}$$

b) Mit F ist offenbar auch $\mathcal{C}(\Omega, F)$ vollständig, quasivollständig oder folgenvollständig.

c) Ist Ω σ-*kompakt,* d. h. eine abzählbare Vereinigung kompakter Mengen, so ist mit F auch $\mathcal{C}(\Omega, F)$ metrisierbar bzw. ein Fréchetraum.

d) Eine stetige Funktion $f \in \mathcal{C}(\Omega, F)$ ist natürlich auch *schwach stetig,* d. h. für alle $y' \in F'$ sind die skalaren Funktionen $y' \circ f$ auf Ω stetig. Die Umkehrung ist i. A. nicht richtig:

Beispiel. Auf den Intervallen $I_n := (\frac{1}{n+1}, \frac{1}{n})$ wählen wir Funktionen $\varphi_n \in \mathcal{C}_c(I_n)$ mit $\|\varphi_n\|_{\sup} = 1$. Für eine orthonormale Folge (e_n) in einem Hilbertraum H definieren wir $f : [0,1] \to H$ durch $f(t) = \sum_{n=1}^{\infty} \varphi_n(t) e_n$. Offenbar ist f stetig auf $(0,1]$, nicht aber in 0. Für $x \in H$ gilt jedoch $|\langle f(t)|x\rangle| \le |\langle e_n|x\rangle|$ für $t \in I_n$ und daher $\langle f(t)|x\rangle \to 0$ für $t \to 0$. Somit ist f schwach stetig auf $[0,1]$.

Für eine *schwach stetige* Funktion $f \in \mathcal{C}_\sigma(\Omega, F)$ von Ω nach F definieren wir eine lineare Abbildung

$$\lambda(f) : F' \to \mathcal{C}(\Omega) \quad \text{durch} \quad \lambda(f) : y' \mapsto y' \circ f \ \text{ für } \ y' \in F'. \tag{1}$$

Die (starke) Stetigkeit von f lässt sich dann durch Eigenschaften von $\lambda(f)$ charakterisieren:

Satz 10.1

Für eine schwach stetige Funktion $f : \Omega \to F$ sind äquivalent:

(a) $f : \Omega \to F$ *ist stetig.*

(b) $\lambda(f) : F'_\gamma \to \mathcal{C}(\Omega)$ *ist stetig.*

(c) *Für $U \in \mathbb{U}(F)$ ist $\lambda(f)(U^\circ)$ kompakt in $\mathcal{C}(\Omega)$.*

(d) *Für $U \in \mathbb{U}(F)$ ist $\lambda(f)(U^\circ)$ relativ kompakt in $\mathcal{C}(\Omega)$.*

BEWEIS. „(a) $\Rightarrow$ (b)": Für eine kompakte Menge $K \subseteq \Omega$ ist $f(K)$ kompakt in F, und es folgt

$$\sup_{t \in K} | \lambda(f)y'(t) | \; = \; \sup_{t \in K} | \langle f(t), y' \rangle | \; = \; \sup_{y \in f(K)} | \langle y, y' \rangle | \,.$$

„(b) $\Rightarrow$ (c)": Nach dem Satz von Alaoglu-Bourbaki und Satz 1.4 ist U° kompakt in F'_γ und daher $\lambda(f)(U^\circ)$ kompakt in $\mathcal{C}(\Omega)$.

„(c) $\Rightarrow$ (d)" ist klar.

„(d) $\Rightarrow$ (a)": Für $q \in \mathbb{H}(F)$ und $t, s \in \Omega$ gilt

$$q(f(t) - f(s)) \; = \; \sup \{ | \langle f(t) - f(s), y' \rangle | \mid y' \in U_q^\circ \}, \quad \text{also}$$

$$q(f(t) - f(s)) \; = \; \sup \{ | \lambda(f)y'(t) - \lambda(f)y'(s) | \mid y' \in U_q^\circ \} \,. \tag{2}$$

Nach dem Satz von Arzelà-Ascoli ist $\lambda(f)(U_q^\circ)$ auf kompakten Teilmengen von Ω gleichstetig und somit $f : \Omega \to F$ stetig. $\Diamond$

Wir können also $\mathcal{C}(\Omega, F)$ als Unterraum des Operatorenraumes $L(F'_\gamma, \mathcal{C}(\Omega))$ auffassen. Wegen (2) wird die Topologie von $\mathcal{C}(\Omega, F)$ von der Topologie $\mathfrak{T}(\mathfrak{E})$ auf $L(F'_\gamma, \mathcal{C}(\Omega))$ induziert, wobei $\mathfrak{E}$ die Bornologie der *gleichstetigen* Mengen in F' bezeichnet. Wir schreiben kurz $L_e(F'_\gamma, \mathcal{C}(\Omega))$ für $(L(F'_\gamma, \mathcal{C}(\Omega)), \mathfrak{T}(\mathfrak{E}))$. Für einen *kompakten* Raum Ω und einen *Banachraum* F wird $\mathfrak{T}(\mathfrak{E})$ von der *Operatornorm* auf $L(F', \mathcal{C}(\Omega))$ induziert, und $\lambda : \mathcal{C}(\Omega, F) \to L_e(F'_\gamma, \mathcal{C}(\Omega))$ ist eine *Isometrie*.

Wir zeigen nun die *Surjektivität* von $\lambda : \mathcal{C}(\Omega, F) \to L_e(F'_\gamma, \mathcal{C}(\Omega))$ für *quasivollständige* Räume F. In diesem Fall gilt $\gamma(F', F) = \kappa(F', F)$, und nach dem Satz von Mackey-Arens 8.7 ist $(F'_\kappa)' = F$.

Satz 10.2
Für einen quasivollständigen lokalkonvexen Raum F ist λ ein topologischer Isomorphismus von $\mathcal{C}(\Omega, F)$ auf $L_e(F'_\kappa, \mathcal{C}(\Omega))$.

BEWEIS. Für $u \in L(F'_\kappa, \mathcal{C}(\Omega))$ gilt $u' : \mathcal{C}(\Omega)' \to (F'_\kappa)' = F$ für die duale Abbildung. Mit den Dirac-Funktionalen $\delta_t \in \mathcal{C}(\Omega)'$ definieren wir die Funktion $f := u' \circ \delta : \Omega \to F$. Dann ist f schwach stetig mit $\lambda(f) = u$ wegen

$$\langle f(t), y' \rangle \; = \; \langle u' \delta_t, y' \rangle \; = \; \langle uy', \delta_t \rangle \; = \; uy'(t) \quad \text{für } y' \in F' \text{ und } t \in \Omega \,.$$

Nun folgt die Stetigkeit von $f : \Omega \to F$ aus Satz 10.1 wegen $u \in L(F'_\kappa, \mathcal{C}(\Omega))$. $\Diamond$

ε-**Produkte.** a) Der Operatorenraum in Satz 10.2 heißt ε-Produkt der Räume $\mathcal{C}(\Omega)$ und F. Dieses wichtige Konzept wurde in [Grothendieck 1955] (mit F'_γ) und [Schwartz 1957b] (mit F'_κ) eingeführt und untersucht. Für *quasivollständige* Räume F stimmen beide Konzepte überein, i. A. aber muss $\lambda(f) : F'_\kappa \to \mathcal{C}(\Omega)$ nicht stetig sein, andererseits $(F'_\gamma)' = F$ nicht gelten.

b) Wir folgen hier L. Schwartz und definieren

$$E \varepsilon F := L_e(F'_\kappa, E)$$

als ε -*Produkt* lokalkonvexer Räume E, F. Die lokalkonvexe ε -*Topologie* ist gegeben durch das Fundamentalsystem von Halbnormen

$$(p \varepsilon q)(u) := \sup \{p(uy') \mid y' \in U_q^\circ\}, \quad u \in E \varepsilon F, p \in \mathbb{H}(E), q \in \mathbb{H}(F). \tag{3}$$

Nach Satz 10.2 gilt dann also $\mathcal{C}(\Omega, F) \simeq \mathcal{C}(\Omega) \varepsilon F$ für quasivollständige Räume F.

c) Für Banachräume X, Y wird die Topologie von $X \varepsilon Y$ von der Operatornorm auf $L(Y', X)$ induziert, es gilt dann z. B. $\mathcal{C}(\Omega, Y) \cong \mathcal{C}(\Omega) \varepsilon Y$ für kompakte Räume Ω und Banachräume Y. Da die Einheitskugel $\overline{U}$ von Y' in Y'_κ kompakt ist, ist $X \varepsilon Y$ ein Unterraum des Raumes $K(Y', X)$ der kompakten Operatoren von Y' nach X (vgl. auch Satz 10.4 und Aufgabe 10.2).

Satz 10.3

Es seien E, F lokalkonvexe Räume.

a) Die Transposition $u \mapsto u'$ liefert einen topologischen Isomorphismus von $E \varepsilon F$ auf $F \varepsilon E$, der im Fall von Banachräumen sogar eine Isometrie ist.

b) Mit E und F ist auch $E \varepsilon F$ vollständig, quasivollständig oder folgenvollständig.

BEWEIS. a) Für $u \in L(F'_\kappa, E)$ liegt die duale Abbildung $u' : E' \to (F'_\kappa)' = F$ im Raum $L(E'_\kappa, F)$, da u' sogar stetig von E'_κ nach $(F'_\kappa)'_\kappa$ ist. Wegen $u = u''$ liefert also die Transposition $u \mapsto u'$ einen linearen Isomorphismus von $E \varepsilon F$ auf $F \varepsilon E$. Nach (3) gilt

$$(p \varepsilon q)(u) = \sup \{|\langle uy', x' \rangle| \mid y' \in U_q^\circ, x' \in U_p^\circ\} = (q \varepsilon p)(u') \tag{4}$$

für $p \in \mathbb{H}(E)$ und $q \in \mathbb{H}(F)$; daher ist die Transposition ein *topologischer* Isomorphismus und im Fall von Banachräumen eine *Isometrie*.

b) Nun seien E und F vollständig. Ein Cauchy-Netz (u_α) in $E \varepsilon F = L_e(F'_\kappa, E)$ konvergiert wegen der Vollständigkeit von E gleichmäßig auf allen Mengen in $\mathfrak{E}(F')$ gegen eine lineare Abbildung $u : F' \to E$, und wegen der Vollständigkeit von F konvergiert auch (u'_α) gleichmäßig auf allen Mengen in $\mathfrak{E}(E')$ gegen eine lineare Abbildung $v : E' \to F$. Offenbar gilt $\langle uy', x' \rangle = \langle vx', y' \rangle$ für $x' \in E'$ und $y' \in F'$.

Für $p \in \mathbb{H}(E)$ ist U_p° kompakt in E'_κ, und wegen $u'_\alpha \to v$ gleichmäßig auf U_p° gilt $C := v(U_p^\circ) \in \mathfrak{K}(F)$. Für $y' \in F'$ gilt

$$p(uy') = \sup \{|\langle uy', x' \rangle| \mid x' \in U_p^\circ\} = \sup \{|\langle vx', y' \rangle| \mid x' \in U_p^\circ\}, \quad \text{also}$$

$$p(uy') = \sup \{|\langle y, y' \rangle| \mid y \in C\} = p_{C^\circ}(y'), \tag{5}$$

und somit ist $u : F'_\kappa \to E$ stetig.

Ebenso folgt aus der Quasivollständigkeit bzw. Folgenvollständigkeit von E und F auch die von $E\,\varepsilon\,F$. ◇

Satz 10.3 und insbesondere Formel (4) legen es nahe, $E\,\varepsilon\,F$ als Raum von *Bilinearformen* auf $E' \times F'$ zu interpretieren, vgl. Aufgabe 10.1. Dadurch wird die *Symmetrie* des ε-Produkts in den „Faktoren" E und F klarer, und in der Tat ist dies die ursprüngliche Definition von L. Schwartz.

Satz 10.4

Für Banachräume X und Y gelten die durch Transposition gegebenen Isometrien
$$K(X,Y) \cong X'\,\varepsilon\,Y \cong Y\,\varepsilon\,X'.$$

BEWEIS. a) Für einen kompakten Operator $u \in K(X,Y)$ ist $C := u(\overline{U}_1(0))$ relativ kompakt in Y. Wie in (5) gilt $u' \in L_e(Y'_\kappa, X') = X'\,\varepsilon\,Y \subseteq K(Y', X')$, und es ist $\|u'\| = \|u\|$.

b) Für $v \in X'\,\varepsilon\,Y$ gilt $v' \in Y\,\varepsilon\,X' = L_e((X')'_\kappa, Y) \subseteq K(X'', Y)$ und $\|v'\| = \|v\|$ aufgrund von Satz 10.3. Für $u := v' \circ \iota_X \in K(X,Y)$ gilt dann offenbar $u' = v$. ◇

Die Sätze 10.1 und 10.2 lassen sich übertragen auf allgemeinere

Funktionenräume. a) Unter einem *Funktionenraum* verstehen wir in diesem Abschnitt einen lokalkonvexen Raum $\mathcal{G}(M)$ skalarer Funktionen auf einer beliebigen Menge M, für den die Inklusionsabbildung in das kartesische Produkt $\mathbb{K}^M$ *stetig* ist; dann liefern die Dirac-Funktionale stetige Linearformen $\delta_t \in \mathcal{G}(M)'$ für alle $t \in M$.

b) Beispiele solcher Funktionenräume sind etwa *Folgenräume* ℓ_p, c_0 und s oder Räume $\mathcal{C}^m(\Omega)$, $\mathscr{H}(\Omega)$, $\mathcal{S}(\mathbb{R}^n)$ und $H^s(\mathbb{R}^n)$ für $s > \frac{n}{2}$. Nicht erfasst werden L_p-Räume über nicht diskreten Maßräumen wie etwa $L_p[0,1]$.

c) Für einen lokalkonvexen Raum F definieren wir den Raum der F-*wertigen schwachen $\mathcal{G}$-Funktionen* als
$$\mathcal{G}_\sigma(M,F) := \{f : M \to F \mid y' \circ f \in \mathcal{G}(M) \text{ für alle } y' \in F'\}.$$

Für $f \in \mathcal{G}_\sigma(M,F)$ definieren wir wie in (1) die lineare Abbildung $\lambda(f) : F' \to \mathcal{G}(M)$ durch $\lambda(f) : y' \mapsto y' \circ f$ für $y' \in F'$ und betrachten den Raum
$$\mathcal{G}_\kappa(M,F) := \{f \in \mathcal{G}_\sigma(M,F) \mid \forall U \in \mathbb{U}(F) : \lambda(f)(U^\circ) \text{ relativ kompakt}\}.$$

Es sei Y ein lokalkonvexer Raum. Eine Menge $S \subseteq Y'$ *trennt die Punkte* von Y, wenn $^\perp S = \{0\}$ ist; in diesem Fall ist $[S]$ dicht in Y'_κ.

Satz 10.5

Es seien $\mathcal{G}(M)$ ein Funktionenraum und F ein vollständiger lokalkonvexer Raum.

a) Für $f \in \mathcal{G}_\sigma(M,F)$ gilt $\lambda(f) \in \mathcal{G}(M)\,\varepsilon\,F \Leftrightarrow f \in \mathcal{G}_\kappa(M,F)$.

b) *Es ist λ eine Bijektion von $\mathcal{G}_\kappa(M,F)$ auf $\mathcal{G}(M)\,\varepsilon\,F$.*

BEWEIS. a) „$\Rightarrow$": Es sei $U \in \mathbb{U}(F)$. Wie im Beweis von Satz 10.1 ist U° kompakt in F'_κ und daher $\lambda(f)(U^\circ)$ kompakt in $\mathcal{G}(M)$.

„$\Leftarrow$": Für eine Funktion $f \in \mathcal{G}_\kappa(M,F)$ ist $\lambda(f)' : \mathcal{G}(M)'_\kappa \to (F'^\times, \mathfrak{T}(\mathfrak{E}))$ stetig. Wegen $\langle \lambda(f)'(\delta_t), y' \rangle = \langle f(t), y' \rangle$ für $y' \in F'$ gilt $\lambda(f)'(\delta_t) = f(t) \in F$ für alle $t \in M$. Da $\{\delta_t \mid t \in M\}$ die Punkte von $\mathcal{G}(M)$ trennt, ist diese Menge der Dirac-Funktionale dicht in $\mathcal{G}(M)'_\kappa$. Da F vollständig und daher in $(F'^\times, \mathfrak{T}(\mathfrak{E}))$ abgeschlossen ist, folgt $\lambda(f)'(\mathcal{G}(M)'_\kappa) \subseteq F$. Dies zeigt $\lambda(f)' \in F\,\varepsilon\,\mathcal{G}(M)$ und somit $\lambda(f) \in \mathcal{G}(M)\,\varepsilon\,F$ aufgrund von Satz 10.3.

b) Die Injektivität von λ ist klar; die Surjektivität ergibt sich wie in Satz 10.2. $\lozenge$

Unterräume von Funktionenräumen. a) Für einen abgeschlossenen Unterraum $\mathcal{A}(M)$ eines Funktionenraumes $\mathcal{G}(M)$ gilt offenbar

$$\mathcal{A}_\kappa(M,F) = \{f \in \mathcal{G}_\kappa(M,F) \mid \forall\, y' \in F' : y' \circ f \in \mathcal{A}(M)\}. \tag{6}$$

b) Ist F *vollständig,* so gilt nach Satz 10.5 auch

$$\mathcal{A}_\kappa(M,F) = \{f \in \mathcal{G}_\kappa(M,F) \mid \forall\, y' \in S : y' \circ f \in \mathcal{A}(M)\} \tag{7}$$

für jede die Punkte von F trennende Menge $S \subseteq F'$.

$\mathcal{C}^m$**-Funktionen.** a) Es seien $\Omega \subseteq \mathbb{R}^n$ offen und F ein quasivollständiger lokalkonvexer Raum. Für eine Funktion $f : \Omega \to F$ und den j-ten Einheitsvektor $e_j \in \mathbb{R}^n$ definieren wir die partielle Ableitung nach x_j durch

$$\partial_j f(x) := \lim_{t \to 0} \tfrac{1}{t}\left(f(x + te_j) - f(x)\right) \in F,$$

falls dieser Limes existiert. Für $m \in \mathbb{N}_0 \cup \{\infty\}$ bezeichnen wir mit $\mathcal{C}^m(\Omega, F)$ den Raum der m-mal stetig partiell differenzierbaren Funktionen von Ω nach F; wie im skalaren Fall ist eine $\mathcal{C}^1$-Funktion auch stets total differenzierbar. Die $\mathcal{C}^m$-Halbnormen

$$q_{K,m}(f) := \sum_{|\alpha| \leq m} \sup \{q(D^\alpha f(t)) \mid t \in K\}, \quad q \in \mathbb{H}(F), \; K \subseteq \Omega \text{ kompakt}$$

liefern eine lokalkonvexe Topologie auf $\mathcal{C}^m(\Omega, F)$; im Fall $m = \infty$ verwenden wir natürlich *alle* $\mathcal{C}^m$-Halbnormen und schreiben auch $\mathcal{E}(\Omega, F) = \mathcal{C}^\infty(\Omega, F)$. Mit F ist auch $\mathcal{C}^m(\Omega, F)$ vollständig bzw. ein Fréchetraum. Wegen

$$D^\alpha(y' \circ f) = y' \circ D^\alpha f \quad \text{für alle } y' \in F' \tag{8}$$

ergibt sich wie im Fall $m = 0$

$$\mathcal{C}^m(\Omega, F) = \mathcal{C}^m_\kappa(\Omega, F) \simeq \mathcal{C}^m(\Omega)\,\varepsilon\,F \quad \text{für } m \in \mathbb{N}_0 \cup \{\infty\}. \tag{9}$$

b) Wir erklären *Träger* von Vektorfunktionen wie im skalaren Fall, setzen

$$\mathcal{C}_c^m(A, F) := \{\varphi \in \mathcal{C}^m(\mathbb{R}^n, F) \mid \operatorname{supp}\varphi \Subset A\} \quad \text{für} \quad A \subseteq \mathbb{R}^n$$

und schreiben $\mathscr{D}(A, F) = \mathcal{C}_c^\infty(A, F)$. Für eine kompakte Menge $K \subseteq \mathbb{R}^n$ ist $\mathcal{C}_c^m(K, F)$ ein abgeschlossener Unterraum von $\mathcal{C}^m(\mathbb{R}^n, F)$. Wegen

$$\operatorname{supp}\varphi \subseteq K \quad \Leftrightarrow \quad \forall\, y' \in F' : \operatorname{supp} y' \circ \varphi \subseteq K \quad \text{für} \quad \varphi \in \mathcal{C}^m(\mathbb{R}^n, F)$$

und (6) gilt für $m \in \mathbb{N}_0 \cup \{\infty\}$ auch

$$\mathcal{C}_c^m(K, F) = \mathcal{C}_{c\,\kappa}^m(K, F) \simeq \mathcal{C}_c^m(K)\varepsilon F \quad \text{für} \quad K \subseteq \mathbb{R}^n \text{ kompakt.} \tag{10}$$

Das nun folgende *Schwach-Stark-Prinzip* beruht auf dem Graphensatz und geht auf [Grothendieck 1955], II §3.3 zurück; für Verfeinerungen dieses Prinzips verweisen wir auf [Gramsch 1977].

Satz 10.6

Es seien $\mathcal{G}(M)$ ein Funktionenraum mit Gewebe und F ein lokalkonvexer Raum.

a) Für $f \in \mathcal{G}_\sigma(M, F)$ und $U \in \mathbb{U}(F)$ ist $\lambda(f)(U^\circ)$ in $\mathcal{G}(M)$ beschränkt.

b) Ist zusätzlich $\mathcal{G}(M)$ ein Semi-Montelraum, so gilt $\mathcal{G}_\sigma(M, F) = \mathcal{G}_\kappa(M, F)$.

BEWEIS. a) Es genügt offenbar, die Stetigkeit von $\lambda(f) : F'_{U^\circ} \to \mathcal{G}(M)$ zu beweisen. Für ein Netz (y'_α) in F'_{U° mit $y'_\alpha \to y'$ in F'_{U° und $\lambda(f)y'_\alpha \to g$ in $\mathcal{G}(M)$ hat man

$$\langle\lambda(f)y'_\alpha, \delta_t\rangle = \langle f(t), y'_\alpha\rangle \to \langle f(t), y'\rangle = \langle\lambda(f)y', \delta_t\rangle$$

für alle $t \in M$, also $g = \lambda(f)y'$. Somit ist der Graph von $\lambda(f) : F'_{U^\circ} \to \mathcal{G}(M)$ abgeschlossen, und die Stetigkeit folgt aus Theorem 7.22.

Aussage b) folgt nun sofort aus a). $\diamond$

Beispiele. Nach dem Satz von Arzelà-Ascoli ist für $m \geq 1$ eine in $\mathcal{C}^m(\Omega)$ beschränkte Menge relativ kompakt in $\mathcal{C}^{m-1}(\Omega)$; nach Satz 10.6 und (9) liegt daher für einen quasivollständigen Raum F jede F-wertige schwache $\mathcal{C}^m$-Funktion in $\mathcal{C}^{m-1}(\Omega, F)$ (vgl. dazu auch Aufgabe 10.4). Insbesondere gilt:

Satz 10.7

Es seien $\Omega \subseteq \mathbb{R}^n$ offen und F ein quasivollständiger lokalkonvexer Raum. Dann liegt jede schwache $\mathcal{C}^\infty$-Funktion $f : \Omega \to F$ in $\mathcal{C}^\infty(\Omega, F)$.

Aus diesem Satz folgt mittels (6) sofort auch ein entsprechendes Resultat für *harmonische Funktionen* und für *holomorphe Funktionen*, vgl. auch Satz 10.11.

10.2 ε-Produkte linearer Operatoren

Wir führen nun ε-Produkte linearer Operatoren ein, um Operationen der Analysis von skalaren Funktionen auf Vektorfunktionen zu erweitern:

ε-Produkte von Operatoren. Gegeben seien lokalkonvexe Räume E_j und F_j für $j = 1,2$ sowie Operatoren $T \in L(E_1, E_2)$ und $S \in L(F_1, F_2)$.

a) Wir definieren das ε-Produkt $T \varepsilon S \in L(E_1 \varepsilon F_1, E_2 \varepsilon F_2)$ durch

$$(T \varepsilon S)(u) := T \circ u \circ S' \quad \text{für} \quad u \in E_1 \varepsilon F_1 \ = \ L_e(F'_{1\kappa}, E_1). \tag{11}$$

b) Für Kompositionen ergibt sich aus dem Diagramm

$$F'_{3\kappa} \xrightarrow{S'_2} F'_{2\kappa} \xrightarrow{S'_1} F'_{1\kappa} \xrightarrow{u} E_1 \xrightarrow{T_1} E_2 \xrightarrow{T_2} E_3$$

sofort die Formel

$$(T_2 \varepsilon S_2)(T_1 \varepsilon S_1) \ = \ (T_2 T_1) \, \varepsilon \, (S_2 S_1). \tag{12}$$

Integration stetiger Vektorfunktionen. a) Es seien K ein kompakter topologischer Raum, μ ein reguläres positives Borel-Maß auf K und $S_\mu : \varphi \mapsto \int_K \varphi \, d\mu$ das entsprechende Funktional in $\mathcal{C}(K)'$. Für einen quasivollständigen lokalkonvexen Raum F identifizieren wir eine stetige Funktion $f \in \mathcal{C}(K, F)$ mit dem Operator $\lambda(f) \in \mathcal{C}(K) \varepsilon F$ und definieren

$$\int_K f \, d\mu := (S_\mu \, \varepsilon \, I_F)(\lambda(f)) \in \mathbb{K} \varepsilon F \ = \ F. \tag{13}$$

Offenbar ist $\int_K f \, d\mu$ der eindeutig bestimmte Vektor in F mit

$$\langle \textstyle\int_K f(t) \, d\mu(t), y' \rangle \ = \ \textstyle\int_K \langle f(t), y' \rangle \, d\mu(t) \quad \text{für alle} \ y' \in F'. \tag{14}$$

b) Für eine Halbnorm $q \in \mathbb{H}(F)$ gilt

$$q(\textstyle\int_K f \, d\mu) = \sup \{| \, \langle \textstyle\int_K f \, d\mu, y' \rangle \, | \mid y' \in U_q^\circ \} \leq \sup \{ \textstyle\int_K | \, \langle f(t), y' \rangle \, | \, d\mu \mid y' \in U_q^\circ \}, \text{ also}$$

$$q(\textstyle\int_K f(t) \, d\mu(t)) \ \leq \ \textstyle\int_K q(f(t)) \, d\mu(t). \tag{15}$$

c) Für einen weiteren lokalkonvexen Raum E und $T \in L(F, E)$ gilt

$$\langle T(\textstyle\int_K f \, d\mu), x' \rangle = \langle \textstyle\int_K f \, d\mu, T'x' \rangle = \textstyle\int_K \langle f, T'x' \rangle \, d\mu = \textstyle\int_K \langle Tf, x' \rangle \, d\mu = \langle \textstyle\int_K Tf \, d\mu, x' \rangle$$

für alle $x' \in E'$ und somit

$$T(\textstyle\int_K f(t) \, d\mu(t)) \ = \ \textstyle\int_K Tf(t) \, d\mu(t). \tag{16}$$

Fourier-Entwicklung von $\mathcal{C}^\infty$-Funktionen. a) Nach Satz 1.7 ist die Fourier-Abbildung $\mathcal{F} : f \mapsto (\widehat{f}(k))_{k \in \mathbb{Z}^n}$ ein Isomorphismus von $\mathcal{E}_{2\pi}(\mathbb{R}^n)$ auf den Fréchetraum $s(\mathbb{Z}^n)$ der schnell fallenden Folgen. Für einen quasivollständigen lokalkonvexen Raum F definieren wir den Raum der F-wertigen schnell fallenden Folgen als

$$s(\mathbb{Z}^n, F) := \{x = (x_k) \in F^{\mathbb{Z}^n} \mid \forall\, j \in \mathbb{N}_0 \,\forall\, q \in \mathbb{H}(F) : \|x\|_{j,q} := \sup_{k \in \mathbb{Z}^n} \langle k \rangle^j \, q(x_k) < \infty\}$$

(vgl. Aufgabe 1.5). Nach einer Folgerung aus dem Prinzip der gleichmäßigen Beschränktheit (vgl. S. 148) gilt $s(\mathbb{Z}^n, F) = s_\sigma(\mathbb{Z}^n, F)$, und die Sätze 10.6 und 10.5 liefern

$$s(\mathbb{Z}^n, F) = s_\sigma(\mathbb{Z}^n, F) = s_\kappa(\mathbb{Z}^n, F) \simeq s(\mathbb{Z}^n)\,\varepsilon\, F. \tag{17}$$

Nach (9) ist $\mathcal{E}_{2\pi}(\mathbb{R}^n)\,\varepsilon\, F \simeq \mathcal{E}_{2\pi}(\mathbb{R}^n, F)$ der Raum der in jeder Variablen 2π-periodischen F-wertigen $\mathcal{C}^\infty$-Funktionen. Es ist $\mathcal{F}\,\varepsilon\, I_F : \mathcal{E}_{2\pi}(\mathbb{R}^n)\,\varepsilon\, F \rightarrow s(\mathbb{Z}^n)\,\varepsilon\, F$ ein Isomorphismus, den wir konkret beschreiben können:

b) Für eine Funktion $f \in \mathcal{E}_{2\pi}(\mathbb{R}^n, F)$ definieren wir die *Fourier-Koeffizienten*

$$\widehat{f}(k) := (2\pi)^{-n} \int_Q f(y)\, e^{-i\langle k | y \rangle}\, dy \in F, \quad k \in \mathbb{Z}^n, \tag{18}$$

mit $Q = [-\pi, \pi]^n$ mittels (13). Wegen (14) ist $(\mathcal{F}\,\varepsilon\, I_F)(\lambda(f)) = \lambda((\widehat{f}(k))_{k \in \mathbb{Z}^n})$. Daher gilt:

Satz 10.8
Es sei F ein quasivollständiger lokalkonvexer Raum. Die durch $\mathcal{F} : f \mapsto (\widehat{f}(k))_{k \in \mathbb{Z}^n}$ gegebene Fourier-Abbildung ist ein Isomorphismus *von $\mathcal{E}_{2\pi}(\mathbb{R}^n, F)$ auf $s(\mathbb{Z}^n, F)$. Für $f \in \mathcal{E}_{2\pi}(\mathbb{R}^n, F)$ gilt die Fourier-Entwicklung $f(x) = \sum_{k \in \mathbb{Z}^n} \widehat{f}(k)\, e^{i\langle k | x \rangle}$ in diesem Raum.*

Dies lässt sich natürlich auch ohne Verwendung von ε-Produkten wie in Satz 1.7 beweisen. Ähnlich wie in Abschnitt 2.4 ergibt sich nun:

Satz 10.9
Es seien F ein quasivollständiger lokalkonvexer Raum und $\Omega \subseteq \mathbb{R}^n$ offen. Dann ist $\mathscr{D}(\Omega) \otimes F$ dicht in $\mathscr{D}(\Omega, F)$ und in $\mathcal{E}(\Omega, F)$.

BEWEIS. Es ist $\mathscr{D}(\Omega, F)$ dicht in $\mathcal{E}(\Omega, F)$. Für $\varphi \in \mathscr{D}(\Omega, F)$ sei $K := \operatorname{supp} \varphi \Subset \Omega$. Für großes $\ell \in \mathbb{N}$ definiert φ eine $2\pi\ell$-periodische Funktion φ_p. Diese approximieren wir mittels Satz 10.8 durch Funktionen $\sum_{j=1}^r \alpha_j \otimes y_j \in \mathcal{E}_{2\pi\ell}(\mathbb{R}^n) \otimes F$ in $\mathcal{E}_{2\pi\ell}(\mathbb{R}^n, F)$. Nun wählen wir $\eta \in \mathscr{D}(\Omega)$ mit $\eta = 1$ auf K und approximieren $\varphi = \eta\varphi_p$ durch $\sum_{j=1}^r \eta\alpha_j \otimes y_j \in \mathscr{D}(\Omega) \otimes F$ in $\mathscr{D}(\Omega, F)$. $\qquad\diamond$

Differentialoperatoren und Faltungsoperatoren. a) Ein Differentialoperator $P(D)$ lässt sich auch auf Vektorfunktionen anwenden, und wir bezeichnen ihn dann mit $P(D)^F : \mathcal{E}(\Omega, F) \to \mathcal{E}(\Omega, F)$. Mit der Identifikation $\mathcal{E}(\Omega, F) \simeq \mathcal{E}(\Omega)\, \varepsilon\, F$ für einen quasivollständigen lokalkonvexen Raum F gilt dann $P(D)^F \simeq P(D)\, \varepsilon\, I_F$ aufgrund von (11) und (8).

b) Eine Distribution $u \in \mathcal{D}'(\mathbb{R}^n)$ definiert *Faltungsoperatoren* $u* \in L(\mathcal{D}(K), \mathcal{E}(\mathbb{R}^n))$ für jede kompakte Menge $K \subseteq \mathbb{R}^n$. Mittels $(u*)\, \varepsilon\, I_F$ definieren wir dann auch Faltungsoperatoren $u*^F \in L(\mathcal{D}(K, F), \mathcal{E}(\mathbb{R}^n, F))$ auf Vektorfunktionen.

c) Besitzt ein Operator $P(D) : \mathcal{E}(\Omega) \to \mathcal{E}(\Omega)$ einen *stetigen linearen Lösungsoperator* $R : \mathcal{E}(\Omega) \to \mathcal{E}(\Omega)$ (vgl. Abschnitt 9.6), so ist $R\, \varepsilon\, I_F$ wegen (12) ein solcher zu $P(D)\, \varepsilon\, I_F$; somit ist auch $P(D)^F : \mathcal{E}(\Omega, F) \to \mathcal{E}(\Omega, F)$ rechtsinvertierbar und insbesondere surjektiv.

Ein Funktional $v \in \mathcal{D}(\Omega, F)'$ lässt sich auf offene Teilmengen von Ω einschränken, und wie auf S. 42 definieren wir den *Träger* von v als

$$\operatorname{supp} v := \Omega \setminus \bigcup \{\omega \subseteq \Omega \text{ offen} \mid v|_\omega = 0\}.$$

Der Satz von Malgrange 9.16 gilt auch für Funktionen mit Werten in *Frécheträumen*:

Theorem 10.10
Es seien $P \in \mathcal{P}_n$ ein Polynom und $\Omega \subseteq \mathbb{R}^n$ eine P-konvexe offene Menge. Für einen Fréchetraum F ist dann der Differentialoperator $P(D)^F : \mathcal{E}(\Omega, F) \to \mathcal{E}(\Omega, F)$ surjektiv.

BEWEIS. Wir weisen die in Theorem 9.10 formulierten Bedingungen nach.

a) Zum Beweis von (9.14) ist zu $f \in \mathcal{E}(\Omega, F)$ und einer kompakten Menge $K \subseteq \Omega$ eine Funktion $g \in \mathcal{E}(\Omega, F)$ mit $P(D)^F g = f$ nahe K zu konstruieren. Dazu seien $3\delta = d(K, \partial\Omega) > 0$ und $\eta \in \mathcal{D}(K_{2\delta})$ mit $\eta = 1$ auf K_δ; dann gilt $\eta f \in \mathcal{D}(K_{2\delta}, F)$. Nach Theorem 5.9 besitzt $P(D)$ eine *Fundamentallösung* $E \in \mathcal{D}'(\mathbb{R}^n)$. Für die Funktion $g := E *^F (\eta f) \in \mathcal{E}(\mathbb{R}^n, F)$ gilt dann $P(D)^F g = \eta f$ aufgrund von Formel (12), also $P(D)^F g = f$ auf K_δ.

b) Zum Nachweis von (9.15) genügt es, wie im Beweis von Satz 9.16

$$\forall\, K \Subset \Omega\, \exists\, K' \Subset \Omega\, \forall\, v \in \mathcal{E}(\Omega, F)' \; : \; \operatorname{supp} P(D)^{F'} v \subseteq K \Rightarrow \operatorname{supp} v \subseteq K' \tag{19}$$

zu zeigen; aufgrund der $P(D)$-Konvexität von Ω ist dies für *skalare* Distributionen v erfüllt (vgl. S. 209). Für $v \in \mathcal{E}(\Omega, F)'$ und $y \in F$ definieren wir Distributionen $v_y \in \mathcal{E}(\Omega)'$ durch $v_y(\phi) := v(\phi\, y)$ für $\phi \in \mathcal{E}(\Omega)$. Nun sei $\operatorname{supp} P(D)^{F'} v \subseteq K$. Im Fall $\operatorname{supp} \phi \cap K = \emptyset$ ist dann

$$v_y(P(D)\phi) = v(P(D)^F(\phi\, y)) = P(D)^{F'} v(\phi\, y) = 0,$$

also supp $P(-D)v_y \subseteq K$ für alle $y \in F$. Dies impliziert supp $v_y \subseteq K'$ für alle $y \in F$.
Mit $\omega := \Omega \backslash K'$ folgt dann $v(\sum_{j=1}^{r} \phi_j\, y_j) = 0$ für alle $\phi_j \in \mathscr{D}(\omega)$ und $y_j \in F$. Mit Satz
10.9 ergibt sich dann $v = 0$ auf $\mathscr{D}(\omega, F)$ und somit supp $v \subseteq K'$. $\Diamond$

Theorem 10.10 kann auch mittels *Tensorprodukt-Methoden,* die wir ab Abschnitt 10.4
entwickeln werden, auf den skalaren Fall zurückgeführt werden (vgl. S. 283).

Insbesondere ist also der Cauchy-Riemann-Operator $\overline{\partial} : \mathcal{E}(\Omega, F) \to \mathcal{E}(\Omega, F)$ für
Fréchéträume F über jeder offenen Menge $\Omega \subseteq \mathbb{C}$ surjektiv, da Ω nach Satz 9.21
$\overline{\partial}$-konvex ist.

10.3 Holomorphe Funktionen und Cousin-Probleme

Nun gehen wir zur Untersuchung *holomorpher* Vektorfunktionen über; funktionen-
theoretische Methoden spielen eine wichtige Rolle in der *Spektraltheorie* in Teil III des
Buches. Das folgende Resultat geht im Wesentlichen auf N. Dunford (1938) zurück:

Satz 10.11
*Es seien $\Omega \subseteq \mathbb{C}$ offen und F ein quasivollständiger lokalkonvexer Raum. Für eine
Funktion $f : \Omega \to F$ sind äquivalent:*

(a) Es gilt $f \in C^\infty(\Omega, F)$ mit $\overline{\partial} f = 0$.

(b) f ist in jedem Punkt aus Ω komplex-differenzierbar.

*(c) f ist stetig, und es gibt eine die Punkte von F trennende Menge $S \subseteq F'$, sodass
$y' \circ f$ für alle $y' \in S$ holomorph ist.*

(d) f ist schwach holomorph.

(e) Für $w \in \Omega$ und $\rho = d(w, \partial\Omega)$ gilt eine Potenzreihenentwicklung

$$f(z) = \sum_{k=0}^{\infty} a_k\,(z-w)^k \quad \text{für } |z-w| < \rho \text{ mit Vektoren } a_k \in F. \tag{20}$$

BEWEIS. „(a) $\Rightarrow$ (b)" folgt wie im skalaren Fall, „(b) $\Rightarrow$ (c)" ist klar, und die Implikation „(c) $\Rightarrow$ (d)" ergibt sich aus (7), da $\lambda(f) : F'_\kappa \to C(\Omega)$ nach Satz 10.1 stetig ist.
„(d) $\Rightarrow$ (e)": Nach Satz 10.7 gilt $f \in C^\infty(\Omega, F)$. Für $0 < r < \rho$ definieren wir

$$a_k := \frac{1}{2\pi i} \int_{\partial U_r(w)} \frac{f(z)}{(z-w)^{k+1}}\, dz \in F, \quad k \in \mathbb{N}_0. \tag{21}$$

Dieses Integral ist von der Wahl von $0 < r < \rho$ unabhängig, da dies für alle $y' \in F'$
aufgrund des *Cauchyschen Integralsatzes* für skalare Funktionen auf $\langle a_k, y' \rangle$ zutrifft.
Für $0 < r < \rho$ gelten daher *Cauchy-Abschätzungen*

$$q(a_k) \leq C(q, r)\, r^{-k} \quad \text{für } k \in \mathbb{N}_0, \tag{22}$$

und somit ist die *Potenzreihe* in (20) auf $U_\rho(w)$ in F konvergent. Wegen (14) hat man $\langle f(z), y' \rangle = \langle \sum_{k=0}^{\infty} a_k (z-w)^k, y' \rangle$ für alle $y' \in F$, und somit gilt (20).

„(e) $\Rightarrow$ (d)" ist klar, und „(d) $\Rightarrow$ (a)" folgt aus Satz 10.7 und (8). $\qquad\qquad \Diamond$

Man kann auch „(e) $\Rightarrow$ (a)" wie im skalaren Fall zeigen. In Bedingung (c) genügt an Stelle der Stetigkeit auch die *lokale Beschränktheit* von f (vgl. [Große-Erdmann 2004]).

Zusatz. Es seien F ein tonnelierter Raum und $f : \Omega \to F'$, sodass die skalaren Funktionen $z \to \langle x, f(z) \rangle$ für alle $x \in F$ holomorph sind. Dann besitzt f eine Potenzreihenentwicklung (20) in F'_β.

Dies ergibt sich ähnlich wie im Beweisteil „(d) $\Rightarrow$ (e)" von Satz 10.11.

Holomorphe Funktionen. a) Es seien $\Omega \subseteq \mathbb{C}$ offen und F ein quasivollständiger lokalkonvexer Raum. Eine Funktion $f : \Omega \to F$ heißt *holomorph,* wenn die äquivalenten Bedingungen aus Satz 10.11 erfüllt sind. Der Raum $\mathcal{H}(\Omega, F)$ aller holomorphen F-wertigen Funktionen auf Ω ist ein abgeschlossener Unterraum von $\mathcal{E}(\Omega, F)$ und auch von $\mathcal{C}(\Omega, F)$, und aufgrund der Sätze 10.6 und 10.5 gilt

$$\mathcal{H}(\Omega, F) = \mathcal{H}_\sigma(\Omega, F) = \mathcal{H}_\kappa(\Omega, F) \simeq \mathcal{H}(\Omega)\, \varepsilon\, F\,. \tag{23}$$

b) Mit Hilfe des *Satzes von Hahn-Banach* lassen sich viele Resultate über skalare holomorphe Funktionen auf den Fall von Vektorfunktionen in $\mathcal{H}(\Omega, F)$ übertragen:

c) Es gilt der *Cauchysche Integralsatz:* Für jede offene Menge $D \Subset \Omega$ mit stückweise glattem Rand gilt $\int_{\partial D} f(z)\, dz = 0$ (vgl. etwa [Kaballo 1999], 22.9).

d) Weiter gilt die *Cauchysche Integralformel:* Für jede offene Menge $D \Subset \Omega$ mit stückweise glattem Rand gilt (vgl. [Kaballo 1999], 22.12)

$$f(z) = \tfrac{1}{2\pi i} \int_{\partial D} \tfrac{f(\zeta)}{\zeta - z}\, d\zeta\,, \quad z \in D\,. \tag{24}$$

e) Der *Identitätssatz* (vgl. [Kaballo 1997], 28.12) gilt in folgender Form: Es seien $G \subseteq F$ ein abgeschlossener Unterraum und (z_j) eine Folge in einem Gebiet Ω mit Häufungspunkt in Ω. Ist nun $f \in \mathcal{H}(\Omega, F)$ mit $f(z_j) \in G$ für alle $j \in \mathbb{N}$, so ist $\langle f(z_j), y' \rangle = 0$ für $j \in \mathbb{N}$ und alle $y' \in G^\perp$. Nach dem Identitätssatz für skalare holomorphe Funktionen folgt $\langle f(z), y' \rangle = 0$ für alle $z \in \Omega$ und alle $y' \in G^\perp$, wegen $G = {}^\perp(G^\perp)$ also $f(z) \in G$ für alle $z \in \Omega$.

f) Der *Satz von Liouville* (vgl. [Kaballo 1999], 22.18) besagt, dass eine beschränkte ganze Funktion $f \in \mathcal{H}(\mathbb{C}, F)$ konstant ist. Eine wichtige Anwendung in der *Spektraltheorie* wurde bereits in [GK], Satz 4.3 gegeben: Für ein Element $x \in \mathcal{A}$ einer komplexen Banachalgebra $\mathcal{A}$ ist die *Resolvente*

$$R_x : \rho(x) \to \mathcal{A}\,, \quad R_x(z) := (ze - x)^{-1}\,,$$

holomorph, und es gilt $\| R_x(z) \| \to 0$ für $|z| \to \infty$. Somit kann R_x keine ganze Funktion sein, und es folgt $\rho(x) \neq \mathbb{C}$. Daher ist das *Spektrum* $\sigma(x) = \mathbb{C} \backslash \rho(x)$ von $x \in A$ *nicht leer.*

Meromorphe Funktionen. a) Es seien $\Omega \subseteq \mathbb{C}$ offen und F ein quasivollständiger lokalkonvexer Raum. Eine *meromorphe* Funktion von Ω nach F ist eine holomorphe Funktion $g : \Omega \backslash \Pi_g \to F$, wobei Π_g in Ω diskret ist und g höchstens *Pole* in den Punkten $w \in \Pi_g$ hat. Dies bedeutet, dass für ein geeignetes $p = p(w)$ die Funktion $z \mapsto (z - w)^p g(z)$ eine holomorphe Fortsetzung in den Punkt w hat. Mit $\mathcal{M}(\Omega, F)$ bezeichnen wir die Menge aller meromorphen Funktionen auf Ω mit Werten in F.

b) Eine Funktion $g \in \mathcal{M}(\Omega, F)$ hat in jedem Punkt $w \in \Omega$ eine *Laurent-Entwicklung*

$$g(z) = \sum_{k=-p}^{\infty} a_k (z - w)^k, \quad 0 < |z - w| < \rho, \tag{25}$$

wobei die Koeffizienten $a_k \in F$ für $k \in \mathbb{Z}$ mit $k \geq -p$ durch (21) gegeben sind. Wegen (22) konvergiert die Reihe (25) absolut und lokal gleichmäßig auf der „gelochten Kreisscheibe" $U_\rho'(w) = \{ z \in \mathbb{C} \mid 0 < |z - w| < \rho \}$. Die Summanden $\sum_{k=-p}^{-1} a_k (z - w)^k$ mit negativen Exponenten in (25) bilden den *Hauptteil* der Laurent-Reihe, und für $a_{-p} \neq 0$ heißt p die *Polordnung* von g in w.

Wir untersuchen nun die Gültigkeit des *Satzes von Mittag-Leffler* für F-wertige meromorphe Funktionen. Dazu wollen wir nicht wie im skalaren Fall in Abschnitt 9.3 argumentieren (vgl. dazu Aufgabe 10.11), sondern eine andere wichtige Methode vorstellen, die im skalaren Fall bereits auf P. Cousin (1895) zurückgeht.

Konstruktion meromorpher Funktionen. a) Gegeben seien eine diskrete Menge $S = \{ w_j \}_{j \in \mathbb{N}}$ in Ω sowie Hauptteile $P_j(z) = \sum_{k=-p_j}^{-1} a_{k,j} (z - w_j)^k \in \mathcal{M}(\Omega, F)$ für $j \in \mathbb{N}$. Wie in Satz 9.15 ist dann eine meromorphe Funktion $g \in \mathcal{M}(\Omega, F)$ mit $\Pi_g = \{ w_j \}_{j \in \mathbb{N}}$ gesucht, die für alle $j \in \mathbb{N}$ in w_j genau den Hauptteil P_j besitzt.

b) Die Mengen $\omega_j := \Omega \backslash \bigcup_{k \neq j} \{ w_k \}$ bilden eine offene Überdeckung von Ω. Die Differenzen $h_{jk} := P_j - P_k$ sind auf $\omega_j \cap \omega_k = \Omega \backslash \bigcup_\ell \{ a_\ell \}$ holomorph, und es gilt

$$h_{jk} + h_{k\ell} + h_{\ell j} = 0 \quad \text{auf} \ \omega_j \cap \omega_k \cap \omega_\ell. \tag{26}$$

Die Funktionen $h_{jk} \in \mathcal{H}(\omega_j \cap \omega_k, F)$ sind *Cousin-Daten* auf Ω:

Cousin-Probleme. Allgemeiner sei $\{ \omega_j \}_{j \in \mathbb{N}}$ eine offene Überdeckung einer offenen Menge $\Omega \subseteq \mathbb{C}$. Holomorphe Funktionen $h_{jk} \in \mathcal{H}(\omega_j \cap \omega_k, F)$ heißen F-wertige *Cousin-Daten* auf Ω (bezüglich der Überdeckung $\{ \omega_j \}_{j \in \mathbb{N}}$), falls (26) gilt. Das durch diese Daten gegebene *additive F-wertige Cousin-Problem* heißt *lösbar*, falls es holomorphe Funktionen $h_j \in \mathscr{H}(\omega_j, F)$ gibt mit

$$h_{jk} = h_k - h_j \quad \text{auf} \quad \omega_j \cap \omega_k. \tag{27}$$

Beachten Sie bitte die Analogie der Zerlegungen (27) zu den Zerlegungen (9.19) der Mittag-Leffler-Methode 9.14. Mit Hilfe von Theorem 10.10 können wir zeigen:

Theorem 10.12

Für einen Fréchetraum F ist jedes F-wertige additive Cousin-Problem auf einer offenen Menge $\Omega \subseteq \mathbb{C}$ lösbar.

BEWEIS. a) Wir konstruieren zunächst eine $\mathcal{C}^\infty$-Lösung des Cousin-Problems. Dazu wählen wir gemäß Satz 2.9 eine der Überdeckung $\{\omega_j\}_{j \in \mathbb{N}}$ untergeordnete $\mathcal{C}^\infty$-Zerlegung der Eins $\{\alpha_n\}_{n \in \mathbb{N}}$ mit $\operatorname{supp} \alpha_n \Subset \omega_{\varphi(n)}$. Für $z \in \omega_j$ setzen wir dann $g_j(z) := \sum_{n=1}^\infty \alpha_n(z) \, h_{\varphi(n)j}(z)$. Da diese Summe lokal endlich ist, gilt $g_j \in \mathcal{C}^\infty(\omega_j, F)$, und weiter ergibt sich mit (26)

$$g_k - g_j = \sum_{n=1}^\infty \alpha_n \left(h_{\varphi(n)k} - h_{\varphi(n)j} \right) = \sum_{n=1}^\infty \alpha_n \, h_{jk} = h_{jk} \quad \text{auf} \quad \omega_j \cap \omega_k.$$

b) Insbesondere gilt $\overline{\partial} g_j = \overline{\partial} g_k$ auf $\omega_j \cap \omega_k$, sodass durch diese $\overline{\partial}$-Ableitungen eine *global definierte* Funktion $f \in \mathcal{C}^\infty(\Omega, F)$ gegeben ist. Da F ein Fréchetraum ist, gibt es nach Theorem 10.10 eine Funktion $u \in \mathcal{C}^\infty(\Omega, F)$ mit $\overline{\partial} u = f$. Für die Funktionen $h_j := g_j - u \in \mathcal{C}^\infty(\omega_j, F)$ gilt dann $\overline{\partial} h_j = 0$, also $h_j \in \mathscr{H}(\omega_j, F)$, und man hat

$$h_k - h_j = g_k - g_j = h_{jk} \quad \text{auf} \quad \omega_j \cap \omega_k. \quad \Diamond$$

Aus Theorem 10.12 ergibt sich nun leicht:

Satz 10.13 (Mittag-Leffler)

Es seien $\Omega \subseteq \mathbb{C}$ offen und F ein Fréchetraum. Auf einer diskreten Menge $\{w_j\}_{j \in \mathbb{N}}$ in Ω seien Hauptteile $P_j \in \mathcal{M}(\Omega, F)$ gegeben. Dann gibt es eine meromorphe Funktion $g \in \mathcal{M}(\Omega, F)$ mit $\Pi_g = \{w_j\}_{j \in \mathbb{N}}$, sodass $g - P_j$ für alle $j \in \mathbb{N}$ in w_j holomorph ist.

BEWEIS. Das Cousin-Problem aus obiger Vorüberlegung zur Konstruktion meromorpher Funktionen besitzt nach Theorem 10.12 eine Lösung; es gibt also holomorphe Funktionen $h_j \in \mathscr{H}(\omega_j, F)$ mit $P_j - P_k = h_k - h_j$ auf $\omega_j \cap \omega_k$. Mit der Definition $g(z) := P_j(z) + h_j(z)$ für $z \in \omega_j$ erhalten wir dann global eine meromorphe Funktion $g \in \mathcal{M}(\Omega, F)$ mit den behaupteten Eigenschaften. $\qquad \Diamond$

Theorem 10.12 gilt auch über *Holomorphiegebieten* in $\mathbb{C}^n$ und kann dann als Erweiterung des Satzes von Mittag-Leffler aufgefasst werden. Für dieses fundamentale *Theorem B* von H. Cartan (1951) sei auf [Gunning und Rossi 1965] oder [Hörmander 1973] verwiesen. Der vektorwertige Fall kann mittels *Tensorprodukt-Methoden* ähnlich wie auf S. 283 auf den skalaren Fall zurückgeführt werden (vgl. [Bungart 1964]).

Beispiele. a) Der Satz von Mittag-Leffler gilt *nicht* für Funktionen mit Werten in dem (DF)-Montelraum φ der endlichen Folgen. Mit den „Einheitsvektoren" $e_j := (\delta_{jk})_{k \in \mathbb{N}_0}$ geben wir uns die Hauptteile $P_j(z) = \frac{e_j}{z - w_j}$ in $\mathcal{M}(\Omega, \varphi)$ vor. Für eine meromorphe Funktion $g \in \mathcal{M}(\Omega, \varphi)$ wählen wir einen Kreis $U_{2r}(a) \subseteq \Omega$, auf dem g holomorph ist. Dann ist $g(\overline{U}_r(a))$ in φ kompakt; es gibt also $m \in \mathbb{N}_0$ mit $g(z) \in \varphi_m = \bigoplus_{k=1}^m \mathbb{C}$ für alle $z \in U_r(a)$ (vgl. Aufgabe 7.13). Nach dem *Identitätssatz* auf S. 242 folgt daraus $g(z) \in \varphi_m$ für alle $z \in \Omega \backslash \Pi_g$, und daher kann g nicht die vorgegebenen Hauptteile besitzen.

b) Aufgrund der Beweise von Satz 10.13 und Theorem 10.12 gelten auch Theorem 10.12 und Theorem 10.10 *nicht* für Funktionen mit Werten in φ.

c) Die Aussagen aus a) und b) gelten an Stelle von φ für $m \in \mathbb{N}_0 \cup \{\infty\}$ auch für die (DF)-Montelräume $\mathcal{C}^m(\Omega)'_\beta$ über offenen Mengen $\Omega \subseteq \mathbb{R}^n$. Andererseits werden wir in Abschnitt 12.5 die Gültigkeit des Satzes von Mittag-Leffler für gewisse (DF)-Montelräume wie etwa s'_β beweisen.

Eine weitere Anwendung von Theorem 10.12 ist der folgende *Lifting-Satz* für holomorphe Funktionen:

Satz 10.14
Es seien $\Omega \subseteq \mathbb{C}$ offen und $\sigma : E \to Q$ eine Surjektion von Frécheträumen. Zu einer Funktion $f \in \mathcal{H}(\Omega, Q)$ gibt es ein Lifting $f^\vee \in \mathcal{H}(\Omega, E)$ mit $\sigma f^\vee(z) = f(z)$ für alle $z \in \Omega$.

$$
\begin{array}{ccc}
 & & E \\
 & {\scriptstyle f^\vee}\nearrow & \downarrow {\scriptstyle \sigma} \\
\Omega & \xrightarrow{\ f\ } & Q
\end{array}
$$

BEWEIS. a) Zu $w \in \Omega$ und $\rho = d(w, \partial\Omega)$ hat man eine Potenzreihenentwicklung (20) $f(z) = \sum\limits_{k=0}^\infty y_k (z - w)^k$ mit $y_k \in Q$ auf $U_\rho(w)$. Für $0 < r < \rho$ gilt dann $r^k y_k \to 0$ in Q. Nach Satz 6.4 gibt es eine Nullfolge (ξ_k) in E mit $\sigma\xi_k = r^k y_k$, und wir setzen $x_k := r^{-k} \xi_k \in E$. Dann ist die Potenzreihe $h_w(z) := \sum\limits_{k=0}^\infty x_k (z - w)^k$ auf $U_r(w)$ lokal gleichmäßig konvergent, und für $h_w \in \mathcal{H}(U_r(w), E)$ gilt $\sigma h_w = f$ auf $U_r(w)$.

b) Es gibt also eine abzählbare offene Überdeckung $\{\omega_j\}_{j \in \mathbb{N}}$ von Ω und holomorphe Funktionen $h_j \in \mathcal{H}(\omega_j, E)$ mit $\sigma h_j = f$ auf ω_j für $j \in \mathbb{N}$. Mit $G := N(\sigma)$ gilt dann

$$
g_{jk} := h_j - h_k \in \mathcal{H}(\omega_j \cap \omega_k, G) \quad \text{für} \quad j, k \in \mathbb{N},
$$

und es gilt Bedingung (26). Nach Theorem 10.12 gibt es Funktionen $g_j \in \mathscr{H}(\omega_j, G)$ mit

$$g_k - g_j = g_{jk} = h_j - h_k \quad \text{auf } \omega_j \cap \omega_k.$$

Durch $f^\vee(z) := h_j(z) + g_j(z)$ für $z \in \omega_j$ wird dann *global* eine holomorphe Funktion $f^\vee \in \mathscr{H}(\Omega, E)$ definiert, die offenbar $\sigma f^\vee(z) = f(z)$ für alle $z \in \Omega$ erfüllt. $\Diamond$

Dieser Lifting-Satz gilt auch für holomorphe Funktionen auf allen offenen Mengen $\Omega \subseteq \mathbb{C}^n$, obwohl additive Cousin-Probleme in diesem Fall i. A. nur über *Holomorphiegebieten* lösbar sind. Dies ergibt sich aus einem alternativen Beweis von Satz 10.14 am Ende von Abschnitt 11.4.

10.4 ε-Tensorprodukte und Approximationseigenschaft

Endlichdimensionale Operatoren und Tensoren. a) Es seien E, F lokalkonvexe Räume. Für Vektoren $x_1, \ldots, x_r \in E$ und $y_1, \ldots, y_r \in F$ wird durch

$$t : y' \mapsto \sum_{j=1}^{r} \langle y_j, y' \rangle \, x_j \tag{28}$$

ein endlichdimensionaler Operator $t \in L_e(F'_\kappa, E) = E \, \varepsilon \, F$ definiert, den wir mit

$$\sum_{j=1}^{r} x_j \otimes y_j \tag{29}$$

bezeichnen. Umgekehrt sei $u \in E \, \varepsilon \, F = L_e(F'_\kappa, E)$ mit $\dim R(u) < \infty$ gegeben. Wir wählen eine Basis $\{x_1, \ldots, x_r\}$ von $R(u)$ und betrachten die duale Basis $\{f_1, \ldots, f_r\}$ von $R(u)'$, sodass also $f_i(x_j) = \delta_{ij}$ gilt. Für $y' \in F'$ folgt dann $u(y') = \sum_{j=1}^{r} \alpha_j x_j$ mit

$\alpha_j = f_j(u(y')) = \langle y_j, y' \rangle$ mit $y_j := f_j \circ u \in (F'_\kappa)' = F$, und somit gilt $u = \sum_{j=1}^{r} x_j \otimes y_j$.

b) Der Raum $E \otimes F$ aller endlichdimensionalen linearen Operatoren von F'_κ nach E heißt *Tensorprodukt* von E und F, mit der von $E \, \varepsilon \, F$ induzierten lokalkonvexen Topologie ε-*Tensorprodukt* oder *injektives Tensorprodukt* $E \otimes_\varepsilon F$ von E und F. Die Vervollständigung $E \widehat{\otimes}_\varepsilon F$ heißt *vollständiges* ε-*Tensorprodukt* von E und F (vgl. Satz 8.16). Sind E und F vollständig, so ist $E \widehat{\otimes}_\varepsilon F$ aufgrund von Satz 10.3 der Abschluss von $E \otimes F$ im ε-Produkt $E \, \varepsilon \, F$.

c) Der Ausdruck in (29) definiert natürlich auch den zu (28) dualen Operator

$$t' : x' \mapsto \sum_{j=1}^{r} \langle x_j, x' \rangle \, y_j$$

in $F \varepsilon E$. Wie in Satz 10.3 hat man die Isomorphie $E \otimes_\varepsilon F \cong F \otimes_\varepsilon E$, die im Fall von Banachräumen sogar eine Isometrie ist. Nach (4) ist durch

$$(p \otimes_\varepsilon q)\,(\sum_{j=1}^r x_j \otimes y_j) \;=\; \sup\{|\,\sum_{j=1}^r \langle x_j, x'\rangle\,\langle y_j, y'\rangle\,|\,|\ x' \in U_p^\circ,\, y' \in U_q^\circ\} \qquad (30)$$

für $p \in \mathbb{H}(E)$ und $q \in \mathbb{H}(F)$ ein Fundamentalsystem von Halbnormen auf $E \otimes_\varepsilon F$ gegeben.

d) Für lokalkonvexe Räume E_j und F_j, Operatoren $T \in L(E_1, E_2)$ und $S \in L(F_1, F_2)$ sowie $t = \sum_j x_j \otimes y_j \in E_1 \otimes F_1$ gilt

$$((T \varepsilon S)t)y' \;=\; T(t(S'y')) \;=\; \sum_j \langle y_j, S'y'\rangle\, Tx_j \quad \text{für}\ \ y' \in F_2'.$$

Die Einschränkung $T \otimes S := T \varepsilon S|_{E_1 \otimes F_1}$ heißt *Tensorprodukt* der Operatoren T und S; dieser Operator ist also gegeben durch

$$(T \otimes S)\,(\sum_j x_j \otimes y_j) := (T \varepsilon S)t \;=\; \sum_j Tx_j \otimes Sy_j. \qquad (31)$$

Offenbar ist das Tensorprodukt $T \otimes S : E_1 \otimes_\varepsilon F_1 \to E_2 \otimes_\varepsilon F_2$ stetig.

Beispiele. a) Es seien $\mathcal{G}(M)$ ein Funktionenraum wie auf S. 235 und F ein vollständiger lokalkonvexer Raum. Mit der Bijektion $\lambda : \mathcal{G}_\kappa(M, F) \to \mathcal{G}(M)\,\varepsilon\,F$ aus Satz 10.5 ist dann $\lambda^{-1}(\sum_{j=1}^r g_j \otimes y_j)$ die Funktion $t \mapsto \sum_{j=1}^r g_j(t)\,y_j$ in $\mathcal{G}_\kappa(M, F)$. Wir können also $\mathcal{G}(M) \otimes F$ mit dem Raum der Funktionen in $\mathcal{G}_\kappa(M, F)$ identifizieren, deren Bild in einem endlichdimensionalen Unterraum von F liegt.

b) Für Banachräume X, Y liefert Satz 10.4 die Isometrien $\mathcal{F}(X, Y) \cong X' \otimes_\varepsilon Y \cong Y \otimes_\varepsilon X'$ für den Raum der endlichdimensionalen stetigen linearen Operatoren von X nach Y.

Wir untersuchen nun die Frage, wann $E \otimes F$ in $E \varepsilon F$ dicht ist. Diese hängt eng zusammen mit der in [Grothendieck 1955] und [Schwartz 1957b] eingeführten und untersuchten

Approximationseigenschaft. a) Ein lokalkonvexer Raum E hat die *(Schwartzsche) Approximationseigenschaft (A.E.)*, falls die Identität I_E auf E gleichmäßig auf allen Mengen in $\mathfrak{K}(E)$ durch endlichdimensionale Operatoren approximiert werden kann, falls also I_E im Abschluss von $\mathcal{F}(E)$ in $L_\kappa(E)$ liegt.

b) Der Raum E hat die *Grothendiecksche Approximationseigenschaft*, falls I_E im Abschluss von $\mathcal{F}(E)$ in $L_\gamma(E)$ liegt. Wir untersuchen hier die Schwartzsche A.E.; für quasivollständige Räume fallen beide Eigenschaften zusammen.

c) Der Raum E hat die *beschränkte Approximationseigenschaft (b.A.E.)*, falls ein *gleichstetiges* Netz (F_α) in $L(E)$ mit $F_\alpha x \to x$ für alle $x \in E$ existiert. In diesem Fall gilt auch $F_\alpha \to I_E$ in $L_\gamma(E)$ nach Satz 1.4, sodass die b.A.E. die A.E. impliziert.

Beispiele für Räume mit A.E. sind

Räume mit Schauder-Basis.   a) Eine Folge $(x_j)_{j\in\mathbb{N}_0}$ in einem lokalkonvexen Raum E heißt *Schauder-Basis* von E, falls jeder Vektor $x \in E$ eine *eindeutige* Darstellung $x = \sum_{j=0}^{\infty} \alpha_j\, x_j$ mit $\alpha_j \in \mathbb{K}$ hat und die Funktionale $x_j' : x \mapsto \alpha_j$ *stetig* sind. Ein Raum mit Schauder-Basis ist separabel.

b) Eine abzählbare Orthonormalbasis eines Hilbertraumes ist offenbar eine Schauder-Basis desselben.

c) Im Fall eines Fréchetraumes E folgt die Stetigkeit der Funktionale $x_j' : x \mapsto \alpha_j$ automatisch aus dem Satz von der offenen Abbildung, vgl. dazu [Meise und Vogt 1992], Corollar 28.11.

Satz 10.15
Ein tonnelierter Raum E mit Schauder-Basis besitzt die b.A.E.

BEWEIS. Für die Projektionen $P_n : x \to \sum_{j=0}^{n} \langle x, x_j' \rangle\, x_j$ in $\mathcal{F}(E)$ gilt $P_n x \to x$ für alle $x \in E$, und nach Theorem 7.4 ist die Menge $\{P_n\}$ gleichstetig. $\Diamond$

Köthe-Räume.   a) Eine Matrix $A = (a_{j,k})_{j,k\in\mathbb{N}_0}$ heißt *Köthe-Matrix*, falls stets $0 \le a_{j,k} \le a_{j,k+1}$ gilt und zu jedem $j \in \mathbb{N}_0$ ein $k \in \mathbb{N}_0$ mit $a_{j,k} > 0$ existiert. Die für $p \ge 1$ durch

$$\lambda_p(A) \quad := \quad \{x = (x_j)_{j\in\mathbb{N}_0} \mid \forall\, k \in \mathbb{N}_0 \; : \; \|x\|_k := \big(\sum_{j=0}^{\infty} |a_{j,k} x_j|^p\big)^{1/p} < \infty\},$$

$$\lambda_\infty(A) \quad := \quad \{x = (x_j)_{j\in\mathbb{N}_0} \mid \forall\, k \in \mathbb{N}_0 \; : \; \|x\|_k := \sup_{j=0}^{\infty} a_{j,k}|x_j| < \infty\},$$

$$c_0(A) \quad := \quad \{x = (x_j)_{j\in\mathbb{N}_0} \in \lambda_\infty(A) \mid \forall\, k \in \mathbb{N}_0 \; : \; \lim_{j\to\infty} a_{j,k}|x_j| = 0\}$$

definierten Frécheträume heißen *Köthe-Räume*. In $\lambda_p(A)$ mit $p < \infty$ und in $c_0(A)$ gilt $x = \sum_{n=0}^{\infty} x_n e_n$ mit den „Einheitsvektoren" $e_n = (\delta_{jn})$, und die linearen Funktionale $e_n' : x \mapsto x_n$ sind stetig. Diese Räume besitzen also eine Schauder-Basis und somit die b.A.E.

b) Mit $a_{j,k} = 1$ für alle j und k ergeben sich die Banachräume ℓ_p, ℓ_∞ und c_0.

c) Im Fall $a_{j,k} := 1$ für $j \le k$ und $a_{j,k} := 0$ für $j > k$ gilt $\lambda_p(A) \simeq c_0(A) \simeq \omega$ für alle $1 \le p \le \infty$.

In [Meise und Vogt 1992], § 27 werden Köthe-Räume ausführlich untersucht. Wichtige Spezialfälle sind

Potenzreihenräume. a) Für $R \in \mathbb{R} \cup \{\infty\}$ und eine Folge $\alpha = (\alpha_j)$ mit $0 \le \alpha_j \uparrow \infty$ definieren wir die *Potenzreihenräume*

$$\Lambda_R(\alpha) := \{x = (x_j)_{j \in \mathbb{N}_0} \mid \forall \, t < R \; : \; \|x\|_t := (\sum_{j=0}^{\infty} |x_j|^2 \, e^{2t\alpha_j})^{1/2} < \infty\}. \tag{32}$$

Für jede Folge (t_k) in $(-\infty, R)$ mit $t_k \uparrow R$ gilt dann $\Lambda_R(\alpha) \simeq \lambda_2(A)$ mit der Köthe-Matrix $A := (e^{t_k \alpha_j})$.

b) Für $\alpha_j := \log(j+1)$ ergibt sich $\Lambda_\infty(\log(j+1)) \simeq s(\mathbb{N}_0)$. Mit diesem Raum besitzen auch die zu ihm isomorphen Räume $C^\infty[a,b]$, $\mathscr{D}[a,b]$, $s(\mathbb{Z}^n)$, $\mathcal{E}_{2\pi}(\mathbb{R}^n)$ und $\mathcal{S}(\mathbb{R}^n)$ Schauder-Basen und die b.A.E.

c) Die Monome $\{z^j\}_{j \in \mathbb{N}_0}$ bilden eine Schauder-Basis der Räume $\mathscr{H}(U_R(0))$ holomorpher Funktionen, und somit besitzen diese Räume die b.A.E. Durch $(x_j) \mapsto \sum_{j=0}^{\infty} x_j z^j$ werden Isomorphien $\Lambda_R(j) \simeq \mathscr{H}(U_R(0))$ definiert (vgl. auch Aufgabe 1.7).

Auch viele weitere *Funktionenräume* besitzen eine Schauder-Basis; die Konstruktion einer solchen ist oft wesentlich schwieriger als der Nachweis der A.E. Wir verweisen dazu auf [Lindenstrauß und Tzafriri 1977] und Aufgabe 10.17.

Satz 10.16

a) Ein Hilbertraum H *besitzt die b.A.E.*

b) Für einen kompakten Raum K besitzt der Banachraum $C(K)$ die b.A.E.

BEWEIS. a) Es sei $\{e_j\}_{j \in J}$ eine Orthonormalbasis von H. Die endlichen Teilmengen $\mathfrak{E}(J)$ von J bilden ein gerichtetes System. Für $\alpha \in \mathfrak{E}(J)$ sei P_α die orthogonale Projektion auf $[e_j]_{j \in \alpha}$. Für das Netz (P_α) in $\mathcal{F}(H)$ gilt dann $\|P_\alpha\| \le 1$ für alle $\alpha \in \mathfrak{E}(J)$ und $P_\alpha x \to x$ für alle $x \in H$.

b) Das System J aller *endlichen* offenen Überdeckungen $\omega = \{\omega_j\}$ von K ist gerichtet bezüglich Verfeinerung. Für $\omega \in J$ wählen wir Punkte $x_j \in \omega_j$ und eine ω untergeordnete stetige Zerlegung der Eins $\{\alpha_j\}$ auf K (vgl. S. 35). Für die Operatoren $F_\omega = \sum_j \delta_{x_j} \otimes \alpha_j : f \mapsto \sum_j f(x_j) \alpha_j$ in $\mathcal{F}(C(K))$ gilt

$$|F_\omega f(x)| = |\sum_j f(x_j) \alpha_j(x)| \le \|f\| \sum_j \alpha_j(x) \le \|f\|$$

für $x \in K$ und $f \in C(K)$, also $\|F_\omega\| \le 1$. Zu $\varepsilon > 0$ und $y \in K$ gibt es eine offene Umgebung $U(y)$ von y mit $|f(x) - f(y)| \le \varepsilon$ für $x \in U(y)$. Für jede Verfeinerung $\omega \in J$ einer endlichen Teilüberdeckung $\omega_0 \in J$ der Überdeckung $\{U(y) \mid y \in K\}$ von K gilt dann $|f(x) - f(x_j)| \le 2\varepsilon$ für $x \in \omega_j$, und es folgt

$$|f(x) - F_\omega f(x)| = |\sum_j (f(x) - f(x_j)) \alpha_j(x)| \le 2\varepsilon \quad \text{für alle } x \in K. \quad \Diamond$$

Wir kommen nun zu äquivalenten Formulierungen der A.E.:

Satz 10.17

Für einen lokalkonvexen Raum E sind äquivalent:

(a) E hat die A.E.

(b) Es ist $E \otimes F$ dicht in $E \varepsilon F$ für alle lokalkonvexen Räume F.

(c) Es ist $E \otimes Y$ dicht in $E \varepsilon Y$ für alle Banachräume Y.

(d) Es ist $E \otimes E'$ dicht in $E \varepsilon E'_\kappa$.

BEWEIS. „(a) $\Rightarrow$ (b)": Für einen Operator $u \in E \varepsilon F = L_e(F'_\kappa, E)$ und $U \in \mathbb{U}(F)$ gilt $u(U^\circ) \in \mathfrak{K}(E)$. Für ein Netz (t_α) in $\mathcal{F}(E)$ mit $t_\alpha \to I_E$ in $L_\kappa(E)$ folgt daher $E \otimes F \ni t_\alpha \circ u \to u$ in $L_e(F'_\kappa, E) = E \varepsilon F$.

„(b) $\Rightarrow$ (c)" ist klar.

„(c) $\Rightarrow$ (d)": Für einen Operator $u \in E \varepsilon E'_\kappa$ gilt $u' \in E'_\kappa \varepsilon E = L_e(E'_\kappa)$. Für eine Halbnorm $p \in \mathbb{H}(E'_\kappa)$ betrachten wir den lokalen Banachraum $\widehat{(E'_\kappa)}_p$ und die Abbildung $\rho_p \circ u' \in L_e(E'_\kappa, \widehat{(E'_\kappa)}_p)$ (vgl. S. 151). Zu $V \in \mathbb{U}(E)$ und $\varepsilon > 0$ gibt es nach Voraussetzung (c) einen Tensor $t_1 \in E \otimes \widehat{(E'_\kappa)}_p$ mit

$$\sup_{x' \in V^\circ} \| \rho_p u'(x') - t_1(x') \|_{\widehat{(E'_\kappa)}_p} \leq \varepsilon.$$

Wir können t_1 durch $t_2 = \sum_{j=1}^{r} x_j \otimes \rho_p(x'_j) \in E \otimes (E'_\kappa)_p$ bis auf ε approximieren, und für $t := \sum_{j=1}^{r} x_j \otimes x'_j \in E \otimes E'$ gilt dann $\sup_{x' \in V^\circ} p(u'(x') - \sum_{j=1}^{r} \langle x_j, x' \rangle x'_j) \leq 2\varepsilon$. Somit ist $E \otimes E'$ dicht in $E \varepsilon E'_\kappa$.

„(d) $\Rightarrow$ (a)": Da die Topologie von $E = (E'_\kappa)'$ schwächer als die von $(E'_\kappa)'_\kappa$ ist, hat man $L(E) \subseteq L((E'_\kappa)'_\kappa, E)$. Wegen $\mathfrak{K}(E) = \mathfrak{E}((E'_\kappa)')$ ist $L_\kappa(E)$ ein topologischer Unterraum von $E \varepsilon E'_\kappa = L_e((E'_\kappa)'_\kappa, E)$. Nach Voraussetzung ist I_E in $E \varepsilon E'_\kappa$ durch Tensoren in $E \otimes E' \subseteq L(E)$ approximierbar, und dies gilt dann auch in $L_\kappa(E)$. $\Diamond$

Beweisteil „(c) $\Rightarrow$ (d)" liefert auch das folgende Resultat:

Satz 10.18

Ein lokalkonvexer Raum E besitze ein Fundamentalsystem $\mathbb{H}$ von Halbnormen, sodass die lokalen Banachräume $\widehat{E}_p$ für alle $p \in \mathbb{H}$ die A.E. haben. Dann besitzt auch E die A.E.

BEWEIS. Für $u \in E \varepsilon F = L_e(F'_\kappa, E)$ und $p \in \mathbb{H}(E)$ kann $\rho_p \circ u \in L_e(F'_\kappa, \widehat{E}_p)$ durch endlichdimensionale Operatoren approximiert werden. $\Diamond$

Beispiele. a) Aus Satz 10.18 ergibt sich die A.E. des Fréchetraumes $\mathscr{H}(\Omega)$ der holomorphen Funktionen auf einer offenen Menge $\Omega \subseteq \mathbb{C}$ (vgl. Aufgabe 10.11).

b) Ebenso folgt die A.E. des Fréchetraumes $\mathcal{E}(\Omega)$ der C^∞-Funktionen auf einer offenen Menge $\Omega \subseteq \mathbb{R}^n$. Diese ergibt sich auch mittels Kriterium (c) aus Satz 10.17; für einen Banachraum Y ist nämlich $\mathcal{E}(\Omega) \otimes Y$ nach Satz 10.9 dicht in $\mathcal{E}(\Omega, Y) \simeq \mathcal{E}(\Omega) \varepsilon Y$.

Wir zeigen in Abschnitt 11.4, dass *Unterräume von* $\mathcal{E}(\Omega)$ ebenfalls die A.E. haben.

Nun gehen wir auf die *Approximation kompakter Operatoren* durch endlichdimensionale Operatoren ein und verwenden dazu das folgende

Lemma 10.19
Es seien E *ein lokalkonvexer Raum,* $C \in \mathfrak{K}(E)$ *und* $f \in E^\times$ *eine Linearform, die auf* C *stetig ist. Zu* $\eta > 0$ *gibt es dann* $x' \in E'$ *mit* $\sup\limits_{x \in C} |f(x) - x'(x)| \leq \eta$.

BEWEIS. Es gibt $U \in \mathbb{U}(E)$ mit $|f(x)| \leq \eta$ für alle $x \in U \cap C$. Nach Aufgabe 8.1 gilt dann im Dualsystem $\langle E, E^\times \rangle$

$$ f \in \eta \, (U \cap C)^\circ = \eta \, \overline{\Gamma(U^\circ \cup C^\circ)}^\sigma \subseteq \eta \, (\overline{U^\circ + C^{\circ\sigma}}) = \eta \, (U^\circ + C^\circ), $$

da U° in $\sigma(E^\times, E)$ kompakt ist. Dies zeigt $f = x' + g$ mit $x' \in \eta U^\circ \subseteq E'$ und $g \in \eta C^\circ$, also $|g(x)| \leq \eta$ für alle $x \in C$. $\Diamond$

Satz 10.20
Es seien X *und* Y *Banachräume.*

a) Genau dann hat X' *die A.E., wenn* $\mathcal{F}(X, Y)$ *für alle* Y *in* $K(X, Y)$ *dicht ist.*

b) Genau dann hat Y *die A.E., wenn* $\mathcal{F}(X, Y)$ *für alle* X *in* $K(X, Y)$ *dicht ist.*

BEWEIS. a) Nach Satz 10.4 gilt $K(X, Y) \cong X' \varepsilon Y$, und wegen $\mathcal{F}(X, Y) \cong X' \otimes Y$ folgt die Behauptung aus Satz 10.17 (c).

b) „$\Rightarrow$" folgt sofort wie in a). Zum Beweis von „$\Leftarrow$" sei nun $C \in \mathfrak{K}(Y)$ gegeben. Nach Satz 8.26 gibt es $K \in \mathfrak{K}(Y)$, sodass C im Banachraum Y_K kompakt ist. Zur Identität $I \in K(Y_K, Y)$ und $\eta > 0$ gibt es nach Voraussetzung $F = \sum\limits_{j=1}^{r} f_j \otimes y_j \in Y_K' \otimes Y$ mit $\|I - F\|_{L(Y_K, Y)} \leq \eta$, insbesondere also $\sup\limits_{y \in C} \|y - Fy\| \leq \eta$. Nun fallen auf C die von Y_K und Y induzierten Topologien zusammen, sodass die f_j auf C bezüglich der Norm von Y stetig sind. Ihre Fortsetzungen zu Linearformen $f_j \in Y^\times$ können nach Lemma 10.19 gleichmäßig auf C durch Funktionale in Y' approximiert werden, und damit folgt die Behauptung. $\Diamond$

Aussage „$\Leftarrow$" in b) ist eine Verschärfung von Satz 10.17 (c): Zum Nachweis der A.E. von Y genügt es, die Dichtheit von $Z \otimes Y$ in $Z \varepsilon Y$ nur für *duale* Banachräume $Z = X'$ zu testen. Es ist nicht bekannt, ob die Dichtheit von $\mathcal{F}(X)$ in $K(X)$ die A.E. von X impliziert.

Viele „konkrete Räume" besitzen die A.E., viele separable „konkrete Räume" sogar eine Schauder-Basis. Daher formulierte S. Banach 1932 die Frage, ob *alle* separablen Banachräume eine Schauder-Basis besitzen. In [Grothendieck 1955], I §5 fragte A. Grothendieck, ob *alle* Banachräume und damit auch alle lokalkonvexen Räume die A.E. besitzen, und gab zahlreiche interessante Umformulierungen des Problems an, u. a. auch zu konkreten Aussagen über gewisse unendliche Matrizen oder stetige Integralkerne auf $[0,1]^2$ (vgl. Aufgabe 11.13). Dieses *Approximationsproblem* und damit auch Banachs *Basisproblem* wurde von P. Enflo 1972 (vgl. [Enflo 1973]) *negativ* gelöst durch Konstruktion eines „exotischen" Unterraums von c_0 ohne A.E. Eine vereinfachte Konstruktion und weitere Informationen sind in [Lindenstrauß und Tzafriri 1977], Abschnitte 1.e und 2.d angegeben. Nach [Szankowski 1981] besitzt der konkrete Operatorenraum $L(\ell_2)$ die A.E. *nicht*. Es ist nicht bekannt, ob der Banachraum $\mathscr{H}^\infty(D)$ der beschränkten holomorphen Funktionen auf dem offenen Einheitskreis die A.E. besitzt.

10.5 π-Tensorprodukte und Bochner-Integrale

Wir führen nun eine weitere wichtige lokalkonvexe Topologie auf einem Tensorprodukt $E \otimes F$ lokalkonvexer Räume ein:

Zulässige Topologien auf Tensorprodukten. Eine lokalkonvexe Topologie $\mathfrak{T}$ auf $E \otimes F$ heißt *zulässig,* falls die *kanonische bilineare Abbildung*

$$\otimes : \; E \times F \to (E \otimes F, \mathfrak{T}) , \quad \otimes(x,y) := x \otimes y ,$$

stetig ist. Die ε-Topologie $\mathfrak{T}_\varepsilon$ ist offenbar zulässig, und für $p \in \mathbb{H}(E) , q \in \mathbb{H}(F)$ gilt nach (30)

$$(p \otimes_\varepsilon q)(x \otimes y) = p(x)\,q(y) \quad \text{für} \;\; x \in E , y \in F . \tag{33}$$

Projektive Tensorprodukte. a) Mit den Identitäten $i_\mathfrak{T} : E \otimes F \to (E \otimes F, \mathfrak{T})$ ist $\{i_\mathfrak{T} \mid \mathfrak{T} \text{ zulässig}\}$ ein projektives System und definiert somit die *projektive* oder π-*Topologie* $\mathfrak{T}_\pi$ auf $E \otimes F$ (vgl. S. 149); diese ist dann die stärkste zulässige lokalkonvexe Topologie auf $E \otimes F$. Offenbar ist $\mathfrak{T}_\pi$ stärker als $\mathfrak{T}_\varepsilon$ und somit Hausdorffsch. Wir schreiben $E \otimes_\pi F$ für $(E \otimes F, \mathfrak{T}_\pi)$.

b) Für eine zulässige Topologie $\mathfrak{T}$ auf $E \otimes F$ und $W \in \mathbb{U}(\mathfrak{T})$ gibt es $U \in \mathbb{U}(E)$ und $V \in \mathbb{U}(F)$ mit

$$\otimes (U \times V) := \{x \otimes y \mid x \in U , y \in U\} \subseteq W . \tag{34}$$

Wir verwenden ab jetzt die Notation $E_1 \otimes F_1 = [\otimes(E_1 \times F_1)]$ für *Unterräume* E_1 von E und F_1 von F, aber $A \otimes B = \otimes(A \times B)$ für alle anderen Mengen $A \subseteq E$ und $B \subseteq F$.

c) Die absolutkonvexen Mengen

$$\Gamma(U \otimes V), \quad U \in \mathbb{U}(E), \quad V \in \mathbb{U}(F),$$

bilden eine Nullumgebungsbasis einer lokalkonvexen Topologie auf $E \otimes F$ (vgl. die Sätze 6.2 und 7.1), die wegen (34) mit $\mathfrak{T}_\pi$ übereinstimmen muss.

Satz 10.21

Es seien E, F, G lokalkonvexe Räume. Durch $\beta : T \mapsto T \circ \otimes$ wird ein linearer Isomorphismus von $L(E \otimes_\pi F, G)$ auf den Raum $\mathcal{B}(E, F; G)$ der stetigen bilinearen Abbildungen von $E \times F$ nach G definiert. Insbesondere liefert β die Isomorphie $(E \otimes_\pi F)' \simeq \mathcal{B}(E, F)$.

BEWEIS. a) Wegen der Stetigkeit von $\otimes : E \times F \to E \otimes_\pi F$ ist β definiert und offenbar linear und injektiv.

b) Nun sei $B \in \mathcal{B}(E, F; G)$ gegeben. Einen Tensor $t = \sum\limits_{j=1}^{r} x_j \otimes y_j \in E \otimes F$ können wir in der Form $t = \sum\limits_{k=1}^{n} e_k \otimes f_k$ mit linear unabhängigen $e_1, \ldots, e_n \in E$ schreiben, und dann ist $\sum\limits_{j=1}^{r} B(x_j, y_j) = \sum\limits_{k=1}^{n} B(e_k, f_k)$. Aus $\sum\limits_{j=1}^{r} x_j \otimes y_j = 0$ folgt wegen (28) dann $f_k = 0$ für alle k und somit $\sum\limits_{j=1}^{r} B(x_j, y_j) = 0$. Daher können wir $T : E \otimes F \to G$ durch $T(\sum\limits_{j=1}^{r} x_j \otimes y_j) := \sum\limits_{j=1}^{r} B(x_j, y_j)$ definieren. Offenbar ist T linear und $\beta(T) = B$.

c) Für $W \in \mathbb{U}(G)$ gibt es $U \in \mathbb{U}(E)$ und $V \in \mathbb{U}(F)$ mit $B(U \times V) \subseteq W$, also $T(U \otimes V) \subseteq W$ und auch $T(\Gamma(U \otimes V)) \subseteq W$; somit ist $T : E \otimes_\pi F \to G$ stetig. $\diamond$

Für Banachräume E, F gelten die Isometrien

$$(E \otimes_\pi F)' \cong \mathcal{B}(E, F) \cong L(E, F'). \tag{35}$$

Satz 10.22

Es seien E, F lokalkonvexe Räume. Für $p \in \mathbb{H}(E)$ und $q \in \mathbb{H}(F)$ ist das Minkowski-Funktional von $\Gamma(U_p \otimes U_q)$ gegeben durch

$$(p \otimes_\pi q)(t) := \inf \{ \sum_{j=1}^{r} p(x_j) q(y_j) \mid t = \sum_{j=1}^{r} x_j \otimes y_j \}. \tag{36}$$

Wie in (33) gilt

$$(p \otimes_\pi q)(x \otimes y) = p(x) q(y) \quad \text{für } x \in E, y \in F. \tag{37}$$

BEWEIS. a) Man rechnet leicht nach, dass in (36) eine Halbnorm r auf $E \otimes F$ definiert wird mit $r(x \otimes y) \leq p(x)q(y)$. Für $t \in \Gamma(U_p \otimes U_q)$ gilt $t = \sum_j \lambda_j x_j \otimes y_j$ mit $x_j \in U_p$, $y_j \in U_q$ und $\sum_j |\lambda_j| \leq 1$, also $r(t) \leq \sum_j p(\lambda_j x_j)q(y_j) \leq \sum_j |\lambda_j| \leq 1$.

b) Nun sei $r(t) < 1$; dann ist $t = \sum_{j=1}^{r} x_j \otimes y_j$ mit $\sum_{j=1}^{r} p(x_j)q(y_j) < 1$. Mit geeigneten $\delta_j > 0$ gilt noch $\sum_{j=1}^{r} \mu_j < 1$ für $\mu_j := (p(x_j)+\delta_j)(q(y_j)+\delta_j)$. Mit $u_j := \frac{x_j}{p(x_j)+\delta_j} \in U_p$ und $v_j := \frac{y_j}{q(y_j)+\delta_j} \in U_q$ folgt dann $t = \sum_{j=1}^{r} \mu_j u_j \otimes v_j \in \Gamma(U_p \otimes U_q)$.

c) Aussage „$\leq$" in (37) ist klar; wir zeigen „$\geq$": Nach dem Satz von Hahn-Banach gibt es $x' \in U_p^\circ$ mit $\langle x, x' \rangle = p(x)$ und $y' \in U_q^\circ$ mit $\langle y, y' \rangle = q(y)$. Wir definieren $x' \times y' \in \mathcal{B}(E \times F)$ durch $(x' \times y')(x,y) := \langle x, x' \rangle \cdot \langle y, y' \rangle$ und dann $x' \otimes y' := \beta^{-1}(x' \times y') \in (E \otimes_\pi F)'$ gemäß Satz 10.21. Für $t = \sum_j x_j \otimes y_j$ gilt dann

$$| \langle t, x' \otimes y' \rangle | \;=\; | \sum_j \langle x_j, x' \rangle \cdot \langle y_j, y' \rangle | \;\leq\; \sum_j p(x_j)q(y_j),$$

also $x' \otimes y' \in U_r^\circ$. Nun folgt $p(x)q(y) = \langle x, x' \rangle \langle y, y' \rangle = \langle x \otimes y, x' \otimes y' \rangle \leq r(x \otimes y)$. $\lozenge$

Die Vervollständigung $E \widehat{\otimes}_\pi F$ eines projektiven Tensorprodukts heißt *vollständiges π-Tensorprodukt* von E und F. Der folgende *Entwicklungssatz* für vollständige π-Tensorprodukte von Fré016eträumen stammt von A. Grothendick (1955), der einfache Beweis von A. Pietsch (1963).

Theorem 10.23

Es seien E, F metrisierbare lokalkonvexe Räume und $x \in E \widehat{\otimes}_\pi F$.

a) Es gilt $x = \sum_{j=1}^{\infty} \lambda_j x_j \otimes y_j$ mit $\sum_{j=1}^{\infty} |\lambda_j| < \infty$ sowie $x_j \to 0$ in E und $y_j \to 0$ in F.

b) Für $p \in \mathbb{H}(E)$ und $q \in \mathbb{H}(F)$ gilt

$$(p \widehat{\otimes}_\pi q)(x) \;=\; \inf \{ \sum_{j=1}^{\infty} |\lambda_j| \, p(x_j)q(y_j) \mid x = \sum_{j=1}^{\infty} \lambda_j x_j \otimes y_j \}, \tag{38}$$

wobei das Infimum über alle Entwicklungen wie in a) gebildet wird.

c) Im Fall von Fré016eträumen E, F gibt es kompakte Kugeln $A \in \mathfrak{K}(E)$ und $B \in \mathfrak{K}(F)$ mit $x \in E_A \widehat{\otimes}_\pi F_B$.

BEWEIS. a) Es seien $\{p_n\}$ und $\{q_n\}$ wachsende Fundamentalsysteme von Halbnormen auf E und F mit o. E. $p_1 = p$ und $q_1 = q$. Mit $r_n := p_n \widehat{\otimes}_\pi q_n$ gibt es zu $\varepsilon > 0$ Tensoren $t_n \in E \otimes F$ mit $r_n(x - t_n) < \frac{\varepsilon}{n^2 2^{n+1}}$ für $n \geq 1$. Wir setzen $s_0 := t_1$ und $s_n := t_{n+1} - t_n$ für $n \geq 1$; dann gilt $r_1(s_0) < r_1(x) + \frac{\varepsilon}{4}$ und

$$r_n(s_n) \leq r_{n+1}(t_{n+1} - x) + r_n(x - t_n) < \frac{\varepsilon}{n^2 2^n} \quad \text{für} \quad n \geq 1.$$

Wir schreiben $s_0 = \sum_{k=1}^{k_1} \lambda_k^{(0)} x_k^{(0)} \otimes y_k^{(0)}$ mit $\sum_{k=1}^{k_1} |\lambda_k^{(0)}| \le r_1(x) + \frac{\varepsilon}{4}$, $p_1(x_k^{(0)}) \le 1$ und

$q_1(y_k^{(0)}) \le 1$ sowie $s_n = \sum_{k=k_n+1}^{k_{n+1}} \lambda_k^{(n)} x_k^{(n)} \otimes y_k^{(n)}$ mit $p_n(x_k^{(n)}) \le \frac{1}{n}$, $q_n(y_k^{(n)}) \le \frac{1}{n}$ und

$\sum_{k=k_n+1}^{k_{n+1}} |\lambda_k^{(n)}| \le \varepsilon\, 2^{-n}$ für $n \ge 1$. Damit erhalten wir $x = \sum_{n=0}^{\infty} s_n = \sum_{j=1}^{\infty} \lambda_j\, x_j \otimes y_j$ wie in a).

b) Insbesondere ist $\sum_{j=1}^{\infty} |\lambda_j|\, p_1(x_j)\, q_1(y_j) \le r_1(x) + \frac{\varepsilon}{4} + \sum_{n=1}^{\infty} \varepsilon\, 2^{-n} < r_1(x) + \varepsilon$. Die umgekehrte Ungleichung „$\le$" in (38) ist klar.

c) Nach Satz 8.26 b) gibt es kompakte Kugeln $A \in \mathfrak{K}(E)$ und $B \in \mathfrak{K}(F)$ mit $x_j \to 0$ in E_A und $y_j \to 0$ in F_B. Dann konvergiert die Entwicklung $x = \sum_{j=1}^{\infty} \lambda_j x_j \otimes y_j$ aus a) in $E_A \widehat{\otimes}_\pi F_B$. $\Diamond$

Für $j = 1,2$ seien E_j und F_j lokalkonvexe Räume. Für Operatoren $T \in L(E_1, E_2)$ und $S \in L(F_1, F_2)$ ist das *Tensorprodukt* $T \otimes_\pi S : E_1 \otimes_\pi F_1 \to E_2 \otimes_\pi F_2$ aus (31) wegen (36) stetig und besitzt daher eine Fortsetzung $T \widehat{\otimes}_\pi S : E_1 \widehat{\otimes}_\pi F_1 \to E_2 \widehat{\otimes}_\pi F_2$ auf das vollständige π-Tensorprodukt von E_1 und F_1. Aus Theorem 10.23 ergibt sich leicht der folgende *Liftingsatz*:

Satz 10.24
Es seien $T \in L(E_1, E_2)$ und $S \in L(F_1, F_2)$ Surjektionen von Fréchеträumen. Dann ist auch $T \widehat{\otimes}_\pi S : E_1 \widehat{\otimes}_\pi F_1 \to E_2 \widehat{\otimes}_\pi F_2$ surjektiv.

BEWEIS. Ein Element $z \in E_2 \widehat{\otimes}_\pi F_2$ besitzt nach Theorem 10.23 eine Entwicklung $z = \sum_{j=1}^{\infty} \lambda_j x_j \otimes y_j$ mit $\sum_{j=1}^{\infty} |\lambda_j| < \infty$ sowie $x_j \to 0$ in E_2 und $y_j \to 0$ in F_2. Nach Satz 6.4 gibt es Nullfolgen $\xi_j \to 0$ in E_1 und $\eta_j \to 0$ in F_1 mit $x_j = T\xi_j$ und $y_j = S\eta_j$ für alle $j \in \mathbb{N}$. Für $\zeta := \sum_{j=1}^{\infty} \lambda_j \xi_j \otimes \eta_j \in E_1 \widehat{\otimes}_\pi F_1$ gilt dann $(T \widehat{\otimes}_\pi S)\zeta = z$.
$\Diamond$

Satz 10.24 gilt i. A. *nicht* für vollständige ε-Tensorprodukte; darauf gehen wir in Kapitel 12 genauer ein.

Wir führen nun L_1-Räume von Vektorfunktionen ein und repräsentieren diese als vollständige π-Tensorprodukte. Der Einfachheit wegen beschränken wir uns auf Funktionen mit Werten in einem Banachraum X. Der Fréchetraum-Fall kann ähnlich behandelt werden; bei überabzählbar vielen Halbnormen tritt jedoch die Schwierigkeit auf, dass man Nullmengen bzgl. verschiedener Halbnormen nicht ohne Weiteres zu einer Nullmenge vereinigen kann.

Die folgende Konstruktion des Integrals orientiert sich an der für skalare Funktionen in Anhang A.3 von [GK]:

Bochner-Integrale. a) Es seien (Ω, Σ, μ) ein Maßraum und X ein Banachraum. Eine skalare Funktion $\psi \in \mathcal{L}_1(\Omega)$ heißt μ-*Majorante* einer Vektorfunktion $f : \Omega \to X$, falls $\| f(t) \| \leq \psi(t)$ für μ-fast alle $t \in \Omega$ gilt. Auf dem Raum $\mathcal{L}(\Omega, X)$ aller Funktionen mit μ-Majorante definieren wir eine Halbnorm durch

$$\| f \|_L := \inf \{ \| \psi \|_{L_1} \mid \psi \text{ ist } \mu - \text{Majorante von } f \} . \tag{39}$$

b) Auf dem Raum $\mathcal{T}(\Omega, X) := \mathcal{T}(\Omega) \otimes X$ der X-wertigen *Treppenfunktionen* (deren Träger haben endliches Maß) definieren wir das Integral durch

$$\int_\Omega \sum_{j=1}^r \phi_j(t) x_j \, d\mu := (\int_\Omega d\mu \otimes I_X)(\sum_{j=1}^r \phi_j \otimes x_j) = \sum_{j=1}^r \int_\Omega \phi_j(t) \, d\mu \, x_j \in X . \tag{40}$$

Für $h \in \mathcal{T}(\Omega, X)$ hat man $h = \sum_{k=1}^m \chi_{A_k} \otimes \xi_k$ mit f.ü. disjunkten Mengen $A_k \in \Sigma$ und $\mu(A_k) < \infty$. Für eine μ-Majorante $\psi \in \mathcal{L}_1(\Omega)$ von h gilt dann

$$\| \int_\Omega h \, d\mu \| = \| \sum_{k=1}^m \mu(A_k) \xi_k \| \leq \sum_{k=1}^m \mu(A_k) \| \xi_k \| = \int_\Omega \| h \| \, d\mu \leq \int_\Omega \psi \, d\mu , \quad \text{also}$$

$$\| \int_\Omega h \, d\mu \| \leq \| h \|_L \quad \text{für } h \in \mathcal{T}(\Omega, X) . \tag{41}$$

c) Wir definieren nun den Raum $\mathcal{L}_1(\Omega, X)$ als Abschluss von $\mathcal{T}(\Omega, X)$ in $\mathcal{L}(\Omega, X)$ bezüglich der Halbnorm $\| \ \|_L$ aus (39). Für $f \in \mathcal{L}_1(\Omega, X)$ gilt $\| f \| \in \mathcal{L}_1(\Omega)$ und

$$\| f \|_L = \int_\Omega \| f(t) \| \, d\mu =: \| f \|_{L_1} . \tag{42}$$

Der Quotientenraum $L_1(\Omega, X) = {}^{\mathcal{L}_1(\Omega, X)} \! / \! {}_{\mathcal{N}}$ von *Äquivalenzklassen modulo Nullfunktionen* heißt *Raum der Bochner-integrierbaren Funktionen*. Nach (41) lässt sich das Integral aus (40) zum *Bochner-Integral* $\int_\Omega d\mu : L_1(\Omega, X) \to X$ fortsetzen.

d) Eine Vektorfunktion $f : \Omega \to X$ heißt *messbar*, falls es eine Folge (h_k) in $\mathcal{T}(\Omega, X)$ mit $h_k(t) \to f(t)$ für fast alle $t \in \Omega$ gibt. Dann folgt auch $\| h_k(t) \| \to \| f(t) \|$ f.ü., und auch die skalare Funktion $\| f \| : \Omega \to \mathbb{R}$ ist messbar.

Für eine messbare Funktion $f : \Omega \to X$ gibt es einen *separablen* Unterraum $X_0 \subseteq X$, sodass $f(t) \in X_0$ fast überall gilt. Eine Funktion $f : \Omega \to X$ mit einem solchen „fast überall separablen Bild" ist genau dann messbar, wenn sie *schwach messbar* ist. Für diesen *Satz von Pettis* verweisen wir auf [Yosida 1980], V.4, vgl. auch Aufgabe 10.24.

Satz 10.25

a) *Es gilt* $\mathcal{L}_1(\Omega, X) = \{ f : \Omega \to X \text{ messbar} \mid \int_\Omega \| f(t) \| \, d\mu < \infty \}$.

b) *Der Raum* $L_1(\Omega, X)$ *ist ein Banachraum.*

BEWEIS. a) „$\subseteq$“: Für $f \in \mathcal{L}_1(\Omega, X)$ gilt $\int_\Omega \| f(t) - h_k(t) \| \, d\mu \to 0$ für eine Folge (h_k) in $\mathcal{T}(\Omega, X)$. Dann gibt es eine Teilfolge (h_{k_j}) mit $\| f(t) - h_{k_j}(t) \| \to 0$ fast überall (vgl. [GK], S. 312), und f ist messbar.

„$\supseteq$“: Es sei (h_k) eine Folge in $\mathcal{T}(\Omega, X)$ mit $h_k(t) \to f(t)$ f.ü. Durch „Abschneiden“ kann man $\| h_k(t) \| \le 2 \| f(t) \|$ f.ü. erreichen, und dann folgt $\int_\Omega \| f(t) - h_k(t) \| \, d\mu \to 0$ aus dem Satz über majorisierte Konvergenz.

b) Für $g_k \in L_1(\Omega, X)$ gelte $\sum_{k=1}^\infty \| g_k \|_{L_1} < \infty$. Nach dem Satz von B. Levi folgt auch $\sum_{k=1}^\infty \| g_k(t) \| < \infty$ für fast alle $t \in \Omega$. Daher wird durch $g(t) := \sum_{k=1}^\infty g_k(t)$ f.ü. eine messbare Funktion definiert, und es gilt $\| g - \sum_{k=1}^n g_k \|_L \le \sum_{k=n+1}^\infty \| g_k \|_{L_1} \to 0$ für $n \to \infty$. Somit ist jede absolut konvergente Reihe in $L_1(\Omega, X)$ konvergent, und $L_1(\Omega, X)$ ist vollständig. $\diamond$

Einen Zusammenhang mit π-Tensorprodukten liefert nun

Satz 10.26
Für einen Maßraum (Ω, Σ, μ) und einen Banachraum X gilt $L_1(\Omega, X) \cong L_1(\Omega) \widehat{\otimes}_\pi X$.

BEWEIS. Wir zeigen, dass auf $\mathcal{T}(\Omega, X) = \mathcal{T}(\Omega) \otimes X$ die L_1-Norm mit der π-Norm übereinstimmt. Für $h = \sum_{j=1}^r \phi_j \otimes x_j$ gilt

$$\| h \|_{L_1} \le \sum_{j=1}^r \int_\Omega \| \phi_j(t) x_j \| \, d\mu \le \sum_{j=1}^r \| \phi_j \|_{L_1} \| x_j \|,$$

also $\| h \|_{L_1} \le \| h \|_\pi$. Umgekehrt hat man $h = \sum_{k=1}^m \chi_{A_k} \otimes \xi_k$ mit f.ü. disjunkten Mengen $A_k \in \Sigma$ und $\mu(A_k) < \infty$ und erhält

$$\| h \|_\pi \le \sum_{k=1}^m \| \chi_{A_k} \|_{L_1} \| \xi_k \| = \sum_{k=1}^m \mu(A_k) \| \xi_k \| = \int_\Omega \| h(t) \| \, d\mu = \| h \|_{L_1}.$$

Folglich gilt $L_1(\Omega, X) \cong \mathcal{T}(\Omega) \widehat{\otimes}_\pi X \cong L_1(\Omega) \widehat{\otimes}_\pi X$. $\diamond$

Folgerungen. a) Eine Vektorfunktion $f \in L_1(\Omega, X)$ besitzt eine Reihenentwicklung $f(t) = \sum_{j=1}^\infty \phi_j(t) \, x_j$ mit $\sum_{j=1}^\infty \| \phi_j \|_{L_1} \| x_j \| < \infty$ aufgrund von Theorem 10.23.

b) Nun sei $T : X \to Q$ eine Surjektion von Banachräumen. Zu $f \in L_1(\Omega, Q)$ gibt es dann $f^\vee \in L_1(\Omega, X)$ mit $T f^\vee(t) = f(t)$ f.ü. auf Ω. Dieser *Lifting-Satz* für L_1-Funktionen folgt sofort aus Satz 10.24 oder auch aus dem Satz von Bartle und Graves 9.29 (vgl. auch Aufgabe 10.25).

Viele Resultate der Analysis skalarer Funktionen lassen sich leicht auf Vektorfunktionen übertragen, andere wie etwa die Dualität $L_p(\Omega, X)' \cong L_q(\Omega, X')$ oder Abschätzungen für Fourier-Koeffizienten oder Integral-Transformationen gelten nur unter geeigneten Annahmen an den Banachraum X. Dazu sei auf [Defant und Floret 1993] sowie [Pietsch 2007] und die dort zitierte Literatur verwiesen.

Neben der ε-Norm und der π-Norm wurden in [Grothendieck 1956] weitere wichtige Normen auf Tensorprodukten von Banachräumen eingeführt und untersucht. Das Hauptresultat dieses *Résumés* wurde 1968 von J. Lindenstrauß und A. Pelczyński ohne Verwendung von Tensorprodukten zur *Grothendieckschen Ungleichung* umformuliert und hat seitdem die Entwicklung der Banachraum-Theorie stark beeinflusst. Wegen $X' \varepsilon Y \cong K(X, Y)$ gemäß Satz 10.4 hängen Tensornormen eng mit *Operatoridealen* zusammen, deren Theorie seit 1968 systematisch von A. Pietsch entwickelt wurde (vgl. [Pietsch 1980]). Wir geben im nächsten Kapitel eine kurze Einführung zu diesem Thema. [Defant und Floret 1993] enthält eine Darstellung der Theorie, die Tensornormen und Operatorideale verbindet.

10.6 Aufgaben

Aufgabe 10.1
Zeigen Sie: Ein ε-Produkt $E \varepsilon F \simeq F \varepsilon E$ lokalkonvexer Räume kann als Raum $\mathcal{B}(E'_\kappa \times F'_\kappa)$ von *Bilinearformen* interpretiert werden; diese Interpretation ist *symmetrisch* in E und F. Einem Tensor $t = \sum_j x_j \otimes y_j$ entspricht dabei die Bilinearform

$$B : (x', y') \mapsto \sum_j \langle x_j, x' \rangle \langle y_j, y' \rangle.$$

Aufgabe 10.2
Es seien X, Y Banachräume. Zeigen Sie $X \varepsilon Y = \{T \in K(Y', X) \mid T \in L(Y'_\sigma, X^\sigma)\}$.

Aufgabe 10.3
Es seien M eine Menge und F ein lokalkonvexer Raum. Zeigen Sie $\ell_{\infty \, \sigma}(M, F) = \ell_\infty(M, F)$. Welche Funktionen $f : M \to F$ liegen in $\ell_{\infty \, \kappa}(M, F)$?

Aufgabe 10.4
Für $0 < \alpha \leq 1$, einen kompakten metrischen Raum K und einen lokalkonvexen Raum F definieren wir Räume Hölder-stetiger Funktionen durch

$$\Lambda^\alpha(K, F) \quad := \quad \{f : K \to F \mid \forall \, q \in \mathbb{H}(F) \; : \; \sup_{s \neq t} \tfrac{q(f(s) - f(t))}{d(s,t)^\alpha} < \infty\},$$

$$\lambda^\alpha(K, F) \quad := \quad \{f \in \Lambda^\alpha(K, F) \mid \lim_{d(s,t) \to 0} \tfrac{f(s) - f(t)}{d(s,t)^\alpha} = 0\}.$$

a) Zeigen Sie $\Lambda^\alpha(K, F) = \Lambda^\alpha_\sigma(K, F)$ und $\lambda^\alpha(K, F) = \lambda^\alpha_\kappa(K, F) \simeq \lambda^\alpha(K) \varepsilon F$.

b) Welche Funktionen liegen in $\Lambda^\alpha_\kappa(K, F)$ und $\lambda^\alpha_\sigma(K, F)$?

Aufgabe 10.5

Es seien ω der Fréchetraum aller Folgen und F ein vollständiger lokalkonvexer Raum. Zeigen Sie $F^{\mathbb{N}_0} \simeq \omega \,\varepsilon\, F \simeq \omega \widehat{\otimes}_\varepsilon F$.

Aufgabe 10.6

Definieren Sie den Raum $\mathcal{S}(\mathbb{R}^n, F)$ der F-wertigen schnell fallenden Funktionen auf $\mathbb{R}^n$ und zeigen Sie $\mathcal{S}(\mathbb{R}^n, F) = \mathcal{S}_\sigma(\mathbb{R}^n, F) = \mathcal{S}_\kappa(\mathbb{R}^n, F) \simeq \mathcal{S}(\mathbb{R}^n)\,\varepsilon\, F$. Schließen Sie daraus $\mathcal{S}(\mathbb{R}^n, F) \simeq s(F)$.

Aufgabe 10.7

a) Es seien Ω, Ω' lokalkompakte Räume. Zeigen Sie

$$\mathcal{C}(\Omega \times \Omega') \simeq \mathcal{C}(\Omega, \mathcal{C}(\Omega')) \simeq \mathcal{C}(\Omega)\,\varepsilon\, \mathcal{C}(\Omega') \simeq \mathcal{C}(\Omega)\widehat{\otimes}_\varepsilon \mathcal{C}(\Omega').$$

b) Zeigen Sie analoge Aussagen für $\mathcal{E}(\Omega \times \Omega')$, $\mathcal{S}(\mathbb{R}^n \times \mathbb{R}^m)$ und $s(\mathbb{Z}^n \times \mathbb{Z}^m)$. Gilt für $m \in \mathbb{N}$ eine solche Aussage auch für $\mathcal{C}^m$-Funktionen?

Aufgabe 10.8

Es sei $\sigma : E \to Q$ eine Surjektion von Frécheträumen. Zeigen Sie die Surjektivität der induzierten Abbildungen $\sigma\circ : s(\mathbb{N}_0, E) \to s(\mathbb{N}_0, Q)$ und $\sigma\circ : \mathcal{E}(\Omega, E) \to \mathcal{E}(\Omega, Q)$ für offene Mengen $\Omega \subseteq \mathbb{R}^n$.

Aufgabe 10.9

Beweisen Sie den Zusatz zu Satz 10.11 und die Aussagen über holomorphe Funktionen auf S. 242.

Aufgabe 10.10

Es seien $\sigma : E \to Q$ eine Surjektion von Frécheträumen, $\Omega \subseteq \mathbb{C}$ offen und $g \in \mathcal{M}(\Omega, Q)$ eine meromorphe Funktion. Konstruieren Sie $g^\vee \in \mathcal{M}(\Omega, E)$ mit $\sigma g^\vee = g$.

HINWEIS. Verwenden Sie den Weierstraßschen Produktsatz (vgl. [Rudin 1974], 15.11).

Aufgabe 10.11

a) Es sei $\Omega \subseteq \mathbb{C}$ offen. Konstruieren Sie auf $\mathscr{H}(\Omega)$ ein Fundamentalsystem von Halbnormen, die durch Halbskalarprodukte definiert werden. Schließen Sie, dass der Fréchetraum $\mathscr{H}(\Omega)$ die A.E. besitzt.

b) Beweisen Sie den Satz von Mittag-Leffler 10.13 für Funktionen mit Werten in Frécheträumen mit der Mittag-Leffler-Methode 9.14.

Aufgabe 10.12

Es seien $\Omega \subseteq \mathbb{R}^n$ offen und $m \in \mathbb{N}$. Zeigen Sie, dass der Fréchetraum $\mathcal{C}^m(\Omega)$ die A.E. besitzt.

Aufgabe 10.13

Für eine kompakte Menge $K \subseteq \mathbb{C}$ und einen quasivollständigen lokalkonvexen Raum F wird der Raum $\mathscr{H}(K,F)$ der *Keime* F-wertiger holomorpher Funktionen auf K wie auf S. 154 erklärt. Weiter seien $\mathcal{R}(K,F)$ der Abschluss von $\mathscr{H}(K,F)$ in $\mathcal{C}(K,F)$ und $\mathcal{A}(K,F) = \{f \in \mathcal{C}(K,F) \mid f|_{\mathrm{int}(K)} \text{ holomorph}\}$. Zeigen Sie:

a) Es gilt $\mathcal{A}(K,F) \simeq \mathcal{A}(K)\varepsilon F$ und $\mathcal{R}(K,F) \simeq \mathcal{R}(K)\widehat{\otimes}_\varepsilon F$.

b) Für den Einheitskreis $\overline{D} = \{z \in \mathbb{C} \mid |z| \leq 1\}$ gilt $\mathcal{A}(\overline{D},F) = \mathcal{R}(\overline{D},F)$.

c) Gilt $\mathcal{A}(K,Y) = \mathcal{R}(K,Y)$ für alle Banachräume Y, so besitzt der Banachraum $\mathcal{A}(K) = \mathcal{R}(K)$ die A.E.

Nach einem auch für Vektorfunktionen gültigen *Satz von Mergelyan* (1951) ist die Voraussetzung in c) erfüllt, wenn $\widehat{\mathbb{C}}\backslash K$ zusammenhängend ist (vgl. [Rudin 1974], Theorem 20.5).

Aufgabe 10.14

a) Zeigen Sie, dass die *Disc Algebra* $\mathcal{A}(\overline{D})$ die b.A.E. besitzt.

b) Zeigen Sie, dass $L_p(\mu)$-Räume für alle $1 \leq p \leq \infty$ die b.A.E. besitzen.

Aufgabe 10.15

Bestimmen Sie die Dualräume der Köthe-Räume $c_0(A)$ und $\lambda_p(A)$ für $1 \leq p < \infty$, speziell die der Potenzreihenräume $\Lambda_R(\alpha)$.

Aufgabe 10.16

Es seien X ein Banachraum und (x_n) eine Folge in $X\backslash\{0\}$ mit $\overline{[x_n]} = X$. Zeigen Sie, dass (x_n) genau dann eine Schauder-Basis von X ist, wenn gilt:

$$\exists\, C \geq 0 \;\forall\, m < n \in \mathbb{N} \;\forall\, \{\alpha_j\} \subseteq \mathbb{K} \;:\; \Big\| \sum_{j=1}^{m} \alpha_j x_j \Big\| \;\leq\; C \Big\| \sum_{j=1}^{n} \alpha_j x_j \Big\|.$$

HINWEIS. Für „$\Rightarrow$" zeigen Sie, dass durch $\|x\|^* := \sup_n \Big\| \sum_{j=0}^{n} \alpha_j\, x_j \Big\|$ eine äquivalente Norm auf X definiert wird.

Aufgabe 10.17

a) Das *Haar-System* wird definiert durch $\chi_1(t) = 1$ und

$$\chi_{2^k+\ell}(t) := \begin{cases} 1 & , \quad (2\ell-2)2^{-k-1} \leq t \leq (2\ell-1)2^{-k-1} \\ -1 & , \quad (2\ell-1)2^{-k-1} < t \leq 2\ell \cdot 2^{-k-1} \\ 0 & , \quad \text{sonst} \end{cases}$$

für $k \in \mathbb{N}_0$ und $\ell = 1,2,\dots,2^k$. Zeigen Sie, dass $(\chi_n)_{n \in \mathbb{N}}$ für $1 \leq p < \infty$ eine Schauder-Basis von $L_p[0,1]$ ist.

b) Durch Integration des Haar-Systems erhält man das *Schauder-System*

$$\varphi_1(t) := 1, \quad \varphi_n(t) := \int_0^t \chi_{n-1}(s)\, ds \quad \text{für } n > 1.$$

Zeigen Sie, dass $(\varphi_n)_{n\in\mathbb{N}}$ eine Schauder-Basis von $\mathcal{C}[0,1]$ ist.

Aufgabe 10.18
Es sei E ein lokalkonvexer Raum mit A.E. Zeigen Sie, dass jeder stetig projizierte Unterraum von E ebenfalls die A.E. hat.

Aufgabe 10.19
Für welche lokalkonvexen Räume E gilt topologisch $(E'_\kappa)'_\kappa = E$? Zeigen Sie, dass in diesem Fall E genau dann die A.E. hat, wenn dies auf E'_κ zutrifft. Schließen Sie, dass ein *Montelraum* E genau dann die A.E. hat, wenn dies auf den Dualraum E'_β zutrifft.

Aufgabe 10.20
Es seien $E = \mathrm{proj}_i\, E_i$ und $F = \mathrm{proj}_j\, F_j$ reduzierte projektive Limiten lokalkonvexer Räume. Zeigen Sie

$$E\,\varepsilon\, F \simeq \mathrm{proj}_{(i,j)}\, E_i\,\varepsilon\, F_j\,,\ E\,\widehat{\otimes}_\varepsilon\, F \simeq \mathrm{proj}_{(i,j)}\, E_i\,\widehat{\otimes}_\varepsilon F_j\ \text{und}\ E\,\widehat{\otimes}_\pi\, F \simeq \mathrm{proj}_{(i,j)}\, E_i\,\widehat{\otimes}_\pi F_j\,.$$

Aufgabe 10.21
Beweisen Sie Satz 8.16 mittels Lemma 10.19.

Aufgabe 10.22
a) Für $1 < p < \infty$ sei $X := \ell_p$. Finden Sie eine Reihe in X mit $\sum\limits_{j=1}^{\infty} |\langle x_j | x'\rangle| < \infty$

für alle $x' \in X'$ und $\sum\limits_{j=1}^{\infty} \|x_j\| = \infty$.

b) Es seien I eine Indexmenge und F ein vollständiger lokalkonvexer Raum. Identifizieren Sie $\ell_1(I)\widehat{\otimes}_\varepsilon F$ mit dem Raum der F-wertigen *summierbaren* Folgen und $\ell_1(I)\widehat{\otimes}_\pi F$ mit dem Raum der F-wertigen *absolutsummierbaren* Folgen.

Aufgabe 10.23
Für Banachräume $\{Y_n\}_{n\in\mathbb{N}}$ und $1 \le p < \infty$ definiert man die ℓ_p-*direkte Summe* durch

$$\left(\bigoplus_{n=1}^{\infty} Y_n\right)_{\ell_p} := \left\{ y = (y_n) \in \prod_{n=1}^{\infty} Y_n \ \Big|\ \|y\|^p := \sum_{n=1}^{\infty} \|y_n\|^p < \infty \right\},$$

entsprechend auch die c_0-*direkte Summe*. Zeigen Sie $\left(\bigoplus\limits_{n=1}^{\infty} Y_n\right)'_{c_0} \cong \left(\bigoplus\limits_{n=1}^{\infty} Y'_n\right)_{\ell_1}$ sowie

$\left(\bigoplus\limits_{n=1}^{\infty} Y_n\right)'_{\ell_p} \cong \left(\bigoplus\limits_{n=1}^{\infty} Y'_n\right)_{\ell_q}$ für $1 \le p < \infty$ und $\frac{1}{p} + \frac{1}{q} = 1$.

Aufgabe 10.24
Die „Einheitsvektoren" $\{e_t := (\delta_{ts})_{s\in[0,1]}\}_{t\in[0,1]}$ bilden eine Orthonormalbasis von $\ell_2[0,1]$. Zeigen Sie, dass die durch $f : t \mapsto e_t$ definierte Funktion $f : [0,1] \to \ell_2[0,1]$ eine schwache Nullfunktion, aber nicht messbar ist.

Aufgabe 10.25

Für einen Maßraum (Ω, Σ, μ), $1 \le p < \infty$ und einen Banachraum X sei

$$\mathcal{L}_p(\Omega, X) := \{f : \Omega \to X \text{ messbar} \mid \int_\Omega \| f(t) \|^p \, d\mu < \infty \}.$$

a) Zeigen Sie, dass $L_p(\Omega, X) = \mathcal{L}_p(\Omega, X)/\mathcal{N}$ ein Banachraum ist.

b) Nun seien $T : X \to Q$ eine Surjektion von Banachräumen und $f \in \mathcal{L}_p(\Omega, Q)$. Konstruieren Sie $f^\vee \in \mathcal{L}_p(\Omega, X)$ mit $Tf^\vee(t) = f(t)$ f.ü. auf Ω.

Aufgabe 10.26

a) Es seien H, G Hilberträume. Zeigen Sie, dass durch

$$\langle \textstyle\sum_j x_j \otimes y_j \mid \sum_k \xi_k \otimes \eta_k \rangle := \sum_{j,k} \langle x_j | \xi_k \rangle \, \langle y_j | \eta_k \rangle$$

ein Skalarprodukt auf $H \otimes G$ definiert wird. Die Vervollständigung von $H \otimes G$ mit der induzierten Norm $\| \ \|_2$ bezeichnen wir mit $H \widehat{\otimes}_2 G$.

b) Es seien $\{e_i\}$ und $\{f_j\}$ Orthonormalbasen von H und G. Zeigen Sie, dass $\{e_i \otimes f_j\}$ eine Orthonormalbasis von $H \widehat{\otimes}_2 G$ ist.

c) Zeigen Sie $L_2(\Omega, H) \cong L_2(\Omega) \widehat{\otimes}_2 H$ und $L_2(\Omega \times \Omega') \cong L_2(\Omega) \widehat{\otimes}_2 L_2(\Omega')$ für messbare Mengen $\Omega \subseteq \mathbb{R}^n$ und $\Omega' \subseteq \mathbb{R}^m$.

d) Zeigen Sie die *Parsevalsche Gleichung* $\sum\limits_{k=-\infty}^{\infty} \| \widehat{f}(k) \|^2 = \frac{1}{2\pi} \int_{-\pi}^{\pi} \| f(t) \|^2 \, dt$ für einen Hilbertraum H und $f \in L_2([-\pi, \pi], H)$.

Aufgabe 10.27

Das folgende Beispiel stammt von S. Bochner (1933): Für $\phi \in X := L_{p,2\pi}(\mathbb{R})$ sei eine Vektorfunktion durch $f : t \mapsto \phi(t+s)$ definiert. Zeigen Sie $f \in \mathcal{C}_{2\pi}(\mathbb{R}, X)$ und $\widehat{f}(k) = \widehat{\phi}(k) \, e^{iks}$ für die Fourier-Koeffizienten. Wann gilt $\sum\limits_{k=-\infty}^{\infty} \| \widehat{f}(k) \|^2 < \infty$?

11   Operatorideale und nukleare Räume

Fragen: 1. Zeigen Sie einen Lifting-Satz für harmonische Funktionen.
2. Für welche linearen Operatoren lässt sich eine Spur definieren?

In diesem Kapitel stellen wir *nukleare* lokalkonvexe Räume vor. Dieses wichtige Konzept wurde 1955 von A. Grothendieck eingeführt; wesentliche Beispiele sind Räume von $\mathcal{C}^\infty$-Funktionen und ihre Dualräume. Ein Raum E ist genau dann nuklear, wenn ein Fundamentalsystem $\mathbb{H}$ von *Hilbert*-Halbnormen auf E existiert, sodass es zu $p \in \mathbb{H}$ ein $p \leq q \in \mathbb{H}$ gibt, sodass die kanonische Abbildung $\widehat{\rho}_q^p : \widehat{E}_q \to \widehat{E}_p$ aus (7.5) ein Hilbert-Schmidt-Operator ist. Äquivalente Formulierungen fordern die Zugehörigkeit der Abbildungen $\widehat{\rho}_q^p$ zwischen lokalen *Banach*räumen zu geeigneten allgemeineren *Operatoridealen*. Das Kapitel beginnt daher mit einer Einführung in diesen Themenkreis.

In Abschnitt 11.1 führen wir die *Approximationszahlen* stetiger linearer Operatoren zwischen Banachräumen ein. Für $0 < p < \infty$ untersuchen wir die *Ideale S_p* der Operatoren mit *p-summierbaren Approximationszahlen,* die auf Hilberträumen die *Schatten-Klassen* liefern. Mittels Ergebnissen aus Kapitel 4 zeigen wir Aussagen über die Zugehörigkeit von *Sobolev-Einbettungen* und von *Integraloperatoren* zu Schatten-Klassen.

Im nächsten Abschnitt untersuchen wir das Ideal der *nuklearen Operatoren,* insbesondere Beziehungen zu S_p-Idealen. In Abschnitt 11.3 beweisen wir, dass ein Banachraum X genau dann die A.E. besitzt, wenn sich auf dem Raum $N(X)$ der nuklearen Operatoren eine *Spur* definieren lässt. Für Integraloperatoren $S_\kappa \in L(L_2(\Omega))$ erhalten wir unter geeigneten Annahmen die *Spurformel* $\operatorname{tr} S_\kappa = \int_\Omega \kappa(t,t)\,dt$.

Das Studium *nuklearer lokalkonvexer Räume* beginnt in Abschnitt 11.4. Nuklearität vererbt sich auf Unterräume, Quotientenräume sowie unter projektiven und abzählbaren induktiven Konstruktionen. Wir charakterisieren die Nuklearität von Köthe-Räumen und folgern die Nuklearität verschiedener Räume von $\mathcal{C}^\infty$-Funktionen. Es folgt ein wichtiger Zusammenhang der Nuklearität mit *topologischen Tensorprodukten:* Für einen nuklearen Raum E ist $E \otimes_\varepsilon F \simeq E \otimes_\pi F$ und $E \widehat{\otimes}_\varepsilon F = E \widehat{\otimes}_\pi F$ für alle lokalkonvexen Räume F. Als Anwendung erhalten wir allgemeine *Lifting-Sätze* für nukleare Fréchet-Funktionenräume.

In Abschnitt 11.5 charakterisieren wir die nuklearen Räume als *Unterräume von s^I* für geeignete Indexmengen I (Satz von Komura-Komura). Daraus ergibt sich, dass starke Dualräume nuklearer Frécheträume ebenfalls nuklear sind; dies gilt auch für den *Raum $\mathscr{D}_\beta'(\Omega)$ der Distributionen* auf einer offenen Menge $\Omega \subseteq \mathbb{R}^n$.

11.1 Approximationszahlen und Integraloperatoren

Wir erinnern zunächst an einige Resultate über kompakte Operatoren $S \in K(H,G)$ zwischen Hilberträumen, die auf dem *Spektralsatz für kompakte selbstadjungierte Operatoren* beruhen (vgl. [GK], Kapitel 12) :

Singuläre Zahlen und Schmidt-Darstellungen. a) Ein Operator $S \in K(H,G)$ besitzt eine *Polarzerlegung* $S = U|S|$ mit $|S| = (S^*S)^{1/2}$. Die *Eigenwerte*

$$\|S\| = s_0(S) \geq s_1(S) \geq \ldots s_n(S) \geq s_{n+1}(S) \geq \ldots \geq 0$$

von $|S|$ heißen *singuläre Zahlen* von S. Es gilt eine *Schmidt-Darstellung*

$$Sx = \sum_{j=0}^{\infty} s_j \langle x|e_j \rangle f_j, \quad x \in H, \tag{1}$$

mit Orthonormalsystemen $\{e_j\}$ in H und $\{f_j\}$ in G. Stets gilt $s_j(S^*) = s_j(S)$, und für einen *normalen* Operator $S \in K(H)$ ist $s_j(S) = |\lambda_j(S)|$ der Betrag des j-ten Eigenwerts.

b) Aufgrund des MiniMax-Prinzips von R. Courant, E.S. Fischer und H. Weyl (vgl. [GK], Satz 12.6) hat man wegen $\langle S^*Sx|x \rangle^{1/2} = \|Sx\|$

$$s_j(S) = c_j(S) := \min_{\operatorname{codim} V = j} \| S|_V \|, \quad j \in \mathbb{N}_0, \tag{2}$$

wobei das Minimum über alle abgeschlossenen Unterräume V von H der Kodimension j gebildet wird.

c) Weiter gilt nach D.E. Allakhverdiev (1957) (vgl. [GK], Satz 12.12)

$$s_j(S) = \alpha_j(S) := \inf \{\| S - F \| \mid F \in L(H,G), \ \operatorname{rk} F \leq j\}, \quad j \in \mathbb{N}_0. \tag{3}$$

Die in (3) erklärten *Approximationszahlen* sind auch für alle stetigen linearen Operatoren $T \in L(X,Y)$ zwischen Banachräumen definiert. Die Folge $(\alpha_j(T))$ in $[0,\infty)$ ist monoton fallend, und man hat $\alpha_0(T) = \|T\|$. Aus $\alpha_j(T) \to 0$ folgt $T \in K(X,Y)$; nach Satz 10.20 ist die Umkehrung richtig, wenn X' oder Y die *Approximationseigenschaft* hat. Wesentliche Eigenschaften der Approximationszahlen enthält:

Satz 11.1
Es seien X,Y,Z Banachräume, $A,B \in L(X,Y)$ und $T \in L(Z,X)$. Dann gilt:

$$\alpha_{n+m}(A+B) \leq \alpha_n(A) + \alpha_m(B), \quad n,m \in \mathbb{N}_0, \tag{4}$$

$$\alpha_{n+m}(AT) \leq \alpha_n(A) \cdot \alpha_m(T), \quad n,m \in \mathbb{N}_0, \tag{5}$$

$$\alpha_n(A) = 0 \Leftrightarrow \operatorname{rk} A \leq n, \quad n \in \mathbb{N}_0, \tag{6}$$

$$\alpha_{n-1}(I_{\ell_2^n}) = 1, \quad n \in \mathbb{N}_0. \tag{7}$$

BEWEIS. Zu $\varepsilon > 0$ wählen wir $F_1, F_2 \in L(X, Y)$ mit $\mathrm{rk}\, F_1 \leq n$, $\mathrm{rk}\, F_2 \leq m$ und $\| A - F_1 \| \leq \alpha_n(A) + \varepsilon$, $\| B - F_2 \| \leq \alpha_m(B) + \varepsilon$. Dann folgt $\mathrm{rk}(F_1 + F_2) \leq n + m$ und $\| (A + B) - (F_1 + F_2) \| \leq \alpha_n(A) + \alpha_m(B) + 2\varepsilon$, also (4).

Nun wählen wir $F_3 \in L(Z, X)$ mit $\mathrm{rk}\, F_3 \leq m$ und $\| T - F_3 \| \leq \alpha_m(T) + \varepsilon$. Es folgt

$$\| AT - F_1(T - F_3) - AF_3 \| = \| (A - F_1)(T - F_3) \| \leq (\alpha_n(A) + \varepsilon)(\alpha_m(T) + \varepsilon),$$

wegen $\mathrm{rk}(F_1(T - F_3) - AF_3) \leq n + m$ also (5).

Für (6) ist nur „$\Rightarrow$" zu zeigen. Ist $\mathrm{rk}\, A > n$, so gibt es linear unabhängige Vektoren $y_0 = Ax_0, \ldots, y_n = Ax_n$ in $R(A)$. Mit $V := [x_0, \ldots, x_n]$ ist dann $A : V \to A(V)$ bijektiv; es gibt also $c > 0$ mit $\| Ax \| \geq c \| x \|$ für $x \in V$. Ist nun $\mathrm{rk}\, F \leq n$, so gibt es $\xi \in V$ mit $\| \xi \| = 1$ und $F\xi = 0$. Es folgt

$$\| A - F \| \geq \| (A - F)\xi \| = \| A\xi \| \geq c \| \xi \| = c,$$

also der Widerspruch $\alpha_n(A) \geq c > 0$.

Das letzte Argument zeigt auch „$\geq$" in (7); die Abschätzung „$\leq$" dort ist klar. $\Diamond$

Aussage (7) gilt auch für die Identität auf jedem Banachraum der Dimension $\geq n$. Aus (4) folgt sofort

$$| \alpha_n(A) - \alpha_n(B) | \leq \| A - B \|, \quad n \in \mathbb{N}_0, \tag{8}$$

und aus (5) ergibt sich

$$\alpha_n(\lambda A) = |\lambda|\, \alpha_n(A), \quad \lambda \in \mathbb{K}, \, n \in \mathbb{N}_0. \tag{9}$$

s-Zahlen. Auch die *Gelfand-Zahlen* $c_j(T)$ aus (2) sind für alle stetigen linearen Operatoren $T \in L(X, Y)$ zwischen Banachräumen definiert und erfüllen ebenfalls die Aussagen von Satz 11.1 (vgl. [GK], Satz 12.11). Es gibt weitere Möglichkeiten, jedem Operator $T \in L(X, Y)$ eine monoton fallende Folge $(s_j(T))$ in $[0, \infty)$ mit (4)–(7) zuzuordnen; diese heißt dann eine Folge *(multiplikativer) s-Zahlen*. Eine umfassende Theorie solcher s-Zahlen stammt von A. Pietsch, vgl. [Pietsch 1980], Kapitel 11, oder [Pietsch 1987], Kapitel 2.

Als Verallgemeinerung der *Schatten-Klassen* über Hilberträumen (vgl. [GK], Abschnitt 12.5) betrachten wir nun

S_p-**Ideale.** Für Banachräume X, Y und $0 < p < \infty$ definieren wir

$$S_p(X, Y) := \{ T \in L(X, Y) \mid \sum_{j=0}^{\infty} \alpha_j(T)^p < \infty \} \quad \text{und}$$

$$\sigma_p(T) := \left(\sum_{j=0}^{\infty} \alpha_j(T)^p \right)^{1/p} \quad \text{für } T \in S_p(X, Y).$$

Offenbar gilt $S_p(X,Y) \subseteq K(X,Y)$ und $\|T\| \le \sigma_p(T)$ für $T \in S_p(X,Y)$. An Stelle der Approximationszahlen kann man auch andere s-Zahlen verwenden; der folgende Satz gilt auch in diesen Fällen:

Satz 11.2
Es seien W, X, Y, Z Banachräume, $A, B \in L(X,Y)$, $T \in L(W,X)$ und $S \in L(Y,Z)$. Weiter seien $p, q, r > 0$ mit $\frac{1}{r} = \frac{1}{p} + \frac{1}{q}$. Dann gilt:

a) Es ist $(S_p(X,Y), \sigma_p)$ ein Quasi-Banachraum, und man hat

$$\sigma_p(A+B) \le 2^{1/p}(\sigma_p(A) + \sigma_p(B)) \quad \text{für } p \ge 1, \tag{10}$$

$$\sigma_p(A+B)^p \le 2(\sigma_p(A)^p + \sigma_p(B)^p) \quad \text{für } 0 < p \le 1. \tag{11}$$

b) Für $A \in S_p(X,Y)$ gilt $SAT \in S_p(W,Z)$ und

$$\sigma_p(SAT) \le \|S\|\,\sigma_p(A)\,\|T\|. \tag{12}$$

c) Für $A \in S_p(X,Y)$ und $T \in S_q(W,X)$ gilt $AT \in S_r(X,Z)$ und

$$\sigma_r(AT) \le 2^{1/r}\,\sigma_p(A)\,\sigma_q(T). \tag{13}$$

BEWEIS. a) Für $p \ge 1$ gilt wegen (5)

$$\sigma_p(A+B) = \left(\sum_{j=0}^{\infty} \alpha_j(A+B)^p \right)^{1/p} \le \left(2 \sum_{k=0}^{\infty} \alpha_{2k}(A+B)^p \right)^{1/p}$$

$$\le 2^{1/p} \left(\sum_{k=0}^{\infty} (\alpha_k(A) + \alpha_k(B))^p \right)^{1/p} \le 2^{1/p}(\sigma_p(A) + \sigma_p(B))$$

aufgrund der Minkowskischen Ungleichung. Für $0 < p < 1$ erhält man entsprechend (11) mittels der elementaren Ungleichung

$$|c+d|^p \le |c|^p + |d|^p \quad \text{für } c, d \in \mathbb{C}.$$

Die Eigenschaften $\sigma_p(A) = 0 \Leftrightarrow A = 0$ und $\sigma_p(\lambda A) = |\lambda|\sigma_p(A)$ sind klar. Für eine Cauchy-Folge (A_n) in $S_p(X,Y)$ existiert wegen $\|T\| \le \sigma_p(T)$ ein Limes $A = \lim\limits_{n\to\infty} A_n$ in $L(X,Y)$. Aus der Cauchy-Bedingung bezüglich σ_p folgt $\sum\limits_{j=0}^{m} \alpha_j(A - A_n)^p \le \varepsilon^p$ für $n \ge n_0$ und alle $m \in \mathbb{N}_0$, also $\sigma_p(A - A_n) \to 0$.

b) Nach (5) hat man $\alpha_j(SAT) \le \|S\|\,\alpha_j(A)\,\|T\|$.

c) Wieder wegen (5) hat man

$$\sigma_r(AT)^r = \sum_{j=0}^{\infty} \alpha_j(AT)^r \le 2 \sum_{k=0}^{\infty} \alpha_{2k}(AT)^r \le 2 \sum_{k=0}^{\infty} \alpha_k(A)^r \alpha_k(T)^r$$

$$\le 2 \left(\sum_{k=0}^{\infty} \alpha_k(A)^p \right)^{r/p} \left(\sum_{k=0}^{\infty} \alpha_k(B)^q \right)^{r/q} = 2\,\sigma_p(A)^r\,\sigma_q(T)^r$$

aufgrund der Hölderschen Ungleichung. $\diamond$

Der Quasi-Banachraum $S_p(H,G)$ ist nach Satz 6.7 r-normierbar für $\frac{1}{r} = \frac{1}{p} + 1$ im Fall $p \ge 1$ und für $r = \frac{p}{2}$ im Fall $p \le 1$.

Duale Operatoren. a) Für Operatoren $T \in L(X,Y)$ gilt offenbar $\alpha_j(T') \leq \alpha_j(T)$ für alle $j \in \mathbb{N}_0$. Nach C. Hutton (1974) gilt Gleichheit für *kompakte* Operatoren $T \in K(X,Y)$, nicht aber für alle Operatoren $T \in L(X,Y)$ (vgl. Aufgabe 11.2 c)). Nach D.E. Edmunds und H.-O. Tylli (1986) gilt jedoch stets $\alpha_j(T) \leq 5\,\alpha_j(T')$. Wir verweisen dazu auf [Carl und Stephani 1990], Abschnitt 2.5.

b) Für $T \in S_p(X,Y)$ gilt also $T' \in S_p(Y',X')$ und $\sigma_p(T') \leq \sigma_p(T)$. Ist umgekehrt $T' \in S_p(Y',X')$, so ist T' kompakt und nach einem *Satz von Schauder* auch T kompakt (vgl. [GK], Satz 11.3). Nach dem Resultat von C. Hutton folgt somit auch $T \in S_p(X,Y)$ und $\sigma_p(T') = \sigma_p(T)$.

Schließlich erinnern wir an eine wichtige Charakterisierung der S_2-Operatoren über Hilberträumen H, G (vgl. [GK], Abschnitt 12.3):

Hilbert-Schmidt-Operatoren. a) Ein linearer Operator $S \in L(H,G)$ heißt *Hilbert-Schmidt-Operator*, Notation: $T \in HS(H,G)$, falls $\sum_{i \in I} \| Se_i \|^2 < \infty$ für eine *Orthonormalbasis* $\{e_i\}_{i \in I}$ von H gilt. Für eine Orthonormalbasis $\{f_j\}_{j \in J}$ von G hat man aufgrund der *Parsevalschen Gleichung*

$$\sum_{i \in I} \| Se_i \|^2 = \sum_{i,j} |\langle Se_i | f_j \rangle|^2 = \sum_{i,j} |\langle e_i | S^* f_j \rangle|^2 = \sum_{j \in J} \| S^* f_j \|^2 .$$

Daher gilt $S \in HS(H,G) \Leftrightarrow S^* \in HS(G,H)$, und die Hilbert-Schmidt-Eigenschaft sowie die *Hilbert-Schmidt-Norm*

$$\| S \|_2 := \Big(\sum_{i \in I} \| Se_i \|^2 \Big)^{1/2}$$

sind unabhängig von der Wahl der Orthonormalbasis von H. Dies gilt auch für das *Skalarprodukt*

$$\langle S | T \rangle_2 := \sum_{i \in I} \langle Se_i | Te_i \rangle ,$$

das die Hilbert-Schmidt-Norm auf $HS(H,G)$ induziert.

b) Für einen Operator $S \in K(H,G)$ mit Schmidt-Darstellung (1) ist $Se_j = s_j f_j$. Wegen $HS(H,G) \subseteq K(H,G)$ (vgl. [GK], Satz 12.8) folgt somit $HS(H,G) = S_2(H,G)$ und $\| S \|_2 = \sigma_2(S)$ für alle $S \in S_2(H,G)$.

c) Insbesondere ist σ_2 eine *Norm* auf $S_2(H,G)$, und dieser Raum ist ein *Hilbertraum*. Allgemeiner ist für $p \geq 1$ über Hilberträumen σ_p eine *Norm* (vgl. Satz 11.7 und Satz 14.31), $S_p(H,G)$ also ein *Banachraum*.

Wesentliche Beispiele von Hilbert-Schmidt-Operatoren liefert (vgl. [GK], Satz 12.7):

Satz 11.3

Es seien Ω *eine messbare Menge in* $\mathbb{R}^n$ *und* $\kappa \in L_2(\Omega^2)$ *ein quadratintegrierbarer Kern. Der* Integraloperator

$$(Sf)(t) := (S_\kappa f)(t) := \int_\Omega \kappa(t,s)\,f(s)\,ds\,, \quad t \in \Omega\,, \quad f \in L_2(\Omega)\,, \tag{14}$$

ist ein Hilbert-Schmidt-Operator *auf* $L_2(\Omega)$ *mit* $\|S\|_2 = \|\kappa\|_{L_2(\Omega^2)}$.

BEWEIS. Für eine Orthonormalbasis $\{e_i\}_{i \in \mathbb{N}}$ von $L_2(\Omega)$ gilt

$$\sum_{i=1}^m \|Se_i\|^2 \;=\; \sum_{i=1}^m \int_\Omega |\langle \kappa_t, \overline{e_i}\rangle|^2\,dt \;=\; \int_\Omega \sum_{i=1}^m |\langle \kappa_t, \overline{e_i}\rangle|^2\,dt$$
$$\leq\; \int_\Omega \|\kappa_t\|^2_{L_2(\Omega)}\,dt \;=\; \|\kappa\|^2_{L_2(\Omega^2)}$$

für alle $m \in \mathbb{N}$ aufgrund der Besselschen Ungleichung. Folglich ist S ein Hilbert-Schmidt-Operator, und $m \to \infty$ liefert $\|S\|_2 = \|\kappa\|_{L_2(\Omega^2)}$ aufgrund des Satzes von Beppo Levi und der Parsevalschen Gleichung. $\diamond$

Auch für stetige Kerne über kompakten Mengen ist die Aussage $S_\kappa \in S_2$ optimal im Rahmen der Schatten-Klassen:

Faltungsoperatoren. Für eine periodische Funktion $a \in L_{1,2\pi}(\mathbb{R})$ wird durch

$$S_{*a}f(t) := \tfrac{1}{2\pi} \int_{-\pi}^\pi a(t-s)\,f(s)\,ds \tag{15}$$

ein linearer *Faltungsoperator* auf $L_2[-\pi,\pi]$ definiert. Dieser ist *normal*, und seine *Eigenwerte* sind durch die *Fourier-Koeffizienten* $\{\widehat{a}(k)\}_{k \in \mathbb{Z}}$ gegeben (vgl. [GK], Abschnitt 12.1). Man erhält also die singulären Zahlen von S_{*a} durch Anordnung der $\{|\widehat{a}(k)|\}_{k \in \mathbb{Z}}$ zu einer monoton fallenden Folge über $\mathbb{N}_0$. Für $a \in L_{2,2\pi}(\mathbb{R})$ gilt $S_{*a} \in S_2$ nach Satz 11.3, es gibt aber *stetige* Funktionen $a \in C_{2\pi}(\mathbb{R})$ mit $S_{*a} \notin S_p$ für alle $p < 2$ (vgl. [Zygmund 2002], V.4.9).

Nun sei $K = \overline{\Omega}$ für eine beschränkte offene Menge $\Omega \subseteq \mathbb{R}^n$. Aus *Glattheitsbedingungen* an Ω und an den Kern κ lässt sich dann $S_\kappa \in S_p$ für geeignete $0 < p < 2$ folgern; wegen $s_j(S_\kappa^*) = s_j(S_\kappa)$ genügt es, Glattheit von κ nur bezüglich *einer* Variablen zu fordern. Wir benötigen das folgende Resultat über *Sobolev-Einbettungen*:

Satz 11.4

Es seien $0 < s \leq m \in \mathbb{N}$ *und* Ω *eine beschränkte offene Menge in* $\mathbb{R}^n$ *mit* C^m *-Rand. Für die Einbettung* $i : W_2^s(\Omega) \to L_2(\Omega)$ *gilt dann* $i \in S_p$ *für* $p > \frac{n}{s}$.

BEWEIS. Nach Satz 4.17 existiert ein *Fortsetzungsoperator* $E : W_2^s(\Omega) \to W_2^s(\mathbb{R}^n)$. Nun seien $\overline{\Omega} \subseteq (-T,T)^n$ und $\chi \in \mathscr{D}((-T,T)^n)$ mit $\chi = 1$ nahe $\overline{\Omega}$. Durch Abschneiden mit χ erhalten wir einen Fortsetzungsoperator $E_T : W_2^s(\Omega) \to W_{2,T}^s(\mathbb{R}^n)$ in den Raum der T-periodischen W_2^s-Funktionen auf $\mathbb{R}^n$, und mit der Restriktion $\rho : L_{2,T}(\mathbb{R}^n) \to L^2(\Omega)$ ergibt sich die Faktorisierung

$$i\;:\; W_2^s(\Omega) \;\xrightarrow{\;E_T\;}\; W_{2,T}^s(\mathbb{R}^n) \;\xrightarrow{\;i_T\;}\; L_{2,T}(\mathbb{R}^n) \;\xrightarrow{\;\rho\;}\; L_2(\Omega)\,.$$

Mittels Entwicklung in Fourier-Reihen zeigt man $i_T \in S_p$ für $p > \frac{n}{s}$ wie in [GK], S. 244 im Fall einer Veränderlichen (vgl. auch Aufgabe 4.16). $\Diamond$

Im Fall $m = 1$ gelten Satz 4.17 und somit auch Satz 11.4 für Mengen Ω mit Lipschitz-Rand, vgl. S. 95; Entsprechendes gilt auch für das folgende Resultat über Integraloperatoren. Dessen Beweis erfolgt ähnlich wie der von Theorem 12.14 in [GK], sodass wir uns auf eine Skizze beschränken können:

Theorem 11.5

Es seien $m \in \mathbb{N}_0$, $0 \leq \gamma \leq 1$ *und* Ω *eine* beschränkte *offene Menge in* $\mathbb{R}^n$ *mit* $\mathcal{C}^{m+1}$ *-Rand. Für einen stetigen Kern* $\kappa \in \mathcal{C}(\overline{\Omega}, \overline{\mathcal{C}}^{m,\gamma}(\Omega))$ *gilt* $S_\kappa \in S_p(L_2(\Omega))$ *für* $p > \frac{2n}{2(m+\gamma)+n}$.

BEWEIS. a) Für $0 \leq s < m + \gamma$ können wir $S_\kappa : L_2(\Omega) \to L_2(\Omega)$ als Produkt

$$L_2(\Omega) \xrightarrow{\widetilde{S}_\kappa} \overline{\mathcal{C}}^{m,\gamma}(\Omega) \xrightarrow{j} W_2^s(\Omega) \xrightarrow{i} L_2(\Omega) \tag{16}$$

stetiger linearer Operatoren schreiben.

b) Nun ist $j\widetilde{S}_\kappa : L_2(\Omega) \to W_2^s(\Omega)$ ein *Hilbert-Schmidt-Operator;* dies lässt sich ähnlich wie Satz 11.3 zeigen, vgl. auch [GK], Theorem 12.14.

c) Mit (16), Satz 11.4 und Satz 11.2 c) folgt nun $S_\kappa \in S_p(L_2(\Omega))$ für $\frac{1}{p} < \frac{1}{2} + \frac{s}{n}$, also für $p > \frac{2n}{2s+n}$. Da $s < m + \gamma$ beliebig gewählt werden kann, folgt die Behauptung. $\Diamond$

Insbesondere gilt $S_\kappa \in S_1(L_2(\Omega))$ für $m + \gamma > \frac{n}{2}$. Die Faltungsoperatoren aus (15) zeigen, dass die Bedingung an p in Theorem 11.5 optimal ist. Für wesentlich weiter gehende Resultate zur Zugehörigkeit von Einbettungs- und Integraloperatoren zu Operatoridealen sei auf [König 1986], [Pietsch 1980] oder [Pietsch 2007] und die dort zitierte Literatur verwiesen.

11.2 Nukleare Operatoren

Tensoren und nukleare Operatoren. a) Für Banachräume X, Y ist

$$\psi : X' \otimes Y \to K(X,Y), \quad \psi(\sum_{k=0}^{r} x'_k \otimes y_k)(x) := \sum_{k=0}^{r} \langle x, x'_k \rangle y_k \text{ für } x \in X, \tag{17}$$

eine Isometrie von $X' \otimes_\varepsilon Y$ in $X' \varepsilon Y \cong K(X,Y)$. Somit ist $\psi : X' \otimes_\pi Y \to K(X,Y)$ eine stetige lineare Abbildung mit der Fortsetzung $\widehat{\psi} : X'\widehat{\otimes}_\pi Y \to K(X,Y)$ auf das vollständige π-Tensorprodukt. Nach Theorem 10.23 besitzt ein Element $u \in X'\widehat{\otimes}_\pi Y$ eine Entwicklung $u = \sum_{k=0}^{\infty} x'_k \otimes y_k$ mit $\sum_{k=0}^{\infty} \| x'_k \| \, \| y_k \| < \infty$, und aus (17) folgt

$$(\widehat{\psi}u)(x) = \sum_{k=0}^{\infty} \langle x, x'_k \rangle y_k \quad \text{für} \quad u = \sum_{k=0}^{\infty} x'_k \otimes y_k \text{ und } x \in X. \tag{18}$$

b) Das Bild $R(\widehat{\psi}) \subseteq K(X,Y)$ von $\widehat{\psi}$ heißt Raum $N(X,Y)$ der *nuklearen Operatoren* von X nach Y; die durch $\widehat{\psi}$ darauf definierte Quotientennorm heißt *nukleare Norm* ν auf $N(X,Y)$. Dann gilt $\|T\| \leq \nu(T)$ für $T \in N(X,Y)$, und man hat

$$\nu(T) := \inf\left\{\sum_{k=0}^{\infty} \|x_k'\| \|y_k\| \mid T = \widehat{\psi}\left(\sum_{k=0}^{\infty} x_k' \otimes y_k\right)\right\}, \quad T \in N(X,Y). \tag{19}$$

c) Wir zeigen in Theorem 11.11, dass $\widehat{\psi}$ i. A. *nicht injektiv* ist. Trotzdem ist es üblich, für die Darstellung eines nuklearen Operators wie in (19) einfach „$T = \sum_{k=0}^{\infty} x_k' \otimes y_k$" zu schreiben.

d) Es ist $(N(X,Y), \nu)$ ein Banachraum, in dem der Raum $\mathcal{F}(X,Y) = \psi(X' \otimes Y)$ dicht liegt.

e) Für Banachräume W, X, Y, Z und Operatoren $A \in L(W,X)$, $T \in N(X,Y)$ und $B \in L(Y,Z)$ gilt $BTA \in N(W,Z)$ sowie

$$\nu(BTA) \leq \|B\| \nu(T) \|A\|. \tag{20}$$

Ist in der Tat $T = \sum_{k=0}^{\infty} x_k' \otimes y_k$ mit $\sum_{k=0}^{\infty} \|x_k'\| \|y_k\| \leq \nu(T) + \varepsilon$, so folgt sofort $BTA = \sum_{k=0}^{\infty} A'x_k' \otimes By_k$ und

$$\sum_{k=0}^{\infty} \|A'x_k'\| \|By_k\| \leq \|A\| \|B\| \sum_{k=0}^{\infty} \|x_k'\| \|y_k\| \leq \|A\| \|B\| (\nu(T) + \varepsilon).$$

Somit ist $(N(X,Y), \nu)$ ein *Banach-Operatorideal*.

f) Ein Operator $T \in L(E,F)$ zwischen (folgenvollständigen) lokalkonvexen Räumen heißt *nuklear*, falls er eine Entwicklung $T = \sum_{k=0}^{\infty} \lambda_k x_k' \otimes y_k$ mit einer Folge $(\lambda_k) \in \ell_1$, einer gleichstetigen Folge (x_k') in E' und einer beschränkten Folge (y_k) in F besitzt. Dies ist genau dann der Fall, wenn eine Faktorisierung

$$T : E \xrightarrow{\rho_p} \widehat{E}_p \xrightarrow{T_1} F_B \xrightarrow{i_B} F \tag{21}$$

existiert, wobei $p \in \mathbb{H}(E)$, $B \in \widehat{\mathbb{B}}(F)$ und $T_1 \in N(\widehat{E}_p, F_B)$ ist.

Für eine Folge $\lambda = (\lambda_k)$ bezeichnen wir mit $D_\lambda : (x_k) \mapsto (\lambda_k x_k)$ einen *Diagonaloperator* zwischen geeigneten Folgenräumen.

Satz 11.6

Es seien X, Y Banachräume. Ein Operator $T \in L(X,Y)$ ist genau dann nuklear, wenn eine Folge $\lambda \in \ell_1$ und eine Faktorisierung

$$T : X \xrightarrow{A} \ell_\infty \xrightarrow{D_\lambda} \ell_1 \xrightarrow{B} Y \tag{22}$$

existiert. In diesem Fall gilt $\nu(T) = \inf\{\|B\| \|\lambda\|_1 \|A\| \mid T = BD_\lambda A\}$.

BEWEIS. a) Es sei $T \in N(X,Y)$ mit $T = \sum\limits_{k=0}^{\infty} x'_k \otimes y_k$ und $\sum\limits_{k=0}^{\infty} \| x'_k \| \| y_k \| \leq \nu(T) + \varepsilon$.

Wir setzen $\lambda_k = \| x'_k \| \| y_k \|$ und $u'_k = \frac{x'_k}{\| x'_k \|} \in X'$ sowie $v_k = \frac{y_k}{\| y_k \|} \in Y$ für $\lambda_k \neq 0$.

Nun definieren wir $Ax := (\langle x, u'_k \rangle) \in \ell_\infty$ für $x \in X$ und $B(\eta_k) := \sum\limits_{k=0}^{\infty} \eta_k v_k \in Y$ für

$(\eta_k) \in \ell_1$. Dann gilt $T = BD_\lambda A$ und $\| B \| \| \lambda \|_1 \| A \| \leq \nu(T) + \varepsilon$ wegen $\| A \| \leq 1$ und $\| B \| \leq 1$.

b) Umgekehrt gilt $D_\lambda = \sum\limits_{k=0}^{\infty} \lambda_k e_k \otimes e_k$ mit den Einheitsvektoren von $\ell_1 \subseteq \ell'_\infty$. Folglich

ist D_λ nuklear mit $\nu(D_\lambda) \leq \sum\limits_{k=0}^{\infty} | \lambda_k |$, und die Behauptung folgt aus (20).   ◊

Zusatz. In Satz 11.6 kann man $\lambda_k \geq 0$ annehmen. Mit $\mu_k := \sqrt{\lambda_k}$ und $\mu = (\mu_k)$ hat man dann aufgrund der Schwarzschen Ungleichung die Faktorisierung

$$T : X \xrightarrow{A} \ell_\infty \xrightarrow{D_\mu} \ell_2 \xrightarrow{D_\mu} \ell_1 \xrightarrow{B} Y \tag{23}$$

von $T \in N(X,Y)$ über den Hilbertraum ℓ_2.

Wir kommen nun zu Beziehungen zwischen den Idealen N und S_1.

Satz 11.7
Für Hilberträume H, G gilt $S_1(H,G) = N(H,G)$ und $\sigma_1 = \nu$. Insbesondere ist $(S_1(H,G), \sigma_1)$ ein Banachraum.

BEWEIS. a) Für $T \in S_1(H,G)$ ist eine Schmidt-Darstellung (1) auch eine nukleare Darstellung wie in (19); folglich ist $T \in N(H,G)$ und $\nu(T) \leq \sum\limits_{j=0}^{\infty} s_j(T) = \sigma_1(T)$.

b) Es sei $T \in N(H,G)$ mit $T = \sum\limits_{k=0}^{\infty} x'_k \otimes y_k$ und $\sum\limits_{k=0}^{\infty} \| x'_k \| \| y_k \| \leq \nu(T) + \varepsilon$. Nach dem Rieszschen Darstellungssatz 1.11 hat man $x'_k(x) = \langle x | x_k \rangle$ mit Vektoren $x_k \in H$ und $\| x_k \| = \| x'_k \|$. Als kompakter Operator hat T auch eine Schmidt-Darstellung (1). Dann folgt für alle $n \in \mathbb{N}$

$$\sum_{j=0}^{n} s_j = \sum_{j=0}^{n} \langle Te_j | f_j \rangle \leq \sum_{j=0}^{n} \sum_{k=0}^{\infty} | \langle e_j | x_k \rangle \langle y_k | f_j \rangle |$$

$$\leq \sum_{k=0}^{\infty} \Big(\sum_{j=0}^{n} | \langle e_j | x_k \rangle |^2 \Big)^{1/2} \Big(\sum_{j=0}^{n} | \langle y_k | f_j \rangle |^2 \Big)^{1/2}$$

$$\leq \sum_{k=0}^{\infty} \| x_k \| \| y_k \| \leq \nu(T) + \varepsilon$$

aufgrund der Schwarzschen und der Besselschen Ungleichung.   ◊

Satz 11.8
Für Banachräume X, Y gilt $S_1(X,Y) \subseteq N(X,Y)$.

BEWEIS. a) Es sei $F \in \mathcal{F}(X,Y)$ mit $\mathrm{rk}\, F = n \in \mathbb{N}$. Nach einem *Lemma von Auerbach* (vgl. [GK], Aufgabe 3.20) gibt es eine Basis $\{y_1, \ldots, y_n\}$ von $R(F)$ mit *dualer Basis* $\{\eta_1, \ldots, \eta_n\}$ von $R(F)'$, sodass $\|y_j\| = \|\eta_j\| = 1$ für $j = 1, \ldots, n$ gilt. Nach dem Satz von Hahn-Banach gibt es Fortsetzungen $y_j' \in Y'$ der η_j mit $\|y_j'\| = 1$. Dann ist $Fx = \sum_{j=1}^{n} \langle Fx, y_j' \rangle\, y_j$, und mit $\lambda_j := \|F'y_j'\|$ und $x_j' := \lambda_j^{-1} F'y_j' \in X'$ folgt

$$F = \sum_{j=1}^{n} \lambda_j\, x_j' \otimes y_j \quad \text{mit}\ \ |\lambda_j| \le \|F\|,\ \|x_j'\| \le 1\ \text{und}\ \|y_j\| \le 1. \tag{24}$$

b) Für $T \in S_1(X,Y)$ und $n \in \mathbb{N}_0$ wählen wir $F_n \in \mathcal{F}(X,Y)$ mit $\mathrm{rk}\, F_n \le 2^n$ und $\|T - F_n\| \le 2\alpha_{2^n}(T)$. Für $S_n := F_{n+1} - F_n$ gilt dann offenbar $\mathrm{rk}\, S_n \le 2^{n+2}$ und $\|S_n\| \le 4\alpha_{2^n}(T)$, und es ist $T = F_0 + \sum_{n=0}^{\infty} S_n$.

c) Nun schreiben wir $S_n = \sum_{j=1}^{2^{n+2}} \lambda_{jn}\, x_{jn}' \otimes y_{jn}$ wie in (24). Wegen

$$\sum_{n=0}^{\infty} \sum_{j=1}^{2^{n+2}} |\lambda_{jn}| \ \le\ \sum_{n=0}^{\infty} 2^{n+2} \|S_n\| \ \le\ 2^5 \sum_{n=0}^{\infty} 2^{n-1} \alpha_{2^n}(T) \ \le\ 2^5 \sum_{j=0}^{\infty} \alpha_j(T) < \infty$$

und $\|x_{jn}'\|, \|y_{jn}\| \le 1$ ergibt sich dann $T = F_0 + \sum_{n=0}^{\infty} S_n \in N(X,Y)$.   ◊

Die Umkehrung von Satz 11.8 gilt i. A. nicht; es ist sogar $N(\ell_\infty, \ell_1)$ in keinem Raum $S_p(\ell_\infty, \ell_1)$ enthalten (vgl. [Pietsch 1980], 18.6.4). Aus den Sätzen 11.6 und 11.7 ergibt sich aber leicht:

Satz 11.9

Ein Produkt von drei nuklearen Operatoren liegt in S_1.

BEWEIS. Für $j = 1,2,3$ seien $T_j \in N(X_j, X_{j+1})$ und $T = T_3 T_2 T_1 \in N(X_1, X_4)$. Aus (23) ergibt sich das kommutative Diagramm

$$
\begin{array}{ccccccc}
X_1 & \xrightarrow{T_1} & X_2 & \xrightarrow{T_2} & X_3 & \xrightarrow{T_3} & X_4 \\
\ {}^{A_1}\searrow & {}^{B_2}\nearrow & {}^{A_2}\searrow & {}^{B_3}\nearrow & {}^{A_3}\searrow & {}^{B_4}\nearrow & \\
\ell_2 & \xrightarrow{C_2} & \ell_2 & \xrightarrow{C_3} & \ell_2 & &
\end{array}
\ .
$$

Da N und S_1 Ideale sind, folgt $C_3 C_2 = A_3 T_2 B_2 \in N(\ell_2, \ell_2) = S_1(\ell_2, \ell_2)$ und dann $T = B_4 C_3 C_2 A_1 \in S_1(X_1, X_4)$.   ◊

11.3 Spuren

Eine wichtige Invariante linearer Operatoren auf endlichdimensionalen Räumen ist die *Spur*. In diesem Abschnitt diskutieren wir das Problem, diese zu einer Spur auf dem Ideal der nuklearen Operatoren zu erweitern.

Spuren von Tensoren. Für einen Banachraum X wird nach Satz 10.21 durch $\beta : v \mapsto v \circ \otimes$ eine Isometrie $(X' \otimes_\pi X)' \cong \mathcal{B}(X', X)$ definiert. Die Bilinearform $(x', x) \mapsto \langle x, x' \rangle$ induziert somit eine Linearform $\tau \in (X' \widehat{\otimes}_\pi X)'$ mit $\|\tau\| \leq 1$, die *Spurabbildung*. Offenbar gilt $\tau(x' \otimes x) = \langle x, x' \rangle$, und es folgt

$$\tau(u) = \sum_{k=0}^{\infty} \langle x_k, x'_k \rangle \quad \text{für} \quad u = \sum_{k=0}^{\infty} x'_k \otimes x_k \in X' \widehat{\otimes}_\pi X. \tag{25}$$

Spuren endlichdimensionaler Operatoren. a) Die in (17) definierte Abbildung $\psi : X' \otimes_\pi X \to \mathcal{F}(X)$ ist *bijektiv;* daher können wir die *Spur*

$$\text{tr} : \mathcal{F}(X) \to \mathbb{K} \quad \text{durch} \quad \text{tr}(\psi u) := \tau(u) \quad \text{für} \quad u \in X' \otimes_\pi X \tag{26}$$

definieren. Für $T \in L(X, Y)$ und $S = \sum_k y'_k \otimes x_k \in \mathcal{F}(Y, X)$ gilt dann

$$ST = \sum_k T' y'_k \otimes x_k \quad \text{und} \quad TS = \sum_k y'_k \otimes Tx_k, \quad \text{also}$$

$$\text{tr}(ST) = \text{tr}(TS) \quad \text{für} \quad T \in L(X, Y) \quad \text{und} \quad S \in \mathcal{F}(Y, X). \tag{27}$$

Insbesondere ist

$$\text{tr}(S) = \text{tr}(T^{-1}ST) \quad \text{für} \quad T \in GL(X) \quad \text{und} \quad S \in \mathcal{F}(X). \tag{28}$$

b) Für einen *endlichdimensionalen Projektor* $P \in \mathcal{F}(X)$ sei $\{x_1, \ldots, x_m\}$ eine Basis von $R(P)$ und $\{\phi_1, \ldots, \phi_m\}$ die *duale* Basis von $R(P)'$. Mit $x'_k := P' \phi_k \in X'$ gilt dann $P = \sum_{k=1}^{m} x'_k \otimes x_k$, und es folgt $\text{tr}\, P = \sum_{k=1}^{m} \langle x_k, x'_k \rangle = m$, also

$$\text{tr}\, P = \dim R(P) = \text{rk}\, P \quad \text{für} \quad P = P^2 \in \mathcal{F}(X). \tag{29}$$

Spuren nuklearer Operatoren. a) Die *Spur nuklearer Operatoren* auf X können wir genau dann wie in (26) definieren, wenn die folgende Bedingung erfüllt ist:

$$\forall\, u \in X' \widehat{\otimes}_\pi X \; : \; \widehat{\psi}(u) = 0 \Rightarrow \tau(u) = 0. \tag{30}$$

b) In diesem Fall ist $\text{tr} : N(X) \to \mathbb{K}$ eine Linearform mit $\|\text{tr}\| = 1$; es gelten $\text{tr}(x' \otimes x) = \langle x, x' \rangle$ für $x \in X$ und $x' \in X'$, die Formeln (27) und (28) sowie

$$|\text{tr}(ST)| \leq \|T\|\, \nu(S) \quad \text{für alle} \quad T \in L(X, Y) \quad \text{und} \quad S \in N(Y, X).$$

Wir wollen nun zeigen, dass für einen Banachraum X Bedingung (30) genau dann erfüllt ist, wenn X die *A.E.* hat. Letzteres ist nach dem Satz von Hahn-Banach genau dann der Fall, wenn für jedes Funktional $\lambda \in L_\kappa(X)'$ aus $\lambda(F) = 0$ für alle $F \in \mathcal{F}(X)$ auch $\lambda(I_X) = 0$ folgt. Wir benötigen also Informationen über den Dualraum des lokalkonvexen Raumes $L_\kappa(X)$:

Funktionale auf $L(X,Y)$. Für Banachräume X,Y definieren wir eine bilineare Abbildung

$$B : Y' \times X \to L(X,Y)' \quad \text{durch} \quad B(y',x)(S) := \langle Sx, y' \rangle \quad \text{für} \quad S \in L(X,Y).$$

Linearisierung gemäß Satz 10.21 liefert einen linearen Operator $b : Y' \widehat{\otimes}_\pi X \to L(X,Y)'$ mit $\| b \| \le 1$. Offenbar gilt

$$b(u)(S) = \sum_{k=0}^{\infty} \langle Sx_k, y_k' \rangle \quad \text{für} \quad u = \sum_{k=0}^{\infty} y_k' \otimes x_k \in Y' \widehat{\otimes}_\pi X \quad \text{und} \quad S \in L(X,Y). \tag{31}$$

Satz 11.10

Für Banachräume X,Y *ist* $L_\kappa(X,Y)'$ *das Bild des linearen Operators* b *aus (31).*

BEWEIS. a) Für $u \in Y' \widehat{\otimes}_\pi X$ wie in (31) gilt $\sum_{k=0}^{\infty} \| y_k' \| \, \| x_k \| < \infty$, wobei wir $x_k \ne 0$ annehmen können. Es sei $\alpha_k \uparrow \infty$ eine Folge, sodass auch $C := \sum_{k=0}^{\infty} \alpha_k \| y_k' \| \, \| x_k \| < \infty$ gilt. Dann ist $(\xi_k := \frac{x_k}{\alpha_k \| x_k \|})$ eine Nullfolge und $K := \overline{\Gamma\{\xi_k\}} \subseteq X$ kompakt. Aus

$$|b(u)(S)| \le \sum_{k=0}^{\infty} \alpha_k \| x_k \| \, \| y_k' \| \, \| S\xi_k \| \le C p_K(S) \quad \text{für} \quad S \in L(X,Y)$$

folgt nun die Stetigkeit von $b(u) : L_\kappa(X,Y) \to \mathbb{K}$.

b) Für $\lambda \in L_\kappa(X,Y)'$ gibt es eine kompakte Kugel $K \in \mathfrak{K}(X)$ mit $|\lambda(S)| \le C p_K(S)$ für $S \in L(X,Y)$. Nach Satz 8.26 gibt es eine Nullfolge $x = (x_k)_{k \in \mathbb{N}_0}$ in $c_0(X)$ mit $K \subseteq \overline{\Gamma\{x_k\}}$, und daher gilt auch

$$|\lambda(S)| \le C \sup_k \| Sx_k \| \quad \text{für} \quad S \in L(X,Y). \tag{32}$$

Wir definieren einen Operator $\Psi \in L(L(X,Y), c_0(Y))$ durch $\Psi : S \mapsto (Sx_k)$. Nach (32) gilt $|\lambda(S)| \le C \| \Psi(S) \|$; es gibt also eine stetige Linearform μ auf $R(\Psi)$ mit $\mu(\Psi(S)) = \lambda(S)$ für $S \in L(X,Y)$. Nach dem Satz von Hahn-Banach hat μ eine Fortsetzung zu $\widetilde{\mu} \in c_0(Y)'$. Nach Aufgabe 10.23 ist $c_0(Y)' \cong \ell_1(Y')$; es gibt also eine Folge $y = (y_k')_{k \in \mathbb{N}_0}$ in $\ell_1(Y')$ mit $\widetilde{\mu}(y) = \sum_{k=0}^{\infty} \langle y_k, y_k' \rangle$ für $y = (y_k)$ in $c_0(Y)$. Daher ist $\lambda(S) = \widetilde{\mu}(\Psi(S)) = \sum_{k=0}^{\infty} \langle Sx_k, y_k' \rangle = b(u)(S)$ mit $u := \sum_{k=0}^{\infty} y_k' \otimes x_k \in Y' \widehat{\otimes}_\pi X$. $\Diamond$

Nun können wir das folgende Resultat aus [Grothendieck 1955], I §5 beweisen:

Theorem 11.11

Ein Banachraum X *besitzt genau dann die A.E., wenn Bedingung (30) gilt, die Spur* $\mathrm{tr} : N(X) \to \mathbb{K}$ *nuklearer Operatoren auf* X *also wohldefiniert ist.*

BEWEIS. „$\Leftarrow$ ": Es sei $\lambda \in L_\kappa(X)'$ mit $\lambda(F) = 0$ für $F \in \mathcal{F}(X)$ gegeben; zu zeigen ist $\lambda(I_X) = 0$. Nach Satz 11.10 gibt es $u = \sum\limits_{k=0}^{\infty} x'_k \otimes x_k \in X' \widehat{\otimes}_\pi X$ mit $\lambda = b(u)$. Für die Abbildung $\widehat{\psi} : X' \widehat{\otimes}_\pi X \to N(X)$ aus (18) sowie $x \in X$ und $x' \in X'$ gilt

$$\langle \widehat{\psi}(u)x, x' \rangle = \sum_{k=0}^{\infty} \langle \langle x, x'_k \rangle x_k, x' \rangle = \sum_{k=0}^{\infty} \langle \langle x_k, x' \rangle x, x'_k \rangle = \lambda(x' \otimes x) = 0, \qquad (33)$$

und daher ist $\widehat{\psi}(u) = 0$. Aus (30) folgt dann

$$\lambda(I_X) = \sum_{k=0}^{\infty} \langle x_k, x'_k \rangle = \tau(u) = 0. \qquad (34)$$

„$\Rightarrow$ ": Nun sei $u = \sum\limits_{k=0}^{\infty} x'_k \otimes x_k \in X' \widehat{\otimes}_\pi X$ mit $\widehat{\psi}(u) = 0$. Für $\lambda := b(u)$ folgt dann $\lambda(x' \otimes x) = 0$ für $x \in X$ und $x' \in X'$ wie in (33), also $\lambda(F) = 0$ für $F \in \mathcal{F}(X)$ und dann $\lambda(I_X) = 0$, da X die A.E. hat. Nach (34) impliziert dies dann $\tau(u) = 0$. $\qquad \Diamond$

Nach [Grothendieck 1955], I §5 ist sogar die Abbildung $\widehat{\psi} : X' \widehat{\otimes}_\pi Y \to N(X, Y)$ *injektiv*, wenn X' oder Y die A.E. hat. Ein Banachraum Y hat genau dann die A.E., wenn die kanonische Abbildung $\widehat{i} : X \widehat{\otimes}_\pi Y \to X \widehat{\otimes}_\varepsilon Y$ für alle Banachräume X oder für alle *dualen* Banachräume X *injektiv* ist, vgl. dazu [Köthe 1979], § 43.2, oder [Defant und Floret 1993], 5.6.

Nach Theorem 11.11 kann also die Spur *nicht* auf dem Ideal N der nuklearen Opertoren über allen Banachräumen definiert werden. Für *kleinere Ideale* ist dies jedoch möglich, nach [Grothendieck 1955], II § 1.4 für das Ideal $N_{2/3}$ der $2/3$-nuklearen Operatoren (vgl. Aufgabe 11.10 für diesen Begriff), nach H. König (1980) für das Ideal S_1 (vgl. [König 1986], 4.a).

Aus Theorem 11.11 folgt leicht:

Satz 11.12
Es sei X ein Banachraum. Besitzt X' die A.E., so gilt dies auch für X.

BEWEIS. Es sei $u = \sum\limits_{k=0}^{\infty} x'_k \otimes x_k \in X' \widehat{\otimes}_\pi X$ mit $\widehat{\psi}(u) = 0$. Nach (33) ist dann $\sum\limits_{k=0}^{\infty} \langle x_k, x' \rangle x'_k = 0$ für alle $x' \in X'$, also $\widehat{\psi}(v) = 0$ für $v = \sum\limits_{k=0}^{\infty} \iota_X x_k \otimes x'_k \in X'' \widehat{\otimes}_\pi X'$. Da X' die A.E. hat, folgt daraus

$$\tau(u) = \sum_{k=0}^{\infty} \langle x_k, x'_k \rangle = \sum_{k=0}^{\infty} \langle x'_k, \iota_X x_k \rangle = \tau(v) = 0. \quad \Diamond$$

Aus der von P. Enflo 1972 gezeigten Existenz eines Banachraumes ohne A.E. lässt sich schließen, dass die Umkehrung von Satz 11.12 falsch ist, vgl. dazu [Lindenstrauß und Tzafriri 1977], Theorem 1.e.7.

Spuren linearer Operatoren auf Hilberträumen. a) Nach Theorem 11.11 ist insbesondere für einen Hilbertraum H die Spur auf dem Ideal $N(H) = S_1(H)$ definiert; aus diesem Grund wird dieses auch als *Spurklasse* bezeichnet.

b) Nun sei $S \in S_1(H)$ mit nuklearer Darstellung $S = \sum\limits_{k=0}^{\infty} x'_k \otimes y_k$ und $\{e_i\}_{i \in I}$ eine Orthonormalbasis von H. Man sieht $\sum\limits_{i \in I} |\langle Se_i | e_i \rangle| \leq \sum\limits_{k=0}^{\infty} \|x_k\| \|y_k\|$ wie im Beweis von Satz 11.7, und es gilt

$$\sum_{i \in I} \langle Se_i | e_i \rangle = \sum_{i \in I} \sum_{k=0}^{\infty} \langle e_i | x_k \rangle \langle y_k | e_i \rangle = \sum_{k=0}^{\infty} \sum_{i \in I} \langle e_i | x_k \rangle \langle y_k | e_i \rangle = \sum_{k=0}^{\infty} \langle y_k | x_k \rangle$$

aufgrund der Parsevalschen Gleichung. Dies zeigt

$$\operatorname{tr} S = \sum_{i \in I} \langle Se_i | e_i \rangle. \tag{35}$$

c) Für Hilbert-Schmidt-Operatoren $A, B \in S_2(H, G)$ ist $B^*A \in S_1(H)$, und es gilt

$$\langle A | B \rangle_2 := \sum_{i \in I} \langle Ae_i | Be_i \rangle = \sum_{i \in I} \langle B^*Ae_i | e_i \rangle = \operatorname{tr}(B^*A). \tag{36}$$

d) Für einen *normalen* Operator $S \in S_1(H)$ gibt es aufgrund des *Spektralsatzes* eine Orthonormalbasis $\{e_i\}_{i \in I}$ von H mit $Se_i = \lambda_i e_i$; mit den *Eigenwerten* $\lambda_i = \lambda_i(S)$ folgt also aus (35):

$$\operatorname{tr} S = \sum_{i \in I} \lambda_i(S). \tag{37}$$

e) Im Fall $\dim H < \infty$ gibt es für beliebige $S \in L(H)$ eine Orthonormalbasis von H, in der S durch eine *Dreiecksmatrix* repräsentiert wird (vgl. dazu Lemma 14.26 auf S. 378). Die Eigenwerte auf der Diagonalen werden so oft gezählt, wie ihre *algebraische Vielfachheit* (vgl. S. 378) angibt, und Formel (37) gilt auch in diesem Fall.

f) Formel (37) gilt sogar für *alle* Operatoren $S \in S_1(H)$ auf beliebigen Hilberträumen mit der Interpretation aus e). Für diesen *Satz von Lidskii* sei auf [Gohberg et al. 1990], Kapitel VII verwiesen (vgl. auch S. 382).

Spuren von Integraloperatoren. a) Es sei $\kappa = \sum\limits_{j=1}^{\infty} a_j \otimes b_j \in C(K) \widetilde{\otimes}_\pi C(K)$ ein stetiger Kern auf einer kompakten Menge $K \subseteq \mathbb{R}^n$, wobei $\sum\limits_{j=1}^{\infty} \|a_j\|_{\sup} \|b_j\|_{\sup} < \infty$ gelte. Der Integraloperator $S_\kappa : f \to \sum\limits_{j=1}^{\infty} \langle f | \overline{b_j} \rangle a_j$ aus (14) ist dann nuklear auf $L_2(K)$, und (25) liefert $\operatorname{tr} S_\kappa = \sum\limits_{j=0}^{\infty} \langle a_j | \overline{b_j} \rangle = \sum\limits_{j=0}^{\infty} \int_K a_j(t) b_j(t) \, dt$, also die *Spurformel*

$$\operatorname{tr} S_\kappa = \int_K \kappa(t, t) \, dt. \tag{38}$$

b) Nun seien $m \in \mathbb{N}_0$ und $0 \le \gamma \le 1$ mit $m + \gamma > \frac{n}{2}$ sowie $K = \overline{\Omega}$ für eine beschränkte offene Menge $\Omega \subseteq \mathbb{R}^n$ mit C^{m+1}-Rand. Für einen Kern $\kappa \in C(K, \overline{C}^{m,\gamma}(\Omega))$ gilt nach Theorem 11.5 $S_\kappa \in S_1(L_2(K))$. Wegen Satz 10.16 b) oder [GK], Theorem 2.7 gibt es eine Folge (κ_n) in $C(K) \otimes \overline{C}^{m,\gamma}(\Omega))$ mit $\kappa_n \to \kappa$ in $C(K, \overline{C}^{m,\gamma}(\Omega))$. Nach a) gilt obige Spurformel (38) für die Kerne κ_n. Der Beweis von Theorem 11.5 zeigt $j\widetilde{S}_{\kappa_n} \to j\widetilde{S}_\kappa$ in $S_2(L_2(K), W_2^s(\Omega))$ für $\frac{n}{2} < s < m + \gamma$. Mit Satz 11.2 c) folgt dann $S_{\kappa_n} \to S_\kappa$ in $S_1(L_2(K))$ und somit $\operatorname{tr} S_{\kappa_n} \to \operatorname{tr} S_\kappa$. Folglich gilt die Spurformel (38) auch für den Kern κ.

11.4 Nukleare Räume

Nukleare Operatoren bilden ε-Tensorprodukte stetig in π-Tensorprodukte ab:

Satz 11.13
Es seien X, Y, Z Banachräume und $T \in N(X, Y)$. Dann ist $T \otimes I_Z : X \otimes_\varepsilon Z \to Y \otimes_\pi Z$ stetig mit $\| T \otimes I_Z \| \le \nu(T)$.

BEWEIS. Es sei $T = \sum\limits_{k=0}^{\infty} \lambda_k\, x'_k \otimes y_k$ mit $\| x'_k \| \le 1$, $\| y_k \| \le 1$ und $\sum\limits_{k=0}^{\infty} |\lambda_k| \le \nu(T) + \delta$ für ein $\delta > 0$. Für $u = \sum\limits_{j=1}^{r} x_j \otimes z_j \in X \otimes Z$ gibt es $b \in (Y \otimes_\pi Z)'$ mit $\| b \| = 1$ und

$$
\begin{aligned}
\| (T \otimes I_Z)u \|_\pi &= \langle (T \otimes I_Z)u, b \rangle = \langle \sum_{j=1}^{r} Tx_j \otimes z_j, b \rangle \\
&= \langle \sum_{j=1}^{r} \sum_{k=0}^{\infty} \lambda_k \langle x_j, x'_k \rangle y_k \otimes z_j, b \rangle = \sum_{k=0}^{\infty} \lambda_k \langle y_k \otimes \sum_{j=1}^{r} \langle x_j, x'_k \rangle z_j, b \rangle \\
&\le \sum_{k=0}^{\infty} |\lambda_k| \, \| y_k \| \, \| \sum_{j=1}^{r} \langle x_j, x'_k \rangle z_j \| = \sum_{k=0}^{\infty} |\lambda_k| \, \| u'(x'_k) \| \\
&\le (\nu(T) + \delta) \sup_{\| x' \| \le 1} \| u'(x') \| - (\nu(T) + \delta) \| u \|_\varepsilon . \quad \Diamond
\end{aligned}
$$

Das folgende wichtige Konzept eines *nuklearen lokalkonvexen Raumes* von A. Grothendieck (1955) wird durch Satz 11.13 nahegelegt. Es verwendet die auf S. 151 eingeführten *lokalen Banachräume* eines lokalkonvexen Raumes:

Definition. *Ein lokalkonvexer Raum E heißt* nuklear, *falls es zu jeder Halbnorm $p \in \mathfrak{H}(E)$ eine Halbnorm $p \le q \in \mathfrak{H}(E)$ gibt, sodass die verbindende kanonische Abbildung $\widehat{\rho}_q^p : \widehat{E}_q \to \widehat{E}_p$ aus (7.5) nuklear ist.*

Beispiele. a) Für den Raum $\mathbb{K}^J$, J Indexmenge, ist *jeder lokale Banachraum endlichdimensional; $\mathbb{K}^J$ ist also* nuklear. Dies gilt insbesondere für den Fréchetraum ω aller Folgen.

b) Für einen beliebigen lokalkonvexen Raum E ist jeder lokale Banachraum des Raumes $E^\sigma = (E, \sigma(E, E'))$ endlichdimensional; E^σ ist also ebenfalls *nuklear*. Im Fall $E \neq E^\sigma$ ist E^σ nicht quasitonneliert (vgl. S. 176). Interessantere Beispiele folgen in Satz 11.16 und auf den Seiten 282 und 285.

Aus Satz 11.13 ergibt sich sofort:

Theorem 11.14
Es sei E ein nuklearer lokalkonvexer Raum. Dann gilt $E \otimes_\varepsilon F \simeq E \otimes_\pi F$ und daher $E \widehat{\otimes}_\varepsilon F = E \widehat{\otimes}_\pi F$ für alle lokalkonvexen Räume F.

BEWEIS. Für $p \in \mathfrak{H}(E)$ wählen wir $p \leq q \in \mathfrak{H}(E)$, sodass $\widehat{\rho}_q^p : \widehat{E}_q \to \widehat{E}_p$ nuklear ist. Für eine Halbnorm $r \in \mathfrak{H}(F)$ gilt nach Satz 11.13 dann $(p \otimes_\pi r)(t) \leq C\,(q \otimes_\varepsilon r)(t)$ für alle $t \in E \otimes F$. $\diamond$

Es gilt auch die Umkehrung dieses fundamentalen Resultats; in der Tat folgt aus der Annahme $\ell_1 \otimes_\varepsilon E \simeq \ell_1 \otimes_\pi E$ bereits die Nuklearität von E (vgl. [Jarchow 1981], 21.2). Andererseits konstruierte G. Pisier 1983 einen unendlichdimensionalen Banachraum X mit $X \otimes_\varepsilon X \simeq X \otimes_\pi X$ (vgl. [Pisier 1986]) und löste damit ein von Grothendieck formuliertes lange Zeit offenes Problem. Aufgrund des nächsten Satzes sind unendlichdimensionale Banachräume nicht nuklear:

Satz 11.15
a) In einem nuklearen Raum E ist jede beschränkte Menge präkompakt.

b) Ein nuklearer Fréchetraum ist ein Fréchet-Montelraum.

BEWEIS. a) Für $p \in \mathfrak{H}(E)$ wählen wir $p \leq q \in \mathfrak{H}(E)$, sodass $\widehat{\rho}_q^p : \widehat{E}_q \to \widehat{E}_p$ nuklear und somit kompakt ist. Für eine beschränkte Menge $B \subseteq E$ ist $\rho_q(B)$ in $\widehat{E}_q$ beschränkt und somit $\rho_p(B) = \widehat{\rho}_q^p \rho_q(B)$ in $\widehat{E}_p$ relativ kompakt. Da $\Phi : x \mapsto (\rho_p(x))_{p \in \mathbb{H}(E)}$ ein Isomorphismus von E in $\prod_{p \in \mathbb{H}(E)} \widehat{E}_p$ ist (vgl. S. 151), ist B nach dem Satz von Tychonoff präkompakt.

Aussage b) folgt sofort aus a). $\diamond$

Erste *interessante Beispiele* nuklearer Räume liefert der folgende Satz über Köthe-Räume (vgl. S. 248). Wir verwenden die Konvention „$\frac{0}{0} := 0$".

Satz 11.16
Für eine Köthe-Matrix A ist der Köthe-Raum $\lambda_1(A)$ genau dann nuklear, wenn das Grothendieck-Pietsch-Kriterium

$$\forall\, k \in \mathbb{N}_0\ \exists\, k \leq n \in \mathbb{N}_0\ :\ \sum_{j=0}^{\infty} \frac{a_{j,k}}{a_{j,n}} < \infty \tag{39}$$

gilt. In diesem Fall ist $\lambda_1(A) = \lambda_p(A) = c_0(A)$ für alle $1 \leq p \leq \infty$.

BEWEIS. Stets gilt $\lambda_1(A) \hookrightarrow \lambda_p(A) \hookrightarrow c_0(A) \hookrightarrow \lambda_\infty(A)$ für $1 < p < \infty$, und aus (39) folgt sofort $\lambda_1(A) = \lambda_\infty(A)$.

„$\Leftarrow$": Für $k \in \mathbb{N}_0$ sei $I_k := \{j \in \mathbb{N}_0 \mid a_{j,k} > 0\}$. Der durch $\| \ \|_k$ auf $\lambda_1(A)$ definierte lokale Banachraum ist gegeben durch

$$\ell_1(I_k, a_k) = \{\xi = (\xi_j) \in \mathbb{K}^{I_k} \mid \|\xi\|_k = \sum_{j \in I_k} a_{j,k} |\xi_j| < \infty\}.$$

Für $n \geq k$ ist $I_k \subseteq I_n$, und die kanonische Abbildung $\widehat{\rho}_{kn} : \ell_1(I_n, a_n) \to \ell_1(I_k, a_k)$ ist gegeben durch $\widehat{\rho}_{kn}(\xi_j)_{j \in I_n} = (\xi_j)_{j \in I_k}$. Mit den Einheitsvektoren e_j und den Funktionalen $\eta_j : \xi \mapsto a_{j,n} \xi_j$ in $\ell_1(I_n, a_n)'$ gilt

$$\widehat{\rho}_{kn}(\xi) = \sum_{j \in I_k} \frac{a_{j,k}}{a_{j,n}} a_{j,n} \xi_j \frac{e_j}{a_{j,k}} = \sum_{j \in I_k} \frac{a_{j,k}}{a_{j,n}} \langle \xi, \eta_j \rangle \frac{e_j}{a_{j,k}}.$$

Gilt nun (39), so ist $\widehat{\rho}_{kn}$ nuklear wegen $\|\eta_j\|_{\ell_1(I_n, a_n)'} \leq 1$ und $\|e_j\|_{\ell_1(I_k, a_k)} \leq a_{j,k}$.

„$\Rightarrow$": Für $k \in \mathbb{N}_0$ wählen wir $k \leq n \in \mathbb{N}_0$, sodass $\widehat{\rho}_{kn} : \ell_1(I_n, a_n) \to \ell_1(I_k, a_k)$ nuklear ist. Es gibt dann Folgen (η_ℓ) in $\ell_1(I_n, a_n)' \cong \ell_\infty(I_n, \frac{1}{a_n})$ und (ζ_ℓ) in $\ell_1(I_k, a_k)$ mit

$$\widehat{\rho}_{kn}(\xi) = \sum_{\ell=0}^{\infty} \langle \xi, \eta_\ell \rangle \zeta_\ell \quad \text{und} \quad \sum_{\ell=0}^{\infty} \|\eta_\ell\| \|\zeta_\ell\| < \infty.$$

Anwendung auf e_j liefert $1 = \sum_{\ell=0}^{\infty} \eta_{j,\ell} \zeta_{j,\ell}$, also $\frac{a_{j,k}}{a_{j,n}} = \sum_{\ell=0}^{\infty} \frac{\eta_{j,\ell}}{a_{j,n}} a_{j,k} \zeta_{j,\ell}$ und somit

$$\sum_{j \in I_k} \frac{a_{j,k}}{a_{j,n}} \leq \sum_{\ell=0}^{\infty} \sum_{j \in I_k} \frac{|\eta_{j,\ell}|}{a_{j,n}} a_{j,k} |\zeta_{j,\ell}| \leq \sum_{\ell=0}^{\infty} (\sup_{j \in I_k} \frac{|\eta_{j,\ell}|}{a_{j,n}}) (\sum_{j \in I_k} a_{j,k} |\zeta_{j,\ell}|)$$

$$\leq \sum_{\ell=0}^{\infty} \|\eta_\ell\| \|\zeta_\ell\| < \infty, \quad \text{also (39)}. \quad \Diamond$$

Auch die Nuklearität von $c_0(A)$ oder von $\lambda_p(A)$ für ein $p \in [1, \infty]$ impliziert Bedingung (39), vgl. [Meise und Vogt 1992], Satz 28.16.

Nukleare Potenzreihenräume. a) Es seien $R \in \mathbb{R} \cup \{\infty\}$ und $\alpha = (\alpha_j)$ eine Folge in $\mathbb{R}$ mit $0 \leq \alpha_j \uparrow \infty$. Der *Potenzreihenraum* $\Lambda_R(\alpha)$ aus (10.32) ist isomorph zu $\lambda_2(A)$ mit der Köthe-Matrix $A := (e^{t_k \alpha_j})$ für jede Folge (t_k) in $(-\infty, R)$ mit $t_k \uparrow R$. Für $k < n$ gilt somit $\frac{a_{j,k}}{a_{j,n}} = e^{(t_k - t_n)\alpha_j}$, und daher ist $\Lambda_R(\alpha)$ nuklear, falls gilt

$$\sup_{j \in \mathbb{N}_0} \frac{\log(j+1)}{\alpha_j} < \infty \quad \text{für} \quad R = \infty \quad \text{und} \quad \lim_{j \to \infty} \frac{\log(j+1)}{\alpha_j} = 0 \quad \text{für} \quad R < \infty. \tag{40}$$

b) Insbesondere sind die Räume $s(\mathbb{N}_0) = \Lambda_\infty(\log(j+1))$ und $\Lambda_R(j)$ nuklear. Daraus folgt sofort auch die Nuklearität der zu s isomorphen Frécheträume $\mathcal{C}^\infty[a, b]$, $\mathcal{D}[a, b]$, $\mathcal{E}_{2\pi}(\mathbb{R}^n)$ und $\mathcal{S}(\mathbb{R}^n)$ sowie die der Frécheträume $\mathcal{H}(D_R) \simeq \Lambda_R(j)$ der holomorphen Funktionen auf einem Kreis $D_R = \{z \in \mathbb{C} \mid |z| < R\}$ für $0 < R \leq \infty$.

Weitere wichtige Beispiele folgen auf S. 282. Zunächst formulieren wir einige zur Nuklearität *äquivalente* Bedingungen. Unter einer *Hilbert-Halbnorm* verstehen wir eine Halbnorm, die durch ein Halbskalarprodukte definiert werden kann; mit $\mathfrak{S}(E)$ bezeichnen wir die Menge aller stetigen Hilbert-Halbnormen auf E.

Satz 11.17

Für einen lokalkonvexen Raum E sind äquivalent:

(a) E ist nuklear.

(b) Es ist $\mathfrak{S}(E)$ ein Fundamentalsystem von Halbnormen auf E, und zu $p \in \mathfrak{S}(E)$ gibt es $p \le q \in \mathfrak{S}(E)$, sodass die verbindende Abbildung $\widehat{\rho}_q^p : \widehat{E}_q \to \widehat{E}_p$ ein Hilbert-Schmidt-Operator ist.

(c) Es ist $\mathfrak{S}(E)$ ein Fundamentalsystem von Halbnormen auf E, und zu $p \in \mathfrak{S}(E)$ gibt es $p \le q \in \mathfrak{S}(E)$, sodass die Einbettung $i_p^q : E_p' \to E_q'$ ein Hilbert-Schmidt-Operator ist.

(d) Es ist $\mathfrak{S}(E)$ ein Fundamentalsystem von Halbnormen auf E, und zu $p \in \mathfrak{S}(E)$ und $r > 0$ gibt es $p \le q \in \mathfrak{S}(E)$ mit $\widehat{\rho}_q^p \in S_r(\widehat{E}_q, \widehat{E}_p)$.

(e) Es gibt $r > 0$, sodass es zu $p \in \mathfrak{H}(E)$ ein $p \le q \in \mathfrak{H}(E)$ mit $\widehat{\rho}_q^p \in S_r(\widehat{E}_q, \widehat{E}_p)$ gibt.

BEWEIS. „(a) $\Rightarrow$ (b)": Zu einer Halbnorm $p = p_1 \in \mathfrak{H}(E)$ wählen wir nacheinander $p_1 \le p_2 \le p_3 \le p_4 \in \mathfrak{H}(E)$, sodass die verbindenden Abbildungen $\rho_{k+1}^k : \widehat{E}_{p_{k+1}} \to \widehat{E}_{p_k}$ für $k = 1,2,3$ nuklear sind. Nach (23) können diese über ℓ_2 faktorisiert werden, und wir erhalten das kommutative Diagramm

$$
\begin{array}{ccccccc}
\widehat{E}_{p_4} & \xrightarrow{\ \rho_4^3\ } & \widehat{E}_{p_3} & \xrightarrow{\ \rho_3^2\ } & \widehat{E}_{p_2} & \xrightarrow{\ \rho_2^1\ } & \widehat{E}_p \\[2pt]
\scriptstyle A_4 \searrow & \scriptstyle B_3 \nearrow & \scriptstyle A_3 \searrow & \scriptstyle B_2 \nearrow & \scriptstyle A_2 \searrow & \scriptstyle B_1 \nearrow & \\[2pt]
& \ell_2 & \xrightarrow{\ C_3\ } & \ell_2 & \xrightarrow{\ C_2\ } & \ell_2 & \\[2pt]
& \cup & & \cup & & \cup & \\[2pt]
& H_4 & \xrightarrow{\ \varphi_4^3\ } & H_3 & \xrightarrow{\ \varphi_3^2\ } & H_2 &
\end{array}
$$

Für $k = 2,3,4$ definieren wir nun Hilbert-Halbnormen auf E durch

$$
h_k^p(x) := \|A_k \rho_k x\|_{\ell_2} \quad \text{für } x \in E.
$$

Wegen $p(x) \le \|B_1\| h_2^p(x)$ und $h_2^p(x) \le \|A_2\| p_2(x)$ für $x \in E$ ist $\mathfrak{S}(E)$ ein Fundamentalsystem von Halbnormen auf E.

Wegen $N(h_k^p) = N(A_k \rho_k)$ induziert die Abbildung $A_k \rho_k : E \to \ell_2$ eine Isometrie $\psi_k : \widehat{E}_{h_k^p} \to H_k := \overline{R(A_k)}$, und für $k = 3,4$ sind die verbindenden kanonischen Abbildungen gegeben durch $\psi_k^{k-1} = (\psi_{k-1})^{-1} \varphi_k^{k-1} \psi_k : \widehat{E}_{h_k^p} \to \widehat{E}_{h_{k-1}^p}$ mit

$\varphi_k^{k-1} := A_{k-1}B_{k-1}|_{H_k} : H_k \to H_{k-1}$. Mit ρ_3^2 ist auch $C_2 C_3 = A_2 \rho_3^2 B_3 : \ell_2 \to \ell_2$ nuklear und somit ein Hilbert-Schmidt-Operator. Dies gilt dann auch für die Einschränkung $\varphi_4^2 : H_4 \to H_2$, und somit ist auch $\psi_4^2 : \widehat{E}_{h_4^p} \to \widehat{E}_{h_2^p}$ ein Hilbert-Schmidt-Operator.

„(b) $\Leftrightarrow$ (c)" folgt sofort aus $(\widehat{E}_p)' \cong E_p'$ (vgl. Aufgabe 7.3) und $i_p^q = (\widehat{\rho}_q^p)'$.

„(b) $\Rightarrow$ (d)": Es gibt $n \in \mathbb{N}$ mit $\frac{2}{n} \leq r$, und nach Satz 11.2 c) liegt ein n-faches Produkt von Hilbert-Schmidt-Operatoren in S_r.

„(d) $\Rightarrow$ (e)" ist klar.

„(e) $\Rightarrow$ (a)": Es gibt $n \in \mathbb{N}$ mit $\frac{r}{n} \leq 1$. Nach Satz 11.2 c) liegt ein n-faches Produkt von S_r-Operatoren in S_1 und ist somit nuklear nach Satz 11.8. $\Diamond$

Aus Satz 10.18 ergibt sich nun sofort:

Satz 11.18
Ein nuklearer lokalkonvexer Raum besitzt die A.E.

Wir zeigen nun *Permanenzeigenschaften* der Nuklearität:

Satz 11.19
Nuklearität vererbt sich auf

a) Unterräume und Quotientenräume,

b) topologische Produkte,

c) abzählbare direkte Summen.

BEWEIS. a) Offenbar vererbt sich Nuklearität auf dichte Unterräume. Nun seien E ein nuklearer Raum, $G \subseteq E$ ein abgeschlossener Unterraum, $Q = E/G$ und $\sigma : E \to Q$ die Quotientenabbildung. Für $p \in \mathfrak{S}(E)$ sind auch die Einschränkung auf G und die Quotienten-Halbnorm $\widetilde{p}$ auf Q Hilbert-Halbnormen (vgl. (7.12)), und daher sind $\mathfrak{S}(G)$ und $\mathfrak{S}(Q)$ Fundamentalsysteme von Halbnormen auf G und Q. Zu $p \in \mathfrak{S}(E)$ wählen wir $p \leq q \in \mathfrak{S}(E)$ mit $\widehat{\rho}_q^p \in S_2(\widehat{E}_q, \widehat{E}_p)$ gemäß Satz 11.17 und erhalten das kommutative Diagramm

$$
\begin{array}{ccccccccc}
0 & \longrightarrow & \widehat{G}_p & \xrightarrow{\iota_p} & \widehat{E}_p & \xrightarrow{\sigma_p} & \widehat{Q}_{\widetilde{p}} & \longrightarrow & 0 \\
 & & \uparrow \theta_q^p & & \uparrow \rho_q^p & & \uparrow \tau_q^p & & \\
0 & \longrightarrow & \widehat{G}_q & \xrightarrow{\iota_q} & \widehat{E}_q & \xrightarrow{\sigma_q} & \widehat{Q}_{\widetilde{q}} & \longrightarrow & 0
\end{array}
$$

mit exakten Zeilen. Da $\widehat{E}_p$ und $\widehat{E}_q$ Hilberträume sind, gibt es zu $\iota_p \in L(\widehat{G}_p, \widehat{E}_p)$ eine Linksinverse $L_p \in L(\widehat{E}_p, \widehat{G}_p)$ und zu $\sigma_q \in L(\widehat{E}_q, \widehat{Q}_{\widetilde{q}})$ eine Rechtsinverse $R_q \in L(\widehat{Q}_{\widetilde{q}}, \widehat{E}_q)$. Daher sind auch $\theta_q^p = L_p \rho_q^p \iota_q$ und $\tau_q^p = \sigma_p \rho_q^p R_q$ Hilbert-Schmidt-Operatoren.

b) Nun sei $E = \prod_{j \in J} E_j$ kartesisches Produkt der nuklearen Räume E_j. Eine Halbnorm auf E hat die Form $p(x) = \sum_{j \in A} p_j(x_j)$ für $x = (x_j) \in E$, eine *endliche* Indexmenge $A \subseteq J$ und Halbnormen $p_j \in \mathfrak{H}(E_j)$. Somit können wir $\widehat{E}_p$ mit dem endlichen Produkt $\prod_{j \in A} (\widehat{E_j})_{p_j}$ identifizieren. Wir wählen dann Halbnormen $p_j \leq q_j \in \mathfrak{H}(E_j)$ mit $\widehat{\rho}_{q_j}^{p_j} \in N((\widehat{E_j})_{q_j}, (\widehat{E_j})_{p_j})$ und setzen $q(x) = \sum_{j \in A} q_j(x_j)$ für $x = (x_j) \in E$. Offenbar ist dann auch $\widehat{\rho}_q^p : \widehat{E}_q \to \widehat{E}_p$ nuklear.

c) Nun sei $E = \bigoplus_{j=1}^{\infty} E_j$ direkte Summe der nuklearen Räume E_j. Eine Halbnorm auf

E hat die Form $p(x) = \sum_{j=1}^{\infty} p_j(x_j)$ für $x = (x_j) \in E$ und Halbnormen $p_j \in \mathfrak{H}(E_j)$.

Da E_j nuklear ist, gibt es Halbnormen $p_j \leq q_j \in \mathfrak{H}(E_j)$ mit $\widehat{\rho}_{q_j}^{p_j} \in N((\widehat{E_j})_{q_j}, (\widehat{E_j})_{p_j})$ und $\nu(\widehat{\rho}_{q_j}^{p_j}) < 2^{-j}$. Es gibt nukleare Darstellungen

$$\widehat{\rho}_{q_j}^{p_j} \widehat{x}_j = \sum_{k=1}^{\infty} \lambda_{k,j} \langle \widehat{x}_j, x'_{k,j} \rangle \widehat{y}_{k,j}$$

mit $\sum_{k=1}^{\infty} |\lambda_{k,j}| \leq 2^{-j}$, $\|x'_{k,j}\|' \leq 1$ in $(\widehat{E_j})'_{q_j} \cong E'_{j\,q_j}$ und $\|\widehat{y}_{k,j}\| \leq 1$ in $(\widehat{E_j})_{p_j}$. Wir identifizieren $\widehat{y}_{k,j}$ mit dem Element $0 \oplus \ldots \oplus 0 \oplus \widehat{y}_{k,j} \oplus 0 \ldots$ in $\widehat{E}_p$ mit Norm ≤ 1. Analog dazu identifizieren wir $x'_{k,j}$ mit dem Element $(0, \ldots 0, x'_{j,k}, 0 \ldots)$ in E'; für die Halbnorm $q : x \mapsto \max_j q_j(x_j)$ in $\mathfrak{H}(E)$ gilt dann $x'_{k,j} \in E'_q$ und $\|x'_{k,j}\|_{E'_q} \leq 1$. Für ein Element $\widehat{x} = (\widehat{x}_j) \in \widehat{E}_q$ gilt dann

$$\widehat{\rho}_q^p \widehat{x} = \sum_{j=1}^{\infty} \sum_{k=1}^{\infty} \lambda_{k,j} \langle \widehat{x}, x'_{k,j} \rangle \widehat{y}_{k,j},$$

und wegen $\sum_{j=1}^{\infty} \sum_{k=1}^{\infty} |\lambda_{k,j}| \leq 1$ ist $\widehat{\rho}_q^p : \widehat{E}_q \to \widehat{E}_p$ nuklear. $\Diamond$

Aufgrund der Sätze 7.9 und 7.10 ist also Nuklearität stabil unter *projektiven* und *abzählbaren induktiven Konstruktionen*. Dies gilt *nicht* für *überabzählbare* induktive Konstruktionen (vgl. Aufgabe 11.20).

Beispiele. a) Es sei $K \subseteq [-T, T]^n \subseteq \mathbb{R}^n$ kompakt. Dann ist $\mathscr{D}(K)$ isomorph zu einem abgeschlossenen Unterraum von $\mathcal{E}_{2T}(\mathbb{R}^n) \simeq s(\mathbb{N}_0)$ (vgl. Satz 1.8) und somit nuklear nach Satz 11.19 a).

b) Nun sei $\Omega \subseteq \mathbb{R}^n$ offen mit relativ kompakter Ausschöpfung $\{\Omega_j\}_{j \in \mathbb{N}}$ wie in (1.2) und $\{\eta_j\} \in \mathscr{D}(\Omega_j)$ mit $\eta_j = 1$ auf Ω_{j-1}. Mittels $\Phi : f \mapsto (\eta_j f)$ ist dann $\mathcal{E}(\Omega)$ zu einem abgeschlossenen Unterraum von $\prod_{j=1}^{\infty} \mathscr{D}(\overline{\Omega_j})$ isomorph, also ein nuklearer Raum. Auch der Raum $\mathscr{D}(\Omega) = \text{ind}_j \mathscr{D}(\overline{\Omega_j})$ der *Testfunktionen* ist nuklear.

c) *Unterräume* von $\mathcal{E}(\Omega)$ sind ebenfalls nuklear; dies gilt insbesondere für Räume $N_\Omega(P(D)) = \{f \in \mathcal{E}(\Omega) \mid P(D)f = 0\}$ von Nullösungen partieller Differentialoperatoren und speziell für Räume *harmonischer* Funktionen.

d) Nach c) ist der Raum $\mathscr{H}(\Omega)$ der *holomorphen* Funktionen auf einer offenen Menge $\Omega \subseteq \mathbb{C}^n$ nuklear. Dies gilt dann auch für den Raum $\mathscr{H}(K) = \mathrm{ind}_k\, \mathscr{H}(U_k)$ der *Keime* holomorpher Funktionen auf einer kompakten Menge $K \subseteq \mathbb{C}^n$ (vgl. S. 159). Schließlich ist auch der Raum $\mathcal{A}(\Omega) = \mathrm{proj}_j\, \mathscr{H}(K_j)$ der *reell-analytischen* Funktionen auf einer offenen Menge $\Omega \subseteq \mathbb{R}^n$ nuklear (vgl. S. 166).

Die Tragweite der bisherigen Resultate verdeutlichen die folgenden

Anwendungen. a) Es sei $\mathcal{G}(M)$ ein nuklearer Fréchetraum skalarer Funktionen wie auf S. 235; für einen Fréchetraum F gilt dann

$$\mathcal{G}(M,F) := \mathcal{G}_\sigma(M,F) = \mathcal{G}_\kappa(M,F) \simeq \mathcal{G}(M)\,\varepsilon\,F = \mathcal{G}(M)\widehat{\otimes}_\varepsilon F = \mathcal{G}(M)\widehat{\otimes}_\pi F$$

aufgrund der Sätze 10.6, 10.5, 11.18 und 11.14. Nach Theorem 10.23 besitzt eine Vektorfunktion $f \in \mathcal{G}(M,F)$ eine *Reihenentwicklung*

$$f = \sum_{j=1}^\infty \lambda_j f_j \otimes y_j \ \text{ mit } \ \sum_{j=1}^\infty |\lambda_j| < \infty \ \text{ und } \ f_j \to 0 \ \text{ in } \ \mathcal{G}(M),\, y_j \to 0 \ \text{ in } \ F.$$

b) Wie in Satz 10.24 ergibt sich aus a) der folgende *Lifting-Satz:*

Es sei $\sigma : E \to Q$ eine Surjektion von Frécheträumen. Zu einer Funktion $f \in \mathcal{G}(M,Q)$ gibt es ein Lifting $f^\vee \in \mathcal{G}(M,E)$ mit $\sigma f^\vee(t) = f(t)$ für alle $t \in \Omega$.

Liftings existieren also insbesondere für schnell fallende Funktionen, schnell fallende Folgen, $\mathcal{C}^\infty$-Funktionen (vgl. Aufgabe 10.8), harmonische Funktionen oder holomorphe Funktionen. Insbesondere haben wir nun einen neuen Beweis von Satz 10.14, der auch für holomorphe Funktionen auf beliebigen offenen Mengen $\Omega \subseteq \mathbb{C}^n$ gilt.

c) Weiter lässt sich mittels a) Theorem 10.10 von Malgrange über die Surjektivität von Differentialoperatoren auf Vektorfunktionen sofort auf den in Theorem 9.16 behandelten skalaren Fall zurückführen.

d) Ein Entwicklungssatz und ein Lifting-Satz gelten auch für vollständige π-Tensorprodukte vollständiger (DF)-Räume, wenn ein Faktor nuklear ist (vgl. [Grothendieck 1955], II § 3). Dies ist nicht der Fall für „gemischte" Tensorprodukte von Fréchet- und (DF)-Räumen:

Wir haben auf S. 245 bemerkt, dass über einer offenen Menge $\Omega \subseteq \mathbb{C}$ der Cauchy-Riemann-Operator $\bar{\partial} : \mathcal{E}(\Omega)\widehat{\otimes}_\pi \varphi \to \mathcal{E}(\Omega)\widehat{\otimes}_\pi \varphi$ *nicht* surjektiv ist. Ein anderes Beispiel enthält Aufgabe 11.21; wir kommen in Kapitel 12 auf dieses Problem zurück.

11.5 Schnell fallende Folgen

Nuklearität hängt eng mit *schnell fallenden Folgen* zusammen. Räume $s(\mathbb{Z}^n, F)$ schnell fallender Folgen mit Werten in einem (quasivollständigen) lokalkonvexen Raum haben wir bereits in (10.17) untersucht.

Auf einem *Dualraum E'* eines lokalkonvexen Raumes betrachten wir nun die *Bornologie* $\mathfrak{E}(E')$ der gleichstetigen Mengen und nennen eine Folge $(x'_n)_{n\in\mathbb{N}}$ *schnell fallend* in E' , Notation: $(x'_k) \in s(E')$, wenn die Mengen $\{n^k x'_n\}_{n\in\mathbb{N}}$ für alle $k \in \mathbb{N}_0$ gleichstetig sind.

Es gilt dann das folgende Resultat von T. Komura und Y. Komura (1966):

Theorem 11.20

Für einen lokalkonvexen Raum E sind äquivalent:

(a)   E ist nuklear.

(b)   Zu $U \in \mathbb{U}(E)$ gibt es eine Folge $(x'_n) \in s(E')$ mit $U° \subseteq \overline{\Gamma\{x'_n\}}^{\sigma(E',E)}$.

(c)   E ist isomorph zu einem Unterraum von s^I für eine Indexmenge I .

BEWEIS. „(a) $\Rightarrow$ (b)": ① Es sei $U \in \mathbb{U}(E)$ gegeben. Nach Satz 11.17 können wir $U = U_p$ mit einer Hilbert-Halbnorm p auf E annehmen. Zu $k \in \mathbb{N}$ erhalten wir durch Iteration von Satz 11.17 (c) gemäß Satz 11.2 c) eine Hilbert-Halbnorm p_k auf E , sodass die Einbettung $u_k := i_p^{p_k} : E'_p \to E'_{p_k}$ in $S_{1/k}$ liegt. Es gibt eine Schmidt-Darstellung

$$u_k x' = \sum_{j=0}^{\infty} s_{j,k} \langle x'|e'_{j,k}\rangle f'_{j,k} , \quad x' \in E'_p , \tag{41}$$

mit Orthonormalsystemen $\{e'_{j,k}\}$ in E'_p und $\{f'_{j,k}\}$ in E'_{p_k} , sodass $\sum_{j=0}^{\infty} s_{j,k}^{1/k} < \infty$ ist. Wegen $s_{j,k} \downarrow 0$ gelten Abschätzungen $s_{j,k} \leq C_k (j+1)^{-k}$, und wegen der Injektivität von u_k ist $\{e'_{j,k}\}_{j\in\mathbb{N}_0}$ eine Orthonormal*basis* von E'_p für alle $k \in \mathbb{N}$.

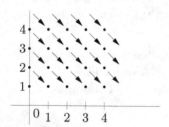

Abb. 11.1: Eine diagonale Abzählung

② Nun sei $(e'_i)_{i\in\mathbb{N}}$ eine „*diagonale Abzählung*" der Menge $\{e'_{j,k}\}_{j\geq 0, k\geq 1}$ (vgl. Abb. 11.1). Wir lassen Vektoren $e'_i \in [e'_1, \dots, e'_{i-1}]$ weg und erhalten durch Orthonormalisierung eine Orthonormalbasis $\{x'_n\}_{n\in\mathbb{N}}$ von E'_p mit $\langle x'_n|e'_i\rangle = 0$ für $n > i$. Nun gilt $e'_i = e'_{j,k}$ genau für $i = \sum_{\ell=1}^{k+j} \ell + k = \frac{(k+j)(k+j+1)}{2} + k$, und dies ist $\leq 3m^2 + k \leq 4m^2$

für $m := \max\{j, k\}$. Daher hat man $\langle x'_n | e'_{j,k} \rangle = 0$ für $n > 4m^2$. Für $n > 4k^2$ ergibt sich

$$x'_n = \sum_{j=0}^{\infty} \langle x'_n | e'_{j,k} \rangle\, e'_{j,k} = \sum_{4j^2 \geq n} \langle x'_n | e'_{j,k} \rangle\, e'_{j,k} \quad \text{in } E'_p.$$

Aus der Schmidt-Darstellung (41) und der Besselschen Ungleichung folgt

$$\| x'_n \|_k^2 := \| u_k x'_n \|_k^2 = \sum_{4j^2 \geq n} s_{j,k}^2 \,|\, \langle x'_n | e'_{j,k} \rangle\,|^2 \leq s_{j,k}^2 \quad \text{mit } j = [\tfrac{\sqrt{n}}{2}] + 1$$

für die Norm $\| \ \|_k$ in E'_{p_k}. Somit gilt $\| x'_n \|_k \leq s_{j,k} \leq C_k\,(j+1)^{-k} \leq C'_k\,n^{-k/2}$ für $n > 4k^2$, und die Folge (x'_n) ist schnell fallend in E'.

③ Für $x' \in U^{\circ}$ ergibt sich wegen $|\langle x' | x'_n \rangle| \leq 1$ und $\sum_{n=1}^{\infty} \frac{1}{n^2} = \frac{\pi^2}{6}$ nun

$$x' = \sum_{n=1}^{\infty} \langle x' | x'_n \rangle\, x'_n = \sum_{n=1}^{\infty} \frac{1}{n^2}\, \langle x' | x'_n \rangle\, (n^2 x'_n) \in \frac{\pi^2}{6}\, \overline{\Gamma\{n^2 x'_n\}}^{\,E'_p}.$$

Da auch die Folge $(\frac{\pi^2}{6} n^2 x'_n)$ schnell fallend ist, ist damit „(a) $\Rightarrow$ (b)" gezeigt.

„(b) $\Rightarrow$ (c)": Wir verwenden sup-Normen $\| \ \|_k$ auf $s = s(\mathbb{N})$. Nach (b) ist die lokalkonvexe Topologie von E durch die Halbnormen

$$q_{\xi',k}(x) = \sup_n n^k |\langle x | x'_n \rangle|, \quad k \in \mathbb{N}_0, \ \xi' = (x'_n) \in s(E'),$$

gegeben; mit einer Indexmenge $I \subseteq E'$ sei $\mathbb{H} = \{q_{\xi',k} \mid \xi' \in I, \ k \in \mathbb{N}_0\}$ ein Fundamentalsystem solcher Halbnormen. Für die durch $T_{\xi'} : x \mapsto (\langle x | x'_n \rangle)_{n \in \mathbb{N}}$ definierten Abbildungen $T_{\xi'} : E \to s(\mathbb{N})$ gilt $q_{\xi',k}(x) = \| T_{\xi'} x \|_k$; daher wird durch $T : x \mapsto (T_{\xi'} x)_{\xi' \in I}$ ein Isomorphismus von E auf einen Unterraum von s^I definiert.

„(c) $\Rightarrow$ (a)" folgt sofort aus der Nuklearität von s und Satz 11.19. $\diamond$

Der Beweis zeigt, dass im Fall eines Fréchetraumes E die Indexmenge I in (c) abzählbar gewählt werden kann. Eine Anwendung von Theorem 11.20 ist:

Satz 11.21

Für einen nuklearen Fréchetraum E ist auch der Dualraum E'_β nuklear.

BEWEIS. a) Zunächst sei $E = s = s(\mathbb{N})$. Eine in $(s'_\beta)' = s$ gleichstetige Menge ist eine beschränkte Menge $B \subseteq s$. Für $b_n = \sup\{|x_n| \mid x = (x_n) \in B\}$ gilt offenbar $(b_n) \in s(\mathbb{N})$, und mit den „Einheitsvektoren" $e_n \in s$ ist die Folge $(n^2 b_n e_n)$ schnell fallend in s. Nun ist $B \subseteq \{x \in s \mid |x_n| \leq b_n \text{ für } n \in \mathbb{N}\} \subseteq \frac{\pi^2}{6}\, \overline{\Gamma\{n^2 b_n e_n\}}$, und nach Theorem 11.20 ist s'_β nuklear.

b) Wir beachten $E'_\beta = E'_\kappa$. Nach Theorem 11.20 gibt es eine topologische Injektion $\iota : E \hookrightarrow s^{\mathbb{N}}$, und nach Satz 8.28 ist $\iota' : (s^{\mathbb{N}})'_\kappa \to E'_\kappa$ eine Quotientenabbildung. Nun gilt $(s^{\mathbb{N}})'_\kappa \simeq \bigoplus_{n \in \mathbb{N}} s'_\kappa$ nach Aufgabe 8.7. Dieser Raum ist nach a) und Satz 11.19 nuklear, und nach dem gleichen Satz gilt dies dann auch für E'_κ. $\diamond$

Es gilt auch die Umkehrung von Satz 11.21, vgl. [Jarchow 1981], 21.5. Für einen Banachraum X ist X^σ nuklear, $(X^\sigma)'_\beta = X'_\beta$ jedoch nicht.

Die Dualräume der in Abschnitt 11.4 betrachteten nuklearen Fréchet-Funktionenräume sind also nuklear. Dies gilt dann auch für den Raum $\mathscr{D}'_\beta(\Omega) = \mathrm{proj}_j\,\mathscr{D}'_\beta(K_j)$ der Distributionen auf einer offenen Menge $\Omega \subseteq \mathbb{R}^n$ (vgl. Aufgabe 7.11).

11.6 Aufgaben

Aufgabe 11.1
Es seien X, Y Banachräume und $0 < p < \infty$. Zeigen Sie, dass $\mathcal{F}(X, Y)$ im Quasi-Banachraum $(S_p(X, Y), \sigma_p)$ dicht ist.

Aufgabe 11.2
Es seien X, Y, Z Banachräume und $T \in L(X, Y)$.

a) Beweisen Sie $c_j(T) \to 0 \Leftrightarrow T \in K(X, Y)$.

b) Es sei $\iota : Y \to Z$ eine Isometrie. Zeigen Sie $c_j(\iota T) = c_j(T)$ für $j \in \mathbb{N}_0$.

c) Zeigen Sie $\alpha_j(i : \ell_1 \to c_0) = 1$ für $j \geq 0$ und $\alpha_j(i : \ell_1 \to \ell_\infty) = \frac{1}{2}$ für $j \geq 1$.

Aufgabe 11.3
Es seien X, Y Banachräume und $T \in L(X, Y)$.

a) Zeigen Sie $c_j(T) \leq \alpha_j(T)$ für alle $j \in \mathbb{N}_0$.

b) Beweisen Sie $\alpha_j(T) \leq c_j(T)$ für alle $j \in \mathbb{N}_0$, wenn X ein Hilbertraum oder Y ein $\mathcal{P}_1$-Raum ist.

c) Konstruieren Sie eine Isometrie $\iota : Y \to Z$ in einen $\mathcal{P}_1$-Raum Z und zeigen Sie $c_j(T) = \alpha_j(\iota T)$ für alle $j \in \mathbb{N}_0$.

d) Folgern Sie, dass $\mathcal{P}_1$-Räume und injektive Banachräume die A.E. besitzen.

Aufgabe 11.4
Beweisen Sie Satz 11.3 mit Hilfe von Satz 1.5.

Aufgabe 11.5
a) Es seien $K \subseteq \mathbb{R}^n$ kompakt und $j : \mathcal{C}(K) \to L_2(K)$ die Inklusionsabbildung. Weiter seien H ein Hilbertraum und $T \in L(H, \mathcal{C}(K))$. Zeigen Sie $jT \in S_2(H, L_2(K))$ und $\|jT\|_2 \leq \|T\|$.

b) Es sei $\Omega \subseteq \mathbb{C}$ offen. Zeigen Sie, dass $\mathcal{A}^2(\Omega) := L_2(\Omega) \cap \mathscr{H}(\Omega)$ ein Hilbertraum ist.

c) Nun sei auch $\omega \subseteq \mathbb{C}$ offen mit $\omega \Subset \Omega$. Zeigen Sie $\rho \in S_2(\mathcal{A}^2(\Omega), \mathcal{A}^2(\omega))$ für die Restriktionsabbildung $\rho : f \mapsto f|_\omega$.

d) Schließen Sie $\rho \in S_p(\mathcal{A}^2(\Omega), \mathcal{A}^2(\omega))$ für alle $p > 0$.

Aufgabe 11.6

a) Zeigen Sie $\nu(i : \ell_1^n \to \ell_\infty^n) = 1$ für alle $n \in \mathbb{N}$.

b) Es sei $\lambda \in c_0$ eine Nullfolge. Zeigen Sie $D_\lambda \in N(\ell_1, \ell_\infty)$ und $\nu(D_\lambda) = \| \lambda \|_{\sup}$ für den Diagonaloperator D_λ.

Aufgabe 11.7

Zeigen Sie, dass ein Operator $T \in L(\ell_1)$ genau dann nuklear mit $\nu(T) = \nu$ ist, wenn es eine Matrix $A = (a_{jk})$ gibt mit

$$T(x_j) = (\sum_{k=0}^{\infty} a_{jk}\, x_k)_j \quad \text{und} \quad \sum_{j=0}^{\infty} \sup_{k=0}^{\infty} |a_{jk}| = \nu < \infty.$$

Aufgabe 11.8

Zeigen Sie, dass ein Produkt nuklearer Operatoren in S_2 liegt.

Aufgabe 11.9

Gegeben seien Banachräume X, Y, ein abgeschlossener Unterraum $G \subseteq X$ und ein nuklearer Operator $T \in N(G, Y)$. Konstruieren Sie eine Fortsetzung $\widetilde{T} \in N(X, Y)$ mit $\nu(\widetilde{T}) = \nu(T)$.

Aufgabe 11.10

Ein nuklearer Operator $T = \sum_{k=0}^{\infty} x'_k \otimes y_k$ heißt p-*nuklear* für $0 < p < 1$, falls $\sum_{k=0}^{\infty} \| x'_k \|^p \| y_k \|^p < \infty$ gilt.

a) Definieren Sie analog zu (19) eine p-Norm ν_p auf dem Raum $N_p(X, Y)$ der p-nuklearen Operatoren und zeigen Sie, dass $(N_p(X, Y), \nu_p)$ ein p-Banachraum ist, in dem der Raum $\mathcal{F}(X, Y)$ dicht liegt.

b) Formulieren und beweisen Sie Analoga zu (20) und den Sätzen 11.6, 11.7 und 11.8.

c) Zeigen Sie $N_p(X, Y) \subseteq S_r(X, Y)$ für $r > \frac{p}{1-p}$.

Aufgabe 11.11

Es seien H ein Hilbertraum, $S \in S_1(H)$ und $P \in L(H)$ eine orthogonale Projektion. Zeigen Sie

$$\operatorname{tr} S = \operatorname{tr} PSP + \operatorname{tr}(I - P)S(I - P).$$

Aufgabe 11.12

Es seien X, Y Banachräume. Gilt für $F \in \mathcal{F}(X, Y)$ stets

$$|\operatorname{tr} F| \leq \inf\{\sum_{j=1}^{r} \| x'_j \| \| y_j \| \mid F = \sum_{j=1}^{r} x'_j \otimes y_j\} = \nu(F) \text{ ?}$$

Aufgabe 11.13

a) Nach P. Enflo (1972) existiert ein Banachraum X ohne A.E. Verwenden Sie dies und Theorem 11.11 zur Konstruktion einer Matrix $A \in \ell_1 \widehat{\otimes}_\pi c_0 \subseteq L(c_0)$ mit $A^2 = 0$ und tr $A \neq 0$.

b) Konstruieren Sie mittels a) einen Kern $\kappa \in \mathcal{C}([0,1]^2)$ mit $\int_0^1 \kappa(t,s)\,\kappa(s,u)\,ds = 0$ für alle $t, u \in [0,1]$ und $\int_0^1 \kappa(t,t)\,dt \neq 0$.

c) Konstruieren Sie mittels a) einen Unterraum von c_0 ohne A.E.

Aufgabe 11.14

Es seien H, G Hilberträume. Zeigen Sie, dass die Bilinearform $(S,T) \mapsto \mathrm{tr}(ST)$ Isometrien $K(H,G)' \cong S_1(G,H)$ und $S_1(G,H)' \cong L(H,G)$ induziert.

Aufgabe 11.15

a) Gegeben seien Banachräume X_j und Y_j sowie nukleare Operatoren $T \in N(X_1, X_2)$ und $S \in L(Y_1, Y_2)$. Zeigen Sie, dass $T \widehat{\otimes}_\pi S : X_1 \widehat{\otimes}_\pi Y_1 \to X_2 \widehat{\otimes}_\pi Y_2$ nuklear ist.

b) Es seien E, F nukleare Räume. Zeigen Sie, dass auch $E \widehat{\otimes}_\pi F$ und $E \varepsilon F$ nuklear sind.

Aufgabe 11.16

a) Es seien E ein nuklearer Raum und $p \in \mathfrak{H}(E)$. Zeigen Sie, dass der Banachraum $\widehat{E}_p$ separabel ist.

b) Zeigen Sie, dass ein nuklearer Fréchetraum separabel ist.

Aufgabe 11.17

a) Es seien H, G Hilberträume und $S \in S_2(H,G)$ ein Hilbert-Schmidt-Operator mit $\dim R(S) = \infty$. Konstruieren Sie Faktorisierungen $S : H \xrightarrow{A_p} \ell_p \xrightarrow{B_p} G$ für $1 \leq p < \infty$ sowie $S : H \xrightarrow{A_0} c_0 \xrightarrow{B_0} G$, sodass $R(A_p)$ und $R(A_0)$ in ℓ_p und c_0 dicht sind.

b) Es sei E ein nuklearer lokalkonvexer Raum. Zeigen Sie, dass für $1 \leq p < \infty$ auf E Fundamentalsysteme $\mathbb{H}_p$ und $\mathbb{H}_0$ von Halbnormen existieren, deren lokale Banachräume zu ℓ_p und c_0 isomorph sind.

Aufgabe 11.18

Ein lokalkonvexer Raum E heißt *Schwartzraum*, falls es zu $p \in \mathfrak{H}(E)$ ein $p \leq q \in \mathfrak{H}(E)$ gibt, sodass $\widehat{\rho}_q^p : \widehat{E}_q \to \widehat{E}_p$ *kompakt* ist.

a) Zeigen Sie: E nuklear $\Rightarrow$ E Schwartzraum $\Rightarrow$ E Montelraum. Gelten die Umkehrungen dieser Implikationen?

b) Charakterisieren Sie die Schwartz-Eigenschaft von Köthe-Räumen.

c) Beweisen Sie einige Resultate dieses Kapitels über nukleare Räume entsprechend auch für Schwartzräume.

d) Zeigen Sie, dass E_κ' genau dann ein Schwartzraum ist, wenn jede kompakte Menge $C \subseteq E$ sehr kompakt ist (vgl. S. 186).

e) Zeigen Sie (mittels Aufgabe 8.5), dass für einen *vollständigen* Schwartzraum E der Dualraum E'_β ultrabornologisch ist. Gilt dies für alle Schwartzräume E?

Aufgabe 11.19

Durch $S(X,Y) := \bigcap_{p>0} S_p(X,Y)$ wird das *Ideal der Operatoren mit schnell fallenden Approximationszahlen* definiert. Ein lokalkonvexer Raum E heißt *s-nuklear,* falls es zu $p \in \mathfrak{H}(E)$ ein $p \le q \in \mathfrak{H}(E)$ gibt, sodass $\widehat{\rho}_q^p \in S(\widehat{E}_q, \widehat{E}_p)$ gilt.

a) Es sei $\alpha = (\alpha_j)$ eine Folge in $\mathbb{R}$ mit $0 \le \alpha_j \uparrow \infty$ und $\lim\limits_{j \to \infty} \frac{\log(j+1)}{\alpha_j} = 0$. Zeigen Sie, dass der *Potenzreihenraum* $\Lambda_R(\alpha)$ s-nuklear ist.

b) Beweisen Sie einige Resultate dieses Kapitels über nukleare Räume entsprechend auch für s-nukleare Räume.

c) Es sei $\Omega \subseteq \mathbb{C}$ offen. Zeigen Sie, dass der Raum $\mathscr{H}(\Omega)$ der holomorphen Funktionen s-nuklear ist (vgl. auch Aufgabe 11.5). Gilt $\mathscr{H}(\Omega) \simeq s$?

Aufgabe 11.20

a) Es seien E ein nuklearer Raum und $U \in \mathbb{U}(E)$. Zeigen Sie, dass U° in E'_β metrisierbar ist.

b) Zeigen Sie, dass der Raum $\varphi(\mathbb{R}) := \bigoplus_{j \in \mathbb{R}} \mathbb{K}$ nicht nuklear ist.

Aufgabe 11.21

Es seien $\Omega \subseteq \mathbb{C}$ offen und $\iota : \mathscr{H}(\Omega) \to \mathcal{E}(\Omega)$ die Inklusionsabbildung. Zeigen Sie, dass $\iota' : \mathcal{E}'_\beta(\Omega) \to \mathscr{H}'_\beta(\Omega)$ eine Quotientenabbildung nuklearer (DF)-Räume ist. Ist auch $I \widehat{\otimes}_\pi \iota' : \mathscr{H}(\Omega) \widehat{\otimes}_\pi \mathcal{E}'_\beta(\Omega) \to \mathscr{H}(\Omega) \widehat{\otimes}_\pi \mathscr{H}'_\beta(\Omega)$ surjektiv?

12   Exakte Sequenzen und Tensorprodukte

Fragen: 1. Gilt ein Lifting-Satz für holomorphe Funktionen mit stetigen Randwerten?
2. Zeigen Sie den Satz von Mittag-Leffler für Funktionen mit Werten in $S'(\mathbb{R}^n)$!

Es seien F ein vollständiger lokalkonvexer Raum und

$$0 \longrightarrow G \overset{\iota}{\longrightarrow} E \overset{\sigma}{\longrightarrow} Q \longrightarrow 0 \qquad (S)$$

eine kurze exakte Sequenz von Frécheträumen. Für den Banachraum $F = \mathcal{C}(K)$, K kompakter Raum, und für einen *nuklearen Fréchetraum* F ist auch die Sequenz

$$0 \longrightarrow F \widehat{\otimes}_\varepsilon G \overset{I \widehat{\otimes}_\varepsilon \iota}{\longrightarrow} F \widehat{\otimes}_\varepsilon E \overset{I \widehat{\otimes}_\varepsilon \sigma}{\longrightarrow} F \widehat{\otimes}_\varepsilon Q \longrightarrow 0 \qquad (F \widehat{\otimes}_\varepsilon S)$$

exakt; dies sind im Wesentlichen die Aussagen der *Lifting-Sätze* 9.28 und 10.24 (in Verbindung mit Theorem 11.14). In diesem Kapitel untersuchen wir die Frage nach der (topologischen) Exaktheit von $(F \widehat{\otimes}_\varepsilon S)$ systematisch.

Im ersten Abschnitt charakterisieren wir die Banachräume F, für die $(F \widehat{\otimes}_\varepsilon S)$ für alle kurzen exakten Sequenzen (S) von Banachräumen exakt ist, als $\mathscr{L}_\infty$-*Räume*. Dies bedeutet im Wesentlichen, dass die endlichdimensionalen Teilräume von F „gleichmäßig isomorph" zu ℓ_∞-Räumen der gleichen Dimension sind; wichtige Beispiele sind Räume $\mathcal{C}(K)$ stetiger Funktionen und Räume $L_\infty(\mu)$ wesentlich beschränkter Funktionen. Als Anwendung ergeben sich *Fortsetzungs-* und *Lifting-Sätze* für *kompakte Operatoren*.

Im zweiten Abschnitt zeigen wir, dass $(F \widehat{\otimes}_\varepsilon S)$ genau dann für alle Banachräume F exakt ist, wenn die *duale Sequenz* (S') *zerfällt*. Solche Sequenzen (S) heißen $\otimes$-*Sequenzen;* wir diskutieren weitere äquivalente Formulierungen dieser Eigenschaft sowie einige Beispiele. In Abschnitt 12.3 zeigen wir, dass die *Cauchysche Integralformel* in gewissem Sinne optimal ist und schließen, dass

$$0 \longrightarrow \mathcal{A}(\overline{D}) \overset{\iota}{\longrightarrow} \mathcal{C}(\partial D) \overset{\sigma}{\longrightarrow} \mathcal{C}(\partial D)/_{\mathcal{A}(\overline{D})} \longrightarrow 0$$

keine $\otimes$-Sequenz ist. Hierbei ist $\mathcal{A}(\overline{D})$ die *Disc Algebra* und $\iota : \mathcal{A}(\overline{D}) \to \mathcal{C}(\partial D)$ die Einschränkung der Funktionen auf den Rand des Einheitskreises. Insbesondere ist $\mathcal{A}(\overline{D})$ *kein* $\mathscr{L}_\infty$-Raum.

Die für den Fall von Banachräumen erzielten Ergebnisse lassen sich mit der *Mittag-Leffler-Methode* auf den Fall von Frécheträumen F, G, E und Q übertragen: Wir zeigen in Theorem 12.9, dass $(F \widehat{\otimes}_\varepsilon S)$ exakt ist, falls die lokalen Banachräume von F oder von G als $\mathscr{L}_\infty$-Räume, die von E als Hilberträume oder die von Q als $\mathscr{L}_1$-Räume gewählt werden können. Dies ist insbesondere dann der Fall, wenn *einer* der Räume F, G, E oder Q *nuklear* ist.

Im zweiten Teil des Kapitels untersuchen wir die Frage, wann für einen vollständigen nuklearen (DF)-*Raum* F und eine kurze exakte Sequenz (S) nuklearer Frécheträume auch $(F\widehat{\otimes}S)$ exakt ist. Diese Frage hängt eng mit einer *Strukturtheorie nuklearer Frécheträume* zusammen, die ab etwa 1975 von D. Vogt entwickelt wurde. Wichtig sind *Interpolations-* bzw. *Zerlegungsbedingungen* (DN) und (Ω) an Frécheträume, die wir in Abschnitt 12.4 einführen. In Abschnitt 12.6 zeigen wir dann, dass unter den nuklearen Frécheträumen (DN) die *Unterräume* und (Ω) die *Quotientenräume* des *Raumes s der schnell fallenden Folgen charakterisiert;* die Gültigkeit von (DN) *und* (Ω) charakterisiert die *komplementierten Unterräume* von s.

Die Beweise dieser Charakterisierungen beruhen auf einem grundlegenden *Splitting-Satz*, den wir in Abschnitt 12.5 beweisen: Eine kurze exakte Sequenz (S) nuklearer Frécheträume zerfällt, falls G die Eigenschaft (Ω) und Q die Eigenschaft (DN) besitzt. Eine Konsequenz des Splitting-Satzes ist der folgende Lifting-Satz: Hat G die Eigenschaft (Ω) und F die Eigenschaft (DN), so ist die Sequenz $(F'_\beta\widehat{\otimes}S)$ exakt. Diese Resultate haben vielfältige Anwendungen in der Analysis; wir zeigen hier nur die Gültigkeit des Satzes von Mittag-Leffler für Funktionen mit Werten im Dualraum eines nuklearen Fréchetraums mit Eigenschaft (DN).

12.1 $\mathscr{L}_\infty$-Räume und Lifting-Sätze

Es seien (S) eine kurze exakte Sequenz von Frécheträumen und F ein weiterer Fréchetraum. Die Exaktheit der Sequenz $(F\widehat{\otimes}_\varepsilon S)$ ist im Wesentlichen nur an der dritten Stelle problematisch, die von $(F\widehat{\otimes}_\pi S)$ nur an der ersten Stelle:

Satz 12.1

Es seien F ein Fréchetraum und (S) eine kurze exakte Sequenz von Frécheträumen.

a) Ist $I\otimes_\varepsilon \sigma : F\otimes_\varepsilon E \to F\otimes_\varepsilon Q$ offen, so sind die Sequenzen $(F\otimes_\varepsilon S)$ und $(F\widehat{\otimes}_\varepsilon S)$ topologisch exakt.

b) Ist $I\otimes_\pi \iota : F\otimes_\pi G \to F\otimes_\pi E$ offen, so sind die Sequenzen $(F\otimes_\pi S)$ und $(F\widehat{\otimes}_\pi S)$ topologisch exakt.

BEWEIS. Wegen $F\otimes E = \mathcal{F}(F', E)$ (vgl. S. 246) ist die Sequenz $(F\otimes S)$ algebraisch exakt. Aufgrund der Definitionen der ε- und π-Topologie sind $I\otimes_\varepsilon \iota : F\otimes_\varepsilon G \to F\otimes_\varepsilon E$ und $I\otimes_\pi \sigma : F\otimes_\pi E \to F\otimes_\pi Q$ offen. Die Voraussetzungen a) und b) implizieren also die topologische Exaktheit der Sequenzen $(F\otimes_\varepsilon S)$ und $(F\otimes_\pi S)$ und nach Satz 9.8 auch die der vervollständigten Sequenzen. $\Diamond$

Im Rahmen von Banachräumen hängt die Frage nach der Exaktheit einer „tensorierten Sequenz" eng mit der *Struktur der endlichdimensionalen Teilräume* dieser Banachräume zusammen. Das folgende Konzept aus [Lindenstrauß und Pelczyński 1968] wurde in [Lindenstrauß und Rosenthal 1969] weiter untersucht; wir verweisen auch auf [Lindenstrauß und Tzafriri 1973], II. 5, und [Defant und Floret 1993], § 23.

$\mathscr{L}_p$**-Räume.** a) Die *Banach-Mazur-Distanz* isomorpher Banachräume X, Y ist gegeben durch (vgl. [GK], (3.5))

$$d(X, Y) \;=\; \inf \{\|T\| \|T^{-1}\| \mid T : X \to Y \ \text{Isomorphismus}\} \quad (\geq 1).$$

b) Es seien $1 \leq p \leq \infty$ und $\lambda \geq 1$. Ein Banachraum X heißt $\mathscr{L}_{p,\lambda}$-Raum, falls zu jedem Raum $U \subseteq X$ mit $\dim U < \infty$ ein Raum $U \subseteq V \subseteq X$ mit $\dim V = r < \infty$ existiert, sodass $d(V, \ell_p^r) \leq \lambda$ gilt. Ein Banachraum heißt $\mathscr{L}_p$-Raum, falls er ein $\mathscr{L}_{p,\lambda}$-Raum für ein geeignetes $\lambda \geq 1$ ist.

c) Ein Banachraum X ist genau dann ein $\mathscr{L}_2$-Raum, wenn er zu einem Hilbertraum isomorph ist, vgl. [Lindenstrauß und Tzafriri 1973], II.2.8.

d) Ein $\mathscr{L}_\infty$-Raum besitzt die b.A.E., vgl. Aufgabe 12.1.

Satz 12.2

a) Für einen kompakten Raum K ist $\mathcal{C}(K)$ ein $\mathscr{L}_{\infty,\lambda}$-Raum für alle $\lambda > 1$.

b) Für $1 \leq p \leq \infty$ und ein positives Maß μ ist $L_p(\mu)$ ein $\mathscr{L}_{p,\lambda}$-Raum für alle $\lambda > 1$.

BEWEIS. a) Für einen Unterraum $U \subseteq \mathcal{C}(K)$ mit $\dim U = n < \infty$ wählen wir eine Basis $\{f_1, \ldots, f_n\}$ mit $\|f_k\| = 1$ für $k = 1, \ldots, n$. Wegen $U \simeq \ell_\infty^n$ gibt es $M > 0$ mit

$$M^{-1} \max_{k=1}^{n} |c_k| \;\leq\; \|\sum_{k=1}^{n} c_k f_k\| \;\leq\; M \max_{k=1}^{n} |c_k| \quad \text{für alle } (c_k) \in \mathbb{K}^n. \tag{1}$$

Zu $\lambda > 1$ wählen wir $0 < \delta < 1$ mit $\frac{1+\delta}{1-\delta} < \lambda$ und setzen $\varepsilon := \frac{\delta}{2nM}$. Wie im Beweis von Satz 10.16 b) wählen wir eine offene Überdeckung $\{\omega_j\}_{j=1}^{r}$ von K, Punkte $x_j \in \omega_j$ und eine $\{\omega_j\}$ untergeordnete stetige Zerlegung der Eins $\{\alpha_j\}_{j=1}^{r}$ auf K, definieren Funktionen $g_k : x \mapsto \sum_{j=1}^{r} f_k(x_j)\, \alpha_j$ in $\mathcal{C}(K)$ und erhalten $\|f_k - g_k\| \leq \varepsilon$ für alle $k = 1, \ldots, n$. Aus (1) folgt sofort

$$(2M)^{-1} \max_{k=1}^{n} |c_k| \;\leq\; \|\sum_{k=1}^{n} c_k g_k\| \;\leq\; 2M \max_{k=1}^{n} |c_k| \quad \text{für alle } (c_k) \in \mathbb{K}^n. \tag{2}$$

Nach dem Satz von Hahn-Banach gibt es Funktionale $\mu_k \in \mathcal{C}(K)'$ mit $\langle g_i, \mu_k \rangle = \delta_{ik}$ und $\|\mu_k\| \leq 2M$ für $k, i = 1, \ldots, n$. Wegen $\|\sum_{j=1}^{r} c_j \alpha_j\| = \max_{j=1}^{r} |c_j|$ ist der Raum $W := [\alpha_j]_{j=1}^{r}$ *isometrisch* zu ℓ_∞^r. Wir definieren einen linearen Operator

$$T : W \to \mathcal{C}(K) \quad \text{durch} \quad Th := h + \sum_{k=1}^{n} \langle h, \mu_k \rangle \,(f_k - g_k).$$

Dann gilt $Tg_i = f_i$ für $i = 1, \ldots, n$ und $(1-\delta)\|h\| \leq \|Th\| \leq (1+\delta)\|h\|$ für $h \in W$.
Für den Raum $V := T(W) \subseteq \mathcal{C}(K)$ gilt daher $U \subseteq V$ und $d(V, \ell_\infty^r) \leq \frac{1+\delta}{1-\delta} < \lambda$.

b) Im Fall $1 \leq p < \infty$ kann der Beweis ähnlich wie der von a) geführt werden; an Stelle der Konstruktion aus Satz 10.16 b) verwenden wir *Approximationen durch Treppenfunktionen* (vgl. S. 256). Im Fall $p = \infty$ gilt $L_\infty(\mu) \cong \mathcal{C}(\mathfrak{M})$ für einen kompakten Raum $\mathfrak{M}$ aufgrund des *Satzes von Gelfand-Naimark* 15.3. $\diamond$

Für die folgenden Untersuchungen sind vor allem der Fall $p = \infty$ und der dazu duale Fall $p = 1$ interessant. Ähnlich wie in Satz 12.2 a) ergibt sich auch die $\mathscr{L}_\infty$-Eigenschaft der Banachräume c_0 aller Nullfolgen und $\mathcal{C}_0(\Omega)$ aller in ∞ verschwindenden stetigen Funktionen auf einem lokalkompakten Raum Ω. Nach R. Bonic, J. Frampton und A. Tromba (1969/72) gelten für eine unendliche kompakte Menge $K \subseteq \mathbb{R}^n$ und $0 < \alpha < 1$ Isomorphien $\Lambda^\alpha(K) \simeq \ell_\infty$ und $\lambda^\alpha(K) \simeq c_0$ für Räume Hölder-stetiger Funktionen (vgl. Aufgabe 10.4), und dies gilt auch entsprechend für Räume von $\mathcal{C}^m$-Funktionen mit Hölder-Bedingungen. Dagegen wurde in [Kaballo 1979] mittels des folgenden Theorem 12.6 gezeigt, dass für $n \geq 2$ die Räume $\mathcal{C}^1(S^n)$ und $\Lambda^1(S^n)$ auf der n-dimensionalen Sphäre $S^n \subseteq \mathbb{R}^{n+1}$ *keine* $\mathscr{L}_\infty$-Räume sind.

Satz 12.3
Es sei (S) eine kurze exakte Sequenz von Banachräumen. Für einen $\mathscr{L}_\infty$-Raum F ist dann auch die Sequenz $(F \widehat{\otimes}_\varepsilon S)$ exakt.

BEWEIS. Da σ offen ist, gibt es $M > 0$, sodass es zu jedem $y \in Q$ ein $x \in E$ mit $\sigma x = y$ und $\|x\| \leq M\|y\|$ gibt. Wegen Satz 12.1 genügt es, eine Konstante $C > 0$ zu finden, sodass jeder Tensor $t \in F \otimes Q$ ein Lifting $s \in F \otimes E$ mit $\|s\| \leq C\|t\|$ hat.

Es sei F ein $\mathscr{L}_{\infty,\lambda}$-Raum für $\lambda \geq 1$. Für $t \in F \otimes Q \subseteq L_e(Q'_\kappa, F)$ gilt $\dim R(t) < \infty$; es gibt also einen Unterraum $V \subseteq F$ mit $R(t) \subseteq V$ und einen Isomorphismus $T : V \to \ell_\infty^r$ mit $\|T\|\|T^{-1}\| \leq 2\lambda$. Mit den Funktionalen $\delta_j : \xi \to \xi_j$ auf ℓ_∞^r definieren wir $y_j := \delta_j T t \in (Q'_\kappa)' = Q$ für $j = 1, \ldots, r$. Wir wählen $x_j \in E$ mit $\sigma x_j = y_j$ und $\|x_j\| \leq M\|y_j\|$ und definieren $u \in L_e(E'_\kappa, \ell_\infty^r)$ durch $u(x') := (\langle x_j, x'\rangle)_{j=1}^r$. Für $s := T^{-1}u \in L_e(E'_\kappa, F)$ gilt dann $s \in F \otimes E$, $(I \otimes \sigma)s = t$ und

$$\|s\| \leq \|T^{-1}\|\|u\| \leq \|T^{-1}\|\max_j\|x_j\| \leq M\|T^{-1}\|\|T\|\|t\| \leq 2\lambda M\|t\|. \quad \diamond$$

Erweiterungen. a) Satz 12.3 gilt auch für kurze exakte Sequenzen von Frécheträumen; dies ist ein Spezialfall von Theorem 12.9 unten oder ein solcher der folgenden Überlegungen:

b) Es sei $\sigma \in L(E, Q)$ eine Surjektion lokalkonvexer Räume und F ein $\mathscr{L}_\infty$-Banachraum mit Einheitskugel U. Für $t \in F \varepsilon Q = L_e(F'_\kappa, Q)$ ist $t(U^\circ)$ kompakt in Q. Wir nehmen nun an, dass jede kompakte Menge in Q *sehr kompakt* ist, d. h. dass Q'_κ ein *Schwartzraum* ist (vgl. Aufgabe 11.18). Es gibt also eine kompakte Kugel $K \in \mathfrak{K}(Q)$, sodass $t(U^\circ)$ sogar im Banachraum Q_K kompakt ist. Nun induzieren Q und Q_K auf $t(U^\circ)$ die gleiche Topologie. Daher ist die Einschränkung von $t : F'_\kappa \to Q_K$ auf alle gleichstetigen Mengen in F' stetig, und mittels Aufgabe 8.5 folgt $t \in F \varepsilon Q_K$.

Nun nehmen wir an, dass E ein folgenvollständiger *Raum mit striktem Gewebe* (vgl. Aufgabe 7.16) ist. Nach einem Resultat von M. De Wilde [De Wilde 1978], III.5 existiert dann eine kompakte Kugel $C \in \mathfrak{K}(E)$ mit $\sigma(C) = K$, und offenbar ist $\sigma : E_C \to Q_K$ eine Quotientenabbildung von Banachräumen. Nach Satz 12.3 existiert dann ein Lifting $s \in F \varepsilon E_C \subseteq F \varepsilon E$ von t.

c) Die Voraussetzungen in b) sind erfüllt für Surjektionen von Frécheträumen oder von *vollständigen (DF) -Schwartzräumen*.

Es gilt auch die Umkehrung von Satz 12.3; einen Beweis können wir hier nur skizzieren. Wir benötigen das folgende Resultat aus [Lindenstrauß und Rosenthal 1969] (vgl. auch [Defant und Floret 1993], § 23):

Satz 12.4

a) Für $1 \le p \le \infty$ und $\frac{1}{p} + \frac{1}{q} = 1$ *ist ein Banachraum F genau dann ein $\mathscr{L}_p$ -Raum, wenn der Dualraum F' ein $\mathscr{L}_q$ -Raum ist.*

b) *Ein komplementierter Unterraum eines $\mathscr{L}_\infty$ -Raumes bzw. eines $\mathscr{L}_1$ -Raumes ist ebenfalls ein $\mathscr{L}_\infty$ -Raum bzw. ein $\mathscr{L}_1$ -Raum.*

c) *Ein injektiver Banachraum F ist ein $\mathscr{L}_\infty$ -Raum.*

Aussage c) folgt leicht aus b): F ist zu einem Unterraum eines Raumes $\ell_\infty(I)$ isometrisch (vgl. [GK], S. 179), der wegen der Injektivität von F in $\ell_\infty(I)$ komplementiert sein muss.

Das folgende Resultat geht auf C.P. Stegall und J.R. Retherford (1972) sowie K. Floret (1973) zurück:

Satz 12.5

Ein Banachraum F ist genau dann ein $\mathscr{L}_1$ -Raum, wenn für alle kurzen exakten Sequenzen (S) von Banachräumen auch $(F \otimes_\pi S)$ topologisch exakt ist. In diesem Fall ist F' ein injektiver Banachraum.

BEWEIS. „$\Leftarrow$": Zu $T \in L(G, F')$ definieren wir eine Bilinearform $B \in \mathcal{B}(F \times G)$ durch $B(y, z) := \langle y, Tz \rangle$ für $y \in Y$ und $z \in G$. Nach Satz 10.21 gilt $B \in (F \otimes_\pi G)'$. Da $F \otimes_\pi G$ zu einem Unterraum von $F \otimes_\pi E$ isomorph ist, liefert der Satz von Hahn-Banach eine Fortsetzung $\widetilde{B} \in (F \otimes_\pi E)' \cong \mathcal{B}(F \times E)$. Durch $\langle y, \widetilde{T}x \rangle := \widetilde{B}(y, x)$ für $x \in E$ und $y \in F$ erhalten wir dann eine Fortsetzung $\widetilde{T} \in L(E, F')$ von T. Somit ist F' ein injektiver Banachraum und dann F ein $\mathscr{L}_1$-Raum nach Satz 12.4.

„$\Rightarrow$" ergibt sich ähnlich wie Satz 12.3 mittels Satz 10.26 für ℓ_1^r-Räume. $\Diamond$

Zusatz. a) Ist sogar für jede *Isometrie* $\iota : G \to E$ von Banachräumen stets auch $I \otimes_\pi \iota : F \otimes_\pi G \to F \otimes_\pi E$ eine Isometrie, so ist F' sogar ein $\mathcal{P}_1$-Raum.

b) Für ein positives Maß μ erfüllt der Raum $F = L_1(\mu)$ aufgrund von Satz 10.26 die Voraussetzung von a), da $L_1(\mu, \iota G) \to L_1(\mu, E)$ offenbar eine Isometrie ist. Nach Satz 12.5 ist daher $L_\infty(\mu) \cong L_1(\mu)'$ ein $\mathcal{P}_1$-Raum. Wir haben somit einen alternativen Beweis von Satz 9.35 gefunden.

Dualität von Tensorprodukten und integrale Operatoren. a) Für die Umkehrung von Satz 12.3 benötigen wir nun eine Aussage zur *Dualität* von ε- und π-Tensorprodukten. Für Banachräume E, F gilt $(F \otimes_\pi E)' \cong L(F, E')$ nach (10.35). Operatoren $T \in L(F, E')$, die sogar bezüglich der ε-Norm auf $F \otimes E$ stetig sind, heißen *integral*, Notation: $T \in \mathcal{I}(F, E')$. Die integralen Operatoren bilden ein *Operatorideal* (vgl. [Grothendieck 1955], I § 4.3, [Defant und Floret 1993], 10.1 und § 33, oder [Diestel und Uhl 1977], VIII.2).

b) Hat nun E' die A.E., so hat man $F' \widehat{\otimes}_\pi E' \cong N(F, E')$ (vgl. S. 275). Weiter gilt $N(F, E') \cong \mathcal{I}(F, E')$, falls E' *reflexiv* oder *separabel* ist (vgl. [Grothendieck 1955], I § 4.2), allgemein genau dann, wenn E' die *Radon-Nikodym-Eigenschaft* besitzt (vgl. [Defant und Floret 1993], § 33, oder [Diestel und Uhl 1977], VIII.2). Unter diesen Annahmen gilt also

$$(F \widehat{\otimes}_\varepsilon E)' \cong F' \widehat{\otimes}_\pi E'. \tag{3}$$

c) Wir benötigen (3) hier nur für den Spezialfall $\dim E < \infty$ (vgl. dazu [Köthe 1979], § 45. 1 (9), oder [Defant und Floret 1993], 6.4).

Nun können wir die Umkehrung von Satz 12.3 zeigen (vgl. [Kaballo 1977]); etwas allgemeiner gilt das folgende Resultat:

Theorem 12.6
Es sei F ein Banachraum, sodass für alle Isometrien $\iota : G \to E$ von Banachräumen zu jedem $t \in F \widehat{\otimes}_\varepsilon G'$ ein $s \in F \varepsilon E'$ mit $(I \varepsilon \iota')s = t$ existiert. Dann ist F ein $\mathscr{L}_\infty$-Raum.

BEWEIS. a) Wir zeigen die Existenz einer Konstanten $C > 0$, sodass für jede Isometrie $\iota : G \to E$ *endlichdimensionaler* Banachräume jeder Tensor $t \in F \otimes_\varepsilon G'$ ein Lifting $s \in F \varepsilon E'$ mit $\| s \| \leq C \| t \|$ hat. Andernfalls gibt es solche Isometrien $\iota_n : G_n \to E_n$ und $t_n \in F \otimes_\varepsilon G'_n$ mit $\| t_n \| = 1$, sodass jedes Lifting $s_n \in F \varepsilon E'_n$ Norm $\geq n^3$ hat. Wir definieren eine Isometrie $\iota : G := (\bigoplus_{n=1}^\infty G_n)_{c_0} \to E := (\bigoplus_{n=1}^\infty E_n)_{c_0}$ durch $\iota : (g_n) \to (\iota_n g_n)$; dann ist $\iota' : E' \cong (\bigoplus_{n=1}^\infty E'_n)_{\ell_1} \to (\bigoplus_{n=1}^\infty G'_n)_{\ell_1} \cong G'$ gegeben durch $\iota' : (x'_n) \to (\iota'_n x'_n)$ (vgl. Aufgabe 10.23). Das Element $t := \bigoplus_{n=1}^\infty n^{-2} t_n \in F \widehat{\otimes}_\varepsilon G'$ besitzt ein Lifting $s \in F \varepsilon E' = L_e(F'_\kappa, E')$. Mit der kanonischen Projektion $P_n : E' \to E'_n$ ist dann $s_n := n^2 P_n s$ ein Lifting von t_n mit $\| s_n \| \leq n^2 \| s \|$, und wir haben einen

Widerspruch.

b) Nun sei wieder $\iota : G \to E$ eine Isometrie von Banachräumen. Zu $\tau \in F' \otimes G$ gibt es einen Unterraum $U \subseteq G$ mit $\dim U < \infty$ und $\tau \in F' \otimes U$; offenbar gilt $\| \tau \|_{F' \otimes_\pi G} \leq \| \tau \|_{F' \otimes_\pi U}$. Weiter gibt es einen Unterraum $V \subseteq E$ mit $\dim V < \infty$, sodass $\tau \in F' \otimes V$ und $\| \tau \|_{F' \otimes_\pi V} \leq 2 \| \tau \|_{F' \otimes_\pi E}$ gilt. Nach Vergrößerung von V können wir $U \subseteq V$ annehmen. Nach (3) gibt es $t \in F \otimes U'$ mit $\| t \|_{F \otimes_\varepsilon U'} = 1$ und $\| \tau \|_{F' \otimes_\pi U} = | \langle t, \tau \rangle |$. Nach a) gibt es $s \in F \otimes V'$ mit $(I \otimes \iota') s = t$ und $\| s \|_{F \otimes_\varepsilon V'} \leq C$. Daher folgt

$$\| \tau \|_{F' \otimes_\pi G} \leq \| \tau \|_{F' \otimes_\pi U} = | \langle (I \otimes \iota') s, \tau \rangle | = | \langle s, (I \otimes \iota) \tau \rangle |$$
$$\leq C \| \tau \|_{F' \otimes_\pi V} \leq 2C \| \tau \|_{F' \otimes_\pi E}.$$

Somit ist $I \otimes_\pi \iota : F' \otimes_\pi G \to F' \otimes_\pi E$ eine topologische Inklusion, und nach Satz 12.5 ist F' ein $\mathscr{L}_1$-Raum. Aufgrund von Satz 12.4 ist dann F ein $\mathscr{L}_\infty$-Raum. ◇

Aus den Sätzen 12.3, 12.6 und 10.4 ergeben sich nun die folgenden Aussagen von J. Lindenstrauß (1964) sowie J. Lindenstrauß und H.P. Rosenthal (1969) über *Fortsetzungen* und *Liftings kompakter Operatoren*:

Satz 12.7

a) *Ein Banachraum F ist genau dann ein $\mathscr{L}_\infty$-Raum, wenn für jeden abgeschlossenen Unterraum G eines Banachraumes E jeder kompakte Operator $T \in K(G,F)$ eine Fortsetzung $\widetilde{T} \in K(E,F)$ besitzt.*

b) *Ein Banachraum F ist genau dann ein $\mathscr{L}_1$-Raum, wenn für jede Surjektion $\sigma \in L(E,Q)$ von Banachräumen jeder kompakte Operator $T \in K(F,Q)$ ein Lifting $T^\vee \in K(F,E)$ besitzt.*

BEWEIS. a) Die Restriktion $K(E,F) \cong F \varepsilon E' \to F \varepsilon G' \cong K(G,F)$ ist genau dann stets surjektiv, wenn F ein $\mathscr{L}_\infty$-Raum ist.

b) Die Abbildung $\sigma \circ : K(F,E) \cong F' \varepsilon E \to F' \varepsilon G \cong K(F,G)$ ist genau dann stets surjektiv, wenn F' ein $\mathscr{L}_\infty$-Raum ist. ◇

12.2 ⊗-Sequenzen

In diesem Abschnitt charakterisieren wir diejenigen kurzen exakten Sequenzen (S) von Banachräumen, für die für jeden Banachraum F auch die Sequenz $(F \widehat{\otimes}_\varepsilon S)$ exakt ist. Wie in [Kaballo und Vogt 1980] nennen wir eine solche Sequenz eine ⊗-*Sequenz*.

Beispiele von ⊗-Sequenzen sind natürlich *zerfallende* Sequenzen. Allgemeiner ist aber nach [Grothendieck 1956] (S) bereits (und genau) dann eine ⊗-Sequenz, wenn die *duale Sequenz* (S') *zerfällt*. Interessante Beispiele solcher Sequenzen erhalten wir mittels einer Abschwächung des Begriffs der Linksinvertierbarkeit. Dieses Konzept aus

[Kaballo 1977] wurde durch Ergebnisse von P. Kuchment (1975) zum Lifting holomorpher Funktionen mit stetigen Randwerten (vgl. Abschnitt 12.3) motiviert:

Approximativ linksinvertierbare Inklusionen. Es seien E, G Banachräume. Ein Operator $\iota \in L(G, E)$ heißt *approximativ linksinvertierbar (a.l.)*, falls es $\Lambda > 0$ und ein Netz $\{L_\alpha\}_{\alpha \in A}$ in $L(E, G)$ gibt mit $\| L_\alpha \| \leq \Lambda$ für alle $\alpha \in A$ und $L_\alpha(\iota x) \to x$ für alle $x \in G$. Ein a.l. Operator ist offenbar *injektiv* und *offen*, also eine topologische Inklusion.

Beispiele. a) Ein $\mathscr{L}_{\infty, \lambda}$-Raum G sei Unterraum eines Banachraumes E. Dann ist die Inklusion $\iota : G \to E$ a.l. In der Tat gibt es zu jedem endlichdimensionalen Raum $U \subseteq G$ einen Raum $U \subseteq V \subseteq G$ mit $\dim V = r < \infty$, sodass $d(V, \ell_\infty^r) \leq \lambda$ gilt. Dann existiert eine Projektion $P_V : E \to V$ mit $\| P_V \| \leq 2\lambda$, und für das Netz $\{P_V\}$ in $L(E, G)$ gilt $P_V x \to x$ für alle $x \in G$.

b) Es seien X, Y Banachräume, und Y besitze die b.A.E. Dann ist die Inklusion $\iota : K(X, Y) \to L(X, Y)$ a.l. In der Tat gibt es ein Netz $\{F_\alpha\}$ in $\mathcal{F}(Y)$ mit $\| F_\alpha \| \leq \Lambda$ für ein $\Lambda > 0$ und $F_\alpha \to I$ in $L_\gamma(Y)$ (vgl. S. 247). Mit $L_\alpha(T) := F_\alpha T$ für $T \in L(X, Y)$ folgt dann sofort die Behauptung.

c) Für einen Banachraum Y mit b.A.E. ist die kanonische Inklusion $\iota_Y : Y \to Y''$ a.l. Mit dem Netz $\{F_\alpha\}$ in $L(Y)$ aus b) setzen wir dazu einfach $L_\alpha := \iota_Y^{-1} F_\alpha'' : Y'' \to Y$.

Diese Beispiele zeigen, dass a.l. Operatoren i. A. nicht linksinvertierbar sind; dies gilt auch für Beispiel b) etwa im Fall von Hilberträumen X, Y. Dieses Beispiel ist interessant im Hinblick auf *Fredholm-Operatorfunktionen* (vgl. Abschnitt 14.1).

Wir zeigen nun u. a., dass kurze exakte Sequenzen mit a.l. Inklusionen ⊗-Sequenzen sind. Die Äquivalenz der folgenden Aussagen (b) und (c) geht auf [Grothendieck 1956], S. 27 und 76 zurück. Für weitere Äquivalenzen, auch im Rahmen lokalkonvexer Räume, sei auf [Kaballo und Vogt 1980] verwiesen.

Theorem 12.8
Es sei (S) eine kurze exakte Sequenz von Banachräumen. Für die Aussagen

(a)   Die Inklusion $\iota : G \to E$ ist a.l.

(b)   Die Sequenz (S) ist eine ⊗-Sequenz.

(c)   Die duale Sequenz (S') zerfällt:

$$0 \longleftarrow G' \xleftarrow{\iota'} E' \xleftarrow{\sigma'} Q' \longleftarrow 0 . \tag{S'}$$

(d)   Die duale Sequenz (S') ist eine ⊗-Sequenz.

(e)   Die Abbildung $I \widehat{\otimes}_\varepsilon \iota' : G \widehat{\otimes}_\varepsilon E' \to G \widehat{\otimes}_\varepsilon G'$ ist surjektiv.

gelten die Implikationen $(a) \Rightarrow (b) \Leftrightarrow (c) \Leftrightarrow (d) \Rightarrow (e)$; hat G die b.A.E., so gilt auch $(e) \Rightarrow (a)$.

Wir beweisen „(a) $\Rightarrow$ (b)", „(a) $\Rightarrow$ (c) $\Rightarrow$ (d) $\Rightarrow$ (e) $\Rightarrow$ (a) ", Letzteres unter der Annahme der b.A.E. für G, und skizzieren Beweise der übrigen Behauptungen.

BEWEIS. „(a) $\Rightarrow$ (b)": Es gibt $\Lambda > 0$ und ein Netz $\{L_\alpha\}_{\alpha \in A}$ in $L(E, G)$ mit $\| L_\alpha \| \leq \Lambda$ für alle $\alpha \in A$ und $L_\alpha(\iota x) \to x$ für alle $x \in G$. Es sei $t = \sum_{j=1}^{r} f_j \otimes y_j \in F \otimes Q$ mit linear unabhängigen $y_1, \ldots, y_r \in Q$ gegeben. Wir wählen $x_j \in E$ mit $\sigma x_j = y_j$ und setzen $u := \sum_{j=1}^{r} f_j \otimes x_j \in F \otimes E$. Nun gilt

$$
\begin{aligned}
\| t \|_\varepsilon &= \sup_{\| f' \| \leq 1} \| \sum_{j=1}^{r} \langle f_j, f' \rangle y_j \|_Q = \sup_{\| f' \| \leq 1} \inf_{z \in G} \| \sum_{j=1}^{r} \langle f_j, f' \rangle x_j - z \|_E \\
&\geq \tfrac{1}{2} \sup_{\| f' \| \leq 1} \inf_{z \in G_0} \| \sum_{j=1}^{r} \langle f_j, f' \rangle x_j - z \|_E
\end{aligned}
$$

für einen endlichdimensionalen Raum $G_0 \subseteq G$. Zu $\eta := \| t \| (2 \| t \| + \| u \|)^{-1} > 0$ gibt es $\alpha \in A$ mit $\| L_\alpha z - z \| \leq \eta \| z \|$ für alle $z \in G_0$.

Wir modifizieren nun das Lifting u von t zu $s := \sum_{j=1}^{r} f_j \otimes (x_j - L_\alpha x_j) \in F \otimes E$; wegen $\sigma L_\alpha x_j = 0$ gilt in der Tat $(I \otimes \sigma)s = t$. Zu zeigen bleibt $\| s \|_\varepsilon \leq C \| t \|_\varepsilon$ für eine geeignete Konstante $C > 0$. Für ein festes Funktional $f' \in F'$ mit $\| f' \| \leq 1$ wählen wir $z \in G_0$ mit $\| \sum_{j=1}^{r} \langle f_j, f' \rangle x_j - z \| \leq 2 \| t \|$ und erhalten

$$
\begin{aligned}
\| \sum_{j=1}^{r} \langle f_j, f' \rangle (x_j - L_\alpha x_j) \| &\leq \| \sum_{j=1}^{r} \langle f_j, f' \rangle x_j - z \| + \| z - L_\alpha z \| + \| L_\alpha (z - \sum_{j=1}^{r} \langle f_j, f' \rangle \\
&\leq 2 \| t \| + \eta \| z \| + 2 \| L_\alpha \| \| t \|.
\end{aligned}
$$

Nun ist aber

$$
\| z \| \leq \| z - \sum_{j=1}^{r} \langle f_j, f' \rangle x_j \| + \| \sum_{j=1}^{r} \langle f_j, f' \rangle x_j \| \leq 2 \| t \| + \| u \| = \eta^{-1} \| t \|,
$$

und insgesamt ergibt sich $\| s \|_\varepsilon \leq (3 + 2\Lambda) \| t \|_\varepsilon$ durch Bildung des Supremums über alle $f' \in F'$ mit $\| f' \| \leq 1$.

„(a) $\Rightarrow$ (c)": Nach dem Satz von Alaoglu-Bourbaki 8.6 hat das Netz $\{L'_\alpha\}$ in $L(G', E')$ ein gegen ein $R \in L(G', E')$ punktweise schwach*-konvergentes Teilnetz $\{L'_\gamma\}$. Für $z \in G$ und $z' \in G'$ gilt dann

$$
\langle z, \iota' R z' \rangle = \langle \iota z, R z' \rangle = \lim_\gamma \langle \iota z, L'_\gamma z' \rangle = \lim_\gamma \langle L_\gamma \iota z, z' \rangle = \langle z, z' \rangle,
$$

und daher ist $\iota' R z' = z'$.

„(c) $\Rightarrow$ (d) $\Rightarrow$ (e)" ist klar.

„(e) $\Rightarrow$ (a)": Da G die b.A.E. hat, gibt es ein Netz $\{F_\alpha\}$ in $G \otimes G' = \mathcal{F}(G)$ mit $\| F_\alpha \| \leq \Lambda$ für ein $\Lambda > 0$ und $F_\alpha x \to x$ für alle $x \in G$. Nach (e) gibt es $C > 0$ und Liftings $L_\alpha \in G\widehat{\otimes}_\varepsilon E' \subseteq K(E,G) \subseteq L(E,G)$ von F_α mit $\| L_\alpha \| \leq C \| F_\alpha \| \leq C\,\Lambda$ für alle α und $L_\alpha x = F_\alpha x \to x$ für $x \in G$.

„(b) $\Rightarrow$ (c)" kann ähnlich wie Theorem 12.6 gezeigt werden: Zunächst existiert ein $C > 0$, sodass für jeden *endlichdimensionalen* Raum F jeder Tensor $t \in F \otimes_\varepsilon Q$ ein Lifting $s \in F \otimes_\varepsilon E$ mit $\| s \| \leq C \| t \|$ hat. Mit (3) ergibt sich daraus, dass für jeden Banachraum F die Abbildung $I \otimes_\pi \sigma' : F \otimes_\pi Q' \to F \otimes_\pi E'$ *offen* und somit die Restriktion $\rho : L(E', F') \to L(Q', F')$ *surjektiv* ist; für $F = Q$ erhält man dann durch Fortsetzung der Identität auf Q' eine Projektion von E' auf Q'.

„(c) $\Rightarrow$ (b)": Es sei F ein Banachraum. Aufgrund von Theorem 9.6 genügt es zum Nachweis der Surjektivität von $I\widehat{\otimes}_\varepsilon\sigma : F\widehat{\otimes}_\varepsilon E \to F\widehat{\otimes}_\varepsilon Q$ zu zeigen, dass der *transponierte Operator* $(I\widehat{\otimes}_\varepsilon\sigma)' : (F\widehat{\otimes}_\varepsilon Q)' \to (F\widehat{\otimes}_\varepsilon E)'$ offen ist. Gemäß den Ausführungen auf S. 295 entspricht dieser der Abbildung $\sigma'\circ : \mathcal{I}(F, Q') \to \mathcal{I}(F, E')$ zwischen Räumen integraler Operatoren. Für eine stetige Projektion $P : E' \to Q'$ wird dann durch $P\circ : \mathcal{I}(F, E') \to \mathcal{I}(F, Q')$ eine stetige lineare Linksinverse zu $\sigma'\circ$ definiert, und daher ist diese Abbildung offen.

„(d) $\Rightarrow$ (c)": Aufgrund der schon gezeigten Implikation „(b) $\Rightarrow$ (c)" zerfallen die Sequenzen (S'') und (S'''); es gibt also eine stetige Projektion $P : E''' \to Q'''$. Mit der Restriktion $R : Q''' \to Q'$ ist dann die Einschränkung von RP auf E' eine stetige Projektion von E' auf Q'. $\diamond$

Folgerungen. a) Aus Theorem 12.8 und Satz 12.4 ergibt sich: Ist (S) für einen $\mathscr{L}_\infty$-Raum E eine ⊗-Sequenz, so ist G' zu einem komplementierten Unterraum des $\mathscr{L}_1$-Raumes E' isomorph. Somit ist auch G' ein $\mathscr{L}_1$-Raum und G ein $\mathscr{L}_\infty$-Raum.

b) Es sei G ein Banachraum mit b.A.E., der kein $\mathscr{L}_\infty$-Raum ist. Für eine Inklusion $\iota : G \to E$ in einen $\mathscr{L}_\infty$-Raum E ist dann die Abbildung $(I\widehat{\otimes}_\varepsilon\iota') : G\widehat{\otimes}_\varepsilon E' \to G\widehat{\otimes}_\varepsilon G'$ *nicht* surjektiv. Ein konkretes Beispiel für diese Situation folgt im nächsten Abschnitt.

Analog zu a.l. Inklusionen können wir auch den folgenden Begriff einführen:

Approximativ rechtsinvertierbare Surjektionen. a) Wir nennen eine Surjektion $\sigma \in L(E, Q)$ von Banachräumen *approximativ rechtsinvertierbar (a.r.)*, falls es $\Lambda > 0$ und ein Netz $\{R_\alpha\}_{\alpha \in A}$ in $L(Q, E)$ gibt mit $\| R_\alpha \| \leq \Lambda$ für alle $\alpha \in A$ und $\sigma R_\alpha y \to y$ für alle $y \in Q$.

b) Für einen $\mathscr{L}_1$-Raum Q ist jede Surjektion $\sigma \in L(E, Q)$ a.r.

c) Wie in Theorem 12.8 sieht man, dass für eine a.r. Surjektion $\sigma \in L(E, Q)$ jede kurze exakte Sequenz (S) eine ⊗-Sequenz ist. Hat umgekehrt Q die b.A.E. und ist $(I\widehat{\otimes}_\varepsilon\sigma) : Q'\widehat{\otimes}_\varepsilon E \to Q'\widehat{\otimes}_\varepsilon Q$ surjektiv, so ist $\sigma \in L(E, Q)$ a.r.

d) Auch obige Folgerungen gelten entsprechend.

Mit Hilfe der *Mittag-Leffler-Methode* lassen sich nun Resultate vom Banachraum-Fall auf den Fréchetraum-Fall übertragen:

Theorem 12.9

Es seien (S) *eine kurze exakte Sequenz von Frécheträumen und* F *ein weiterer Fréchetraum. Kann man abzählbare wachsende Fundamentalsysteme von Halbnormen so wählen, dass deren lokale Banachräume von* F $\mathscr{L}_\infty$ *-Räume, von* G $\mathscr{L}_\infty$ *-Räume, von* E *Hilberträume oder von* Q $\mathscr{L}_1$ *-Räume sind, so ist auch die Sequenz* $(F\widehat{\otimes}_\varepsilon S)$ *exakt.*

BEWEIS. Für ein solches Fundamentalsystem von Halbnormen ist $E = \mathrm{proj}\{E_n, \rho_m^n\}_\mathbb{N}$ ein reduzierter projektiver Limes lokaler Banachräume. Mit den Einschränkungen dieser Halbnormen auf G und den entsprechenden Quotienten-Halbnormen auf Q sind auch $G = \mathrm{proj}\{G_n, \theta_m^n\}_\mathbb{N}$ und $Q = \mathrm{proj}\{Q_n, \tau_m^n\}_\mathbb{N}$ reduzierte projektive Limiten, und wir erhalten die kommutativen Diagramme mit exakten Zeilen

$$
\begin{array}{ccccccccc}
0 & \longrightarrow & G_n & \xrightarrow{\iota_n} & E_n & \xrightarrow{\sigma_n} & Q_n & \longrightarrow & 0 \\
& & \uparrow \theta_{n+1}^n & & \uparrow \rho_{n+1}^n & & \uparrow \tau_{n+1}^n & & \\
0 & \longrightarrow & G_{n+1} & \xrightarrow{\iota_{n+1}} & E_{n+1} & \xrightarrow{\sigma_{n+1}} & Q_{n+1} & \longrightarrow & 0
\end{array}
$$

Entsprechend ist auch $F = \mathrm{proj}\{F_n, \phi_m^n\}_\mathbb{N}$ ein reduzierter projektiver Limes lokaler Banachräume, und wir erhalten die kommutativen Diagramme

$$
\begin{array}{ccccccccc}
0 & \to & F_n\widehat{\otimes}_\varepsilon G_n & \xrightarrow{I\widehat{\otimes}_\varepsilon\iota_n} & F_n\widehat{\otimes}_\varepsilon E_n & \xrightarrow{I\widehat{\otimes}_\varepsilon\sigma_n} & F_n\widehat{\otimes}_\varepsilon Q_n & \to & 0 \\
& & \uparrow \phi_{n+1}^n\widehat{\otimes}_\varepsilon\theta_{n+1}^n & & \uparrow \phi_{n+1}^n\widehat{\otimes}_\varepsilon\rho_{n+1}^n & & \uparrow \phi_{n+1}^n\widehat{\otimes}_\varepsilon\tau_{n+1}^n & & \\
0 & \to & F_{n+1}\widehat{\otimes}_\varepsilon G_{n+1} & \xrightarrow{I\widehat{\otimes}_\varepsilon\iota_{n+1}} & F_{n+1}\widehat{\otimes}_\varepsilon E_{n+1} & \xrightarrow{I\widehat{\otimes}_\varepsilon\sigma_{n+1}} & F_{n+1}\widehat{\otimes}_\varepsilon Q_{n+1} & \to & 0
\end{array}
$$

Aufgrund der Voraussetzungen können wir annehmen, dass alle F_n $\mathscr{L}_\infty$-Räume, alle G_n $\mathscr{L}_\infty$-Räume, alle E_n Hilberträume oder alle Q_n $\mathscr{L}_1$-Räume sind; im Fall der Bedingung an G oder Q verwenden wir dazu Aufgabe 7.10. Aufgrund unserer Ergebnisse für den Banachraum-Fall hat also obiges Diagramm ebenfalls exakte Zeilen. Da die linearen Abbildungen $\phi_{n+1}^n\widehat{\otimes}_\varepsilon\theta_{n+1}^n$ offenbar dichtes Bild haben, impliziert dann Theorem 9.14 die Exaktheit der Sequenz der projektiven Limiten. Nun ist $F\widehat{\otimes}_\varepsilon G = \mathrm{proj}\{F_n\widehat{\otimes}_\varepsilon G_n, \phi_n^m\widehat{\otimes}_\varepsilon\theta_m^n\}_\mathbb{N}$, und Entsprechendes gilt für die Räume $F\widehat{\otimes}_\varepsilon E$ und $F\widehat{\otimes}_\varepsilon Q$ (vgl. Aufgabe 10.20). Daraus folgt die Behauptung. $\Diamond$

Beispiele. a) Theorem 12.9 gilt insbesondere dann, wenn *einer* der Räume F, G, E oder Q *nuklear* ist (vgl. Aufgabe 11.17).

b) Beispiele möglicher Räume F oder G sind Räume $\mathcal{C}(\Omega)$ stetiger Funktionen oder

Räume $\lambda^{m,\alpha}(\Omega)$ von $\mathcal{C}^m$-Funktionen mit Hölder-Bedingungen $(0 < \alpha < 1)$ auf offenen Mengen $\Omega \subseteq \mathbb{R}^n$.

c) Die Bedingung an E wird von lokalen Sobolev-Räumen $W_2^{s,\mathrm{loc}}(\Omega)$, diejenige an Q von Räumen $W_1^{k,\mathrm{loc}}(\Omega)$ erfüllt.

12.3 Holomorphe Funktionen mit Randbedingungen

Für eine offene Menge $\Omega \subseteq \mathbb{C}$ (oder $\Omega \subseteq \mathbb{C}^n$) und einen quasivollständigen Raum F sei $\mathscr{H}^\infty(\Omega, F)$ der Raum der *beschränkten holomorphen* F-wertigen Funktionen. Für eine Surjektion $\sigma : E \to Q$ von Banachräumen besitzt eine Funktion $f \in \mathscr{H}^\infty(\Omega, Q)$ nach Satz 10.14 ein *holomorphes* Lifting nach E, und natürlich gibt es auch ein *beschränktes* Lifting. Die Frage, ob es sogar ein Lifting $f^\vee \in \mathscr{H}^\infty(\Omega, E)$ gibt, werden wir nun *negativ* beantworten.

Lifting von Dirac-Funktionalen und Integralformeln. a) Integralformeln der komplexen Analysis lassen sich nach A.M. Gleason (1962) ähnlich wie Formel (8.22) auf S. 192 konstruieren: Für eine beschränkte offene Menge $\Omega \subseteq \mathbb{C}^n$ betrachten wir die Banachalgebra

$$\mathcal{A}(\overline{\Omega}) := \{\varphi \in \mathcal{C}(\overline{\Omega}) \mid \varphi|_\Omega \in \mathscr{H}(\Omega)\}$$

(vgl. Aufgabe 10.13). Die Restriktion $\iota : \mathcal{A}(\overline{\Omega}) \to \mathcal{C}(\partial\Omega)$ von Funktionen auf den Rand von Ω ist eine Isometrie aufgrund des Maximum-Prinzips. Durch

$$\delta : \Omega \to \mathcal{A}(\overline{\Omega})', \quad \langle\varphi, \delta_z\rangle := \varphi(z) \quad \text{für } z \in \Omega \text{ und } \varphi \in \mathcal{A}(\overline{\Omega}), \tag{4}$$

wird aufgrund des Zusatzes zu Satz 10.11 eine holomorphe Funktion $\delta : \Omega \to \mathcal{A}(\overline{\Omega})'$ definiert, die offenbar $\|\delta_z\| = 1$ für alle $z \in \Omega$ erfüllt.

b) Nach dem *Rieszschen Darstellungssatz* (vgl. [Rudin 1974], Theorem 6.19) kann $\mathcal{C}(\partial\Omega)'$ mit dem Raum aller komplexen regulären Borel-Maße auf $\partial\Omega$ identifiziert werden. Ein *holomorphes Lifting* $\mu : \Omega \to \mathcal{C}(\partial\Omega)'$ von δ liefert somit eine *Integralformel*

$$\begin{array}{ccc} & & \mathcal{C}(\partial\Omega)' \\ & \nearrow^{\mu} & \downarrow^{\iota'} \\ \Omega & \xrightarrow{\delta} & \mathcal{A}(\overline{\Omega})' \end{array}$$

$$\varphi(z) = \int_{\partial\Omega} \varphi(\zeta)\, d\mu_z(\zeta) \quad \text{für } z \in \Omega \text{ und } \varphi \in \mathcal{A}(\overline{\Omega}). \tag{5}$$

c) Im Fall des Einheitskreises $D = \{z \in \mathbb{C} \mid |z| < 1\}$ ist ein holomorphes Lifting von $\delta : D \to \mathcal{A}(\overline{D})'$ aufgrund der Cauchyschen Integralformel gegeben durch

$$m : D \to \mathcal{C}(\partial D)', \quad m_z = \frac{1}{2\pi i} \frac{d\zeta}{\zeta - z} \quad \text{für } z \in D. \tag{6}$$

Für $z = re^{it} \in D$ und $\zeta = e^{i\varphi}$ berechnen wir

$$\|m_z\| = \frac{1}{2\pi} \int_{-\pi}^{\pi} \frac{|d\zeta|}{|\zeta - z|} = \frac{1}{2\pi} \int_{-\pi}^{\pi} \frac{d\varphi}{|e^{i\varphi} - re^{it}|} = \frac{1}{2\pi} \int_{-\pi}^{\pi} \frac{ds}{|e^{is} - r|}.$$

Wegen

$$|e^{is} - r|^2 \; = \; 1 - 2r\cos s + r^2 \; = \; (1-r)^2 + 4r\sin^2 \tfrac{s}{2} \; \leq \; (1-r)^2 + rs^2$$

ergibt sich für $\tfrac{1}{2} \leq r < 1$ mit der Substitution $s = (1-r)u$

$$\| m_z \| \geq \tfrac{1}{2\pi} \int_0^\pi \frac{ds}{\sqrt{(1-r)^2 + rs^2}} \geq \tfrac{1}{2\pi} \int_0^{\frac{\pi}{1-r}} \frac{du}{\sqrt{1 + ru^2}} \geq \tfrac{1}{4\pi} \int_1^{\frac{1}{1-r}} \frac{du}{u}, \quad \text{also}$$

$$\| m_z \| \geq \tfrac{1}{4\pi} \log \tfrac{1}{1-|z|} \quad \text{für } \tfrac{1}{2} \leq |z| < 1. \tag{7}$$

Ein beschränktes holomorphes Lifting von $\delta : D \to \mathcal{A}(\overline{D})'$ wäre also in gewissem Sinne eine Verbesserung der Cauchyschen Integralformel! Es gilt jedoch das folgende Resultat aus [Kaballo 1980]:

Theorem 12.10
Es gibt kein holomorphes Lifting $\mu \in \mathcal{H}(D, \mathcal{C}(\partial D)')$ von $\delta \in \mathcal{H}^\infty(D, \mathcal{A}(\overline{D})')$ mit

$$\| \mu_z \| \; = \; o(\log \tfrac{1}{1-|z|}) \quad \text{für } |z| \to 1. \tag{8}$$

BEWEIS. a) Für $\alpha \in \partial D$ und $f \in \mathcal{C}(\partial D)$ betrachten wir die durch $f_\alpha : \zeta \mapsto f(\alpha\zeta)$ gegebene *rotierte* Funktion in $\mathcal{C}(\partial D)$. Für das Lifting $m \in \mathcal{H}(D, \mathcal{C}(\partial D)')$ von δ aus (6) gilt $m_{\alpha^{-1}z}(f_\alpha) = m_z(f)$ für alle $\alpha \in \partial D$, d. h. m ist *rotationsinvariant*.

b) Nun sei $\mu \in \mathcal{H}(D, \mathcal{C}(\partial D)')$ ein Lifting von δ mit (8). Wir rotieren μ zu holomorphen Funktionen $\mu_z^\alpha : f \mapsto \mu_{\alpha^{-1}z}(f_\alpha)$ und mitteln die rotierten Funktionen zu

$$\lambda_z : f \mapsto \tfrac{1}{2\pi} \int_{\partial D} \mu_z^\alpha(f)\,d\alpha, \quad z \in D, \quad f \in \mathcal{C}(\partial D).$$

Dann ist $\lambda \in \mathcal{H}(D, \mathcal{C}(\partial D)')$ ein *rotationsinvariantes* Lifting von δ mit (8).

c) Offenbar gilt $\lambda_z(\zeta^n) = z^n = m(\zeta^n)$ für alle $n \in \mathbb{N}_0$. Für $\lambda_z = \sum\limits_{k=0}^\infty \gamma_k\, z^k$ und $n \in \mathbb{Z}$ mit $n < 0$ liefert die Rotationsinvarianz für alle $\alpha \in \partial D$

$$\sum_{k=0}^\infty \langle \zeta^n, \gamma_k \rangle\, \alpha^k\, z^k = \lambda_{\alpha z}(\zeta^n) = \lambda_z((\alpha\zeta)^n) = \sum_{k=0}^\infty \langle (\alpha\zeta)^n, \gamma_k \rangle\, z^k = \sum_{k=0}^\infty \langle \zeta^n, \gamma_k \rangle\, \alpha^n\, z^k,$$

also $\langle \zeta^n, \gamma_k \rangle\, \alpha^k = \langle \zeta^n, \gamma_k \rangle\, \alpha^n$ für alle $\alpha \in \partial D$. Es folgt $\langle \zeta^n, \gamma_k \rangle = 0$ für alle $k \in \mathbb{N}_0$ und somit $\lambda_z(\zeta^n) = 0$.

d) Wie in c) folgt auch $m_z(\zeta^n) = 0$ für $n < 0$. Nach dem *Satz von Fejér* (vgl. [GK], Theorem 5.2) ist der Raum $[\zeta^n]_{n\in\mathbb{Z}}$ in $\mathcal{C}(\partial D)$ dicht, und somit gilt $\lambda = m$. Mit (7) und (8) erhalten wir nun einen Widerspruch. $\diamondsuit$

Für Funktionen $f \in \mathcal{H}^\infty(\Omega, Q)$ kann also höchstens die Existenz holomorpher Liftings $f^\vee \in \mathcal{H}(\Omega, E)$ mit $f(z) = O(\log d_{\partial\Omega}(z)^{-1})$ erwartet werden. Liftings mit dieser oder etwas schwächeren Eigenschaften wurden in [Kaballo 1980] konstruiert. Hier gehen wir noch auf Konsequenzen aus Theorem 12.10 in anderer Richtung ein:

Folgerungen. a) Aufgrund von Theorem 12.10 kann offenbar die Quotientenabbildung $\iota' : C(\partial D)' \to A(\overline{D})'$ nicht rechtsinvertierbar sein. Nach Theorem 12.8 ist daher die Isometrie $\iota : A(\overline{\Omega}) \to C(\partial\Omega)$ nicht a.l., und nach Beispiel a) auf S. 297 ist die *Disc Algebra* $A(\overline{D})$ *kein* $\mathscr{L}_\infty$-*Raum*. Da diese die b.A.E. besitzt (vgl. Aufgabe 10.14), ist nach Folgerung b) zu Theorem 12.8 insbesondere die Abbildung $I\widehat{\otimes}_\varepsilon \iota' : A(\overline{D})\widehat{\otimes}_\varepsilon C(\partial D)' \to A(\overline{D})\widehat{\otimes}_\varepsilon A(\overline{D})'$ nicht surjektiv.

b) Nach a) ist insbesondere die Disc Algebra $A(\overline{D})$ in $C(\partial\Omega)$ nicht komplementiert. Ein Beweis dieser Aussage in [Rudin 1973], S. 127–130 inspirierte auch den angegebenen Beweis des stärkeren Theorems 12.10. A. Pelczyński zeigte bereits 1974 mit einer anderen Methode, dass $A(\overline{D})$ für kein $p \in [1,\infty]$ ein $\mathscr{L}_p$-Raum ist und auch *keine lokal unbedingte Struktur* besitzt.

c) Theorem 12.10 impliziert auch, dass der Banachraum $\mathscr{H}^\infty(D)$ der beschränkten holomorphen Funktionen auf D kein $\mathscr{L}_\infty$-Raum ist. In der Tat existieren nach einem *Satz von Fatou* (1906, vgl. [Rudin 1974], Theorem 11.21) für $f \in \mathscr{H}^\infty(D)$ die *radialen Limiten*

$$(jf)(\zeta) := \lim_{r\to 1^-} f(r\zeta)$$

für fast alle $\zeta \in \partial D$, und dies liefert eine Isometrie $j : \mathscr{H}^\infty(D) \to L_\infty(\partial D)$. Das folgende kommutative Diagramm von Isometrien liefert ein duales Diagramm von Quotientenabbildungen:

$$
\begin{array}{ccc}
C(\partial D) & \xrightarrow{\;i\;} & L_\infty(\partial D) \\
\uparrow\iota & & \uparrow j \\
A(\overline{D}) & \longrightarrow & \mathscr{H}^\infty(D)
\end{array}
\quad : \quad
\begin{array}{ccccc}
 & & L_\infty(\partial D)' & \xrightarrow{\;i'\;} & C(\partial D)' \\
 & \overset{\Psi}{\nearrow} & \downarrow j' & & \downarrow\iota' \\
D & \xrightarrow{\;\Delta\;} & \mathscr{H}^\infty(D)' & \longrightarrow & A(\overline{D})'
\end{array}
\;.
$$

Wie in (4) definieren die Dirac-Funktionale eine Abbildung $\Delta \in \mathscr{H}^\infty(D, \mathscr{H}^\infty(D)')$. Ist nun $\mathscr{H}^\infty(D)$ ein $\mathscr{L}_\infty$-Raum, so hat Δ ein Lifting $\Psi \in \mathscr{H}^\infty(D, L_\infty(\partial D)')$. Dann ist aber $\mu := i'\Psi \in \mathscr{H}^\infty(D, C(\partial D)')$ ein Lifting von $\delta \in \mathscr{H}^\infty(D, A(\overline{D})')$ im Widerspruch zu Theorem 12.10.

Gewichtete Räume holomorpher Funktionen. a) Es seien $\Omega \subseteq \mathbb{C}^n$ eine beschränkte offene Menge und $v : \Omega \to (0,\infty)$ eine stetige Funktion mit $v(z) \to 0$ für $z \to \partial\Omega$. Wir definieren Banachräume holomorpher Funktionen durch

$$\mathscr{H}v(\Omega) \;:=\; \{f \in \mathscr{H}(\Omega) \mid \|f\|_v := \sup_{z\in\Omega} |f(z)|\,v(z) < \infty\} \quad \text{und}$$

$$\mathscr{H}v_0(\Omega) \;:=\; \{f \in \mathscr{H}v(\Omega) \mid \lim_{z\to\partial\Omega} |f(z)|\,v(z) = 0\}\,.$$

b) Entsprechend lassen sich auch Räume vektorwertiger Funktionen definieren; es gilt $\mathscr{H}v_0(\Omega, F) \simeq \mathscr{H}v_0(\Omega)\varepsilon F$ für quasivollständige Räume F (vgl. Aufgabe 12.10). Ist nun $\mathscr{H}v_0(\Omega)$ ein $\mathscr{L}_\infty$-Raum, so lassen sich für eine Surjektion $\sigma : E \to Q$ von Fréchetäumen Funktionen in $\mathscr{H}v_0(\Omega, Q)$ aufgrund von Satz 12.3 nach $\mathscr{H}v_0(\Omega, E)$ liften.

c) Wir betrachten nun den Einheitskreis $D = \{z \in \mathbb{C} \mid |z| < 1\}$ und *radiale*, nur von $r = |z|$ abhängige Gewichtsfunktionen v mit $v(r) \downarrow 0$ für $r \to 1^-$. Stets ist $\mathscr{H}v_0(D)'' \simeq \mathscr{H}v(D)$. Nach A.L. Shields und D.L. Williams (1971) gilt $\mathscr{H}v(\Omega) \simeq \ell_\infty$ und $\mathscr{H}v_0(\Omega) \simeq c_0$ für *normale* Gewichtsfunktionen, z.B. für $v(r) = (1 - r)^\alpha$ und $0 < \alpha < \infty$. Wegen b) und Theorem 12.10 können jedoch $\mathscr{H}v(\Omega)$ und $\mathscr{H}v_0(\Omega)$ für $v(r) = \log(\frac{1}{1-r})^\gamma$ und $0 < \gamma < 1$ *keine* $\mathscr{L}_\infty$-Räume sein.

d) Eine genaue Charakterisierung derjenigen radialen Gewichtsfunktionen v, für die $\mathscr{H}v(D) \simeq \ell_\infty$ und $\mathscr{H}v_0(D) \simeq c_0$ gilt, stammt von W. Lusky; dies ist der Fall für *normal* fallende v wie $v(r) = (1 - r)^\alpha$ für $0 < \alpha < \infty$ und auch für *schnell* fallende v wie $v(r) = \exp(-(1-r)^{-1})$. In allen anderen Fällen gilt $\mathscr{H}v(D) \simeq \mathscr{H}^\infty(D)$; dies ist der Fall für *langsam* fallende v wie $v(r) = \log(\frac{1}{1-r})^\gamma$ für $0 < \gamma < \infty$. Für diese und verwandte Resultate sei auf [Lusky 2006] verwiesen.

12.4 Die Eigenschaften (DN) und (Ω)

Im zweiten Teil dieses Kapitels geben wir eine Einführung in eine *Strukturtheorie nuklearer Fréchetäume*, die ab etwa 1975 von D. Vogt entwickelt wurde, und folgen dabei im Wesentlichen [Vogt 1977b], [Meise und Vogt 1992] und [Poppenberg 1994]. Zunächst führen wir die für den fundamentalen Splitting-Satz 12.16 wesentlichen Begriffe ein.

Notationen. a) Wie in [Meise und Vogt 1992] bezeichnen wir in Abweichung von der bisherigen Notation mit

$$\| \ \|_0 \ \le \ \| \ \|_1 \ \le \ \cdots \ \| \ \|_k \ \le \ \| \ \|_{k+1} \ \le \ \cdots$$

ein Fundamentalsystem stetiger Halbnormen auf einem Fréchetraum E. Die entsprechenden Einheitskugeln bezeichnen wir mit U_k, die lokalen Banachräume mit $\widehat{E}_k$.

b) Für eine Halbnorm $\| \ \|$ auf E bezeichnen wir mit

$$\| f \|^* := \ \sup \{| f(x) | \mid \| x \| \le 1\} \in [0, \infty]$$

die zu $\| \ \|$ *duale Norm* eines Funktionals $f \in E^\times$. Genau dann ist $\| f \|_k^* < \infty$, wenn $f \in E'_k := E'_{U_k^\circ} \cong (\widehat{E}_k)'$ gilt.

Die Eigenschaft (DN). a) Ein Fréchetraum E mit einem wachsenden Fundamentalsystem $(\| \ \|_k)$ stetiger Halbnormen besitzt die Eigenschaft (DN), falls gilt:

$$\exists\, d \in \mathbb{N}_0 \ \forall\, k \in \mathbb{N}_0 \ \exists\, n \in \mathbb{N}_0 \,, C \ge 0 \ \forall\, x \in E \ : \ \| x \|_k^2 \ \le \ C \| x \|_d \| x \|_n \,. \tag{9}$$

In diesem Fall schreiben wir auch kurz „$E \in (DN)$".

b) Aus (9) folgt sofort, dass $\| \ \|_d$ eine *Norm* auf E ist; diese wird *dominierende Norm* genannt. Räume ohne stetige Norm, wie etwa der Raum ω aller Folgen, besitzen also die Eigenschaft (DN) nicht.

c) Mit E besitzt auch jeder zu E isomorphe Fréchetraum die Eigenschaft (DN), und diese hängt nicht von der Wahl eines Fundamentalsystems ab. Weiter vererbt sich (DN) offenbar auf *Unterräume*.

Für *Köthe-Räume* (vgl. S. 248) gilt:

Satz 12.11
a) Für eine Köthe-Matrix $A = (a_{j,k})_{j,k \in \mathbb{N}_0}$ *gilt genau dann* $\lambda_2(A) \in (DN)$, *wenn*

$$\exists \, d \in \mathbb{N}_0 \ \forall \, k \in \mathbb{N}_0 \ \exists \, n \in \mathbb{N}_0, C \geq 0 \ : \ a_{j,k}^2 \ \leq \ C \, a_{j,d} \, a_{j,n} \,. \tag{10}$$

b) Ein Potenzreihenraum $\Lambda_\infty(\alpha)$ *unendlichen Typs besitzt die Eigenschaft* (DN), *nicht aber ein Potenzreihenraum* $\Lambda_0(\alpha)$ *endlichen Typs.*

BEWEIS. a) Die Normen auf $\lambda_2(A)$ sind gegeben durch

$$\| \, x \, \|_k^2 \ = \ \sum_{j=0}^\infty | \, x_j \, |^2 \, a_{j,k}^2 \quad \text{für} \quad x = (x_j) \in \lambda_2(A) \,.$$

Aus (10) folgt daher mit der Schwarzschen Ungleichung

$$\| \, x \, \|_k^2 \ \leq \ C \sum_{j=0}^\infty | \, x_j \, |^2 \, a_{j,d} \, a_{j,n} \ \leq \ C \, \| \, x \, \|_d \, \| \, x \, \|_n$$

für $x \in \lambda_2(A)$, also (9). Mittels Einsetzen der „Einheitsvektoren" $x := e_j$ folgt umgekehrt auch (10) aus (9).

b) Im Fall $R = \infty$ wählen wir $a_{j,k} = e^{k\alpha_j}$ und erhalten sofort $a_{j,k}^2 = a_{j,0} \, a_{j,2k}$, also (10) mit $d = 0$ und $n = 2k$.

Nun sei $R = 0$. Gilt (10), so gibt es $d < 0$, sodass zu $\frac{d}{2} < t < 0$ ein $s < 0$ und ein $C \geq 0$ existieren mit

$$\exp(2t\alpha_j) \ \leq \ C \exp(d\alpha_j) \exp(s\alpha_j) \ \leq \ C \exp(d\alpha_j) \,,$$

also $2t \leq \alpha_j^{-1} \log C + d$. Mit $j \to \infty$ folgt dann der Widerspruch $2t \leq d$. $\diamond$

Beispiele und Bemerkungen.   a) Der Raum $s = \Lambda_\infty(\log(j+1))$ der schnell fallenden Folgen und die zu diesem isomorphen Räume $C^\infty[a,b]$, $\mathscr{D}[a,b]$, $s(\mathbb{Z}^n)$, $\mathcal{E}_{2\pi}(\mathbb{R}^n)$ und $\mathcal{S}(\mathbb{R}^n)$ besitzten die Eigenschaft (DN). Für eine kompakte Menge $K \subseteq \mathbb{R}^n$ ist der Raum $\mathscr{D}(K)$ ein Unterraum von $\mathcal{E}_{2L}(\mathbb{R}^n)$ für ein geeignetes $L > 0$, hat also ebenfalls (DN). Es gilt (für $\text{int}(K) \neq \emptyset$) sogar $\mathscr{D}(K) \simeq s$ (vgl. [Meise und Vogt 1992], Satz 31.12).

b) Der Raum $\mathcal{H}(\mathbb{C}) = \Lambda_\infty(j)$ der ganzen Funktionen hat (DN), nicht aber der Raum $\mathcal{H}(D) = \Lambda_0(j)$ der holomorphen Funktionen auf dem Einheitskreis.

c) Ein Potenzreihenraum endlichen Typs kann nicht zu einem Unterraum eines Potenzreihenraums unendlichen Typs isomorph sein. Für einen Raum $F \in (DN)$ muss sogar jede stetige lineare Abbildung $T : \Lambda_0(\alpha) \to F$ eine Nullumgebung von $\Lambda_0(\alpha)$ in eine beschränkte Teilmenge von F abbilden, vgl. [Meise und Vogt 1992], Satz 29.21.

Wir benötigen äquivalente Formulierungen der Eigenschaft (DN). Die *Interpolationsbedingung* (12) für Halbnormen lässt sich auch als *Zerlegungsbedingung* (13) für die dualen Einheitskugeln formulieren:

Lemma 12.12

Für einen Fréchetraum E ist die Eigenschaft (DN) zu jeder der folgenden Eigenschaften äquivalent:

$$\exists\, d \in \mathbb{N}_0 \; \forall\, k \in \mathbb{N}_0 \; \forall\, \varepsilon > 0 \; \exists\, n \in \mathbb{N}_0,\, C \geq 0 \; : \; \| \;\|_k^{1+\varepsilon} \leq C \| \;\|_d \; \| \;\|_n^\varepsilon . \tag{11}$$

$$\exists\, d \in \mathbb{N}_0 \; \forall\, k \in \mathbb{N}_0 \; \forall\, \varepsilon > 0 \; \exists\, n \in \mathbb{N}_0,\, C \geq 0 \; \forall\, r > 0 \; : \; \| \;\|_k \leq r \| \;\|_d + \tfrac{C}{r^\varepsilon} \| \;\|_n . \tag{12}$$

$$\exists\, d \in \mathbb{N}_0 \; \forall\, k \in \mathbb{N}_0 \; \forall\, \varepsilon > 0 \; \exists\, n \in \mathbb{N}_0,\, C \geq 0 \; \forall\, r > 0 \; : \; U_k^\circ \subseteq r\, U_d^\circ + \tfrac{C}{r^\varepsilon}\, U_n^\circ . \tag{13}$$

BEWEIS. a) Offenbar ist (9) der Spezialfall $\varepsilon = 1$ von (11). Nun gelte (9) mit $d \in \mathbb{N}_0$. Es sei $k > d$ gegeben. Wir setzen $n_0 := d$, $n_1 := k$ und finden rekursiv $n_{j+1} > n_j$ und $C_j > 0$ mit

$$\| x \|_{n_j}^2 \leq C_j \| x \|_d \| x \|_{n_{j+1}} \quad \text{für alle } x \in E .$$

Damit folgt für $x \neq 0$ und alle $m \in \mathbb{N}$:

$$\left(\frac{\| x \|_k}{\| x \|_d} \right)^m \leq \prod_{j=1}^m \frac{\| x \|_{n_j}}{\| x \|_d} \leq \prod_{j=1}^m C_j \frac{\| x \|_{n_{j+1}}}{\| x \|_{n_j}} \leq \left(\prod_{j=1}^m C_j \right) \frac{\| x \|_{n_{m+1}}}{\| x \|_d} .$$

Mit $D_m := \left(\prod_{j=1}^m C_j \right)^{1/m}$ ergibt sich daraus

$$\| x \|_k \leq D_m \| x \|_d^{1 - 1/m} \| x \|_{n_{m+1}}^{1/m} \quad \text{für alle } x \in E .$$

Für $\varepsilon > 0$ wählen wir nun $m \in \mathbb{N}$ mit $\frac{1}{m} < \tau := \frac{\varepsilon}{1+\varepsilon}$. Wegen $\left(\frac{\| x \|_d}{\| x \|_{n_{m+1}}} \right)^{\tau - \frac{1}{m}} \leq 1$ folgt

$$\| x \|_k \leq D_m \| x \|_d^{1-\tau} \| x \|_{n_{m+1}}^\tau \quad \text{für alle } x \in E ,$$

und daraus ergibt sich (11).

b) Die Äquivalenz von (11) und (12) ergibt sich durch Berechnung des Minimums bzgl. $r > 0$ der rechten Seite von (12).

c) Nun gelte (13). Zu $x \in E$ wählen wir $x' \in U_k^\circ$ mit $\| x \|_k = | \langle x, x' \rangle |$. Wegen (13) ist $x' = ry' + \frac{C}{r^\varepsilon} z'$ mit $y' \in U_d^\circ$ und $z' \in U_n^\circ$, und daraus folgt (12).

Umgekehrt ergibt sich aus (12) mit dem Bipolarensatz

$$2U_k \supseteq (\tfrac{1}{r} U_d) \cap (\tfrac{r^\varepsilon}{C}) U_n = {}^\circ(r U_d^\circ) \cap {}^\circ(\tfrac{C}{r^\varepsilon} U_n^\circ) \supseteq {}^\circ(r U_d^\circ \cup \tfrac{C}{r^\varepsilon} U_n^\circ), \quad \text{also}$$

$$\tfrac{1}{2} U_k^\circ \subseteq r U_d^\circ + \tfrac{C}{r^\varepsilon} U_n^\circ$$

und somit (13), da die letzte Summe schwach*-kompakt ist. $\qquad\qquad\qquad\Diamond$

Die Eigenschaft (Ω). a) Ein Fréchetraum E mit einem wachsenden Fundamental-system $(\| \ \|_k)$ stetiger Halbnormen besitzt die Eigenschaft (Ω), falls für die *dualen Normen*

$$\forall\, p \in \mathbb{N}_0 \ \exists\, q \in \mathbb{N}_0 \ \forall\, k \in \mathbb{N}_0 \ \exists\, 0 < \lambda < 1, C \geq 0 : \| \ \|_q^* \leq C \| \ \|_k^{*\lambda} \| \ \|_p^{*1-\lambda} \qquad (14)$$

gilt. In diesem Fall schreiben wir auch kurz „$E \in (\Omega)$".

b) Mit E besitzt auch jeder zu E isomorphe Fréchetraum die Eigenschaft (Ω), und diese hängt nicht von der Wahl eines Fundamentalsystems ab.

c) Mit E besitzt auch jeder Quotientenraum Q von E die Eigenschaft (Ω). Dazu sei $\sigma : E \to Q$ die Quotientenabbildung und $\| \ \|_k^{\sim}$ die Quotienten-Halbnorm von $\| \ \|_k$ (vgl. (7.12)). Für $y' \in Q'$ gilt dann

$$\| y' \|_k^{\sim *} = \sup \{ | \langle y, y' \rangle | \mid y \in \sigma U_k \} = \sup \{ | \langle \sigma x, y' \rangle | \mid x \in U_k \} = \| \sigma' y' \|_k^*,$$

und daher vererbt sich (14) von E auf Q.

Für *Köthe-Räume* gilt:

Satz 12.13

a) Für eine Köthe-Matrix $A = (a_{j,k})_{j,k \in \mathbb{N}_0}$ gilt genau dann $\lambda_1(A) \in (\Omega)$, wenn

$$\forall\, p \in \mathbb{N}_0 \ \exists\, q \in \mathbb{N}_0 \ \forall\, k \in \mathbb{N}_0 \ \exists\, 0 < \lambda < 1, C \geq 0 \ \forall\, j \in \mathbb{N}_0 : C\, a_{j,q} \geq a_{j,k}^\lambda\, a_{j,p}^{1-\lambda}.$$
$$(15)$$

b) Für jeden nuklearen Potenzreihenraum gilt $\Lambda_R(\alpha) \in (\Omega)$, $R \in \mathbb{R} \cup \{\infty\}$.

BEWEIS. a) Der Dualraum $\lambda_1'(A)$ und die dualen Normen sind gegeben durch

$$\lambda_1'(A) = \{ y = (y_j) \mid \exists\, k \in \mathbb{N}_0 : \| y \|_k^* = \sup_{j=0}^\infty | y_j | a_{j,k}^{-1} < \infty \}$$

(vgl. Aufgabe 10.15). Daher folgt (14) aus (15), und mittels Einsetzen der „Einheits-vektoren" $y := e_j$ folgt umgekehrt auch (15) aus (14).

b) Wir wählen eine Folge $t_k \uparrow R$ mit $t_{k-1} + t_{k+1} \leq 2t_k$; im Fall $R = \infty$ sei einfach $t_k = k$, und im Fall $R = 0$ sei $t_k = -\frac{1}{k}$. Für $a_{j,k} := e^{t_k \alpha_j}$ gilt dann

$$\forall\, k \in \mathbb{N} \ \forall\, j \in \mathbb{N}_0 : a_{j,k}^2 \geq a_{j,k+1}\, a_{j,k-1}. \qquad (16)$$

Für $p \in \mathbb{N}_0$ wählen wir $q := p+1$; für $k > q$ gilt dann

$$a_{j,k} = a_{j,p} \prod_{i=p}^{k-1} \frac{a_{j,i+1}}{a_{j,i}} \leq a_{j,p} \left(\frac{a_{j,q}}{a_{j,p}}\right)^{k-p},$$

und daraus ergibt sich (15) mit $\lambda := \frac{1}{k-p}$. $\Diamond$

Beispiele. a) Der Raum $s = \Lambda_\infty(\log(j+1))$ der schnell fallenden Folgen und jeder zu einem Quotientenraum von s isomorphe Fréchetraum besitzen die Eigenschaft (Ω). Dies gilt insbesondere für den Raum ω aller Folgen, da dieser nach dem Satz von Borel 9.12 ein Quotient von $\mathcal{C}^\infty_{2\pi}(\mathbb{R}) \simeq s$ ist.

b) Der Raum $\mathscr{H}(U_R) = \Lambda_R(j)$ der holomorphen Funktionen auf einem Kreis in $\mathbb{C}$ besitzt die Eigenschaft (Ω). Allgemeiner gilt $\mathscr{H}(D) \in (\Omega)$ für *jede* offene Menge $D \subseteq \mathbb{C}$ (vgl. [Petzsche 1980]).

c) Für $a_{j,k} := e^{j^k}$ ist der Raum $\lambda_1(A)$ wegen $\sum_{j=0}^\infty e^{j^k} e^{-j^{k+1}} \leq \sum_{j=0}^\infty \exp(-\frac{1}{2} j^{k+1}) < \infty$ nuklear (vgl. Satz 11.16). Insbesondere ist $\lambda_1(A) = \lambda_2(A)$, und wegen

$$a_{j,k}^2 = e^{2j^k} \leq e\, e^{j^{2k}} = a_{j,0}\, a_{j,2k}$$

gilt (10); somit ist $\lambda_1(A) \in (DN)$. Es ist jedoch $\lambda_1(A) \notin (\Omega)$; andernfalls müsste es nach (15) zu $p = 1$ ein $q \in \mathbb{N}_0$ und zu $k := q+1$ ein $0 < \lambda < 1$ geben mit

$$e^{\lambda j^{q+1}} = a_{j,q+1}^\lambda \leq a_{j,q+1}^\lambda a_{j,1}^{1-\lambda} \leq C\, a_{j,q} = C\, e^{j^q}$$

für alle $j \in \mathbb{N}_0$, was offenbar nicht richtig ist. Der Köthe-Raum $\lambda_1(A)$ ist also *nicht isomorph zu einem Quotienten eines Potenzreihenraumes*.

Ähnlich wie in Lemma 12.12 hat man die folgenden äquivalenten Formulierungen der Eigenschaft (Ω). Die *Interpolationsbedingung* (18) für duale Normen lässt sich auch als *Zerlegungsbedingung* (19) für die entsprechenden Einheitskugeln formulieren:

Lemma 12.14
Für einen Fréchetraum E ist die Eigenschaft (Ω) zu jeder der folgenden Eigenschaften äquivalent:

$$\forall\, p \in \mathbb{N}_0 \; \exists\, q \in \mathbb{N}_0 \; \forall\, k \in \mathbb{N}_0 \; \exists\, n > 0, C \geq 0 : \; \| \ \|_q^{*1+n} \leq C \| \ \|_k^{*n} \| \ \|_p^*. \tag{17}$$

$$\forall\, p \in \mathbb{N}_0 \; \exists\, q \in \mathbb{N}_0 \; \forall\, k \in \mathbb{N}_0 \; \exists\, n > 0, C \geq 0 \; \forall\, r > 0 : \; \| \ \|_q^* \leq C r^n \| \ \|_k^* + \tfrac{1}{r} \| \ \|_p^*. \tag{18}$$

$$\forall\, p \in \mathbb{N}_0 \; \exists\, q \in \mathbb{N}_0 \; \forall\, k \in \mathbb{N}_0 \; \exists\, n > 0, C \geq 0 \; \forall\, r > 0 : \; U_q \subseteq C r^n\, U_k + \tfrac{1}{r}\, U_p. \tag{19}$$

BEWEIS. a) Die Äquivalenz von (14) und (17) ergibt sich sofort mit $n = \frac{\lambda}{1-\lambda}$, die von (17) und (18) durch Berechnung des Minimums bzgl. $r > 0$ der rechten Seite von (18).

b) Nun gelte (18). Dann folgt

$$U_q^\circ \supseteq (2Cr^n U_k)^\circ \cap (\tfrac{2}{r} U_p)^\circ \supseteq (2Cr^n U_k \cup \tfrac{2}{r} U_p)^\circ \,,$$

und der Bipolarensatz liefert

$$U_q \subseteq {}^\circ((2Cr^n U_k \cup \tfrac{2}{r} U_p)^\circ) \subseteq \overline{(2Cr^n U_k + \tfrac{2}{r} U_p)} \subseteq 3Cr^n U_k + \tfrac{2}{r} U_p \,.$$

Umgekehrt gelte nun (19). Für $x' \in E'$ und $x \in U_q$ wählen wir $y \in U_k$ und $z \in U_p$ mit $x = Cr^n y + \tfrac{1}{r} z$ und erhalten $|\langle x, x' \rangle| \leq Cr^n |\langle y, x' \rangle| + \tfrac{1}{r} |\langle z, x' \rangle|$ und somit

$$\| x' \|_q^* \;=\; \sup\{|\langle x, x' \rangle| \mid x \in U_q\} \;\leq\; Cr^n \| x' \|_k^* + \tfrac{1}{r} \| x' \|_p^* . \quad \Diamond$$

Schließlich benötigen wir noch:

Lemma 12.15

Es sei E ein nuklearer Fréchetraum E mit Eigenschaft (Ω). Für die Einheitskugeln $\widehat{U}_k$ der lokalen Banachräume $\widehat{E}_k$ und die kanonischen Abbildungen $\widehat{\rho}_n^k : \widehat{E}_n \to \widehat{E}_k$ für $n \geq k$ gilt dann

$$\forall\, p \in \mathbb{N}_0 \; \exists\, q \geq p \; \forall\, k \geq p \; \exists\, n > 0,\, C \geq 0 \; \forall\, r > 0 \; : \; \widehat{\rho}_q^p \widehat{U}_q \subseteq Cr^n \, \widehat{\rho}_k^p \widehat{U}_k + \tfrac{1}{r} \, \widehat{U}_p . \quad (20)$$

BEWEIS. Zu $p \in \mathbb{N}_0$ wählen wir $q \geq p$ gemäß (19), zu $k \geq p$ dann $k < \ell \in \mathbb{N}_0$, sodass $\widehat{\rho}_\ell^k : \widehat{E}_\ell \to \widehat{E}_k$ kompakt ist. Zu ℓ wählen wir schließlich $n > 0$ und $c \geq 0$ gemäß (19). Zu $x \in \widehat{U}_q$ gibt es eine Folge (x_j) in U_q mit $\rho_q x_j \to x$ in $\widehat{E}_q$. Nach (19) gibt es zu $r > 0$ Zerlegungen $x_j = y_j + z_j$ mit $y_j \in cr^n U_\ell$ und $z_j \in \tfrac{1}{r} U_p$. Nach Übergang zu einer Teilfolge können wir $\widehat{\rho}_\ell^k y_j \to y \in c\, \| \widehat{\rho}_\ell^k \| \, r^n \widehat{U}_k$ annehmen. Dann folgt auch $\rho_p z_j \to z \in \tfrac{1}{r} \widehat{U}_p$, und es ist $\widehat{\rho}_q^p x = \widehat{\rho}_k^p y + z$. Somit gilt (20) mit $C = c\, \| \widehat{\rho}_\ell^k \|$. $\quad \Diamond$

An Stelle der Nuklearität genügt in Lemma 12.15 auch die Schwartz-Eigenschaft von E (vgl. Aufgabe 11.18).

12.5 Ein Splitting-Satz

In diesem Abschnitt beweisen wir das folgende fundamentale Resultat aus [Vogt 1977a] und [Vogt und Wagner 1980]:

Theorem 12.16

Eine kurze exakte Sequenz nuklearer Frécheträume

$$0 \longrightarrow G \overset{\iota}{\longrightarrow} E \overset{\sigma}{\longrightarrow} Q \longrightarrow 0 \qquad\qquad (S)$$

zerfällt, falls G die Eigenschaft (Ω) und Q die Eigenschaft (DN) hat.

Der Beweis ist im Wesentlichen eine Verfeinerung der *Mittag-Leffler-Methode* 9.14.

Beweis-Anfang. a) Wir können annehmen, dass G ein abgeschlossener Unterraum von E und $\sigma : E \to Q$ eine Quotientenabbildung ist. Auf dem nuklearen Raum E existiert nach Satz 11.17 ein wachsendes Fundamentalsystem $\{\| \ \|_k^E\}$ von Hilbert-Halbnormen, und dieses induziert Fundamentalsysteme $\{\| \ \|_k^G\}$ und $\{\| \ \|_k^Q\}$ von Hilbert-Halbnormen auf G und Q. Wie im Beweis von Satz 11.19 erhalten wir die folgenden kommutativen Diagramme von Hilberträumen und stetigen linearen Abbildungen mit exakten Zeilen:

$$
\begin{array}{ccccccccc}
0 & \longrightarrow & \widehat{G}_{k-1} & \overset{\iota_{k-1}}{\longrightarrow} & \widehat{E}_{k-1} & \overset{\sigma_{k-1}}{\longrightarrow} & \widehat{Q}_{k-1} & \longrightarrow & 0 \\
 & & \uparrow \widehat{\theta}_k^{k-1} & & \uparrow \widehat{\rho}_k^{k-1} & & \uparrow \widehat{\tau}_k^{k-1} & & \\
0 & \longrightarrow & \widehat{G}_k & \overset{\iota_k}{\longrightarrow} & \widehat{E}_k & \overset{\sigma_k}{\longrightarrow} & \widehat{Q}_k & \longrightarrow & 0 \\
 & & \uparrow \widehat{\theta}_{k+1}^k & & \uparrow \widehat{\rho}_{k+1}^k & & \uparrow \widehat{\tau}_{k+1}^k & & \\
0 & \longrightarrow & \widehat{G}_{k+1} & \overset{\iota_{k+1}}{\longrightarrow} & \widehat{E}_{k+1} & \overset{\sigma_{k+1}}{\longrightarrow} & \widehat{Q}_{k+1} & \longrightarrow & 0
\end{array} \ .
$$

Durch Übergang zu einer Teilfolge der Halbnormen können wir erreichen, dass die (DN)-Bedingung (13) in Q für $d = 0$ gilt und dass die kanonischen Abbildungen $\widehat{\theta}_{k-1}^k : \widehat{G}_k \to \widehat{G}_{k-1}$ nuklear sind und Bedingung (20) so erfüllen:

$$
\forall \, k \in \mathbb{N}_0 \ \exists \, n_k > 0, \, C_k \geq 0 \, \forall \, r > 0 : \ \widehat{\theta}_k^{k-1} \widehat{U}_k^G \subseteq C_k r^{n_k} \widehat{\theta}_{k+1}^k \widehat{U}_{k+1}^G + \tfrac{1}{r} \widehat{U}_{k-1}^G \ . \tag{21}
$$

b) Da die $\widehat{E}_k$ Hilberträume sind, gibt es $r_k \in L(\widehat{Q}_k, \widehat{E}_k)$ mit $\sigma_k r_k = I_{\widehat{Q}_k}$. Für die Abbildungen $s_k := r_k \tau_k \in L(Q, \widehat{E}_k)$ gilt

$$
\sigma_{k-1}(\widehat{\rho}_k^{k-1} s_k - s_{k-1}) = \widehat{\tau}_k^{k-1} \sigma_k s_k - \sigma_{k-1} r_{k-1} \tau_{k-1} = \widehat{\tau}_k^{k-1} \tau_k - \tau_{k-1} = 0;
$$

es gibt also $d_{k-1} \in L(Q, \widehat{G}_{k-1})$ mit

$$
\widehat{\rho}_k^{k-1} s_k - s_{k-1} = \iota_{k-1} d_{k-1} \quad \text{für} \ k \in \mathbb{N}.
$$

Die Abbildungen $\delta_k := \widehat{\theta}_{k+1}^k d_{k+1} \in L(Q, \widehat{G}_k)$ sind dann *nuklear*.

c) Wir konstruieren nun *Zerlegungen*

$$
\widehat{\theta}_k^{k-1} \delta_k = v_{k-1} - \widehat{\theta}_k^{k-1} v_k \quad \text{für} \ k \in \mathbb{N} \tag{22}
$$

mit Abbildungen $v_k \in L(Q, \widehat{G}_k)$.

Damit definieren wir $R_k := \widehat{\rho}_{k+2}^k s_{k+2} + \iota_k v_k \in L(Q, \widehat{E}_k)$ und berechnen

$$
\begin{aligned}
\widehat{\rho}_k^{k-1} R_k &= \widehat{\rho}_{k+2}^{k-1} s_{k+2} + \iota_{k-1} \widehat{\theta}_k^{k-1} v_k = \widehat{\rho}_{k+2}^{k-1} s_{k+2} + \iota_{k-1}(v_{k-1} - \widehat{\theta}_k^{k-1} \delta_k) \\
&= \widehat{\rho}_{k+1}^{k-1}(s_{k+1} + \iota_{k+1} d_{k+1}) + \iota_{k-1} v_{k-1} - \widehat{\rho}_{k+1}^{k-1} \iota_{k+1} d_{k+1} \\
&= \widehat{\rho}_{k+1}^{k-1} s_{k+1} + \iota_{k-1} v_{k-1} = R_{k-1}
\end{aligned}
$$

für $k \geq 1$. Wegen $E = \text{proj}_k \widehat{E}_k$ (vgl. (7.9)) definiert dann die Folge (R_k) einen Operator $R \in L(Q, E)$, für den $\rho_k R = R_k$ für $k \geq 0$ gilt. Wegen

$$
\begin{aligned}
\tau_k \sigma R &= \sigma_k \rho_k R = \sigma_k R_k = \sigma_k \widehat{\rho}_{k+2}^k s_{k+2} = \sigma_k \widehat{\rho}_{k+2}^k r_{k+2} \tau_{k+2} \\
&= \widehat{\tau}_{k+2}^k \sigma_{k+2} r_{k+2} \tau_{k+2} = \widehat{\tau}_{k+2}^k \tau_{k+2} = \tau_k
\end{aligned}
$$

für $k \geq 0$ gilt dann $\sigma R = I_Q$, und der Beweis von Theorem 12.16 ist erbracht.

Der Beweis verläuft also formal sehr ähnlich zu dem von Theorem 9.14; sein Kern ist die *Existenz der Zerlegungen (22)*. Da die Räume $L(Q, \widehat{G}_k)$ *keine Fréchéträume* sind, ist die Konstruktion „konvergenzerzeugender Summanden" schwieriger als in der Situation von Theorem 9.14, gelingt aber unter Verwendung nuklearer Reihenentwicklungen und der Bedingungen (DN) und (Ω). Das wesentliche Approximationsargument enthält:

Lemma 12.17
Für $k \in \mathbb{N}$ gibt es zu einer nuklearen Abbildung $\delta \in N(Q, \widehat{G}_k)$ und $\varepsilon > 0$ eine nukleare Abbildung $u \in N(Q, \widehat{G}_{k+1})$ mit $\widehat{\theta}_k^{k-1}\delta - \widehat{\theta}_{k+1}^{k-1}u \in N(Q, \widehat{G}_{k-1})$ und

$$
\| (\widehat{\theta}_k^{k-1}\delta - \widehat{\theta}_{k+1}^{k-1}u)y \|_{\widehat{G}_{k-1}} \leq \varepsilon \| y \|_0^Q \quad \text{für alle } y \in Q. \tag{23}
$$

BEWEIS. a) Wir setzen $\widehat{U}_k := \widehat{U}_k^G$ und $V_k := U_k^Q$. Da δ nuklear ist, gilt

$$
\delta y = \sum_{n=1}^\infty \lambda_n \langle y, y_n' \rangle x_n, \quad y \in Q, \tag{24}
$$

mit $(\lambda_n) \in \ell_1$, $x_n \in \widehat{U}_k \subseteq \widehat{G}_k$ und $y_n' \in V_\ell^\circ$ für ein geeignetes $\ell \in \mathbb{N}_0$. Für $m \geq 1$ setzen wir $r = 3^m$ und finden mittels der (Ω)-Bedingung (21)

$$
x_{n,m} \in C_k \, 3^{m n_k} \widehat{U}_{k+1} \quad \text{mit} \quad \| \widehat{\theta}_k^{k-1} x_n - \widehat{\theta}_{k+1}^{k-1} x_{n,m} \|_{\widehat{G}_{k-1}} \leq 3^{-m}. \tag{25}
$$

Aufgrund der (DN)-Bedingung (13) mit $d = 0$ gibt es zu ℓ ein $\ell' \in \mathbb{N}$ mit

$$
V_\ell^\circ \subseteq r V_0^\circ + c \, r^{-2n_k} V_{\ell'}^\circ \quad \text{für ein } c > 0 \text{ und alle } r > 0 \text{ in } Q'.
$$

Für $m \in \mathbb{N}$ und $r = 2^m$ finden wir also

$$
y_{n,m}' \in c \, 2^{-2m n_k} V_{\ell'}^\circ \quad \text{mit} \quad y_n' - y_{n,m}' \in 2^m V_0^\circ. \tag{26}
$$

b) Nun setzen wir

$$
x_{n,0} := 0 \quad \text{und} \quad z_{n,m} := x_{n,m} - x_{n,m-1} \in 2C_k \, 3^{m n_k} \widehat{U}_{k+1} \tag{27}
$$

und erhalten

$$
\| \widehat{\theta}_{k+1}^{k-1} z_{n,m} \|_{\widehat{G}_{k-1}} \leq \| \widehat{\theta}_{k+1}^{k-1} x_{n,m} - \widehat{\theta}_k^{k-1} x_n \|_{\widehat{G}_{k-1}} + \| \widehat{\theta}_k^{k-1} x_n - \widehat{\theta}_{k+1}^{k-1} x_{n,m-1} \|_{\widehat{G}_{k-1}}, \text{ also}
$$

$$\| \widehat{\theta}^{k-1}_{k+1} z_{n,m} \|_{\widehat{G}_{k-1}} \leq 3^{-m} + 3^{-m-1} = 4 \cdot 3^{-m} \tag{28}$$

aus (25). Wegen $x_{n,j} = \sum\limits_{m=1}^{j} z_{n,m}$ gilt also

$$\sum_{m=1}^{\infty} \widehat{\theta}^{k-1}_{k+1} z_{n,m} = \widehat{\theta}^{k-1}_{k} x_n \quad \text{in} \ \widehat{G}_{k-1} . \tag{29}$$

c) Nun definieren wir $w : Q \to \widehat{G}_{k+1}$ durch

$$wy := \sum_{n,m=1}^{\infty} \lambda_n \langle y, y'_{n,m} \rangle z_{n,m} , \quad y \in Q .$$

Nach (26) und (27) hat man $4^{mn_k} y'_{n,m} \in cV^\circ_{\ell'}$ und $3^{-mn_k} z_{n,m} \in 2C_k \widehat{U}_{k+1}$; wegen $\sum\limits_{n,m=1}^{\infty} (\tfrac{3}{4})^{mn_k} |\lambda_n| < \infty$ ist dann $w \in N(Q, \widehat{G}_{k+1})$ nuklear. Weiter gilt wegen (29)

$$\widehat{\theta}^{k-1}_{k+1} w - \widehat{\theta}^{k-1}_{k} \delta = \sum_{n,m=1}^{\infty} \lambda_n \langle y, y'_{n,m} - y'_n \rangle \widehat{\theta}^{k-1}_{k+1} z_{n,m} . \tag{30}$$

Nach (26) und (28) hat man $2^{-m} (y'_{n,m} - y'_n) \in V^\circ_0$ und $3^m \widehat{\theta}^{k-1}_{k+1} z_{n,m} \in 4\widehat{U}_{k-1}$; wegen $\sum\limits_{n,m=1}^{\infty} (\tfrac{2}{3})^m |\lambda_n| < \infty$ ist daher auch $\widehat{\theta}^{k-1}_{k+1} w - \widehat{\theta}^{k-1}_{k} \delta \in N(Q, \widehat{G}_{k-1})$ nuklear. Nun wählen wir $j \in \mathbb{N}$ mit $\sum\limits_{n,m=j+1}^{\infty} (\tfrac{2}{3})^m |\lambda_n| \leq \tfrac{\varepsilon}{4}$ und definieren $u \in N(Q, \widehat{G}_{k-1})$ durch

$$uy := wy - \sum_{n,m=1}^{j} \lambda_n \langle y, y'_{n,m} - y'_n \rangle \widehat{\theta}^{k-1}_{k+1} z_{n,m} , \quad y \in Q .$$

Aus (30) und $| \langle y, y'_{n,m} - y'_n \rangle | \leq 2^m \| y \|^Q_0$ folgt dann die Behauptung (23). $\Diamond$

Beweis-Ende. a) Zum Nachweis der Zerlegungen (22) konstruieren wir nun rekursiv nukleare Abbildungen $u_n : Q \to \widehat{G}_n$: Es sei $u_1 := 0$. Ist $u_n \in N(Q, \widehat{G}_n)$ bereits konstruiert, so finden wir mittels Lemma 12.17 zu $u_n - \delta_n \in N(Q, \widehat{G}_n)$ eine nukleare Abbildung $u_{n+1} \in N(Q, \widehat{G}_{n+1})$ mit

$$\| (\widehat{\theta}^{n-1}_{n} (u_n - \delta_n) - \widehat{\theta}^{n-1}_{n+1} u_{n+1}) y \|_{\widehat{G}_{n-1}} \leq 2^{-n} \| y \|^Q_0 \quad \text{für alle} \ y \in Q . \tag{31}$$

b) Nun setzen wir $h_n := \delta_n - u_n + \widehat{\theta}^{n}_{n+1} u_{n+1} \in N(Q, \widehat{G}_n)$ und definieren die in (22) gesuchten Abbildungen durch $v_k := \widehat{\theta}^{k}_{k+1} u_{k+1} + \sum\limits_{n=k+1}^{\infty} \widehat{\theta}^{k}_{n} h_n$. Nach (31) ist

$$\sum_{n=k+1}^{\infty} \| \widehat{\theta}^{k}_{n} h_n y \|_{\widehat{G}_k} \leq \sum_{n=k+1}^{\infty} \| \widehat{\theta}^{k}_{n} h_n y \|_{\widehat{G}_{n-1}} \leq \| y \|_0 \quad \text{für} \ y \in Q ,$$

und daher gilt in der Tat $v_k \in L(Q, \widehat{G}_k)$. Weiter ist nach Konstruktion

$$
\begin{aligned}
\widehat{\theta}_k^{k-1}(v_k + \delta_k) &= \widehat{\theta}_k^{k-1}(\delta_k + \widehat{\theta}_{k+1}^k u_{k+1} + \sum_{n=k+1}^{\infty} \widehat{\theta}_n^k h_n) \\
&= \widehat{\theta}_k^{k-1}(\delta_k + \widehat{\theta}_{k+1}^k u_{k+1} + \sum_{n=k}^{\infty} \widehat{\theta}_n^k h_n - (\delta_k - u_k + \widehat{\theta}_{k+1}^k u_{k+1})) \\
&= \widehat{\theta}_k^{k-1}(u_k + \sum_{n=k}^{\infty} \widehat{\theta}_n^k h_n) = v_{k-1} \quad \text{für alle } k \in \mathbb{N}.
\end{aligned}
$$

Damit sind (22) und Theorem 12.16 vollständig bewiesen. ◊

Erweiterungen. a) Für den soeben ausgeführten Beweis ist die Nuklearität von G wesentlich; die Nuklearität von E wird jedoch nur für die Konstruktion der „lokalen Rechtsinversen" $r_k \in L(\widehat{Q}_k, \widehat{E}_k)$ verwendet. Es genügt daher, die *Nuklearität nur von* G und die *Separabilität von* E vorauszusetzen. Dann kann man die Halbnormen so wählen, dass stets $\widehat{G}_k \simeq c_0$ gilt (vgl. die Aufgaben 11.17 und 7.10) und die Existenz einer stetigen Projektion von $\widehat{E}_k$ auf $\widehat{G}_k$ verwenden (Satz von Sobczyk, vgl. S. 224 und [Meise und Vogt 1992], 10.10).

b) In [Meise und Vogt 1992], § 30 wird der *Splitting-Satz für Frécheträume mit Hilbert-Halbnormen* ohne Annahme der Nuklearität bewiesen. Der im Vergleich zu dem hier vorgestellten wesentlich kompliziertere Beweis verwendet die *Spektraltheorie unbeschränkter selbstadjungierter Operatoren* (vgl. Kapitel 16).

c) Eine allgemeinere Version des Splitting-Satzes im Rahmen von Frécheträumen findet man in [Vogt 1987].

d) In den letzten Jahren wurde auch eine Splitting-Theorie für kurze exakte Sequenzen von (PLS)-*Räumen* entwickelt; dazu verweisen wir auf [Bonet und Dománski 2006], [Bonet und Dománski 2008] und die dort zitierte Literatur. (PLS)-Räume sind abzählbare projektive Limiten von Dualräumen von Fréchet-Schwartz-Räumen (vgl. Aufgabe 11.18); wesentliche Beispiele sind *nukleare Räume* $\mathscr{D}'_\beta(\Omega)$ *von Distributionen* (oder *Ultradistributionen,* vgl. S. 41) sowie *Räume* $\mathcal{A}(\Omega)$ *reell-analytischer Funktionen* auf offenen Mengen $\Omega \subseteq \mathbb{R}^n$ (vgl. S. 166). Somit liefert die Splitting-Theorie Resultate über Parameterabhängigkeit bei surjektiven (Differential-)Operatoren zwischen Räumen dieses Typs.

Eine wesentliche Anwendung von Theorem 12.16 ist der folgende *Lifting-Satz* für stetige lineare Operatoren und für Tensorprodukte:

Theorem 12.18
Es seien $F \in (DN)$ *ein nuklearer Fréchetraum und* (S) *eine kurze exakte Sequenz nuklearer Fréch7eträume mit* $G \in (\Omega)$.

a) Zu $T \in L(F, Q)$ *gibt es* $T^{\vee} \in L(F, E)$ *mit* $\sigma T^{\vee} = T$:

$$0 \longrightarrow G \xrightarrow{\iota} E \xrightarrow{\sigma} Q \longrightarrow 0$$

$$T^{\vee} \searrow \quad \uparrow T$$

$$F$$

b) *Die Abbildung* $I \widehat{\otimes} \sigma : F'_\beta \widehat{\otimes} E \to F'_\beta \widehat{\otimes} Q$ *ist surjektiv.*

BEWEIS. a) Wir betrachten den abgeschlossenen Unterraum

$$H := \{(x,y) \in E \times F \mid \sigma(x) = T(y)\}$$

von $E \times F$. Mit $jz := (\iota z, 0)$ für $z \in G$ und $\alpha(x,y) := y$ für $(x,y) \in H$ erhalten wir eine Sequenz nuklearer Frécheträume

$$0 \longrightarrow G \xrightarrow{j} H \xrightarrow{\alpha} F \longrightarrow 0.$$

Offenbar ist $j : G \to H$ eine topologische Inklusion, $\alpha : H \to F$ ist surjektiv, und man hat $\alpha j = 0$. Für $(x,y) \in N(\alpha)$ gilt $y = 0$, also auch $\sigma x = Ty = 0$, und daher existiert $z \in G$ mit $\iota z = x$, also $jz = (x,0)$.

Die Sequenz ist also exakt und splittet daher aufgrund von Theorem 12.16. Es gibt also $R \in L(F,H)$ mit $\alpha R = I_F$. Mit der Projektion $\rho_1 : H \to E$ auf die erste Koordinate setzen wir dann $T^{\vee} := \rho_1 R \in L(F,E)$ und erhalten $\sigma T^{\vee} = \sigma \rho_1 R = T\alpha R = T$.

b) Es ist $F'_\beta \widehat{\otimes} Q \simeq F'_\beta \varepsilon Q = L_e((F'_\beta)'_\kappa, Q) \simeq L(F,Q)$ und $F'_\beta \widehat{\otimes} E \simeq L(F,E)$ aufgrund der Sätze 11.14, 10.17 und 11.18. Aussage b) folgt somit sofort aus a). $\Diamond$

Beispiele und Folgerungen. a) Nach den Beispielen auf S. 305 gilt Theorem 12.18 für die nuklearen Frécheträume $F = s$, $C^\infty[a,b]$, $\mathscr{D}[a,b]$, $\mathcal{E}_{2\pi}(\mathbb{R}^n)$, $\mathcal{S}(\mathbb{R}^n)$, $\mathscr{D}(K)$ und $\mathscr{H}(\mathbb{C})$.

b) Nach Satz 9.22 ist der Cauchy-Riemann-Operator $\overline{\partial} : \mathcal{E}(\Omega) \to \mathcal{E}(\Omega)$ über jeder offenen Menge $\Omega \subseteq \mathbb{C}$ surjektiv. Da der Kern $N(\overline{\partial}) = \mathscr{H}(\Omega)$ nach [Petzsche 1980] die Eigenschaft (Ω) hat, ist für einen nuklearen Fréchetraum F mit Eigenschaft (DN) auch der Operator $\overline{\partial}^{F'_\beta} : \mathcal{E}(\Omega, F'_\beta) \to \mathcal{E}(\Omega, F'_\beta)$ surjektiv; dies gilt also insbesondere für die Räume F aus a).

c) Nach Theorem 10.12 sind für Räume F'_β wie in b) *Cousin-Probleme* über offenen Mengen in $\mathbb{C}$ stets lösbar, und nach Satz 10.13 gilt für F'_β-wertige Funktionen auch der *Satz von Mittag-Leffler.*

d) Aussage b) gilt für jeden surjektiven Differentialoperator $P(D) : \mathcal{E}(\Omega) \to \mathcal{E}(\Omega)$, für den der Kern $N(P(D))$ die Eigenschaft (Ω) hat. Nach [Vogt 1983] ist dies für *elliptische* Operatoren über *beliebigen* offenen Mengen stets der Fall. Für *hypoelliptische* Operatoren besitzt $N(P(D))$ die Eigenschaft (Ω) nach [Petzsche 1980] über *konvexen* offenen Mengen. Nach [Bonet und Domański 2006] ist dies für allgemeine offene Mengen $\Omega \subseteq \mathbb{R}^n$ genau dann der Fall, wenn auch der *augmentierte* Operator

$P(D) : \mathscr{D}'(\Omega \times \mathbb{R}) \to \mathscr{D}'(\Omega \times \mathbb{R})$ surjektiv ist. Dies wiederum ist nach [Kalmes 2012b] nicht immer der Fall, nach [Kalmes 2012a] jedoch richtig im Fall $n = 2$ und in weiteren Spezialfällen.

12.6 Unterräume und Quotientenräume von s

In diesem letzten Abschnitt des Kapitels charakterisieren wir die Unterräume bzw. Quotientenräume von s durch die Eigenschaften (DN) und (Ω); diese Resultate stammen aus [Vogt 1977a] und [Vogt und Wagner 1980].

Lemma 12.19
Es gibt eine kurze exakte Sequenz

$$0 \longrightarrow s \overset{\iota}{\longrightarrow} s \overset{\sigma}{\longrightarrow} s^{\mathbb{N}_0} \longrightarrow 0. \tag{32}$$

BEWEIS. Nach Satz 9.12 liefert die *Borel-Abbildung* $\beta : f \mapsto (f^{(j)}(0))_{j \in \mathbb{N}_0}$ eine exakte Sequenz

$$0 \longrightarrow N(\beta) \overset{j}{\longrightarrow} \mathcal{E}_{2\pi}(\mathbb{R}) \overset{\beta}{\longrightarrow} \omega \longrightarrow 0.$$

Nach Satz 1.7 gilt $\mathcal{E}_{2\pi}(\mathbb{R}) \simeq s$. Weiter ist der Kern von β gegeben durch

$$N(\beta) = \{f \in \mathcal{E}_{2\pi}(\mathbb{R}) \mid \forall\, j \in \mathbb{N}_0,\, k \in \mathbb{Z} : f^{(j)}(2k\pi) = 0\} \simeq \mathscr{D}[0,2\pi] \simeq s$$

aufgrund von Aufgabe 3.10. Die Borel-Abbildung liefert also eine exakte Sequenz

$$0 \longrightarrow s \longrightarrow s \longrightarrow \omega \longrightarrow 0$$

nuklearer Frécheträume, und nach Theorem 12.9 ist dann auch die Sequenz

$$0 \longrightarrow s \widehat{\otimes} s \longrightarrow s \widehat{\otimes} s \longrightarrow s \widehat{\otimes} \omega \longrightarrow 0$$

exakt. Wegen $s \widehat{\otimes} s \simeq s$ und $s \widehat{\otimes} \omega \simeq s^{\mathbb{N}_0}$ (vgl. die Aufgaben 10.7 und 10.5) folgt daraus die Behauptung. $\Diamond$

Lemma 12.20
Für einen nuklearen Fréchetraum E gibt es eine kurze exakte Sequenz

$$0 \longrightarrow s \overset{\iota}{\longrightarrow} G \overset{\sigma}{\longrightarrow} E \longrightarrow 0 \tag{33}$$

mit einem Unterraum G von s.

BEWEIS. Nach dem *Satz von Komura-Komura* 11.20 können wir E als Unterraum von $s^{\mathbb{N}_0}$ auffassen. In der exakten Sequenz (32) definieren wir $G := \sigma^{-1}(E) \subseteq s$ und erhalten sofort (33). $\Diamond$

Nun können wir zeigen:

Satz 12.21

Ein Fréchetraum E ist genau dann zu einem Unterraum von s isomorph, wenn E nuklear ist und die Eigenschaft (DN) besitzt.

BEWEIS. „$\Leftarrow$": Nach Lemma 12.20 gibt es eine exakte Sequenz (33), die aufgrund von Theorem 12.16 splittet. Daher ist E isomorph zu einem Unterraum von G und somit zu einem solchen von s. Die Umkehrung „$\Rightarrow$" ist klar. $\Diamond$

Als Nächstes charakterisieren wir die *komplementierten* Unterräume von s. Dazu benötigen wir noch:

Lemma 12.22

Gegeben seien zwei kurze exakte Sequenzen

$$
\begin{array}{ccccccc}
0 & \longrightarrow & G_1 & \xrightarrow{\iota_1} & E_1 & \searrow^{\sigma_1} & \\
& & & & \uparrow u & & Q \longrightarrow 0 \\
0 & \longrightarrow & G_2 & \xrightarrow{\iota_2} & E_2 & \nearrow_{\sigma_2} &
\end{array}
$$

nuklearer Frécheträume. Besitzt E_2 die Eigenschaft (DN) und G_1 die Eigenschaft (Ω), so gibt es eine exakte Sequenz

$$0 \longrightarrow G_2 \xrightarrow{\iota} G_1 \times E_2 \xrightarrow{\sigma} E_1 \longrightarrow 0.$$

BEWEIS. Nach Theorem 12.18 a) hat $\sigma_2 \in L(E_2, Q)$ ein Lifting $u \in L(E_2, E_1)$, für das also $\sigma_1 u = \sigma_2$ gilt. Für $z_2 \in G_2$ ist $u\iota_2 z_2 \in N(\sigma_1) = R(\iota_1)$, und daher können wir

$$\iota : G_2 \to G_1 \times E_2 \quad \text{durch} \quad \iota z_2 := (\iota_1^{-1} u \iota_2 z_2, \iota_2 z_2)$$

definieren. Weiter erklären wir

$$\sigma : G_1 \times E_2 \to E_1 \quad \text{durch} \quad \sigma(z_1, x_2) := \iota_1 z_1 - u x_2.$$

Offenbar ist ι injektiv, und es gilt $\sigma\iota = 0$. Aus $0 = \sigma(z_1, x_2) = \iota_1 z_1 - u x_2$ folgt $0 = \sigma_1 \iota_1 z_1 = \sigma_1 u x_2 = \sigma_2 x_2$. Daher gibt es $z_2 \in G_2$ mit $\iota_2 z_2 = x_2$, und daraus folgt auch $\iota_1 z_1 = u x_2 = u \iota_2 z_2$, also $(z_1, x_2) = \iota z_2$.

Schließlich ist σ surjektiv: Zu $x_1 \in E_1$ gibt es $x_2 \in E_2$ mit $\sigma_2 x_2 = -\sigma_1 x_1$. Für $y := x_1 + u x_2 \in E_1$ ist dann $\sigma_1 y = 0$; es gibt daher $z_1 \in G_1$ mit $y = \iota_1 z_1$, also $x_1 = y - u x_2 = \iota(z_1, x_2)$. $\Diamond$

Satz 12.23

Ein Fréchetraum E ist genau dann zu einem komplementierten Unterraum von s isomorph, wenn E nuklear ist und die Eigenschaften (DN) und (Ω) besitzt.

BEWEIS. „$\Leftarrow$": Es gibt eine exakte Sequenz $0 \to E \to s \to Q \to 0$ nach Satz 12.21, da E die Eigenschaften (DN) hat. Da Q nuklear ist, existiert nach Lemma 12.20 auch eine exakte Sequenz $0 \to s \to G \to Q \to 0$ mit einem Unterraum G von s. Daher existiert eine exakte Sequenz $0 \to E \to s \times s \to G \to 0$ nach Lemma 12.22. Diese splittet aufgrund von Theorem 12.16, und somit ist E zu einem komplementierten Unterraum von $s \times s \simeq s$ isomorph (vgl. Aufgabe 1.4).

Die Umkehrung „$\Rightarrow$" ist klar. $\diamond$

Schließlich gilt analog zu Satz 12.21:

Satz 12.24
Ein Fréchetraum E ist genau dann zu einem Quotientenraum von s isomorph, wenn E nuklear ist und die Eigenschaft (Ω) besitzt.

BEWEIS. „$\Leftarrow$": Nach dem Satz von Komura-Komura 11.20 gibt es eine kurze exakte Sequenz $0 \to E \to s^{\mathbb{N}_0} \to Q \to 0$, und nach Lemma 12.20 gibt es eine exakte Sequenz $0 \to s \to G \to Q \to 0$ mit einem Unterraum G von s. Nun liefert Lemma 12.22 eine exakte Sequenz $0 \to s \to E \times G \to s^{\mathbb{N}_0} \to 0$. Wir wenden dieses Lemma noch einmal an auf diese Sequenz zusammen mit der Sequenz (33) und erhalten eine exakte Sequenz $0 \to s \to s \to E \times G \to 0$. Somit ist $E \times G$ zu einem Quotientenraum von s isomorph, und dies gilt dann auch für E. Die Umkehrung „$\Rightarrow$" ist klar. $\diamond$

Insbesondere sind also alle Potenzreihenräume zu Quotientenräumen von s isomorph, solche vom unendlichen Typ sogar zu komplementierten Unterräumen von s.

12.7 Aufgaben

Aufgabe 12.1
Zeigen Sie, dass ein $\mathscr{L}_\infty$-Raum die b.A.E. besitzt.

Aufgabe 12.2
a) Es seien F ein lokalkonvexer Raum und (S) eine kurze topologisch exakte Sequenz lokalkonvexer Räume. Zeigen Sie, dass die Sequenz $(F\varepsilon S)$ an der ersten und an der zweiten Stelle topologisch exakt ist.

b) Folgern Sie für vollständige Räume auch die Exaktheit von $(F\widehat{\otimes}_\varepsilon S)$ an der ersten und an der zweiten Stelle, falls F die A.E. besitzt.

c) Nun sei E ein vollständiger Raum mit A.E. Zeigen Sie, dass die Sequenz $(F\widehat{\otimes}_\varepsilon S)$ genau dann für jeden Banachraum F an der zweiten Stelle topologisch exakt ist, wenn auch G die A.E. besitzt.

Aufgabe 12.3

Für eine kurze exakte Sequenz (S) von Banachräumen ist auch die κ-duale Sequenz (S'_κ) exakt nach Satz 8.28. Zeigen Sie, dass für einen Banachraum F die Abbildung $I\varepsilon\iota' : F\varepsilon E'_\kappa \to F\varepsilon G'_\kappa$ genau dann surjektiv ist, wenn F ein injektiver Banachraum ist.

Aufgabe 12.4

Es sei $P(D) : \mathscr{D}'(\Omega) \to \mathscr{D}'(\Omega)$ ein surjektiver Differentialoperator über einer offenen Menge $\Omega \subseteq \mathbb{R}^n$ (vgl. S. 214). Zeigen Sie, dass für jeden Banachraum F auch der Operator $P(D)^F : \mathscr{D}'(\Omega)\varepsilon F \to \mathscr{D}'(\Omega)\varepsilon F$ surjektiv ist .

Aufgabe 12.5

Es sei F ein $\mathscr{L}_1$-Raum. Beweisen Sie „$\Rightarrow$" in Lemma 12.5 und schließen Sie, dass F' ein injektiver Banachraum ist. Folgern Sie, dass ein *dualer $\mathscr{L}_\infty$-Raum* stets *injektiv* ist.

Aufgabe 12.6

Es seien X, Y Banachräume, und X' besitze die b.A.E. Zeigen Sie, dass die Inklusion $\iota : K(X,Y) \to L(X,Y)$ a.l. ist.

Aufgabe 12.7

Es sei $Y = X'$ ein *dualer* Banachraum. Zeigen Sie:

a) Für eine a.l. Inklusion $\iota : G \to E$ von Banachräumen hat die Restriktionsabbildung $\rho : L(E,Y) \to L(G,Y)$ eine stetige lineare Rechtsinverse.

b) Für eine a.r. Surjektion $\sigma : E \to Q$ von Banachräumen ist $L(Q,Y)$ in $L(E,Y)$ komplementiert.

Aufgabe 12.8

Verifizieren Sie die Aussagen b)–d) über approximativ rechtsinvertierbare Surjektionen auf S. 299.

Aufgabe 12.9

Es seien (S) eine $\otimes$-Sequenz von Banachräumen, sodass Q die A.E. besitzt, und F ein vollständiger lokalkonvexer Raum, in dem jede kompakte Menge sehr kompakt ist. Zeigen Sie, dass $I\widehat{\otimes}_\varepsilon\sigma : F\widehat{\otimes}_\varepsilon E \to F\widehat{\otimes}_\varepsilon Q$ surjektiv ist.

Aufgabe 12.10

Es seien $\Omega \subseteq \mathbb{C}^n$ eine beschränkte offene Menge und $v : \Omega \to (0,\infty)$ eine Gewichtsfunktion wie auf S. 303. Zeigen Sie $\mathscr{H}v_0(\Omega,F) \simeq \mathscr{H}v_0(\Omega)\varepsilon F$.

Aufgabe 12.11

a) Für Banachräume F_1, F_2 sei $u \in L(F_1,F_2)$ über einen $\mathscr{L}_\infty$-Raum F faktorisierbar. Weiter sei $\sigma : E \to Q$ eine Surjektion von Banachräumen. Zeigen Sie: Zu $t \in F_1\widehat{\otimes}_\varepsilon Q$ gibt es $s \in F_2\widehat{\otimes}_\varepsilon E$ mit $(I\widehat{\otimes}_\varepsilon\sigma)s = (u\widehat{\otimes}_\varepsilon I)t$.

b) Für $\gamma > 0$ seien durch $v(r) = (\log \frac{1}{1-r})^\gamma$ Gewichtsfunktionen auf dem Einheitskreis definiert. Zeigen Sie, dass die Inklusion $\mathscr{H}v_\alpha(D) \to \mathscr{H}v_\beta(D)$ für $0 < \alpha < \beta < 1$ nicht über einen $\mathscr{L}_\infty$-Raum faktorisierbar ist.

Aufgabe 12.12

a) Ein Fréchetraum E besitze ein Fundamentalsystem stetiger Halbnormen mit

$$\| x \|_k^2 \leq C_k \, \| x \|_{k-1} \, \| x \|_{k+1} \quad \text{für} \ \ x \in E \ \ \text{und geeignete} \ \ C_k \geq 0 . \tag{34}$$

Zeigen Sie $E \in (DN)$.

b) Verifizieren Sie (34) für den Fréchetraum $C^\infty[a, b]$ mit den Halbnormen

$$\| f \|_k := \sup_{0 \leq j \leq k} \| f^{(j)} \|_{\sup} , \quad k \in \mathbb{N}_0 .$$

HINWEIS. Taylor-Formel!

c) Verifizieren Sie (34) auch für den Fréchetraum $\overline{C}^\infty(\Omega)$ für beschränkte offene Mengen $\Omega \subseteq \mathbb{R}^n$ mit z. B. C^∞-Rand.

Aufgabe 12.13

Zeigen Sie $\mathscr{H}(\mathbb{C}^n) \simeq \Lambda_\infty(j^{1/n})$ für den Raum der ganzen Funktionen auf $\mathbb{C}^n$. Schließen Sie, dass Raum $\mathscr{H}(\mathbb{C}^n)$ zu einem komplementierten Unterraum von $s(\mathbb{N}_0^n)$ isomorph ist. Gilt sogar $\mathscr{H}(\mathbb{C}^n) \sim s(\mathbb{N}_0^n)$?

Aufgabe 12.14

a) Es sei E ein nuklearer Fréchetraum. Konstruieren Sie eine wachsende Funktion $\phi : (0, \infty) \to (0, \infty)$, sodass E die folgende Eigenschaft (Ω_ϕ) hat:

$$\forall \, p \in \mathbb{N}_0 \ \exists \, q \in \mathbb{N}_0 \ \forall \, k \in \mathbb{N}_0 \ \exists \, C \geq 0 \ \forall \, r > 0 \ : \ U_q \subseteq C\phi(r) U_k + \tfrac{1}{r} U_p .$$

b) Zeigen Sie, dass Eigenschaft (Ω_ϕ) sich auf Quotienten vererbt.

c) Konstruieren Sie zu gegebenem ϕ einen nuklearen Köthe-Raum, der die Eigenschaft (Ω_ϕ) nicht besitzt.

Aufgabe 12.15

Es seien $F \in (\Omega)$ ein nuklearer Fréchetraum und (S) eine kurze exakte Sequenz vollständiger nuklearer (DF)-Räume mit $G'_\beta \in (DN)$. Zeigen Sie die Surjektivität der Abbildung $I \widehat{\otimes} \sigma : F \widehat{\otimes} E \to F \widehat{\otimes} Q$.

Aufgabe 12.16

Es seien $F \in (\Omega)$ ein nuklearer Fréchetraum und (S) eine kurze exakte Sequenz nuklearer Frécheträume mit $Q \in (DN)$. Konstruieren Sie zu $u \in L(G, F)$ eine Fortsetzung $v \in L(E, F)$, für die also $v\iota = u$ gilt.

Aufgabe 12.17

a) Zeigen Sie Theorem 12.18 auch für den Raum $F = \mathscr{D}(\Omega)$ der Testfunktionen auf einer offenen Menge $\Omega \subseteq \mathbb{R}^n$.

b) Folgern Sie die Lösbarkeit von Cousin-Problemen und die Gültigkeit des Satzes von Mittag-Leffler für Funktionen mit Werten in $\mathscr{D}'_\beta(\Omega)$.

Aufgabe 12.18

Es sei F ein vollständiger lokalkonvexer Raum und $(y_j)_{j\in\mathbb{N}_0}$ eine Folge in F. Unter welchen Annahmen an F existiert eine Funktion $f \in \mathcal{C}^\infty_{2\pi}(\mathbb{R}, F)$ mit $f^{(j)}(0) = y_j$ für alle $j \in \mathbb{N}_0$?

Aufgabe 12.19

Zeigen Sie, dass die Bedingungen (DN) bzw. (Ω) an Q bzw. G im Splitting-Satz 12.16 in gewissem Sinne notwendig sind.

III Lineare Operatoren und Spektraltheorie

Übersicht

Wichtige Methoden zur Lösung einer linearen Gleichung sind die Untersuchung von *Spektrum* und *Resolvente* und die Konstruktion einer *Spektralzerlegung* des zugehörigen Operators. Dieses Programm führen wir im dritten Teil des Buches für verschiedene interessante Klassen von Operatoren durch; wesentliche Hilfsmittel sind die *Gelfand-Transformation* auf *kommutativen Banachalgebren* sowie *Funktionalkalküle*.

Zunächst konstruieren wir den *analytischen Funktionalkalkül* $\Psi_x : \mathscr{H}(\sigma(x)) \to \mathcal{A}$ für beliebige Elemente $x \in \mathcal{A}$ einer Banachalgebra; dies erlaubt das „Einsetzen" von x in jede nahe des Spektrums von x holomorphe Funktion. Dann konstruieren wir für *kommutative* Banachalgebren den *Gelfand-Homomorphismus* $\Gamma : \mathcal{A} \to \mathcal{C}(\mathfrak{M}(\mathcal{A}))$, wobei $\mathfrak{M}(\mathcal{A})$ das *Spektrum von* $\mathcal{A}$, d. h. den kompakten *Raum der multiplikativen Funktionale von* $\mathcal{A}$ bezeichnet; dies erlaubt die „Übersetzung" von Fragen in $\mathcal{A}$ in solche in der „konkreteren" Algebra $\mathcal{C}(\mathfrak{M}(\mathcal{A}))$. Wir beweisen Resultate von G.R. Allan (1967) und A. Lebow (1968) über *einseitige Ideale* und *einseitige Inverse* von Funktionen mit Werten in nicht kommutativen Banachalgebren sowie von J. Leiterer (1978) über die Existenz *holomorpher Lösungen* $x \in \mathscr{H}(\Omega, X)$ von Vektorgleichungen $Tx = y$ für punktweise surjektive Operatorfunktionen $T \in \mathscr{H}(\Omega, L(X, Y))$.

In Kapitel 14 zeigen wir grundlegende *Störungssätze* für *Semi-Fredholmoperatoren* auf Banachräumen: Der *Index* $\mathrm{ind}\, T \in \mathbb{Z} \cup \{\pm\infty\}$ ist *stabil* unter *kleinen* und unter *kompakten Störungen*. Weiter ist ein Operator genau dann ein Semi-Fredholmoperator mit *komplementiertem* Kern und Bild, wenn er modulo kompakter Operatoren einseitig invertierbar ist. Anschließend zeigen wir Resultate von I. Gohberg und E.I. Sigal (1971) sowie B. Gramsch (1970/75) über die Existenz *endlich meromorpher* (einseitiger) *Inverser holomorpher* (Semi-)*Fredholm-Funktionen.* Insbesondere ist die *Resolvente* eines kompakten Operators $S \in K(X)$ endlich meromorph auf $\mathbb{C}\backslash\{0\}$. Im Zusammenspiel mit dem analytischen Funktionalkalkül liefert dies für Eigenwerte in $\mathbb{C}\backslash\{0\}$ *Spektralprojektionen* auf die *endlichdimensionalen Haupträume* von S. Anschließend schätzen wir im *Hilbertraum-Fall* die (inklusive algebraischer Vielfachheiten gezählten) Eigenwerte von S durch die *singulären Zahlen* von S ab *(Weylsche Ungleichung).* Im letzten Abschnitt des Kapitels untersuchen wir *invariante Unterräume* insbesondere von *kompakten* Operatoren und von *Shift-Operatoren.*

Ein Hauptthema von Kapitel 15 ist der *Spektralsatz für beschränkte normale Operatoren,* der bereits auf D. Hilbert (1906) zurückgeht. Zur dessen Herleitung erweitern wir zunächst den analytischen Funktionalkalkül zu einem *stetigen Funktionalkalkül* im Rahmen von C^*-*Algebren;* diese Konstruktion beruht darauf, dass der Gelfand-Homomorphismus für kommutative C^*-Algebren eine *isometrische *-Isomorphie* ist *(Satz von Gelfand-Naimark).* Danach zeigen wir als erste Formulierung des Spektralsatzes, dass ein normaler Operator $T \in L(H)$ zu einem geeigneten *Multiplikationsoperator unitär äquivalent* ist und erweitern den Funktionalkalkül von T auf *beschränkte Borel-Funktionen* auf $\sigma(T)$. Mit dessen Hilfe führen wir dann *Spektralmaße* und *Spektralintegrale* ein und erhalten eine weitere Formulierung des Spektralsatzes.

Im letzten Kapitel des Buches erweitern wir den Spektralsatz auf *unbeschränkte selbstadjungierte Operatoren* A in Hilberträumen; dieses auf J. von Neumann (1929) zurückgehende Resultat ist grundlegend für eine *Spektraltheorie linearer Differentialoperatoren* und für eine *mathematische Formulierung der Quantenmechanik.* Zwecks Anwendung des Spektralsatzes in konkreten Situationen geben wir Kriterien dafür an, wann ein durch einen „formal symmetrischen" Ausdruck gegebener Operator wirklich selbstadjungiert ist oder eine selbstadjungierte Erweiterung besitzt. Wir skizzieren die Rolle der selbstadjungierten Operatoren als *Observable* in der *Quantenmechanik,* leiten die *Schrödinger-Gleichung* aus einfachen Annahmen über die zeitliche Entwicklung eines quantenmechanischen Systems her *(Satz von Stone)* und lösen diese mit Hilfe des Spektralsatzes. Schließlich stellen wir eine *Störungstheorie für selbstadjungierte Operatoren* vor und diskutieren unter einer *Nuklearitäts-Bedingung „Entwicklungen nach verallgemeinerten Eigenvektoren"* in *Gelfand-Tripeln.*

13 Banachalgebren

Fragen: 1. Es seien X ein Banachraum und $T \in GL(X)$. Gibt es einen stetigen Weg in $GL(X)$ von T nach I?

2. *Es seien* $f_1, \ldots, f_r \in \mathcal{A}(\overline{D})$ *Funktionen in der Disc Algebra ohne gemeinsame Nullstelle auf* $\overline{D}$. *Konstruieren Sie Funktionen* $g_1, \ldots, g_r \in \mathcal{A}(\overline{D})$ *mit* $\sum\limits_{k=1}^{r} g_k \, f_k = 1$.

3. *Es seien* $\Omega \subseteq \mathbb{C}$ *offen*, $n < m \in \mathbb{N}$ *und* $T \in \mathscr{H}(\Omega, L(\mathbb{C}^n, \mathbb{C}^m))$ *mit* $\operatorname{rk} T(z) = n$ *für alle* $z \in \Omega$. *Konstruieren Sie* $L \in \mathscr{H}(\Omega, L(\mathbb{C}^m, \mathbb{C}^n))$ *mit* $L(z) T(z) = I$ *für alle* $z \in \Omega$.

Die Untersuchung von Ringen von Operatoren auf Hilberträumen, also von *Operatoralgebren,* wurde von J. von Neumann 1930 begonnen; die grundlegenden Resultate zur Spektraltheorie in abstrakten Banachalgebren $\mathcal{A}$ stammen von I.M. Gelfand (1941).

Nach der Wiederholung grundlegender Tatsachen über *Spektrum* und *Resolvente* im ersten Abschnitt stellen wir in Abschnitt 13.2 den *analytischen Funktionalkalkül* vor. Dieser erlaubt für $x \in \mathcal{A}$ mittels *Cauchy-Formel* die Anwendung einer nahe $\sigma(x)$ holomorphen Funktion auf x und liefert einen stetigen Homomorphismus $\Psi_x : \mathscr{H}(\sigma(x)) \to \mathcal{A}$ mit $\Psi_x(1) = e$ und $\Psi_x(\lambda) = x$, der durch diese Bedingungen eindeutig festgelegt ist. Eine Anwendung ist die *Existenz eines Logarithmus* für invertierbare Elemente $x \in \mathcal{G}(\mathcal{A})$, für die 0 durch einen stetigen Weg in $\rho(x)$ mit ∞ verbindbar ist.

In Abschnitt 13.3 konstruieren wir für *kommutative* Banachalgebren den *Gelfand-Homomorphismus* $\Gamma : \mathcal{A} \to \mathcal{C}(\mathfrak{M}(\mathcal{A}))$, wobei $\mathfrak{M}(\mathcal{A})$ das *Spektrum von* $\mathcal{A}$, d. h. den kompakten *Raum der multiplikativen Funktionale* von $\mathcal{A}$ bezeichnet. Mit Hilfe von Γ können Fragen über die *Invertierbarkeit* von Elementen $x \in \mathcal{A}$ und solche über *Homotopien* in $\mathcal{G}(\mathcal{A})$ in solche in der „konkreteren" Algebra $\mathcal{C}(\mathfrak{M}(\mathcal{A}))$ übersetzt werden. Als erste Anwendung gab I.M. Gelfand 1941 einen *einfachen Beweis* eines Satzes von N. Wiener (1933) über die *Inversen* periodischer Funktionen mit *absolut konvergenter Fourier-Reihe* an.

Im nächsten Abschnitt „bestimmen" wir die Spektren einiger spezieller kommutativer Banachalgebren. Wir diskutieren *polynomkonvexe Mengen* in $\mathbb{C}^n$ und *gemeinsame Spektren* endlich vieler Elemente in kommutativen Banachalgebren. Auf die *Spektraltheorie in mehreren Variablen* können wir in diesem Buch nicht näher eingehen.

In Abschnitt 13.5 beweisen wir Resultate von G.R. Allan (1967) und A. Lebow (1968) über *einseitige Ideale* in Algebren von Funktionen mit Werten in nicht kommutativen Banachalgebren $\mathcal{B}$ und in *Tensorprodukten* von Banachalgebren. Für eine offene Menge $\Omega \subseteq \mathbb{C}$ und eine holomorphe Funktion $f \in \mathscr{H}(\Omega, \mathcal{B})$ existiert eine *einseitige holomorphe Inverse* $g \in \mathscr{H}(\Omega, \mathcal{B})$, falls eine solche einseitige Inverse *punktweise* existiert. Anschließend zeigen wir ein Resultat von J. Leiterer (1978): Für eine *punktweise surjektive* Operatorfunktion $T \in \mathscr{H}(\Omega, L(X, Y))$ zwischen Banachräumen und eine Funktion $y \in \mathscr{H}(\Omega, Y)$ existiert eine *holomorphe Lösung* $x \in \mathscr{H}(\Omega, X)$ der Vektorgleichung $Tx = y$.

13.1 Grundlagen

Banachalgebren wurden bereits in [GK], Kapitel 4 eingeführt. Wir erinnern zunächst an einige grundlegende Tatsachen:

Definition. Eine *Banachalgebra* ist ein Banachraum $\mathcal{A}$ mit einer Multiplikation $\mathcal{A} \times \mathcal{A} \to \mathcal{A}$, für die das Assoziativ- und Distributivgesetz sowie

$$(\alpha\,x)\,y \;=\; x\,(\alpha\,y) \;=\; \alpha\,(xy) \quad \text{für } \alpha \in \mathbb{K},\; x,y \in \mathcal{A}$$

und die *Submultiplikativität* der Norm

$$\| xy \| \;\leq\; \| x \|\,\| y \| \quad \text{für } x,y \in \mathcal{A}$$

gelten, sodass $\| e \| = 1$ für ein Einselement $e \in \mathcal{A}$ ist.

Wir werden die Existenz eines Einselements meist stillschweigend annehmen.

Beispiele. a) Für einen kompakten Raum K ist $\mathcal{C}(K)$ mit der punktweisen Multiplikation eine kommutative Banachalgebra.

b) Abgeschlossene Unteralgebren von $\mathcal{C}(K)$ heißen *uniforme Algebren*. Interessante Beispiele sind für $K \subseteq \mathbb{C}^n$

die Algebra $\mathcal{A}(K)$ der im Innern von K holomorphen Funktionen,

der Abschluss $\mathcal{R}(K)$ von $\mathscr{H}(K)$ in $\mathcal{C}(K)$ und

der Abschluss $\mathcal{P}(K)$ der Polynome in $\mathcal{C}(K)$.

Im Fall des Einheitskreises ist $\mathcal{A}(\overline{D}) = \mathcal{R}(\overline{D}) = \mathcal{P}(\overline{D})$ die *Disc Algebra*.

c) Auch die *Funktionenalgebren* $\mathcal{C}^m[a,b]$, $\Lambda^\alpha[a,b]$ und $W_1^1(a,b)$ sind Banachalgebren unter geeigneten Normen, vgl. Aufgabe 13.4.

d) Für einen Banachraum X ist $L(X)$ eine (nicht kommutative) Banachalgebra.

e) Für einen kompakten Raum K und eine Banachalgebra $\mathcal{B}$ ist $\mathcal{C}(K,\mathcal{B})$ ebenfalls eine Banachalgebra. Ist $\mathcal{B}$ kommutativ, so gilt dies auch für $\mathcal{C}(K,\mathcal{B})$. Wie in b) hat man die $\mathcal{B}$-wertigen uniformen Algebren $\mathcal{A}(K,\mathcal{B})$, $\mathcal{R}(K,\mathcal{B})$ und $\mathcal{P}(K,\mathcal{B})$.

f) Eine kommutative Banachalgebra ohne Einselement ist $L_1(\mathbb{R}^n)$ mit der *Faltung*, vgl. Abschnitt 2.1 und Formel (3.16). Durch Übergang zu $L_1(\mathbb{R}^n) \oplus [\delta]$ lässt sich ein Einselement zu $L_1(\mathbb{R}^n)$ *adjungieren*, vgl. Aufgabe 13.3.

Inversion, Spektrum und Resolvente. a) Es seien $\mathcal{A}$ eine Banachalgebra (mit Eins) und $x \in \mathcal{A}$. Gilt

$$r(x) := \limsup \sqrt[k]{\| x^k \|} \;=\; \lim_{k \to \infty} \sqrt[k]{\| x^k \|} < 1 \tag{1}$$

für den *Spektralradius* von x, so konvergiert die *Neumannsche Reihe*

$$\sum_{k=0}^{\infty} x^k \;=\; (e - x)^{-1}.$$

Offenbar ist $r(x) \leq \|x\|$. Für *Volterra-Operatoren* V gilt $0 = r(V) < \|V\|$, für *normale Operatoren* T auf Hilberträumen dagegen ist $r(T) = \|T\|$ (vgl. [GK], S. 63 und S. 137). Mittels Neumannscher Reihe ergibt sich die *Stabilität der Invertierbarkeit gegen kleine Störungen:*

b) Die *Gruppe der invertierbaren Elemente*

$$G(\mathcal{A}) := \{x \in \mathcal{A} \mid \exists\, y \in \mathcal{A}\, : \, xy = yx = e\}$$

von $\mathcal{A}$ ist *offen* in $\mathcal{A}$, und die *Inversion* $a \mapsto a^{-1}$ ist eine *Homöomorphie* von $G(\mathcal{A})$ auf $G(\mathcal{A})$. Auch die Mengen

$$G^{\ell}(\mathcal{A}) := \{x \in \mathcal{A} \mid \exists\, y \in \mathcal{A}\, : \, yx = e\} \text{ und } G^{r}(\mathcal{A}) := \{x \in \mathcal{A} \mid \exists\, y \in \mathcal{A}\, : \, xy = e\}$$

der *links-* bzw. *rechtsinvertierbaren Elemente* in $\mathcal{A}$ sind offen in $\mathcal{A}$. Für $a \in G^{\ell}(\mathcal{A})$ wählen wir $b \in \mathcal{A}$ mit $ba = e$. Für $x \in \mathcal{A}$ mit $\|x - a\| < r := \|b\|^{-1}$ ist offenbar $bx = e + b(x - a)$, und für

$$\ell_b(x) := (e + b(x - a))^{-1}\, b \tag{2}$$

gilt $\ell_b(x)x = x$ für alle $x \in U_r(a)$. Wir können also *lokal* stetig, sogar *rational* von x abhängende Linksinverse wählen.

c) Das *Spektrum*

$$\sigma(x) := \{\lambda \in \mathbb{C} \mid \lambda e - x \notin G(\mathcal{A})\}$$

von $x \in \mathcal{A}$ ist eine *kompakte* Menge in $\mathbb{C}$. Stets ist $\sigma(x) \neq \emptyset$, und es gilt

$$r(x) = \max\{|\lambda| \mid \lambda \in \sigma(x)\} \tag{3}$$

für den Spektralradius. Die Beweise in [GK], Sätze 4.3 und 9.9 benutzen den *Satz von Hahn-Banach* in Verbindung mit *funktionentheoretischen Methoden*. Einen „elementareren" Beweis findet man in [Kaniuth 2008], S. 12/13.

d) Die *Resolventenmenge* $\rho(x) := \mathbb{C}\backslash\sigma(x)$ von x ist *offen* in $\mathbb{C}$, und die durch

$$R_x : \rho(x) \to G(\mathcal{A})\,, \quad R_x : \lambda \mapsto (\lambda e - x)^{-1}\,,$$

definierte *Resolvente* von x ist *holomorph*. Es gilt die *Resolventengleichung*

$$R_x(\lambda) - R_x(\mu) = -(\lambda - \mu)\, R_x(\lambda)\, R_x(\mu)\,, \quad \lambda, \mu \in \rho(x)\,. \tag{4}$$

Für $\lambda \in \rho(x)$ und $\alpha \in \sigma(x)$ muss $|\lambda - \alpha|\, \|R_x(\lambda)\| \geq 1$ sein; andernfalls folgte $\alpha \in \rho(x)$ wie in der Herleitung von (2). Daher gilt

$$\|R_x(\lambda)\| \geq d_{\sigma(x)}(\lambda)^{-1} \quad \text{für } \lambda \in \rho(x)\,. \tag{5}$$

Wir untersuchen nun das Verhalten des Spektrums beim Übergang zu *Unteralgebren:*

Beispiel. Die *Disc Algebra* $\mathcal{A}(\overline{D})$ ist eine abgeschlossene Unteralgebra von $\mathcal{C}(\partial D)$ (vgl. Abschnitt 12.3). Für die Funktion $z \mapsto z$ in $\mathcal{A}(\overline{D})$ und eine Zahl $\lambda \in \mathbb{C}$ gilt $\frac{1}{\lambda-z} \in \mathcal{A}(\overline{D}) \Leftrightarrow |\lambda| > 1$, aber $\frac{1}{\lambda-z} \in \mathcal{C}(\partial D) \Leftrightarrow |\lambda| \neq 1$. Somit gilt $\sigma_{\mathcal{A}(\overline{D})}(z) = \overline{D}$ und $\sigma_{\mathcal{C}(\partial D)}(z) = \partial D$.

Dieses Beispiel ist typisch für die allgemeine Situation:

Satz 13.1

Es sei $\mathcal{A}$ eine abgeschlossene Unteralgebra der Banachalgebra $\mathcal{B}$ (mit $e \in \mathcal{A}$).

a) Für $x \in \mathcal{A}$ gilt dann $\sigma_{\mathcal{B}}(x) \subseteq \sigma_{\mathcal{A}}(x)$ und $\partial\sigma_{\mathcal{A}}(x) \subseteq \partial\sigma_{\mathcal{B}}(x)$.

b) Es ist $\sigma_{\mathcal{A}}(x)$ die Vereinigung von $\sigma_{\mathcal{B}}(x)$ mit Komponenten von $\rho_{\mathcal{B}}(x)$.

c) Ist $\rho_{\mathcal{B}}(x)$ zusammenhängend, so gilt $\sigma_{\mathcal{A}}(x) = \sigma_{\mathcal{B}}(x)$.

BEWEIS. a) Aus $\rho_{\mathcal{A}}(x) \subseteq \rho_{\mathcal{B}}(x)$ folgt sofort die erste Behauptung.

Für $\alpha \in \partial\sigma_{\mathcal{A}}(x)$ gibt es eine Folge (λ_n) in $\rho_{\mathcal{A}}(x)$ mit $\lambda_n \to \alpha$. Ist $\alpha \in \rho_{\mathcal{B}}(x)$, so folgt $(\lambda_n e - x)^{-1} \to (\alpha e - x)^{-1}$ in $\mathcal{B}$ im Widerspruch zu (5). Somit ist $\alpha \in \sigma_{\mathcal{B}}(x)$ und dann auch $\alpha \in \partial\sigma_{\mathcal{B}}(x)$.

b) Es sei U eine Komponente von $\rho_{\mathcal{B}}(x)$. Ist λ ein Randpunkt von $\sigma_{\mathcal{A}}(x) \cap U$ in U, so gilt $\lambda \in \partial\sigma_{\mathcal{A}}(x) \subseteq \partial\sigma_{\mathcal{B}}(x)$ im Widerspruch zu $\sigma_{\mathcal{B}}(x) \cap U = \emptyset$. Somit hat $\sigma_{\mathcal{A}}(x) \cap U$ keine Randpunkte in U, und daher gilt $\sigma_{\mathcal{A}}(x) \cap U = \emptyset$ oder $\sigma_{\mathcal{A}}(x) \cap U = U$.

Aussage c) folgt sofort aus b). $\Diamond$

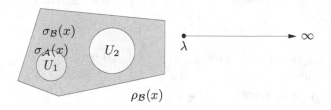

Abb. 13.1: Illustration von Satz 13.1: $\sigma_{\mathcal{A}}(x) = \sigma_{\mathcal{B}}(x) \cup U_1$ und der Folgerung

Folgerung und Beispiel. a) Gibt es also für $x \in \mathcal{B}$ und $\lambda \in \rho_{\mathcal{B}}(x)$ einen stetigen Weg von λ nach ∞ in $\rho_{\mathcal{B}}(x)$, so ist auch $\lambda \in \rho_{\mathcal{A}}(x)$ für jede abgeschlossene Unteralgebra $\mathcal{A}$ von $\mathcal{B}$ mit $e \in \mathcal{A}$ und $x \in \mathcal{A}$. Dies gilt insbesondere für die von x und e erzeugte abgeschlossene Unteralgebra $\langle x \rangle := \overline{[x^j]}_{j \in \mathbb{N}_0}$ von $\mathcal{B}$; es gibt also eine Folge (P_n) von Polynomen mit $P_n(x) \to (\lambda I - x)^{-1}$ in $\mathcal{B}$.

b) Es sei $A = A^* \in L(H)$ ein selbstadjungierter Operator auf einem Hilbertraum. Dann gilt $\sigma_{L(H)}(A) \subseteq \mathbb{R}$ (vgl. [GK], Satz 7.9); daher ist $\rho_{L(H)}(A)$ zusammenhängend, und folglich gilt Aussage a) für $A \in L(H)$.

Wichtige Konzepte der Algebra sind

Ideale. a) Es sei $\mathcal{A}$ eine Banachalgebra mit Eins. Ein Unterraum $i \subseteq \mathcal{A}$ mit $i \neq \mathcal{A}$ heißt *Links-, Rechts-* oder *zweiseitiges Ideal,* falls $\mathcal{A}i \subseteq i$, $i\mathcal{A} \subseteq i$ oder $\mathcal{A}i\mathcal{A} \subseteq i$ gilt.

b) Aus $i \neq \mathcal{A}$ folgt sofort $i \cap \mathcal{G}(\mathcal{A}) = \emptyset$. Ist nämlich $a \in i \cap \mathcal{G}(\mathcal{A})$ z. B. für ein Linksideal, so folgt der Widerspruch $x = xa^{-1}a \in i$ für alle $x \in \mathcal{A}$. Insbesondere gilt $i \cap U_1(e) = \emptyset$.

c) Mit i ist auch $\bar{i}$ ein Links-, Rechts- oder zweiseitiges Ideal in $\mathcal{A}$, da nach b) auch $\bar{i} \cap U_1(e) = \emptyset$ gilt.

d) Ein Ideal heißt *maximal,* wenn es nicht in einem echt größeren Ideal des gleichen Typs enthalten ist. Nach c) ist ein maximales Ideal stets *abgeschlossen.*

e) Für ein abgeschlossenes zweiseitiges Ideal i in $\mathcal{A}$ ist der Quotientenraum $\mathcal{A}/i$ eine Banachalgebra, vgl. [GK], S. 61.

Beispiele. a) Es sei K ein kompakter Raum. Für $t \in K$ ist dann

$$i_t := N(\delta_t) = \{f \in \mathcal{C}(K) \mid f(t) = 0\}$$

ein maximales Ideal in der Banachalgebra $\mathcal{C}(K)$.

b) Es sei G ein Unterraum eines Banachraumes X. Dann sind

$$L_G := \{T \in L(X) \mid T(G) = \{0\}\} \quad \text{bzw.} \quad R_G := \{T \in L(X) \mid T(X) \subseteq G\}$$

Links- bzw. Rechtsideale in der Banachalgebra $L(X)$.

Fredholmoperatoren und Calkin-Algebra. Für einen Banachraum X ist der Raum $K(X)$ der kompakten Operatoren ein abgeschlossenes zweiseitiges Ideal in $L(X)$; die Quotientenalgebra $Ca(X) := L(X)/K(X)$ heißt *Calkin-Algebra.* Für die Menge

$$\Phi(X) = \{T \in L(X) \mid \dim N(T) < \infty \text{ und } \operatorname{codim} R(T) < \infty\}$$

der *Fredholmoperatoren* auf X gilt

$$\Phi(X) = \pi^{-1}(\mathcal{G}(Ca(X))) \tag{6}$$

mit der Quotientenabbildung $\pi : L(X) \to Ca(X)$ (vgl. [GK], Satz 11.8, sowie die folgenden Sätze 14.7 und 14.8 auf S. 360).

Sehr nützlich ist das folgende einfache algebraische Resultat, das entsprechend auch für Rechtsideale gilt:

Satz 13.2
Es sei $\mathcal{A}$ eine Banachalgebra mit Eins.

a) Jedes Linksideal in $\mathcal{A}$ ist in einem maximalen Linksideal enthalten.

b) Ein Element $a \in \mathcal{A}$ ist genau dann linksinvertierbar, wenn a in keinem maximalen Linksideal enthalten ist.

BEWEIS. a) Für ein Linksideal i_0 ist das System $\mathfrak{S}$ aller i_0 enthaltenden Linksideale durch die Inklusion halbgeordnet. Für eine Kette $\mathfrak{C} \subseteq \mathfrak{S}$ setzen wir $i_1 := \bigcup_{i \in \mathfrak{S}} i$. Dann ist i_1 ein Unterraum von $\mathcal{A}$, und es gilt $\mathcal{A} i_1 \subseteq i_1$. Wegen $e \notin i$ für alle $i \in \mathfrak{S}$ ist i ein Linksideal in $\mathcal{A}$ und somit eine obere Schranke von $\mathfrak{C}$. Nach dem *Zornschen Lemma* besitzt dann $\mathfrak{S}$ ein maximales Element, und dieses ist ein i_0 enthaltendes maximales Linksideal.

b) „$\Rightarrow$": Es gibt $b \in \mathcal{A}$ mit $ba = e$. Gilt also $a \in i$ für ein Linksideal i, so folgt der Widerspruch $e \in i$.

„$\Leftarrow$": Nach a) ist a auch in keinem Linksideal enthalten. Nun ist $\mathcal{M} := \mathcal{A}a$ ein Unterraum von $\mathcal{A}$ mit $\mathcal{A}\mathcal{M} \subseteq \mathcal{M}$ und $a = ea \in \mathcal{M}$. Es folgt $\mathcal{M} = \mathcal{A}$, und insbesondere gibt es $b \in \mathcal{A}$ mit $ba = e$. $\diamond$

Einfache Banachalgebren. a) Eine Banachalgebra $\mathcal{A}$ heißt *einfach*, falls $\{0\}$ das einzige zweiseitige Ideal in $\mathcal{A}$ ist.

b) Für ein zweiseitiges Ideal i in $\mathcal{A}$ ist die Quotientenalgebra $\mathcal{A}/i$ genau dann einfach, wenn i *maximal* ist.

c) Nach Satz 13.2 ist eine *kommutative* Banachalgebra genau dann einfach, wenn $\mathcal{G}(A) = \mathcal{A}\backslash\{0\}$ gilt, d. h. wenn $\mathcal{A}$ ein *Körper* ist.

Die letzte Aussage ist im nicht-kommutativen Fall i. A. nicht richtig, vgl. Aufgabe 13.5. Es gilt jedoch:

Satz 13.3 (Gelfand-Mazur)
Es sei $\mathcal{A}$ eine Banachalgebra mit $\mathcal{G}(A) = \mathcal{A}\backslash\{0\}$. Dann gilt $\mathcal{A} = [e]$.

BEWEIS. Für $x \in \mathcal{A}$ gilt $\sigma(x) \neq \emptyset$ (vgl. [GK], Satz 4.3). Es gibt also $\lambda \in \mathbb{C}$ mit $\lambda e - x \notin \mathcal{G}(A)$, und nach Voraussetzung folgt $x = \lambda e$. $\diamond$

13.2 Der analytische Funktionalkalkül

Ein Element $x \in \mathcal{A}$ einer Banachalgebra lässt sich in *Polynome* $P(\lambda) = \sum_{k=0}^{m} a_k \lambda^k$ einsetzen; man erhält so einen *Homomorphismus*

$$\Psi_x : \mathbb{C}[\lambda] \to \mathcal{A}, \quad \Psi_x(P) := P(x) = \sum_{k=0}^{m} a_k x^k.$$

Es ist ein wichtiges Ziel der Operatortheorie, diesen zu einem *Funktionalkalkül* auf einer größeren Funktionenalgebra zu erweitern. In diesem Abschnitt entwickeln wir den auf I.M. Gelfand (1941), N. Dunford (1943) und A.E. Taylor (1943) zurückgehenden *analytischen Funktionalkalkül*, in Kapitel 15 folgen für *normale Operatoren* der *stetige* und der beschränkte *Borel-Funktionalkalkül*.

Potenzreihen. a) Es seien $x \in \mathcal{A}$ und $f(\lambda) = \sum\limits_{k=0}^{\infty} a_k \lambda^k$ die Summe einer Potenzreihe mit Konvergenzradius $\rho > r(x)$. Dann definieren wir $f(x)$ als Summe der folgenden in $\mathcal{A}$ absolut konvergenten Reihe:

$$f(x) := \sum_{k=0}^{\infty} a_k x^k. \tag{7}$$

b) Für $|\lambda| > r(x)$ gilt

$$R_x(\lambda) = (\lambda e - x)^{-1} = \lambda^{-1}(e - \tfrac{x}{\lambda})^{-1} = \tfrac{1}{\lambda} \sum_{k=0}^{\infty} (\tfrac{x}{\lambda})^k. \tag{8}$$

Für $r(x) < r < \rho$ impliziert dies mit den Kreisen $U_r := U_r(0)$

$$\tfrac{1}{2\pi i} \int_{\partial U_r} \lambda^n R_x(\lambda)\, d\lambda = x^n \quad \text{für} \quad n \in \mathbb{N}_0, \tag{9}$$

und Summation gemäß (7) liefert die Formel

$$f(x) = \tfrac{1}{2\pi i} \int_{\partial U_r} f(\lambda)\, R_x(\lambda)\, d\lambda. \tag{10}$$

Mit einer ähnlichen Formel können wir nun einen Funktionalkalkül auf der *Algebra* $\mathscr{H}(\sigma(x))$ der *Keime holomorpher Funktionen auf dem Spektrum* von $x \in \mathcal{A}$ definieren (vgl. S. 154). Dazu verwenden wir eine Bemerkung über

Kompakte Mengen und Cauchy-Formel. a) Zu einer offenen Umgebung Ω einer kompakten Menge $K \subseteq \mathbb{C}$ existiert stets eine *beschränkte offene Menge mit stückweise glattem Rand* $D \in \mathfrak{G}_{st}(\mathbb{C})$ (vgl. [Kaballo 1999], 17.5) mit

$$K \subseteq D \subseteq \overline{D} \subseteq \Omega. \tag{11}$$

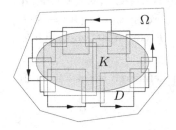

Abb. 13.2: Konstruktion von $K \subseteq D \subseteq \overline{D} \subseteq \Omega$

Zum Beweis wählen wir zu $z \in K$ ein offenes Quadrat Q_z mit $z \in Q_z$ und $\overline{Q_z} \subseteq \Omega$; wegen der Kompaktheit von K gibt es dann endlich viele solcher Quadrate mit

$$K \subseteq Q_{z_1} \cup \ldots \cup Q_{z_r} =: D.$$

Dann ist offenbar $D \in \mathfrak{G}_{st}(\mathbb{C})$, und es gilt (11).

b) Für einen quasivollständigen lokalkonvexen Raum F und $f \in \mathscr{H}(\Omega, F)$ gilt nach (10.24) die *Cauchysche Integralformel*

$$f(z) = \tfrac{1}{2\pi i} \int_{\partial D} \tfrac{f(\zeta)}{\zeta - z} \, d\zeta \, , \quad z \in K \, . \tag{12}$$

Definition. Es sei $\mathcal{A}$ eine Banachalgebra. Für $x \in \mathcal{A}$ wird der *analytische Funktionalkalkül* $\Psi_x : \mathscr{H}(\sigma(x)) \to \mathcal{A}$ definiert durch

$$\Psi_x(f) := f(x) := \tfrac{1}{2\pi i} \int_{\partial D} f(\lambda) \, R_x(\lambda) \, d\lambda \, ; \tag{13}$$

hierbei ist $\sigma(x) \subseteq \Omega$ offen, $f \in \mathscr{H}(\Omega)$ und $D \in \mathfrak{G}_{st}(\mathbb{C})$ mit $\sigma(x) \subseteq D \subseteq \overline{D} \subseteq \Omega$.

Aufgrund des Cauchyschen Integralsatzes ist das Integral in (13) unabhängig von der Wahl von $D \in \mathfrak{G}_{st}(\mathbb{C})$. In der Situation von (7) kann man $D = U_r$ wählen und erhält wegen (10) die Übereinstimmung der Definitionen (7) und (13) für $f(x)$.

Wesentliche Eigenschaften des analytischen Funktionalkalküls enthält das folgende Theorem 13.4. Für die Eindeutigkeitsaussage dort benötigen wir, wie auch schon in Kapitel 9, den funktionentheoretischen

Approximationssatz von Runge. Wir geben verschiedene Versionen „des" Satzes von Runge an und verweisen für Beweise und mehr Informationen auf [Rudin 1974], Kapitel 13, [Hörmander 1973], 1.3, oder [Gamelin 2005], II.1; vgl. auch Aufgabe 13.6.

Es sei $\widehat{\mathbb{C}} = \mathbb{C} \cup \{\infty\}$ die *Riemannsche Zahlenkugel,* und für eine Menge $S \subseteq \widehat{\mathbb{C}}$ sei $\mathcal{R}_S$ die Algebra der rationalen Funktionen mit Polen höchstens in S.

a) Für eine kompakte Menge $K \subseteq \mathbb{C}$ ist $\mathcal{R}_{\widehat{\mathbb{C}} \backslash K}$ *dicht* in dem (LF)-Raum $\mathscr{H}(K)$ und in der Banachalgebra $\mathcal{R}(K)$.

b) Nun wählen wir eine Menge $S \subseteq \widehat{\mathbb{C}} \backslash K$, die aus jeder Komponente von $\widehat{\mathbb{C}} \backslash K$ einen Punkt enthält. Dann ist auch $\mathcal{R}_S$ *dicht* in $\mathscr{H}(K)$ und in $\mathcal{R}(K)$.

c) Ist $\widehat{\mathbb{C}} \backslash K$ *zusammenhängend,* so wählen wir $S = \{\infty\}$ und erhalten die *Dichtheit der Polynome* in $\mathscr{H}(K)$ und in $\mathcal{R}(K)$. Insbesondere ist dann $\mathcal{P}(K) = \mathcal{R}(K)$. Nach einem *Satz von Mergelyan* (1951, vgl. [Rudin 1974], Theorem 20.5, oder [Gamelin 2005], II.9) gilt dann sogar $\mathcal{P}(K) = \mathcal{A}(K)$.

d) Für eine offene Menge $\Omega \subseteq \mathbb{C}$ und $\alpha > 0$ definieren wir wie in (1.2)

$$\Omega_\alpha := \{z \in \Omega \mid |z| < \tfrac{1}{\alpha}, \, d_{\partial\Omega}(x) > \alpha\} \, . \tag{14}$$

Dann können wir in jeder Komponente von $\widehat{\mathbb{C}} \backslash \overline{\Omega_\alpha}$ einen Punkt aus $\widehat{\mathbb{C}} \backslash \Omega$ wählen, und daher sind die Restriktionen der Funktionen aus $\mathscr{H}(\Omega)$ *dicht* in dem (LF)-Raum $\mathscr{H}(\overline{\Omega_\alpha})$, der Banachalgebra $\mathcal{R}(\overline{\Omega_\alpha})$ und auch in dem Fréchetraum $\mathscr{H}(\Omega_\alpha)$.

Nun können wir zeigen:

Theorem 13.4

Es seien $\mathcal{A}$ eine Banachalgebra und $x \in \mathcal{A}$. Durch (13) wird ein stetiger Homomorphismus $\Psi_x : \mathcal{H}(\sigma(x)) \to \mathcal{A}$ mit $\Psi_x(1) = e$ und $\Psi_x(\lambda) = x$ definiert, und durch diese Bedingungen ist Ψ_x eindeutig festgelegt.

BEWEIS. a) Klar sind die Linearität von Ψ_x sowie die Eigenschaften $\Psi_x(1) = I$ und $\Psi_x(\lambda) = x$ wegen (9).

b) Zum Nachweis der *Stetigkeit* sei $\sigma(x) \subseteq \Omega$ offen, und es gelte $f_n \to f$ in $\mathcal{H}(\Omega)$. Wie in (11) wählen wir $D \in \mathfrak{G}_{st}(\mathbb{C})$ mit $\sigma(x) \subseteq D \subseteq \overline{D} \subseteq \Omega$ und erhalten

$$\Psi_x(f_n) - \Psi_x(f) = \tfrac{1}{2\pi i} \int_{\partial D} (f_n(\lambda) - f(\lambda)) R_x(\lambda)\, d\lambda\,, \quad \text{also}$$

$$\| \Psi_x(f_n) - \Psi_x(f) \| \leq \tfrac{1}{2\pi i} \mathsf{L}(\partial D) \sup_{\lambda \in \partial D} \| R_x(\lambda) \| \sup_{\lambda \in \partial D} | f_n(\lambda) - f(\lambda) | \to 0.$$

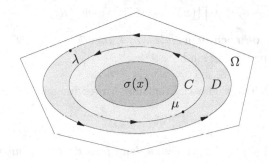

Abb. 13.3: Illustration zu Beweisteil c)

c) Zum Nachweis der *Multiplikativität* seien nun $f, g \in \mathcal{H}(\Omega)$ für eine offene Menge $\sigma(x) \subseteq \Omega$. Wir wählen $D \in \mathfrak{G}_{st}(\mathbb{C})$ mit $\sigma(x) \subseteq D \subseteq \overline{D} \subseteq \Omega$ und dann $C \in \mathfrak{G}_{st}(\mathbb{C})$ mit $\sigma(x) \subseteq C \subseteq \overline{C} \subseteq D$ (vgl. Abb. 13.3). Dann gilt

$$\begin{aligned}
\Psi_x(f)\,\Psi_x(g) &= (\tfrac{1}{2\pi i})^2 \int_{\partial D} f(\lambda)\, R_x(\lambda)\, d\lambda \int_{\partial C} g(\mu)\, R_x(\mu)\, d\mu \\
&= (\tfrac{1}{2\pi i})^2 \int_{\partial C} \big(\int_{\partial D} f(\lambda)\, R_x(\lambda)\, d\lambda \big)\, g(\mu)\, R_x(\mu)\, d\mu \\
&= (\tfrac{1}{2\pi i})^2 \int_{\partial C} \int_{\partial D} f(\lambda)\, g(\mu)\, R_x(\lambda)\, R_x(\mu)\, d\lambda\, d\mu\,,
\end{aligned}$$

und mit der Resolventengleichung (4) folgt weiter

$$\Psi_x(f)\,\Psi_x(g) = (\tfrac{1}{2\pi i})^2 \int_{\partial C} \int_{\partial D} f(\lambda)\, g(\mu)\, \big(\tfrac{R_x(\mu)}{\lambda - \mu} - \tfrac{R_x(\lambda)}{\lambda - \mu} \big)\, d\lambda\, d\mu =: I_1 + I_2\,.$$

Für die beiden Teilintegrale ergibt sich

$$\begin{aligned}
I_1 &= (\tfrac{1}{2\pi i})^2 \int_{\partial C} \int_{\partial D} f(\lambda)\, g(\mu)\, \tfrac{R_x(\mu)}{\lambda - \mu}\, d\lambda\, d\mu \\
&= (\tfrac{1}{2\pi i})^2 \int_{\partial C} \big(\int_{\partial D} \tfrac{f(\lambda)}{\lambda - \mu}\, d\lambda \big)\, g(\mu)\, R_x(\mu)\, d\mu \\
&= \tfrac{1}{2\pi i} \int_{\partial C} f(\mu)\, g(\mu)\, R_x(\mu)\, d\mu = \Psi_x(fg)
\end{aligned}$$

wegen $\mu \in D$ und der Cauchyschen Integralformel sowie

$$
\begin{aligned}
I_2 &= -(\tfrac{1}{2\pi i})^2 \int_{\partial C} \int_{\partial D} f(\lambda)\, g(\mu)\, \tfrac{R_x(\lambda)}{\lambda - \mu}\, d\lambda\, d\mu \\
&= -(\tfrac{1}{2\pi i})^2 \int_{\partial D} \big(\int_{\partial C} \tfrac{g(\mu)}{\lambda - \mu}\, d\mu \big)\, f(\lambda)\, R_x(\lambda)\, d\lambda = 0
\end{aligned}
$$

nach Vertauschung der Integrationsreihenfolge wegen $\lambda \notin \overline{C}$.

d) Nun sei $\Theta : \mathscr{H}(\sigma(x)) \to \mathcal{A}$ ein stetiger Homomorphismus mit $\Theta(1) = e$ und $\Theta(\lambda) = x$. Für $\alpha \in \mathbb{C}$ folgt sofort $\Theta(\alpha - \lambda) = \alpha e - x$. Für $\alpha \in \rho(x)$ hat man $(\alpha - \lambda)\,\tfrac{1}{\alpha - \lambda} = 1$ und somit

$$
(\alpha e - x)\, \Theta(\tfrac{1}{\alpha - \lambda}) = \Theta(\tfrac{1}{\alpha - \lambda})\, (\alpha e - x) = \Theta(1) = e,
$$

also $\Theta(\tfrac{1}{\alpha - \lambda}) = (\alpha e - x)^{-1}$. Für rationale Funktionen $R(\lambda) = \prod(\lambda - \beta_j)^{n_j} \prod(\lambda - \alpha_k)^{-}$ mit Polen $\alpha_k \notin \sigma(x)$ ergibt sich daraus

$$
\Theta(R) = \prod(x - \beta_j e)^{n_j} \prod(x - \alpha_k e)^{-m_k} = \Psi_x(R).
$$

Daraus folgt dann $\Theta = \Psi_x$, da nach dem *Satz von Runge* $\mathcal{R}_{\sigma(x)}$ in $\mathscr{H}(\sigma(x))$ dicht ist und beide Homomorphismen stetig sind. $\Diamond$

Es folgen nun weitere wesentliche Eigenschaften und Anwendungen des analytischen Funktionalkalküls.

Satz 13.5
Für $x \in \mathcal{A}$ und $f \in \mathscr{H}(\sigma(x))$ ist $f(x) \in \mathcal{A}$ genau dann invertierbar, wenn f auf $\sigma(x)$ keine Nullstelle hat.

BEWEIS. „$\Leftarrow$": Hat f auf $\sigma(x)$ keine Nullstelle, so gilt auch $\tfrac{1}{f} \in \mathscr{H}(\sigma(x))$, und Theorem 13.4 liefert

$$
f(x)\, \Psi_x(\tfrac{1}{f}) = \Psi_x(\tfrac{1}{f})\, f(x) = \Psi_x(1) = e.
$$

„$\Rightarrow$": Ist $f(\mu) = 0$ für $\mu \in \sigma(x)$, so gibt es $g \in \mathscr{H}(\sigma(x))$ mit $f(\lambda) = (\lambda - \mu)\, g(\lambda)$. Mit Theorem 13.4 folgt

$$
f(x) = (x - \mu e)\, g(x) = g(x)\, (x - \mu e).
$$

Mit $f(x)$ wäre daher auch $x - \mu e$ invertierbar im Widerspruch zu $\mu \in \sigma(x)$. $\Diamond$

Satz 13.6 (Spektralabbildungssatz)
Für $x \in \mathcal{A}$ und $f \in \mathscr{H}(\sigma(x))$ gilt

$$
\sigma(f(x)) = f(\sigma(x)). \tag{15}
$$

BEWEIS. Für $\alpha \in \mathbb{C}$ gilt nach Satz 13.5

$$
\begin{aligned}
\alpha \in \sigma(f(x)) \quad &\Leftrightarrow \quad \alpha e - f(x) \notin \mathcal{G}(\mathcal{A}) \quad \Leftrightarrow \quad (\alpha - f)(x) \notin \mathcal{G}(\mathcal{A}) \\
&\Leftrightarrow \quad \exists\, \mu \in \sigma(x) : (\alpha - f)(\mu) = 0 \quad \Leftrightarrow \quad \alpha \in f(\sigma(x)). \quad \Diamond
\end{aligned}
$$

Beispiele. a) Für $x \in \mathcal{A}$ gelte $P(x) = 0$ für ein Polynom $P \in \mathbb{C}[\lambda]$. Dann ist $\sigma(x) \subseteq \{\lambda \in \mathbb{C} \mid P(\lambda) = 0\}$ *endlich.*

b) Für eine *Projektion* $x = x^2 \in \mathcal{A}$ gilt $\sigma(x) \subseteq \{0,1\}$.

Satz 13.7 (Kettenregel)
Für $x \in \mathcal{A}$, $f \in \mathcal{H}(\sigma(x))$ und $g \in \mathcal{H}(f(\sigma(x)))$ gilt $(g \circ f)(x) = g(f(x))$.

BEWEIS. Wegen $\sigma(f(x)) = f(\sigma(x))$ ist der Operator $g(f(x))$ definiert. Es seien nun $f \in \mathcal{H}(\Omega_1)$ und $g \in \mathcal{H}(\Omega_2)$ für offene Mengen $\sigma(x) \subseteq \Omega_1$ und $\sigma(f(x)) \subseteq \Omega_2$. Wir wählen $D \in \mathfrak{G}_{st}(\mathbb{C})$ mit $\sigma(f(x)) \subseteq D \subseteq \overline{D} \subseteq \Omega_2$ und dann $C \in \mathfrak{G}_{st}(\mathbb{C})$ mit $\sigma(x) \subseteq C \subseteq \overline{C} \subseteq \Omega_1$ und $f(\overline{C}) \subseteq D$ (vgl. Abb. 13.4). Dann folgt

$$
\begin{aligned}
g(f(x)) &= \tfrac{1}{2\pi i} \int_{\partial D} g(\lambda)\, (\lambda e - f(x))^{-1}\, d\lambda \\
&= \tfrac{1}{(2\pi i)^2} \int_{\partial D} g(\lambda) \int_{\partial C} \tfrac{1}{\lambda - f(\mu)}\, R_x(\mu)\, d\mu\, d\lambda \\
&= \tfrac{1}{(2\pi i)^2} \int_{\partial C} \int_{\partial D} \tfrac{g(\lambda)}{\lambda - f(\mu)}\, d\lambda\, R_x(\mu)\, d\mu \\
&= \tfrac{1}{2\pi i} \int_{\partial C} g(f(\mu))\, R_x(\mu)\, d\mu \; = \; (g \circ f)(x)
\end{aligned}
$$

aufgrund der Cauchyschen Integralformel wegen $f(\mu) \in D$. $\Diamond$

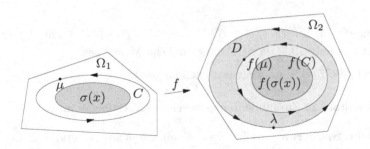

Abb. 13.4: Illustration des Beweises der Kettenregel

Satz 13.8
Es seien $\mathcal{A}$ eine Banachalgebra und $x \in \mathcal{G}(\mathcal{A})$, sodass in $\rho(x)$ ein stetiger Weg von 0 nach ∞ existiert.

a) Dann besitzt x einen Logarithmus, d. h. es gibt $y \in \mathcal{A}$ mit $x = \exp(y)$.

b) Es gibt einen stetigen Weg in $\mathcal{G}(\mathcal{A})$ von x nach e.

c) Für $m \in \mathbb{N}$ gibt es $c \in \mathcal{G}(\mathcal{A})$ mit $x = c^m$.

d) Im Fall $\sigma(x) \subseteq (0,\infty)$ gibt es $c \in \mathcal{G}(\mathcal{A})$ mit $x = c^m$ und ebenfalls $\sigma(c) \subseteq (0,\infty)$.

BEWEIS. a) Nach Voraussetzung gibt es einen holomorphen Zweig des Logarithmus L auf einer offenen Umgebung von $\sigma(x)$. Für $y := L(x)$ ergibt sich dann aus der Kettenregel $\exp(y) = \exp(L(x)) = (\exp \circ L)(x) = x$.

b) Wir definieren einfach $\gamma : [0,1] \to \mathcal{G}(\mathcal{A})$ durch $\gamma(t) := \exp((1-t)y)$.

c) Wir setzen einfach $c = \exp(\frac{1}{m}y)$.

d) Im Fall $\sigma(x) \subseteq (0,\infty)$ wählen wir L als Hauptzweig des Logarithmus; dann gilt $L(0,\infty) \subseteq \mathbb{R}$. Nach dem Spektralabbildungssatz ist dann $\sigma(y) = L(\sigma(x)) \subseteq \mathbb{R}$ und $\sigma(c) = \exp(\frac{1}{n}\sigma(y)) \subseteq (0,\infty)$. $\diamond$

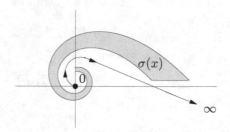

Abb. 13.5: Illustration der Bedingung in Satz 13.8

Folgerungen. a) Zu *jedem* $A \in GL(\mathbb{C}^n)$ gibt es $B \in L(\mathbb{C}^n)$ mit $A = \exp(B)$. Dies folgt sofort aus Satz 13.8, da $\sigma(A)$ eine endliche Menge ist.

b) Die Gruppe $GL(\mathbb{C}^n)$ ist wegzusammenhängend.

Weitere Resultate zu Zusammenhangsfragen in $G(\mathcal{A})$ folgen im nächsten Abschnitt.

Wesentliche Spektren. a) Es seien X ein Banachraum und $T \in L(X)$. Das *wesentliche Spektrum* von T wird definiert als

$$\sigma_e(T) := \{\lambda \in \mathbb{C} \mid \lambda I - T \notin \Phi(X)\}.$$

b) Mit der Quotientenabbildung $\pi : L(X) \to Ca(X)$ gilt dann $\sigma_e(T) = \sigma(\pi T)$ aufgrund von (6). Für $f \in \mathcal{H}(\sigma(T))$ gilt $\pi f(T) = f(\pi T)$ aufgrund von (13), und der Spektralabbildungssatz liefert

$$\sigma_e(f(T)) = f(\sigma_e(T)).$$

Insbesondere gilt genau dann $f(T) \in \Phi(X)$, wenn f keine Nullstelle auf $\sigma_e(T)$ hat.

13.3 Gelfand-Theorie

In diesem Abschnitt konstruieren wir für *kommutative* Banachalgebren einen auf I.M. Gelfand (1941) zurückgehenden Homomorphismus $\Gamma : \mathcal{A} \to \mathcal{C}(\mathfrak{M}(\mathcal{A}))$ von $\mathcal{A}$ in die

Banachalgebra der stetigen Funktionen auf dem *kompakten Raum* $\mathfrak{M}(\mathcal{A})$ *der multiplikativen Funktionale* von $\mathcal{A}$. Mit Hilfe dieser *Gelfand-Transformation* können Fragen über Elemente $x \in \mathcal{A}$ in solche über die stetigen Funktionen Γx auf $\mathfrak{M}(\mathcal{A})$ „übersetzt" werden.

Multiplikative Funktionale. a) Es seien X ein Banach*raum* mit dualer Einheitskugel $B_{X'} = \{x' \in X' \mid \|x'\|\} \leq 1$. Dann ist die *Evaluationsabbildung*

$$\iota : X \to \mathcal{C}(B_{X'}), \quad \iota(x)(x') := \langle x, x' \rangle_{X \times X'}, \quad x \in X, \, x' \in B_{X'}, \tag{16}$$

eine lineare Isometrie. Für eine Banach*algebra* $\mathcal{A}$ mit Eins $e \in \mathcal{A}$ wird ι *multiplikativ*, wenn man den Definitionsbereich von $\iota(x)$ geeignet einschränkt:

b) Eine Linearform $0 \neq \phi : \mathcal{A} \to \mathbb{C}$ heißt *multiplikativ* oder ein *Charakter,* falls

$$\phi(xy) \;=\; \phi(x)\,\phi(y) \quad \text{für alle } x, y \in \mathcal{A} \text{ gilt}.$$

Die Menge aller Charaktere heißt *Spektrum* $\mathfrak{M}(\mathcal{A})$ von $\mathcal{A}$.

Satz 13.9

Ein multiplikatives Funktional $\phi \in \mathfrak{M}(\mathcal{A})$ *ist* stetig *mit* $\|\phi\| = \phi(e) = 1$.

BEWEIS. Wir wählen $a \in \mathcal{A}$ mit $\phi(a) \neq 0$; aus $\phi(e)\phi(a) = \phi(ea) = \phi(a)$ folgt dann $\phi(e) = 1$. Für $g \in \mathcal{G}(\mathcal{A})$ ergibt sich daraus $\phi(g)\phi(g^{-1}) = 1$ und somit $\phi(g) \neq 0$.

Für $x \in \mathcal{A}$ sei nun $\lambda = \phi(x) \in \mathbb{C}$. Ist $|\lambda| > \|x\|$, so gilt $\lambda e - x \in \mathcal{G}(\mathcal{A})$ im Widerspruch zu $\phi(\lambda e - x) = 0$, und daher ist $|\phi(x)| \leq \|x\|$. $\Diamond$

Wir haben also die *Stetigkeit* einer linearen Abbildung aus einer *algebraischen Eigenschaft,* nämlich der Multiplikativität, gefolgert. Eine einfache Konsequenz aus Satz 13.9 folgt in Satz 13.13. Für eine Vielzahl weiterer Resultate über *automatische Stetigkeit* sei auf [Allan 2011], Kapitel 5, oder [Dales 2001] verwiesen.

Satz 13.10

Das Spektrum $\mathfrak{M}(\mathcal{A})$ *ist* $\sigma(\mathcal{A}', \mathcal{A})$ *-abgeschlossen in* $B_{\mathcal{A}'}$ *und somit* $\sigma(\mathcal{A}', \mathcal{A})$ *-kompakt.*

BEWEIS. Nach dem *Satz von Alaoglu-Bourbaki* 8.6 ist $B_{\mathcal{A}'}$ in $\sigma(\mathcal{A}', \mathcal{A})$ kompakt. Für ein Netz (ϕ_j) in $\mathfrak{M}(\mathcal{A})$ gelte $\phi_j \to \psi \in \mathcal{A}'$ in $\sigma(\mathcal{A}', \mathcal{A})$. Dann folgt sofort $\psi(e) = 1$ und $\psi(xy) = \psi(x)\psi(y)$ für $x, y \in \mathcal{A}$, also auch $\psi \in \mathfrak{M}(\mathcal{A})$. $\Diamond$

Der Gelfand-Homomorphismus. Es sei $\mathcal{A}$ eine Banachalgebra mit Eins. Der *Gelfand-Homomorphismus* oder die *Gelfand-Transformation* $\Gamma : \mathcal{A} \to \mathcal{C}(\mathfrak{M}(\mathcal{A}))$ wird definiert durch

$$\Gamma x(\phi) := \phi(x) \quad \text{für } x \in \mathcal{A} \text{ und } \phi \in \mathfrak{M}(\mathcal{A}).$$

Nach Satz 13.9 ist $\|\Gamma x\|_{\sup} \leq \|x\|$ für alle $x \in \mathcal{A}$.

Offenbar gilt stets $\Gamma(xy) = \Gamma(yx)$; der Gelfand-Homomorphismus *ignoriert* also jegliche *nicht-kommutative Struktur* von $\mathcal{A}$. In der Tat ist Γ für nicht-kommutative Algebren nicht interessant; man hat z. B. $\mathfrak{M}(L(\mathbb{C}^n)) = \emptyset$ (vgl. Aufgabe 13.5). In diesem Abschnitt betrachten wir daher bis auf Weiteres nur noch *kommutative* Banachalgebren mit Eins.

Aus dem *Satz von Gelfand-Mazur* 13.3 ergibt sich nun ein wichtiger *Zusammenhang von multiplikativen Funktionalen und maximalen Idealen:*

Satz 13.11

a) Für $\phi \in \mathfrak{M}(\mathcal{A})$ ist der Kern $N(\phi)$ *ein maximales Ideal in $\mathcal{A}$.*

b) Es sei $\mathfrak{m}$ ein maximales Ideal in $\mathcal{A}$. Dann gibt es genau ein multiplikatives Funktional $\phi \in \mathfrak{M}(\mathcal{A})$ mit $\mathfrak{m} = N(\phi)$.

BEWEIS. a) Wegen codim $N(\phi) = 1$ ist $N(\phi)$ ein *maximales* Ideal.

b) Das maximale Ideal $\mathfrak{m}$ ist abgeschlossen in $\mathcal{A}$, und $\mathcal{A}/\mathfrak{m}$ ist ein Körper (vgl. S. 327 und 328). Nach dem Satz von Gelfand-Mazur folgt $\mathcal{A}/\mathfrak{m} = [e]$; die Quotientenabbildung $\pi : \mathcal{A} \to \mathcal{A}/\mathfrak{m}$ hat also die Form $\pi(x) = \phi(x)\,e$ mit einem $\phi \in \mathfrak{M}(\mathcal{A})$. Somit folgt $\mathfrak{m} = N(\pi) = N(\phi)$. Gilt auch $\mathfrak{m} = N(\psi)$, so ist $\psi = \phi$ wegen $\psi(e) = 1 = \phi(e)$. $\quad\Diamond$

Aufgrund von Satz 13.11 wird $\mathfrak{M}(\mathcal{A})$ auch als *Raum der maximalen Ideale* von $\mathcal{A}$ bezeichnet. Wesentliche Eigenschaften der Gelfand-Transformation enthält:

Theorem 13.12

Es sei $\mathcal{A}$ eine kommutative Banachalgebra mit Eins. Dann gilt $\mathfrak{M}(\mathcal{A}) \neq \emptyset$, und der Gelfand-Homomorphismus $\Gamma : \mathcal{A} \to \mathcal{C}(\mathfrak{M}(\mathcal{A}))$ hat folgende Eigenschaften:

a) Zu $x_1, \ldots, x_r \in \mathcal{A}$ gibt es genau dann $y_1, \ldots, y_r \in \mathcal{A}$ mit $\sum\limits_{k=1}^{r} y_k x_k = e$, wenn die Funktionen $\Gamma x_1, \ldots, \Gamma x_r$ keine gemeinsame Nullstelle auf $\mathfrak{M}(\mathcal{A})$ haben.

b) Ein Element $x \in \mathcal{A}$ ist genau dann invertierbar, wenn die Funktion Γx keine Nullstelle auf dem Spektrum $\mathfrak{M}(\mathcal{A})$ hat, kurz:

$$x \in \mathcal{G}(\mathcal{A}) \;\Leftrightarrow\; \Gamma x \in \mathcal{G}(\mathcal{C}(\mathfrak{M}(\mathcal{A}))). \tag{17}$$

c) Das Spektrum *eines Elementes $x \in \mathcal{A}$ ist gegeben durch*

$$\sigma(x) \;=\; \{\Gamma x(\phi) \mid \phi \in \mathfrak{M}(\mathcal{A})\}. \tag{18}$$

d) Für den Spektralradius *von $x \in \mathcal{A}$ gilt*

$$r(x) \;=\; \|\Gamma x\|_{\mathrm{sup}}. \tag{19}$$

e) Γ kommutiert mit dem analytischen Funktionalkalkül:

$$\Gamma(f(x)) \;=\; f \circ \Gamma x \quad \text{für } f \in \mathscr{H}(\sigma(x)). \tag{20}$$

f) Die Funktionenalgebra $\Gamma \mathcal{A}$ trennt die Punkte des Spektrums $\mathfrak{M}(\mathcal{A})$.

BEWEIS. Nach Satz 13.2 gibt es maximale Ideale in $\mathcal{A}$, und wegen Satz 13.11 ist daher $\mathfrak{M}(\mathcal{A}) \neq \emptyset$.

a) „$\Rightarrow$ ": Aus $\sum\limits_{k=1}^{r} y_k x_k = e$ folgt sofort $\sum\limits_{k=1}^{r} \Gamma y_k \, \Gamma x_k = 1$.

„$\Leftarrow$ ": Es ist $\mathcal{M} := \{\sum\limits_{k=1}^{r} y_k x_k \mid y_1, \dots, y_r \in \mathcal{A}\}$ ein Unterraum von $\mathcal{A}$ mit $\mathcal{A}\mathcal{M} \subseteq \mathcal{M}$. Nach Voraussetzung und Satz 13.11 ist $\mathcal{M}$ jedoch in keinem maximalen Ideal von $\mathcal{A}$ enthalten. Daher gilt $\mathcal{M} = \mathcal{A}$ und insbesondere $e \in \mathcal{M}$.

b) ist der Spezialfall $r = 1$ von a).

c) Mittels b) ergibt sich leicht:

$$\lambda \in \sigma(x) \quad \Leftrightarrow \quad \lambda e - x \notin \mathcal{G}(\mathcal{A}) \quad \Leftrightarrow \quad \exists\, \phi \in \mathfrak{M}(\mathcal{A}) : \lambda - \Gamma x(\phi) = \Gamma(\lambda e - x)(\phi) = 0$$
$$\Leftrightarrow \quad \lambda \in \Gamma x(\mathfrak{M}(\mathcal{A})).$$

d) Aus c) und (3) erhalten wir

$$\| \Gamma x \|_{\sup} \; = \; \max \{| \Gamma x(\phi)| \mid \phi \in \mathfrak{M}(\mathcal{A})\} \; = \; \max \{|\lambda| \mid \lambda \in \sigma(x)\} \; = \; r(x).$$

e) Für $f \in \mathcal{H}(\sigma(x))$ existiert die Funktion $f \circ \Gamma x$ auf $\mathfrak{M}(\mathcal{A})$ wegen c). Mit Formel (13) folgt für $\phi \in \mathfrak{M}(\mathcal{A})$:

$$(\Gamma f(x))(\phi) \; = \; \phi(f(x)) \; = \; \tfrac{1}{2\pi i} \int_{\partial D} f(\lambda)\, \phi((\lambda e - x)^{-1})\, d\lambda$$
$$= \; \tfrac{1}{2\pi i} \int_{\partial D} f(\lambda)\, (\lambda e - \phi(x))^{-1}\, d\lambda \; = \; f(\phi(x)) \; = \; f(\Gamma x(\phi)).$$

f) Für $\phi \neq \psi \in \mathfrak{M}(\mathcal{A})$ gibt es $x \in \mathcal{A}$ mit $\phi(x) \neq \psi(x)$, also $\Gamma x(\phi) \neq \Gamma x(\psi)$. $\diamond$

Halbeinfache Banachalgebren. a) Das *Radikal* $\operatorname{rad}\mathcal{A} = \bigcap\{N(\phi) \mid \phi \in \mathfrak{M}(\mathcal{A})\}$ von $\mathcal{A}$ ist der Durchschnitt aller maximalen Ideale von $\mathcal{A}$. Offenbar ist

$$\operatorname{rad}\mathcal{A} \; = \; \{x \in \mathcal{A} \mid \Gamma x = 0\} \; = \; \{x \in \mathcal{A} \mid r(x) = 0\}$$

der Kern des Gelfand-Homomorphismus $\Gamma : \mathcal{A} \to \mathcal{C}(\mathfrak{M}(\mathcal{A}))$.

b) Die Algebra $\mathcal{A}$ heißt *halbeinfach*, wenn $\operatorname{rad}\mathcal{A} = \{0\}$ gilt; dies ist genau dann der Fall, wenn $\Gamma : \mathcal{A} \to \mathcal{C}(\mathfrak{M}(\mathcal{A}))$ *injektiv* ist.

c) Der Gelfand-Homomorphismus $\Gamma : \mathcal{A} \to \mathcal{C}(\mathfrak{M}(\mathcal{A}))$ ist genau dann *isometrisch*, wenn $\| x^2 \| = \| x \|^2$ für alle $x \in \mathcal{A}$ gilt. In der Tat folgt „$\Leftarrow$ " aus (19) und (1), und die Umkehrung „$\Rightarrow$ " ist klar.

Satz 13.13

Es seien $\mathcal{A}$ und $\mathcal{B}$ kommutative Banachalgebren mit Eins, und $\mathcal{B}$ sei halbeinfach. Dann ist jeder Homomorphismus $\Theta : \mathcal{A} \to \mathcal{B}$ automatisch stetig.

BEWEIS. Es sei (x_n) eine Folge in $\mathcal{A}$ mit $x_n \to x$ in $\mathcal{A}$ und $\Theta x_n \to y$ in $\mathcal{B}$. Für $\phi \in C(\mathfrak{M}(\mathcal{B}))$ ist $\phi \circ \Theta \in C(\mathfrak{M}(\mathcal{A}))$ nach Satz 13.9 ein *stetiges* Funktional auf $\mathcal{A}$. Es folgt $\phi(y) = \lim\limits_{n\to\infty} \phi(\Theta x_n) = \phi(\Theta x)$ und somit $\Theta x = y$, da $\mathcal{B}$ halbeinfach ist. Daher ist Θ stetig nach dem Graphensatz. $\diamond$

Zwei Banachalgebra-Normen einer halbeinfachen kommutativen Algebra mit Eins sind also stets äquivalent.

Als Anwendung von Theorem 13.12 gab I.M. Gelfand 1941 einen einfachen Beweis für ein Resultat von N. Wiener (1933) über absolut konvergente Fourier-Reihen:

Die Wiener-Algebra. a) Der Banachraum $\ell_1(\mathbb{Z})$ wird mit der *Faltung*

$$x * y := (\sum_{j=-\infty}^{\infty} x_j\, y_{k-j})_{k\in\mathbb{Z}} \quad \text{für} \quad x = (x_k)_{k\in\mathbb{Z}},\, y = (y_k)_{k\in\mathbb{Z}} \in \ell_1(\mathbb{Z}),$$

zu einer kommutativen Banachalgebra mit Eins $e = (\delta_{k\,0})_{k\in\mathbb{Z}}$. Für den „ersten Einheitsvektor" $a := (\delta_{k\,1})_{k\in\mathbb{Z}} \in \ell_1(\mathbb{Z})$ ist $a^j = (\delta_{k\,j})_{k\in\mathbb{Z}}$ für $j \in \mathbb{Z}$ der „j-te Einheitsvektor", und daher gilt

$$x = \sum_{j=-\infty}^{\infty} x_j\, a^j \quad \text{für} \quad x = (x_j)_{j\in\mathbb{Z}} \in \ell_1(\mathbb{Z}). \tag{21}$$

b) Für $\phi \in \mathfrak{M}(\ell_1(\mathbb{Z}))$ gelten $\phi(a)\phi(a^{-1}) = \phi(e) = 1$, $|\phi(a)| \le 1$ und $|\phi(a^{-1})| \le 1$; daher ist $|\phi(a)| = 1$. Die Abbildung $\beta : \phi \mapsto \phi(a)$ von $\mathfrak{M}(\ell_1(\mathbb{Z}))$ in die Kreislinie $S^1 = \{z \in \mathbb{C} \mid |z| = 1\}$ ist offenbar stetig. Aus (21) folgt $\phi(x) = \sum\limits_{j=-\infty}^{\infty} x_j\, \phi(a)^j$ für $x \in \ell_1(\mathbb{Z})$, und daher ist β *injektiv*. Für $z \in S^1$ definieren wir

$$\phi_z(x) := \sum_{j=-\infty}^{\infty} x_j\, z^j \quad \text{für} \quad x = (x_j)_{j\in\mathbb{Z}} \in \ell_1(\mathbb{Z}). \tag{22}$$

Dann ist $\phi_z(e) = 1$, und für $x, y \in \ell_1(\mathbb{Z})$ gilt

$$\phi_z(x)\phi_z(y) = (\sum_{j=-\infty}^{\infty} x_j\, z^j)(\sum_{\ell=-\infty}^{\infty} y_\ell\, z^\ell) = \sum_{n=-\infty}^{\infty} (\sum_{j=-\infty}^{\infty} x_j\, y_{n-j})\, z^n = \phi_z(x * y).$$

Somit ist $\phi_z \in \mathfrak{M}(\ell_1(\mathbb{Z}))$, und offenbar gilt $\phi_z(a) = z$. Somit ist $\beta : \mathfrak{M}(\ell_1(\mathbb{Z})) \to S^1$ eine Homöomorphie mit $\beta^{-1}(z) = \phi_z$ für $z \in S^1$.

c) Wir identifizieren nun einen Punkt $e^{it} \in S^1$ mit $\beta^{-1}(e^{it}) \in \mathfrak{M}(\ell_1(\mathbb{Z}))$ und schreiben mittels (22) die Gelfand-Transformation so:

$$\Gamma x\,(e^{it}) = \sum_{k=-\infty}^{\infty} x_k\, e^{ikt} \quad \text{für} \quad x = (x_k)_{k\in\mathbb{Z}} \in \ell_1(\mathbb{Z}). \tag{23}$$

Es ist also $\Gamma \ell_1(\mathbb{Z}) =: \mathcal{W}(S^1)$ die *Wiener-Algebra der Funktionen mit absolut konvergenter Fourier-Reihe* auf S^1. Offenbar gelten die Inklusionen $C^1(S^1) \subseteq \mathcal{W}(S^1) \subseteq C(S^1)$ und sogar $\Lambda^\alpha(S^1) \subseteq \mathcal{W}(S^1)$ für $\alpha > \frac{1}{2}$ (vgl. [GK], S. 118).

Analog zu (23) kann man die Gelfand-Transformation auf der Banachalgebra $L_1(\mathbb{R}^n)$ (zu der die Eins δ adjungiert werden kann) mit der *Fourier-Transformation* identifizieren: Zu einem multiplikativen Funktional $0 \neq \phi : L_1(\mathbb{R}^n) \to \mathbb{C}$ existiert genau ein $\xi \in \mathbb{R}^n$ mit $\phi(f) = \widehat{f}(\xi)$ für alle $f \in L_1(\mathbb{R}^n)$. Für einen Beweis sei etwa auf [Rudin 1974], Theorem 9.23 verwiesen, für eine ausführliche Untersuchung von L_1 -*Banachalgebren über lokalkompakten Gruppen* auf [Kaniuth 2008].

Die Gelfand-Theorie erlaubt einen einfachen Beweis des folgenden Resultats:

Satz 13.14 (Wiener)
Für eine Funktion $f \in \mathcal{W}(S^1)$ gelte $f(e^{it}) \neq 0$ für alle $e^{it} \in S^1$. Dann folgt auch $\frac{1}{f} \in \mathcal{W}(S^1)$.

BEWEIS. Es ist $x := (\widehat{f}(k))_{k \in \mathbb{Z}} \in \ell_1(\mathbb{Z})$, und nach Voraussetzung hat Γx keine Nullstelle auf $\mathfrak{M}(\ell_1(\mathbb{Z}))$. Nach Theorem 13.12 b) besitzt x eine Inverse $y \in \ell_1(\mathbb{Z})$, und es ist $\Gamma y = \frac{1}{f}$. $\diamond$

Auch Theorem 13.12 a) gilt entsprechend (vgl. Aufgabe 13.18 für weitere ähnliche Resultate). Der analytische Funktionalkalkül liefert mittels (20):

Satz 13.15
Für Funktionen $f \in \mathcal{W}(S^1)$ und $g \in \mathscr{H}(f(S^1))$ gilt $g \circ f \in \mathcal{W}(S^1)$.

Für einen interessanten Spezialfall erinnern wir an

Windungszahlen. a) Für einen Weg $\gamma : [a,b] \to \mathbb{C} \backslash \{0\}$ gibt es eine *stetige Funktion* $\vartheta = \vartheta_\gamma : [a,b] \to \mathbb{R}$ mit $\vartheta(t) \in \arg(\gamma(t))$, also

$$\gamma(t) = |\gamma(t)| \exp(i\,\vartheta(t)) \quad \text{für } t \in [a,b]$$

(vgl. etwa [Kaballo 1997], 15.1). Ist auch $\tau : [a,b] \to \mathbb{R}$ eine stetige Funktion mit $\tau(t) \in \arg(\gamma(t))$, so gilt $\tau(t) = \vartheta(t) + 2k\pi$ für ein $k \in \mathbb{Z}$.

b) Für einen *geschlossenen* Weg $\gamma : [a,b] \to \mathbb{C}$ und $w \notin (\gamma)$ wird die *Windungszahl* oder *Umlaufzahl* von γ um w definiert durch

$$n(\gamma; w) := \frac{1}{2\pi}(\vartheta(b) - \vartheta(a)) \in \mathbb{Z}, \tag{24}$$

wobei $\vartheta : [a,b] \to \mathbb{R}$ eine stetige Funktion mit $\vartheta(t) \in \arg(\gamma(t) - w)$ ist.

c) Für eine stetige Funktion $f : S^1 \to \mathbb{C} \backslash \{0\}$ betrachten wir den geschlossenen Weg $\tilde{f} : t \mapsto f(e^{it})$ auf $[0,2\pi]$ und setzen $n(f; 0) := n(\tilde{f}; 0)$.

Satz 13.16
Es sei $f \in \mathcal{W}(S^1)$ ohne Nullstelle mit Windungszahl $n(f; 0) = 0$. Dann gibt es eine Funktion $h \in \mathcal{W}(S^1)$ mit $f = e^h$.

BEWEIS. Wegen $n(f; 0) = 0$ gibt es einen stetigen Zweig des Arguments nahe $f(S^1)$ und somit einen holomorphen Zweig des Logarithmus $L \in \mathscr{H}(f(S^1))$. Damit setzen wir $h = L \circ f$ und verwenden Satz 13.15. ◇

Insbesondere lässt sich f in $\mathcal{G}(\mathcal{W}^1(S^1))$ stetig mit der Funktion 1 verbinden.

Am Ende dieses Abschnitts gehen wir noch allgemeiner auf *Zusammenhangs-* bzw. *Homotopie-Fragen* in $\mathcal{G}(\mathcal{A})$ ein. Solche Fragen werden vom Gelfand-Homomorphismus von $\mathcal{G}(\mathcal{A})$ in die konkretere Gruppe $\mathcal{G}(\mathcal{C}(\mathfrak{M}(\mathcal{A})))$ übersetzt, obwohl dieser i. A. weder injektiv (vgl. Aufgabe 13.10) noch surjektiv ist.

Für eine nicht notwendig kommutative Banachalgebra $\mathcal{A}$ mit Eins bezeichnen wir mit $\mathcal{G}_e(\mathcal{A})$ die e enthaltende Zusammenhangskomponente von $\mathcal{G}(\mathcal{A})$. Es gilt:

Satz 13.17
Es ist $\mathcal{G}_e(\mathcal{A})$ eine offene, abgeschlossene und normale Untergruppe von $\mathcal{G}(\mathcal{A})$. Die Quotientengruppe $\mathcal{G}(\mathcal{A})\big/\mathcal{G}_e(\mathcal{A})$ ist diskret, und ihre Elemente $\{z\,\mathcal{G}_e(\mathcal{A}) \mid z \in \mathcal{G}(\mathcal{A})\}$ sind die Zusammenhangskomponenten von $\mathcal{G}(\mathcal{A})$.

BEWEIS. Es seien $x, y \in \mathcal{G}_e(\mathcal{A})$ und α, β Wege in $\mathcal{G}(\mathcal{A})$ von e nach x, y. Dann sind $\alpha \cdot \beta$ und α^{-1} Wege in $\mathcal{G}(\mathcal{A})$ von e nach xy und x^{-1}, und für $z \in \mathcal{G}(\mathcal{A})$ ist $z\alpha z^{-1}$ ein solcher von e nach zxz^{-1}. Somit ist $\mathcal{G}_e(\mathcal{A})$ eine normale Untergruppe von $\mathcal{G}(\mathcal{A})$. Als Komponente von $\mathcal{G}(\mathcal{A})$ ist $\mathcal{G}_e(\mathcal{A})$ offen, und daher ist die Quotientengruppe $\mathcal{G}(\mathcal{A})\big/\mathcal{G}_e(\mathcal{A})$ diskret. Für $z \in \mathcal{G}(\mathcal{A})$ ist die Abbildung $x \mapsto zx$ eine Homöomorphie von $\mathcal{G}(\mathcal{A})$, und daher ist auch $z\mathcal{G}_e(\mathcal{A})$ eine Komponente von $\mathcal{G}(\mathcal{A})$. ◇

Satz 13.18
Für eine Banachalgebra $\mathcal{A}$ ist $\mathcal{G}_e(\mathcal{A})$ die von $\exp(\mathcal{A})$ erzeugte Untergruppe von $G(\mathcal{A})$.

BEWEIS. Es sei $E = \{\exp(x_1) \cdots \exp(x_r) \mid x_1, \ldots, x_r \in \mathcal{A}\}$ die von $\exp(\mathcal{A})$ erzeugte Untergruppe von $G(\mathcal{A})$. Wegen $\exp(\mathcal{A}) \subseteq \mathcal{G}_e(\mathcal{A})$ gilt $E \subseteq \mathcal{G}_e(\mathcal{A})$. Für $a \in E$ und $x \in \mathcal{A}$ mit $\|x - a\| < \|a\|^{-1}$ ist auch $x = a + (x - a) = a(e + a^{-1}(x - a)) \in E$ wegen $e + a^{-1}(x - a) \in \exp(\mathcal{A})$ nach Satz 13.8 a). Somit ist E eine *offene* Untergruppe von $\mathcal{G}_e(\mathcal{A})$. Dann sind für alle $b \in \mathcal{G}_e(\mathcal{A})$ auch die Nebenklassen bE in $\mathcal{G}_e(\mathcal{A})$ offen, und daher ist E in $\mathcal{G}_e(\mathcal{A})$ auch *abgeschlossen*. Dies impliziert nun $E = \mathcal{G}_e(\mathcal{A})$, da diese Gruppe zusammenhängend ist. ◇

Für *kommutierende* Elemente $x, y \in \mathcal{A}$ gilt $\exp(x + y) = \exp(x)\exp(y)$ (vgl. Aufgabe 13.8). Damit erhalten wir die

Folgerung. Für eine *kommutative* Banachalgebra $\mathcal{A}$ gilt $\mathcal{G}_e(\mathcal{A}) = \exp(\mathcal{A})$.

Beispiele. Im Fall $\mathcal{A} = L(\mathbb{C}^n)$ hat man nach der Folgerung zu Satz 13.8 sogar $\exp(L(\mathbb{C}^n)) = G_e(L(\mathbb{C}^n)) = GL(\mathbb{C}^n)$. Für *unendlichdimensionale* Hilberträume dagegen ist $\exp(L(H))$ eine *echte* Teilmenge von $G_e(L(H)) = \exp(L(H)) \cdot \exp(L(H))$, vgl. [Rudin 1973], Theorem 12.38.

Indexgruppen. a) Für eine Banachalgebra $\mathcal{A}$ mit Eins heißt $\Lambda(\mathcal{A}) := \mathcal{G}(\mathcal{A})\big/\mathcal{G}_e(\mathcal{A})$ die *(abstrakte) Indexgruppe* von $\mathcal{A}$, und die Quotientenabbildung $j : \mathcal{G}(\mathcal{A}) \to \Lambda(\mathcal{A})$ der *abstrakte Index*.

b) Diese Notationen sind von *Calkin-Algebren* $\mathcal{A} = Ca(X) = L(X)\big/K(X)$ über Banachräumen motiviert (s. S. 327). Da der *Index* von Fredholm-operatoren unter *kompakten Störungen stabil* ist (vgl. [GK], Abschnitt 11.3, oder Satz 14.4 unten), hat er eine Faktorisierung $\mathrm{ind} = i\,\pi$ über einen *Gruppenhomomorphismus* $i : \mathcal{G}(Ca(X)) \to \mathbb{Z}$.

$$
\begin{array}{ccc}
& \Phi(X) & \\
\downarrow \pi & & \searrow^{\mathrm{ind}} \\
\mathcal{G}(Ca(X)) & \xrightarrow[\alpha]{\ i\ } & \mathbb{Z} \\
\downarrow j & & \nearrow \\
\Lambda(Ca(X)) & &
\end{array}
$$

Der Index ist auch unter *kleinen Störungen stabil* (vgl. Satz 14.3), also *lokal konstant*, und verschwindet somit auf $\mathcal{G}_e(Ca(X))$. Folglich hat i eine Faktorisierung $i = \alpha\,j$ über einen *Gruppenhomomorphismus* $\alpha : \Lambda(Ca(X)) \to \mathbb{Z}$. Im Fall eines Hilbertraumes X ist α ein *Isomorphismus;* für dieses Resultat von H.O. Cordes (1963) verweisen wir auf S. 417 und Aufgabe 15.16.

Die Indexgruppe von $C(K)$. a) Es seien K ein kompakter Raum und $\mathcal{A} = C(K)$. Für Funktionen $f, g \in \mathcal{G}(C(K))$ gilt dann $jf = jg$ genau dann, wenn der Quotient $\frac{f}{g}$ in $C(K, \mathbb{C}\backslash\{0\})$ zur konstanten Funktion 1 *homotop* ist. Nach Division durch Beträge kann man von $\mathbb{C}\backslash\{0\}$ zur Kreislinie S^1 übergehen und erhält eine natürliche Isomorphie

$$
\Lambda(C(K)) \cong \pi^1(K) = [K, S^1]
$$

der Indexgruppe von $C(K)$ zur ersten *Kohomotopie-Gruppe* von K, d. h. der Gruppe der Äquivalenzklassen homotoper stetiger Abbildungen von K nach S^1.

b) Im Fall $K = S^1$ gilt die Isomorphie $\pi^1(S^1) \cong \mathbb{Z}$, vgl. Aufgabe 13.9.

c) Wegen obiger Folgerung zu Satz 13.18 ist $jf = 0$ dazu äquivalent, dass f einen *stetigen Logarithmus* auf K besitzt. Wählt man für eine Funktion $f \in \mathcal{G}(C(K))$ *lokal* solche stetigen Logarithmen, so erhält man einen $\mathbb{Z}$-wertigen *Kozyklus* bezüglich einer Überdeckung von K und damit ein Element der *ersten Čech-Kohomologiegruppe* $H^1(K, \mathbb{Z})$. Dies liefert sogar einen *Isomorphismus* von $\pi^1(K)$ auf $H^1(K, \mathbb{Z})$ (vgl. etwa [Gamelin 2005], III 7).

Indexgruppen kommutativer Banachalgebren. a) Für den Gelfand-Homomorphismus gilt $\Gamma\mathcal{G}(\mathcal{A}) \subseteq \mathcal{G}(C(\mathfrak{M}(\mathcal{A})))$ und $\Gamma\mathcal{G}_e(\mathcal{A}) \subseteq \mathcal{G}_e(C(\mathfrak{M}(\mathcal{A})))$; er induziert also einen Homomorphismus

$$
\widehat{\Gamma} : \Lambda(\mathcal{A}) \to \Lambda(C(\mathfrak{M}(\mathcal{A}))).
$$

b) Der Homomorphismus $\widehat{\Gamma}$ ist *injektiv;* dies folgt aus einem *Satz über implizite Funktionen für Banachalgebren* (vgl. [Gamelin 2005], III 6.1, oder [Allan 2011], 9.4). Ähnlich wie in Satz 13.16 gilt also: Ist $x \in \mathcal{G}(\mathcal{A})$ und hat Γx einen Logarithmus in $C(\mathfrak{M}(\mathcal{A}))$, so hat x einen Logarithmus in $\mathcal{A}$.

d) Nach einem *Satz von R. Arens und H. Royden* (1963) ist $\widehat{\Gamma}$ auch *surjektiv;* es gelten also die Isomorphien

$$\Lambda(\mathcal{A}) \cong \Lambda(C(\mathfrak{M}(\mathcal{A}))) \cong \pi^1(\mathfrak{M}(\mathcal{A})) \cong H^1(\mathfrak{M}(\mathcal{A}), \mathbb{Z}).$$

Der Beweis benutzt *Methoden der komplexen Analysis in mehreren Variablen,* vgl. etwa [Gamelin 2005], III 7.2, oder [Allan 2011], 9.5. Zu jeder Funktion $f \in C(\mathfrak{M}(\mathcal{A}))$ ohne Nullstelle gibt es also ein Element $x \in \mathcal{G}(\mathcal{A})$, sodass $\frac{\Gamma x}{f}$ einen Logarithmus in $C(\mathfrak{M}(\mathcal{A}))$ besitzt.

13.4 Uniforme Algebren und gemeinsame Spektren

In diesem Abschnitt „bestimmen" wir die Spektren einiger uniformer Algebren sowie die *endlich erzeugter* Banachalgebren.

Uniforme Algebren. Es sei $\mathcal{F}(K)$ eine uniforme Algebra auf dem kompakten Raum K. Die durch *Dirac-Funktionale* definierte Abbildung

$$\delta : K \to \mathfrak{M}(\mathcal{F}(K)), \quad \delta_t(f) := f(t), \quad t \in K, f \in \mathcal{F}(K),$$

ist *stetig,* und der Gelfand-Homomorphismus $\Gamma : \mathcal{F}(K) \to C(\mathfrak{M}(\mathcal{F}(K)))$ ist *isometrisch.* Wir nehmen stets an, dass $\mathcal{F}(K)$ *die Punkte von K trennt;* dann ist δ auch *injektiv* und *identifiziert K homöomorph* mit dem kompakten Raum $\delta(K) \subseteq \mathfrak{M}(\mathcal{F}(K))$. Wegen $(\Gamma f)(\delta_t) = f(t)$ für $f \in \mathcal{F}(K)$ und $t \in K$ liefert somit Γ eine isometrische *Fortsetzung* aller Funktionen aus $\mathcal{F}(K)$ auf den i. A. größeren kompakten Raum $\mathfrak{M}(\mathcal{F}(K))$; dieser kann also als *maximaler Definitionsbereich* der Funktionen aus $\mathcal{F}(K)$ betrachtet werden.

In wichtigen Fällen ist $\delta : K \to \mathfrak{M}(\mathcal{F}(K))$ auch *surjektiv:*

Satz 13.19
Für die Banachalgebra $C(K)$ ist $\delta : K \to \mathfrak{M}(C(K))$ eine Homöomorphie.

BEWEIS. Andernfalls gibt es $\phi \in \mathfrak{M}(C(K)) \backslash \delta(K)$. Zu $t \in K$ gibt es dann $f_t \in C(K)$ mit $\phi(f_t) = 0$ und $f_t(t) \neq 0$. Wegen der Stetigkeit von f_t gilt dann $f_t \neq 0$ auf einer Umgebung $U(t)$ von t in K, und wegen der Kompaktheit von K gibt es $t_1, \ldots, t_r \in K$ mit $K \subseteq U(t_1) \cup \ldots \cup U(t_r)$. Für die Funktion $g := \sum_{k=1}^{r} f_{t_k} \overline{f_{t_k}}$ gilt dann $\phi(g) = 0$. Andererseits ist $g(t) > 0$ für alle $t \in K$ und somit g invertierbar in $C(K)$. Dies ist ein Widerspruch! $\diamondsuit$

Dieser Beweis ist auch auf andere Funktionenalgebren anwendbar, vgl. Aufgabe 13.4. Für das nächste Resultat verwenden wir jedoch ein anderes Argument:

Satz 13.20
Es sei $K \subseteq \mathbb{C}$ eine kompakte Menge. Für die Banachalgebra $\mathcal{R}(K)$ ist die Dirac-Abbildung $\delta : K \to \mathfrak{M}(\mathcal{R}(K))$ eine Homöomorphie.

BEWEIS. Für $\phi \in \mathfrak{M}(\mathcal{R}(K))$ betrachten wir $w := \phi(z) \in \mathbb{C}$. Ist $w \notin K$, so liegt die Funktion $f : z \to \frac{1}{z-w}$ in $\mathcal{R}(K)$, und aus $(z-w) f(z) = 1$ folgt der Widerspruch $1 = (\phi(z) - w)\phi(f) = 0$. Somit ist $w \in K$, und es gilt $\phi(f) = f(w)$ für alle Polynome und dann auch für alle rationalen Funktionen f mit Polen außerhalb von K. Da diese Funktionen nach dem *Satz von Runge* in $\mathcal{R}(K)$ dicht liegen, ist $\phi = \delta_w$. $\Diamond$

Für jede kompakte Menge $K \subseteq \mathbb{C}$ ist $\delta : K \to \mathfrak{M}(\mathcal{A}(K))$ auch für die Banachalgebra $\mathcal{A}(K)$ eine Homöomorphie. Ein Beweis dieser Tatsache ist schwieriger als der von Satz 13.20; dazu sei auf [Kaniuth 2008], Theorem 2.6.6 verwiesen.

Für die Algebra $\mathcal{P}(K)$ ist Satz 13.20 i. A. *nicht* richtig. Wir „bestimmen" nun $\mathfrak{M}(\mathcal{P}(K))$ für kompakte Mengen $K \subseteq \mathbb{C}^n$ im Rahmen allgemeinerer Überlegungen:

Gemeinsame Spektren. a) Es sei $\mathcal{A}$ eine kommutative Banachalgebra mit Eins. Für Elemente $x_1, \dots, x_n \in \mathcal{A}$ betrachten wir die stetige Abbildung

$$\Theta = \Theta_{x_1,\dots,x_n} : \mathfrak{M}(\mathcal{A}) \to \mathbb{C}^n, \quad \Theta(\phi) := (\Gamma x_1(\phi), \dots, \Gamma x_n(\phi)), \qquad (25)$$

und definieren das *gemeinsame Spektrum* der Elemente $x_1, \dots, x_n \in \mathcal{A}$ als

$$\sigma(x_1, \dots, x_n) := \Theta_{x_1,\dots,x_n}(\mathfrak{M}(\mathcal{A})) \subseteq \mathbb{C}^n.$$

b) Offenbar ist $\sigma(x_1, \dots, x_n)$ eine kompakte nicht-leere Teilmenge von $\mathbb{C}^n$, und für $n = 1$ ergibt sich wegen (18) der übliche Begriff des Spektrums.

c) Ein Punkt $(\lambda_1, \dots, \lambda_n) \in \mathbb{C}^n$ liegt genau dann *nicht* in $\sigma(x_1, \dots, x_n)$, wenn die Funktionen $\lambda_1 - \Gamma x_1, \dots, \lambda_n - \Gamma x_n$ keine gemeinsame Nullstelle auf $\mathfrak{M}(\mathcal{A})$ haben; nach Theorem 13.12 a) ist dies äquivalent zur Existenz von Elementen $y_1, \dots, y_n \in \mathcal{A}$ mit $\sum\limits_{k=1}^{n} y_k (\lambda_k e - x_k) = e$.

Polynomkonvexe Mengen. a) Formel (3.42) auf S. 69 zeigt

$$\operatorname{co} K = \{x \in \mathbb{R}^n \mid \forall\, \xi \in \mathbb{R}^n : \langle x|\xi \rangle \leq H_K(\xi) = \sup_{y \in K} \langle y|\xi \rangle \}$$

für die *konvexe Hülle* einer kompakten Menge $K \subseteq \mathbb{R}^n$.

b) Analog dazu wird die *polynomkonvexe Hülle* einer kompakten Menge $K \subseteq \mathbb{C}^n$ durch

$$\widehat{K} := \{\lambda \in \mathbb{C}^n \mid |P(\lambda)| \leq \|P\|_K \text{ für alle } P \in \mathbb{C}[z_1, \dots, z_n]\} \qquad (26)$$

definiert. Die kompakte Menge $K \subseteq \mathbb{C}^n$ heißt *polynomkonvex*, falls $\widehat{K} = K$ gilt.

Satz 13.21

Das gemeinsame Spektrum der Koordinatenfunktionen $z_1, \ldots, z_n$ in der Banachalgebra $\mathcal{P}(K)$ ist gegeben durch $\sigma_{\mathcal{P}(K)}(z_1, \ldots, z_n) = \widehat{K}$.

BEWEIS. Für $\phi \in \mathfrak{M}(\mathcal{P}(K))$, $\lambda := \Theta(\phi) \in \mathbb{C}^n$ und ein Polynom $P \in \mathbb{C}[z_1, \ldots, z_n]$ ist

$$|P(\lambda)| = |P(\phi(z_1), \ldots, \phi(z_n))| = |\phi(P(z_1, \ldots, z_n))| \leq \|P\|_K.$$

Umgekehrt wird für alle $\lambda \in \mathbb{C}^n$ durch $P \mapsto P(\lambda)$ ein multiplikatives Funktional auf $\mathbb{C}[z_1, \ldots, z_n]$ definiert. Für $\lambda \in \widehat{K}$ lässt sich dieses wegen (26) zu $\delta_\lambda \in \mathfrak{M}(\mathcal{P}(K))$ fortsetzen; offenbar gilt dann $\delta_\lambda(z_k) = \lambda_k$ und somit $\lambda = \Theta(\delta_\lambda)$. ◇

Endlich erzeugte Banachalgebren. a) Eine kommutative Banachalgebra $\mathcal{A}$ mit Eins wird von Elementen $x_1, \ldots, x_n \in \mathcal{A}$ *erzeugt*, wenn die *Polynome* in $x_1, \ldots, x_n$ in $\mathcal{A}$ *dicht* liegen. In diesem Fall gilt $\mathfrak{M}(\mathcal{A}) \approx \Sigma := \sigma(x_1, \ldots, x_n)$, und wir können $\mathcal{A}$ mit der uniformen Algebra $\mathcal{P}(\Sigma)$ auf dem gemeinsamen Spektrum der erzeugenden Elemente identifizieren:

b) In der Tat ist nun die Abbildung $\Theta : \mathfrak{M}(\mathcal{A}) \to \Sigma$ aus (25) injektiv, also ein *Homöomorphismus*. Wir *modifizieren* den isometrischen Gelfand-Homomorphismus zu

$$\widetilde{\Gamma} : \mathcal{A} \to \mathcal{C}(\Sigma), \quad \widetilde{\Gamma}x := (\Gamma x) \circ \Theta^{-1} \quad \text{für} \quad x \in \mathcal{A}; \tag{27}$$

dann gilt offenbar $\widetilde{\Gamma}x_k(z) = z_k$ für $z \in \Sigma$ und $k = 1, \ldots, n$ sowie $\widetilde{\Gamma}\mathcal{A} = \mathcal{P}(\Sigma)$. Insbesondere ist $\Sigma = \sigma_{\mathcal{P}(\Sigma)}(z_1, \ldots, z_n) = \widehat{\Sigma}$ nach Satz 13.21 *polynomkonvex*.

c) Für eine kompakte Menge $K \subseteq \mathbb{C}^n$ wird die uniforme Algebra $\mathcal{P}(K)$ von den Koordinatenfunktionen $z_1, \ldots, z_n$ erzeugt. Somit können wir $\mathfrak{M}(\mathcal{P}(K))$ mit der polynomkonvexen Hülle $\sigma_{\mathcal{P}(K)}(z_1, \ldots, z_n) = \widehat{K}$ von K identifizieren. Im Fall $K = S^1 \subseteq \mathbb{C}$ ist offenbar $\widehat{K} = \overline{D}$, und die *Cauchy-Formel* liefert

$$\widetilde{\Gamma}f(\lambda) = \frac{1}{2\pi i} \int_{S^1} \frac{f(z)}{z - \lambda} dz \quad \text{für} \quad \lambda \in D \text{ und } f \in \mathcal{P}(S^1).$$

d) Für eine kompakte Menge $K \subseteq \mathbb{C}$ wird die uniforme Algebra $\mathcal{R}(K)$ von *zwei* Funktionen erzeugt, vgl. [Kaniuth 2008], Theorem 2.5.9. Insbesondere ist K zu einer *polynomkonvexen* kompakten Menge in $\mathbb{C}^2$ homöomorph.

Die Struktur polynomkonvexer Hüllen in $\mathbb{C}$ klärt (vgl. Abb. 13.1 auf S. 326)

Satz 13.22

a) Für eine kompakte Menge $K \subseteq \mathbb{C}$ ist $\widehat{K}$ die Vereinigung von K mit allen beschränkten Zusammenhangskomponenten von $\mathbb{C}\backslash K$.

b) Eine kompakte Menge $K \subseteq \mathbb{C}$ ist genau dann polynomkonvex, wenn $\mathbb{C}\backslash K$ zusammenhängend ist.

BEWEIS. a) Aufgrund der Sätze 13.21 und 13.1 ist $\widehat{K} = \sigma_{\mathcal{P}(K)}(z)$ die Vereinigung von $K = \sigma_{\mathcal{C}(K)}(z)$ mit *einigen* beschränkten Komponenten von $\mathbb{C}\backslash K$. Aufgrund des Maximum-Prinzips liegen aber *alle* beschränkten Komponenten von $\mathbb{C}\backslash K$ in $\widehat{K}$.

Aussage b) folgt sofort aus a). $\Diamond$

Auch für eine kompakte Menge $K \subseteq \mathbb{C}^n$ liegen alle beschränkten Komponenten von $\mathbb{C}\backslash K$ in $\widehat{K}$, und somit ist $\mathbb{C}^n\backslash\widehat{K}$ zusammenhängend. Satz 13.22 impliziert:

Folgerung. Es seien $\mathcal{A}$ eine (nicht notwendig kommutative) Banachalgebra mit Eins und $x \in \mathcal{A}$. Die von x (und e) erzeugte abgeschlossene Unteralgebra $\langle x \rangle$ von $\mathcal{A}$ ist kommutativ, und es gilt $\sigma_{\langle x \rangle}(x) = \widehat{\sigma_{\mathcal{A}}(x)}$.

Am Ende dieses Abschnitts geben wir noch einige Hinweise auf Themen, auf die wir in diesem Buch nicht näher eingehen können:

Ränder. a) Der maximale Definitionsbereich der Disc Algebra ist der Einheitskreis $\overline{D}$, der minimale Definitionsbereich offenbar dessen Rand S^1. Auch in allgemeineren Situationen sind *minimale* Definitionsbereiche interessant:

b) Für eine kommutative Banachalgebra $\mathcal{A}$ mit Eins heißt eine Menge $R \subseteq \mathfrak{M}(\mathcal{A})$ ein *Rand* von $\mathcal{A}$, wenn

$$\| \Gamma x \|_{\sup} = \max \{| \Gamma x(\phi)| \mid \phi \in R\} \quad \text{für alle } x \in \mathcal{A}$$

gilt. Der Durchschnitt aller kompakten Ränder von $\mathcal{A}$ ist der *minimale kompakte Rand* von $\mathcal{A}$, der *Shilov-Rand* $\partial_{Sh}(\mathcal{A})$ (vgl. [Gamelin 2005], I.4, oder [Kaniuth 2008], 3.3).

c) In Verbindung mit dem *Satz von Choquet-Bishop-de Leeuw* (vgl. S. 192) lassen sich auch kleinere (nicht abgeschlossene) Ränder konstruieren. Wir verweisen dazu auf [Gamelin 2005], II.11, oder [Phelps 2001], Kapitel 6 und 8.

Die Spektraltheorie in mehreren Variablen benötigt Methoden der *komplexen Analysis in mehreren Variablen* und geht daher über den Rahmen dieses Buches hinaus. Für *kommutative* Banachalgebren wurde ein *analytischer Funktionalkalkül*

$$\Psi_{x_1,\ldots,x_n} : \mathcal{H}(\sigma(x_1,\ldots,x_n)) \to \mathcal{A}$$

Mitte der 1950er-Jahre von L. Waelbroeck, G. E. Shilov, R. Arens, A.P. Calderón und anderen entwickelt, vgl. etwa [Allan 2011], Kapitel 9, oder [Gamelin 2005], Kapitel III. Anfang der 1970er-Jahre konstruierte J.L. Taylor einen analytischen Funktionalkalkül für *kommutierende Operatoren* auf Banachräumen. Dafür wie auch für weitere neuere Entwicklungen in der Spektraltheorie sei auf [Eschmeier und Putinar 1996] oder [Laursen und Neumann 2000] verwiesen.

13.5 Einseitige Ideale und holomorphe Operatorfunktionen

In diesem Abschnitt beweisen wir Resultate von G.R. Allan (1967) und A. Lebow (1968) über *einseitige Ideale* in Algebren von Funktionen mit Werten in Banachalgebren $\mathcal{B}$. Für offene Mengen $\Omega \subseteq \mathbb{C}$ und holomorphe Funktionen $f \in \mathscr{H}(\Omega, \mathcal{B})$ folgern wir daraus die *Existenz einer einseitigen holomorphen Inversen* $g \in \mathscr{H}(\Omega, \mathcal{B})$, falls eine solche einseitige Inverse *punktweise* existiert. Mit Hilfe einer Methode von J. Leiterer (1978) konstruieren wir anschließend *holomorphe* bzw. *stetige Lösungen* von Vektorgleichungen $T(z)x(z) = y(z)$ für *punktweise surjektive* Operatorfunktionen T.

Wir beginnen mit der Erweiterung einiger Resultate der Gelfand-Theorie auf nicht kommutative Situationen. Das *Zentrum*

$$Z(\mathcal{A}) := \{a \in \mathcal{A} \mid ax = xa \text{ für alle } x \in \mathcal{A}\}$$

einer Banachalgebra $\mathcal{A}$ ist offenbar eine *kommutative abgeschlossene Unteralgebra* von $\mathcal{A}$. Es gilt die folgende Erweiterung des *Satzes von Gelfand-Mazur* 13.3:

Satz 13.23
Es seien $\mathcal{A}$ eine Banachalgebra mit Eins, $a \in Z(\mathcal{A})$ und $\mathfrak{L}$ ein maximales Linksideal in $\mathcal{A}$. Dann gibt es $\lambda \in \mathbb{C}$ mit $\lambda e - a \in \mathfrak{L}$.

BEWEIS. a) Wir betrachten die *linksreguläre Darstellung* von $\mathcal{A}$ auf dem Quotientenraum $\mathcal{A}/\mathfrak{L}$. Mit der Quotientenabbildung $\sigma : \mathcal{A} \to \mathcal{A}/\mathfrak{L}$ ist diese gegeben durch

$$T : \mathcal{A} \to L(\mathcal{A}/\mathfrak{L}), \quad T(y) : \sigma(x) \to \sigma(yx) \text{ für } y \in \mathcal{A} \text{ und } x \in \mathcal{A}. \tag{28}$$

Es ist $T(y)$ wohldefiniert, da $\mathfrak{L}$ ein Linksideal ist. Offenbar ist $T : \mathcal{A} \to L(\mathcal{A}/\mathfrak{L})$ ein Homomorphismus, und es gilt $\| T(y) \| = \| \sigma(y) \|$ für alle $y \in \mathcal{A}$ (vgl. Aufgabe 13.16).
b) Für $a \in Z(\mathcal{A})$ und $a \notin \mathfrak{L}$ ist $M := \mathcal{A}a + \mathfrak{L}$ ein Unterraum von $\mathcal{A}$ mit $\mathcal{A}M \subseteq M$ und $\mathfrak{L} \subseteq M$. Wegen $a \in M \backslash \mathfrak{L}$ und der Maximalität von $\mathfrak{L}$ muss $M = \mathcal{A}$ sein; es gibt also $b \in \mathcal{A}$ mit $e \in ba + \mathfrak{L}$, also $ba - e = ab - e \in \mathfrak{L}$. Die linksreguläre Darstellung liefert somit $T(b) = T(a)^{-1}$ in $L(\mathcal{A}/\mathfrak{L})$.
c) Wegen $\sigma(T(a)) \neq \emptyset$ gibt es $\lambda \in \mathbb{C}$, sodass $\lambda I - T(a) = T(\lambda e - a)$ in $L(\mathcal{A}/\mathfrak{L})$ nicht invertierbar ist, und aufgrund von b) muss dann $\lambda e - a \in \mathfrak{L}$ gelten. ◇

Nach einem Resultat von L.A. Harris und R.V. Kadison (1996) gilt Satz 13.23 allgemeiner für Elemente $a \in \mathcal{A}$, die $\mathfrak{L}a \subseteq \mathfrak{L}$ erfüllen, vgl. [Allan 2011], Theorem 5.15.

Folgerung. *Es seien $\mathcal{A}$ eine Banachalgebra mit e und $\mathfrak{L}$ ein maximales Linksideal in $\mathcal{A}$. Für eine abgeschlossene Unteralgebra $\mathcal{Z}$ von $Z(\mathcal{A})$ mit $e \in \mathcal{Z}$ ist dann $\mathfrak{L} \cap \mathcal{Z}$ ein maximales Ideal in $\mathcal{Z}$.*

BEWEIS. Wegen $e \in \mathcal{Z}$ ist $\mathfrak{L} \cap \mathcal{Z}$ ein Ideal in $\mathcal{Z}$. Weiter gilt $\mathcal{Z} = (\mathfrak{L} \cap \mathcal{Z}) \oplus [e]$ nach Satz 13.23, und daher muss $\mathfrak{L} \cap \mathcal{Z}$ maximal sein. ◇

Das folgende Resultat stammt von [Allan 1967]:

Satz 13.24

Es seien $\mathcal{B}$ eine Banachalgebra mit e, $K \subseteq \mathbb{C}$ eine kompakte Menge und $\mathfrak{L}$ ein maximales Linksideal von $\mathcal{A} := \mathcal{R}(K,\mathcal{B})$. Dann gibt es einen Punkt $\lambda \in K$ und ein maximales Linksideal L von $\mathcal{B}$ mit $\mathfrak{L} = \{f \in \mathcal{A} \mid f(\lambda) \in L\}$.

BEWEIS. a) Wir identifizieren $\mathcal{R}(K)$ mittels $\alpha \leftrightarrow \alpha e$ mit einer abgeschlossenen Unteralgebra von $Z(\mathcal{A})$. Nach obiger Folgerung ist $\mathfrak{i} := \mathfrak{L} \cap \mathcal{R}(K)$ ein maximales Ideal von $\mathcal{R}(K)$, und nach Satz 13.20 gibt es $\lambda \in K$ mit $\mathfrak{i} = N(\delta_\lambda) = \{\alpha \in \mathcal{R}(K) \mid \alpha(\lambda) = 0\}$.

b) Wir zeigen nun $\mathcal{I}(\lambda) := \{f \in \mathcal{A} \mid f(\lambda) = 0\} \subseteq \mathfrak{L}$: Es seien $f \in \mathcal{I}(\lambda)$ und $\varepsilon > 0$. Nach dem *Satz von Runge* oder wegen $\mathscr{H}(U,\mathcal{B}) \simeq \mathscr{H}(U)\widehat{\otimes}_\varepsilon\mathcal{B}$ für Umgebungen U von K gibt es $g(z) = \sum_{j=1}^{r} \alpha_j(z)\, x_j$ in $\mathcal{R}(K) \otimes \mathcal{B}$ mit $\| f - g \| \leq \varepsilon$. Es ist $\beta_j := \alpha_j - \alpha_j(\lambda) \in \mathfrak{i} \subseteq \mathfrak{L}$ und daher $h(z) := \sum_{j=1}^{n} \beta_j(z)\, x_j \in \mathfrak{L}$. Weiter ist

$$\| f - h \| \;\leq\; \| f - g \| + \| g - h \| \;\leq\; \varepsilon + \| \sum_{j=1}^{n} \alpha_j(\lambda)\, x_j \|$$
$$\leq\; \varepsilon + \| g(\lambda) \| \;=\; \varepsilon + \| (g-f)(\lambda) \| \;\leq\; 2\varepsilon$$

wegen $f(\lambda) = 0$. Daher gilt auch $f \in \overline{\mathfrak{L}} = \mathfrak{L}$.

c) Nun setzen wir $L := \{f(\lambda) \mid f \in \mathfrak{L}\} \subseteq \mathcal{B}$. Es ist L ein Unterraum von $\mathcal{B}$, und es gilt $\mathcal{B}L \subseteq L$. Ist $e \in L$, so existiert $f \in \mathfrak{L}$ mit $f(\lambda) = e$, also $f - e \in \mathcal{I}(\lambda) \subseteq \mathfrak{L}$ und damit der Widerspruch $e \in \mathfrak{L}$. Somit ist L ein Linksideal von $\mathcal{B}$. Offenbar ist $\mathfrak{L}$ in dem Linksideal $\mathfrak{l} := \{f \in \mathcal{A} \mid f(\lambda) \in L\}$ von $\mathcal{A}$ enthalten, und wegen der Maximalität von $\mathfrak{L}$ gilt $\mathfrak{L} = \mathfrak{l}$. Daher muss auch das Linksideal L von $\mathcal{B}$ maximal sein. ◇

Für eine allgemeinere Version von Satz 13.24 untersuchen wir

Tensorprodukte von Banachalgebren. a) Für Banachalgebren $\mathcal{R}$ und $\mathcal{B}$ lässt sich durch

$$\big(\sum_{j=1}^{n} \alpha_j \otimes x_j\big)\big(\sum_{k=1}^{m} \beta_k \otimes y_k\big) := \sum_{j=1}^{n}\sum_{k=1}^{m} \alpha_j\beta_k \otimes x_j y_k$$

ein Produkt auf $\mathcal{R} \otimes \mathcal{B}$ erklären, und für Einsen 1 von $\mathcal{R}$ und e von $\mathcal{B}$ ist $1 \otimes e$ eine Eins für $\mathcal{R} \otimes \mathcal{B}$. Das Produkt ist stets *submultiplikativ* für die π-Norm, und somit ist $\mathcal{A} := \mathcal{R}\widehat{\otimes}_\pi\mathcal{B}$ eine Banachalgebra.

b) Dies gilt i. A. nicht für $\mathcal{R}\widehat{\otimes}_\varepsilon\mathcal{B}$. Ist jedoch $\mathcal{R} = \mathcal{F}(K)$ eine *uniforme Algebra*, so ist

$$\mathcal{A} := \mathcal{F}(K)\widehat{\otimes}_\varepsilon\mathcal{B} \subseteq \mathcal{C}(K)\widehat{\otimes}_\varepsilon\mathcal{B} \cong \mathcal{C}(K,\mathcal{B})$$

ebenfalls eine Banachalgebra.

c) Nun sei $\mathcal{R}$ eine *kommutative* Banachalgebra mit 1. In den Fällen a) und b) setzen wir $\mathcal{A} := \mathcal{R} \widehat{\otimes} \mathcal{B}$ und identifizieren $\mathcal{R}$ bzw. $\mathcal{B}$ mittels $\alpha \leftrightarrow \alpha \otimes e$ bzw. $x \leftrightarrow 1 \otimes x$ mit einer abgeschlossenen Unteralgebra von $Z(\mathcal{A})$ bzw. $\mathcal{A}$.

Das folgende Resultat stammt von [Allan 1968] und [Lebov 1968]:

Satz 13.25

Für ein maximales Linksideal $\mathfrak{L}$ von $\mathcal{A}$ gibt es einen Charakter $\phi \in \mathfrak{M}(\mathcal{R})$ und ein maximales Linksideal L von $\mathcal{B}$ mit $\mathfrak{L} = \{f \in \mathcal{A} \mid (\phi \widehat{\otimes} I)f \in L\}$.

BEWEIS. Wie in Satz 13.24 ist $\mathfrak{i} := \mathfrak{L} \cap \mathcal{R}$ ein maximales Ideal von $\mathcal{R}$, und nach Satz 13.11 gilt $\mathfrak{i} = N(\phi)$ für einen Charakter $\phi \in \mathfrak{M}(\mathcal{R})$. Anschließend zeigen wir $\mathcal{I}(\phi) := \{f \in \mathcal{A} \mid (\phi \widehat{\otimes} I)f = 0\} \subseteq \mathfrak{L}$, und mit $L := \{(\phi \widehat{\otimes} I)f \mid f \in \mathfrak{L}\} \subseteq \mathcal{B}$ verläuft auch der Rest des Beweises wie der von Satz 13.24. $\Diamond$

Tensorprodukte kommutativer Banachalgebren. a) Ist in der Situation von Satz 13.25 auch $\mathcal{B}$ kommutativ, so gibt es zu $\alpha \in \mathfrak{M}(\mathcal{A})$ Charaktere $\phi \in \mathfrak{M}(\mathcal{R})$ und $\psi \in \mathfrak{M}(\mathcal{B})$ mit $\alpha = \phi \widehat{\otimes} \psi$; dieses Resultat geht auf J. Tomiyama (1960) und B.R. Gelbaum (1962) zurück.

b) Nach J. Tomiyama (1960) ist $\mathcal{R} \widehat{\otimes}_\pi \mathcal{B}$ genau dann *halbeinfach,* wenn dies auf $\mathcal{R}$ und $\mathcal{B}$ zutrifft und zusätzlich die *kanonische Abbildung* $\mathcal{R} \widehat{\otimes}_\pi \mathcal{B} \to \mathcal{R} \widehat{\otimes}_\varepsilon \mathcal{B}$ *injektiv* ist; für einen Beweis dieses Resultats sei auf [Kaniuth 2008], Theorem 2.11.6 verwiesen.

c) Nach [Milne 1972] impliziert die Existenz eines Banachraumes ohne A.E. auch die einer *uniformen Algebra ohne A.E.* (vgl. Aufgabe 13.17), und die zusätzliche Bedingung in b) ist nicht immer erfüllt (vgl. dazu auch Theorem 11.11 und die dort folgenden Bemerkungen).

Wir kommen nun zu einer wichtigen Anwendung von Satz 13.24. Dabei benutzen wir die Notation $g \cdot f := \sum_{k=1}^{r} g_k f_k$ für Tupel $g = (g_k)_{k=1}^{r}$ und $f = (f_k)_{k=1}^{r}$.

Satz 13.26

Es seien $\mathcal{B}$ eine Banachalgebra mit Eins e, $K \subseteq \mathbb{C}$ eine kompakte Menge und f ein Tupel von Funktionen in $\mathcal{R}(K, \mathcal{B})^r$, sodass für alle $z \in K$ Tupel $y \in \mathcal{B}^r$ mit $y \cdot f(z) = e$ existieren. Dann gibt es $g \in \mathcal{R}(K, \mathcal{B})^r$ mit $g(z) \cdot f(z) = e$ für alle $z \in K$.

BEWEIS. Andernfalls wird durch $\{g \cdot f \mid g \in \mathcal{R}(\mathcal{B})^r\}$ ein Linksideal in $\mathcal{R}(\mathcal{B})$ definiert, das in einem maximalen Linksideal $\mathfrak{L}$ enthalten ist. Nach Satz 13.24 gibt es einen Punkt $\lambda \in K$ und ein (maximales) Linksideal L in $\mathcal{B}$ mit $y \cdot f(\lambda) \in L$ für alle $y \in \mathcal{B}^r$. Dies ist ein Widerspruch zur Voraussetzung. $\Diamond$

Spezialfälle und Erweiterungen. a) Der wichtige Spezialfall $r = 1$ in Satz 13.26 besagt: Ist eine Funktion $f \in \mathcal{R}(K, \mathcal{B})$ *punktweise linksinvertierbar,* so besitzt f eine *Linksinverse in $\mathcal{R}(K, \mathcal{B})$.*

b) Satz 13.26 gilt insbesondere für die Algebren $\mathcal{B} = L(X)$ der beschränkten linearen Operatoren auf Banachräumen. Wir können auch Operatoren zwischen *verschiedenen* Banachräumen betrachten: Ist $T \in \mathcal{R}(K, L(X,Y))$ *punktweise linksinvertierbar*, so kann die Menge $\{ST \mid S \in \mathcal{R}(K, L(Y,X))\}$ nach Satz 13.24 kein Linksideal in $\mathcal{R}(K, L(X))$ sein, und daher existiert $S \in \mathcal{R}(K, L(Y,X))$ mit $S(z)T(z) = I$ für alle $z \in K$. Entsprechendes gilt auch für Tupel von Operatorfunktionen.

c) Weitere interessante Beispiele sind *Calkin-Algebren* $\mathcal{B} = Ca(X)$. Wie in b) gibt es auch zu einer punktweise linksinvertierbaren Funktion $t \in \mathcal{R}(K, Ca(X,Y))$ eine Linksinverse $s \in \mathcal{R}(K, Ca(Y,X))$.

d) Satz 13.25 liefert auch entsprechende Varianten von Satz 13.26. Für Algebren, die eine *Zerlegung der Eins* zulassen, folgen diese auch einfach durch „*Zusammenkleben*" *lokaler Lösungen* (gemäß (2) im Fall $r = 1$), vgl. Aufgabe 13.18.

e) Die Sätze 13.24 und 13.25 gelten natürlich entsprechend auch für *Rechtsideale,* und Satz 13.26 mit seinen Varianten gilt auch für *Rechtsinverse* in $\mathcal{R}(K, \mathcal{B})$.

Wir können nun das folgende Resultat von [Allan 1967] zeigen. Die Verwendung der *Mittag-Leffler-Methode* in dieser Situation geht auf R. Arens (1958) zurück.

Theorem 13.27
Es seien $\mathcal{B}$ eine Banachalgebra mit e, $\Omega \subseteq \mathbb{C}$ eine offene Menge und f ein Tupel in $\mathcal{H}(\Omega, \mathcal{B})^r$, sodass für alle $z \in \Omega$ Tupel $y \in \mathcal{B}^r$ mit $y \cdot f(z) = e$ existieren. Dann gibt es $g \in \mathcal{H}(\Omega, \mathcal{B})^r$ mit $g(z) \cdot f(z) = e$ für alle $z \in \Omega$.

BEWEIS. a) Zu zeigen ist die Surjektivität der Abbildung

$$T : \mathcal{H}(\Omega, \mathcal{B})^r \to \mathcal{H}(\Omega, \mathcal{B}), \quad T : g \mapsto g \cdot f.$$

Dazu sei $\{K_n\}_{n \in \mathbb{N}}$ eine kompakte Ausschöpfung von Ω wie in (1.3). Die induzierten Abbildungen $T_n : \mathcal{R}(K_n, \mathcal{B})^r \to \mathcal{R}(K_n, \mathcal{B})$ sind nach Satz 13.26 surjektiv. Nun ist $\mathcal{H}(\Omega, \mathcal{B})^r = \mathrm{proj}\{\mathcal{R}(K_n, \mathcal{B})^r, \rho_{n+1}^n\}_n$, wobei ρ_{n+1}^n die Restriktion von Funktionen von K_{n+1} auf K_n bezeichnet. Wir zeigen nun, dass der projektive Limes der Kerne der T_n *dicht* ist; dann folgt die Behauptung aus der Mittag-Leffler-Methode 9.14.

b) Dazu seien $g \in N(T_n)$, d. h. $g \in \mathcal{R}(K_n, \mathcal{B})^r$ mit $g \cdot f = 0$ und $0 < \varepsilon < 1$ gegeben. Wir wählen $h \in \mathcal{R}(K_{n+1}, \mathcal{B})^r$ mit $h \cdot f = e$ und setzen $\delta := \varepsilon \, (1 + \| f \|_{K_n} \| h \|_{K_n})^{-1}$. Nach dem Satz von Runge gibt es $b \in \mathcal{R}(K_{n+1}, \mathcal{B})^r$ mit $\| g - \rho_{n+1}^n b \|_{K_n} \leq \delta$. Für $a := b - (b \cdot f) h \in \mathcal{R}(K_{n+1}, \mathcal{B})^r$ erhalten wir $a \cdot f = 0$, also $a \in N(T_{n+1})$, sowie

$$
\begin{aligned}
\| g - \rho_{n+1}^n a \|_{K_n} &\leq \| g - \rho_{n+1}^n b \|_{K_n} + \| \rho_{n+1}^n (b - a) \|_{K_n} \leq \delta + \| (b \cdot f) h \|_{K_n} \\
&\leq \delta + \| (b \cdot f - g \cdot f) h \|_{K_n} \leq \delta + \| b - g \|_{K_n} \| f \|_{K_n} \| h \|_{K_n} \\
&\leq \delta \, (1 + \| f \|_{K_n} \| h \|_{K_n}) = \varepsilon. \quad \Diamond
\end{aligned}
$$

Erweiterungen und Varianten. a) Theorem 13.27 gilt auch im Fall mehrerer komplexer Veränderlicher über *Holomorphiegebieten* $\Omega \subseteq \mathbb{C}^n$ oder *Steinschen Räumen* Ω. In diesen Fällen besitzt Ω eine Ausschöpfung $\{K_j\}_{j \in \mathbb{N}}$ aus kompakten *holomorphkonvexen* Mengen; der projektive Limes $\mathcal{H}(\Omega, \mathcal{B}) = \mathrm{proj}_j \mathcal{R}(K_j, \mathcal{B})$ ist dann *reduziert*, und die Dirac-Funktionale liefern *Homöomorphismen* $\delta : K_j \to \mathfrak{M}(\mathcal{R}(K_j))$. Wir verweisen dazu auf [Gunning und Rossi 1965], VII A.

b) Die oben zu Satz 13.26 diskutierten Varianten gelten natürlich entsprechend für Theorem 13.27. Insbesondere besitzen *punktweise rechtsinvertierbare* Operatorfunktionen (über Steinschen Räumen) stets eine *holomorphe Rechtsinverse*. In Verbindung mit dem *Lifting-Satz 10.14 für holomorphe Funktionen* ergibt sich daraus das folgende Resultat von [Leiterer 1978]:

Theorem 13.28

Es seien $\Omega \subseteq \mathbb{C}$ *offen,* X, Y *Banachräume und* $T \in \mathcal{H}(\Omega, L(X, Y))$, *sodass alle Operatoren* $T(z)$ *surjektiv sind. Zu* $y \in \mathcal{H}(\Omega, Y)$ *gibt es dann eine holomorphe Funktion* $x \in \mathcal{H}(\Omega, X)$ *mit* $T(z)x(z) = y(z)$ *für alle* $z \in \Omega$.

BEWEIS. a) Es existieren Quotientenabbildungen $\pi : \ell_1(I) \to X$ und $\sigma : \ell_1(J) \to Y$ (vgl. Aufgabe 9.15). Da $\ell_1(I)$ ein *projektiver* Banachraum ist (vgl. S. 223), hat jeder Operator in $L(\ell_1(I), Y)$ ein Lifting nach $L(\ell_1(I), \ell_1(J))$, die lineare Abbildung $\sigma\circ : L(\ell_1(I), \ell_1(J)) \to L(\ell_1(I), Y)$ ist also *surjektiv*. Nach Satz 10.14 hat somit die holomorphe Funktion $T\pi \in \mathcal{H}(\Omega, L(\ell_1(I), Y))$ ein holomorphes Lifting $S \in \mathcal{H}(\Omega, L(\ell_1(I), \ell_1(J)))$.

$$
\begin{array}{ccc}
 & E & \\
P \swarrow & & \searrow A(z) \\
\ell_1(I) & \xrightarrow{S(z)} & \ell_1(J) \\
\downarrow \pi & & \downarrow \sigma \\
X & \xrightarrow{T(z)} & Y
\end{array}
$$

b) Nun setzen wir $E := \ell_1(I) \times N(\sigma)$ und definieren $A \in \mathcal{H}(\Omega, L(E, \ell_1(J)))$ durch $A(z)(\alpha, \beta) := S(z)\alpha + \beta$. Mit der Projektion $P : E \to \ell_1(I)$, $P(\alpha, \beta) := \alpha$, gilt dann $\sigma A = \sigma S P$. Die Operatoren $A(z)$ sind *surjektiv*: Für $z \in \Omega$ und $\gamma \in \ell_1(J)$ gibt es $x \in X$ mit $T(z)x = \sigma\gamma$. Wir wählen $\alpha \in \ell_1(I)$ mit $\pi\alpha = x$ und erhalten $\sigma S(z)\alpha = T(z)\pi\alpha = \sigma\gamma$, also $\gamma = S(z)\alpha + \beta$ mit $\beta \in N(\sigma)$.

c) Da auch $\ell_1(J)$ ein projektiver Banachraum ist, sind die Operatoren $A(z)$ sogar *rechtsinvertierbar*. Nach Theorem 13.27 existiert daher $R \in \mathcal{H}(\Omega, L(\ell_1(J), E))$ mit $AR = I$. Nun sei $y \in \mathcal{H}(\Omega, Y)$ gegeben. Nach Satz 10.14 existiert ein holomorphes Lifting $y^\vee \in \mathcal{H}(\Omega, \ell_1(J))$, und für $x := \pi P R y^\vee \in \mathcal{H}(\Omega, X)$ gilt

$$
Tx = T\pi P R y^\vee = \sigma S P R y^\vee = \sigma A R y^\vee = \sigma y^\vee = y. \quad \Diamond
$$

Die Existenz holomorpher Lösungen der Gleichung $T(z)x(z) = y(z)$ ergibt sich also daraus, dass solche Lösungen für die beiden Spezialfälle einer *konstanten Surjektion* und einer *punktweise rechtsinvertierbaren* Funktion existieren. Dies gilt natürlich auch entsprechend für andere Funktionenalgebren. Insbesondere haben wir nun das folgende, bereits am Ende von Kapitel 9 erwähnte Resultat von R.G. Bartle und R.M. Graves (1952) bewiesen:

Theorem 13.29
Es seien Ω ein parakompakter Raum, X, Y Banachräume und $T \in \mathcal{C}(\Omega, L(X, Y))$, sodass alle Operatoren $T(z)$ surjektiv sind. Zu $y \in \mathcal{C}(\Omega, Y)$ gibt es dann eine Funktion $x \in \mathcal{C}(\Omega, X)$ mit $T(z)x(z) = y(z)$ für alle $z \in \Omega$.

Ein entsprechendes Resultat gilt auch für $\mathcal{C}^\infty$-Funktionen (vgl. Aufgabe 10.8 oder S. 283), für $m \in \mathbb{N}$ aber *nicht* für $\mathcal{C}^m$-Funktionen in mindestens zwei Veränderlichen und auch *nicht* für die Disc Algebra (vgl. Folgerung a) zu Theorem 12.10).

Die Theoreme 13.28 und 13.29 gelten *nicht* für Operatorfunktionen zwischen *Frécheträumen*, vgl. dazu Aufgabe 13.19.

13.6 Aufgaben

Aufgabe 13.1
a) Verifizieren Sie die Aussage $\mathcal{A}(\overline{D}) = \mathcal{R}(\overline{D}) = \mathcal{P}(\overline{D})$ für den Fall des Einheitskreises.

b) Zeigen Sie $\mathcal{R}(S^1) = \mathcal{A}(S^1) - \mathcal{C}(S^1)$ für den Fall der Kreislinie.

Aufgabe 13.2
Auf einem Banachraum $\mathcal{A}$ sei eine Algebra-Struktur (mit Eins) gegeben, sodass die Multiplikation getrennt stetig ist. Konstruieren Sie eine äquivalente Norm auf $\mathcal{A}$, unter der $\mathcal{A}$ Banachalgebra und zu einer Unteralgebra von $L(\mathcal{A})$ isometrisch isomorph ist.

Aufgabe 13.3
Es sei $\mathcal{A}$ eine Banachalgebra ohne Einselement. Erweitern Sie $\mathcal{A}$ um eine Dimension zu einer Banachalgebra mit Einselement.

Aufgabe 13.4
Finden Sie zu den ursprünglichen äquivalente Normen auf $\mathcal{C}^m[a, b]$, $\Lambda^\alpha[a, b]$ und $W_1^1(a, b)$, unter denen diese Räume Banachalgebren sind. Zeigen Sie, dass alle Charaktere auf diesen Banachalgebren durch die Dirac-Funktionale gegeben sind.

Aufgabe 13.5
a) Es seien X ein Banachraum und $J \neq \{0\}$ ein zweiseitiges Ideal in $L(X)$. Zeigen Sie $\mathcal{F}(X) \subseteq J$.

b) Schließen Sie, dass die Banachalgebra $L(X)$ im Fall $\dim X < \infty$ einfach ist.

Aufgabe 13.6
Beweisen Sie den auf S. 330 formulierten *Approximationssatz von Runge*, auch für Funktionen mit Werten in quasivollständigen lokalkonvexen Räumen F.

HINWEIS. Für $S \subseteq \widehat{\mathbb{C}} \backslash K$ sei $\mathcal{R}_S(K, F)$ der Abschluss der rationalen F-wertigen Funktionen mit Polen in S in $\mathcal{C}(K, F)$. Verwenden Sie die Cauchy-Formel (12) und zeigen Sie $\frac{1}{z - \gamma(1)} \in \mathcal{R}_{\gamma(0)}(K, F)$ für einen stetigen Weg $\gamma : [0,1] \to \widehat{\mathbb{C}} \backslash K$.

Aufgabe 13.7

In einer Banachalgebra gelte $x_n \to x$. Zeigen Sie $f(x_n) \to f(x)$ für $f \in \mathcal{H}(\sigma(x))$.

Aufgabe 13.8

Es seien $x, y \in \mathcal{A}$ *kommutierende* Elemente in einer Banachalgebra, d. h. es gelte $xy = yx$. Zeigen Sie $\exp(x + y) = \exp(x) \exp(y)$.

Aufgabe 13.9

Zeigen Sie, dass stetige Funktionen $f, g : S^1 \to S^1$ genau dann in $\mathcal{C}(S^1, S^1)$ homotop sind, wenn $n(f; 0) = n(g; 0)$ für ihre Windungszahlen gilt.

Aufgabe 13.10

a) Zeigen Sie, dass der Raum $\mathcal{A} := \ell_1(\mathbb{N}_0, \frac{1}{k!})$ (vgl. S. 278) mit der Faltung eine Banachalgebra mit Eins ist.

b) Zeigen Sie $\operatorname{rad} \mathcal{A} = \{x = (x_k)_{k \geq 0} \in \mathcal{A} \mid x_0 = 0\}$ und folgern Sie $\mathfrak{M}(\mathcal{A}) = \{\delta_0\}$ sowie $\Gamma x(\delta_0) = x_0$ für $x \in \mathcal{A}$.

In diesem Fall „vergisst" die Gelfand-Transformation also fast alle Informationen über die Banachalgebra $\mathcal{A}$.

Aufgabe 13.11

Es sei $\mathcal{H}^\infty(D)$ die Banachalgebra der beschränkten holomorphen Funktionen auf dem offenen Einheitskreis $D \subseteq \mathbb{C}$.

a) Zeigen Sie, dass die Dirac-Funktionale einen Homöomorphismus von D auf eine Menge $\Delta \subseteq \mathfrak{M}(\mathcal{H}^\infty(D))$ definieren.

b) Das *Corona-Theorem* von L. Carleson (1962, vgl. [Duren 1970], Kapitel 12, oder [Garnett 2007], Kapitel 8) besagt, dass Δ in $\mathfrak{M}(\mathcal{H}^\infty(D))$ *dicht* liegt. Der Gelfand-Homomorphismus liefert somit eine eindeutig bestimmte stetige Fortsetzung beschränkter holomorpher Funktionen auf die „Kompaktifizierung" $\mathfrak{M}(\mathcal{H}^\infty(D))$ von D.

Zeigen Sie, dass das Corona-Theorem zu folgender Aussage äquivalent ist:

Zu Funktionen $f_1, \ldots, f_r \in \mathcal{H}^\infty(D)$ mit $\sum_{k=1}^{r} |f_k(z)| \geq \varepsilon > 0$ für alle $z \in D$ gibt es Funktionen $g_1, \ldots, g_r \in \mathcal{H}^\infty(D)$ mit $\sum_{k=1}^{r} g_k f_k = 1$.

Aufgabe 13.12

Zeigen Sie, dass eine konvexe kompakte Menge $K \subseteq \mathbb{C}^n$ polynomkonvex ist.

Aufgabe 13.13

Es sei $K \subseteq \mathbb{C}^n$ eine kompakte Menge. Finden Sie eine Banachalgebra $\mathcal{A}$ und Elemente $x_1, \ldots, x_n \in \mathcal{A}$ mit $\sigma(x_1, \ldots, x_n) = K$.

Aufgabe 13.14

Beweisen Sie das folgende Resultat von R. Arens und A.P. Calderón (1955):

Es seien $\mathcal{A}$ eine Banachalgebra und $x_1, \ldots, x_n \in \mathcal{A}$ mit $\sigma(x_1, \ldots, x_n) \subseteq \Omega$ für eine offene Menge $\Omega \subseteq \mathbb{C}^n$. Dann gibt es $y_1, \ldots, y_m \in \mathcal{A}$ mit

$$\pi(\widehat{\sigma}(x_1, \ldots, x_n, y_1, \ldots, y_m)) \subseteq \Omega,$$

wobei $\pi : \mathbb{C}^{n+m} \to \mathbb{C}^n$ die Projektion auf die ersten n Koordinaten und $\widehat{\sigma}$ die polynomkonvexe Hülle bezeichnet.

Aufgabe 13.15

Es seien $\mathcal{A}$ eine Banachalgebra und $x \in \mathcal{A}$. Zeigen Sie $\partial \sigma(x) \subseteq \Gamma x(\partial_{Sh}(\mathcal{A}))$.

Aufgabe 13.16

Es seien $\mathcal{A}$ eine Banachalgebra mit Eins, $\mathfrak{L}$ ein maximales Linksideal von $\mathcal{A}$ und $\sigma : \mathcal{A} \to \mathcal{A}/\mathfrak{L}$ die Quotientenabbildung. Zeigen Sie $\| \sigma(e) \| = 1$ und schließen Sie $\| T(y) \| = \| \sigma(y) \|$ für alle $y \in \mathcal{A}$ für die linksreguläre Darstellung (28) von $\mathcal{A}$ auf $\mathcal{A}/\mathfrak{L}$.

Aufgabe 13.17

Es seien X ein Banachraum, $\iota : X \to \mathcal{C}(B_{X'})$ die Evaluationsabbildung aus (16) und $\mathcal{A} \subseteq \mathcal{C}(B_{X'})$ die von ιX erzeugte uniforme Algebra. Zeigen Sie das folgende Resultat von [Milne 1972]:

Durch $P(1) := 0$, $P(\iota x) := \iota x$, $P(\iota x_1 \cdots \iota x_r) = 0$ für $r \geq 2$, wird eine stetige Projektion von $\mathcal{A}$ auf ιX definiert.

Aufgabe 13.18

Beweisen Sie Varianten von Satz 13.26 bzw. Theorem 13.27 für stetige, $\mathcal{C}^m-$, $\Lambda^\alpha-$, W_1^1- und $\mathcal{W}^1-$ Funktionen ($m \in \mathbb{N} \cup \{\infty\}$, $0 < \alpha \leq 1$).

Aufgabe 13.19

Auf dem Fréchetraum ω aller Folgen seien Operatoren $T, S \in L(\omega)$ durch

$$T : (x_1, x_2, x_3, x_4, \ldots) \mapsto (x_1 - x_2, x_1 - \tfrac{1}{2}x_3, x_1 - \tfrac{1}{3}x_4, x_1 - \tfrac{1}{4}x_5, \ldots) \quad \text{und}$$

$$S_- : (x_1, x_2, x_3, x_4, \ldots) \mapsto (x_2, x_3, x_4, x_5, \ldots)$$

definiert. Zeigen Sie:

a) Für $z \in \mathbb{C}$ ist $T(z) := T + zS_-$ surjektiv mit $\dim N(T(z)) = 1$.

b) Für den Vektor $y := (1, 2, 2^2, 2^3, \ldots) \in \omega$ gibt es auf $\mathbb{C}$ weder eine meromorphe noch eine stetige Lösung der Gleichung $T(z)x(z) = y$.

14 Fredholmoperatoren und kompakte Operatoren

Fragen: 1. Was lässt sich über die Resolvente eines kompakten Operators sagen?
2. Es seien X, Y Banachräume und $T \in L(X, Y)$ surjektiv. Was lässt sich über kleine
bzw. über kompakte Störungen von T sagen?
3. Welche Operatoren $T \in L(X)$ besitzen invariante Unterräume?

Fredholmoperatoren, ein zentrales Konzept der Operatortheorie, haben wir bereits in
[GK], Kapitel 11 eingeführt. Hier zeigen wir grundlegende Störungssätze noch einmal
allgemeiner für *Semi*-Fredholmoperatoren: Der *Index* ind $T \in \mathbb{Z} \cup \{\pm\infty\}$ ist *stabil* unter
kleinen und unter *kompakten Störungen*. Weiter ist ein Operator genau dann ein Semi-
Fredholmoperator mit *komplementiertem* Kern und Bild, wenn er modulo kompakter
Operatoren einseitig invertierbar ist.

Als einfache Beispiele konkreter Fredholmoperatoren stellen wir in Abschnitt 14.2 von
F. Noether 1921 untersuchte *singuläre Integraloperatoren* auf der Kreislinie S^1 vor.
Wir geben ein Kriterium für die Fredholm-Eigenschaft an und berechnen den *Index*
mittels *Windungszahlen* des *Symbols*.

Im nächsten Abschnitt konstruieren wir *endlich meromorphe Inverse holomorpher
Fredholm-Funktionen;* dieses Resultat stammt von B. Gramsch (1970) und I. Gohberg und E.I. Sigal (1971). Allgemeiner besitzen nach B. Gramsch (1970/75) holomorphe *Semi*-Fredholm-Funktionen (mit komplementierten Kernen und Bildern) endlich
meromorphe *einseitige* oder *verallgemeinerte* Inverse, und für diese existieren *globale
Zerlegungen* in einen holomorphen Summanden und einen singulären Summanden, der
eine meromorphe Funktion mit Werten in einem „*kleinen*" *Operatorideal* ist. Für die
Beweise verwenden wir u. a. den Lifting-Satz 10.14, Theorem 13.27 über einseitige holomorphe Inverse und den Satz von Mittag-Leffler 10.13.

Insbesondere ist die *Resolvente* eines kompakten Operators $S \in K(X)$ oder allgemeiner die eines *Riesz-Operators* auf einem Banachraum endlich meromorph auf $\mathbb{C} \setminus \{0\}$.
In Abschnitt 14.4 konstruieren wir mit Hilfe des *analytischen Funktionalkalküls* für
$\lambda \neq 0$ eine *Spektralprojektion* auf den *endlichdimensionalen Hauptraum* oder *verallgemeinerten Eigenraum* von S in λ und zeigen *Kettenbedingungen* für die Kerne und
Bilder der Potenzen des Operators $\lambda I - S$.

Anschließend schätzen wir die (inklusive algebraischer Vielfachheiten gezählten) *Eigenwerte* eines linearen Operators auf einem Hilbertraum durch dessen *singuläre Zahlen*
ab; für diese *Weylsche Ungleichung* geben wir eine multiplikative und eine additive
Version an.

In Abschnitt 14.6 untersuchen wir *invariante Unterräume* linearer Operatoren. Insbesondere beweisen wir die Existenz *hyperinvarianter Unterräume* für kompakte Operatoren auf Banachräumen; dieses Resultat stammt von V.I. Lomonosov (1973). Anschließend diskutieren wir *Shift-Operatoren* auf Hilberträumen. Im Fall der Multiplizität 1

charakterisieren wir ihre invarianten Unterräume mittels *innerer Funktionen* nach A. Beurling (1949). Anschließend diskutieren wir auch den Fall beliebiger Multiplizität und stellen eine Verbindung her zur *ungelösten Frage,* ob jeder Operator auf einem (separablen) Hilbertraum einen invarianten Unterraum besitzt.

14.1 Semi-Fredholmoperatoren und Störungssätze

In [GK], Kapitel 11 haben wir bereits Fredholmoperatoren eingeführt und grundlegende *Störungssätze* gezeigt, die auf J. Dieudonné (1943), F.V. Atkinson (1951), I. Gohberg (1951) und B. Yood (1951) zurückgehen. Wir zeigen diese Resultate hier auch für *Semi*-Fredholmoperatoren und ihren *Index* und folgen dabei im Wesentlichen der Darstellung in [Hörmander 1985a], 19.1. Einen anderen Zugang zur Störungstheorie, auch im Rahmen abgeschlossener unbeschränkter Opertoren, gibt [Kato 1980], Kapitel IV; für Operatoren zwischen Fréchéträumen verweisen wir auf [Mennicken 1983] und die dort zitierte Literatur.

$\Phi^{\pm}$**-Operatoren.** Für Banachräume X, Y definieren wir die Mengen

$$\Phi^{+}(X,Y) \ := \ \{T \in L(X,Y) \mid \operatorname{codim} R(T) < \infty\} \quad \text{und}$$
$$\Phi^{-}(X,Y) \ :- \ \{T \in L(X,Y) \mid \dim N(T) < \infty \,,\, R(T) \text{ abgeschlossen}\}$$

von *Semi-Fredholmoperatoren.* Nach einem *Lemma von Kato* ist das *Bild* $R(T)$ eines Operators $T \in \Phi^{+}(X,Y)$ automatisch *abgeschlossen* (vgl. [GK], Lemma 11.6). Mit

$$\operatorname{ind} T := \ \dim N(T) - \operatorname{codim} R(T) \in \mathbb{Z} \cup \{\pm\infty\}$$

bezeichnen wir den *Index* von $T \in \Phi^{\pm}(X,Y)$. Es ist

$$\Phi(X,Y) \ = \ \Phi^{+}(X,Y) \cap \Phi^{-}(X,Y) \ = \ \{T \in \Phi^{\pm}(X,Y) \mid \operatorname{ind} T \in \mathbb{Z}\}$$

die Menge der *Fredholmoperatoren* von X nach Y.

Aus dem *Theorem 9.6 vom abgeschlossenen Wertebereich* ergibt sich sofort:

Satz 14.1
Für einen Operator $T \in L(X,Y)$ *gilt* $T \in \Phi^{\pm}(X,Y) \Leftrightarrow T' \in \Phi^{\mp}(Y',X')$, *und in diesem Fall ist*

$$\dim N(T') = \operatorname{codim} R(T), \quad \operatorname{codim} R(T') = \dim N(T) \quad \text{und} \quad \operatorname{ind} T' = -\operatorname{ind} T.$$

Wir verwenden die folgende Charakterisierung der Φ^{-}-Operatoren:

Satz 14.2
Es seien X, Y *Banachräume. Für* $T \in L(X,Y)$ *sind äquivalent:*

(a) *Es ist* $T \in \Phi^-(X,Y)$.

(b) *Es ist* $\dim N(T) < \infty$, *und auf einem Komplement* X_1 *von* $N(T)$ *in* X *gilt*

$$\exists\, \gamma > 0 \,\forall\, u \in X_1 \,:\, \|Tu\| \,\geq\, \gamma \|u\|. \tag{1}$$

(c) *Für jede beschränkte Folge* (x_n) *in* X *gilt: Ist* (Tx_n) *konvergent, so hat* (x_n) *eine konvergente Teilfolge.*

BEWEIS. „(a) $\Leftrightarrow$ (b)": Offenbar ist $T : X_1 \to R(T)$ bijektiv, und nach dem Satz vom inversen Operator 1.17 gilt genau dann (1), wenn $R(T)$ vollständig ist.

„(b) $\Rightarrow$ (c)": Wir schreiben $x_n = u_n + z_n$ mit beschränkten Folgen (u_n) in X_1 und z_n in $N(T)$. Mit $(Tx_n = Tu_n)$ ist nach (1) auch (u_n) konvergent, und wegen $\dim N(T) < \infty$ hat (z_n) eine konvergente Teilfolge.

„(c) $\Rightarrow$ (b)": Nach (c) hat jede beschränkte Folge in $N(T)$ eine konvergente Teilfolge, und daher ist $\dim N(T) < \infty$. Nun sei $X = N(T) \oplus_t X_1$ (vgl. Aufgabe 9.13). Gilt (1) nicht, so existiert eine Folge (u_n) in X_1 mit $\|u_n\| = 1$ und $Tu_n \to 0$. Nach (c) existiert eine Teilfolge mit $u_{n_j} \to u \in X_1$ mit $\|u\| = 1$. Es folgt $Tu = 0$ und damit der Widerspruch $u = 0$. $\diamond$

Grundlegend für die Störungstheorie ist nun das folgende Resultat:

Theorem 14.3
Es seien X, Y *Banachräume und* $T \in \Phi^-(X,Y)$. *Dann gibt es* $\delta > 0$, *sodass für alle* $A \in L(X,Y)$ *mit* $\|A - T\| < \delta$ *gilt:*

$A \in \Phi^-(X,Y)$, $\dim N(A) \leq \dim N(T)$ *und* $\operatorname{ind} A = \operatorname{ind} T$.

BEWEIS. a) Zunächst sei T *injektiv* (mit abgeschlossenem Bild).

① Nach Satz 14.2 gilt dann Abschätzung (1) mit $\gamma =: 2\delta > 0$ für alle $x \in X$. Für einen Operator $A \in L(X,Y)$ mit $\|A - T\| < \delta$ folgt

$$\|Ax\| \,\geq\, \|Tx\| - \|(A-T)x\| \,\geq\, \delta\|x\| \quad \text{für alle } x \in X; \tag{2}$$

somit ist auch A injektiv mit abgeschlossenem Bild.

② Für $d \in \mathbb{N}_0$ zeigen wir, dass die Mengen

$$M_d := \{A \in U_\delta(T) \mid \operatorname{codim} R(A) = d\} \quad \text{und} \quad N_d := \{A \in U_\delta(T) \mid \operatorname{codim} R(A) > d\}$$

offen sind: Für $A \in M_d$ gilt $Y = R(A) \oplus_t Z$ mit $\dim Z = d$; im Fall $d = 0$ setzen wir einfach $Z := \{0\}$. Mit der Quotientenabbildung $\sigma : Y \to {}^Y\!/_Z$ ist $\sigma A : X \to {}^Y\!/_Z$ bijektiv. Für Operatoren $S \in L(X,Y)$ mit genügend kleiner Norm ist dann auch $\sigma(A + S) = \sigma A + \sigma S$ bijektiv, und daher ist auch $\operatorname{codim} R(A+S) = d$.

③ Für $A \in N_d$ gibt es einen Raum $Z \subseteq Y$ mit $\dim Z = d+1$ und $R(A) \cap Z = \{0\}$. Mit der Quotientenabbildung $\sigma : Y \to Y/Z$ ist dann $\sigma A : X \to Y/Z$ injektiv. Weiter gibt es $\alpha > 0$ mit

$$\| \sigma A x \| \geq 2\alpha \| x \| \quad \text{für alle } x \in X : \tag{3}$$

Andernfalls existiert eine Folge (x_n) in X mit $\| x_n \| = 1$ und $\sigma A x_n \to 0$, also $A x_n + z_n \to 0$ für geeignete $z_n \in Z$. Wegen $\| z_n \| \leq \| A \| + 1$ für große n und $\dim Z < \infty$ existiert eine Teilfolge mit $z_{n_j} \to z \in Z$. Es folgt $A x_{n_j} \to -z$, und wegen (2) gibt es $x \in X$ mit $\| x \| = 1$ und $x_{n_j} \to x$. Dann ist $A x = -z \in Z$, wegen $R(A) \cap Z = \{0\}$ also $A x = 0$, und wegen (2) erhalten wir den Widerspruch $x = 0$.

Somit ist Abschätzung (3) gezeigt. Wie in ① ergibt sich daraus die Existenz von $\rho > 0$ mit $\| \sigma(A + S)x \| \geq \alpha \| x \|$ für alle $x \in X$ und alle Operatoren $S \in L(X,Y)$ mit $\| S \| < \rho$. Für diese S ist dann $\operatorname{codim} R(A + S) > d$, und es gilt $A + S \in N_d$.

④ Nun sei $\operatorname{codim} R(T) = d \in \mathbb{N}_0$; dann ist $M_d \neq \emptyset$. Nach ② und ③ sind sowohl M_d als auch das Komplement $N_d \cup M_0 \cup \ldots \cup M_{d-1}$ dieser Menge in der Kugel $U_\delta(T)$ offen. Da diese zusammenhängend ist, muss $M_d = U_\delta(T)$ sein.

⑤ Im Fall $\operatorname{codim} R(T) = \infty$ ist $N_d \neq \emptyset$ für alle $d \in \mathbb{N}_0$, und wie in ④ folgt $N_d = U_\delta(T)$ für alle $d \in \mathbb{N}_0$. Dies bedeutet $\operatorname{codim} R(A) = \infty$ für alle $A \in U_\delta(T)$. In jedem Fall ist also $\operatorname{codim} R(A)$ und damit auch $\operatorname{ind} A = -\operatorname{codim} R(A)$ auf $U_\delta(T)$ konstant.

b) Nun sei $n = \dim N(T) > 0$ und $X = N(T) \oplus_t X_1$. Nach a) gibt es $\delta > 0$, sodass für $A \in L(X,Y)$ mit $\| A - T \| < \delta$ die Einschränkung von A auf X_1 injektiv mit abgeschlossenem Bild ist und

$$\operatorname{codim} A(X_1) = \operatorname{codim} T(X_1) = \operatorname{codim} R(T) \tag{4}$$

gilt. Wegen $N(A) \cap X_1 = \{0\}$ ist $m := \dim N(A) \leq n = \dim N(T)$, und es gilt $X = X_1 \oplus_t N(A) \oplus_t W$ mit $\dim W = n - m$. Es folgt $R(A) = A(X_1) \oplus A(W)$ und somit $\operatorname{codim} R(A) = \operatorname{codim} A(X_1) - (n - m)$, wegen (4) also

$$\operatorname{ind} A = m - (\operatorname{codim} R(T) - (n - m)) = n - \operatorname{codim} R(T) = \operatorname{ind} T. \quad \Diamond$$

Satz 14.3 gilt *nicht* für Operatoren zwischen *Fréchträumen*, selbst nicht im Fall von Fredholmoperatoren (vgl. Aufgabe 14.2).

Auf den Sätzen 14.2 und 14.3 basieren die folgenden beiden Resultate:

Satz 14.4

Es seien X, Y Banachräume, $T \in \Phi^-(X,Y)$ und $S \in K(X,Y)$ ein kompakter Operator. Dann gilt auch $T + S \in \Phi^-(X,Y)$, und es ist $\operatorname{ind}(T + S) = \operatorname{ind} T$.

BEWEIS. a) Es sei (x_n) eine beschränkte Folge in X, für die $((T+S)x_n)$ konvergiert. Wegen der Kompaktheit von S gibt es eine Teilfolge (x_{n_j}) von (x_n), für die (Sx_{n_j}) konvergiert. Dann konvergiert auch (Tx_{n_j}), und nach Satz 14.2 hat (x_{n_j}) eine konvergente Teilfolge. Wiederum nach Satz 14.2 bedeutet dies $T + S \in \Phi^-(X,Y)$.

b) Die Funktion $t \mapsto \operatorname{ind}(T + tS)$ ist nach Satz 14.3 lokal konstant auf [0,1] und somit dort konstant. $\Diamond$

Satz 14.5

Es seien X, Y, Z Banachräume, $T \in \Phi^-(X,Y)$ und $U \in \Phi^-(Y,Z)$. Dann gilt auch $UT \in \Phi^-(X,Z)$, und es ist $\operatorname{ind} UT = \operatorname{ind} U + \operatorname{ind} T$.

BEWEIS. a) Es sei (x_n) eine beschränkte Folge in X, für die (UTx_n) konvergiert. Für eine Teilfolge ist dann (Tx_{n_j}) konvergent, und für eine weitere Teilfolge auch $(x_{n_{j_k}})$. Somit folgt $UT \in \Phi^-(X,Z)$ wieder aus Satz 14.2.

b) Wir definieren einen stetigen Weg $H : \mathbb{R} \to L(X \oplus Y, Y \oplus Z)$ durch

$$H : t \mapsto \begin{pmatrix} I_Y & 0 \\ 0 & U \end{pmatrix} \begin{pmatrix} I_Y \cos t & -I_Y \sin t \\ I_Y \sin t & I_Y \cos t \end{pmatrix} \begin{pmatrix} T & 0 \\ 0 & I_Y \end{pmatrix}.$$

Nach a) ist $H(t) \in \Phi^-(X \oplus Y, Y \oplus Z)$, da alle Faktoren Φ^--Operatoren sind. Nach Satz 14.3 ist $\operatorname{ind} H(t)$ lokal konstant und somit konstant auf $\mathbb{R}$. Nun ist offenbar

$$H(0) = \begin{pmatrix} T & 0 \\ 0 & U \end{pmatrix}$$ und somit $\operatorname{ind} H(0) = \operatorname{ind} T + \operatorname{ind} U$; andererseits liefert eine

einfache Rechnung $H(\frac{\pi}{2}) = \begin{pmatrix} 0 & -I_Y \\ UT & 0 \end{pmatrix}$ und somit $\operatorname{ind} H(\frac{\pi}{2}) = \operatorname{ind} UT$. $\Diamond$

Mit Hilfe von Satz 14.1 ergeben sich aus den Sätzen 14.3–14.5 sofort analoge Resultate für Φ^+-Operatoren:

Satz 14.6

Es seien X, Y, Z Banachräume, $T \in \Phi^+(X,Y)$, $U \in \Phi^+(Y,Z)$ und $S \in K(X,Y)$.

a) Es gibt $\delta > 0$, so dass für alle $A \in L(X,Y)$ mit $\| A - T \| < \delta$ gilt: $A \in \Phi^+(X,Y)$, $\operatorname{codim} R(A) \leq \operatorname{codim} R(T)$ und $\operatorname{ind} A = \operatorname{ind} T$.

b) Es gilt auch $T + S \in \Phi^+(X,Y)$, und es ist $\operatorname{ind}(T + S) = \operatorname{ind} T$.

c) Es gilt auch $UT \in \Phi^+(X,Z)$, und es ist $\operatorname{ind} UT = \operatorname{ind} U + \operatorname{ind} T$.

Nach a) ist insbesondere die Menge der *surjektiven* Operatoren von X auf Y *offen* in $L(X,Y)$. Aussage b) gilt auch für Operatoren zwischen *Frécheträumen*. Dieses Resultat von L. Schwartz (1953, vgl. [Mennicken 1983] für einen Beweis) spielt eine Rolle in der komplexen Analysis (vgl. [Gunning und Rossi 1965], Abschnitt IX. B und Anhang B).

Für die Menge $\Phi(X)$ der *Fredholmoperatoren* auf einem Banachraum X gilt

$$\Phi(X) = \pi^{-1}(\mathcal{G}(Ca(X))) \tag{5}$$

mit der Quotientenabbildung $\pi : L(X) \to Ca(X)$ von $L(X)$ auf die *Calkin-Algebra* $Ca(X) := {}^{L(X)}\!/_{K(X)}$ (vgl. (13.6) und [GK], Satz 11.8). Die Urbilder der *einseitig* invertierbaren Elemente liefern *relativ reguläre* Semi-Fredholmoperatoren:

Relativ reguläre Operatoren. a) Ein Operator $T \in L(X,Y)$ zwischen Banach-räumen heißt *relativ regulär*, Notation: $T \in \mathcal{R}(X,Y)$, falls der Kern $N(T)$ und das Bild $R(T)$ komplementiert sind. Dieses Konzept wurde von F.V. Atkinson 1953 eingeführt und seitdem eingehend untersucht, vgl. etwa [Nashed 1976] und die dort angegebene Literatur.

b) Mengen *relativ regulärer Semi-Fredholmoperatoren* sind gegeben durch

$$\Phi^\ell(X,Y) := \Phi^-(X,Y) \cap \mathcal{R}(X,Y) \quad \text{und} \quad \Phi^r(X,Y) := \Phi^+(X,Y) \cap \mathcal{R}(X,Y).$$

Im Fall von Hilberträumen X, Y sind natürlich *alle* Semi-Fredholmoperatoren relativ regulär.

c) Für Operatoren $T \in \mathcal{R}(X,Y)$ gibt es *Zerle-gungen*

$$X = X_1 \oplus_t N(T) \quad \text{und} \quad Y = R(T) \oplus_t Y_1; \tag{6}$$

$$\begin{array}{ccc} X_1 & \xrightarrow{T_1} & R(T) \\ P \downarrow \oplus_t & & \oplus_t \uparrow Q \\ N(T) & \xrightarrow{0} & Y_1 \end{array}$$

mit P bezeichnen wir die Projektion von X auf $N(T)$ entlang X_1 und mit Q die Projektion von Y auf $R(T)$ entlang Y_1. Der Operator $T_1 := T|_{X_1} : X_1 \to R(T)$ ist invertierbar, und mit $U := T_1^{-1}Q$ gilt

$$TU = Q \quad \text{und} \quad UT = I - P. \tag{7}$$

Offenbar ist auch $U \in L(Y,X)$ relativ regulär.

d) Aus (7) ergibt sich sofort

$$TUT = T \quad \text{und} \quad UTU = U. \tag{8}$$

Ein Operator $U \in L(Y,X)$ mit (8) heißt *relative Inverse* oder *verallgemeinerte Inverse* von T.

e) Umgekehrt gebe es zu $T \in L(X,Y)$ einen Operator $V \in L(Y,X)$ mit $TVT = T$. Für $U := VTV$ gilt dann (8). Es folgen $(TU)^2 = TU$ und $(UT)^2 = UT$; TU ist ein Projektor auf $R(T)$ und $I - UT$ ein solcher auf $N(T)$. Somit ist T relativ regulär.

f) Wegen e) kann man relative Regularität mittels (8) allgemein in Algebren definieren. In [Gramsch 1984] wird die Struktur der Menge der relativ regulären Elemente in Fréchet-Operatoralgebren genau analysiert.

Wir kommen nun zur Charakterisierung von Φ^ℓ- und Φ^r-Operatoren:

Satz 14.7

Es seien X, Y Banachräume. Für $T \in L(X, Y)$ sind äquivalent:

(a) $T \in \Phi^\ell(X, Y)$.

(b) *Es gibt $U \in \Phi^r(Y, X)$, sodass $I - UT$ eine endlichdimenionale Projektion ist.*

(c) *Es gibt $L \in L(Y, X)$ mit $I - LT \in K(X)$.*

(d) *Es ist $\pi T \in Ca(X, Y)$ linksinvertierbar.*

BEWEIS. „(a) $\Rightarrow$ (b)": In der Situation von (7) hat nun $R(U) = X_1$ endliche Kodimension, und $I - UT = P$ ist eine endlichdimenionale Projektion.

„(b) $\Rightarrow$ (c)" ist klar, ebenso „(c) $\Leftrightarrow$ (d)".

„(c) $\Rightarrow$ (a)": Nach Satz 14.4 ist $LT \in \Phi(X)$, und wegen $N(T) \subseteq N(LT)$ folgt $\dim N(T) < \infty$. Nun konstruieren wir zu $LT \in \mathcal{R}(X)$ eine Zerlegung und eine verallgemeinerte Inverse $U \in L(X)$ wie in (6). Dann ist $ULTx = x$ für $x \in X_1$, d. h. $T : X_1 \to Y$ ist linksinvertierbar. Somit ist $T(X_1)$ in Y komplementiert, und dies gilt dann auch für $R(T) = T(X_1) + T(N(LT))$. $\Diamond$

Satz 14.8

Es seien X, Y Banachräume. Für $T \in L(X, Y)$ sind äquivalent:

(a) $T \in \Phi^r(X, Y)$.

(b) *Es gibt $U \in \Phi^\ell(Y, X)$, sodass $I - TU$ eine endlichdimenionale Projektion ist.*

(c) *Es gibt $R \in L(Y, X)$ mit $I - TR \in K(Y)$.*

(d) *Es ist $\pi T \in Ca(X, Y)$ rechtsinvertierbar.*

BEWEIS. „(a) $\Rightarrow$ (b)": In der Situation von (7) sind nun $N(U) = Y_1$ und $R(I - TU) = R(I - Q) = Y_1$ endlichdimenional.

„(b) $\Rightarrow$ (c)" ist klar, ebenso „(c) $\Leftrightarrow$ (d)".

„(c) $\Rightarrow$ (a)": Nach Satz 14.4 ist $TR \in \Phi(Y)$, und wegen $R(TR) \subseteq R(T)$ folgt $\operatorname{codim} R(T) < \infty$. Nun konstruieren wir zu $TR \in \mathcal{R}(Y)$ eine Zerlegung und eine verallgemeinerte Inverse $U \in L(Y)$ wie in (6). Dann ist $QTRUy = y$ für alle $y \in R(TR) = R(Q)$, d. h. $QT : X \to R(Q)$ ist rechtsinvertierbar. Somit ist $N(QT)$ in X komplementiert, und dies gilt dann auch für $N(T) = N(QT) \cap N((I - Q)T)$ wegen $\dim R(I - Q) < \infty$. $\Diamond$

Folgerungen. a) Die Mengen $\Phi^\ell(X, Y)$ und $\Phi^r(X, Y)$ relativ regulärer Semi-Fredholmoperatoren sind *offen* in $L(X, Y)$ und *stabil gegen kompakte Störungen*.

b) Produkte von Φ^ℓ- bzw. von Φ^r-Operatoren sind ebenfalls Φ^ℓ- bzw. Φ^r-Operatoren.

c) Aus $T \in \Phi^{\ell, r}(X, Y)$ folgt $T' \in \Phi^{r, \ell}(X, Y)$.

Im Gegensatz zum $\Phi^{\pm}$-Fall ist die Umkehrung von Aussage c) falsch. Die Sequenz

$$0 \longrightarrow G \xrightarrow{\iota} \ell_1 \xrightarrow{\sigma} L_1(0,1) \longrightarrow 0$$

aus (9.32) ist exakt, zerfällt aber nicht; daher ist $\iota \in \Phi^- \setminus \Phi^\ell$ und $\sigma \in \Phi^+ \setminus \Phi^r$. Die *duale Sequenz zerfällt* jedoch, da $L_\infty(0,1)$ ein injektiver Banachraum ist, und daher gilt $\iota' \in \Phi^r$ und $\sigma' \in \Phi^\ell$.

Am Ende des Abschnitts zeigen wir noch eine *Index-Formel mittels Spuren*, die für die Berechnung des Index konkreter Fredholmoperatoren nützlich ist:

Satz 14.9
Es seien H, G Hilberträume, $T \in \Phi(H,G)$ und $R \in \Phi(G,H)$ Fredholmoperatoren mit $K_1 := I - RT \in S_p(H)$ und $K_2 := I - TR \in S_p(G)$ für ein $p > 0$. Für $n \in \mathbb{N}$ mit $n \geq p$ gilt dann die Spurformel

$$\operatorname{ind} T \;=\; \operatorname{tr} K_1^n - \operatorname{tr} K_2^n . \tag{9}$$

BEWEIS. a) Zunächst sei $p \leq n = 1$. Ähnlich wie in (6) betrachten wir die *orthogonalen* Zerlegungen

$$
\begin{array}{ccc}
H_1 & \xrightarrow{T_1} & R(T) \\[2pt]
P \uparrow \oplus_2 & & \oplus_2 \downarrow Q \\[2pt]
N(T) & \xrightarrow{\;0\;} & G_1
\end{array}
$$

$$H = H_1 \oplus_2 N(T) \quad\text{und}\quad G = R(T) \oplus_2 G_1$$

und die orthogonalen Projektionen $P \in L(H)$ auf H_1 und $Q \in L(G)$ auf G_1. Der Operator $T_1 : H_1 \to R(T)$ ist bijektiv. Wegen $T(I - P) = 0$ ist

$$TPK_1 \;=\; TK_1 \;=\; T(I - RT) \;=\; (I - TR)T \;=\; K_2 T .$$

Somit gilt $K_2(R(T)) \subseteq R(T)$, und mittels (11.27) folgt

$$\operatorname{tr} K_2|_{R(T)} \;=\; \operatorname{tr} T_1^{-1} K_2 T_1 \;=\; \operatorname{tr} PK_1|_{H_1} .$$

Nun ist $K_1 = I - RT = I$ auf $N(T)$, also $\operatorname{tr} K_1|_{N(T)} = \dim N(T)$ nach (11.29). Mit Aufgabe 11.11 folgt

$$\operatorname{tr} K_1 \;=\; \operatorname{tr} K_1|_{N(T)} + \operatorname{tr} PK_1|_{H_1} \;=\; \dim N(T) + \operatorname{tr} K_2|_{R(T)} .$$

Wegen $QT = 0$ ist $QK_2 = Q(I - TR) = Q$, also $\operatorname{tr} QK_2|_{G_1} = \dim G_1 = \operatorname{codim} R(T)$. Mit Aufgabe 11.11 gilt somit

$$\operatorname{tr} K_2 \;=\; \operatorname{tr} QK_2|_{G_1} + \operatorname{tr} K_2|_{R(T)} \;=\; \operatorname{codim} R(T) + \operatorname{tr} K_2|_{R(T)} ,$$

und insgesamt ergibt sich $\operatorname{tr} K_1 - \operatorname{tr} K_2 = \operatorname{ind} T$.

b) Nun sei $p > 1$. Für $p \leq n \in \mathbb{N}$ gelten dann $K_1^n \in S_1(H)$ und $K_2^n \in S_1(G)$ aufgrund von Satz 11.2 c). Mit $R_n := R\,(I + K_2 + \cdots + K_2^{n-1}) \in \Phi(G, H)$ gilt dann

$$
\begin{aligned}
T R_n &= (I - K_2)\,(I + K_2 + \cdots + K_2^{n-1}) = I - K_2^n \quad \text{und} \\
R_n T &= R\,(I + K_2 + \cdots + K_2^{n-1})T = RT\,(I + K_1 + \cdots + K_1^{n-1}) \\
&= (I - K_1)\,(I + K_1 + \cdots + K_1^{n-1}) = I - K_1^n
\end{aligned}
$$

wegen $T K_1 = K_2 T$. Somit folgt die Behauptung (9) aus a). $\qquad \diamond$

Ein zu T modulo S_p inverser Operator R wie in Satz 14.9 kann für *elliptische Operatoren* oft als *Parametrix* konstruiert werden, vgl. dazu Abschnitt 5.5. Sind die Operatoren $K_j^n \in S_1$ dann *Integraloperatoren*, so lassen sich ihre Spuren mittels Formel (11.38) berechnen.

14.2 Singuläre Integraloperatoren

Wichtige Klassen linearer Operatoren sind *Toeplitz-Operatoren, Wiener-Hopf-Operatoren, singuläre Integraloperatoren, Differentialoperatoren* oder allgemeiner *Pseudodifferentialoperatoren*. Für solche Operatoren gibt es konkrete *Kriterien für die Fredholm-Eigenschaft,* und der *Index* lässt sich mittels *topologischer Eigenschaften des Symbols* bestimmen. Eine Darstellung dieser Themen geht weit über den Rahmen dieses Buches hinaus; wir verweisen etwa auf [Gohberg et al. 1990], [Gohberg et al. 1993], [Böttcher und Silbermann 2006], [Upmeier 2012], [Mikhlin und Prößdorf 1987], [Abels 2012], [Booß 1977], [Cordes 1979], [Hörmander 1985a] und [Shubin 2001]. Hier stellen wir von F. Noether 1921 untersuchte singuläre Integraloperatoren als einfache Beispiele von Fredholmoperatoren vor:

Ein singuläres Integral über der Kreislinie $S^1 = \{z \in \mathbb{C} \mid |z| = 1\}$ wird durch

$$
Sf(z) := \tfrac{1}{\pi i} \oint_{S^1} \tfrac{f(\zeta)}{\zeta - z}\, d\zeta := \tfrac{1}{\pi i} \lim_{\varepsilon \to 0} \int_{|\,\zeta - z\,| \geq \varepsilon} \tfrac{f(\zeta)}{\zeta - z}\, d\zeta\,, \quad z \in S^1\,, \tag{10}
$$

definiert, wobei das Integral einen *Cauchyschen Hauptwert* bezeichnet. Dieser existiert dann, wenn $f \in \Lambda^\alpha(S^1)$ eine *Hölder-Bedingung* zum Exponenten $0 < \alpha \leq 1$ erfüllt. In diesem Fall gilt nämlich

$$
\oint_{S^1} \tfrac{f(\zeta)}{\zeta - z}\, d\zeta = \int_{S^1} \tfrac{f(\zeta) - f(z)}{\zeta - z}\, d\zeta + f(z) \oint_{S^1} \tfrac{d\zeta}{\zeta - z}\,, \tag{11}
$$

wobei der erste Term als Lebesgue-Integral existiert. Der zweite Term ergibt sich aus:

Lemma 14.10
Für $n \in \mathbb{Z}$ und $z \in S^1$ gilt

$$
\tfrac{1}{\pi i} \oint_{S^1} \tfrac{\zeta^n}{\zeta - z}\, d\zeta = \begin{cases} z^n\,, & n \geq 0 \\ -z^n\,, & n < 0 \end{cases}. \tag{12}
$$

BEWEIS. a) Zunächst sei $n = 0$. Für $z = e^{i\tau}$ und $\zeta = e^{i\varphi}$ gilt mit $t = \varphi - \tau$ und geeigneten $\varepsilon = \varepsilon(\eta) > 0$

$$
\begin{aligned}
\frac{1}{\pi i} \int_{|\zeta - z| \geq \eta} \frac{d\zeta}{\zeta - z} &= \frac{1}{\pi i} \int_{|\varphi - \tau| \geq \varepsilon} \frac{i\, e^{i\varphi}}{e^{i\varphi} - e^{i\tau}} \, d\varphi = \frac{1}{\pi} \int_{\varepsilon}^{2\pi - \varepsilon} \frac{e^{it}}{e^{it} - 1} \, dt \\
&= \frac{1}{\pi} \int_{\varepsilon}^{2\pi - \varepsilon} dt + \frac{1}{\pi} \int_{\varepsilon}^{2\pi - \varepsilon} \frac{dt}{(\cos t - 1) + i \sin t} \\
&= 2 \frac{\pi - \varepsilon}{\pi} + \frac{1}{\pi} \int_{\varepsilon}^{2\pi - \varepsilon} \frac{\cos t - 1 - i \sin t}{(\cos t - 1)^2 + \sin^2 t} \, dt \\
&= 2 \frac{\pi - \varepsilon}{\pi} + \frac{1}{2\pi} \int_{\varepsilon}^{2\pi - \varepsilon} \frac{\cos t - 1}{1 - \cos t} \, dt - \frac{i}{2\pi} \int_{\varepsilon}^{2\pi - \varepsilon} \frac{\sin t}{1 - \cos t} \, dt \, .
\end{aligned}
$$

Das letzte Integral verschwindet; mit $\eta \to 0$ folgt auch $\varepsilon \to 0$ und somit $\frac{1}{\pi i} \oint_{S^1} \frac{d\zeta}{\zeta - z} = 1$.

b) Für $n > 0$ ist die Funktion $\zeta \mapsto \frac{\zeta^n - z^n}{\zeta - z}$ holomorph auf $\mathbb{C}$, und (11) liefert

$$
\frac{1}{\pi i} \oint_{S^1} \frac{\zeta^n}{\zeta - z} \, d\zeta = 0 + z^n \frac{1}{\pi i} \oint_{S^1} \frac{d\zeta}{\zeta - z} = z^n \, .
$$

c) Für $n = -k < 0$ ist die Funktion $h : \zeta \mapsto \frac{\zeta^{-k} - z^{-k}}{\zeta - z}$ meromorph auf $\mathbb{C}$ mit einem Pol in 0. Wegen $h(\zeta) = - \sum_{j=-k}^{-1} z^{-j-k-1} \zeta^j$ ist $\operatorname{Res}(h; 0) = -z^{-k}$, und mittels (11) und dem Residuensatz ergibt sich

$$
\frac{1}{\pi i} \oint_{S^1} \frac{\zeta^n}{\zeta - z} \, d\zeta = \frac{1}{\pi i} \oint_{S^1} h(\zeta) \, d\zeta + z^n \frac{1}{\pi i} \oint_{S^1} \frac{d\zeta}{\zeta - z} = -2z^n + z^n = -z^n \, . \quad \Diamond
$$

Der singuläre Cauchy-Operator auf S^1. Die Funktionen $\{e_k(\zeta) = \zeta^k\}_{k \in \mathbb{Z}}$ bilden eine Orthonormalbasis des Hilbertraumes $L_2(S^1, \frac{ds}{2\pi})$ (vgl. Satz 1.6). Durch

$$
S\left(\sum_{k=-\infty}^{\infty} \widehat{f}(k) \, \zeta^k \right) := - \sum_{k=-\infty}^{-1} \widehat{f}(k) \, \zeta^k + \sum_{k=0}^{\infty} \widehat{f}(k) \, \zeta^k \tag{13}
$$

wird der *singuläre Cauchy-Operator* $S \in L(L_2(S^1))$ auf $L_2(S^1)$ definiert. Offenbar gilt $S = S^* = S^{-1}$. Nach Lemma 14.10 stimmt S auf den trigonometrischen Polynomen mit dem singulären Integral aus (10) überein (dies gilt auch auf $\Lambda^\alpha(S^1)$) und wird daher als dessen Fortsetzung auf $L_2(S^1)$ betrachtet.

Hardy-Räume. a) Offenbar ist

$$
P := \tfrac{1}{2}(I + S) \tag{14}
$$

die *orthogonale Projektion* von $L_2(S^1)$ auf den abgeschlossenen Unterraum

$$
L_2^+(S^1) := \{ f \in L_2(S^1) \mid \widehat{f}(k) = 0 \ \text{für} \ k < 0 \}. \tag{15}
$$

b) Die Fourier-Entwicklung einer Funktion $f \in L_2^+(S^1)$ konvergiert natürlich auch auf dem Einheitskreis $D = \{ z \in \mathbb{C} \mid |z| < 1 \}$. Durch

$$
E : f \mapsto \sum_{k=0}^{\infty} \widehat{f}(k) \, z^k \, , \quad z \in D, \tag{16}
$$

wird eine Isometrie definiert von $L_2^+(S^1)$ auf den *Hardy-Raum*

$$\mathscr{H}^2(D) := \{h \in \mathscr{H}(D) \mid h(z) = \sum_{k=0}^{\infty} a_k z^k, \|h\|^2 := \sum_{k=0}^{\infty} |a_k|^2 < \infty\}.$$

Der Operator $E : L_2^+(S^1) \to \mathscr{H}^2(D)$ ist durch das *Poisson-Integral* (vgl. Aufgabe 14.7)

$$Ef(re^{it}) = (P_r \star f)(t) = \tfrac{1}{2\pi} \int_{-\pi}^{\pi} P_r(t-s) f(e^{is}) ds, \quad 0 \le r < 1, \qquad (17)$$

und auch durch das *Cauchy-Integral* gegeben:

$$Ef(z) = \tfrac{1}{2\pi i} \int_{S^1} \tfrac{f(\zeta)}{\zeta - z} d\zeta \quad \text{für} \quad f \in L_2^+(S^1) \quad \text{und} \quad z \in D. \qquad (18)$$

c) Für $h \in \mathscr{H}(D)$, $h(z) = \sum_{k=0}^{\infty} a_k z^k$, gilt aufgrund der Parsevalschen Gleichung

$$\tfrac{1}{2\pi} \int_{-\pi}^{\pi} |h(re^{it})|^2 dt = \sum_{k=0}^{\infty} |a_k|^2 r^{2k} \quad \text{für} \quad 0 < r < 1,$$

und daraus ergibt sich

$$\mathscr{H}^2(D) := \{h \in \mathscr{H}(D) \mid \|h\|^2 := \sup_{0 < r < 1} \tfrac{1}{2\pi} \int_{-\pi}^{\pi} |h(re^{it})|^2 dt < \infty\}. \qquad (19)$$

d) Die Umkehrabbildung der Isometrie $E : L_2^+(S^1) \to \mathscr{H}^2(D)$ ist gegeben durch

$$R = E^{-1} : \sum_{k=0}^{\infty} a_k z^k \mapsto \sum_{k=0}^{\infty} a_k \zeta^k \quad \text{für} \quad z \in D \quad \text{und} \quad \zeta \in S^1.$$

Für $h \in \mathscr{H}^2(D)$ und $0 < r < 1$ sei $h_r \in L_2^+(S^1)$ durch $h_r(\zeta) := h(r\zeta), \zeta \in S^1$, definiert; dann gilt

$$\|Rh - h_r\|_{L_2(S^1)}^2 = \sum_{k=0}^{\infty} |a_k|^2 (1 - r^k)^2 \to 0 \quad \text{für} \quad r \to 1^-.$$

Nach dem auf S. 303 erwähnten *Satz von Fatou* gilt auch $h_r(\zeta) \to Rh(\zeta)$ für fast alle $\zeta \in S^1$; man hat sogar $h(z_n) \to Rh(\zeta)$ für Folgen (z_n) in D, die *nicht-tangential* gegen $\zeta \in S^1$ streben (vgl. etwa [Duren 1970], Theoreme 1.3 und 2.2).

e) Für $1 \le p \le \infty$ lassen sich Hardy-Räume $L_p^+(S^1)$ und $\mathscr{H}^p(D)$ wie in (15) und (19) definieren; der Satz von Fatou gilt dann entsprechend. Für $1 < p \le \infty$ ergibt sich für $h \in \mathscr{H}^p(D)$ die Randfunktion $Rh \in L_p(S^1) \cong L_q'(S^1)$ als schwach*-Häufungspunkt der Funktionen $\{h_r \mid 0 < r < 1\}$ (vgl. den Satz von Alaoglu-Bourbaki 8.6).

f) Nach einem *Satz von M. Riesz* liefert der durch (14) definierte Operator P für $1 < p < \infty$ eine *stetige Projektion* von $L_p(S^1)$ auf $L_p^+(S^1)$ (vgl. [Rudin 1974], Theorem 17.26, oder [Duren 1970], Theorem 4.1). Dies gilt *nicht* für $p = 1$ und *nicht* für $p = \infty$ (vgl. dazu auch Theorem 12.10 und Folgerungen).

g) Wegen f) und (14) definiert der singuläre Integraloperator S auch einen beschränkten linearen Operator auf $L_p(S^1)$ für $1 < p < \infty$. Nach einem Resultat von J. Plemelj (1908) und I.I. Priwalow (1916) gilt dies auch auf den Hölder-Räumen $\Lambda^\alpha(S^1)$ für $0 < \alpha < 1$ (vgl. [Prößdorf 1974], 3.4.1).

Für Elemente $x, y \in \mathcal{A}$ einer Banachalgebra bezeichnen wir mit

$$[x, y] := xy - yx$$

ihren *Kommutator*. Für eine Funktion $a \in L_\infty(S^1)$ betrachten wir den durch

$$M_a : f \mapsto a \cdot f, \quad f \in L_2(S^1), \tag{20}$$

definierten *Multiplikationsoperator* M_a auf $L_2(S^1)$. Offenbar ist $\| M_a \| = \| a \|_{L_\infty}$. Für *stetige* Funktionen $a \in \mathcal{C}(S^1)$ gilt das folgende *Kompaktheitsresultat für Kommutatoren*:

Lemma 14.11
Für $a \in \mathcal{C}(S^1)$ gilt $[M_a, P] \in K(L_2(S^1))$ und $[M_a, S] \in K(L_2(S^1))$.

BEWEIS. a) Zunächst sei $a = e_m : \zeta \mapsto \zeta^m$ für $m \in \mathbb{Z}$. Dann gelten $M_a P e_k = e_{k+m}$ für $k \geq 0$ und $M_a P e_k = 0$ für $k < 0$ sowie $P M_a e_k = e_{k+m}$ für $k + m \geq 0$ und $P M_a e_k = 0$ für $k + m < 0$, also $[M_a, P] e_k \neq 0$ nur für endlich viele Indizes k. Dies zeigt $\dim R([M_a, P]) < \infty$.

b) Aus a) ergibt sich sofort $\dim R([M_a, P]) < \infty$ für alle trigonometrischen Polynome $a \in [e_m]_{m \in \mathbb{Z}}$ und dann $[M_a, P] \in K(L_2(S^1))$ für alle $a \in \mathcal{C}(S^1)$, da nach dem Satz von Fejér (vgl. [GK], Theorem 5.2) der Raum $[e_m]_{m \in \mathbb{Z}}$ in $\mathcal{C}(S^1)$ dicht liegt.

c) Wegen $S = 2P - I$ folgt aus b) sofort auch $[M_a, S] \in K(L_2(S^1))$. $\Diamond$

Wir können nun die Fredholm-Eigenschaft von *singulären Integraloperatoren*

$$T = M_a + M_b S + K, \quad K \in K(L_2(S^1)), \tag{21}$$

untersuchen. Mit $Q := I - P = \frac{1}{2}(I - S)$ gilt auch

$$T = M_c P + M_d Q + K \quad \text{mit} \quad c = a + b \quad \text{und} \quad d = a - b. \tag{22}$$

Satz 14.12
Es seien $c, d \in \mathcal{G}(\mathcal{C}(S^1))$ stetige Funktionen ohne Nullstelle auf S^1. Dann ist der Operator $M_c P + M_d Q$ ein Fredholmoperator auf $L_2(S^1)$.

BEWEIS. Aufgrund von Lemma 14.11 gilt

$$(M_cP + M_dQ)(M_{c^{-1}}P + M_{d^{-1}}Q) = (M_{c^{-1}}P + M_{d^{-1}}Q)(M_cP + M_dQ) = P + Q = I$$

modulo kompakter Operatoren, und die Behauptung folgt aus (5). ◊

Zur Bestimmung des Index von singulären Integraloperatoren verwenden wir *Windungszahlen* (vgl. S. 339).

Lemma 14.13
a) *Es sei* $c \in \mathcal{G}(C(S^1))$ *mit* $n(c;0) = n \in \mathbb{Z}$. *Dann ist* c *in* $\mathcal{G}(C(S^1))$ *homotop zur Funktion* $e_n : \zeta \mapsto \zeta^n$.

b) *Für* $m, n \in \mathbb{Z}$ *gilt* $\operatorname{ind}(M_{e_m}P + M_{e_n}Q) = n - m$.

BEWEIS. a) Für den geschlossenen Weg $\tilde{c} : t \mapsto c(e^{it})$, auf $[0,2\pi]$ gilt $n(\tilde{c};0) = n$. Mittels $H_1(s,t) := (1-s)\tilde{c}(t) + s\frac{\tilde{c}(t)}{|\tilde{c}(t)|}$ für $0 \le s \le 1$ verbinden wir $\tilde{c}$ mit dem geschlossenen Weg $\alpha := \frac{\tilde{c}}{|\tilde{c}|} : [0,2\pi] \to S^1$. Mit $H_2(s,t) := \alpha(t)\exp(-is\operatorname{Arg}\alpha(0))$ verbinden wir α mit $\beta := H_2(1,\cdot) : [0,2\pi] \to S^1$; dann gilt $\beta(0) = \beta(2\pi) = 1$. Nun wählen wir eine stetige Funktion $\vartheta : [0,2\pi] \to \mathbb{R}$ mit $\vartheta(0) = 0$ und $\vartheta(t) \in \arg\beta(t)$ für alle $t \in [0,2\pi]$ und setzen $H_3(s,t) := \exp(i(snt + (1-s)\vartheta(t)))$. Offenbar ist $H_3(0,t) = \exp(i\vartheta(t)) = \beta(t)$ und $H_3(1,t) = e^{int}$. Es bleibt zu zeigen, dass alle Wege $H(s,\cdot)$ geschlossen sind:

Wegen $\vartheta(0) = 0$ ist $H_3(s,0) = 1$, und wegen $\vartheta(2\pi) = \arg\alpha(2\pi) - \arg\alpha(0) = \arg\tilde{c}(2\pi) - \arg\tilde{c}(0) = 2\pi n$ gilt auch $H_3(s,2\pi) = 1$.

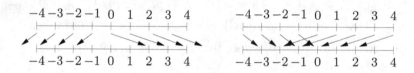

Abb. 14.1: Zur Bestimmung des Index für $m - n = 3$ und $m - n = -3$

b) Für $T := M_{e_m}P + M_{e_n}Q$ gilt nach Definition der Projektionen P und Q

$$Te_k = \begin{cases} e_{m+k} &, \quad k \ge 0 \\ e_{n+k} &, \quad k < 0 \end{cases}.$$

Im Fall $m = n$ ist T invertierbar, und somit gilt $\operatorname{ind} T = 0$.

Im Fall $m > n$ ist T injektiv, und es gilt $\dim R(T)^\perp = m - n$, also $\operatorname{ind} T = n - m$.

Im Fall $m < n$ ist T surjektiv. Weiter ist $T(\sum_{k=-\infty}^{\infty} x_k e_k) = 0$ äquivalent zu $x_k = 0$ für $k < m - n$ und für $k \ge n - m$ sowie $x_k + x_{k-(n-m)} = 0$ für $k = 0, \ldots, n - m - 1$. Somit ist $\dim N(T) = n - m$ und daher auch $\operatorname{ind} T = n - m$. ◊

Nun können wir das folgende Resultat von F. Noether (1921) und S.G. Mikhlin (1948) beweisen:

Theorem 14.14
Es seien $c, d \in \mathcal{G}(\mathcal{C}(S^1))$ *stetige Funktionen ohne Nullstelle auf* S^1. *Für den Fredholmoperator* $M_c P + M_d Q \in \Phi(L_2(S^1))$ *gilt dann*

$$\mathrm{ind}\,(M_c P + M_d Q) \;=\; n(d; 0) - n(c; 0)\,.$$

BEWEIS. Nach Lemma 14.13 a) existieren stetige Wege γ und δ in $\mathcal{G}(\mathcal{C}(S^1))$, die c und d mit $e_{n(c;0)}$ und $e_{n(d;0)}$ verbinden. Es gilt $T(s) := M_{\gamma(s)} P + M_{\delta(s)} Q \in \Phi(L_2(S^1))$ für alle $s \in [0,1]$ nach Satz 14.12, und mit Theorem 14.3 und Lemma 14.13 b) ergibt sich

$$\mathrm{ind}\,(M_c P + M_d Q) \;=\; \mathrm{ind}\,T(0) \;=\; \mathrm{ind}\,T(1) \;=\; n(d; 0) - n(c; 0)\,. \quad \Diamond$$

Wir zeigen in Satz 15.6, dass ein singulärer Integraloperator $M_c P + M_d Q$ *genau dann* ein Fredholmoperator ist, wenn die stetigen Funktionen c und d keine Nullstelle auf S^1 besitzen. In diesem Fall ist $M_c P + M_d Q$ sogar stets *einseitig invertierbar*, vgl. [Gohberg et al. 2003], 16.6.

14.3 Inversion holomorpher Fredholm-Funktionen

In diesem Abschnitt konstruieren wir *Inverse* oder *verallgemeinerte Inverse* holomorpher [Semi-] Fredholm-Funktionen. Diese Inversen, z. B. *Resolventen kompakter Operatoren,* sind

Endlich meromorphe Operatorfunktionen. a) Es seien $\Omega \subseteq \mathbb{C}$ offen und X, Y Banachräume. Eine meromorphe Funktion $T \in \mathcal{M}(\Omega, L(X, Y))$ heißt *endlich meromorph,* falls in allen Laurent-Entwicklungen

$$T(z) \;=\; \sum_{k=-p}^{\infty} A_k\,(z - w)^k\,, \quad w \in \Omega, \; 0 < |z - w| < \rho, \tag{23}$$

stets $\dim R(A_k) < \infty$ für $k < 0$ gilt. Diese Eigenschaft ist äquivalent zur Existenz *lokaler Zerlegungen*

$$T(z) \;=\; A(z) + \tfrac{1}{f(z)}\,B(z)\,F\,C(z)\,, \quad w \in \Omega, \; 0 < |z - w| < \rho, \tag{24}$$

mit skalaren holomorphen Funktionen $0 \neq f \in \mathcal{H}(D_\rho(w))$, holomorphen Operatorfunktionen A, B, C und Operatoren F von endlichem Rang (vgl. Aufgabe 14.8). Formulierung (24) ist auch für meromorphe Operatorfunktionen von *mehreren* Veränderlichen sinnvoll.

Der folgende *Meromorphiesatz* wurde nach zahlreichen früheren Ergebnissen für Spezialfälle von [Gramsch 1970] und [Gohberg und Sigal 1971] bewiesen:

Theorem 14.15

Es seien X, Y Banachräume, $\Omega \subseteq \mathbb{C}$ ein Gebiet und $T \in \mathscr{H}(\Omega, L(X, Y))$ eine holomorphe Fredholm-Funktion, d. h. es gelte $T(z) \in \Phi(X, Y)$ für alle $z \in \Omega$. Existiert dann $T(z_0)^{-1}$ für ein $z_0 \in \Omega$, so existiert $T(z)^{-1}$ außerhalb einer diskreten Teilmenge von Ω, und die Operatorfunktion T^{-1} ist endlich meromorph auf Ω.

BEWEIS. a) Nach Theorem 14.3 gilt $\operatorname{ind} T(z) = \operatorname{ind} T(z_0) = 0$ für alle $z \in \Omega$, da Ω zusammenhängend ist.

b) Die Menge $\Omega_0 := \{z \in \Omega \mid T(z)^{-1} \text{existiert}\}$ ist eine offene nicht leere Teilmenge von Ω. Es sei nun $w \in \partial_\Omega \Omega_0$. Nach Aufgabe 14.1 gibt es $F \in \mathcal{F}(X, Y)$, sodass $T(w) + F$ invertierbar ist. Wir wählen $\varepsilon > 0$ mit $U_\varepsilon(w) \subseteq \Omega$, sodass $T(z) + F$ für $|z - w| < \varepsilon$ invertierbar ist. Für diese z gilt $T(z) = T(z) + F - F$, also

$$T(z) \, (T(z) + F)^{-1} \; = \; I - F \, (T(z) + F)^{-1} \; =: I + P D(z),$$

wobei $P \in \mathcal{F}(Y)$ eine Projektion auf $R(F)$ und $D : U_\varepsilon(w) \to L(Y)$ holomorph ist.

c) Mit $Q := I - P$ ergibt sich weiter

$$I + P D(z) \; = \; (I + P D(z) Q) \, (I + P D(z) P),$$

und wegen

$$(I + P D(z) Q)^{-1} \; = \; I - P D(z) Q, \quad |z - w| < \varepsilon,$$

ist $T(z)$ für $z \in U_\varepsilon(w)$ genau dann invertierbar, wenn dies auf $I + PD(z)P$ zutrifft. Dieser Operator ist aber *Block-diagonal* bezüglich der Zerlegung $Y = N(P) \oplus R(P)$,

$$I + P D(z) \, P \; = \; \begin{pmatrix} I & 0 \\ 0 & I + D(z) \end{pmatrix},$$

und somit genau dann invertierbar, wenn dies auf den Operator

$$M(z) := \; P \, (I + D(z)) \, P \in L(R(P))$$

auf dem *endlichdimensionalen Raum $R(P)$* zutrifft.

d) Wegen $w \in \partial_\Omega \Omega_0$ ist $M(z_1)$ für ein $z_1 \in U_\varepsilon(w)$ invertierbar, und nach der *Cramerschen Regel* ist $M(z)^{-1}$ auf $U_\varepsilon(w)$ meromorph. Wegen b) und c) ist dann

$$\begin{aligned}
T(z)^{-1} \; &= \; (T(z) + F)^{-1} \, (I + P D(z) P)^{-1} \, (I - P D(z) Q) \\
&= \; (T(z) + F)^{-1} \, (Q + P M(z)^{-1} P) \, (I - P D(z) Q)
\end{aligned}$$

meromorph auf $U_\varepsilon(w)$. Da alle negativen Laurent-Koeffizienten den Faktor P enthalten, ist $T(z)^{-1}$ dort sogar *endlich meromorph*.

e) Es bleibt $\Omega = \Omega_0 \cup \partial_\Omega \Omega_0$ zu zeigen. Andernfalls ist $\mathrm{int}(\Omega \backslash \Omega_0) \neq \emptyset$, und diese Menge hat einen *Randpunkt* $w \in \partial_\Omega \, \mathrm{int}(\Omega \backslash \Omega_0)$. Dann gilt auch $w \in \partial_\Omega \Omega_0$, und nach den Beweisteilen a)–d) ist $T(z)^{-1}$ meromorph auf einer Kreisscheibe $U_\varepsilon(w) \subseteq \Omega$. Insbesondere ist $T(z)^{-1}$ *holomorph* auf einer gelochten Kreisscheibe $U_\delta'(w) \subseteq U_\varepsilon(w)$, d. h. man hat $U_\delta'(w) \subseteq \Omega_0$. Dies ist ein Widerspruch zur Annahme $w \in \partial_\Omega \, \mathrm{int}(\Omega \backslash \Omega_0)$. $\diamond$

Wir formulieren nun einen wichtigen Spezialfall von Theorem 14.15. Aussage b) ist ein Resultat von F. Riesz (1918), für das wir in [GK], Theorem 11.14 einen anderen Beweis angegeben haben:

Satz 14.16
Es sei $S \in K(X)$ ein kompakter *Operator auf einem Banachraum X.*

a) Die Resolvente $R_S : \lambda \mapsto (\lambda I - S)^{-1}$ ist endlich meromorph *auf $\mathbb{C} \backslash \{0\}$.*

b) Es gibt eine Nullfolge *(λ_n) in $\mathbb{C}$ mit $\sigma(S) \subseteq \{0\} \cup \{\lambda_n \mid n \in \mathbb{N}\}$.*

Im Fall $\dim X = \infty$ gilt natürlich $0 \in \sigma(S)$. Für einen *Volterra-Operator* $V \in K(X)$ mit $r(V) = 0$ ist

$$(\lambda I - V)^{-1} = \sum_{k=0}^{\infty} \frac{V^k}{\lambda^{k+1}}, \quad 0 < |\lambda| < \infty,$$

die Laurent-Entwicklung der Resolventen in 0. Ist V nicht nilpotent, so hat diese eine *wesentliche Singularität* in 0.

Satz 14.16 gilt auch für eine größere, nach F. Riesz benannte Klasse von Operatoren:

Riesz-Operatoren. Ein Operator $S \in L(X)$ auf einem Banachraum X heißt *Riesz-Operator*, wenn $\lambda I - S \in \Phi(X)$ für alle $\lambda \in \mathbb{C} \backslash \{0\}$ gilt. Dies ist genau dann der Fall, wenn $\lambda \pi(I) - \pi(S)$ für alle $\lambda \in \mathbb{C} \backslash \{0\}$ in der Calkin-Algebra $Ca(X)$ invertierbar ist, wenn also $\pi(S)$ in $Ca(X)$ *quasinilpotent* ist. Insbesondere ist jeder Operator $S \in L(X)$ mit $S^p \in K(X)$ für ein $p \in \mathbb{N}$ ein Riesz-Operator.

Satz 14.16 gilt natürlich insbesondere für *kompakte Integraloperatoren*. Aus Theorem 14.15 ergibt sich allgemeiner das folgende Resultat von J.D. Tamarkin (1927) und R.T. Seeley (1962):

Satz 14.17
Es seien $K \subseteq \mathbb{R}^n$ kompakt, $\Omega \subseteq \mathbb{C}$ ein Gebiet und $\kappa \in \mathcal{H}(\Omega, C(K^2))$ ein holomorph von $z \in \Omega$ abhängiger stetiger Kern. Die Integralgleichung

$$f(t) - \int_K \kappa(z, t, s) \, f(s) \, ds = g(t)$$

habe für ein $z_0 \in G$ für jede Funktion $g \in C(K)$ eine (eindeutige) Lösung $f \in C(K)$. Dann gibt es eine meromorphe Funktion $f \in \mathcal{M}(\Omega, C(K))$ mit

$$f(z, t) - \int_K \kappa(z, t, s) \, f(z, s) \, ds = g(t) \quad \text{für } z \in \Omega, \; t \in K.$$

In Satz 14.17 kann man auch eine *meromorphe Funktion* $g \in \mathcal{M}(\Omega, \mathcal{C}(K))$ als rechte Seite zulassen. Die Aussage gilt entsprechend auch im Hilbertraum $L_2(K)$.

Theorem 14.15 hat auch Konsequenzen für *unbeschränkte* Operatoren mit *kompakten Resolventen* (vgl. [GK], Satz 13.5):

Satz 14.18

Es sei $T : D(T) \to X$ *ein abgeschlossener linearer Operator in einem Banachraum* X, *sodass für einen Punkt* $\mu \in \rho(T)$ *die Resolvente* $R_T(\mu) : X \to X$ *kompakt ist. Dann ist die Resolvente* $\lambda \to (\lambda I - T)^{-1} : X \to D_T$ *endlich meromorph auf* $\mathbb{C}$.

BEWEIS. Nach [GK], Satz 13.4 ist die Einbettung $I : D_T \to X$ kompakt. Für $\lambda \in \mathbb{C}$ ist $\lambda I - T = \mu I - T + (\lambda - \mu)I \in \Phi(D_T, X)$, da es sich um eine kompakte Störung des invertierbaren Operators $\mu I - T : D_T \to X$ handelt. Die Behauptung folgt somit aus Theorem 14.15. ◇

Sprungstellen. Für eine holomorphe Funktion $T \in \mathcal{H}(\Omega, L(X,Y))$ mit Werten in $\Phi^-(X,Y)$ bezeichnen wir mit

$$n(z) := n_T(z) := \dim N(T(z)), \quad z \in \Omega,$$

die Nullraum-Dimensionen der Operatoren $T(z)$ und mit

$$n(T) := \min\{n(z) \mid z \in \Omega\}$$

deren Minimum. Die Menge der *Singularitäten* oder *Sprungstellen* von T ist durch

$$\Sigma(T) := \{z \in \Omega \mid n(z) > n(T)\}$$

gegeben. Analog dazu definieren wir im Φ^+-Fall $d(z) := d_T(z) := \operatorname{codim} R(T(z))$,

$$d(T) := \min\{d(z) \mid z \in \Omega\} \quad \text{und} \quad \Sigma(T) := \{z \in \Omega \mid d(z) > d(T)\}.$$

Nach Satz 14.1 gilt $\Sigma(T) = \Sigma(T')$, und für Fredholm-Funktionen stimmen wegen der Stabilität des Index beide Definitionen von $\Sigma(T)$ überein.

Der Meromorphiesatz 14.15 lässt sich wesentlich erweitern und verschärfen. Eine erste einfache Erweiterung für Fredholm-Funktionen lautet:

Satz 14.19

Es seien X, Y *Banachräume,* $\Omega \subseteq \mathbb{C}$ *ein Gebiet und* $T \in \mathcal{H}(\Omega, L(X,Y))$ *mit Werten in* $\Phi(X,Y)$.

a) Die Sprungstellenmenge $\Sigma(T)$ *ist eine* diskrete *Teilmenge von* Ω.

b) Ist $T(z_0)$ *injektiv [surjektiv] für ein* $z_0 \in \Omega$, *so besitzt* T *eine* endlich meromorphe *Linksinverse [Rechtsinverse] auf* Ω.

BEWEIS. Wir zeigen zunächst Aussage b): Ist $T(z_0)$ injektiv, so wählen wir mittels (6) eine Linksinverse $L \in \Phi(Y, X)$ zu $T(z_0)$. Dann gilt $A(z) := LT(z) \in \Phi(X)$ für alle $z \in \Omega$, und es ist $A(z_0) = I$. Nach Theorem 14.15 ist A^{-1} endlich meromorph auf Ω, und somit ist $L(z) := A(z)^{-1} L$ eine *endlich meromorphe Linksinverse* von T auf Ω. Für surjektives $T(z_0)$ verläuft der Beweis analog.

Nun beweisen wir a) unter Verwendung von b): Wir wählen einen Punkt $z_0 \in \Omega$ mit $n_T(z_0) = n_T$. Für eine Zerlegung $X = N(T(z_0)) \oplus_t X_1$ betrachten wir die Fredholm-Funktion $T_1 := T|_{X_1} \in \mathscr{H}(\Omega, L(X_1, Y))$. Dann ist $T_1(z_0)$ injektiv, und nach b) ist die Sprungstellenmenge $\Sigma(T_1)$ diskret in Ω. Für $z \notin \Sigma(T_1)$ ist dann $T_1(z)$ injektiv und somit $n_T(z) \leq n_T(z_0) = n_T$, also $n_T(z) = n_T$. $\lozenge$

Satz 14.19 lässt sich z. B. auf holomorph von einem Parameter abhängige *singuläre Integraloperatoren* wie in (21) oder (22) anwenden, also auf singuläre Integralgleichungen (beachten Sie auch Aufgabe 14.4)

$$a(\lambda, z) f(z) + \tfrac{b(\lambda, z)}{\pi i} \oint_{S^1} \tfrac{f(\zeta)}{\zeta - z} \, d\zeta + \int_{S^1} \kappa(\lambda, z, \varsigma) \, f(\varsigma) \, d\varsigma \;=\; g(z)$$

in $C(S^1)$ mit $a, b \in \mathscr{H}(\Omega, C(S^1))$ und $\kappa \in \mathscr{H}(\Omega, C(S^1 \times S^1))$.

Der Beweis von Satz 14.19 b) ist nicht ohne Weiteres auf Φ^ℓ-Funktionen übertragbar, da $LT(z)$ für $z \neq z_0$ kein Fredholmoperator sein muss. Trotzdem zeigte B. Gramsch in [Gramsch 1970], dass dieser Satz auch für holomorphe *Semi*-Fredholm-Funktionen gilt. Grundlage der Konstruktion ist der folgende *Regularisierungssatz*:

Theorem 14.20
Es seien X, Y Banachräume, $\Omega \subseteq \mathbb{C}$ ein Gebiet und $T \in \mathscr{H}(\Omega, L(X, Y))$ eine holomorphe Operatorfunktion mit $T(z) \in \Phi^\ell(X, Y)$ für alle $z \in \Omega$. Dann gibt es holomorphe Funktionen $L \in \mathscr{H}(\Omega, L(Y, X))$ und $S \in \mathscr{H}(\Omega, K(X))$ mit

$$L(z) T(z) \;=\; I + S(z) \quad \text{für alle} \;\; z \in \Omega. \tag{25}$$

BEWEIS. Nach Satz 14.7 ist die holomorphe Funktion $\pi T \in \mathscr{H}(\Omega, Ca(X, Y))$ mit Werten in der Calkin-Algebra *punktweise linksinvertierbar*. Nach einer Variante des *Satzes von Allan* 13.27 gibt es $\ell \in \mathscr{H}(\Omega, Ca(Y, X))$ mit $\ell(z) \, \pi T(z) = \pi(I)$ für alle $z \in \Omega$, und nach dem *Lifting-Satz* 10.14 für holomorphe Funktionen gibt es eine Funktion $L \in \mathscr{H}(\Omega, L(Y, X))$ mit $\pi L(z) = \ell(z)$ für alle $z \in \Omega$. Daraus ergibt sich dann sofort (25). $\lozenge$

In der Situation des Regularisierungssatzes 14.20 wählen wir nun einen Punkt $z_0 \in \Omega$ mit $n_T(z_0) = n(T)$. Dann können wir auch dim $N(I + S(z_0)) = n(T)$ durch *Abänderung des Liftings* L erreichen. Dies beruht auf dem folgenden

Lemma 14.21

Gegeben seien Operatoren $L \in L(Y,X)$ und $T \in L(X,Y)$ mit $LT = A \in \Phi(X)$ und ind $A = 0$. Dann gibt es $F \in \mathcal{F}(Y,X)$ mit $N((L+F)T) = N(T)$.

Beweis. a) Klar ist $N(T) \subseteq N((L+F)T)$ für beliebige $F \in \mathcal{F}(Y,X)$.

b) Nach den Sätzen 14.7 und 14.8 gilt $T \in \Phi^\ell(X,Y)$ und $L \in \Phi^r(Y,X)$. Es gibt Zerlegungen $X = N(A) \oplus_t X_1$ und $N(A) = N(T) \oplus_t N_1$ sowie $X = R(A) \oplus_t R_1 \oplus_t R_2$ mit $\dim R_1 = \dim N_1$ und $\dim R_2 = \dim N(T)$. Da $R(T) = T(X_1) \oplus_t T(N_1)$ in Y komplementiert ist, gibt es eine Projektion $Q = Q^2 \in L(Y)$ mit $R(Q) = T(N_1)$ und $T(X_1) \subseteq N(Q)$. Wegen $\dim T(N_1) = \dim N_1$ gibt es einen bijektiven linearen Operator $F_1 : T(N_1) \to R_1$, und wir setzen $F := F_1 Q \in \mathcal{F}(Y,X)$.

c) Wir zeigen, dass $(L+F)T$ auf $N_1 \oplus X_1$ injektiv ist: Aus $(L+F)T(n_1+x_1) = 0$ folgt $LT(n_1+x_1) = -FTn_1 \in R(A) \cap R_1$ wegen $FTx_1 = F_1 Q T x_1 = 0$. Es folgt $FTn_1 = 0$ und daraus $n_1 = 0$; dann ist aber auch $LTx_1 = Ax_1 = 0$ und somit $x_1 = 0$.

d) Nach c) ist $\dim N((L+F)T) \leq \dim N(T)$, und mit a) folgt die Behauptung. $\Diamond$

Weiter benötigen wir:

Lemma 14.22

Es seien Ω ein topologischer Raum, X ein Banachraum und $P : \Omega \to L(X)$ eine stetige Projektorfunktion, d. h. es gelte $P^2 = P$. Dann ist $\dim R(P(z))$ lokal konstant auf Ω.

Beweis. Für $z_0 \in \Omega$ betrachten wir die Operatorfunktion

$$G(z) := P(z)P(z_0) + (I - P(z))(I - P(z_0)), \quad z \in \Omega.$$

Wegen $G(z_0) = I$ ist $G(z)$ invertierbar für z nahe z_0. Für diese Punkte $z \in \Omega$ gilt offenbar $G(z)R(P(z_0)) \subseteq R(P(z))$ und $G(z)N(P(z_0)) \subseteq N(P(z))$, also

$$R(P(z)) = G(z)R(P(z_0)). \quad \Diamond \tag{26}$$

Nach diesen Vorbereitungen können wir den bereits angekündigten Meromorphiesatz aus [Gramsch 1970] und [Gramsch 1975] beweisen:

Theorem 14.23

Es seien X, Y Banachräume, $\Omega \subseteq \mathbb{C}$ ein Gebiet und $T \in \mathcal{H}(\Omega, L(X,Y))$ eine holomorphe Operatorfunktion mit $T(z) \in \Phi^\ell(X,Y)$ für alle $z \in \Omega$. Dann besitzt T eine endlich meromorphe verallgemeinerte Inverse $U \in \mathcal{M}(\Omega, L(Y,X))$. Ist $T(z_0)$ injektiv für ein $z_0 \in \Omega$, so kann U als endlich meromorphe Linksinverse gewählt werden.

BEWEIS. a) Nach dem Regularisierungssatz 14.20 gibt es $L \in \mathscr{H}(\Omega, L(Y, X))$ und $S \in \mathscr{H}(\Omega, K(X))$ mit (25). Wir wählen einen Punkt $z_0 \in \Omega$ mit $n_T(z_0) = n(T)$. Nach Lemma 14.21 können wir durch Addition eines endlichdimensionalen Operators zu L auch $\dim N(I + S(z_0)) = n(T)$ erreichen. Im Fall $n(T) = 0$ ist dann $U := (I + S)^{-1} L$ eine endlich meromorphe Linksinverse von T.

b) Im allgemeinen Fall $n(T) \geq 0$ setzen wir $D(z) := S(z_0) - S(z)$ und wählen eine verallgemeinerte Inverse V_0 von $I + S(z_0)$. Nach Theorem 14.15 ist die Funktion

$$V(z) := (I - V_0 D(z))^{-1} V_0 = V_0 (I - D(z) V_0)^{-1}$$

endlich meromorph auf Ω. Für $z \notin \Sigma := \Sigma(I - V_0 D) \cup \Sigma(I - D V_0)$ berechnen wir

$$
\begin{aligned}
V_0 (I + S(z)) &= [I - V_0 D(z)] - [I - V_0(I + S(z_0))] \quad \text{und} \\
V(z) (I + S(z)) &= (I - V_0 D(z))^{-1} V_0 (I + S(z)) \\
&= I - (I - V_0 D(z))^{-1} [I - V_0(I + S(z_0))].
\end{aligned}
$$

Wegen $[I - V_0(I + S(z_0))]V_0 = 0$ impliziert dies

$$V(z) (I + S(z)) V(z) = V(z) \quad \text{für alle} \quad z \notin \Sigma.$$

Nun setzen wir $U := V L$ und erhalten sofort $U(z)T(z)U(z) = U(z)$ für $z \notin \Sigma$. Wegen $U(z_0)T(z_0) = V_0(I + S(z_0))$ ist $\dim N(U(z_0)T(z_0)) = n(T)$, und nach Lemma 14.22 gilt auch $\dim N(U(z)T(z)) = n(T)$ für $z \notin \Sigma$. Wegen $\dim N(T(z)) \geq n(T)$ folgt schließlich $N(T(z)) = N(U(z)T(z))$ und damit $T(z)U(z)T(z) = T(z)$ für $z \notin \Sigma$ (vgl. Aufgabe 14.3). $\qquad\qquad\qquad\qquad\qquad\qquad\qquad\qquad\qquad\qquad\qquad\qquad\qquad\Diamond$

Ein analoges Resultat gilt für holomorphe Φ^r-Funktionen. Insbesondere ist auch für holomorphe Φ^ℓ- und Φ^r-Funktionen die Sprungstellenmenge *diskret*.

Erweiterungen. a) Die Menge der Pole der in Theorem 14.23 konstruierten verallgemeinerten Inversen $U \in \mathcal{M}(\Omega, L(Y, X))$ von $T \in \mathscr{H}(\Omega, L(X, Y))$ ist möglicherweise echt größer als die Menge $\Sigma(T)$ der Sprungstellen von T. Mit einer anderen Methode wurde in [Bart et al. 1975] eine endlich meromorphe verallgemeinerte Inverse $U \in \mathcal{M}(\Omega, L(Y, X))$ von $T \in \mathscr{H}(\Omega, L(X, Y))$ konstruiert, die nur in $\Sigma(T)$ Pole hat und für die alle Singularitäten der Projektorfunktionen UT und TU *hebbar* sind. Solche verallgemeinerte Inverse heißen *glatt*. Der Beweis verwendet die Tatsache, dass es auf eine holomorphe Familie $\{M(z)\}_{z \in \Omega}$ komplementierter Unterräume eines Banachraumes (s. Aufgabe 14.9) eine *globale holomorphe Projektorfunktion* gibt. Dieses Resultat stammt von [Shubin 1970], s. auch [Gohberg und Leiterer 2009], Kapitel 6.

b) Nach [Gramsch 1970] gilt Theorem 14.15 auch für holomorphe Operatorfunktionen in mehreren komplexen Variablen, die Theoreme 14.20 und 14.23 gelten über *Holomorphiegebieten*. Dies ist auch für den soeben erwähnten Satz von Shubin der Fall. Aus diesen Resultaten ergibt sich sofort, dass die Sprungstellenmenge einer holomorphen $\Phi^{\ell,r}$-Funktion in einer analytischen Menge enthalten ist. Eine genauere Analyse des Beweises von Theorem 14.15 zeigt, dass sogar $\Sigma(T)$ selbst eine *analytische Menge* ist. Nach O. Lerch (1975) ist dies auch für holomorphe $\Phi^{\pm}$-Funktionen der Fall; dieses Resultat lässt sich mit der Methode von J. Leiterer aus Theorem 13.28 auf den $\Phi^{\ell,r}$-Fall zurückführen (vgl. Aufgabe 14.13).

c) Dagegen gibt es im Fall mehrerer komplexer Variabler *glatte* verallgemeinerte Inverse i. A. nur lokal außerhalb von analytischen Ausnahmemengen der Kodimension ≥ 2; dazu sei auf [Kaballo 1976] verwiesen.

Globale Zerlegungen endlich meromorpher Operatorfunktionen. a) Eine endlich meromorphe Operatorfunktion $T \in \mathcal{M}(\Omega, L(X, Y))$ lässt sich nach (24) *lokal* in einen holomorphen Summanden und einen singulären Summanden endlichen Ranges zerlegen. Nach [Gramsch 1973] gilt über offenen Mengen $\Omega \subseteq \mathbb{C}$ auch eine *globale* Zerlegung

$$T(z) = A(z) + S(z) \quad \text{mit} \quad A \in \mathscr{H}(\Omega, L(X, Y)) \quad \text{und} \quad S \in \mathcal{M}(\Omega, N(X, Y)), \qquad (27)$$

wobei N das Banachideal der *nuklearen Operatoren* bezeichnet (vgl. Abschnitt 11.2). In der Tat sind die Hauptteile von T gemäß (23) solche in $N(X, Y)$, und (27) folgt sofort aus dem *Satz von Mittag-Leffler* 10.13.

b) In [Gramsch 1973] wird eine Zerlegung (27) im Fall $\Omega \subseteq \mathbb{C}$ sogar für beliebige (F)-*Operatorideale* J an Stelle von N gezeigt; dabei spielt ein Konzept der Holomorphie für Funktionen mit Werten in nicht lokalkonvexen Räumen eine wichtige Rolle. Für Holomorphiegebiete $\Omega \subseteq \mathbb{C}^n$ gilt eine Zerlegung (27) für das lokal pseudokonvexe Ideal $S = \bigcap_{p>0} S_p$ der Operatoren mit schnell fallenden Approximationszahlen (vgl. Aufgabe 11.19).

c) Nach [Gramsch und Kaballo 1989] gilt eine Zerlegung (27) im Fall mehrerer Variabler nicht für alle (F)-Operatorideale, und es wird eine von der Dimension n abhängige „Untergrenze" für die „Größe" der in (27) zulässigen Ideale angegeben.

Funktionen in Operatoralgebren. Viele Konstruktionen aus diesem Abschnitt lassen sich auch in geeigneten *Operatoralgebren* durchführen, z. B. in C^*-*Algebren* (vgl. Abschnitt 15.1) oder Ψ^*-*Algebren*. Letzteres Konzept für Fréchet-Operatoralgebren wurde in [Gramsch 1984] eingeführt und untersucht; es umfasst viele Algebren von *Pseudodifferentialoperatoren*.

Für weitere Informationen über holomorphe Operatorfunktionen sei neben den bereits angegebenen Quellen noch auf [Zaidenberg et al. 1975], [Gohberg et al. 1990], [Kuchment 1993], [Gohberg und Leiterer 2009] und [Kaballo 2012] sowie die dort zitierte Literatur verwiesen.

14.4 Spektralprojektionen

Eine *Zerlegung des Spektrums* eines Operators $S \in L(X)$ in endlich viele disjunkte kompakte Mengen liefert mittels des analytischen Funktionalkalküls auch eine solche des Operators S:

Satz 14.24

Es seien X ein Banachraum und $S \in L(X)$ mit $\sigma(S) = \sigma_1 \cup \cdots \cup \sigma_r$ mit disjunkten kompakten Mengen $\sigma_k \subseteq \mathbb{C}$.

a) Es gibt Projektoren $P_1, \ldots, P_r \in L(X)$ mit $P_k S = S P_k$ für $k = 1, \ldots, r$ und

$$P_j P_k = \delta_{jk} P_k , \quad \sum_{k=1}^{r} P_k = I . \tag{28}$$

b) Die Räume $V_k := R(P_k)$ sind invariant unter S, und mit $S_k := S|_{V_k}$ hat man diese topologisch direkte Zerlegung von X und Block-diagonale Zerlegung von S:

$$X = \bigoplus_{k=1}^{r} V_k , \quad S = \bigoplus_{k=1}^{r} S_k . \tag{29}$$

c) Für $k = 1, \ldots, r$ gilt $\sigma(S_k) = \sigma_k$.

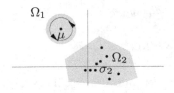

Abb. 14.2: Zerlegung $\sigma(S) = \sigma_1 \cup \sigma_2$ mit $\sigma_1 = \{\mu\}$

BEWEIS. a) Es seien Ω_k, $k = 1, \ldots, r$, disjunkte offene Umgebungen der Mengen σ_k (vgl. Abb. 14.2). Mit $\Omega := \Omega_1 \cup \cdots \cup \Omega_r$ liegen dann die Funktionen

$$\chi_k(\lambda) := \begin{cases} 1 & , \quad \lambda \in \Omega_k \\ 0 & , \quad \lambda \in \Omega \backslash \Omega_k \end{cases} \tag{30}$$

in $\mathscr{H}(\Omega)$ und somit in $\mathscr{H}(\sigma(S))$. Mit $P_k := \chi_k(S)$ folgt a) wegen Theorem 13.4 aus

$$\chi_j \chi_k = \delta_{jk} \chi_k , \quad \sum_{k=1}^{r} \chi_k = 1 .$$

b) Wegen $P_k S = S P_k$ ist $V_k := R(P_k)$ invariant unter S, und b) folgt aus a).

c) Für $\mu \notin \sigma_k$ liegt die Funktion $\varphi_{k,\mu}(\lambda) := \frac{1}{\mu - \lambda} \chi_k(\lambda)$ in $\mathscr{H}(\sigma(S))$, und aus Theorem 13.4 folgt

$$(\mu I - S)\varphi_{k,\mu}(S) = \varphi_{k,\mu}(S)(\mu I - S) = \chi_k(S) = P_k .$$

Somit ist $\mu I - S_k \in L(V_k)$ invertierbar, und es folgt $\sigma(S_k) \subseteq \sigma_k$.

Für $\alpha \in \sigma_k$ hat man also $\alpha \in \sigma(S)$ und $\alpha \notin \sigma(S_j)$ für $j \neq k$. Wegen (29) muss dann aber $\alpha \in \sigma(S_k)$ gelten. $\diamond$

Der endlichdimensionale Fall. a) Im Fall dim $X = n < \infty$ können wir die Mengen $\sigma_k = \{\mu_k\}$, $k = 1, \ldots, r$, einpunktig wählen. Für $T_k := \mu_k I - S_k \in L(V_k)$ gilt dann $\sigma(T_k) = \{0\}$, diese Operatoren sind also *nilpotent* (vgl. [GK], Satz 4.4). In Theorem 14.25 c) zeigen wir, dass die *Polordnung* q_k der Resolventen R_S von S in μ_k genau der *Nilpotenzgrad* von T_k ist, d.h. der minimale Index, für den $T_k^{q_k} = 0$ gilt.

b) Für das *charakteristische Polynom* von S hat man nach (29)

$$\chi_S(\lambda) = \det(\lambda I - S) = \prod_{k=1}^{r} \det(\lambda I - S_k) = \prod_{k=1}^{r} (\lambda - \mu_k)^{\alpha_k}$$

mit den *algebraischen Vielfachheiten* $\alpha_k = \dim V_k \geq q_k$ der Eigenwerte μ_k. Es ist

$$V_k = N((\mu_k I - S)^{q_k}), \quad k = 1, \ldots, r, \tag{31}$$

der *verallgemeinerte Eigenraum* oder *Hauptraum* von S zum Eigenwert μ_k. Genau dann sind alle Vektoren in V_k *Eigenvektoren* von S, wenn $q_k = 1$ ist. Insbesondere ist S genau dann *diagonalisierbar*, wenn die Resolvente R_S *nur Pole erster Ordnung* besitzt.

c) Aus (29) und (31) folgt sofort der *Satz von Cayley-Hamilton* $\chi_S(S) = 0$, sogar die schärfere Aussage $m_S(S) = 0$ für das *Minimalpolynom*

$$m_S(\lambda) = \prod_{k=1}^{r} (\lambda - \mu_k)^{q_k}.$$

d) Die *Jordansche Normalform* von S läßt sich nun durch eine Analyse nilpotenter Operatoren auf endlichdimensionalen Räumen herleiten.

Durch Kombination des analytischen Funktionalkalküls mit Satz 14.16 ergibt sich im unendlichdimensionalen Fall für *kompakte Operatoren* oder *Riesz-Operatoren:*

Theorem 14.25
Es seien X ein Banachraum, $S \in L(X)$ ein Riesz-Operator, $\mu \in \sigma(S) \backslash \{0\}$ ein Eigenwert von S und $T := \mu I - S$.

a) Es gibt $q \in \mathbb{N}_0$ mit

$$N(T^m) = N(T^q) \quad und \quad R(T^m) = R(T^q) \quad für \ alle \ m \geq q. \tag{32}$$

b) Die Spektralprojektion

$$P := P_\mu := \tfrac{1}{2\pi i} \int_{\partial U_r(\mu)} R_S(\lambda) \, d\lambda, \quad 0 < r < d_{\sigma(S) \backslash \{\mu\}}(\mu), \tag{33}$$

hat endlichen Rang; *es gilt $SP = PS$ sowie $R(P) = N(T^q)$ und $N(P) = R(T^q)$.*

c) Die minimale Potenz q in (32) ist die Polordnung $\pi(R_S; \mu)$ *der Resolvente R_S im Punkt μ.*

BEWEIS. ① Wir verwenden Satz 14.24 mit $\sigma_1 := \{\mu\}$ und $\sigma_2 := \sigma(S)\backslash\{\mu\}$ (vgl. Abb. 14.2). Mit den Funktionen $\chi_k \in \mathcal{O}(\sigma(S))$ gemäß (30) ist dann $P = \chi_1(S)$ und $Q := I - P = \chi_2(S)$. Daraus folgen sofort $P^2 = P$ und $SP = PS$. Mit $S_1 := S|_{R(P)}$ und $S_2 := S|_{R(Q)}$ gelten dann $\sigma(S_1) = \{\mu\}$ und $\mu \notin \sigma(S_2)$ nach Satz 14.24 c). Somit ist $T_1 = \mu I - S_1 \in L(R(P))$ quasinilpotent, während $T_2 = \mu I - S_2 \in L(R(Q))$ invertierbar ist. Wegen $T = T_1 \oplus T_2$ folgt für alle $m \in \mathbb{N}$

$$N(T^m) = N(T_1^m), \quad R(T^m) = R(T_1^m) \oplus R(Q). \tag{34}$$

② Nach (33) ist P der -1-te Koeffizient der Laurent-Entwicklung von $R_S(\lambda)$ in μ, und daher gilt

$$\nu := \nu(S; \mu) := \dim R(P) < \infty$$

nach Satz 14.16. Folglich ist T_1 sogar *nilpotent;* es gibt also $1 \leq q \leq \nu$ mit $T_1^q = 0$. Aus (34) folgt dann $N(T^m) = R(P)$ und $R(T^m) = R(Q) = N(P)$ für $m \geq q$. Damit sind a) und b) bewiesen.

③ Für die Laurent-Koeffizienten der Resolvente von S in μ gilt

$$A_{-m} = \tfrac{1}{2\pi i} \int_{\partial U_r(\mu)} (\lambda - \mu)^{m-1} R_S(\lambda)\, d\lambda = (-TP)^{m-1}$$

für $m \in \mathbb{N}$, und daraus folgt $\pi(R_S; \mu) = q$. ◇

Wesentliche Resultate über das Spektrum kompakter Operatoren wurden ohne Verwendung des analytischen Funktionalkalküls bereits von F. Riesz 1918 bewiesen; sein Beweis (vgl. etwa [Meise und Vogt 1992], § 15, oder [Werner 2007], VI.2) verwendet die in Theorem 14.25 a) auftretenden

Kettenbedingungen. a) Es sei X ein Banachraum. Für einen Operator $T \in L(X)$ hat man die *wachsende Kette*

$$\{0\} \subseteq N(T) \subseteq N(T^2) \subseteq \cdots N(T^m) \subseteq N(T^{m+1}) \subseteq \cdots$$

der *Kerne* und die *fallende Kette*

$$X \supseteq R(T) \supseteq R(T^2) \supseteq \cdots R(T^m) \supseteq R(T^{m+1}) \supseteq \cdots$$

der *Bilder*. Man definiert *Aufstieg* und *Abstieg* von T durch

$$\alpha(T) := \inf \{m \in \mathbb{N} \mid N(T^m) = N(T^{m+1})\} \in \mathbb{N}_0 \cup \{\infty\},$$
$$\delta(T) := \inf \{m \in \mathbb{N} \mid R(T^m) = R(T^{m+1})\} \in \mathbb{N}_0 \cup \{\infty\}.$$

b) Für einen *Riesz-Operator* $S \in L(X)$, $\mu \neq 0$ und $T = \mu I - S$ sind also nach Theorem 14.25 die Zahlen $\alpha(T) = \delta(T)$ *endlich* und *gleich* und stimmen mit der *Polordnung* der Resolvente R_S in μ überein.

c) Aus $T \in \Phi(X)$ folgt i. A. *nicht* $\alpha(T) < \infty$ oder $\delta(T) < \infty$, vgl. Aufgabe 14.17.

14.5 Die Weylsche Ungleichung

Thema dieses Abschnitts ist die Frage, „wie schnell" die Eigenwerte von Operatoren aus einem Ideal von Riesz-Operatoren gegen 0 streben. Dazu ordnen wir die Eigenwerte zu einer Folge unter Berücksichtigung *algebraischer Vielfachheiten* an:

Haupträume und Eigenwert-Folgen. Es sei $S \in L(X)$ ein Riesz-Operator.

a) Für einen Eigenwert $\mu \neq 0$ von S heißt

$$V(S;\mu) := N(\mu I - S)^{\pi(R_S;\mu)}$$

der *Hauptraum* oder *verallgemeinerte Eigenraum* von S in μ, seine *Dimension*

$$\nu(S;\mu) := \dim V(S;\mu)$$

die *algebraische Vielfachheit* des Eigenwerts μ.

b) Eine *Eigenwert-Folge* für S ist eine Nullfolge $(\lambda_j(S))_{j \geq 0}$ in $\mathbb{C}$, die $\sigma(S)\backslash\{0\}$ durchläuft, sodass jeder Eigenwert μ von S genau $\nu(S;\mu)$-mal vorkommt und die Folge $(|\lambda_j(S)|)$ der Beträge monoton fallend ist. Ist $\sigma(S)$ endlich, so wird die endliche „Folge" $(|\lambda_j(S)|)$ einfach durch Nullen zu einer Nullfolge erweitert.

Wir wollen nun die Eigenwert-Folge eines Riesz-Operators durch dessen Folge der *Approximationszahlen abschätzen*. Die einfache Abschätzung $|\lambda_j(S)| \leq \alpha_j(S)$ gilt i. A. *nicht* (vgl. Aufgabe 14.18). Nach H. Weyl (1949) lassen sich jedoch im Hilbertraum-Fall die *geometrischen Mittel* der ersten Eigenwerte durch die der ersten Approximationszahlen abschätzen (Satz 14.28). Dazu zeigen wir zuerst zwei Hilfsaussagen:

Lemma 14.26
Es seien V ein Vektorraum mit $\dim V = n < \infty$ und $S \in L(V)$. Dann gibt es unter S invariante Unterräume $V^{(m)}$ von V mit $\dim V^{(m)} = m$ und

$$\{0\} \subseteq V^{(1)} \subseteq V^{(2)} \subseteq \cdots \subseteq V^{(n-1)} \subseteq V.$$

BEWEIS. Es sei $v' \in V'$ ein Eigenvektor von $S' \in L(V')$. Für $V^{(n-1)} := N(v')$ gilt dann $\dim V^{(n-1)} = n - 1$ und $S(V^{(n-1)}) \subseteq V^{(n-1)}$. So fortfahrend ergibt sich die Behauptung. $\Diamond$

Lemma 14.27
Es seien X ein Banachraum und $S \in L(X)$ ein Riesz-Operator mit Eigenwert-Folge $(\lambda_j(S))_{j \geq 0}$. Für $n \in \mathbb{N}$ gibt es dann einen unter S invarianten Unterraum $X_n \subseteq X$ mit $\dim X_n = n + 1$, sodass $(\lambda_j(S))_{j=0}^{n}$ eine Eigenwert-Folge für $S^{(n)} := S|_{X_n}$ ist.

BEWEIS. Es sei $(\mu_k)_{k \geq 0}$ die Folge der *verschiedenen* Zahlen $(\lambda_j(S))$, und es gelte

$$\lambda_m(S) = \mu_{r-1}, \quad \lambda_{m+1}(S) = \cdots = \lambda_n(S) = \mu_r.$$

Mit $j := n - m$ gilt dann die Behauptung für

$$X_n := V(S; \mu_0) \oplus \cdots V(S; \mu_{r-1}) \oplus V(S; \mu_r)^{(j)},$$

wobei der letzte Raum gemäß Lemma 14.26 konstruiert wird. $\Diamond$

Die Folge $(\alpha_j(T))$ der *Approximationszahlen* in $[0, \infty)$ eines Operators $T \in L(X, Y)$ zwischen Banachräumen wurde in (11.3) definiert; im Hilbertraum-Fall stimmt sie mit der Folge $(s_j(T))$ der *singulären Zahlen* überein. Nun gilt:

Satz 14.28 (Weylsche Ungleichung)
Es seien H ein Hilbertraum und $S \in L(H)$ ein Riesz-Operator mit Eigenwert-Folge $(\lambda_j(S))_{j \geq 0}$ und Approximationszahlen $(\alpha_j(S))_{j \geq 0}$. Für $n \in \mathbb{N}_0$ gilt dann

$$\prod_{j=0}^{n} |\lambda_j(S)| \leq \prod_{j=0}^{n} \alpha_j(S). \tag{35}$$

BEWEIS. Nach Lemma 14.27 gibt es einen unter S invarianten Unterraum $H_n \subseteq H$ mit $\dim H_n = n + 1$, sodass $(\lambda_j(S))_{j=0}^{n}$ eine Eigenwert-Folge für $S^{(n)} := S|_{H_n}$ ist. Nun seien $i_n : H_n \to H$ die Inklusion und $P_n : H \to H_n$ die orthogonale Projektion. Dann ist $S^{(n)} = P_n S\, i_n$, und nach Satz 11.1 gilt

$$\alpha_j(S^{(n)}) = \alpha_j(P_n S\, i_n) \leq \alpha_j(S)$$

für $0 \leq j \leq n$. Damit ergibt sich

$$\prod_{j=0}^{n} |\lambda_j(S)| = |\det S^{(n)}| = (\det(S^{(n)*} S^{(n)}))^{1/2} = (\prod_{j=0}^{n} (s_j(S^{(n)}))^2)^{1/2}$$

$$= \prod_{j=0}^{n} \alpha_j(S^{(n)}) \leq \prod_{j=0}^{n} \alpha_j(S). \quad \Diamond$$

Aus der *multiplikativen* Abschätzung (35) lassen sich verschiedene *additive* Abschätzungen gewinnen, vgl. etwa [Gohberg et al. 1990], VI.2, [König 1986], 1.b.7, oder [Meise und Vogt 1992], Lemma 16.30. Hier argumentieren wir ähnlich wie in [Pietsch 1987], Lemma 3.5.2:

Lemma 14.29
Es seien $\gamma_0 \geq \gamma_1 \geq \ldots \geq \gamma_m$ und $\beta_0 \geq \beta_1 \geq \ldots \geq \beta_m$ reelle Zahlen mit

$$\sum_{j=0}^{n} \beta_j \leq \sum_{j=0}^{n} \gamma_j \quad \text{für alle } 0 \leq n \leq m. \tag{36}$$

Für eine stetige, monoton wachsende und konvexe Funktion $\psi : \mathbb{R} \to [0,\infty)$ *gilt dann*

$$\sum_{j=0}^{n} \psi(\beta_j) \leq \sum_{j=0}^{n} \psi(\gamma_j) \quad \text{für alle } 0 \leq n \leq m. \tag{37}$$

BEWEIS. a) Zunächst sei ψ sogar eine C^2-Funktion. Wir setzen $\delta := \min\{\beta_m, \gamma_m\}$. Mit $x_+ := \max\{x,0\}$ definieren wir für $0 \leq n \leq m$ auf $[\delta, \infty)$ die Funktionen

$$b_n(t) := \sum_{j=0}^{n} (\beta_j - t)_+ \quad \text{und} \quad c_n(t) := \sum_{j=0}^{n} (\gamma_j - t)_+ \,.$$

Im Fall $\beta_0 > t$ setzen wir $k = \max\{j \in \{0,\dots,n\} \mid \beta_j > t\}$ und erhalten

$$b_n(t) \;=\; \sum_{j=0}^{k} (\beta_j - t) \;\leq\; \sum_{j=0}^{k} (\gamma_j - t) \;\leq\; c_n(t)\,.$$

Im Fall $\beta_0 \leq t$ ist $b_n(t) = 0$, und es gilt ebenfalls $b_n(t) \leq c_n(t)$. Mit Hilfe der *Taylor-Formel*

$$\psi(x) \;=\; \psi(\delta) + \psi'(\delta)\,(x - \delta) + \int_{\delta}^{\infty} (x - t)_+ \,\psi''(t)\,dt \quad \text{für } x \geq \delta$$

sowie $\psi' \geq 0$ und $\psi'' \geq 0$ ergibt sich dann

$$\sum_{j=0}^{n} \psi(\beta_j) \;=\; (n+1)\,\psi(\delta) + \psi'(\delta) \sum_{j=0}^{n} (\beta_j - \delta) + \int_{\delta}^{\infty} b_n(t)\,\psi''(t)\,dt$$

$$\leq \;(n+1)\,\psi(\delta) + \psi'(\delta) \sum_{j=0}^{n} (\gamma_j - \delta) + \int_{\delta}^{\infty} c_n(t)\,\psi''(t)\,dt \;=\; \sum_{j=0}^{n} \psi(\gamma_j)\,.$$

b) Im allgemeinen Fall betrachten wir für $\varepsilon > 0$ die Glättungsfunktionen ρ_ε aus (2.1) und die Regularisierungen $\psi_\varepsilon = \rho_\varepsilon * \psi \in C^\infty(\mathbb{R})$; wie in Theorem 2.4 ergibt sich $\psi_\varepsilon \to \psi$ lokal gleichmäßig auf $\mathbb{R}$. Offenbar ist $0 \leq \psi_\varepsilon$ monoton wachsend und wegen

$$\psi_\varepsilon(\lambda t + \mu t') \;=\; \int_{\mathbb{R}} \psi(\lambda t + \mu t' - s)\,\rho_\varepsilon(s)\,ds \;=\; \int_{\mathbb{R}} \psi(\lambda(t - s) + \mu(t' - s))\,\rho_\varepsilon(s)\,ds$$

$$\leq \;\int_{\mathbb{R}} (\lambda\,\psi(t - s) + \mu\,\psi(t' - s))\,\rho_\varepsilon(s)\,ds \;=\; \lambda\,\psi_\varepsilon(t) + \mu\,\psi_\varepsilon(t')$$

für $0 \leq \lambda, \mu \leq 1$ und $\lambda + \mu = 1$ auch konvex. Nach a) gilt daher (37) für ψ_ε, und mit $\varepsilon \to 0$ folgt dies auch für ψ. $\qquad \diamond$

Nun können wir zeigen:

Theorem 14.30 (Weylsche Ungleichung)
Es seien H ein Hilbertraum und $S \in L(H)$ ein Riesz-Operator mit Eigenwert-Folge $(\lambda_j(S))_{j \geq 0}$ und Approximationszahlen $(\alpha_j(S))_{j \geq 0}$.

a) Für $0 < p < \infty$ und $n \in \mathbb{N}_0$ gilt

$$\sum_{j=0}^{n} |\lambda_j(S)|^p \;\leq\; \sum_{j=0}^{n} \alpha_j(S)^p\,. \tag{38}$$

b) Für $S \in S_p(H)$ gilt $\displaystyle\sum_{j=0}^{\infty} |\lambda_j(S)|^p < \infty$.

BEWEIS. a) Für $\beta_j := \log |\lambda_j(S)|$ und $\gamma_j := \log \alpha_j(S)$ gilt (36) aufgrund von (35) für alle $n \in \mathbb{N}_0$. Mit $\psi(t) := e^{pt}$ liefert Lemma 14.29 dann

$$\sum_{j=0}^{n} |\lambda_j(S)|^p \;=\; \sum_{j=0}^{n} e^{p\beta_j} \;\leq\; \sum_{j=0}^{n} e^{p\gamma_j} \;=\; \sum_{j=0}^{n} \alpha_j(S)^p \,.$$

b) Aussage b) folgt natürlich sofort aus a). $\qquad\qquad\qquad\qquad\qquad\qquad\qquad\diamond$

Allgemeiner gilt die Ungleichung

$$\sum_{j=0}^{n} \phi(|\lambda_j(S)|) \;\leq\; \sum_{j=0}^{n} \phi(\alpha_j(S)) \quad \text{für } n \in \mathbb{N}_0 \qquad\qquad (39)$$

für jede stetige und monoton wachsende Funktion $\phi : [0,\infty) \to [0,\infty)$, für die die Funktion $\psi(t) := \phi(e^t)$ auf $\mathbb{R}$ konvex ist.

Eine Anwendung der Weylschen Ungleichung ist:

Satz 14.31
a) Es seien H, G Hilberträume und $S, T \in K(H, G)$. Für $1 \leq p < \infty$ gilt dann

$$\Big(\sum_{j=0}^{n} s_j(S+T)^p\Big)^{1/p} \;\leq\; \Big(\sum_{j=0}^{n} s_j(S)^p\Big)^{1/p} + \Big(\sum_{j=0}^{n} s_j(T)^p\Big)^{1/p} \quad \textit{für alle } n \in \mathbb{N}_0 \,.$$

b) Für $1 \leq p < \infty$ wird durch

$$\sigma_p(S) := \Big(\sum_{j=0}^{\infty} \alpha_j(S)^p\Big)^{1/p}$$

eine Norm auf der Schatten-Klasse $S_p(H, G)$ definiert.

BEWEIS. a) ① Zunächst sei $p = 1$. Es gilt eine Schmidt-Darstellung

$$(S+T)x \;=\; \sum_{j=0}^{\infty} s_j(S+T) \langle x|e_j \rangle f_j \,, \quad x \in H \,,$$

mit Orthonormalsystemen $\{e_j\}$ in H und $\{f_j\}$ in G. Wir definieren $V \in L(H, G)$ durch $Ve_j := f_j$ und $V := 0$ auf $[e_j]^\perp$; dann ist V eine partielle Isometrie mit $\|V\| = 1$. Weiter sei $P \in L(H)$ die orthogonale Projektion auf $[e_0, \dots, e_n]$. Nun verwenden wir die *Spur* endlichdimensionaler Operatoren (vgl. (11.35)), und erhalten mittels (38) und (11.5)

$$
\begin{aligned}
\sum_{j=0}^{n} s_j(S+T) &= \sum_{j=0}^{n} \langle (S+T)e_j|f_j \rangle = \sum_{j=0}^{n} \langle (S+T)Pe_j|VPe_j \rangle \\
&= \operatorname{tr}(PV^*(S+T)P) = \operatorname{tr}(PV^*SP) + \operatorname{tr}(PV^*TP) \\
&\leq \sum_{j=0}^{n} s_j(PV^*SP) + \sum_{j=0}^{n} s_j(PV^*TP) \\
&\leq \sum_{j=0}^{n} s_j(S) + \sum_{j=0}^{n} s_j(T) \,.
\end{aligned}
$$

② Nun sei $1 < p < \infty$. Aus Lemma 14.29 für $\psi(t) := t^p$ (und $\psi(t) := 0$ für $t < 0$), aus ① und der Minkowskischen Ungleichung folgt dann

$$\left(\sum_{j=0}^{n} s_j(S+T)^p\right)^{1/p} \leq \left(\sum_{j=0}^{n} (s_j(S) + s_j(T))^p\right)^{1/p} \leq \left(\sum_{j=0}^{n} s_j(S)^p\right)^{1/p} + \left(\sum_{j=0}^{n} s_j(T)^p\right)^{1/p}.$$

b) Aussage b) ergibt sich nun sofort aus a). ◊

Spektralspuren und Determinanten. Für einen Operator $S \in S_1(H)$ in der Spurklasse ist also $(\lambda_j(S)) \in \ell_1$. Nach V.B. Lidskii (1959) gilt die *Spurformel*

$$\operatorname{tr} S = \sum_{j=0}^{\infty} \lambda_j(S), \tag{40}$$

und für den Operator $I + S$ lässt sich eine *Determinante* definieren durch

$$\det(I + S) = \prod_{j=0}^{\infty} (1 + \lambda_j(S)). \tag{41}$$

Dazu sei auf [Gohberg et al. 1990], Kapitel VII und X, oder [Gohberg und Krein 1969], Kapitel IV verwiesen. Für Operatoren $S \in S_p(H)$, $p \geq 1$, werden dort auch *regularisierte* Determinanten untersucht; als Anwendungen erhält man Aussagen über:

Vollständigkeit der Eigen- und Hauptvektoren. Für einen *kompakten normalen* Operator $S \in K(H)$ auf einem Hilbertraum besitzt H eine Orthonormalbasis aus Eigenvektoren von S. Für $p \geq 1$ und einen nicht notwendig normalen Operator $S \in S_p(H)$ gilt: Liegt der *numerische Wertebereich*

$$W(S) := \{\langle Sx|x\rangle \mid x \in H, \, \|x\| = 1\}$$

von S in einem abgeschlossenen Sektor der komplexen Ebene mit Spitze in 0 und Öffnungswinkel $\frac{\pi}{p}$, so ist *die lineare Hülle aller Haupträume* von S in H *dicht*.

Lineare Operatoren auf Banachräumen. Eine Weylsche Ungleichung für Operatoren auf Banachräumen wurde von H. König 1977 bewiesen; insbesondere gilt Theorem 14.30 b) für $S \in S_p(X)$. Die Spurformel (40) gilt nach H. König (1980) ebenfalls für Operatoren $S \in S_1(X)$ auf Banachräumen. Dagegen hat man für nukleare Operatoren $S \in N(X)$ i. A. nur $(\lambda_j(S)) \in \ell_2$. Für Beweise dieser Aussagen und weitere Informationen über Eigenwerte, Spuren und Determinanten linearer Operatoren auf Banachräumen verweisen wir auf [König 1986], 2.a.4 und 4.a.6, [Pietsch 1987], Kapitel 3–4 oder [Pietsch 2007], Abschnitte 6.4–6.5.

14.6   Invariante Unterräume

Unter einem *invarianten Unterraum* eines Operators $T \in L(X)$ auf einem Banach-raum verstehen wir einen abgeschlossenen Unterraum V von X mit $\{0\} \neq V \neq X$ und $T(V) \subseteq V$. Das Problem, ob *jeder* stetige lineare Operator $T \in L(H)$ auf einem *Hilbertraum* einen invarianten Unterraum besitzt, ist ungelöst.

Besitzt $T \in L(X)$ einen *Eigenwert* $\lambda \in \sigma(T)$, so ist jeder abgeschlossene Unterraum ($\neq \{0\}$) des *Eigenraums* $N(\lambda I - T)$ invariant. Der Eigenraum selbst ist sogar *hyperin-variant*, d. h. invariant unter allen mit T kommutierenden Operatoren: Für $A \in L(X)$ mit $AT = TA$ gilt in der Tat

$$(\lambda I - T)Ax = A(\lambda I - T)x = 0 \quad \text{für} \quad x \in N(\lambda I - T).$$

Es seien H ein Hilbertraum und V ein invarianter Unterraum von $T \in L(H)$. Dann ist T durch eine *Block-Dreiecksmatrix*

$$T = \begin{pmatrix} T_1 & T_2 \\ 0 & T_3 \end{pmatrix}$$

bezüglich der orthogonalen Zerlegung $H = V \oplus_2 V^\perp$ gegeben. Diese Darstellung lässt sich verfeinern, wenn auch $T_1 \in L(V)$ und $T_3 \in L(V^\perp)$ invariante Unterräume besitzen; nach dem folgenden Theorem 14.32 ist dies für *kompakte* Operatoren T stets der Fall. Für eine genaue Untersuchung von „Dreiecks-Darstellungen" linearer Operatoren auf Hilberträumen sei auf [Gohberg et al. 1993], Teil V verwiesen.

Volterra-Operatoren.   a) Beispiele von Operatoren „in Dreiecks-Form" sind *Vol-terra-Integraloperatoren*

$$(Vf)(t) := (V_\kappa)f(t) := \int_a^t \kappa(t, s) \, f(s) \, ds, \quad t \in [a, b],$$

auf $L_2[a, b]$ mit L_2-Kernen. Diese kompakten und quasinilpotenten Operatoren (vgl. [GK], S. 63) besitzen i. A. *keine Eigenwerte. Invariante Unterräume* sind jedoch offenbar gegeben durch

$$V_c := \{f \in L_2[a, b] \mid f = 0 \text{ fast überall auf } [a, c]\}, \quad c \in (a, b). \tag{42}$$

b) Im Fall $\kappa(t, s) = 1$ sind nach M.S. Brodskii (1957) und W.F. Donoghue (1957) durch (42) *alle* invarianten Unterräume von V gegeben, vgl. [Radjavi und Rosenthal 2003], Theorem 4.14, oder [Gohberg et al. 1993], Kapitel XXI.

Im Jahre 1954 zeigten N. Aronszajn und K.T. Smith, dass *jeder kompakte Operator* auf einem Banachraum einen *invarianten Unterraum* besitzt. Im Jahre 1973 bewies V. Lomonosov unter Verwendung des *Schauderschen Fixpunktsatzes* (vgl. etwa [Kaballo 1999], Theorem 32.19) das folgende Resultat; der angegebene überraschend einfache Beweis stammt von H. Hilden (1977):

Theorem 14.32

Jeder kompakte Operator $0 \neq S \in K(X)$ auf einem Banachraum X besitzt einen hyperinvarianten Unterraum.

BEWEIS. a) Aufgrund obiger Ausführungen zu Eigenwerten und Eigenräumen können wir $\sigma(S) = \{0\}$, also $\lim_{n \to \infty} \| S^n \|^{1/n} = 0$ annehmen.

b) Wir betrachten die *Kommutanten-Algebra*

$$\mathcal{C} := \{S\}' := \{A \in L(X) \mid [A, S] = AS - SA = 0\}$$

von S und für $x \in X$ die Unterräume $\mathcal{C}x := \{Ax \mid A \in \mathcal{C}\}$ von X. Offenbar ist $\overline{\mathcal{C}x}$ unter jedem Operator aus $\mathcal{C}$ invariant. Gilt also $\overline{\mathcal{C}x} \neq X$ für einen Vektor $0 \neq x \in X$, so ist die Behauptung bewiesen.

c) Andernfalls gilt $\overline{\mathcal{C}x} = X$ für alle Vektoren $0 \neq x \in X$. Wir fixieren $0 \neq x_0 \in X$ mit $Sx_0 \neq 0$, wählen eine offene Kugel $U = U_r(x_0)$ um x_0 mit $0 \notin \overline{U} \cup \overline{S(U)}$ und setzen

$$\gamma := \inf \{\| x \| \mid x \in \overline{U}\} > 0 .$$

Für $y \in \overline{S(U)}$ gilt $\overline{\mathcal{C}y} = X$; es gibt also einen Operator $A_y \in \mathcal{C}$ mit $A_y y \in U$. Dann gilt auch $A_y x \in U$ für alle x in einer Umgebung von y. Da $\overline{S(U)}$ von endlich vielen solcher Umgebungen überdeckt wird, existiert also eine *endliche* Menge $\mathcal{E} \subseteq \mathcal{C}$ von Operatoren, sodass zu jedem $y \in \overline{S(U)}$ ein $A \in \mathcal{E}$ existiert mit $Ay \in U$. Wir setzen $M := \max \{\| A \| \mid A \in \mathcal{E}\}$.

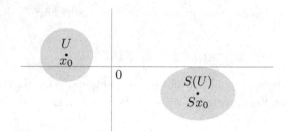

Abb. 14.3: Illustration des Beweises

d) Wegen $Sx_0 \in \overline{S(U)}$ gibt es $A_1 \in \mathcal{E}$ mit $A_1 Sx_0 \in U$. Dann ist $SA_1 Sx_0 \in \overline{S(U)}$, und somit gibt es $A_2 \in \mathcal{E}$ mit $A_2 SA_1 Sx_0 \in U$. So fortfahrend finden wir eine Folge (A_n) in $\mathcal{E}$ mit $A_n SA_{n-1} S \cdots A_1 Sx_0 \in U$ und somit

$$\| A_n SA_{n-1} S \cdots A_1 Sx_0 \| \geq \gamma > 0 \quad \text{für alle } n \in \mathbb{N} .$$

Wegen $[A, S] = 0$ für $A \in \mathcal{E}$ gilt aber andererseits

$$\| A_n SA_{n-1} S \cdots A_1 Sx_0 \| = \| A_n A_{n-1} \cdots A_1 S^n x_0 \| \leq M^n \| S^n \| \| x_0 \| ,$$

und wir erhalten den Widerspruch

$$\gamma^{1/n} \leq M \, \| \, S^n \, \|^{1/n} \, \| \, x_0 \, \|^{1/n} \to 0 \, . \quad \Diamond$$

Wir untersuchen nun einen Operator, dessen Verband der invarianten Unterräume eine reichhaltige Struktur besitzt:

Der Shift-Operator. a) Es sei G ein separabler Hilbertraum. Auf dem Hilbertraum $H := \ell_2(G)$ definieren wir den (einseitigen oder Vorwärts-) *Shift-Operator* durch

$$S_+ : \ (x_0, x_1, x_2, x_3, \ldots) \mapsto (0, x_0, x_1, x_2, \ldots) \, ;$$

die Dimension von G heißt *Multiplizität* von S_+. Offenbar ist S_+ eine Isometrie mit $R(S_+)^{\perp} = V_0 := \{ y \in H \mid y_0 = 0 \}$. Der adjungierte Operator zu S_+ ist der *Rückwärts-Shift*

$$S_- = S_+^* : \ (y_0, y_1, y_2, y_3, \ldots) \mapsto (y_1, y_2, y_3, y_4, \ldots) \, .$$

b) Wir konzentrieren uns zunächst auf den Fall $G = \mathbb{C}$. Offensichtliche invariante Unterräume von S_+ sind gegeben durch

$$V_k := \{ y \in H \mid y_0 = y_1 = \ldots = y_k = 0 \} \quad \text{für} \ \ k \in \mathbb{N}_0 \, . \tag{43}$$

c) Wir identifizieren $H = \ell_2$ mit dem *Hardy-Raum* $\mathcal{H}^2(D) \cong L_2^+(S^1)$ (vgl. S. 363); dann entspricht der Shift-Operator S_+ dem *Multiplikationsoperator* mit der Funktion z auf $\mathcal{H}^2(D)$ bzw. $\zeta = e^{it}$ auf $L_2^+(S^1)$. Die invarianten Unterräume aus b) sind gegeben durch

$$V_k = \{ f \in \mathcal{H}^2(D) \mid f(0) = f'(0) = \ldots = f^{(k)}(0) = 0 \} \quad \text{für} \ \ k \in \mathbb{N}_0 \, .$$

d) Nun sei $\alpha = (\alpha_j)$ eine Folge in D mit $|\alpha_j| \to 1$ für $j \to \infty$. Für den Raum

$$V_\alpha := \{ f \in \mathcal{H}^2(D) \mid f(\alpha_j) = 0 \ \text{für alle} \ j \in \mathbb{N} \} \tag{44}$$

gilt offenbar $S_+(V_\alpha) \subseteq V_\alpha$; in (44) ist bei einem mehrfach angenommenen Wert der Folge eine Nullstelle entsprechender Ordnung gemeint. Aufgrund der *Jensen-Formel* ist genau dann $V_\alpha \neq \{0\}$, wenn folgende Bedingung gilt (vgl. [Rudin 1974], Kapitel 15):

$$\sum_{j=1}^{\infty} (1 - |\alpha_j|) < \infty \, . \tag{45}$$

Innere Funktionen. a) Eine *innere Funktion* ist eine Funktion $\phi \in \mathcal{H}^2(D)$ mit $|R\phi| = 1$ fast überall auf S^1; dann gilt sogar $\phi \in \mathcal{H}^\infty(D)$ (vgl. Aufgabe 14.7). Der Multiplikationsoperator $M_{R\phi}$ ist dann eine *Isometrie* auf $L_2^+(S^1)$ und somit auch M_ϕ eine solche auf $\mathcal{H}^2(D)$. Der Raum $\phi\mathcal{H}^2(D) = R(M_\phi)$ ist somit abgeschlossen in $\mathcal{H}^2(D)$ und offenbar *invariant* unter S_+. Nach dem folgenden *Theorem 14.33 von Beurling* sind *alle* invarianten Unterräume des Shift-Operators von dieser Form.

b) Es seien $\alpha = (\alpha_j)$ eine Folge in $D\backslash\{0\}$ mit (45) und $k \in \mathbb{N}_0$. Eine innere Funktion ist dann gegeben durch das *Blaschke-Produkt*

$$B(z) := B_{k,\alpha}(z) := z^k \prod_{j=1}^\infty \frac{\alpha_j - z}{1 - \overline{\alpha}_j z} \frac{|\alpha_j|}{\alpha_j}.$$

Es gilt $B\mathcal{H}^2(D) = V_{k-1} \cap V_\alpha$ mit den invarianten Unterräumen aus (43) und (44).

c) Nun seien $c \in S^1$ und μ ein zum Lebesgue-Maß λ *singuläres* endliches positives Borel-Maß auf S^1. Durch

$$\sigma(z) := c \exp(-\int_{S^1} \frac{\zeta+z}{\zeta-z} \, d\mu(\zeta)), \quad z \in D,$$

wird dann eine *singuläre innere Funktion* definiert; mit $\mu = \delta_1$ erhält man das einfache Beispiel $\sigma_0(z) = \exp(\frac{z+1}{z-1})$.

d) *Jede* innere Funktion besitzt eine *Faktorisierung* $\phi = B\sigma$ in ein Blaschke-Produkt und eine singuläre innere Funktion; für dieses Resultat sei auf [Rudin 1974], Theorem 17.15, oder [Duren 1970], Abschnitt 2.4 verwiesen.

Nun können wir das folgende Resultat von A. Beurling (1949) zeigen:

Theorem 14.33 (Beurling)
Zu jedem unter dem Shift-Operator S_+ invarianten Unterraum V von $\mathcal{H}^2(D)$ gibt es eine innere Funktion ϕ mit $V = \phi\mathcal{H}^2(D)$.

BEWEIS. a) Wir betrachten V als Unterraum von $L_2^+(S^1) \cong \mathcal{H}^2(D)$. Wegen $V \neq \{0\}$ gibt es einen maximalen Index $m \in \mathbb{N}_0$ mit $V \subseteq \overline{[e^{ikt}]}_{k \geq m}$. Für $f \in V$ mit $\widehat{f}(m) \neq 0$ ist dann $f \notin S_+(V)$, und somit ist $S_+(V)$ ein *echter* Unterraum von V.

b) Wir wählen $\phi \in V \cap S_+(V)^\perp$ und $\|\phi\|_{L_2} = 1$. Dann ist $\phi \perp S_+^n\phi$, also

$$\tfrac{1}{2\pi} \int_{-\pi}^\pi |\phi(e^{it})|^2 e^{-int} \, dt = 0 \quad \text{für alle } n \in \mathbb{N}. \tag{46}$$

Komplexe Konjugation liefert dann (46) auch für $n \in -\mathbb{N}$, und daher ist $|\phi|^2$ fast überall konstant. Wegen $\phi \in L_2^+(S^1)$ und $\|\phi\|_{L_2} = 1$ ist somit ϕ eine innere Funktion.

c) Aus $\phi \in V$ folgt $\phi e^{int} = S_+^n \phi \in V$ für $n \in \mathbb{N}_0$ und somit $\phi L_2^+(S^1) \subseteq V$. Für $h \in V \cap (\phi L_2^+(S^1))^\perp$ gilt $h e^{int} \perp \phi$ für $n \in \mathbb{N}$ und $h \perp \phi e^{int}$ für $n \in \mathbb{N}_0$, also

$$\tfrac{1}{2\pi} \int_{-\pi}^\pi h(e^{it}) \overline{\phi(e^{it})} e^{-int} \, dt = 0 \quad \text{für alle } n \in \mathbb{Z}.$$

Dies impliziert $h\overline{\phi} = 0$, wegen $|\phi| = 1$ also auch $h = 0$ fast überall und somit $V = \phi L_2^+(S^1)$. $\diamond$

Shift-Operatoren beliebiger Multiplizität. a) Der Satz von Beurling wurde von P. Lax (1959) auf Shift-Operatoren endlicher Multiplizität und von P.R. Halmos (1961), H. Helson und D. Lowdenslager (1961) sowie J. Rovnyak (1962) auf solche beliebiger Multiplizität verallgemeinert, vgl. [Gohberg et al. 1993], Kapitel XXVI, [Radjavi und Rosenthal 2003], Abschnitt 3.4, oder [Rosenbloom und Rovnyak 1985], Abschnitt 1.12 sowie Kapitel 4 und 5:

Es sei G ein separabler Hilbertraum. Alle invarianten Unterräume des Shift-Operators S_+ auf $\mathscr{H}^2(D,G)$ sind gegeben durch $V = \Phi \mathscr{H}^2(D,G)$ für eine „innere Operatorfunktion" $\Phi \in \mathscr{H}^\infty(D, L(G))$.

b) Eine *innere Operatorfunktion* ist eine Funktion $\Phi \in \mathscr{H}^\infty(D, L(G))$, für die der Multiplikationsoperator $M_\Phi \in L(\mathscr{H}^2(D,G))$ eine *partielle Isometrie* ist. Dies bedeutet die Existenz einer orthogonalen Zerlegung $G = W \oplus_2 W^\perp$ mit $\|\Phi h\| = \|h\|$ für alle $h \in \mathscr{H}^2(D,W)$ und $\Phi h = 0$ für alle $h \in \mathscr{H}^2(D,W^\perp)$.

c) Für $h \in \mathscr{H}^2(D,G)$ existieren Randfunktionen $Rh \in L_2^+(S^1,G)$ wie im Fall $G = \mathbb{C}$ (vgl. die Ausführungen ab S. 363). Für Operatorfunktionen $\Phi \in \mathscr{H}^\infty(D, L(G))$ existieren die radialen Limiten $R\Phi(\zeta) = \lim_{r \to 1^-} \Phi(r\zeta)$ für fast alle $\zeta \in S^1$ in der *schwachen Operatortopologie* $L_\sigma(G)$ (vgl. dazu Aufgabe 14.23) und definieren *schwach messbare* Randfunktionen $R\Phi \in L_\infty^+(S^1, L(G))$. Φ ist genau dann eine innere Operatorfunktion, wenn $M_{R\Phi} \in L(L_2^+(S^1,G))$ eine partielle Isometrie ist, und dies ist dazu äquivalent, dass für fast alle $\zeta \in S^1$ die Operatoren $R\Phi(\zeta)$ partielle Isometrien mit $\|R\Phi(\zeta)x\| = \|x\|$ für alle $x \in W$ und $R\Phi(\zeta)x = 0$ für alle $x \in W^\perp$ sind.

Nach [Bukhvalov und Danilevich 1982] (vgl. auch [Pietsch 2007], 6.9.3) besitzt ein Banachraum Y die *analytische Radon-Nikodym-Eigenschaft (aRNE)*, wenn für alle $h \in \mathscr{H}^\infty(D,Y)$ die radialen Limiten $Rh(\zeta) = \lim_{r \to 1^-} h(r\zeta)$ für fast alle $\zeta \in S^1$ *in der Norm* von Y existieren. Räume mit Radon-Nikodym-Eigenschaft (vgl. S. 295) besitzen auch die aRNE, ebenso L_1-Räume. Dies gilt jedoch *nicht* für $Y = c_0$ oder $Y = L(G)$ (vgl. Aufgabe 14.23).

Nach dem folgenden Resultat von G.-C. Rota (1960) ist der Shift-Operator in gewissem Sinne *universal*:

Satz 14.34

Es seien G ein separabler Hilbertraum und $A \in L(G)$ mit Spektralradius $r(A) < 1$. Dann ist A ähnlich zu einer Einschränkung des Rückwärts-Shifts S_- auf $\ell_2(G)$ auf einen invarianten Unterraum.

BEWEIS. Wir definieren $T : G \to \ell_2(G)$ durch

$$Tx := (x, Ax, A^2x, A^3x, \ldots) \quad \text{für } x \in G;$$

dann gilt offenbar

$$\| x \|^2 \ \leq\ \| Tx \|^2 \ \leq\ (\sum_{k=0}^{\infty} \| A^k \|^2) \| x \|^2 \, .$$

Somit ist T injektiv mit abgeschlossenem Bild $V := R(T) \subseteq \ell_2(G)$. Aufgrund von $S_- Tx = TAx$ für alle $x \in G$ ist V invariant unter S_-, und es gilt $A = T^{-1} S_- T$. $\Diamond$

Zum Problem der Existenz invarianter Unterräume. a) Wie bereits gesagt, ist es eine offene Frage, ob *jeder* Operator auf einem separablen Hilbertraum einen invarianten Unterraum besitzt. Nach Satz 14.34 ist dies genau dann der Fall, wenn jeder invariante Unterraum der Dimension ≥ 2 des Rückwärts-Shifts S_- einen echt kleineren invarianten Unterraum von S_- enthält. Wegen $S_-(V) \subseteq V \Leftrightarrow S_+(V^\perp) \subseteq V^\perp$ ist dies dazu äquivalent, dass jeder invariante Unterraum von S_+ der Kodimension ≥ 2 in einem echt größeren invarianten Unterraum von S_+ enthalten ist, und dies wiederum ist dazu äquivalent, dass die entsprechende innere Operatorfunktion eine geeignete *Faktorisierung* zulässt. Für Shift-Operatoren *endlicher* Multiplizität sind diese Bedingungen erfüllt; der Fall unendlicher Multiplizität ist ungeklärt. Wir verweisen dazu auf [Radjavi und Rosenthal 2003], Cor. 3.16, Abschnitt 3.5 und Cor. 6.18.

b) Die Frage, ob *jeder* stetige lineare Operator $T \in L(X)$ auf einem *Banachraum* einen invarianten Unterraum besitzt, wurde 1976 von P. Enflo negativ beantwortet durch Konstruktion eines komplizierten Folgenraums, auf dem der Shift-Operator S_+ keinen invarianten Unterraum besitzt (vgl. [Enflo 1987]). [Read 1985] konstruierte einen Operator auf dem Banachraum ℓ_1 ohne invarianten Unterraum. Andererseits gibt es nach [Argyros und Haydon 2009] einen Banachraum X mit $X' \simeq \ell_1$, auf dem jeder Operator die Form $T = \lambda I - S$ mit $\lambda \in \mathbb{C}$ und $S \in K(X)$ hat, insbesondere also einen hyperinvarianten Unterraum besitzt. Schließlich gibt es nach [Atzmon 1983] einen Operator auf einem nuklearen Fréchetraum ohne invarianten Unterraum.

14.7 Aufgaben

Aufgabe 14.1
Es seien X, Y Banachräume und $T \in \Phi^-(X, Y)$ mit $\operatorname{ind} T \leq 0$ bzw. $T \in \Phi^+(X, Y)$ mit $\operatorname{ind} T \geq 0$. Konstruieren Sie einen endlichdimensionalen Operator $F \in \mathcal{F}(X, Y)$, sodass $T + F$ injektiv bzw. surjektiv ist.

Aufgabe 14.2
Durch $S_- : (x_0, x_1, x_2, \ldots) \mapsto (x_1, x_2, x_3, \ldots)$ wird auf dem Fréchetraum ω aller Folgen ein Shift-Operator $S_- \in L(\omega)$ definiert (vgl. Aufgabe 13.19). Zeigen Sie:

Für $z \in \mathbb{C}$ ist $T(z) := I - z S_-$ surjektiv, und es gilt $\dim N(T(z)) = 1$ für $z \neq 0$.

Aufgabe 14.3
Es seien $T \in L(X, Y)$ und $U \in L(Y, X)$ Operatoren mit $UTU = U$. Zeigen Sie:

a) Die Operatoren UT und TU sind Projektionen, und es gilt $N(T) \subseteq N(UT)$ sowie $R(TU) \subseteq R(T)$.

b) Ist sogar $N(T) = N(UT)$ oder $R(TU) = R(T)$, so gilt auch $TUT = T$.

Aufgabe 14.4
Es seien $a \in C(S^1)$ und $k \in C(S^1 \times S^1)$ ein stetiger Kern mit

$$|k(z, \zeta) - k(z, z)| \leq C|\zeta - z| \quad \text{für } z, \zeta \in S^1.$$

a) Zeigen Sie, dass durch

$$Bf(z) := a(z) f(z) + \tfrac{1}{\pi i} \oint_{S^1} \tfrac{k(z,\zeta)}{\zeta - z} f(\zeta) \, d\zeta$$

ein beschränkter linearer Operator auf $L_2(S^1)$ definiert wird.

b) Zeigen Sie $B = M_a + M_b S + K$ mit $b(z) := k(z, z)$ und $K \in S_2(L_2(S^1))$.

Aufgabe 14.5
a) Es seien H, G Hilberträume und $T \in K(H, G)$. Zeigen Sie: Zu einem abgeschlossenen Unterraum $H_1 \subseteq H$ und $\varepsilon > 0$ gibt es einen abgeschlossenen Unterraum $H_2 \subseteq H_1$ mit $\operatorname{codim}_{H_1} H_2 < \infty$ und $\|Tx\| \leq \varepsilon \|x\|$ für $x \in H_2$.

Wähle $F \in \mathcal{F}(H_1, G)$ mit $\|T - F\| \leq \varepsilon$.

b) Es sei $a \in C(S^1)$. Zeigen Sie

$$\|a\|_{\sup} = \|M_a\| = \inf\{\|M_a + K\| \mid K \in K(L_2(S^1))\}.$$

Aufgabe 14.6
Es sei P die durch (14) gegebene orthogonale Projektion von $L_2(S^1)$ auf $L_2^+(S^1)$. Für $a \in C(S^1)$ wird der *Toeplitz-Operator* $T_a \in L(L_2^+(S^1))$ definiert durch

$$T_a f := P(a \cdot f) \quad \text{für } f \in L_2^+(S^1).$$

a) Bestimmen Sie die Matrix von T_a bezüglich der Orthonormalbasis $\{e_k(\zeta) = \zeta^k\}_{k \in \mathbb{N}_0}$ von $L_2^+(S^1)$. Welche Struktur hat diese im Fall $a \in [e_k]_{k \in \mathbb{Z}}$?

b) Zeigen Sie: T_a ist genau dann ein Fredholmoperator, wenn a keine Nullstelle auf S^1 besitzt.

c) Beweisen Sie $\operatorname{ind} T_a = -n(a; 0)$ im Fall $a \in \mathcal{G}(C(S^1))$.

d) Zeigen Sie, dass ein Fredholmoperator T_a einseitig invertierbar ist.

Aufgabe 14.7
a) Zeigen Sie, dass die Isometrie $E : L_2^+(S^1) \to \mathscr{H}^2(D)$ aus (16) auch gegeben ist durch das *Poisson-Integral*

$$Ef(re^{it}) = (P_r \star f)(t) = \tfrac{1}{2\pi} \int_{-\pi}^{\pi} P_r(t - s) f(s) \, ds, \quad 0 \leq r < 1,$$

mit den *Poisson-Kernen* $P_r \in C_{2\pi}(\mathbb{R})$,

$$P_r(u) \;=\; \sum_{k=-\infty}^{\infty} r^{|k|} e^{iku} \;=\; \frac{1-r^2}{1+r^2-2r\cos u}, \quad 0 \le r < 1.$$

b) Zeigen Sie, dass die Poisson-Kerne eine Dirac-Familie (für $r \uparrow 1$) sind.

c) Schließen Sie, dass E eine Isometrie von $L_\infty^+(S^1)$ auf $\mathscr{H}^\infty(D)$ definiert.

Aufgabe 14.8

Zeigen Sie, dass die Formulierungen (23) und (24) der endlichen Meromorphie äquivalent sind. Zeigen Sie weiter, dass (24) auch in der Form

$$T(z) \;=\; A(z) + \tfrac{1}{f(z)} P C(z) \quad \text{oder} \quad T(z) \;=\; A(z) + \tfrac{1}{f(z)} B(z) P$$

mit einer endlichdimensionalen Projektion $P = P^2$ formuliert werden kann.

Aufgabe 14.9

Es sei $\Omega \subseteq \mathbb{C}$ ein Gebiet. Eine Familie $\{M(z)\}_{z\in\Omega}$ komplementierter Unterräume eines Banachraums X heißt *holomorph*, falls es zu jedem $z_0 \in \Omega$ eine Umgebung $U \subseteq \Omega$ von z_0 und eine Funktion $G \in \mathscr{H}(U, L(X))$ mit Werten in $GL(X)$ gibt mit

$$G(z_0) \;=\; I \quad \text{und} \quad M(z) \;=\; G(z)M(z_0) \quad \text{für alle} \;\; z \in U.$$

Zeigen Sie, dass diese Eigenschaft zu jeder der folgenden Bedingungen äquivalent ist:

(a) Zu $z_0 \in \Omega$ und einem Komplement N von $M(z_0)$ gibt es eine Umgebung $U \subseteq \Omega$ von z_0, sodass $X = M(z) \oplus_t N$ für alle $z \in U$ gilt und die Projektion $P(z)$ von X auf $M(z)$ entlang N holomorph von $z \in U$ abhängt.

(b) Zu $z_0 \in \Omega$ gibt es eine Umgebung $U \subseteq \Omega$ von z_0 und eine Projektorfunktion $P = P^2 \in \mathscr{H}(U, L(X))$ mit $R(P(z)) = M(z)$ für alle $z \in U$.

Aufgabe 14.10

Formulieren und beweisen Sie die Theoreme 14.15 und 14.23 auch für endlich meromorphe Operatorfunktionen T.

Aufgabe 14.11

Es seien X, Y Banachräume, und Y besitze die b.A.E. Formulieren und beweisen Sie Regularisierungssätze analog zu Theorem 14.20 für C^m- und für $R(K)$-Operatorfunktionen.

Aufgabe 14.12

Schließen Sie aus Lemma 14.21 die folgende Aussage: Gegeben seien lineare Operatoren $L_j \in L(Y, X)$ und $T_j \in L(X, Y)$ mit $\sum_{j=1}^{r} L_j T_j = A \in \Phi(X)$ und $\operatorname{ind} A = 0$. Dann gibt es $F_j \in \mathcal{F}(Y, X)$ mit $N(\sum_{j=1}^{r}(L_j + F_j)T_j) = \bigcap_{j=1}^{r} N(T_j)$.

Aufgabe 14.13

Es seien $\Omega \subseteq \mathbb{C}$ offen und $T \in \mathscr{H}(\Omega, L(X, Y))$ eine holomorphe Φ^+-Funktion. Zeigen Sie mit Hilfe des Φ^r-Falls und der in Theorem 13.28 verwendeten Methode von J. Leiterer, dass $\Sigma(T)$ in Ω diskret ist. Zeigen Sie anschließend, dass $\Sigma(T)$ auch im Φ^--Fall diskret ist.

Aufgabe 14.14

Für einen Operator $T \in L(X)$ gelte $p(T) \in K(X)$ für ein Polynom $p \in \mathbb{C}[\lambda]$. Zeigen Sie, dass das *wesentliche Spektrum* $\sigma_e(T)$ *endlich* ist und beschreiben Sie das Spektrum $\sigma(T)$.

Aufgabe 14.15

a) Finden Sie einen nicht kompakten Operator T mit $T^2 = 0$.

b) Es seien $A, B \in L(X)$ Riesz-Operatoren. Sind dann auch $A + B$ und / oder AB Riesz-Operatoren?

c) Zeigen Sie, dass $T \in L(X)$ genau dann ein Riesz-Operator ist, wenn dies auf den dualen Operator $T' \in L(X')$ zutrifft.

Aufgabe 14.16

Es seien X ein Banachraum, $S \in L(X)$ ein Riesz-Operator, $\mu \in \sigma(S) \backslash \{0\}$, $T = \mu I - S$ und $R_S(\lambda) = \sum\limits_{k=-q}^{\infty} A_k (\lambda - \mu)^k$ die Laurent-Entwicklung von R_S um μ. Zeigen Sie

$$A_n \cdot A_m = (1 - \eta_n - \eta_m) A_{n+m+1} \quad \text{mit} \quad \eta_k := \begin{cases} 1 & , \ k \geq 0 \\ 0 & , \ k < 0 \end{cases}.$$

Aufgabe 14.17

Aufstieg und Abstieg eines Operators $T \in L(X)$ wurden auf S. 377 definiert.

a) Zeigen Sie $N(T^k) = N(T^{\alpha(T)})$ für $k \geq \alpha(T)$ und $R(T^k) = R(T^{\delta(T)})$ für $k \geq \delta(T)$.

b) Nun gelte $\alpha(T) < \infty$ und $\delta(T) < \infty$. Zeigen Sie $\alpha(T) = \delta(T)$.

c) Nun sei $\alpha(T) = \delta(T) =: p < \infty$. Zeigen Sie: Es gilt $X = N(T^p) \oplus_t R(T^p)$, beide Räume sind invariant unter T, und $T|_{R(T^p)}$ ist bijektiv.

d) Finden Sie Operatoren $T \in \Phi(\ell_2)$ mit

① $\alpha(T) < \infty$, $\delta(T) = \infty$; ② $\alpha(T) = \infty$, $\delta(T) < \infty$; ③ $\alpha(T) = \delta(T) = \infty$.

e) Es sei $S \in L(X)$ mit $\| S^k \| \leq C$ für $k \in \mathbb{N}$. Zeigen Sie $\alpha(I - S) \leq 1$.

Aufgabe 14.18

Es sei $\mu \geq 0$. Berechnen Sie die singulären Zahlen der Matrix $T_\mu := \begin{pmatrix} 1 & \mu \\ 0 & 1 \end{pmatrix}$.

Zeigen Sie, dass für $s \geq 1$ ein $\mu \geq 0$ existiert mit $s_0(T_\mu) = s$ und $s_1(T_\mu) = \frac{1}{s}$.

Aufgabe 14.19

Es seien H ein Hilbertraum und $S \in K(H)$. Zeigen Sie die Ungleichung von A. Horn:

$$\prod_{j=0}^{n} s_j(ST) \leq \prod_{j=0}^{n} s_j(S)\, s_j(T) \quad \text{für } n \in \mathbb{N}_0.$$

Aufgabe 14.20

Es seien X ein Banachraum und $T \in L(X)$, sodass $p(T) \in K(X)$ für ein Polynom $0 \neq p \in \mathbb{C}[\lambda]$ gilt. Zeigen Sie, dass T einen invarianten Unterraum besitzt.

Aufgabe 14.21

Es seien ϕ und ψ innere Funktionen mit $\phi \mathcal{H}^2(D) = \psi \mathcal{H}^2(D)$. Zeigen Sie $\psi = \alpha\phi$ für ein $\alpha \in S^1$.

Aufgabe 14.22

Der unitäre *beidseitige* Shift-Operator kann als Multiplikationsoperator $U = M_\zeta$ auf $H := L_2(S^1)$ realisiert werden.

a) Zeigen Sie: Für $A \in L(H)$ gilt $AU = UA$ genau dann, wenn $A = M_\psi$ für eine Funktion $\psi \in L_\infty(S^1)$ gilt.

b) Geben Sie alle U *reduzierenden* Unterräume von H an, d. h. alle unter U und U^* invarianten Unterräume von H.

Aufgabe 14.23

Für $z \in \overline{D} \subseteq \mathbb{C}$ wird durch $\Delta(z) := \operatorname{diag}(1, z, z^2, \dots, z^n, \dots)$ ein Diagonaloperator auf ℓ_2 definiert. Zeigen Sie:

a) Es gilt $\Delta \in \mathscr{H}^\infty(D, K(\ell_2))$ und $\|\Delta(z)\| \leq 1$ für $z \in D$.

b) Für $0 < p < \infty$ und $z \in D$ gilt $\Delta(z) \in S_p(\ell_2)$. Ist $\sup_{z \in D} \sigma_p(D(z)) < \infty$?

c) Für $\zeta \in S^1$ und $x \in \ell_2$ gilt $\lim_{r \to 1^-} \Delta(r\zeta)x = \Delta(\zeta)x$.

d) Der Operator $\Delta(\zeta)$ ist unitär für $\zeta \in S^1$. Existiert $\lim_{r \to 1^-} \Delta(r\zeta)$ in der Operatornorm?

e) Es sei $A \in \Phi(\ell_2)$ mit $\|A\| < 1$. Zeigen Sie $A + \Delta(z) \in \Phi(\ell_2)$ für alle $z \in \overline{D}$ und berechnen Sie $\operatorname{ind}(A + \Delta(z))$ für $z \in \overline{D}$.

f) Bestimmen Sie die Sprungstellenmenge $\Sigma(T) = \{\alpha_j\}_{j=1}^{\infty}$ der Fredholm-Funktion $T(z) := \frac{1}{2}I - \Delta(z)$ in D. Gilt $\sum_{j=1}^{\infty}(1 - |\alpha_j|) < \infty$?

15 C^*-Algebren und normale Operatoren

Fragen: 1. Es sei X ein Banachraum. Für welche Operatoren $T \in L(X)$ lässt sich der analytische Funktionalkalkül auf eine Funktionenalgebra fortsetzen, die eine Zerlegung der Eins erlaubt?
2. Es sei H ein Hilbertraum. Für welche Operatoren $T \in L(H)$ existiert eine Wurzel, d. h. ein Operator $S \in L(H)$ mit $S^2 = T$?
3. Es sei X ein Banachraum. Ist die Gruppe $GL(X)$ zusammenhängend?

Nach dem *Spektralsatz für kompakte normale Operatoren* $S \in L(H)$ auf einem Hilbertraum (vgl. [GK], Theorem 12.5) besitzt S eine in der Operatornorm konvergente Entwicklung

$$Sx = \sum_{j=0}^{\infty} \lambda_j \langle x | e_j \rangle e_j, \quad x \in H, \tag{1}$$

mit orthonormalen Eigenvektoren $e_j \in H$ und Eigenwerten $\lambda_j \to 0$ in $\mathbb{C}$. Erweitert man die $\{e_j\}$ zu einer Orthonormalbasis $\{e_i\}_{i \in I}$ von H, so ist S mittels der Fourier-Abbildung $\mathcal{F}: H \to \ell_2(I)$ *unitär äquivalent* zum *Diagonaloperator*

$$D = \mathcal{F}S\mathcal{F}^{-1} = \mathrm{diag}(\lambda_i) \quad \text{auf } \ell_2(I). \tag{2}$$

Ein Hauptthema dieses Kapitels ist ein allgemeinerer *Spektralsatz* für alle *beschränkten normalen Operatoren* $T \in L(H)$, der bereits auf D. Hilbert (1906) zurückgeht. Dabei ist die Summe in (1) durch ein *Spektralintegral* (37) zu ersetzen, der Diagonaloperator in (2) durch einen *Multiplikationsoperator* (20) mit der Variablen λ auf einem geeigneten L_2-Raum auf dem Spektrum von T.

Zur Herleitung des Spektralsatzes erweitern wir zunächst den analytischen Funktionalkalkül zu einem *stetigen Funktionalkalkül* $\Psi_T : \mathcal{C}(\sigma(T)) \to L(H)$ von T. Dies führen wir im Rahmen von C^*-*Algebren* durch, die wir im ersten Abschnitt einführen. Wir zeigen *Spektralinvarianz* beim Übergang zu C^*-Unteralgebren und diskutieren den *Symbolhomomorphismus* einer Algebra singulärer Integraloperatoren. Für *kommutative* C^*-Algebren $\mathcal{A}$ ist der *Gelfand-Homomorphismus* $\Gamma : \mathcal{A} \to \mathcal{C}(\mathfrak{M}(\mathcal{A}))$ eine *isometrische $*$-Isomorphie* (Satz von Gelfand-Naimark). Auf diesem Resultat basiert die Konstruktion des stetigen Funktionalkalküls, die wir in Abschnitt 15.2 für *kommutierende normale Elemente* einer C^*-Algebra durchführen.

Im nächsten Abschnitt zeigen wir als Erweiterung der Formulierung (2) des *Spektralsatzes* die *unitäre Äquivalenz* eines beschränkten normalen Operators $T \in L(H)$ auf einem Hilbertraum zu einem geeigneten *Multiplikationsoperator*. Diese Konstruktion führen wir allgemeiner für $*$-*Darstellungen* $\Psi : \mathcal{C}(K) \to L(H)$ kommutativer C^*-Algebren durch; anschließend setzen wir diese zu $*$-Darstellungen $\tilde{\Psi} : \mathcal{B}_b(K) \to L(H)$ auf C^*-Algebren *beschränkter Borel-messbarer Funktionen* fort. Dies liefert insbesondere den *beschränkten Borel-Funktionalkalkül* für normale Operatoren.

In Abschnitt 15.4 führen wir *Spektralmaße* und *Spektralintegrale* ein und erhalten eine Erweiterung der Formulierung (1) des *Spektralsatzes* für beschränkte normale Operatoren $T \in L(H)$. Im folgenden Abschnitt charakterisieren wir das Spektrum sowie gewisse Teilmengen des Spektrums von T mit Hilfe des Spektralmaßes E_T. Anschließend diskutieren wir *Polarzerlegungen* von Operatoren und zeigen u. a., dass die *Gruppen* $U(H)$ *der unitären Operatoren* und $GL(H)$ der *invertierbaren Operatoren* auf einem Hilbertraum H zusammenhängend sind.

15.1 C^*-Algebren

Wir beginnen mit einer Einführung in die Theorie der C^*-Algebren und beschränken uns dabei im Wesentlichen auf Konzepte und Resultate, die wir zur Herleitung des Spektralsatzes für normale Operatoren benötigen. Eine umfassendere Darstellung ginge weit über den Rahmen dieses Buches hinaus; wir verweisen dazu etwa auf [Sakai 1971], [Arveson 1976], [Murphy 1990], [Blackadar 2010] und [Connes 1990].

Involutionen und C^*-Algebren. a) Eine *Involution* auf einer Algebra $\mathcal{A}$ über $\mathbb{C}$ ist eine Abbildung $* : \mathcal{A} \to \mathcal{A}$ mit

$$(\alpha x + y)^* = \bar{\alpha} x^* + y^*, \quad (xy)^* = y^* x^* \text{ und } (x^*)^* = x \text{ für } x, y \in \mathcal{A} \text{ und } \alpha \in \mathbb{C}.$$

b) Eine Menge $M \subseteq \mathcal{A}$ heißt $*$-*Menge*, wenn aus $x \in M$ auch $x^* \in M$ folgt. Ein Homomorphismus $\psi : \mathcal{A} \to \mathcal{B}$ zwischen Algebren mit Involution heißt *involutiv* oder $*$-*Homomorphismus*, falls $\psi(x^*) = \psi(x)^*$ für alle $x \in \mathcal{A}$ gilt.

c) Eine Banachalgebra $\mathcal{A}$ mit Involution heißt C^*-*Algebra*, falls gilt

$$\| x^* x \| = \| x \|^2 \quad \text{für } x \in \mathcal{A}. \tag{3}$$

Beispiele. a) Für einen kompakten Hausdorffraum K ist $\mathcal{C}(K)$ eine kommutative C^*-Algebra mit der Involution $f \mapsto \bar{f}$.

b) Allgemeiner ist für einen topologischen Raum M die Algebra $\mathcal{C}_b(M)$ der *beschränkten stetigen Funktionen* auf M ebenfalls eine kommutative C^*-Algebra.

c) Für einen Maßraum (Ω, Σ, μ) ist $L_\infty(\mu)$ ebenfalls eine kommutative C^*-Algebra mit der Involution $f \mapsto \bar{f}$.

d) Für einen Hilbertraum H ist $L(H)$ eine nicht kommutative C^*-Algebra.

C^*-Algebren wurden von I.M Gelfand und M.A. Naimark 1943 mit dem Ziel der Charakterisierung abgeschlossener $*$-Unteralgebren von $L(H)$ eingeführt und untersucht (Theorem 15.7). Sie verwendeten die zusätzliche Annahme

$$\sigma(x^* x) \subseteq [0, \infty) \quad \text{für alle } x \in \mathcal{A}. \tag{4}$$

Zehn Jahre später bewies I. Kaplansky, dass (4) in C^*-Algebren automatisch erfüllt ist. Wir benötigen dieses Resultat hier nicht und verweisen dazu auf [Sakai 1971], 1.4.4, oder [Rudin 1973], 11.28.

Satz 15.1

Es sei $\mathcal{A}$ eine C^*-Algebra mit Eins e.

a) Es gilt $e^* = e$.

b) Ist $x \in \mathcal{A}$ invertierbar, so auch x^* mit $(x^*)^{-1} = (x^{-1})^*$.

c) Für $x \in \mathcal{A}$ gilt $\sigma(x^*) = \overline{\sigma(x)}$.

d) Für $x \in \mathcal{A}$ gilt $\| x^* \| = \| x \|$.

BEWEIS. a) Es ist $e^* = e\, e^* = e^{**} e^* = (e\, e^*)^* = e^{**} = e$.

b) Aus $x x^{-1} = x^{-1} x = e$ folgt $(x^{-1})^* x^* = x^* (x^{-1})^* = e^* = e$.

c) Für $\lambda \in \rho(x)$ gilt $\lambda e - x \in \mathcal{G}(\mathcal{A})$, nach b) also $\bar{\lambda} e - x^* \in \mathcal{G}(\mathcal{A})$ und somit $\bar{\lambda} \in \rho(x^*)$. Dies zeigt $\rho(x^*) = \overline{\rho(x)}$ und somit auch $\sigma(x^*) = \overline{\sigma(x)}$.

d) Nach (3) gilt $\| x \|^2 = \| x^* x \| \leq \| x^* \|\, \| x \|$. Daraus ergibt sich sofort $\| x \| \leq \| x^* \|$ und dann auch $\| x^* \| \leq \| x^{**} \| = \| x \|$. $\quad\diamond$

Wie im Fall der C^*-Algebra $L(H)$ aller beschränkten linearen Operatoren auf einem Hilbertraum treffen wir die folgenden

Definitionen. Es sei $\mathcal{A}$ eine C^*-Algebra mit Eins. Ein Element $x \in \mathcal{A}$ heißt *selbstadjungiert*, falls $x^* = x$ ist, *unitär*, falls $x^* = x^{-1}$ ist, und *normal*, falls $x^* x = x x^*$ gilt.

Wir zeigen nun, dass für eine *kommutative C^*-Algebra* $\mathcal{A}$ mit Eins der Gelfand-Homomorphismus eine *isometrische $*$-Isomorphie* von $\mathcal{A}$ auf $\mathcal{C}(\mathfrak{M}(\mathcal{A}))$ liefert. Dieses wichtige Resultat stammt von I.M. Gelfand und M.A. Naimark (1943). Zunächst gilt:

Lemma 15.2

Es sei $\mathcal{A}$ eine kommutative C^*-Algebra mit Eins.

a) Der Gelfand-Homomorphismus $\Gamma : \mathcal{A} \to \mathcal{C}(\mathfrak{M}(\mathcal{A}))$ ist isometrisch.

b) Für ein unitäres $x \in \mathcal{A}$ gilt $|\Gamma x(\phi)| = 1$ für alle $\phi \in \mathfrak{M}(\mathcal{A})$.

c) Für ein selbstadjungiertes $x \in \mathcal{A}$ gilt $\Gamma x(\phi) \in \mathbb{R}$ für alle $\phi \in \mathfrak{M}(\mathcal{A})$.

BEWEIS. a) Für $x \in \mathcal{A}$ ergibt sich aus (3)

$$\| x^2 \|^2 = \| (x^2)^* x^2 \| = \| (x^* x)^* (x^* x) \| = \| x^* x \|^2 = \| x \|^4,$$

induktiv also $\| x^{2^k} \| = \| x \|^{2^k}$ für alle $k \in \mathbb{N}$. Mittels (13.19) folgt somit

$$\| \Gamma x \|_{\sup} = r(x) = \lim_{n \to \infty} \| x^n \|^{1/n} = \| x \|.$$

b) Für ein unitäres Element $x \in \mathcal{A}$ gilt

$$1 = \|e\| = \|x^*x\| = \|x\|^2 = \|x^*\|^2 = \|x^{-1}\|^2.$$

Für $\phi \in \mathfrak{M}(\mathcal{A})$ gilt somit $|\Gamma x(\phi)| \leq 1$ und $|\Gamma x^{-1}(\phi)| \leq 1$, also $|\Gamma x(\phi)| = 1$.

c) Für $x = x^* \in \mathcal{A}$ ist $y := e^{ix}$ unitär wegen $y^* = e^{-ix} = y^{-1}$. Wegen (13.20) und b) impliziert dies $|e^{i\Gamma x(\phi)}| = |\Gamma y(\phi)| = 1$ und somit $\Gamma x(\phi) \in \mathbb{R}$ für alle $\phi \in \mathfrak{M}(\mathcal{A})$. ◊

Theorem 15.3 (Gelfand-Naimark)

Es sei $\mathcal{A}$ eine kommutative C^**-Algebra mit Eins. Dann ist der Gelfand-Homomorphismus* $\Gamma : \mathcal{A} \to \mathcal{C}(\mathfrak{M}(\mathcal{A}))$ *eine surjektive isometrische $*$-Isomorphie.*

BEWEIS. Nach Lemma 15.2 a) ist Γ isometrisch. Die Funktionenalgebra $\Gamma\mathcal{A}$ enthält alle konstanten Funktionen und trennt die Punkte des Spektrums $\mathfrak{M}(\mathcal{A})$. Weiter ist Γ ein $*$-Homomorphismus aufgrund von Lemma 15.2 c):

Für $x \in \mathcal{A}$ schreiben wir $x = h + ik$ mit den offenbar selbstadjungierten Elementen $h := \frac{1}{2}(x + x^*)$ und $k := \frac{1}{2i}(x - x^*)$. Dann ist $x^* = h - ik$, und es folgt sofort $\Gamma x^* = \Gamma h - i\Gamma k = \overline{\Gamma h + i\Gamma k} = \overline{\Gamma x}$.

Insbesondere impliziert $f \in \Gamma\mathcal{A}$ stets auch $\bar{f} \in \Gamma\mathcal{A}$, und somit folgt die Surjektivität von Γ aus dem *Satz von Stone-Weierstraß* 8.33. ◊

Wir diskutieren kurz zwei interessante Beispiele:

Vollständig reguläre Räume und Kompaktifizierungen. a) Ein topologischer Raum M heißt *vollständig regulär*, falls zu jeder abgeschlossenen Menge $F \subseteq M$ und $x \in M \backslash F$ eine stetige Funktion $h : M \to [0,1]$ mit $h(x) = 1$ und $h = 0$ auf F existiert. *Normale* Räume sind nach einem *Lemma von Urysohn* vollständig regulär; dies gilt insbesondere für *metrische, kompakte* und *parakompakte* Räume (vgl. S. 35 und [Schubert 1969], I.8 und I.9).

b) Für einen topologischen Raum M liefert der Gelfand-Homomorphismus eine surjektive isometrische $*$-Isomorphie

$$\Gamma : \mathcal{C}_b(M) \to \mathcal{C}(\beta M)$$

mit dem Spektrum $\beta M := \mathfrak{M}(\mathcal{C}_b(M))$ der C^*-Algebra $\mathcal{C}_b(M)$ der stetigen beschränkten Funktionen auf M. Die durch *Dirac-Funktionale* definierte Abbildung

$$\delta : M \to \beta M, \quad \delta_t(f) := f(t), \quad t \in M, \ f \in \mathcal{C}_b(M),$$

ist *injektiv*, wenn $\mathcal{C}_b(M)$ *die Punkte von M trennt*.

c) Weiter ist $\delta(M)$ *dicht* in βM: Andernfalls gibt es nach a) eine stetige Funktion $0 \neq h \in \mathcal{C}(\beta M)$ mit $h = 0$ auf $\delta(M)$. Nach Theorem 15.3 gilt $h = \Gamma f$ für eine Funktion $f \in \mathcal{C}_b(M)$. Wegen $h = 0$ auf $\delta(M)$ ist $f = 0$, und wir erhalten den Widerspruch $h = 0$.

d) Schließlich ist $\delta : M \to \beta M$ genau dann eine Homöomorphie, wenn für alle abgeschlossenen Mengen $F \subseteq M$ auch die Mengen $\delta(F)$ in $\delta(M)$ abgeschlossen sind, nach a) also genau dann, wenn M vollständig regulär ist.

e) Der Raum βM ist eine *Kompaktifizierung* von M, die von M. Stone (1937) und E. Čech (1937) konstruiert wurde. Der Gelfand-Homomorphismus Γ setzt jede stetige beschränkte Funktion auf M stetig auf die Kompaktifizierung βM fort.

Algebren wesentlich beschränkter Funktionen. Für einen Maßraum (Ω, Σ, μ) ist die C^*-Algebra $L_\infty(\mu)$ aufgrund von Theorem 15.3 isometrisch $*$-isomorph zu $C(\mathfrak{M})$ mit dem Spektrum $\mathfrak{M} = \mathfrak{M}(L_\infty(\mu))$ von $L_\infty(\mu)$. Wie bereits auf S. 226 gesagt, ist $\mathfrak{M}$ *extrem unzusammenhängend*.

Theorem 15.3 lässt sich auch in nicht kommutativen Situationen durch Argumentation in geeigneten *kommutativen C^*-Unteralgebren* anwenden. Für eine Menge $\emptyset \neq M \subseteq \mathcal{A}$ bezeichnen wir mit $C^*(M)$ die von (e und) M *erzeugte C^*-Unteralgebra* von $\mathcal{A}$. Wir zeigen nun *Spektralinvarianz* beim Übergang zu C^*-Unteralgebren:

Satz 15.4
Es seien $\mathcal{B}$ eine (nicht notwendig kommutative) C^*-Algebra mit Eins und $\mathcal{A}$ eine C^*-Unteralgebra von $\mathcal{B}$ mit $e \in \mathcal{A}$. Dann hat man Spektralinvarianz, d. h. es gilt $\mathcal{G}(\mathcal{A}) = \mathcal{A} \cap \mathcal{G}(\mathcal{B})$ und $\sigma_\mathcal{B}(x) = \sigma_\mathcal{A}(x)$ für alle $x \in \mathcal{A}$.

BEWEIS. Ist $x \in \mathcal{A}$ in $\mathcal{B}$ invertierbar, so gilt dies auch für das selbstadjungierte Element $x^* x \in \mathcal{A}$. Es ist $\mathcal{C} := C^*(x^* x)$ eine *kommutative C^*-Unteralgebra* von $\mathcal{A}$, und aufgrund von Theorem 13.12 c) und Lemma 15.2 c) gilt $\sigma_\mathcal{C}(x^* x) \subseteq \mathbb{R}$. Daher gilt auch $\sigma_\mathcal{B}(x^* x) \subseteq \sigma_\mathcal{C}(x^* x) \subseteq \mathbb{R}$, und $\rho_\mathcal{B}(x^* x)$ ist zusammenhängend. Aus Satz 13.1 folgt nun $\sigma_\mathcal{B}(x^* x) = \sigma_\mathcal{C}(x^* x)$, also $(x^* x)^{-1} \in \mathcal{C} \subseteq \mathcal{A}$. Somit ist $x^{-1} = (x^* x)^{-1} x^* \in \mathcal{A}$. $\Diamond$

Ein wichtiges Beispiel einer nicht kommutativen C^*-Algebra liefert:

Satz 15.5
Die Calkin-Algebra $Ca(H) = {}^{L(H)}\!/\!{}_{K(H)}$ über einem Hilbertraum ist eine C^*-Algebra.

BEWEIS. a) Nach dem Beweis von Satz 10.16 a) gibt es ein Netz (P_α) orthogonaler Projektoren in $\mathcal{F}(H)$ mit $P_\alpha x \to x$ für alle $x \in H$. Es folgt $P_\alpha \to I$ in $L_\gamma(H)$ und daher $\| S - P_\alpha S \| \to 0$ für $S \in K(H)$. Dies impliziert auch

$$\| S - S P_\alpha \| = \| (S^* - P_\alpha S^*)^* \| = \| S^* - P_\alpha S^* \| \to 0 \quad \text{für} \quad S \in K(H). \tag{5}$$

b) Mit der Quotientenabbildung $\pi : L(H) \to Ca(H)$ gilt

$$\| \pi T \| = \lim_\alpha \| T(I - P_\alpha) \| \quad \text{für alle} \quad T \in L(H). \tag{6}$$

In der Tat ist $\|\pi T\| \leq \|T - TP_\alpha\|$ für alle α. Zu $\varepsilon > 0$ wählen wir ein $S \in K(H)$ mit $\|T - S\| \leq \|\pi T\| + \varepsilon$. Mittels (5) folgt für „genügend große" Indizes $\alpha \geq \alpha_0$:

$$\|T(I - P_\alpha)\| \leq \|(T - S)(I - P_\alpha)\| + \|S(I - P_\alpha)\| \leq \|T - S\| + \varepsilon \leq \|\pi T\| + 2\varepsilon.$$

c) Da $K(H)$ ein $*$-Ideal in $L(H)$ ist, wird durch $(\pi T)^* := \pi(T^*)$ eine Involution auf $Ca(H)$ definiert. Offenbar gilt stets $\|(\pi T)^*\| = \|\pi T\|$, und daraus folgt auch $\|(\pi T)^*(\pi T)\| \leq \|\pi T\|^2$. Umgekehrt ergibt sich mit (6) und der Gültigkeit von (3) in $L(H)$:

$$\begin{aligned}
\|\pi T\|^2 &= \lim_\alpha \|T(I - P_\alpha)\|^2 = \lim_\alpha \|(I - P_\alpha)T^*T(I - P_\alpha)\| \\
&\leq \lim_\alpha \|T^*T(I - P_\alpha)\| = \|\pi(T^*T)\| = \|(\pi T)^*(\pi T)\|. \quad \diamond
\end{aligned}$$

Quotientenalgebren. Es sei $\mathcal{I} \subseteq \mathcal{A}$ ein abgeschlossenes zweiseitiges Ideal in einer C^*-Algebra. Nach I.E. Segal (1949; vgl. [Mathieu 1998], S. 301) besitzt $\mathcal{I}$ eine *approximative Eins*, d. h. es gibt ein Netz (p_α) in $\mathcal{I}$ mit $0 \leq p_\alpha \leq p_\beta \leq e$ für $\alpha \leq \beta$ (vgl. S. 402 für diese Notation) und $xp_\alpha \to x$ für alle $x \in \mathcal{I}$. Daher ist $\mathcal{I}$ ein $*$-Ideal, und wie im Beweis von Satz 15.5 ergibt sich, dass $\mathcal{A}/_{\mathcal{I}}$ ebenfalls eine C^*-Algebra ist.

Wir zeigen nun, dass das in Satz 14.12 formulierte *Kriterium für die Fredholm-Eigenschaft* eines singulären Integraloperators aus (14.21) auch *notwendig* ist:

Ein Symbol-Homomorphismus. a) Für eine Funktion $a \in \mathcal{C}(S^1)$ sei M_a der Multiplikationsoperator auf $H := L_2(S^1)$ aus (14.20). Offenbar ist $\Delta : a \mapsto M_a$ ein isometrischer $*$-Isomorphismus von $\mathcal{C}(S^1)$ auf $\mathcal{M} := \Delta(\mathcal{C}(S^1)) \subseteq L(H)$. Nach Aufgabe 14.5 gilt sogar

$$\|a\|_{\sup} = \|M_a\| = \inf\{\|M_a + K\| \mid K \in K(H)\}, \tag{7}$$

und daher liefert die Quotientenabbildung $\pi : L(H) \to Ca(H)$ einen isometrischen $*$-Isomorphismus $\pi_\mathcal{M}$ von $\mathcal{M}$ auf $\pi(\mathcal{M})$.

b) Nun seien $S \in L(H)$ der singuläre Cauchy-Operator auf S^1 aus Formel (14.13) und $\mathcal{A} = C^*(\mathcal{M} \cup \{S\} \cup K(H))$. Nach Satz 15.5 ist $\pi(\mathcal{A}) = \mathcal{A}/_{K(H)}$ eine C^*-Algebra, und nach Lemma 14.11 ist diese *kommutativ*. Wegen $S^2 = I$ und $S^* = S$ ist die Algebra $\mathcal{S} := C^*\{S\} = [I, S]$ zweidimensional. Es folgt

$$\pi(\mathcal{A}) = \pi(\mathcal{M}) \otimes \pi(\mathcal{S}) = \{\pi(M_a) + \pi(M_b)\,\pi(S) \mid a, b \in \mathcal{C}(S^1)\}, \tag{8}$$

da letztere Algebra vollständig ist. Dies impliziert auch

$$\mathcal{A} = \{M_a + M_b S + K \mid a, b \in \mathcal{C}(S^1), K \in K(H)\}.$$

c) Auf $\pi(\mathcal{S})$ gibt es genau zwei multiplikative Funktionale, nämlich

$$\eta_\pm : \alpha\,\pi(I) + \beta\,\pi(S) \mapsto \alpha \pm \beta.$$

Nach a) und Satz 13.19 sind alle multiplikativen Funktionale auf $\pi(\mathcal{M})$ gegeben durch

$$\phi_\zeta := \delta_\zeta \Delta^{-1} \pi_{\mathcal{M}}^{-1}, \quad \zeta \in S^1,$$

und mittels (8) ergibt sich

$$\mathfrak{M}(\pi(\mathcal{A})) = \{\phi_\zeta \otimes \eta_\pm \mid \zeta \in S^1\} \approx S^1 \times S^1. \tag{9}$$

d) Wir definieren nun den *Symbol-Homomorphismus* $\sigma : \mathcal{A} \to \mathcal{C}(S^1) \times \mathcal{C}(S^1)$ durch

$$\sigma(T) : \zeta \mapsto (\phi_\zeta \otimes \eta_+, \, \phi_\zeta \otimes \eta_-)(\pi T) \quad \text{für} \quad T \in \mathcal{A}; \tag{10}$$

dann gilt offenbar

$$\sigma(M_a + M_b S + K)(\zeta) = (a(\zeta) + b(\zeta), \, a(\zeta) - b(\zeta)), \quad \zeta \in S^1.$$

Für einen Operator $T \in \mathcal{A}$ gilt nach (13.6) und Satz 15.4

$$T \in \Phi(H) \Leftrightarrow \pi T \in \mathcal{G}(Ca(H)) \Leftrightarrow \pi T \in \mathcal{G}(\pi(\mathcal{A})),$$

und nach (9) und (10) ist dies dazu äquivalent, dass das Symbol σT keine Nullstelle auf $S^1 \times S^1$ besitzt. Somit gilt:

Satz 15.6
Es seien $a, b \in \mathcal{C}(S^1)$ stetige Funktionen auf der Kreislinie S^1. Der singuläre Integraloperator $M_a + M_b S$ ist genau dann ein Fredholmoperator auf $L_2(S^1)$, wenn die Funktionen $a + b$ und $a - b$ keine Nullstelle auf S^1 besitzen.

Nach Theorem 15.3 ist jede kommutative C^*-Algebra mit Eins isometrisch $*$-isomorph zu einer Algebra $\mathcal{C}(K)$ für einen geeigneten kompakten Hausdorffraum K. I.M. Gelfand und M.A. Naimark (1943) zeigten sogar:

Theorem 15.7 (Gelfand-Naimark)
Jede C^*-Algebra mit Eins $\mathcal{A}$ ist isometrisch $*$-isomorph zu einer C^*-Unteralgebra von $L(H)$ für einen geeigneten Hilbertraum H.

Da wir dieses Resultat in diesem Buch nicht benötigen, sei für einen Beweis z. B. auf [Rudin 1973], 12.41, [Sakai 1971], 1.16, oder [Allan 2011], 6.6 verwiesen.

15.2 Der stetige Funktionalkalkül

In diesem Abschnitt erweitern wir für ein *normales* Element $a \in \mathcal{A}$ einer C^*-Algebra den analytischen Funktionalkalkül zu einem *stetigen* Funktionalkalkül, genauer zu einem isometrischen $*$-Homomorphismus $\Psi_a : \mathcal{C}(\sigma(a)) \to \mathcal{A}$. Allgemeiner lässt sich ein stetiger Funktionalkalkül sogar für mehrere *kommutierende normale* Elemente einer C^*-Algebra konstruieren. Dies beruht auf dem folgenden Resultat von B. Fuglede (1950, für $a = b$) und C.R. Putnam (1951); der angegebene Beweis stammt von M. Rosenbloom (1958):

Satz 15.8
Es seien A eine C^*-Algebra mit Eins, $a, b \in A$ normal und $x \in A$ mit $ax = xb$. Dann gilt auch $a^*x = xb^*$.

Beweis a) Für $y \in A$ ist $\widetilde{y} := e^{y-y^*}$ unitär, und insbesondere gilt $\|\widetilde{y}\| = 1$.

b) Aus $ax = xb$ folgt auch $a^k x = x b^k$ für alle $k \in \mathbb{N}_0$ und somit $e^a x = x e^b$ oder $x = e^{-a} x e^b$. Da a und b normal sind, folgt weiter $e^{a^*} x e^{-b^*} = e^{a^*-a} x e^{b-b^*} = \widetilde{a}^{-1} x \widetilde{b}$ und somit $\| e^{a^*} x e^{-b^*} \| \leq \| x \|$.

c) Für die ganze Funktion $f : \lambda \mapsto e^{\lambda a^*} x e^{-\lambda b^*}$ gilt also $\| f(\lambda) \| \leq \| x \|$ für alle $\lambda \in \mathbb{C}$. Nach dem *Satz von Liouville* folgt $f(\lambda) = f(0) = x$, also $e^{\lambda a^*} x = x e^{\lambda b^*}$ für alle $\lambda \in \mathbb{C}$. Differentiation nach λ impliziert dann die Behauptung $a^*x = xb^*$. $\lozenge$

Kommutanten. Es seien A eine C^*-Algebra und $\emptyset \neq M \subseteq A$. Der *Kommutant*

$$M' := \{x \in A \mid xa = ax \text{ für alle } a \in M\}$$

von M ist eine Banach-Unteralgebra von A. Nach Satz 15.8 ist M' sogar eine C^*-Unteralgebra von A, wenn alle Elemente in M normal sind; dies gilt natürlich auch, wenn M eine $*$-Menge ist. Die Algebra $M'' := (M')'$ heißt *Bikommutant* von M.

Im Anschluss an Abschnitt 13.4 betrachten wir nun

Endlich erzeugte kommutative C^*-Algebren. a) Es sei $\mathcal{R} = C^*\{a_1, \ldots, a_n\}$ eine endlich erzeugte *kommutative* C^*-Algebra. Die in (13.25) definierte Abbildung

$$\Theta_{a,a^*} : \quad \phi \mapsto (\phi(a_1), \ldots, \phi(a_n), \phi(a_1^*), \ldots, \phi(a_n^*))$$

von $\mathfrak{M}(\mathcal{R})$ nach $\sigma(a, a^*) \subseteq \mathbb{C}^{2n}$ ist dann injektiv und somit ein *Homöomorphismus*.

b) Für $\phi \in \mathfrak{M}(\mathcal{R})$ und $x \in \mathcal{R}$ gilt $\phi(x^*) = \overline{\phi(x)}$ nach Lemma 15.2; folglich liefert die Abbildung $\chi_a : z \mapsto (z, \bar{z})$ eine Homöomorphie

$$\chi_a : \sigma(a) \to \sigma(a, a^*).$$

Mit $\beta_a := \chi_a^{-1} \circ \Theta_{a,a^*}$ erhalten wir die Homöomorphie

$$\beta_a : \mathfrak{M}(\mathcal{R}) \to \sigma(a) \subseteq \mathbb{C}^n, \quad \beta_a(\phi) = (\phi(a_1), \ldots, \phi(a_n)). \tag{11}$$

Nun können wir den stetigen Funktionalkalkül konstruieren:

Theorem 15.9
Es seien A eine C^*-Algebra mit e und $a_1, \ldots, a_n$ kommutierende normale Elemente in A, d. h. es gelte $a_i a_j = a_j a_i$ für $i, j = 1, \ldots, n$. Dann ist die C^*-Algebra $\mathcal{R} := C^*\{a_1, \ldots, a_n\}$ kommutativ. Es gibt einen isometrischen $*$-Homomorphismus $\Psi_a : \mathcal{C}(\sigma_{\mathcal{R}}(a)) \to A$ mit $\Psi_a(\mathcal{C}(\sigma(a))) = \mathcal{R} \subseteq \{a_1, \ldots, a_n\}''$ und

$$\Psi_a(1) = e \quad und \quad \Psi_a(\lambda_j) = a_j \quad für \ j = 1, \ldots, n. \tag{12}$$

Für jeden stetigen $*$-Homomorphismus $\Theta : \mathcal{C}(\sigma_{\mathcal{R}}(a)) \to \mathcal{A}$ mit (12) gilt $\Theta = \Psi_a$.

BEWEIS. Nach Satz 15.8 ist $\mathcal{R}$ kommutativ, und es gilt $\mathcal{R} \subseteq \{a_1, \ldots, a_n\}''$. Nach dem Satz von Gelfand-Naimark 15.3 ist $\Gamma : \mathcal{R} \to \mathcal{C}(\mathfrak{M}(\mathcal{R}))$ ein isometrischer $*$-Isomorphismus. Die Homöomorphie $\beta_a : \mathfrak{M}(\mathcal{R}) \to \sigma_{\mathcal{R}}(a)$ aus (11) induziert nun einen isometrischen $*$-Isomorphismus $\widetilde{\beta_a} : \mathcal{C}(\sigma_{\mathcal{R}}(a)) \to \mathcal{C}(\mathfrak{M}(\mathcal{R}))$ durch $\widetilde{\beta_a} : f \mapsto f \circ \beta_a$. Insgesamt liefert dies den isometrischen $*$-Isomorphismus

$$\Psi_a := \Gamma^{-1} \circ \widetilde{\beta_a} : \mathcal{C}(\sigma_{\mathcal{R}}(a)) \to \mathcal{R}.$$

Wegen $\Gamma e(\phi) = 1 = \widetilde{\beta_a}(1)(\phi)$ und $\Gamma a_j(\phi) = \phi(a_j) = \widetilde{\beta_a}(\lambda_j)(\phi)$ für $\phi \in \mathfrak{M}(\mathcal{R})$ gilt in der Tat $\Psi_a(1) = e$ und $\Psi_a(\lambda_j) = a_j$ für $j = 1, \ldots, n$. Daraus folgt auch $\Psi_a(\bar{\lambda}_j) = a_j^*$ für $j = 1, \ldots, n$, und die Eindeutigkeitsaussage ergibt sich aus der Dichtheit der Polynome in λ und $\bar{\lambda}$ in $\mathcal{C}(\sigma_{\mathcal{R}}(a))$ aufgrund des Satzes von Stone-Weierstraß. $\Diamond$

Die Eindeutigkeitsaussage in Theorem 15.9 gilt sogar für jeden $*$-Homomorphismus $\Theta : \mathcal{C}(\sigma_{\mathcal{R}}(a)) \to \mathcal{A}$ mit (12), da dieser automatisch stetig ist (vgl. Satz 15.15 und Aufgabe 15.5).

Wir schreiben auch $f(a) := \Psi_a(f)$ für $f \in \mathcal{C}(\sigma_{\mathcal{R}}(a))$. Der stetige Funktionalkalkül aus Theorem 15.9 setzt den in 13.4 erwähnten *analytischen Funktionalkalkül* fort. Dies gilt speziell im Fall $n = 1$, und wegen $\sigma_{\mathcal{R}}(a) = \sigma_{\mathcal{A}}(a)$ aufgrund von Satz 15.4 lautet das Resultat dann so:

Theorem 15.10
Es seien $\mathcal{A}$ eine C^*-Algebra mit e und $a \in \mathcal{A}$ ein normales Element. Dann gibt es einen eindeutig bestimmten $*$-Homomorphismus $\Psi_a : \mathcal{C}(\sigma(a)) \to \mathcal{A}$, der den analytischen Funktionalkalkül fortsetzt. Dieser ist isometrisch, und für sein Bild gilt $\Psi_a(\mathcal{C}(\sigma(a))) = C^*\{a\} \subseteq \{a\}''$.

Es sei darauf hingewiesen, dass der stetige Funktionalkalkül für selbstadjungierte Operatoren auf Hilberträumen auch „elementarer", d. h. ohne Verwendung der Theorie der Banachalgebren, entwickelt werden kann, vgl. etwa [Reed und Simon 1972], VII.1, [Werner 2007], VII.1 und Aufgabe 15.10.

Ähnlich wie in Abschnitt 13.2 gelten ein *Spektralabbildungssatz* und eine *Kettenregel*:

Satz 15.11
Es sei $a \in \mathcal{A}$ ein normales Element in einer C^*-Algebra.

a) Für eine stetige Funktion $f \in \mathcal{C}(\sigma(a))$ gilt

$$\sigma(f(a)) = f(\sigma(a)). \tag{13}$$

b) Für eine stetige Funktion $g \in \mathcal{C}(\sigma(f(a)))$ gilt

$$g(f(a)) = (g \circ f)(a). \tag{14}$$

BEWEIS. a) Mit $\mathcal{R} := C^*(a)$ liefert die in Satz 15.4 gezeigte Spektralinvarianz

$$\sigma(f(a)) = \sigma_{\mathcal{R}}(f(a)) = \sigma_{\mathcal{C}(\sigma(a))}(f) = f(\sigma(a)).$$

b) Wegen (13) ist $(g \circ f)(a)$ definiert. Durch $\theta : g \mapsto \Psi_a(g \circ f)$ wird ein $*$-Homomorphismus von $\mathcal{C}(\sigma(f(a)))$ nach $\mathcal{A}$ definiert mit $\theta(1) = e$ und $\theta(\lambda) = f(a)$. Die Eindeutigkeitsaussage von Theorem 15.10 liefert daher $\theta = \Psi_{f(a)}$ und somit (14). $\diamond$

Eine weitere Anwendung von Theorem 15.10 betrifft:

Selbstadjungierte und unitäre Elemente. Ein normales Element $a \in \mathcal{A}$ einer C^*-Algebra ist genau dann *selbstadjungiert,* wenn $\sigma(a) \subseteq \mathbb{R}$ gilt, und genau dann *unitär,* wenn $\sigma(a) \subseteq S^1$ gilt. Dies ergibt sich sofort aus $a = \Psi_a(\lambda)$ und $a^* = \Psi_a(\bar{\lambda})$ sowie $e = \Psi_a(1)$.

Positive Elemente. Ein Element $a \in \mathcal{A}$ einer C^*-Algebra heißt *positiv,* wenn $a^* = a$ und $\sigma(a) \subseteq [0, \infty)$ gilt. Mit $\mathcal{A}_+$ bezeichnen wir die Menge aller positiven Elemente von $\mathcal{A}$ und schreiben

$$a \leq b : \Leftrightarrow b - a \in \mathcal{A}_+ \quad \text{für} \quad a = a^*, \, b = b^* \in \mathcal{A}.$$

Positive Elemente besitzen stets positive *Wurzeln* (vgl. dazu auch Satz 13.8):

Satz 15.12
Es sei $\mathcal{A}$ eine C^*-Algebra. Zu $a \in \mathcal{A}_+$ und $m \in \mathbb{N}$ gibt es genau ein Element $b \in \mathcal{A}_+$ mit $b^m = a$, die m-te Wurzel $b = \sqrt[m]{a}$ *von a.*

BEWEIS. a) Auf $\sigma(a) \subseteq [0, \infty)$ ist die Wurzelfunktion $w_m : \lambda \mapsto \sqrt[m]{\lambda}$ stetig. Für $b := w_m(a) \in \mathcal{A}$ gilt dann $b^m = a$, und wegen $\sigma(b) = \sigma(w_m(a)) = w_m(\sigma(a)) \subseteq [0, \infty)$ aufgrund von (13) ist auch $b \geq 0$.

b) Nun sei $c \in \mathcal{A}_+$ mit $c^m = a$. Aus $c \in \{a\}'$ folgt $bc = cb$, d.h. $\mathcal{R} := C^*\{b, c\}$ ist kommutativ. Auf $\mathfrak{M}(\mathcal{R})$ gilt dann $\Gamma c \geq 0$, $\Gamma b \geq 0$ und $(\Gamma c)^m = \Gamma a = (\Gamma b)^m$, und daraus folgt $\Gamma c = \Gamma b$ und somit $c = b$. $\diamond$

Satz 15.13
Ein $*$-Homomorphismus $\Psi : \mathcal{C} \to \mathcal{A}$ zwischen C^*-Algebren mit $\Psi(e) = e$ ist positiv, d.h. für $a \in \mathcal{C}_+$ gilt auch $\Psi(a) \in \mathcal{A}_+$.

BEWEIS. Für $b := \sqrt{a} \in \mathcal{C}_+$ gilt $\Psi(b)^* = \Psi(b)$ und $\Psi(b)^2 = \Psi(a)$. Mit (13) ergibt sich daraus $\sigma(\Psi(a)) = \sigma(\Psi(b))^2 \subseteq [0, \infty)$. $\diamond$

Für beschränkte lineare Operatoren gelten die folgenden Äquivalenzen:

Satz 15.14
Es sei H ein komplexer Hilbertraum. Für $A \in L(H)$ sind äquivalent:

(a) $A \in L(H)_+$.

(b) Es gibt einen Operator $T \in L(H)$ mit $A = T^*T$.

(c) $\langle Ax|x \rangle \geq 0$ für alle $x \in H$.

BEWEIS. „(a) $\Rightarrow$ (b)" folgt sofort aus Satz 15.12.

„(b) $\Rightarrow$ (c)": Es gilt $\langle Ax|x \rangle = \langle T^*Tx|x \rangle = \| Tx \|^2 \geq 0$ für alle $x \in H$.

„(c) $\Rightarrow$ (a)": Zunächst folgt $A = A^*$ (vgl. [GK], S. 136). Für $\lambda > 0$ gilt

$$\langle (A + \lambda I)x|x \rangle \ \geq \ \lambda \| x \|^2 \quad \text{für alle } x \in H \, .$$

Dies impliziert $A + \lambda I \in GL(H)$ (vgl. [GK], Satz 7.8). Somit ist $-\lambda \in \rho(A)$, und es folgt $\sigma(A) \subseteq [0, \infty)$. $\Diamond$

Aufgrund von Satz 15.4 sind die Aussagen (a) und (b) auch in C^* -Unteralgebren von $L(H)$ äquivalent. Nach dem auf S. 395 erwähnten Resultat von I. Kaplansky (1953) gilt dies auch in abstrakten C^* -Algebren; diese Tatsache wird im Beweis des Satzes von Gelfand-Naimark 15.7 verwendet.

Wir erhalten nun ein Resultat über *automatische Stetigkeit*:

Satz 15.15
Es seien C eine C^* -Algebra und $\Psi : C \to L(H)$ ein ∗-Homomorphismus mit $\Psi(e) = I$. Dann ist Ψ stetig mit $\| \Psi \| = 1$.

BEWEIS. Für $a \in C$ mit $\| a \| \leq 1$ gilt auch $\| a^*a \| \leq 1$, also $\sigma(a^*a) \subseteq [-1,1]$, daher $\sigma(e - a^*a) \subseteq [0,2]$ und insbesondere $e - a^*a \geq 0$. Nach Satz 15.13 ist auch $\Psi(e - a^*a) \geq 0$, und mit Satz 15.14 folgt für einen Vektor $x \in H$

$$\| \Psi(a)x \|^2 = \langle \Psi(a)^* \Psi(a)x|x \rangle = \langle \Psi(a^*a)x|x \rangle \leq \langle \Psi(e)x|x \rangle = \| x \|^2 \, .$$

Somit gilt $\Psi(a) \in L(H)$ sowie $\| \Psi(a) \| \leq 1$. $\Diamond$

15.3 ∗-Darstellungen und beschränkter Borel-Funktionalkalkül

In diesem Abschnitt zeigen wir als erste Version des *Spektralsatzes* die *unitäre Äquivalenz* eines beschränkten normalen Operators $T \in L(H)$ auf einem Hilbertraum zu einem geeigneten *Multiplikationsoperator*. Allgemeiner betrachten wir ∗ -*Darstellungen* kommutativer C^* -Algebren:

∗-Darstellungen. a) Es sei C eine C^* -Algebra. Eine ∗ -*Darstellung* von C auf einem Hilbertraum H ist ein ∗-Homomorphismus $\Psi : C \to L(H)$ mit $\Psi(e) = I$. Aufgrund der Sätze 15.13 und 15.15 ist Ψ positiv und stetig mit $\| \Psi \| = 1$.

b) Ein abgeschlossener Unterraum $V \subseteq H$ heißt Ψ-*invariant*, falls $\Psi(a)V \subseteq V$ für alle $a \in C$ gilt. In diesem Fall wird durch $\Psi_V : a \mapsto \Psi(a)|_V$ für $a \in C$ eine $*$-Darstellung $\Psi_V : C \to L(V)$ definiert.

c) Eine $*$-Darstellung Ψ heißt *zyklisch*, falls ein Vektor $x \in H$ mit

$$\Psi x := \overline{\{\Psi(a)x \mid a \in C\}} = H \tag{15}$$

existiert; dieser heißt dann *zyklischer Vektor* von Ψ.

d) Nun sei $C = C(K)$ für einen kompakten Hausdorffraum K. Für Vektoren $x \in H$ werden durch

$$\psi_x : f \mapsto \langle \Psi(f)x|x \rangle, \quad f \in C(K),$$

positive Funktionale $\psi_x \in C(K)'$ definiert. Nach dem *Rieszschen Darstellungssatz*, einer grundlegenden Konstruktion der Integrationstheorie (vgl. [Rudin 1973], 2.14, den Anhang von [Meise und Vogt 1992] oder [Kaballo 1999], Kap. I), gibt es eindeutig bestimmte *reguläre positive Borel-Maße* μ_x auf K mit $\|\mu_x\| = \|\psi_x\| = \|x\|^2$ und

$$\psi_x(f) = \langle \Psi(f)x|x \rangle = \int_K f(\lambda)\,d\mu_x(\lambda) \quad \text{für } f \in C(K). \tag{16}$$

Es sei nun $\Psi : C(K) \to L(H)$ eine $*$-Darstellung, für die es einen zyklischen Vektor $x \in H$ gibt. Wir zeigen, dass diese dann *unitär äquivalent* ist zu einer $*$-Darstellung $\Delta = \Delta^x : C(K) \to L(L_2(K, \mu_x))$ durch *Multiplikationsoperatoren*

$$\Delta : f \mapsto M_f = M_f^x \in L(L_2(K, \mu_x)), \quad M_f : \varphi \mapsto f \cdot \varphi.$$

Satz 15.16

Es sei $x \in H$ ein zyklischer Vektor einer $*$-Darstellung $\Psi : C(K) \to L(H)$. Dann existiert ein unitärer Operator $U : H \to L_2(K, \mu_x)$ mit $U\Psi U^{-1} = \Delta$, also

$$(U\Psi(f)U^{-1})\varphi(\lambda) = f(\lambda)\,\varphi(\lambda) \quad \text{für } \varphi \in L_2(K, \mu_x) \text{ und } \lambda \in K. \tag{17}$$

BEWEIS. Wir definieren $V : C(K) \to H$ durch $V : \varphi \mapsto \Psi(\varphi)x$; wegen (16) gilt

$$\|\varphi\|_{L_2}^2 = \int_K |\varphi(\lambda)|^2 \, d\mu_x(\lambda) = \langle \Psi(\bar\varphi\varphi)x|x \rangle = \|\Psi(\varphi)x\|^2,$$

und V ist isometrisch. Durch Fortsetzung auf die vollständige Hülle erhalten wir einen unitären Operator $V : L_2(K, \mu_x) \to \Psi x = H$, und wir setzen $U := V^{-1}$. Für Funktionen $f \in C(K)$ und $\varphi \in C(K)$ gilt $\Psi(f)V(\varphi) = \Psi(f)\Psi(\varphi)x = \Psi(f\varphi)x = V(f\varphi)$; dies gilt dann auch für $\varphi \in L_2(K, \mu_x)$, und somit ist (17) gezeigt. $\Diamond$

$*$-Darstellungen sind i. A. nicht zyklisch (vgl. Aufgabe 15.6), lassen sich jedoch in zyklische $*$-Darstellungen zerlegen:

Satz 15.17

Für eine ∗-Darstellung $\Psi : \mathcal{C}(K) \to L(H)$ gibt es eine ℓ_2-direkte Zerlegung

$$H = \bigoplus_2 H_j := \{\sum_{j \in J} x_j \mid x_j \in H_j ,\ \sum_{j \in J} \| x_j \|^2 < \infty\} \tag{18}$$

von H in paarweise orthogonale abgeschlossene Unterräume H_j, sodass gilt:

a) H_j ist Ψ-invariant für alle $j \in J$.

b) $\Psi_{H_j} : \mathcal{C}(K) \to L(H_j)$ ist zyklisch für alle $j \in J$.

BEWEIS. ① Für einen Vektor $0 \neq x_0 \in H$ setzen wir $H_0 := \overline{\Psi x_0}$ (vgl. (15)). Dann sind H_0 und $H_0^\perp$ Ψ-invariant, und x_0 ist ein zyklischer Vektor für Ψ_{H_0}. Nun wiederholen wir dieses Argument in $H_0^\perp$ und fahren so fort. Formal schließen wir so:

② Es sei $\mathfrak{S}$ das System aller Mengen paarweise orthogonaler abgeschlossener Unterräume $\{H_j\}$ in H mit a) und b). Es ist $\mathfrak{S}$ durch Inklusion halbgeordnet, und für eine Kette $\mathfrak{C}$ in $\mathfrak{S}$ bildet die Vereinigung aller vorkommenden Räume eine obere Schranke. Nach dem *Zornschen Lemma* besitzt $\mathfrak{S}$ ein maximales Element $\{H_j\}_{j \in J}$, und mit dem Argument in ① folgt dann (18).   ◇

Wir definieren ℓ_2-direkte Summen von Hilberträumen wie in (18). Aus den Sätzen 15.16 und 15.17 ergibt sich:

Theorem 15.18

Es sei $\Psi : \mathcal{C}(K) \to L(H)$ eine ∗-Darstellung von $\mathcal{C}(K)$ auf einem Hilbertraum H. Dann existieren endliche reguläre positive Borel-Maße $\{\mu_j\}_{j \in J}$ auf K und ein unitärer Operator $U : H \to \bigoplus_2 L_2(K, \mu_j)$ mit $U\Psi U^{-1} = \Delta^J := (\Delta^j)_{j \in J}$, wobei

$$(\Delta^J f)(\varphi) := M_f^J(\varphi) := (f\varphi_j) \quad \text{für } f \in \mathcal{C}(K) \quad \text{und} \quad \varphi = (\varphi_j) \in \bigoplus_2 L_2(K, \mu_j).$$
$$\tag{19}$$

BEWEIS. Mit der Zerlegung von H aus (18) gibt es nach Satz 15.17 unitäre Operatoren $U_j : H_j \to L_2(K, \mu_{x_j})$ mit $U_j \Psi_{H_j} U_j^{-1} = \Delta^{x_j}$. Damit setzen wir einfach $\mu_j := \mu_{x_j}$ für einen zyklischen Vektor $x_j \in H_j$ von Ψ_{H_j} sowie $U := (U_j)_{j \in J}$.   ◇

Bemerkungen. a) Die in (19) auftretenden Operatoren M_f^J nennen wir *Diagonal-Multiplikationsoperatoren*. Diese können auch mit gewöhnlichen Multiplikationsoperatoren auf einem Raum $L_2(K \times J, \mu)$ identifiziert werden:

Dazu setzen wir einfach $\mu(\delta) := \sum_{j \in J} \mu_j(\delta^j)$ für Mengen $\delta \subseteq K \times J$, deren Schnittmengen $\delta^j := \{t \in K \mid (t, j) \in \delta\}$ für alle $j \in J$ μ_j-messbar sind. Einem Tupel $\varphi = (\varphi_j)$ in $G := \bigoplus_2 L_2(K, \mu_j)$ entspricht dann die Funktion $\varphi : (t, j) \mapsto \varphi_j(t)$ in $L_2(K \times J, \mu)$, und dem Diagonal-Multiplikationsoperator M_f^J entspricht mit $f^J : (t, j) \mapsto f(t)$ der Multiplikationsoperator M_{f^J} auf $L_2(K \times J, \mu)$.

b) Ist H *separabel*, so ist J abzählbar, also o. E. $J = \mathbb{N}$. In der Situation von Satz 15.17 wählen wir dann zyklische Vektoren $x_j \in H$ mit $\| x_j \|^2 = 2^{-j}$ und erhalten ein *endliches* Maß μ auf $K \times J$.

Die Spezialisierung auf den stetigen Funktionalkalkül $\Psi_T : \mathcal{C}(\sigma(T)) \to L(H)$ liefert nun eine erste Version des *Spektralsatzes für beschränkte normale Operatoren:*

Theorem 15.19 (Spektralsatz)

Es sei $T \in L(H)$ ein normaler Operator auf einem Hilbertraum. Dann existieren endliche reguläre positive Borel-Maße $\{\mu_j\}_{j \in J}$ auf $\sigma(T)$ und ein unitärer Operator $U : H \to \bigoplus_2 L_2(\sigma(T), \mu_j)$ mit

$$UTU^{-1} = M_\lambda^J : \ (\varphi_j(\lambda)) \mapsto (\lambda \varphi_j(\lambda)) \ \textit{für} \ (\varphi_j) \in \bigoplus\nolimits_2 L_2(\sigma(T), \mu_j). \tag{20}$$

Natürlich gilt eine entsprechende Aussage für kommutierende Tupel normaler Operatoren.

Ein normaler Operator $T \in L(H)$ ist zu einem Multiplikationsoperator M_λ auf *einem* Hilbertraum $L_2(\sigma(T), \mu)$ unitär äquivalent, wenn H einen *T-zyklischen Vektor* besitzt, für den also $\mathcal{C}^*(T)x = H$ gilt. In diesem Fall ist das Spektrum von T *einfach* oder besitzt *Multiplizität* 1. Für eine Diskussion von Vielfachheiten oder Multiplizitäten im allgemeinen Fall sei auf [Reed und Simon 1972], VII.2 verwiesen.

Zur Herleitung einer weiteren Version des Spektralsatzes wollen wir nun den stetigen Funktionalkalkül $\Psi_T : \mathcal{C}(\sigma(T)) \to L(H)$ zum *beschränkten Borel-Funktionalkalkül* fortsetzen. Für einen kompakten Hausdorffraum K bezeichnen wir mit $\mathfrak{B} = \mathfrak{B}(K)$ die σ-Algebra der *Borel-Mengen* in K und mit $\mathcal{B}_b(K)$ die C^*-Algebra der *beschränkten Borel-messbaren Funktionen* auf K.

Diagonal-Multiplikationsoperatoren sind durch Formel (19) auch für Funktionen $g \in \mathcal{B}_b(K)$ auf $G := \bigoplus_2 L_2(K, \mu_j)$ definiert, und $\widetilde{\Delta}^J : g \mapsto M_g^J$ liefert eine $*$-Darstellung von $\mathcal{B}_b(K)$ auf G mit $\widetilde{\Delta}^J\big|_{\mathcal{C}(K)} = \Delta^J$. Für $\varphi = (\varphi_j) \in G$ gilt

$$\langle M_g^J \varphi | \varphi \rangle \ = \ \sum_{j \in J} \int_K g(\lambda) \, |\varphi_j(\lambda)|^2 \, d\mu_j(\lambda). \tag{21}$$

Nun können wir leicht zeigen:

Theorem 15.20

Es seien K ein kompakter Hausdorffraum und H ein Hilbertraum. Eine $*$-Darstellung $\Psi : \mathcal{C}(K) \to L(H)$ besitzt eine eindeutig bestimmte Fortsetzung zu einer $*$-Darstellung $\widetilde{\Psi} : \mathcal{B}_b(K) \to L(H)$ mit

$$\langle \widetilde{\Psi}(g)x | x \rangle \ = \ \int_K g \, d\mu_x \ \textit{für} \ g \in \mathcal{B}_b(K) \ \textit{und} \ x \in H. \tag{22}$$

Dabei gilt $\widetilde{\Psi}(\mathcal{B}_b(K)) \subseteq \Psi(\mathcal{C}(K))''$.

Beweis. a) Mit der „diagonalen" Darstellung $\Delta^J = U\Psi U^{-1}$ aus Theorem 15.18 ist $\widetilde{\Psi} := U^{-1}\widetilde{\Delta}^J U$ eine ∗-Darstellung von $\mathcal{B}_b(K)$ auf H mit $\widetilde{\Psi}\big|_{\mathcal{C}(K)} = \Psi$.

b) Für $x \in H$ sei $\varphi = (\varphi_j) := Ux \in G = \bigoplus_2 L_2(K, \mu_j)$. Für $f \in \mathcal{C}(K)$ gilt

$$\int_K f(\lambda)\, d\mu_x(\lambda) \;=\; \langle \Psi(f)x|x\rangle \;=\; \langle \Delta^J(f)\varphi|\varphi\rangle \;=\; \sum_{j \in J} \int_K f(\lambda)\,|\varphi_j(\lambda)|^2\, d\mu_j(\lambda)$$

nach (16) und (21), also $\mu_x = \sum_{j \in J} |\varphi_j|^2\, \mu_j$. Für $g \in \mathcal{B}_b(K)$ folgt daher (22) aus

$$\langle \widetilde{\Psi}(g)x|x\rangle \;=\; \langle \widetilde{\Delta}^J(g)\varphi|\varphi\rangle \;=\; \sum_{i \in J} \int_K g\,|\varphi_j|^2\, d\mu_j \;=\; \int_K g\, d\mu_x\,.$$

c) Aus (22) ergibt sich sofort die Eindeutigkeit von $\widetilde{\Psi}$ mittels der Polarformel.

d) Für einen Operator $A \in \Psi(\mathcal{C}(K))'$ und $x, y \in H$ gilt

$$\langle \Psi(f)Ax|y\rangle \;=\; \langle A\Psi(f)x|y\rangle \;=\; \langle \Psi(f)x|A^*y\rangle \quad \text{für alle } f \in \mathcal{C}(K)\,.$$

Aufgrund von (16) und der Polarformel sind die beiden äußeren Terme Integrale von f über K bezüglich komplexer regulärer Borel-Maße. Dann stimmen diese aber auch auf beschränkten Borel-messbaren Funktionen überein, d. h. auch für $g \in \mathcal{B}_b(K)$ gilt

$$\langle \widetilde{\Psi}(g)Ax|y\rangle \;=\; \langle \widetilde{\Psi}(g)x|A^*y\rangle \;=\; \langle A\widetilde{\Psi}(g)x|y\rangle \quad \text{für } x, y \in H\,.$$

Somit ist $\widetilde{\Psi}(g)A = A\widetilde{\Psi}(g)$, und $\widetilde{\Psi}(\mathcal{B}_b(K)) \subseteq \Psi(\mathcal{C}(K))''$ ist bewiesen. $\Diamond$

Borel-Funktionalkalkül. Die Spezialisierung von Theorem 15.20 auf den stetigen Funktionalkalkül eines normalen Operators $T \in L(H)$ liefert den *beschränkten Borel-Funktionalkalkül*

$$\widetilde{\Psi}_T : \mathcal{B}_b(\sigma(T)) \to R(\Psi_T)'' \subseteq L(H)\,. \tag{23}$$

Entsprechendes gilt natürlich für kommutierende Tupel normaler Operatoren.

W^*-Algebren. a) Das Bild der Fortsetzung gemäß Theorem 15.20 einer ∗-Darstellung $\Psi : \mathcal{C}(K) \to \mathcal{A} \subseteq L(H)$ ist also stets in $\mathcal{A}''$ enthalten. C^*-Unteralgebren $\mathcal{A}$ von $L(H)$ mit $\mathcal{A}'' = \mathcal{A}$ heißen *W^*-Algebren* oder *von Neumann-Algebren*. Nach J. von Neumann (1930) gilt genau dann $\mathcal{A}'' = \mathcal{A}$, wenn $\mathcal{A}$ in $L_\sigma(H)$ *abgeschlossen* ist.

b) Nach J. Dixmier (1951) ist eine *kommutative* C^*-Algebra $\mathcal{C}(K)$ genau dann eine W^*-Algebra, wenn K *extrem unzusammenhängend* ist, und kann dann mit einer Algebra $L_\infty(\nu)$ identifiziert werden (vgl. dazu auch Satz 9.36).

c) Nach S. Sakai (1956) ist eine C^*-Algebra $\mathcal{A}$ genau dann eine W^*-Algebra, wenn $\mathcal{A}$ ein *dualer Banachraum* ist. Der *Prädualraum* von $\mathcal{A}$ ist dann bis auf Isometrie *eindeutig* bestimmt, der Prädualraum von $L(H)$ beispielsweise ist die Spurklasse $S_1(H)$ (vgl. Aufgabe 11.14).

d) Für Beweise der soeben formulierten Aussagen und die Theorie der W^*-Algebren verweisen wir auf [Sakai 1971] oder [Blackadar 2010].

Im Gegensatz zur bisherigen Sprechweise verwenden wir im Rahmen der Operatortheorie auf Hilberträumen oft die folgende

Notation. Die Topologie von $L_\sigma(H)$ wird als „*starke Operatortopologie*" bezeichnet, die von $L_\sigma(H^\sigma) =: L_\omega(H)$ als „*schwache Operatortopologie*".

15.4 Spektralmaße und -integrale

Mittels Theorem 15.20 konstruieren wir nun *Spektralmaße und -integrale* und erhalten damit eine weitere Version des Spektralsatzes.

Spektralmaße. a) Es seien Σ eine σ-Algebra in einer Menge Ω und H ein Hilbertraum. Eine Abbildung $E : \Sigma \to L(H)$ mit den Eigenschaften

① $E(\Omega) = I$, ② $E(\delta^c) = I - E(\delta)$ für $\delta \in \Sigma$,

③ $E(\delta)^* = E(\delta)$ für $\delta \in \Sigma$, ④ $E(\delta \cap \eta) = E(\delta)\,E(\eta)$ für $\delta, \eta \in \Sigma$

heißt *(orthogonales) Spektralmaß* auf Σ.

b) Aus ① und ② folgt $E(\emptyset) = 0$, und nach ③ und ④ sind die Operatoren $\{E(\delta) \mid \delta \in \Sigma\}$ *kommutierende orthogonale Projektoren*.

c) Ein Spektralmaß ist *additiv*, d. h. für $\delta, \eta \in \Sigma$ gilt

$$E(\delta \cup \eta) = I - E(\delta^c \cap \eta^c) = I - (I - E(\delta))(I - E(\eta)) = E(\delta) + E(\eta) - E(\delta \cap \eta).$$

Insbesondere gilt für *disjunkte* endliche Vereinigungen

$$E(\bigcup_{j=1}^r \delta_j) \;=\; \sum_{j=1}^r E(\delta_j), \quad \delta_j \in \Sigma \text{ disjunkt.} \tag{24}$$

d) Eine $*$-Darstellung $\Psi : \mathcal{C}(K) \to L(H)$ definiert durch

$$E_\Psi(\delta) := \widetilde{\Psi}(\chi_\delta) \quad \text{für } \delta \in \mathfrak{B}(K) \tag{25}$$

ein *Spektralmaß* $E_\Psi : \mathfrak{B}(K) \to L(H)$: In der Tat sind ① und ③ klar, ② folgt aus $\chi_{\delta^c} = 1 - \chi_\delta$, und ④ ergibt sich aus $\chi_{\delta \cap \eta} = \chi_\delta\,\chi_\eta$.

Einfache Funktionen. Es sei $\mathcal{M}_b(\Omega) = \mathcal{M}_b(\Omega, \Sigma)$ die C^*-Algebra der beschränkten Σ-messbaren Funktionen auf Ω, versehen mit der sup-Norm. Die Algebra

$$\mathcal{T}(\Omega) := \mathcal{T}(\Omega, \Sigma) := \{\tau \in \mathcal{M}_b(\Omega) \mid \tau(\Omega) \text{ endlich}\}$$

der *einfachen* Σ-messbaren Funktionen auf Ω ist *dicht* in $\mathcal{M}_b(\Omega)$:

Für $f \in \mathcal{M}_b(\Omega)$ und $n \in \mathbb{N}$ setzen wir $\tau_k := \frac{k}{n}\,\|f\|_{\sup}$ für $k = -n, \ldots, n+1$ und $\delta_k := f^{-1}[\tau_k, \tau_{k+1})$. Für $\tau := \sum_{k=-n}^n \tau_k\,\chi_{\delta_k} \in \mathcal{T}(\Omega, \Sigma)$ gilt dann $\|f - \tau\|_{\sup} \leq \frac{1}{n}$.

Integration einfacher Funktionen. a) Es sei $E : \Sigma \to L(H)$ ein Spektralmaß auf Ω. Für eine einfache Funktion $\tau \in \mathcal{T}(\Omega, \Sigma)$ mit Werten $\tau(\Omega) = \{\tau_1, \ldots, \tau_r\} \subseteq \mathbb{C}$ und $\delta_k := \tau^{-1}(\tau_k) \in \Sigma$ definieren wir das Integral

$$I_E(\tau) := \int_\Omega \tau(\lambda) \, dE(\lambda) := \sum_{k=1}^r \tau_k \, E(\delta_k) \in L(H). \tag{26}$$

b) Für eine messbare Menge $\eta \in \Sigma$ setzen wir

$$\int_\eta \tau(\lambda) \, dE(\lambda) := \int_\Omega \chi_\eta(\lambda) \tau(\lambda) \, dE(\lambda) = \sum_{k=1}^r \tau_k \, E(\delta_k \cap \eta); \tag{27}$$

offenbar gilt dann

$$\int_\eta \tau(\lambda) \, dE(\lambda) = E(\eta) \int_\Omega \tau(\lambda) \, dE(\lambda) = \int_\Omega \tau(\lambda) \, dE(\lambda) \, E(\eta). \tag{28}$$

c) Für eine Funktion $\tau \in \mathcal{T}(\Omega, \Sigma)$ wird durch $F : \eta \mapsto \int_\eta \tau(\lambda) \, dE(\lambda)$ eine *endlich additive* Abbildung $F : \Sigma \to L(H)$ definiert. Für disjunkte Mengen $\eta_1, \ldots, \eta_s \in \Sigma$, $\eta = \bigcup_{j=1}^s \eta_j$ und $\tau \in \mathcal{T}(\Omega)$ wie in a) folgt in der Tat mittels (24)

$$F(\eta) = \sum_{k=1}^r \tau_k \, E(\delta_k \cap \eta) = \sum_{k=1}^r \tau_k \sum_{j=1}^s E(\delta_k \cap \eta_j) = \sum_{j=1}^s \sum_{k=1}^r \tau_k \, E(\delta_k \cap \eta_j) = \sum_{j=1}^s F(\eta_j). \tag{29}$$

Satz 15.21
Es ist $I_E : \mathcal{T}(\Omega, \Sigma) \to L(H)$ ein $*$-Homomorphismus mit $I_E(1) = I$ und $\| I_E \| = 1$.

BEWEIS. Die Eigenschaften $I_E(1) = I$ und $I_E(\tau)^* = I_E(\bar{\tau})$ für $\tau \in \mathcal{T}(\Omega)$ folgen sofort aus (26). Nun seien $\tau \in \mathcal{T}(\Omega, \Sigma)$ wie vor (26) und analog $\sigma \in \mathcal{T}(\Omega, \Sigma)$ mit $\sigma(\Omega) = \{\sigma_1, \ldots, \sigma_r\} \subseteq \mathbb{C}$ und $\omega_j := \sigma^{-1}(\sigma_j) \in \Sigma$ gegeben. Mit $\eta_{jk} := \delta_k \cap \omega_j$ gilt

$$\int_{\eta_{jk}} (\tau + \sigma)(\lambda) \, dE(\lambda) = (\tau_k + \sigma_j) \, E(\eta_{jk}) = \int_{\eta_{jk}} \tau(\lambda) \, dE(\lambda) + \int_{\eta_{jk}} \sigma(\lambda) \, dE(\lambda),$$

$$\int_{\eta_{jk}} (\tau \cdot \sigma)(\lambda) \, dE(\lambda) = (\tau_k \cdot \sigma_j) \, E(\eta_{jk}) = \int_{\eta_{jk}} \tau(\lambda) \, dE(\lambda) \cdot \int_{\eta_{jk}} \sigma(\lambda) \, dE(\lambda).$$

Mittels (29) folgt dies dann auch für die Integrale über Ω, da Ω die disjunkte Vereinigung aller Mengen η_{jk} ist. Somit ist $I_E : \mathcal{T}(\Omega, \Sigma) \to L(H)$ ein $*$-Homomorphismus, und offenbar gilt $I_E(1) = I$. Die Aussage $\| I_E \| \leq 1$ folgt daraus wie in Satz 15.15, lässt sich aber auch direkt zeigen: Für $x \in H$ sind die Vektoren $E(\delta_k)x$ paarweise orthogonal, und daher gilt

$$\| I_E(\tau)x \|^2 = \| \sum_{k=1}^r \tau_k \, E(\delta_k)x \|^2 = \sum_{k=1}^r |\tau_k|^2 \, \| E(\delta_k)x \|^2 \leq \| \tau \|_{\sup}^2 \, \| x \|^2. \quad \diamond$$

Ein einfaches Fortsetzungsargument (vgl. Aufgabe 1.8) liefert nun:

Satz 15.22

Die Abbildung $I_E : \mathcal{T}(\Omega, \Sigma) \to L(H)$ *hat eine eindeutig bestimmte stetige Fortsetzung* $\tilde{I}_E : \mathcal{M}_b(\Omega, \Sigma) \to L(H)$; *diese ist ein* $*$-*Homomorphismus mit* $\tilde{I}_E(1) = I$ *und* $\| \tilde{I}_E \| = 1$.

Wir verwenden weiter die Notation

$$\int_\Omega f(\lambda)\, dE(\lambda) := \tilde{I}_E(f) \quad \text{für} \quad f \in \mathcal{M}_b(\Omega, \Sigma)$$

und definieren $\int_\eta f(\lambda)\, dE(\lambda)$ wie in (27); dann gilt auch weiterhin (28).

σ-Additivität von Spektralmaßen. a) Es seien $E : \Sigma \to L(H)$ ein Spektralmaß auf Ω und $\delta = \bigcup_{j=1}^{\infty} \delta_j$ eine *disjunkte* Vereinigung messbarer Mengen. In der *Operatornorm* kann $E(\delta) = \sum_{j=1}^{\infty} E(\delta_j)$ *nicht* gelten, da für $E(\delta_j) \neq 0$ stets $\| E(\delta_j) \| = 1$ ist.

b) Ein Spektralmaß heißt *stark σ-additiv*, falls

$$E(\delta)x = \sum_{j=1}^{\infty} E(\delta_j)x \quad \text{für alle} \quad x \in H \tag{30}$$

ist, und *schwach σ-additiv*, falls

$$\langle E(\delta)x | y \rangle = \sum_{j=1}^{\infty} \langle E(\delta_j)x | y \rangle \quad \text{für alle} \quad x, y \in H \quad \text{gilt.} \tag{31}$$

c) Für ein schwach σ-additives Spektralmaß werden durch

$$\nu_x(\delta) := \nu_{E,x}(\delta) := \langle E(\delta)x | x \rangle = \| E(\delta)x \|^2, \quad x \in H, \tag{32}$$

skalare positive Maße auf (Ω, Σ) mit $\| \nu_x \| = \| x \|^2$ definiert. Für $f \in \mathcal{M}_b(\Omega, \Sigma)$ gilt

$$\| \int_\eta f(\lambda)\, dE(\lambda)x \|^2 = \int_\eta | f(\lambda) |^2\, d\nu_x \leq \sup_{\lambda \in \eta} | f(\lambda) |^2 \| x \|^2. \tag{33}$$

Wegen (26) ist dies in der Tat klar für einfache Funktionen und folgt dann durch Approximation für alle $f \in \mathcal{M}_b(\Omega, \Sigma)$.

Aus dem *Prinzip der gleichmäßigen Beschränktheit* ergibt sich:

Satz 15.23

Ein schwach σ-additives Spektralmaß ist auch stark σ-additiv.

BEWEIS. Es seien (δ_j) eine *disjunkte* Folge in Σ und $\delta = \bigcup_{j=1}^{\infty} \delta_j$. Für $x \in H$ *konvergiert* $(s_n(x) := \sum_{j=1}^{n} E(\delta_j)x)$ *schwach* gegen $E(\delta)x$ aufgrund von (31), und daher gilt

$$\sum_{j=1}^{n} \| E(\delta_j)x \|^2 = \| s_n(x) \|^2 \leq C \quad \text{für alle} \quad n \in \mathbb{N}$$

für ein $C \geq 0$. Somit ist die *orthogonale* Summe $\sum_{j=1}^{\infty} E(\delta_j)x$ in H konvergent, und (30) folgt aus (31). $\diamond$

Regularität von Spektralmaßen. Es sei M ein lokalkompakter Hausdorffraum. Ein (schwach oder stark) σ-additives Spektralmaß $E : \mathfrak{B}(M) \to L(H)$ heißt *regulär*, wenn die *skalaren* Maße ν_x aus (32) für alle $x \in H$ regulär sind. Im Fall $M = \mathbb{R}^n$ oder im Fall eines kompakten metrischen Raumes M ist diese Regularität automatisch gegeben (vgl. [Rudin 1974], 2.18).

Konvention zum Begriff „Spektralmaß". Ab jetzt beinhaltet der Begriff „*Spektralmaß*" stets die σ-*Additivität* und, im Fall $\Sigma = \mathfrak{B}(M)$ für einen lokalkompakten Hausdorffraum, die *Regularität*.

Zusammenfassend können wir nun formulieren:

Theorem 15.24
Es seien K ein kompakter Hausdorffraum, H ein Hilbertraum und $\Psi : \mathcal{C}(K) \to L(H)$ eine $*$-Darstellung. Es gibt genau ein Spektralmaß $E : \mathfrak{B}(K) \to L(H)$ mit

$$\Psi(f) = \int_K f(\lambda)\, dE(\lambda) \quad \text{für } f \in \mathcal{C}(K), \tag{34}$$

und die Fortsetzung $\widetilde{\Psi} : \mathcal{B}_b(K) \to L(H)$ von Ψ gemäß Theorem 15.20 ist gegeben durch

$$\widetilde{\Psi}(g) = \int_K g(\lambda)\, dE(\lambda) \quad \text{für } g \in \mathcal{B}_b(K). \tag{35}$$

BEWEIS. Wir definieren $E = E_\Psi$ mittels (25). Wegen (22) gilt

$$\nu_x(\delta) = \langle E(\delta)x|x\rangle = \langle \widetilde{\Psi}(\chi_\delta)x|x\rangle = \mu_x(\delta) \quad \text{für } \delta \in \mathfrak{B}(K) \text{ und } x \in H, \tag{36}$$

und daher ist E σ-additiv und regulär. Aus (36) folgt (35) zunächst für einfache Funktionen und dann für alle $g \in \mathcal{B}_b(K)$; dies zeigt insbesondere auch (34). Ist F ein weiteres Spektralmaß mit (34), so ist $\nu_{F,x} = \nu_x$ für alle $x \in H$ und somit $F = E$. $\diamond$

Durch Spezialisierung auf die Situationen der Theoreme 15.9 und 15.10 ergibt sich:

Theorem 15.25 (Spektralsatz)
Es seien $T_1, \ldots, T_n$ kommutierende normale Operatoren auf einem Hilbertraum H. Dann ist $\mathcal{R} := C^*\{T_1, \ldots, T_n\}$ kommutativ. Es gibt genau ein Spektralmaß $E : \mathfrak{B}(\sigma_{\mathcal{R}}(T_1, \ldots, T_n)) \to L(H)$ mit Werten in $\{T_1, \ldots, T_n\}''$ und

$$T_j = \int_{\sigma_{\mathcal{R}}(T_1, \ldots, T_n)} \lambda_j\, dE(\lambda) \quad \text{für } j = 1, \ldots, n.$$

Theorem 15.26 (Spektralsatz)

Es sei $T \in L(H)$ ein normaler Operator auf einem Hilbertaum. Dann gibt es genau ein Spektralmaß $E : \mathfrak{B}(\mathbb{C}) \to L(H)$ mit Werten in $\{T\}''$ und $E(\sigma(T)) = I$, sodass diese Spektralzerlegung gilt:

$$T = \int_{\sigma(T)} \lambda \, dE(\lambda). \tag{37}$$

BEWEIS. Mit dem Spektralmaß $E : \mathfrak{B}(\sigma(T)) \to L(H)$ aus Theorem 15.25 setzen wir einfach $E(\delta) := E(\delta \cap \sigma(T))$ für $\delta \in \mathfrak{B}(\mathbb{C})$. $\diamond$

Das soeben formulierte Resultat ist eine weitere Version des *Spektralsatzes für beschränkte normale Operatoren* und beinhaltet eine „Diagonalisierung" von T bezüglich der „kontinuierlichen orthogonalen Zerlegung" $x = \int_{\sigma(T)} dE(\lambda)x$ der Vektoren in H. Nach Theorem 15.25 können *kommutierende* normale Operatoren *gleichzeitig diagonalisiert* werden. Für *selbstadjungierte* Operatoren geht der Spektralsatz (in einer Version für Bilinearformen) bereits auf D. Hilbert (1906) zurück. Für andere Beweise des Spektralsatzes verweisen wir auf [Gohberg et al. 1990], Kapitel V, oder [Weidmann 1994], 7.3, dort sofort für *unbeschränkte* selbstadjungierte Operatoren (vgl. Theorem 16.6).

15.5   Spektraltheorie normaler Operatoren

Die folgende Aussage stützt die Vorstellung einer „kontinuierlichen Diagonalisierung" eines normalen Operators mittels Formel (37):

Satz 15.27

Es seien $T \in L(H)$ ein normaler Operator mit Spektralmaß E und $\delta \in \mathfrak{B}(\mathbb{C})$ eine Borel-Menge. Der Raum $E(\delta)H$ reduziert T, und man hat

$$\sigma(T|_{E(\delta)H}) \subseteq \overline{\delta}, \quad \delta \in \mathfrak{B}(\mathbb{C}). \tag{38}$$

BEWEIS. Wegen $TE(\delta) = E(\delta)T$ ist $E(\delta)H$ invariant unter T, und dies gilt auch für $(E(\delta)H)^\perp = E(I - \delta)H$. Für $\mu \notin \overline{\delta}$ ist $2\alpha := d_{\overline{\delta}}(\mu) > 0$, und die Funktion $g : \lambda \mapsto (\mu - \lambda)^{-1} \chi_{U_\alpha(\mu)^c}$ liegt in $\mathcal{B}_b(\mathbb{C})$. Mit (37) folgt

$$\int_{\mathbb{C}} g(\lambda) \, dE(\lambda) (\mu I - T) E(\delta) = (\mu I - T) \int_{\mathbb{C}} g(\lambda) \, dE(\lambda) E(\delta)$$
$$= \int_\delta (\mu - \lambda) g(\lambda) \, dE(\lambda) = E(\delta),$$

und somit ist $\mu I - T|_{E(\delta)H}$ invertierbar. $\diamond$

Satz 15.28

Es sei $T \in L(H)$ ein normaler Operator mit Spektralmaß E. Für $\mu \in \mathbb{C}$ gilt

$$\mu \in \sigma(T) \Leftrightarrow E(U) \neq 0 \text{ für alle Umgebungen } U \text{ von } \mu. \tag{39}$$

BEWEIS. „$\Leftarrow$": Ist $w \in \rho(T)$, so gilt $U \subseteq \rho(T)$ für eine Umgebung U von μ. Aus $E(\sigma(T)) = I$ folgt dann sofort $E(U) = 0$.

„$\Rightarrow$": Es sei $E(U) = 0$ für eine Umgebung U von μ. Dann ist $\delta := U^c$ in $\mathbb{C}$ abgeschlossen, und es ist $E(\delta) = I$. Nach (38) ist $\sigma(T) \subseteq \delta$, also $\mu \in \rho(T)$. $\qquad\Diamond$

Im nächsten Satz zeigen wir, dass $E\{\mu\} \neq 0$ genau für *Eigenwerte* μ von T gilt.

Teilmengen des Spektrums. Es seien X ein Banachraum und $T \in L(X)$.

a) $\sigma_p(T) := \{\lambda \in \mathbb{C} \mid N(\lambda I - T) \neq \{0\}\}$ heißt *Punktspektrum* von T und besteht aus allen *Eigenwerten* von T.

b) $\sigma_{co}(T) := \{\lambda \in \sigma(T) \mid N(\lambda I - T) = \{0\}, \overline{R(\lambda I - T)} = X\}$ heißt *kontinuierliches Spektrum* von T.

c) $\sigma_r(T) := \{\lambda \in \mathbb{C} \mid N(\lambda I - T) = \{0\}, \overline{R(\lambda I - T)} \neq X\}$ heißt *residuales Spektrum* von T.

Offenbar ist $\sigma(T)$ die disjunkte Vereinigung seiner soeben definierten Teilmengen. In der Literatur wird $\sigma_{co}(T)$ auch als *stetiges Spektrum* bezeichnet; diese Bezeichnung verwenden wir jedoch in diesem Buch für einen anderen Begriff (vgl. S. 431).

Satz 15.29

Es sei T ein normaler Operator auf einem Hilbertaum H mit Spektralmaß E. Dann ist $\sigma_r(T) = \emptyset$. Für $\mu \in \mathbb{C}$ gilt

$$\mu \in \sigma_p(T) \iff E\{\mu\} \neq 0. \tag{40}$$

In diesem Fall ist $E\{\mu\}$ die orthogonale Projektion auf den Eigenraum $N(\mu I - T)$.

BEWEIS. a) Ist $N(\mu I - T) = \{0\}$, so gilt auch $N(\bar{\mu} I - T^*) = \{0\}$ (vgl. [GK], Satz 7.12), und wegen (9.8) ist $R(\mu I - T)$ dicht in H. Somit ist $\sigma_r(T) = \emptyset$.

b) „$\Leftarrow$": Für $x \in R(E\{\mu\})$ gilt $E\{\mu\}x = x$ und somit

$$Tx = \int_{\sigma(T)} \lambda \, dE(\lambda) \, E\{\mu\}x = \int_{\{\mu\}} \lambda \, dE(\lambda) \, x = \mu x.$$

„$\Rightarrow$": Nun gelte $Tx = \mu x$. Für eine Menge $\delta = \bar{\delta} \subseteq \{\mu\}^c$ ist $\mu I - T|_{E(\delta)H}$ invertierbar nach Satz 15.27; aus $(\mu I - T)E(\delta)x = E(\delta)(\mu I - T)x = 0$ folgt also $E(\delta)x = 0$. Die σ-Additivität von E impliziert nun $E(\{\mu\}^c)x = 0$ und somit $E\{\mu\}x = x$. $\qquad\Diamond$

Wir geben nun für *selbstadjungierte* Operatoren eine weitere Formulierung des Spektralsatzes an, die in der Literatur oft verwendet wird.

Spektralscharen. a) Es seien H ein Hilbertraum, $A = A^* \in L(H)$ und E das Spektralmaß von A. Für $\lambda \in \mathbb{R}$ definieren wir $\widetilde{E}_\lambda := E(-\infty, \lambda]$ und erhalten eine *Spektralschar* $\{\widetilde{E}_\lambda\}_{\lambda \in \mathbb{R}}$:

b) Eine *Spektralschar* ist eine Familie $\{F_\lambda\}_{\lambda \in \mathbb{R}}$ von orthogonalen Projektoren in $L(H)$ mit folgenden Eigenschaften:

$$\langle F_\mu x | x \rangle \leq \langle F_\lambda x | x \rangle \quad \text{für alle} \quad \mu \leq \lambda \quad \text{und} \quad x \in H, \tag{41}$$

$$\lim_{\lambda \to -\infty} F_\lambda x = 0, \quad \lim_{\lambda \to \infty} F_\lambda x = x \quad \text{für alle} \quad x \in H, \tag{42}$$

$$\lim_{\lambda \to \mu^+} F_\lambda x = F_\mu x \quad \text{für alle} \quad \mu \in \mathbb{R} \quad \text{und} \quad x \in H. \tag{43}$$

Eigenschaft (41) bedeutet $F_\lambda \leq F_\mu$ für $\lambda \leq \mu$ (vgl. Satz 15.14). Die Limiten in (42) und (43) existieren in der starken Operatortopologie $L_\sigma(H)$.

c) Für eine Spektralschar $\{F_\lambda\}_{\lambda \in \mathbb{R}}$ und eine Funktion $f \in \mathcal{B}_b(\mathbb{R})$ kann $\int_{-\infty}^{\infty} f(\lambda) \, dF_\lambda$ als *Lebesgue-Stieltjes-Integral* definiert werden; für $f \in \mathcal{C}_c(\mathbb{R})$ stimmt dieses auch mit einem *Riemann-Stieltjes-Integral* überein.

d) Für die Spektralschar $\widetilde{E}_\lambda := E(-\infty, \lambda]$ von $A = A^* \in L(H)$ wie in a) gilt dann

$$\int_{-\infty}^{\infty} f(\lambda) \, d\widetilde{E}_\lambda = \int_\mathbb{R} f(\lambda) \, dE(\lambda);$$

mit $m := \min \sigma(A)$ und $M := \max \sigma(A)$ besagt der *Spektralsatz* $\widetilde{E}_\lambda \in \{A\}''$ für alle $\lambda \in \mathbb{R}$ und

$$A = \int_{m-\varepsilon}^{M} \lambda \, d\widetilde{E}_\lambda \quad \text{für alle} \quad \varepsilon > 0. \tag{44}$$

e) Aufgrund der Sätze 15.28 und 15.29 können nun die Punkte in der *Resolventenmenge*, im *Punktspektrum* bzw. im *stetigen Spektrum* von A charakterisiert werden als *Konstanzpunkte*, *Sprungpunkte* bzw. *Stetigkeitspunkte* der Spektralschar:

$$\mu \in \rho(A) \quad \Leftrightarrow \quad \exists \, \varepsilon > 0 : \widetilde{E}_{\mu-\varepsilon} = \widetilde{E}_{\mu+\varepsilon},$$

$$\mu \in \sigma_p(A) \quad \Leftrightarrow \quad \widetilde{E}_\mu \neq \widetilde{E}_{\mu-} := \lim_{\lambda \to \mu^-} \widetilde{E}_\lambda \quad (\text{in } L_\sigma(H)),$$

$$\mu \in \sigma_{co}(A) \quad \Leftrightarrow \quad \widetilde{E}_\mu = \widetilde{E}_{\mu-} \quad \text{und} \quad \widetilde{E}_{\mu-\varepsilon} \neq \widetilde{E}_{\mu+\varepsilon} \quad \text{für alle} \quad \varepsilon > 0.$$

Eine Spezialisierung des Spektralsatzes liefert:

Satz 15.30

Es sei $T \in L(H)$ ein normaler Operator mit Spektralmaß E.

a) Jeder isolierte Punkt von $\sigma(T)$ ist ein Eigenwert von T.

b) Es sei $\sigma(T) = \{\lambda_j\}_{j=1}^{\infty}$ abzählbar. Dann hat jeder Vektor $x \in H$ eine eindeutige orthogonale Entwicklung $x = \sum_{j=1}^{\infty} x_j$ mit $T x_j = \lambda_j x_j$.

BEWEIS. a) folgt sofort aus den Sätzen 15.28 und 15.29.

b) Für $x \in H$ gilt $x = E(\sigma(T))x = \sum_{j=1}^{\infty} E\{\lambda_j\}x$ wegen (30), und aufgrund von Satz 15.29 ist $TE\{\lambda_j\}x = \lambda_j E\{\lambda_j\}x$. $\diamond$

In Satz 15.30 b) kann $E\{\lambda_j\} = 0$ gelten, wenn λ_j in $\sigma(T)$ nicht isoliert ist.

In Verbindung mit den Resultaten von F. Riesz über Spektren kompakter Operatoren (vgl. Satz 14.16) impliziert Satz 15.30 sofort den Spektralsatz (1) für *kompakte* normale Operatoren. Umgekehrt gilt auch:

Satz 15.31
Es sei $T \in L(H)$ ein normaler Operator mit Spektralmaß E. Dann ist T genau dann kompakt, wenn $\sigma(T)$ abzählbar ist, höchstens $\{0\}$ als Häufungspunkt hat und $\dim N(\lambda I - T) < \infty$ *für $\lambda \neq 0$ gilt.*

BEWEIS. „$\Rightarrow$" folgt aus den Sätzen 14.16 und 14.4 (vgl. auch [GK], Kapitel 11).

„$\Leftarrow$": Es ist $\sigma(T) = \{0\} \cup \{\lambda_j\}_{j=1}^{\infty}$ mit $|\lambda_j| \to 0$. Wir definieren $f_n \in \mathcal{B}_b(\mathbb{C})$ durch $f_n(\lambda_j) := \lambda_j$ für $j = 1, \ldots, n$ und $f_n(\lambda) := 0$ für $\lambda \in \{\lambda_1, \ldots, \lambda_n\}^c$. Dann ist

$$\textstyle\int_{\sigma(T)} f_n(\lambda)\, dE(\lambda) \;=\; \sum_{j=1}^{n} \lambda_j\, E\{\lambda_j\} \;\in\; \mathcal{F}(H)$$

aufgrund von Satz 15.29 und der Voraussetzung. Aus $\sup\limits_{\lambda \in \sigma(T)} |\lambda - f_n(\lambda)| \to 0$ und der Abschätzung (33) folgt dann

$$T \;=\; \textstyle\int_{\sigma(T)} \lambda\, dE(\lambda) \;=\; \lim_{n \to \infty} \int_{\sigma(T)} f_n(\lambda)\, dE(\lambda) \;\in\; K(H). \quad \lozenge$$

Folgerung. *Ein normaler Riesz-Operator ist kompakt.*

Wir diskutieren nun *Polarzerlegungen* von Operatoren und wenden diese auf *Zusammenhangsfragen* an.

Absolutbeträge und Polarzerlegungen. a) Für einen Operator $T \in L(H)$ heißt $|T| := \sqrt{T^*T}$ der *Absolutbetrag* von T.

b) Es ist $|T|$ der eindeutig bestimmte positive Operator mit

$$\| \, |T|\, x \| \;=\; \| Tx \| \quad \text{für alle } x \in H. \tag{45}$$

Ist in der Tat $A \geq 0$ mit $\|Ax\| = \|Tx\|$ für alle $x \in H$, so folgt

$$\langle A^2 x | x \rangle \;=\; \| Ax \|^2 \;=\; \| Tx \|^2 \;=\; \langle T^*Tx | x \rangle$$

für alle $x \in H$ und somit $A^2 = T^*T$. Daher ist $A = |T|$ aufgrund von Satz 15.12.

c) Gibt es für $T \in L(H)$ eine *Polarzerlegung* $T = UA$ mit einem *unitären* Operator $U \in L(H)$ und $A \in L(H)_+$, so folgt aus b) sofort $A = |T|$. Zur Existenz einer solchen Polarzerlegung zeigen wir:

Satz 15.32

a) Jeder invertierbare Operator $T \in GL(H)$ besitzt eine eindeutige Polarzerlegung $T = U|T|$ mit einem unitären Operator $U \in L(H)$.

b) Jeder normale Operator $T \in L(H)$ besitzt eine Polarzerlegung $T = U|T| = |T|U$ mit einem unitären Operator $U \in L(H)$.

BEWEIS. a) Es gilt $|T| \in GL(H)$, und wir setzen einfach $U = T|T|^{-1}$. Dann gilt $U^*U = |T|^{-1}T^*T|T|^{-1} = |T|^{-1}|T|^2|T|^{-1} = I$, und wegen $U \in GL(H)$ ist U unitär. Die Eindeutigkeit folgt aus obiger Bemerkung c).

b) Mit dem stetigen Funktionalkalkül $\Psi_T : C(\sigma(T)) \to L(H)$ gilt $|T| = \Psi_T(|\lambda|)$. Nun definieren wir $u \in B_b(\mathbb{C})$ durch $u(\lambda) := \frac{\lambda}{|\lambda|}$ mit $u(0) := 1$ und setzen $U := \widetilde{\Psi}_T(u)$ unter Verwendung des *Borel-Funktionalkalküls* $\widetilde{\Psi}_T : B_b(\sigma(T)) \to L(H)$ aus (23). Wegen $\lambda = |\lambda|u(\lambda)$ gilt $T = U|T| = |T|U$, und aus $u(\lambda)\bar{u}(\lambda) = 1$ ergibt sich $UU^* = U^*U = I$. $\Diamond$

Beachten Sie bitte, dass die Funktion u im Beweis von Satz 15.32 *unstetig* ist.

Polarzerlegungen mit partiellen Isometrien. Nicht jeder Operator $T \in L(H)$ besitzt eine Polarzerlegung im Sinne von Satz 15.32, vgl. Aufgabe 15.14. Wegen (45) gibt es jedoch einen isometrischen Operator $V_0 : \overline{R(|T|)} \to \overline{R(T)}$ mit

$$T = V_0|T| \quad \text{und} \quad |T| = V_0^{-1}T.$$

Gilt nun $\dim R(T)^{\perp} = \dim R(|T|)^{\perp}$, so lässt sich V_0 zu einem unitären Operator $U \in L(H)$ fortsetzen, andernfalls durch $Vx := 0$ für $x \in R(|T|)^{\perp}$ zu einer *partiellen Isometrie* $V \in L(H)$. In jedem Fall gilt dann $T = V|T|$.

Eine Anwendung der Polarzerlegung ist:

Satz 15.33

Die normalen Operatoren $A, B \in L(H)$ seien ähnlich, *d. h. es gebe einen Operator $T \in GL(H)$ mit $A = TBT^{-1}$. Mit der Polarzerlegung $T = U|T|$ gilt dann auch $A = UBU^{-1}$, d. h. A und B sind* unitär äquivalent.

BEWEIS. Wegen $AT = TB$ gilt auch $BT^* = T^*A$ nach Satz 15.8, und es folgt

$$B|T|^2 = BT^*T = T^*AT = T^*TB = |T|^2B.$$

Wegen $|T| \in \{|T|^2\}''$ gilt dann auch $B|T| = |T|B$, und damit ergibt sich

$$A = U|T|B(U|T|)^{-1} = U|T|B|T|^{-1}U^{-1} = UBU^{-1}. \quad \Diamond$$

Nun gehen wir kurz auf *Zusammenhangsfragen* ein. Mit $U(H)$ bezeichnen wir die *Gruppe der unitären Operatoren* auf einem Hilbertraum H.

Satz 15.34

a) *Zu* $U \in U(H)$ *existiert* $A = A^* \in L(H)$ *mit* $U = e^{iA}$.

b) *Die Gruppe* $U(H)$ *ist zusammenhängend.*

BEWEIS. a) Die Argumentfunktion Arg : $S^1 \to (-\pi, \pi]$ liegt in $\mathcal{B}_b(S^1)$. Es gilt $\sigma(U) \subseteq S^1$, und wir setzen $A := \widetilde{\Psi}_U(\mathrm{Arg})$. Wegen $e^{i\,\mathrm{Arg}(\lambda)} = \lambda$ für $\lambda \in \sigma(U)$ ergibt sich dann leicht $e^{iA} = U$ (vgl. Aufgabe 15.7 a)).

b) Es ist $\gamma : s \mapsto e^{isA}$ ein stetiger Weg in $U(H)$ von I nach $e^{iA} = U$. $\diamond$

Satz 15.35

a) *Es sei* H *ein Hilbertraum. Zu* $T \in GL(H)$ *existieren Operatoren* $B, C \in L(H)$ *mit* $T = e^B e^C$.

b) *Die Gruppe* $GL(H)$ *der invertierbaren Operatoren auf* H *ist zusammenhängend.*

BEWEIS. a) Aufgrund der Sätze 15.32, 15.34 und 13.8 können wir $T = U|T| = e^{iA} e^C$ schreiben, da ja $\sigma(|T|) \subseteq (0, \infty)$ gilt.

b) Es ist $\gamma s \mapsto e^{sB} e^{sC}$ ein stetiger Weg in $GL(H)$ von I nach $e^B e^C = T$. $\diamond$

Wie auf S. 340/341 bereits erwähnt, ist $\exp(L(H))$ im Fall $\dim H = \infty$ eine *echte* Teilmenge von $GL(H)$, vgl. [Rudin 1973], Theorem 12.38.

Homotopien linearer Operatoren. a) Nach einem Satz von N.H. Kuiper (1965) sind die Gruppen $U(H)$ und $GL(H)$ sogar *zusammenziehbar;* vgl. dazu [Schröder 1997], 4.A.

b) Nach G. Neubauer (1967) ist $GL(X)$ auch zusammenziehbar für die Banachräume $X = \ell_p$, $1 \leq p < \infty$, und $X = c_0$; nach A. Douady (1965) ist jedoch für den Banachraum $X = \ell_1 \times \ell_2$ die Gruppe $GL(X)$ *nicht zusammenhängend,* vgl. [Schröder 1997], S. 202. Für weitere Resultate zur Homotopie von $GL(X)$ sei auf [Mityagin 1970] verwiesen.

c) Nach H.O. Cordes (1963) sind mit $GL(X)$ für $n \in \mathbb{Z}$ auch die Mengen $\Phi_n(X)$ der Fredholmoperatoren vom Index n auf X zusammenhängend, vgl. Aufgabe 15.16. Insbesondere ist dies für einen Hilbertraum H der Fall, und somit kann die abstrakte Indexgruppe $\Lambda(L(H)/K(H))$ der Calkin-Algebra von H mit $\mathbb{Z}$ identifiziert werden (vgl. S. 341).

Lokale Spektraltheorie. Es gibt verschiedene Ansätze, Spektralzerlegungen für nicht notwendig normale Operatoren, auch auf Banachräumen, zu studieren. N. Dunford führte ab 1943 nicht notwendig orthogonale *Spektralmaße* und zugehörige *Spektraloperatoren* ein (vgl. [Dunford und Schwartz 1971]); dieser Begriff stellte sich allerdings als zu eng für die Untersuchung interessanter Operatoren der Analysis heraus. Allgemeinere Konzepte *zerlegbarer Operatoren* stammen von E. Bishop (1959) und C. Foiaş (1963); die Äquivalenz beider Konzepte zeigte E. Albrecht (1979). Daraus entwickelte sich die *lokale Spektraltheorie,* für die wir auf [Colojoară und Foiaş 1968], [Eschmeier und Putinar 1996] und [Laursen und Neumann 2000] verweisen.

15.6 Aufgaben

Aufgabe 15.1
Es sei $\mathcal{A}$ eine kommutative halbeinfache Banachalgebra. Zeigen Sie, dass jede Involution auf $\mathcal{A}$ stetig ist.

Aufgabe 15.2
Eine Banachalgebra $\mathcal{A}$ mit *isometrischer Involution* heißt Banach-$*$-Algebra. Zeigen Sie, dass $L_1(\mathbb{R})$ mit der Faltung und der Involution $f(x) \mapsto \overline{f(-x)}$ eine Banach-$*$-Algebra ist. Ist $L_1(\mathbb{R})$ sogar eine C^*-Algebra?

Aufgabe 15.3
Für $a \in \mathcal{C}(S^1)$ betrachten wir *Toeplitz-Operatoren* $T_a \in L(L_2^+(S^1))$ wie in Aufgabe 14.6 und definieren die *Toeplitz-Algebra* durch $\mathcal{T}oep(S^1) := C^*\{T_a \mid a \in \mathcal{C}(S^1)\}$.

a) Zeigen Sie $T_a^* = T_{\bar{a}}$ für $a \in \mathcal{C}(S^1)$ sowie $K(L_2^+(S^1)) \subseteq \mathcal{T}oep(S^1)$.

b) Beweisen Sie:

$$\inf \{\| T_a + K \| \mid K \in K(L_2^+(S^1))\} \; = \; \| T_a \| \; = \; \| a \|_{\sup} \quad \text{für} \; a \in \mathcal{C}(S^1).$$

c) Zeigen Sie $T_{ab} - T_a T_b \in K(L_2^+(S^1))$ für $a, b \in \mathcal{C}(S^1)$ und dann

$$\mathcal{T}oep(S^1) \; = \; \{T_a + K \mid a \in \mathcal{C}(S^1), \, K \in K(L_2^+(S^1))\}.$$

d) Definieren Sie den *Symbol-Homomorphismus* $\sigma : \mathcal{T}oep(S^1) \to \mathcal{C}(S^1)$ mit $\sigma(T_a) = a$ für $a \in \mathcal{C}(S^1)$ und zeigen Sie, dass T_a genau dann ein Fredholmoperator ist, wenn a keine Nullstelle auf S^1 besitzt.

Aufgabe 15.4
Es seien $\mathcal{B}$ eine abgeschlossene Unteralgebra in einer C^*-Algebra $\mathcal{A}$, $a = a^* \in \mathcal{B}$ und $f \in \mathcal{C}(\sigma(a))$ mit $f(0) = 0$ ($e \in \mathcal{B}$ wird *nicht* vorausgesetzt). Zeigen Sie $f(a) \in \mathcal{B}$.

Aufgabe 15.5
Es sei $\Theta : \mathcal{C} \to \mathcal{B}$ ein $*$-Homomorphismus zwischen C^*-Algebren mit $\Theta(e) = e$.

a) Zeigen Sie $\sigma(\Theta(a)) \subseteq \sigma(a)$ für $a \in \mathcal{C}$ und schließen Sie $\| \Theta(a) \|^2 = r(\Theta(a^*a)) \leq r(a^*a) = \| a \|^2$.

b) Nun sei $a \in \mathcal{C}$ normal. Zeigen Sie $f(\Theta(a)) = \Theta(f(a))$ für $f \in \mathcal{C}(\sigma(a))$.

c) Nun sei Θ *injektiv.* Zeigen Sie $\sigma(\Theta(a)) = \sigma(a)$ für normale $a \in \mathcal{C}$, und schließen Sie, dass Θ *isometrisch* ist.

Aufgabe 15.6

Es sei $T \in L(\mathbb{C}^n)$ ein normaler Operator. Zeigen Sie die Äquivalenz der Aussagen

(a) Der Raum $\mathbb{C}^n$ besitzt einen T-zyklischen Vektor.

(b) Der Operator T hat n verschiedene Eigenwerte.

(c) Die Algebra $\{T\}'$ ist kommutativ.

Aufgabe 15.7

Es seien $\widetilde{\Psi} : \mathcal{B}_b(K) \to L(H)$ eine $*$-Darstellung wie in Theorem 15.20. Zeigen Sie:

a) Für $f \in \mathcal{B}_b(K)$ und $g \in \mathscr{H}(\mathbb{C})$ gilt $g(\widetilde{\Psi}f) = \widetilde{\Psi}(g \circ f)$.

b) Für Funktionen $g_n, g \in \mathcal{B}_b(K)$ mit $g_n \to g$ punktweise und $\sup_n \|g_n\| < \infty$ gilt $\widetilde{\Psi}(g_n) \to \widetilde{\Psi}(g)$ in $L_\sigma(H)$.

Aufgabe 15.8

Es sei $E : \Sigma \to L(H)$ ein Spektralmaß auf Ω. Definieren Sie E-Nullmengen und die C^*-Algebra $L_\infty(\Omega, \Sigma, E)$ der Äquivalenzklassen E-wesentlich beschränkter Σ-messbarer Funktionen auf Ω. Zeigen Sie, dass das Spektralintegral aus Satz 15.22 einen *isometrischen* $*$-Homomorphismus $\widehat{I}_E : L_\infty(\Omega, \Sigma, E) \to L(H)$ mit $\widehat{I}_E(1) = I$ definiert.

Aufgabe 15.9

Es sei $\Psi : \mathcal{C}(K) \to L(H)$ eine $*$-Darstellung. Zeigen Sie, dass Ψ genau dann injektiv bzw. isometrisch ist, wenn $E_\Psi(U) \neq 0$ für jede offene Menge $U \subseteq K$ gilt.

Aufgabe 15.10

Es seien H ein Hilbertraum und $A = A^* \in L(H)$.

a) Zeigen Sie ohne Verwendung der Gelfand-Theorie

$$\| p(A) \| = \sup \{ |p(\lambda)| \mid \lambda \in \sigma(A) \} \quad \text{für Polynome } p \in \mathbb{R}[\lambda].$$

b) Konstruieren Sie den stetigen Funktionalkalkül $\Psi : \mathcal{C}(\sigma(A)) \to L(H)$ mit Hilfe von a) und dem Weierstraßschen Approximationssatz.

c) Nun sei $A \geq 0$. Zeigen Sie $\| Ax \|^2 \leq \| A \| \langle Ax | x \rangle$ für $x \in H$.

d) Es seien $A_n \in L(H)$ und $B \in L(H)$ selbstadjungierte Operatoren mit

$$A_1 \leq A_2 \leq \ldots \leq A_n \leq A_{n+1} \leq \ldots \leq B \quad \text{für alle } n \in \mathbb{N}.$$

Zeigen Sie die Existenz von $A := \lim_{n \to \infty} A_n$ in der starken Operatortopologie $L_\sigma(H)$ sowie $A = A^*$.

e) Konstruieren Sie einen Funktionalkalkül für A und *halbstetige* Funktionen.

f) Definieren Sie die Spektralschar von A und beweisen Sie den Spektralsatz (44).

Aufgabe 15.11

Es seien H ein Hilbertraum, $A = A^* \in L(H)$ und $\mu \in \mathbb{R}$ ein isolierter Punkt von $\sigma(A)$. Zeigen Sie, dass die Spektralprojektion P_μ aus (14.33) mit $E\{\mu\}$ übereinstimmt und dass die Resolvente einen Pol erster Ordnung in μ hat.

Aufgabe 15.12

Es seien H ein Hilbertraum mit $\dim H \geq 2$ und $T \in L(H)$ normal mit $T \notin [I]$. Zeigen Sie, dass T einen hyperinvarianten Unterraum besitzt.

Aufgabe 15.13

Es seien H ein Hilbertraum und $T \in GL(H)$ mit Polarzerlegung $T = U\,|T|$. Zeigen Sie, dass T genau dann normal ist, wenn $U\,|T| = |T|\,U$ gilt.

Aufgabe 15.14

a) Bestimmen Sie die Teilmengen $\sigma_p(S_\pm)$, $\sigma_{co}(S_\pm)$ und $\sigma_r(S_\pm)$ der Spektren der Shift-Operatoren S_+ und S_- (vgl. S. 385).

b) Bestimmen Sie $|S_+|$ und $|S_-|$ und zeigen Sie, dass S_+ und S_- *keine* Polarzerlegung im Sinne von Satz 15.32 besitzen.

c) Finden Sie einen Operator $T \in L(H)$ mit $\sigma(T) = \sigma_r(T)$.

Aufgabe 15.15

Zeigen Sie das folgende Resultat von J.W. Calkin (1941): Es seien H ein separabler Hilbertraum und $J \neq \{0\}$ ein abgeschlossenes zweiseitiges Ideal in $L(H)$. Dann gilt $J = K(H)$.

HINWEIS. Für „$\supseteq$" beachten Sie Aufgabe 13.5. Für einen Operator $S \in J \backslash K(H)$ gilt auch $T := S^*S \in J \backslash K(H)$, und es gibt $\varepsilon > 0$ mit $P := E_T[\varepsilon, \infty) \in J$ und $\dim R(P) = \infty$. Mittels $R(P) \cong H$ folgt $I \in J$.

Aufgabe 15.16

Beweisen Sie die Aussagen c) auf S. 417 über den Zusammenhang der Mengen $\Phi_n(X)$ der Fredholmoperatoren vom Index $n \in \mathbb{Z}$.

16 Selbstadjungierte Operatoren

Fragen: 1. Diskutieren Sie unbeschränkte Multiplikationsoperatoren als Modelle für selbstadjungierte Operatoren in Hilberträumen.
2. Welche symmetrischen Operatoren besitzen selbstadjungierte Erweiterungen?
3. In welchem Sinn lassen sich die Funktionen $\varphi_\xi(x) = e^{ix\xi}$, $\xi \in \mathbb{R}$, als Eigenfunktionen des selbstadjungierten Operators $-i\frac{d}{dx}$ in $L_2(\mathbb{R})$ auffassen?

In diesem letzten Kapitel des Buches untersuchen wir *unbeschränkte* selbstadjungierte Operatoren in Hilberträumen. Dieses Konzept wurde von J. von Neumann um 1929 entwickelt; es ist grundlegend für eine *Spektraltheorie linearer Differentialoperatoren* und für eine *mathematische Formulierung der Quantenmechanik*.

Im ersten Abschnitt leiten wir zwei Versionen des *Spektralsatzes* für selbstadjungierte Operatoren A aus den entsprechenden Resultaten in Kapitel 15 für die *normale Resolvente* $R_A(i)$ her und erweitern den *Borel-Funktionalkalkül* auf *unbeschränkte* Funktionen. Anschließend untersuchen wir den *unstetigen*, den *absolutstetigen* und den *singulär stetigen Teilraum* von A sowie entsprechende und weitere *Teilmengen des Spektrums*, insbesondere das *diskrete* Spektrum und das *wesentliche* Spektrum.

In Abschnitt 16.3 skizzieren wir die Rolle der selbstadjungierten Operatoren in der *Quantenmechanik* und lösen die *Schrödinger-Gleichung* mit Hilfe des Spektralsatzes. Anschließend zeigen wir den *Satz von Stone* über *stark stetige unitäre Operatorgruppen* und leiten damit die Schrödinger-Gleichung aus einfachen Annahmen über die zeitliche Entwicklung eines quantenmechanischen Systems her.

In Abschnitt 16.4 klären wir die Frage, wann ein *symmetrischer* Operator *selbstadjungierte Erweiterungen* besitzt, und zeigen die *Invarianz des wesentlichen Spektrums* bei *endlichdimensionalen* Erweiterungen, beispielsweise im Fall *gewöhnlicher* Differentialoperatoren. Anschließend konstruieren wir in Abschnitt 16.5 die *Friedrichs-Fortsetzung halbbeschränkter Operatoren* und diskutieren als Beispiele *eindimensionale Hamilton-Operatoren* wie etwa den *harmonischen Oszillator*.

In Abschnitt 16.6 untersuchen wir relativ beschränkte und relativ kompakte *Störungen selbstadjungierter Operatoren*. Für *symmetrische* Störungen zeigen wir Resultate von F. Rellich, T. Kato und H. Weyl über die *Selbstadjungiertheit des gestörten Operators* und die *Invarianz des wesentlichen Spektrums* und wenden diese auf den Hamilton-Operator des *Wasserstoff-Atoms* an. Weiter interpretieren wir nicht notwendig symmetrische *Dirichlet-Probleme* als relativ kompakte Störungen der in Abschnitt 5.6 behandelten selbstadjungierten Probleme und folgern die *endliche Meromorphie der Resolventen* aus Theorem 14.15.

Der Impulsoperator $D = -i\frac{d}{dx}$ eines eindimensionalen Teilchens kann mittels Fourier-Transformation nach seinen „*Eigenfunktionen* $\varphi_\xi(x) = e^{ix\xi}$ " *entwickelt* werden, die allerdings nicht in $L_2(\mathbb{R})$ liegen. Mit einer Methode von I.M. Gelfand zeigen wir im letzten Abschnitt, dass eine solche „*Entwicklung nach verallgemeinerten Eigenvektoren*" unter geeigneten Annahmen auch für selbstadjungierte Operatoren in abstrakten Hilberträumen möglich ist; dabei spielt eine *Nuklearitätsannahme* eine wichtige Rolle.

16.1 Spektralsatz und unbeschränkter Borel-Funktionalkalkül

Unbeschränkte lineare Operatoren in Frécheträumen haben wir in Kapitel 9 eingeführt und untersucht, für den Fall von Banachräumen und insbesondere Hilberträumen bereits auch in [GK], Kapitel 13. In diesem Kapitel betrachten wir nur den *Hilbertraum-Fall*. Ein Operator A in H mit $\overline{\mathcal{D}(A)} = H$ heißt *symmetrisch*, falls $A \subseteq A^*$ gilt, und *selbstadjungiert*, falls $A = A^*$ ist. Nach dem Spektralsatz 15.19 ist ein *beschränkter* selbstadjungierter Operator zu einem *Diagonal-Multiplikationsoperator* auf einem L_2-Raum *unitär äquivalent*. Wir zeigen nun in Theorem 16.5, dass dies entsprechend auch für alle selbstadjungierten Operatoren gilt. Dazu untersuchen wir zunächst i. A. *unbeschränkte*

Multiplikationsoperatoren. a) Es seien (Ω, Σ, μ) ein Maßraum und $f \in \mathcal{M}(\Omega, \Sigma)$ eine Σ-messbare, i. A. *unbeschränkte* Funktion. Wir definieren einen *Multiplikationsoperator* M_f in $L_2(\mu)$ durch

$$\mathcal{D}(M_f) := \{\varphi \in L_2(\mu) \mid \textstyle\int_\Omega |f\varphi|^2 \, d\mu < \infty\} \quad \text{und} \quad M_f(\varphi) := f\varphi \ \text{für} \ \varphi \in \mathcal{D}(M_f)\,. \tag{1}$$

b) Für eine Familie $(\mu_j)_{j \in J}$ positiver Maße auf (Ω, Σ) definieren wir entsprechend den *Diagonal-Multiplikationsoperator* M_f^J in $\bigoplus_2 L_2(\Omega, \mu_j)$. Wie auf S. 405 kann dieser mit dem Multiplikationsoperator M_{f^J} in $L_2(\Omega \times J, \mu)$ mit $\mu = \sum_j \mu_j$ identifiziert werden.

Satz 16.1
Der in (1) definierte Multiplikationsoperator M_f ist abgeschlossen und dicht definiert, und es gilt $M_f^* = M_{\bar{f}}$.

BEWEIS. a) Aus $\varphi_n \to \varphi$ und $f\varphi_n \to \psi$ in $L_2(\mu)$ folgt offenbar $f\varphi = \psi$, und daher ist M_f *abgeschlossen*.

b) Für $k \in \mathbb{N}$ definieren wir die Mengen

$$B_k := B_k(f) := \{t \in \Omega \mid |f(t)| \le k\} \in \Sigma\,. \tag{2}$$

Für $\vartheta \in L_2(\mu)$ gilt dann $\vartheta_k := \chi_{B_k}\vartheta \in \mathcal{D}(M_f)$, und wegen $\vartheta_k \to \vartheta$ in $L_2(\mu)$ ist $\mathcal{D}(M_f)$ *dicht in* $L_2(\mu)$.

c) Zunächst gilt $M_{\bar{f}} \subseteq M_f^*$ wegen

$$\langle M_f\varphi|\psi\rangle \ = \ \textstyle\int_\Omega f(t)\varphi(t)\,\overline{\psi(t)}\,d\mu \ = \ \int_\Omega \varphi(t)\,\overline{\overline{f(t)}\psi(t)}\,d\mu \ = \ \langle\varphi|M_{\bar{f}}\psi\rangle$$

für $\varphi \in \mathcal{D}(M_f)$ und $\psi \in \mathcal{D}(M_{\bar{f}}) = \mathcal{D}(M_f)$. Umgekehrt sei nun $\psi \in \mathcal{D}(M_f^*)$. Wir setzen $\eta := M_f^* \psi \in L_2(\Omega)$ und erhalten

$$\int_\Omega f(t)\varphi(t)\,\overline{\psi(t)}\,d\mu \;=\; \langle M_f\varphi | \psi \rangle \;=\; \langle \varphi | \eta \rangle \;=\; \int_\Omega \varphi(t)\,\overline{\eta(t)}\,d\mu \tag{3}$$

für alle $\varphi \in \mathcal{D}(M_f)$. Für $\vartheta \in L_2(\mu)$ und $k \in \mathbb{N}$ gilt (3) insbesondere für die Funktionen $\vartheta_k = \chi_{B_k}\vartheta \in \mathcal{D}(M_f)$, und daher ist $\overline{f(t)}\psi(t) = \eta(t)$ fast überall auf B_k. Dies folgt dann auch fast überall auf Ω, und daher gilt $\bar{f}\psi \in L_2(\Omega)$ und somit $\psi \in \mathcal{D}(M_{\bar{f}})$. $\Diamond$

Wesentliche Wertebreiche. a) Es sei $f \in \mathcal{M}(\Omega, \Sigma)$. Die in $\mathbb{C}$ abgeschlossene Menge

$$W_\mu(f) := \{\lambda \in \mathbb{C} \mid \mu(f^{-1}(U_\varepsilon(\lambda))) > 0 \text{ für alle } \varepsilon > 0\} \tag{4}$$

heißt μ-*wesentlicher Wertebreich* von f.

b) Für eine Familie $(\mu_j)_{j \in J}$ positiver Maße auf (Ω, Σ) setzen wir entsprechend

$$W_{\{\mu_j\}}(f) := W_\mu(f^J) = \{\lambda \in \mathbb{C} \mid \forall\, \varepsilon > 0 \;\exists\, j \in J \,:\, \mu_j(f^{-1}(U_\varepsilon(\lambda))) > 0\}. \tag{5}$$

Satz 16.2
Für den in (1) definierten Multiplikationsoperator M_f gilt $\sigma(M_f) = W_\mu(f)$.

BEWEIS. a) Für $\lambda \notin W_\mu(f)$ gibt es $\varepsilon > 0$ mit $|f(t) - \lambda| \geq \varepsilon$ fast überall. Dann ist der Multiplikationsoperator $M_{(\lambda-f)^{-1}}$ beschränkt und die Inverse von $\lambda I - M_f = M_{\lambda - f}$.

b) Für $\lambda \in W_\mu(f)$ und $k \in \mathbb{N}$ gibt es eine Menge $C_k \in \Sigma$ mit $0 < \mu(C_k) < \infty$ und $|f(t) - \lambda| < \frac{1}{k}$ für alle $t \in C_k$. Für die Funktionen $\varphi_k := \mu(C_k)^{-1/2}\chi_{C_k} \in \mathcal{D}(M_f)$ gilt dann $\|\varphi_k\|_{L_2} = 1$ und $\|(\lambda I - M_f)\varphi_k\|_{L_2} \leq \frac{1}{k}$, und dies zeigt $\lambda \in \sigma(M_f)$. $\Diamond$

Wir erinnern an die Sätze 13.6 und 13.11 in [GK]:

Satz 16.3
Ein selbstadjungierter Operator A in H ist abgeschlossen, und es gilt $\sigma(A) \subseteq \mathbb{R}$. Für $\operatorname{Im}\lambda \neq 0$ *sind die Resolventen $R_A(\lambda)$ normal mit $R_A(\lambda)^* = R_A(\bar{\lambda})$ und*

$$\| R_A(\lambda) \| \;\leq\; \tfrac{1}{|\operatorname{Im}\lambda|}. \tag{6}$$

Wie im Beweis von Theorem 13.2 in [GK] leiten wir nun mit der *Möbius-Transformation*

$$h : \lambda \mapsto \tfrac{1}{i - \lambda} \quad (\text{mit } h(i) = \infty \text{ und } h(\infty) = 0) \tag{7}$$

der Riemannschen Zahlenkugel $\widehat{\mathbb{C}}$ aus Theorem 15.19 für $R_A(i)$ eine entsprechende Version dieses Spektralsatzes für A her. Damit folgen wir der Darstellung in [Dunford und Schwartz 1963], XII. 2; in den meisten Lehrbüchern wird dieser durch die *Cayley-Transformation*

$$U := (A - iI)\,(A + iI)^{-1}$$

auf den Spektralsatz für den *unitären* Operator U zurückgeführt (vgl. Aufgabe 16.18).

Lemma 16.4
Für einen unbeschränkten selbstadjungierten Operator A in einem Hilbertraum ist
$\sigma(R_A(i)) = h(\sigma(A) \cup \{\infty\})$.

BEWEIS. a) Für $i \neq \lambda \in \rho(A)$, $z = h(\lambda)$ und $B := (i - \lambda)^2 R_A(\lambda) + (i - \lambda)I$ gilt

$$(zI - R_A(i))B = z(i - \lambda)^2 R_A(\lambda) + z(i - \lambda)I - (i - \lambda)^2 R_A(i) R_A(\lambda) - (i - \lambda)R_A(i$$
$$= I + (i - \lambda)\left[R_A(\lambda) - R_A(i) - (i - \lambda)R_A(i) R_A(\lambda)\right] = I$$

aufgrund der *Resolventengleichung*, und genauso folgt auch $B(zI - R_A(i)) = I$. Somit ist $z \in \rho(R_A(i))$, und auch für $\lambda = i$ hat man „$z = h(i) = \infty \in \rho(R_A(i))$ “.

b) Es ist $h(\infty) = 0 \in \sigma(R_A(i))$, da andernfalls A ein beschränkter Operator wäre. Nun sei $0 \neq z = h(\lambda) \in \rho(R_A(i))$. Wir setzen $T := (zI - R_A(i))^{-1}$ und $B := zR_A(i)T$. Dann ist $B : H \to \mathcal{D}(A)$ bijektiv, und es folgt $\lambda \in \rho(A)$ aus

$$(\lambda I - A)B = [(\lambda - i)I + (iI - A)]B = [-R_A(i) + zI]T = I = B(\lambda I - A). \quad \Diamond$$

Theorem 16.5 (Spektralsatz)
Es sei A ein selbstadjungierter Operator in einem Hilbertraum H . Dann existieren endliche reguläre positive Borel-Maße $\{\mu_j\}_{j \in J}$ auf $\sigma(A)$ und ein unitärer Operator $U : H \to \bigoplus_2 L_2(\sigma(A), \mu_j)$ mit $UAU^{-1} = M_\lambda^J$.

BEWEIS. a) Nach Theorem 15.19 existieren endliche reguläre positive Borel-Maße $\{\rho_j\}_{j \in J}$ auf dem Spektrum $\sigma(R_A(i))$ der normalen Resolventen $R_A(i)$ von A in i und ein unitärer Operator $V : H \to \bigoplus_2 L_2(\sigma(R_A(i)), \rho_j)$ mit $VR_A(i)V^{-1} = M_z^J$. Mit der Möbiustransformation $f = h^{-1} : z \to i - \frac{1}{z}$ erhalten wir daraus

$$VAV^{-1} = V(iI - R_A(i)^{-1})V^{-1} = M_f^J .$$

b) Wir können o. E. annehmen, dass A unbeschränkt ist. Für das Spektralmaß F von $R_A(i)$ gilt $F\{0\} = 0$ nach (15.40), da $R_A(i)$ injektiv ist. Wegen $h(\infty) = 0$ und Lemma 16.4 können wir daher durch $\mu_j := \rho_j \circ h$ reguläre positive Borel-Maße auf $\sigma(A)$ erklären (vgl. Aufgabe 16.5). Wir definieren dann einen unitären Operator

$$W : \bigoplus_2 L_2(\sigma(R_A(i)), \rho_j) \to \bigoplus_2 L_2(\sigma(A), \mu_j) \quad \text{durch} \quad W\varphi := \varphi \circ h$$

und erhalten $WM_f^J W^{-1} = M_\lambda^J$, mit $U := WV$ also $UAU^{-1} = M_\lambda^J$. $\qquad \Diamond$

Borel-Funktionalkalkül und Spektralintegrale. a) Es seien $\sigma \subseteq \mathbb{R}$ eine abgeschlosse Menge und $M = M_\lambda^J$ ein selbstadjungierter Diagonal-Multiplikationsoperator auf dem Hilbertraum $G := \bigoplus_2 L_2(\sigma, \mu_j)$ wie in Theorem 16.5. Durch

$$\Psi_M : f \mapsto f(M) := M_f^J \quad \text{für} \quad f \in \mathcal{B}(\sigma) \tag{8}$$

wird ein *Funktionalkalkül* auf der Algebra $\mathcal{B}(\sigma)$ aller Borel-messbaren Funktionen auf σ definiert. Offenbar ist $\Psi_M : \mathcal{B}_b(\sigma) \to L(G)$ eine $*$-Darstellung.

b) Für $f, g \in \mathcal{B}(\sigma)$ und $\alpha \in \mathbb{R}$ gelten

① $\Psi_M(\alpha f) = \alpha \Psi_M(f)$, ② $\Psi_M(f + g) \supseteq \Psi_M(f) + \Psi_M(g)$ und

③ $\Psi_M(fg) \supseteq \Psi_M(f)\,\Psi_M(g)$ mit ④ $\mathcal{D}(\Psi_M(f)\Psi_M(g)) = \mathcal{D}(\Psi_M(fg)) \cap \mathcal{D}(\Psi_M(g))$.

In der Tat sind ①–③ klar, und für ④ beachten wir für $\varphi \in G$

$$\varphi \in \mathcal{D}(\Psi_M(f)\Psi_M(g)) \;\Leftrightarrow\; g\varphi \in G \;\text{und}\; f(g\varphi) \in G$$
$$\Leftrightarrow\; \varphi \in \mathcal{D}(\Psi_M(g)) \;\text{und}\; \varphi \in \mathcal{D}(\Psi_M(fg)).$$

In ② und ③ gilt i. A. keine Gleichheit, da ja z. B. $f + g$ oder fg beschränkt sein kann.

c) Für ein Polynom $p(\lambda) = \sum\limits_{k=0}^{r} a_k \lambda^k$ in $\mathbb{R}[\lambda]$ gilt

$$\Psi_M(p) \;=\; p(M) := \sum_{k=0}^{r} a_k\, M^k : \tag{9}$$

Nach ② ist $p(M) \subseteq \Psi_M(p)$. Weiter ist $\mathcal{D}(p(M)) = \mathcal{D}(M^r)$, und für $\varphi \in G$ gilt

$$\varphi \in \mathcal{D}(\Psi_M(p)) \;\Leftrightarrow\; p(\lambda)\varphi(\lambda) \in G \Leftrightarrow |\lambda|^r \varphi(\lambda) \in G \Leftrightarrow \varphi \in \mathcal{D}(M^r).$$

d) Für $f \in \mathcal{B}(\mathbb{R})$ setzen wir einfach $\Psi_M(f) := \Psi_M(f|_\sigma)$. Wie in (15.25) definieren wir ein *Spektralmaß* auf $\mathbb{R}$ (oder $\mathbb{C}$) durch

$$E(\delta) := E_M(\delta) := \Psi_M(\chi_\delta) = \Psi_M(\chi_{\delta \cap \sigma}) \quad \text{für} \quad \delta \in \mathfrak{B}(\mathbb{R}); \tag{10}$$

dann gilt offenbar $E(\sigma) = I$. Für eine einfache Funktion $\tau \in \mathcal{T}(\mathbb{R}, \mathfrak{B})$ mit Werten $\tau(\mathbb{R}) = \{\tau_1, \ldots, \tau_r\} \subseteq \mathbb{C}$ und $\delta_k := \tau^{-1}(\tau_k) \in \mathfrak{B}$ ist

$$\int_\mathbb{R} \tau(\lambda)\, dE(\lambda) \;=\; \sum_{k=1}^{r} \tau_k\, E(\delta_k) \;=\; \Psi_M\big(\sum_{k=1}^{r} \tau_k\, \chi_{\delta_k} \big) \;=\; \Psi_M(\tau),$$

und durch Approximation wie auf S. 409 ergibt sich

$$\Psi_M(f) \;=\; \int_\mathbb{R} f(\lambda)\, dE(\lambda) \quad \text{für} \quad f \in \mathcal{B}_b(\mathbb{R}). \tag{11}$$

e) Nun sei $f \in \mathcal{B}(\mathbb{R})$ eine i. A. *unbeschränkte* Borel-messbare Funktion. Mit den Mengen $B_k = B_k(f)$ aus (2) setzen wir $f_k := \chi_{B_k} f \in \mathcal{B}_b(\mathbb{R})$. Für $\varphi \in \mathcal{D}(\Psi_M(f))$ gilt $f\varphi \in G$ und daher $f_k \varphi \to f \varphi$ in G nach dem Satz über majorisierte Konvergenz. Somit ist

$$\Psi_M(f)\varphi = \lim_{k \to \infty} \Psi_M(f_k)\varphi = \lim_{k \to \infty} \int_{\mathbb{R}} f_k(\lambda)\, dE(\lambda)\varphi = \lim_{k \to \infty} \int_{B_k} f(\lambda)\, dE(\lambda)\varphi. \tag{12}$$

Nach (15.33) gilt $\| \Psi_M(f_k)\varphi \|^2 = \int_{B_k} |f(\lambda)|^2 \langle dE(\lambda)\varphi|\varphi \rangle$, und daher folgt aus (12)

$$\int_{\mathbb{R}} |f(\lambda)|^2 \langle dE(\lambda)\varphi|\varphi \rangle < \infty. \tag{13}$$

Umgekehrt gelte nun (13) für $\varphi \in G$. Wegen

$$\| \Psi_M(f_k)\varphi - \Psi_M(f_\ell)\varphi \|^2 = \int_{B_k \setminus B_\ell} |f(\lambda)|^2 \langle dE(\lambda)\varphi|\varphi \rangle \quad \text{für} \quad k > \ell$$

konvergiert dann $(f_k \varphi = f \chi_{B_k} \varphi)$ in G, wegen der Abgeschlossenheit von M_f also gegen $f\varphi$. Somit ist $\varphi \in \mathcal{D}(\Psi_M(f))$, und wir haben gezeigt:

$$\mathcal{D}(\Psi_M(f)) = \{\varphi \in G \mid \int_{\mathbb{R}} |f(\lambda)|^2 \langle dE(\lambda)\varphi|\varphi \rangle < \infty\} \quad \text{und} \tag{14}$$

$$\mathcal{D}(\Psi_M(f)) = \{\varphi \in G \mid \lim_{k \to \infty} \int_{B_k} f(\lambda)\, dE(\lambda)\varphi \text{ existiert}\}. \tag{15}$$

Aus Theorem 16.5 ergibt sich nun als weitere Version des Spektralsatzes:

Theorem 16.6 (Spektralsatz)
Es sei A ein selbstadjungierter Operator in einem Hilbertraum H. Dann gibt es genau ein Spektralmaß $E : \mathfrak{B}(\mathbb{R}) \to L(H)$ mit $E(\sigma(A)) = I$ sowie

$$\mathcal{D}(A) = \{x \in H \mid \int_{\mathbb{R}} \lambda^2 \langle dE(\lambda)x|x \rangle < \infty\} \quad und \tag{16}$$

$$Ax = \lim_{k \to \infty} \int_{-k}^{k} \lambda\, dE(\lambda)x \quad f\ddot{u}r \ x \in \mathcal{D}(A). \tag{17}$$

BEWEIS. Nach Theorem 16.5 existiert ein unitärer Operator $U : H \to \bigoplus_2 L_2(\sigma(A), \mu_j)$ mit $UAU^{-1} = M_\lambda^J =: M$. Mit dem Spektralmaß E_M aus (10) definieren wir das Spektralmaß $E := U^{-1}E_M U$ auf H. Aus $E_M(\sigma(A)) = I$ folgt auch $E(\sigma(A)) = I$, und (16) und (17) folgen aus (14) und (12). Die *Eindeutigkeit* von E ergibt sich aus dem folgenden Satz 16.7 von M.H. Stone. $\diamond$

Borel-Funktionalkalkül für selbstadjungierte Operatoren. a) In der Situation der Theoreme 16.5 und 16.6 definieren wie den *Borel-Funktionalkalkül* von A durch

$$\Psi_A(f) := f(A) := U^{-1}\Psi_M(f)U \quad \text{für} \quad f \in \mathcal{B}(\sigma(A)) \tag{18}$$

und erhalten

$$\mathcal{D}(f(A)) = \{x \in H \mid \int_{\mathbb{R}} |f(\lambda)|^2 \langle dE(\lambda)x|x \rangle < \infty\} \quad \text{sowie} \tag{19}$$

$$f(A)x = \lim_{k\to\infty} \int_{B_k} f(\lambda)\, dE(\lambda)x \quad \text{für } x \in \mathcal{D}(A). \tag{20}$$

Die Operatoren $\Psi_A(f)$ sind abgeschlossen und dicht definiert mit $\Psi_A(f)^* = \Psi_A(\bar{f})$.

b) Es ist $\Psi_A : \mathcal{B}_b(\sigma(A)) \to L(H)$ eine $*$-Darstellung, und die Aussagen ①–④ von S. 425 gelten entsprechend. Insbesondere ist

$$R_A(z) = \int_{\mathbb{R}} \frac{dE(\lambda)}{z-\lambda} \quad \text{für } z \in \rho(A) \quad \text{und} \tag{21}$$

$$E(\delta)\Psi_A(f) \subseteq \Psi_A(f)E(\delta) \quad \text{für } \delta \in \mathfrak{B}(\mathbb{R}) \quad \text{und } f \in \mathcal{B}(\sigma(A)). \tag{22}$$

Wie in (9) hat man $\Psi_A(p) = \sum_{k=0}^{r} a_k\, A^k$ für ein Polynom p.

c) Nach Satz 16.2 ist das Spektrum $\sigma(f(A)) = \sigma(M_f^J)$ von $f(A)$ durch Formel (5) gegeben. Wegen

$$\| E_M(\delta)\varphi \|^2 = \| \chi_\delta\varphi \|^2 = \sum_{j\in J} \int_{\sigma(A)} |\chi_\delta\varphi_j|^2\, d\mu_j \quad \text{für } \varphi = (\varphi_j) \in G$$

stimmt $W_{\{\mu_j\}}(f)$ mit dem E-wesentlichen Wertebereich

$$W_E(f) := \{\lambda \in \mathbb{C} \mid E(f^{-1}(U_\varepsilon(\lambda))) \neq 0 \text{ für alle } \varepsilon > 0\}$$

von f überein. Somit gilt der *Spektralabbildungssatz*

$$\sigma(f(A)) = W_E(f).$$

Nach M.H. Stone (1932) lässt sich das Spektralmaß eines selbstadjungierten Operators folgendermaßen aus dessen Resolvente berechnen:

Satz 16.7 (Stone)
Es sei A ein selbstadjungierter Operator mit Spektralmaß E. Für $a < b \in \mathbb{R}$ gilt dann

$$E(a,b)x = \lim_{\delta\to 0^+} \lim_{\varepsilon\to 0^+} \frac{1}{2\pi i} \int_{a+\delta}^{b-\delta} (R_A(\xi-\varepsilon i) - (R_A(\xi+\varepsilon i))x\, d\xi \quad \text{für } x \in H. \tag{23}$$

BEWEIS. Für $\varepsilon > 0$, $0 < \delta < \frac{b-a}{2}$ und $\lambda \in \mathbb{R}$ ist

$$f(\delta,\varepsilon,\lambda) := \frac{1}{2\pi i} \int_{a+\delta}^{b-\delta} \left(\frac{1}{\xi-\varepsilon i-\lambda} - \frac{1}{\xi+\varepsilon i-\lambda}\right) d\xi = \frac{1}{\pi}\left(\arctan\frac{b-\delta-\lambda}{\varepsilon} - \arctan\frac{a+\delta-\lambda}{\varepsilon}\right)$$

und daher stets $|f(\delta,\varepsilon,\lambda)| \leq 1$. Aus $\lim_{\delta\to 0^+} \lim_{\varepsilon\to 0^+} f(\delta,\varepsilon,\lambda) = \chi_{(a,b)}(\lambda)$ punktweise folgt

$$\lim_{\delta\to 0^+} \lim_{\varepsilon\to 0^+} f(\delta,\varepsilon,A)x = E(a,b)x \quad \text{für } x \in H \tag{24}$$

nach (15.33) und dem Satz über majorisierte Konvergenz. Nun ist aber

$$\begin{aligned}
f(\delta,\varepsilon,A) &= \frac{1}{2\pi i} \int_{\mathbb{R}} \int_{a+\delta}^{b-\delta} \left(\frac{1}{\xi-\varepsilon i-\lambda} - \frac{1}{\xi+\varepsilon i-\lambda}\right) d\xi\, dE(\lambda)\\
&= \frac{1}{2\pi i} \int_{a+\delta}^{b-\delta} \int_{\mathbb{R}} \left(\frac{1}{\xi-\varepsilon i-\lambda} - \frac{1}{\xi+\varepsilon i-\lambda}\right) dE(\lambda)\, d\xi\\
&= \frac{1}{2\pi i} \int_{a+\delta}^{b-\delta} (R_A(\xi-\varepsilon i) - (R_A(\xi+\varepsilon i))\, d\xi
\end{aligned}$$

aufgrund von (21), und somit folgt (23) aus (24). ◇

16.2 Spektren selbstadjungierter Operatoren

Analog zu Satz 15.27 wird ein selbstadjungierter Operator durch seine Spektralprojektionen *reduziert*. Wir beginnen mit einer Diskussion dieses Begriffs für unbeschränkte Operatoren:

Satz 16.8

Es sei A ein selbstadjungierter Operator in einem Hilbertraum H mit Spektralmaß E. Für einen abgeschlossenen Unterraum $V \subseteq H$ mit orthogonaler Projektion $P : H \to V$ sind äquivalent:

(a) $P(\mathcal{D}(A)) \subseteq \mathcal{D}(A)$ und $A(V \cap \mathcal{D}(A)) \subseteq V$.

(b) $PA \subseteq AP$.

(c) $PE(\delta) = E(\delta)P$ für alle $\delta \in \mathfrak{B}(\mathbb{R})$.

BEWEIS. „(a) $\Rightarrow$ (b)": Für $x \in \mathcal{D}(PA) = \mathcal{D}(A)$ gilt auch $Px \in \mathcal{D}(A)$, und wegen $APx \in V$ ist $APx = PAPx$. Weiter ist $(I - P)x \in \mathcal{D}(A)$, und für $y \in \mathcal{D}(A)$ gilt

$$\langle y|PA(I - P)x \rangle = \langle Py|A(I - P)x \rangle = \langle APy|(I - P)x \rangle = 0.$$

Somit ist $PA(I - P)x = 0$, und es folgt $APx = PAPx = PAx$.

„(b) $\Rightarrow$ (c)": Für $z \in \rho(A)$ gilt aufgrund von (b)

$$R_A(z)P = R_A(z)P(zI - A)R_A(z) \subseteq R_A(z)(zI - A)PR_A(z) = PR_A(z),$$

wegen $R_A(z)P \in L(H)$ also $R_A(z)P = PR_A(z)$. Mit (23) folgt $PE(a,b) = E(a,b)P$ für $a < b \in \mathbb{R}$ und somit (c) aufgrund der σ-Additivität des Spektralmaßes.

„(c) $\Rightarrow$ (a)": Für $x \in \mathcal{D}(A)$ und $\delta \in \mathfrak{B}(\mathbb{R})$ gilt

$$\langle E(\delta)Px|Px \rangle = \| E(\delta)Px \|^2 = \| PE(\delta)x \|^2 \leq \| E(\delta)x \|^2 = \langle E(\delta)x|x \rangle,$$

wegen (16) also auch $Px \in \mathcal{D}(A)$. Weiter liefert (17) für $x \in V \cap \mathcal{D}(A)$ auch

$$Ax = APx = \lim_{k \to \infty} \int_{-k}^{k} \lambda \, dE(\lambda)Px = P \lim_{k \to \infty} \int_{-k}^{k} \lambda \, dE(\lambda)x = PAx \in V. \quad \Diamond$$

Reduzierende Unterräume. a) Der Unterraum V von H *reduziert* den Operator A, falls die Bedingungen (a)–(c) aus Satz 16.8 gelten. Aus (b) folgt offenbar auch $(I - P)A \subseteq A(I - P)$, und A wird auch von $V^\perp$ reduziert.

b) Die Einschränkung $A|_V$ von A auf V mit Definitionsbereich $\mathcal{D}(A|_V) = \mathcal{D}(A) \cap V$ ist offenbar symmetrisch und auch dicht definiert: Nach Satz 16.8 (a) gilt

$$\mathcal{D}(A) = \mathcal{D}(A|_V) \oplus_2 \mathcal{D}(A|_{V^\perp}); \tag{25}$$

für $x \in V \cap \mathcal{D}(A|_V)^\perp$ hat man also auch $x \in \mathcal{D}(A)^\perp$ und somit $x = 0$. Nun sei $y \in \mathcal{D}((A|_V)^*)$. Für $x = x_1 + x_2 \in \mathcal{D}(A|_V) \oplus_2 \mathcal{D}(A|_{V^\perp})$ gilt dann

$$\langle x|(A|_V)^*y \rangle = \langle x_1|(A|_V)^*y \rangle = \langle A|_V\, x_1|y \rangle = \langle A|_V\, x_1 + A|_{V^\perp}\, x_2|y \rangle = \langle Ax|y \rangle;$$

somit ist $y \in V \cap \mathcal{D}(A^*) = V \cap \mathcal{D}(A) = \mathcal{D}(A|_V)$, und $A|_V$ ist selbstadjungiert.

c) Aus (25) ergibt sich sofort $\rho(A) = \rho(A|_V) \cap \rho(A|_{V^\perp})$ und somit

$$\sigma(A) = \sigma(A|_V) \cup \sigma(A|_{V^\perp}). \tag{26}$$

Satz 16.9

Es sei A ein selbstadjungierter Operator in einem Hilbertraum H mit Spektralmaß E. Die Räume $E(\delta)H$, $\delta \in \mathfrak{B}(\mathbb{R})$, reduzieren A, und es gilt

$$\sigma(A|_{E(\delta)H}) \subseteq \overline{\delta}, \quad \delta \in \mathfrak{B}(\mathbb{R}). \tag{27}$$

BEWEIS. Die Spektralprojektoren $E(\delta)$ erfüllen natürlich Bedingung (c) in Satz 16.8, und (27) folgt wie in Satz 15.27. $\Diamond$

Für selbstadjungierte Operatoren gelten ähnliche Aussagen wie die auf S. 413 für beschränkte normale Operatoren formulierten. Wie in Satz 15.29 ist das residuale Spektrum leer, d. h. für $\alpha \in \mathbb{R}$ folgt aus $N(\alpha I - A) = \{0\}$ stets $\overline{R(\alpha I - A)} = H$. Mit dem *Punktspektrum* $\sigma_p(T) := \{\alpha \in \mathbb{R} \mid N(\alpha I - T) \neq \{0\}\}$ gilt analog zu den Sätzen 15.28 und 15.29:

Satz 16.10

Es sei A ein selbstadjungierter Operator in H mit Spektralmaß E. Für $\alpha \in \mathbb{R}$ gilt

$$\alpha \in \sigma(A) \quad \Leftrightarrow \quad \forall\, \varepsilon > 0 \ : \ E(\alpha - \varepsilon, \alpha + \varepsilon) \neq 0 \quad und \tag{28}$$

$$\alpha \in \sigma_p(A) \quad \Leftrightarrow \quad E\{\alpha\} \neq 0. \tag{29}$$

In diesem Fall ist $E\{\alpha\}$ die orthogonale Projektion auf den Eigenraum $N(\alpha I - A)$.

Zerlegungen selbstadjungierter Operatoren. Es sei A ein selbstadjungierter Operator in einem Hilbertraum H mit Spektralmaß E. Mit

$$\mathfrak{B}_N(\mathbb{R}) := \{\eta \in \mathfrak{B}(\mathbb{R}) \mid m(\eta) = 0\}$$

bezeichnen wir das System aller Borel-Mengen in $\mathbb{R}$ mit Lebesgue-Maß 0.

a) Der von allen Eigenvektoren von A aufgespannte abgeschlossene Unterraum

$$H_p := H_p(A) := \overline{[N(\alpha I - A) \mid \alpha \in \mathbb{R}]}$$

von H heißt *unstetiger Teilraum* von A, sein Komplement $H_c := H_c(A) := H_p(A)^\perp$ *stetiger Teilraum* von A.

b) Der *singulär stetige Teilraum* von A ist gegeben durch

$$H_{sc} := H_{sc}(A) := \{x \in H_c(A) \mid \exists\, \eta \in \mathfrak{B}_N(\mathbb{R}) \ : \ E(\eta)x = x\},$$

sein Komplement $H_{ac} := H_{ac}(A) := H_c(A) \cap H_{sc}(A)^\perp$ in $H_c(A)$ heißt *absolutstetiger Teilraum* von A.

c) Der Teilraum $H_{sc}(A)$ ist abgeschlossen: Zu $x_n \in H_{sc}$ gibt es $\eta_n \in \mathfrak{B}_N(\mathbb{R})$ mit $E(\eta_n)x_n = x_n$. Mit $\eta := \bigcup_n \eta_n$ ist dann auch $E(\eta)x_n = x_n$ für alle $n \in \mathbb{N}$. Gilt nun $x_n \to x$ in H_c, so folgt auch $E(\eta)x = x$ und somit $x \in H_{sc}$.

d) Mit $H_s(A) := H_s := H_p \oplus_2 H_{sc}$ bezeichnen wir den *singulären Teilraum* von A. Offenbar gilt dann $H = H_{ac} \oplus_2 H_s$.

e) Für $j = p, c, sc, ac, s$ bezeichnen wir mit P_j die orthogonale Projektion von H auf den Teilraum $H_j(A)$.

Die soeben eingeführten Teilräume von A lassen sich mit Hilfe der regulären positiven Borel-Maße

$$\nu_x(\delta) = \langle E(\delta)x|x \rangle = \|E(\delta)x\|^2, \quad \delta \in \mathfrak{B}(\mathbb{R}), \quad x \in H,$$

aus (15.32) charakterisieren (vgl. [Weidmann 1994], Abschnitt 7.4):

Satz 16.11

Es sei A ein selbstadjungierter Operator in H mit Spektralmaß E.

a) Die Teilräume $H_p(A)$, $H_c(A)$, $H_{sc}(A)$, $H_{ac}(A)$ und $H_s(A)$ reduzieren A.

b) Für $x \in H$ gilt $x \in H_p(A) \Leftrightarrow \nu_x(\mathbb{R}\backslash\omega) = 0$ für eine abzählbare Menge $\omega \subseteq \mathbb{R}$.

c) Für $x \in H$ gilt $x \in H_c(A) \Leftrightarrow \nu_x\{\alpha\} = 0$ für alle $\alpha \in \mathbb{R}$.

d) Für $x \in H$ gilt genau dann $x \in H_s(A)$, wenn ν_x bezüglich des Lebesgue-Maßes singulär ist, d. h. wenn $\eta \in \mathfrak{B}_N(\mathbb{R})$ mit $\nu_x(\mathbb{R}\backslash\eta) = 0$ existiert.

e) Für $x \in H$ gilt genau dann $x \in H_{ac}(A)$, wenn ν_x bezüglich des Lebesgue-Maßes absolutstetig ist, d. h. wenn $\nu_x(\eta) = 0$ für alle $\eta \in \mathfrak{B}_N(\mathbb{R})$ gilt.

BEWEIS. a) ① Für $x \in N(\alpha I - A)$ gilt $x = E\{\alpha\}x$, und für $\delta \in \mathfrak{B}(\mathbb{R})$ folgt auch $E(\delta)x = E(\delta)E\{\alpha\}x = E\{\alpha\}E(\delta)x \in N(\alpha I - A) \subseteq H_p$. Dies zeigt $E(\delta)H_p \subseteq H_p$, also $E(\delta)P_p = P_p E(\delta)P_p$. Dann gilt aber auch

$$P_p E(\delta) = (E(\delta)P_p)^* = (P_p E(\delta)P_p)^* = P_p E(\delta)P_p$$

und somit $P_p E(\delta) = E(\delta)P_p$; nach Satz 16.8 (c) wird also A von H_p reduziert.

② Wegen ① wird A auch von H_c reduziert. Für $x \in H_{sc} \subseteq H_c$ gilt $x = E(\eta)x$ für eine Nullmenge $\eta \in \mathfrak{B}_N(\mathbb{R})$, und $P_{sc}E(\delta) = E(\delta)P_{sc}$ folgt wie in ①.

③ Mit ① und ② folgt nun, dass A auch von H_{ac} und H_s reduziert wird.

b) „$\Rightarrow$": Für $x \in H_p$ gilt $x = \lim_{j\to\infty} x_j$ mit $x_j \in [N(\alpha I - A) \,|\, \alpha \in \mathbb{R}]$, also $x_j = E(\omega_j)x_j$ für eine endliche Menge $\omega_j \subseteq \mathbb{R}$. Mit $\omega := \bigcup_j \omega_j$ gilt dann $x = E(\omega)x$ und somit $\nu_x(\mathbb{R}\backslash\omega) = \langle E(\mathbb{R}\backslash\omega)x|E(\omega)x \rangle = 0$.

„$\Leftarrow$": Aus $x = E(\omega)x$ für $\omega = \{\alpha_k\}_{k \in \mathbb{N}}$ folgt umgekehrt sofort $x = \sum\limits_{k=1}^{\infty} E\{\alpha_k\}x \in H_p$.

c) „$\Rightarrow$": Für $x \in H_c$ ist $\nu_x\{\alpha\} = \langle E\{\alpha\}x|x \rangle = 0$ wegen $E\{\alpha\}x \in H_p = H_c^{\perp}$.

„$\Leftarrow$": Nun gelte $\nu_x\{\alpha\} = 0$ für alle $\alpha \in \mathbb{R}$. Für $y \in H_p$ gilt $y = E(\omega)y$ für eine abzählbare Menge $\omega = \{\alpha_k\}_{k \in \mathbb{N}}$. Dann folgt $x \in H_p^{\perp} = H_c$ aus

$$\langle y|x \rangle = \langle E(\omega)y|x \rangle = \langle y|E(\omega)x \rangle = \sum\limits_{k=1}^{\infty} \langle y|E\{\alpha_k\}x \rangle = 0.$$

d) „$\Rightarrow$": Für $x \in H_s = H_p \oplus_2 H_{sc}$ gilt $E(\eta)x = x$ und somit $\nu_x(\eta^c) = 0$ für eine Nullmenge $\eta \in \mathfrak{B}_N(\mathbb{R})$.

„$\Leftarrow$": Nun gelte $x = E(\eta)x$ für eine Nullmenge $\eta \in \mathfrak{B}_N(\mathbb{R})$. Wir betrachten die *Spektralschar* $\widetilde{E}_\lambda := E(-\infty, \lambda]$ von A (vgl. S. 414) und insbesondere die auf $\mathbb{R}$ wachsende Funktion $\rho_x : \lambda \mapsto \langle \widetilde{E}_\lambda x|x \rangle$. Die Menge ω der Unstetigkeiten von ρ_x ist abzählbar, und es gilt $E(\omega)x \in H_p$. Wir zeigen $z := x - E(\omega)x \in H_{sc}$:

Aus $E(\eta)x = x$ folgt auch $E(\eta)z = E(\eta)x - E(\eta)E(\omega)x = E(\eta)x - E(\omega)E(\eta)x = z$; zu zeigen bleibt also $z \in H_c = H_p^{\perp}$. Dazu sei $y \in H_p$ mit $y = E(\omega')y$ für eine abzählbare Menge $\omega' \subseteq \mathbb{R}$. Nun gilt $E\{\alpha\}z = E\{\alpha\}x - E(\{\alpha\} \cap \omega)x = 0$ sowohl für $\alpha \in \omega$ als auch für $\alpha \notin \omega$, da dann ρ_x in α stetig ist. Es folgt $E(\omega')z = 0$ und somit

$$\langle y|z \rangle = \langle E(\omega')y|z \rangle = \langle y|E(\omega')z \rangle = 0.$$

e) „$\Rightarrow$": Für $x \in H_{ac}$ und $\eta \in \mathfrak{B}_N(\mathbb{R})$ ist $\nu_x(\eta) = \langle E(\eta)x|x \rangle = 0$, da nach d) $E(\eta)x \in H_s = H_{ac}^{\perp}$ gilt.

„$\Rightarrow$": Umgekehrt gelte nun $\| E(\eta)x \|^2 = \nu_x(\eta) = 0$ für alle $\eta \in \mathfrak{B}_N(\mathbb{R})$. Für $y \in H_s$ gilt nach d) $y = E(\eta)y$ für ein $\eta \in \mathfrak{B}_N(\mathbb{R})$, und $x \in H_{ac} = H_s^{\perp}$ folgt aus

$$\langle y|x \rangle = \langle E(\eta)y|x \rangle = \langle y|E(\eta)x \rangle = 0. \quad \Diamond$$

Teilmengen des Spektrums. a) Für $j = p, c, sc, ac, s$ sind die Einschränkungen $A_j := A|_{H_j(A)}$ von A auf die reduzierenden Teilräume $H_j(A)$ selbstadjungierte Operatoren. Ihre Spektren liefern das *stetige Spektrum* $\sigma_c(A) := \sigma(A_c)$, das *singulär stetige Spektrum* $\sigma_{sc}(A) := \sigma(A_{sc})$, das *absolutstetige Spektrum* $\sigma_{ac}(A) := \sigma(A_{ac})$ und das *singuläre Spektrum* $\sigma_s(A) := \sigma(A_s)$ von A. Weiter ist $\sigma(A_p)$ der *Abschluss des Punktspektrums* $\sigma_p(A)$ (vgl. Aufgabe 16.7).

b) Nach (26) gilt $\sigma(A) = \overline{\sigma_p(A)} \cup \sigma_c(A) = \overline{\sigma_p(A)} \cup \sigma_{ac}(A) \cup \sigma_{sc}(A) = \sigma_{ac}(A) \cup \sigma_s(A)$.

c) Ein selbstadjungierter Operator A besitzt *reines Punktspektrum, reines stetiges Spektrum, reines singulär stetiges Spektrum, reines absolutstetiges Spektrum* bzw. *reines singuläres Spektrum*, wenn $H = H_p$, $H = H_c$, $H = H_{sc}$, $H = H_{ac}$ bzw. $H = H_s$ gilt. In diesen Fällen ist natürlich $\sigma(A) = \overline{\sigma_p(A)}$, $\sigma(A) = \sigma_c(A)$, $\sigma(A) = \sigma_{sc}(A)$, $\sigma(A) = \sigma_{ac}(A)$ bzw. $\sigma(A) = \sigma_s(A)$.

Als Beispiele betrachten wir

Multiplikationsoperatoren. a) Es seien (Ω, Σ, μ) ein Maßraum, $f \in \mathcal{M}(\Omega, \Sigma)$ eine Σ-messbare *reelle* Funktion und $M_f : \varphi \mapsto f\varphi$ der *selbstadjungierte Multiplikationsoperator* in $L_2(\mu)$ aus (1). Durch

$$E(\delta)\varphi := \chi_{f^{-1}(\delta)}\varphi, \quad \varphi \in L_2(\mu),$$

wird ein Spektralmaß auf $\mathfrak{B}(\mathbb{R})$ definiert (vgl. Aufgabe 16.5).

b) Für eine einfache Borel-Funktion $\tau \in \mathcal{T}(\mathbb{R}, \mathfrak{B})$ mit $\tau(\mathbb{R}) = \{\tau_1, \dots, \tau_r\} \subseteq \mathbb{R}$ und $\delta_k := \tau^{-1}(\tau_k) \in \mathfrak{B}$ gilt nach (15.26)

$$\int_{-\infty}^{\infty} \tau(\lambda)\,dE(\lambda)\varphi = \sum_{j=1}^{r} \alpha_j\, E(\delta_j)\varphi = \sum_{j=1}^{r} \alpha_j \chi_{f^{-1}(\delta_j)}\varphi = (\tau \circ f) \cdot \varphi,$$

und durch Approximation folgt

$$\lim_{k\to\infty} \int_{-k}^{k} \lambda\,dE(\lambda)\,\varphi = f\varphi = M_f\varphi \quad \text{für alle} \quad \varphi \in \mathcal{D}(M_f),$$

d. h. $E = E_{M_f}$ ist das *Spektralmaß von* M_f. Insbesondere gilt

$$\nu_\varphi(\delta) = \langle E(\delta)\varphi|\varphi\rangle = \|E(\delta)\varphi\|^2 = \int_{f^{-1}(\delta)} |\varphi(t)|^2\,d\mu(t) \tag{30}$$

für $\delta \in \mathfrak{B}(\mathbb{R})$ und $\varphi \in L_2(\mu)$.

c) Nach (30) und Satz 16.11 b) gilt genau dann $\varphi \in H_p(M_f)$, wenn es eine abzählbare Menge $\omega \subseteq \mathbb{R}$ gibt mit $\varphi = 0$ μ-fast überall auf $\Omega \backslash f^{-1}(\omega)$, und offenbar ist $M_f\varphi = \alpha\varphi$ äquivalent zu $\varphi = 0$ μ-fast überall auf $\Omega \backslash f^{-1}\{\alpha\}$.

d) Nach (30) und Satz 16.11 gilt genau dann $\varphi \in H_c(M_f)$, wenn $\varphi = 0$ μ-fast überall auf $f^{-1}\{\alpha\}$ für alle $\alpha \in \mathbb{R}$ gilt, und $\varphi \in H_{ac}(M_f)$ ist äquivalent zu $\varphi = 0$ μ-fast überall auf $f^{-1}\{\eta\}$ für alle Borel-Nullmengen $\eta \in \mathfrak{B}_N(\mathbb{R})$. Insbesondere besitzt M_f *rein stetiges Spektrum* bzw. *rein absolutstetiges Spektrum*, wenn alle Mengen $f^{-1}\{\alpha\}$, $\alpha \in \mathbb{R}$, bzw. $f^{-1}\{\eta\}$, $\eta \in \mathfrak{B}_N(\mathbb{R})$, μ-Nullmengen sind.

e) Für ein nicht konstantes reelles Polynom $P \in \mathcal{P}_n$ in n Variablen hat M_P rein stetiges Spektrum in $L_2(\mathbb{R}^n)$ aufgrund von Lemma 5.8; in der Tat ist das Spektrum sogar *rein absolutstetig* (vgl. Aufgabe 16.6).

Die nun folgende grobere Einteilung des Spektrums geht auf Untersuchungen von H. Weyl (1910) über *singuläre Sturm-Liouville-Operatoren* zurück (vgl. [Schröder 1997], 5.4, oder [Weidmann 1994], 8.4). Das *wesentliche Spektrum* ist invariant unter *relativ kompakten symmetrischen Störungen* des Operators (vgl. Satz 16.39 auf S. 455).

Diskretes und wesentliches Spektrum. a) Das *diskrete Spektrum* $\sigma_d(A)$ eines selbstadjungierten Operators A in einem Hilbertraum H wird als die Menge aller in $\sigma(A)$ isolierter Eigenwerte endlicher Vielfachheit definiert; das Komplement $\sigma_e(A) := \sigma(A) \backslash \sigma_d(A)$ heißt *wesentliches Spektrum*.

b) Offenbar gilt $\sigma_d(A) \subseteq \sigma_p(A)$ und somit auch $\sigma_c(A) \subseteq \sigma_e(A)$. Diese Inklusionen sind i. A. echt, da es Eigenwerte unendlicher Vielfachheit oder auch nicht isolierte Eigenwerte geben kann (vgl. Aufgabe 16.4).

c) Ein isolierter Punkt $\alpha \in \sigma(A)$ mit $\dim N(\alpha I - A) < \infty$ liegt in $\sigma_d(A)$. In der Tat gibt es $\varepsilon > 0$ mit $\{\alpha\} = \sigma(A) \cap (\alpha - \varepsilon, \alpha + \varepsilon)$. Aus Satz 16.10 folgt dann $E\{\alpha\} = E(\alpha - \varepsilon, \alpha + \varepsilon) \neq 0$, und daher ist α ein Eigenwert von A.

Weylsche Folgen. Es sei A ein selbstadjungierter Operator in einem Hilbertraum. Eine *Weylsche Folge* für A und $\alpha \in \mathbb{R}$ ist eine Folge (x_n) in $\mathcal{D}(A)$ mit

$$\| x_n \| = 1, \quad x_n \xrightarrow{w} 0 \quad \text{und} \quad \| (\alpha I - A)x_n \| \to 0. \tag{31}$$

Satz 16.12

Für eine Zahl $\alpha \in \mathbb{R}$ sind äquivalent:

(a) $\alpha \in \sigma_e(A)$.

(b) Es gibt eine orthonormale Weylsche Folge für A und α.

(c) Es gibt eine Weylsche Folge für A und α.

(d) Es gilt $\dim E(\alpha - \varepsilon, \alpha + \varepsilon)H = \infty$ für alle $\varepsilon > 0$.

BEWEIS. „(a) $\Rightarrow$ (b)": Ist $\dim N(\alpha I - A) = \infty$, so ist jede orthonormale Folge in $N(\alpha I - A)$ eine Weylsche Folge für A und α.

Nun sei α ein nicht isolierter Punkt in $\sigma(A)$. Es gibt eine Folge (α_n) in $\sigma(A)$, die streng monoton gegen α konvergiert. Weiter gibt es $\varepsilon_n > 0$, sodass die Intervalle $I_n := (\alpha_n - \varepsilon_n, \alpha_n + \varepsilon_n)$ disjunkt sind. Wir wählen $x_n \in E(I_n)H$ mit $\| x_n \| = 1$. Dann ist die Folge (x_n) orthonormal, und für $n \to \infty$ hat man

$$\| (\alpha I - A)x_n \|^2 \leq \int_{\alpha_n - \varepsilon_n}^{\alpha_n + \varepsilon_n} |\alpha - \lambda|^2 \, \langle dE(\lambda)x_n | x_n \rangle \leq \sup_{\lambda \in I_n} |\alpha - \lambda|^2 \to 0.$$

„(c) $\Rightarrow$ (d)": Nun sei (x_n) eine Weylsche Folge für A und α. Ist $\dim E(I)H < \infty$ für ein $\varepsilon > 0$ mit $I := (\alpha - \varepsilon, \alpha + \varepsilon)$, so folgt aus $E(I)x_n \xrightarrow{w} 0$ auch $\| E(I)x_n \| \to 0$. Nach Satz 16.9 ist $\alpha I - A$ auf $E(I^c)H$ invertierbar, und wir erhalten auch

$$\| E(I^c)x_n \| \leq C \| (\alpha I - A)E(I^c)x_n \| = C \| E(I^c)(\alpha I - A)x_n \| \leq C \| (\alpha I - A)x_n \| \to 0.$$

Insgesamt ergibt sich somit der Widerspruch $\| x_n \| \to 0$.

„(d) $\Rightarrow$ (a)": Nach Satz 16.10 gilt $\alpha \in \sigma(A)$. Ist α dort isoliert, so gibt es $\varepsilon > 0$ mit $E\{\alpha\}H = E(\alpha - \varepsilon, \alpha + \varepsilon)H$, und es folgt $\dim N(\alpha I - A) = \infty$ und $\alpha \in \sigma_e(A)$. $\Diamond$

Wir diskutieren nun *selbstadjungierte Operatoren mit diskretem Spektrum:*

Satz 16.13

Für einen selbstadjungierten Operator A in H sind äquivalent:

(a) A besitzt ein diskretes Spektrum, d. h. $\sigma_e(A) = \emptyset$.

(b) Die Einbettung $i : (\mathcal{D}(A), \| \quad \|_A) \to H$ ist kompakt.

(c) Die Resolvente $R_A(i) : H \to H$ ist kompakt.

BEWEIS. „(a) $\Rightarrow$ (b)": Im Fall $\sigma(A) = \sigma_d(A) = \{\lambda_j\}_{j \in \mathbb{N}_0}$ liefert der Spektralsatz 16.5 die unitäre Äquivalenz von A zu einem Diagonaloperator $\mathrm{diag}(\lambda_j)$ auf einem ℓ_2-Raum, und wegen $|\lambda_j| \to \infty$ ist $i : (\mathcal{D}(A), \| \quad \|_A) \to H$ kompakt.

„(b) $\Rightarrow$ (c)": Es ist $(iI - A)^{-1} : H \to (\mathcal{D}(A), \| \quad \|_A)$ stetig und somit $R_A(i) : H \to H$ kompakt.

„(c) $\Rightarrow$ (a)": Es ist $R_A(i)$ zu einem Diagonaloperator $\mathrm{diag}(z_j)$ mit $z_j \to 0$ auf einem ℓ_2-Raum unitär äquivalent und somit A zu $\mathrm{diag}(\lambda_j)$ mit $\lambda_j = i - \frac{1}{z_j}$ und $|\lambda_j| \to \infty$. $\Diamond$

Selbstadjungierte Operatoren mit diskretem Spektrum existieren also nur in *separablen* Hilberträumen. Für diese lässt sich die Version 16.6 des Spektralsatzes so formulieren (vgl. [GK], Theorem 13.12):

Theorem 16.14 (Spektralsatz)

Es sei $A : \mathcal{D}(A) \to H$ ein selbstadjungierter Operator mit diskretem Spektrum im Hilbertraum H. Dann gibt es eine Folge (λ_j) in $\mathbb{R}$ mit $|\lambda_j| \to \infty$ und eine Orthonormalbasis $\{e_j\}_{n \in \mathbb{N}_0}$ von H mit

$$\mathcal{D}(A) = \{x \in H \mid \sum_{j=0}^{\infty} \lambda_j^2 \, |\langle x | e_j \rangle|^2 < \infty\} \quad und$$

$$Ax = \sum_{j=0}^{\infty} \lambda_j \, \langle x | e_j \rangle \, e_j \quad für \quad x \in \mathcal{D}(A).$$

Weiter gilt $\sigma(A) = \{\lambda_j\}_{j=0}^{\infty}$ und $N(\lambda_j I - A) = [\{e_i \mid \lambda_i = \lambda_j\}]$ für $j \in \mathbb{N}_0$.

16.3 Selbstadjungierte Operatoren und Quantenmechanik

Die Rolle der selbstadjungierten Operatoren als *Observable* in der Quantenmechanik haben wir bereits in [GK], Abschnitt 13.6 skizziert; wesentlich mehr Informationen enthalten die im Literaturverzeichnis angegebenen vier Bände von M. Reed und B. Simon sowie [Triebel 1972], Kapitel VII. Wir wiederholen Grundlagen über

Zustände und Observable. a) Ein (reiner) *Zustand eines quantenmechanischen Systems* wird durch einen Einheitsvektor $x \in H$ in einem Hilbertraum H beschrieben. Dabei beschreiben alle Vektoren αx mit $|\alpha| = 1$ den gleichen Zustand.

b) Eine *beobachtbare Größe* oder *Observable* eines quantenmechanischen Systems wird durch einen selbstadjungierten Operator im Hilbertraum H beschrieben.

c) Die Menge aller möglichen *Messergebnisse* einer Observablen A ist durch das *Spektrum* $\sigma(A) \subseteq \mathbb{R}$ gegeben. Es sei E das Spektralmaß von A. Für einen Zustand $x \in \mathcal{D}(A)$ und eine Borel-Menge $\delta \in \mathfrak{B}(\mathbb{R})$ ist $\nu_x(\delta) = \langle E(\delta)x|x\rangle = \|E(\delta)x\|^2$ die *Wahrscheinlichkeit* dafür, dass die Messung der Observablen A im Zustand x einen Wert in der Menge δ liefert. Die Messung liefert genau dann *sicher* einen Wert $\alpha \in \mathbb{R}$, wenn $\nu_x\{\alpha\} = 1 \Leftrightarrow E\{\alpha\}x = x$ gilt, d.h. wenn x ein *Eigenvektor* zum *Eigenwert* $\alpha \in \mathbb{R}$ von A ist.

d) Für einen Zustand $x \in \mathcal{D}(A)$ heißt die Zahl $\mu(A,x) := \langle Ax|x\rangle \in \mathbb{R}$ der *Mittelwert* oder *Erwartungswert* von A in x. Die Zahl

$$\delta(A,x) := \|Ax - \mu(A,x)x\| = \left(\textstyle\int_{\mathbb{R}} |\lambda - \mu(A,x)|^2\, d\nu_x(\lambda)\right)^{1/2}$$

heißt *Streuung* von A in x. Es gilt genau dann $\delta(A,x) = 0$, wenn die Messung der Observablen A im Zustand x *exakt* den Wert $\mu(A,x)$ liefert.

Orts- und Impulsoperatoren. a) Ein Teilchen im Raum wird in der klassischen Physik durch *Ortskoordinaten* x_1, x_2, x_3 und zugehörige *Impulse* p_1, p_2, p_3 sowie die die *Energie* repräsentierende *Hamilton-Funktion* $H(x_j, p_j)$ beschrieben. In der Quantenmechanik ersetzt man diese durch selbstadjungierte *Orts- und Impulsoperatoren* Q_j und P_j ($j = 1, 2, 3$) sowie den *Hamilton-Operator* $\mathcal{H}$. In der *Schrödinger-Darstellung* realisiert man den Ortsoperator Q_j als Multiplikationsoperator $Q_j := M_{x_j}$ mit der Funktion x_j im Hilbertraum $L_2(\mathbb{R}^3)$ und den Impulsoperator P_j als den Differentialoperator $P_j := -i\hbar\frac{\partial}{\partial x_j}$, wobei $2\pi\hbar > 0$ die *Plancksche Konstante* ist.

b) Aufgrund von (30) ist das Spektrum $\sigma(Q_j) = \mathbb{R}$ von Q_j *rein absolutstetig* (vgl. auch Aufgabe 16.6). Dies gilt auch für den mittels Fourier-Transformation zu $\hbar Q_j$ *unitär äquivalenten* Impulsoperator $P_j = \hbar\mathcal{F}^{-1}Q_j\mathcal{F}$ (vgl. (3.37)).

c) Für Orts- und Impulsoperatoren gilt nach a) die *Heisenbergsche Vertauschungsrelation* $[P_j, Q_j] \subseteq \frac{\hbar}{i} I$ für die *Kommutatoren* $[P_j, Q_j] = P_j Q_j - Q_j P_j$. Aus dem folgenden Satz 16.15 ergibt sich damit die *Heisenbergsche Unschärferelation*

$$\delta(P_j, x)\,\delta(Q_j, x) \geq \tfrac{\hbar}{2} \quad \text{für } x \in \mathcal{D}([P_j, Q_j]) \text{ mit } \|x\| = 1.$$

Bei einer sehr genauen Messung der Ortskoordinate wird also die Impulskoordinate unscharf und umgekehrt.

Satz 16.15
Für zwei Observable A, B in H und einen Zustand $x \in \mathcal{D}([A,B])$ gilt

$$\delta(A,x)\,\delta(B,x) \geq \tfrac{1}{2}|\langle [A,B]x|x\rangle|.$$

BEWEIS. Wir betrachten $A^\mu = A - \mu(A, x)I$ und $B^\mu = B - \mu(B, x)I$. Damit folgt

$$\langle [A, B]x|x \rangle = \langle (AB - BA)x|x \rangle = \langle (A^\mu B^\mu - B^\mu A^\mu)x|x \rangle$$
$$= \langle A^\mu B^\mu x|x \rangle - \langle x|A^\mu B^\mu x \rangle = 2i\,\mathrm{Im}\langle A^\mu B^\mu x|x \rangle$$

und somit

$$|\langle [A, B]x|x \rangle| \le 2\,|\langle B^\mu x|A^\mu x \rangle| \le 2\,\|B^\mu x\|\,\|A^\mu x\| = 2\,\delta(A, x)\,\delta(B, x)\,. \quad \Diamond$$

Die *zeitliche Entwicklung* eines quantenmechanischen Systems wird beschrieben durch

Hamilton-Operator und Schrödinger-Gleichung. a) Zu einem quantenmecha-nischen System gehört ein eindeutig bestimmter selbstadjungierter Operator, der *Hamilton-Operator* $\mathcal{H}$. Ist $x(t) \in \mathcal{D}(\mathcal{H})$ der Zustand des Systems zur Zeit $t \in \mathbb{R}$, so gilt die *Schrödinger-Gleichung*

$$\dot{x}(t) = -\frac{i}{\hbar}\mathcal{H}x(t)\,, \quad t \in \mathbb{R}\,. \tag{32}$$

Dies ist eine *Evolutionsgleichung,* die wegen des Faktors i ein wesentlich anderes Ver-halten als eine Diffusionsgleichung wie etwa (5.1) zeigt.

b) Der *Hamilton-Operator* „ergibt sich" durch „formales Einsetzen" der Orts- und Impulsoperatoren in die klassische *Hamilton-Funktion.* Für ein Teilchen der Masse $m > 0$, das sich in einem äußeren Kraftfeld $F = -\operatorname{grad} V$ mit reellem Potential V in $\mathbb{R}^3$ bewegt, ist die Energie gegeben durch $\frac{m}{2}\dot{x}^2 + V(x)$, die Hamilton-Funktion also durch $H(x_j, p_j) = \frac{p^2}{2m} + V(x)$. Der *Hamilton-Operator* sollte also durch die Formel

$$\mathcal{H}f(x) = -\frac{\hbar^2}{2m}\Delta f(x) + V(x)\,f(x) \tag{33}$$

mit dem Laplace-Operator $\Delta = \frac{\partial^2}{\partial x_1^2} + \frac{\partial^2}{\partial x_2^2} + \frac{\partial^2}{\partial x_3^2}$ gegeben sein. Wichtige Beispiele von Potentialen sind das *Coulomb-Potential* $V(x) = -\frac{1}{|x|}$ eines elektrischen Feldes oder das *Yukawa-Potential* $V(x) = -\frac{e^{-|x|}}{|x|}$ der starken Kernkraft.

Aus formal symmetrischen Ausdrücken wie (33) ist nun ein *selbstadjungierter* Operator $\mathcal{H}$ zu bilden; auf dieses Problem gehen wir in den Abschnitten 16.5 und 16.6 ein. Mit Hilfe der *Spektralzerlegung* von $\mathcal{H}$ gelingt dann die *Lösung der Schrödinger-Gleichung:*

Satz 16.16
Es sei $\mathcal{H}$ *ein selbstadjungierter Operator mit Spektralmaß* E. *Das Anfangswertproblem*

$$\dot{x}(t) = -\frac{i}{\hbar}\mathcal{H}x(t)\,, \quad x(0) = x_0 \in \mathcal{D}(\mathcal{H})\,, \tag{34}$$

besitzt die eindeutig bestimmte Lösung

$$x(t) = U(t)x_0\,, \quad x_0 \in \mathcal{D}(\mathcal{H})\,, \tag{35}$$

mit der durch

$$U(t) := \Psi_{\mathcal{H}}(e^{-i\frac{t}{\hbar}\lambda}) = e^{-i\frac{t}{\hbar}\mathcal{H}} = \int_{-\infty}^{\infty} e^{-i\frac{t}{\hbar}\lambda}\, dE(\lambda)\,, \quad t \in \mathbb{R}\,, \tag{36}$$

definierten stark stetigen unitären Operatorgruppe.

BEWEIS. a) Für $\mathcal{C}^1$-Lösungen $x_1, x_2 : I \to \mathcal{D}(\mathcal{H})$ von (34) ist $x := x_1 - x_2$ eine $\mathcal{C}^1$-Lösung von (32) mit $x(0) = 0$. Man hat

$$\tfrac{d}{dt}\|\,x(t)\,\|^2 = \langle \dot{x}(t)|x(t)\rangle + \langle x(t)|\dot{x}(t)\rangle = -\tfrac{i}{\hbar}\langle \mathcal{H}x(t)|x(t)\rangle + \tfrac{i}{\hbar}\langle x(t)|\mathcal{H}x(t)\rangle = 0$$

für alle $t \in I$ und somit $x(t) = x(0) = 0$. Es gibt also *höchstens* eine Lösung des Problems (34).

b) Da $\Psi_{\mathcal{H}} : \mathcal{B}_b(\sigma(\mathcal{H})) \to L(H)$ eine $*$-Darstellung ist (vgl. S. 427), sind die Operatoren $U(t)$ unitär, und es gilt die Gruppen-Eigenschaft

$$U(t + t') = U(t)\,U(t') \quad \text{für alle } t, t' \in \mathbb{R}\,.$$

c) Für $x \in H$ ergibt sich mit b) und (15.33)

$$\begin{aligned}\|\,U(t+\tau)x - U(t)x\,\|^2 &= \|\,U(t)U(\tau)x - U(t)x\,\|^2 = \|\,U(\tau)x - x\,\|^2 \\ &= \int_{\mathbb{R}} |\,e^{-\frac{i}{\hbar}\tau\lambda} - 1\,|^2 \,\langle dE(\lambda)x|x\rangle \to 0\end{aligned}$$

für $\tau \to 0$ aus dem Satz über majorisierte Konvergenz.

d) Für $x \in \mathcal{D}(\mathcal{H})$ gilt

$$\int_{\mathbb{R}} \lambda^2 \,\langle dE(\lambda)U(t)x|U(t)x\rangle = \int_{\mathbb{R}} \lambda^2 \,\langle dE(\lambda)x|x\rangle < \infty\,,$$

wegen (16) also auch $z := U(t)x \in \mathcal{D}(\mathcal{H})$. Mit (15.33) folgt weiter

$$\Delta_\tau(x) := \tfrac{1}{\tau}(U(t+\tau)x - U(t)x) + \tfrac{i}{\hbar}\mathcal{H}U(t)x = \tfrac{1}{\tau}(U(\tau)z - z) + \tfrac{i}{\hbar}\mathcal{H}z \quad \text{und}$$

$$\|\Delta_\tau(x)\|^2 = \int_{\mathbb{R}} |\,\tfrac{1}{\tau}(e^{-\frac{i}{\hbar}\tau\lambda} - 1) + \tfrac{i}{\hbar}\lambda\,|^2 \,\langle dE(\lambda)z|z\rangle \to 0$$

für $\tau \to 0$ wiederum nach dem Satz über majorisierte Konvergenz. $\diamond$

Gebundene Zustände und Streuzustände. a) Für einen Eigenzustand $x \in \mathcal{D}(\mathcal{H})$ eines Hamilton-Operators ist der Zustand $U(t)x$ von der Zeit unabhängig, d. h. x ist ein *stationärer* oder *gebundener* Zustand. Gilt in der Tat $\mathcal{H}x = \alpha x$, so folgt $E\{\alpha\}x = x$ und somit

$$U(t)x = e^{-i\frac{t}{\hbar}\mathcal{H}}x = \int_{-\infty}^{\infty} e^{-i\frac{t}{\hbar}\lambda}\, dE(\lambda)\, E\{\alpha\}x = \int_{\{\alpha\}} e^{-i\frac{t}{\hbar}\lambda}\, dE(\lambda)x = e^{-i\frac{t}{\hbar}\alpha}x\,.$$

b) Umgekehrt ist auch jeder stationäre Zustand $x \in \mathcal{D}(\mathcal{H})$ Eigenzustand von $\mathcal{H}$. Andernfalls gibt es disjunkte offene Intervalle I_1 und I_2 mit $E(I_1)x \neq 0$ und $E(I_2)x \neq 0$. Nach (36) werden diese beiden Komponenten von x mit unterschiedlicher Geschwindigkeit „gedreht", sodass $U(t)x$ nicht stationär sein kann. Für einen ausführlicheren Beweis sei auf [Triebel 1972], Satz 34.1 verwiesen.

c) Der *freie Hamilton-Operator* in $L_2(\mathbb{R}^n)$ ist nach (33) durch $\mathcal{H}_0 = -\frac{\hbar^2}{2m} \Delta$ gegeben. Wegen $\mathcal{H}_0 = \frac{\hbar^2}{2m} \mathcal{F}^{-1} M_{\xi^2} \mathcal{F}$ ist $\mathcal{D}(\mathcal{H}_0) = H^2(\mathbb{R}^n)$, und das Spektrum $\sigma(\mathcal{H}_0) = [0, \infty)$ ist rein absolutstetig (vgl. (30) und Aufgabe 16.6).

d) Für viele physikalisch interessante Hamilton-Operatoren lässt sich

$$H = H_p(\mathcal{H}) \oplus_2 H_{ac}(\mathcal{H}) \quad \text{und} \quad \sigma(\mathcal{H}) = \sigma_d(\mathcal{H}) \cup \sigma_{ac}(\mathcal{H})$$

beweisen, vgl. dazu [Reed und Simon 1978], Kapitel XIII. Für die Untersuchung des diskreten Spektrums ist oft das *MiniMax-Prinzip* von R. Courant, S. Fischer und H. Weyl nützlich (vgl. [GK], Sätze 12.6 und 13.18). *Absolutstetige* Zustände heißen auch *Streuzustände;* für die *Streutheorie* sei auf [Weidmann 1994], Kapitel 11, oder [Reed und Simon 1979] verwiesen.

Zu den Grundlagen der Quantenmechanik. Die zeitliche Evolution eines quantenmechanischen Systems sollte wegen des Superpositionsprinzips und der Normierungsbedingung $\| x \| = 1$ für Zustände gemäß (35) durch eine unitäre Operatorgruppe $U : \mathbb{R} \to L(H)$ beschrieben werden. Deren *starke* Stetigkeit folgt wegen

$$\| U(t)x - x \|^2 = \| U(t)x \|^2 - 2 \operatorname{Re} \langle U(t)x | x \rangle + \| x \|^2$$

bereits aus ihrer *schwachen* Stetigkeit, im Fall eines *separablen* Hilbertraumes nach J. von Neumann (1932) sogar aus ihrer *schwachen Messbarkeit* (vgl. [Reed und Simon 1972], Theorem VIII.9, oder [Weidmann 1994], Theorem 7.38). Aus diesen Annahmen lässt sich nach M.H. Stone (1932) die *Existenz eines Hamilton-Operators mathematisch folgern.*

Zunächst erinnern wir an einige grundlegende Tatsachen über *symmetrische* Operatoren A in Hiberträumen H. Es gilt

$$\| (\lambda I - A)x \| \geq | \operatorname{Im} \lambda | \, \| x \| \quad \text{für} \quad x \in \mathcal{D}(A) \quad \text{und} \quad \lambda \in \mathbb{C}. \tag{37}$$

Für $\operatorname{Im} \lambda \neq 0$ ist daher der Operator $\lambda I - A$ *injektiv.* Er besitzt auch ein *abgeschlossenes Bild,* falls er *abgeschlossen* ist. Weiter gilt (vgl. [GK], Satz 13.10):

Satz 16.17

Es sei A ein abgeschlossener symmetrischer Operator in H.

a) Ist $R(\lambda I - A) = R(\bar{\lambda} I - A) = H$ für ein $\lambda \in \mathbb{C}$, so ist A selbstadjungiert.

b) Ist $N(\lambda I - A^*) = N(\bar{\lambda} I - A^*) = \{0\}$ für ein $\lambda \in \mathbb{C} \backslash \mathbb{R}$, so ist A selbstadjungiert.

Ein symmetrischer Operator A heißt *wesentlich selbstadjungiert,* wenn der Abschluss $\overline{A}$ selbstadjungiert ist. Wegen $\overline{A}^* = A^*$ und (37) ist dies genau dann der Fall, wenn $N(\pm iI - A^*) = \{0\}$ gilt bzw. wenn $R(\pm iI - A)$ dicht in H ist.

Nun können wir zeigen:

Theorem 16.18 (Stone)
Zu einer stark stetigen unitären Operatorgruppe $U : \mathbb{R} \to L(H)$ gibt es genau einen selbstadjungierten Operator A in H mit $U(t) = e^{iAt}$ für alle $t \in \mathbb{R}$.

BEWEIS. a) Für einen Vektor $y \in H$ „mitteln" wir den *Orbit* $\{U(t)y \mid t \in \mathbb{R}\}$ mittels einer Testfunktion $\varphi \in \mathscr{D}(\mathbb{R})$ zu

$$\varphi \odot y := \int_{\mathbb{R}} \varphi(t) \, U(t)y \, dt \in H \,.$$

Die lineare Hülle $D := [\varphi \odot y \mid \varphi \in \mathscr{D}(\mathbb{R}) \,, \, y \in H]$ ist *dicht* in H: In der Tat gilt für $y \in H$ mit den Glättungsfunktionen ρ_ε aus (2.1) für $\varepsilon \to 0$

$$\| \rho_\varepsilon \odot y - y \| = \| \int_{\mathbb{R}} \rho_\varepsilon(t) \, (U(t)y - y) \, dt \| \leq \sup_{|t| \leq \varepsilon} \| U(t)y - y \| \to 0 \,.$$

b) Für $\varphi \in \mathscr{D}(\mathbb{R})$ gilt $\frac{1}{h}(\varphi(t-h) - \varphi(t)) \to -\varphi'(t)$ gleichmäßig auf $\mathbb{R}$, und daher gilt

$$\tfrac{1}{h} \, (U(h) - I)(\varphi \odot y) = \int_{\mathbb{R}} \varphi(t) \, \tfrac{U(h+t)-U(t)}{h} \, y \, dt = \int_{\mathbb{R}} \tfrac{\varphi(t-h)-\varphi(t)}{h} \, U(t)y \, dt \to -\varphi' \odot y$$

für $h \to 0$ und alle $y \in H$. Somit existiert

$$Tx := \tfrac{1}{i} \lim_{h \to 0} \tfrac{U(h)-I}{h} \, x \quad \text{für} \quad x \in D \,, \tag{38}$$

und es ist $T(\varphi \odot y) = i\varphi' \odot y$ für $y \in H$. Insbesondere gilt $T(D) \subseteq D$, und wegen

$$U(s)(\varphi \odot y) = \int_{\mathbb{R}} \varphi(t) \, U(s+t)y \, dt = \int_{\mathbb{R}} \varphi(t-s) \, U(t)y \, dt = \tau_s\varphi \odot y$$

ist auch $U(s)(D) \subseteq D$ für alle $s \in \mathbb{R}$. Weiter gilt

$$U(s)T(\varphi \odot y) = iU(s)(\varphi' \odot y) = i\tau_s\varphi' \odot y = i(\tau_s\varphi)' \odot y = TU(s)(\varphi \odot y)$$

und somit $U(s)T = TU(s)$ auf D.

c) Der Operator T ist auf D *symmetrisch:* Für $\varphi, \eta \in \mathscr{D}(\mathbb{R})$ und $y, z \in H$ gilt

$$
\begin{aligned}
\langle T(\varphi \odot y) | \eta \odot z \rangle &= \lim_{h \to 0} \langle \tfrac{U(h)-U(0)}{ih}(\varphi \odot y) | \eta \odot z \rangle \\
&= \lim_{h \to 0} \langle \varphi \odot y | \tfrac{U(-h)-U(0)}{-ih}(\eta \odot z) \rangle = \langle \varphi \odot y | T(\eta \odot z) \rangle \,.
\end{aligned}
$$

d) Der Operator T ist *wesentlich selbstadjungiert:* Für $z \in \mathcal{D}(T^*)$ gelte $T^*z = iz$. Für $x \in D$ betrachten wir die Funktion $f : s \mapsto \langle U(s)x | z \rangle$ auf $\mathbb{R}$ und berechnen

$$
\begin{aligned}
f'(s) &= \lim_{h \to 0} \langle \tfrac{U(s+h)-U(s)}{h} x | z \rangle = \lim_{h \to 0} \langle \tfrac{U(h)-U(0)}{h} U(s)x | z \rangle \\
&= i\langle TU(s)x | z \rangle = i\langle U(s)x | T^*z \rangle = i\langle U(s)x | iz \rangle = f(s) \,.
\end{aligned}
$$

Somit gilt $f(s) = f(0)e^s$, und wegen $\| U(s) \| = 1$ ergibt sich $\langle x | z \rangle = f(0) = 0$. Da D in H dicht ist, folgt $N(iI - T^*) = \{0\}$. Genauso zeigen wir $N(-iI - T^*) = \{0\}$, und somit ist T wesentlich selbstadjungiert.

e) Nun definieren wir $A := \overline{T}$ als den *Abschluss* von T. Nach der Rechnung in d) löst für $x \in D$ die Funktion $U(s)x$ die Schrödinger-Gleichung $\frac{d}{ds}(U(s)x) = iTU(s)x = iAU(s)x$. Nach Satz 16.16 gilt dies auch für die Funktion $e^{isA}x$, und wie in Beweisteil a) dieses Satzes ergibt sich $U(s)x = e^{isA}x$ für $x \in D$. Daraus folgt $U(s) = e^{iAs}$ für $s \in \mathbb{R}$, da D in H dicht ist.

f) Die Argumente aus e) liefern sofort auch die Eindeutigkeit von A. ◇

Der in Theorem 16.18 konstruierte Operator iA heißt *(infinitesimaler) Generator* der unitären Operatorgruppe $U : \mathbb{R} \to L(H)$.

C_0-**Halbgruppen.** a) Auch für C_0-*Halbgruppen*, d. h. für stark stetige Operatorhalbgruppen $T : [0, \infty) \to L(X)$ über Banachräumen lässt sich durch

$$\mathcal{D}(A) := \{x \in X \mid \exists \lim_{h \to 0} \tfrac{T(h)-I}{h}x\} \quad \text{und} \quad Ax := \lim_{h \to 0} \tfrac{T(h)-I}{h}x \quad \text{für} \quad x \in \mathcal{D}(A)$$

ein *(infinitesimaler) Generator* erklären. Dieser ist stets *dicht definiert* und *abgeschlossen*. Wichtige Kriterien für die Generator-Eigenschaft eines solchen Operators stammen von E. Hille (1948), K. Yosida (1948) sowie G. Lumer und R.S. Philipps (1961).

b) Für $\alpha > 0$ ist $L = \alpha \Delta$ aufgrund der Sätze 5.1 und 5.2 Generator einer *Faltungshalbgruppe* $S : [0, \infty) \to L(L_2(\mathbb{R}^n))$. Allgemein werden für Generatoren A von C_0-Halbgruppen $T : [0, \infty) \to L(X)$ Anfangswertprobleme

$$\dot{x}(t) = Ax(t), \quad x(0) = x_0 \in \mathcal{D}(A),$$

für *Evolutionsgleichungen* durch $x(t) := T(t)x_0$ für $t \geq 0$ gelöst.

Einführungen in die Theorie der C_0-Halbgruppen findet man etwa in [Werner 2007], VII.4 oder [Rudin 1973], Kapitel 13; ausführliche Darstellungen sind [Pazy 1983] oder [Engel und Nagel 1999].

16.4 Erweiterung symmetrischer Operatoren

In diesem Abschnitt untersuchen wir die Frage, wann und wie ein symmetrischer Operator zu einem selbstadjungierten Operator erweitert werden kann; diese Resultate gehen auf J. von Neumann (1930) zurück.

Definitionen. a) Es sei T ein linearer Operator im Hilbertraum H. Die Menge

$$P(T) := \{\lambda \in \mathbb{C} \mid \exists \gamma > 0 \; \forall \, x \in \mathcal{D}(T) \; : \; \|(\lambda I - T)x\| \geq \gamma \|x\|\} \tag{39}$$

heißt *Regularitätsbereich*, ihr Komplement $\Sigma(T) := \mathbb{C}\backslash P(T)$ *Spektralkern* von T. Es ist $P(T)$ *offen* in $\mathbb{C}$, und es gelten $\rho(T) \subseteq P(T)$ sowie $\Sigma(T) \subseteq \sigma(T)$.

b) Für $\lambda \in P(T)$ heißt $R(\lambda I - T)^{\perp} = N(\bar{\lambda}I - T^*)$ *Defekt-Raum* und seine *Dimension*

$$\delta_T(\lambda) := \dim R(\lambda I - T)^{\perp} = \dim N(\bar{\lambda}I - T^*)$$

Defekt von T *in* λ. Offenbar gilt $\delta_T(\lambda) = 0 \Leftrightarrow \lambda \in \rho(T)$.

c) Für einen *selbstadjungierten* Operator A ist $\Sigma(A) = \sigma(A)$. Für einen *symmetrischen* Operator A gilt $\Sigma(A) \subseteq \mathbb{R}$ aufgrund von (37). Die Zahlen $\gamma_+(A) := \delta_A(i)$ und $\gamma_-(A) := \delta_A(-i)$ heißen *Defekt-Indizes* von A. Nach Satz 16.17 ist A *wesentlich selbstadjungiert*, falls $\gamma_+(A) = \gamma_-(A) = 0$ gilt.

Satz 16.19

Für einen abgeschlossenen linearen Operator T *in einem Hilbertraum* H *ist die Defekt-Funktion* δ_T *auf* $P(T)$ *lokal konstant.*

BEWEIS. Es ist $\mathcal{D}_T = (\mathcal{D}(T), \| \ \|_T)$ ein Hilbertraum, da T abgeschlossen ist. Für $\mu \in P(T)$ ist $\mu I - T \in \Phi^-(\mathcal{D}_T, H)$ injektiv aufgrund von (39). Nach Satz 14.1 ist $S(\mu) := (\mu I - T)^* = \bar{\mu}I - T^* \in \Phi^+(H, \mathcal{D}_T)$ surjektiv, besitzt also eine Rechtsinverse $R \in L(\mathcal{D}_T, H)$. Für λ nahe μ ist dann $S(\lambda)R = I + (S(\lambda) - S(\mu))R$ invertierbar, und mit der stetig von λ abhängigen Funktion $R(\lambda) := R(I + (S(\lambda) - S(\mu))R)^{-1}$ gilt $S(\lambda)R(\lambda) = I$. Weiter ist $Q(\lambda) := R(\lambda)S(\lambda)$ eine stetige Projektorfunktion mit $N(Q(\lambda)) = N(S(\lambda))$, und die Isomorphie der Hilberträume $N(S(\lambda))$ und $N(S(\mu))$ folgt aus (14.26). ◇

Es sei nun A ein abgeschlossener symmetrischer linearer Operator in H. Mit den *Defekt-Räumen* $D_+ := N(iI - A^*)$ und $D_- := N(iI + A^*)$ gilt:

Satz 16.20

Der Hilbertraum $\mathcal{D}_{A^*}$ *besitzt die orthogonale Zerlegung* $\mathcal{D}_{A^*} = \mathcal{D}_A \oplus_2 D_+ \oplus_2 D_-$.

BEWEIS. a) Für $v \in D_+$ und $w \in D_-$ gilt $A^*v = iv$ und $A^*w = -iw$, also

$$\langle v|w \rangle_{A^*} = \langle v|w \rangle + \langle A^*v|A^*w \rangle = \langle v|w \rangle + i^2 \langle v|w \rangle = 0.$$

b) Es sei $y \in \mathcal{D}_A^{\perp}$. Für $x \in \mathcal{D}(A)$ gilt dann $\langle x|y \rangle + \langle Ax|A^*y \rangle = \langle x|y \rangle_{A^*} = 0$, also $A^*y \in \mathcal{D}(A^*)$ und $(I + A^{*2})y = 0$. Umgekehrt impliziert diese Eigenschaft wieder $y \in \mathcal{D}_A^{\perp}$, und wir erhalten $\mathcal{D}_A^{\perp} = N(I + A^{*2})$.

c) Wegen $I + A^{*2} = (\pm iI - A^*)(\mp iI - A^*)$ gilt $D_{\pm} \subseteq N(I + A^{*2})$. Für einen Vektor $y \in N(I + A^{*2})$ gilt die Zerlegung $y = y_+ + y_-$ mit $y_{\pm} := \frac{1}{2i}(iI \pm A^*)y \in D_{\pm}$, und wegen a) ist $N(I + A^{*2}) = D_+ \oplus_2 D_-$. ◇

Für eine *symmetrische Erweiterung* A_1 von A gilt $A \subseteq A_1 \subseteq A_1^* \subseteq A^*$, und daher ist A_1 eine *Einschränkung von* A^*. Ein beliebiger Operator A_1 mit $A \subseteq A_1 \subseteq A^*$ ist offenbar genau dann symmetrisch, wenn die auf $\mathcal{D}(A^*)$ definierte *Randform*

$$\{x, y\} := \langle A^*x|y \rangle - \langle x|A^*y \rangle \tag{40}$$

auf $\mathcal{D}(A_1)$ verschwindet. Aufgrund der *Polarformel* ist dies bereits dann der Fall, wenn $\{x, x\} = 0$ für alle $x \in \mathcal{D}(A_1)$ gilt. Nun können wir zeigen:

Theorem 16.21 (von Neumann)

Es seien A und A_1 abgeschlossene lineare Operatoren in H mit $A \subseteq A_1 \subseteq A^*$.

a) Es ist A_1 genau dann symmetrisch, wenn $\mathcal{D}(A_1) = \mathcal{D}_A \oplus_2 \Gamma(V)$ gilt, wobei V eine partielle Isometrie von D_+ nach D_- ist.

b) Es ist A_1 genau dann selbstadjungiert, wenn $\mathcal{D}(A_1) = \mathcal{D}_A \oplus_2 \Gamma(U)$ gilt, wobei $U : D_+ \to D_-$ unitär ist.

BEWEIS. a) Nach Satz 16.20 gilt $\mathcal{D}(A_1) = \mathcal{D}_A \oplus G$ mit einem abgeschlossenen Unterraum G von $D_+ \oplus_2 D_-$. Für $v + w \in D_+ \oplus_2 D_-$ gilt

$$\begin{aligned}
\{v + w, v + w\} &= \langle i(v - w) | v + w \rangle - \langle v + w | i(v - w) \rangle \\
&= i(\langle v - w | v + w \rangle + \langle v + w | v - w \rangle) = 2i(\| v \|^2 - \| w \|^2).
\end{aligned}$$

Für symmetrisches A_1 ist also $\| v \|^2 = \| w \|^2$ für $v + w \in G$. Somit gibt es für $v \in D_+$ höchstens ein $w \in D_-$ mit $v + w \in G$, da G ein Vektorraum ist. Wir setzen $G_+ := \{v \in D_+ \mid \exists\, w \in D_- : v + w \in G\}$ und definieren eine partielle Isometrie $V : D_+ \to D_-$ durch $V : v \mapsto w$ für $v \in G_+$ und $Vv := 0$ für $v \in G \ominus_2 G_+$. Dann gilt offenbar $G = \Gamma(V)$; hat umgekehrt G diese Form, so verschwindet die Randform auf G, und A_1 ist symmetrisch.

b) Nach Satz 16.17 ist A_1 genau dann selbstadjungiert, wenn $R(\pm iI - A_1) = H$ ist. Wegen $R(\pm iI - A) \oplus_2 D_\mp = H$ ist dies äquivalent zu $D_\mp \subseteq R(\pm iI - A_1)$. Für $v \in D_+$ und $w \in D_-$ mit $v + w \in G = \Gamma(V)$ gilt

$$(iI - A_1)(v + w) = 2iw \quad \text{und} \quad (-iI - A_1)(v + w) = -2iv.$$

Somit ist diese Bedingung genau dann erfüllt, wenn v und w frei wählbar sind, wenn also V eine Isometrie von ganz D_+ auf D_- ist. $\diamondsuit$

Für Vektoren $x \in D_\pm$ gilt $\| x \|_{A^*} = \sqrt{2}\, \| x \|$; die (partielle) Isometrieeigenschaft von $V : D_+ \to D_-$ bzgl. $\| \ \|$ ist also äquivalent zu der bzgl. $\| \ \|_{A^*}$.

Folgerungen. a) Ein abgeschlossener symmetrischer linearer Operator A in H besitzt genau dann selbstadjungierte Erweiterungen, wenn $\gamma_+(A) = \gamma_-(A)$ gilt.

b) Dies ist insbesondere der Fall, wenn $P(A) \cap \mathbb{R} \neq \emptyset$ ist.

c) Der Operator A besitzt genau dann keine echte symmetrische Erweiterung, wenn genau einer der Defekt-Indizes $= 0$ ist.

Aussage b) folgt aus a) und Satz 16.19. Ein weiteres wichtiges Kriterium für die Gleichheit der Defekt-Indizes ergibt sich mittels einer *Konjugation*, d. h. einer antilinearen Isometrie $C : H \to H$ mit $C^2 = I$. Eine solche Konjugation auf L_2-Funktionenräumen ist einfach durch $C : f \mapsto \bar{f}$ gegeben. Das folgende Resultat impliziert daher insbesondere, dass *symmetrische Differentialoperatoren mit reellen Koeffizientenfunktionen* selbstadjungierte Erweiterungen besitzen; dies trifft insbesondere auf *Hamilton-Operatoren* $\mathcal{H} = -\frac{\hbar^2}{2m}\Delta + V$ zu (vgl. Formel (33)).

Satz 16.22

Es sei $C : H \to H$ eine Konjugation. Für einen abgeschlossenen symmetrischen Operator A in H gelte $AC = CA$. Dann ist $\gamma_+(A) = \gamma_-(A)$.

BEWEIS. Wegen $AC = CA$ ist $C(\mathcal{D}(A)) \subseteq \mathcal{D}(A)$, und wegen $C^2 = I$ gilt sogar $C(\mathcal{D}(A)) = \mathcal{D}(A)$. Für $x \in \mathcal{D}(A)$ gibt es also $y \in \mathcal{D}(A)$ mit $x = Cy$, und für $v \in D_+ = R(iI + A)^\perp$ folgt

$$\langle Cv|(iI - A)x\rangle = \langle Cv|(iI - A)Cy\rangle = \langle Cv|C(-iI - A)y\rangle = -\langle v|(iI + A)y\rangle = 0 ,$$

also $Cv \in D_-$. Ebenso folgt $CD_- \subseteq D_+$, und wegen $C^2 = I$ ist sogar $CD_\pm = D_\mp$. Dies impliziert offenbar $\gamma_+(A) = \dim D_+ = \dim D_- = \gamma_-(A)$. $\diamond$

Die Resultate dieses Abschnitts können u. a. auf *gewöhnliche Differentialoperatoren* angewendet werden; die Defekt-Indizes sind dann stets *endlich*. In der Tat waren Resultate von H. Weyl (1910) über (auch singuläre) *Sturm-Liouville-Probleme* eine wesentliche Motivation für die von Neumannsche Erweiterungstheorie. Für Einführungen in die *Spektraltheorie gewöhnlicher Differentialoperatoren* sei auf [Schröder 1997], 5.4, [Weidmann 1994], 8.4, [Reed und Simon 1975], X.1, oder [Dunford und Schwartz 1963], Kapitel XIII verwiesen.

Am Ende dieses Abschnitts gehen wir noch kurz auf *Spektren symmetrischer Erweiterungen* ein.

Der wesentliche Spektralkern eines abgeschlossenen symmetrischen Operators A in H wird definiert als

$$\Sigma_e(A) := \{\lambda \in \mathbb{C} \mid R(\lambda I - A) \neq \overline{R(\lambda I - A)} \text{ oder } \dim N(\lambda I - A) = \infty\}.$$

Offenbar gilt $\Sigma_e(A) \subseteq \Sigma(A) \subseteq \mathbb{R}$, und $\Sigma_e(A)$ ist *abgeschlossen* in $\Sigma(A)$: Für eine Zahl $\alpha \in \Sigma(A)\backslash\Sigma_e(A)$ gilt nämlich $\alpha I - A \in \Phi^-(\mathcal{D}_A, H)$, und nach Theorem 14.3 folgt auch $\beta I - A \in \Phi^-(\mathcal{D}_A, H)$ für β nahe α.

Satz 16.23

Es sei A ein abgeschlossener symmetrischer Operator in H.

a) Ist A selbstadjungiert, so gilt $\Sigma_e(A) = \sigma_e(A)$.

b) Für eine abgeschlossene symmetrische Erweiterung A_1 von A gilt $\Sigma_e(A) \subseteq \Sigma_e(A_1)$.

c) Im Fall $\dim \mathcal{D}(A_1)/\mathcal{D}(A) < \infty$ *ist sogar* $\Sigma_e(A) = \Sigma_e(A_1)$.

BEWEIS. a) Zunächst gilt $\Sigma(A) = \sigma(A)$. Es seien $\alpha \in \Sigma(A) \backslash \Sigma_e(A)$ und (x_n) eine Folge in $\mathcal{D}(A)$ mit $x_n \overset{w}{\to} 0$ und $\| (\alpha I - A)x_n \| \to 0$. Wegen $\dim N(\alpha I - A) < \infty$ folgt $\| E\{\alpha\}x_n \| \to 0$, und wegen der Abgeschlossenheit von $R(\alpha I - A)$ gilt auch $\| (I - E\{\alpha\})x_n \| \to 0$. Somit gibt es keine Weylsche Folge für A und α, und nach Satz 16.12 ist $\alpha \in \sigma(A) \backslash \sigma_e(A) = \sigma_d(A)$.

Ist umgekehrt $\alpha \in \sigma_d(A)$, so ist $\dim N(\lambda I - A) < \infty$. Da α in $\sigma(A)$ isoliert ist, ist $\alpha I - A|_{N(E\{\alpha\})}$ nach Satz 16.9 invertierbar. Somit ist $R(\alpha I - A)$ abgeschlossen, und es folgt $\alpha \notin \Sigma_e(A)$.

b) Offenbar gilt $P(A_1) \subseteq P(A)$. Es sei $\alpha \in \Sigma_e(A) \subseteq \Sigma(A) \subseteq \Sigma(A_1)$. Gilt nun $\alpha \notin \Sigma_e(A_1)$, so ist $\dim N(\alpha I - A_1) < \infty$ und $R(\alpha I - A_1)$ abgeschlossen. Nun seien P die orthogonale Projektion auf $N(\alpha I - A_1)$ und (x_n) eine Folge in $\mathcal{D}(A) \cap N(\alpha I - A)^{\perp}$ mit $\| x_n \| = 1$ und $(\alpha I - A)x_n \to 0$. Es folgt auch $(\alpha I - A_1)(I - P)x_n \to 0$ und somit $(I - P)x_n \to 0$. Weiter hat (Px_n) eine konvergente Teilfolge (Px_{n_k}), und somit konvergiert (x_{n_k}) gegen einen Vektor $x \in N(\alpha I - A)^{\perp}$ mit $\| x \| = 1$. Wegen $(\alpha I - A)x_{n_k} \to 0$ folgt $x \in \mathcal{D}(A)$ und der Widerspruch $(\alpha I - A)x = 0$.

c) Zu zeigen bleibt $\Sigma_e(A_1) \subseteq \Sigma_e(A)$. Für $\alpha \notin \Sigma_e(A)$ ist $\dim N(\alpha I - A) < \infty$, und wegen $\dim \mathcal{D}(A_1)/\mathcal{D}(A) < \infty$ folgt auch $\dim N(\alpha I - A_1) < \infty$. Weiter ist auch $\dim R(\alpha I - A_1)/R(\alpha I - A) < \infty$, und daher impliziert die Abgeschlossenheit von $R(\alpha I - A)$ auch die von $R(\alpha I - A_1)$. Somit gilt $\alpha \notin \Sigma_e(A_1)$. $\Diamond$

Aufgrund von Theorem 16.21 ist die Bedingung in c) dann erfüllt, wenn beide *Defekt-Indizes endlich* sind, also beispielsweise im Fall *gewöhnlicher* Differentialoperatoren. Daher gilt:

Folgerung. Es sei A ein abgeschlossener symmetrischer Operator in H mit Defekt-Indizes $\gamma_+(A) = \gamma_-(A) < \infty$. Dann haben alle selbstadjungierten Erweiterungen $\widetilde{A}$ von A das gleiche wesentliche Spektrum $\sigma_e(\widetilde{A}) = \Sigma_e(A)$. Genau dann besitzen alle Erweiterungen rein diskretes Spektrum, wenn $\Sigma_e(A) = \emptyset$ ist.

16.5 Halbbeschränkte Operatoren

Halbbeschränkte Operatoren. a) Ein dicht definierter linearer Operator A in einem komplexen Hilbertraum H heißt *halbbeschränkt (nach unten)*, falls

$$\exists\, c \in \mathbb{R}\ \forall\, x \in \mathcal{D}(A) : \langle Ax|x \rangle \geq c\|x\|^2 . \tag{41}$$

A heißt *positiv definit*, falls (41) mit $c > 0$ gilt.

b) Ein halbbeschränkter Operator A ist *symmetrisch*. Für $\lambda > -c$ gilt

$$(\lambda + c)\,\|\,x\,\|^2 \;\leq\; \langle(\lambda I + A)x|x\rangle \;\leq\; \|\,(\lambda I + A)x\,\|\,\|\,x\,\| \quad \text{für } x \in \mathcal{D}(A)\,;$$

daher ist $-\lambda \in P(A)$, und es gilt $(-\infty, c) \subseteq P(A)$. Aus Satz 16.19 folgt dann $\gamma_+(A) = \gamma_-(A)$, und nach Theorem 16.21 besitzt A *selbstadjungierte Erweiterungen*.

Wir konstruieren nun eine spezielle selbstadjungierte Erweiterung A_F von A, die Abschätzung (41) ebenfalls erfüllt. Diese Konstruktion ist von den Überlegungen des letzten Abschnitts unabhängig; sie geht auf K.O. Friedrichs (1934) zurück, und A_F heißt *Friedrichs-Fortsetzung*.

Der Energie-Raum. Es sei A ein halbbeschränkter Operator in H mit (41). Für $\lambda > -c$ wird auf $\mathcal{D}(A)$ durch

$$\langle x|y\rangle_\lambda := \langle Ax|y\rangle + \lambda\,\langle x|y\rangle\,, \quad x,\,y \in \mathcal{D}(A)\,, \tag{42}$$

ein *Skalarprodukt* definiiniert. Die *Vervollständigung* H_A von $(\mathcal{D}(A), \|\ \|_\lambda)$ heißt *Energie-Raum* von A. Verschiedene Wahlen von $\lambda > -c$ führen zu äquivalenten Normen auf $\mathcal{D}(A)$. Für positiv definite Operatoren kann man $\lambda = 0$ nehmen.

Satz 16.24

Der Energie-Raum H_A ist stetig in H eingebettet.

BEWEIS. Nach (41) und (42) ist $i : (\mathcal{D}(A), \|\ \|_\lambda) \to H$ stetig; zu zeigen ist die Injektivität von $\widehat{i} : H_A \to H$. Es sei also $\widehat{x} \in H_A$ mit $\widehat{i}\widehat{x} = 0$. Es gibt eine Folge (x_n) in $\mathcal{D}(A)$ mit $\|\,\widehat{x} - x_n\,\|_\lambda \to 0$ und $x_n \to 0$ in H. Damit ergibt sich

$$
\begin{aligned}
\|\,\widehat{x}\,\|_\lambda^2 \;&=\; \lim_{n\to\infty} \langle x_n|\widehat{x}\rangle_\lambda \;=\; \lim_{n\to\infty} \lim_{m\to\infty} \langle x_n|x_m\rangle_\lambda \\
&=\; \lim_{n\to\infty} \lim_{m\to\infty} (\langle Ax_n|x_m\rangle + \lambda\,\langle x_n|x_m\rangle) \;=\; \lim_{n\to\infty} (\langle Ax_n|0\rangle + \lambda\,\langle x_n|0\rangle) \;=\; 0\,. \quad \Diamond
\end{aligned}
$$

Theorem 16.25 (Friedrichs)

Es sei A ein halbbeschränkter Operator in H mit (41). Durch

$$\mathcal{D}(A_F) := H_A \cap \mathcal{D}(A^*)\,, \quad A_F x := A^* x \quad \text{für } x \in \mathcal{D}(A_F)\,,$$

wird die selbstadjungierte Friedrichs-Fortsetzung A_F von A definiert. Für diese gilt $\langle A_F x|x\rangle \geq c\,\|\,x\,\|^2$ für $x \in \mathcal{D}(A_F)$ und $\sigma(A_F) \subseteq [c, \infty)$.

BEWEIS. a) Wir zeigen zunächst, dass A_F symmetrisch ist. Dazu sei wieder $\lambda > -c$. Zu $x, y \in \mathcal{D}(A_F)$ wählen wir Folgen $(x_n), (y_n)$ in $\mathcal{D}(A)$ mit $x_n \to x$ und $y_n \to y$ in H_A. Es folgt

$$
\begin{aligned}
\langle A_F x|y\rangle + \lambda \langle x|y\rangle &= \lim_{m \to \infty} (\langle A_F x|y_m\rangle + \lambda \langle x|y_m\rangle) = \lim_{m \to \infty} (\langle x|Ay_m\rangle + \lambda \langle x|y_m\rangle) \\
&= \lim_{m \to \infty} \lim_{n \to \infty} (\langle x_n|Ay_m\rangle + \lambda \langle x_n|y_m\rangle) = \lim_{m \to \infty} \lim_{n \to \infty} \langle x_n|y_m\rangle_\lambda \\
&= \langle x|y\rangle_\lambda = \lim_{n \to \infty} \lim_{m \to \infty} \langle x_n|y_m\rangle_\lambda \\
&= \lim_{n \to \infty} \lim_{m \to \infty} (\langle Ax_n|y_m\rangle + \lambda \langle x_n|y_m\rangle) = \lim_{n \to \infty} (\langle Ax_n|y\rangle + \lambda \langle x_n|y\rangle) \\
&= \lim_{n \to \infty} (\langle x_n|A_F y\rangle + \lambda \langle x_n|y\rangle) = \langle x|A_F y\rangle + \lambda \langle x|y\rangle .
\end{aligned}
$$

b) Für $x \in \mathcal{D}(A_F)$ gilt wegen (41) wie in a)

$$
\langle A_F x|x\rangle = \lim_{n \to \infty} \langle Ax_n|x_n\rangle \geq \lim_{n \to \infty} c \| x_n \|^2 = c \| x \|^2 .
$$

c) Für $\lambda > -c$ zeigen wir nun $R(\lambda I + A_F) = H$. Es sei $y \in H$ gegeben. Für $x \in H_A$ gilt $|\langle x|y\rangle| \leq \| x \| \| y \| \leq \frac{1}{\sqrt{\lambda + c}} \| x \|_\lambda \| y \|$; es ist also $\eta : x \mapsto \langle x|y\rangle$ eine stetige Linearform auf H_A. Nach dem Rieszschen Darstellungssatz 1.11 existiert $z \in H_A$ mit $\langle x|y\rangle = \langle x|z\rangle_\lambda$ für $x \in H_A$. Insbesondere gilt

$$
\langle x|y\rangle = \langle Ax|z\rangle + \lambda \langle x|z\rangle \quad \text{für} \quad x \in \mathcal{D}(A) .
$$

Dies zeigt $z \in \mathcal{D}(A^*)$ und $(\lambda I + A)^* z = y$. Somit ist $z \in H_A \cap \mathcal{D}(A^*) = \mathcal{D}(A_F)$ und $(\lambda I + A_F)z = y$.

d) Nach Satz 16.17 a) gilt $A_F^* = A_F$, und aus b) und c) folgt $\sigma(A_F) \subseteq [c, \infty)$. $\Diamond$

Für einen positiv definiten Operator A in H ist wegen $\sigma(A_F) \subseteq [c, \infty)$ die *Wurzel* $A_F^{1/2} = \Psi_A(\sqrt{\lambda})$ gemäß (18) definiert.

Satz 16.26

Für einen positiv definiten Operator A in H mit Friedrichs-Fortsetzung A_F gilt

$$
H_A = \mathcal{D}(A_F^{1/2}) = H_{A_F} \quad \text{und} \quad \| x \|_{H_A} = \| A_F^{1/2} x \| \quad \text{für} \quad x \in H_A . \tag{43}
$$

BEWEIS. Nach Aussage ③ von S. 425 gilt $A_F^{1/2} A_F^{1/2} \subseteq A_F$, und nach Aussage ④ dort ist $\mathcal{D}(A_F^{1/2} A_F^{1/2}) = \mathcal{D}(A_F) \cap \mathcal{D}(A_F^{1/2})$. Mit dem Spektralmaß E von A_F gilt aber

$$
\mathcal{D}(A_F^{1/2}) = \{ x \in H \mid \int_c^\infty \lambda \langle dE(\lambda)x|x\rangle < \infty \} \supseteq \mathcal{D}(A_F)
$$

wegen $c > 0$, und somit ist $A_F^{1/2} A_F^{1/2} = A_F$. Für $x \in \mathcal{D}(A_F)$ hat man nach Beweisteil a) von Theorem 16.25 (mit $\lambda = 0$)

$$
\| x \|_{H_A}^2 = \langle A_F x|x\rangle = \langle A_F^{1/2} x|A_F^{1/2} x\rangle = \| A_F^{1/2} x \|^2 .
$$

Nun ist $\mathcal{D}(A_F)$ dicht in $\mathcal{D}(A_F^{1/2})$, da dies bereits auf den Raum $\bigcup_n E[0, n]H$ zutrifft. Da $\mathcal{D}(A_F)$ auch in H_A dicht ist, folgt die Behauptung (43). $\Diamond$

Satz 16.27

Für einen positiv definiten Operator A in H sind äquivalent:

(a) A_F *besitzt ein diskretes Spektrum.*

(b) $A_F^{-1} : H \to H$ *ist kompakt.*

(c) *Die Resolvente* $R_{A_F}(\lambda) : H \to H$ *ist kompakt für* $\lambda \in \mathbb{C}\backslash[c, \infty)$.

(d) $A_F^{-1/2} : H \to H$ *ist kompakt.*

(e) *Die Einbettung* $j : H_A \to H$ *ist kompakt.*

BEWEIS. Die Äquivalenzen (a) $\Leftrightarrow$ (b) $\Leftrightarrow$ (c) folgen aus Satz 16.13; man ersetzt dort einfach i durch 0 bzw. λ. Die Äquivalenz (d) $\Leftrightarrow$ (e) folgt ebenfalls aus Satz 16.13 wegen $H_A = \mathcal{D}(A_F^{1/2})$. Weiter folgt (b) $\Leftrightarrow$ (d) aus der Gleichung $A_F^{-1} = (A_F^{-1/2})^2$ in $L(H)$; für „$\Rightarrow$" beachten wir, dass $A_F^{-1/2}$ in der Operatornorm ein Limes von Polynomen in A_F^{-1} ist. $\diamond$

Der harmonische Oszillator. a) *Eindimensionale Hamilton-Operatoren* sind gemäß (33) gegeben durch

$$\mathcal{H} : f \mapsto -\frac{\hbar^2}{2m} f''(x) + V(x) f(x) .$$

b) Das Potential $V(x) := \frac{m\omega^2}{2} x^2$ beschreibt einen *harmonischen Oszillator*. Modulo einer einfachen Transformation ist der Operator

$$A : f \mapsto -f''(x) + x^2 f(x)$$

zu untersuchen. Mit $\mathcal{D}(A) = \mathscr{D}(\mathbb{R})$ oder $\mathcal{D}(A) = \mathcal{S}(\mathbb{R})$ ist $N := A + I$ offenbar positiv definit (vgl. den Beweisteil a) von Satz 16.29 unten). Die *Hermite-Funktionen* $\{h_j \mid j \in \mathbb{N}_0\}$ aus (3.30) sind Eigenfunktionen von N zu den Eigenwerten $2(j+1)$ und bilden nach Satz 3.6 eine *Orthonormalbasis* von $L_2(\mathbb{R})$. In dieser Situation gilt der folgende

Satz 16.28

Für einen positiv definiten Operator A besitze der Hilbertraum H eine Orthonormalbasis $\{e_j\}_{j=0}^{\infty}$ aus Eigenvektoren zu Eigenwerten $0 < \lambda_j \uparrow \infty$. Dann ist A wesentlich selbstadjungiert, und $\overline{A} = A_F$ besitzt rein diskretes Spektrum.

BEWEIS. Mit A ist auch $\overline{A}$ positiv definit; daher gilt $0 \in P(\overline{A})$, und $R(\overline{A})$ ist abgeschlossen. Aus $e_j = \frac{1}{\lambda_j}\overline{A}e_j \in R(\overline{A})$ für alle $j \in \mathbb{N}_0$ folgt dann $R(\overline{A}) = H$. Nach Satz 16.17 ist $\overline{A}$ selbstadjungiert, und aus $\overline{A} \subseteq A_F$ ergibt sich sofort $\overline{A} = A_F$. Nach Voraussetzung besitzt $\overline{A}$ reines Punktspektrum $\sigma_p(\overline{A}) = \{\lambda_j \mid j \in \mathbb{N}_0\}$. Wegen $\lambda_j \uparrow \infty$ besteht diese Menge aus isolierten Eigenwerten endlicher Vielfachheit und ist insbesondere abgeschlossen. Somit ist $\sigma(\overline{A}) = \sigma_p(\overline{A}) = \{\lambda_j \mid j \in \mathbb{N}_0\} = \sigma_d(\overline{A})$ (vgl. Aufgabe 16.7 a)). $\diamond$

Für nach unten beschränkte Potentiale gilt:

Satz 16.29

Es sei $V \in C^\infty(\mathbb{R})$ eine Funktion mit $V(x) \geq c \in \mathbb{R}$. Der Operator

$$A : f \mapsto -f'' + V f \quad mit \ \mathcal{D}(A) := \mathscr{D}(\mathbb{R})$$

ist halbbeschränkt und wesentlich selbstadjungiert mit $\overline{A} = A_F$ und $\sigma(\overline{A}) \subseteq [c, \infty)$. Gilt $V(x) \to \infty$ für $|x| \to \infty$, so besitzt der Operator $\overline{A} = A_F$ ein diskretes Spektrum.

BEWEIS. a) Nach Verschiebung können wir $c = 1$ annehmen. Für $\varphi \in \mathscr{D}(\mathbb{R})$ gilt

$$\langle A\varphi|\varphi \rangle = \int_{\mathbb{R}}(-\varphi'' + V\varphi)\,\bar{\varphi}\,dx = \int_{\mathbb{R}}(|\varphi'|^2 + V|\varphi|^2)\,dx \geq \int_{\mathbb{R}}|\varphi|^2\,dx. \tag{44}$$

Nach Theorem 16.25 ist A_F selbstadjungiert mit $\sigma(A_F) \subseteq [1, \infty)$.

b) Wir zeigen, dass A wesentlich selbstadjungiert ist; aus $\overline{A} \subseteq A_F$ folgt dann sofort $\overline{A} = A_F$. Nach Satz 16.17 a) genügt es, $R(\overline{A}) = L_2(\mathbb{R})$ zu zeigen. Wegen (44) ist $R(\overline{A})$ abgeschlossen.

① Nun sei $f \in R(\overline{A})^\perp$ gegeben. Dann gilt

$$\int_{\mathbb{R}}(-\varphi'' + V\varphi)\,\bar{f}\,dx = \langle A\varphi|f \rangle = 0$$

für alle $\varphi \in \mathscr{D}(\mathbb{R})$, d. h. $\bar{f}$ ist eine Distributionslösung der Differentialgleichung

$$-y''(x) + V(x)\,y(x) = 0. \tag{45}$$

Nach Satz 5.12 ist $f \in C^\infty(\mathbb{R})$. Auch $\mathrm{Re}\,f$ und $\mathrm{Im}\,f$ lösen (45); wir können also f als reellwertig annehmen.

② Nun sei $f(x_0) \neq 0$ und o. E. $f(x_0) > 0$. Wegen (45) gilt dann auch $f''(x_0) > 0$. Ist nun auch $f'(x_0) > 0$, so folgt $f''(x) \geq 0$ für $x \geq x_0$:

Andernfalls sei $x_1 := \inf\{x \geq x_0 \mid f''(x) < 0\}$. Auf $[x_0, x_1]$ gilt dann $f''(x) \geq 0$, also auch $f'(x) \geq f'(x_0) > 0$ und $f(x_1) > f(x_0) > 0$, und man hat den Widerspruch $f''(x_1) = V(x_1)f(x_1) > 0$.

③ Aus ② folgt $f'(x) \geq f'(x_0) > 0$ für $x \geq x_0$ und dann auch $f(x) \geq f(x_0)$ für $x \geq x_0$. Im Fall $f'(x_0) < 0$ folgt analog $f(x) \geq f(x_0)$ für $x \leq x_0$, und in beiden Fällen erhalten wir einen Widerspruch zu $f \in L_2(\mathbb{R})$.

④ Nach ③ gilt also $f(x) \neq 0 \Rightarrow f'(x) = 0$, und daher ist f konstant. Aus $f \in L_2(\mathbb{R})$ folgt schließlich $f = 0$.

c) Nun gelte $V(x) \to \infty$ für $|x| \to \infty$. Mit $H = L_2(\mathbb{R})$ zeigen wir die Kompaktheit der Einbettung $j : H_A \to H$ und verwenden dann Satz 16.27. Nach (44) gilt

$$\|\varphi\|_{H_A}^2 = \int_{\mathbb{R}}(|\varphi'|^2 + V|\varphi|^2)\,dx, \quad \varphi \in \mathscr{D}(\mathbb{R}).$$

Daher ist für $k \in \mathbb{N}$ der Restriktionsoperator $R_k : H_A \to W^1(-k, k)$ beschränkt und nach dem *Sobolevschen Einbettungssatz* $R_k : H_A \to L_2[-k, k] \hookrightarrow L_2(\mathbb{R}) = H$ kompakt (vgl. die Sätze 4.14 und 4.17 oder einfacher [GK], Satz 5.12). Zu $\varepsilon > 0$ gibt es $k \in \mathbb{N}$ mit $V(x) \geq \frac{1}{\varepsilon^2}$ für $|x| \geq k$. Für $f \in H_A$ folgt dann

$$\| f - R_k f \|^2 = \int_{|x| \geq k} |f(x)|^2 \, dx \leq \varepsilon^2 \int_{|x| \geq k} V(x) |f(x)|^2 \, dx \leq \varepsilon^2 \| f \|_{H_A} \,;$$

somit gilt also $\| j - R_k \| \to 0$ für $k \to \infty$, und $j : H_A \to H$ ist kompakt. $\diamondsuit$

Im Fall $V(x) \to \infty$ für $|x| \to \infty$ gilt für den Operator $\overline{A} = A_F$ also der Spektralsatz 16.14 sowie (im Fall $c > 0$) das folgende Resultat:

Satz 16.30

Für einen positiv definiten Operator A besitze A_F rein diskretes Spektrum. Dann gelten die Aussagen von Theorem 16.14 sowie

$$H_A = \{x \in H \mid \sum_{j=0}^{\infty} \lambda_j \, | \langle x | e_j \rangle |^2 < \infty\} \quad \text{und} \quad A_F^{1/2} x = \sum_{j=0}^{\infty} \lambda_j^{1/2} \langle x | e_j \rangle \, e_j \qquad (46)$$

für $x \in H_A = \mathcal{D}(A_F^{1/2})$. Es ist $A_F^{1/2} : H_A \to H$ unitär, $\{\lambda_j^{-1/2} e_j \mid j \in \mathbb{N}_0\}$ eine Orthonormalbasis von H_A, und die Operatoren $A_F^{-1} : H \to H_A$ und $i : \mathcal{D}(A_F) \to H_A$ sind ebenfalls kompakt.

BEWEIS. Es ist $H_A = \mathcal{D}(A_F^{1/2}) = \{x \in H \mid \int_c^{\infty} \lambda \, \langle dE(\lambda) x | x \rangle < \infty\}$ nach (19), und wegen

$$\int_c^k \lambda \, \langle dE(\lambda) x | x \rangle = \sum_{\lambda_j \leq k} \lambda_j \, \langle E\{\lambda_j\} x | x \rangle = \sum_{\lambda_j \leq k} \lambda_j \, | \langle x | e_j \rangle |^2$$

für $k > c$ folgt die erste Behauptung in (46). Nach (20) gilt für $x \in \mathcal{D}(A_F^{1/2})$

$$A_F^{1/2} x = \lim_{k \to \infty} \int_c^k \lambda^{1/2} \, dE(\lambda) x = \lim_{k \to \infty} \sum_{\lambda_j \leq k} \lambda_j^{1/2} E\{\lambda_j\} x = \sum_{j=0}^{\infty} \lambda_j^{1/2} \langle x | e_j \rangle \, e_j \,.$$

Es ist $A_F^{1/2} : H_A \to H$ unitär nach (43), und daher ist $\{\lambda_j^{-1/2} e_j \mid j \in \mathbb{N}_0\}$ eine Orthonormalbasis von H_A. Mit $A_F^{-1/2} : H \to H$ gemäß Satz 16.27 ist auch der Operator $A_F^{-1} : H \xrightarrow{A_F^{-1/2}} H \xrightarrow{A_F^{-1/2}} H_A$ kompakt, und dies gilt dann auch für den Operator $i : \mathcal{D}(A_F) \xrightarrow{A_F} H \xrightarrow{A_F^{-1}} H_A$. $\diamondsuit$

16.6 Störungen selbstadjungierter Operatoren

In diesem Abschnitt untersuchen wir *Störungen* von selbstadjungierten Operatoren, insbesondere von gleichmäßig elliptischen Operatoren in Divergenzform sowie von freien Hamilton-Operatoren.

Relativ beschränkte und relativ kompakte Störungen. Es seien X, Y Banachräume und $T : \mathcal{D}(T) \to Y$ ein linearer Operator mit Definitionsbereich $\mathcal{D}(T) \subseteq X$.

a) Ein linearer Operator $S : \mathcal{D}(S) \to Y$ heißt T-*beschränkt*, wenn $\mathcal{D}(T) \subseteq \mathcal{D}(S)$ und $S : \mathcal{D}_T \to Y$ stetig ist. Die T-*Schranke* von S ist gegeben durch

$$\beta_T(S) := \inf \{ c > 0 \mid \exists\, d > 0 \; \forall\, x \in \mathcal{D}(T) \; : \; \| Sx \| \leq c \| Tx \| + d \| x \| \}. \tag{47}$$

b) Ein linearer Operator $S : \mathcal{D}(S) \to Y$ heißt T-*kompakt*, wenn $\mathcal{D}(T) \subseteq \mathcal{D}(S)$ gilt und $S : \mathcal{D}_T \to Y$ kompakt ist.

Der folgende *grundlegende Störungssatz* geht auf F. Rellich (1939) zurück, seine Anwendung auf die *Selbstadjungiertheit atomarer Hamilton-Operatoren* (vgl. Satz 16.36 auf S. 454) auf T. Kato (1951).

Satz 16.31 (Rellich)
Es seien A, V symmetrische Operatoren in einem Hilbertraum H, und V sei A-beschränkt mit $\beta_A(V) < 1$.

a) Ist A selbstadjungiert, so auch $A + V$.

b) Ist A wesentlich selbstadjungiert, so auch $A + V$, und es gilt $\overline{A + V} = \overline{A} + \overline{V}$.

BEWEIS. a) Offenbar ist $A + V$ symmetrisch. Nach (47) hat man

$$\exists\, 0 \leq c < 1 \; \exists\, d \geq 0 \; \forall\, x \in \mathcal{D}(A) \; : \; \| Vx \| \; \leq \; c \| Ax \| + d \| x \|. \tag{48}$$

Für $0 \neq \mu \in \mathbb{R}$ gelten $i\mu \in \rho(A)$ und $\| R_A(i\mu) \| \leq \frac{1}{|\mu|}$ nach Satz 16.3. Weiter ist $\| (i\mu I - A)x \|^2 = \langle (i\mu I - A)x | (i\mu I - A)x \rangle = | \mu |^2 \| x \|^2 + \| Ax \|^2$ für $x \in \mathcal{D}(A)$, und für $y = (i\mu I - A)x \in H$ folgt $\| AR_A(i\mu)y \| = \| Ax \| \leq \| (i\mu I - A)x \| = \| y \|$. Aus (48) und Satz 16.3 ergibt sich nun

$$\| VR_A(i\mu)y \| \; \leq \; c \| AR_A(i\mu)y \| + d \| R_A(i\mu)y \| \; \leq \; c \| y \| + \tfrac{d}{|\mu|} \| y \|;$$

für große $| \mu |$ ist also $\| VR_A(i\mu) \| < 1$ und $I - VR_A(i\mu)$ invertierbar.

Für $z \in H$ sei $y = (I - VR_A(i\mu))^{-1}z$ und $x = R_A(i\mu)y \in \mathcal{D}(A)$. Dann gilt

$$(i\mu I - (A + V))x \; = \; y - VR_A(i\mu)y \; = \; z,$$

und daher ist $R(i\mu I - (A + V)) = H$. Aufgrund von Satz 16.17 ist daher $A + V$ selbstadjungiert.

b) Zu $x \in \mathcal{D}(\overline{A})$ gibt es eine Folge (x_n) in $\mathcal{D}(A)$ mit $x_n \to x$ und $Ax_n \to \overline{A}x$. Wegen $\beta_A(V) < \infty$ folgt auch $Vx_n \to \overline{V}x$, und aus (48) ergibt sich auch die Abschätzung $\| \overline{V}x \| \; \leq \; c \| \overline{A}x \| + d \| x \|$. Somit ist $\overline{V}$ ein $\overline{A}$-beschränkter Operator, und es gilt $\beta_{\overline{A}}(\overline{V}) \leq \beta_A(V) < 1$.

Nach a) ist $\overline{A} + \overline{V}$ selbstadjungiert. Aus $A + V \subseteq \overline{A} + \overline{V}$ folgt $\overline{A + V} \subseteq \overline{A} + \overline{V}$. Ist umgekehrt $y \in \mathcal{D}(\overline{A} + \overline{V}) = \mathcal{D}(\overline{A})$, so gibt es eine Folge (y_n) in $\mathcal{D}(A)$ mit $y_n \to y$ und $Ay_n \to \overline{A}y$. Wegen $\beta_A(V) < \infty$ konvergiert auch $(A + V)y_n$, und dies zeigt $y \in \mathcal{D}(\overline{A + V})$. $\diamond$

Nach R. Wüst (1971) gilt Aussage b) von Satz 16.31 bereits dann, wenn eine Abschätzung $\|Sx\| \leq \|Tx\| + d\|x\|$ vorliegt, vgl. dazu [Kato 1980], V. §4.2, [Weidmann 1994], Satz 5.30, oder [Reed und Simon 1975], Theorem X.14.

Nun kommen wir auf das in Abschnitt 5.6 untersuchte *Dirichlet-Problem* zurück und betrachten *gleichmäßig elliptische Differentialoperatoren* über beschränkten offenen Mengen $\Omega \subseteq \mathbb{R}^n$ als unbeschränkte lineare Operatoren in $L_2(\Omega)$.

Satz 16.32
Der Differentialoperator $A = - \sum\limits_{i,j=1}^{n} \partial_i(a_{ij}(x)\,\partial_j)$ *in Divergenzform mit Koeffizienten* $a_{ij} = a_{ji} \in \overline{\mathcal{C}}^\infty(\Omega, \mathbb{R})$ *sei gleichmäßig elliptisch auf* Ω. *Auf* $\mathcal{D}(A) := \mathscr{D}(\Omega)$ *definiert dann* A *einen positiv definiten Operator in* $L_2(\Omega)$. *Die Friedrichs-Fortsetzung* A_F *hat diskretes Spektrum und den Energie-Raum* $H_A = W_0^1(\Omega)$.

BEWEIS. Nach Satz 5.21 ist A positiv definit mit Energie-Raum $H_A = W_0^1(\Omega)$, und aufgrund von Satz 16.27 besitzt A_F ein diskretes Spektrum, da die Sobolev-Einbettung $j : W_0^1(\Omega) \to L_2(\Omega)$ nach Satz 4.14 kompakt ist. $\diamond$

Das Spektrum $\sigma(A_F)$ der Friedrichs-Fortsetzung von A stimmt natürlich mit der Menge der Eigenwerte des Dirichlet-Problems (5.56) überein.

Lemma 16.33 (Ehrling)
Es seien X, Y, Z *normierte Räume,* $T \in K(X, Y)$ *kompakt und* $j \in L(Y, Z)$ *injektiv. Dann gilt*

$$\forall\,\varepsilon > 0\ \exists\,C_\varepsilon > 0\ \forall\,x \in X\ :\ \|Tx\|_Y \leq \varepsilon\,\|x\|_X + C_\varepsilon\,\|jTx\|_Z. \tag{49}$$

BEWEIS. Andernfalls gibt es $\varepsilon > 0$ und Vektoren $x_n \in X$ mit $\|x_n\| = 1$ und

$$\|Tx_n\|_Y \geq \varepsilon\,\|x_n\|_X + n\,\|jTx_n\|_Z = \varepsilon + n\,\|jTx_n\|_Z. \tag{50}$$

Wegen der Kompaktheit von T gibt es eine Teilfolge mit $Tx_{n_j} \to y$ in Y. Wegen (50) gilt aber $\|jTx_n\|_Z \leq \frac{1}{n}\|T\| \to 0$, also $jy = 0$ und $y = 0$ im Widerspruch zu $\|Tx_n\|_Y \geq \varepsilon$ für alle $n \in \mathbb{N}$. $\diamond$

Formel (49) ist aufgrund von Satz 16.30 auf die Situation $\mathcal{D}(A_F) \xrightarrow{i} H_A \xrightarrow{j} L_2(\Omega)$ anwendbar; wegen $\|f\|_{\mathcal{D}(A_F)}^2 = \|f\|_{L_2}^2 + \|A_F f\|_{L_2}^2$ für $f \in \mathcal{D}(A_F)$ liefert dies sofort

$$\forall\,\varepsilon > 0\ \exists\,C_\varepsilon > 0\ \forall\,f \in \mathcal{D}(A_F)\ :\ \|f\|_{H_A} \leq \varepsilon\,\|A_F f\|_{L_2} + C_\varepsilon\,\|f\|_{L_2}. \tag{51}$$

Einen allgemeinen gleichmäßig elliptischen Differentialoperator $L = - \sum\limits_{|\alpha| \leq 2} a_\alpha(x)\, \partial^\alpha$ können wir wie in (5.51) in der Form

$$L = A + S \quad \text{mit} \quad A = - \sum_{i,j=1}^{n} \partial_i(a_{ij}(x)\, \partial_j) \quad \text{und} \quad S = \sum_{k=1}^{n} b_k(x)\, \partial_k + c(x) \tag{52}$$

schreiben. Da $S : H_A \to L_2(\Omega)$ stetig ist, folgt aus (51)

$$\forall\, \varepsilon > 0 \ \exists\, C_\varepsilon > 0 \ \forall\, f \in \mathcal{D}(A_F) \ : \ \| Sf \|_{L_2} \leq \varepsilon \| A_F f \|_{L_2} + C_\varepsilon \| f \|_{L_2}. \tag{53}$$

Nun können wir zeigen:

Theorem 16.34
Der Differentialoperator L aus (52) sei gleichmäßig elliptisch auf Ω.

a) Es ist L auf dem Definitionsbereich $\mathcal{D}(L) := \mathcal{D}(A_F)$ ein abgeschlossener Operator.

b) Für $\lambda \in \mathbb{C}$ gilt $L - \lambda I \in \Phi_0(\mathcal{D}(A_F), L_2(\Omega))$, und die Resolvente $(L - \lambda I)^{-1}$ *ist endlich meromorph auf $\mathbb{C}$ mit Werten in $L(L_2(\Omega), \mathcal{D}(A_F))$.*

c) Es gibt $\xi_0 \in \mathbb{R}$ und $a > 0$, sodass die Singularitäten der Resolvente in der Parabel $M := \{\lambda = \xi + i\eta \mid \xi - \xi_0 \geq a\eta^2\}$ *enthalten sind.*

d) Sind alle Funktionen ib_k und c reellwertig, so ist L selbstadjungiert.

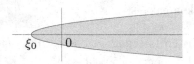

Abb. 16.1: Eine Parabel wie in c)

Beweis. a) Wegen $L = A_F + S$ und (53) sind die Graphennormen von L und A_F auf $\mathcal{D}(L) = \mathcal{D}(A_F)$ äquivalent. Somit ist $\mathcal{D}_L$ vollständig und L ein abgeschlossener Operator.

b) Es ist $A_F : \mathcal{D}(L) \to L_2(\Omega)$ invertierbar und $S - \lambda I : \mathcal{D}(L) \to L_2(\Omega)$ kompakt; daher ist $L - \lambda I \in \Phi_0(\mathcal{D}(A_F), L_2(\Omega))$ nach Satz 14.4. Nach c) ist $L - \lambda_0 I : \mathcal{D}(L) \to L_2(\Omega)$ für ein geeignetes $\lambda_0 \in \mathbb{C}$ invertierbar, und die endliche Meromorphie der Resolventen folgt aus dem Meromorphiesatz 14.15.

c) Nun seien $\lambda = \xi + i\eta \in \mathbb{C}$ und $f \in \mathcal{D}(A_F)$ mit $\| f \|_{L_2} = 1$ und $Lf = \lambda f$. Es ist

$$\xi + i\eta = \langle Lf | f \rangle_{L_2} = \langle A_F f | f \rangle_{L_2} + \langle Sf | f \rangle_{L_2}.$$

Nun gilt $\| Sf \|_{L_2} \leq C \| f \|_{H_A}$ für ein $C > 0$ und

$$|\langle Sf | f \rangle_{L_2}| \leq \| Sf \|_{L_2} \| f \|_{L_2} \leq \delta^2 \| Sf \|_{L_2}^2 + \tfrac{1}{4\delta^2} \| f \|_{L_2}^2$$

für alle $\delta > 0$. Dies impliziert

$$| \langle Sf|f\rangle_{L_2} | \;\leq\; \tfrac{1}{2} \, \| f \|^2_{H_A} + \beta \, \| f \|^2_{L_2}$$

für ein $\beta > 0$. Es folgt

$$\begin{aligned}
\xi \;&=\; \langle A_F f|f\rangle_{L_2} + \operatorname{Re} \langle Sf|f\rangle_{L_2} \;=\; \| f \|^2_{H_A} + \operatorname{Re}\langle Sf|f\rangle_{L_2} \\
&\geq\; \tfrac{1}{2} \| f \|^2_{H_A} - \beta \| f \|^2_{L_2} \;=\; \tfrac{1}{2} \| f \|^2_{H_A} - \beta \,.
\end{aligned}$$

Damit ergibt sich schließlich

$$\eta^2 \;=\; | \operatorname{Im} \langle Sf|f\rangle_{L_2} |^2 \;\leq\; C \| f \|^2_{H_A} \;\leq\; 2C(\xi + \beta)\,.$$

d) Sind die Funktionen $i b_k$ und c reellwertig, so ist der Operator S auf $H_A = W_0^1(\Omega)$ symmetrisch, und $L = A + S$ ist selbstadjungiert nach (53) und Satz 16.31. $\quad\diamond$

Nun wenden wir den Satz von Rellich 16.31 auf den freien Hamilton-Operator $\mathcal{H}_0$ in $\mathbb{R}^3$ an. Obwohl Sobolev-Einbettungen über $\mathbb{R}^n$ nicht kompakt sind, ergibt sich als Variante zu Theorem 4.11 die folgende zu (51) analoge Abschätzung:

Satz 16.35
Es sei $n \in \{1,2,3\}$. Dann gilt $H^2(\mathbb{R}^n) \hookrightarrow \mathcal{C}_0(\mathbb{R}^n)$, und zu $\varepsilon > 0$ gibt es $c \geq 0$ mit

$$\sup_{x\in\mathbb{R}^n} | f(x) | \;\leq\; \varepsilon \| \Delta f \|_{L_2} + c \, \| f \|_{L_2} \quad \text{für alle } f \in H^2(\mathbb{R}^n)\,. \tag{54}$$

BEWEIS. a) Für $f \in H^2(\mathbb{R}^n)$ gelten $\widehat{f} \in L_1(\mathbb{R}^n)$ und $f \in \mathcal{C}_0(\mathbb{R}^n)$ aufgrund der Sätze 4.10 und 3.4. Für $x \in \mathbb{R}^n$ gilt nach Theorem 3.3

$$\begin{aligned}
| f(x) |^2 \;&=\; | \textstyle\int_{\mathbb{R}^n} \widehat{f}(\xi)\, e^{i\langle x,\xi\rangle}\, d^n\xi |^2 \;<\; (\textstyle\int_{\mathbb{R}^n} | \widehat{f}(\xi) |\, d^n\xi)^2 \\
&\leq\; \textstyle\int_{\mathbb{R}^n} (|\xi|^2 + 1)^{-2}\, d^n\xi \cdot \int_{\mathbb{R}^n} (|\xi|^2 + 1)^2\, | \widehat{f}(\xi) |^2\, d^n\xi \\
&\leq\; C\,(\| M_{|\xi|^2}\, \widehat{f} \|^2_{L_2} + \| \widehat{f} \|^2_{L_2})\,.
\end{aligned}$$

b) Nun sei $n = 3$. Für $r > 0$ betrachten wir $\widehat{f}_r(\eta) := r^3\, \widehat{f}(r\eta)$ und substituieren $\xi = r\eta$, $d\xi = r^3\, d\eta$. Mittels a) folgt

$$\begin{aligned}
| f(x) |^2 \;&\leq\; (\textstyle\int_{\mathbb{R}^3} | \widehat{f}(\xi) |\, d^3\xi)^2 \;=\; (\textstyle\int_{\mathbb{R}^3} | \widehat{f}_r(\eta) |\, d^3\eta)^2 \;\leq\; C\,(\| M_{|\eta|^2}\, \widehat{f}_r \|^2 + \| \widehat{f}_r \|^2) \\
&=\; C\,(\textstyle\int_{\mathbb{R}^3} |\eta|^4\, r^6\, | \widehat{f}(r\eta) |^2\, d^3\eta + \int_{\mathbb{R}^3} r^6\, | \widehat{f}(r\eta) |^2\, d^3\eta) \\
&=\; C\,(\textstyle\int_{\mathbb{R}^3} |\xi|^4\, r^{-1}\, | \widehat{f}(\xi) |^2\, d^3\xi + \int_{\mathbb{R}^3} r^3\, | \widehat{f}(\xi) |^2\, d^3\xi) \\
&=\; C\,(r^{-1} \| \Delta f \|^2_{L_2} + r^3 \| f \|^2_{L_2})\,,
\end{aligned}$$

und daraus folgt die Behauptung für große r.

c) Für $n = 1$ und $n = 2$ argumentieren wir ähnlich wie in b). $\quad\diamond$

Das folgende Resultat von T. Kato (1951) gilt insbesondere für das *Coulomb-Potential* eines *Elektrons im Wasserstoff-Atom*:

Satz 16.36 (Kato)

Es seien $\mathcal{H}_0 = -\frac{\hbar^2}{2m}\Delta$, $V_1 \in L_2(\mathbb{R}^3, \mathbb{R})$, $V_2 \in L_\infty(\mathbb{R}^3, \mathbb{R})$ und $V := V_1 + V_2$. Dann is_ der Multiplikationsoperator M_V $\mathcal{H}_0$-beschränkt mit $\beta_{\mathcal{H}_0}(M_V) = 0$, und der Hamilton-Operator

$$\mathcal{H}_V := \mathcal{H}_0 + M_V = -\frac{\hbar^2}{2m}\Delta + V \quad mit \quad \mathcal{D}(\mathcal{H}_V) = \mathcal{D}(\mathcal{H}_0) = H^2(\mathbb{R}^3)$$

ist selbstadjungiert.

BEWEIS. Für $f \in H^2(\mathbb{R}^n)$ gilt nach Satz 16.35 für alle $\varepsilon > 0$ eine Abschätzung

$$\|Vf\|_{L_2} \leq \|V_1 f\|_{L_2} + \|V_2 f\|_{L_2} \leq \|V_1\|_{L_2}\|f\|_{\sup} + \|V_2\|_{\sup}\|f\|_{L_2}$$
$$\leq \|V_1\|_{L_2}(\varepsilon\|\Delta f\|_{L_2} + c\|f\|_{L_2}) + \|V_2\|_{\sup}\|f\|_{L_2}.$$

Da $\varepsilon > 0$ beliebig ist, folgt $\beta_{\mathcal{H}_0}(M_V) = 0$, und die Selbstadjungiertheit von $\mathcal{H}_V$ ergibt sich aus dem Satz von Rellich 16.31. $\diamondsuit$

Satz 16.36 gilt auch für den Fall *mehrerer* Elektronen, vgl. dazu [Reed und Simon 1975], Theorem X.16, oder [Triebel 1972], § 38.

Wir untersuchen nun die *Invarianz wesentlicher Spektren* unter *relativ kompakten* Störungen. Ähnlich wie das Lemma von Ehrling 16.33 ergibt sich:

Lemma 16.37

Es seien X, Y Banachräume und $T : \mathcal{D}(T) \to Y$, $S : \mathcal{D}(S) \to Y$ lineare Operatoren, sodass S abschließbar und T-kompakt ist. Dann gilt $\beta_T(S) = 0$, und der Operator S ist auch $(T + S)$-kompakt.

BEWEIS. a) Ist $\beta_T(S) > 0$, so gibt es $\varepsilon > 0$ und zu $n \in \mathbb{N}$ Vektoren $x_n \in \mathcal{D}(T)$ mit $\|Sx_n\| \geq \varepsilon\|Tx_n\| + n\|x_n\|$. Wir können $\|x_n\| = 1$ annehmen. Für $z_n := \frac{x_n}{\|Sx_n\|}$ gilt dann $z_n \to 0$ und $\varepsilon\|Tz_n\| + n\|z_n\| \leq 1$; somit ist (z_n) in $\mathcal{D}_T$ beschränkt. Aufgrund der T-Kompaktheit von S existiert eine Teilfolge (z_{n_j}) mit $Sz_{n_j} \to y \in Y$. Wegen $\|Sz_n\| = 1$ ist dann auch $\|Sy\| = 1$ im Widerspruch zur Abschließbarkeit von S.

b) Nach a) gibt es $d > 0$ mit $\|Sx\| \leq \frac{1}{2}\|Tx\| + d\|x\|$ für $x \in \mathcal{D}(T)$. Es folgt

$$\|Tx\| \leq \|Tx\| + (\|Tx\| - 2\|Sx\| + 2d\|x\|) \leq 2(\|Tx\| - \|Sx\|) + 2d\|x\|$$
$$\leq 2\|(T+S)x\| + 2d\|x\|,$$

d. h. T ist $(T + S)$-beschränkt. Folglich ist $S : \mathcal{D}_{T+S} \hookrightarrow \mathcal{D}_T \xrightarrow{S} Y$ kompakt. $\diamondsuit$

Wir erinnern daran, dass ein linearer Operator zwischen Hilберträumen genau dann kompakt ist, wenn er schwach konvergente Folgen in Norm-konvergente Folgen abbildet (vgl. [GK], Satz 11.4). Daraus ergibt sich:

Lemma 16.38

Es seien T, S lineare Operatoren in einem Hilbertraum H mit $\mathcal{D}(T) \subseteq \mathcal{D}(S)$, und T sei abgeschlossen. Dann ist S genau dann T-kompakt, wenn gilt

$$\mathcal{D}(T) \ni x_n \xrightarrow{w} 0 \quad und \quad Tx_n \xrightarrow{w} 0 \quad \Rightarrow \quad \|Sx_n\| \to 0. \tag{55}$$

BEWEIS. Die Voraussetzung in (55) bedeutet $x_n \xrightarrow{w} 0$ im Hilbertraum $\mathcal{D}_T$:

Zunächst gelte $\mathcal{D}(T) \ni x_n \xrightarrow{w} 0$ und $Tx_n \xrightarrow{w} 0$ in H. Für $y \in \mathcal{D}(T)$ gilt dann

$$\langle x_n|y\rangle_T = \langle x_n|y\rangle_H + \langle Tx_n|Ty\rangle_H \to 0, \tag{56}$$

also $x_n \xrightarrow{w} 0$ in $\mathcal{D}_T$.

Umgekehrt sei nun $x_n \xrightarrow{w} 0$ in $\mathcal{D}_T$ vorausgesetzt. Für Paare $(y, z) \in \Gamma(T)$ gilt dann $\langle x_n|y\rangle_H + \langle Tx_n|z\rangle_H \to 0$ nach (56), und für $(y, z) \in \Gamma(T)^\perp$ gilt dies erst recht. Man hat also $\langle x_n|y\rangle_H + \langle Tx_n|z\rangle_H \to 0$ für alle $(y, z) \in H \times H$ und insbesondere $x_n \xrightarrow{w} 0$ und $Tx_n \xrightarrow{w} 0$ in H. $\qquad\qquad\Diamond$

Die folgende Aussage über die Invarianz des wesentlichen Spektrums geht im Wesentlichen bereits auf H. Weyl (1909) zurück. Für allgemeinere Resultate in dieser Richtung sei auf [Reed und Simon 1978], XIII.4 verwiesen.

Satz 16.39

Es seien A ein selbstadjungierter Operator in einem Hilbertraum, und V sei symmetrisch und A-kompakt. Dann ist auch $A + V$ selbstadjungiert, A und $A + V$ haben die gleichen Weylschen Folgen, und es ist $\sigma_e(A + V) = \sigma_e(A)$.

BEWEIS. Aufgrund von Lemma 16.37 und Satz 16.31 ist $A + V$ selbstadjungiert. Für eine Weylsche Folge (x_n) in $\mathcal{D}(A)$ für A und $\alpha \in \mathbb{R}$ gelten $\|x_n\| = 1$, $x_n \xrightarrow{w} 0$ und $\|(\alpha I - A)x_n\| \to 0$. Es folgt auch $Ax_n \xrightarrow{w} 0$ und dann $\|Vx_n\| \to 0$ aufgrund von Lemma 16.38. Somit hat man $\|(\alpha I - (A + V))x_n\| \to 0$, und (x_n) ist auch eine Weylsche Folge für $A + V$ und $\alpha \in \mathbb{R}$. Es gilt auch die Umkehrung dieser Aussage, da V nach Lemma 16.37 auch $(A + V)$-kompakt ist. Aufgrund von Satz 16.12 gilt somit $\sigma_e(A + V) = \sigma_e(A)$. $\qquad\qquad\Diamond$

Für Hamilton-Operatoren wie im Satz 16.36 von Kato erhalten wir:

Satz 16.40

In der Situation von Satz 16.36 gelte zusätzlich $\lim\limits_{|x| \to \infty} V(x) = 0$. Dann ist der Multiplikationsoperator M_V sogar $\mathcal{H}_0$-kompakt, und es gilt $\sigma_e(\mathcal{H}_V) = \sigma_e(\mathcal{H}_0) = [0, \infty)$.

BEWEIS. a) Wir wählen $\frac{3}{2} < s < 2$. Theorem 4.11 liefert die stetige Einbettung $H^s(\mathbb{R}^3) \hookrightarrow C_0(\mathbb{R}^3)$. Für $f \in H^s(\mathbb{R}^3)$ folgt wie im Beweis von Satz 16.36

$$\|Vf\|_{L_2} \leq \|V_1 f\|_{L_2} + \|V_2 f\|_{L_2} \leq \|V_1\|_{L_2} \|f\|_{\sup} + \|V_2\|_{\sup} \|f\|_{L_2}$$
$$\leq c\|V_1\|_{L_2} \|f\|_{H^s} + \|V_2\|_{\sup} \|f\|_{L_2} \leq C\|f\|_{H^s},$$

d. h. $M_V : H^s(\mathbb{R}^3) \to L_2(\mathbb{R}^3)$ ist ein beschränkter linearer Operator.

b) Für $k \in \mathbb{N}$ wählen wir $\chi_k \in \mathscr{D}(\mathbb{R}^n)$ mit $0 \leq \chi_k \leq 1$, $\chi_k(x) = 1$ für $|x| \leq k$ und $\chi_k(x) = 0$ für $|x| \geq k+1$. Nach Theorem 4.13 ist der Multiplikationsoperator $M_{\chi_k} : H^2(\mathbb{R}^n) \to H^s(\mathbb{R}^n)$ *kompakt*, und dies gilt dann auch für

$$M_k := M_{\chi_k V} = M_V M_{\chi_k} : H^2(\mathbb{R}^3) \to L_2(\mathbb{R}^3).$$

c) Für $f \in H^2(\mathbb{R}^3)$ gilt nun

$$\begin{aligned}
\| M_V f - M_k f \|_{L_2} &= \| (1 - \chi_k) V f \|_{L_2} \leq \sup_{|x| \geq k} |V(x)| \cdot \| f \|_{L_2} \\
&\leq \sup_{|x| \geq k} |V(x)| \cdot \| f \|_{H^2},
\end{aligned}$$

also $\| M_V - M_k \| \to 0$. Somit ist auch $M_V : H^2(\mathbb{R}^3) \to L_2(\mathbb{R}^3)$ kompakt.

d) Aus Satz 16.39 folgt nun $\sigma_e(\mathcal{H}_V) = \sigma_e(\mathcal{H}_0) = [0, \infty)$. ◇

Abschließend geben wir noch weitere Resultate zum Coulomb-Potential an:

Das Elektron im Wasserstoff-Atom. a) Dieses wird (mit der Elementarladung $e > 0$) beschrieben durch den Hamilton-Operator

$$\mathcal{H} = -\frac{\hbar^2}{2m} \Delta - \frac{e^2}{|x|}, \quad \mathcal{D}(\mathcal{H}_V) = H^2(\mathbb{R}^3).$$

Das Potential $V(x) = -\frac{e^2}{|x|}$ erfüllt offenbar die Bedingungen von Satz 16.40. Es ist also $\mathcal{H}$ selbstadjungiert mit *wesentlichem Spektrum* $\sigma_e(\mathcal{H}) = [0, \infty)$.

b) Für das *diskrete Spektrum* lässt sich

$$\sigma_d(\mathcal{H}) = \{ -\tfrac{me^4}{2\hbar^2 n^2} \mid n = 1, 2, 3, \ldots \} \tag{57}$$

zeigen. Der Eigenraum zum Eigenwert $E_n = -\frac{me^4}{2\hbar^2 n^2}$ hat die Dimension n^2. Diese „entarteten Eigenwerte" E_n können durch das Einschalten konstanter Magnetfelder *(Zeeman-Effekt)* „aufgespalten", andererseits durch die Berücksichtigung des *Spins* „verdoppelt" werden. Hierzu wie auch für eine Diskussion der *Eigenfunktionen, allgemeinerer Atomhüllen* und des *Pauli-Prinzips* sei auf [Triebel 1972], § 36–38 verwiesen.

c) Die Analyse der in Abschnitt 16.2 diskutierten feineren Strukturen des Spektrums ist schwieriger, da diese gegenüber Störungen wesentlich „empfindlicher" sind als das wesentliche Spektrum $\sigma_e(\mathcal{H})$. Trotzdem lässt sich $\sigma_{sc}(\mathcal{H}) = \emptyset$ und $\sigma_p(\mathcal{H}) = \sigma_d(\mathcal{H})$, also auch $\sigma_{ac}(\mathcal{H}) = [0, \infty)$ zeigen. Das *wesentliche Spektrum* $\sigma_e(\mathcal{H}) = [0, \infty)$ von $\mathcal{H}$ ist also *rein absolutstetig*, und das *Punktspektrum* besteht nur aus den in (57) angegebenen *diskreten Punkten* in $[-E_1, 0)$; insbesondere gibt es *keine in* $[0, \infty)$ *eingebetteten Eigenwerte*. Für Beweise dieser Aussagen, auch für allgemeinere Hamilton-Operatoren, verweisen wir auf [Reed und Simon 1978], XIII. 10 und XIII. 13, sowie [Weidmann 1994], Satz 10.30.

16.7 Gelfand-Tripel und verallgemeinerte Eigenvektoren

Mittels Fourier-Transformation lässt sich der Impulsoperator $D = -i\frac{d}{dx}$ eines eindimensionalen Teilchens (wir unterdrücken den Faktor $\hbar$) in der Form

$$Df(x) = \int_{\mathbb{R}} \xi \, \widehat{f}(\xi) \, e^{ix\xi} d\xi \quad \text{für} \quad f(x) = \int_{\mathbb{R}} \widehat{f}(\xi) \, e^{ix\xi} d\xi \in \mathcal{S}(\mathbb{R}) \qquad (58)$$

schreiben. Diese Formel können wir als „Entwicklung des Operators D nach seinen *Eigenfunktionen* $\varphi_\xi(x) = e^{ix\xi}$" interpretieren. In der Tat gilt $D\varphi_\xi = \xi\varphi_\xi$; allerdings liegen diese Eigenfunktionen nicht im Hilbertraum $L_2(\mathbb{R})$.

Eine ähnliche „Entwicklung" gilt für den Ortsoperator

$$Q = M_x : f \mapsto (Qf)(x) = xf(x) = \delta_x(Qf)$$

für z. B. $f \in \mathcal{S}(\mathbb{R})$; dies wird in der Physik gerne so geschrieben:

$$(Qf)(x) = \int_{\mathbb{R}} \lambda f(\lambda) \, \delta_x(\lambda) \, d\lambda \quad \text{mit} \quad f(x) = \int_{\mathbb{R}} f(\lambda) \, \delta_x(\lambda) \, d\lambda.$$

Die δ-Funktionale übernehmen hier die Rolle der „Eigenfunktionen"; in der Tat ist

$$(Q\delta_x)(\psi) = \delta_x(\lambda\psi(\lambda)) = x\psi(x) = x\delta_x(\psi)$$

für alle $\psi \in \mathcal{S}(\mathbb{R})$ (vgl. (2.25)), und daher gilt $Q\delta_x = x\delta_x$ in $\mathcal{S}'(\mathbb{R})$.

Die „Eigenfunktionen" φ_ξ und δ_x liegen nicht in $L_2(\mathbb{R})$, wohl aber in $\mathcal{S}'(\mathbb{R})$. In diesem Abschnitt konstruieren wir für allgemeinere selbstadjungierte Operatoren A in einem Hilbertraum H „Entwicklungen nach verallgemeinerten Eigenvektoren" in einem geeigneten Oberraum von H; dazu vereinfachen und erweitern wir die Argumentation aus [Gelfand und Wilenkin 1964], I. § 4.

Gelfand-Tripel. Es seien H ein Hilbertraum, $\mathcal{G}$ ein lokalkonvexer Raum und $i : \mathcal{G} \hookrightarrow H$ eine stetige Einbettung mit dichtem Bild. Aufgrund der Formeln (9.8) ist dann $i' : H' \to \mathcal{G}'_\beta$ stetig und injektiv, und das Bild $i'(H')$ ist dicht bezüglich der schwach*-Topologie von $\mathcal{G}'$. Nun identifizieren wir den Dualraum H' mit H gemäß dem Rieszschen Darstellungssatz 1.11 und erhalten eine *antilineare* stetige Einbettung $i^\dagger : H \to \mathcal{G}'_\sigma$ mit dichtem Bild; diese ist gegeben durch

$$\langle \varphi, i^\dagger y \rangle := \langle i\varphi | y \rangle \quad \text{für} \quad \varphi \in \mathcal{G} \text{ und } y \in H. \qquad (59)$$

Die so eingeführte Struktur

$$\mathcal{G} \overset{i}{\hookrightarrow} H \overset{i^\dagger}{\hookrightarrow} \mathcal{G}', \quad \text{kurz:} \quad \mathcal{G} \hookrightarrow H \hookrightarrow \mathcal{G}'$$

heißt *Gelfand-Tripel*. Obige Überlegungen zu Impuls- und Ortsoperator wurden in dem Gelfand-Tripel $\mathcal{S}(\mathbb{R}) \hookrightarrow L_2(\mathbb{R}) \hookrightarrow \mathcal{S}'(\mathbb{R})$ durchgeführt.

Verallgemeinerte Eigenvektoren. a) Es seien $\mathcal{G} \hookrightarrow H \hookrightarrow \mathcal{G}'$ ein Gelfand-Tripel und A ein selbstadjungierter Operator in H mit $\mathcal{G} \subseteq \mathcal{D}(A)$ und $A(\mathcal{G}) \subseteq \mathcal{G}$, sodass $A : \mathcal{G} \to \mathcal{G}$ stetig ist. Nach dem *Graphensatz* ist Letzteres automatisch dann der Fall, wenn $\mathcal{G}$ ein *Fréchetraum* oder allgemeiner ein *ultrabornologischer Raum mit Gewebe* ist (vgl. Theorem 7.22 von M. De Wilde). Die Eigenvektoren von $A' : \mathcal{G}' \to \mathcal{G}'$ heißen dann *verallgemeinerte Eigenvektoren* von A. Für $y \in \mathcal{D}(A)$ gilt

$$\langle \varphi, A'i^\dagger y \rangle = \langle A\varphi|y \rangle = \langle \varphi|Ay \rangle \quad \text{für} \ \varphi \in \mathcal{G}$$

nach (59); aus $Ay = \lambda y$ für $\lambda \in \mathbb{R}$ folgt also auch $A'i^\dagger y = \lambda i^\dagger y$.

b) Für $\lambda \in \mathbb{R}$ betrachten wir die *Eigenräume* $E(\lambda) := E_A(\lambda) := N(\lambda I - A') \subseteq \mathcal{G}'$ von A' und definieren für $\varphi \in \mathcal{G}$ eine „*verallgemeinerte Fourier-Transformierte*" durch Einschränkung von $\iota_\mathcal{G}\varphi \in \mathcal{G}''$ auf die Eigenräume von A', d.h.

$$\widehat{\varphi}(\lambda) \in E(\lambda)' \quad \text{durch} \quad \langle \eta, \widehat{\varphi}(\lambda) \rangle := \langle \varphi, \eta \rangle \quad \text{für} \ \lambda \in \mathbb{R} \ \text{und} \ \eta \in E(\lambda). \tag{60}$$

Wie in (58) wird dann A in den Multiplikationsoperator mit λ transformiert; wegen

$$\langle \eta, \widehat{A\varphi}(\lambda) \rangle = \langle A\varphi, \eta \rangle = \langle \varphi, A'\eta \rangle = \lambda \langle \varphi, \eta \rangle = \lambda \langle \eta, \widehat{\varphi}(\lambda) \rangle \quad \text{für} \ \eta \in E(\lambda) \quad \text{gilt}$$

$$\widehat{A\varphi}(\lambda) = \lambda \widehat{\varphi}(\lambda) \quad \text{für} \ \lambda \in \mathbb{R}. \tag{61}$$

c) Der Operator A besitzt ein *vollständiges* System verallgemeinerter Eigenvektoren in $\mathcal{G}'$, wenn alle Vektoren $\varphi \in \mathcal{G}$ durch ihre Wirkungen $\widehat{\varphi}(\lambda)$ auf diese *eindeutig bestimmt* sind, wenn also die verallgemeinerte Fourier-Transformation *injektiv* ist. Dies ist dazu äquivalent, dass $[E(\lambda) \mid \lambda \in \mathbb{R}]$ in $\mathcal{G}'_\sigma$ *dicht* ist.

Unitäre Transformation. Nach dem Spektralsatz 16.5 gibt es zu jedem selbstadjungierten Operator A in H einen Raum $L_2(\mathbb{R} \times J, \mu)$ und einen unitären Operator $U : H \to L_2(\mathbb{R} \times J, \mu)$ mit $UAU^{-1} = M_\lambda^J$. Nun seien $\mathcal{G} \hookrightarrow H \hookrightarrow \mathcal{G}'$ ein Gelfand-Tripel mit $\mathcal{G} \subseteq \mathcal{D}(A)$ und $A(\mathcal{G}) \subseteq \mathcal{G}$, sodass $A : \mathcal{G} \to \mathcal{G}$ stetig ist. Wir versehen $\mathcal{K} := U\mathcal{G}$ mit der durch U transportierten lokalkonvexen Struktur von $\mathcal{G}$ und erhalten ein Gelfand-Tripel $\mathcal{K} \hookrightarrow L_2(\mathbb{R} \times J, \mu) \hookrightarrow \mathcal{K}'$. Offenbar gelten $\mathcal{K} \subseteq \mathcal{D}(M_\lambda^J)$ sowie $M_\lambda^J(\mathcal{K}) \subseteq \mathcal{K}$, und $M_\lambda^J : \mathcal{K} \to \mathcal{K}$ ist stetig.

Dirac-Funktionale und Entwicklungen. a) Ist nun in dieser Situation ein Dirac-Funktional $\delta_{\lambda,j}$ stetig auf $\mathcal{K}$ definiert, so gilt für $\psi \in \mathcal{K}$

$$\langle \psi, M_\lambda^{J'} \delta_{\lambda,j} \rangle = \langle M_\lambda^J \psi, \delta_{\lambda,j} \rangle = \lambda \psi(\lambda, j) = \langle \psi, \lambda \delta_{\lambda,j} \rangle.$$

Somit ist das Dirac-Funktional $\delta_{\lambda,j} \in \mathcal{K}'$ ein verallgemeinerter Eigenvektor von M_λ^J, und $\eta_{\lambda,j} := U'\delta_{\lambda,j} \in \mathcal{G}'$ ist ein verallgemeinerter Eigenvektor von A zum Eigenwert $\lambda \in \mathbb{R}$. Für $\varphi \in \mathcal{G}$ gilt

$$\langle \eta_{\lambda,j}, \widehat{\varphi}(\lambda) \rangle = \langle U'\delta_{\lambda,j}, \widehat{\varphi}(\lambda) \rangle = \langle \varphi, U'\delta_{\lambda,j} \rangle = \langle U\varphi, \delta_{\lambda,j} \rangle = U\varphi(\lambda, j). \tag{62}$$

b) Sind nun für μ-fast alle Elemente $(\lambda, j) \in \mathbb{R} \times J$ die Dirac-Funktionale $\delta_{\lambda, j}$ auf $\mathcal{K}$ stetig, so ist das System $\{\eta_{\lambda, j}\}$ dieser verallgemeinerten Eigenvektoren in $\mathcal{G}'$ aufgrund von (62) *vollständig*. Weiter gilt für $\vartheta, \varphi \in \mathcal{G}$

$$
\begin{aligned}
\langle \vartheta, i^{\dagger} i \varphi \rangle &= \langle \vartheta | \varphi \rangle_H = \langle U\vartheta | U\varphi \rangle_{L_2} = \int_{\mathbb{R} \times J} U\vartheta(\lambda, j) \, \overline{U\varphi(\lambda, j)} \, d\mu(\lambda, j) \\
&= \sum_{j \in J} \int_{\mathbb{R}} \langle \eta_{\lambda, j}, \widehat{\vartheta}(\lambda) \rangle \, \overline{\langle \eta_{\lambda, j}, \widehat{\varphi}(\lambda) \rangle} \, d\mu_j(\lambda) \\
&= \sum_{j \in J} \int_{\mathbb{R}} \langle \vartheta, \overline{\langle \eta_{\lambda, j}, \widehat{\varphi}(\lambda) \rangle} \, \eta_{\lambda, j} \rangle \, d\mu_j(\lambda) .
\end{aligned}
$$

Für $\varphi \in \mathcal{G}$ gilt daher wegen $i^{\dagger} i A \varphi = A' i^{\dagger} i \varphi$ in $\mathcal{G}'_\sigma$ die Entwicklung

$$
i^{\dagger} i A \varphi = \sum_{j \in J} \int_{\mathbb{R}} \lambda \, \overline{\langle \varphi, \eta_{\lambda, j} \rangle} \, \eta_{\lambda, j} \, d\mu_j(\lambda) \quad \text{für} \quad i^{\dagger} i \varphi = \sum_{j \in J} \int_{\mathbb{R}} \overline{\langle \varphi, \eta_{\lambda, j} \rangle} \, \eta_{\lambda, j} \, d\mu_j(\lambda) .
$$

Hier tritt komplexe Konjugation auf, weil $i^{\dagger}$ antilinear ist. Wir können auch schreiben:

$$
A\varphi = \sum_{j \in J} \int_{\mathbb{R}} \lambda \, \langle \varphi, \eta_{\lambda, j} \rangle \, \eta_{\lambda, j} \, d\mu_j(\lambda) \quad \text{für} \quad \varphi = \sum_{j \in J} \int_{\mathbb{R}} \langle \varphi, \eta_{\lambda, j} \rangle \, \eta_{\lambda, j} \, d\mu_j(\lambda) . \tag{63}
$$

Weiter gilt nach (62) ein *Satz von Plancherel*:

$$
\| \varphi \|_H^2 = \| U\varphi \|_{L_2}^2 = \sum_{j \in J} \int_{\mathbb{R}} |\langle \varphi, \eta_{\lambda, j} \rangle|^2 \, d\mu_j(\lambda) \quad \text{für} \quad \varphi \in \mathcal{G} . \tag{64}
$$

Wir zeigen nun in Satz 16.42, dass die Annahme aus b) zutrifft, falls $\mathcal{G}$ ein *nuklearer* Raum ist. Daraus ergibt sich dann der folgende *Entwicklungssatz*:

Theorem 16.41

Es seien $\mathcal{G}$ ein nuklearer Raum, $\mathcal{G} \hookrightarrow H \hookrightarrow \mathcal{G}'$ ein Gelfand-Tripel und A ein selbst-adjungierter Operator in H mit $\mathcal{G} \subseteq \mathcal{D}(A)$ und $A(\mathcal{G}) \subseteq \mathcal{G}$, sodass $A : \mathcal{G} \to \mathcal{G}$ stetig ist. Dann besitzt A ein vollständiges System $\{\eta_{\lambda, j} \mid \lambda \in \mathbb{R}, j \in J\}$ verallgemeinerter Eigenvektoren in $\mathcal{G}'$, und es gelten die Entwicklung (63) sowie die Plancherel-Formel (64).

Satz 16.42

Es seien $\mathcal{K}$ ein nuklearer Raum und $\mathcal{K} \hookrightarrow L_2(\Omega, \mu) \hookrightarrow \mathcal{K}'$ ein Gelfand-Tripel. Dann sind für μ-fast alle Elemente $t \in \Omega$ die Dirac-Funktionale δ_t auf $\mathcal{K}$ stetig definiert.

BEWEIS. a) Es gibt eine stetige Halbnorm q auf $\mathcal{K}$ mit $\| i\psi \|_{L_2} \leq C \, q(\psi)$ für $\psi \in \mathcal{K}$, und wegen der Injektivität von i ist q eine Norm. Aufgrund der Nuklearität von $\mathcal{K}$ existiert eine stetige Norm p auf $\mathcal{K}$, sodass die verbindende Abbildung $\widehat{\rho}_p^q : \widehat{\mathcal{K}}_p \to \widehat{\mathcal{K}}_q$ nuklear ist. Es gibt also stetige Linearformen $\eta_k \in (\widehat{\mathcal{K}}_p)' \cong \mathcal{K}_p'$ auf $\mathcal{K}$ mit $\eta_k \in U_p^\circ$, Äquivalenzklassen $f_k \in L_2(\Omega, \mu)$ mit $\| f_k \|_{L_2} \leq 1$ sowie Zahlen s_k mit o. E. $s_k \geq 0$ und $\sum_{k=0}^{\infty} s_k < \infty$, sodass die folgende nukleare Entwicklung gilt:

$$
i\psi = \sum_{k=0}^{\infty} s_k \, \langle \psi, \eta_k \rangle \, f_k \quad \text{für} \quad \psi \in \mathcal{K} . \tag{65}
$$

b) Wir wählen nun Repräsentanten $F_k \in \mathcal{L}_2(\Omega, \mu)$ der Klassen $f_k \in L_2(\Omega, \mu)$ und zeigen die Konvergenz der Reihe $\sum_k s_k | F_k(t) |$ für μ-fast alle $t \in \Omega$: Es ist

$$(\sum_{k=0}^{\infty} s_k | F_k(t) |)^2 \leq (\sum_{k=0}^{\infty} s_k) \cdot (\sum_{k=0}^{\infty} s_k | F_k(t) |^2)$$

aufgrund der Schwarzschen Ungleichung. Weiter gilt

$$\sum_{k=0}^{\infty} s_k \int_{\Omega} | F_k(t) |^2 \, d\mu(t) \leq \sum_{k=0}^{\infty} s_k < \infty ,$$

und nach dem *Satz von B. Levi* ist $\sum_k s_k | F_k(t) |^2$ μ-fast überall konvergent.

c) Nach b) gilt $\sum_{k=0}^{\infty} s_k | F_k(t) | \, \| \eta_k \|_{\mathcal{K}'_p} < \infty$ für μ-fast alle $t \in \Omega$, und daher existiert

$\delta_t := \sum_{k=0}^{\infty} s_k F_k(t) \, \eta_k \in \mathcal{K}'_p$ für diese t. Wegen (65) ist für $\psi \in \mathcal{K}$ die μ-fast überall definierte Funktion $t \mapsto \langle \psi, \delta_t \rangle$ ein Repräsentant von $i\psi \in L_2(\Omega, \mu)$, und somit ist die Behauptung gezeigt. $\diamond$

Ein interessanter Spezialfall von Theorem 16.41 ist:

Satz 16.43
Es seien $\Omega \subseteq \mathbb{R}^n$ offen, $a_\alpha \in \mathcal{C}^\infty(\Omega)$ und $P(x, \partial) := \sum_{|\alpha| \leq m} a_\alpha(x) \partial^\alpha$ ein auf $\mathscr{D}(\Omega)$ symmetrischer Differentialoperator, d. h. es gelte $\langle P(x, \partial)\varphi | \psi \rangle = \langle \varphi | P(x, \partial)\psi \rangle$ für alle $\varphi, \psi \in \mathscr{D}(\Omega)$. Kann dann $P(x, \partial)$ zu einem selbstadjungierten Operator A in $L_2(\Omega)$ erweitert werden, so besitzt A ein vollständiges System verallgemeinerter „Eigendistributionen" in $\mathscr{D}'(\Omega)$.

Nach Satz 16.22 existiert eine selbstadjungierte Erweiterung von $P(x, \partial)$ dann, wenn die a_α reellwertig sind. Dies gilt insbesondere für *Hamilton-Operatoren;* hat etwa ein Potential $V \in \mathcal{C}^\infty(\mathbb{R}^n \backslash \{0\}, \mathbb{R})$ nur in 0 eine Singularität, so besitzt der Hamilton-Operator $\mathcal{H} = -\frac{\hbar^2}{2m} \Delta + V$ ein vollständiges System verallgemeinerter „Eigendistributionen" in $\mathscr{D}'(\mathbb{R}^n \backslash \{0\})$.

16.8   Aufgaben

Aufgabe 16.1
Es seien $\Omega \subseteq \mathbb{R}^n$ eine offene Menge und m das Lebesgue-Maß auf Ω. Zeigen Sie $W_m(f) = \overline{f(\Omega)}$ für eine stetige Funktion $f \in \mathcal{C}(\Omega)$.

Aufgabe 16.2
Es sei A ein selbstadjungierter Operator mit Spektralmaß E. Für eine Borel-messbare Funktion $f \in \mathcal{B}(\sigma(A))$ heißt $\| f \|_E := \sup \{ | \lambda | \mid \lambda \in W_E(f) \}$ das E-wesentliche *Supremum* von $| f |$. Zeigen Sie

$$\| f \|_E = \sup \{ \| f(A)x \| \mid x \in \mathcal{D}(A), \| x \| \leq 1 \} .$$

Aufgabe 16.3

Verifizieren Sie die Vertauschung der Integrationsreihenfolge am Ende des Beweises von Satz 16.7.

Aufgabe 16.4

Es seien $\sigma \subseteq \mathbb{R}$ abgeschlossen und $\sigma_p \subseteq \mathbb{R}$ eine beliebige Menge. Konstruieren Sie einen selbstadjungierten Operator A mit $\sigma_p(A) = \sigma_p$ und $\sigma(A) = \sigma \cup \overline{\sigma_p}$.

Aufgabe 16.5

Es seien Σ, Σ' σ-Algebren in den Mengen Ω, Ω', $h : \Omega \to \Omega'$ eine (Σ, Σ')-messbare Abbildung und $E : \Sigma \to L(H)$ ein Spektralmaß. Zeigen Sie, dass die folgende Definition ein Spektralmaß auf Σ' liefert: $E'(\delta') := E(h^{-1}(\delta'))$ für $\delta' \in \Sigma'$.

Aufgabe 16.6

Es sei $P \in \mathcal{P}_n$ ein nicht konstantes reelles Polynom. Zeigen Sie, dass das Spektrum des Multiplikationsoperators M_P in $L_2(\mathbb{R}^n)$ ein abgeschlossenes Intervall in $\mathbb{R}$ und rein absolutstetig ist. Folgern Sie diese Aussage auch für den Differentialoperator $P(D)$.

Aufgabe 16.7

Es sei A ein selbstadjungierter Operator in H.

a) Zeigen Sie $\sigma(A_p) = \overline{\sigma_p(A)}$ und finden Sie einen Operator mit $\sigma(A_p) \neq \sigma_p(A)$.

b) Gilt $\sigma_c(A) = \sigma_{co}(A)$ für beschränkte selbstadjungierte Operatoren (vgl. S. 413)?

c) Zeigen Sie $\sigma_e(A) = \sigma_c(A) \cup (\overline{\sigma_p(A)} \backslash \sigma_d(A))$.

Aufgabe 16.8

Es sei A ein selbstadjungierter Operator mit Spektralmaß E. Zeigen Sie:

a) Ist $\dim E(a, b)H = m < \infty$, so besteht $\sigma(A) \cap (a, b)$ aus endlich vielen Eigenwerten, und m ist die Summe von deren Vielfachheiten.

b) Ist $\dim E[a, b]H = \infty$, so ist $\sigma_e(A) \cap [a, b] \neq \emptyset$.

Aufgabe 16.9

Zeigen Sie, dass für den freien Hamilton-Operator in $L_2(\mathbb{R}^n)$ die Schrödinger-Gleichung $\partial_t f = i \Delta_x f$ mit der Anfangsbedingung $f(0) = f_0$ diese Lösung besitzt:

$$e^{it\Delta} f_0(x, t) \;=\; (4\pi i t)^{-\frac{n}{2}} \int_{\mathbb{R}^n} \exp\!\left(\frac{i\,|\,x - y\,|^2}{4t}\right) f_0(y)\, d^n y\,.$$

Aufgabe 16.10

Bestimmen Sie den infinitesimalen Generator der durch $U(t) : f(s) \mapsto f(t + s)$ auf $L_2(\mathbb{R})$ definierten unitären Gruppe.

Aufgabe 16.11

Es seien A ein selbstadjungierter Operator und $U(t) = e^{iAt}$ für $t \in \mathbb{R}$. Zeigen Sie

$$\mathcal{D}(A) \;=\; \{x \in H \mid \lim_{h \to 0} \tfrac{U(h)x - x}{h} \text{ existiert}\}\,.$$

Aufgabe 16.12

Es seien A ein selbstadjungierter Operator in H und $V \subseteq H$ ein abgeschlossener Unterraum, der für alle $t \in \mathbb{R}$ unter e^{itA} invariant ist. Zeigen Sie, dass A durch V reduziert wird.

Aufgabe 16.13

Es seien A und B selbstadjungierte Operatoren mit Spektralmaßen E und F.

a) Zeigen Sie die Äquivalenz der folgenden Aussagen:

① Es gilt $E(\delta)F(\eta) = F(\eta)E(\delta)$ für alle $\delta, \eta \in \mathfrak{B}(\mathbb{R})$.

② Es gilt $R_A(\lambda)R_B(\mu) = R_B(\mu)R_A(\lambda)$ für alle $\lambda, \mu \in \mathbb{C}\backslash\mathbb{R}$.

③ Es gilt $e^{itA}e^{isB} = e^{isB}e^{itA}$ für alle $t, s \in \mathbb{R}$.

HINWEIS für „③ $\Rightarrow$ ①": Zeigen Sie $\widehat{f}(A)\widehat{g}(B) = \widehat{g}(B)\widehat{f}(A)$ für alle Funktionen $f, g \in \mathcal{S}(\mathbb{R}, \mathbb{R})$ mittels $\langle \widehat{f}(A)x|y \rangle = \int_{\mathbb{R}} f(t)\langle e^{itA}x|y \rangle\, dt$ für alle $x, y \in H$.

b) Zeigen Sie, dass für *beschränkte* Operatoren die Bedingungen ①–③ zu $AB = BA$ äquivalent sind.

Die Operatoren A und B heißen *vertauschbar*, falls ①–③ gelten. Nach Resultaten von E. Nelson (1959) ist für *unbeschränkte* Operatoren dies nicht ohne weiteres dazu äquivalent, dass $ABx = BAx$ auf einem geeigneten Definitionsbereich gilt, vgl. dazu [Reed und Simon 1972], VIII.5.

Aufgabe 16.14

Für einen abgeschlossenen linearen Operator T in H sei $Q(\lambda)$ die orthogonale Projektion auf $N(\bar{\lambda}I - T^*)$. Zeigen Sie, dass Q auf $P(T)$ reell-analytisch von λ abhängt.

Aufgabe 16.15

Es seien P_1, P_2 orthogonale Projektoren in $L(H)$ mit $\| P_1 - P_2 \| < 1$. Zeigen Sie $\dim R(P_1) = \dim R(P_2)$.

Dies gilt auch für beliebige Projektoren auf Banachräumen, vgl. [Kato 1980], IV § 2.2 für eine noch allgemeinere Aussage.

Aufgabe 16.16

Für $-\infty \leq a < b \leq +\infty$ sei der Operator $A : f \mapsto if'$ auf $\mathcal{D}(A) := \mathscr{D}(a, b)$ gegeben.

a) Zeigen Sie, dass A symmetrisch ist und $\mathcal{D}(\overline{A}) = W_0^1(a, b)$ gilt.

b) Berechnen Sie die Defekt-Indizes von $\overline{A}$. Wann ist $\overline{A}$ selbstadjungiert und wann besitzt $\overline{A}$ selbstadjungierte Erweiterungen?

c) Geben Sie im Fall $-\infty < a < b < +\infty$ alle selbstadjungierten Erweiterungen von $\overline{A}$ gemäß Theorem 16.21 explizit an und vergleichen Sie das Ergebnis mit den Überlegungen in [GK], S. 269/70.

Aufgabe 16.17

Für $n \in \mathbb{N}$ sei A_n ein symmetrischer Operator im Hilbertraum H_n. In $H := \bigoplus_2 H_n$ sei

$$A := \bigoplus_2 A_n \quad \text{mit} \quad \mathcal{D}(A) := \{(x_1, \ldots, x_r, 0, 0, \ldots) \mid r \in \mathbb{N}, \, x_j \in \mathcal{D}(A_j)\}.$$

Zeigen Sie, dass A symmetrisch ist mit $\gamma_\pm(A) = \sum_n \gamma_\pm(A_n)$. Schließen Sie, dass es zu beliebigen $n, m \in \mathbb{N}_0 \cup \{\infty\}$ einen symmetrischen Operator A mit $\gamma_+(A) = n$ und $\gamma_-(A) = m$ gibt.

Aufgabe 16.18

Die *Cayley-Transformierte* eines symmetrischen Operators A im Hilbertraum H wird definiert durch $V := -(iI - A)(iI + A)^{-1}$. Zeigen Sie:

a) Es ist $V : R(iI + A) \to R(iI - A)$ isometrisch, und $R(I - V)$ ist dicht in H.

b) Es sei $V : \mathcal{D}(V) \to R(V)$ isometrisch, und $R(I - V)$ sei dicht in H. Dann ist V die *Cayley-Transformierte* des symmetrischen Operators $A = i(I + V)(I - V)^{-1}$.

c) Die folgenden Aussagen sind äquivalent:

① A ist abgeschlossen.   ② V ist abgeschlossen.

③ $\mathcal{D}(V) = R(iI + A)$ ist abgeschlossen.   ④ $R(V) = R(iI - A)$ ist abgeschlossen.

d) A ist genau dann selbstadjungiert, wenn V unitär ist.

Aufgabe 16.19

Zeigen Sie $H^2(\mathbb{R}) \cap \mathcal{D}(M_V) \subseteq \mathcal{D}(\overline{A})$ für den Operator A aus Satz 16.29.

Aufgabe 16.20

Zeigen Sie $\mathcal{D}(A_F) = \{f \in W_0^1(\Omega) \mid Af \in L_2(\Omega)\}$ für den Operator A aus Satz 16.32 und sogar $\mathcal{D}(A_F) = W^2(\Omega) \cap W_0^1(\Omega)$ im Fall konstanter Koeffizienten.

Aufgabe 16.21

a) Gilt Satz 16.40 ohne die Bedingung „$\lim\limits_{|x| \to \infty} V(x) = 0$"?

b) Zeigen Sie $\beta_\Delta(i) = 0$ für die Einbettung $i : H^2(\mathbb{R}^3) \to L_2(\mathbb{R}^3)$. Ist diese kompakt?

Aufgabe 16.22

Wann besitzt ein auf $\mathbb{R}^n$ definierter Differentialoperator $P(x, \partial)$ wie in Satz 16.43 eine selbstadjungierte Fortsetzung mit einem vollständiges System verallgemeinerter „Eigendistributionen" in $\mathcal{S}'(\mathbb{R}^n)$?

Literaturverzeichnis

Abels H. (2012): *Pseudodifferential and Singular Integral Operators*. De Gruyter, Berlin-Boston.

Abramovich Y.A. und Aliprantis C.D. (2002a): *An Invitation to Operator Theory*. AMS Graduate Studies in Mathematics 50.

Abramovich Y.A. und Aliprantis C.D. (2002b): *Problems in Operator Theory*. AMS Graduate Studies in Mathematics 51.

Adams R. und Fournier J.J.F. (2003)[2]: *Sobolev spaces*. Academic Press, New York-London. [1]

Aiena P. (2004): *Fredholm and Local Spectral Theory, with Applications to Multipliers*. Kluwer Academic Publishers, Dordrecht.

Albiac F. und Kalton N.J. (2006): *Topics in Banach Space Theory*. Springer, Berlin-Heidelberg-New York.

Alfsen E.M. (1971): *Compact Convex Sets and Boundary Integrals*. Springer, Berlin-Heidelberg-New York.

Allan G.R. (1967): *Holomorphic vector-valued functions on a domain of holomorphy*. J. London Math. Soc. 42, 509-513.

Allan G.R. (1968): *Ideals of vector valued function*. Proc. London Math. Soc. 18, 193-216 (1968).

Allan G.R. (2011): *Introduction to Banach spaces and Algebras (prepared by H.G. Dales)*. Oxford Graduate Texts in Mathematics.

Alt H.W. (1991)[2] : *Lineare Funktionalanalysis*. Springer, Berlin-Heidelberg-New York.

Argyros S.A. und Haydon R.G. (2009): *A hereditarily indecomposable $\mathscr{L}_\infty$ -space that solves the scalar-plus-compact problem*. arXiv:0903.3921

Arveson W. (1976): *An Invitation to C^* -Algebras*. Springer, Berlin-Heidelberg-New York (Nachdruck: 1998).

Arveson W. (2002): *A Short Course on Spectral Theory*. Springer, Berlin-Heidelberg-New York.

Atzmon A. (1983): *An operator without invariant subspaces on a nuclear Fréchet space*. Annals of Math. 117, 669-694.

Bart H., Kaashoek M.A. und Lay D.C. (1975): *Relative inverses of meromorphic operator functions and associated holomorphic projection functions*. Math. Ann. 218, 199-210.

Bartle R.G. und Graves R.M. (1952): *Mappings between function spaces*. Transactions Am. Math. Soc. 72, 400-413.

Beauzamy B. (1988): *Introduction to Operator Theory and Invariant Subspaces*. North Holland, Amsterdam.

Bierstedt K.D. (2007): *Introduction to Topological Tensor Products*. Vorlesung Universität Paderborn.

Blackadar B. (2010): *Operator Algebras: Theory of C^* -Algebras and von Neumann Algebras*. Springer, Berlin-Heidelberg-New York.

Bonet J. und Dománski P. (2006): *Parameter dependence of solutions of differential equations on spaces of distributions and the splitting of short exact sequences*. J. Funct. Anal. 30, 329-381.

Bonet J. und Dománski P. (2008): *The splitting of exact sequences of PLS-spaces and smooth dependence of solutions of linear partial differential equations*. Adv. Math. 217, 561-585

Bonic R., Frampton J. und Tromba A. (1969): *Λ -Manifolds*. J. Funct. Anal. 3, 310-320.

Booß B. (1977): *Topologie und Analysis. Einführung in die Atiyah-Singer-Indexformel*. Springer, Berlin-Heidelberg-New York.

Böttcher A. und Silbermann B. (2006): *Analysis of Toeplitz Operators*. Springer, Berlin-Heidelberg-New York.

---

[1]Die kleinen Exponenten bezeichnen die jeweilige Auflage eines Buches.

Brezis H. (2010): *Functional Analysis, Sobolev Spaces and Partial Differential Equations.* Springer, Berlin-Heidelberg-New York.

Bukhvalov A.V. und Danilevich A.A. (1982): *Boundary properties of analytic and harmonic functions with values in Banach spaces.* Math. Notes 31, 104-110.

Bungart L. (1964): *Holomorphic functions with values in locally convex spaces and applications to integral formulas.* Transactions AMS 111, 317-344.

Carl B. und Stephani I. (1990): *Entropy, Compactness and the Approximation of Operators.* Cambridge University Press.

Connes A. (1990): *Géometrie non commutative.* InterEditions, Paris.

Colojoară I. und Foiaş C. (1968): *Theory of Generalized Spectral Operators.* Gordon & Breach, New York.

Cordes H.O. (1979): *Elliptic Pseudo-Differential Operators: An Abstract Theory.* Springer Lecture Notes 756 (Nachdruck: 2009).

Cycon H.L., Froese R.G., Kirsch W. und Simon B. (1987): *Schrödinger Operators with Applications to Quantum Mechanics and Global Geometry.* Springer, Berlin-Heidelberg-New York (Nachdruck: 2009).

Dales H.G. (2001): *Banach Algebras and Automatic Continuity.* Oxford University Press.

Defant A. und Floret K. (1993): *Tensor Norms and Operator Ideals.* Elsevier, North Holland Math. Studies 176.

De Wilde M. (1978): *Closed Graph Theorems and Webbed Spaces.* Chapman & Hall, London.

Diestel J. (1984): *Sequences and Series in Banach Spaces.* Springer, Berlin-Heidelberg-New York.

Diestel J. und Uhl J.J. (1977): *Vector Measures.* AMS Math. Surveys 15, Providence, Rhode Island.

Dieudonné J. (1942): *La dualité dans les espaces vectoriels topologiques.* Ann. Sci. Ecole Norm. Sup. 59, 107-139.

Dieudonné J. und Schwartz L. (1949): *La dualité dans les espaces (F) et (LF).* Ann. Inst. Fourier 1, 61-101.

Dobrowolski M. (2006): *Angewandte Funktionalanalysis.* Springer, Berlin-Heidelberg-New York.

Douglas R.G. (1998)[2]: *Banach Algebra Techniques in Operator Theory.* Springer, Berlin-Heidelberg-New York.

Dunford N. und Schwartz J.T. (1958): *Linear Operators I: General Theory.* Interscience, New York (Nachdruck: Wiley 1988).

Dunford N. und Schwartz J.T. (1963): *Linear Operators II: Spectral Theory.* Interscience, New York (Nachdruck: Wiley 1988).

Dunford N. und Schwartz J.T. (1971): *Linear Operators III: Spectral Operators.* Interscience, New York (Nachdruck: Wiley 1988).

Duren P.L. (1970): *Theory of H^p-spaces.* Academic Press, New York-London. Math. Nachr. 126, 231-239.

Ehrenpreis L. (1954): *Solutions of some problems of division I.* Amer. J. Math. 76, 883-903.

Enflo P. (1973): *A counterexample to the approximation problem in Banach spaces.* Acta Math. 130, 309-317.

Enflo P. (1987): *On the invariant subspaces problem for Banach spaces.* Acta Math. 158, 213-313.

Engel K.-J. und Nagel R. (1999): *One Parameter Semigroups for Linear Evolution Equations.* Springer, Berlin-Heidelberg-New York.

Eschmeier J. und Putinar M. (1996): *Spectral Decompositions and Analytic Sheaves.* Oxford University Press.

Floret K. und König Heinz (1994): *There is no natural topology on duals of locally convex spaces.* Arch. Math. 62, 459-461.

Floret K. und Wloka J. (1968): *Einführung in die Theorie der lokalkonvexen Räume.* Springer Lecture Notes in Mathematics 56.

Frampton J. und Tromba A. (1972): *On the classification of spaces of Hölder continuous functions.* J. Funct. Anal. 10, 336-345.

Gamelin T.W. (2005)[2]: *Uniform Algebras.* Oxford University Press.

Garnett J.B. (2007): *Bounded Analytic Functions.* Springer, Berlin-Heidelberg-New York.

Gelfand I.M. und Wilenkin N.J. (1964): *Verallgemeinerte Funktionen (Distributionen) IV*. Deutscher Verlag der Wissenschaften, Berlin.

Gilbarg D. und Trudinger N.S. (1983)[2]: *Elliptic Partial Differential Equations of Second Order*. Springer, Berlin-Heidelberg-New York.

Gohberg I., Goldberg S. und Kaashoek M.A. (1990): *Classes of Linear Operators I*. Birkhäuser, Basel-Boston.

Gohberg I., Goldberg S. und Kaashoek M.A. (1993): *Classes of Linear Operators II*. Birkhäuser, Basel-Boston.

Gohberg I., Goldberg S. und Kaashoek M.A. (2003): *Basic Classes of Linear Operators*. Birkhäuser, Basel-Boston.

Gohberg I. und Krein M.G. (1969): *Introduction to the Theory of Linear Nonselfadjoint Operators*. AMS Translations of Math. Monographs 18.

Gohberg I. und Leiterer J. (2009): *Holomorphic Operator Functions of One Variable and Applications*. Birkhäuser, Basel-Boston.

Gohberg I. und Sigal E.I. (1971): *An operator generalization of the logarithmic residue theorem and the theorem of Rouché*. Math. USSR Sbornik 13, 603-625.

Gordon C.S., Webb D.L. und Wolpert S.A. (1992): *You can't hear the shape of a drum*. Bull. Am. Math. Soc. 27 (1), 134-138.

Gowers T.W. und Maurey B. (1993): *The unconditional basic sequence problem*. J. Amer. Math. Soc. 6, 851-874.

Gramsch B. (1970): *Meromorphie in der Theorie der Fredholmoperatoren mit Anwendungen auf elliptische Differentialoperatoren*. Math. Ann. 188, 97-112.

Gramsch B. (1973): *Ein Zerlegungssatz für Resolventen elliptischer Operatoren*. Math. Z. 133, 219-242.

Gramsch B. (1975): *Inversion von Fredholmfunktionen bei stetiger und holomorpher Abhängigkeit von Parametern*. Math. Ann. 214, 95-147.

Gramsch B. (1977): *Ein Schwach-Stark-Prinzip der Dualitätstheorie lokalkonvexer Räume als Fortsetzungsmethode*. Math. Z. 156, 217-230.

Gramsch B. (1984): *Relative Inversion in der Störungstheorie von Operatoren und Ψ-Algebren*. Math. Ann. 269, 27-71.

Gramsch B. und Kaballo W. (1989): *Decomposition of meromorphic Fredholm resolvents and Ψ*-algebras*. Integral Eq. Operator Th. 12, 23-41.

Große-Erdmann K.-G. (2004): *A weak criterion for vector-valued holomorphy*. Math. Proc. Cambridge Phil. Soc. 136, 399-411.

Grothendieck A. (1954): *Sur les espaces (F) et (DF)*. Summa Brasil. Math. 3, 57-123.

Grothendieck A. (1955): *Produits tensoriels topologiques et espaces nucléaires*. Mem. Am. Math. Soc. 16.

Grothendieck A. (1956): *Résumé de la théorie métrique des produits tensoriels topologiques*. Bol. Soc. Mat. São Paulo 8, 1-79.

Grothendieck A. (1973): *Topological Vector Spaces*. Gordon and Breach, New York.

Gunning H. und Rossi R. (1965): *Analytic functions of several complex variables*. Prentice Hall, Englewood Cliffs (Nachdruck: AMS 2009).

Haroske D. und Triebel H. (2008): *Distributions, Sobolev spaces, Elliptic equations*. EMS Textbook, Zürich.

Helmberg G. (2008): *Introduction to Spectral Theory in Hilbert Spaces*. Dover Books on Mathematics.

Hoffmann D. und Schäfke F.W. (1992): *Integrale*. BI, Mannheim.

Hoffmann K. (1962): *Banach spaces of analytic functions*. Prentice Hall, Englewood Cliffs.

Hörmander L. (1958): *On the division of distributions by polynomials*. Ark. Mat. 3, 555-568.

Hörmander L. (1964): *Linear Partial Differential Operators*. Springer, Berlin-Heidelberg-New York.

Hörmander L. (1973)[2]: *Introduction to Complex Analysis in Several Variables*. Elsevier.

Hörmander L. (1983a): *The Analysis of Linear Partial Differential Operators I*. Springer, Berlin-Heidelberg-New York.

Hörmander L. (1983b): *The Analysis of Linear Partial Differential Operators II*. Springer, Berlin-Heidelberg-New York.

Hörmander L. (1985a): *The Analysis of Linear Partial Differential Operators III*. Springer, Berlin-Heidelberg-New York.

Hörmander L. (1985b): *The Analysis of Linear Partial Differential Operators IV*. Springer, Berlin-Heidelberg-New York.

Horváth J. (1966): *Topological Vector Spaces and Distributions I*. Addison-Wesley, Reading.

Jacob B. und Zwart H.J. (2012): *Linear Port-Hamiltonian Systems on Infinite-dimensional Spaces*. Springer, Basel.

Jacob N. (1995): *Lineare partielle Differentialgleichungen*. Akademie-Verlag, Berlin.

Jarchow H. (1981): *Locally Convex Spaces*. Teubner, Stuttgart.

Kaballo W. (1976): *Projektoren und relative Inversion holomorpher Semi-Fredholm-Funktionen*. Math. Ann. 219, 85-96.

Kaballo W. (1977): *Lifting theorems for vector valued functions and the ε-tensor product*. In Functional analysis: Surveys and recent results I. North Holland Math. Studies 27, 149-166.

Kaballo W. (1979): *Lifting-Sätze für Vektorfunktionen und (εL)-Räume*. J. reine angew. Math. 309, 55-85.

Kaballo W. (1980): *Lifting-Probleme für H^∞-Funktionen*. Arch. Math. 34, 540-549.

Kaballo W. (1997): *Einführung in die Analysis II*. Spektrum-Verlag, Heidelberg.

Kaballo W. (1999): *Einführung in die Analysis III*. Spektrum-Verlag, Heidelberg.

Kaballo W. (2000)[2]: *Einführung in die Analysis I*. Spektrum-Verlag, Heidelberg.

Kaballo W. (2012): *Meromorphic generalized inverses of operator functions*. Indag. Math. 23, 970-994.

Kaballo W. und Vogt D. (1980): *Lifting-Sätze für Vektorfunktionen und $\otimes$-Sequenzen*. manuscripta math. 32, 1-26.

Kalmes T. (2011): *Every P-convex subset of $\mathbb{R}^2$ is already strongly P-convex*. Math. Z. 269, 721-731.

Kalmes T. (2012a): *Some results on surjectivity of augmented differential operators*. J. Math. Analy. Appl. 386, 125-134.

Kalmes T. (2012b): *The augmented operator of a surjective partial differential operator with constant coefficients need not be surjective*. Bull. London Math. Soc. 44, 610-614.

Kaniuth E. (2008): *A Course in Commutative Banach Algebras*. Springer, Berlin-Heidelberg-New York.

Kato T. (1980)[2]: *Perturbation theory for linear operators*. Springer, Berlin-Heidelberg-New York (Nachdruck: 2008).

Kaufman R. (1964): *A type of extension of Banach spaces*. Acta Sci. Math. (Szeged) 27, 163-166.

König Heinz (1997): *Measure and Integration*. Springer, Berlin-Heidelberg-New York.

König Hermann (1978): *Interpolation of operator ideals with an application to eigenvalue distribution problems*. Math. Ann. 233, 35-48.

König Hermann (1986): *Eigenvalue Distribution of Compact Operators*. Birkhäuser, Basel.

Köthe G. (1966)[2]: *Topologische Lineare Räume I*. Springer, Berlin-Heidelberg-New York.

Köthe G. (1979): *Topological Vector Spaces II*. Springer, Berlin-Heidelberg-New York.

Komatsu H. (1973): *Ultradistributions I. Structure theorems and a characterization*. J. Fac. Sci. Uni. Tokyo, Sec. IA, 20, 25-105.

Kuchment P. (1993): *Floquet theory for partial differential equations*. Birkhäuser, Basel-Boston.

Lacey H.E. (1974): *The Isometric Theory of Classical Banach Spaces*. Springer, Berlin-Heidelberg-New York.

Laursen K.B. und Neumann M. (2000): *An Introduction to Local Spectral Theory*. Oxford University Press 2000

Lebov A. (1968): *Maximal ideals in tensor products of Banach algebras*. Bull. Am. Math. Soc. 74, 1020-1022.

Leiterer J. (1978): *Banach coherent analytic Fréchet sheaves*. Math. Nachr. 85, 91-109.

Lindenstrauß J. und Pelczyński A. (1968): *Absolutely summing operators in $\mathscr{L}_p$-spaces and applications*. Studia Math. 29, 275-326.

Lindenstrauß J. und Rosenthal H.P. (1969): *The $\mathscr{L}_p$-spaces*. Israel J. Math. 7, 325-349.

Lindenstrauß J. und Tzafriri L. (1973): *Classical Banach Spaces*. Springer Lecture Notes 338 (Nachdruck: 2008).

Lindenstrauß J. und Tzafriri L. (1977): *Classical Banach Spaces I*. Springer, Berlin-Heidelberg-New York (Nachdruck: 1996).

Lindenstrauß J. und Tzafriri L. (1979): *Classical Banach Spaces II*. Springer, Berlin-Heidelberg-New York (Nachdruck: 1996).

Łojasiewicz S. (1959): *Sur le problème de division*. Studia Math. 18, 87-136.

Lusky W. (2006): *On the isomorphism classes of weighted spaces of harmonic and holomorphic functions*. Studia Math. 75, 19-45.

Malgrange B. (1955/56): *Existence et approximation des solutions des équations aux dérivées partielles et des équations de convolution*. Ann. Inst. Fourier 6, 271-355

Mantlik F. (1991): *Partial differential operators depending analytically on a parameter*. Ann. Inst. Fourier 41, 577-599

Mantlik F. (1992): *Fundamental solutions for hypoelliptic differential operators depending analytically on a parameter*. Transactions AMS 334, 245-257

Mathieu M. (1998): *Funktionalanalysis*. Spektrum-Verlag Heidelberg.

Meise R., Taylor B.A. und Vogt D. (1990): *Characterization of the linear partial differential operators that admit a continuous linear right inverse*. Ann. Inst. Fourier 40, 619-655.

Meise R. und Vogt D. (1992): *Einführung in die Funktionalanalysis*. Vieweg, Wiesbaden.

Meister E. (1996): *Partielle Differentialgleichungen*. Akademie-Verlag, Berlin.

Mennicken R. (1983): *Perturbations of semi-Fredholm operators in locally convex spaces*. In: Functional analysis, holomorphy and approximation theory, Marcel Dekker, New York, S. 233-304.

Mennicken R. und Sagraloff B. (1980): *Characterizations of nearly-openness*. J. reine angew. Math. 313, 105-115.

Michael E. (1956): *Continuous Selections I*. Ann. of Math. 63, 361-382.

Mikhlin S.G. und Prößdorf S. (1987): *Singular Integral Operators*. Springer, Berlin-Heidelberg-New York.

Milne H. (1972): *Banach space properties of uniform algebras*. Bull. London Math. Soc. 4, 323-326.

Mityagin B.S. (1970): *The homotopy structure of the linear group of a Banach space*. Russian Math. Surveys 25, 59-103.

Müller V. (2007): *Spectral Theory of Linear Operators and Spectral Systems in Banach Algebras*. Birkhäuser, Basel.

Murphy G.J. (1990): C^* *-Algebras and Operator Theory*. Academic Press, New York-London.

Nashed M.Z. (1976): *Generalized inverses and applications*. Academic Press, New York-London.

Nolting W. (2002)[6] : *Grundkurs Theoretische Physik 5/1: Quantenmechanik – Grundlagen*. Springer, Berlin-Heidelberg-New York.

Ossa E. (1992): *Topologie*. Vieweg, Wiesbaden.

Pazy A. (1983): *Semigroups of linear operators and applications to partial differential equations*. Springer, Berlin-Heidelberg-New York.

Petzsche H.J. (1980): *Some results of Mittag-Leffler-type for vector valued functions and spaces of class A*. In Functional analysis: Surveys and recent results II. North Holland Math. Studies 38, 183-204.

Phelps R.R. (2001)[2] : *Lectures on Choquet's Theorem*. Springer, Berlin-Heidelberg-New York.

Pietsch A. (1965): *Nukleare lokalkonvexe Räume*. Akademie-Verlag, Berlin.

Pietsch A. (1980): *Operator Ideals*. North Holland, Amsterdam.

Pietsch A. (1987): *Eigenvalues and s -Numbbers*. Cambridge University Press.

Pietsch A. (2007): History of Banach Spaces and Linear Operators. Birkhäuser, Basel-Boston.

Pisier G. (1986): *Factorization of Linear Operators and Geometry of Banach Spaces*. Am. Math. Soc., Providence.

Poppenberg M. (1994): *Frécheträume*. Vorlesung Universität Dortmund.

Prößdorf S. (1974): *Einige Klassen singulärer Gleichungen*. Akademie-Verlag, Berlin.

Radjavi H. und Rosenthal H.P. (2003)[2] : *Invariant Subspaces*. Dover Books on Mathematics.

Read C.J. (1985): *A solution to the invariant subspace problem on the space* ℓ_1 . Bull. London Math. Soc. 17, 305-317.

Reed M. und Simon B. (1972): *Methods of Modern Mathematical Physics I: Functional Analysis*. Academic Press, New York.

Reed M. und Simon B. (1975): *Methods of Modern Mathematical Physics II: Fourier-Analysis, Self-Adjointness*. Academic Press, New York.

Reed M. und Simon B. (1979): *Methods of Modern Mathematical Physics III: Scattering Theory*. Academic Press, New York.

Reed M. und Simon B. (1978): *Methods of Modern Mathematical Physics IV: Analysis of Operators*. Academic Press, New York.

Riesz F. und Sz.-Nagy B. (2000)[4]: *Vorlesungen über Funktionalanalysis*. Harri Deutsch, Frankfurt.

Rosenbloom M. und Rovnyak J. (1985): *Hardy Classes and Operator Theory*. Dover Books on Mathematics.

Rudin W. (1973): *Functional Analysis*. McGraw-Hill, New York.

Rudin W. (1974)[2]: *Real and Complex Analysis*. McGraw-Hill, New York.

Ryan R.A. (2002): *Introduction to tensor products of Banach spaces*. Springer, Berlin-Heidelberg-New York.

Sagraloff B. (1980): *Normal solvability of linear partial differential operators in $C^\infty(\Omega)$*. In: Springer Lecture Notes 810, 177-188.

Sakai S. (1971): C^* *- and* W^* *-Algebras*. Springer, Berlin-Heidelberg-New York (Nachdruck: 2010).

Schaefer H.H. (1974): *Banach Lattices and Positive Operators*. Springer, Berlin-Heidelberg-New York.

Schaefer H.H. und Wolff M. (1999)[2]: *Topological Vector Spaces*. Springer, Berlin-Heidelberg-New York.

Schechter M. (1977): *Modern Methods in Partial Differential Equations*. McGraw-Hill, New York.

Schmüdgen K. (2012): *Unbounded Self-Adjoint Operators on Hilbert Space*. Springer, Berlin-Heidelberg-New York.

Schröder H. (1997): *Funktionalanalysis*. Akademie-Verlag, Berlin.

Schubert H. (1969)[2]: *Topologie*. Teubner, Stuttgart.

Schwartz L. (1957a)[2]: *Théorie des distributions I*. Hermann, Paris.

Schwartz L. (1957b): *Théorie des distributions a valeurs vectorielles I*. Ann. Inst. Fourier 7, 1-141.

Shubin M.A. (1970): *Holomorphic families of subspaces of a Banach space*. Integral Equations and Operator theory 2, 407-420 (Translated from Mat. Issled. 5, 153-165 (1970)).

Shubin M.A. (2001): *Pseudodifferential Operators and Spectral Theory*. Springer, Berlin-Heidelberg-New York.

Sobolev S.L. (2005): *Some Applications of Functional Analysis in Mathematical Physics*. AMS Translations of Mathematical Monographs.

Szankowski A. (1981): *B(H) does not have the approximation property*. Acta Math. 147, 89-108.

Sz.-Nagy B. und Foias C. (1970): *Harmonic Analysis of Operators on Hilbert Space*. North Holland, Amsterdam.

Treves F. (1967): *Topological Vector Spaces, Distributions and Kernels*. Academic Press, New York.

Treves F. (1975): *Basic Linear Partial Differential Equations*. Academic Press, New York.

Triebel H. (1972): *Höhere Analysis*. Deutscher Verlag der Wissenschaften, Berlin.

Triebel H. (1983): *Theory of Function Spaces I*. Birkhäuser, Basel (Nachdruck: 2010).

Triebel H. (1992): *Theory of Function Spaces II*. Birkhäuser, Basel (Nachdruck: 2010).

Upmeier H. (2012): *Toeplitz Operators and Index Theory in Several Complex Variables*. Birkhäuser, Basel.

Vogt D. (1977a): *Charakterisierung der Unterräume von s*. Math. Z. 155, 109-117.

Vogt D. (1977b): *Subspaces and quotient spaces of (s)*. In Functional analysis: Surveys and recent results I. North Holland Math. Studies 27, 167-187.

Vogt D. (1983): *On the solvability of P(D)f = g for vector valued functions*. RIMS Kokyoroku 508, 168-182.

Vogt D. (1987): *On the functors $Ext^1(E, F)$ for Fréchet spaces*. Studia Math. 85, 163-197.

Vogt D. und Wagner M.J. (1980): *Charakterisierung der Quotientenräume von s und eine Vermutung von Martineau*. Studia Math. 77, 225-240.

Wagner P. (2009): *A New Constructive Proof of the Malgrange-Ehrenpreis Theorem.* American Math. Monthly 116, 457-462.

Weidmann J. (1994): *Lineare Operatoren in Hilberträumen.* Teubner, Stuttgart.

Wengenroth J. (2003): *Derived Functors in Functional Analysis.* Springer Lecture Notes 1810.

Werner D. (2007)[6] : *Funktionalanalysis.* Springer, Berlin-Heidelberg-New York.

Wloka J. (1982): *Partielle Differentialgleichungen.* Teubner, Stuttgart.

Wloka J.T., Rowley B. und Lawruk B. (1997): *Boundary value problems for elliptic systems.* Cambridge Univ. Press.

Woytaszczyk P. (1991): *Banach spaces for analysts.* Cambridge Univ. Press.

Yosida K. (1980)[6] : *Functional Analysis.* Springer, Berlin-Heidelberg-New York (Nachdruck: 2008).

Zaidenberg M.G., Krein S.G., Kuchment P.A. und Pankov A.A. (1975): *Banach bundles and linear operators.* Russ. Math. Surv. 30, 115-175.

Zygmund A. (2002)[3] : *Trigonometric Series I,II.* Cambridge Univ. Press.

Index

Printed in the United States
By Bookmasters